JN436798

군사심리학의 이론과 실제

이 재 윤

지문당

머 리 말

인간은 누구나 평화를 바라고 사랑하며 전쟁을 싫어하고 증오하여 왔다. 그러나 인류의 역사를 살펴보면 전쟁사로 점철되어 있다고 하여도 과언이 아닐 정도로 인간은 많은 전쟁을 겪었다. 기원전 1496년부터 서기 1861년 사이의 3130년간 전쟁을 하였고, 다만 227년간이 평화로운 때였다고 하지만, 그 227년도 알고 보면 평화로운 시기라기보다 오히려 전쟁을 준비하는 기간으로 보는 것이 옳을 것이다. 1918년 세계 1차대전이 끝나고 2차대전이 발발했던 1939년까지 불과 20년 사이에 무려 4,568회의 평화조약이 조인되었으며, 특히 2차대전이 발발하기 직전 11개월 동안에 211회의 평화조약이 조인되었지만 2차대전은 여전히 발생하였다.

2차대전이 종료된 후에도 세계의 많은 학자들은 이 지구상에서 상당 기간 전쟁은 발생하지 않을 것으로 내다보았지만, 그것은 평화를 갈망하는 인류의 소망일 뿐이지 전쟁은 부분적이나마 계속 발생했다. 냉전체제의 종식 이후에도 중동을 비롯한 여러 곳에서는 전쟁의 구름이 걷히지 않고 있을 뿐 아니라, 최근에도 걸프전을 비롯한 아프가니스탄 전쟁 그리고 얼마 전에 끝난 이라크 전쟁 사태는 수많은 생명을 희생시키는 참상을 몰고 왔다. 우리는 이같이 불행한 전쟁의 속성을 잘 알아야만 전쟁을 예방할 수 있고, 나아가 불가피한 전쟁에서 승리를 거두게 될 것이다.

군 조직의 궁극적인 목표는 전쟁에서 승리하는 것이다. 전쟁이 인간의지의 싸움이라고 볼 때, 전쟁의 승패를 결정하는 요소는 인간이며 이러한 인간의 잠재능력을 극대화하여 군 조직의 목표에 부합시키기 위해서는 평소 부하들의 정신적·심리적 요소에 대한 리더의 깊은 학문적 관심과 고찰이 요구된다. 따라서 인간에 대한 일반적 이해 및 전장에서의 인간행동 이해는 효과적인 지휘 통솔을 위해 가장 필수적인 항목이 될 것이다.

심리학이 본격적인 학문으로 국내에 들어온 지도 이미 반세기를 넘어 이제 우리에게 낯선 학문 분야는 아니다. 그러나 군사 분야에서 심리학의 중요성은 누구나 인정하면서

도 군사 개발과 훈련 그리고 전투에서 한국군이 얼마나 심리학을 활용하고 강조했는지는 의문이다. 심리학의 정의가 인간의 행동과 정신과정을 연구하는 과학이라고 할 때, 군사 분야에서 심리학의 활용은 적극 권장되어야 하며 관심을 가져야 하는 부문이다. 심리학의 가장 중요한 목표들 가운데 하나는 우리가 당면한 문제들 중의 일부를 해결하는 것을 돕는 것이다. 테러리즘, 약물남용, 폭력, 범죄, 자살 및 전쟁 등은 이들 문제들 중 단지 일부일 뿐이다.

때늦은 감이 있기는 하지만, 필자의 생각은 군의 과학화는 장비나 무기보다 이를 다루는 인간의 사고방식이나 의식구조의 과학화가 먼저 이루어져야 된다고 본다. 지금까지의 한국군은 제도나 방위 산업을 포함한 전자에 역점을 두어 왔고, 심리적 요소나 인간행동적 측면을 포함하는 무형적 요소에 관해서는 다소 소홀하게 다루어 온 측면이 있다. 군에서 인간 행동을 과학적인 방법으로 다루는 학문의 중요성이 강조되는 것도 이러한 이유에서다.

필자는 심리학을 전공한 군인 학자로서 평소 생도들에게 심리학 이론을 교육하면서, 초급 장교들에게 추천해 줄 만한 보다 실용적인 군사심리학을 집필해 보고자 하는 생각을 늘 가져오다가 1995년도에 『초급장교 리더십 향상을 위한 군사심리학』을 출간한 바 있지만 당시 넘치는 의욕만으로 접근을 하다 보니 졸작으로 그친 느낌이었다. 이후 늘 아쉬움을 가져오다 10년이 지난 지금 다시 학교 당국의 관심과 화랑대연구소의 정신적·물질적 도움이 있어서 본 저서를 집필하기에 이르렀다. 군사심리학의 연구 주제는 너무 광범위하여 일일이 열거할 수 없을 정도이다. 이러한 광범위한 연구 주제 중에 1차 집필에서 다루지 못한 전쟁의 심리적 속성, 전투공황, 전투장애, 전쟁에서의 동기와 정서, 수면·성행동·폭력·자살을 포함한 비전투 스트레스, 설득과 태도변화, 심리전 일부, 감각기관과 인간의 한계능력 평가와 같은 비교적 초·중급 장교들이 부대를 지휘하

는 데 보다 필요한 기본적인 인간 행동 및 심리적 측면을 다루었다. 그러나 이 책의 전반적 내용이 모두 저자의 독창적 이론은 아니며, 일부는 최근 발간된 미국의 군사심리 저서를 많이 참고하였다. 비록 미국의 군대 시스템 중 일부가 우리 군과 맞지 않는 부분이 있다 하더라도, 현재로서는 마땅히 참고할 도서가 없었다는 사실을 감안하여 독자들의 넓은 이해를 바랄 뿐이다. 그런 까닭에 이 책을 읽어 나가는 동안에 다소 어색하고 미비한 점도 많을 것이나, 한국군에서 군사심리학에 대한 관심을 촉구한다는 데 의의를 두고 너그러운 이해를 당부드리는 바이다.

앞으로 이 책이 전·후방 각지에서 묵묵히 땀 흘리며 병사들과 고락을 같이 하고 있는 군 간부들이 그들이 책임지고 있는 병사들을 이해하고, 전쟁의 심리적 본질을 체득하여 전투 업무를 수행하는 데 조금이라도 도움을 줄 수 있다면 더할 수 없는 보람으로 삼겠다. 후배 장교들이 언제 어디서나 天下雖安·忘戰必危(나라가 비록 평안할지라도 무릇 전쟁을 잊어버리면 반드시 위난을 당하게 된다)의 정신을 간직하기를 빌어 마지않으며, 끝으로 이 책이 발간될 수 있도록 정신적·물질적 지원을 해주신 학교장님과 화랑대연구소에 깊은 감사를 드리고, 특히 어려운 여건 속에서도 이 책의 출판을 기꺼이 맡아 주신 도서출판 지문당의 임삼규 사장님과 직원 여러분께도 심심한 사의를 표하는 바이다.

2005년 12월

화랑대에서 저자

차 례

머리말 ·· 3

제1장 군사심리학의 역사와 발전 ·· 17

1. 군사심리학의 개념 및 역사 ······ 20
   1) 군사심리학의 개념 ······ 20
   2) 군사심리학의 역사와 발달 ······ 20
2. 한국군과 군사심리학 ······ 31
   1) 군사심리학의 도입 ······ 31
   2) 장병 선발과 심리검사 ······ 33
3. 군사심리학의 연구 영역 ······ 34
   1) 미국 ······ 35
   2) 독일 ······ 35
   3) 러시아 연방 ······ 36

제2장 인간과 전쟁 ·· 39

1. 인간의 본성과 전쟁 ······ 42
   1) 사회생물학적 접근 ······ 43
   2) 정신분석학적 접근 ······ 45
   3) 동물행동학자들의 견해 ······ 46
2. 인간의 공격행동에 대한 설명 이론들 ······ 48
   1) 공격성의 본질 ······ 48
   2) 공격성과 성격변인 ······ 53
   3) 공격표현을 촉진시키는 상황적 요인들 ······ 54
   4) 공격표현의 억제와 조절 이론들 ······ 61
   5) 분노와 증오의 집단 문화 ······ 67

제3장 현대전의 심리적 전투·지휘 환경 ·· 69

1. 현대전의 특성 ······ 71
2. 현대전에서 나타난 심리적 특징 ······ 72
1) 인명 살상에 대한 죄의식의 둔감 ······ 73
2) 공포심의 극대화 ······ 73
3) 전쟁수행 의지의 무력화 ······ 75
4) 전투의지의 약화 및 반전 여론의 확산 ······ 75
5) 기만과 허위 그리고 불안감 ······ 77
3. 현대전과 인간적 요소 ······ 78
4. 한국군 군사안보환경의 변화 ······ 81
5. 미래 한국군의 사회·심리학적 문제들 ······ 82
1) 군 전문가의 시대: 수평적 영입의 확대 ······ 82
2) 리더십의 변화 ······ 82
3) 폐기가능한 군 장비 구조 ······ 83
4) 군 충원 인원의 질적 수준 ······ 83
5) 병역 거부자의 변별 ······ 84
6) 국민과 군의 관계 ······ 85
7) 군 구조의 변화 ······ 85
8) 장병의 인권 ······ 85
9) 장병의 전투성 ······ 86

제4장 N세대 장병들의 행동 이해 ·· 87

1. N세대(N-Generation)란? ······ 90
1) N세대의 특징 ······ 90
2) Na세대 그들은 누구인가? ······ 92
3) Na세대들의 장·단점 분석 ······ 99
2. Na세대의 사회적 성장환경 ······ 100
1) 교육환경 ······ 101
2) 가정환경 ······ 102
3) 사회환경 ······ 102
3. Na세대 병사와 부대 지휘 ······ 103
1) Na세대와 의사소통하기 ······ 104

2) Na세대 병사 지휘 ······ 105

제5장 전투수행과 인간의 감각기관 활용 ·· 109

1. 시 각 ······ 112
   1) 눈의 구조 ······ 112
   2) 망막의 수용기 세포와 군사 관측 ······ 112
   3) 시각을 활용한 관측 시 주의사항 ······ 116
   4) 시각의 피로 예방 ······ 116
   5) 시지각의 오류 ······ 118
2. 청 각 ······ 120
   1) 귀의 구조와 기능 ······ 121
   2) 음의 물리적 속성 ······ 121
   3) 음의 공간 지각 ······ 122
   4) 청각의 손상 ······ 122
   5) 청각의 보존 ······ 124
3. 후 각 ······ 125
4. 통 각 ······ 127
5. 시간 감각 ······ 128
6. 극서·극한 환경과 군사훈련 ······ 129
   1) 온도 감각 ······ 129
   2) 체온의 조절 ······ 129
   3) 기온과 군사훈련 ······ 130
   4) 체감기온 ······ 135
   5) 대설주의보와 경보 ······ 136

제6장 전투와 인간의 정서·동기행동 ·· 139

1. 인간의 정서 ······ 142
   1) 정서의 개념 ······ 142
   2) 정서의 분류 ······ 142
2. 인간의 동기 ······ 156
   1) 동기의 분류 ······ 156
   2) 생리적 동기행동의 장애 ······ 161

제7장 전쟁과 공황행동 ·· 189

1. 전쟁과 심리적 공황 ··· 192
1) 공황의 개념 ··· 192
2) 공황행동 유발 요인들 ··· 192
3) 전시 공황행동의 특징 ··· 201
2. 공황행동의 역사적 사례 ··· 202
1) 고대 전쟁과 공황 ··· 203
2) 현대전과 공황 ··· 204
3) 한국전과 공황 ··· 205
4) 월남전과 공황 ··· 209
3. 공황의 예방 및 해소 방안들 ··· 212
1) 신뢰롭고 침착한 지휘 ··· 214
2) 강한 훈련과 사기 유지 ··· 214
3) 심리적 방어막의 구축 ··· 214
4) 단호한 공황의 저지 ··· 214
5) 상황의 재구성 ··· 215
6) 공포심의 통제와 극복 ··· 216

제8장 전투 스트레스와 심리·행동장애 ·· 221

1. 전투 스트레스와 반응들 ··· 224
1) 신체적 징후(physical signs) ··· 224
2) 정신적 징후(mental signs) ··· 224
3) 심리적 징후(psychological signs) ··· 224
4) 기타 부대에 나타나는 징후들 ··· 225
2. 전투에서의 행동장애와 심리적 후유증들 ··· 225
1) 전투 쇼크(battle shock) ··· 226
2) 전투 피로증(combat fatigue) ··· 228
3) 전투 신경증(combat-induced neurosis) ··· 230
4) 외상후 스트레스 장애 ··· 231
3. 해외 파병부대 전투 스트레스 관리 ··· 240
1) 전투 쇼크를 대비한 심리훈련 ··· 240
2) 스트레스 해소훈련 ··· 241

제9장 비전투 스트레스 장애와 극복 ·· 243
1. 스트레스의 개념과 이해 ······ 246
1) 스트레스의 정의 ······ 246
2) 전신성 스트레스와 심리적 스트레스 ······ 246
3) 스트레스의 원인 ······ 247
4) 스트레스 반응 ······ 247
5) 적응방법 ······ 256
2. 군대업무와 스트레스 ······ 263
1) 군대업무 스트레스와 질환 ······ 264
2) 단계별 치료 ······ 265
3) 평상시 스트레스 관리 ······ 265
3. 우울증: 자살의 유혹자 ······ 266
1) 우울증의 개념 ······ 266
2) 우울증의 치료 ······ 268
4. 자살행동의 이해와 예방 ······ 269
1) 자살에 대한 일반 심리학적 동기 이론들 ······ 269
2) 자살의 정신분석학적 이론 ······ 270
3) 자살에 대한 사회학적 이론 ······ 274
4) 자살의 실태 ······ 277
5) 병영의 실태 ······ 280
6) 자살에 대한 잘못된 통념들 ······ 281
7) 자살의 신호 ······ 282
8) 자살의 방지와 예방 ······ 283

제10장 군과 심리검사의 활용 ·· 287
1. 일반 심리검사 이론 ······ 290
1) 심리검사의 정의와 분류 ······ 290
2) 심리검사의 목적과 기능 ······ 290
3) 심리검사의 구비요건 ······ 290
2. 군대조직에서 심리검사의 활용 ······ 294
1) 임상적 목적 ······ 294
2) 선발 및 분류 목적 ······ 295

3. 한국군과 심리검사 ······ 297
4. 장교 선발·평가와 심리검사의 발달 ······ 298
1) 장교 및 후보생 선발과 평가 ······ 298
2) 선발·평가를 위한 최근의 심리학적 기법들 ······ 301
5. 군 조직과 다면적 인성검사(MMPI)의 활용 ······ 311
1) MMPI의 개념과 내용 ······ 312
2) MMPI의 해석 ······ 318
3) MMPI 사용 시 주의사항 ······ 327
6. 군의 심리검사 활용과 발전방향 ······ 329

제11장 군 정신전력과 리더십의 측정 ·· 331

1. 사기·응집성·정신력의 개념 ······ 334
1) 사기의 본질과 정의 ······ 334
2) 응집성의 개념과 정의 ······ 337
3) 정신력의 개념 ······ 339
4) 사기·응집성·정신력에 관련된 유사 개념들 ······ 341
5) 사기의 결정 요소 ······ 342
6) 사기와 직무수행 ······ 352
7) 사기의 측정 ······ 353
2. 군대 리더십의 개념적 변환 ······ 355
1) 군대 리더십의 중요성 ······ 355
2) 군 리더십의 특수성: 통합과 전방위의 리더십 ······ 356
3) 미래 군 사회의 리더십 모델 ······ 357
3. 리더십의 측정: 사회측정법 ······ 371
1) 실시와 처리 ······ 371
2) 사회측정법의 유용성과 활용 ······ 377
3) 사회측정법의 신뢰도와 타당도 ······ 379
4) 사회측정법의 적용 한계 ······ 380
4. 리더십 측정을 위한 질문지 작성법 ······ 380
1) 질문지의 구분 ······ 380
2) 질문지 작성의 일반적 절차 ······ 381
3) 질문의 내용 구성 ······ 382

4) 질문의 언어 구성 ………… 383
5) 질문지의 문항 배열 ………… 384

제12장 군중의 집합적 행동 이해 ·· 385

1. 군중의 분류 ………… 388
1) 우발군중 ………… 388
2) 관중 ………… 389
3) 폭도 ………… 389
4) 공황군중 ………… 390
2. 군중의 집합의식 ………… 390
3. 군중의 집합행동 ………… 393
1) 군중의 공황행동 ………… 394
2) 폭도행동 ………… 423
3) 군중시위 및 소요행동 ………… 429
4. 위기관리의 집단의사 결정 ………… 436
1) 집단사고(group think) ………… 436
2) 집단극화(group polarization) ………… 439
5. 집단의 사회화(socialization) ………… 440
1) 사회화의 개념 ………… 440
2) 병사들의 사회화 과정 ………… 442
3) 재사회화(resocialization) ………… 443

제13장 설득과 태도변화의 이론들 ·· 445

1. 태도변화의 심리학적 이론들 ………… 448
1) 인지부조화 이론 ………… 448
2) 최근의 태도변화 이론들 ………… 455
2. 세뇌(brainwashing)의 원리 ………… 457
1) 세뇌의 기원 ………… 457
2) 한국전쟁과 세뇌 ………… 458
3) 세뇌의 기초 단계: 응종의 유발 ………… 460
4) 세뇌의 교훈 ………… 461
5) 세뇌의 심리학적 이론과 기법 분석 ………… 462

6) 세뇌 및 태도변화에 대한 저항 이론의 탐색 ······ 470
3. 선 전 ······ 477
1) 선전의 개념과 정의 ······ 477
2) 선전의 특성 ······ 479
3) 선전의 원리 ······ 481
4) 선전의 기법 ······ 485

제14장 테러리즘의 이해와 인질협상 ·· 491

1. 테러리즘과의 전쟁 ······ 494
1) 테러리즘의 역사적 기원 ······ 494
2) 테러리즘의 개념 ······ 495
3) 테러리즘의 발생원인 ······ 497
4) 테러리즘의 유형 ······ 499
5) 테러리즘의 형태 ······ 502
6) 뉴테러리즘의 등장과 특징 ······ 510
7) 9 · 11테러와 미국인의 테러증후군 ······ 514
2. 인질협상 ······ 515
1) 인질협상과 정신건강 전문가 ······ 515
2) 인질들의 피해 스트레스 해결 ······ 517
3) 피해 반응: 심리적 후유증과 치료 ······ 522
4) 협상자 선발 ······ 524
5) 지휘본부의 구조와 의사소통 체계 ······ 525
6) 협상팀의 구성원과 책임 ······ 526
7) 인질범의 분류 ······ 527
8) 비경찰 협상자의 활용 ······ 532
9) 협상과정의 측정 ······ 533

제15장 심리전의 이론과 실제 ·· 535

1. 심리전의 개념 및 정의 ······ 538
1) 심리전의 개념 ······ 538
2) 심리전의 정의 ······ 539
3) 심리전의 기능 및 역할 ······ 540

2. 심리전의 기본 원리와 요소 …… 542
1) 심리전의 원리 …… 542
2) 심리전의 기본 원칙 …… 544
3) 심리전의 기본 구성요소 …… 547
4) 심리전 전문가의 조건들 …… 548
5) 심리전수행 순서 …… 549
3. 심리전의 분류 …… 549
1) 수행출처에 의한 분류 …… 550
2) 운용목적에 의한 분류 …… 551
3) 목표대상에 따른 분류 …… 553
4) 수행 주체에 의한 분류 …… 553
4. 현대전과 군사심리전의 역할 …… 554
1) 한국전쟁과 심리전 …… 555
2) 아프간 전쟁에서의 심리전 …… 558
3) 이라크전과 심리전: 이슬람 문화의 이해 …… 560
4) 안정구축 작전(stability operation) …… 576
5. 한국의 심리전환경 …… 578
1) 국제정치 질서의 다변화 …… 579
2) 新경제 중심의 국익추구 심화 …… 580
3) 문화 콘텐츠의 역할 및 중요성 증대 …… 581
4) 과학기술의 발전과 정보환경의 첨단화 …… 582
5) 남・북 화해와 협력관계의 전망 …… 583
6) 우리사회의 내부 변화 …… 584
7) 군사환경의 변화 …… 585

참고문헌 ·· 586
찾아보기 ·· 607

제 1 장

군사심리학의 역사와 발전

오늘날 근본적으로 변화하고 있는 사회적 변수들이 군에 직접적인 영향을 미치고 있어, 리더로 성공하기 위해서는 리더십이 발휘되는 장의 여러 요소들에 대한 과학적 이해와 관리가 보다 중요하게 되었다. 이제 군 지휘문제를 명령 일변도로 해결하려는 행동방식은 점차 사라져 가고, 대신 새로운 접근방법들이 출현하여 각 개인과 집단의 잠재 가능성을 실현하기 위한 새로운 비전을 열어가고 있다. 사회적 제도의 개혁과 인간들의 자아의식의 발달은 군 복무에 대한 국민적인 사회적 인식의 변화를 가져왔고, 지휘관들로 하여금 군 복무에 대한 깊이 있는 사회심리학적 분석과 보다 진보된 정신교육 기술에 기반을 둔 새로운 부대교육 및 훈련방법을 요구하고 있다. 이제 인간과 인권이 보다 존중되는 군대사회로의 전환 추세는 불가피하며, 이에 따라 군 장교들의 리더십 패러다임에도 일대 변환을 요구하고 있는 것이다.

군사심리학은 심리학적 관점에서 군대의 문제를 다루는 사회과학이다. 군대사회에서 심리학은 변화된 군대사회를 효율적으로 관리하는 데 장교들에게 필수적인 학문 분야로 생각된다. 심리학의 정의가 인간의 행동과 정신과정을 연구하는 과학이라고 할 때, 우리는 그 기본정의를 준수하면서 군사적 환경이 변화하면 군사심리학의 관심사항이나 내용도 달라지며 많은 새로운 부분이 지속적으로 보완되어야 할 것으로 생각한다.

이 장에서는 먼저 군사심리학의 태동과 발전의 역사를 개관해 보고, 나아가 세계의 군사선진국이 지향하는 군사심리학의 내용들을 개관해 봄으로써 한국군의 군사심리학이 지향해야 할 방향을 모색해 보고자 한다. 이러한 군사심리학적 이론들과 관점들을 군대사회에 응용하여 과학적 리더십을 발휘하는 문제는 모든 군 장교들의 몫으로 남겨둘 것이다.

1. 군사심리학의 개념 및 역사

1) 군사심리학의 개념

심리학을 분류하는 경우, 우리는 통상 기초심리학과 응용심리학으로 나눈다. 즉, 학습, 생리, 인지, 성격, 사회심리학 분야의 기초 이론을 인간이 살고 있는 여러 장면에 응용하는 교육, 산업, 임상, 범죄, 교통, 군사심리학 등이 있다. 심리학이 인간의 행동과 의식(무의식 포함)을 연구하는 과학적인 학문이라면, 군사심리학은 이렇게 연구된 심리학의 원리, 이론 및 방법을 군대환경 내에서 적용하는 응용심리학이다.

군사심리학은 군사작전이나 훈련 그리고 군사문제 해결에 심리학적 원리나 방법을 응용하는 것이기 때문에 매우 광범위하고도 복잡한 영역으로 구성되어 있다. 군사심리학의 여러 영역 중 특히 전쟁심리학이나, 군사교육 분야는 군대의 지휘관들이 숙지해야 하는 분야들로 생각된다. 여기서 전쟁심리학의 핵심적 위치를 점하고 있는 전장심리학은 전투로 인하여 발생하는 특수한 정신현상에 대한 연구를 대상으로 하며, 이를 먼저 심리학적 견지에서 분석하고, 그 분석된 정신내용을 과학적으로 다루고자 하는 것이다. 전장심리학의 목적은 전투를 지도하는 자에게 그 지도원리를 부여하는 데 있다(국군정신전력학교, 1986).

Gal과 Mangelsdorff(1991) 같은 학자들은 군사심리학을 '군대환경 안에서의 심리학적 원리, 이론 및 방법의 응용(the application of psychological principles, theories, and methods within a military environment)'으로 다소 포괄적인 개념으로 보고 있다. 나아가 이러한 군사심리학의 궁극적 목표는 전쟁에 참여하는 인간들의 정신적·신체적 능력을 최대한으로 발휘시켜 군사적 목적을 달성하는 것이라고 볼 수 있을 것이다. 이와 같이 심리학의 입장에서 볼 때, 군사심리학이란 '군대란 조직이 전쟁 수행이나 전쟁의 준비와 관련된 모든 당면문제에 심리학적 관점을 가지고 접근하는 심리학의 한 활용 분야'라고 말할 수 있다.

2) 군사심리학의 역사와 발달

현대적 의미의 심리학을 군사문제에 적용하기 시작한 것은 미국의 1차대전 참전으로 비롯되었고, 그 후 1차대전에서 패배한 독일이 1930년대부터 적극적으로 군사심리학의 개발에 관심을 가지면서 많은 발전을 이루어 나갔다. 이후 다시 2차대전에 참전한 미국을 중심으로 본격적으로 군사심리학이 응용 및 발전되기 시작했다. 물론 군대가 인간행동을 연구하는 심리학 영역과 내용에는 항상 관심을 가져온 것은 사실이지만, 1차대전 전까지 군대는 창조적인 사상가나 전문가의 관찰이나 통찰, 개인적 경험, 일반적 사실과 같은 통상적인 상식과 전통적인 학문적 지식에 의존하고 있었다. 1차대전 기간 동안 군사력의 급격한 팽창은 기존의 상식적인 접근을 넘어서는 독특한 요구들을 쏟아놓기 시작하였다. 이러한 추세는 미국을 중심으로 심리학의 과학적인 지식을 군대문제에 응용하고자 하는 적극적 시도를 하게 만들었다.

(1) 제1차 세계대전(1914~1918년)

1 미국의 군사심리학

1차대전의 발발과 더불어 미군에서는 갑자기 많은 장정들을 선발할 필요성이 생겼고, 이러한 과정에서 이들을 어떻게 적재적소에 배치하고, 어떤 방식으로 훈련시키는 것이 효과적인가의 문제가 중요한 현실적 문제로 대두하게 되었다. 더 나아가 무기, 차량 및 기타 전투에 소용되는 장비를 개발하는 과정에서 인간이 사용하기에 편리한 디자인으로부터 이러한 무기나 장비들을 어떻게 사용하는 것이 효과적인가에 관한 인간공학적인 문제가 무기 및 장비 제작과정에서 현실적 문제로 등장하였다. 이러한 문제를 연구하기 위해 일반 심리학자들이 군인 신분으로 또는 민간인 자격으로 집단적 형태를 이루어 군사문제와 관련된 심리학적 연구에 참여하게 된다. 이러한 군사심리학적 연구는 다시 심리전이나 특수전 분야에까지 심리학적 지식을 적용하려는 노력으로 이어졌고, 실제 이 분야에서 중요한 기여를 하게 되었다.

1917년 미국이 세계 1차대전에 참가하면서 심리학이 전쟁관리에 기여할 방법을 모색하던 미국 심리학회에 의해 국립학술연구회의(National Research Council: NRC)라는 하나의 위원회가 구성되었다. 위원장인 Yerkes의 지휘 아래 17개의 분과위원회가 편성되고, 심리학적 지식의 군사적 이용을 위한 본격적 연구에 착수하였는 바 이것이 바로 군사심리학의 시발이었다. NRC는 일반지능 수준을 고려하여 수많은 입대 신병에 대한 신속한 분류방법을 찾게 되었다. 이 분류방법에서 나타난 정보들은 병역면제나 취소, 상이한 근무 할당, 장교 지원가능성 판단을 포함하는 배치와 행정적인 결정에 사용될 것이었다. 이것이 집단지능검사 개발의 시발점이 되었다. 이 검사를 개발하면서 군사심리학자들은 모든 가용한 검사 자료들을 이용하였는데, 특히 Otis가 Terman에게 수학 중 고안하여 육군에 인도한 미발간 집단지능검사에 주로 의존하였다(Goslin, 1966).

이렇게 군사심리학자들에 의해 최종적으로 개발된 검사가 Army α, Army β라고 알려진 것이다. Army α검사는 교육을 받고 글을 읽을 줄 아는 사람에게, Army β검사는 교육을 받지 못하고 글을 읽을 줄 모르는 사람에게 사용되었다. 문제 유형을 살펴보면 Army α검사는 총 212문제로 1문제에 1점씩이며, 135점 이상은 우수, 105~134점은 좋은 편으로 분류하였다. 장교 지원은 105점 이상인 자로 제한하였다. Army β검사는 골목 찾아내기, 두 그림에서 다른 점 찾기, 그림에서 미완성 부분 찾아내기 등 총 118문제로 구성되어 있다. 이 최초의 집단지능검사는 전쟁 후에도 민간인들에게 전수되고 개정을 거치면서 대다수 집단지능검사의 모델이 되었다(Anastasi, 1982). 이 검사는 원래 지능을 측정하는 것이지만 그 성격상 군대배치 및 분류를 위한 적성검사의 의미를 갖는 것이었다. 따라서 군 최초의 적성검사는 이 두 검사로부터 출발했다고 보는 것이 타당할 것이다. 세계 1차대전이 끝나고 동원 해제령이 선포된 이후 1940년대 초까지 군사심리검사는 그 중요성이 상대적으로 감소되었다(Goslin, 1966).

2 유럽제국의 군사심리학

1차대전 중 미국의 심리학자들이 적극적으로 전쟁에 참여하고 기여한 데 비해, 세계 심리학의 중심으로 자부하던 독일은 당시 핵심적인 심리학의 내용이 주로 감각과 생리학을 중심으로 한 것이었기 때문에 전쟁에 기여할 부분은 그리 많지 않았다. 다만 당시 독일의 세계적인 심리학자인 Wundt가 『여러 국민과 그의 철학』이란 글을 써서 독일 국민의 사기(morale)를 고양시킨 정도였다.

영국에서도 사정은 별로 다르지 않았으나 독일보다는 다소 활발한 편이었다. 심리학자와 생리학자들이 협력해서 군수공업 노동자의 건강이나 능률의 증진을 도모하였는데 나중에 이것이 영국 산업심리학의 토대를 제공하였다. 한편 Brown이나 McDougall 같은 심리학자들이 직접 전선지역을 돌면서 포탄충격(shell shock) 환자를 치료하는 일에 종사하기도 하였다.

프랑스와 이탈리아에서는 비행기 조종사의 적성검사를 처음으로 실시해서 신기원을 이룩했는데, 곧 각국이 이를 모방하기 시작했다. 군중 사회심리학으로 유명한 LeBon은 그의 군중심리학을 전쟁현상에 적용했는데, 독일의 민족성에 대한 날카로운 비판이나 군이 범한 전술상의 오류를 지적한 것 등은 군사심리학자에게도 많은 심리적 자극을 주었다(차재호, 2001).

(2) 제1차 세계대전 이후

1918년 1차대전이 끝나면서 군사심리학에 대한 관심은 미국은 물론 패전국 독일을 포함한 모든 나라에서 식어가고 있었다. 그런 와중에서도 혼자 군사심리학의 중요성을 계속 강조한 사람이 독일의 Hesse이다. 특히 그는 전투에서의 공황현상에 관한 저서를 남겼는데, 이는 지금도 戰場심리학의 주요한 문헌으로 평가되고 있다. 1차대전에서의 패배라는 쓰라린 경험에 대한 반응으로 독일에서는 다른 유럽 국가들보다 군사심리학이 일찍 싹트기 시작했는데, 그 결정적인 시기는 독일군 내에 적성검사가 실시된 1926년으로 소급된다. 이렇게 발전되기 시작한 독일의 군사심리학은 베를린 대학의 심리학연구센터 소장이면서 독일 군사심리학의 대부라고 할 수 있는 Simoneit박사의 지도 하에, 1936년 무렵에는 15개의 독일 군사심리연구소 산하 84명의 군사심리학자들이 연간 40,000명 이상의 장교 및 기술하사관 후보자를 평가 및 선발할 수 있는 수준으로 발전하였고, 1941년 무렵에는 약 500명의 심리학자들이 독일군을 위해 일하고 있었다(Fitts, 1946).

1차대전 후 당시 독일의 군사심리학을 사실상 주도한 Simoneit(1935)는 『국방심리학』이란 저서를 통해서 군사심리학이 다루어야 할 주요 과제로 ① 군 체제의 심리학, ② 군사훈련의 심리학, ③ 선발과 분류의 심리학, ④ 군사교육의 심리학, ⑤ 사회집단 교런의 심리학, ⑥ 선전심리학, ⑦ 전쟁지도의 심리학 등을 들었다. 한편 Simoneit(1938)는 장교후보자의 특성 평가를, ① 지적 능력 분석(intelligence analysis), ② 활동 분석(action analysis), ③ 표현력 분석(expressive analysis), ④ 생애사 면접(life history interview)의 네 가지 분야로 나누어 실시하였다.

이 무렵 독일의 군사심리학은 지각과 반응의 문제를 크게 다루지 않은 반면 동원심리, 리더십의 심리, 인사선발, 군대생활의 심리, 전투심리, 공격사기,[1] 방어사기[2]와 같은 문제를 고루 다루고 있었다. 당시 독일은 미국과는 달리 군사심리학이 철학과 밀접히 연관되어 있어 실험보다는 통찰과 직관에 의존하는 경향이 있었고, 장병선발 시 심리검사를 사용하기는 했지만 주로 상급자의 판단에 의존하는 형편이었다. 독일 심리학자들은 선발에서 전인적 인간(total person) 평가 개념 구현을 위해 오늘날 상황검사에 해당하는 여러 절차들을 사용하기도 하였다. 미국 심리학자들도 이러한 방법을 사용하기는 했지만, 독일보다는 보다 실험적 방법과 절차를 통해서 문제를 보다 객관적으로 접근하는 방식을 선호하였다(Boring, 1945).

독일은 1차대전에 패배하면서 패배의 원인을 ① 정치집단과 군대집단의 완전한 통합의 실패, ② 군 내의 일부 배반자들, ③ 전쟁의 승리를 이끌만한 국민들의 힘이나 용기 부재 등에 돌리고, 국민도 국가의 승리를 위한 전쟁의 일원으로 봉사해야 한다는 총력전(total war)의 개념을 탄생시키게 된다. 1930년대 나치정권이 들어서면서 히틀러는 국민 모두가 국가의 정책에 따라 싸워야 하며 국가의 주요사안에 대해서는 국민들이 일치된

1) 공격사기(offensive morale): 유언비어, 선전, 태도와 동기에서의 민족간 차이를 분석하여 상대국의 사기를 꺾는 연구.

2) 방어사기(defensive morale): 자국 내 민간인과 군의 사기를 진작시키는 연구.

생각으로 국가를 지지해야 함을 강조하였다. 이러한 전 국민의 무장화 작업을 위해 나치는 독일군 최고사령부 아래 심리일반참모단(Psychological General Staff Group)을 설치하여 [1] 연구, [2] 검사, [3] 방어사기, [4] 공격사기를 집중적으로 연구하게 된다(Boring, 1945).

이러한 심리참모부서들의 활동에 따라 1933년 독일은 세계 최초의 선전조직이라 할 수 있는 '국민계몽 선전성', 통칭 '선전성'을 창설하여 국민적 단결과 강화를 위한 본격적인 정치심리전 활동을 시작하였다. 여기서는 선전상 Goebbels를 중심으로, [1] 히틀러라는 초월적 지배자 창출, [2] 국민의지 결집과 속죄양 제공, [3] 조직통합을 위한 상징적 공동체의 제공: 공익 우선, 피와 땀, 공동체의 구호를 내세우면서 상호경쟁의 윤리를 거부하고, 가족과 혈통을 초월하는 '우리 의식'을 강조하였다. 이러한 전략 하에 게르만민족 공동체의 분위기를 재생하려는 수단을 강구한 것으로써 존재불가능한 유사 공동체를 대중에 제공하였다. [4] 과격행동 촉발을 위한 감정적 호소: 각 집단의 역할을 강조하여 볼셰비즘과 유대인의 폐해로부터의 해방을 주장하였다. 예를 들면, '미래의 희망'은 바로 청년임을 강조하면서 제복, 나치당기, 붉은 표식 등을 내세워 집체운동을 강화하는가 하면 실업 청년들을 돌격대로 흡수한 것 등이다.

나치스는 이러한 상징들을 대중에 심기 위해 [1] 문제의 단순화와 집중: 대중을 향한 선전은 '단순화'와 '반복'을 제1조건으로 하며, 슬로건을 만들어 국민들의 마음을 단순히 한 곳으로 집중시킴. [2] 선전수단의 최대 활용: 자동차, 비행기, 라디오, 플래카드 등 가능한 모든 선전매체를 동원. [3] 집체행동의 위력 활용: 집단에 정서적인 동일시와 귀속감·연대감을 높이기 위해 대규모 시위나 집회를 일상화시켜 집체적이고 열광적인 분위기를 조성함으로써 청년층의 로맨티시즘을 충족시킴. [4] 대면설득과 감정이입: 선전성의 정보원들을 이용한 나치스 당원들의 농촌여행, 면담 및 구두선전 등의 방법을 동원 대면접촉으로 나타나는 정서적 효과를 증대시킴. [5] 상훈과 공포 심리의 활용: 초인적인 능력을 발휘하게 만드는 인간의 동기유발정책으로 포상과 훈장 같은 상훈을 활용하였는데, 나치스의 철십자훈장은 죽음을 무릅쓴 충성파를 양산하기도 했다. 한편 '가장 유효한 정치수단의 하나가 공포이다'라는 단순한 원리를 활용, 정치적 반대자나 유태인들에게 지속적으로 공포와 증오를 심어준 다음, 공포상태를 해소시키는 조건으로 나치즘을 지지하게 하는 반대급부를 요구하는 방식으로 인간의 공포심리를 이용하기도 하였다. 이와 같이 1차대전 후 독일은 심리참모본부의 지휘 아래 군사심리학을 다음 전쟁을 위해 준비 및 활용하고 있었다.

이러한 독일과는 달리 1차대전이 끝나면서 미국에서 군사심리학에 종사하던 대부분의 심리학자들은 대학으로 복귀하였고, 그들이 하던 연구도 중단되거나 개발된 절차나 검사들은 더 이상의 진전 없이 답보 상태로 남게 되었다. 다행히 육군에서는 군사심리학이 어느 정도 자리를 잡았으나 미완성의 수준이었고, 해군의 경우는 군사심리학이 거의 자리를 잡지 못한 상태에서 전후를 보내게 된다.

(3) 제2차 세계대전(1939~1945년)

1차대전의 종료와 더불어 약간의 후퇴를 보였던 군사심리학은, 2차대전의 발발과 더불어 다시 연구가 활기를 띠게 되었다. 미국이 1940년 무렵 2차대전에 참전할 신병들을 모집하고 있던 당시에는 독일의 군사심리학의 수준이 미국을 앞지를 수밖에 없었다. 그러나 전쟁에 참여하면서부터 미국의 군사심리학 발전은 정부와 군 당국의 전폭적인 수용과 지원으로 곧 독일을 능가하게 된다. 그 이유 중의 하나가 1차대전 기간인 1917~1918년의 2년간 성공적으로 기초를 쌓은 군사심리학의 경험 덕분이었다.

[1] 미국의 군사심리학

군 당국의 전폭적인 지원 아래 2차대전 당시에는 미국을 중심으로 특히 인사관리와 직접적으로 관련되는 연구가 활발하였다. 미 육군에서는 부관감실 밑에 인사연구 및 개발 프로그램(Personnel Research and Development Program)을 착수시켰고, 전쟁기간 동안 개발된 대표적인 검사는 Army α 및 Army β 검사를 대체할 수 있는 군대일반분류검사(Army General Classification Test: AGCT)인데, 이것은 분류와 배치를 위한 일종의 지능검사였다. 나중 적성에 대한 정보까지도 줄 수 있는 보다 향상된 검사로 발전된 이 검사를 통해 2차대전 중 약 1,200만 명의 병사들이 분류 및 배치되었다.

해군에서는 해군인사국(The Bureau of Naval Personnel)을 새로 설치하여 비록 육군보다 늦게 시작은 했지만 해군인사국의 지휘 아래 육군과 비슷한 분류계획 및 훈련계획을 발전시키게 된다. 그리고 육군 항공대와 해군은 항공 장교를 선발·분류하기 위해 대단위의 특수 심리연구소를 설치하여 운용하였다.

1940년대의 군대상황은 20년대에 비해 더욱 복잡해지고 특히 다수의 병과근무, 특수하고 어려운 임무 수행을 위해 고도의 자격이 요구되는 공군 병력의 선발 등의 문제해결을 위해 심리학자들은 특수 능력이나 적성으로 구성된 인간 지능을 생각하기에 이르렀다. 2차대전 기간 중 미 공군에서 조종 후보생에 1차 선발된 합격자는 다시 항공 승무원 분류센터에서 20개의 상이한 적성분류검사를 받게 하고 이 결과에 따라 각 직무에 배치하게 하였다. 공군 군의감실 심리학과 소속의 이러한 여러 연구소들은 조종사, 폭격수 그리고 항법사들을 위한 적성검사를 제작, 훈련 전에 실시를 하였고, 특수 업무를 위한 훈련법 향상방안을 연구하기도 하였다.

전쟁이 막바지에 이르렀던 1944년 1월 미국에서는 986여 명의 전문적인 심리학자가 군대에서 활약하고 있었고, 기타 정부 내의 전쟁 관련 부서에 276명의 전문직 심리학자들이 종사할 정도로 전쟁 기간 동안 이들의 전쟁 기여도는 눈부셨다. 이들 심리학자들은 각 연구소와 실험실에서 감각과 지각 기능, 기자재와 무기설계 시험, 군 특수요원의 선발과 훈련, 검사 제작 등의 업무에 종사하였다. Boring(1945)은 미국의 NRC에서 발간한 *Psychology for the Armed Services*란 책자에서 군사심리학의 사용가능한 7개 업무 분야로, 가 관측: 지각의 정확성과 한계, 정확한 지각을 위한 규칙들, 나 작업수행: 동작과 움직임의 정밀성, 작업과 활동에서의 효율성, 기술 획득, 다 선발: 분류, 인원의 적재적소 배치, 라 훈련: 교수법과 학습, 적성의 숙달된 기술로 전환, 마 개인의 적응: 군대생활에 대한 개인적 적응, 동기, 사기, 스트레스와 공포에 대한 반응, 바 사회적 관계: 리더십, 유언비어의 영향과 통제, 공황의 본질, 다양한 인종과 관습에 관련된 인간관계, 사 여론과 선전: 여론 평가 및 태도 측정, 심리전 등을 들고 있다.

이들을 종합해 보면 1차대전보다 2차대전 당시의 심리학적 연구는 보다 조직적인 형태로 나타났다. 이들 연구소의 연구내용들은 야간작업에 관한 연구, 상·하 의사소통 연구, 특수 상황에서의 생존 연구 등이었으며, 1차대전과는 달리 태도와 동기에 관한 연구가 보다 집중적으로 이루어졌다. 예를 들면, 군대생활에 대한 태도, 복장에 대한 선호도, 신경정신병 환자에 의한 사고, 외국근무 병사의 사기 등과 같은 실전 상황에서의 사회심리학적 연구가 이루어지기 시작했다. 1차대전 당시의 군사심리학 연구가 인사, 선발, 인간공학에 초점이 주어진 반면, 2차대전의 군사심리학 연구는 이러한 연구에 부가해서 태도, 동기, 사기 등과 같은 내용에 관심을 가졌다는 것이 차이점이라고 볼 수 있다.

2 기타 국가의 군사심리학

2차대전 중 독일은 군사심리학 연구의 금지 조치로 더 이상의 적용이 중단된다. 그러나 미국의 활발한 연구와 보조를 맞추어 1941년 무렵 동맹국인 영국군은 戰時 장교선발위원회(War Office Selection Board: WOSB)를 발족시켜 구방식의 단순 면접에서 오는 여러 문제점을 보완하는 작업을 시도하였다. WOSB는 회장, 정신병 학자, 군 검사 장교 그리고 심리학자들로 구성되었다.

동양권에서는 일본의 小保内(1941)[3)]가 진주만 공격이 발생한 지 수일 후에 『국방심리학』이란 다소 포괄적인 군사심리학 책자를 내놓았다. 그는 이 책자의 2장에서 항공심리에 관한 내용으로 산소결핍과 같은 생리적인 신체 반응, 고공병에 대한 대처와 순응, 고공병 출현에서의 개인차 문제를 다루고 있다. 3장도 항공심리에 관한 내용으로 가속이

3) 더 상세한 내용은 小保内 虎夫, "國防心理學の 現況", 『國防心理學』, 河出孝雄 編, 東京: 河出書房, 1941. 참조할 것.

신체에 미치는 생리적 반응, 가속이 동작에 미치는 영향, 균형감각, 위치지각, 신체운동지각 및 검사 등을 다루고 있다. 4장에서는 방공과 위장을 다루고 있는데, 방공위장, 정찰과 폭격방법, 방공위장의 기초로서 원거리 관측과 색채 및 형태, 물체의 가시도, 위장의 한계, 물체 및 지역 명도의 측정, 위장의 원리, 방공위장의 실제방법을 제시하였다. 5장에서는 전장(battlefield)에서 나타나는 병사의 심리에 관한 것으로 전장에서의 태도, 지각환경, 사회생활, 가치체험 등을 다루고 있다. 6장에서는 방첩 · 선무 활동과 문화공작을 7장에서는 전상자의 심리와 직업보호로 전상자의 심리, 취업지도, 직업알선과 보호, 특수 전상자문제를 내용으로 하고 있다. 8장에서는 병과 적성과 훈련이라는 제목으로 부대의 기계화에 따른 심리적 문제와 각 병과별 적성과 훈련방법을 다루었다. 마지막 9장에서는 통솔의 심리를 다루고 있는데, 군 조직의 성질, 단결과 군기, 지휘의 특성, 지휘 핵심, 지휘관의 자질, 인격, 유형, 군 조직의 상태와 지휘 유형, 전장에서의 군 통솔의 일반성 등을 내용으로 하고 있다(차재호, 2001).

(4) 2차대전 이후

1945년 2차대전의 종결과 함께 미국 심리학회(APA)가 재건되고 이어 군사심리학회가 APA의 제19분과로 설립된다. 1948년에는 APA 전체 회원의 3%에 해당하는 150여 명의 회원이, 그리고 1968년에는 APA 회원의 1.5%에 해당하는 350여 명의 회원이 미국 군사심리학회에서 활동하고 있었다. 2003년 말 현재 미국 군사심리학회 회원 수는 APA 회원의 0.5% 정도인 396명으로 이 중 남자가 314명, 여자가 82명으로 나타나 있다.

이 학회는 지금도 매 분기마다 군사심리학회지를 발간하고 있으며 국방성도 미 정부의 어느 기관보다도 많은 군사심리학자를 채용하고 있다. 이 같이 2차대전이 끝난 후에도 군사심리학은 미국을 중심으로 군 및 민간 수준에서 활발히 연구되어 왔다. 미국 군사심리학회(2005)는 Gal과 Mangelsdorff(1991)가 주장하는 핵심 연구내용을 중심으로 앞으로 군사심리학자들이 수행해야 할 포괄적인 연구과제로 [1] 선발과 분류, [2] 훈련, [3] 인간공학, [4] 환경 스트레스(예: 추위, 더위, 고도 등), [5] 리더십과 팀 효율성, [6] 개인 및 집단행동, [7] 임상, [8] 조사 및 연구, [9] 특수 주제 및 상황(예: 포로 귀환, 인질, 전역준비, 군사정보, 심리작전, 인도주의 임무의 수행 등)의 아홉 가지를 들고 있다. 2차대전 후 선발과 분류 그리고 관련 기관들을 중심으로 제한된 범위 내에서 미국 군사심리학의 발전상을 알아본다.

[1] 병사 선발 · 분류와 군사심리학

2차대전 후 미군은 다시 군대자격검사(Armed Forces Qualification Test: AFQT)를 개발

하여 소집병과 입대 중인 병사들에 대한 일반자격선발검사로 선정하고 이를 AGCT와 대치, 사용하였다. 이 AFQT는 육군, 해군, 공군 및 해병대 공동으로 개발한 것으로 언어, 수리, 공간관계 능력 측정을 위한 검사이며 검사에 의한 자격 점수는 지위에 따라 다양하지만 31% 이상 점수를 얻게 되면 더 이상의 심사 없이 모든 자격이 주어졌다. 특수분야 근무를 지원하는 고등학교 이상 학력자나, AFQT에서 10~30%간 점수를 얻게 되는 근무 지원자들은 8개의 상이한 적성영역검사로 구성된 군대분류총집(Army Classification Battery: ACB)검사를 받게 하였다. AFQT에서 6% 이하 점수를 얻게 되는 개인은 문맹자로 분류되고 다시 비언어자격검사(Nonlanguage Qualification Test: NQT)를 받게 하였다. NQT의 점수 분포는 0~42점까지이며 34점 미만자는 병역 부적격자로 처리하였다. 여성 지원자들은 AFQT와 유사한 군대여성선발검사(Armed Forces Women's Selection Test: AFWST)를 받게 된다. 이때의 기준은 50% 점수 이상이었다.

1949년 이후 사용하게 된 군대분류총집(ACB)은 최초 9개의 특수적성영역하위검사로 구성되었는데, 개정을 거듭하면서 모두 11개의 객관적인 검사로 다시 구성되었다(Goslin, 1966). 이 종합적인 적성검사의 8개 하위검사들은 소집병들을 그들의 능력에 알맞은 직무로 분류하는 데 크게 기여하였다. 1953년부터 1958년까지 분석한 통계 결과에 따르면 이 ACB검사를 받고 분류된 병사는 75%가 평균 이상의 성과를 보인 반면 단일일반정신능력검사만을 받은 사람은 53% 정도가 그러하였다. 이 ACB 검사에 부가해서 받게 되는 최초의 자동차 운전자분류검사(Driver B-I)가 개발되었는데, 이것은 3개의 하위검사로 구성되어 있다.

최근에 와서 다양한 검사총집들이 군직업적성총집(Armed Service Vocational Aptitude Battery: ASVAB)에 의해 대체되었는데, 이 검사는 모든 군 복무에 사용할 목적으로 합동으로 개발된 종합적인 선발 및 분류검사이다(Bayroff & Fuchs, 1970; Jensen, Massey, & Valentine, 1977). 군의 각 부서는 특별한 인사 분류 요구에 알맞은 사람을 선발할 때 이 검사 점수를 사용하는데 3개의 하위검사가 근무에 필요한 기본적인 자격 요건을 측정해 준다. 이 검사의 일부는 그 신뢰도와 타당성 자료가 불충분하기는 하지만 고등학교 학생 상담과 검사에도 유용하게 사용되고 있다.

2 장교 충원과 군사심리학

미국의 군사심리학에서 장교들을 위해 만들어진 적성검사의 내용을 살펴보면, 주로 장교 지원자들을 평가하기 위한 다양한 검사들이 주종을 이루었다. 장교 후보생 선발은 평가 위원회가 장교후보생검사(Officer Candidate Test 혹은 WAC Officer Test) 점수와 동시에 리더십 역량에 대한 각종 자료들을 수집 분석한 후, 허락 또는 부결 추천서를 만들어 후보생 학교장에게 보낸다. ROTC 후보생들은 일반선발검사(General Screen Test) 혹은 ROTC 자격시험(ROTC Qualifying Examination)에 의해 고급 ROTC 훈련자격을 부여했다. 이때 후보생은 군대 표준점수인 115점(60% 정도) 이상이 요구되며 '뛰어난 리더(outstanding leader)'임을 입증하는 기록을 가진 후보생에 한해 110~114간의 점수도 고려를 하였다.

또, 고등학교 이상의 학력을 가지고 육군 및 공군의 정규군으로 근무하고 있는 현역병은 미 육사 입학시험에 응시할 자격이 있지만, 이때 객관적인 언어 및 수학 적성검사로 구성된 자격시험과 과거의 근무 성적과 경력을 보는 미 육사 입학자격 조사(West Point Prequalification Inventory)를 통과해야 했다.

기타 미군에서 사용하는 장교용 특수 적성검사로는 군사언어학교 입학에 사용되는 군대언어적성검사(Army Language Aptitude Test)와 항공학교에 배치되는 장교와 ROTC 후보생의 자격과 성적을 측정하는 군대항공검사총집(Army Aviation Test Battery), 헬리콥터 조종사 후보를 선발하는데 사용되는 헬리콥터조종사선발총집(Helicopter Pilot Selection Battery) 등이 개발, 사용되었다.

3 군사심리 연구기관들

이와 같이 2차대전이 끝난 후에도 군사심리학은 군 및 민간 수준에서 활발히 연구되어 왔다. 군사심리학에 대한 관심이 이와 같이 양차 대전 후에도 계속된 배경에는 첫째, 군사심리학자들이 양차 대전을 통해 많이 배출되었고, 둘째, 군사심리학이 민간 조직에도 그대로 적용될 수 있다는 보편성이 존재하고 있다. 그 결과 여러 연구소가 군사심리 분야에 대한 연구에 참여하게 된다. 예를 들어, Rand 연구소가 공군에 의해 창설되어 군사 목적에 관계된 사회과학적 연구를 지원하였는데, 이 연구소는 특히 군사심리학에 시스템 개념을 도입하는 데 공헌을 하였다. 이 밖에도 George Washington 대학에는 인간자원연구소(The Human Resources Research Office: HumRRO)가, American 대학에는 특수전연구소(The Special Operation Research Organization: SORO)가 설립되어 군사심리학의 발전에 가담하였다. 특히 HumRRO는 여러 육군 훈련소에 실험실을 설치하여 군사훈련 개선에 큰 공헌을 하였으며, SORO는 다양한 문화적 배경을 가진 병사간의 의사소통 연구에 발전을 가져왔다. 이와 같은 군 조직 자체 내의 연구뿐만 아니라, 군에서 민간단체나 연구팀과의 계약을 통한 군사심리 연구도 매우 활발하였다. 특히 미 해군연구소(The U.S. Office of Naval Research: ONR)는 민간 연구자에 대한 재정 지원을 통해 군사심리학은 물론이고 일반심리학 연구에도 기여하였다. 그 결과 ONR은 미국 과학재단의 창설에 산파적인 역할을 하게 된다. ONR에서 지원한 연구는 주로 생리, 측정, 학습 공학, 집단

역학 등의 심리학 분야였으며, 근래에 들어서는 개인 및 집단의 모방 행동에 관심을 보여 왔다.

이후에도 미국은 군에 지원한 사람들을 선별하고 분류하여 적절히 임무에 배치하는 체계를 구축하는 데 지속적인 노력을 기울여 왔다. 그 한 예로 미 육군행동 및 사회과학연구소(ARI)에서 주도한 'A Project'는 임무수행에 기초한 통합된 인력기준을 개발하는 연구인데, 임무수행을 예언하는 지표들(인지적, 비인지적, 傳記的 측정치)을 개발하고 군인 적합성 측정치를 만들어 훈련수행을 측정하였다. 이 프로젝트를 통해 적합한 인력만을 선별하여 적절한 임무에 배치함으로써 연간 1억불 이상의 예산을 절약하는 효과를 낳기도 했다.

4 기타 국가의 군사심리학

지금까지 군사심리학의 발달 배경을 주로 미국을 중심으로 고찰하였는데, 그 이유는 군사심리학이 최초 독일군에서 시작되었지만 체계적이고 조직적으로 현대 심리학이 군사 상황에 처음 적용된 것은 미국군이었으며, 또한 군사심리학의 주류도 미국에 의해 주도되어 왔기 때문이다. 그러나 2차대전 중 독일이 한때 군사심리 연구를 금지시킨 일이 있기는 하지만, 지금은 국방성 인력관리국 소속 아래 군사심리학 연구소가 설치되어 가 적성심리학: 장교, 하사관 및 병의 적성 여부 검토, 나 군사기술심리학: 근무요령 및 환경 개선, 군장비 개발, 다 군사훈련 및 교육심리학: 효과적인 교육·훈련방법 연구, 교육성과 측정, 라 군 의료심리학: 심리검사 개발, 기능심리학 연구, 마 사회심리학: 지휘 통솔, 탈영, 하극상, 군인관, 복지 등 군 사회문제를 연구하고 있어 많은 관심을 끌고 있다.

공산권 국가에서도 군사심리학은 상당한 수준으로 발전되었고, 어떤 면에서는 서방국가의 군사심리학 발달보다 더욱 앞선 분야도 있다. 그러나 그 목적이나 내용면에서 舊소련을 비롯한 동구 공산권의 군사심리학은 미국이나 우리나라와 크게 다르다. 참고로 1972년도 USSR의 국방부에서 발간한 군사심리학에서는 군사심리학의 목적을 "병력의 사상 무장을 위한 효과적인 방법, 수단, 방식을 상술하여 건전하고도 구체적인 건의를 하는 것이다. 군사심리학은 군사적 노력의 과학적 조직화와 군사 요원의 작업 스타일을 그 이상 개선하고 완성하는 것뿐 아니라, 군대를 고도의 전투준비태세화하는 데 요구되는 시간을 단축시키는 방법을 찾아 건의를 해야 한다"라고 규정하고 있다. 한편 그들은 군사심리학의 과제를 다음과 같이 기술하고 있다.

가 군대 집단과 병사의 심리학에 입각한 군사활동의 효과성 연구
나 군 요원의 정치·이데올로기 교육 효과를 향상시키는 심리학적 조건들 연구
다 이데올로기투쟁 연구

라 전투 훈련의 효과 개선을 위한 심리학적 조건들의 상술
마 현대적 전투 조건하에서 활동을 위한 군 요원의 심리훈련양식 연구
바 고도의 부대 전투태세를 제공하기 위한 심리학적 기초 연구
사 효과적인 리더십 개선을 목적으로 한 군사 집단 내에서의 사회·심리학적 현상 연구

이와 같이 공산권에서의 군사심리학은 개인의 욕구, 흥미, 자유, 개성 등을 존중하는 방향보다는 그들의 이념, 정책 또는 명령에 복종하도록 하는 세뇌공작 혹은 무조건적인 복종에 그 주안점이 주어지고 있으며 교육내용도 이데올로기 중심적 교육이다. 따라서 이들이 적용하는 심리학적 이론은 Pavlov에 의해 제안된 조건화 이론의 범주를 크게 벗어나지를 못하고 있다. 다음에 기술된 미국을 중심으로 한 군사심리학의 영역들과 비교해 보면 그것이 보다 분명해질 것이다.

2. 한국군과 군사심리학

1) 군사심리학의 도입

역사적으로 군사심리학은 전쟁이 있은 이래로 존속해 왔다고 할 수 있다. 그러나 한국군에서 현대적 의미의 군사심리학은 미국의 제반 군사체제가 우리 한국군에 도입된 데서 비롯되었다고 할 수 있다. 따라서 현대적 의미의 군사심리학은 한국전을 전·후로 해서 도입되었다고 볼 수 있으며, 어떤 의미에서는 군사심리학이 도입되기 이전에 먼저 군사심리학의 부산물이 우리 군의 인사, 훈련, 심리전 등의 제 분야에 활용되어져 왔다고 할 수 있다. 예를 들면, 인사고과양식, 훈련의 기법 또는 전술면에서의 군사심리학적 이론에 바탕을 둔 교재 및 전술 이론 등은 미국에서 이미 발달된 군사심리학적 연구 결과들을 우리가 그대로 활용해 왔었다고 볼 수 있다.

그러나 보다 적극적 의미의 군사심리적 활동은 사관학교에서 심리학을 정규 교과목으로 가르치기 시작한 1950년대 초부터라고 볼 수 있다. 이 당시만 해도 우리나라에는 대학원 수준의 전문적 교육을 받은 심리학자가 매우 제한되어 있어서 심리학을 전공으로 하지 않은 사람들이 교관으로 활용되기도 했다. 이 같은 군사심리학의 불모지 상황에서 우리나라에서의 군사적성검사 연구로는 1953년 이진숙에 의한 「조종사의 심리학적 적성검사에 관한 연구」가 이 분야의 최초의 논문이나 실제로는 Wechsler-Bellevue 지능검사의 표준화 연구에 불과한 것이었다(차재호, 1976). 이 무렵 미국군의 위촉을 받아 이진숙과 고순덕(1954)이 한국군 장정을 위한 집단용 지능검사를 만들어 사용한 것이 이 방면

의 개척자적 역할을 했다고 생각된다(황정규, 1989).

1960년대 초부터 각 군 사관학교에서는 심리학의 석사과정을 이수한 사람들을 단기간의 군사교육을 거친 뒤에 심리학 교관으로 채용하여 심리학을 보다 본격적으로 강의하기 시작하였다. 이러한 교육 분야에서의 발전과 더불어 육군 본부 부관감실에서는 자력관리실을 설치하고 2~3명의 심리학 전공자 문관들을 고용하여 미국 육군 지능검사인 Army α 검사를 한국판으로 번안해서 실시하는 작업이 이루어졌다. 이것이 나중에 징병검사시 사용되던 집단 지능검사로 발전했으며, 그 당시의 이름은 한국군자력검사(Korean Military Qualification Test)였다.

이 무렵 군사 적성에 대한 본격적이고 최초로 평가받는 군사심리학적 연구로는 오원철(1961)의 「공군 조종사 선택검사의 개발」에 관한 것이 있다. 당시 항공의학연구소는 생화학, 병리학, 생리학 그리고 적성과의 4개 분야로 구성되어 있었는데, 오원철은 군의관 한 사람과 주로 조종사 적성검사를 만드는 작업을 하였다. 기구검사는 일본에서 수입된 양손 협응, 손·발 협응 그리고 회전원반 추적 작업의 세 가지가 기구들을 사용하였는데, 1964년 무렵 이 연구소도 축소되어 다른 기관에 흡수되었다(차재호, 1976).

이와 병행해서 공군에서도 기술 교육단 안에 심리평가실을 설치하여, 공군 사병과 장교들의 분류 및 배치에 활용되는 지능 및 적성검사의 개발과 훈련 평가에 사용될 수 있는 도구 개발을 시도한 결과 공군용 적성검사를 개발하게 된다. 1960년대 후반에도 항공기 조종사나 우주인 선발에 대한 연구는 계속되는 등 다소의 관심을 보이는 듯 했지만 현재는 지지부진한 상태이다. 이 시기에 육군이 주로 선발과 분류를 위한 집단 지능검사 개발에 주력한 반면, 공군에서는 조종사 선발을 위한 적성검사 개발에 주력한 셈이다. 이 밖에 심리학자들은 개별적으로 군의 여러 기관에 고용되어 산발적으로 연구 활동을 계속하였는데 중앙정보부 특수 업무의 심리학자 참여, 육군 본부 및 국방 대학원의 군사심리에 관련된 교재 번역 등을 그 대표적 예로 들 수 있다.

한국군에서의 보다 체계적인 군사심리학적 연구는 1966년도에 발족된 국방부 소속의 『選兵위원회』의 활동으로 이루어졌다. 이는 미 육군성의 인사분류위원회를 모방한 조직체로 미 육군성 고문관의 건의에 의하여 만들어진 기관으로, 한국군 장성(이창우 소장)을 위원장으로 석사 출신 심리학자 6명을 위원으로 한 최초의 군사심리학 연구기관이었다. 여기서는 주로 신체검사 당시 장정을 대상으로 실시하는 지능검사와 적성검사, 정신진단검사, 군 직무분석 및 재분류, 장병 등급체계 등을 연구하여 군에 건의하고 반영시키는 역할을 하였다. 이보다 2년 후인 1968년에는 육본 내에 『인간관계 개선 위원회』가 설치되어 군의 장교와 사병, 상관과 부하간의 인간관계 개선을 위한 연구가 수행되었으며, 특히 정신질환자의 조기 진단에 역점을 두고 연구가 이루어졌다. 여기서 징병검사

시 정신적 부적응자를 선별하기 위한 정신진단검사가 만들어졌으나 실제로 적용되지는 못한 것으로 기록되고 있다.

1980년대 5공화국이 들어서면서 군은 장병의 정신전력 향상에 많은 관심을 보였다. 1980년 국방부의 위촉으로 민간조직 단위로는 고려대학교 행동과학 연구소가 육군과의 계약 하에 정신전력분석과 측정 연구를 수행하여 정신전력검사를 개발하였다. 1982년 육군의 인사참모부 내에 사기과가 설치되고, 1982년도부터 군의 정신전력 향상을 위한 연구가 조남국 중령의 주도 하에 심리학 전공 장교들에 이루어지기도 했다. 그러나 이러한 조직이나 연구소 단위의 군사심리학적 연구를 떠나 보다 다양한 분야의 연구들이 개인 수준에서 산발적으로 이루어지고 있었다. 예를 들면, 군대의 사기, 리더십, 정신교육, 군 인사관리, 사고 사병의 지도, 군 상담기법, 군 인간관계, 병과 분류, 직무만족, 영향력 등에 관한 연구들이 심리학 전공자나 이와 관련된 학문을 전공한 장교들에 의해 지속적으로 이루어져 왔다.

2) 장병 선발과 심리검사

그러한 연구의 일환으로 장병 선발에 대한 검사지 개발에 대한 관심들이 있다. 1972년 병무청 선병위원회가 실용화시킨 MMPI의 축소형인 인성검사(Ⅰ)과 Rorschach 검사를 집단형으로 임의 개정한 인성검사(Ⅱ)가 입영대상자 중 정신적 부적응자를 선별하는 데 활용되었으나, 수작업 처리에 따른 과도한 시간/인력의 소요, 결과해석의 전문성 요구, 시대적 변화에 따른 재표준화와 규준 작성의 필요성 등 지속적으로 적용상의 문제점이 제기되었다.

육군도 78년부터 정신·성격장애로 인한 사고 우려자를 조기 색출하여 최대한 입영을 억제, 사고를 미연에 방지하고자 육군 제2훈련소를 비롯한 각 입영부대에서 Rorschach 기법에 의한 인성검사(Ⅰ)을 실시해 정신과 군의관의 정밀 진단을 위한 보조자료로 활용해 왔다. 그러나 이때 고도의 표준화와 1 : 1 검사가 요구되는 본래의 순수한 Rorschach 기법이 아닌, 대량의 인원을 대상으로 10매의 Rorschach 검사 카드를 슬라이드로 제시해 답을 기입토록 하는 변형된 방법을 사용한 까닭에, 그 동안 학술적 타당성과 검사의 신뢰성이 희박하다는 문제점을 노출시키며 소기의 성과를 거두지 못해 왔다는 지적을 받아왔다.

이에 따라 1990년대 들면서 검사의 신뢰도와 활용도가 높고 효율적인 또 다른 인성검사의 필요성이 대두되었고 제2훈련소는 현재 실용되고 있는 여러 인성검사 가운데 정신이상자 및 부적응자 선별, 대량인원 동시실시·처리·평가, 객관적 타당성 공인 등의 조건을 갖춘 MMPI를 군에 가장 적합한 것으로 판단, 이 검사의 육군 활용을 위한 연구를 하게 된다. 이러한 연구의 일환에 따라 최용권(1994)이 간략형 MMPI 383문항 중 표현이 부적절하거나 맞춤법이 어긋난 102문항을 수정 제작한 육군인성검사(KMPI)를 1995년부터 입소부대에서 실시하여 정신적 부적응자의 선별과 입대 후 지도 및 참고자료로 활용하도록 한 것이 그 대표적 예다. 이에 따라 육군 제2훈련소도 갓 입영한 장정들에 대해 실시하는 인성검사방법으로 육군이 채택하고 있는 Rorschach 검사 대신 KMPI를 도입, 정신 및 성격장애로 인한 군복무 부적격자를 선별하는 데 참고를 하고 있으나, 검사의 제작·절차상 문제점과 변별력, 지도 자료로서의 기능에 문제점이 있다는 주장이 지속적으로 제기되고 있는 실정이다.

이러한 문제 제기에 따라 2000년대 들어서 병무청은 1997년부터 2년간에 걸쳐 국방부 용역으로 한국 심리학회에 의해 연구되어 1999년 개발 완료된 군 인성검사(MPI)를 일부 활용하고 있지만, 육군에서는 아직도 KMPI와 박기영 군종목사에 의해 개발된 CBT[4]검사를 병행·활용하고 있으며, 부대 실정에 따라서는 비공식적으로 SCL-90R, 신 MMPI 등을 자체 실시·활용 중에 있다.

이같이 심리학 석사학위를 가진 인력이 본격적으로 배출하기 시작했던 1960년대를 기점으로 비교적 활발했던 군사심리학적 연구 활동은, 이 분야에 대한 지휘관의 관심이나 국방부 및 군의 제도적 변화에 따라 명암이 엇갈리며 단속적으로 그 명맥을 이어오고 있는 실정이다.

3. 군사심리학의 연구 영역

앞에서도 논의하였지만 군사심리학의 영역은 매우 광범위해서 이를 포괄적으로 다루기는 매우 어렵다. 따라서 여기서는 최근 미국, 독일, 그리고 러시아 연방 군사심리 연구기관들의 운용 및 연구주제를 참조하여 몇 개의 유형으로 구분해서 선택적으로 고찰해 보고, 앞으로의 한국군 군사심리학 연구에 대한 시사점을 얻고자 한다.

---

4) 비전문가라도 단시간의 자기학습으로 활용가능한 심리검사 등을 컴퓨터 프로그램화하여 학습하면서 실시/처리할 수 있는 심리검사 및 신상관리 프로그램으로 군종목사 박기영에 의해 제안됨. CD 1장으로 구성된 이 프로그램속에는 각종 심리검사(KMPI, K.H.T.P, MBTI, 그리고 자신감 및 스트레스 저항력 검사 등)와 신상관리(피검자 신상, 심리검사 결과, 상담내용 기록 등) 자료가 포함되어 있다. 이 프로그램은 2000년부터 군종장교 대상으로 사고예방 측면에서 관심 병사의 상담과 관리용으로 보급·전파되었음.

1) 미국

최근에 출간된 가장 포괄적인 군사심리학 저서라고 할 수 있는 Handbook of Military Psychology(Gal & Mangelsdorff, 1991)는 다음과 같은 7개 핵심 분야를 심도 있게 다루고 있다.

1. 군 복무자들의 선발, 분류, 배치: 심리평가와 군 인사관리, 군 근무에 있어 성격 특성과 복잡한 기술 평가, 군 장교 선발에 대한 심리학자의 역할, 자유진영 국가들의 조종사 선발, 조종사들의 공간 및 탑승 능력, 항공 운항통제 생도 선발, 군에서의 선발과 응용을 위한 시스템 연구.
2. 인적 요소와 군대 수행: 인간공학, 미・영군의 인공지능 연구, 군 복무에 따른 스트레스 영향 극복, 인간-기계 시스템: 연구와 응용.
3. 환경 요인과 군대 수행: 군대 수행에 미치는 더위, 추위, 고지대, 운동 유발 질병의 영향, 전투피로, 휴식, 수면 욕구, 군대 수행에 미치는 청각적 소음, 대기 오염, 유독 가스의 영향, 지속적인 가속과 진동 환경 및 방사능이 군대 수행에 미치는 영향.
4. 군대 수행과 리더십: 소규모 부대에 적합한 리더십, 전투와 주둔지에서의 리더십, 행정 리더십.
5. 개인 및 집단행동: 사기, 응집성, 집단정신, 군대조직에서의 문화적・사회적 활동 요인들, 극한・극서・극단적인 상황과 환경에서의 개인 및 집단행동, 전투 스트레스 반응, 병사들의 비전투 스트레스 표시・측정・대응, 군사심리학에서의 인성요인.
6. 임상, 자문 및 조직 심리: 임상 심리학적 측정, 교육과 훈련, 심리치료 및 행동 수정, 군대 장면에서 신경심리학적 적용, 군에서의 약물 남용, 성・인종차별 예방 프로그램, 복지 향상, 군사 자문.
7. 특수 과제 및 상황: 선전, 인질 협상, 군사심리학과 군에서의 여성의 역할, 전쟁 포로의 사회 복귀와 재적응.

2) 독일

독일은 국방성 인력관리국 예하에 군사심리학 연구소를 두고 다음과 같은 주제들을 연구하고 있다(조남국, 1995).

1. 군사장비 개발: 정복, 정모, 전투복, 배낭, 철모, 개인천막 등의 제조, 개인화기, 전차, 항공기 내부 조종석 내부 구조 설치.
2. 각종 심리검사 및 질문지 개발: 지능검사, 적성검사, 정신집중도 검사.

3 제도 개선: 장교 근무평정 제도, 병과분류 방법 개발, 부대 편성 및 개편에 대한 조언.

4 교육 및 훈련: 효율적 교육훈련 방법 연구, 교육성과 측정, 교보재개발, 지휘통솔법 연구, 상담방법 교육.

5 군 내부의 동향 연구: 군 내부의 일반적 문제점 파악, 부사관단의 불만 및 처우개선 연구, 신세대 장병의 가치관 및 태도 연구, 군인관, 바람직한 군인상, 군기 해이의 원인, 군 생활이 성격형성에 미치는 영향, 군의 정신교육 방향, 정신전력, 부대단결 및 사기 측정 연구, 지휘유형, 집단역학, 동기유발, 극한상황에서의 행동(탈영, 공포, 공황, 폭동 등), 알코올 및 약물중독의 문제점.

6 군 집무 및 작업에 대한 연구: 일과시간 분석, 근무환경 및 요령 연구, 직무분류 및 분석, 작업 과정 및 능률 연구, 집무실 및 작업실 구성, 안전사고분석, 정신위생.

7 인간의 한계 능력 평가: 극한 상황이 주는 심리적 부담 연구(극한, 극서, 고지대, 사막, 우주작전 등), 물리적 환경이 인간에 미치는 영향 분석.

8 적격자 선발: 생도, 참모장교, 부사관, 지원병, 군위탁생, 기술 장교, 조종사, 통신 및 레이더 운용병.

9 환자 진료 및 치료: 사고로 인한 대뇌 장애자, 신경증 및 정신병 환자 진단 및 치료, 병의 원인 분석, 심리검사, 진단서 작성.

10 월간 기관지 발간: 군사심리학 연구서, 군사심리학 회보.

3) 러시아 연방

러시아 연방 국방부 군사교육훈련총국에서 발간된 『군사심리학과 교육』의 역서(이원복, 2002)에서는, 군사심리학의 방법론적 기초를 이루는 것은 인간의 심리 및 심리현상에 관한 연구와 심리학 원칙들에 관한 연구들이며, 근무, 훈련 및 전투 임무를 완수하도록 군인을 교육하고 훈육하며 발전 및 준비시키기 위하여 군인과 군대집단의 의식에 접근하는 가장 일반적인 방법에 관한 연구라고 기술하고 있다. 이에 따라 군사심리학은 심리학 전반의 범주, 이론 및 개념 그리고 심리학적 연구방법들을 활용한다. 다만, 인식과 심리학적 연구의 대상은 군사 활동을 통하여 자신의 잠재력을 실현시키는 군인과 군대집단이다. 군사심리학은 군사업무와 군 교육과정, 그리고 부대의 제반 활동을 효과적으로 지도하기 위한 메커니즘과 사회심리학적 조건들을 연구한다고 규정하면서 오늘날 심도 있는 군사심리학적 연구가 요구되는 주된 문제들로 다음과 같은 내용들을 열거하고 있다.

1 군사력 준비와 군 개혁에 대한 현대 교육심리학적 개념의 정립.
2 군사심리학 방법론 개발.
3 군인 및 군대집단 형성의 연구와 종합 개념.
4 전문 군사업무의 현대 심리학적 이론 개발.
5 군 기강 확립의 이론 및 실질적 근거 마련.
6 군복무에 대한 심리적 좌절 및 적응, 초급 지휘자와 장교요원의 양성 및 운용문제 연구.
7 응용심리학의 정착과 군복무의 효과적인 수행문제.
8 군사심리학의 역사 연구.

지금까지 3개국의 군사심리학 연구내용을 살펴보았지만, 군사심리학이 군대문제의 심리학적 지식과 방법을 적용하는 것이기 때문에, 군대나 전쟁의 양상이 달라지면 그 내용도 달라진다는 것이 전제되어 있다. 따라서 군대의 작전개념이 새로운 병기나 통신체제의 발달로 달라지면 군사심리학의 내용도 달라져야 할 것이다. 이런 관점에서 보면, 어제의 군사심리학은 오늘의 군사심리학에 유용하게 이용될 수 있으나, 많은 새로운 부분의 보완과 첨가가 필요하다고 생각된다. 군이 당면하고 있는 고도로 전문화된 군대조직, 군복무에 대한 심리적 부담감의 증가, 그리고 장병들의 복잡해진 의식구조 등을 고려할 때, 앞으로의 한국군의 군사심리학의 영역은 우수한 군 인력자원의 확보, 효율적인 선발 및 분류와 배치, 효과적인 교육 및 훈련, 인간관계 훈련을 통한 사회적 관계 개선, 군내 부적응자의 지도 및 치료, 복잡하고 정교한 군사장비의 효율적 사용과 관련된 인간공학 등의 분야로 발전되어야 할 것이다.

제 2 장

인간과 전쟁

역사적으로 전쟁의 원인규명에 대한 연구와 논쟁은 오랫동안 계속되어 왔지만, 전쟁의 발발동기, 목적, 진행과정, 종결양상이 복잡하기 때문에 쉽게 공감적인 결론을 도출하기가 어려웠다. 지금까지 연구된 전쟁연구들을 보면 학자들은 여러 관점에서 전쟁의 원인을 찾고 있는 것으로 나타났다. 일반적으로 사회학자들은 전쟁을 생존경쟁의 한 형태로 보고 인류가 생존을 위하여 투쟁하는 한 불가피한 것이며 필연적인 현상이라고 보고 있다. 일부 심리학자나 동물행동학자들은 전쟁의 원인을 인간이 가지고 있는 투쟁본능에서 찾고 있어 모든 전쟁은 투쟁본능의 충동에서 기인한다고 보고 있다. 또 다른 심리학자들은 인간의 공격적 성향을 욕구의 좌절에서 비롯된다고 보고 있다. 군사이론가 클라우제비츠는 전쟁은 정치적 목적에 의해서 발생한다고 보고, 어떠한 전쟁이라 할지라도 정치적 목적을 달성하기 위한 수단임을 강조하고 있다.

이와 같은 견해들을 종합해 볼 때, 하나의 전쟁원인을 연구하더라도 관찰하고 분석하는 시각과 수준에 따라서 여러 가지로 설명할 수 있음을 알 수 있다. 따라서 하나의 전쟁을 연구할 때도 국가와 사회적 차원뿐만 아니라 지도자나 국민의 심리와 행동 등도 함께 종합적으로 분석하여, 여러 다른 시각들의 관계를 종합함으로써 비로소 전쟁의 원인을 포괄적으로 이해할 수가 있을 것이다. 전쟁의 원인을 규명하기 위하여 우리는 1 인간의 본성, 2 국가의 특성,[1] 3 국제체계의 구조적 특징[2]의 세 가지 분석수준을 사용

1) 한 국가의 호전성은 그 국가의 정치적 제도의 특성, 생산과 분배의 양식, 엘리트의 구성, 국민성 등에 의하여 결정된다고 본다. 여기서 국가는 통상 합리적 행위자로 간주되며, 국가는 자국의 국가이익과 국가목표를 최대로 달성하기 위하여 행동을 결정하는데, 이로 인하여 야기된 국가들간의 목표 갈등이 전쟁을 유발한다는 이론이다.

2) Waltz는 국제체계적 수준에 있어 전쟁의 원인을 국제관계의 무정부적 특징과 이로 인하여 생기는 안보딜레마(security dilemma)에 있다고 보았다. 외부의 위협에 대처하기 위해 한 국가가 자위적 조치로 군사력을 강구하게 되면, 다른 국가는 이러한 위협으로부터 자국을 보호하기 위한 군사적 조치를 취함으로써 안보의 딜레마를 형성하게 된다는 것이다. 이때 개별 국가들의 정책과 행동을 조정·통제하는 초국가적 기구가 존재하지 않는 국제관계의 무정부적 상황이 되면, 국가들간의 협동과 조화를 기대할 수 없기 때문에 국가들간의 전쟁은 불가피하다는 것이다.

할 수 있겠지만(Waltz, 1959), 여기서는 심리학적 이론의 인간의 본성 수준의 분석에 맞추어 전쟁 행위를 설명해 보기로 한다. 나아가 인간의 공격행동 및 폭력에 대한 심리학적 이론들을 고찰함으로써, 전투에서의 공격성 그리고 평상시 군대사회 내 폭력관리에 대한 기초를 제공하고자 한다.

1. 인간의 본성과 전쟁

인간은 누구나 평화를 바라고 사랑하며 전쟁을 싫어하고 증오하여 왔다. 그러나 인류의 역사를 살펴보면 전쟁사로 점철되어 왔다고 하여도 과언이 아닐 정도로 인간은 전쟁을 즐겨 왔다. 기원전 1496년부터 서기 1861년 사이의 3130년간 전쟁을 하였고, 다만 227년간이 평화로운 때였다고 하지만 그 227년도 알고 보면 평화로운 시기라기보다 오히려 전쟁을 준비하는 기간으로 보는 것이 옳을 것이다. 1918년 세계 1차대전이 끝나고 2차대전이 발발했던 1939년까지 불과 20년 사이에 무려 4,568회의 평화조약이 조인되었으며, 특히 2차대전이 발발하기 직전 11개월 동안에 211회의 평화조약이 조인되었지만 2차대전은 여전히 발생하였다.

또한 인류는 지난 5500여 년간 크고 작은 규모의 전쟁을 1만 4,500여 회나 치러 왔으며, 이들 전쟁을 통하여 36억만 명 이상의 인간이 사망하였고, 1986년 당시의 전세계 인구에게 수천 년 동안 일용품을 지급할 수 있는 규모의 재화가 파괴되었다는 한 통계가 인간의 비이성적인 일면을 잘 대변해 주고 있다(Tabunov, 1986). Durant(1991)는 그의 저서 『역사의 교훈(Lessons of History)』에서 “역사에 기록된 3421년 중 전쟁이 없었던 해는 268년에 불과하다”고 진술한 바 있다(천희상, 1991). Toffler(1993)도 『전쟁과 反전쟁(War and Anti-War)』이란 책에서 1945년부터 1990년까지의 2,340주 동안 지구촌에서 전쟁이 없었던 시기는 단 3주뿐이었다고 기술하고 있다. 2차대전이 종료된 후에도 세계의 많은 학자들은 이 지구상에서 상당 기간 전쟁은 발생하지 않을 것으로 내다보았지만, 그것은 평화를 갈망하는 인류의 소망일 뿐이지 전쟁은 부분적이나마 계속 발생되어 왔다. 2차 세계대전 이후에도 인류는 150여 회의 크고 작은 전쟁을 치렀고, 이로 인해 군인만 720만 명이 전사했다고 한다. 2차 세계대전의 전사자가 820만 명이라는 점을 고려할 때, 인류는 제2차 세계대전 이후 사실상 제3차 세계대전을 치른 셈이 되는 것이다. 분명 인류의 역사는 전쟁의 연속이었으며, 이것이 국제사회의 냉엄한 현실인 것이다(이규행, 1999). 냉전체제의 종식 이후에도 중동을 비롯한 여러 곳에서는 전쟁의 구름이 걷히지 않고 있을 뿐 아니라, 최근에도 걸프전을 비롯한 아프가니스탄 전쟁 그리고 얼마 전에 끝난 이라크 전쟁 사태는 수많은 생명을 희생시키는 참상을 몰고 왔다.

이처럼 지구상에 끝없이 전쟁이 발생하는 근본적인 요인에 대해 다양한 학자들의 견해들이 있겠지만, 온갖 제도적 장치와 교육을 통한 억제에도 불구하고 지금까지도 계속되는 전쟁 행위를 보면, 그 원인을 끊임없는 인간의 욕구충족을 위한 본능에서 찾아볼 수 있다는 일부 학자들의 주장이 매우 설득력 있게 들린다. 즉, 전쟁은 분명히 악이어서 억제되어야 하지만 인간이 생물학적으로 폭력이나 전쟁본능을 지니고 있기 때문에 자주 일어날 수밖에 없으며, 인간사회의 폭력이 인간본능에 의한 욕구 충족의 한 방편이라면, 국제사회의 전쟁은 자국의 실리추구라는 욕구를, 내전은 권력추구라는 욕구를 충족시키기 위한 수단으로 이용되고 있다는 것이다. 다만 인간의 인지발달과 함께 사회구조가 변천해 왔고 이에 따라 전쟁양상의 변화를 가져왔을 뿐이지 적자생존의 법칙과 약육강식의 원리는, 인류 초기에서부터 오늘날에 이르기까지 변함없이 적용되고 있다고 보아야 한다는 것이다.

사실 현대사회에 있어서도 많은 사람들에게 있어서 폭력과 같은 공격행동은 숨을 들이쉬고 내쉬는 것만큼이나 일상생활의 일부가 되었다. 미국에서 일어나는 폭력행동에 관한 한 통계를 보면, 1981년 미국에서 살해당한 사람의 수만도 2만 2,500여 명이나 된다고 한다. 그 본질에서는 다소 차이가 있을 수 있다고 생각되지만 살인, 가정에서의 폭력, 아동학대, 전투에서의 적 살상 등은 대표적인 폭력 또는 공격행동의 일부이다. 이러한 폭력 및 공격성이 선천적, 즉 본능적인 현상인지 혹은 학습된 것인지에 관하여 심리학자뿐 아니라 사회생물학자, 동물행동학자 그리고 철학자들은 오랫동안 논란을 계속해왔으며 아직도 논쟁은 계속되고 있다. 예를 들면, Rousseau 같은 철학자는 인간은 원래 선한 본성을 타고났으나 사회의 억압이 인간을 야비하고 공격적인 존재로 만든다고 주장하였다. 반대로 다른 학자들은, 인간의 본성은 원래 잔인하기 때문에 이 사회의 법과 질서로 엄격히 통제해야만 이러한 공격 본능을 통제하거나 승화시킬 수 있다고 주장한다. 여기서는 전체적으로 보아 이와 같은 폭력 및 공격성이 선천적인 것이며, 인간의 본성에 내재하고 있는 불변의 속성이라는 학자들의 견해를 중심으로 인간의 전쟁행동을 고찰해 본다.

1) 사회생물학적 접근

Darwin은 1871년에 쓴 『인간의 후예(Descent of Man)』라는 책에서 인간의 전쟁본능에 관해서 생물학적으로 처음 언급하고 있다. Darwin에 의하면 고등동물의 진화과정은 성(sex)의 선택에 의해 가장 많은 영향을 받게 되며, 이러한 성의 선택은 두 가지 형태의 성적 투쟁을 통하여 이루어진다고 보고 있다. 첫째 유형의 성적인 투쟁은 경쟁자를 쫓아버리거나 죽이는 것이며, 둘째 유형은 이성의 호감이나 관심을 얻으려고 경쟁하는 것이다. 이러한 성의 선택으로 인한 인간의 투쟁은 다른 자연적 선택으로 인한 경쟁보다 더욱 직접적으로 표출된다는 것이다.

사회생물학적 진화론의 대표적 학자들로는 Gumprowitz와 Ratzonnofer 그리고 Spencer가 있다. Gumprowitz는 생존경쟁의 법칙이 생물계의 철칙일 뿐만 아니라, 인류에게 있어서도 필연의 법칙이기 때문에 서로 다른 종류로 구성된 종족적 통일체에는 크건 작건 종족 대립이 작용하며, 이 최소의 종족 대립은 상황에 따라 투쟁 및 전쟁을 일으키는 데 충분한 원인이 된다고 보았다. Ratzonnofer는 정치적 전쟁의 근본 원칙으로서 절대적 적대성법칙을 세워서, 국가 내에 있어서 수 개의 정치적 인격자간의 대립이 일정한 경우에 반드시 정쟁 또는 내분을 일으키듯이, 국제간에도 모든 국가의 관심의 적대가 필연적으로 국제분쟁 내지는 전쟁을 야기시킨다고 주장하였다. Spencer는 Darwin보다도 먼저 적자생존의 중요성을 강조했으며, 진화론을 인간사회뿐만 아니라 우주 전체의 발전과정에 적용하려고 했다. 특히 그는 초기의 인간사회는 공포로 가득 찬 불안한 상태였기 때문에, 인간은 사회적 통제의 필요에 의하여 종교적 · 정치적 제도를 발전시켰다는 것이다. 그러나 사회적 조직이 확대됨으로써 사회적 통합을 위한 기능은 점점 약화되었으며, 반면에 생존을 위한 협동의 기능이 점점 증대됨에 따라 사회는 강제적 통제를 특징으로 하는 군대사회로부터 산업사회로 진화되었다는 것이다. 여기서 Spencer는 산업사회가 발전하면 할수록 갈등은 점점 둔화되지만, 개인간 또는 제도간의 간접적 경쟁은 계속된다고 보고 이러한 투쟁을 통하여 적격자와 부적격자가 구별되며, 장기적으로 계속되는 생존경쟁을 거쳐서 가장 우수한 적격자만 생존하게 된다고 하였다. 이처럼 사회생물학적 진화론에서는 사회도 생물과 마찬가지로 경쟁을 통하여 진화하고 발전할 뿐만 아니라 적자생존의 법칙에 약자는 제거된다는 이론이다. 따라서 전쟁을 문명발전의 필요악으로 간주하였다. 이러한 사회적 진화론은 적자생존의 법칙에 입각하여 자국의 국가이익을 극대화시켜야 한다는 명분을 전제로 하여, 전쟁의 순기능을 주장하는 국제적 사회진화주의로 발전하게 되며 역사적으로 파시즘이나 나치즘과 결부되었다(육군사관학교, 1991).

또한 Darwin은 생리적 특질의 차이에 따라 적자생존이 이루어지듯이 심리적 차원에서도 호전성의 차이에 따라 진화가 이루어진다고 주장했다. 예를 들어, 두 부족이 이웃에 살고 있다고 가정하자. 한 부족은 전쟁을 싫어하고 평화지향적이다. 그 곳의 아이들은 평화적 협상을 통해 갈등을 풀어 나가도록 교육받으며 커간다. 반면 이웃의 부족은 매우 호전적이다. 이곳의 어른들은 아이들의 싸움을 장려하고 잘 싸우는 아이에겐 상을 준다. 이곳 주민들은 열정과 신념을 가지고 전쟁을 즐긴다. 이들은 조만간 이웃 부족과 분쟁을 일으키고 전쟁을 벌인다. 전쟁의 결과는 뻔하다. 평화적인 부족의 영토를 점령한 호전적인 부족은 점령지의 남자를 죽이고 여자들을 겁탈, 임신시킨다. 영토 확장과 더불어 호전적인 부족의 인구는 증가하게 된다. 그 결과 호전성이 강한 유전인자는 점점 늘어나고 온건한 성품의 유전인자는 줄어들게 된다는 것이다. 생물학적 접근방법과 사회학적 접근방법을 통해 인간 행동을 연구해 온 사회생물학자들도 호전성이 인간에게만 고유한 본성은 아니라고 지적한다. 군집생활을 하는 원숭이들 역시 영토 점령과 보호를 위해 싸운다. 그러나 수백만 이상의 구성원들이 싸움을 벌인다는 점에서 인간과 가장 유사한 것은 개미다. 인간처럼 개미들도 이웃의 영토를 빼앗고 그것을 지키기 위해 전쟁을 벌인다. 인간과 똑같은 진화와 원리가 작용하고 있는 것이다. 많은 사회학자들도 비슷한 견해를 표명해 왔다. Spencer는 사람들이 자신이 속한 나라, 정당, 회사, 종교 등의 집단 동료들에게는 긍정적 감정을 느끼면서도 다른 그룹의 구성원들에겐 매우 부정적인 반응을 보이는 현상을 풀이하면서 '이중 기준'이란 것을 처음으로 제시했다. 이러한 '이중 기준'에 의해 사람들은 단결력과 충성심을 갖는 동시에 전쟁에 쉽게 흥분, 동조하게 된다고 하였다.

인간은 생물학적인 본능 행위를 즐기는 특징을 가지고 있다. 성욕과 식욕이 가장 대표적인 예다. 만약 즐겁지 않다면 사람들은 그 본능 행위를 그만 둘 것이며 결국 인류의 후손은 끊기게 되고 사람들은 굶어죽게 될 것이다. 전쟁도 마찬가지다. 말로는 평화 지향적인 체하면서도 인간은 전쟁을 즐기고 있다. 평화 시에도 사람들은 전쟁 영화나 전쟁놀이를 즐긴다. 그러나 실제의 전쟁을 더 좋아하고 있다. 제1차 세계대전이 일어난 지난 1914년 8월 때와 마찬가지로 평시의 3배나 되는 영국의 젊은이들이 걸프전쟁 기간 동안 군 모병 센터에 몰려들었다. 또한 아이들은 전쟁이나 전투에 관심을 가지며 전쟁은 바로 아이들 놀이의 주요 주제다. 아이들이 전쟁에 관심을 갖고 싸움을 즐기는 것은 좀 성숙한 아이들에게서 나타나는 성에 대한 관심과 마찬가지로 자연발생적으로 발전하게 된다. 두 경우 이런 관심은 모두 생물학적으로 결정된다. 대량 파괴 무기의 개발로, 생물학적으로 결정된 전쟁 성향은 이제 인류에게 가장 심각한 문제의 하나가 되었다(동아일보, 1991).

2) 정신분석학적 접근

인간 공격성의 본능적 기원에 대한 논쟁은 오랫동안 계속되어 왔다. 정신분석학자 Freud는 인간의 선천적 공격충동이 언제나 표현되려 하고 있으며 인간 본성의 한 근본적인 부분이라고 주장하였다. 그는 인간의 폭력적 반응들로부터 전쟁에 이르기까지 많은 공격 행동들이 남들과 자기 자신을 해치려는 이 기본적 충동을 반영한다고 보았다. 따라서 인간의 미래에 대한 그의 견해는 비관적이며, 인류가 존재하는 한 폭력이나 전쟁과 같은 공격적 행위들을 불가피한 것으로 생각하였다(Phares, 1984).

Freud는 1932년 Einstein에게 보낸 그의 편지에서 인간의 공격성에 관한 자신의 견해를 잘 보여 주고 있다. 세계평화의 증진을 위해 국제연맹의 노력에 관여한 Einstein은 Freud에게 사람들이 왜 전쟁을 하는가에 대한 질문을 하면서 인간이 '증오와 파괴의 욕망'을 가지고 있는가를 물었다. 이에 대해 Freud는 다음과 같은 답장을 보낸다.

> …당신은 사람들을 전쟁에 열광하게 만들기가 매우 쉽다는 사실에 무척 놀라움을 표시했고, 전쟁狂들의 노력에 야합하고 있는 사람들에게서 작용되고 있는 어떤 것, 즉, 증오와 파괴의 본능이 있을 수 있다는 의견을 보내 주었습니다. 나는 다만 그것에 전적으로 동의할 뿐입니다. 우리는 그런 종류의 본능이 있다고 생각하며 실제로 지난 수년간 그것의 표출을 연구하는 데에 힘을 쏟아 왔습니다. 죽음의 본능은 파괴적인 본능으로 전환됩니다. 그것은 외부 대상들을 지향하게 됩니다. 말하자면 살아있는 외부의 생물을 파괴함으로써 그 자신의 생명을 보존합니다.…

개인무의식을 강조한 Freud와 달리 집단무의식(collective unconscious)을 강조한 Jung은 '유사 이전 수백만 년의 조상 대대로의 경험의 침전물'로서 우리 모두의 조상들의 공동 경험에서 발생하는 집단무의식의 한 원형(archetype)에서 우리의 공격성, 잔인함과 부도덕성을 찾고 있다. 그것은 '그림자(shadow)'라고 불리는 원형으로 인간 성격의 어둡거나 사악한 동물적인 측면을 대변하고 있는 부분이다. 그는 이것이 존재한다는 증거를 꿈속의 귀신과 악령들에서 그리고 원시미술과 신화에서 발견될 수 있다고 하였다(Phares, 1984).

3) 동물행동학자들의 견해

Lorenz(1974)같은 동물행동연구자(ethologist)들은 인간에게 있어서 공격이란 죽이고 파괴하는 무학습본능의 일부분이며 원시 과거의 흔적으로 보고 있다. 공격성의 본능적 기원에 대해 이를 지지한 노벨상 수상자 Lorenz는 동물과 인간 모두에서 동족의 성원들에게 향해지는 투쟁본능이 있다고 믿었다. 이 공격적 에너지가 여러 가지 행동 형태들을 통해 규칙적으로 발산되지 않는다면 그것이 누적되어 적절한 환경적 자극이 없을 때도 표현될 수 있다는 것이다. Lorenz의 주장이 내포하는 중요한 의미는, 개인으로 하여금 자주자주 자그마한 적대 및 공격행위들을 할 수 있도록 해줌으로써 치명적인 공격행동을 예방할 수 있다는 것이다. Lorenz는 또한 우리의 조상들이 동족살상에 대한 선천적 저항감을 발달시키지 못했기 때문에 공격성이 계속 문제될 것으로 보았다. 그에 의하면 다른 종들은 종족의 다른 개체들에 대한 공격성을 살육까지 몰고 가는 일이 거의 없다는 것이다. 그러나 Wilson(1975) 같은 학자들은 이에 대해 사자나 하이에나 같은 동물들도 동족을 이따금 죽인다는 증거가 있다고 주장한다.

여러 학자들의 비판처럼, 기본적으로 Lorenz의 주장에는 두 가지 면에서 결함이 있다. 첫째, 앞에서 말했듯이 이 이론들을 지지해 주는 분명한 실험적 증거가 부족하다는 것이다. 둘째, 그의 이론들은 폭력 및 공격의 표현에 있어서 문화들간에 왜 그렇게 큰 차이가 있는지를 잘 설명해 주지를 못한다. 어떤 문화의 종족들은 끊임없이 서로 싸우는 반면, 다른 문화의 구성원들은 거의 싸우는 일이 없다. 또한 그의 본능이론은 한 주어진 문화권 내에서 개인들간 공격성의 차이를 잘 설명해 줄 수 없다는 한계를 안고 있다.

지금까지 전쟁원인에 대한 일부 인간의 생물학적·본능적 주장들을 개관하였지만, 우리는 이러한 주장들에 대한 명확한 증거를 갖고 있지 못하다. 그러나 최근에 와서 인간이 생물학적으로 전쟁본능을 지니고 있다는 주장이 다시 제기되고 있어 관심을 끌고 있다. 1990년대 걸프전과 관련하여 영국 Ulster 대학교 심리학과 리처드 린 교수가 『인간의 전쟁본능에 관한 분석』에서 이 질문에 대한 대답을 하였는데 불행히도 대답은 '그렇다'이다. 그러한 주장에 많은 문제점을 내포하고 있음에도 불구하고, 여기서 그는 인간이 생물학적인 전쟁본능을 갖고 있다고 주장한다. 다행인 것은 동시에 생물학적인 공격성향은 억제될 수 있다고 생각하는 것 같다. 예를 들어, 일부 기독교사회에서는 수세기 동안 성적인 충동이 사회적 강제로 인해 잘 통제되었으며 많은 사람들이 20대 후반 결혼할 때까지 금욕생활을 했다는 것이다. 전쟁성향을 줄이는 것도 이와 마찬가지 방법으로 가능하다는 것이 그의 주장이다. 이를 위해서는 선진국들 사이에서 침략 잠재국에 첨단 무기를 판매하는 식의 모순된 행위를 억제하는 국제적 합의가 필요하며, 유엔은 침략국이 인근 국가를 공격할 때마다 단호하게 대처할 필요가 있다고 본다. 린 교수는 걸프전쟁에서 보여준 유엔의 만장일치에 입각한 대응 조처는 바로 생물학적인 전쟁성향이 억제될 수 있다는 고무적인 신호의 하나로 본다.

결론적으로 전쟁 행동에 관한 생물학적·본능 이론들의 견해와 주장들은 아직까지도 일부 지지를 받고 있지만, 우리는 그러한 이론들이 전쟁이라는 복잡한 인간의 행동을 설명하는 데 제한적인 설명만 제공할 수 있음을 알 수 있다.

2. 인간의 공격행동에 대한 설명 이론들

인간의 전투행동에 관련된 동기 중 대단히 중요한 동기 중의 하나가 공격성이다. 공격성을 명확히 정의하기는 상당히 어렵다. 왜냐하면 이 개념은 일상생활에서 여러 가지 다른 의미로 사용되기 때문이다. Zillmann(1978)은 공격을 제3자에게 신체적 혹은 물리적 손상을 주려는 시도로 정의한다. 이러한 정의에서 심리적 피해는 제외될 것이다. Berkowitz(1974), Feshbach(1970) 같은 연구학자들은 공격이 단순히 해를 입히는 것보다는 해를 입히려는 의도를 포함해야 한다고 주장한다. 반대로 Buss(1961)에 있어서 공격이란 의도와는 무관하게 제3자에게 해를 주는 행동 전부이다. 궁극적으로 어떤 정의가 적합한지는 그것이 그 주어진 환경들 아래서 행동을 얼마나 잘 이해할 수 있게 해주는가에 의해 결정될 수 있을 것이다. 아동들의 공격에 적용되는 정의는 우리가 정신과 환자들의 공격을 연구할 때는 적합하지 않을 것이다. 그리고 동물들의 공격성을 연구하는 데 도움을 주는 정의들은 인간들에게 잘 적용되지 않을지 모른다. 인간의 공격성에 대한 한 전형적인 정의는 Baron(1977)이 내놓은 것이다: "공격이란 그러한 취급을 피하려고 하는 다른 생명체를 해치거나 다치게 하려는 목적을 가진 모든 행동 형태"이다.

따라서 공격행위는 의도적으로 타인에게 상처나 고통을 주는 것을 목적으로 한 행위로 정의할 수 있다. 물론 이 정의에 따르면 행동의 결과는 가시적인 것이어서 타인에게 해를 입혔는지 아닌지를 쉽게 구분할 수 있으나 그 행위가 의도적인지는 본인 이외의 제3자가 뚜렷이 구분할 수 없다는 애매한 점이 있다. 이러한 애매성을 완전히 탈피할 수는 없으나 공격의 범주에 들어갈 수 있는 행위들을 몇 가지로 세분해 보는 것은 공격의 실체를 파악하는 데 많은 도움을 줄 수 있을 것이다. 또한 폭력과 그에 따르는 인간의 고통을 감소시키고 전투 시 공격행동에 대한 이해를 도우며 나아가 '폭력의 관리자'로서 직분을 다하기 위해서 우리는 먼저 인간의 공격성을 이해하는 것이 필요하다. 나아가 조직 속에서 '불의'의 폭력이 일어나지 않도록 공격을 억제시키는 조건들은 물론, 공격을 촉진시키는 조건들도 연구해서 전투에서 활용하도록 해야 할 것이다.

1) 공격성의 본질

인간의 공격행동이 본능적이냐 아니냐 하는 데 대한 명확한 증거는 없는 것 같다. Freud의 이론을 제외한 공격본능설의 대부분은 동물행동의 관찰 및 실험결과에 기인한 것이나, 실제로 이와 반대되는 결과를 얻은 동물실험 사례도 다수 있기 때문이다. 이에 따라 인간의 공격성에 관한 세계적 권위자인 사회심리학자 Berkowitz 같은 학자는, 공격행동에 있어서 학습이 중요한 역할을 한다는 점에서 인간이 동물과 근본적으로 다르다고 주장한다. 즉, 인간에게 있어 공격성이란 선천적, 본능적인 요소가 있다 하더라도 상황적인 요인에 따라 바뀌어 진다는 것이다. 이와 같이 공격성의 본질에 대한 여러 학자들의 주장은 다소 차이가 있기 때문에 이들을 종합적으로 고찰해 볼 필요가 있다.

(1) 공격행동의 본능적 · 생물학적 결정요인들

인간 공격성의 본능적 및 생물학적 기원에 대한 논쟁은 오랫동안 계속되어 왔다. Freud, McDougall, Lorenz 등의 학자들은 인간은 투쟁하려는 생득적 욕구나 선천적 공격충동이 언제나 표현되려 하고 있으며 인간 본성의 한 근본적인 부분이라고 주장하여 왔다. 비록 다른 욕구들에 대한 생리적 기제와 동일한 공격적 감정과 연결된 생리적 기제들이 있다는 것은 알려진 바가 없지만, 그들은 공격성이 배고픔이나 목마름 같은 생리적으로 기초된 하나의 기본적 욕구라고 주장한다.

Freud 이론에 의하면, 인간은 삶의 본능인 에로스(eros)와 죽음 또는 파괴본능인 타나토스(thanatos)를 원래부터 타고나며, 여기서 죽음의 본능이 외부로 향하게 되면 적개심, 파괴 행위 그리고 살인 등의 공격행위로 나타나게 된다고 하였다. 그는 이러한 공격성이 분출되지 못하면 어떤 형태로든지 폭발하게 되어 있으므로 이 본능을 통제하고 승화시키는데 사회가 결정적인 역할을 하여야 한다고 주장하였다.

공격성의 본능적 기원에 대해 이를 지지하는 Lorenz는, 인간의 또 다른 독특한 성질이 공격성을 증진시킨다고 말한다. 인간은 지속적으로 투쟁본능을 억제하려고 애쓰는 반면, 동물세계는 그렇지 않다는 것이다. 앞에서 말했듯이 이런 식의 억제는 공격 에너지의 누적을 가져오며 그것은 잔혹한 방식으로 표현될 수 있다. 겉으로 보기에 착하고 온순하며 자제심이 강한 사람이 어느 날 갑자기 경고도 이유도 없이 가족 전체를 살해하는 이유가 이런 것일 것이다.

보다 실험적인 입장에서 공격성에 있어 유전의 역할을 연구한 학자는 Plomin과 Foch(1981)이다. 인형을 사용한 쌍생아 아동들(5~11세)의 공격성 연구에서 아동들의 반응을 유전적으로 분석하였으나 공격에 유전이 영향을 미친다는 증거를 발견할 수 없었다. 그러나 그들의 연구는 사람들이 선천적으로 공격적인가 하는 문제가 아니라, 사람들의 유전적 차이가 공격적 행동에서 관찰된 차이와 관계가 있는지 여부를 다룰 뿐이라는 것을 알아야 한다.

공격성에 있어 생물학적 유전의 역할에 관한 한 특수한 가설이 Klinefelter 증후군이라 불리는 23번째의 성 결정 염색체가 XYY인 염색체 이상에 대한 연구에서 나왔다. 여분의 Y염색체를 가진 XYY형 남자들은 보통 사람들보다 더 크고, 특이하게 공격적이라는 연구가 보고되었다. 초기의 연구들은 교도소 폭행죄 수감자 가운데서 XYY 남자들의 비율이 통계적으로 유의미하게 높다는 결과를 내놓았다(Jarvik, Klodin & Matsuyama, 1973). 신문기사들은 이러한 발견을 과장해서, XYY 남자를 마치 유전적으로 공격과 폭력의 경향성이 있는 것처럼 보도하였다. 몇 명의 XYY 남자들은 그들이 유전의 무력한 피해자들이고, 따라서 자신의 행위에 책임을 질 수 없다는 근거로 형사적 책임을 면제받기도 하였다. 더욱 최근의 연구들은 제2의 Y 염색체의 존재와 공격성 사이에 어떤 연관이 있는지에 대해서 의문을 제기한다. 더군다나 이 XYY 발생의 빈도는 1,000회 출생 중 1회 정도로 매우 드물며, 대부분의 XYY 남성들이 아주 정상적인 삶을 영위할 뿐 아니라 정상적인 남자들보다 더 공격적이지 않다는 것을 발견했다(Kessler, 1975).

그러나 조사자료는 이 유전적 구조를 가진 남자들이 정상적 남자들보다 교도소나 정신병원의 수용자가 될 가능성이 더 크다는 것을 알려주었다. 현재로서는 XYY 염색체형이 성격과 행동에 미치는 영향에 관해서 알려진 것이 거의 없기 때문에, XYY 가설이 별로 믿을 만한 것이 못되지만 왜 이런 결과가 나오는지에 대한 계속적인 연구가 진행되고 있다.

기타 뇌의 시상하부의 내측 부분이나, 변연계의 중격(septum), 편도핵(amygdala) 등이 동물실험 결과 분노행동 및 공격성과 관계가 있는 것으로 밝혀져 이 분야 연구자들의 관심을 끌고 있다.

(2) 욕구좌절-공격 가설

대인관계의 아주 사소한 분야에서부터 국가간의 커다란 충돌에 이르기까지 욕구좌절은 공격의 강력한 매개요인이다. 욕구좌절과 공격간의 관계에 대한 체계적인 심리학적 이론은 Dollard, Doob, Miller, Mowrer 및 Sears(1939)에 의해 처음으로 기술되었다. 욕구좌절은 언제나 공격을 낳고, 공격은 언제나 욕구좌절의 결과라고 주장한 이 이론은 비교적 극단적인 일면을 보여준다. 이들 학자들에 의하면 욕구좌절이란 한 개인이 설정한 목표나 목적에 도달할 수 없는 장애물이 나타났을 때 느끼는 위협감에서 비롯되는 것으로 공격성을 유발시키는 원인이 된다. 공격은 위장되거나 지체 혹은 다른 사람이나 물건들로 옮겨질 수 있지만, 결코 분해되는 일은 없다. 상급자 대신 개나 고양이를 걷어차거나, 몇 년을 기다려 앙갚음을 하거나, 혹은 반응을 교묘하게 위장할 수는 있겠지만 그 공격은 언제 어디선가 어떻게든 표현되기 마련이다.

이 가설의 검증으로서 가장 널리 인용되는 연구가 Barker, Dembo 및 Lewin(1941)의 실험이다. 그들은 아동들을 재미난 장난감이 많이 있는 방에다 두고 장난감을 보는 것은 괜찮지만 절대로 만져서는 안 된다는 주의를 주었다. 나중에 장난감을 가지고 놀 수 있도록 허용되었을 때, 이 아동들은 다른 비교집단의 아동들보다 매우 적대적으로 그리고 파괴적으로 장난감을 가지고 놀았다는 것이 발견되었다. 그러나 이 단순한 욕구좌절-공격 가설의 결함들이 제기되기 시작하였다. 욕구좌절을 당할 때 누구나 공격을 나타내지는 않으며, 또한 동일인이 좌절에 대해 언제나 공격으로 반응하지 않는다는 것이 지적되었다. 욕구좌절에는 때때로 우울과 위축이 뒤따른다. 더구나 공격은 때때로 좌절이 없을 때에도 발생한다는 것이 입증될 수 있다. 모델링 연구들은 아동들 자신이 좌절되지 않았다 할지라도 모델을 모방하여 장난감 인형에 대해 폭력적이 된다는 것을 보여 주었다. 훈련 부사관들은 단지 신병들을 강인하게 만들기 위해서 공격적으로 행동한다고 알려져 왔다. 어떻든 모든 공격사례를 좌절의 틀 속으로 우겨 넣는 것은 합당하지 못한 것 같다. Miller(1941)는 이것을 깨닫고 변형된 욕구좌절-공격 가설을 제안하였다. 그는 욕구좌절이 많은 반응을 산출할 수가 있는데, 공격은 그 중의 하나일 뿐이라고 제안하였다. 많은 상이한 조건들이 욕구좌절과 공격간의 연결에 영향을 미칠 수 있는데, 그 개인이 사회화 과정에서 학습한 것이 그 중 한 가지이다. 이제 과제는 이 다양한 조건들을 확인하고 보다 위장된 형태의 공격성을 탐지할 수 있는 방식들을 개발하는 것이 되었다.

욕구좌절-공격 가설이 내포하는 가능성들을 인정하면서도, 많은 연구자들은 그것을 실험적으로 연구하는 어려움들 때문에 오랫동안 의욕을 상실하였다. 그러나 1960년대에 Berkowitz(1969)에 의하여 연구 프로그램이 시작되었는데, 그는 공격을 욕구좌절에 대한 몇 가지 가능한 반응들 중 한 가지에 지나지 않는 것으로 보았다. 그의 주장은 욕구좌절은 처음에 공격이 아니라 분노를 유발한다는 것이었다. 그 상황에서 적절한 단서들이 있다면 공격이 나타날 것이다. 만일 그러한 단서들이 없다면 상황의 성격이 정확하게 어떠하냐에 따라 그 사람은 좌절을 극복하려고 참을성 있게 노력하거나 우울해지거나 혹은 위축될 것이다(Seligman, 1975). 여러 실험적 연구들은 원래의 욕구좌절-공격 가설을 지지하기보다는 좌절이 있을 때 공격이 불가피한 것이 아니라는 Berkowitz의 주장을 강화해 주는 것같이 보인다. 그러나 체험된 욕구좌절이 타인에 의한 개인적이고 임의적인 것으로 보여질 때나(Zillman & Cantor, 1976), 개인의 행동의 자유를 빼앗아 갈 때(Worchel, 1974)는 욕구좌절과 공격이 직접 연결될 수 있다는 증거들이 나타났다. 이러한 결과들은 개인적 통제의 개념과 공격성간의 연결을 시사해 준다. 이제는 어떤 한 상황에서 누구나 똑같은 정도의 좌절을 체험하는 것도 아니며, 모든 사람들이 욕구좌절에 대해 똑같은 방식으로 반응하는 것도 아니라는 사실이 분명해졌을 것이다.

(3) 사회학습과 공격

인간의 공격성을 설명하는 데 있어서 본능 이론들도 욕구좌절-공격 가설도 그 자체만으로 적절하지 않다는 것이 일반적으로 인정된다. 분노심을 느낀다고 해서 모든 사람이 공격행동을 하는 것은 아니다. 또한 화가 나지 않는 상태에서도 공격행동이 가능하다는 사실은 분노심과 공격행동이 직접적인 상관관계를 갖는 것이 아니며, 따라서 공격행동의 통제가 가능하다는 것을 시사한다. 즉 인간의 공격행동은 과거의 경험이 누적된 사회적 학습을 통하여 형성된 습관에 의해 큰 영향을 받는다. 사회학습 이론가들은 우리가 공격적인 모델을 관찰함으로써, 혹은 우리 자신이 한 공격적 행동에 강화를 받음으로써 더 공격적이 된다고 주장한다(Bandura, 1976). Bandura는 강화의 중요성을 인정하지만 강화가 행동들이 습득되는 유일한 방식은 아니라고 생각한다. 사람들은 단지 남들을 관찰하기만 해도 학습할 수 있으며 그리고 나서 그들이 본 것을 반복할 수 있는 것이다. 고전적 및 조작적 조건화가 의존하는 통상적 강화들이 언제나 필요한 것은 아니다. 자동차 중심권의 문화에서 성장한 아이들은 후에 운전을 배울 때 그들이 필요한 대부분의 기술이나 지식을 단순한 관찰에 의해 이미 습득해 두었기 때문에 쉽게 운전에 익숙하게 된다. 그러나 Bandura가 강화가 복잡한 행동과 무관하다고만 주장하는 것은 아니다. 한 행동이 일단 학습되면, 그 행동이 발생할지의 여부를 결정하는 데는 강화가 중요하다고 보는 것이 그의 입장이다.

공격의 영역에서 모델링의 효과를 보여주는 폭력적 모델 관찰에 관한 고전적 연구가 학자들에 의해 이루어지고 난 다음, Bandura가 보여준 몇 가지 중요한 실험에 따르면 아동이 공격적인 행위로 처벌을 받는 모델을 관찰할 때, 공격으로 인하여 보상받는 모델보다 그 모델을 훨씬 덜 모방했고 비공격적인 모델에 잠깐만 노출시켜도 공격의 표현을 억제시킬 수 있었다. 공격이 보상을 가져올 때는 공격의 표현이 고양된다는 Bandura의 주장은 이제 증명이 별로 필요치 않다. 이상과 같은 증거는 공격이 종종 공격관찰의 직접적인 결과라는 일반적 주장을 분명하게 지지해 주는 것 같다.

우리가 어른이 되는 것의 많은 부분이 가족 내에서의 초기 아동기 경험에 의해 결정된다는 생각을 논박할 사람은 없을 것이다. Sears, Maccoby와 Levin(1957)은 자녀양육과 공격간의 관계를 알아보기 위하여 수백 명의 어머니들을 면담하였다. 어머니들 대부분이 아동의 공격통제가 매우 중요하다는 관념은 받아들였지만, 그들이 이 목표를 이루기 위해 밟은 길은 각양각색이었다. 이 연구 결과에 나타난 흥미있는 결과는 양친이 아동과의 관계에서 매우 허용적일 때 아동의 공격 수준이 높아진다는 것이다. 이는 Bandura가 주장한 것처럼 그러한 양친들은 아동의 공격성을 강화한다. 그러나 또한 공격행위를 심하게 체벌하는 양친의 자녀 또한 공격적이 된다는 것도 발견되었다. 그러한 처벌에서 오는 좌절과 분노가 아동의 공격성을 증가시키는 작용을 하는 것이 틀림없다. 양친의 처벌은 또한 아동에게 따라갈 모델을 제공해 주었을 가능성이 있다. 아동이 공격적이 될 확률이 가장 높은 것은 양친의 자녀양육에 대한 강한 불안, 낮은 자기존중, 어머니가 아버지를 존중하지 않음, 현재 생활상황에 대한 불만, 어머니의 역할을 깔보는 경향, 아동 양육방법에 대한 의견대립 등등과 같은 특징이 나타날 때였다.

공격적 양친에게서 공격적 자녀가 나오는 경향이 있다는 Sears 등의 결과는, 현대사회의 한 어두운 측면인 아동학대에서 그 확증을 얻는다. 아동학대는 태고로부터 있어 왔지만 최근에 와서야 지속적으로 언론의 관심을 받았다. 문제의 심각성에 대한 전문가들의 의식도 높아져서 점점 더 많은 사례들이 보고되고 있다. 아동학대는 어느 한 특별한 사회경제집단에 국한된 것이 아니라 모든 사회계층에서 발생한다(Gil, 1973; Fontana, 1971). 종종 아동학대는 양친의 한쪽 혹은 양쪽이 아동을 길들이다가 또는 자식을 그냥 미워해서 거부하는 것이 학대로 나타나 버린다. 이런 성향의 부모들은 결과적으로 아동의 사소한 잘못까지도 학대 반응을 일으킬 수 있다. 학대당한 아동들은 성장하여 학대하는 양친이 되는 수가 많으므로 불행하게도 모델링의 역할은 여기서도 학습되는 것 같다.

2) 공격성과 성격변인

일반화된 성격특성들이 어떤 식으로 공격에 영향을 미치는지에 대한 연구는 많지 않지만, 지금까지 연구된 결론을 참고하는 것이 전쟁포로의 취급이나 기타 군대상황에서 도움이 될 것으로 보여 간단히 소개한다.

약한 범죄나 중간 정도의 공격행동과 관련된 범죄자를 대상으로 연구한 Beck(1968)은 자신의 분노와 적대감을 인정하는 사람들보다 스스로 자제심이 강하다고 보는 사람들이 공격행동의 빈도가 낮음을 발견하였다. 여기서 자제심이란 MMPI[3] 문항 중 "때로 나는 욕하고 싶어진다" 혹은 "이따금 나는 내가 왜 그렇게 괴팍하게 굴었는지 이해할 수 없다" 같은 문항에 '그렇다'고 인정하기 싫어하는 경향성을 의미한다. 그러나 살인같이 극단적인 공격행동을 할 가능성은 두 집단간에 차이가 없거나 자제심이 강하다고 보는 집단에게서 오히려 크게 나타나는 경우도 있었다. 즉 자제가 지나친 사람들은 약간 도발적인 상황들에서는 자신의 분노, 즉 공격을 통제하는 것 같이 보이지만 도발이 강해지면 자제심을 잃어버릴 수 있다.

내외통제(locus of control)의 성격변인을 가진 피험자들의 연구도 흥미있는 결과를 보여주고 있다. 피험자들을 상대방이 피험자에게 사용하는 충격강도 수준을 점점 높이거나 낮추거나 혹은 일정하게 유지하도록 하는 경쟁적 반응시간 실험에 참여시킨 결과, 내

3) MMPI(Minnesota multiphasic personality inventory): 미네소타 대학의 Hathaway와 Mckinley 교수팀이 제작한 질문지형 성격진단검사로 주로 임상 장면에서 많이 사용된다.

적 통제자들[4]은 상대방의 충격 수준에 맞추어 같은 방식으로 반응하는 경향이 있는 반면, 외적 통제자들[5]은 상대방의 충격 수준 선택에 대한 반응에서 비교적 변화를 덜 나타낸다는 것이 발견되었다. 그러므로 스스로의 행동이 상대방에게 효과를 미친다고 생각하는 내적 통제자들은 상대방이 하는 데 따라 공격행동을 변화시킬 가능성이 더 크다.

3) 공격표현을 촉진시키는 상황적 요인들

많은 특수한 조건들이 공격의 표현에 영향을 미칠 수 있다는 것은 말할 필요가 없다. 모델링 효과는 모델들이 어떤 사람이며 그들에게 무엇이 일어나는가에 의하여 매개된다. 의도적으로 끼치는 피해는 무심결의 피해보다 보복을 더 자극할 것이다(Dyck & Rule, 1978). TV에서 허구적으로 묘사된 폭력은 삶의 한 단면으로서 묘사된 폭력보다 모델링 효과가 작다(Green, 1980). 그러한 상황적 요인들 때문에 폭력에 관한 어떤 결론도 모든 사람들에게 동일하게 적용된다고 보기는 매우 어렵다. 우리는 아래에서 몇 가지 상황요인들에 초점을 맞추어, 그 요인들이 특수한 상황에서 어떻게 작용하는지를 알아보고자 한다(Phares, 1984).

(1) 더위

상식적으로 우리는 길고 더운 여름철에 성질이 불같아 진다는 것을 안다. 심한 무더위로 인한 짜증은 순간적으로 폭력을 행사하게 되는 원인이 된다. 미국 폭동위원회조차 1960년대와 1970년대에 도시들을 휩쓴 폭동들이 여름의 더위에 의해 더 확산되었다는 것을 시사하고 있다. Griffitt와 Veitch(1971)가 한 것 같은 실험연구들도 더위가 사람을 흥분하기 쉽게 만들고, 남들에게 부정적 반응을 하게 하고, 공격을 가져온다는 생각을 더 강화해 주었다. 그러나 전체로 볼 때, 이에 대한 경험적 증거는 분명하지 않다. Baron(1977)은 증거들을 개관하면서, 더위와 공격 표출간의 관계는 보다 복잡할 것이라고 시사하였다. 그는 어떤 지점까지는 기온의 상승이 공격의 상승을 가져올 것이지만, 그 지점을 넘으면 더위의 불쾌한 효과를 피하려는 동기가 너무 강해져서 공격이 실제로 줄어들기 시작할 것이라고 주장한다. 그러나 더위의 어느 지점에서 폭력의 감소가 일어나는지는 논쟁의 대상이 되고 있다. Carlsmith와 Anderson(1979)은 Baron의 자료를 다시 분석하면서, 폭동의 확률이 기온 증가와 더불어 직접 증가한다는 결론을 내리고 있다.

범죄심리학에서는 여름철에는 대인범죄가 높고 겨울철에는 대물범죄 비율이 높다고

4) 자신과 관련있는 사건들이 자신의 통제에 의해 일어난다고 믿는 사람들.

5) 자신과 관련있는 사건들이 자신의 통제가 못 미치는 외적 영향의 탓이라고 믿는 사람들.

설명한다. 여름철에 대인범죄가 높은 이유에 대해서 기타 사회·생물학적 요인들도 작용하겠지만, 계절적 요인으로는 사람들이 외부활동 시간과 빈도가 증가하고, 동시에 더위와 습도 등으로 불쾌지수가 높아 신경질적이고 화를 잘 내며, 외부자극에 민감하고 공격적 충동의 발산 가능성이 증가하기 때문으로 보고 있다. 여름철 불쾌지수의 상승으로 각종 범죄가 많이 발생하는 것으로 보이는데 이것을 '짜증범죄'라고도 한다. 불쾌지수가 상승하면 두통, 피로증, 불면증, 억울성 기분을 보이면서 다른 사람들과 사소한 문제로 충돌하는 경우가 많아, 폭력이나 살인과 같은 범죄를 저지를 가능성이 많다. 특히 여름철에 성폭력 범죄가 증가하는 이유는 봄부터 시작되는 성적 활력이 증대됨에 따른 계절적 요인이 크게 작용하는 것으로 보고 있다. 기온의 차이에 따른 범죄양상도 이와 유사한데 일반적으로 더운 지방에서는 대인범죄의 비율이 높고, 추운 지방은 재산범죄의 비율이 높은 현상을 '범죄의 기온법칙'이라고 부른다(김상균, 2000).

(2) 약물

인습적 지혜에 따르면, 술이 약간 취한 사람은 우호적이고 행복하며, 공격적이기보다는 다정하다. 반대로 취한 정도가 심해지면, 특히 좌절과 흥분이 있을 때는 호전적인 태도와 심지어는 공격까지도 나온다. 그러나 마리화나는 이완시키는 속성이 있기 때문에 실제로 공격을 억제한다고 알려져 있다. Taylor와 동료들(1976)의 연구가 이러한 관찰들을 대체로 지지해 준다. 이들 연구자들은 피험자 집단들에게 알코올이 들었거나, 들지 않은, 혹은 THC(마리화나의 주 화학성분)가 든 칵테일을 주었다. 경쟁하는 장면에서 경쟁자에게 전기충격을 주는 공격방법을 사용할 때, 소량의 알코올은 공격을 억제하는 반면, 다량은 공격을 촉진한다는 사실이 발견되었다. 그러나 다량의 알코올이 공격을 촉진한 것은 음주자를 어떠한 식으로 화나게 했거나 혹은 좌절시켰을 때에만 그러하였다. 마리화나의 경우, 소량은 공격에 거의 영향을 미치지 않는 반면 다량은 공격을 실제로 억제하는 것같이 보였다. 그러나 이 복잡한 연구영역에서 인지적 변인들의 역할을 고려해야 한다. 예를 들어, 스스로 약물을 섭취했다고 믿을 때, 도발에 대하여 공격적으로 반응하고 나서 자신의 행동을 약물의 효과로 돌린다는 것을 지지해 주는 증거가 있다(Ferguson, Rule & Lindsay, 1982). 화학물질 그 자체보다도 생각이 더 강력한 동기적 원인일 수가 있다는 것이다.

(3) 책임감의 분산

집단 속에서 사람들은 때로 혼자서는 하지 못할 행동을 하게 된다. 아마도 남들이 있다는 것이 자신의 행동에 대한 개인적 책임감을 감소시키는 것 같다. 공격적 행동에 있어서도 마찬가지인 것으로 보인다. 이 현상을 증명하기 위하여 Mathes와 Kahn(1975)은 피험자들을 혼자 혹은 셋이 같이 모욕당하게 하였다. 통제집단은 전혀 모욕을 당하지 않았다. 결과를 보면, 보복을 원하면서 3인 집단 속에 있는 피험자들이 혼자 있거나 아니면 집단 속에 있지만 모욕을 받지 않아 보복을 할 이유가 없는 피험자들보다 더 공격적으로 반응하였다. 뿐만 아니라 피험자들이 집단 속에 있을 때는 자신의 공격성에 대해 혼자 있을 때보다 책임감을 덜 느꼈다.

사회학자 LeBon(1896)은 일찍이 군중 속에 있는 사람들은 흔히 '야만적이고 파괴적'인 본능들을 자유롭게 충족시키고 싶은 속성을 가지고 있음을 관찰하였다. 그는 그 이유들을 군중 속의 사람들이 갖는 '억제불가능성과 익명성'이라는 두 가지 특징들에 있다고 생각하고, 군중의 일부를 이루고 있는 사람들은 자신을 본능에 굴복하게 하는 억제불가능한 힘을 느끼며 더욱이 군중의 익명성으로 인해 사람들을 항상 통제하고 있는 책임감은 완전히 사라진다고 하였다. 이 현상을 Zimbardo(1969)는 몰개성화라고 기술하였고 이것이 비자제적 행동을 일으킨다고 주장하였다. 즉 자기인식, 자기관찰, 자기평가가 상실되며 동시에 사회적 규범들에 대한 구속력이 사라지는 것이다. 이러한 몰개성화는 군중 속에 있게 되는 것에 연유되는 몇 가지 요인들, 즉 익명성, 책임감 분산, 군중의 규모, 활동, 새로운 비구조화된 상황, 소음에 기인된 흥분과 피로 등에 의해서 발생될 수 있다.

몰개성화와 공격성 간의 좋은 예는 원시인들이 수행한 전쟁에서 극단적 형태의 공격들에 연관된 요인들을 연구한 Watson(1973)의 분석이다. 가장 극단적 폭력은 가면착용이나, 얼굴과 신체의 페인트 및 특수한 복장과 같이 인간을 몰개성화시키는 장비들을 사용한 사람들에 의해서 저질러졌다. 또 다른 예들은 도시화에 따른 폭력의 증가들이다. 도시화는 사람들의 얼굴이 없어지는 일종의 익명성을 초래하였고 이에 따른 몰개성화 현상이 도시 속에서 군중의 폭력 및 공격의 가능성을 증가시켰다는 주장이다.

(4) 피해자의 비인간화

공격성을 표출할 때 나타나는 인간의 한 가지 보편적인 버릇은 공격대상자들을 욕하고 짐승 같다고 묘사하는 등 그들을 실제보다 못한 인간으로 만들려고 노력한다는 것이다. 그들에게 그런 딱지를 붙임으로써 공격성을 더 잘 정당화할 수가 있다. 2차대전 중의 영화를 보면 대부분 독일군과 일본군들은 언제나 여자들을 못살게 굴고 포로들을 고문하고 학대하는 광분한 짐승으로 묘사하고 있다. 현실과 아주 일치하는 것은 아니지만 과장된 것 자체가 아마도 미국인의 흥분과 애국심 수준을 높여 주었을 것이다. Bandura, Underwood 및 Fromson(1975)은 똑같은 현상을 실험실에서 만들어냈다. 잠재적 대상자를 민감하고 이해심 많은 사람으로 혹은 짐승 같고 더러운 사람으로 기술함으로써, 이들 연구자들은 피험자들이 잠재적 대상자들에게 주는 처벌의 양에 영향을 미칠 수 있었다.

(5) 권위에 대한 복종

수천 명의 독일인들이 유대인들을 가스실로 보내라는 명령에 복종하였을 때, 그들은 단지 사람들이 정상적으로 하는 식으로 행동하였는가? 그렇지 않으면 그 행동은 그들 자신의 개인적 성격에서나 독일 사람들 전반에서의 어떤 병리의 한 예이었는가? 나치정권의 유대인 대학살은 멀쩡한 사람들을 야만적 공격자로 바꾸어 버리는 상황의 힘을 말없이 증명해 주고 있다.

Milgram(1963)은 그들의 행동은 합법적 권위의 명령들이 설사 무고한 사람을 해치는 것을 의미할 때에라도, 그 명령들에 복종하려는 정상적인 인간의 경향성을 반영하였다고 생각하였다. 그는 이것을 증명하기 위한 실험을 수행하였다. 피험자들에게 실험은 벌이 학습에 미치는 영향을 연구하는 것이라고 알려주었다. 한번에 2명의 피험자들(한 사람은 실제로는 실험 협조자임)이 참가하여 실제의 피험자에게는 그가 '선생'이 될 것이고 다른 피험자(실험 협조자)가 '학생'이 될 것이라는 지시를 주었다. 선생의 할 일은 학생이 기억해야 될 단어들의 쌍을 큰소리로 읽어 주는 것이었다. 이제 '학생'이 착오를 저지를 때마다 '선생 피험자'는 그에게 전기쇼크를 주는 처벌을 수행하게 하였다. 전기쇼크의 범위는 15V에서 450V이며 이 범위를 30개의 분명하게 표시된 쇼크 수준들이 있는 쇼크발전기가 사용되었다. '위험: 심한 쇼크임'이라는 수준은 375V에 표시되었다. 실험이 진행됨에 따라 점점 높은 수준의 전기쇼크가 주어지도록 요구되었다. 피해자에게 충격을 주려는 마음이 흔들릴 때마다 실험자는 선생 피험자에게 계속하라고 명령하였다. 피험자가 마침내 더 이상의 쇼크를 주는 것을 거절하였을 때 실험은 끝났다.

Milgram(1963)의 이 실험에서 모든 피험자들은 최소한 300V를 실시하였다. 그리고 65%(40명의 피험자들 중에서 26명)가 최대로 가능한 쇼크인 450V를 주었다. 피험자들이 쇼크를 멈추어 달라고 소리지르고 벽을 쳤을 때에도 대부분의 '선생 피험자'들은 실험자에게 복종하는 자세를 버리지 않았다. Milgram의 실험은 명령에 따르는 개인의 자발성에 영향을 미치는 요인들을 밝혀 내었다. 그것은 ㉠ 명령을 한 사람이 행사할 수 있는 세력의 양, ㉡ 감시의 정도, ㉢ 상황의 직접적인 경험 정도 등이었다. 선생 피험자가 학생 피험자와 같은 방에 있을 때, 복종은 급격히 떨어진다(65% → 40%). 만일에 학습피험자의 손이 쇼크板에 매어져 있다는 것을 개인적으로 확실히 알도록 해주면, 복종은 30%로 감소하게 된다. 또 쇼크를 주는 것을 거부하는 다른 선생 피험자가 있을 때도 복종은 역시 줄어들었다. 그러나 그 사람이 그 일을 한 많은 사람들 중 단지 한 사람에 지나지 않아서 행위의 책임감이 분담되었을 때 복종은 훨씬 더 컸다. 여러 명이 총을 쏘게 되어 있는 사형집행이 이 원리를 예시해 준다.

물론 많은 복잡한 요인들이 이 복종을 산출해 내는 데 관련되었겠지만, 한 권위 인물이 다른 면에서는 책임감이 있는 사람을 매우 공격적이 되게 유도할 수 있다는 사실은 우리들에게 많은 생각의 여지를 남겨 준다. 그렇다면 권위 인물의 어떤 요인들이 사람들을 자발적으로 복종하게 만드는가? Milgram(1974)은 사람들이 세력을 가진 사람에게 의무감을 느낀다고 생각하였다. 그래서 권위 인물들의 자격을 존중하며 권위 인물이 하고 있는 일을 알고 있다고 생각하고, 흔히 권위 인물이 요구한 것은 무엇이나 한다고 동의함으로써 신뢰를 받으려 하고 있다. 일단 이런 일이 일어나면, 피험자들은 그들이 하고 있는 일에 갈등을 느끼지만 합리화를 통해서 그것을 망각할 수 있으며 따라서 갈등을 최소화할 수 있다.

한편 이러한 Milgram의 연구가 윤리적인 이유로 심한 비판을 받았다는 것을 알아야 한다. 비판자들은 피험자들이 아무런 사전 경고 없이 극심한 스트레스에 노출되었으며, 사전에 심리적 건강 정도를 고려한 후 선발되지 않았다고 주장한다. 스트레스의 정도가 일단 명백해졌으면 Milgram이 실험을 취소했어야 한다고 주장하는 사람들도 있다. 참가자들 다수가 그 경험 때문에 오랫동안 고통을 받았으리라는 견해도 있다. Milgram 자신은 이러한 주장들에 동의를 거부하고 실험 후에 그러한 반응들이 일어날 가능성을 줄이기 위한 사전 조치를 취했고 사후 조사에서도 그러한 반응들의 징표가 전혀 없었다고 주장하고 있기는 하다.

(6) 성적 흥분

공격과 성욕간의 관계는 오랫동안 학자들의 관심사항으로 다루어져 왔다. Freud학파의 학자들도 성적 및 공격적 행동들이 밀접한 관계가 있으며 서로를 항진시키는 작용을 하는 것으로 보는 경향이 있다. 그러나 이 문제에 대한 실험적 증거는 상충적이다. 예를 들어 Zillmann(1971)은 남성 피험자들에게 다음 세 종류의 영화를 보여 주었다: 가 선정적(성교 전희를 하고 있는 남녀), 나 공격적(격렬한 권투시합), 다 중립적(중국 여행) 영화. 다음 이들을 선생-학생 쇼크 패러다임 속에서 그들의 공격성을 발휘하게 하였다. 선정적 영화는 공격적 영화보다 더 많은 공격표현을 가져왔다는 것이 발견되었다. 그러나 Baron(1974)의 연구는 정반대의 결과를 가져 왔다. 그는 남성피험자들을 화나게 한 후 선정적 자극(여자 나체사진), 옷을 완전히 입은 여자의 사진, 중립적 자극(풍경 등)을 보여 주었다. 나중 충격기계 상황에 놓였을 때, 앞서 나체나 옷 입은 여자를 보았던 피험자들은 중립적 자극을 보았던 피험자들보다 덜 공격적이었다.

결과들의 그러한 모순을 해결하기 위해 Donnerstein, Donnerstein 및 Evans(1975)는 약

간 선정적인 자극(나체 여자)은 유쾌하고 마음을 산란하게 하여 피험자들의 마음을 앞서의 공격이나 좌절에서 멀어지게 해 준다고 제안하였다. 반면 명백하게 성교중인 남녀와 같은 색정적인 자극들은 홍분을 유의미하게 고조시키기 때문에 앞서 체험된 분노를 억제시키지 않는다고 보았다. 다른 학자들은 정말로 중요한 것은 선정적 자극에 대한 피험자의 반응의 질이라고 이야기한다(White, 1979). 어떤 사람들은 누드사진과 같은 약한 자극에는 긍정적 감정을 가지고 반응하지만, 자학, 가학증적 섹스와 같은 매우 강한 자극에는 혐오감을 가지고 반응한다는 것이다. 자극이 매우 강할 때, 그 피험자가 앞서 좌절당했거나 화나게 만들어졌다면 공격이 증가하기 쉬울 것이다. 결과적으로 공격성과 성의 관련성에 대한 연구들은 아직도 논란이 있으며 덜 명백하다는 사실이다.

(7) 욕구불만

개인적인 위협은 어떤 목표를 향하여 노력하는 개인이나 집단의 욕구불만의 형태를 취하며, 따라서 분노와 공격을 일으키게 한다. 사회생활에서 분노에 의한 범죄, 혁명, 인종적 폭력과 같은 공격의 대부분은 경제적, 사회적 그리고 개인적 욕구불만과 관련이 있었다. 욕구불만은 전쟁으로 유도되는 요인의 하나가 될 수도 있다. Hitler의 대두와 그 후의 유혈은 1920년대와 1930년대 독일의 물가상승과 불황에서 생긴 잠재적인 욕구불만과 함께 제1차 세계대전 후의 굴욕적인 평화조약과도 관련이 있었다. 전쟁 같은 복잡한 현상의 연구는 어렵기 때문에 이런 설명은 대부분이 이론적인 수준에 머물고 있다. 그러나 소규모 집단간의 적대감은 실험적으로 연구되어 왔다.

Sherif와 Sherif(1953)는 12세 소년들의 실험적 캠프에서 집단갈등을 연구하였다. 소년들은 각각 12명씩으로 된 집단으로 나누어서 별도로 수용을 하였다. 얼마 후에는 각각의 집단이 응집성과 유도성을 발전시켜 그들 사이에 우호적인 경쟁이 생겼다. 이 두 집단을 함께 모아서 한쪽 집단이 패하도록 되어 있는 운동경기를 시켰다. 그 외에도 계획된 욕구불만을 실험에 도입하였다. 그 결과 이 두 집단 사이에 격렬한 적개심이 생겨서 식당에서는 거의 대소동을 일으킬 지경이 되기도 하고, 서로 다른 캠프에 습격을 하며 전쟁에 관한 이야기가 많아졌다. 상대방을 존중하는 분위기의 상실을 수반하는 욕구불만이 결정적인 요인인 것으로 보인다.

Sherif 부부는 집단간의 적개심을 감소시키려는 노력을 하였다. 외부의 집단과 경쟁하기 위해서 힘을 합치는 것이 유용했지만, 이것은 바로 타 집단에 대한 대규모의 적개심을 의미하였다. 계획에 따라 함께 일을 하는 것이 시도된 것 중에서 가장 유망한 방법이었다. 오늘날의 많은 심리학자들은 국제적인 긴장의 완화, 핵전쟁의 예방에 깊은 관심을 가지고 있다. 그들의 제안에는 다른 나라도 그렇게 하도록 독려하면서 서서히 군비를 감축하며, 동시에 후진국에서 주민을 공격으로 기울게 하는 경제·사회적 욕구불만을 감소시켜 국제적인 이해와 협력을 증진시킨다는 것이다.

(8) 괴롭힘 또는 모욕

공격으로 연결되는 분노의 가장 보편적 원인 중 하나가 타인으로부터 괴롭힘이나 모욕을 당하는 경우이다. 차선을 따라 운전하고 있는 상황에서 누군가가 방향지시등도 켜지 않은 상태에서 불쑥 당신의 차선에 갑자기 끼어든다거나, 빨강신호등에서 대기하고 있는 당신에게 뒤에 있는 차의 운전자가 파랑신호등으로 바뀌자 말자 경적을 울려대거나, 회의 중에 상급자가 갑자기 당신에게 물잔을 집어던졌을 때의 상황을 가정해 보자. 모든 이러한 경우 상대방은 당신에게 어떤 불쾌한 일을 한 것이다. 이때 우리는 화가 나며 상대방을 공격하고 싶을 것이다. 로미오와 줄리엣이나 웨스트사이드 스토리에서 묘사된 바와 같이, 흔히 일상적인 생활 속에서 사소한 모욕에서 시작해서 살인으로 끝나는 장면을 볼 수가 있다. 사람들은 흔히 '눈에는 눈'의 식으로 괴롭힘에 대한 보복으로 공격 반응을 보이기 쉽다(Baron, 1977).

(9) 혐오적 자극물들

광범하게 다양한 종류 혐오적 자극들은 공격 감정의 증가를 가져올 수 있다. 불쾌한 냄새, 독한 담배 연기나 역겨운 장면에 접한 사람들은 실제 공격감정의 증가를 보인다(Berkowitz, 1983). 비 오는 날 전철에서 쉰 냄새 나는 옷을 입고 있는 사람을 보면 때려주고 싶은 감정을 느낀 사람이 있을 것이다. 또 몸에서 불쾌한 냄새를 풍기는 사람이 옆에 오는 것을 우리는 거부하면서 발로 한번 차주고 싶은 경험을 한 적이 있을 것이다. 별 잘못도 없는 학생들을 검문하며 괴롭히는 형사들을 보면, 괴롭힘을 당하는 당사자는 말할 것도 없고 이를 지켜보는 사람들도 형사들에게 좋지 않은 감정을 가질 것이다.

인터넷 세상에서 네티즌들도 쉽게 이러한 혐오적 자극에 흥분을 하고, 공격적 행동을 보인다. 전철에서 개의 오물을 제대로 처리하지 못해 인터넷 게시판에 올라 전국적으로 유명해진 '개똥녀 사건'은 한 개인을 사회적으로 완전히 매장시킬 정도로 사건의 주인공 얼굴과 신원이 밝혀지고 집단 비난하는 인신공격이 되었다. 사람들은 부실 도시락에 열 받아 서귀포 시청의 홈페이지를 폭격하고, 어느 여성 간호사가 신생아를 장난감처럼 다루는 장면을 촬영한 사진에 분노하고, 한 유아원의 여자아이가 폭행당한 것에 항의해 인터넷 시위를 벌인다.

4) 공격표현의 억제와 조절 이론들

인간들이 좌절에 빠지고 분노를 느끼고 폭력, 공격적인 성향이 있을지 모르지만, 직접적인 공격표현 이외의 행동 즉, 유치한 행동으로의 퇴행, 무감정한 후퇴, 또는 조용하고 효과적인 문제해결 등의 행동도 있을 수 있음을 알고 있다. 다음과 같은 몇 가지 대안들이 장병들의 폭력이나 공격충동을 조절하는 데 참고가 될 것으로 생각된다.

(1) 처벌과 보복

처벌과 보복 같은 억제 때문에 공격을 표시하지 않을 수도 있는데, 이것은 처벌이나 보복 또는 사회적 불인정에 대한 공포 때문일 것이다. 많은 연구들도 처벌을 서로 따뜻한 관계에서 합당하게 사용하면 매우 효과가 있음을 보여 준다. 그러나 처벌의 효용은 그 처벌의 강도나 엄격성에 따라 달라질 수 있다. 나아가 처벌 위협으로 억제된 공격은 단순히 없어지지 않고 돌파구를 찾는다. 말하자면 단순한 억제는 욕구좌절을 증가시키는 작용만을 하기 때문에 돌파적으로 폭발할 가능성이 있다는 것이다. Yale 대학교의 욕구좌절-공격 가설 주창자들도 사람이 좌절 상태에 빠져 있고 가능한 모든 돌파구가 봉쇄되면, 그 공격은 희생양을 통한 타인공격, 자기혐오, 자기비판, 자살 등의 형태로 대상의 대치나 자기 자신을 향하게 된다는 것을 시사해 주고 있다. 좌절은 공격의 주된 요인이 될 수 있기 때문에 공격을 감소시키기 위해서는 처벌과 함께 좌절시키지 않는 책략이 필요하다는 것이다. 결론적으로 보복이나 처벌만의 위협은 폭력문제에 대한 일반적 해결책은 될 수 없을 것으로 보인다.

(2) 좌절의 감소

처벌이나 보복 같은 억제보다 더 나은 방법은 괴롭힘과 좌절의 잠재성을 줄여 주는 것이다. 사회주의 철학을 중심으로 조직된 사회에서는 평등한 혜택을 통해 그들 국민들의 좌절을 최소화시키려고 특별한 노력을 기울이고 있다. 물론 전체의 생산성, 개인의 자유 등과 같은 면에서 그러한 동등성에 대한 기타의 대가들에 관한 논쟁이 있기는 하지만, 하나의 증거는 사회주의 사회들이 일반적으로 보다 더 많은 경제적 동등성을 제공한다는 것이다. 한편 자본주의사회들은 어느 정도의 좌절을 자유에 대한 대가의 일부로서 인정하는 경향이 있다. 그러나 가장 양심적으로 국민의 복지에 헌신하는 국가들이라도 모든 개인적 좌절을 완전히 제거시킬 수는 없는 것이다. 더군다나 군대사회에서 모든 병사들이 자기가 하고 싶은 일을 모두 할 수는 없는 노릇이다. 어떤 병사들은 주거환경에서, 또 어떤 병사들은 자기의 동료나 상급자가 하는 일에 항상 불만을 가질 수 있는 것이다.

그러나 어느 수준에서는 괴롭힘과 욕구좌절을 개선하도록 노력해야 하는 것이, 비록 완전하게 좌절을 제거시킬 수 없다 하더라도 이론적으로는 분노의 유발에 따른 폭력 행동을 감소시킬 수 있는 개연성을 어느 정도는 가지고 있다고 생각된다.

(3) 학습된 억제

사람들에 대해 공격을 감소시키는 또 다른 방법은 그들이 처벌을 받게 될 위험이 있는 여부에 관계없이 자신의 공격행동을 통제하는 것을 학습하는 것이다. 인간의 이성에 호소하여 공격의 위험성과 비참함을 합리적이고 논리적으로 교육하는 이러한 방법이 때때로 대부분의 사람에게 동의를 얻을 수는 있지만, 사람들은 공격행동이 자기에게 바람직하지 못하다고 굳게 믿지 않는 한 공격적으로 행동할 가능성은 여전히 존재한다. 그렇다 하더라도 사람들은 어느 때에 공격을 할 것인가와 마찬가지로 어느 때에 공격행동을 억제해야 하는가 또한 배워야 한다. 여기에는 자신의 공격적 행동 일반을 억제하는 것과 특수한 상황에서 그것을 억제하는 두 가지 일반적 교훈들이 있다.

일반적으로 학습된 공격억제를 공격불안(aggression anxiety)이나 공격죄의식(aggression guilt)이라고 부를 수 있다. Moyer(1971)가 주장한 학습된 반응이며 그 반응이 강화될 때 수행되는 공격행동을 의미하는 도구적 공격(instrumental aggression) 행동이 여기에 해당될 수 있을 것이다. 상급자에게 덤비다 혼이 났던 사람은, 공격불안 때문에 신중하게 상급자를 대할 것이며 공격적으로 상급자와 상대를 하지 않을 것이다. 사실 모든 사람이 동일한 양의 공격불안을 갖지는 않는데 여자는 남자보다 더 많이 갖고 있으며, 중산계층의 가정에서 성장한 아동들은 하류계층에서 성장한 아동들보다 더 많이 갖고 있다. 훈육방법으로써 이성과 애정의 철회를 사용하는 부모들이 신체적 처벌을 많이 사용하는 부모들보다 더 많은 공격불안을 갖는 아동을 만든다(Feshbach, 1970)는 사실에 주목할 필요가 있다. 병사들도 군대교육에서 지속적으로 사회적 공격행동이나 폭력이 갖는 부작용이나 부정적인 측면에 대해 배워야 할 것이다.

인간은 어떤 특수한 상황에서 공격을 표현하는 것에 관한 불안을 학습한다. 우리는 군대생활을 통해서 군법이나 규정들을 학습하게 된다. 이를 통해 상급자 면전에서 대놓고 비방하지 않는 것을 학습하며, 상급자 역시 부하들에게 폭력을 사용하지 않는 것을 학습한다. 폭력의 희생자가 가지는 가족과 개인의 정신적 고통을 생각하라는 점을 강조해서 병사들을 더 인간적으로 만들 수도 있을 것이다. 우리 모두는 무엇이 허용될 수 있는 공격이고 무엇이 아닌가에 대해 많은 정교하게 구분된 단서들을 가지고 있다. 이러한 학습된 억제들은 인간의 폭력적 행위에 대해 우리가 갖고 있는 가장 강력한 통제방식을 대표한다고 생각된다.

또 한 가지 흥미있는 방법은 일부 사회심리학자들의 주장처럼 공격적인 모델이 처벌받는 것을 관찰하게 함으로써 공격행동을 줄일 수 있다는 것이다. 아동을 대상으로 한 여러 주요 연구들에서도 공격자가 보상받는 것을 보면 아동의 공격행동은 증가하나, 공격행동을 보인 모델이 처벌받는 것을 보는 것이 아동의 공격행동을 증가시키지는 않은 것으로 나타났다. 그러나 사회적으로 폭력행동에 대한 처벌을 일반인들에게 공개하여 경종을 울리는 것의 효과는 인권과 관련될 뿐만 아니라, 민주사회의 제도와 부합하지 않은 부분들이 있어 많은 논란을 낳고 있는 것도 사실이다. 아동들의 초기 학습장면에서 정교한 프로그램의 개발로 이 문제를 극복할 수만 있다면 공격행동의 억제에 다소 기여하리라고 생각된다.

(4) 전위(displacement)[6]

사람들이 자신에게 분노를 일으킨 원인제공자에 대해 그 감정을 직접적으로 표현할 수 없을 때, 즉 어떤 사람으로부터 좌절이나 괴롭힘을 당하게 되지만 보복을 할 수 없는 상황이 지속되면 피해자는 어떤 대치된 대상을 표적으로 공격성을 나타내게 된다. 따라서 공격행동이 억제되면 괴롭힘이나 좌절의 원인과는 무관한 사람에게 피해를 줄 수도 있는데, 이러한 심리적 방어기제[7]를 치환 또는 전위라고 한다. 이때 피해자가 선택할 수 있는 공격의 대상은 범위가 넓다. 문제점은 그가 이들 많은 대상 중에서 누구를 선택하고 얼마나 많은 공격행동을 할 것인가를 결정짓게 하는 것이 무엇인가 하는 점이다. 전위의 대상이 되는 것이 희생양(scapegoat)이다.

전위의 기본 원리는 표적이 원래의 좌절원과 유사할수록 그 대상에 대한 공격 충동이 강해지리라는 것이다. 그러나 좌절원에 해를 주려는 충동이 다른 사람에게 일반화되는 것과 마찬가지로, 좌절원을 공격하는 것에 대해 느끼는 그의 불안도 일반화되며 대상이 좌절원과 유사할수록 그 사람에 대한 불안도 강하게 된다. 이때 불안이 공격충동보다 강한 상태에서는 스스로를 자제할 것이며, 반대로 공격충동이 불안보다도 강할 때는 공격

6) 원래 대상에 대한 억압된 동기 및 감정을 그보다 위협이 적은 다른 대상으로 충동표현의 방향을 바꾸는 것이다. 어떤 대상에 적의를 가졌을 때 그것을 직접 표현하면 사회적으로 용납되지 않고 벌이나 비난을 받거나, 그 대상으로부터 직접적 공격을 받을 우려가 있을 때, 욕구불만을 일으키게 한 대상보다 덜 위험한 다른 대상으로 공격 방향을 옮겨갈 수도 있다.

7) Freud는 id(인간의 원초적 본능과 관련된 성격의 한 부분으로 '쾌락원칙'에 따라 움직인다. 원초아 또는 타아라고도 함)로부터의 나오는 충동의 공개적 표현과 이에 대립적인 초자아(super-ego: 인간의 성격 중 양심과 도덕성에 관련되는 성격의 한 부분으로 '도덕원칙'에 따라 움직임)의 압력이나 처벌로부터 개인의 자아(ego)를 보호하려는 무의식적인 심리적 전략이라고 하였다.

행동을 보일 것이다. 그 결과로서 어떤 분노를 일으키기에는 충분히 유사하지만 비교적 적은 불안과 연관된 충분히 비유사한 대상을 선택해 공격행동을 보일 가능성이 가장 크다. 아버지에게 어떤 일로 야단을 맞은 소년의 어린 동생은 이 소년이 그를 두려워하지 않는다는 점에서 아버지와는 충분하게 비유사할 것이고, 공격충동은 아직도 매우 강한 상태에 있기 때문에 동생이 희생양이 될 가능성을 안고 있는 것이다. 이 같이 전위에서 공격의 대상은 힘이 약하거나 없다고 지각되는 대상에게 향하기가 가장 쉽다.

(5) 정화(catharsis)

Freud의 공격본능 이론과 Dollard 등(1939)의 좌절-공격 가설에서는 안전한 방식으로 공격적 충동들을 해소하면, 후에 공격성이 표출될 가능성이 줄어들게 될 것이라고 시사하여 왔다. Freud의 정화 이론은 인간은 내부에 공격적 에너지의 저장소를 항상 지니고 있으며, 이 에너지를 효과적으로 발산시켜야 공격감정의 강도를 감소시킬 수 있을 것이라고 가정하였다. 즉, 인간은 발산시켜야만 하는 어떤 양의 공격성을 지니고 있다는 것이다. 따라서 이 저장소의 에너지를 비우게 되면 공격행동은 감소할 것이라고 예언하고 있다.

앞에서도 논의하였지만 Lorenz(1974)는 동물과 인간 모두에서 동족의 성원들에게 향해지는 투쟁본능이 있으며, 인간의 공격적 에너지가 여러 가지 행동 형태들을 통해 규칙적으로 발산되지 않는다면 그것이 누적되어 적절한 환경적 자극이 없을 때도 표현될 수 있다고 하였다. Lorenz의 주장이 내포하는 중요한 의미는, 개인으로 하여금 자주자주 자그마한 적대 및 공격행위들을 할 수 있도록 해줌으로써 치명적인 공격행동을 예방할 수 있다는 것이다. 그러나 이러한 주장과 모순되는 여러 경험적 증거들이 발표되었다. 주장들은 공격행동이 화나지 않은 사람들에게서 공격성을 증가시키며, 분노를 발산시키기보다는 오히려 축적한다는 것이다(Doob & Wood, 1972; Konecni, 1975). 나아가 Feshbach와 Singer(1971) 연구를 포함한 몇몇 연구들도 정화 입장을 지지하고는 있지만, 다음 논의에서 보는 것처럼 그 효과에 대해서는 아직 결론을 내릴 단계는 아닌 것으로 생각된다.

[1] 직접적 공격: 분노를 느낀 사람이 자신에게 화를 나게 한 사람에게 직접 그 분노를 표현하였을 때 사람들은 공격성을 감소시킨다는 사실이 실험을 통해 증명된 바 있다(Konecni & Ebbesen, 1976). 그러나 공격을 감소시키는 한 가지 방법으로 이러한 종류의 직접적인 보복적 정화에 의지하는 것이 몇 가지 바람직하지 못한 부작용들을 갖기 때문에 위험하다. 그 부작용 중의 하나가 이러한 식의 공격방식이 평소 통제되고 있는 분노의 표현방식에 대한 억제심을 느슨하게 할 수 있다는 것이다. 사람들은 대부분의 경우 자신의 분노를 꽤 엄격하게 통제한다. 그러나 만일 분노를 일단 공격행동으로 방출하게

되거나, 특히 이것이 사회적으로 인정되는 것같이 보일 때 앞으로의 적대행위들에 대한 자신들의 억제력을 약화시킬 수 있고, 따라서 공격의 표현은 보다 더 많은 공격을 일으킬 가능성이 있다는 것이다. 우리사회에서 가끔 관찰되는 연속적인 파괴나 살인행동의 일부분은 이 현상으로 설명이 가능하다. 앞에서 말한 바와 같이 공격이 만일 정서적 긴장을 해소시킨다면 일부 강화될 수도 있다. 우리는 이것을 비억제(disinhibition)의 가능성이라 부른다

따라서 직접적 공격의 표현은 앞으로 보다 더 많은 공격을 일으킬 가능성을 안고 있는 셈이다. 또 다른 위험은 직접적 공격을 하다 보면 공격행동이 감소되기보다는 상승될 수 있다는 것이다. 만일 당신이 싸움을 시작하게 되면, 그 싸움은 당신의 공격을 감소시키기보다는 상대에 대한 자신의 공격을 증가시키기 쉽다. 이러한 현상을 폭력의 상승현상(cscalation phcnomcnon)이리고 힌디(Goldstein, Davis & Herman, 1975).

② 간접적 공격: 좌절원이나 분노를 느끼는 대상에 대한 직접적인 공격이 위험하다면 간접적인 공격표현이 정화를 일으킬 수 있을 것인가? 일반적으로 사람들은 비극영화나 연극을 관람하면 관람객이 배우들의 정서를 대리적으로 경험할 수 있기 때문에 정화를 일으킬 수 있다고 생각한다. Freud도 사람들이 자신의 공격충동을 폭력적 백일몽, 적대적 농담이나 욕설, 문자 표현 같은 것과 공격적 공상을 통해서 감소시킬 수 있다는 주장을 하고 있다. 만일 이러한 간접적 공격행동의 표현방식들이 공격 에너지를 정화시킬 수 있다면 가장 부작용 없는 방법일 것이다.

㉮ 공상 공격(fantasy aggression)에 대한 여러 실험 결과들은 이러한 표현방식이 공격성을 감소시켜 주는 특별히 효과적인 방법은 아니라는 결론을 내리고 있다. 적대적 농담에 대한 실험도 일정하지 못한 결과들을 내놓았다. 나아가 공상 공격의 의문점은 영화나 TV에서의 폭력물 관람이 공격행동에 어떤 영향을 줄 것인가에 대한 문제점과도 연관되어 있다. 사람들이 폭력적인 범죄 영화를 보는 것이 비록 실험실 연구이기는 하지만 오히려 공격성을 증가시킨다는 심리학자들의 주장도 있다. TV와 영화 속의 폭력에 대한 모든 연구에서 얻을 수 있는 중요한 교훈은 폭력이 관찰을 통하여 모델링이 될 수 있을 때에는 언제나 누군가 어디에선가 그렇게 하리라는 것일 것이다. TV나 다른 데서 관찰된 공격이 다른 공격의 촉매작용을 하는지, 아니면 다른 식으로는 용납할 수 없는 인간의 공격적 충동들을 위한 정화의 역할을 하는지에 대한 논란은 아직도 분분하다. 분명히 이 쟁점에는 양면성이 있다. 그러나 사회과학자들이 연구한 보고들의 대부분은 폭력 관찰과 추후 공격행동간에는 상관이 있다고 보는 것 같다.

㉯ 신체적 행위들 이외의 표현양식들이 정화를 일으킨다는 주장에 대해서도 여러 실험이 이루어졌다. 예컨대 자신을 괴롭히는 자 이외의 인물에 대한 공격의 전위라든가,

자신을 괴롭히는 자에 대한 타인의 실제적 공격인 대리적 공격 같은 경우에서도 일정한 결과들이 나타나지 않았지만, 신체적 공격보다는 언어적 공격과 같은 경우는 오히려 공격행동과 높게 상관되어 있는 것으로 나타났다(Straus, Gelles & Steinmetz, 1981). 따라서 부부싸움에서 언어적으로 속 시원하게 공격욕을 발산시키는 것은, 그 후 싸움의 중지나 화해보다는 더 심한 폭력의 폭발과 관련되어 있다고 보면 된다.

여기서 우리가 얻을 수 있는 결론은 공격을 표출한 후 기분이 좋아진다고 해서 앞으로 공격이 줄어들라는 법은 없다는 것이다. 사실상 기분이 좋아지는 것이 강화로 작용하여 오히려 후에 공격이 커질 수도 있다. 가구를 발로 차거나 접시를 깨뜨리는 것조차 충동들을 감소시키기보다는 미래의 그러한 폭발을 더 강화시킨다는 연구도 있다. 다만 이러한 공격행위들은 약간 온화할 뿐이며, 공격하지 않기 위하여 공격해야 한다고 주장하는 것은 이상하다는 사실이다. Baron(1977)의 말처럼 특정한 정화 활동에 참여하는 것이 때로는 후의 공격성을 성공적으로 감소시켜 줄지 모르지만, 그러한 절차들의 잠재적 효과가 과거에 너무 지나치게 강조되어 왔다. 혹자는 공격적, 경쟁적 스포츠에 참여하는 것이 선수와 관객 둘 다에서 사회적으로 용납할 수 있는 방식으로 공격성을 배출시켜 준다고 주장하여 왔다. 공격적 스포츠를 소리 높여 옹호하는 사람들은 그러한 스포츠에는 정화 효과가 있으므로 다른 결점을 보충할 만한 사회적 가치가 있다고 주장하지만, 실제 연구는 그러한 스포츠가 공격성을 높인다는 것을 보여 준다(Zillmann, Bryant & Sapolsky, 1978). 유머, 비꼼 등도 용납될 수 있는 배출구로 시사되어 왔다. 그러나 그러한 유머가 현실적으로는 처벌적이고 얕보는 것일 수 있으므로 공격을 증진시킬 뿐이라고 주장하는 사람도 있다(Zillmann, 1978).

현재로서는 이러한 공격 표현의 대안적 양식들이 공격 에너지의 정화를 가져오는지, 만일 가져온다면 어떤 부수적인 조건들이 관련되어 있는지에 대해서 심리학자들도 잘 알지 못하고 있다. 확실한 것은 많은 학자들의 노력에도 불구하고 이 지구상에 폭력이 근절될 가능성이 안 보인다는 것이다.

어쨌든 지금까지의 신뢰할 만한 결론에 따르면 정화는 다음 세 가지 조건, ① 사람이 화가 나 있고, ② 상당히 직접적인 방식으로 공격을 표현할 수 있고, ③ 자신의 분노에 책임이 있는 것으로 생각하는 사람, 말하자면 자신에 대한 공격자나 괴롭히는 자, 그리고 좌절원에 대해서 공격을 표현할 수 있을 때만 공격의 표현을 감소시킬 수 있다는 것이다(Sears, Freedman, & Peplau, 1985).

5) 분노와 증오의 집단 문화

우리사회에서 분노를 넘어선 증오가 개인적 감정을 넘어 집단적인 문화현상으로 확산되고 있다는 것이 최근 일련의 사태들을 보고 전문가들이 내린 결론이다. 최전방 GP에서 동료들을 향해 총을 난사한 김 일병은 '동료들이 미워서 그랬다'고 태연하게 말한다. 김 일병만이 아니라 아내가 밉다며 살해한 뒤 토막 내 방바닥에 묻고 3년간 살아온 남편이 있는가 하면, 4,000원을 안 갚는다고 친구를 때려 죽음에 이르게 한 고교생도 있다. 두 살배기 아들이 밉다고 강에 던진 20대 어머니도 있다. 특정 집단이나 개인을 겨냥한 인터넷 마녀사냥은 집단광기에 가깝다. 앞에서 언급한 부실 도시락에 분노하여 사람들이 서귀포 시청의 홈페이지를 무차별 폭격하고, 어느 여성 간호사가 신생아를 장난감처럼 다루는 장면을 촬영한 사진을 보고, 인터넷 테러를 가한 것 등이 좋은 예들이다.

이미 우리사회의 일상에 만연한 증오의 문화는 엄격한 사회규율, 치열한 경쟁을 완화해 줄 합리적인 규범의 부재로 인간 본연의 잠재적 폭력성을 풀 기회가 줄어든 데다 직접소통 대신 휴대전화, 메신저 등을 통한 간접소통이 주를 이룬 삭막한 인간관계가 주요인으로 분석된다. 이러한 인간관계 속에서 증오의 에너지를 발산할 통로가 막히고 결국 참고 참다 극단적인 행동으로 표현된다는 것이 학자들의 분석이다.

익명성 뒤에 숨어 특정인을 죽이고 살리는 인터넷 문화에 대한 비판의 목소리도 높다. 최근 벌어진 지하철 '개똥녀' 사건은 지하철문화를 개선하자는 쪽으로 발전해야 할 경미한 사건이었는데도 사건의 주인공 얼굴과 신원이 밝혀지고 집단 비난하는 상황이 되었다. 이러한 마녀사냥 식으로 누군가를 죽이는데 쾌감을 느끼는 것이 증오 문화의 본질이다. 증오는 동정과 연민이라는 인간의 가장 기본적인 포용력을 차단하며, 희생양들의 인간성을 말살하는 거의 무한한 힘을 갖고 있다.

전문가들은 대량 실업의 장기 경제불황, 직장에서의 조기퇴출, 부동산시장 불안정이 낳은 빈부 양극화, 삭막한 조직 문화, 경쟁 지상주의 등이 만연하면서 소수의 행복을 위해 다수가 불행해지고 있다는 생각들이 '집단 증오'로 이어지고 있다고 분석한다.

제 3 장

현대전의 심리적 전투·지휘 환경

현대전은 군사력의 효과적이고 효율적인 운용을 수단으로 하는 부전승의 전략이나, 전쟁의 국제적 정당성 확보를 위한 고도의 정치·사회심리전을 강화하고 있다. 나아가 최근 전장에서 나타난 가공할 파괴력과 소부대 단위의 전투양상은, 세계의 군사전문가들로 하여금 전투준비에 있어서 심리적이고 인간적인 차원을 강조하고 더욱 관심을 갖게 하였다.

현대는 새로운 개념(concept)을 누가 만들어 내느냐에 따라 리더와 추종자가 갈라지는 시대이다. 마찬가지로 현대의 전쟁에 대한 불확실성도 누가 그 개념을 보다 확실히 정리하고 필요한 준비와 리더십을 발휘하는가에 따라 전쟁의 선제권이 좌우된다고 보아야 할 것이다. 여기에서 중요한 점은 새로운 개념이란 주어지는 것이 아니고, '기존의 틀을 깨고' '다가올 변화에 미리 준비하는' 누군가에 의해서 창출된다는 사실이다.

따라서 군사심리학자들은 지속적·능동적으로 미래를 예측하면서 심리학이 군을 위해 사용될 수 있는 방향을 찾는 연구를 보다 활발히 진행시켜야 할 것이다. 오늘날 사회가 다양화·다원화되고 경제적 번영의 가속과 과학 기술의 발전으로 군이 수행하는 업무 역시 복잡해졌으며, 이에 따라 미래의 군사환경이나 전장환경도 많은 변화를 가져올 것으로 예상된다. 여기서 변환기에 선 한국군의 안보환경을 정리해 보고, 나아가 몇몇 선진국의 모델을 토대로 21세기 우리의 군사심리학자들이나 지휘관들이 당면하게 될, 미래 군 구성원들의 사회·심리학적인 문제 중 몇 가지 흥미를 끄는 주제들을 살펴보고자 한다. 나아가 안보환경이 바뀌고 전쟁의 양상이 시시각각 변하고 있는 현시점에서 변환기의 군사환경과, 21세기 우리의 변화하는 지휘환경의 특징들을 정리해 본다.

1. 현대전의 특성

현대전은 [1] 군사력의 양적 규모보다 질적 우위에 의해 전쟁의 승패가 결정되는 정보·과학전, ② 전·후방 구분이 없는 비선형 전장 형성 및 분산형 전투, ③ 주요 국가 기능의 마비 또는 무력화 위주의 비살상전(soft-kill) 형태의 전쟁, ④ 대량살상 위주의 전면전보다 정치·전략적 목적 달성 위주의 국지전·제한전으로 변화하고 있다. 또한 현대 및 미래전의 양상으로 첨단화된 정보자산과 C4ISR[1] 능력으로, 전쟁 주도권을 장악하는 첩보전(information warfare), 정밀 타격전(precision guided missile warfare), 무인장비에 의한 원격전(remote control warfare), 컴퓨터 체계 교란을 위한 사이버전(cyber warfare), 우주전, 병행전 등이 실제 이루어지거나 거론되고 있는 실정이다.

따라서 현대전은 고도의 전자·과학전에 의해서 승패가 결정될 것이며, 위력적인 파괴 수단과 초정밀성을 갖춘 살상 무기에 의한 대량 파괴와 살육전이 이루어질 것이다. 또한 전쟁 수단의 효율적인 사용을 위한 선제공격에 따른 단기 결전이 시도될 것으로 보인다. 그리고 이러한 전쟁의 특징으로부터 예상되는 절대전적 전쟁의 양상을 피하기 위해서, 평시 군사력의 효과적이고 효율적인 운용을 수단으로 하는 부전승의 전략이나, 전쟁의 국제적 정당성 확보를 위한 고도의 정치·심리전이 이루어질 것이다. 따라서 전장은 광역화되며, 이러한 전장의 광역화로 전투상황의 변화가 급격할 것으로 예상된다. 광역화된 전장과 급격한 변화 템포는 필수적으로 소단위 부대의 전투발생을 초래하게 되어, 고급지휘관은 물론 말단 지휘자에게도 독단적인 작전과 운용능력을 요구하게 될 것이다. 결국 현대의 전쟁과 전장양상의 변화는, 군사전문가는 물론 소부대 리더들에게도 독자적인 판단과 논리적이고 분별력 있는 상황대처 능력을 요구하고 있다고 보아야 할 것이다.

2. 현대전에서 나타난 심리적 특징

전쟁론에 "어제의 무기로 내일의 전쟁을 논하지 마라"는 경구가 있다. 이 경구는 지금 세계 도처에서 벌어지고 있는 복잡한 전쟁은 물론, 현재 진행중인 대테러전에서 가장 정확히 적용되는 말이라고 할 수 있다. 정규·비정규전을 포함하는 현대전은 기존의 전쟁 개념으로는 설명하기 힘든 복잡한 심리적 측면도 내포하고 있다. 최근 미국이 수행한 이라크와 아프가니스탄 전쟁 등 현대전에서 나타난 특징을 심리학적으로 분석해 봄으로써, 현대전이 인간의 심리에 끼친 현상과 이해에 도움을 얻고자 한다.

---

1) Command: 지휘, Control: 통제, Communcation: 통신, Computer: 컴퓨터, Intelligence: 정보, Surveillance: 감시, Reconnaissance: 정찰.

1) 인명 살상에 대한 죄의식의 둔감

현대전이나 미래전은 사람이 아니라 디지털 전자 네트워크로 연결된 시스템이 수행한다 해도 과언이 아니다. 미군이 아프가니스탄 대테러 전쟁에서 수행한 전쟁방법을 보면, 철저히 sensor-C4I-shooter로 연결되어 입체적으로 이루어진 실시간 전쟁 수행방식이었다. 우선 전장감시체계 면에서 대테러 전쟁 며칠 전에 쏘아 올린 최첨단 첩보위성과 연계해 10만㎢의 면적을 단 한번에 정찰할 수 있는 글로벌 호크 정찰기는 지상 표면의 10㎝ 물체까지 판독을 가능하게 하였다. 또한 그 아래에는 신형 E-3 AWACS 조기경보기가 감시하고, 노출된 표적에 대해서는 지상에 근접한 무인정찰기 predator가 직접 촬영한 동영상을 실시간으로 전송하는 등 입체적인 전장 가시화의 디지털화를 달성하였다. 이러한 체계는 전장에서 적을 보는 센서(sensor)의 역할을 하기에 충분하였다.

이렇게 센서와 슈터(shooter)가 연결되어 적을 강타하는 동안 미군 지휘관들은 작전상황실 안에서 NIMA(National Imagery and Mapping Agency: 국가영상지도국)가 제공하는 디지털 3차원 입체 지형지도 앞에서 디지털 그래픽으로 표시되는 실시간 타격들을 눈으로 보고 있는 정도였다. 육·해·공군의 각 센서들로부터 수집된 첩보는 가시화되어 지휘관들에게 제공되고, 합동 정보는 C4I 체계에 의해 합리적인 결심이 이루어진 다음 실시간으로 육·해·공군의 슈터들에 의한 정밀 타격이 이루어지는 것이다. 이러한 전장의 디지털화로 이제 전쟁은 적과의 직접 조우 없이도 원거리에서 인명 살상이 가능하게 되었다. 따라서 직접적인 전투에 따른 잔성을 눈으로 직접 목격할 수 없어 살상에 따른 죄책감은 줄어들 수밖에 없고, 전쟁은 더욱 파괴적이고 살상적으로 바뀌게 된 느낌이다. 1991년 걸프전을 미국의 전쟁범죄로 규정, 뉴욕에 '국제 전쟁범죄 법정'을 열었던 램지 클라크 前 미 법무장관은 다국적군의 무차별 공격으로 이라크 민간인 10만~15만 명이 사망하고 상하수도, 발전소, 병원 등 비군사 시설이 대대적으로 파괴당했으며, 인구의 3분의 1에 가까운 5백만 명이 집을 잃었다고 고발했다. 다국적군 인명 피해는 1백 50명에 불과했다(중앙일보, 1995). 약 26일간에 걸친 최근 이라크 전쟁에서도 민간인 1,200명 이상이 사망하고 5,000명 이상이 부상당한 것으로 나와 있으며 이라크군의 사상자도 수천 명을 넘을 것으로 생각되나 추정치조차 발표되지 않고 있다(한국일보, 2003b).

2) 공포심의 극대화

적을 타격하는 슈터(shooter) 체계는 글자 그대로 탈레반 저항지역을 '초토화'하는 막강한 화력이었다. 아프가니스탄은 인도양에서 1,000㎞ 이상 떨어진 내륙국가로 이를 타격하기 위해서는 해공군의 장거리 정밀 유도무기들이 필수적이었다. 사거리와 정확성에서 더욱 향상된 토마호크 미사일, 미사일 표적으로 적합하지 않은 진지시설 등과 같은 거점들은 지상 수 ㎞ 상공에서 M61A1 20㎜ 자동총, L60 Befors 40㎜ 캐넌포, M120 105㎜ 평사포를 장착한 AC-130 건십에서 가해지는 무차별 기총소사로 무력화시켰다. 광범위한 지역 표적은 공중기화폭탄이나 반경 50m 이내를 초토화시키는 BLU-82B와 같은 강력한 폭탄(비전술핵)으로 제압했다. 미군의 모습은 보이지 않는 가운데 낙하산에 매달려 괴상한 소리를 내며 천천히 떨어지는 BLU-82B 폭탄의 육중한 모습, 미사일과 폭탄의 살상력과 요란한 폭발음들은 그 자체만으로도 심리적 공황을 일으키기에 충분한 것들이었다.

지하 벙커 공격에 사용되는 GBU-28 벙커 버스터는 콘크리트 기초지반은 6m, 보통 흙은 지하 30m까지 파고 들어가 폭발하며, 동굴 내 살상자들의 신원 확인을 위해 특별히 개발된 동굴질식탄은, 동굴 입구에서 연료와 공기만에 의한 혼합 폭발을 통해 동굴 내부와 입구를 보존한 상태로 내부 인원만 질식사시키는 가공할 유도미사일이었다. 이외에도 야간 조준 사격까지 가능한 AN/PVS-4, 5등 각개 병사들의 소화기로부터 레이더에 잡히지 않는 B-2 스텔스 폭격기, 단 한번 출격으로 31t의 폭탄을 투하할 수 있는 B-52 전폭기, 이를 수호하고 단독작전까지 벌일 수 있는 F-22 전투기에 이르기까지 미군의 슈터 무기는 최강의 것이었고, 그만큼 살상력과 파괴력이 뛰어나 인간의 공포심을 극대화하는 무기들이었다. 지하 동굴 속으로 숨은 적은 중력탐지, 공중 레이더, 진동측정, 전기파장 등을 이용해 추적하였다. 여기서 발견된 동굴은 곧바로 킬 박스(kill box)와 연결되어 지하에 숨은 적들이 도망가기 전에 곧바로 GBU-28에 의해 완전히 파괴되었다. 특히 전원 야간 투시장비와 사령부로 직접 연결된 속삭임 무선장비(whisper system) 및 막강한 개인 화력으로 무장한 특수부대 요원들은 블랙 호크 헬기를 이용 깜깜한 야간에 위성의 유도를 받으며 적외선 장비를 통해 지상근접 비행으로 레이더망을 피해 정확한 목표지에 1분 안에 투입될 수 있었다. 이러한 미군 특수부대 요원들의 행동은 탈레반 병사들에게 눈에 보이지 않는 유령군 병사(fantom soldier)들과 싸우는 공포심을 일으켰던 것이 분명하다(국방일보, 2002a).

'충격과 공포'라고 명명된 금번 이라크전에서도 더욱 정밀화된 BGM-109 토마호크 크루즈 미사일, B-2 스텔스 폭격기, 인공위성이나 레이저 광선으로 유도돼 목표물을 족집게로 집어내듯 공격하는 정밀유도 폭탄과 미사일, 200㎞ 떨어진 목표물도 공격하는 AGM-154 JSOW(합동원거리 무기), 적중률이 80% 이상 기대되는 JDAM(위성유도 스마트탄), 인체에 치명적인 영향을 미친다고 알려진 열화우라늄탄, 공중에서 1차 폭발 수백개의 소형폭탄을 흩뿌려 축구장 크기의 지역을 초토화시키는 집속탄(cluster bomb), 전자기 펄스로 상대방의 전자장비를 무력화시키는 eBomb 및 전자기파 무기, 무인정찰기 프레데터들이 이라크군의 심장부와 정예 공화국 수비대를 단시간에 무력화시킨 것으로 알려졌다.

3) 전쟁수행 의지의 무력화

전쟁이나 혁명을 성공적으로 이끌 수 있는 가장 효과적인 수단 중의 하나가 선전이나 심리전 도구임을 이제 부정할 사람은 없을 것이다. 역사적으로 프랑스 혁명은 인쇄술의 발달 덕분에 민중을 규합해 봉건체제를 무너뜨릴 수 있었으며, 지난 1970년대 후반 이란의 호메이니는 해외에서 자신의 설교가 담긴 카세트테이프를 퍼뜨려 혁명을 성공적으로 이끌었다. 독일 히틀러가 제3제국을 건설한 후 빠른 시일 내에 나라 전체를 전시체제로 몰고 갈 수 있었던 것도 정치선전에 힘입었다. 반면 지난 1991년 걸프전 당시 이라크는 미국의 CNN에 대항할 만한 마땅한 홍보 수단을 갖지 못했다. 이렇듯 오늘날 통신과 매스미디어의 발달로 전쟁에서 선전전의 중요성은 더욱 커지고 있다.

21세기 최초의 대규모 전쟁이라고 할 수 있는 아프가니스탄 전쟁에서 미군의 전투 방식을 보면, 전쟁 기간이나 방식을 마음대로 결정할 수 있는 전략적 주도권을 가지고 전쟁을 수행한 것으로 보인다. 이러한 전략적 주도권을 장악한 데는 심리전이 상당히 기여하였던 것으로 평가된다. 아프가니스탄 전쟁에서 미군이 승리할 수 있었던 요인은 일차적으로 철저한 정보력을 기초로 정밀 유도무기를 활용해 적 전투시설을 사전에 철저히 파괴했으며, 이차적으로 적의 전투의지를 꺾는 효과적인 심리전과 사이버 공간에서 공세적인 활동을 한 것이 전쟁의 승리에 크게 기여한 것으로 나타났다(국방일보, 2002b).

또한 미국 정부가 9 · 11테러 이후 국민들을 테러의 공포로부터 회복시키면서, 서서히 전시 체제로 동원하는데 성공한 것은 언론의 자제와 정부의 선전전 · 심리전의 공조 덕분이었다. 금번 이라크전에서도 미군은 전쟁 이전부터 심리전을 치밀하게 준비한 것으로 알려졌다. 미군은 단기간에 전쟁을 종료하기 위해 이라크 국민의 민심을 얻으면서, 한편 이라크 지휘부의 통제력 상실을 기정화하는 홍보전을 수행하여 이라크 군의 항전 의지를 조기에 꺾어 버린 것으로 나타났다.

4) 전투의지의 약화 및 반전 여론의 확산

중동 분쟁에서 오랜 전쟁으로 세계의 주목을 받았던 이스라엘 국민들의 안보의식에도 이제 변화가 일어나고 있다는 보도는 전쟁이 인간의 심리변화에 미치는 영향을 단적으로 보여 주고 있다. 전쟁이 일어나면 외국에 나가 있는 사람들도 서둘러 귀국한다는 이스라엘 신화는 이제 과거의 일이며, 토론토, 프라하, 부다페스트 등지에 은행 계좌를 가진 사람들이 많고, 해외 부동산에 '투자'하는 사람들이 늘고 있다는 것이다. 뿐만 아니라 유사시에 대비해 비행기로 30분 거리인 키프로스에 피난처를 서둘러 구하는 사람들도 늘고 있는 추세이다. 이런 식으로 2002년도 1분기에만 약 5억 달러가 이스라엘로부터 해외로 빠져나간 것으로 집계되고 있다(중앙일보, 2002b). 전쟁으로 인한 경제적 피폐는 결국 전쟁 당사국의 국민들에게 인내와 고통을 강요하게 되고 나아가 전쟁이 장기화할 경우 군 징집을 회피하는 등 전쟁의지의 약화를 초래하게 되는 것이다.

또한 장기전으로 지친 병사들의 전쟁에 대한 회의감도 점차 늘어나는 것으로 추산되고 있다. 검문소에 경비 중인 이스라엘 예비군의 상당수는 자신들의 임무가 국가안보와 무슨 관계가 있는지 회의를 품고 있으며, 점령지 군복무를 거부하는 복무거부 운동 서명자가 1천 명을 넘어서고 있는 실정이라는 것이다. 이들은 이스라엘의 팔레스타인 점령을 '왜곡된 시오니즘의 부끄러운 범죄행위'로 여기고 있으며, 많은 군인들이 자신이 하고 있는 일에 대해 자부심을 갖지 못하며, 팔레스타인과의 전쟁을 이스라엘을 수호하기 위한 것이 아니라 식민지를 지키기 위한 전쟁쯤으로 여기고 있다는 것이다(중앙일보, 2002a).

현대전은 전쟁의 패배자는 물론이고 승리자에게까지도 막대한 정신적 고통을 안겨다 준다. 2차대전에 참전했던 미국 군인의 상당수가 50년이 지난 지금도 '외상후 스트레스 증후군'을 앓고 있으며, 비록 승리한 전쟁은 아니지만 베트남전에 참여한 미군 병사의 80%가 전투에 투입될 때 심리적 어려움을 겪었고, 결국 이 중 40%는 심리장애를 겪었다. 아랍과 수차례 전쟁을 치른 이스라엘의 경우도 병사의 59%가 전쟁이 끝난 후 1년간, 45%는 2년간이나 심리적 후유증을 겪은 것으로 조사됐다(중앙일보, 1993). 미국 질병통제국의 장기조사 결과 베트남전에 참여했던 미국 군인들은 다른 군인들보다 사망률이 17%나 높았다(한국일보, 2003b).

Walker(1981)는 1981년 초에도 폭발적 격노와 폭력적 충동에 대한 인내력 결손으로 베트남 귀향자 2만 9,000명이 州와 연방교도소에 감금되어 있으며, 3만 7,500명이 가석방 상태에 있고, 25만여 명이 보호 관찰 중이며, 그리고 8만 7,000명이 재판 대기 중이라고 지적하였다. 그는 현재 감금되어 있는 귀향자의 70%가 명예롭게 전역하였음을 지적하고 있다. 베트남전에서는 정상적인 심리상태였던 것이 미국으로 귀향함에 따라 부적응적인 상태로 바뀐 것이다. 금번 이라크 전쟁에서 미국이 기획한 정보기술(IT)을 바탕으로 한 '충격과 공포' 작전이, 어쨌든 직접적인 대규모의 지상군 투입에 따른 미군의 전투 참여 인원을 줄여, 나중 발생할 수 있는 전투 후유증 환자의 수 감소에는 다소 기여할 것으로 생각된다.

그러나 어떤 명분의 전쟁이든지 장기화되고, 나아가 국민의 부담을 가중시킨다면 국민의 지지를 잃게 된다. 특히 현대의 발달된 통신망으로 전장에서의 인명손실을 은폐할 수 없는 상황에서, 인적·물적 피해는 즉각 자국민의 반전 여론에 영향을 미치게 된다. 2001년 9·11테러 직후 부시 미국 대통령의 지지율은 90%까지 치솟아 사상 최고였다. 그러나 AP통신이 2005년 9월에 조사한 지지도 조사는 허리케인의 영향도 있긴 했지만 39%라는 최저기록을 보이고 있다. 뉴스위크 조사도 비슷한 결과(38%)를 보여 주었다. 이라크에서 미군 전사자가 날로 늘어가는 가운데 가중되는 전쟁 비용이 국민으로 하여금 부시 정부로부터 등을 돌리게 만든 것이다. 테러의 잠재적 위협 요소가 있으면 먼저 공격한다는 테러에 대한 '예방적 선제 공격론'에 의한 이라크 전쟁은 반미 감정을 전 세계적으로 확산시키고, 결과적으로 스스로를 고립화하는 부작용을 낳고 있는 것이다(조선일보, 2005p).

5) 기만과 허위 그리고 불안감

고대 전쟁에서 첩자 또는 스파이라는 개념으로 운용되던 정보전이 오늘날에는 가상공간을 포함한 모든 공간과 영역에서 인적·물적·전자전 수단을 동원해 적의 정보체계를 타격하고 방해함으로써 정보우세를 달성하는 활동으로 변화하고 있다. 심리적으로는 군사뿐만 아니라 비군사 분야에 있어서도 자국의 정보흐름을 보장하고, 적의 정보활동을 교란 또는 마비시켜 아군에게는 확신을 적에게는 불안감을 조장하게 될 것이다. 따라서 앞으로의 전쟁은 더 이상 병력과 화력을 전장에 퍼붓는 것이 아니라 전장과 관련된 최적의 정보를 누가 얼마만큼 정확하게 가지고 있느냐에 그 승패가 달려 있다고 보아진다. 따라서 정확한 정보 수집을 위한 정찰, 감청 및 위치탐지 능력을 향상시키기 위해서는 광학 및 적외선 카메라, GPS 등의 기술이 상호 연동된 가운데 전장정보지배, 전장감시를 위한 우주전자 무기체계와 이들을 보완해줄 적지에서 활약하는 정보원의 상호작용 역할이 더욱 중요성을 갖게 된다.

오늘날 전장 감시 및 정보수집 수단의 발달로 적을 기만하기 어렵다는 말들을 하고 있으나 오히려 적 감시체계에 허위상황을 제공, 적을 쉽게 아군의 의도대로 행동하도록 유도할 수도 있다. 제3차 중동전 당시 이스라엘이 공격할 의사가 없다고 정치적 기만을 실시함과 동시에 군사적으로 공격방향을 기만하여 작전을 성공시킨 전례가 있듯이 정치적 기만 외에도 전략적 또는 전술적·작전적 기만 방책을 적절히 구사한다면 기만이야말로 군사적 성공에 있어 필수요소라 할 수 있을 것이다. 결론적으로 미래전은 고도의 과학전과 입체전 아래 게릴라전과 같은 특수전 내지는 재래식 전쟁이 병행돼 전개될 것이며, 다양한 무기체계, 광역화된 전장환경 변화에 따른 신속한 지휘 · 통제 · 통신 및 정보체계를 활용한 기만과 허위를 통하여 적으로 하여금 보이지 않는 불안감을 강요하게 될 것이다(국방일보, 2001).

이러한 개인적 고통과 집단적 존폐 그리고 경제적 희생과 불안감을 인류에게 제공하는 전쟁은 과학의 발달과 함께 끊임없는 변화와 함께 오늘도 현재화되어 있으며, 앞으로도 없어지거나 없앨 수 있다는 보장이나 가능성을 보여 주지 못하고 있다. 기록된 역사와 기록될 역사 자체가 실로 '인류의 역사는 전쟁의 역사'라고 주장할 수 있을 만큼의 실증적 자료들이 지속적으로 이를 증명해줄 것으로 생각된다.

3. 현대전과 인간적 요소

최근 전쟁에서 나타난 가공할 파괴력과 소부대 단위의 전투양상은, 세계의 군사기획가들로 하여금 전투준비에 있어서 심리적이고 인간적인 차원을 강조하고 관심을 갖게 하였다. 특히 수직적, 수평적인 응집성과 장기적으로 독립적인 기능을 수행할 수 있는 팀워크로 무장된 소부대 전투능력이 전투효과의 결정적인 요소로 거론되고 있다. 여기서 기본적인 관심과 논의의 핵심은, 이들 전투에서 가장 효과적인 것으로 나타난 소부대 리더들의 팀워크 리더십 행동에 관한 요소들이다.

우리는 미군의 전투사에서 이러한 사실을 관찰할 수 있다. 미군은 독립전쟁과 양차 세계대전을 수행하면서, 고강도 전쟁에서는 적을 능가할 수 있는 기술적 그리고 병참의 우월성에 주로 의존하는 전쟁을 수행하였다. 2차대전을 수행하면서 이러한 양적인 우월성에 의한 전쟁은, 무기와 장비의 기술적 정교성을 강조하는 쪽으로 양상이 바뀐다. 기타 여러 나라의 군사력도 비슷한 양상을 따르고 있다. 더욱 정교하고 파괴적인 무기는 전자전으로 통신의 기능을 감소시키고, 전산화된 감시체계는 연막과 안개 그리고 어둠이라는 장애를 극복하면서 광범위하게 활용되고 있다. 이들 신무기와 장비들의 개발은 전쟁환경을 극적으로 변화시키고 있다. 최근의 전쟁들은 승리와 생존을 위해 군대는 소규모로 광범위하게 산개된 부대단위로 작전을 수행하여야 하며, 결과적으로 병사들이 기술적으로 더 유능하고, 스스로 사고할 수 있고, 소부대 지휘관이 장기간 상급부대의 지침 없이도 전쟁을 수행할 수 있어야 한다는 교훈을 던져 주고 있다(Jacobs, 1985; Marlowe, 1989).

또 다른 현대전의 경향은, 비재래식 혹은 저강도 전투의 빈도가 증가하고 있다는 것이다(Sarkesian, 1986). 베트남 전쟁에서 미군은 게릴라전에서 소부대 작전의 우월성에 대한 교훈을 배웠다. 그러한 전쟁 시나리오에서 효과적으로 작전을 수행하기 위해서 군은 소규모의 산개된 전투부대로서 효과적이고 자율적으로 기능을 발휘할 수 있는 지상병력을 필요로 한다. 이들 경향들과 미래의 방어요구를 고려하여 미군은 응집된 소단위 부대의 효과성과, 하급장교 및 하사관(NCO)들의 팀워크 리더십 행동을 강조하는 새로운 작전행동 원리를 발전시켰다.

이 원리는 최근 개정된 미육군의 Operation(FM100-5), Military leadership(FM22-100) 그리고 Light infantry division(Department of the Army)와 같은 공식 간행물에 잘 나타나 있다. 이들 교범들은 전쟁준비와 수행에 있어 특히 인간적 차원의 중요성을 강조하면서, 소단위 부대의 리더십, 응집성 그리고 팀워크에 중점을 두고 있다. 예를 들면 미 육군의 FM100-5는 다음과 같이 기술하고 있다:

> 전쟁은 기계가 아니라 인간에 의해서 치러지며 승리가 쟁취된다. 전쟁에 있어 人的 차원은 미래의 군사행동과 전투에서 결정적인 요소가 될 것이다.… 전쟁의 유동성과 구획적인 성질은 건전한 리더십, 유능하고 용기 있는 병사들, 응집성 있고 잘 훈련된 부대에 절대 유리하며… 리더의 우수한 기술, 상상력과 융통성을 요구할 것이다. …훌륭한 리더십 밑에 잘 훈련되고 단결된 부대는 높은 효과성을 유지할 것이며… 현대의 전투가 부대의 광범위한 산개를 요구하기 때문에 하급 지휘관들의 자질과 실전성은 상대적으로 큰 영향을 갖고 있다.

이러한 미래의 전투상황에 있어서 소부대의 응집성과 팀워크는 효과적인 전투수행을 위한 결정적인 요소가 될 것이다. 역사적으로 부대의 응집력 개발은, 완만하게 진행되는 전쟁시작에 따라 필요한 시점에서 허락되어져 왔다. 그러나 전투준비를 위한 현실적 요구는, 현존의 응집되고 팀워크로 무장된 소부대를 필요로 한다. 우리 군도 이러한 상황 요구에 부합하여, 평시 전투부대 응집력과 팀워크를 향상시키기 위한 지속적인 노력을 하고 있으며, 소부대의 팀워크 리더십 개발을 이 과정의 효과와 성패를 좌우하는 결정적인 요소로 판단하고 있는 것 같다.

파나마에 대한 Just cause 작전과 중동의 Desert storm 작전에 참가했던 모든 전투 지휘관들은 가장 중요한 전투력 배가 요소로 팀워크와 단결력을 들고 있다. 전쟁을 대비한 훈련에는 다양한 것들이 있지만, 그때의 팀워크와 단결력은 엄격한 기준에 따라 실시된 강인하고 실전적인 훈련을 통해 배양되었음을 이들 전투 참여 지휘관들은 이구동성으로 증언하고 있다. Just cause 작전에 참가한 제7경보병사단 제3여단 17보병 4대대장 Brooks는, '전투시 효과적으로 임무를 수행하는 부대의 특성은 단결력과 함께 병사들이 자기 자신과 간부들에 대해 신뢰감을 가지는 것이다. 부대의 특성은 평시에 실전적 훈련을 강도 높게 실시함으로써 얻어진다. 전투에 투입되었을 때는 모든 병사들이 자기 자신, 자기 장비, 자기 지휘관을 신뢰할 수 있어야만 전장의 전투를 제대로 수행할 수 있다'고 기술하고 있다. 한편 '사막의 폭풍' 작전에 참가했던 제1기갑사단 제2여단 70기갑 4대대장 Feyk 중령도 부대간의 팀워크와 신뢰 그리고 믿음이 전투력과 효율성의 증진에 큰 성과를 가져왔다고 증언하고 있다. 이 밖의 많은 전투 참여 지휘관들이 팀워크와 단결력의 중요성에 대하여 강조하고 있음을 볼 수 있다. 전투에서 지휘 및 통솔이 성공적으로 이루어진 것은 서로 이해하고 신뢰하는 단결된 팀으로서의 부대가 만들어진 데서부터 비롯되었음을, 이들은 전투 경험에서 우러난 산 증언으로 우리에게 알려주고 있는 것이다(교육사, 1994b).

이들 지휘관들이 부대 내의 팀워크와 단결력을 배양하기 위하여 모든 수단을 다 강구하였음을 볼 수 있는데, 부하와 상관과의 격의 없는 대화는 단결력과 신뢰감을 촉진시켜주며, 지휘관들이 공개적이고 정직한 지휘풍토를 조성하는 것이 매우 중요하다고 진술하고 있다. 또한 모든 예하 제대 그리고 모든 직위의 요원들에게 작전회의, 예행연습, 사후 검토회의 등에 참가하도록 권장하고, 많은 중대장들이 가능한 많은 시간을 할애하여 부사관 및 병사들과 함께 자연스런 분위기에서 훈련, 장차 작전, 일반적인 부대운용 방향들을 토의하였다. 전투에서의 훌륭한 통솔력은 정식절차에 의한 예행연습, 예하 지휘관의 백브리핑, 서면으로 작성된 지휘의도, 또는 지휘관의 현장지휘 등만을 가지고는 충분히 발휘할 수 없는 것이다. 어떤 의미에서 보면 지휘라는 것은 막연하여 파악하기 어렵고, 이에 대한 분명한 정의를 내리기도 쉽지 않다. 하지만, 면담에 응한 모든 지휘관들은 공통적으로 성공적인 통솔에는 팀워크와 인간 상호간의 관계가 매우 중요하다고 진술하고 있다. 미 합동특수부대 남부 사령관으로 Just cause 작전을 지휘한 바 있는 Stiner 장군은, '팀워크와 동료간의 신뢰감은 상호의존적이다. 팀워크는 강인하고 실전적인 훈련과 전우 상호간의 전투능력에 대한 신뢰감이 있어야 발전된다'고 하였다. 또한 지휘관들은 부하들과의 사이에 믿음과 자신감과 신뢰(trust, confidence, credibility)에 바탕을 둔 인간관계를 수립하는 것이 중요하다고 믿었으며, 이러한 인간관계는 개인의 장점과 잠재적 약점에 대한 이해까지도 포함된다고 했다. 개개인에 대해 알고 그들이 주어진 상황에서 어떻게 대응할 것인지를 미리 알 수 있다는 것은 전투에서 승리하는데 매우 중요하다고 이들은 진술하고 있다. 나아가 대규모 부대 내에서 팀을 구성하는 데에는, 지휘관의 의식적인 노력이 필요하다고 전투 참여 지휘관들은 말하고 있다. 지휘관들은 팀의 구성원들과 대화의 문을 열고, 아이디어를 교환하며, 구성원들이 서로에 대해서 알 수 있는 기회를 만들어 줄 것을 강조하고 있다. 지휘관들은 부대 내의 팀워크가 이루어지게 하기 위해서 몇 가지 방법을 이용했는데, 가장 흔하게 사용한 방법 중의 하나는 지휘관과 참모가 전투에 대한 문제점과 아이디어를 토의하고자 모이는 토론회를 자주 열어 주는 것이다. 야외훈련연습(FTX), 지휘소 연습(CPX), 전문성 개발 세미나, 예행연습, 현지 강평과 사후강평 등 이 모든 것들은 좋은 팀을 만드는데 큰 도움이 되었으며, 간부들 상호간의 단결심을 고양시켰다(교육사, 1994a).

4. 한국군 군사안보환경의 변화

오늘날 사회가 다양화 · 다원화되고 경제적 번영의 가속과 과학 기술의 발전으로 군이 수행하는 업무 역시 복잡해졌으며, 이에 따라 미래의 군사환경이나 전장환경도 많은 변화를 가져올 것으로 예상된다. 여기서 몇몇 선진국의 모델을 도대로 21세기 우리의 안보환경을 사전에 예측해 본다.[2)]

1 군사환경: 탈냉전, 안보의식 이완, 주적의식 희박 및 약화
2 정치: 탈권위주의의 가속, 선진 민주주의 제도 정착
3 사회: 민주주의 가치, 자율과 창의 존중, 전문성 강조
4 경제: 富의 집중화, 빈부격차 확대, 절대빈곤 감소, 상대적 결핍감의 증대, 삶의 질 추구, 여가선용의 확대
5 문화: 다양성 · 다원화 수용, 국제화, 개방화, 인간성 회복
6 군대의 위상: 제복을 입은 민주시민, 국민의 군대, 문민통치의 지속적 강화
7 전쟁 양상: 정보전 · 전자전, 통합성 · 신속성 · 기동성 강조, 광역화
8 군 구조: 병력 집약형에서 기술 집약형으로 변화
9 군 구성원: 자기주장, 개인주의 가치관, 다양성 추구
10 리더 유형: 강제형 ➡ 보상형 ➡ 변환적, 전방위 리더십

이러한 '포괄적인 안보환경'을 기초로, 장차 우리의 군사심리학들이나 지휘관들이 당면하게 될 미래 군구성원들의 사회 · 심리학적인 문제 중 몇 가지 홍미를 끄는 주제들을 논의해 보고자 한다.

2) 이 부분은 육사 교장으로 재직(2003. 4~2004. 10)한 김충배 장군의 간부 교육용 지휘철학에 나타난 개념들을 다소 인용하였음.

5. 미래 한국군의 사회·심리학적 문제들

1) 군 전문가의 시대: 수평적 영입의 확대

미래에 사람들의 학력이 높아지고 자신들을 어느 정도의 능력을 갖춘 전문가라고 자각하기 시작하면서, 경험과 능력이 연령이나 계급 그리고 근무기간보다 더 중요하게 취급될 것이라는 점이다. 때에 따라서는 '수평적 영입'이란 개념이 군에도 적용될 것이며, 이는 군사 분야에서 고도의 전문성을 지닌 민간 전문가들이 위관 및 영관이나 장성급과 동등한 직급을 가지고 군에 영입될 수 있음을 뜻한다. 이는 곧 군이 새로운 방법의 진급과 보직 제도를 마련해야 할 것이라는 사실을 시사해 준다.

2) 리더십의 변화

리더십도 보다 知的으로 바뀌게 될 것이다. 이는 군의 구성원들이 복잡한 기계 장치의 기능이나 조작에 충분히 능숙해져서 지휘관들이 너무 세부적인 지시를 내릴 필요가 없어지게 된다는 의미도 포함하고 있다. 그러므로 군 지휘관들의 리더십은 사소한 일에 신경을 쓰지 않게 되고 일반적인 전략적 요소들에 치중할 수 있게 될 것으로 생각된다. 지휘·통제 체계도 좀더 유연해져서 일반 민간 전문가들이 한시적으로 그들의 전문성이 요구되는 상황에서는 리더의 역할을 수행하기도 할 것이다.

또한 일상적인 부대생활에서 부하들과의 대화나 의사전달 및 의사결정이 더욱 중요해짐에 따라, 리더십에서 의사소통(communication) 기술이나 능력이 중요한 역할을 담당하게 될 것이다. 또한 군의 구조가 '기술집약형'로 바뀌게 되면 현재의 국민 개병제에서 보다 선별적인 모병제도가 점차 설득력을 얻게 될 것이다. 조심스런 판단이기는 하지만 만일 모병제가 시행되면 부대 지휘에 '자율과 참여'가 보다 강조되고, 설득에 따른 의사소통 기술이 더욱 중요성을 갖게 되며, '변형(환)적 리더십'이 지휘관의 한 리더십 유형으로 정착되고 보다 절실히 요구될 것으로 판단된다.

그러나 현대전에 있어서 군의 전투무기나 기술 수준을 감안할 때, 대량 살상과 파괴의 첨단 신무기 사용으로 공포심을 극대화시킨 전투가 이루어질 것이고, 삶과 죽음이 교차하는 치열한 전투환경에서 과연 어떤 리더십이 필요할 것인가에 대해서는 학자들 사이에 여러 견해들이 있을 수 있다. 이 논쟁점은 직접 실험이 불가능한 전쟁 양상 때문에 군이 공개적으로 토론하고 싶어하는 문제는 아니지만, 계속 군 관련 교육기관이나 그와 비슷한 기관에서 제기되거나 거론되고 있는 주제들이다.

3) 폐기가능한 군 장비 구조

군 직무에 대한 여러 가지 특성의 변화와 함께 우리 군도 폐기가능한 군용품 구조로 일부 옮겨가게 될 것인데, 이는 많은 군용품들도 한번 사용되고 再사용을 위해 세척되거나 보수되는 경우보다는 버려지는 경우가 많아질 것이라는 사실이다. 우리는 이러한 사회의 변화가 병사들의 관리와 정비에 대한 태도를 바꾸어 놓을 것이라고 보고 있다. 한번 사용하고 버리는 일회용 제품에 익숙해 있는 병사들에게 닦고 조이고 기름쳐서 정비 후 재사용하는 관행은 서툴 수밖에 없다. 따라서 불가피하게 재정비하여 사용해야 하는 장비에 대해서도, 군 장병들에게 군 장비는 복잡하고 비싸기 때문에 교체되기보다는 정비되어 사용되어야 한다는 논리가 설득력 있게 잘 전달되지 못 할 것이라는 사실이다. 그래서 보다 분별력 있는 설득의 리더십이 요구될 것이다. 그리 흥미로운 예상은 아니지만, 만일 재래전에서 이런 예측이 실제 상황으로 전개된다면 매우 어려운 상황에 부닥치게 될 것이다.

4) 군 충원 인원의 질적 수준

(1) 장병들의 성분

군 충원 인구의 대다수가 도시에 거주하게 되고, 세대간 빈부 격차는 있겠지만 소득향상의 결과로 사람들이 보다 도덕적이 될 것이라는 것이다. 이에 따라 군대 인적 자원의 대부분도 도시로부터 충원되기 때문에 대다수의 장병들이 보편적 중산층의 도덕성이나 가치를 공유하게 될 것이고, 범죄는 줄어들 것이며 군 기강의 문제도 그리 크게 대두되지 못할 것이다. 다른 한편으로 이런 도덕적인 문제 때문에 군 상부의 지시사항에 대해, 특히 지지를 얻지 못하는 명령이나 지시의 이유에 대해서는 더 많은 설명과 설득을 해야 할 것으로 생각된다.

(2) 약화된 장병들의 정서 통제력

군에 입대하는 장병의 절반 이상이 독자로 성장하면서 이들은 가정에서 통제보다는 방임에 가까운 성장 기간을 보내왔다. 이들 세대는 집에선 더할 나위 없이 소중한 존재로 부모의 정성은 듬뿍 받지만, 형제나 타인간에 서로 부대끼면서 감정을 통제하는 사회화의 체험이 거의 없다. 그러다 보니 가치 설정에서 자기를 다른 어떤 것보다 앞에 놓는다. 조직을 위해 자신을 희생하는데 그만큼 소극적이며, '나' 위주의 사고방식이라 동료들과의 갈등이나 감정적 앙금을 푸는 방법도 서툴 수밖에 없다. 말하자면 감정의 통제에 있어 자제력 또는 극기심이 절대 부족하기 때문에, 명령과 복종을 근간으로 하는 상명하복의 군사문화 하에서 충돌과 갈등이 쉽게 발생할 소지를 안고 있는 셈이다. 계층간 이러한 문화적 충돌은 합리적인 지휘풍토 아래서는 시간을 두고 자체 해결될 가능성이 많지만, 극소수 장병들 중에 여기서 좌절을 느끼고 이것이 분노나 증오로 이어져 타인에 대한 폭력이나 인명손상과 같은 공격행동으로 이어질 가능성도 있다.

일반적으로 분노의 감정이 공격행동으로 이어지는 일이 대단히 많다. 그러나 사람들이 욕구좌절에 빠지고 분노를 느끼고 공격적인 성향이 있을지 모르지만, 그래도 금지 때문에 공격을 표시하지 않을 수도 있다. 금지 처벌이나 사회적 불인정에 대한 공포 때문일 것이다. 그러나 금지된 공격은 단순히 없어지지 않고 돌파구를 찾는다. 말하자면 금지는 욕구좌절을 증가시키는 작용만을 하기 때문에 돌파적으로 폭발할 가능성이 있다는 것이다. 따라서 공격행동이 금지되면 뒤로 욕구좌절 제공자를 욕하거나, 전위 등의 방어기제를 통해 그 욕구좌절의 원인과는 무관한 사람에게 피해를 줄 수도 있다. 욕구좌절-공격가설 주창자들도 사람이 좌절 상태에 빠져 있고 가능한 모든 돌파구가 봉쇄되면 그 공격은 자기혐오, 자기비판, 자살 등의 형태로 자기 자신을 향하게 된다는 것을 시사해 주고 있다.

사실 거의 20년 동안 한 가정에서 자체적으로 분노 조절 훈련의 사회화를 제대로 거치지 못한 병사들의 행동들을, 사회와는 격리된 군대사회 그리고 이질적인 군대문화 속에서 단기간에 해결하라는 것은 무리한 요구일지 모른다. 그러나 강인한 군대를 만들어야 한다는 국민들의 동의와 사회적 공감대를 형성한다면, 새로운 훈련방식과 리더십 개발을 통해 일반 사회에서도 요구하고 바라는 '새로운 군인' 또는 '바람직한 인간'으로의 훈련이 가능할 수도 있을 것이다.

5) 병역 거부자의 변별

종교적인 변화가 시사하는 바는, 전통적인 기준으로는 종교상의 신념에 따른 '양심적 병역 거부자(conscientious objector: C.O.)'를 식별하기가 점점 힘들어 질 것이라는 점이다. 또 병역 기피자들은 정신병적인 요소들이나 기타 갖가지 수단을 동원해서 징집을 회피하려 할 것이다. 그러나 이러한 수단의 징집 회피는 그리 쉽지만은 않겠지만, 그 선별에 있어 정신병 전문의들에게 많은 중압감을 부과할 것으로 생각된다.

6) 국민과 군의 관계

국가 공동체라는 개념의 쇠퇴와 세계화의 추세가 대세가 될 것이며, 이에 따라 보편적 인권이나 인류애 개념이 점차 자리를 잡아갈 것이다. 이런 추세의 결과로, 군이 자국의 점증하는 위협이나 안보위기에 대한 경고를 국민들을 상대로 펼치기가 점차 힘들어질 것으로 보고 있다. 부대 이전이나 훈련장 건설을 위한 부지 구입도 주민들의 태도가 큰 변수로 작용하게 된다. 국민들은 점점 군의 개방 확대를 요구할 것이며, 군내 사고에 대한 문제 제기나 소송 건수는 늘어나고 이를 은폐하기보다는 언론에 노출될 가능성이 더 많다. 그러므로 안정된 지휘권 확보와 훈련환경 보장을 위해 점증하는 국민의 요구에 대처할 수 있도록, 대민 협상팀이나 군의 정보 및 홍보 기술들이 새로이 구성·조정·설계될 필요가 있다.

7) 군 구조의 변화

군사과학의 발달로 현재의 '병력 집약형' 군구조가 '기술 집약형' 형태의 군대로 변화될 것이다. 이에 따라 군도 총, 탱크, 비행기, 헬멧, 군화 등을 설계할 때, 이러한 장비들이 주는 지각문제 즉, 편안함 등의 '인간적 요소'를 고려하여 설계·공학·심리학자들을 활용하는 일이 정례화될 것이다. 또한 군은 개인의 지각적 한계를 '정신기술'을 동원하여 확장하게 될 것이며, 뇌 과학의 발달과 진전에 따라 장병 선발에서도 뇌의 기능 측정만으로 충성심과 범죄의 가능성을 예측하는 방법도 개발될 것이다. 이는 군의 리더들이 보다 '인간의 정신세계'에 깊은 지식과 통찰력을 구비해야 함을 시사해 주고 있다.

8) 장병의 인권

신세대 장병들의 개인주의 가치관은 군 내부에서의 사생활 보호문제를 하나의 이슈로 만들 것이다. 이는 인간존중이라는 기본적 인권문제와 동일한 맥락에서 추구될 것으로 생각된다. 따라서 현재의 공동체적 군 주거 형태도 최대한의 사생활 보호라는 측면에서 보다 개별적 주거 형태로 변화될 가능성을 안고 있다. 이에 따라 내무반의 구조나 시설 및 기능이 일반 가정적인 모습을 갖추게 될 것이다. 상황에 따라서는 현재 서구의 몇몇 국가들이 시행하고 있는 군 노조의 결성문제가 부각될 가능성이 있다. 현재까지 서구의 일부 군대노조는 군대의 운영 방향보다는 주로 근무 여건과 보수 인상에 집중되어 있는 것으로 나타났다.

9) 장병의 전투성

지금 현재 상황에서 군사심리학자들의 관심을 사로잡는 연구는 정치적·사회적인 변화가 미래의 전투에서 병사들의 전반적인 전투성과 호전성에도 영향을 미칠 수 있는가 하는 문제이다. 군내에서는 일반적으로 무기의 발달과 이에 따른 인적자원의 필요성이 점점 줄어들고 있는 전장의 현실을 놓고 볼 때, 장병들이 목숨을 희생하면서 싸워야 한다는 의지가 약해질 수 밖에 없으며 이는 고민거리 중의 하나라는 의견이 많기 때문이다. 이러한 관점에서 최근 심리학자들이 동물들의 공격성, 전쟁의 역사, 그리고 분쟁에 관한 몇 실험적 연구들을 분석해 본 결과, 사람들이 싸우는 근본적인 이유는 변하지 않았으며 전쟁은 위협과 영토 욕심에 대한 자연적인 반응이라는 결론을 내린 바 있다. 다만 이러한 반응들이 생래적으로 생성되기 때문에 지속적으로 인간과 함께 작동하지만, 이러한 동기들이 생성되는 수준은 사회의 변화나 학습 및 훈련과 함께 조정될 것이라는 견해가 일반적이다(Watson, 1978). 따라서 모병제가 시행되더라도 군에 입대하고 전쟁에 참여하려는 군인들이 지속적으로 나타날 것이라는 조심스런 낙관론이 서구 군사심리학자들의 주된 견해로 보인다. 과거 정치인들은 물론 일부 군사심리학자들이나 기타 심리학자들조차도 이런 사실을 인정하려고 하지 않았던 경향이 있었지만, 미래에는 이런 경향을 바꾸어 나가게 될 것으로 연구자들은 보고 있다.

제 4 장

N세대 장병들의 행동 이해

21세기는 새로운 역사의 지평을 여는 중요한 전환점이다. 하루가 다르게 변화하고 변화의 중심에는 386세대나 X세대[1]와는 또 다른, 20대의 'N세대'가 솟아오르며 대한민국을 새롭게 디자인해 나가고 있다. 지금의 N세대는 기성세대처럼 몇 가지 특징으로 규정하기 어렵다. 이들을 지칭하는 용어는 사회학자나 마케팅 전문학자들이 꼽는 것만도 10가지가 넘는다. 그만큼 지금의 20대는 모순적이다. 민족적이면서도 세계를 지향하고, 개인적이면서도 집단과 하나가 되기도 한다. 386세대나 X세대처럼 아직 완전히 정의되지는 않았지만, 학자들은 N세대를 대략 1977~1997년 사이에 출생한 베이비붐 세대의 2세대들로, 대부분 디지털 환경에서 자라게 된 인간들을 지칭하는 용어이며, '나'를 강조한다고 해서 '나(Na)'세대로 부르기도 한다(조선일보, 2005a).

이들 20대들은 조만간 386세대, X세대, 기성세대들을 압도하며 대한민국을 어디로 끌고 갈는지 모르는 폭발성을 보이고 있다. 그들은 다음 세대에 터지도록 되어 있는 일종의 시한폭탄인 셈이다. 그러나 지금의 20대는 10~20년 뒤에 우리 사회를 이끌어 갈 중추 세력임에는 분명하다.

현재 전 세계인들의 마음을 사로잡고 있는 Me-ism이나 그것의 한국적 표출인 '나(Na)-ism'은, 집단을 강조하고 남을 배려하는 We-ism과 다소 대립되는 개념으로 생각된다. 'Na-ism'은 부모, 형제, 친구, 스승, 이웃, 소외층 등 남과는 거리를 두는 이기적인 측면이 강할 뿐만 아니라, 개인을 과신하고 전체를 무시하며 사회나 국가를 개인의 단순한 집합체일 뿐 유기적 통합체로 보지 않는다. 나아가 물질적·정신적 자기 충족을 추구하고 그것에 저항을 주는 기성세대나 가치를 거부한다. 물론 이들의 장점도 있다. 벤처나 창업에 대한 열정, 모험과 탐험심이 풍부하고 튀는 아이디어와 풍부한 상상력, 창조정신이 남다르다. 다름과 차이를 좋아하고 변화와 혁신을 즐기며, 천편일률적이고 획일적인

1) X세대(1965~1975): 베이비붐 세대(1946~1964) 마지막 10년을 이루는 시기에 태어난 세대로, 1950년 캐나다의 Douglas Coupland의 소설 『X Generation』에서 처음 사용된 후, 마케팅 전문가들에 의해서 하나의 문화적 개념의 용어로 사용이 정착됨.

삶을 거부하고 평균과 평준화를 싫어하며 대신에 독특한 개성을 중시한다. 이런 성향들을 집단정신 말하자면 We-ism을 강조하는 군대사회에서 어떻게 갈등을 최소화시키면서 효과적으로 수용하고 군 조직에 접목시키는가가 우리의 과제라고 생각된다.

1. N세대(N-Generation)란?

N세대의 앞 세대인 X세대는 '배제됐다'는 의미인 'eXclusion'의 약자 X가 뜻하는 바와 같이 이들 X세대는 결국 기성세대와 조화와 균형을 이루지 못하고 버릇 없는 소외된 집단으로 인식되었다. X세대를 소위 'PANTS'라고 약칭하면서 그 특성을 개인주의(Personal)적이고, 재미(Amusement)를 최고의 가치로 여기며, 꾸밈 없고(Natural), 사회활동에 있어 남녀 구분이 없으며(Trans-border), 자기애적 또는 서비스 중시(Self-love, Service) 성향을 가졌다는 의미로 특징짓는 것과는 다르게, N세대의 특성은 다음과 같이 몇 가지로 논의해 볼 수 있을 것이다.

1) N세대의 특징

언제부터인가 N세대는 우리 청소년들을 대표하는 단어가 되었다. 상업적 수단으로 부각되었던 N이 이제는 우리 사회와 청소년, 그리고 디지털 시대 전체를 대변하고 있다. 'N세대'라는 말은 Tapscott(1998)의 저서 『Net 세대의 출현과 정보화사회』에서 N세대의 개념과 함께 특징을 소개한 이후, 국내 기업이 N세대를 대상으로 한 상품 개발 및 마케팅 전략을 세우기 시작하면서 많은 사람들에게 알려지게 되었다.

N세대는 ① Network Generation: 인터넷을 자유자재로 사용할 수 있는 세대, ② New Generation: 새로운 문화를 창출하는 세대, ③ Next Generation: 다음 세대란 의미를 지니고 있다. 이들은 형식상 1977년 이후 출생한 자들로 비디오카메라, 비디오게임, CD-ROM, DVD, 인터넷 등의 디지털 환경 속에서 자라나, 사이버 세계가 삶의 터전이자 놀이터이며, 문화에 능동적으로 참여하면서 직선적이며 솔직함을 나타내고 있다. 이러한 N세대의 특성을 학자들은 다음과 같이 4N으로 요약하여 설명하고 있다(유명만, 2005).

① N은 무엇보다도 이들의 일상적 삶의 무대인 Network이다. Network가 그들의 생활의 무대이자 무한한 정보의 바다를 항해하면서 학습하는, 현실계와는 또 다른 세계이다. Network는 명령에 죽고 사는 수직적 권위를 거부하고 모두가 평등한 입장에서 폐쇄적 연줄공동체를 파괴하고 수평적 관계망을 무한대로 확산해 나가는 의미가 함축되어 있다.

Network의 세계에서는 오로지 인식과 관심을 같이 하는 공동체적 속성으로 뭉치고 흩어지며 무엇을 할 수 있느냐, 즉 실력과 능력이 그들의 보증수표이다.

2 N세대들은 iNnovation을 즐긴다. 모험과 탐험심이 풍부하고 튀는 아이디어와 풍부한 상상력, 창조정신이 남다르다. 다름과 차이를 좋아하고 변화와 혁신을 즐긴다. 천편일률적이고 획일적인 삶을 거부하고 평균과 평준화를 싫어한다. 대신에 독특한 개성을 중시한다.

3 No라고 서슴없이 말하는 세대이다. 자신의 성향과 관심, 주장과 의견에 비추어 마음에 들지 않으면 서슴없이 No라는 표현을 솔직하고 직설적으로 표현한다. 현상유지와 권위에 대한 복종과 기존가치의 수용보다는 늘 새로운 무엇인가를 추구한다. 정해진 길을 가기보다는 가 보지 않은 미개척지의 길로 떠나기를 즐긴다. 그래서 새로운 공동체가 시시각각 구축되는 정보의 바다, 사이버 공간에서 한곳에 정박, 정주하지 않고 끊임 없이 도주하고 탈주하는 삶을 즐긴다.

4 마지막으로 N은 eNjoy이다. N세대들은 일도 공부도 즐긴다. 일과 놀이, 그리고 공부가 따로 구분되지 않는다. 일하면서 공부하고, 공부하면서 일한다. 놀면서 공부하고, 공부하면서 논다. 모두가 즐김의 대상이다. 그렇다고 N세대의 놀이와 즐김이 기성세대의 향락적 풍토는 아니다. 그들은 재미있어야 공부하고 일한다. 삶과 공부와 일이 하나의 놀이로 통합된다. 한편 Tapscott(1998)는 N세대의 특징을 다음과 같이 정리하고 있다.

1 극단적 독립심: 간섭을 싫어하는 강한 독립심을 가지고 있으며 인터넷에서 그저 주어진 정보를 받아들이는데 만족하지 않고 필요한 것을 스스로 찾으려는 적극성을 보인다.

2 감성적, 지적 개방성: 인터넷을 통해서 남에게 자기 자신을 보여준다. 이것은 인터넷을 통한 진정한 커뮤니케이션이 될 수도 있지만 가장 상처받기 쉬운 부분이 될 수도 있다.

3 포용성: 사회적으로 배타적이 아닌 포용적인 성향을 가진다. 예를 들어, 인터넷 가상사회의 국제적인 참여를 말할 수 있다.

4 자유로운 표현과 강한 주장: N세대는 그들이 인터넷 밖에서 할 수 있는 것보다 폭넓은 사고와 의견, 그리고 논쟁들을 인터넷을 통해서 접할 수 있다고 주장한다. 대화의 수준이나 연령에 대해 선입관을 가지지 않고 정보의 소유나 의사표현을 그들의 기본권이라고 생각한다.

5 혁신: 새로운 것을 숨쉬며 끊임없이 더 나은 것을 추구한다. 인터넷은 열려진 빈 캔버스와 같다.

6 성숙하기 위한 열정: N세대들은 그들이 어른들의 생각보다 훨씬 더 성숙하다고 주

장한다. 역으로 어른들 또한 인터넷을 사용하는 아이들이 그렇지 않은 아이들보다 더 성숙하다고 인식한다.

7 탐구심: 인터넷에서의 상호작용과 사람에서 사람으로의 의사소통은 그들의 탐구정신을 키워준다. N세대의 인생 계획표는 세계로 열려 있다. 한국에서 2004년 한 해 출국한 20대는 총 149만 명, 2000년의 104만 명에 비해 50% 가까이 늘었다. 이중 자원봉사를 하거나 취업하기 위해 외국으로 나가는 20대들이 급증하고 있다. 요즈음 N세대들은 해외봉사를 하기 위해 관련 기관의 문을 수시로 두드리고 있다.

8 성급함: 인터넷은 즉각적, 동시적이다. 그들은 실시간의 세상을 맞이하게 되었고 디지털 세대는 모든 것이 빠르게 움직이기를 바란다.

9 기업적 이익에 대한 민감성: 인터넷은 수많은 소규모 제작자들이 참여하고 있으며 이들은 기업의 상업주의에 민감한 반응을 보인다.

10 사실 확인과 신뢰: 인터넷 안에서의 익명, 접근가능성, 다양성의 특성 때문에 아이들은 그들이 보고 들은 것에 대해 끊임없이 검증받아야 한다.

이러한 N세대는 최근의 거시적인 사회변화의 주도적인 물결을 형성하고 있는 디지털, 지식, 그리고 벤처 시대의 이상을 구현할 수 있는 잠재적 가능성을 모두 보유하고 있다. 디지털의 속도와 투명성, 다양한 정보를 수집, 편집, 가공하여 지식을 창출하는 학습력, 그리고 저돌적 도전정신과 창조적 상상력이 자산인 벤처정신에 부합되는 N세대만의 무한한 가능성이 그들의 내면세계에 잠자고 있다. 부정적이고 역기능적인 측면을 앞세워 기존의 획일화, 평준화된 가치판단 기준으로 기성세대 입장에서 일방적으로 기존 세대와 어울릴 수 없는 문제 집단으로 몰아세우기 이전에 거역할 수 없는 시대변화가 어떤 인재를 요구하고 있는지, 그리고 이러한 이단의 인재들이 자신의 '끼'와 튀는 아이디어를 어떻게 하면 구현할 수 있을 것인지를 고민하는 기성세대의 관심과 지원이 더욱 필요한 시기가 아닐 수 없다.

이러한 N세대의 가치관 중에서 특히 '나'를 강조하는 특성을 부각해 한국의 사회학자들은 이들 세대를 '나(Na)'세대라고 부르기도 한다(조선일보, 2005e). 그래서 한국의 Na세대는 특별히 집단과 단체정신을 강조하는 군의 가치관과 상충되는 특성을 갖고 있어 우리의 관심을 끌고 있다. 한국의 20대를 대표하는 Na세대의 '나'를 강조하는 행동 및 가치관의 특징들을 알아본다.

2) Na세대 그들은 누구인가?

이들 Na세대는 전통문화와 기성세대 중심의 질서에서 훨씬 다양하고 자유로운 思考

들을 갖고 있다. 이 세대들에게는 절대적 가치라는 것이 없다. 절대적 가치에 속하는 종교와 오래도록 진리로 신봉해 온 종교의 가르침도 별로 중요하게 여기지 않는다. 절대적 가치에 속하던 국가관에도 비애국적 생각들이 나타나고 있다. 국가가 전쟁이 나고 위기에 처해 있어도 자원입대는 안 한다는 생각을 하는 Na세대가 50%를 육박하고 있다. 취업포털 잡링크가 대학생 1,237명을 대상으로 2005년 5월 20일부터 8일간 설문조사한 결과 45.8%인 567명이 국적 포기에 대해 '필요한 경우 가능하다'고 답했다. '국가에 대해 자부심과 애착이 있는가'라는 질문엔 67.5%가 '그렇다'고 응답하여 국가에 대한 모순되는 의식이 혼재된 것으로 나타났다. 남이 군대를 가지 않으면 인터넷 속에 숨어 별의별 애국적 욕은 다 하면서도, 정작 자신들은 군대문제에 대해 자유로운 생각을 하고 있는 등 이해하기 힘든 이중적인 사고방식들을 갖고 있는 세대이다.

이성관에서도 앞 세대와는 또 다른 생각을 갖고 있다. 사랑하면 결혼 전에라도 굳이 순결을 지킬 필요가 없다고 한다. 종교적으로도 특정 종교보다는 착하게 살면 죽은 후에 좋은 곳에 가지 않겠느냐는 생각을 갖고 있는 사람들도 높은 통계수치를 보이고 있다. 수천 명이 모이는 집회를 하려면 힘들게 광고하고 홍보해야 가능하던 일을 이들 세대는 인터넷이나 휴대폰 문자메시지 몇 자로 그 일을 해낸다. 그러면서도 하루종일 혼자 컴퓨터와 재미있게 지내는 폐쇄적인 세대가 Na세대이다. Na세대는 사회공동체를 별로 달가워하지 않는다. 사회공동체는 하지 말라는 것도 많고 하라는 것도 많다. 내가 누구에게 구속되고 누가 내 생활에 참견하는 것을 싫어하는 '나' 혼자만의 세대들에게 이래라 저래라는 식의 강요는 짜증만을 불러일으킨다는 것이다.

이들 세대는 디지털 기기로 무장하여 여기에 익숙하면서도 유동성이 강한 유목민이기도 하지만(디지털 노마드), 안정을 위해 각종 공무원 시험에 몰두하는 '公試族'이기도 하다. 촛불시위에 너도 나도 참석하는 P(Partici-pation: 참여)세대 또는 태극기 세대로 불렸지만, 혼자서 방에 틀어박혀 식음을 전폐하며 사이버 공간에 빠져들거나 자기 일에만 몰두하는 폐인족이 있기도 하다. 20대는 자유롭고(Free), 감정이 풍부하고(Feeling), 실용적이며(Utilitarian), 남과 다른 것을 좋아하고(Unique), 유비쿼터스적이고(Ubiquitous: 언제 어디서나 전자 통신), 네트워크 없이는 못 살고(Network-oriented), 클릭 한번으로 콘텐츠를 사이버 공간에 퍼뜨리는(Pumkin) 세대들이며, 늘 새로운 것(New)을 추구한다. 그래서 즐거움을 우선으로 추구하는(Fun) 세대이다. Na세대는 자신들의 특징을 동그라미 세대라고 한다. 개성이 뚜렷하면서도 누구하고나 융합되는 동그라미 같은 세대라는 것이다. 그러면서 '나'가 강조된다. 뭐라고 한마디로 규정지을 수 없는 것이 Na세대의 특징이다(조선일보, 2005e).

이처럼 이들 Na세대의 20대의 의식 공간 안에는 상호 복잡하게 충돌할 수 있는 여러 논리가 공존하고 있어 이 세대 안에서 어떤 명확한 공통점을 찾기가 어렵다. 그러나 이들 세대가 바로 병사들의 대다수를 이루고 있는 만큼, 최대한 이들의 공통점을 추출하여 이들 특성들을 합리적인 군 조직관리에 도움이 되도록 활용하여야 할 것이다.

(1) 무관심 · 자기중심적 · 공동체 의식이 희박한 개인주의자

이들 Na세대들에게 개인을 희생하는 모임은 인기가 없다. 개인의 노력과 발전이 집단에 의해 희생돼서는 안 된다는 것이 이들의 주장이다. 따라서 세를 과시하는 집회에 거부감을 보인다. 대학생활에서도 과거 학생회처럼 '위'에서 지시를 내리는 모임은 존재하기 어렵다. 각종 집회나 시위에 대규모 인원이 모이는 일은 극히 드문 현상이 됐다. 모임의 시작은 개인이며, 개인의 목소리와 이익이 집단의 이익에 우선해야 한다는 것이다. 대학생 4명 가운데 1명 정도는 학내의 각종 모임에 전혀 가입하지 않은 것으로 나타났다. 순수 학술 동아리에 대한 인기가 사라지고, 취미와 자기계발에 대한 모임에 학생들이 떼 지어 몰려드는 것도 이들 세대의 가치관의 일면을 반영한 것이라고 생각된다(중앙일보, 2004a).

대학생들은 자신이 좋아하는 내용을 다루는 동아리에서 개인이 중심이 되어 취향과 관심, 지식, 그리고 인간관계를 만들어 나간다. 이 과정에서 대학생들은 문화자본과 사회자본을 축적한다. 모임 그 자체가 중요한 것이 아니라 그 수단적 가치가 더욱 중요한 기준이 되는 것이다. 이처럼 요즈음 20대는 온라인상에서 자기중심적으로 생각하기 때문에 세대간에 차이가 생길 가능성이 높다고 학자들도 지적한다.

(2) 실리적 · 현실에 민감한 물질주의자

Na세대는 명분과 이념보다 실리와 현실을 중시하며 이들은 주위의 시선이나 눈치에 더 이상 연연해 하지 않는다. 또 타인의 의견에 자신이 구속되는 것도 쉽게 허용하지 않는다. 관념적인 것보다 현실적인 것을 선호한다. 자신이 좋아하고, 자신의 현재와 미래에 도움이 되는 것이라면 다른 사람의 눈치를 보지 않고 과감하게 선택한다. 말하자면 실리가 선택의 기준이 되는 것이다. 산업구조 변화와 경기 침체로 인한 구조적 취업난을 정면 돌파하기 위해 분투하고 있는 관계로 부를 금기시 하지도 않는다. 이들의 목표는 '건전한 부자가 되는 것'이다. 창업 · 주식투자 등 경제 관련 지식을 쌓고 재테크 정보에도 민감하다.

정치에 관심은 있지만 좌 · 우 이념의 세계가 무엇인지에 대해서는 잘 모르고 관심도 없다. 조선일보가 2005년 8월 한국갤럽에 의뢰해 1980년대에 출생한(16~25세) Na세대를 대상으로 실시한 민족의식 조사에서 북한에 대한 호감도는 '좋다'가 62.9%, '싫다'가

33.7%였다. 2004년 12월 갤럽조사에서 50대 이상 기성세대가 북한에 대해 '좋다' 16%, '싫다' 55%의 반응을 보인 것과는 대조적인 결과다. 북한을 '안전을 위협하는 적대적 대상'으로 보는 비율은 기성세대가 21.6%인 반면, Na세대는 6.6%에 불과했다. 한편 Na세대는 우리 역사상 처음으로 국가적 자부심을 바탕으로 한 민족주의 경향을 뚜렷이 보였지만, 그 속엔 아직 모순되는 의식도 혼재된 것으로 나타났다. '미국과 북한간에 전쟁이 일어난다면 어느 편에서야 하느냐'는 물음에 '북한 편에 서야 한다'고 답한 Na세대가 65.9%에 달했다. '미국 편에 서야 한다'는 응답은 28.1%, 모름·무응답 6%였다. 그러나 '취업이나 이민 등으로 다른 나라로 가게 된다면 어느 나라로 가고 싶으냐'는 설문에서 북한을 꼽은 신세대는 단 한 명도 없었다. 호주가 17.9%로 1위 미국이 16.8%로 2위, 일본이 15.3%로 3위였다(조선일보, 2005n).

이러한 현상에 대해 조사를 담당한 학자들은 "Na세대들은 50대 이상 기성세대처럼 북한을 '적'으로 보고 있지도 않고, 30대 중반~40대 중반인 386세대처럼 북한을 '우리'로 간주하지도 않는다"고 분석한다. Na세대는 6·25전쟁을 직·간접으로 체험했던 기성세대들이 '북한은 우리 안보에 대해 위협적인 존재'라고 가르치려는 데 염증을 느낀다. Na세대는 또 '남북한 민족공조를 통해 반미 자주화를 실현해야 한다'는 386세대의 1980년대식 의식화의 논리에 대해서도 흥미가 없다. 이처럼 북한에 대한 태도는 한 지붕 아래에 사는 아버지, 삼촌, 아들 세대가 전혀 다른 대답을 가슴에 품고 살아가고 있는 것이 우리의 현실이다. 북한에 대한 세대간 인식의 차이가 나는 것은 각 세대의 북한에 대한 '체험'과 '듣는 것'과 '논리'가 저마다 다르기 때문이다. 사회현상이란 연속적으로 변화하는 것이기 때문에 각 세대가 독자적으로 겪은, 또는 겪고 있는 체험만이 유일한 진실이라고 내세울 수는 없는 것이다. 다른 경험에서 나온 다른 생각을 이해하려는 열린 자세가 필요한 시점이다(조선일보, 2005o).

오늘의 대학생들이 1970~80년대 대학생들과 달리 정치적 민주주의 실현 등에 관심이 적은 것은, 그들이 보주주의자라서 그런 것이 아니라 그들에게 정치적 민주주의란 쟁취 대상이 아니라 유년기 때부터 이미 주어진 것이기 때문이다. 빈곤 탈피와 민주주의 실현이라는 1970~80년대의 쟁점과는 거리를 두고 있다. 광주민중 항쟁은 옛날이야기일 뿐이다. 반대로 환경·性·인종문제 등에는 매우 관심이 많고 진보적인 견해를 가지고 있다. 민중가요 대신 힙합, 대자보 대신 인터넷 자유게시판을 선호한다. 우리 사회가 더 이상 경제적 투쟁이 필요 없을 정도로 물질적인 풍요를 획득했다고 하는 정세 판단은, 가장 세계적인 것이 가장 한국적이며 따라서 지금의 시기에서 투쟁은 문화의 장에서 일어나는 세대 투쟁만이 유효하다고 보며, 자유로운 자기표현과 문화적 교섭을 억압하는 좌·우 기성 세대 모두를 적으로 삼고 있다(조선일보, 2005f).

(3) 자기주장적 · 피상적 인간관계의 독불장군들

Na세대는 'No'라고 서슴없이 말하는 세대다. 자신의 성향과 관심, 주장과 의견에 비추어 마음에 들지 않으면 서슴없이 'No'라는 표현을 솔직하고 직설적으로 표현한다. 현상유지와 권위에 대한 복종과 기존가치의 수용보다는 늘 새로운 무엇인가를 추구한다. 이러한 Na세대는 대개 맞벌이 부부나 독자로 키워져 유교적 전통방식에 의한 대인관계에 높은 가치를 부여하지 않는다. 따라서 전통 의식이나 예절에 대한 감각이 기성세대와는 다를 수밖에 없다. 따라서 충효의 중요성을 배워 인정은 하지만, 일방적 강요는 거부되며 발달된 통신망에 의존하여, 직접적인 대면적 인간관계를 회피함으로써 한정적이고 피상적인 인간관계를 유지하는 데 익숙해 있다.

상급자에 대해서도 대등한 인격체임을 내세워 할 소리를 다하는 소위 '자기주장적인 인간들'이 이들 세대의 주류를 이루고 있다. 기성세대들이 과거의 향수에 사로잡혀 봉사, 충성, 헌신, 의리와 같은 덕목들을 이들 Na세대에게 요구하는 데는 많은 교육과 사회적 과정이 필요할 것이다. 예의범절과 형식을 중요시하는 유교적 사고방식이나, 권위주의적 조직인 군대에서 바라보면 매우 우려되고 불안감을 주는 세대로 지각될 수 있다.

(4) 자기개발 · 탐구적 · 지적 개방성 · 결집력 강한 인터넷 세대

이들 세대는 모험과 탐험심이 풍부하고 튀는 아이디어와 풍부한 상상력, 창조정신이 남다르다. 다름과 차이를 좋아하고 변화와 혁신을 즐긴다. 천편일률적이고 획일적인 삶을 거부하고 평균과 평준화를 싫어한다. 대신에 독특한 개성을 중시한다. 그래서 Na세대 청소년들은 정해진 길을 가기보다는 가보지 않은 미개척지의 길로 떠나기를 즐긴다. Na세대의 인생 계획표는 세계로 열려 있다. 2004년 한 해 출국한 20대는 총 149만 명, 2000년의 104만 명에 비해 50% 가까이 늘었다. 이 중 자원봉사를 하거나 취업하기 위해 외국으로 나가는 20대들이 급증하고 있다. 요즈음 Na세대들은 해외봉사를 하기 위해 한국국제협력단, 해외원조단체협의회, 세계청년봉사단 등의 관련 기관의 문을 두드리고 있다(조선일보, 2005h).

그래서 새로운 공동체가 시시각각 구축되는 정보의 바다, 사이버 공간에서 한곳에 정박, 정주하지 않고 끊임없이 도주하고 탈주하며 탐구하는 삶을 즐긴다. 생활에 있어 무엇보다도 중요한 것은 이들의 일상적 삶의 무대인 Network이다. Network가 그들의 생활의 무대이자 무한한 정보의 바다를 항해하면서 학습하는 현실세계와 또 다른 세계다. Network은 명령에 죽고 사는 상명하복의 수직적 권위를 거부하고 모두가 평등한 입장에서 폐쇄적 연줄 공동체를 파괴하면서, 수평적 관계망을 확산해 나간다는 의미가 함축되어 있다. Network의 세계에서는 오로지 인식과 관심을 같이 하는 공동체적 속성으로 뭉치고 흩어지며 무엇을 할 수 있느냐, 즉 실력과 능력이 그들의 보증수표다.

또한 Na세대는 인터넷이나 핸드폰의 문자메시지 한 줄로 수천 명이 광화문에 동시에 모이는 굉장한 결집력이 있는 메가톤급 위력의 무서운 세대이다. 공동체 의식이 희박한 개인주의자들이지만, 자신들의 관심과 이익을 대변하는 모임이나 집회라면 Na세대는 문자메시지 몇 자로 거뜬히 그 일을 해낸다. 수천, 수만 명이 모이는 집회를 하려면 엄청나게 광고하고 홍보하고 버스를 대절해야 가능하던 일을, 이들 세대는 너무나 손쉽게 해결하는 것이다.

(5) 구속 · 눈치 · 간섭을 싫어하는 신자유주의자들

이들 Na세대의 거의가 형제간에 부대끼면서 타인과 더불어 살아가는 사회화의 체험이 없는 외아들 또는 외동딸들이다. 부모의 정성은 듬뿍 받았지만 받은 사랑을 동생이나 누이 그리고 형과 나눈 적이 없다. 이런 젊은이들은 가치 설정에서 '자기'를 어떤 것보다 앞에 놓는다. 조직을 위해 자신을 희생하는 데 그만큼 소극적이고, 동료들간에 갈등을 푸는 방법도 서툴 수밖에 없다. 적개심이나 분노를 조절하는 방법도 미숙하여 충동적으로 입이나 행동으로 감정을 발산할 염려가 있다. 이들에게 구속, 간섭, 좌절, 기타 괴롭힘으로 분노, 증오심 같은 공격의 단서를 제공할 때 매우 통제하기 어렵다는 것을 이들의 성장환경에서 미루어 볼 수 있다.

Na세대는 사회공동체도 별로 달가워하지 않는다. 사회공동체는 하지 말라는 것도 많고 하라는 것도 많다. 내가 누구에게 구속되고 누가 내 생활에 참견하는 것을 싫어하는 '나' 혼자만의 세대들에게 이래라 저래라는 식의 강요는 짜증만을 불러일으킨다. 이들 Na세대의 문화는 20대 후반과 20대 초반이 다르다. 386세대와 기성세대는 어느 정도 그들 세대끼리의 동질감을 유지해 왔다. 그러나 Na세대는 5년차가 확연하다. 조선일보가 Na세대 안의 세대차를 취재하기 위해 20대 초반과 후반 각 4명의 대학생들을 참가시킨 '메신저 난상토론'을 벌인 결과를 요약하면 다음과 같다(조선일보, 2005i).

- 20대 초반: 이들 신입생들은 지방선거, 북핵문제 등에 아예 관심이 없었다. 지난날 자신을 보수라고 말하지 못했던 친구들도 이젠 떳떳이 보수라고 밝히는 것 같다. 이들은 솔직히 과방에 선배가 들어오면 빨리 나가길 바란다. 20대 후반은 "선 · 후배간에 어느 정도 관계를 맺으려면 최소한의 시간이 필요하다"며 하지만 과방에서 그런 시간을 갖는 게 양쪽 모두에게 부담스럽다고 말한다.
- 20대 후반: 정치 얘기를 한번 할 때마다 후배가 한 명씩 멀어져 가는 느낌을 받았다. 후배들과 정치에 대해 토론하려고 하면 '생뚱맞다'는 반응을 보인다. 후배들이 수업시간에 휴대전화로 통화하는 것은 기본이고 라면을 먹는 경우도 있다고 말한

다. 교수가 수업을 하겠다는데 저학년들이 수업 일찍 끝내달라고 소리를 지른다. 심지어 옆자리의 05학번 남학생이 수업시간 내내 흥얼흥얼 노래를 부른다. 모자를 쓰고 수업을 듣는가 하면 이를 지적하면 '한두 살 차이 갖고 너무 예의 따지지 말자' 고 말한다.

(6) 현실적 · 합리적 · 장래 준비에 철저한 실용주의자들

이들 세대에겐 실용과 합리성이 선택의 기준이 된다. Na세대는 안정을 위해 각종 공무원 시험에 몰두하는 '公試族'이기도 하다. 7 · 9급 공무원 시험을 준비하는 20대는 2005년 20만 명을 웃돌 것으로 추산된다. 5년 전에 비해 90% 가까이 늘어난 수치다. 여기에 사법 · 행정 · 외무 · 입법 등 5급 공무원 시험 준비생까지 합치면 이들의 숫자는 더 늘어난다. 정년 보장에 안정적인 공무원 직업은 돈 몇 푼 더 벌자고 죽도록 일해야 하는 직장에 들어가는 것보다 이들 세대에겐 훨씬 매력적이다. Na세대들은 경쟁률이 갈수록 높아져도 너도나도 공무원이 되려 한다. 미래의 불안 심리에 대한 보상으로 안정적인 직업은 당분간 인기를 끌게 될 것이다(조선일보, 2005i).

(7) 소비적 · 선도적 감각에 뛰어난 두 얼굴의 소비자들

이들 신세대들은 미래에 대한 불안한 심리에 의한 가치관의 상실, 개성을 존중하는 감각지상주의, 감성의 부가가치를 선호하는 특성을 지니고 있다. 나아가 새로운 패션성, 여가 중시, 도전, 추진력, 결과 중시, 무인내심 등의 새로운 라이프스타일을 보여 주고 있다. 아낄 때는 거지처럼, 쓸 때는 왕자처럼 행세하는 두 얼굴의 젊은 소비자들이다(조선일보, 2005g).

절약과 저축 면에서 기성세대들이 절약한 만큼 저축한다는 의식을 가진 반면, 이들은 '아낄 건 확실히 아끼되 쓸 건 쓴다'는 의식을 가지고 있다. 구매행동을 보면 기성세대들이 '신중히 결정하자'인 반면 이들은 '철저히 준비하자'주의이다. 신제품이 출시되면 기성세대들이 '시장에서 검증되면 쓰겠다'인 반면 이들은 '남보다 먼저 써보겠다'이다. 상품정보를 기성세대들이 광고나 주변 지인을 통해 얻는 반면 이들은 인터넷과 또래 전문가들을 통해 얻는다. 물건값 깎기 행동을 보면 기성세대들이 매장에서 흥정하지만 이들은 할인쿠폰이나 적립카드를 사용한다. 또한 물품 구입 후에도 기성세대들이 제품 평가는 하나 소문내는 데는 소극적인 반면, Na세대는 '사후 평가도 구매 과정'으로 보며 인터넷에 사용 후기를 게재한다. 이들의 소비행동은 보면 무섭게 절약하면서도 좋아하는 것에는 아낌없이 투자하는 다소 낯선 소비 행태를 보이고 있다. 모순적 가치가 공존하는 20대의 양면적 특징이 소비에서도 그대로 드러나는 현상이다(조선일보, 2005g).

(8) 일 · 공부 · 놀이의 구분이 불명확한 무경계인

Na세대들은 일도 공부도 즐긴다. 일과 놀이, 그리고 공부가 따로 구분되지 않는다. 일하면서 공부하고, 공부하면서 일한다. 놀면서 공부하고, 공부하면서 논다. 모두가 즐김의 대상이다. 그렇다고 Na세대의 놀이와 즐김이 기성세대의 향락적 풍토는 아니다. 그들은 재미있어야 공부하고 일한다. 삶과 공부와 일이 하나의 놀이로 통합된다. Na세대들에게 '잘 논다'는 것은 그저 편안히 휴식하는 게 아니다. 이들은 제대로 즐기기 위해 꼼꼼히 계획을 세우고, 시간과 돈, 노력을 아낌없이 투자한다. 요즘 20대들은 주로 도구를 사용해서 놀고 동호회를 통해서 놀이문화를 형성한다. Na세대들은 일상을 나누는 친구와 함께 노는 친구가 다르다. 소위 '놀이 코드'가 맞는 사람들끼리 모인다(조선일보, 2005j).

3) Na세대들의 장 · 단점 분석

Na세대들의 장점은 풍부한 문화자본 속에서 누리는 평등사상과 개방적 사고와 창의성이다. 이들의 삶엔 '희생'과 '피해의식'이 없다. 따라서 솔직하고 자유로우며 자신을 위한 투자에 적극적이다. 반면 이기적이고 끈기가 부족하며 사회문제에 무관심하다. 이들 20대의 강점은 '강한 개성'과 '80년대의 이념논쟁에 구속되지 않는 자유로운 정신'이라고 스스로 말한다(조선일보, 2005k). 여기서 우리가 주목해야 할 내용은 Na세대가 최근의 거시적인 사회변화의 주도적인 물결을 형성하고 있는 디지털, 지식, 그리고 벤처시대의 이상을 구현할 수 있는 잠재적 가능성을 모두 보유하고 있다는 사실이다. 디지털의 속도와 투명성, 다양한 정보를 수집, 편집, 가공하여 지식을 창출하는 학습력, 그리고 저돌적 도전정신과 창조적 상상력이 자산인 벤처정신에 부합되는 Na세대만의 무한한 가능성이 그들의 내면세계에 잠자고 있다고 보면 틀림이 없을 것이다.

이들 세대들은 심각하고 정치적인 '골칫거리'를 싫어하는 대신, 마음만 맞으면 아무리 고통스러운 일도 웃으며 해낸다. 일과 놀이를 구별하지 않고 놀면서 일하고 돈 벌면서 일하는 문화에 익숙한 Na세대들은 자신들의 선택을 소중하게 생각하는 경향이 있다(조선일보, 2005l).

그러나 많은 장점에도 불구하고 Na세대는 스스로를 이기적이라고 고백한다. 지금 20대는 정치 · 사회 · 경제에 무지한 백지 상태의 대중들이며 자신의 뚜렷한 가치관이나 사회의식이 정립되지 않았다고 말한다. 20대는 자기 의견 표현에 적극적이지만, 그 열기가 빨리 식는 경향이 있으며, 책임감이 부족하고 인터넷의 익명성 때문에 거칠게 의견을 드러내기도 한다. 사랑과 인간관계 등 삶에는 변화하지 말아야 할 부분들이 많은데 20대는 너무 손쉽게 그런 것들을 잊고 지낸다.

리더십의 부족도 문제이다. 선배격인 386세대에겐 지도자가 있었고, 이념의 표상도 있었던 반면에 N세대에게는 지도자가 없다. 문화자본은 도처에서 익명으로 만들어지고, 문화연대도, 감성의 교환도 익명으로 이뤄지기 때문이다. 정치지도자는 이들의 염원을 분출할 출구를 만들어 주는 사람일 뿐이며, 종교지도자는 거룩할 뿐 감동을 주지 못한다. 사회원로는 이들에겐 아무 감흥을 주지 못한다. 이들은 탐험의 지혜를 스스로 터득한 세대이다. 즉각적 감흥을 주는 것을 찾아, 감흥과 교류하면서 자아를 형성해온 세대이다. 이들은 온라인을 타고 드나드는 길을 차단하는 모든 장애물을 격파했다. 이들은 영상을 통해 세상과 교신한다. 영상은 현실세계를 비웃고, 미화하고, 환상을 불어넣어 준다. 누가 이들 세대를 지도할 것인가의 문제는 한국사회가 당면한 가장 중대한 과제다. 탐닉·사익 추구 그리고 대안적 질서에 대한 고뇌가 결여된 것이 이들 세대에서 발견되는 성격리스트의 특징이다. 이들에게 누가 성찰의 양식을 공급할 것인가? 이들에게 누가 공익의 중요성을 깨닫게 하고, 이들에게 누가 자유주의의 대가를 가르칠 것이며, 누가 이들의 개인주의에 책임성과 윤리성을 불어 넣어줄 것인가? 이 물음에 대한 해답은 386세대나 이후의 기성세대들이 제시해야 할 것이다. 나아가 대탐닉의 끝이 허무가 아니라 생산이 되게 하자면, 우리 사회의 정치·사회·종교지도자가 때로는 이들을 '이성의 바다'로 내몰 줄도 알아야 한다(중앙일보, 2004b).

어쨌든 N세대의 잠재력은 기성세대가 이끌어 이를 개발시켜 나가야 할 것이다. 이들 세대의 부정적이고 역기능적인 측면을 앞세워 기존의 획일화, 평준화된 가치판단 기준으로 기성세대 입장에서 일방적으로 기존 세대와 어울릴 수 없는 문제집단으로 몰아세우기 이전에 거역할 수 없는 시대변화가 어떤 인재를 요구하고 있는지, 그리고 이러한 이단의 인재들이 자신의 '끼'와 튀는 아이디어를 어떻게 하면 구현할 수 있을 것인지를 고민하는 기성세대의 관심과 지원이 더욱 필요한 시기가 아닐 수 없다.

2. Na세대의 사회적 성장환경

교육학자나 심리학자들은 청소년기의 핵심적 문제를 자아정체(ego identity)의 확립이나, 아니면 삶의 가치와 직업 역할의 혼돈 속에 빠지느냐 하는 정체감 혼란(identity diffusion)으로 보려고 한다. 청년 위기(quarterlife crisis)[2]는 자아정체의 확립과 관련되어

2) 2000년 미국 저널리스트 알렉산드라 로빈스와 애비 윌너가 공저한 『청년 위기』에서 처음 등장한 용어로 청년기는 인생의 1/4에 해당하는 시기라는 의미를 갖고 있다. 로빈스와 윌너에 따르면 청년 위기는 가정과 학교의 틀 속에 있던 젊은이들의 경쟁사회에 진출해 수많은 '결정과 선택'을 하게 되면서 느끼는 자포자기 상

일상생활에서 직면하게 되는 삶의 방향 정립에 관한 문제로 청소년이라면 누구나 직면하게 되는 문제임에 틀림없다. 그럼에도 불구하고 실제로 우리나라에서 청소년문제를 다룰 때 정상적인 사람들의 일상적인 문제는 도외시되어 왔다. 그러나 정상의 범주에 들어갈 수 있는 청소년들의 보호, 육성이야말로 소수 부정적 정체감(negative identity)을 획득한 비행 청소년들의 문제보다 더욱 중요한 것일 수 있으며 문제의 예방 및 심리적 발달을 촉진시킨다는 측면에서도 시급한 것이다. 이러한 청소년들의 정상적인 심리적 발달을 저해시키고 나아가 의식 구조에 영향을 주는 환경적 요소들을 간단히 소개하면 다음과 같은 것들이 있다.

1) 교육환경

현 Na세대들의 위기에 대해서는 다양한 진단이 나올 수 있지만, 전문가들은 공통적으로 한국사회의 지나친 '일등주의'와 다양성보다는 '획일주의'를 강조하는 교육·사회 분위기가 근본적 원인임을 지적한다. 무엇이든 점수와 서열을 매기는 한국사회의 고질적인 병폐도 문제이다. 사람을 평가하는 잣대에도 문제가 있어 대학은 일류대, 취업은 대기업이어야 한다는 생각이 뿌리 깊은 편견으로 자리잡고 있다. 학교나 가정은 청년들에게 자립심과 자율성을 길러주지 않고 '과보호'라는 방어막을 걷을 생각을 하지 않는다.

우리의 논의 대상인 이러한 청소년들의 보호, 육성의 책임을 일차적으로 가정과 학교가 맡아야 하나, 예상하건대 미래사회의 학교환경이나 가정환경이 별로 나아질 기미를 보이지 않고 있다. 일부 교육 개혁자들이 지식교육보다 인성교육의 중요함을 강조하고 현행 입시 위주의 교육제도의 모순성을 지적하고 개선을 요구하고 있지만, 학부모들의 극성과 이에 동조하는 무기력한 교육자들의 그늘에 묻혀 반응은 미미한 편이다. 모두들 머리로는 그 당위성을 인정하면서도 입시 일변도의 교육제도는 좀처럼 나아지는 기미를 보이지 않고 있는 것이다. 최근 발표된 교육 개혁의 내용들이 교육의 정상화를 위한 제도적 보완을 내 놓았지만, 사회화나 인성교육을 위한 근본적인 처방은 제시하지 못하는 것 같다. 이러한 교육제도의 역기능으로 이기주의가 심화되고, 인간적 교우관계의 단절은 물론 기계적인 학습 활동으로 단세포적인 사고와, 정서 통제의 미숙아를 양산하게 되었고 또 하게 될 것이다.

태와 무력감을 나타내는 현상이다.

2) 가정환경

군에 입대하기 전까지 청소년들은 가정에서 출생하여 보호를 받으며 양육되고 성장한다. 그러므로 가정은 한 청년의 성격형성에 절대적인 영향을 미치는 기본적인 생활 단위인 것이다. 따라서 가정에서의 부모의 양육방식이나 가르침, 형제간의 관계가 일차적으로 사회생활에서 필요한 청소년의 '성격 및 자아 형성'에 중요한 요인임을 부정할 사람은 없을 것이다. 그러나 다음에서 보는 것처럼 오늘날의 가정은 사회의 변천, 특히 고도 산업화의 진전에 따른 핵가족 중심 생활로, 군에서 요구되는 성격이나 가치관 형성에 미치는 기능을 점차 상실하고 있다.

1 여성 취업률의 증가와 핵가족화 현상은 물질적 풍요를 가져온 반면, 저출산과 가족 규모의 축소로 인한 부모의 '과보호'가 청소년들에게 의존적인 태도와 독불장군식 행동방식을 길러 주었다. 이러한 양육방식이 소위 가치 설정에서 '자기'를 어떤 것보다 앞세우는 'Na세대'라는 별종의 젊은이들을 길러낸 셈이다. 이는 위계질서가 생명인 군대문화와 충돌의 가능성을 항상 안고 있는 셈이다. 또 윗세대와의 시·공간적 단절로 자녀들에게 다면적인 인간관계를 형성할 기회를 감소시켰을 뿐 아니라, 미풍양속이나 전통문화의 계승도 단절되는 현상을 초래하였다.

2 부모들의 경제 활동과 청소년들의 학교생활로, 가정에서 부모와 그리고 형제간에도 밀도 높은 심리적 유대감을 발전시키지 못하고 있다. 이들 세대는 언제나 '공부 열심히 해라'라는 말만 들었을 뿐 '어떻게 살아야 하는가'에 대한 대화나 공부는 거의 하지 못했다. 부모와 자녀간 가치관의 격차와 갈등은 물질적인 혜택에도 불구하고 가부장적 권위의 상실을 초래하였고, 이에 따라 우리 사회에서 지켜져야 하고 존중되어야 할 권위마저도 붕괴시키는 현상을 초래하였다.

3 도시화 현상은 이웃, 친척 그리고 가족간의 고립현상을 초래하여 청소년들의 개인주의적 성향과 이기주의를 조장시키고 있다.

3) 사회환경

급속한 사회변화 역시 청년 위기의 한 원인이라는 지적이 많다. 청소년들에게 지금의 사회환경 조건은 이들을 매우 혼란스럽게 하고 있다. 사회 구조가 복잡해지고 다원화되면서 과거에 비해 인생에 대한 선택의 폭은 넓어졌지만, 이들은 학교나 가정에서 '선택과 결정에 대한 효과적 훈련'을 제대로 받지 못하고 있다. 대기업 같은 직장에 취업한다 해도 10년 이상 있을 수 있다고 자신하는 사람은 없다. 결과적으로 '선택된 사람들'조차 사회의 비정함과 냉정함에 두려움을 느끼고, 집단에 대한 관여(commitment)나 내면화(internalization), 그리고 최종 목표인 '심리적 계약(psychological contract)'같은 사회화의 결과적 산물들을 적극적으로 내놓거나 결정하지 못하고 있다.

전문가들은 이러한 현상들이 치열한 경쟁에서 살아 남아야 하는 조직의 생리 때문에 앞으로 더 심해질 것으로 보고 있다. 정보화사회가 되면 사회 구조나 문화가 유목적인 성향을 띠게 되며, 이 경우 개인이 점점 더 자기 삶에 대한 예측을 하기 어려워 심리적 불안감이 커질 수밖에 없다는 것이다. 이제 대기업에 입사해서 결혼하고 승진하는 식의 전통적 모형은 젊은이들에게 더 이상 통하지 않는다. 청년 실업자들에게도 일자리를 제공하고 공대생을 늘리기 위해 장학금을 지급하는 식의 미봉책만으로는 결코 '청년 위기'를 해결할 수 없고, 결국 다양성을 인정하는 사회 구조와 의식의 변화가 이루어져야 문제해결에 접근할 수 있다는 것이 전문가들의 시각이다. 결국 다양성을 인정하는 것이 문제해결의 열쇠라면, 획일성을 요구하는 군대 조직은 자체 내에서 갈등을 해결하는데 한계를 가질 수밖에 없을 것이다. 앞으로의 군대사회의 조직 관리는 병사들의 다양성을 얼마나 적정 수준에서 수용할 수 있느냐에 성공 여부가 달려 있다고 생각된다.

3. Na세대 병사와 부대 지휘

Na세대들에게 군은 여전히 '두려움'의 대상이며 입대 직전에는 구체적인 공포의 대상으로 다가온다. 구타나 가혹행위 때문이 아니라, 사회와 격리된 채 새롭게 시작해야 하는 생활 자체가 두려운 것이다. 자유로운 사회분위기에 익숙한 Na세대들은 '마초문화'[3]가 약해져서 군을 '필요악'으로 생각하는 것이다. 실제로 군에 들어온 많은 젊은이들이 군 생활에 대한 '복무 부적응'을 가장 힘들어하는 것으로 나타났다. 논산 훈련소의 기본권 상담실에 상담을 하는 훈련병의 ⅓이상이 이 문제로 고민하는 것으로 나타났다(조선일보, 2005l).

그러나 Na세대들이 군을 부정적으로만 보는 것은 아니다. 그들은 피할 수 없는 현실에서 긍정을 발견할 줄 아는 지혜도 가졌다. 그런 의미에서 군에 대한 젊은이들의 시각은 '야누스적'이다. 해병대와 특전사처럼 가장 힘든 군부대에 문을 두드리며, 그곳에서 자기 발전의 기회를 발견하고자 하는 이들 세대들은 고된 훈련과 강한 규율에 오히려

3) 마초(macho)란 신체적, 성적, 심리적 또는 지적으로 남성을 우월하다고 여기며 행동하는 남성으로 권위주의적인 남성 또는 남존여비 신봉자를 말한다. 마초문화란 사내다움과 남성으로서의 의기를 강조하는 문화를 지칭하는 용어이다.

매력을 느끼기도 한다.

때문에 전문가들은 군이 이들 입대병들을 잘 조련하면 '신무기'가 될 수 있지만, 잘못하면 자신과 군에 '재앙'도 주저하지 않을 이들 세대들의 특징을 잘 파악하고, 그에 따라 각종 제도와 관행을 잘 정비해줄 것을 주문한다.

지금까지 논의된 Na세대 병사들의 의식 성향이나 가치관을 두고 볼 때, 일방적이고도 강압적인 지시나 간섭은 물론, 일방적・주입식 정신교육의 효과는 없다고 보아도 좋을 것이다. 따라서 강요보다는 설득과 모범을 통한 리더십이 행사되고, 동기 유발에 있어서도 가능한 참여적인 방법을 활용함으로써, 이들 세대가 가진 능력을 최대한 발휘하게끔 해주어야 할 것이다. 그러기 위해서는 이들 Na세대 병사들을 바라보는 관점을 부정적인 것에서 긍정적인 것으로 바꿀 필요가 있다. Na세대 병사들이 문제덩어리가 아니라, 실용적・합리적인 측면과 공평성・공정성을 행동 기준으로 삼는 긍정적인 측면도 있다는 것을 알고, 동기 유발을 시킬 때 이들로 하여금 강한 책임 의식을 느끼게 하면 적극적으로 임무수행에 참여시킬 수 있을 것으로 생각된다.

또 앞에서 논의한 Na세대의 의식 구조나 가치관에서, 이들 세대가 가진 장점을 최대한 활용하고 단점은 행동화되지 않도록 지속적으로 관심을 가진다면 보다 바람직한 효과도 기대할 수 있을 것이다. 나아가 민간인 전문가 및 군 원로를 활용한 상담실 운영도 고려해 볼 필요가 있으며, 지휘관들도 반드시 어느 정도는 상담의 이론과 실제를 습득할 수 있도록 군 보수교육 시 교육내용을 조정할 필요가 있을 것이다.

1) Na세대와 의사소통하기

군의 간부들은 먼저 현 시대를 살고 있는 Na세대들의 특징과 그들의 욕구가 무엇인지를 정확히 파악해야 한다. 시대가 바뀌고 급속도로 빠르게 진행되는 문화 변천 가운데서 이들 세대를 완전히 이해한다고 하는 것이 무리일지도 모른다. 그러나 우리가 알아야 할 것은 그들이 어떻게 다르며 무엇을 필요로 하느냐 하는 것이다. 개인적인 욕구는 사람마다 다르다 할지라도, 그들이 가지고 있는 특성의 공통분모를 찾아 대화를 추구하고 시도한다면 그들의 누적된 욕구를 조금은 채워줄 수 있을 것이다.

또한 우리는 왜 이들이 그토록 사이버 공간에 매료되는가에 대해서도 생각해 보아야 한다. 새로운 매체와 정보에 대한 단순한 호기심 때문일 수도 있고, 사이버 공간이 과도한 군대생활 스트레스의 해결통로가 되기 때문일지도, 혹은 현실의 삶과 자아에 대한 불만을 사이버 공간에서 새로운 나를 만들어 해소한다든지 현실을 도피하고자 하는 욕구의 표현일지도 모른다. 여기서 중요한 것은 간부들이 이들을 이해할 수 있다는 신뢰감을 주어야 한다는 것이다. TV나 신문과 같은 언론에서는 인터넷의 중요성을 강조하고 이제는 어느 한 가지만 잘하면 대학도 갈 수 있고 이 사회에서 성공할 수 있다는 말을 한다. 또한 인기 있는 프로게이머가 멋진 포즈로 광고를 찍고, 스타크래프트 대회에서 승리한 선수나 제도교육을 거부하는 인터넷 천재들에게 관대한 사회의 모습을 보며 이들은 새로운 꿈을 갖는다. 그러나 PC방을 드나들거나 Na세대의 일상적 대화 통로인 인터넷 채팅이나 휴대전화 문자팅들을 곱지 않은 시선으로 보는 것이 현실이다. 이러한 사실은 자칫 병사들에게 혼란과 불신을 초래할 수도 있다.

이러한 세대들에게 군의 간부는 의사소통의 상담자 역할을 할 수 있어야 한다. 무리하게 Na세대를 평가할 것이 아니라, 그들에게 말할 수 있는 기회를 주어야 한다. 이것은 그들의 문화에 전문적인 지식을 가지고 있느냐 아니냐의 문제가 아니라, 그들을 있는 모습 그대로 인정하느냐 그렇지 못하냐의 문제이다. 새로운 인터넷 사이트를 발견한 이야기, 대화방에서 만난 친구 이야기, 컴퓨터 게임에서 이긴 이야기, DDR 신기록을 수립한 이야기들을 간부들도 들어줄 수 있어야 한다.

가장 큰 스승은 병사들이다. 채팅하는 법, 재미있는 특수 문자라든지 좋은 글, 좋은 사이트들을 즐거운 마음으로 소개해 주는 것도 이들이다. 그들의 문화는 기성세대가 노력한다면 공유할 수 있는 것들이다. 특히 가장 손쉬운 문화 이해의 영역은 사이버 공간에서의 세계를 알고 공유하는 방법이다. 가장 쉬운 예로 e-mail을 주고받는 것, 함께 대화방에서 채팅을 하는 것, 사이버 공간을 활용한 훈련 등을 들 수 있다. 이들의 사이버 공간을 완전히 따라잡지 못한다고 하더라도 문화를 공유하려는 노력은 대화에 있어 절대적으로 필요하다.

2) Na세대 병사 지휘

어느 시대를 막론하고 병사들을 지휘하는 데 한정된 원칙이 존재하는 것은 아니다. 단지 여러 가지 상황에 따라 문제점을 평가·분석하여 이에 대한 융통성 있는 지휘기법을 발휘함이 필요할 뿐이다. 따라서 Na세대 병사를 지휘함에 있어 유능한 리더는 Na세대의 의식성향을 면밀히 분석하여 긍정적인 요소는 이를 극대화하고 부정적인 요소는 탈사회화시켜 이를 계도시켜 나갈 필요가 있다. 또한 Na세대 병사의 실정에 맞지 않는 군대 환경이나 제도는 계속 개선하고 발전시켜 나가야 할 것이다. 다음은 Na세대 병사들의 의식성향과 욕구, 동기 등 여러 가지 요소들을 고려하여 그들에게 요구되는 일반론적인 지휘 방향을 제시해 본다.

(1) 모범 그리고 설득 위주의 지휘

Na세대들은 평등 의식에 익숙해 있기 때문에 계급과 직책을 앞세우며 명령 일변도의 지시만 하는 리더를 존경하지 않고 따르려고 하지도 않는다. 그러나 동고동락하면서 어려운 일에는 행동으로 직접 참여하는 모습을 보여 주거나, 정을 주고 인격을 존중해 주는 말하자면 인간적으로 대해 주는 리더에게는 신뢰감을 갖고 따르게 된다. 또한 현대의 Na세대들은 단순한 감정적 호소에 영향을 받기보다는, 논리적 설득에 따르려는 합리적이고 주체적인 성향이 강하다. 이들 Na세대 병사들을 논리적으로 설득할 수 있는 리더의 의사소통 기술과 대화에 대한 전문성이 무엇보다 필요하다.

(2) 합리적 그리고 실용적인 지휘

Na세대들은 권위주의를 싫어하고 합리적인 사고를 추구하며 자신의 관심 분야에는 적극적으로 참여하려는 경향이 있다. 따라서 일방적이고 지시적인 하향식 지휘나 불합리한 명령보다는 부하들의 다양한 의견을 수렴하여 의사결정을 하고, 이를 토대로 자율적이고도 합리적인 지휘를 할 때 병사들은 보다 적극적으로 임무를 수행하게 될 것이다. 힘든 군대생활 속에서도 자기 발전의 기회를 발견하거나, 훈련다운 훈련이 이루어지는 실용적인 측면들이 있다면 이들 세대들은 고된 훈련과 강한 규율에 오히려 매력을 느끼기도 한다.

그러나 Na세대들은 자기실현 욕구가 강하고 미래에 어떤 사람이 되겠다는 신념을 가지고 있으나, 반면 현재의 고통이나 어려움을 피하고 현실 타협적이며 편리한 생활 태도를 지향하는 이중성을 동시에 가지고 있다. 그렇다 하더라도 이제 우리 병영은 '독자' '합리주의' '개인주의'로 체질화되고, '고학력'으로 무장한 Na세대 장병들에게 무조건적 상명하복을 강요할 수 없는 상황이다(조선일보, 2005m).

(3) 단체정신과 팀워크를 강조하는 지휘

Na세대의 병사들은 대부분 독자로 집안에서 지나치게 애지중지 자라온 탓에 사회성과 자제력이 떨어지며 개성이 강하다. 부모의 정성은 듬뿍 받았지만 받은 사랑을 동생이나 누이 그리고 형과 나눈 적이 없기 때문에, 이들은 가치 설정에서 '자기'를 어떤 것보다 앞에 놓는다. 조직을 위해 자신을 희생하는데 그만큼 소극적이고, 동료들간에 갈등을 푸는 방법도 서툴 수밖에 없다.

이렇게 심화된 Na세대 병사들의 개인주의적 성향은 군조직의 생명인 단결과 화합을 해치는 가장 큰 걸림돌임을 앞에서도 지적한 바 있다. 그들은 일상생활을 통해 '나' 중심의 사고로 공동체 의식보다는 개인주의 및 이기주의적 성향으로 집단의식이 희박하며 이로 인해 자유와 방종을 혼동하고 있으며, 그 결과 사회 공동체 유지에 필요한 법, 질서, 규정, 예의범절에 대해 지극히 개인적인 해석을 하고 있어 준법정신, 도덕의식, 공동체 의식이 크게 약화되고 있는 실정이다.

그러나 군 병영은 귀하게 자란 독자들에게 특권을 인정하지 않으며, 인정할 수도 없다. 문화적 충돌과 갈등이 생기는 출발점이다. 집에선 더할 나위 없이 소중한 존재이지만, 병영문화의 '상명하복' 체계엔 명령과 복종만이 있을 뿐이다. 유능한 리더는 평소의 교육과 훈련을 통해 팀워크를 강조하고, 이를 통해 단체정신이 강화되도록 군에서의 사회화 과정을 재정립 엄격히 시행하여야 한다. 단체적으로 특별하고 힘든 과제나 훈련을 공동으로 해결 및 경험하게 하되, 반드시 건제순을 유지하여 상·하 그리고 수평적인 응집력을 키우도록 해야 할 것이다.

(4) 상호존중과 배려 중심의 지휘

2004년 9월 한국국방연구원이 조사한 자료에 의하면 병영에서 구타나 가혹행위를 당해도 못 본 척 하거나 참는 이유에 대해서, 이병(36.6%), 일병(30.6%)은 '사병들 사이에서 부당한 대우를 받을까봐'라고 답한 경우가 많았다. 반면 상병(40.9%), 병장(46.6%)은 '군에서 있을 수 있는 일'이라고 답변해 계급별로 인식 차이를 보였다. 이런 병영문화를 무시하면 역시 '왕따'나 '고문관'이 되기 십상이다. 동료 병사들 상호간에도 상호존중과 배려의 문화가 얼마나 정착되기 힘든가를 보여 주는 예들이다.

군 당국도 이런 병사간 상호존중의 문화적 충돌에 따른 피해자를 줄이기 위해 '비전캠프(vision camp)[4)]'를 마련해 시행중이다. 육군은 이 캠프에 입소한 인원의 54% 가량이 이 과정을 마친 뒤 문제를 어느 정도 해소한 것으로 분석하고 있다. 그러나 아직도 제도상 많은 문제 있는 병사들이 비전캠프에 입소할 기회를 갖지 못하는 한계를 안고 있었다(조선일보, 2005m). 이런 문제점 해소를 위해 군도 2005년 7월에 기본권 전문 상담관 9명(육군: 7명, 해병: 2명)을 일차 선발 육사에서 한 달간 교육 후 실무부대에 배치하였고, 내년도에도 지속적으로 이 사업을 확대할 계획을 가지고 있는 것으로 알려졌다.

이러한 제도적 뒷받침을 떠나 군의 리더들은 부하 병사들을 인간적으로 존중하고 배려하는 마음을 늘 가슴 속에 간직하고 부대 지휘를 해야 한다. 현재와 같은 부대 환경에서 리더가 성취감이나 자기 만족감을 가지도록 임무와 역할을 부여하고 여건을 조성해 주는 것이 어렵겠지만, 가능한 부하들이 원하는 바를 수용하여 스스로 상호존중과 배려

---

4) 병영문화에서의 갈등과 충돌로 군 생활에 적응하지 못하거나 자살우려가 있는 병사들을 별도로 소집하여 심리치료를 하는 프로그램. 2004년 사단급 이상 비전캠프에 입소한 인원은 8,017(관심 병사: 6,300여 명, 도우미: 1,600여 명)명에 이른다.

의 정신들이 확산될 수 있는 방안을 지속적으로 개발·시행해 나가야 할 것이다.

(5) 자율과 창의성 존중의 지휘

Na세대 병사들은 개성들이 뚜렷하며, 창의성이 강하고, 솔직하고 당당하게 자기 의사를 표현하는 세대들이다. 개성과 독창성이 강한 병사들은 자신의 역할이 분명해지면 진지하고 책임감 있게 행동하는 것이 특징이다. 리더는 분명한 역할 분담과 더불어 병사들의 개성과 독창성을 중시하는 지휘를 하되, 부하들 스스로 역할을 다할 수 있도록 자율성과 책임 의식을 부여해 주어야 한다.

제 5 장

전투수행과 인간의 감각기관 활용

인간이나 동물이 환경의 변화에 대응해 생존해 가기 위해서는 주위의 여러 물체들에 대한 의미나 정보가 필요하다. 이것을 위해 우리는 우리의 감각기관을 최대한 활용해야 한다. 감각(sensation)은 시각, 청각, 후각, 미각, 촉각과 같은 자극의 경험을 말한다. 외부 세계의 모든 정보는 감각기관을 통해 입력되며, 감각들은 우리에게 위험에 대해 경고해 주고 미래의 환경을 예측하는 데 필요한 정보를 제공해 준다. 진화론적 입장에서 인류를 포함한 모든 동물은 생존에 필요하면 감각능력을 발달시켜 왔고, 불필요하면 퇴보시켜 왔다. 박쥐는 놀랄 만큼 예민한 청각을 지니고 있지만 보는 감각은 거의 사라졌다. 인간의 감각기관도 문명화와 더불어 부분적으로 약화되어 온 것이 사실이다. 원시시대 생존을 위해 날카롭게 곤두 세웠던 감각능력을 이제 완전히 기대할 수는 없을 것이다. 전투에 필요한 감각기관의 예민성도 마찬가지다.

이러한 감각기관에 대한 관심은 인간이 어떻게 해서 보편적 진리와 지식을 얻게 되는지를 밝히고자 한 철학의 인식론에서 비롯되었다. 감각 연구의 시초는 외부 자극으로부터 감각기관이 일으키는 변화의 내용을 검토하는 것이었지만 오늘날 정보탐색 기술의 발달과 그 복잡한 양상이 점점 더 정확한 지각적 변별을 요구함에 따라 감각의 응용 연구에 대한 필요성이 대두되고 이에 따라 감각과정은 크게 기초 연구와 응용 연구로 나누어 연구되고 있다. 기초 연구는 감각기관들의 구조, 정보 입력 및 정보 전달과정을 알아보는 것으로 복잡한 지각 및 인지과정들을 이해하기 위한 첫 연구 단계이다. 응용 연구는 과학의 발달에 따른 인간의 감각응용관계를 다루는 것이다. 감각과정에 대한 응용 연구는 군사, 정보, 해양, 항공 등 복잡하고 정교한 탐색 장비를 다루는 분야에서 더욱 필요성이 강조되고 있다.

군의 리더들은 이러한 인간의 감각기관이 가지는 한계와 부정확성을 이해하고, 전투 임무나 일상적 군사작전 수행 중에 발생할 수 있는 감각 및 지각의 오류를 최대한 줄이면서, 나아가 전투감각능력을 극대화할 수 있는 기초 및 응용 연구에 관한 지식으로 무장해야 할 것이다.

1. 시 각

1) 눈의 구조

세상에 관한 우리 지식의 약 80%가 시각기관을 통해 들어온다고 한다. 인간 눈의 구조는 사진기와 비슷한데 렌즈에 해당하는 수정체는 주위의 모양근(ciliary muscle)에 의해 멀리 있는 물체를 볼 때는 평평해지고 가까운 곳의 물체를 볼 때는 두꺼워지는데, 이와 같은 조절은 자율신경에 의해 반사적으로 일어난다. 눈의 망막상에는 중요한 수용기 세포들이 몇 개의 층을 이루고 있으며 시신경이 대뇌로 통과하는 등 다음과 같은 주요한 기제들이 분포해 있어 군사적 관측과 훈련에 영향을 주고 있다.

[1] 간상체(rod)와 추상체(cone): 간상체는 길고 원통 모양으로 생겼는데, 주로 야간에 작용하며 명암과 무채색(흑, 백)에 반응을 하는 수용기 세포로서, 중심와에서 20° 정도 떨어져 망막의 변두리에 많이 모여 있고, 스펙트럼 상의 510㎚(초록) 부근의 밝기에 예민한 반응을 보인다. 숫자는 1억~1억 2천만 개 정도이다. 추상체는 원추형처럼 생겼는데 무채색 및 유채색 모두에 반응하며 낮의 시각에 작용한다. 주로 망막의 중앙부분에 집중적으로 모여 있으며 스펙트럼 중의 560㎚(노랑) 부근에 예민하다. 숫자는 6~7백만 개로 알려져 있다.

[2] 중심와(central fovea): 중심와는 망막의 중앙 부분에 해당하는 곳으로 추상체가 밀집한 곳이며 망막에서 가장 예민하고 세분된 부위이다.

[3] 맹점(blind spot): 신경절 세포(ganglion cell)에서 나온 축색돌기는 시신경유두(optic disc)라 부르는 망막의 한 점에 함께 모여 시신경을 형성하여 대뇌의 시각피질 영역으로 간다. 이곳은 신경섬유의 통로로 작용하는 까닭에 추상체와 간상체의 작용이 없다. 따라서 망막상의 맹점은 물체를 보지 못한다.

2) 망막의 수용기 세포와 군사 관측

망막에서 특히 중요한 수용기 세포인 간상체와 추상체는 서로 다른 기능을 가지고 있는데, 이로 인하여 인간의 시각 장면에서 다음과 같은 몇 가지 특이한 현상이 나타난다.

[1] 순응(adaptation): 밝은 곳에서 어두운 곳으로 들어가면 처음에는 아무것도 보이지 않다가 7~8분 정도 지나면 조금씩 보이며 30~40분이 지나야 완전히 물체가 보이게 된다. 이 현상을 암순응(dark adaptation)이라 하는데, 이것은 처음 7~8분은 추상체가 작용하다 차츰 간상체가 작용하는 과정의 변화를 의미한다. 조사에 의하면 간상체의 로돕신

(rhodopsin)이 밝은 곳에서 분해되어 있다가, 다시 재생하는 시간이 암순응에 소요되는 시간임이 밝혀졌다. 이와는 반대로 어두운 곳에서 밝은 곳으로 나가면 눈이 부시고 잘 보이지 않다가 조금 지나야 잘 보이는데, 이는 간상체의 로돕신이 퇴색하고 다시 추상체가 작용하는 데 약 30∼90초 정도가 소요되기 때문이다. 이 과정을 명순응(bright adaptation)이라 한다.

군대의 야간 행군이나 훈련 시 조명탄 낙하 경고와 동시에 한쪽 눈만으로 짧은 시간 낙하 지점을 확인하는 훈련은 암순응의 원리를 이용하는 것이다. 야간에 짧은 시간 동안 일단 명순응된 시각이 다시 암순응하는 데는, 앞에서 설명한 원리에 따라 시간이 많이 소요되므로 야간 작전에 장애를 일으킬 수 있다.

야간 비행을 하는 조종사들이나 야간 정찰 임무를 수행하는 병사들이 붉은 특수 조명을 한 대기소에서 생활하거나 적색 안경을 끼고 있는 경우가 많은데, 이것은 빨간색이 망막의 간상체에 영향을 주지 않으며 추상체에 관련된 광의 1/10을 그리고 간상체에 관련된 광의 1/100 정도만 통과시켜, 어느 정도 암적응 상태를 유지시켜 야간 시에 순응토록 하기 위한 것이다.

2 Purkinje 현상: 장파장인 빨강이 날이 어두워짐에 따라 검게 보이고 단파장인 파랑은 밝아 보이는 현상이다. 황혼 무렵 빨간 장미가 검게 보이고 파란 나팔꽃은 밝아 보이는 경험을 한 적이 있을 것이다. 이는 추상체가 작용하는 주간시(day vision)가 간상체가 작용하는 야간시(night vision)로 바뀌기 때문에 일어나는 현상이다.

이런 현상이 밝혀지기 전인 제2차 세계대전 초기에, 해군들은 함정의 야간 조명을 바다 색깔과 비슷한 청색 등을 켜서 하는 것이 적의 관측으로부터 벗어날 수 있는 좋은 방법이라고 생각하였다. 또 공습 감시인들의 전등도 청색 필터를 사용하였다. 그러나 이런 식의 조명은 야간에 적의 공중 정찰로부터 쉽게 노출되어 피해를 입는 빈도를 증가시켰다. 이후 함정이나 전쟁 상황실의 야간 조명은 물론이고, 공습 감시인들의 전등필터도 붉은 색으로 바뀐다. 붉은 조명은 야간 암순응을 쉽게 해줄 뿐만 아니라, 파란색 등이나 백열등보다 야간에 덜 선명[1]해 보인다.

3 주변시 · 적응시 · 이원시: 야간에 물체를 관찰할 때 그 물체의 주변에 시축을 불규칙하게 움직이면서 바라보는 것을 주변시라 하는데, 이는 야간시에 작용하는 시홍소가 물체 주시 후 4∼12초가 지나면 기능이 마비되므로 시홍소를 재생시켜 주기 위해 시축을 불규칙하게 움직여 망막 지역의 여러 간상체를 교대로 이용하도록 하는 것이다.

적응시는 암순응과정을 응용하는 것으로 야간에 신속히 암순응을 하기 위해서는 섬광

1) 전방 막사의 야간 조명등을 선택할 때도, 적의 관측으로부터 덜 노출되고 야간 보초나 방책선 근무자의 암순응을 도와주는 적절한 광도와 색깔의 특수 적색 조명을 장치할 필요가 있다.

이나 밝은 조명을 보지 않도록 하는 것이다.

이원시는 야간 관측시 망막 주변에 있는 간상체에 상이 맺히도록 물체를 비스듬히 보는 현상이다. 이는 망막의 중심부인 중심와에 간상체가 없으므로 이곳에 상이 맺히면 잘 보이지 않기 때문이다. 야간에 마주 선 상대편의 얼굴을 정면으로 쳐다보면 잘 보이지 않는 것은 이 같이 망막상의 가운데 상이 맺힌 까닭이다.

④ 야맹증: 어두운 곳에서 충분한 비타민 A가 공급된다면, 레티날(retinal)과 옵신(opsin)은 다시 로돕신으로 합성되고 암순응을 거쳐 정상적으로 물체를 볼 수 있게 된다. 그러나 이 화학물질이 결핍된 음식을 섭취하는 사람은 종종 야맹증 때문에 고생하게 되는데, 이것은 어두운 데서 작용하는 간상체가 적절히 기능하지 않기 때문이다(Wald, 1968).

⑤ 설맹: 시신경에서 빛을 처리하는 첫 단계는 빛이 간상체나 추상체에 있는 색소인 시홍소에 의해 흡수될 때 일어난다. Wald는 아주 강한 빛 자극이 계속되면 간상체나 추상체에 있는 색소의 상당한 양이 표백되고 나아가 고갈되는 현상을 발견하였다. 雪原지대의 눈에서 반사되는 강한 빛자극을 장시간 받으면 이와 같은 원리로 시각 능력을 상실하는 경우를 볼 수 있는데, 이런 현상을 설맹(snow blind)이라 부른다. 설맹의 증상은 눈꺼풀 아래 부분이 따끔따끔하고, 눈물이 나오며, 물집이 생기고, 물체가 둘로 보이기도 한다. 이에 대한 응급처치 요령은 환자를 어두운 곳에 두거나, 눈을 붕대로 감아주고 찬 수건 따위로 눈 주위의 열을 식혀 주는 것이 효과적이다. 대부분의 경우 특별한 의학적인 치료가 없어도 18시간 이내로 정상적인 시력을 되찾는 것이 보통이다. 설원지대 작전 시 병사들을 설맹증으로부터 보호하는 방법은 시력 보호용 색안경을 착용시키는 것이다.

⑥ 선글라스와 시력보호: 선글라스 렌즈는 눈을 보호해 주면서 사용 용도에 따라 서로 다른 최대한의 효과를 필요로 하기 때문에 다양한 종류로 나뉘어질 수밖에 없다. 단순히 빛을 차단하기 위해서는 가시광선(눈부심)을 최대한 막을 수 있는 검정색 일반 렌즈를 사용하면 되지만, 설원 및 해변 작전 등을 할 때는 그에 맞는 특수 렌즈가 필요하다. 선글라스 렌즈의 색깔에는 매우 많은 종류가 있는데, 그 중에서 가장 많이 사용되는 기본 3색은 검정, 갈색, 초록이다. 이들은 빛의 흡수율이 일정하여 렌즈 색깔이 항상 같은 농도를 유지한다.

검정 렌즈는 가장 인기 있는 렌즈로 강한 빛을 차단하는 데 적합하다. 렌즈마다 가시광선 흡수율(눈부심 제거 정도)이 다른데, 검정 렌즈의 경우 85%로 가장 높다. 바꾸어 말하면 빛의 약 15%만이 눈에 투과되어 사물의 색상과 형태로 구별할 수 있게 한다.

갈색의 경우도 가시광선 흡수율이 85%로 매우 높은데 무엇보다 선명하게 보인다는 특징을 가지고 있다. 갈색은 공기 중의 먼지나 습기에 의해 쉽게 흩어지는 청색빛을 잘 흡수, 흐린 날씨나 안개 낀 날씨에도 항상 선명한 시야를 유지시켜 준다. 초록색 렌즈는 가시광선의 흡수율이 71% 정도이나 망막의 상이 정확히 맺히도록 하여 장시간 착용해도 눈이 피로하지 않고 매우 시원하다. 초록색이 눈의 피로를 덜어준다는 것은 누구나 알고 있는 상식이므로 이해가 될 것이다.

변색 렌즈는 빛의 강도에 따라 흡수율이 자동 조절되어 렌즈 색상이 저절로 변한다. 아주 밝은 곳에서는 렌즈의 색이 진하다가 어두운 곳으로 가면 색이 옅어지기 때문에 운전용으로는 적합하지가 않다. 밝은 곳에서 운전을 하다가 갑자기 터널이나 어두운 곳으로 들어가면 앞이 전혀 안보일 수 있기 때문이다. 렌즈가 빛을 감지하고 변하는 시간은 약 2~3분이 걸리기 때문에 운전을 하고 터널을 빠져 나오는 잠깐 동안 렌즈가 재빨리 밝아지지 못해 사고의 위험이 따른다. 그 반대의 경우도 마찬가지여서 우리나라와 같이 터널 구간이 짧은 곳에서는 착용에 신중을 기해야 할 것이다. 최초의 변색 렌즈는 회색 렌즈인데 주로 패션을 목적으로 사용되었다. 갈색 변색 렌즈는 빛의 강도뿐만 아니라 기후 변화에 따라서도 밝은 갈색에서 짙은 갈색으로 색상과 밀도가 변하는 다목적 렌즈다. 역시 갈색이므로 어떤 상황에서도 고선명도가 유지된다.

변색 렌즈 중에서도 노란색을 가진 특수 렌즈가 있는데, 이 렌즈는 스포츠를 위해 만들어진 최초의 렌즈로 빛의 강도뿐만 아니라 기온에 따라 밝은 노란색이나 갈색이 짙은 회색이나 갈색으로 변한다. 어떤 기후에서도 밝은 선명도를 유지하여 모든 스포츠 활동에 적합하다. 특히 스피드 스포츠, 골프, 사냥, 테니스 등에는 아주 좋다. 흔히 스포츠 게임 시 심판이 쓰고 있는 선글라스의 대부분이 이 노란색 특수 렌즈이다. 최근 이 노란색 렌즈가 야간 운전용으로 많이 사용되고 있으나, 밤에는 가시광선의 양이 극히 적기 때문에 선글라스 자체를 사용치 않는 것이 바람직하다.

주간 운전시 보통 녹색이 좋지만 안전 운전을 위해서는 운전 전용의 선글라스를 착용하는 것이 좋다. 최근 개발된 신제품들은 운전자의 선명한 시야 확보를 위해 색깔의 대조 효과를 증가시킨 렌즈를 사용하고 있다. 이 렌즈는 운전 중 자주 만나는 빨간색, 녹색, 노란색을 여러 색깔 중 선별하여 더 잘 보이도록 했다. 브레이크 등이나 신호등, 기타 신호물들을 보다 빠르고 선명하게 인지할 수 있다. 또한 기후나 어떤 상황에도, 변함없이 80%의 가시광선을 흡수하여 다른 차들로부터 반사되어 오는 빛, 직사광선으로부터 시야를 보호한다. 비 오는 날이나 안개 낀 날에는 '視野 혼탁현상'을 제거하여 선명한 시야를 확보할 수 있음은 물론 자외선은 거의 100% 차단이 가능한 렌즈들이다. 해변 등 햇빛이 강한 곳에서는 자외선 차단 효과가 크고 눈의 피로를 줄여주는 회색 또는 녹색이 적합하다.

3) 시각을 활용한 관측 시 주의사항

야간 관측과 임무 수행을 위해 시각과 관련하여 지금까지 밝혀진 내용 중에서 중요한 것을 정리하면 다음과 같다(Boring, 1945).

1 야간 시력검사를 받아 야맹증이 있거나 암순응에 많은 시간이 소요되는 병사들은 야간 관측이 요구되는 중요 임무에서 제외하는 것이 바람직하다.

2 야간 관찰이나 작전을 위해 30분 정도 어두운 곳에 머물러 암순응을 시킨 다음 임무를 수행하는 것이 효과적이고 나아가 안전사고를 예방하는 길이다. 어두운 곳에서의 취침 직후이면 이 시간은 단축될 수 있다.

3 야간 임무 수행 전이나 수행 중에는 가능한 밝은 조명에 눈을 노출시키지 않는다. 또한 불가피하게 밝은 곳에 있을 때는 광원을 정면으로 주시하지 말아야 한다. 손전등, 소총이나 대구경 화기의 섬광, 조명탄은 물론이고 담뱃불의 불빛조차도 순간적으로 암순응을 와해시킨다.

4 눈을 적당히 움직이면서 관측을 하고 관찰하고자 하는 물체의 측면을 보는 것이 효과적이다.

5 관찰하려는 물체와 대조를 이룰 수 있는 배경을 찾아 대조하면서 관측한다. 야간 관측에 공제선(sky line)을 활용하는 것은 필수적이다. 유리창을 통해 관찰할 때는 창의 얼룩이나 먼지에 유의하고 이를 항상 깨끗이 청소해 둔다.

6 평소 눈의 건강상태에 관심을 갖고 정상적 시력을 유지하도록 영양 및 조명관리를 해주고, 주의가 집중될 수 있도록 심신이 피로하지 않게 한다. 이를 위해 야간 훈련이나 임무 수행 전에 충분한 휴식을 제공한다.

4) 시각의 피로 예방

눈은 매우 힘든 일을 하는 기관이다. 사람이 행동을 하고 있는 동안에는 거의 휴식 없이 빛의 양을 조절하고 초점을 바꾸고 눈동자를 상하, 좌우로 움직이면서 활동을 지속하는 기관이 바로 눈이다. 그러면서도 눈의 피로는 활동을 하는 동안은 거의 느끼지 못하기 때문에 무리를 가져올 염려가 있다. 좋은 조명 조건 하에서 잘 인쇄된 책을 볼 때 눈은 쉽게 피로해지지 않는다. 최근의 실험은 좋은 조명 아래서 잘 인쇄된 책을 6시간 동안 읽게 했는데도 다른 시각 기능에 이상이 없음을 보여 주었다. 그러나 눈의 정밀도의 한계를 넘어서는 자료를 보거나, 시각적 긴장 및 일상적으로 습관이 안 되어 있는 과제를 지속적으로 수행하게 되면 눈의 피로를 가져올 수 있다.

(1) 눈을 피로하게 하는 상황들(National Research Council, 1946)

1 장시간 눈의 초점을 앞뒤로 빈번하게 변화시키면 눈이 피로하게 된다. 조종사들이 비행기의 계기판과 지상, 하늘을 번갈아 응시하게 되면 수정체의 크기나 초점을 조절하는 근육의 피로를 가져와 눈이 피로하게 된다. 지상에서 관측을 할 때도 이 현상은 마찬가지로 먼 곳과 가까운 곳을 자주 번갈아 보면 쉽게 눈의 피로를 가져오기 때문에 점진적으로 거리를 변화시켜 가면서 관찰하는 것이 좋다. 또 너무 한곳을 집중적으로 장시간 응시하는 것도 수정체 조절 근육의 긴장 상태를 지속시키기 때문에 눈의 피로를 느끼게 한다.

2 불규칙적인 조명에서의 작업이 눈을 피로하게 만든다. 밝은 전기스탠드에서 책을 보다가 옆의 어두운 방을 번갈아 본다든가, 밤에 밝게 조명된 건물이나 차에서 안팎을 번갈아 보게 되면 동공을 축소 내지는 확장시켜야 하는데, 이때 불규칙적인 조명은 동공의 크기를 조절하는 근육을 피로하게 만든다.

3 흐리거나 불분명한 물체를 보는 것은 눈을 피로하게 만든다. 너무 작아서 잘 안 보이거나, 너무 가까이 있거나 멀리 있어 흐릿해 보이는 것, 또는 실제 그들의 윤곽이 흐려져 있는 것 등을 보려고 하면 눈의 능력보다 더한 초점 조절을 해야 하고 수정체가 이것을 맞추느라 피로해진다.

4 눈부신 빛이나 섬광이 눈의 피로를 일으킨다. 이러한 빛들은 불규칙적인 조명에서 발생하며 물체를 흐리게 만들고, 이에 초점을 맞추기 위해 특별한 노력을 해야 하기 때문이다.

5 안구운동과 통제에 관련된 근육은 눈의 움직임을 관장하는데 이 근육의 장시간 사용이 눈의 피로를 가져온다. 장시간 눈을 시야의 극단적인 위치, 즉 위나 아래 또는 측면을 계속 오랫동안 응시하게 되면 안구조절근육의 피로가 유발되기 때문이다. 눈의 피로 증상은 여러 가지로 나타난다. 시야가 흐려지고 물체가 이중으로 보이기도 하며 극단적인 경우에는 눈이 충혈 되거나 붓게 되며 두통까지 느끼기도 한다. 시야가 흐려지는 것은 주로 수정체 근육의 피로에서 오며, 물체의 이중 현상은 눈의 수렴운동을 통제하는 외부 근육의 피로 때문이다.

(2) 눈의 피로 예방

눈의 피로 회복을 위한 좋은 방법은 휴식이며 이때 어두운 곳에서 머무는 것이 도움이 된다. 그밖에 눈을 감고 있거나 눈에 붕대를 대며, 아주 극단적인 경우에는 눈을 냉온찜질이나 세척하는 것도 도움이 된다. 눈의 피로를 막는 실제적인 방법들을 소개해 본다(Boring, 1945).

1 작은 물체를 보는 것을 피한다. 수색 정찰이나 관측시에 항상 이 규칙을 따르는 것이 가능한 것은 아니지만 임무 중에라도 가능한 방법을 찾아서 활용해 본다.

2 적당한 조명을 유지한다. 물체를 번쩍거리게 하거나 눈을 부시게 하지 않고 또한 정밀도가 감소되지 않는 범위 내에서 밝은 조명을 사용하는 것이 좋다. 적당한 조명은 통상 개인별로 차이가 있을 수 있다.

3 어두운 곳과 밝은 곳을 교대로 보지 않는다.

4 멀리 있는 것과 가까이 있는 것을 자주 교대로 보지 않는다.

5 관측 시 또는 수색 정찰 시 시야를 부분으로 나누어 관찰하는 것이 좋다. 이때 한 번에 한 부분만을 주시하되 너무 좁은 부분에 제한하면 보다 큰 차이가 있는 물체의 식별을 어렵게 하기 때문에 적절한 시야의 폭을 유지해야 한다. 그리고 관측 시엔 눈을 천천히 움직이되 각 부분 시야에서 의도한 물체의 식별이 완전히 이루어질 수 있는 시간이 주어져야 한다.

6 눈을 자주 깜박거린다. 깜박거림은 안구를 적셔 주고 응시할 때 생기는 긴장을 막아주며 시지각의 새로운 시작을 가능하게 해 준다. 우리가 물체를 관찰할 때 눈의 깜박임이나 안구운동 없이 장시간 응시하게 되면 쉽게 모양 탐지 세포의 피로를 가져와 시야가 흐려진다. 실제 우리 눈에는 미세한 안진운동이 끊임없이 일어나고 있어 효과적으로 사물을 볼 수 있도록 해준다. 눈 깜박임이 관측활동에서 여러 이점을 제공하는 것은 분명하다.

7 전반적인 육체의 피로를 피한다. 신체 다른 근육의 피로가 눈 근육의 피로에도 영향을 준다.

8 두통, 소화 불량, 구토, 현기증 그리고 음주를 피한다. 이러한 것들은 눈 근육의 긴장과 피로는 물론 시신경에 직·간접으로 영향을 미치게 된다. 정확한 시지각은 물론 눈의 보호 차원에서도 이런 상태를 예방하는 것이 좋다.

9 과도한 정서(흥분) 상태를 피하는 것이 좋다. 정서 자체가 피로는 아니지만 강렬한 정서는 시야를 흐리게 만들고 시각의 정밀도를 감소시킬 수 있다. 몹시 화가 나면 앞이 잘 안 보이는 것은, 화 때문에 판단력이 약화된 이유가 대부분이기는 하지만 실제 감각 기능이 떨어져서 그럴 수도 있다.

5) 시지각의 오류

운동의 지각은 망막에서 나오는 시각적 정보, 그리고 눈이 대상을 따라갈 때 눈 주변에 있는 근육에서 나오는 메시지를 포함하는 복잡한 과정이다. 이러한 과정에서 몇 가지 조건들이 충족되지 않으면, 지각적 과정은 우리에게 불충분한 정보를 가져다 주어 지각상의 혼란을 야기시킬 수 있다. 군사심리학에서 논의될 수 있는 두 가지 주제는, 자동운동 착각과 감각 박탈이나 입력 자극의 감소로 인한 시지각의 착각들이 있다.

(1) 자동운동 착각(autokinetic illusion)

만약 우리가 조그마한 하나의 광점만이 있는 매우 어두운 방안에서 몇 초 동안 그 광점을 응시하게 되면, 그 광점이 이리저리 움직이는 것처럼 느껴질 것이다. 이러한 현상이 자동운동 착각인데, 그 광점이 고정되어 있다는 것을 알려주는 참조준거(frame of reference)나 외부의 단서를 볼 수 없기 때문에 발생한다. 실제 우리의 눈은 한 곳에 초점을 고정시켜 볼만큼 멈추어 있지 않다. 조금씩 떨리기 때문에 망막에 맺히는 불빛의 상이 변하고 그래서 불빛이 움직이는 것처럼 보이게 되는 것이다. 1차대전 시 영국 공군 폭격대가 어두운 밤하늘을 비행기 표시등 하나만으로 서로의 동체를 확인하면서 비행 도중, 이 자동운동 착각이 일어나 혼란을 일으킨 사례들이 있다.

이러한 착시현상을 방지하기 위해서 광점 주위에 비교 대상이 될 수 있는 장치를 하거나, 항공기에 깜박거리는 조명을 장치하면 이 현상이 사라진다. 비행기가 불을 깜박거리는 것은 '켜져 있는 불'의 위치를 알려 주는 외부 단서의 역할을 하게 된다. 특히 캄캄한 밤중에 가로등이 없는 도로에서 부득이 차를 세워야 할 경우 반드시 방향등이나 비상등을 켜야 한다. 미등만 켜놓게 되면 정차하고 있다는 것을 알려 줄 단서가 없기 때문에, 후방 운전자는 정지차가 운행 중인 것으로 착각하고 추돌 사고를 일으킬 수 있는 염려가 있다.

(2) 감각 박탈과 입력 자극 감소로 인한 착각

항공기 조종사들을 대상으로 한 Bennett(1961)의 연구는 감각박탈이 성인에게서 평가과정에 혼란을 가져옴으로써 인지적 능력의 감소나 사건 지각의 왜곡을 일으킬 수 있음을 주장하였다. Bennett는 항공 관계자가 방향감각을 상실한 다섯 개의 사례를 연구하였다. 이 다섯 사례에서 연구된 조종사나 항법사들은 모두 높은 고도에서 수평으로 직선 항로를 비행하던 중 방향감각을 상실하였다. 방향감각의 상실의 증상에는 혼란된 느낌과 주위환경과의 접촉 상실이 포함된다. 다섯 가지 사례 중 세 가지의 사례에서 비행기가 방향을 전환하고 있다는 착각이 보고되었다. 다섯 사례 모두 방향감각 상실은 20,000ft 이상의 고도에서 비행기가 수평의 직선경로로 비행하기 시작한 지 45분에서 2시간 20분 사이에서 발생하였다. 이 모든 사례에서 방향감각 상실을 겪은 사람은 나머지 승무원들과 따로 떨어져 있었다. 이러한 현상은 해군 및 해병대 소속 조종사들을 대상으로 한 연구에서도 나타났다. 이 조종사들은 공간적 방향감각 상실, 고립감, 그리고 땅으로부터 이탈된다는 느낌을 보고하였다. 방향감각 상실에는 혼자서 비행하는 것, 높은 고도에서 비행하는 것, 그리고 최소한의 활동이라는 세 가지 조건이 관련되어 있었다.

비행사들이 보고한 증상들은 감각박탈 실험에서 나타나는 증상들과 아주 유사하다. 혼자 높은 고도에서 수평으로 직선 항로를 비행하고 있는 조종사는 그 고도에서 거의 움직임이 감지되지 않고 별로 할 일이 없으므로 사실상 감각적으로 박탈되게 된다고 Bennett는 지적하였다. 그렇다면, 이 비행사들에게서 보이는 방향감각 상실은 높은 고도에서 생겨나는 제한된 감각 환경에서 비롯되었다고 가정하는 것이 타당한 것으로 보인다. 감각박탈 가설을 지지하는 추가적인 증거로서 Bennett는 활동이 요구되거나 이야기할 다른 사람이 존재하면 모든 방향감각 상실 증상들이 감소됨을 지적하였다. 실제 상황에서 조종사들을 상대로 한 Bennett의 연구는 효율적인 행동을 위해서는 변화하는 자극을 주는 것이 필요하며, 충분 자극을 받지 못하면 적응적 행동이 감소된다는 사실을 알려 준다. 이러한 감각박탈 효과가 높은 고도의 비행에만 제한되지는 않을 것이다. 감각자극이 감소하거나 단조롭고 활동이 거의 없는 상황이라면 어떤 것이든 방향감각 상실 효과가 있을 수 있다는 것이 학자들의 주장이다. 직선 코스의 고속도로를 밤에 혼자 운전하는 것도 높은 고도의 비행이 낳는 것과 비슷한 효과를 야기할 수도 있을 것이다.

(3) 야간 훈련과 비행 착각

조종사들이 바다나 육지에서 야간 훈련 중 가끔 바다·육지와 하늘을 착각하는 '비행착각(vertigo)'에 빠진다. 하늘에서 급격하게 움직이다 보면 바다·육지와 하늘을 혼동해 추돌하는 사고가 발생하기도 한다. 특히 시야의 범위가 제한되는 야간에는 그 가능성이 더욱 커진다. 전투 조종사들이 야간 투시경(NVG: Night Vision Goggle)을 쓰고 폭격 훈련을 하다 보면, 더욱 시각의 범위가 제한되어 이런 현상이 발생할 가능성을 높여준다고 한다. 바다나 육지와의 거리를 자동적으로 알려 주는 최첨단 장치가 없는 전투기로 훈련을 할 경우 발생할 수 있는 비행착각은, 베테랑 전투 조종사도 어쩔 수 없는 또 하나 인간의 시각적 한계이다.

2. 청 각

귀는 의사소통에 대한 기초적 기능을 제공한다. 들을 수 있기 때문에 인간은 다른 사람의 의사를 이해하고 자신의 의사를 전달하여 협동할 수 있는 계기를 마련할 수가 있으며 나아가 집단행동을 할 수 있게 된다. 인간은 외부 정보의 약 15% 정도를 청각기관으로 받아들인다.

귀는 이와 같은 의사소통과 협동의 기초 도구가 될 뿐 아니라 전투 시에는 군사적 도구로써 중요하게 이용된다. 소리를 듣고 우리는 물체의 성질과 위치를 짐작할 수 있다. 보이지 않더라도 발자국 소리나 부스럭거림에 의해 적의 접근을 감지할 수 있으며, 포성을 듣고 적의 포진지의 위치를 대략 짐작할 수 있게 된다. 보이지 않는 밀림이나 숲에서 또는 시야가 제한을 받는 야간에는 눈보다도 오히려 더 민감하게 적의 접근을 예고할 수 있다. 주간과 달리 야간 경계 시 청음초(listening post)를 운용하는 것은 이와 같은 원리에 의해서다.

1) 귀의 구조와 기능

귀의 구조는 크게 세 부분으로 나누어진다. 즉 소리를 모아 외이도를 통해 고막까지 보내는 역할을 하는 외이, 고막을 경계로 하여 시작되며 음파에 의한 고막의 진동을 추골, 침골, 등골의 세 부분으로 구성된 청소골에 전달 이를 증폭시켜 난원창에 전달하는 역할과 공기의 압력을 유지해 주는 유스타키오관(Eustachian tube)을 포함하는 중이, 난원창의 압력을 수용하며 청각의 감수성 신경이 모여 있는 와우각(달팽이관)과 신체의 균형 유지 기능을 담당하는 삼반규관을 포함하는 내이의 세 부분이다

2) 음의 물리적 속성

대부분의 소리는 인간이 사는 곳이면 어디나 있는 공기에 의해서 전파가 되는데, 공기 중에서 소리의 전파 속도는 약 340m/sec이다. 그러나 공기 중의 습도 상태에 따라 약간의 차이가 있을 수 있다. 소리는 고체를 통해서도 전달된다. 땅이나 철로에다 귀를 대고 먼 거리에서 움직이는 말발굽 소리나 기차 소리를 들을 수 있는 것은 이 때문이다. 소리는 또한 액체를 통해서도 전달되는데 수중에서 음파를 탐지하는 일은 군사적 이용 가치가 매우 높은 정보 수집의 한 방법이다.

사람이 듣는 음은 매우 복잡한 파동이며 이 음은 음도(pitch), 음량(tonal strength), 음색(timbre)의 세 가지 속성을 가진다. 음도는 소리의 고저를 말하며 음파의 진동수(주파수)에 의해 결정된다. 인간의 귀로 들을 수 있는 진동수(주파수)는 약 20Hz에서 20,000Hz 정도인데, 가장 변별이 잘되는 진동수는 1,000Hz~4,000Hz이다. 가청 주파수의 한계는 명확하지 않고 개인차가 있는데, 특히 나이에 따라 변화가 심하다. 이 변화는 상한선에

서 특히 심한데 20대의 젊은 사람은 24,000Hz까지 들을 수 있으나 30대, 40대로 갈수록 18,000Hz, 16,000Hz로 떨어져 50대에 가면 10,000Hz로 떨어지게 된다. 보통의 會話音은 125Hz~8,000Hz 정도이며 고양이와 개는 20,000Hz보다 높은 주파수에 민감하며 박쥐, 돌고래 등은 120,000Hz 이상의 높은 주파수 음에도 반응하는 것으로 알려져 있다. 따라서 이들 동물들은 인간이 들을 수 없는 초음파를 사용하여 서로 교신하며 장애물을 식별하기도 한다.

음량은 소리의 강약의 정도를 말하며 음파의 진폭에 의해 결정된다. 음량을 재는 단위는 dB(decibel)이라고 하는데 1dB은 절대역 자극이다. 정상적 회화음은 50~70dB, 속삭임은 20dB, 트럭이나 자동차 소음은 80dB, 지하철 소음은 100dB, 천둥소리는 120dB이며 130dB 이상 음은 매우 고통스럽게 지각된다.

음색은 음의 질적인 차이를 말하며 같은 음도와 음량을 가진 두 음의 차이를 감각적으로 구별해 주는 요소이다.

3) 음의 공간 지각

인간은 두 개의 귀를 갖고 있지만 하나의 소리를 듣게 된다. 두 귀의 존재는 우리가 공간에서 음파의 발생 위치를 찾을 때 중요한 역할을 한다. 음의 위치 측정은 두 가지 기본 단서에 의해 가능하다. 첫째는 음파가 두 귀에 도달하는 시간상의 차이이다. 두 귀는 약 7inch 정도 떨어져 있기 때문에 듣는 사람의 앞 오른쪽 30° 지점에서 나는 소리는 오른쪽 귀에 0.25msec 먼저 도달한다 오른쪽 바로 우측에서 날 때는 0.7msec 이상의 시간 차이로 늦게 왼쪽 귀에 도달한다(Thurlow, 1971). 두 번째는 머리의 측면에서 나오는 음파의 음영화(shadow)현상이다. 오른쪽에서 나는 소리는 왼쪽 귀에 강도가 낮게 들린다. 강도에서 음영화된 차이는 주파수가 증가함에 따라 커진다. 6,000Hz의 음에서 강도차가 20dB인데 비해 500Hz에서는 몇 dB에 지나지 않는다.

4) 청각의 손상

일반적인 청각 장애는 전도성 난청(conduction deafness)과 신경성 난청(nerve deafness)의 두 종류로 나누어지며 전 인구의 5% 정도가 청각 장애를 갖고 있는 것으로 알려지고 있다.

(1) 전도성 난청

전도성 난청은 음파를 와우각에 전달하는 외이나 중이 구조에 어떤 장애가 있음을 뜻한다. 그 원인은 귀지, 고막의 결함, 청소골의 기능장애 등이다. 고막의 일부 손상은 가는귀먹음을 일으킨다. 손상이 커서 고막이 완전 파괴되면 대략 20dB 정도의 청각 식역의 감소를 가져오는데, 이는 속삭이는 소리를 듣지 못하는 정도로 그렇게 큰 손상은 아니다.

耳경화증은 등골의 유연성이 떨어져 난원창으로 전달 기능이 약화된 상태로 유전적인 소인이 강한 청각 장애다. 최근 이런 환자는 청각 보조기를 사용하거나 외과적 요법으로 기능이 약화된 청소골의 일부에 플라스틱 대용물을 설치하여 도움을 받을 수 있다. 이런 경우 청력의 회복은 신속하고 환자가 곧 느낄 정도로 효과가 빠르다.

(2) 신경성 난청

신경성 난청은 와우각의 모세포나 청각신경에 손상이 있을 때 발생하며 교정이 상당히 어렵다. 가장 흔한 사례는 모세포가 아주 강한 소리에 장기간 노출된 결과로 손상을 입는 경우이다. 이러한 충격이 장시간에 걸쳐 지속될 때 귀가 먹는 현상이 바로 소음성 난청이다. 문제는 소음성 난청이 중이염으로 인한 일반 난청과는 달리 보청기로도 교정되지 않는다는 데 있다. 이는 중이염이 소리를 전달하는 길에 염증이 생겨 발생한 전도성 난청인 반면 소음성 난청은 소리를 듣는 감각신경 자체가 손상됐기 때문으로 이때는 아무리 보청기로 음을 증폭해도 들을 수 없게 된다. Dey(1970)는 로큰롤 음악에 노출된 피험자를 대상으로 연구한 결과 16%의 피험자가 110dB 음악을 2시간 정도 들은 후 40dB의 일시적인 절대식역의 변화가 있음을 발견하였다. 이때 40dB 정도의 청각 상실은 손상된 모세포의 자발적 활동 증가로 인한 계속적인 귀울림을 수반했다. 이명현상이 생기면 일단 소음성 난청으로 발전될 가능성이 높다. 소음성 난청이 우려되는 소음 강도는 85dB 정도이며 이러한 소음 환경 속에서 하루 8시간씩 10년 가량 근무하면 소음성 난청이 생기게 된다. 소음성 난청은 고음환경에서 훨씬 잘 발생하기 때문에 날카로운 소프라노음은 되도록 삼가는 것이 바람직하다.

전투 훈련에서도 병사들이 포사격 시 이러한 고음에 직접 노출되지 않도록 세심한 배려가 필요하다. 포사격은 물론 소총 사격연습을 할 때도 소음 차폐용 귀마개 착용을 강조할 필요가 있다. 총이나 대포 소리 등이 일으키는 소음성 난청은 한번 발생하면 거의 회복이 불가능하기 때문이다. 한 일반 이비인후과를 찾는 20~30대 난청 환자의 70% 정도가 군 생활 중 사격 및 포격 훈련 후 증세가 시작된 '음향 외상성 난청'으로 나타났다는 통계는, 군 지휘관들의 관심을 다시 한 번 촉구하게 된다. 음향 외상성 난청이란 아주 큰 소리 때문에 청각 기관의 유모 세포가 손상돼 나타나는 난청으로 130~140dB에 달하는 총성에 1회만 노출돼도 고막이 뚫리면서 즉각적인 감각 신경성 난청이 생길 수 있으며, 이를 방치하면 영구적인 음향 외상성 난청으로 남게 된다. 난청이 생기면 듣기가 어려울 뿐 아니라 만성피로·불안·스트레스·불면증·우울증·인지장애까지 초래돼 심한 경우 정상적인 사회생활도 힘들어진다. 이 때문에 미군들은 사격시 귀마개 착용이 의무화되어 있다. 귀마개를 하면 소음의 크기를 20~50dB 감소시킬 수 있다. 전문의들은 사람에 따라 단 한 번의 사격으로 난청이 초래될 수 있으므로, 우리 군도 귀마개 착용을 의무화해야 한다고 주장한다. 또 병사들은 귀가 먹먹해도 참고 지내는 경우가 많은데, 발생 초기에 항소염제 등 약물 치료를 서두르면 음향 외상성 난청의 부작용을 최소화 할 수 있기 때문에, 즉시 군의관의 도움을 얻어 치료를 받는 것이 최상의 방책이다(조선일보, 2005d). 이 밖에도 유전이나 나이가 많아짐에 따라 나타나는 와우각 기능의 퇴화가 원인이 되기도 한다. 이런 경우 청력 상실은 고주파 음 범위에서 가장 극적으로 관찰된다.

5) 청각의 보존

中耳는 고막 안쪽의 빈 공간으로 관을 통해 입으로 연결되어 있는데 이 관을 유스타키오관이라고 하며 보통 때는 관 조직의 작용에 의해 막혀 있으나 입으로 무엇을 삼킬 때나 기압의 차이가 있을 때 열리게 된다. 이 관의 열림으로 내이와 외이의 압력이 같게 되는데, 압력이 다를 경우는 청각의 민감성이 둔화되고 심하면 통증을 느끼게 되며, 극단적인 경우에는 고막에 손상을 가져오기도 한다. 높은 산에 올라갈 때나 산에서 내려올 때, 비행기를 타고 이착륙을 할 때, 또는 물에서 잠수할 때 귀가 멍해지는 것은 이 때문이다. 이의 예방을 위해서는 입을 크게 벌려 하품을 하거나, 껌을 씹거나, 잠수할 때 코를 막고 코에 호흡의 압력을 집중하면 기압이 같게 되어 귀가 정상적인 민감성을 유지할 수 있다. 폭발음이나 총성이 예견될 때 입을 벌리고 있으면 폭팔시 그 음의 압력이 귓구멍과 입을 통해 고막의 양쪽에 동시에 전달되기 때문에 고막의 손상을 방지할 수 있다. 청각을 예민하게 보존하기 위한 방법은 다음과 같다(Boring, 1945).

1 귀를 깨끗이 하고 감기에 걸리지 않도록 한다. 감기에 걸리면 고막의 내부와 입을 연결하는 유스타키오관의 기능이 저하되어 고막 안과 바깥의 기압 차이가 생기기 때문에 청각 기능도 떨어지고 압력이 바뀔 때 귀속에 오염된 물질이 들어가 염증을 일으키기 쉽다.

2 고지대를 오를 때나 비행기를 탈 때는 침을 삼키거나 껌을 씹는다. 삼키는 행위에

의해서 입에서 귀로 연결되는 관이 열리기 때문에 고막 안과 바깥 압력의 평형 수준을 유지할 수 있다.

[3] 큰 소리를 피하고 강한 총성에서 오는 일시적인 귀먹음현상을 피하기 위해 왼쪽 귀에 귀마개를 한다. 아주 작은 소리도 식별해야 하는 근무를 할 경우 그 근무 직전에 사격 소리나 비행기 소음 같은 것을 듣게 되면 임무 수행에 장애를 받게 된다. 큰 폭발음이 예견될 때는 입을 벌리고 있으면 고막의 손상을 감소시킬 수 있다.

[4] 소음이 심한 작업장 근무자는 실리콘이나 부드러운 합성수지로 만든 귀마개를 착용하도록 한다 귀마개만으로도 20dB 정도의 소음 감소 효과가 있을 수 있다. 또 아주 시끄러운 소음 속에서 대화를 나누어야 할 때는 젖은 솜이나 손가락으로 귀를 막고 하면 그렇게 하지 않는 것보다 더 잘 들을 수 있다. 높은 음에서 청각의 분별력은 매우 둔해지는데 귀마개는 소음과 대화 소리를 동시에 낮추어 주지만 낮추어진 상태에서 청각이 더 예민해지기 때문이다.

[5] 적절한 훈련과 경험의 축적으로 소리를 식별할 수 있는 능력을 향상시킨다. 전투 경험이 많은 사람은 사격 소리만 듣고도 화기의 종류나 거리, 방향 등을 알아낼 수 있다. 이것은 전선 형성이 되지 않은 비정규전에서 매우 중요하다. 눈은 시야가 어느 정도 제한되기 때문에 적을 광범위하게 탐지할 수 없으나, 청각은 방향에 제한이 없기 때문에 적의 대략적인 위치 확인에 아주 좋은 도구가 된다. 또한 시각은 위장이나 또는 부주의에 의해 물체를 간과할 수 있으나, 소리는 일단 발생하면 위장하기가 어려우며 청각에 의해 간과되지 않는 장점이 있다.

3. 후 각

후각은 진화의 측면에서 가장 원시적이고 가장 중요한 감각의 하나이다. 후각은 다른 감각보다 뇌에 이르는 보다 더 직접적인 통로를 갖고 있어 미각에 비해 10,000배나 더 예민하다. 따라서 은폐된 지역에서 기도비익을 유지하고 있는 적이나, 보이지 않을 만큼 멀리 적이 떨어져 있지만 바람이 불어오는 상황 또는 금방 사라져 버린 적을 추적하는 데 냄새만큼 좋은 정보를 제공해 주는 것은 없다. 특히 군인들은 자신을 보호하기 위해 시각적 위장을 한다든가 기도비익을 유지할 수 있으나, 자신의 몸에서 나는 냄새만은 지울 수가 없기 때문에 후각기관을 잘 활용하면 적의 접근을 예견할 수 있는 단서를 제공받을 수가 있다. 어떤 경우에는 시각이나 청각기관에 의해 얻을 수 없는 중요한 정보를 얻게 해 준다.

동물의 경우는 생활 중 많은 부분을 후각기관에 의존하기 때문에 이 기관이 매우 발달되어 있고 눈이나 귀에 못지 않게 중요한 역할을 한다. 그러나 인간의 경우 특별한 경우를 제외하고는 후각기관의 기능이 대부분 훈련되어 있지 않다. 현대전에 있어 각종 탐지 및 관측 장비의 발달로 인하여 인간 감각기관의 전투 활용은 제한되어 있지만, 냄새에 관해 적절히 훈련만 된다면 사람도 적절한 조건에서 적을 식별할 수 있을 뿐만 아니라 전투에서 치명적인 결과를 가져올 수 있는 유독가스를 조기에 식별, 경고할 수 있다. 일상적인 생활에서도 가정에서의 각종 가스누출 사고나 불의의 유독가스 살포에 대비하여 화생방 훈련 시에 후각 훈련을 시켜두는 것이 인명 살상을 줄이는데 도움이 될 것이다.

현대인들의 각종 화장품이나 향수, 기타 방취제의 사용은 후각 기능을 둔화시키고 있고 또 후각기관의 단점은 너무 쉽게 냄새에 순응한다는 것이다. 약한 냄새의 경우는 1~2분만 지나면 적응이 되어 그 냄새가 사라진다. 그래서 후각기관을 충분히 활용하려면 신선한 공기를 마시고 난 후 냄새를 맡아야 하며, 새로운 장소에 도착하면 즉시 냄새를 평가하여야 한다. 냄새에 의한 정보 수집을 담당하려는 사람은 냄새에 대한 관심을 가지고 있어야 하며, 일상생활에서 후각 기능의 향상을 위해 항상 노력해야 한다. 냄새에 의한 자기 세탁물의 식별이나 가족의 식별 등에 관해 계속적으로 훈련하면 후각 기능을 현저하게 향상시킬 수 있다. 전장에서는 적의 체취와 음식냄새뿐만 아니라 적이 사용하는 가스의 식별도 중요하다. 적 인원과 가스를 효과적으로 식별하기 위해 적용할 원칙들은 다음과 같다(Boring, 1945).

1 코의 건강상태를 유지한다. 비염이나 감기는 후각 기능을 상실케 하고 미각까지 떨어뜨린다. 이런 증세를 가진 병사는 가스 경보를 위한 보초 근무에서 제외시키는 것이 바람직하다.

2 후각의 민감성은 개인차가 크며 한 개인에 있어서도 매일 매시각 다르다. 과거의 질병이나 현재 후각기관의 오염 내지는 선천적인 요인의 영향에 의해 후각 기능에 현저한 개인차를 보일 수 있기 때문에, 이상한 냄새가 있을 때는 이를 제일 먼저 인지한 사람이 즉시 인접 전우나 동료에게 물어 확인해 두는 것이 좋다.

3 냄새에 대한 순응은 매우 빠르다. 따라서 오랫동안 식별을 계속해야 할 때는 맑은 공기를 마시고 난 후 잠시 쉰 뒤에 다시 한다. 냄새가 없어진 것처럼 보일 때는 그것이 진짜 없어진 것인지 순응의 결과인지 확인할 필요가 있다.

4 휘발유 냄새는 후각기관의 민감도를 현저하게 떨어뜨린다. 후각 식별이 요구되는 장소는 유류 저장고나 탱크와 멀리 떨어져 있는 것이 좋다. 담배 역시 후각기관의 예민성을 떨어뜨리기 때문에 가스 경고를 위한 보초는 담배를 안 피우는 사람이 좋다.

5 냄새에 의한 정보는 원거리에 있는 적의 식별과 적을 추적하는 상황에서 특히 유

용하다. 특히 인분 냄새는 아주 강하며 적의 위치를 식별하는 데 좋은 단서가 된다.

4. 통 각

통각을 유발하는 자극들은 상당히 많다. 피부의 긁힘, 압력, 열, 비틀림, 큰소리, 강한 빛 등이 통각을 일으킨다. 통각의 특징은 사람마다 통증을 느끼는 정도가 다르며 주의를 다른 데로 돌릴 경우 통증을 덜 느끼거나 느끼지 않을 수 있다는 것이다. 또한 상해 자극 없이도 통각을 일으킬 수 있는데, 예를 들어 어떤 원시문화에서는 쿠바드(couvade)라고 부르는 현상이 관찰되는데, 거기에서는 분만을 하는 여인은 조용히 어린애를 낳는데 남편은 통증을 가지고 신음소리를 낸다. 이것은 문화적 가변성에 의한 하나의 예지만 특정한 외상적 장면이 본인에게 어떻게 지각되느냐에 따라서 통각은 달라지기도 한다. 제2차 세계대전 중 부상당한 병사들의 통각을 연구한 Beecher(1959)는 Anzio 전투에서 부상당한 병사들이 모르핀 요구로 나타난 것으로 보아 같은 부상을 입은 민간인들보다 훨씬 덜 통증을 느꼈다고 보고하고 있다. 특히 수술 후 통증을 경감시키는 데 모르핀 대신 위약(placebo)을 사용해도 통증 경감에 큰 효과가 있음을 발견하였다. 통각은 여러 가지 자극에 의해서 발생하며 또 여러 가지 방법으로 경험된다. 예로 환상지통(phantom limb pain)은 팔이나 다리가 절단된 환자의 ⅓ 가량에서 나타나는 현상으로 절단된 부분이 아직 있는 것처럼 대단한 통증을 호소하기도 한다.

통각 경험은 생활에서 중요한 역할을 하므로 많은 연구가 이루어져 왔으나 아직도 불충분한 상태에 있다. 그것은 통각이 특수한 방식으로 뇌와 관련되기 때문이다. 최면이나 침술을 통해서 통각의 제거가 가능한 것은 이를 잘 말해주고 있다. 통각의 수수께끼 같은 면을 아주 설득력 있게 설명하는 최근의 모델은 Melzack와 Wall(1965)의 입구통제(gate control) 이론이다. 이 이론에 의하면 통각은 척수에 있는 일단의 전달세포가 중추신경계에 전달하는 충동의 빈도 때문이라는 것이다. 피부로부터 이들 척수전달 세포에 두 가지 유형의 신경 섬유가 통각 메시지를 전달한다. 한 형태는 대직경 섬유이며 또 다른 형태는 소직경 섬유인데 통각 경험은 이들 두 섬유들의 활동의 균형에 의존하게 된다. 통상 대직경 섬유의 활동이 우세하면 출입구가 닫혀 통각이 억제되나, 소직경 섬유의 활동 수준이 높으면 출입구가 열리고 통각을 느끼게 된다. 이 이론에 의하면 뇌로부터 내려오는 신경 섬유들도 출입구를 열고 닫는 데 도움을 준다. 지각된 통각의 정도는 이들 신경 섬유들의 태세, 다른 감각들의 자극, 심리 상태(최면, 암시), 통각 경험의 문화적 차이 등의 영향을 받는다.

5. 시간 감각

같은 시간이라도 때에 따라 길거나 혹은 짧게 느껴진다. 또 나이가 들수록 날짜와 시간이 빨리 지나가는 것으로 느껴질 때가 있다. 실제 과학자들의 연구에 의하면 신경계의 노화로 인해 인간의 시간감각이 변한다는 것이 밝혀졌다. 즉 나이가 들면 시간이 빨리 가는 것처럼 느끼게 된다는 것이다. 미국의 심리학자들은 사람들을 연령별로 나누어 이들에게 속으로 숫자를 세면서 3분을 측정하도록 했다. 20대 초반의 사람들은 3분 이내로 비교적 정확하게 대답했고, 일부는 정확하게 맞혔다. 60대의 노인들은 3분 40초가 지나서 대답했고, 중장년층의 사람들은 이들의 중간 정도에 대답했다.

이러한 현상으로 연구자들은 사람의 뇌에는 초 내지는 분 단위의 시간 간격을 감지하는 특수한 기제(시계)가 있지 않나 생각하게 되었다. 듀크 대학의 뇌신경학자들은 뇌의 해부학 결과에 근거하여 이 기제의 모델을 제시했다. 이 학설에 따르면 중뇌에 있는 일단의 신경들이 뇌 전체로부터의 시간적 신호를 수집하여 한 가지 사건이나 인식과 관계되어 동시에 일어나는 여러 신호들을 통합한다. 또한 이 신경 세포들은 신호등의 빨간불이 파란불로 바뀔 때까지 걸리는 시간 등과 같이 뇌가 측정하려는 시간 간격의 시작과 끝을 지정하기도 한다. 이 시계는 도파민이라고 불리는 뇌의 화학물질에 의해 조절된다. 도파민의 양이 많아지면 시계가 빨리 가고 줄어들면 시계는 느려 진다. 이 시계의 결함은 읽기 장애, 과활동증, 파킨슨병, 그리고 정신분열증과 같은 질환을 설명하는 데 도움을 준다. 또 교통사고가 났을 때 왜 3초가 3분처럼 느껴지는지, 왜 노인들이 시간에 대해 혼동을 일으키는지 설명할 수 있다.

미국의 심리학자 호글랜드 박사는 1930년대 처음으로 이런 시계의 존재를 의심했다. 그러나 당시 그의 부인이 고열 상태에 있었는데, 이때 옆에 있던 박사가 실제로는 잠깐 동안 나갔다 왔는데도 부인은 왜 그리 오래 있다 왔느냐며 불평을 했다. 이상해서 박사는 부인에게 1분의 시간을 측정하도록 한 결과, 부인은 37초만에 1분이 다되었다고 대답했다. 열이 오르면서 그녀는 훨씬 더 빨리 대답했다. 다른 실험에서 호글랜드 박사는 사람의 머리를 덥게 함으로써 시간의 감각을 20% 늦출 수 있었다. 나중에 다른 연구자들은 체온을 2~3도 낮춤으로써 주관적인 시간 감각을 빠르게 만들 수 있었다.

6. 극서 · 극한 환경과 군사훈련

1) 온도 감각

온도 감각은 적어도 두 가지 종류의 수용기에 의존하는 것으로 보인다. 하나는 체온보다 적어도 1℃ 내지 2℃ 정도 보다 따뜻한 온도에 대하여 반응하며, 다른 한 수용기는 체온보다 1℃ 내지 2℃ 보다 차가운 온도에 대하여서만 반응하는 종류의 것이다. 한 종류의 수용기들이 메시지를 보낼 때는 대뇌는 그것을 '따뜻함(warm)'으로 읽는다. 두 가지가 같이 활성화되면 대뇌는 이들의 조합된 흥분 형태를 '뜨거운 것(hot)'으로 지각한다.

피부의 정상온도는 신체 부위에 따라 다르다. 귀는 28℃ 겨드랑이는 36.5℃ 정도이다. 실험연구에서 가장 많이 사용되는 손과 얼굴 피부의 정상온도는 약 32.2℃이다. 연구하고자 하는 피부 부위의 온도를 생리적 영점(physiological zero)이라고 하는데 생리적 영점보다 온도가 높을 때 온각, 낮을 때는 냉각이 경험된다. 피부 1㎠당 냉각점은 6개 정도, 온각점은 1, 2개 정도가 있다. 특이한 것은 냉점은 아주 덥거나 차가울 때만 반응하는 두 개의 식역(threshold)을 가지고 있다. 따라서 뜨거운 온도는 냉점과 온점을 동시에 자극하여 경험되는 것이다.

2) 체온의 조절

보통의 대학생 성인은 하루에 약 2,600㎉를 소비한다. 이 에너지의 약 ⅔에 해당하는 1,700㎉는 단지 기초대사(basal metabolism)를 위해 사용된다. 이는 우리가 쉬고 있는 동안 일정한 체온을 유지하기 위해 사용하는 에너지이다(Burton, 1994). 이와 같이 체온조절은 신체가 가장 중요시하는 생리적 기제 중의 하나이다. 인간은 환경의 온도가 크게 변화해도 생리적 기제를 사용하여 체온을 거의 일정한 수준을 유지하는 항온동물(homeothermic)이다. 왜 인간의 체온이 다른 온도가 아닌 36.5℃를 유지해야 하는가 하는 문제는 몇 가지 진화론적인 경쟁적 요인들 사이에 균형을 이룬 결과로 보인다. 일반적으로 체온이 높을수록 동물의 활동 잠재력은 커지며, 따라서 보다 체온이 낮은 동물에 비해 유리한 점이 많다. 그러나 높은 체온을 유지하기 위해서는 보다 연료를 필요로 한다. 신체는 체온을 1℃ 상승시키기 위해서 대사속도를 약 13% 증가시켜야 한다(Long, 1996).

한편, 체온을 항상 낮게 유지하는 것도 과도한 땀의 분비를 필요로 하고 체액에 위험을 초래할 수 있기 때문에 쉬운 일이 아니다. 또 다른 고려사항은 대부분의 단백질이 40~41℃ 이상의 온도에서는 결합이 깨져 쓸모가 없어지게 된다는 점이다. 단백질이 고온에서도 안정되도록 진화가 이루어질 수도 있었겠지만 그것은 제한된 범위에서만 가능할 것이다. 왜냐하면 단백질은 유연한 구조를 가지고 있기 때문에 효소로 작용할 수 있는 성질을 가지고 있고, 41℃ 이상의 온도에서 결합을 유지할 만큼 안정된 구조를 가진 단백질이라면 너무 단단하여 대부분의 효소적 성질을 상실하기 때문이다(Somero, 1996). 말하자면 단백질의 화학적 성질은 동물이 유지할 수 있는 체온의 이론적 상한선을 정해주는 셈이다.

일반적으로 박테리아나 바이러스에 감염되면 열이 나고 체온이 상승하게 된다. 열은 병이 아니며, 질병에 대항하는 신체 방어의 일부이다. 신체가 이러한 외부 세균들의 침입을 받으면, 이들을 공격하기 위해 백혈구를 동원한다. 백혈구는 인터루킨-1이라는 단백질을 방출하는데, 이 단백질은 이어서 프로스타글란딘 E1과 E2를 생산하고, 이들이 체온을 올리기 위해 시상하부의 시삭전야(preoptic area)에 있는 세포를 자극하게 된다. 어떤 유형의 박테리아는 정상적인 동물의 체온보다 높은 온도에서는 활발하게 성장하거나 번식하지 못한다. 따라서 적당히 열을 내는 동물들이 열을 내지 못하는 동물에 비해 박테리아 감염으로부터 보호를 받을 수 있으며 따라서 생존할 가능성이 높게 된다. 그러나 만약 정상 체온보다 2.25℃ 이상 올라가면 그 개체의 생존 확률은 낮아지게 된다(Kluger, 1991). 또한 체온은 정상 상태에서 1~1.5℃ 이상 내려가지 않는다. 그러나 지속적인 저온에 노출돼 35℃ 밑으로 내려가면 저체온 상태가 된다. 이때 휘청거림이나 정신기능 둔화, 환청 등이 나타나고 30℃ 이하면 의식을 잃고 가사 상태에 빠진다. 또 26.7℃ 이하에선 혼수 상태가 되고 25℃ 밑으로 내려가면 사망하게 된다.

3) 기온과 군사훈련

더위가 업무 수행에 미치는 영향에 대해서 일반화가 어렵지만, 여러 학자들의 견해를 종합해 보면, 더위가 경계근무에 지장을 가져오는 온도는 대략 32℃ 이상의 온도부터이며, 상대습도 63%의 29℃나 그 이하에서 가장 수행이 양호한 것으로 나타났다. 그러나 실제 여러 연구들에서 29℃ 이상 온도가 높아짐에 따라 수동 조작으로 목표물을 추적하는 능력이 점차 감소됨을 볼 수 있었지만, 노출 시간에 따라 복잡한 양상을 보였다. 즉, 더위 속에서 반응시간, 감각 그리고 정신운동능력 수행검사가 광범위하게 이루어지긴 했지만, 그 결과들은 유동적이어서 군사장면에서 어떤 일반적 결론을 내리기는 힘들다는 것이다. 수행 정도는 개인들 간에 매우 상이하고 다양한 분포를 보여 주었다. 예를 들면, 38℃ 이상의 온도에서도 다양한 인지적 과제 해결의 손상이 보고되긴 했지만, 수행상 변화가 없거나 개선되는 상황 역시 관찰되었다.

추위의 영향에 대해서는 연구가 덜 이루어지긴 했지만, 그 손상은 일반적으로 조작능력의 손실과 관련된 것으로 보인다(Enander, 1984). 사격술이나 조준선 정렬과 같은 정신운동 과제는 −7℃ 이하의 온도에서 현저하게 영향을 받는 것으로 나타났다. 반복된 실험에서 나타난 의미있는 하나의 발견은 12.7℃ 부근의 온도에서 손놀림이나 기민성이 손상되기 시작했다는 것이다. 이와 같은 다양한 온도상태에서의 인간수행능력에 대한 많은 연구들을 종합하여 우리는 다음과 같은 실질적이고 유용한 지침을 도출할 수 있을 것이다(Kobrick & Johnson 1991).

(1) 고온 상태에서의 수행

[1] 열은 과제의 유형에 따라 미치는 영향이 상이하다. 열은 누적적인 둔감 효과를 일으키기 때문에 낮은 요구의 지속적인 과제나 상대적으로 낮은 각성을 요구하는 과제 그리고 반복적이고 지루한 성질의 과제에 더 많은 영향을 미치게 된다(예: 불침번, 별 움직임이 필요 없는 보초 근무 혹은 감시 업무, 일상적인 당직이나 경계 근무 등). 그러나 상당히 빈번하게 발생하는 흥미로운 과제나 과업에서 더위는 덜 영향을 미치게 된다.

[2] 더위는 사람들의 다양한 기술 수준에 따라 영향을 미치게 된다. 그들의 직무에 잘 훈련된 사람들은 순환하는 더위에 더 잘 견딜 수 있다. 따라서 잘 훈련된 병사들은 더위 속에서도 주어진 과제를 완성하는 데 덜 노력을 들이고 더 나은 수행을 보인다.

[3] 더위 속에서 수행해야 할 과제는 최초부터 더위 속에서 학습되고 실습되어야 한다. 왜냐하면 수행되는 조건들이 더위에 의해 변화하고 더위에 노출된 전형적인 신체상의 반응은 동일한 과제를 수행하는 데 있어서 서늘한 조건과는 아주 상이한 조건들을 만들어 낼 수 있기 때문이다. 예를 들면, 눈으로 흘러 드는 땀은 시야를 흐리게 할 수 있고 얼굴과 손의 땀을 닦아야 하는 필요성에 의해 작업에 간섭을 받게 된다. 플라스틱 물질은 땀 묻은 손에 미끄러지기 쉽고, 전차나 자동차의 금속 표면은 그들이 열을 받게 되면 유연성이나 팽창 등이 변화함으로 작업을 조정해야 할 필요성을 제기한다. 또 감시 장비에 착용하는 안경이나 헤드폰 그리고 헬멧은 열과 땀 때문에 불편하고 고통스러운 것이 된다.

[4] 지각적인 수준에서 더위와 열은 신기루, 아지랑이로 인한 시각적 왜곡, 그리고 열에 의한 가물거림과 눈부심에 의한 시각적 환상을 유발해 시력을 요하는 업무의 정확성을 감소시키게 된다. 시각적 예민성이 더위 속에서 손상을 받게 된다는 연구도 있다. 군에서도 훈련받은 조건이 유사한 작전 지역이나 환경에 병사를 배치하게 되면 이러한 시각적 환경 차이에 의한 부담은 상당히 줄어들 것이라고 생각된다.

[5] 몇 경우에 더위와 열은 장비의 표면을 다루기에 어렵고 불편하고 고통스럽게 하여

수행을 지연시킨다(Stoll, Chianta, & Piergallini, 1982).

장비나 차량의 금속 표면은 태양 속에서 열을 받게 되면 화상을 입을 정도로 달구어져 작전을 지연시키거나 방해할 수 있다.

⑥ 장비 운용병의 복장이나 장비 역시 더위의 영향을 고려할 때 중요한 요소들이다. 열이나 화생방을 차단하는 복장 및 장갑이나 마스크는 신체의 정보수집 및 주요 감각 영역을 기계적으로 차단하는 역할을 하여 사고의 위험을 증가시키게 된다(Johnson & Sleeper, 1986). 특히 화생방 마스크의 경우 열이나 땀에 의한 습기로 시야가 흐리게 되어 행동에 영향을 받는다. 방풍방습이 되는 복장 속에 맺힌 수분은 열대우림기후와 같은 신체 국부적 기온 상태를 만들어 인체공학적인 문제를 일으킨다. 열 관련 손발 섬유 수종으로 인한 부종은 수동조작의 원활성이나 관절의 움직임에 장애를 유발하기도 한다.

⑦ 과업 수행에 있어서 열이나 더위는 특히 밀폐된 구조로 인해 항공이나 전차승무원의 행동에 영향을 미치게 된다. 헬리콥터 내의 온도는 57.3℃까지 상승할 수 있다(Breckenridge & Levell, 1970). 전차와 기타 지상 기갑 장비들의 내부 온도도, 특히 사막작전에서 화생방 방호로 인하여 공간이 밀폐되었을 때 비슷할 것으로 예상된다. 이때 화생방 방호복을 착용한다든지 화생방 방호 시스템을 작동시키면 열기의 효과는 더 강해지게 된다. 열기의 영향에 관련된 한 헬리콥터 모의실험(Hamilton, Simmons, & Kimball, 1982)에서 정상적인 비행 조종과 관련된 비행 과제는 29.05℃의 온도에서는 별 영향을 받지 않았지만 의사결정이나 판단능력 같은 인지적 과제나 반응 능력, 잘못된 상황에 대한 처리 등에서는 약간의 손상을 보였다. 탱크 승무원에 대한 연구들도 헬리콥터 조종사와 유사한 행동상의 손상, 기분의 변화를 보여 주었다. 우리 군도 열 복사량과 습도, 건조량 등을 종합해 교육 당일 오전 10시부터 오후 4시까지 총 4회 이상 온도지수를 측정, 대대장급 이상 지휘관의 판단 하에 옥외훈련을 제한 또는 중단하는 등, 교육훈련과 일과표를 조정 및 시행하고 있다〈표 5-1 참조〉.

육상에 비해서 온도지수의 영향을 덜 받는 해군도 온도지수가 29.5℃ 이상으로 올라갈 경우 과중한 훈련을 제한하고 있다. 특히 온도지수가 31℃를 넘으면 지휘관의 승인이 있을 때를 제외하고 일체의 야외훈련을 제한시키는 등의 조치를 취하고 있다. 따라서 함정에서 근무하는 장병들은 수시로 내부를 환기하고 함정 외부훈련 대신 실내교육을 주로 실시하는 것이 바람직하다. 공군은 활주로에서 1.5m 높이의 대기 온도가 35~39℃ 미만일 경우 중무장 등 부분적 제한 상태로 비행훈련을 갖지만 39℃를 넘어서면 실제 상황을 제외하고는 전면적으로 훈련을 제한한다.

〈표 5-1〉 육·해·공군 교육훈련 지침

온도지수	육·해군	공 군
26.5℃ 초과	훈련 시 각별히 유의	대기온도 35℃ 미만: 정상운행
29.5℃ 도달	人體의 발한 작용이 심하여 탈수로 인한 위험성 증가. 행군·과중한 훈련 지양	35~39℃ 미만: 부분적 제한(중무장 등). 실제 상황시 정상 조치
29.5℃ 초과	지휘관 판단 하에 옥외훈련 조정·실시. 온열손상 방지대책 강구	
31.0℃ 도달	지휘관 판단 하에 옥외훈련 제한·중지	
31.0~32.0℃	기후에 순화되고 훈련이 잘된 부대는 일일 6시간 이내 제한된 활동	

(2) 추위에서의 수행

[1] 추위에 대한 노출은 과제 수행의 정신운동성과 손놀림 측면에 영향을 미친다. 이들 손상은 크게 손의 생화학적인 능력의 기계적인 저하에서 비롯되는 근육 경직이나, 아마도 관절활액의 비정상적 분비에 기인하는 관절운동의 장애 때문인 것으로 생각된다. Bensel과 Lockhart(1974)는 12.7℃ 부근의 온도에서부터 손놀림이나 기민성이 영향을 받는다는 사실을 확인한 바 있다. 기민성을 유지하는 결정적인 요소는 신체 다른 부분보다는 손의 온도이다. 따라서 손을 따뜻하게 하는 것은 조작 기능을 유지하는 데 필수적이다.

[2] 추위 속에서 기민성의 상실은 촉감의 감소를 가져오고 결과적으로 손으로 무엇을 하고 있는지에 대한 감각, 즉 피드백이 불분명해진다. 이것을 보완해 주는 것이 시각이지만 과제가 야간에 이루어지거나 시각의 통제를 벗어나 촉감으로만 이루어질 때는 이것이 불가능해진다. 지뢰제거와 같은 맨손 감각을 요하는 작업은 특히 손의 적정 온도를 유지할 필요가 있다.

[3] 손에 국지적인 열을 활용하는 것도 추위 속에서 손의 기민성을 유지하는 효과적인 방법이다. 예를 들면, 노출된 차가운 공기의 흐름 속에서 기총사격을 준비하는 사격수의 손이 추위로 인한 경직 때문에 사격의 효율성이 떨어진다면, 직접 손에 열을 방사할 수 있는 따뜻한 공기장치나 라디에이터를 장치한다면 크게 도움을 받을 수 있을 것이다. 전기 보온 장치가 된 손덮개나 히터 장치가 된 기어를 사용하는 것도 장기간의 비행 시에 조종사들에게 매우 유용한 방법이 되겠지만, 지상군들에게는 별도의 전원공급 장치가 필요하기 때문에 그렇게 쉬운 일은 아니다.

[4] 조작 능력 감소의 대다수는 정상적인 환경 하에서 학습된 다양한 수행 책략들이 방해를 받을 수 있는 추위라는 조건에 의해 발생된다. 냉온 속에서 단시간에 이루어져야 하는 과제가 있다면 손을 보온하느라고 지체하는 시간 때문에 방해를 받을 수도 있다.

따라서 더위라는 조건에서와 마찬가지로 냉온 속에서 이루어져야 할 과제는 추위 속에서 학습되거나 실습하는 것이 바람직하다.

5 추위 속에서 사용되는 물질의 물리적 속성 또한 중요한 고려사항이다. 무기들의 수압사용 추적 시스템은 온화한 조건에서 가장 완전한 피드백을 가져다주지만, 습냉이나 극한지역에서는 상이한 자기편차(magnetic variation)를 생성시켜 장비 운용자의 정상적 추적 수행을 방해하며 최악의 경우 시스템 자체가 완전히 작동을 중지한다. 헝겊으로 절연된 코드나 플라스틱 혹은 고무로 만들어진 케이블이나 호스는 따뜻하거나 더운 조건에서 가장 완벽하게 기능을 발휘하지만 추위 속에서는 여러 가지 면에서 기능이 제한된다. 극한지 속에서는 가끔 갈라지거나 파손되어 전기 누전이나 기타 위험을 가져오기도 한다. 군대의 표준 장비들도 이제는 극한지 작전에서 군대가 직면할 수 있는 수행상의 문제점을 고려하여 이를 고려해야 할 것으로 생각된다.

6 물의 저장과 공급 역시 심한 추위나 극한지에서 문제를 제기한다. 일부 물탱크는 얼어 동파되기도 하여 식수 공급이 중대한 문제로 부각되며 아울러 식수의 오염까지도 고려되어야 한다. 식수공급의 장해와 연결된 신체적 문제는 극한지에서 흔히 나타나는 문제인 장병들의 탈수현상을 증가시킨다.

7 극한지 작전에서의 의료분야의 지원 그리고 배설물 처리 절차에 관련된 기술과 능력은 온대 및 열대지 작전과는 상이한 문제들을 포함하고 있다. 플라스틱 장비나 탱크나 관은 깨지고 금이 갈 수 있으며, 주사기나 용액 주머니의 내용물이 얼거나 점도가 변할 수 있다. 사상자나 배설물 처리 장비는 극한지에서 사용될 수 있도록 별도로 개선되어야 할 것이다.

8 추위 속에서 수동 조작의 또 다른 문제는 지속적인 추위가 이어지는 가운데 땀이 집중적으로 모이는 손의 재보온에 관한 문제이다. 땀에서 생성된 습기는 손덮개 속에 모이게 되고 이것이 나중에 젖은 장갑으로 인한 동상의 잠재적인 위험성과 함께 냉기를 더욱 가속시키게 된다. 동일한 문제가 젖은 손덮개에도 존재하게 된다. 병사가 젖어 차가워진 손덮개를 벗거나 혹은 그들의 손을 말릴 수 있는 대안적 환경 속에서도 너무 성급하게 불을 쬐어 피부의 냉상태가 빨리 안전하게 반응하지 못하는 데서 오는 동상이나 손의 감각 저하에서 오는 위험을 초래할 수도 있다.

(3) 인간이 견딜 수 있는 추위와 더위

최저 기온이 −65℃ 가까이 되는 시베리아에서도 5만 명이 넘는 사람들이 사는 큰 마을이 있는 것을 보면 추위에 대한 인간의 적응력은 상상력을 초월한다. 프랑스의 한 실험에서 보면 사람은 얼굴에 얼음막이 생기는 −47℃에서도 1~2시간 견딜 수 있다고 하였다. 추위에 대해서도 생명유지가 가능한 정도까지 체온을 유지할 수가 있느냐가 문제로 생각된다. 겨울 바다 속이나 차가운 폭포 속에서 맨 몸의 상태로 6시간 정도 있으면 체온이 30℃ 아래로 떨어지면서 가사 상태에 빠지게 된다. 이 밖에 영하 47℃의 추위 때는 사람의 얼굴에 얼음막이 생기면서 점차 동상에 걸리고 피부는 갈라지게 된다. 체온은 정상 상태에서 1~1.5℃ 이상 내려가지 않는다. 그러나 저온에 지속 노출돼 35℃ 밑으로 내려가면 저체온 상태가 된다. 휘청거림이나 정신기능 둔화, 환청 등이 나타나고, 30℃ 이하면 假死 상태의 무의식 상태에 빠진다. 또 26.7℃이하에선 혼수상태가 되고 25℃ 밑으로 내려가면 사망하게 된다.

그렇다면 사람은 과연 어느 정도까지 더위를 참아낼 수 있는 것일까? 프랑스의 한 과학자 실험에 의하면 사람은 외부 온도가 65℃일 때까지 몸을 지탱하면서 살아갈 수 있지만 그 이상의 온도에서는 생명유지가 곤란하다고 하였다. 그 까닭은 정상적인 체온 유지가 불가능하기 때문이다. 사람이 외부 기온에 대해 체온을 조절하는 것은 땀을 흘리는 과정을 통하여 이루어진다. 그래서 웬만한 더위에는 땀을 흘리는 것으로 정상체온인 36.5℃를 유지한다. 그러나 극단적으로 기온이 높아지면 체온조절 기능에 무리가 와서 고열 현상이 일어난다. 다음에 의식과 행동에 장애가 오고 신장이나 간장에도 이상이 생겨 결국 위험한 상태까지 이르게 된다. 그러면 인간이 견딜 수 있는 가장 극단적인 기상조건은 어떠한 것인가? 영하 30℃의 혹한 속에서 전방 초소를 지키던 우리의 젊은이가 수은주가 50℃를 넘어서는 열사의 중동에서 정상적으로 훌륭하게 일하는 것을 우리는 잘 알고 있다. 이처럼 80℃ 이상의 기온 차이에 적응한다는 것은 곧 체온유지가 가능하다는 말이다.

4) 체감기온

체감기온은 사람 몸이 느끼는 기온이며, 바람에 따라 실제 얼마나 더 춥게 느끼는지를 가리자는 뜻에서 도입된 온도 개념이다. 겨울에는 바람이 불면 몸이 열을 뺏기는 속도가 빨라져서 실제 온도보다 더 추위를 느끼게 된다. 체감기온은 영하 10℃에서 풍속이 5㎞/h이면 영하 13℃, 풍속이 30㎞/h로 강해지면 영하 20℃ 정도가 된다. 바람이 거셀 때를 제외하고는 예상 기온에서 2~5℃를 빼주면 된다.

체감온도는 Siple-Pasel 공식(1945), Steadman 공식(1971) 등 여러 가지 방법으로 산출될 수 있으며, 기상청에서는 2001년 8월 캐나다 토론도에서 열린 Joint Action Group for Temperature Indices(JAG/TI) 회의에서 새로 발표되어 현재 미국과 캐나다 등 북아메리카 국가들을 중심으로 가장 최근에 널리 사용되고 있는 체감온도식을 사용하고 있다.[2)]

※ 체감온도 = $13.12+0.6215\times$기온$-11.37V^{0.16}+0.3965V^{0.16}\times$기온
[V: 지상 10m풍속(㎞/h)]

체감온도를 알고 지휘관들이 조치해야 할 항목들은 〈표 5-2〉와 같다.

사람이 가장 쾌적함을 느끼는 습도는 온도에 다라 다르다. 15℃에서는 70%, 18~20℃에서는 60%, 21~23℃에서는 50%, 24℃ 이상에서는 40% 정도가 좋다. 인간의 뇌 활동도 이러한 조건 속에서 가장 활발해진다.

5) 대설주의보와 경보

눈은 구름으로부터 내리는 얼음결정으로 영하 5~10℃에서 氷晶이 형성된다. 눈의 크기는 평균 2㎜로 현미경으로 보면 육각형 별 모양이다. 한 송이는 가볍지만 쌓이면 공포로 변한다. 1951년 4월 영국에서 지름 12.5㎝의 눈송이가 발견되기도 했지만 대부분 눈은 솜털처럼 떠다닌다. 한 겨울에 내리는 이 솜털 눈은 1㎝당 평균단위 중량이 1㎏/㎡에 불과하지만 적설량이 많아질수록 커진다. 눈은 쌓일수록 밀도가 커져 무거워지면서 눌

〈표 5-2〉 체감온도 대처요령 지침

구 분	체감온도	가능증상	대처요령
낮 음	10~-10℃	추위를 느끼는 불편함 증가.	► 긴 옷이나 따뜻한 옷을 착용.
보 통	-10~-25℃	■ 노출된 피부에 매우 찬기운이 느껴짐. ■ 보호장구 없이 장기간 노출되면 저체온에 빠질 위험이 있음.	► 방풍기능이 있는 겹옷이나 따뜻한 옷을 착용. ► 모자, 벙어리장갑, 스카프착용.
추 움	-25~-45℃	■ 10~15분 이내 동상 위험이 있음. ■ 보호장구 없이 장기간 노출되면 저체온에 빠질 위험이 있음.	► 방풍기능이 있는 겹옷이나 따뜻한 옷을 착용. ► 노출된 모든 피부를 덮고 모자, 벙어리장갑, 스카프, 목도리, 마스크 착용. ► 피부가 바람에 노출되지 않도록 함.
주 의	-45~-59℃	■ 노출된 피부는 몇 분내 얼게 됨. ■ 야외활동 시 저체온 위험이 따름.	► 방풍·보온기능이 있는 매우 따뜻한 겹옷을 착용. ► 노출된 모든 피부를 덮고, 모자, 벙어리장갑, 스카프, 목도리, 마스크 착용. ► 야외활동은 짧게 하거나 취소함.
위 험	-60℃ 이하	■ 야외환경은 생명에 매우 위험함. ■ 노출된 피부는 2분내 동상.	► 실내에 머무름.

2) http://industry.kma.go.kr/APP/sub_APP02.htm.

리기 때문에 높이는 천천히 올라가지만 무게는 급격히 늘어난다. 적설량이 50㎝ 이하일 때는 중량이 1kg/㎡이지만, 100㎝일 때는 1.5kg/㎡, 150㎝는 2.0kg/㎡, 200㎝ 이상이면 3.0kg/㎡로 단위 면적당 중량이 불어난다. 예를 들어 50㎡ 넓이의 지붕에 70㎝의 눈이 쌓였다고 가정하면 눈의 무게는 5.25t이나 된다. 이는 몸무게가 75kg인 사람 75명이 지붕에 올라가 있는 것과 마찬가지이다. 더구나 봄눈은 수증기가 많아 질퍽하고 비중이 높아 겨울눈에 비해 무겁기 때문에 3~4월에 내리는 눈은 특히 주의를 해야 한다.

대설경보는 대도시의 경우 눈이 20㎝가 예상될 때 발령되고, 일반 지역은 30㎝ 이상 예상될 때 발령된다. 도시 지역에서 적설량이 25㎝가 되면 눈이 범퍼에 밀리고 차 밑에 닿아 헛바퀴가 돌며 승용차들은 그냥 정체된다. 눈이 20㎝ 이상 쌓이기 시작하면 부실하게 지은 농사용 온실과 축사들은 무게를 못 이겨 무너지기 시작한다. 기상청에 따르면 27㎝의 눈이 쌓이면 비닐하우스가 무너질 수 있고, 140㎝의 눈이 쌓인 경우 소형 창고나 축사 건물도 붕괴될 수 있다고 하였다. 적설량 43㎝를 전체 강수량으로 환산하면 62㎜ 정도가 된다. 이는 1㎡를 약 62kg의 무게가 짓누르고 있는 것과 같으며, 7×25m의 시설 온실 위에는 약 11t의 눈과 물이 누르고 있는 셈이다. 더군다나 습기를 머금은 봄눈 1m 높이의 눈은 그 무게가 ㎡당 300kg 정도가 된다. 따라서 50㎡ 지붕에 1m의 눈이 쌓이면 무게가 15t에 달한다.

제 6 장

전투와 인간의 정서·동기행동

장병들이 전투 시에 경험하는 공포, 불안, 우울, 분노, 좌절감 같은 격렬한 정서 상태는 생사에 관련된 것으로 우리가 평시에 흔히 경험할 수 있는 것이 아니다. 전투에서의 이 같은 정서 상태는 극한 상황에서 경험하는 것이기 때문에 과도한 긴장과 흥분을 수반하게 되고 여러 가지 부적응행동과 정서장애를 유발하여 전투임무 수행의 저해요소로 작용할 수 있다.

인간의 기본 동기나 욕구 충족 역시 전투에서 중요한 요소들이다. 사람이란 다양한 동기가 적절히 충족되어 상호균형을 이루며, 생활환경과 사회집단의 요구나 규범에 어느 정도 일치될 때 올바른 적응행동을 하게 되는 것이다. 따라서 인간의 행동을 유발하고 유지시키는 기본 욕구는, 그것이 위협받거나 좌절될 경우 불안을 느끼며 그 욕구의 해소를 위한 목표지향적 행동을 좌절시키는 대상에 적개심을 갖게 될 수밖에 없다.

인간의 동기와 정서는 모두 행동을 활성화하고 방향을 제공한다고 볼 수 있다. 이들 두 가지는 밀접하게 관련되어 있으며 자각 없이도 우리를 활성화시킬 수 있다. 또한, 인간의 정서는 일반적으로 동기화된 행동을 자주 동반한다. 분노를 느끼거나 화가 나면 공격적인 행동을 유발하고, 고독감 소외감은 일상적인 생활로부터의 탈피적인 행동을 수반할 가능성을 높이게 된다. 이와 같이 정서는 동기화된 행동에 유인으로 작용하기도 하며 정서 그 자체가 개인의 주요한 목표가 될 수도 있음을 알아야 한다. 이 같이 정서와 동기는 서로 밀접하게 관련되어 있어서 이 둘을 구분하기란 사실상 쉽지가 않다.

군의 초급장교들은 전투에서의 위험에 대한 부담을 감소시키고, 전투를 승리로 이끌기 위해서는 인간의 정서와 동기에 대한 심리학적 본질을 이해하고 그 특성들을 적극적으로 활용할 필요가 있다.

1. 인간의 정서

1) 정서의 개념

정서(emotion)란 감정적 느낌, 즉 유기체가 경험하고 있는 모든 심적 상태와 이에 따른 신체적 변화를 말한다. 초기의 학자들은 감정과 정서를 구분하여 신체적 변화를 수반하지 않는 가벼운 느낌을 감정(feeling)이라 하고, 이 감정이 과격하여져서 신체적인 흥분과 변화를 수반하는 상태를 정서라 구분하였지만, 실제로 유기체가 느끼는 쾌 · 불쾌의 감정 속에는 정도의 차이는 있을지라도 신체적인 변화를 수반하는 것이 보통이므로 느낌에 대한 표현의 차이로 감정과 정서를 구별하기는 곤란하다. 오늘날에는 정서라 하면 쾌 · 불쾌를 포함한 느낌과 이에 따른 행동적 표현을 포함해서 이해되고 있다. 따라서 정서적 행동은 그 자극의 요소가 다양하고 반응도 복합적이어서 정서 자체가 복합된 형태로 나타나게 되며, 정서는 모든 기본적 인간행동의 역동적 요인의 복합체라 할 수 있다.

정서라는 말에 우리가 포함시키는 감정이나 반응은 거의 한정이 없다. 쉽게 떠오르는 몇 가지를 들면 공포, 분노, 격노, 증오, 전율, 고뇌, 불안, 질투, 수치, 당혹, 혐오, 비애, 권태, 낙담과 같은 부정적인 정서 그리고 애정, 기쁨, 즐거움, 행복감과 같은 긍정적인 정서가 있을 수 있다. 특정한 정서 상태를 기초적이며 목표지향적인 것으로 구분하여 다음과 같은 네 가지 주요한 정서 형태로 나누어 볼 수 있다.

1 기초적 정서(예: 공포, 분노, 불안, 기쁨)
2 감각자극에 따른 정서(예: 고통, 환희, 전율, 권태, 구역질)
3 자기 평가에 따른 정서(예: 수치, 고뇌, 비애, 피해의식)
4 타인에 대한 정서(예: 애정, 증오, 연민, 질투)
5 군중현상으로서의 정서(예: 공황, 운동장 흥분)

이러한 정서들의 종류 중에서 일상적인 군대생활뿐만 아니라, 심리전에서도 중요한 것으로 생각되는 공포, 분노, 불안, 고독, 권태에 대해서 살펴보고자 한다. 공황은 전쟁에서 대단히 중요한 정서이기 때문에 제7장에서 별도로 다루었다.

2) 정서의 분류

(1) 공포

전투에서 나타나는 가장 일반적이고 정상적인 반응인 공포(fear)는 위험에 대한 본능과 경험적 감정의 종합적 결과이다. 일정한 위험에 대한 반응으로서의 공포는 대체적으로 유사한 형태를 보이지만, 동일 인물이라도 조건이 달라지면 그에 대한 반응도 달라진다. 이런 의미에서 공포는 일부 학습된다고 생각된다. 따라서 평소 용감한 병사도 공포에 익숙하지 않을 경우 대부분 공포감을 경험하게 된다. 그러나 전문가들은 어느 정도의 공포심은 오히려 전투에서 병사들을 강하게 만든다고 주장한다.

1 공포의 본질

전투환경이 인간행동에 미치는 영향 중에서 가장 일반적인 것이 공포의 유발이다. 인간은 자신의 안전에 위협을 느낄 때 공포를 느끼며, 이를 통하여 외부환경에 적응하며 살아갈 수 있게 되는 것이 공포의 기능인 것이다. 공포는 위험에 대한 정상적인 반응이며, 전투경험이 많은 사람들도 스스로의 공포심을 인정하곤 한다. 공포는 강한 정서적 반응이지만 공포심만이 군인들의 행동을 결정하는 것은 아니어서 대부분의 병사들은 큰 공포심 하에서도 전투임무를 수행한다. 실전에 임하는 병사들이 최고의 공포심을 경험하는 순간은 다소 개인차가 있겠지만 전투개시 직전으로 알려져 있다. 그 이유는 앞으로 무슨 일이 벌어질지 전혀 모른 채 전쟁의 처참한 장면만이 상상되기 때문이다. 이윽고 전투가 벌어져 적에 대해 격렬하고 효과적인 행동을 하게 될 때에는 적과의 전투행동에 몰입되어 공포를 잊어버린다. 또 어떤 병사들은 전투 중에는 외부의 공포자극에 잘 견디다가 전투가 끝난 후에 공포에 떠는 경우도 있다.

인간이 불안과 공포심에 사로잡히는 초기 단계에서는 흔히 피로감이 수반되는 것에 반해, 급작스럽게 일어나는 위험상황에서는 불안 상태에서 일어나는 반응 이상의 것이 수반된다. 즉 이러한 상태에서는 피로를 느낄 사이도 없으며 꼼짝할 수도 도망가거나 싸울 수도 없는 것이 보통이므로, 긴급한 위기는 사람을 움직이지 못하게 하는 공황 상태로까지 몰고 간다. 공포를 경험할 때는 불쾌감, 피로, 무력감, 도망치고 싶은 욕구를 갖기도 한다. 공포심이라는 정서는 불안과 매우 유사한 면이 많아 우울해 하고 불쾌해 하며 피로해 하거나 지나친 걱정을 하는 등의 좌절 상태를 보인다. 공포심은 모든 사람에게 나타날 수 있는 정상적인 반응이나, 명백한 대상이 있다는 점에서 불안과 구분될 수 있다. 공포는 원천적으로 좌절감을 바탕으로 발생되는 정서인데 위험이 임박하였으며 특히 그 위험을 극복할 수 있는 방법이 전혀 없을 때 좌절은 지속되고 증가한다. 반대로 어떤 행동을 취하는 것은 공포심을 감소시켜 주어 좌절을 극복할 수 있게 해준다. 따라서 공포의 심리학적 본질과 특성을 잘 알아두고 이를 잘 활용하는 것이 전투에서 승리하는 지름길이 될 수 있다.

2 공포 정서의 발달

심리학 연구에 의하면 공포심은 생후 6~7개월까지 사이에 분화 발달되며(Bridges, 1932) 선천적인 듯하나(Watson, 1924) 반면 후천적인 학습에 의해서도 얼마든지 형성된다. 공포의 원인은 그 수를 헤아릴 수 없을 만큼 많지만 대략 다음 3가지로 나누어 볼 수 있다(Hurlock, 1953).

- 실제 물체에 대한 두려움(fears of material objects)으로, 폭풍, 이상한 소리, 불, 물, 의사, 개, 어두움 등을 말한다.
- 사회관계에 대한 두려움(fears of social relationship)으로, 이것은 사람들과 만나는 것, 똑똑하고 위대하고 엉큼하고 무정한 사람들과 같이 있는 것, 많은 사람들 속에 있는 것, 대중 앞에서 글을 읽거나 연설을 하는 것, 이성이 섞인 모임에 끼여 있는 것 등을 말한다.
- 자아에 관계되는 두려움(fears of relating self)으로, 여기에는 가난, 죽음, 자신 또는 가족의 심한 병, 학교에서의 낙제, 시험, 성적, 결혼과 같은 것들이다.

인간들은 나이가 어릴수록 첫째에 해당하는 물체에 대한 공포가 많다가 나이가 많아지고 성장하면 물체에 대한 두려움보다 그 다음에 오는 사회관계나 자아에 관계되는 추상적 무서움이 많아진다. 이러한 공포 정서를 발달시키는 원인은 자극이나 사태를 판단하는 지각능력의 발달, 공포를 느낄 때 신속히 회피할 수 있는 운동능력의 발달, 자율신경계통의 성숙, 조건형성으로 공포대상이 일반화되고 분화되는 것 등이다.

공포는 여러 가지의 선천적인 자극 패턴, 학습된 자극 및 사회적 사태에 의해서 분화 발달된다. 일반적으로 말해서 진화적인 단계가 높아 갈수록 학습과 사회적 영향의 중요성은 증가된다. 우리는 공포 유발에서 선천적 자극 · 학습 및 개인적 위협을 생각해 보기로 한다.

가 선천적인 공포심의 발달

어떤 돌발적이고 격렬한 자극은 거의 어느 것이든, 동물 · 아동 · 성인에게서 공포를 일으킬 수 있다. 실험실의 연구에서는 전기자극으로 생긴 고통이 공포 유발에 가끔 사용이 된다. Watson은 아이는 출생 직후 갑자기 근처에서 큰소리가 나거나, 모포를 휙 잡아당기거나, 약간의 높이에서 갑자기 떨어뜨려도 공포를 일으킨다고 하였다. 여기서 공포를 일으키는 것은 그 강도와 함께 그 자극의 예기치 못한 성질인 것이다. 진화 단계가 높아질수록 공포를 유발하는 자극의 수나 복잡성이 증가한다. 예를 들면, 쥐를 고통이나 돌발적인 대응, 돌발적인 의지의 상실, 낯선 환경 등으로 공포에 빠뜨릴 수 있다. 개도 이런 것들로 또한 공포를 느끼게 할 수 있으나, 그 밖에도 바람을 넣어 둥글게 부푼 풍선, 바뀐 옷을 입은 주인이나 낯선 사람에 의해서도 놀라게 할 수 있다. 원숭이와 유인원은 이보다 많은 자극들, 예를 들면 모양이 이상한 당근, 벌레가 들어 있는 과자, 인형 등에 의해 공포에 빠지게 된다. 거의 모든 어른 침팬지는 진흙으로 만든 실물 크기의 침팬지 머리 모형으로 공포를 일으키게 된다. 일부는 비명을 지르며 그것이 눈에 보이지 않는 데까지 도망을 친다(Hebb, 1961). 아마도 낯선 것이 결정적 요인인 것 같다. Hebb는 이런 공포가 일반적인 의미로 학습된 것은 아니라 하더라도 배경으로 어떤 학습을 필요로 한다는 점을 지적하고 있다. 예컨대, 생후 4개월의 침팬지의 세계는 낯선 사람을 심하게 무서워한다. 인간의 유아는 생후 6~8개월경에 같은 현상을 보여 준다. 이때가 되면 그들은 어떤 어른이 친숙한가를 학습하게 되며, 따라서 친숙하지 않은 새로운 어른을 낯선 것으로 지각하고 공포심을 나타낸다.

나 학습에 의한 공포심의 발달

지금까지의 관찰 결과에 의하면 유아는 처음엔 비교적 소수의 자극으로 공포를 느끼나 성장해 감에 따라 더욱더 많은 사물을 두려워하게 된다. 성인의 공포는 더욱 다양하며 개인에 따라 다르게 된다. 어느 정도까지는 이러한 변화가 성숙에 따른 것이기는 하나 새로운 공포의 형성과 이전 것의 제거는 대체로 학습에 의존된다. 가장 단순한 형태의 학습은 '조건화'과정이다. 조건화의 기본원리는 어떤 중성자극이 선천적으로 어떤 반응을 유발하는 자극과 짝 지워질 때에 그것이 조건화되게 되어 반응 자체를 유발하게 된다는 것이다. 예를 들어, 약한 소리는 실험실의 동물에게는 일반적으로 공포를 유발시키지 않는다. 그러나 그 소리를 들려준 다음 공포를 유발하는 전기충격이 뒤따랐다고 상상해 보자. 이제 동물은 그 소리만 들리면 공포를 보이게 될 것이다.

Watson과 Rayner(1920)는 조건반사의 원리로 공포반응을 형성시키는 데 성공한 최초의 심리학자이다. 이들 부부는 힘이 세고 정서적으로 안정된 생후 9개월 된 Albert를 피험자로 하였다. 이들은 이 아이에게 새로운 공포를 형성시키기 위해 조건화의 방법을 택하였다. Albert 앞에 흰 쥐, 토끼, 개, 원숭이 및 다른 자극을 제시하였을 때 아이는 아무런 두려움 없이 그것을 붙잡으려고 덤벼들었다. 그러나 갑작스런 큰 소리에 대해서는 공포반응을 보이며 마침내는 울기 시작하였다. 본격적인 실험이 시작된 것은 Albert의 나이가 11개월 되었을 때였다. 실험자는 Albert가 좋아했던 흰 쥐와 큰 소리 때문에 생기는 공포를 연합시켰다. 먼저 Albert에게 흰 쥐를 보여 주고 아이의 손이 흰 쥐에 닿으려는 순간에 뒤에서 해머로 철봉을 쳐서 큰 소리가 나게 하였다. 큰 소리와 흰 쥐를 17회 정도 결합시키고 나자 아이는 쥐만 보고도 강한 공포반응을 일으켰다.

Albert의 공포는 일반화의 과정에 의해 다른 유사한 자극에까지 확대되어 갔다. 관찰

결과에 의하면 유아용 나무토막과 같은 대상에 대해서는 공포가 전이되지 않고 흰 토끼, 개 그리고 털옷 같이 유사한 대상에까지 일반화되어 감을 보여 주었다. 또 획득된 공포는 시간이 경과한 후에도 여전히 지속된다는 사실도 밝혀졌다. Albert의 경우 1개월이 지난 후에도 흰 쥐나 다른 관련이 있는 자극에 대해서 공포가 일어나고 그 정도가 다소 약화되기는 하지만 여전히 계속된다는 사실을 알게 되었다.

공포는 소거과정에 의해 제거될 수도 있다. 이것은 공포자극과 이전에 긍정적인 자극을 짝 지워 반복 제시하는 것으로 구성이 되었다. 결국에는 공포가 긍정적인 자극물에 의해서 사라지긴 했지만 소거가 아주 돌발적으로 이루어지는 것은 아니다. 물을 무서워하는 사람을 수영장에 집어 던지면 그의 공포만을 조장시킬 뿐이다. 공포는 사람을 공포자극에 서서히 단계적으로 노출시키며, 공포반응을 누그러뜨리는 어떤 긍정적이고 유쾌한 자극물로 대치시킴으로써 제거된다. 토끼에 대한 아이의 공포를 제거하기 위해서 Jones(1924)는 아이가 맛있는 음식을 먹는 중에 방의 반대쪽에다 토끼를 보여 주었다. 식사가 공포와 양립할 수 없으면 공포에 대치될 수가 있다. 이러한 방식으로 그는 공포를 유발시키지 않고 토끼를 아이 가까이 가지고 오게 할 수 있었다.[1]

그러나 대부분의 아이들의 공포는 아마 이보다 복잡한 양식으로 학습이 되었을 것이다. 많은 아이들은 직접적인 경험이 없는 사물들을 두려워하고 있다. 이것은 부모의 공포에 대한 모방이 바탕이 될 수도 있다. 어떤 연구에 의하면 아이들은 그들의 어머니와 같은 공포를 지니고 있는 경향이 있음을 보여 준다. 이것은 개, 벌레, 폭풍우에 관해 특히 그러 하였다.

다 개인적인 위협 요인

선천적인 물리적 자극과 그와 연합된 단서는 인간에게서 정서를 유발하는 사태의 일부만을 설명한다. 정서는 보다 개인적이고 사회적인 동기에 대한 위협으로 유발될 수 있다. 그런 것들이 개인적인 의미로 우리에게 중요하게 된 자존심과 사회목표를 중심으로 맴돌고 있다는 사실이다.

정신분석 이론가들은 공포와 불안을 구분할 때에 이런 정서를 유발하는 근원을 지적하고 있다. 그런데 이 두 가지는 생리적으로 동일한 것이다. 양쪽이 모두 두근거리는 내장과 공포의 감정을 포함하고 있다. 그러나 공포가 흔히 특수한 생리적 위협을 포함하는 것으로 생각되는 데 반해 불안은 개인적인 위협에 대한 보다 일반적인 반응이다. 무엇이 개인적인 의미에서 자기에게 공포심을 유발하고 불안하게 하는가는 자신 스스로에게 자

1) 공포반응에 대치되는 유쾌한 자극을 반복적으로 짝 지우는 이러한 절차를 역조건화(counter conditioning)라고 한다.

문해 볼 것이다. 당신의 지능, 외모, 성실성이나 남자다움이나 여자다움에 대해 던져진 의문, 당신의 도덕적·종교적 가치에 대한 공격, 친구나 사랑하는 사람에 대한 신뢰가 흔들리는 일, 자기 자신이 훌륭한 사람이라고 하는 자기 자신에 대한 신념이 손상되지나 않을까 등 사람들은 여러 가지 사물에 의해 위협을 받지만 우리에겐 각자 공포나 불안을 유발하는 특이한 몇 가지 개인적 위협요인들이 있다.

Vogel, Raymond 및 Lazarus는 이것을 실험적으로 입증하였다. 실험에서는 두 개의 고등학교 학생 집단이 연구되었는데 한 집단은 학교성적에 대해, 또 다른 집단은 우정과 사교에 대해 강하게 동기화되어 있었다. 이들 집단에게 성취 노력과 사회적인 수용성을 위협하는 사태를 제시하였다. 전자의 집단은 성취가 위협을 받을 때 가장 큰 생리적 스트레스 반응을 보였고, 다른 집단은 사회적인 수용성이 위협을 받을 때 생리적으로 반응하는 정도가 컸는데, 이는 정서적인 유발이 개인적으로 중요한 어떤 것, 말하자면 자존심의 침해나 동요, 나아가 사회적 동기의 간섭과 같은 것에 대한 위협에 의존한다는 것을 알려준 실험이었다. 위협적인 사태에 대한 반응은 위협에 대한 개인적인 평가에 의존한다(Murray, 1964).

3 공포의 생리적 특성

공포라는 정서는 생리적 변화를 유발한다. 공포를 일으키는 자극에 대한 이 신체반응은 자율신경 계통의 운동과 아드레날린 호르몬의 분비에 의한 것으로 실제로 일어나는 신체적 변화는 다음과 같다. 무서운 상황에서는 우선 호흡이 가빠지고 숨이 차며 심장박동수와 혈압이 증가한다. 혈액은 내장기관으로 보내지지 않고 근육으로 몰리며 동시에 간은 에너지 공급을 위하여 혈당을 가외로 더 방출시킨다. 또한 입안의 침이 마르고 호흡기의 점액질이 감소한다. 그리고 동공이 확대되어 더 잘 볼 수 있게 되며 땀이 난다. 많은 사람들이 공포심이란 마음의 현상이라고 생각하지만 이것은 분명 잘못이다. 여러 학설이 있기는 하지만 공포는 일단 강력하고 뚜렷한 신체반응으로 시작되며 그리고 나서 심리적 현상이 나타난다. 2차대전 시 미 육군 병사들이 느꼈던 공포상황에서의 자각증세를 흔히 나타난 순서대로 나열해 보면 다음과 같다. 우선 거의 모든 병사들이 공통적으로 겪는 것은 심장이 몹시 두근거리거나 가슴이 철렁 내려앉는 듯한 느낌이다. 그리고 속쓰림, 팔다리가 떨리는 것, 식은땀이 나고 가슴이 답답한 것, 온몸의 힘이 쭉 빠지는 무력감 증세들도 반수 이상의 병사들이 체험한 현상이다. 그 외에도 구토를 한다거나 대소변의 통제능력 상실 같은 증세는 위에서 언급한 것처럼 그리 흔한 것은 아니었으나 자율신경계의 극단적인 흥분을 반영하는 증거가 되고 있다.

4 공포심의 활용

불안과 달리 공포는 두려움의 대상과 왜 두려워하고 있는가의 이유가 명백하다. 전투에서 병사가 공포를 느끼게 되면 자존심상 적과 싸우고 싶은 충동을 느끼기도 하고 반대로 그 상황에서 도망치고 싶은 욕구를 느끼기도 한다. 따라서 좌절감을 느끼고 갈등을 겪게 되며 그 결과 위험한 상황으로부터 도피하고 싶다는 욕구를 스스로조차도 인정하지 않으려는 상태에 도달하게 된다. 이러한 심리적 기제 때문에 모든 군인들이 공포심과 그 증세를 겪으면서도 전투를 계속하는 것이다.

용감성과 공포심이 병행될 수 있는 것은 몸을 움직이는 것이 공포심을 쫓아 버리기 때문이다. 인간이 두려움을 느끼면 자율신경계가 활성화되어 행동으로 나타나게 되고, 신체적으로 움직일 수 있으므로 인간은 무언가를 행할 수 있으며 그것은 전투행위가 될 수도 있고 도피가 될 수도 있다. 이때 군사훈련, 자존심, 상사에 대한 신뢰감, 전우애, 전쟁의 목적에 대한 신념 등의 제 요소가 병사들을 용감하게 혹은 비겁하게 만들게 된다. 결국 공포심은 신체적 에너지를 제공한 것이고, 이 에너지가 어떠한 방향으로 활성화될 것인가는 이상의 상황요인들에 의해 결정되는 것이다. 따라서 위에서 열거한 요인들을 적절히 활용하면 공포심은 병사들을 용감하게 만드는 원동력으로 이용될 수 있는 것이다.

세부적으로 공포심의 이용 전략에 대해 고려해 보자. 우선, 공포는 사람을 조심스럽게 만든다는 면에서 유용하다. 그러나 사람을 지나치게 조심스럽게 만들어 전투의 효율성을 감소시킬 수도 있다. 반대로 공포심이 너무 커서 공황상태에 빠지게 되면 그 역시 전투의 효율성을 감소시킨다. 공황상태에 빠진 군인들은 순간적으로 정신을 잃으며 잠시 동안 자신의 통제력을 상실하여 그 상황을 도피하게 되며, 대부분이 분별없이 날뛰게 된다. 전투에서의 영웅적 행위를 분석해 보면, 경우에 따라서는 위의 경우와 같이 도피의 방향이 아군이 아닌 적군쪽으로 우연히 결정된 것뿐이고 맹목적으로 공격성을 적군에게 발휘한 결과일 수도 있다. 이 영웅적인 병사의 동료들은 그 행위의 연유도 모른 채 당황하여 그의 뒤를 따르게 되어, 결과적으로 단합된 용감한 공격을 감행한 것이 되고 만다. 이러한 행위는 일부러 위험성을 경시하여 무모하게 구는 행위와는 종류가 다른 것으로 군대 내에서의 무모성은 바람직하지 않은 것이다. 가끔, 전혀 공포를 느끼지 못하며 거만하고 경멸조로 불필요한 위험을 감행하는 사람들이 있는데 이는 바람직한 행동이 못된다.

이러한 공포의 유용성을 군사훈련에도 적용시켜 볼 수 있다. 공포심은 행동을 유발하는 추진력이며 군사적 입장에서 보면 공포심에 뒤따르는 행동은 유용할 수도 있고 아닐 수도 있다. 훈련시에 공포심을 유발시켜, 실제 전투에서 위험을 감소시킬 수 있는 습관을 가르쳐 주는 것이 좋다. 그리고 병사들이 배우는 것의 차이를 훈련 시 설명해 주는 것이 중요하다. 적당한 동기화는 학습과정에서 중요한 것이며 적절하게만 사용하면 공포심은 강력한 동기요인의 역할을 할 수 있다. 또한 훈련의 가치를 이해시키기 위해서 훈련내용이 사용될 수 있는 상황-실제 전투의 위험한 상황들-을 보여줄 필요가 있다. 특히, 훈련이 미비했던 탓으로 초기의 전투에서 많은 위험 상황을 겪었던 실전 참여자들은 훈련에 관한 세심한 준비의 중요성을 뼈저리게 느꼈다고 진술하고 있다.

5 공포의 대상

전투에서 실전을 치루면서 많은 병사들이 갖는 공포의 대상은 구체적으로 무엇일까? 전쟁 그 자체일까? 혹은 전쟁에서의 패배, 자신의 사망이나 부상, 혹은 포로가 되는 것 등을 두려워하고 있는 것일까? 스페인 내란에 참전했던 미국인 병사들을 대상으로 그들이 전투 중 느꼈던 공포의 실체와 대상이 무엇이었는가를 물어본 결과,[2] 다음과 같은 사실을 확인할 수가 있었다(Dollard & Horton, 1977).

가 부상과 죽음에 대한 공포

우선 병사들이 전투에서 느꼈던 가장 큰 공포는 사망이나 부상에 관한 것이었는데, 부상의 종류도 신체 부위에 따라 구분이 가능하다. 병사들이 부상당할까봐 가장 두려웠던 신체 부위는 첫째가 복부였다. 실제로 복부의 상처는 생명을 빼앗아 가는 경우가 많으며 내장 기관의 상처는 나쁜 피가 온몸에 흐르게 되는 결과를 야기하기도 한다. 다음으로 많은 공포를 야기한 신체 부위는 눈인데 시력상실에 대한 공포는 눈의 상처로 인하여 안전과 방향성을 잃고 암흑세계로 빠지게 되는 것을 두려워하기 때문인 것으로 분석된다. 세 번째로 언급된 신체 부위는 뇌였다. 인간은 뇌를 인간 자체의 상징으로 생각하기 때문에 뇌 손상은 인생 자체가 무의미하며 무력해지고 소외당하는 것을 상징하기 때문일 것이다. 뇌 다음으로 병사들이 상처받기 두려워하는 부위는 성기였다. 남성다움과 종족 보존에 대한 남자들의 감각은 부분적으로는 성적 능력에 기초한다. 따라서 성기의 손상은 남자에게는 가장 오래 지속되고 뿌리 깊은 공포 중의 하나가 된다.[3]

나 무기에 대한 공포

전투에 동원되는 무기에는 여러 가지가 있으며 각각의 무기 종류 중 어떤 것을 가장

---

2) 스페인 내란(1936~1939)에 참전했던 미 링컨연대 전투경험자 300명을 대상으로 1944년도에 발표한 조사결과임.

3) 부상공포의 반응비율: 복부(29%), 눈(27%), 뇌(22%), 성기(20%), 다리(12%), 팔(12%), 얼굴(7%), 기타(6%: 가슴, 심장, 폐 등)의 순서로 나타났음(중복응답으로 전체비율 100% 초과).

두려워하는가를 질문한 결과, 가장 큰 두려움의 대상으로 언급된 것은 폭탄의 파편(bomb shrapnel)이었다. 그 다음으로는 박격포, 포탄(artillery shells), 총과 칼, 그리고 난사되는 총알 세례 등을 들 수 있다. 비교적 공포를 덜 야기한 무기류에는 수류탄, 기총소사, 기관총, 탱크 및 급강하 폭격기 등을 들 수 있다.[4)]

어떤 무기가 커다란 공포의 대상이 되는 이유는 두 가지가 있을 수 있는데, 포탄처럼 그 무기가 흔히 사용되고 또 실제로 위험하기 때문이거나, 혹은 공중 폭격처럼 그 무기가 비합리적인 공포를 야기하기 때문이다. 사실 기관총 같은 것은 매우 위험하므로 공포의 주 대상이 되어야 하지만 실제로 그렇지 않은 이유는 군인들이 기관총에 익숙하기 때문이며, 또 적군의 기관총 사격에 어떻게 대처해야 하는지를 알기 때문이다. 또 군의 지휘관들이 가장 염려하는 화생무기는 그 자체로서도 가장 위험한 무기지만, 그 사용 결과도 가장 공포심을 불러일으키는 무기로 분류할 수 있을 것이다. 결국 '가장 무서운 무기'와 '가장 위험한 무기'는 서로 다른 것일 수 있다. 이와 같이 실제로는 위험하지 않으나 병사들이 공포를 느끼는 무기에 대해서는, 그 공포증을 제거시켜 주는 예방책이 교육이나 훈련을 통해 강구되어야 할 것이다.

다 폭격에 의한 공포

가장 두려운 무기로 언급된 것은 폭탄의 파편이므로 폭탄의 투하현상에 관한 공포의 실상은 보다 자세하게 분석될 필요가 있다. 전투 시 위험이 가까이 오면 폭격기의 모습과 소리는 폭격자체를 연상시켜 벌써 공포심을 유발시킨다. 실제로 대부분의 병사들은 파편보다는 폭격소리, 즉 폭탄이 투하되는 소리와 폭탄이 폭발하는 '소리자체'에 심한 공포심을 나타낸다. 폭격기의 모습이나 폭탄의 투하장면, 혹은 폭격의 손상결과를 '보는 것'은 공포심을 덜 유발시키는 편이다. 나아가서 폭탄투하의 소리가 오랫동안 들릴수록 공포심은 더욱 커지며, 또한 전선에서보다 도시에서의 폭격이 더욱 공포스러운 것이며, 대낮의 폭격과 야간폭격은 거의 동일한 정도의 공포를 자아낸다. 폭탄투하에 대항하는 방법이 특별히 없을 때는 비행기에 대고 총이라도 쏘는 것이 공포심을 줄이는데 효과적이라고 병사들은 말한다. 이것은 총을 쏜다는 자체가 비행기에 대한 주의를 분산시켜 공포심을 감소시켜 주기 때문이다.

6 공포와 스릴 추구하기

왜 사람들은 종종 위험하거나 공포를 초래하거나 고통스러워 보이는 경험을 찾아다니

4) 공포심을 느끼는 무기의 종류별 비율: 폭탄의 파편(36%), 박격포(22%), 포탄(18%), 총과 칼(16%), 난사되는 총알(16%), 수류탄(6%), 기총소사, 기관총, 탱크 등(13%).

는 것일까? 쾌락의 감각자극에 대한 대립과정 이론(opponent process)[5)]은 사람들이 청룡열차 타기, 스카이다이빙, 자동차 경주 등의 위험한 스포츠를 하는 이유 중의 하나가 초기의 공포생성 상태 'A' 다음에 오는 유쾌한 상태 'B' 때문이라고 설명한다. 한 가지 예가 낙하산 강하훈련이다. 군 공수부대 낙하산병들의 정서적 반응을 연구한 Epstein(1967)에 의하면, 부대원들은 최초 강하훈련 전에는 불안해 보이며 낙하산이 펴지기 전의 자유낙하 동안에 흔히 눈이 튀어나오고, 입을 앙다물며, 몸이 앞쪽으로 구부려지고 때로는 불수의적으로 소변이 나오는 등의 공포 증세를 보인다고 하였다. 최초의 점프 동안 혐오적 공포 상태 'A'가 일어남이 분명해 보이는 증거들인 것이다. 일단 안전하게 착륙하면 낙하산병들은 몇 분 동안 어리벙벙한 것처럼 보이다가 흔히 상당히 쾌활하게 사회적으로 상호작용하기 시작한다. 뛰어내린 뒤 약 10분 가량 지속될 수도 있는 이와 같은 후반응을 가리켜 Solomon(1980)은 공포를 초래하는 상태 'A'에 정서적으로 대립되는 유쾌한 상태 'B'라고 제안하였다.

그러나 숙련된 낙하산병들의 경우에는 상황이 아주 다르다. 계속해서 뛰어내리다 보면 두려운 상태 'A'가 감소하여 이제는 무서워하는 것이 아니라 뛰어내리고 싶어하는 것처럼 보이는 정도까지 된다. 대립과정 이론에 따르면, 여러 번 뛰어내리는 동안 긍정적인 상태 'B'가 상태 'A'를 감소시키기 때문에 공포의 감소가 일어난다. 숙달된 낙하산병들은 뛰어내리기 전에 긴장되거나 흥분된 듯이 보이고 자유낙하 동안에는 공포보다는 스릴(쾌감)을 느낀다고 보고한다. 착륙 후 이들은 육체적으로 아주 활동적이고 뛰고 소리치며 흥분되어 이야기를 나누기도 한다. 이와 같이 행복감을 느끼는 시간은 길면 2시간 혹은 3시간까지도 가며 흔히 기분이 들떠 있다고 기술된다.

이처럼 대립과정 이론에 따르면 사람들이 무섭거나 위험한 행동에 참여하는 이유가, 처음의 혐오적 상태 'A'의 감소 그리고 그 행동이 끝났을 때 일어나는 그와는 상반된 매우 긍정적인 반응 때문이라고 할 수 있다. Solomon이 제시한 모형은 사람들이 스스로 몸을 내던지는 다양한 종류의 무섭거나 위험하거나 스트레스를 주는 상황들에 대해서 응용이 가능하다. 마라톤, 스카이다이빙, 행글라이딩, 청룡열차 타기 및 공포영화 보기 모두가 공통으로 가질 수 있는 점은 처음의 혐오적인 상태 'A'에 이어 일어나는 매우 긍정적인 상태 'B'이다. 나아가서 약물복용과 마찬가지로 이 활동들은 중독성을 갖고 있는

5) Solomon & Corbit(1974)은 유쾌한 상태와 혐오적인 상태 모두 그에 대립하여 그 상태의 강도를 감소시키는 중추신경계과정이 있다고 가정하였다. 이 과정은 자극이 일으키는 최초의 상태와는 질적으로 반대되는 쾌락적 상태를 생성하여 이들 일차적인 쾌락적 감각을 감소시킨다. 따라서 유쾌한 느낌을 불러일으키는 자극은 이 과정에 의해 생성되는 혐오적 느낌에 의해 대립될 것이고, 반대로 처음에 혐오적인 느낌을 주는 자극은 이 과정에 의해 생성된 유쾌한 느낌에 의해 대립될 것이다.

것으로 보이는데, 이는 바로 대립과정 이론이 정확히 예언하는 바이다.

(2) 분노

일반적으로 욕구가 저지되거나 소유물에 대한 부당한 간섭을 받거나 또는 남에게 부당한 모욕을 당했을 때 일어나는 정신적 긴장을 분노(rage)라 한다. 분노는 성장에 따라 그 정도나 표현형식이 변화된다. 유아기에는 주로 신체의 자유를 구속하여 행동이 제한을 받거나, 원하는 것이 이루어지지 않고 있거나 자기의 소유물에 침해를 받았을 때 주로 분노의 정서를 보인다. 아동기가 되면 부모나 남의 간섭으로 자기의 의지가 제지당하거나, 남에게 열등의식을 느낄 때 또는 자기의 주장을 무시당하였을 때 주로 나타난다. 청년기가 되면 자기의 주장을 무시당하거나 모욕적 대우를 받거나 습관적 행동을 방해받았을 때, 자기의 권리를 무시당하거나 남으로부터 뜻하지 않은 배신을 당하였을 때 또는 사회적 불합리나 부정을 경험할 때 가장 분노를 느끼게 된다고 한다.

이와 아울러 분노는 그것을 표현하는 방식도 나이가 들어감에 따라 점점 복잡해진다. 성장함에 따라 사회적 · 정신적 세계의 것이 점차 많아져서 청년기가 되면 소극적 반항의 형태로 나타나기도 하고 빈정대고 비꼬거나 음모로 발전되기도 한다. 이러한 분노의 표현은 그것이 정당하고 적절한 경우 필요하기도 하지만 지나친 분노의 표현은 삼갈 수 있도록 지도해야 한다. 예를 들어 타인의 자존심을 손상시키는 행위를 삼간다든가, 정당한 자기주장의 기회를 부여한다든가 하여 분노를 일으키는 여러 조건을 제거하도록 하는 것이다. 이러한 분노는 선천적인 바탕이 있어서 어떤 종류의 사태에 의해 발생하는 또 하나의 정서이다. 일방적으로 분노의 감정은 공격과 연합되는 일이 대단히 많다. 짜증, 싸움, 언어적 공격 등은 그 예이다. 그러나 양자는 동일한 것이 아니고 독립적으로도 생길 수 있다. 1939년 Yale 대학교의 Dollard 등을 비롯한 심리학자들은 분노를 수반하는 공격에 특히 관련이 있는 것으로 생각되는 욕구좌절-공격 가설을 주장하였다. 이 가설에 의하면 욕구좌절은 흔히 분노를 수반한 공격을 유발하고, 거꾸로 분노를 수반한 정서적 종류의 공격을 흔히 욕구좌절로 추적해 갈 수 있다는 것이다. 어쨌든 공격적인 반응은 분노를 감소시키기 위한 욕구좌절로 유도된 추동을 감소시키기 위한 적절한 반응으로 흔히 학습된다는 것이 이제 사실이 되었다.

그러나 이제 우리는 욕구좌절에 대한 이외의 반응 즉, 유치한 행동으로의 퇴행, 무감정한 후퇴 또는 조용한 효과적인 문제해결 등의 행동도 있을 수 있음을 알고 있다. 사람은 욕구좌절에 빠지고 분노를 느끼고 공격적인 성향이 있을지 모르지만 그래도 금지 때문에 공격을 표시하지 않을 수도 있다. 금지 처벌이나 사회적 불인정에 대한 공포 때문일 것이다. 그러나 금지된 공격은 단순히 없어지지 않고 돌파구를 찾는다. 말하자면 금지는 욕구좌절을 증가시키는 작용만을 하기 때문에 돌파적으로 폭발할 가능성이 있다는 것이다. 따라서 공격행동이 금지되면 뒤로 욕구좌절의 제공자를 욕하거나 전위 등의 방어기제를 통해 그 욕구좌절의 원인과는 무관한 사람에게 피해를 줄 수도 있다. 2장에서 논의한 바와 같이 Yale 대학교의 욕구좌절-공격 가설 주창자들도 사람이 욕구불만 상태에 빠져 있고 가능한 모든 돌파구가 봉쇄되면 그 공격은 자기혐오, 자기비판, 자살 등의 형태로 자기 자신을 향하게 된다는 것을 시사해 주고 있다.

(3) 불안

공포는 직접 자기 존재를 위협하는 개인적·사회적 사태에 대하여 느끼는 반응이다. 그러나 불안(anxiety)은 장래에 있을 사태에 대해 미리 느끼는 반응인 근심이 너무 심해서 쓸데없이 오래 계속해서 습관화하여 대상도 없이 거정하는 것을 말한다. 불안은 공포에 비하여 그 정도는 약하지만 대상이 없이 막연하게 비합리적이어서 생활에의 적응을 교란하고 활동에 장애를 가져오게 되며 심하면 신경증으로 발전하게 된다. Freud는 심적 내부로부터 오는 위험신호를 불안이라 하고, 외계로부터 어떤 위험을 지각하는 데서 생기는 현실불안과 좌절된 본능적 욕구의 충동에서 오는 위험을 지각하는 데서 생기는 신경증적 불안, 그리고 도덕적 가치판단으로부터 오는 위험을 지각하는 데서 생기는 도덕적 불안의 세 가지로 나누어 설명하고 있다.

Horney는 불안은 개인이 처하여 있는 사회나 문화가 지니고 있는 갈등에 따라 일어난다고 하였다. 즉 서로 사랑과 우정을 원하면서도 한편으로 경쟁하지 않고는 살 수 없는 사회적 또는 문화적 갈등이 개인으로 하여금 불안 속에 빠지게 한다는 것이다. 어떻든 현대의 인간은 많은 갈등과 고독과 욕구불만 속에서 생활하고 있으며, 항상 생존을 위한 시달림을 받고 있어 불안을 경험하지 않을 수 없는 상태로 되어가고 있다.

불안은 그것이 극심하지 않다면 성숙하고 적응적인 반응을 생성할 수도 있다. 학생들은 중간시험 성적이 낮으면 보다 열심히 공부해서 이에 반응할 수 있을 것이다. 개인의 정서생활에 지장을 주고 정신건강에 장애를 주는 불안을 갖지 않고 건전한 정신생활을 유지하기 위해서는 우선 사회가 안정되고 성장간 정서적 긴장이 지속되지 않도록 부모나 주위 사람들의 주의가 필요하겠지만, 성인에 있어서도 항상 충분한 수면과 휴식 그리고 일, 자기 직업에의 보람, 생에의 보람을 가지고 사랑과 즐거움 속에서 생활할 수 있도록 함으로써 현실적 불안과 긴장을 창조적인 힘으로 이끌어 갈 수 있도록 해야 할 것이다.

(4) 고독

고독(loneliness)은 인간들의 사회적 관계들이 어떤 중요한 측면을 결여하고 있을 때에 사람들이 느끼는 주관적 정서를 말한다. 고독은 사람의 내부에서 진행되며 어떤 사람을 그저 바라봄으로써 탐지될 수는 없다. 고독은 잠깐 스쳐가는 불쾌의 고통으로부터 지속적이고 강한 비참감을 가져다주는 것까지 매우 다양한 범위를 갖고 있는 정서이다. 상황적 고독은 한 사람이 자기의 인생에서 어떤 특수한 변화가 일어날 때까지는 만족스런 사회적 관계들을 유지하고 있었을 때 일어난다. 공통적으로 고독을 일으키는 상황들에는 새로운 고장으로의 이사, 군입대, 공부를 위해 집을 떠나 멀리 가는 것, 새로운 직장에 나가는 것, 여행이나 병원에 있는 동안에 친구들이나 부모 그리고 사랑하는 이들로부터 떨어져 있는 것, 또는 사망이나 이혼이나 교제 중단을 통해서 어떤 중요한 관계가 끝나는 것 등의 요인이 있다. 상황과 개인차에 의해 차이가 있긴 하지만 약간의 적응 기간이 끝나면 사람들은 대개 상황적 고독으로부터 회복하고 만족스런 생활을 재확립하게 된다. 그러나 어떤 사람들은 자기 인생의 변화에 다소 관계없이, 수년 동안 고독으로 고통을 겪는 만성적 고독을 경험하기도 한다.

고독의 유형에는 정서적 고독(emotional loneliness)과 사회적 고독(social loneliness)이 있다. 정서적 고독은 부모에 의해서 자녀에게 제공될 수 있거나, 배우자나 친한 친구에 의해서 성인들에게 제공될 수 있는 것과 같이 어떤 친밀한 애착인물이 없는 데에서 생긴다. 반면 사회적 고독은 어떤 사람이 친구들이나 동료들의 연결망에 의해서 제공될 수 있는 사회적 통합감이나 공통체감이 부족할 때 발생한다(Weiss, 1973). 결혼 직후 높은 보수를 따라 오지 근무를 자원한 신혼부부의 경우 정서적 고독은 느끼지 않을지 모르지만, 새 근무지에서 친구를 사귀고 그들이 새로운 지역사회의 일부분으로 느끼기 시작할 때까지는 사회적 고독을 경험하게 된다. 군대에 갓 입대한 병사들은 이 두 유형의 고독을 다 경험하기 쉽다.

고독이 면제되는 사회는 없지만, 어떤 사람들은 다른 사람들보다 더 고독의 형성에 노출될 위험이 크다. 특히 아동기의 어떤 경험들은 사람들을 고독한 성향을 갖게끔 만들 수 있다. 부모의 사망이나 이혼 때문에 한쪽 부모와의 애착관계를 상실한 아이들은 성인기에 고독에 더 취약해질 수 있다(Rubenstein & Shaver, 1982). 기혼자들은 비기혼자들보다 고독을 느끼는 경향이 더 적고, 부유층보다 빈곤층에 더 보편적이다. 또한 고독은 연령과 관계가 있는데 일반적인 고정관념들은 노년을 고독이 큰 시기라고 기술하고 있다. 그러나 연구들은 고독이 10대들과 젊은 성인들에게서 가장 높고 노인들에게서 가장 낮다는 것을 보여 준다. 미국에서 실시한 한 대규모 조사에서 18세 이하 사람들의 79%가, 그리고 45~54세 사람들의 53%와 55세 이상의 사람들의 37% 정도가 자기가 때때로나 흔히 고독하였다고 응답하고 있다(Parlee, 1979). 연구자들은 이러한 연령 패턴의 이유들을 분명히 설명할 수 있는 변인들을 아직 밝혀내지 못하고 있다. 부분적으로는 젊은이들이 자기 부모들보다도 자기의 감정에 관해 더 이야기하려 하고 고독을 더 시인하는 어떤 '세대차'가 있을 수도 있다. 그러나 젊은이들은 집을 떠나는 것이나, 혼자서 사는 것이나, 대학에 가는 것이나, 군입대를 하는 것이나, 처음의 직장을 얻는 것과 같은 아주 많은 사교상의 변화들에 직면할 수도 있으며 이것들 모두가 고독을 일으킬 수 있다. 사람들이 나이가 들어감에 따라 그들의 사교생활은 더 안정되게 될 것이다. 연령은 또한 더 큰 사교 기술들과 아울러 사교 관계들에 대한 더 현실적인 기대들을 가져다 줄 수 있는 것이다.

이 밖에 몇 가지 성격변인들이 고독에 연관되어 있다. 고독한 사람들은 더 내향적이고 부끄러워하며 더 자의식적이고 덜 자기 주장적인 경향이 있다. 고독한 사람들은 흔히 더 낮은 자존심을 갖고 있고, 어떤 경우에는 좋지 못한 사교 기술들을 갖고 있었다. 고독은 또한 불안 및 우울과 연관되어 있다(Peplau & Perlman, 1982). 몇 가지의 이러한 성격요인들이 고독의 한 원인인 동시에 한 결과일 수 있다. 예를 들어, 낮은 자존심을 가진 사람들은 사회적 상황들에서 모험을 하고자 하는 경향이 더 적고, 이것이 그들에게 교우관계를 맺는 것을 더 어렵게 만들고 그들의 고독의 기회를 증가시킬 수 있다. 한편, 장기간 고독의 경험은 어떤 사람으로 하여금 자기 자신을 사교상의 실패자로 보게끔 만들며 따라서 그 사람의 자존심을 떨어뜨리게 만들 수도 있다.

(5) 권태

전투행동은 격렬하고 폭력적인 전투기간에서 권태(boredom)의 기간까지 다양하게 변화할 것이다. 권태를 처리하는 것은 전투력 유지를 위해서는 필수적이다. 미군의 베트남 전쟁에서 일부 부대는 정글과 논에서 적과의 접촉 없이 수일을 보냈다. 병사들의 유일한 소일거리는 경계를 위해 그들이 설치해 놓은 부비트랩을 감시, 확인하는 것이었다. 어느 정도 시간이 지나면서 병사들은 권태에 빠지게 되고, 부대는 경계를 줄이고 주의력이 점점 떨어지는 현상이 나타났다. 그러한 때에 공격을 당했을 경우 전투의 예리함도 없었고, 심지어는 부비트랩을 효과적으로 사용하는 것도 실패하는 사례가 발생하였다.

유능한 리더들이나 지휘관들은 정글에서 그러한 날들을 보내고 있는 동안 그들의 부대들을 장악하면서 긴장을 유지하는 방법들을 발전시켰다. 그들은 안전, 재보급, 개인위생, 순찰활동, 장비유지 그리고 교대훈련과 같은 임무관련 훈련활동에 중점을 두었는데, 그러한 행동들은 부대단결력과 전투력을 유지하고 향상시키는 데 도움을 준 것으로 나타났다.

2. 인간의 동기

동기(motive)란 용어는 라틴어의 'movere'에서 유래한 것으로 '움직이다'라는 의미를 가지고 있다. 이러한 의미로 볼 때 동기란 '인간이 일정한 행동을 하도록 움직이게 하는 근원'임을 알 수 있다. 오늘날에는 이를 좀더 구체화하여 동기를 '유기체로 하여금 목표 추구행동을 유발하게 하는 개체의 내 · 외적 조건들'이라고 일반적으로 정의하고 있다.

1) 동기의 분류

유기체 특히 인간의 동기는 크게 1차적 동기(primary motive)와 2차적 동기(secondary motive) 두 가지로 분류된다. 1차적 동기는 모든 인류에 공통적으로 나타나며 학습되지 않았고, 관여하는 생리 과정과 해부학적 위치가 다소 분명해 생리적 동기로 불리기도 한다. 이러한 동기에는 배고픔(hunger), 목마름(thirst), 성(sex), 수면(sleeping), 모성애(maternal care) 등의 동기가 있다. 2차적 동기는 개인이 사회생활을 하면서 학습하고, 문화적 · 환경적 요인에 따라 개인차가 심하며 그 생리적 근원이 분명하지 않아 사회적 동기로 불리기도 한다. 중요한 2차적 동기로는 공격, 소속, 성취, 독립, 자존심, 권력, 명예, 사회적 인정, 자아실현 등의 동기가 있지만, 군사장면에서 덜 중요한 것으로 판단하여 논의를 생략하기로 한다. 다만 공격행동은 2장에서 인간의 전투행동과 함께 상세히 다루었으니 참조하기 바란다.

(1) 배고픔(hunger)

전쟁 포로가 되었을 때 적 심문에 저항하는 훈련의 초기 이론 중 하나는 West(1958) 박사가 미 공군을 대상으로 실시한 '전쟁 포로의 명예로운 생존을 위한 훈련의 정신의학적 입장'이라는 제목이 붙여진 연구였다. West 박사는 인간의 '인내의 한계점' 개념에 대한 의문으로부터 설명을 시작한다. 초기 단계에서 저항훈련은 포로들이 전장에서 격리되거나 혼자 남겨질 가능성으로부터 시작된다. 이런 경우 성인 남자는 음식 없이 10일 정도를 견딜 수 있으며, 적절한 보속으로 150마일을 걸을 수 있고, 배고픔으로 인한 통증은 대략 72시간이 지나면 사라지고, 일상적인 식사의 반만으로도 6개월을 생존할 수 있다. 만일 부족한 식량으로 장시간 견디는 훈련을 받는다면 그 가능성은 두 배로 높아진다고 West 박사는 말하고 있다.

배고픔의 생리적 기제에 대한 현상은 생리학과 해부학의 발달로 어느 정도 그 비밀이 밝혀졌다. 그러나 배고픔이란 생리적 결핍에서만 생기는 것은 아니다. 잘 구워진 빵의 모양과 냄새와 같은 외적 단서들이 하루 중의 어느 시간이고 배고픔을 느끼게 할 수 있다. 때로는 무심히 시계를 보다가 저녁 시간임을 알게 되면 갑자기 배고프다는 생각이 들 때가 있다. 배고픔에 대한 반응은 식사하는 사람의 경험에 따라서도 크게 달라진다. 예를 들어, 대부분의 사람들은 규칙적인 시간을 두고 하루 세 번 식사하는 것을 학습하며 그리고 무엇을 먹으려고 선택하느냐 하는 것도 주로 학습에 의해 지배된다. 대다수의 외국인이 싫어하지만 한국인들은 된장찌개나 마늘이 든 김치를 좋아한다. 인간의 정서도 배고픔에 영향을 미칠 수 있다. 배가 고파 무엇을 먹으려고 거리에 나섰다 교통사고를 목격하고는 먹을 기분이 사라지는 경험을 한 적이 있을 것이다.

(2) 목마름(thirst)

수분은 포유류 신체의 약 70%를 구성한다. 이 물의 대략 ⅔는 신체의 세포 내에 있고, 1/4은 세포외액에 있고 나머지는 혈장 속에 있다. 인간은 평균해서 매일 2.5ℓ의 수분을 섭취하고 2.5ℓ의 수분을 배출한다. 수분 손실의 약 60%는 소변으로, 20%는 땀으로 나머지는 대변이나 호흡시에 이루어진다. 섭취하는 수분의 90% 이상은 음식과 음료를 통해서 섭취된다. 수분 속에 있는 화학물질의 농도가 신체 내의 모든 화학반응의 정도를 결정하기 때문에, 인간은 물이 없으면 며칠 안 가서 죽기 시작할 것이다.

인체가 정상적으로 활동하고 제 기능을 발휘하기 위해서는 식수로 마시는 물과 음식물에 함유된 수분까지 합쳐 적어도 하루에 약 2.5ℓ의 물을 필요로 한다. 그렇게 해서 마시는 물은 일생동안 무려 50톤에 이른다. 500cc 맥주병으로는 무려 10만 병에 가까운 양이다. 일반적으로 인체의 70%를 구성하는 물의 부족도가 1~3%에 이르면 심한 갈증을 느끼고, 5%가 부족하면 혼수상태에 이르고, 12%가 부족하면 사망하게 된다는 것이 학자들의 연구 결과들이다. 우리 몸의 혈액은 체중의 약 7%(여자)~8%(남자)로 5ℓ정도이며, 400㎖ 정도의 헌혈은 건강과 무관한 것으로 보인다.

수분 조절의 생리적 기제도 어느 정도 규명이 된 상태이다. 신체 내부의 수분이 부족해지면, 혈액량과 세포내액의 양이 감소하고 아울러 이들 용액 속의 특정한 화학원소(주로 나트륨이온)의 농도가 증가한다. 일반적인 수분부족 신호는 세포 내의 수분부족과 혈액량의 감소에서 발생한다고 알려져 있다. 연구에 따르면 세포 내의 수분함량과 세포를 둘러싼 체액의 수분함량의 변화 각각에 의해 활성화되는 기제들이 서로 다른 것으로 나타났는데, 전자를 '세포 내적 기제' 후자를 '세포 외적 기제'라고 부른다. 예를 들어, 세포외액은 구토, 설사 혹은 출혈의 결과로 손실될 수 있지만, 세포내액은 그런 것들로 인해 변화되지 않고, 짠 음식을 먹었거나 오랫동안 물을 마시지 않아 세포외액의 농도가 너무 높아 세포내액이 삼투압 작용에 의해 세포외액으로 빠져 나가는 세포 내부의 체액

손실에서 변화가 생긴다.

Blass(1968)의 연구에 의하면, 세포내액을 통제하기 위한 기제는 세포외액을 통제하는 기제들과는 독립적인 것으로 나타났다. 그래서 두 가지 동기적 기제가 제안되었다. 세포내액의 균형과 관련된 첫 번째 기제는 삼투압측정성 갈증(osomometric thirst) 혹은 세포탈수적 갈증(celluar dehydration thirst)이라 불리고, 세포외액의 균형과 관련된 두 번째 기제는 용적측정성 갈증(volumetric thirst)이라 불린다. 그러나 세포외액의 양이 갈증에 더욱 민감하기 때문에 세포내액보다 갈증통제에 더욱 중요하다. 출혈이라는 세포외액의 손실로 인한 갈증은 왜 전쟁터의 부상병들이 공통적으로 외치는 소리가 물인지를 설명해 준다.

실제로 물은 생명의 근원이다. 인간은 산소 없이는 단 몇 분 밖에 살지 못하고 물 없이는 약 1주일 정도 밖에 생명을 유지할 수 없다. 기네스북에 의하면 인간이 물 없이 살아남은 기록은 1979년 오스트리아의 안드레아 마하베츠의 18일이 최고이다. 우리나라에서는 1995년 삼풍백화점 붕괴 당시 19세의 박 모양이 15일 17시간이 기록으로 남아 있다. 당시까지의 기록은 1979년 충남 구봉광산에서 매몰되었던 양창선 씨(당시 39세)가 15일 9시간만에 살아나온 것이었다. 하지만 이들도 일부 빗물이나 자신의 소변을 먹었을 가능성을 배제할 수 없다.

물을 마시려는 동기는 매우 강해서 사람은 그 밖의 다른 것은 별로 생각할 수 없게 된다. 배고픔은 며칠이 지나면 점점 느끼지 못하나 목마름은 이보다 훨씬 더 강렬하다. 학습된 개인적이고 문화적인 요인들도 목마름에 영향을 미친다. 무더운 여름날 시원한 수박화채를 보면 우리는 갈증을 느낀다. 그리고 우리가 무엇을 마시느냐 하는 것도 학습과 경험에 의해 영향을 받는다. 어떤 사람들은 자랄 때부터 몸에 해롭다고 커피를 회피하는가 하면 또 어떤 사람들은 커피를 물 마시듯이 한다. 그리고 수많은 음료 광고들이 시사하고 있는 바와 같이 우리들의 자아상은 우리가 무엇을 선택하여 마시느냐 하는 것과도 연관될 수 있다.

(3) 성(sex)

기아나 갈증과 마찬가지로 성욕도 일차적 동기로 분류된다. 성적 동기는 다른 욕구들과 차이가 있다면 기아와 갈증은 개인의 생존에 절대적으로 필요하지만 성욕은 종의 보존에만 필요하다는 것이다. 그럼에도 불구하고 인간은 삶의 다양성을 위해 그리고 긴장해소를 통한 쾌락추구를 위해 성에 집착한다.

다른 동기들과 마찬가지로 성적 동기도 신체 내의 생물학적 조건과 환경적 단서에 따라서 나타나거나 사라질 수 있다. 환상, 그림, 단어, 색정적인 공상, 애인의 모습, 포르노 그래피(춘화, 호색 문학, 외설잡지 등), 화장품 냄새, 향수나 면도 로션의 냄새, 체취 등이 성적 흥분을 일으킬 수 있다. 사실상 인간의 성욕을 활성화하고 조성할 수 있는 자극의 수는 거의 무한정하다고 보아야 한다. 그러나 사람에 따라 이러한 자극에 대한 반응의 정도는 달라진다. 어떤 사람은 외설적인 포르노 영화를 보고 조금도 동요되지 않지만 낭만적인 연애소설을 읽고서는 성 충동을 느낄 수 있다. 다른 사람은 이와 정반대의 반응을 보이기도 한다.

성애 재료를 포함한 성적 자극에 대한 몇몇 체계적인 연구가 남녀간의 차이를 알아보기 위해 이루어져 왔다. 일반적으로 남녀간에 성충동에 대한 차이가 난다는 것이 학자들의 견해이다. 여자는 감성적이고 상상이 가능한 장면을 선호하며 분위기와 과정을 중요하게 생각하는 반면 남자들은 즉각 반응을 할 수 있는 장면이나 상황을 즐긴다. 그래서 영화를 볼 때도 여자들은 가장 섹시한 장면을 꼽으라고 하면 비오는 날 유리벽에 기대어 키스하는 '쉬리'의 한 장면을 꼽는 반면, 남자들은 '원초적 본능'에서 샤론 스톤이 다리를 꼬는 장면을 꼽는다고 한다. 또 여자는 키스를 하거나 손을 잡고 있을 때 그 자체를 즐기고 만족하지만, 남자는 그 다음 단계를 상상하느라 그 순간을 즐기지 못한다는 것이다. 한 연구 결과 남자나 여자 모두 이성간 성 행동을 외현적으로 기술하거나 낭만적 애정표현과 성 행동을 외현적으로 기술한 테이프를 들려주는 것이, 낭만적인 애정표현은 하지만 성 행동은 없는 것 또는 중립적인 회화만을 포함하는 테이프를 들려주는 것 보다 각성적이었다. 또한 여성이 성 행동을 시작하는 것이 남녀 모두에게 가장 각성적이었다. 그리고 양성 모두 테이프에 대하여 생리적으로 반응하였다(Heiman, 1977). 남자와 여자는 외현적 재료에 따라서 동등하게 각성적이었고 어느 편도 특정의 매체(단어, 사진, 영화, 테이프 등)에 대하여 특별한 차이를 보이지는 않았다. 남자는 성적 행동이 클로즈업되는 것을 좋아하였지만 여자는 자세한 형식, 장면이나 분위기에 대하여 반응을 보이는 것 같았다(Masters, Johnson & Kolodny, 1982).

결론적으로 다른 동기들과 마찬가지로 성 차이나 한 개인의 경험은 성적 동기에 대한 반응을 결정하게 된다. 인간의 성욕은 심리적 요인에 따라서도 강력하게 영향을 받기 때문에 인간은 다른 동물과는 다른 독특한 성적 문제를 가질 수 있다. 실패에 대한 공포, 선정적 감각화의 차단, 동반자들 사이에 무엇이 유쾌할 수 있는지에 대한 커뮤니케이션 결여, 상대방에 대한 적개심, 또는 성적 접촉이 가져올 의무적 사귐에 대한 공포 등은 모두 성욕을 감소시킬 수 있다(Hyde, 1982).

(4) 수면(sleep)

보통의 인간은 하루의 ⅓을 잠으로 보낸다. 밤을 세워 본 사람은 누구나 수면에 대한 욕망이 얼마나 지속적인지 알 것이다. '수면의 보수 및 회복' 이론에서는 인간이 직관적으로 쉬기 위해서 잠을 잔다고 말한다. '수면의 진화' 이론은 수면이 하루의 일부 중 활동하는 것이 상대적으로 비효율적일 경우 강제로 에너지를 보존하게끔 진화되어 왔다는 주장을 한다. 이 두 이론은 부분적으로 옳으며 서로 상충되는 것은 아니라는 것이 학자들의 일반적 견해인 것 같다. 인간의 수면 중에도 뉴런들은 쉬지 않고 활동을 하고 있는 것으로 보아 잠은 미각성 상태라기보다는 하나의 생리적인 과정인 것이다. 왜 우리가 자는지를 알아보기 위한 하나의 실험이 수면의 일부나 전체를 박탈해서 나타나는 현상들을 알아보는 것이다. 결론에 도달하는 데 몇 가지 문제점이 있기는 하지만 수면박탈 실험은 매우 유용한 시사점들을 던져 주고 있다.

1 수면의 박탈: 인간이 잠을 자지 않고 얼마나 견딜 수 있는가의 문제는 군사심리학자들의 깊은 관심사항이었다. 개인차가 있긴 하지만, 성인 남자는 3~4일을 수면 없이 견딜 수 있으며 이때 주의집중이 어려워지고 깨어 있기 위해 더 많은 활동을 필요로 하게 된다. 심리학자들은 잠을 자지 않으면 어떤 현상이 발생하는가를 알아본다는 과학적 동기를 가지고 그를 자극하거나 격려하면서 한 피험자를 4일간 수면을 박탈시킬 수 있었다. 각성제 투여로는 7박 8일을 깨어 있게 할 수 있었다. Dement(1972)는 1965년 17세의 Gardner라는 젊은이를 관찰한 경험을 인용하고 있는데, 그것은 연속 11일 동안 잠을 자지 않아 기네스북의 세계기록에 도전하고자 하는 시도에 관한 것이었다. 실험이 계속됨에 따라 비록 졸리움은 증가하였지만 정신병적 행동, 편집증 혹은 성격변화 등은 나타나지 않았다. Gardner가 마침내 잠들었을 때, 그는 단지 14시간 40분 동안만 자고 상쾌한 기분을 느낄 수 있었다. 그의 두 번째 수면은 정상적인 8시간이었다. 장시간의 수면박탈 후 그렇게 짧은 시간에 모든 것이 원상으로 복귀될 수 있다는 것은 매우 놀라운 사실이었다.

Webb와 Cartwright(1978)는 연속으로 2박 3일간 수면박탈을 한 결과 피험자는 매우 졸림과 동시에 신경질적이고 무감각하며 손에 미약한 종기가 나고 눈을 집중시키기 어렵고 눈꺼풀이 내려가고 고통에 대한 민감성이 증가함을 관찰하였다. 그들은 평상시의 수면 시간인 밤에 특히 졸리움을 느꼈다. 3일의 수면박탈 후 많은 피험자들은 그들이 원한다면 과제를 수행할 수 있었지만 때로 혼란을 보였다. 장기적인 수면상실 후 단지 아주 소수의 피험자만이 극도의 비정상적인 행동을 보였는데 이 실험에서 한 피험자는 고릴라에 대한 환각을 보였으며 심리검사 중에 마루에 넘어져 공포에 질린 소리를 하였다. 그러나 이러한 사례는 매우 드물어 실험에 참여한 학자들은 수면박탈의 주된 효과는 졸리움뿐이라고 결론을 내렸다.

그러나 모든 과학자들이 수면박탈이 효과가 없다는 데 동의하지는 않는다. 특히 REM[6]

수면의 박탈은 비록 약하지만 기억에 중요한 영향을 미치는 것으로 나타났다. 한 연구에서 피험자에게 EEG 기록용 전극을 착용하고 수면에 들기 전에 유령 이야기를 기억하도록 하였다. 일부 피험자는 그들의 EEG가 4단계를 나타낼 때마다 깨워 수면의 4단계를 박탈시켰다. 나머지 피험자는 같은 방법으로 REM 수면을 박탈시켰다. 결과적으로 REM 수면이 박탈된 피험자는 아침에 유령 이야기를 잘 회상하지 못하였다(Tilley & Empson, 1978). 이와 같은 연구들은 REM 수면이 기억의 저장, 특히 낮에 일어난 정서적 사상들의 기억과 관련이 있음을 시사하고 있다. 그 밖에도 실험을 위해 또는 묘기를 부려 사람들의 시선을 끌고자 일주일 혹은 그 이상 잠을 못잔 사람들이 어지러움, 집중력 장애, 신경질, 손 떨림 및 환각을 보고한 연구도 있다(Dement, 1972; Johnson, 1969).

② 수면의 요구: 모든 사람들에게 적용되는 필요 수면시간은 없으며 개인차가 심하기는 하지만, 정상 성인이 일상 업무에서 최대한 능률을 발휘하기 위해서는 대략 6~8시간은 취침해야 된다고 보고 있다. 사기가 충천한 부대원은 상대적으로 잠을 덜 자도 잘 해낼 수 있지만, 수면 부족은 장기적으로 사기를 떨어뜨릴 수 있다. 수면 리듬도 주간 능률형과 야간 능률형으로 나눌 수 있는데 군대의 일상 업무는 주간 능률형에 알맞게 되어 있어 야간 능률형은 그들의 리듬을 군대의 일상 업무에 맞추어 주간으로 변경시키는데 어려움을 겪을 수 있다. 지휘관은 병사들의 수면리듬을 잘 파악하여 주·야간의 업무에 분산 배치하는 등의 부대관리가 필요하다.

2) 생리적 동기행동의 장애

평상시 조용하고 평범한 성격의 사람이라고 하더라도 잠자리에 들게 되면 우리 자신의 행동에 대한 중추신경계의 조절능력이 약해지므로 여러 가지 남에게 말 못할 습관을 보여 주게 된다. 이를 갈고 코를 고는 것은 물론 잠꼬대를 하기도 하고 자다가 일어나 방황하기도 하고 악몽에 시달리기도 하는데, 잠버릇이나 수면 중 이상행동들이 별다른 문제를 일으키지 않는 경우도 있지만 방치할 경우 흔히 자신이나 전우들에게 스트레스를 주는 것은 물론 해를 끼치고 때로는 치명적인 결과를 초래할 수도 있다.

또한 청소년기 이전 아이들이 성기를 보여준다거나 상대방의 성기나 신체를 보고 싶어하는 행동은 자연스러운 성 발달과정으로 누구나 한 번쯤 이러한 시기를 거치게 된다.

---

6) REM(rapid eye movement): 수면 중 대개 꿈을 꿀 때 일어나는 빠른 안구운동을 말한다. REM에 놓여 있는 사람은 대단히 깊은 잠을 자는 상태로 하룻밤 전체 수면의 약 25%를 차지한다. REM 수면 동안 대뇌에서의 뇌파활동은 각성 때의 활동과 비슷하지만 근육은 거의 마비되어 있다.

하지만 대부분의 사람은 교육과 경험을 통해 성 지식이 쌓이게 되고 호기심 또한 자연스럽게 줄어든다. 그러나 성도착증 증세가 남아 있는 병사들은 이러한 호기심이 줄어들지 않고 나이가 들어서도 유아기적 성향이 남아 비정상적으로 발달하게 되고, 이러한 행동은 주위를 의식해 점점 은밀한 곳으로 이동하여 병사 상호간에 엄청난 스트레스를 주는 사건으로 발전하기도 한다.

이러한 군 전투력을 저하시키는 여러 가지 생리적 동기의 부적응행동들을 처음 경험하면 상당히 당혹스럽지만 전문의나 상담가와 상의를 하여 올바르게 이해하고 적절한 치료를 하게 되면 극복할 수 있는 행동들이 많다. 군 지휘관들이 세심한 주의와 배려가 필요한 영역으로 생각된다.

(1) 수면장애

수면주기는 유전적으로 아침잠이 많은가 아니면 저녁잠이 많은가가 정해져 있다. 그런데 나이가 들수록 이 주기가 점점 빨라지고 짧아진다. 즉 노인은 잠이 적어지면서 일찍 자고 일찍 깨게 된다. 나이를 먹을수록 수면 습관은 고치기도 힘들다. 이러한 수면주기는 하루를 영위하는 생체주기와 관련이 있다. 사람의 생체주기는 25시간으로 알려져 있다. 그런데 하루 24시간의 지구자전 주기에 맞춰 살다보면 문제가 생기게 된다. 생물학적 시계와 지구의 천문학적 시계가 어긋나기 시작해 차이가 크게 벌어지면 정상인도 지치고 컨디션이 안 좋아진다. 뇌의 신경연구에서 잠이 들고 깨는 메커니즘은 여전히 논쟁거리다. 뇌 신경전달물질인 세로토닌, 카테콜라민, 아세틸콜린 등이 수면과 연관된 것으로 알려졌으나 단일한 체계나 물질이 분명치 않다.

늦게까지 일하거나 불규칙하게 일을 하는 사람들에게 특히 수면장애가 있기 마련이다. 또 심한 스트레스, 우울증, 정신분열증 및 약물을 남용하는 사람들도 마찬가지이다(Benca, Obermeyer, Thisted & Gillin, 1992). 그러나 그 외의 건강한 사람들도 때로는 잠 못 이루는 밤이 있다. 잠을 만족하게 자지 못하는 것이 일을 할 때 사고를 내는 주요 원인이 되고 이는 약물이나 알코올의 부작용에 견줄 수 있을 정도이다. 수면장애의 일반적 유형들을 알아본다.

[1] 불면증(insomnia)

가장 몸에 좋은 '적정 수면시간'은 얼마일까? 정답은 없다. '피곤하지 않을 만큼'이 저마다의 수면량이다. 불면증의 가장 좋은 척도는 다음날 그 사람이 편안하다고 느끼는가의 문제이다. 다만 하루 10시간 이상 자는 사람은 7~8시간 자는 사람에 비해 기대수명을 채우지 못한 경우가 1.8배 많은 것으로 연구됐다. 불면증은 인구의 30%가 평생 한 번

겪을 수 있다고 알려져 있다.

불면증에는 여러 가지 원인이 있을 수 있으며, 여기에는 지나친 소음, 근심과 스트레스 마약이나 약물, 너무 높거나 낮은 실내 온도, 낯선 곳에서의 취침, 또는 자신의 수면 주기에서 자야할 시간이 아닌 때 자려고 하는 것 등이 포함된다. 또한 간질, 파킨슨병, 뇌종양 혹은 다른 심각한 질병이 원인이 될 수도 있다. 어떤 병사 중 한 사람은 몇 달 동안 불면증에 시달렸는데, 그 이유가 매일 아침 일어나서 점호를 취하고 뜀걸음 하는 것을 싫어했기 때문이다. 뜀걸음 하는 시간을 오후 늦게로 옮긴 다음 불면증은 해소되었다. 요점은 수면제를 먹거나 불면과 싸우기 위한 방법을 시도하기 전에 자는 데 문제가 있는 이유가 무엇인지 규명할 필요가 있다는 것이다.

불면증은 편의상 가 사람들은 잠이 드는 데 문제가 있는 '시작 불면증(onset insomnia)'과 나 밤에 자주 깨는 사람들에게서 나타나는 '유지 불면증(maintenance insomnia)', 그리고 다 사람들이 너무 일찍 깨어서 다시 잠들 수가 없는 '종결 불면증(termination insomnia)'의 세 가지 유목으로 나눈다. 불면증 환자에게 이들 세 가지 중 하나가 아니라 두 가지나 세 가지 다 있는 경우도 가능하다.

불면증 중 특정 사례들은 체내 리듬의 이상과 관련이 있다. 일반적으로 사람들은 체온이 내려갈 때 잠들고 체온이 올라갈 때 깨어난다. 어떤 사람들의 경우엔 체온의 리듬이 일주율의 주기보다 위상이 지연된다. 따라서 이들이 정상적 시간에 자려고 하면 이들의 체온은 잠들기에는 정상보다 높은데, 그런 사람들은 시작 불면증을 겪을 가능성이 높다(Morris, Lack, & Dawson, 1990). 또 어떤 사람들은 체온의 리듬이 일주율의 주기보다 위상이 앞서 간다. 이들은 종결 불면증을 겪기 쉽다. 일주율이 불규칙적으로 변동하면 유지 불면증이 초래될 수 있다. REM 수면은 대부분 체온 주기가 상승 중인 위상일 때 일어난다. 대부분의 사람들에게 이때가 하룻밤의 수면 중 중반 이후이다. 종결 불면증이 있는 사람 혹은 그렇지 않더라도 체온 주기가 최저에 도달한 사람 이후에 잠든 사람들의 경우에는 잠이 시작되자마자 REM 수면이 시작될 수 있다. 우울증은 흔히 종결 불면증을 동반하기 때문에, 대부분의 우울증 환자들은 보통 사람들보다 더 이른 밤에 REM 수면에 들어간다.

불면증의 또 다른 원인으로는 역설적이게도 진정제를 수면제로 사용하는 것이 있다. 대부분의 수면제가 최소한 부분적으로는 노어에피네프린, 히스타민 혹은 각성을 증가시키는 기타 신경전달물질들의 활동을 차단시킴으로써 효과를 낸다. 진정제를 복용하면 잠드는 데 도움이 되기는 하지만, 그와 같은 약물을 몇 번 복용하면 약물에 대한 의존성이 생길 수 있다. 약을 안 먹으면 잠을 방해하는 금단 상태로 들어가고(Kales, Scharf, Kales, 1978), 이 때문에 다시 약을 먹게 되고 따라서 빠져 나오기 힘든 악순환이 시작될 수 있는 것이다. 어떤 진정제는 그 효과가 오래 가며, 어떤 것들은 효과가 금세 사라진다. 두 가지가 다 문제가 있다. 효과가 오래 가는 진정제는 아침이 되어도 계속 효과가 떨어지지 않아 하루 종일 졸릴 수가 있다. 효과가 짧은 진정제는 밤 동안 효과가 사라져서 아침에 일찍 깨게 할 수 있다. 결론적으로 진정제를 수면제로 자주 복용하는 것은 바람직하지 않다.

2 낮 졸림증

낮 졸림증은 4~5%가 평생 한 번 겪을 수 있다고 알려져 있다. 미국에서는 트럭운전사들이 내는 교통사고의 25%가 낮 졸림으로 인한 것으로 조사됐고, 수면장애가 있을 경우 운전면허를 유보하는 제도가 도입됐다. 낮의 졸림증은 다양한 연령층에서 나타나며 원인도 매우 복잡하다. 늘 피곤하고 멍한 느낌에서부터 교통사고, 학습장애, 각종 산업재해 등 위험을 갖고 있다. 증상에 따라 나타나는 낮 졸림증의 원인을 알아본다.

가 주말이면 몇 시간씩 더 자는 유형

쉬는 날에 2~3시간씩 더 자는 경우라면 평소 잠이 모자란다는 뜻이다. 특별한 병은 없지만 습관적으로 밤늦게 깨어 있는 젊은 성인에게 많다. 낮 졸림증의 대표적 원인이기도 하며, 남과 똑같은 시간을 자도 개인에 따라 잠이 모자랄 수 있다. 정상적 수면 시간이 개인마다 다르기 때문에 충분한 수면을 취하는 것이 우선적인 해결책이다.

나 자도 자도 졸리는 유형

충분히 자도 졸린다면 잠의 질이 문제이다. 수면무호흡증은 대표적으로 잠의 질을 떨어뜨리는 원인이다. 옆에서 보면 밤새 한번도 깨지 않고 코를 골며 잘 자는 것 같다. 그러나 수면무호흡증 환자의 수면 패턴을 조사해 보면 3, 4단계의 깊은 잠은 거의 없고 수백 번씩 무호흡 상태를 겪으며 1, 2단계의 얕은 잠만 자기 때문에 잠을 잔 것 같지 않다. 수면클리닉에선 수면무호흡증 환자에게 상기도양압술(CPAP)을 권한다. 기도로 공기를 흘려 넣어 숨이 막히지 않도록 하는 방법으로 마스크를 구입해 쓰고 자면 된다. 비용이 다소 고가이나 잠자고 난 뒤 상쾌함을 느낀다. 이비인후과에서 '코골이 수술'을 하지만 이것으로 해결되지 않는 경우가 많다.

다 밤에 못 자고 낮에만 졸리는 유형

불면증이거나, 노인의 경우가 이에 해당한다. 특히 노인들은 하루의 생체주기가 점차 앞당겨져 초저녁부터 잠들어 이른 새벽 깬다. 화장실을 가느라 자주 깨고 수면패턴 자체가 깊은 수면이 없어진다. 이 경우 가능하면 낮 시간을 활동적으로 보내 낮잠을 자지 않아야 한다. 우유에는 잠자는 데 도움이 되는 아마노산인 트립토판이 많으므로 잠자기 전 약간 데워 먹거나 가볍게 운동하는 것도 도움이 된다. 초콜릿, 커피, 녹차 등 카페인이 든 식음료는 피한다. 처방에 따른 약물 복용도 도움이 된다.

라 휴일만 지내고 나면 졸리는 유형

수면의 주기문제다. 일찍 자고 일찍 일어나는 종다리형과 늦게 자고 늦게 일어나는 올빼미형은 유전적으로 정해져 있다고 보고 있다. 군대, 학교, 직장의 엄격한 규율에 따라 억지로 이를 조절할 수는 있지만 하루 이틀 지나면 제 주기를 찾아간다. 특히 청소년기엔 수면 주기가 뒤로 밀리는 올빼미형 '지연성 수면장애증후군'이 많아진다. 이들은 자다말고 일어나는 셈이라 오전 중 졸음을 참기 어렵다.

생체시계를 다시 맞추려면 광치료를 받아야 한다. 5,000~10,000 룩스의 강한 빛을 오전에 쪼여 준다. 수면과 관련된 호르몬인 멜라토닌은 빛에 반응해 빛을 쬐고 12시간이 지나면 분비된다. 단 백내장이나 녹내장이 있는 경우에는 의사의 별도 지시에 따른다.

마 기타 유형

감기나 알레르기 약, 안정제 및 수면제로 쓰이는 벤조디아제핀계 약, 일부 고혈압 치료약은 낮에 참을 수 없는 졸음을 낳는다. 또 기면병, 주기적 사지떨림증 등 질병도 원인이므로 치료하거나 약을 바꾸어야 한다.

3 수면성 무호흡증(sleep apnea)

많은 사람들이 REM 수면 도중에는 불규칙한 호흡을 하는데, 모든 성인 중 10~15%가 최소한 10초 동안 숨을 쉬지 않는 경우가 종종 있다. 이 정도의 수면성 무호흡증은 정상적인 것이며 불면증과는 관련이 없는 것으로 보인다(Kales & Kales, 1984). 심한 경우에는 1분 혹은 그 이상 동안이나 호흡하지 못하다가 깨어나서 숨을 헐떡인다. 그런 사람들은 밤마다 8시간 이상을 잠자리에 있지만 그 중 절반 밖에는 못 잔다. 많은 경우 그런 사람은 자신이 밤새 계속해서 깼다는 사실을 자각하지 못하고, 다음날 아침 개운하지 못하다는 것을 느낄 뿐이다.

일반적으로 잠자는 동안에 무호흡이 1시간에 5회 이상 나타나거나 7시간 자는 동안 30회 이상 나타나면 수면무호흡 증후군으로 분류된다. 이때 잠자는 동안에 산소가 부족하여 고혈압, 협심증, 심근경색 등의 심장 질환이나 뇌졸중 등이 걸릴 가능성이 높다. 또한 드물기는 하지만 잠자는 동안 갑자기 숨을 거두는 돌연사에 이를 수 있다. 수면성 무호흡증은 여러 연령층에서 다양하게 발생할 수 있으며 중장년층의 2~4%에서 발생하고 근래에 와서 중요한 건강상의 문제로 대두되고 있는 실정이다.

가 원인

① 생리학적 원인

수면성 무호흡증의 가능한 원인 중 하나가 비만이다. 일부 비만인 사람들, 특히 남자들은 호흡통로가 정상보다 좁아서 다른 사람들보다 더 자주 혹은 더 힘차게 호흡을 하여서 기도가 좁은 것에 대해 보충을 해 주어야 한다. 자는 동안에는 이 같은 보충이 잘 되지 못하며, 또 잘 때의 자세가 보통 때보다 기도를 더 좁게 할 수가 있기 때문에 주의가 요망된다. 따라서 수면무호흡증을 가진 대다수의 사람은 비만한 경우가 많다. 그러나 반드시 비만한 사람에게서 수면무호흡이 나타나는 것은 아니며, 비만하지 않은 사람에게서도 구조적인 이상으로 수면무호흡이 나타날 수 있다.

다음 노령화가 원인이 될 수 있다. 노인들에게서 자는 동안 호흡에 대한 뇌 기제가 일시적으로 그 기능을 멈추어도 수면성 무호흡이 발생하기도 한다. 끝으로 음주, 과로로 비점막이나 기도가 붓거나 이상이 생길 경우도 수면성 무호흡이 발생할 수 있다.

② 해부학적 원인

인간의 상기도는 호흡과 발성에 있어 중요한 기능을 하는 구조로 비강, 비인두, 구인두, 하인두로 이루어져 있고 편도, 혀, 연구개와 같은 조직이 위치하고 있으며 그 주위에 여러 가지 근육들로 구성되어 있다. 일반적으로 인두 기도의 좁아진 공간과 비대해진 혀, 늘어진 연구개와 같은 구조적인 요인과, 근육 긴장도의 조절이상 등과 같은 해부학적인 구조 이상에 의해 상기도의 폐쇄는 심해질 수 있으며, 이로 인해 코골이나 수면 무호흡증이 발생될 수 있다.

코를 심하게 고는 사람들은 코를 골다가 '컥' 하고 숨이 막혀 있다가 갑자기 '후' 하고 숨을 몰아쉬는 수면무호흡 현상이 자주 나타나는데, 이는 비염, 비중격 만곡증, 축농증 등 코 자체의 질환으로 코가 막혀 코로 호흡이 힘든 경우에 숨을 들이 마실 때 인두강 내에 과도한 음압이 발생하면서 기도가 좁아지거나, 연구개 및 목젖이 지나치게 길어서 비인강의 단면적이 좁아져 수면 중 호흡시 진동을 일으키기 때문이다. 특히 유소아의 경우 구개편도나 인두편도가 비대하여 이들이 호흡을 방해하고 코골이를 발생시킬 수 있다.

③ 내과적 질환

갑상선의 기능저하가 수면무호흡을 유발시킬 수 있는데, 수면무호흡 환자 중 3% 정도가 갑상선기능 저하증이 있는 것으로 보고되고 있다. 따라서 갑상선기능 저하증의 치료는 수면무호흡을 줄일 수 있다. 유아기에 수면성 무호흡증이 일어나면 갑작스런 유아 사망의 원인이 되기도 한다. 수면성 무호흡증이 걱정되는 가정에서는 수면과 무호흡 발생간을 알려주는 장치를 사용할 수도 있다(White, Gibb, Wall, & Westbrook, 1995).

4 기면발작(narcolepsy)

기면발작이라는 용어는 1880년 Gelineau가 일시적이면서 불가항력적인 수면이 되풀이하여 발생하는 증상에 대해서 명명한 것이다. 기면발작은 낮 동안 갑자기 졸음이 오는 특징을 가진 증세로, 대략 1,000명 중 한 사람 정도가 이 병에 걸리며 유전되는 것으로 알려져 있다(Aldrich, 1993). 대부분의 기면발작은 완치는 어렵지만 많은 경우 그 증상들은 적절하게 조절될 수 있다. 기면발작이 동반하는 증상들은 대개 다음의 네 가지인데 많은 환자들의 경우 이 네 가지 증상을 모두 보이지는 않는다.

가 수면발작(sleep attack)은 낮 동안 졸음이 서서히 혹은 갑자기 쏟아지는 현상이다.

나 탈력발작(cataplexy)이 갑자기 일어난다. 탈력발작이란 깨어 있는데도 갑자기 근육에 힘이 빠지는 증상이다. 탈력발작은 분노 혹은 극도의 흥분과 같은 강렬한 정서에 의해 유발될 때가 많다.

다 수면마비(sleep paralysis)는 수면마비란 잠들려고 할 때 혹은 잠에서 깨려고 할 때, 목소리조차 낼 수 없을 정도로 움직이거나 말할 수 없는 것을 경험하는 것을 말한다. 이것은 각성과 수면의 이행기에 횡문근의 마비가 오는 것으로 무거운 물체나 사람이 가슴에 앉아있는 것처럼 느끼지만, 꼼작할 수 없기 때문에 심한 불안과 공포에 빠지게 된다. 이때 입면 시 환각, 환시 또는 환청이 동반되기도 하는데 이런 상황이 생생하게 경험되기 때문에 공포반응을 느낄 수 있다. 이런 상태를 '가위눌림'이라고 말하기도 한다. 기면발작이 있지 않은 사람도 종종 수면마비를 경험하지만, 기면발작이 있는 사람들은 더 빈번히 경험한다.

수면마비가 발생하는 경우는 크게 세 가지이다. 첫째는 단독성 수면마비로 가위 눌리는 것만 나타나는 경우고, 둘째는 낮에 매우 졸리는 기면병의 한 증상으로 수면마비가 동반된다. 셋째는 밤에 잘 때 다른 수면장애로 인하여 자주 깰 수 있는데 REM 수면 중에 깨면 가위눌림을 경험하게 된다. 정상적으로 REM 수면 중에는 호흡근육과 눈을 움직이는 근육을 제외한 인체의 모든 근육의 힘이 빠지고, 뇌파에서는 낮은 전위의 졸린 상태와 비슷한 파형이 관찰되고 눈이 빨리 움직이는 급속 안구운동이 나타나는 것이 특징이다. 이런 REM 수면 중에는 뇌파가 졸린 상태와 비슷하기 때문에 다른 수면의 단계에 비해 쉽게 깨어나게 된다. 따라서 가위눌림은 REM 수면 중에 신체의 근육은 마비된 상태에서 의식이 깨어난 상태를 말하며 이때에는 정신은 깨어났지만 아직 몸은 마비되어 있는 상태이기 때문에 의식은 있지만 움직일 수 없는 상태가 발생하는 것을 말하는 것이다.

이런 가위눌림은 정상인에서 흔히 나타난다. 따라서 가위눌림이 있다고 해서 비정상이라고 할 수는 없다. 다만 가위눌림은 기면발작 같은 수면장애가 있는 경우에도 잘 동반되는 것으로 되어 있기 때문에 가위눌림 외에 다른 증상, 예를 들어 주간수면 과다증, 탈력발작 등이 동반된다면 수면장애 클리닉을 방문하여 정확한 진단과 치료를 받는 것이 좋을 것이다. 가위눌림을 예방하기 위해서는 아래의 규칙을 지킬 필요가 있다. 그래도 가위눌림 증상이 계속되면 약물로 예방할 수 있다.

① 항상 충분한 수면을 취한다.
② 생활의 스트레스를 줄인다.
③ 규칙적으로 운동을 한다. 하지만 늦은 저녁이나 밤에는 하지 않는다.
④ 취침과 기상 시간을 항상 일정하게 한다.

수면마비는 대개 10대에서 흔하고 20대 중반 이후에는 드문 것으로 되어 있다. 피로, 스트레스 또는 수면부족이 있을 때 촉발되는 것으로 보이며, 종종 낮잠을 자는 중에도 나타나고 항우울제의 부작용의 하나로도 나타날 수 있다고 보고되고 있다. 수면마비 자체만으로는 특별한 치료를 받을 필요는 없지만, 이로 인해서 고통을 받는 경우 약물치료로 도움을 얻을 수 있다. 이때는 보통 REM 억제약물인 데시프라민이나 이미프라민을 처방하게 된다.

㉣ 입면환각(hypnagogic hallucination)은 꿈과 같은 경험으로, 기면발작이 있는 사람들은 이를 현실과 구별하는 데 문제를 보이며 흔히 잠이 들 때 혹은 잠에서 깨려고 할 때 경험되는 생생한 청각적, 시각적 혹은 신체감각적인 꿈 같은 환각증상을 말한다. 전형적으로 이런 증상은 수분 정도 지속되며 종종 수면마비를 동반하게 된다. 기면발작 환자의 약 30%에서 이런 증상이 나타나지만 수면마비와 마찬가지로 반드시 기면발작에서만 나타나는 것은 아니고 정상인의 경우에서도 경험될 수 있다. 하지만 기면발작 환자의 경우 정상인이 경험하는 것보다는 이야기 형식을 띠고, 감정적인 내용이 많아서 이를 경험하는 환자는 아주 놀라게 되는 경우가 발생한다.

이런 각각의 증상은 깨어 있는 상태에 REM과 유사한 상태가 끼어든 것으로 해석할 수 있다. REM 수면은 근육 약화, 마비 그리고 꿈과 연관이 있다(Mahowald & Schenck, 1992). REM 수면 중에는 연수(medulla)의 특정 세포들이 활성화되어 근육반응성을 억제하라는 메시지를 척수로 보낸다. 이 세포들 중 많은 것들이 기면발작 증세가 있는 사람들이 탈력발작을 경험할 때도 활성화 된다. REM 수면을 차단하는 암페타민 같은 자극성 약물들이 기면발작을 통제하는 데 도움이 된다. 그러나 많은 의사들이 암페타민 같이 남용의 가능성이 있는 약물을 처방하기를 꺼린다.

5 주기적 사지운동장애

주기적 사지운동 장애(periodic limb movement disorder)는 수면 중에 다리 및 팔이 불수의적으로 움직이는 현상이다. 많은 사람들이 막 잠에 빠져들 무렵 종종 불수의적으로 다리를 찬다. 그러나 지속적으로 그러지 않는 한 그렇게 다리를 움직이는 것이 문제가 되는 것은 아니다. 어떤 사람들은 대부분 NREM 수면 기간에 몇 분 동안 혹은 몇 시간에 걸쳐서 20~30초마다 한 번씩 다리를 찬다. 다리 움직임이 빈번히 일어나거나 혹은 특히 과격할 경우에는 자던 사람이 깨게 된다. 어떤 경우에는 진정제가 움직임을 억제하는데 도움이 된다.

6 REM 행동장애

대부분의 사람들의 경우 REM 수면 동안에는 주요 체위근들이 이완되어 활동하지 않는다. 그러나 REM 행동장애(REM behavior disorder)라는 희귀한 병에 걸리면 마치 꿈을 행동으로 옮기는 듯이 REM 수면 기간 동안 활발히 움직이고 다닌다. 이들이 꾸는 꿈은 대개 폭력적이어서 주먹을 휘두르고 발길질을 하고 펄쩍펄쩍 뛰면서 물건을 파손하거나 자기 또는 다른 사람에게 부상을 입힌다. 이들의 움직임은 그들이 꾸는 꿈에 대응된다. 이들이 실제로 발길질을 할 때면 발길질을 하는 꿈을 꾸고 있는 것이다.

REM 수면장애가 있는 사람들을 연구한 결과 뇌교와 중뇌의 여러 부위에 손상이 있음이 발견되었다(Culebras & Moore, 1989). REM 수면의 뇌 기제를 보면, 뇌교에 있는 세포들이 척수에 있는 큰 근육의 움직임을 통제하는 뉴런들을 억제하는 메시지를 보낸다는 사실이 밝혀졌다. 뇌교를 손상당한 고양이들이 꿈을 행동으로 옮기는 현상이 나타났는데 인간에게서도 유사한 증세를 보이는 것으로 보인다.

7 야경증

야경증(night terrors)이란 자다가 심한 불안을 경험하여 겁에 질려 비명을 지르며 깨는 증세이다. 자다가 갑자기 비명소리와 함께 깨어나면서 놀란 표정으로 눈을 크게 뜨고 땀을 흘리면서 입술이 파랗게 질리게 되는 야경증은 악몽(nightmare)과는 다르다. 악몽은 연령에 상관없이 REM 수면 도중에 일어나는 단순히 불쾌한 꿈이다. 야경증은 NREM 수면 동안 일어나고 어른보다는 아이들에게서 더 흔히 관찰된다.

8 잠꼬대와 코골이

가 잠꼬대(sleep talking)

모든 연령층에서 전반적으로 나타나지만 특히 여자들에서 남자들보다 많이 나타난다.

보통은 NREM 수면의 1단계나 2단계에서 나타나지만 REM 수면 중에 나타나기도 하며 환자 본인이 이런 증상으로 당황하게 되거나 함께 잠을 자는 사람의 수면을 방해하게 된다. 내용은 의미가 있는 일관된 문장일 수도 있고, 의미 없는 신음 소리나 중얼거림에서부터, 대화나 주위사람에게 명령을 내리는 경우 등 다양하지만, 개인적인 비밀은 대개는 말하지 않는 것으로 되어 있다. 다른 수면장애와 관련되지 않은 잠꼬대는 그 자체로는 치료의 대상이 되지 않는다. 많은 사람들이 자면서 잠꼬대를 한다. 그러나 누군가가 그런 사실을 본인에게 이야기해 주지 않으면 몇 년 동안 잠꼬대를 하며 자면서도 자신이 그런다는 사실을 모를 수도 있다. 잠꼬대가 REM 수면 도중에 일어날 가능성과 NREM 수면 도중에 일어날 가능성은 거의 동일하다.

나 코골이

코골기가 일어나는 것은 대체로 NREM 수면 도중이며, 이는 잠자는 동안 기도의 일부분이 좁아져 그 사이로 공기가 통과하면서 음압이 발생하여 기도의 점막이 떨리게 되는데, 이 점막이 떨리는 소리가 코골이 소리이다. 비만하고 목이 짧고 굵은 사람이 코를 많이 골며 여자보다 남자가 더 많다. 잠자는 동안 혀가 목뒤로 밀리게 되어 혀 뒤의 기도가 좁아져 코를 곤다. 호흡기 근육의 긴장도가 떨어지면 코골이가 심해지고 이런 이유로 중년 이후 나이가 들면서 코골이가 악화된다. 또한 과로하거나 술을 마실 경우에도 코골이가 악화된다. 하지만 비만하지 않은 사람이나 어린애가 코를 고는 경우에는 편도나 아데노이드가 커져 있는 경우가 많으므로 이에 대한 검사가 필요하다.

코를 고는 사람들은 대부분 무호흡이 발생하며 이로 인해 숨쉬는 것이 힘들어 밤에 잠을 푹 잘 수가 없다. 이로 인해 7~8시간 이상 잠을 잔 것 같은데도 실제로 깊은 잠에 도달한 시간이 짧기 때문에 항상 잠이 부족하게 된다. 그러므로 아침에 일어날 때 머리가 무겁고 개운하지 못하며 낮에 자리에 앉기만 하면 졸게 되므로 이러한 상태가 지속되면 일에 대한 집중력과 판단력이 떨어진다. 코골이 환자의 상당수가 성생활의 장애를 호소하며 심한 코골이로 인해 결혼생활이 원만하지 못한 경우가 나타나기도 한다.

내무반에서 동료 병사들의 단잠을 방해하는 중증 코골이 병사들은 타인의 수면 방해는 물론 스스로도 스트레스를 받고 있으며, 집단따돌림 등 병영 내 잠재적 사고 발생 원인을 제공하고 있다고 판단된다. 2005년 5월 현재 수술이 필요한 중증 코골이는 육·해·공군 모두 합쳐 약 1,800명 정도인 것으로 파악돼, 군에서도 전국 20개 군 병원에서 본인의 의사를 존중 진료 및 수술을 받게 할 것으로 알려졌다(국방일보, 2005a).

9 몽유병(somnambulism)

전 인구의 1~6% 정도에서 볼 수 있다. 5~12세 소아의 15% 정도, 성인의 0.5~1%에서 나타나는데, 남자에게 많고 가족력이 있는 경우도 많다. 이처럼 몽유병은 유전되는 경우가 많으며, 대부분의 아이들 특히 2세에서 5세까지의 아동들에게서 많이 발생하고 보통 이른 밤 3단계 혹은 4단계 수면 동안에 일어난다. 야뇨증을 동반하기도 하는데 몽유병 환자가 얼마나 완벽한 행동을 하는가에 대해서는 이견이 많다. DSM-IV 진단기준에 따르면 전형적인 몽유병의 경우는 갑자기 잠자리에서 일어나고 눈을 감았거나 흐릿하게 뜨고, 대부분 똑같은 행동을 목적 없이 되풀이하지만, 상당히 복잡한 행동을 하기도 한다. 이때 깨우면 잘 깨어나지 못하며 말을 걸면 한두 마디 하기도 한다. 몇 분 후에는 대개 자리로 돌아가게 되나 낮의 각성 상태에서처럼 집중과 주의력을 기울일 수 없기 때문에 위험한 것을 인지 못 하고 사고를 일으킬 수도 있으므로 이러한 점을 주의해야 한다. 대개는 아침에 일어나면 그 사건에 대해서 기억을 하지 못한다.

몽유병은 REM 수면 도중에는 일어나지 않는데, 그것은 큰 근육들이 REM 수면 동안에는 완전히 이완하고 있기 때문이다. 몽유병의 원인에 대해서는 알려진 것이 거의 없다. 몽유병은 몽유병자에게나 다른 사람들에게 별 해를 입히지 않는다. '몽유병 때문에 자면서 걸어다니는 사람은 절대 깨워서는 안 된다'라는 말을 들은 적이 있을 것이다. 그러나 실제 몽유병으로 헤매고 다니는 사람을 깨우면 그 사람은 아주 혼란스러워 하겠지만 해롭거나 위험하지는 않다(Moorcroft, 1993). 개개의 사례를 봤을 때, 몽유병을 REM 행동 장애와 구별하기 힘든 경우가 종종 있다. 어떤 남자가 자신의 살인 혐의에 대해서, 자신은 당시 몽유병 증세를 보여서 무슨 일을 하고 있는지 몰랐기 때문에 무죄를 주장하는 사건이 있었다. 배심원들은 그의 병력과 가족력에 몽유병이 있었기 때문에 그의 주장을 받아들인 예가 있다. 그러나 이와 같은 경우, 특히 한 번의 사건만을 보고는 이 사람이 당시에 몽유병 때문에 헤매고 있었는지, 아니면 REM 수면으로 인한 행동장애가 있었는지, 아니면 멀쩡하게 깨어 있으면서 저지른 행동인지 판단하기가 힘들다는 것이 전문가들의 대체적 의견들이다.

10 이갈이(bruxism)

이갈이는 일반인의 5~10%에서 보고되고 있다. 원인으로서는 유전적 요인, 턱기형이나 교합부전 같은 해부학적 이상, 중추신경계 기능부전, 그리고 불안과 스트레스로 인한 심리적 장애 등이 있다. 또한 구안이상운동증(orofacial dyskinesia), 하악근긴장이상, 그리고 REM 수면 행동장애에 2차적으로 발생하는 사례들이 보고되고 있다.

이갈이는 대개 자신의 수면을 방해하지는 않는다. 따라서 본인은 잘 알지 못하나 때때로 아침에 일어나면 턱이 아플 수가 있다. 그러나 시끄러운 소리에 같은 방을 쓰는 사람에게 문제가 된다. 대개 2단계 수면에서 발생하며 수면다원검사상 교근과 측두근에서 근전도 활동의 진폭증가가 뚜렷하게 나타난다. 야간 발작을 배제하기 위해서 정식 수면검사가 필요한 경우도 있으며, 대개 치료는 심할 경우 치아의 손상과 마모를 피하기 위한 구강장치를 하며, 다른 치료방법으로는 근육이완운동, 수면제, 교합조정, 교정치과수술 또는 정신치료 등이 있다.

(2) 성행동장애

심리학적 측면에서 보면 성행동의 장애는 성적 도착(sexual perversion)이라는 말로 표현할 수 있으며, 이는 정신성욕발달(psycosexual development)의 장애를 의미한다. 구순, 항문, 자기애, 동성애, 노출, 훔쳐보기 등의 요소를 내포하고 있는 유아성욕이 이성과 정상적인 성관계를 맺는 것이 정상적인 성적행동의 발달 단계이다. 이렇게 발달함으로써 갈등에서 해방될 수 있는 것이다. 그런데 성행동 장애자란 이와 같은 발달과정을 경험하지 못한 사람을 말한다. 따라서 성도착증은 유전적 요인보다는 유아 또는 사춘기 시절 성에 대해 올바른 교육을 받지 못했거나, 성에 관한 충격적 경험을 한 사람 또는 내성적인 성격을 가진 사람들에게서 나타난다. 또 일반적으로 성도착증 환자들로부터 피해를 입는 사람은 대부분 여성들인데, 여성에게서는 성도착증이 발병하지 않는 것일까에 대한 의문을 가질 수 있다. 결론적으로 여성도 성도착증 환자는 있다. 남성에 비해 청각적인 부분의 성감이 발달되어 있는 여성에게선 성행위 시 나오는 신음 소리에 쾌감을 느끼는 청각음란증이 가장 많다. 하지만 정도는 남성들의 성도착 증세에 비해 심하지 않으며 대부분 무의식적으로 경험하게 된다.

성행동의 장애를 이해하는 데 있어서 세 가지 점에 특히 유의할 필요가 있다. 첫째, 성행동의 장애는 성적 범죄의 개념과 같이 절대적인 것이 아니고 문화적 요인에 따라 달라지는 상대적인 개념이다. 예를 들면, 고대 희랍에서는 동성애를 정상적인 것으로 생각하였다. 둘째, 대부분의 성행동의 장애는 동시에 성적 범죄이지만 혼외성교, 성기에 의하지 않은 전희와 같은 행동은 성행동의 장애로 생각할 수 없다. 셋째, 습관의 지속 여부가 문제가 된다. 정상적인 성행동의 관습에서 잠시 동안 이탈되는 것은 지속적인 것과는 크게 다르다(이현수, 1978).

[1] 성행동장애의 분류

성행동의 비정상 여부를 판가름하는 기준은 크게 세 가지가 있는데 그것은 개인이 속한 사회에서의 행동의 희귀성 정도, 불법 여부, 자기 혹은 타인에게 해가 되는 정도이다.

성행동장애는 크게 세 가지로 구분되는데, 그것은 성기능장애, 성역할장애, 성도착을 말한다.

가 성기능장애는 한 개인의 성행동이 자신의 심리적 이상이나 혹은 신체적 장애로 인해 상대방을 성적으로 만족시켜 주지 못하거나 상대방의 요구에 부합하지 못하는 경우를 지칭한다.

나 성역할장애는 자신의 성, 즉 남성 혹은 여성으로서의 자기 자신에 대해 불편하게 느끼고 상대방 성에 집착하는 것으로 어렸을 때 성역할 학습을 원만하게 못했을 경우 생길 수 있다.

다 성도착행동은 성행동이 공격적이거나, 상대방의 동의 없이 강제로 이루어지거나 아니면 일반적으로 성행위가 적합하지 않은 상황에서 이루어지는 것으로서, 사회적으로 인정되지 않는 비정상적인 행동들이다. 따라서 각각의 도착적 행동들은 어떤 기준에서는 정상이나 또 다른 기준에서는 비정상이 될 수 있으나 대체로 도착의 범주에 들어가는 성행동들은 대부분의 사람들이 하지 않는 행동이거나, 법적으로 금하는 행동이며 또한 자기 자신보다는 타인에게 해가 되는 행동들이 많은 것이 특징이다.

2 성도착증의 종류

성도착증은 크게 세 가지로 구분되는데, 첫째는 성적 대상의 선택이 비정상적인 것으로 여기에는 소아기호증 혹은 아동성애, 여성물건애, 의상도착증, 근친상간, 동성애, 동물음란증이 있다. 둘째, 성행동의 목표 설정이 비정상인 관음증, 노출증, 성적 접촉증, 성적 가학증, 피가학증 등이 있다. 마지막으로 일상적인 상황이 아닌 상황에서의 성행동으로 여기에는 강간과 같은 강제적인 성폭력이 해당된다.

가 소아기호증(pedophilia)[7]

사춘기 이전의 어린애들을 보고 수음을 한다든지 혹은 그들과 어떤 형태의 성행동을 하는 것을 말하는데, 이는 대부분 남자에게 많다. 소아기호증에는 동성애이거나 이성애

---

7) 롤리타(Lolita) 콤플렉스는 '미성숙한 소녀에 대한 정서적 동경이나 성적 집착'을 의미하는 말이다. 롤리타 콤플렉스는 아동성애(pedophilia)와의 관련설 등으로 인해 오랫동안 논의 자체가 금기시되어 왔다. 롤리타는 본래 러시아 작가 블라디미르 나보코프(1899~1977)가 지난 1954년에 완성한 소설의 제목이다. 작중 주인공은 중년의 남자와 12살 소녀 롤리타, 두 사람의 로맨스를 줄거리로 한 소설로 1970년대 한국에서도 번역 출판돼 큰 반향을 일으킨 바 있다. 이 소설은 또한 1962년 영국 스탠리 큐브릭 감독에 의해 영화로 제작되기도 했다. 롤리타현상은 일본에서 크게 매스컴을 탄 바 있다. 일본에서는 1980년대 중반 '세라복의 두목'이란 영화가 크게 히트할 정도로 롤리타 콤플렉스가 뿌리 깊고, 이른바 '엔조 고자이(원조교제)'도 롤리타 콤플렉스의 한 변형으로 보는 전문가가 많다.

일 수가 있다. 이성애적 소아기호증의 평균 연령은 동성애적 소아기호증의 경우보다 높다. 이들은 결혼생활에 대한 부적응, 현실감각의 장애 등이 큰 원인이 되어 있다. 이성애적 소아기호증의 평균 연령은 30~40대가 가장 많다. 그들은 대부분 정신성욕적으로나 사회적으로 발육이 지연되어 있다. 그들은 퇴행되어 있고 결혼생활이나 사회생활에 제대로 적응하지 못하고 있으며 알코올 중독자가 많다. 좀 나이가 든 환자의 경우는 몹시 고독해 보이며 성적으로 불구자인 경우가 많다. 또 노인성정신병 환자에서와 같이 행동을 통제하지 못한다.

나 여성물건애 · 물품음란증(fetishism)

흔히 여성의 속옷, 스타킹, 브래지어, 팬티, 거들 등을 수집하는데 이를 만지거나 냄새를 맡으면서 자위행위를 하거나 성교시 상대방에게 그런 물건을 착용하도록 요구한다. 보통 이런 물건들은 성적 흥분을 위해 필요하며 일반적 성행위 시 발기부전이 일어나기도 한다. 여성물건애 환자는 이러한 물건을 접촉하거나 냄새를 맡아 성적 흥분을 일으키고 성행위에 활용한다. 따라서 여성물건애 증세를 가진 사람은 이러한 물건을 얻기 위해 절도행위를 유발할 수 있다.

여성들에게 상습적인 음란전화를 거는 사람들도 이 범주에 해당한다고 볼 수 있다. 사회적으로 이들을 도덕불감증에 걸린 단순한 범죄로 생각하지만, 의학적으로 볼 때에는 목소리 페티시즘에 의한 전화음란증 환자로 분류된다. 무생물을 사용하여 성적 만족을 얻는 물품음란증은 다른 도착증과 달리 한 번 발병하면 나이가 들어도 없어지지 않는 만성적인 증상이다.

다 의상도착증(transvestism)

의상도착증은 남성이 여성의 복장을 하는 교차복장과 관련된 성도착증이다. 의상도착증으로 인해 교차복장을 하려고 여성의 복장을 수집하는 것은 여성물건애에서 제외된다. 의상도착증 환자는 여성의 복장을 착용하여 성적인 흥분과 만족을 얻고, 다른 남성들이 자신에게서 여성으로서의 매력을 느끼는 것으로 상상한다. 또한 처음에는 혼자서 비밀리에 시행하나 나중에는 여성처럼 복장을 하고 공공장소에 나타나기도 한다. 의상도착행위는 불안, 우울, 죄악감을 일으키고 특히 기혼자의 경우 안정된 결혼생활을 유지할 수 없게 되어 이혼하는 일이 흔하다.

라 근친상간(incest)

이는 혈통이 가까운 사람하고 성관계를 갖는 것을 말한다. 사촌끼리 혹은 삼촌과 조카가 결혼하는 것을 허용하는 문화도 있는가 하면 그것을 전적으로 금지하는 사회도 있다. 역사적으로 보면 어떤 특정한 집단에게는 근친결혼이 묵인되었는데, 고대 이집트에는 황족은 남매가 결혼하는 것이 허용되었다.

이와 같이 극히 소수의 예외를 빼놓고는 근친결혼은 금지되어 왔다. 이는 공동사회생활과 가족생활이 붕괴되는 것을 막기 위해서이다. 한 부족은 그 부족 외의 사람과 결혼한다면 경제적으로나 군사적으로 흥할 수 있다. 그러나 가족끼리 결혼한다면 경쟁이 생기고 가족의 권위구조가 위협을 받게 될 뿐만 아니라 가족 성원의 정서적, 경제적 안전을 위태롭게 만든다. 그러나 금기된 사실이 보편화되어 있다고만 생각할 수 없다. 금기된 사실을 해 보고 싶어 하는 욕망도 대단히 크다. 심리성적 발달에 대한 Freud의 견해를 보면, 어린애들은 오이디푸스 혹은 일렉트라 콤플렉스에서 싹튼 근친상간의 무의식적 욕망을 갖고 있다고 한다. 이러한 욕망의 억제는 다음 세 가지 중 어느 한 형태로 나타난다. 첫째, 가족간의 근친성교로써 아버지와 딸, 어머니와 아들, 형제자매 사이의 성관계, 둘째, 무차별한 성관계의 한 측면으로서 가까운 친척이다 아니다를 가리지 않고 성교를 맺는것, 셋째, 소아기호증의 2차적인 측면으로써 부녀 사이에 맺어지는 성관계이다.

근친성관계는 사회적·경제적 수준이 비교적 낮은 계층에서 흔히 볼 수 있는데 이는 부분적으로 생활 공간이 밀집한 가족생활의 한 부작용으로 볼 수도 있다. 또 자기가 좋아하는 성교의 대상, 대부분의 경우는 아내가 없을 때 딸과 아버지 사이에 이루어진다. 그러나 이와 같은 요인만으로 근친 성관계를 다 설명할 수가 없다. 한 근친성관계에 대한 연구에 의하면 청년기에 관계를 맺었을 때가 정서적 장애가 가장 심하게 나타난다고 하였다. 청년기는 무차별한 성교를 갖게 될 뿐 아니라 다른 여러 가지의 부적응행동도 많이 나타난다.

마 동성애(homosexuality)

모든 사람은 정도의 차이는 있을지언정 다양성의 특성을 가지고 있어서, 동성애적 경향이 있거나 대부분의 경우 동성애적 경향은 잠재해 있기 마련이다. 우발적 혹은 유사동성애(pseudohomo sexuality)라고 하는 외현성 동성애(overt homosexuality)는 이성에게 접근할 기회가 없는 환경에서 자주 볼 수 있다. 우발적 동성애는 군대의 내무반이나 숙소, 형무소, 학생기숙사와 같은 집단적 주거시설에서 관찰되는 현상으로, 이들 시설들은 성관계의 대상을 바로 대치할 수 있는 여지를 가지고 있는 환경들이다.

청년기에 많이 있는 동성끼리의 상호수음은 사회적으로 극히 비난의 대상이 되고 있으나 흔하게 있는 현상이다. 특히 조숙한 층에 동성애가 많은 것으로 보고되고 있다. 동성애는 연상층 동성애자의 유혹의 영향이 크다. 호기심으로 이들은 우선 이성에 대해 애정이 싹트기 전에 벌써 동성애의 유혹에 빠지게 된다. 나이가 많은 상당수의 동성애자 가운데는 정신성욕도착증(psychosexual inversion) 때문에 성역할이 완전히 전도되어 있는 경우를 볼 수가 있다. 동성애의 성행동은 포유동물에게도 볼 수 있는 것으로, 인간에서도 한때는 남성끼리 동성애는 개화된 사회에서나 원시사회에서 용납되기도 했다. 뿐만 아니라 sapphism이라고도 하는 여성동성애도 한때는 널리 용납되어 왔다.

바 동물음란증(zoophilia)

동물과 교접을 갖는 것을 말하며 수간(bestiality)이라고도 부른다. 이는 가축을 많이 사육하는 농촌의 청소년들에게서 가끔 볼 수 있는 이상 성행동으로, 여성의 경우는 직접 교접을 갖는 것보다 신체적 접촉을 하는 것으로 알려져 있다.

사 관음증(voyeurism)

관음증은 타인의 탈의행위나 나체 또는 성행위를 몰래 관찰하는 성도착증이다. '엿보는 것(peeping)'을 통해 성적인 흥분을 얻는 것이 목적이므로 피관찰자와의 접촉은 없다. 그러나 도색물(pornography)을 구경하는 것은 관음증이 아니다. 몰래 훔쳐보는 가운데 성적 만족을 느끼는 관음증은 가장 흔하고 일반인들도 어느 정도 관음증을 가지고 있다. 관음증 환자로 구분되는 기준으로는, 훔쳐보기 위해 화장실 벽에 일부러 구멍을 내거나 훔쳐보기 위해 화장실 안에서 10분 이상 앉아 있는 경우, 그리고 망원경 등을 훔쳐보기 위해 구입하는 경우라고 한다. 관음증은 유아기 시절 이성간의 호기심에 의한 정신상태가 더 이상 발전하지 못하고 그대로 굳어지는 것으로 직접적인 성행위 경험을 하게 되면 증상이 조금 완화된다고 한다.

아 노출증(exhibitionism)

노출증은 자신의 성기를 모르는 사람이나 전혀 예상하지 못한 사람에게 드러내려는 충동이나 욕구를 행동으로 옮겨, 피해자가 두려워하거나 놀라거나 싫어하는 모습을 즐기는 행위이다. 노출증은 일반적으로는 남자가 자신의 음경을 주로 여자에게 노출하여 성적 흥분과 만족을 얻는 경우가 대부분이며, 신체적인 성폭행을 가하지는 않고 재빨리 사라지는 경우가 많다. 많은 수의 여성들이 성기노출행위를 본 적이 있을 정도로 빈번히 일어나고 있는데, 얼핏 생각하면 자신의 남성다움을 과시하는 것 같지만 사실은 자신이 없고 소심하고 내성적인 사람에게 많다. 노출증은 사춘기 시절 발병해 40대 이후 증상이 완화된다고 학계에 보고되어 있다. 이러한 노출증은 강간 등의 공격적 성향으로 발전하지는 않으며 평소에는 아주 보수적인 성격의 사람들에게서 나타나기도 한다.

이같이 노출증은 충동적인 행위로 그들은 신체적 접촉이 아닌 노출에 대한 여성의 반응을 보고 흥분을 느끼는 것이 고작이다. 노출증 환자를 보았을 경우에는 과도한 반응을 보이지 말고 침착하게 사람들이 있는 쪽으로 걸어가면 된다. 노출증 환자가 기대하는 충격이나 놀라고 당황하는 모습을 보여 주지 않는 것이 좋다는 것이다.

자 성적 접촉증

성적 접촉증이란 동의를 받지 않은 상대방에게 자신의 신체부위를 접촉시키면서 성적 만족을 얻는 경우를 말한다. 정신분석적 설명에 의하면 '만지고 마찰하는 행위는 유아기에 어머니의 신체에 접촉하는 것과 동일시(identification)'되며, 그럼으로써 어머니와 한몸이고 싶은 바람을 충족시키기도 하며 동시에 거세불안도 일어난다. 이런 이유로 인해서 접촉시간은 순간적이며 자신의 성기가 온전하다는 것을 확인하는 절차로 일어나 무의식적으로 자위와 사정이 있게 된다.

흔히 지하철이나 버스 등 밀집지역에서 이루어지며 형태도 다양하다. 상대의 신체부위에 자신의 성기를 접촉시키는 행동이나 상대방의 신체부위를 손으로 더듬는 행위 그리고 좀더 공격적으로 상대의 성기에 직접 접촉을 시도하는 경우가 있다. 이들은 이러한 과정에서 직접 사정을 하기도 한다. 성적 접촉증은 대부분 사춘기 시절 발병하며 접촉을 시도하는 과정에서 상대방과 성행위를 하는 상상을 하기도 한다. 또한 상대방도 흥분하여 서로 즐긴다는 착각을 하는 경우도 있다.

차 성적 가학증(sadism)

성적 가학증은 이상성행동 중 유일하게 호르몬 이상, 유전적 요인과 관계가 있는 증상으로 가장 위험하고 공격적인 증상을 보인다. 강간이나 성교 후 살인 등 강력범죄에 해당하는 경우가 성적 가학증의 증상이다. 성적 가학증은 다른 도착증과 달리 직접 성교를 통해 만족을 얻는 경우로, 성교를 하면서 상대의 고통스러운 모습을 보고 성적 쾌감을 얻는다. 이들에게선 흔히 정신분열증이 나타나기도 하는데 성적 무능력감이 병적으로 극복되었다고 의학적으로 해석한다. 또한 성적 가학증 환자들은 일상생활에서도 성격이 과격한 편으로 어느 한 가지에 집착하는 증상을 보이기도 한다. 나폴레옹이나 히틀러를 대표적인 성적 가학증 환자로 분류하고 있는 학자도 있다.

가학증에 유사한 것으로 강간(sexual assault)이 있다. 강간자는 다른 성범죄자에 비해 젊고 공격적이며 충동적인 점이 있다. 강간은 흔히 음주 때문에 자신을 통제하기 힘들거나 혹은 성생활의 욕구불만과 유혹 때문에 이루어지는 수가 많다. 강간자들 중에는 사회병질자가 많고, 성격적으로 충동을 극복할 만한 인내력이 부족한 것이 특징이다.

카 피가학증(masochism)

성적 피가학증은 갖은 학대를 당하면서 성적 쾌감을 보이는 행위와 관련된 변태 성욕으로 여자가 남자보다 많은 것으로 알려져 있다. 남자들의 피가학적 행동들은 아동기에 가학적인 여자한테 벌을 받을 때 경험했던 고통과 성적 자극이 결합된 것이다. 남성 피가학증은 자기의 욕구를 충족시키기 위해서 매질을 할 수 있는 매춘부 집을 찾아가기도 한다. 또 고통 받는 맛을 보기 위해서 신체의 어느 부위를 절단하기도 한다. 장애의 정도가 심하면 심할수록 정신병자일 수 있는 확률이 높다.

가학증과 피가학증의 경향을 동시에 갖고 있는 사람도 있다. 가학증은 피가학증을 숨기는 경향이 있고, 피가학증은 가학증을 숨기는 경향은 널리 알려진 사실이다. 피가학증은 가학증을 자기 자신에게 돌리고 가학증은 피가학증에 대해 반동형성한다. 그러므로 가학증과 피가학증은 한 가지의 동기가 두 가지 행동으로 나타나는 것으로 해석할 수 있다. 때로는 가학증이 피가학증인 행동을, 반대로 피가학증이 갑자기 가학적인 행동을 하는 수도 있다.

20세기 중반 성의학자였던 라이히는 인간 내부의 가장 심층적인 곳에 '자연적인 사회성과 성욕, 노동을 자발적으로 즐기는 성향, 그리고 사랑할 수 있는 능력' 등이 있다고 보았다. 그리고 이들 본능들이 성 부정적 사회문화나 복종적이고 억압적인 부계사회로부터 억압을 받았을 때 가학증, 탐학증, 호색성 질투 그리고 모든 종류의 성도착증이 생긴다고 말했다.

이러한 성도착증 환자는 만족감에 치우친 나머지 치료하고자 하는 동기가 약하여 치료가 매우 어렵다. 따라서 어렸을 때부터 성교육을 이상적으로 부모에게서 받는 것이 가장 좋다. 하지만 가장 근본적인 문제는 이러한 성도착증 환자들 중 대부분이 소심한 성격으로 드러내놓고 치료를 받으려는 의지가 없고 또한 강제적으로 치료 받게 할 방법도 없다는 것이다.

3 군대 내 성폭력

육군현역 및 제대사병의 15.4%는 성폭력 피해 경험이 있는 것으로 조사돼 충격을 던져 주고 있다. 이런 사실은 국가인권위원회가 2003년 10월부터 4개월간 한국성폭력상담소와 함께 육군 현역 및 제대사병 671명을 상대로 한 군대 내 남성간 성폭력 현황에 관한 설문조사에 이어 군교도소에 수감중인 성폭력 가해자와 피해자 11명과 군법무관, 의무관 등을 대상으로 한 면접조사결과 등에서 드러났다.

조사결과 응답자 671명 중 성폭력 피해 경험이 있다고 응답한 사람은 103명으로 15.4%에 달했으며, 166명(24.7%)은 성폭력의 발생을 듣거나 본 경우가 있다고 대답했고,

성폭력 가해자 48명(7.2%) 중 성폭력 피해 경험이 있는 사람이 39명(81.7%)에 달해 군대 내 성폭력이 악순환의 고리를 이루고 있는 것으로 확인됐다. 더구나 성폭력 피해를 당한 103명 중 '수시로 당했다'가 30.1%, 5~6회가 12.6%, 2~4회가 40.8%로 피해자의 80% 이상이 지속·반복적으로 성폭력 피해를 입는 것으로 나타났으며, 가해자 43명도 '수시로 행한다'가 46.5%, 5~10회가 11.6%, 2~4회가 25.6%로 대부분이 반복적으로 성폭력을 가했다고 답했다.

가해자 계급을 답한 응답사례 128건 중 71.7%는 가해자가 선임병이라고 답했으며 7.0%는 부사관, 3.1%는 장교로 모두 81.2%의 성폭력이 상급자에 의해 강제적으로 저질러지고 있었으며, 성폭력이 가장 자주 발생하는 곳으로는 피해응답 151건 중 71.6%가 내무반, 화장실, 샤워실 등 기본 생활공간을, 19.8%가 행정사무실, 훈련장, 연병장과 같은 업무수행 장소를 꼽았다.

성폭력 피해유형은 피해사례 170건 중 포옹이 70건, 41.2%로 가장 많았으며 가슴 및 엉덩이 등 신체 만지기가 57건(33.5%), 성기 만지기가 22건(12.9%), 키스가 16건(9.4%)으로 뒤를 이었고, 성기 삽입과 신체애무 강요가 각 2건, 자위행위 강요도 1건으로 조사돼, 피해 유형은 ① 신체 접촉, ② 성기 만지기, ③ 키스, ④ 성기 삽입 및 신체애무 강요, ⑤ 자위행위 강요 등의 순으로 나타났다.

응답자 667명 중 성경험을 이야기하도록 강요받은 적이 있는 사람이 218명(32.7%)에 달했으며, 이 중 25.2%가 성경험이 없거나 말하지 않아 불이익을 당했다고 답했고, 135명(20.2%)은 자신의 신체에 대해 비하당하거나 놀림을 받아본 적이 있다고 응답해 군대 내 성희롱적 언어문화가 문제 있는 것으로 조사됐다.

직접 피해를 당한 경우 신고 사례는 87건 중 4건(4.4%)에 그쳤으며, 신고를 하지 않은 이유로는 '으레 있는 일이라 문제가 되지 않아서'라는 응답이 48건(64.0%), 상관에게 보고해도 소용이 없어서가 12건(16%), 가해자와의 관계 때문에가 7건(9.3%)으로 조사돼 성폭력 피해자들이 공식처리절차를 불신하고 있는 것으로 드러났다. 성폭력 피해 후 나타난 증상에 대해 응답자 114명 중 14.9%는 모욕감, 14.9%는 수치심, 14%는 분노를 느낀 것으로 나타났으며, 성폭력 피해 후 피해자들은 동성애자 혐오, 남자답게 보이려고 노력, 남성적 정체성에 대한 회의, 여성이나 후임병에게 강제적 성적 접촉을 시도하는 등의 태도변화를 보인 것으로 조사됐다.

수십 명이 밀착해서 지내는 군 내무반에서는 동성간에도 성추행의 소지의 가능성이 많은 것이 현실이다. 이제는 군대 내 성폭력문제를 감출 것이 아니라 공론화해서 대책을 마련해야 할 것으로 보인다. 혹자는 이 같은 행동들이 군대에서 조직생활에 적응하는 과정의 일부이며, 좋은 추억을 만드는 것으로 남자들끼리 장난삼아 하는 짓을 놓고 인권문제로 비약하는 것은 옳지 않다고 주장하지만, 성추행을 당한 남성 피해자들도 여성과 비슷한 정신적 충격과 후유증을 호소하고 있는 것으로 나타나 '이 같은 행동을 당연하게 여기는 것은 잘못이며 반드시 사라져야 한다'는 의견이 지배적이다. 심리학자들은 '옷을 벗기고 성기에 장난을 하는 것은 남성의 자존심이 걸려 있어 당하는 입장에서는 수치심과 모멸감 등 상당한 정신적 상처를 입게 된다'며 이에 적응하지 못한 경우에는 그 울분이 폭발해 자살 또는 범죄로 이어질 수 있다고 분석했다.

(3) 약물복용과 행동장애

고대 이래로 사회적, 종교적, 의학적 및 개인적인 이유로 의식을 변질시키는데 약물을 사용해 왔다. 오늘날은 심리학교육을 받고 또 약품에 대하여 많은 관심을 가지게 되어서 자기의 인지 및 지각 유형을 변화시켜 직선적인 사고 유형에서 벗어나려는 의식적 및 의도적 노력으로서 약물을 복용하고 있는 사람이 많이 있다. 인간은 언제나 불안을 제거해 주고, 만족감과 행복감을 일으키게 하고, 복용자에게 환시, 환청을 일으키고 신비적인 우주와의 일체감을 경험하게 하는 약물을 발견하는 데 관심이 컸다. 이런 인류의 역사와 함께 이제 마약은 인류 최대의 적으로 등장하여 관심 있는 사람들의 우려를 자아내고 있다.

미국은 이미 1971년 당시 닉슨 대통령이 마약을 '미국 제일의 공적'이라고 단정, 국가비상사태를 선포한 바 있다. 나아가 부시 대통령은 마약중계 무역을 하는 파나마의 독재자 노리에가를 체포하기 위해 '주권침해' '내정간섭'이라는 비난을 무릅쓰고 파나마를 침공하는 극단적인 방법을 쓰기까지 했다. 한국에서도 과도한 음주로 인한 피해와 마약의 사용은 큰 사회적 문제로 대두하고 있다. 윤락녀, 연예인, 재벌 2세 등 일부 계층에서만 사용되던 마약의 일부가 일반인들에게도 빠른 속도로 번져 가고 있는 실정이지만 현재로서는 마약에 대한 정의조차도 일반인에게는 제대로 인식되지 않고 있는 상태다. 따라서 군에 입대하는 신세대 장병 중에서도 알게 모르게 이러한 약물에 오염된 사례가 있을 수 있어 지휘관들의 관심이 촉구된다.

우리 군이 1996년도 입영 장정 8만 5천여 명을 대상으로 설문조사한 결과 이중 1.3%인 1천 1백 19명(마약: 9명, 대마: 191명, 향정신성의약품: 310명, 부탄가스: 609명)이 마약류 복용경험자로 나타나 군에서도 마약류에 대한 대책이 중요한 과제로 대두되고 있는 실정이다(국방일보, 1997). 한편 1999년도 마약사범 10,092명 현황을 연령별로 보면 30대가 4,260으로 전체의 42.2%, 40대가 2,466명으로 24.4%, 20대는 2,032명으로 20.1%를 차지하고 있다. 여기서 군입대 자원과 비슷한 연령대인 20대도 많은 비율을 차지하고 있음을 알 수 있어 군 내 마약류 유입의 가능성을 시사해 주고 있다.

마약은 두 가지 의미로 크게는 향정신성 의약품, 즉 중추신경계에 작용하는 물질, 작게는 아편류의 약물로 아편 · 모르핀 · 헤로인 등을 가리킨다. 일반적으로 마약이라고 할 때는 광의의 의미로 사용된다. 향정신성 약물은 크게 흥분제와 억제제로 나눌 수 있다. 흥분제는 각성제로 불리기도 하는데 암페타민 · 코카인 · 니코틴 · 카페인 등이며 억제제는 아편 · 헤로인 · 알코올 등이다. 대마초는 경우에 따라 흥분제와 억제제로 작용하는 양면성을 지니고 있다. 이외에도 환각제를 들 수 있는데 LSD나 마리화나가 대표적인 것이다. 여기서 다룰 내용은 마약은 아니지만 가장 문제가 되고 있는 알코올이 행동에 미치는 영향과 나아가 병사들이 노출되기 용이한 마약의 종류와 인체에 미치는 부작용을 알아본다.

[1] 알코올

일반적인 약품의 과용은 사회적인 문제라고 생각하는 사람들도 알코올 중독이 심각한 사회적 문제라고 생각하는 사람은 별로 없는 것 같다. 그러나 현재 알코올 중독은 한국이나 미국을 포함한 여러 나라들이 안고 있는 심각한 약품문제이다. 알코올 이용자의 수는 다른 모든 약품의 이용자들보다 숫자가 더 많은데, 그것은 주로 알코올은 쉽게 가용하고 제품회사가 시장 활동을 공격적으로 하고 있기 때문이다.

알코올은 억제제이며 개인행동의 정상적 제지를 감소시킬 수 있다. 그것은 술이 인체 내에서 하는 역할이 신경, 특히 사고기능을 담당하는 대뇌피질을 자극시키는 것이 아니고 억제하고 마비시키기 때문이다. 그 결과가 흥분된 행동으로 나타나는 것이다. 이 같이 술을 마시면 어떤 식으로 보다 자유스럽게 행동할 수 있는 것같이 느껴지기 때문에 알코올을 흥분제라고 잘못 생각하는 사람들이 있다. 술은 흥분제가 아니지만 '자유롭게' 느껴지는 흥분은 분명 가능하다. 취해 있는 동안 자기통제가 감소되기 때문에 사회적으로 난처해지는 행동, 부상 또는 자동차 사고 등을 일으킬 수 있다. 장기간의 과도한 알코올 섭취는 대뇌, 간 및 기타 내장기관의 손상을 일으키며 성격의 변화도 일으킬 수 있다. 또한 술을 많이 마신 뒤 기억이 끊기는 사람들이 있다. 특히 회식이 많은 군대조직에서 가끔 지난 밤 회식에서 있었던 일을 기억 못하는 '필름끊김현상'이 나타나곤 한다. 필름이 끊긴다는 것은 인체에 흡수된 알코올이 뇌 신경전달물질의 기능을 변화시켜, 기억임무를 맡고 있는 대뇌의 일부를 마비시킨 것으로 일시적인 단기적 기억장애라고 할 수 있다. 필름끊김현상이 며칠 간격으로 계속되거나 술이 깬 후에도 기억이 예전 같지 않으면 전문의를 찾아 치료를 받는 것이 좋다.

알코올은 1단계로 소뇌에 영향을 미쳐 언어와 운동감각에 혼선을 일으키고, 2단계로 의식을 주관하는 뇌 영역인 뇌간을 자극하며, 음주량이 많아지면 기억능력을 담당하는 세포가 집중적으로 분포되어 있는 측두엽 세포를 취하게 만드는 3단계로 접어든다. 마지막 4단계는 판단력, 추리력, 변별 등 고도의 정신작용을 하는 대뇌피질 세포를 파괴함으로써 만성적인 알코올성 치매를 일으키게 된다. 음주를 하게 되면 알코올의 혈중 농도에 따라 다음과 같은 양상이 나타난다.

가 0.05%: 추리력, 판단력, 사고력, 색채감별력의 감소

나 0.1%: 흥분, 과잉행동, 사지활동 및 발음장애 시작

다 0.2%: 전 운동기능의 현저한 장애, 몸의 균형유지장애

라 0.4~0.5%: 마취, 혼수상태, 호흡장애

마 0.6%: 호흡 및 신장 기능의 심각한 장애, 사망

도로교통법에 따른 음주운전의 기준은 다음과 같다. 술에 취한 상태의 기준은 혈중알코올 농도 0.05%이상이며, 이 기준은 사람의 체질에 따라 다르지만 보통 성인의 남자가 소주 2잔 반(캔 맥주 2개, 양주 2잔, 포도주 2잔)을 마신 후 1시간 정도가 경과했을 경우에 해당된다. 술에 만취한 상태는 혈중알코올 농도 0.1% 이상으로 보고 있다.

가 운전면허 정지: 혈중알코올 농도 0.05%~0.1% 미만으로, 사고가 없을 경우 면허정지 100일에 해당된다. 그러나 대인사고 시는 운전면허가 취소되고 형사입건되고, 대물사고 시는 형사입건된다.

나 운전면허 취소: 혈중알코올 농도 0.1%~0.36%으로, 사고와 관계없이 운전면허가 취소되며 형사입건된다. 대물, 대인사고 모두 면허취소와 함께 형사입건된다.

다 음주측정 불응시는 형사입건 및 면허가 취소되나, 측정결과불복 시는 재측정이 가능하다.

이상의 모든 경우 형사 입건 시 2년 이하의 징역 또는 500만원 이하의 벌금이 부과될 수 있다. 일반적으로 마지막 술을 마신 후 대략 30~90분 후에 최고 혈중 농도에 도달하며, 음식물을 같이 먹으면 흡수속도가 늦어진다. 최고 혈중 농도에 도달하면 이후에는 시간당 0.015%씩 알코올 농도가 감소된다. 그러나 알코올의 인체 내 처리과정은 사람에 따라 흡수, 취기, 수준 등에 개인차가 많아 일률적으로 단정하기 힘들다. 통상 이러한 과정에는 유전적인 영향이 50% 이상을 차지하며 1~2주 이상 지속적으로 술을 마시면 술에 내성이 생겨 더 많은 양의 술을 마셔야 취하게 된다.

알코올이 시각적 지각에 미치는 영향에 대해서는 견해들간에 차이가 있다. 알려진 사실들은 알코올이 어두운 광선에 대한 지각은 높여주지만 보다 명도가 높은 광선들, 색채들 그리고 깊이의 차이에 대한 지각 등을 손상시킨다. 청각적 지각에 대하여서도 마찬가지이다. 소리의 크기를 지각하는 것과 같은 부분은 영향을 받지 않지만 상이한 리듬과 고저들을 변별하는 능력은 1차례의 알코올 섭취로도 영향을 받는다. 후각과 미각은 일

률적으로 감소한다. 시간에 대한 지각도 왜곡된다. 대부분의 사람들은 '술기가 있을 때' 시간이 보다 빨리 지나가는 것으로 보고한다. 이 같이 알코올이 변질된 의식상태(altered state of consciousness: ASC)를 생성시킴이 분명하지만, 어떤 것은 알코올 자체 때문이 아니라 사람들에게 작용하리라고 생각되는 기대 때문에 일어난다. 실험적 증거들은 강장제를 마시면서도 알코올을 마시고 있는 것으로 믿고 있는 사람은 보다 공격적이 된다는 것을 보여주고 있다. 또한 스스로는 알코올을 마시고 있는 것으로 잘못 믿고 있는 사람들은 성적으로 보다 흥분하며 사교장면에서 덜 불안해 한다(Marlatt & Rohsenow, 1981).

2 암페타민(amphetamine)

필로폰(philopon)이라고도 하며 일본식 발음으로 '히로뽕'이다. 주성분은 메스암페타민(methamphetamine)으로 2차대전 말기 일본의 공장 노무자들이 피로를 이기고 작업능률을 높이기 위해 복용시킨 것으로 알려졌다. 중추신경 흥분제 중에서는 가장 강력하며 복용하거나 코를 통하여 흡입할 수도 있는데, 정맥에 주사기로 투입될 때 약효가 즉시 나타나고 보다 강하다. 정신을 맑게 해주고 우울증을 해소하며 피곤하지 않은 것처럼 느끼게 해준다. 또한 자기의 능력을 실제보다 한층 높게 평가한다. 따라서 정상인의 한계를 넘어서 활동할 수 있는 힘이 생기는 효과가 있다.

많은 사람들이 필로폰이 정력을 증강시킨다고 믿고 있다. 그러나 이 약물은 저장 에너지를 정상보다 더 신속하게 방출하는 작용을 할 뿐이다. 인체에는 일정량의 에너지만이 있기 때문에 순간적인 분출 이후엔 곧 바닥이 나고 이에 따라 육체적인 허탈에 빠지게 된다. 신경이 예민해지고 피로를 느끼지 않기 때문에 많은 횟수의 성적 관계를 맺는 경우도 있고 여러 시간 남녀관계를 지속하는 경우도 있으나, 이는 정신적인 것이지 생리적인 것은 아니다. 다량으로 정맥에 주사되면 몇 시간 동안 황홀감에 빠지며 이를 유지하려면 다시 주사를 맞아야 한다. 그러나 남용하다 보면 기진맥진한 상태에 떨어지게 된다. 이런 상태가 계속되면 주변 사람을 의심하게 되고 자기가 어떤 음모에 말려들고 있다는 편집증적 망상에 사로잡힌다. 이러한 편집증적 망상과 격분으로 인해 사람을 해칠 수도 있다. 그러나 내성이 있는 사람이 과량으로 사망하는 예는 드물며 인격이 파탄되고 판단력이 흐려지는 데다 주의와 지각이 교란되어 산 것도 아니고 죽은 것도 아닌 혼수상태의 삶을 살게 된다.

3 코카인(cocaine)

볼리비아, 페루, 칠레 등지의 고지대에서 자라는 코카나무의 잎사귀에서 나오는 알카로이드다. 수세기에 걸쳐서 안데스산맥 지방의 인디언들에 의해 사용되었다. 코카인은 인류가 최초로 발견한 국소 마취제인데 1884년 정신분석학의 창시자인 Freud 박사가 생리적인 효과를 최초로 상세하게 연구했다. 오늘날 코카인은 미국 약물시장에 가장 많이 나타나고 그만큼 가장 많이 남용되고 있다. 코카인의 효과는 소비한 양, 섭취하는 방법 그리고 사용하는 장면 등에 따라서 달라진다. 코로 흡입하거나 주사하는 것이 일반적인 방법이며 피울 수도 있다. 코카인은 교감신경계를 자극하며, 심장박동을 증가시키고 혈압을 상승시키며 혈관은 수축시킨다. 양이 많으면 체온을 높이고 눈의 동공을 확대시킨다. 이 약물은 사고력이 향상되었다는 감각은 물론 행복감을 가지게 하는 경향이 있어 복용 후 15분 내지 30분에 최고조에 달한다. 코카인 효과가 떨어지면 가끔씩은 '요란한 붕괴의 느낌' 또는 심한 불쾌감을 경험한다. 비교적 많은 양을 소비한 사람은 불안, 의기소침, 피로 그리고 더 많은 코카인을 가지고 싶은 욕망을 경험한다.

코카인은 신체적으로 중독되는 것은 아니지만 그것은 강하게 복용하려는 습관이 형성되며 특히 피우거나 주사를 맞는 사용자가 그러하다. 규칙적으로 사용하면 수면장애와 식욕상실을 일으키며 불안한 편집증 상태를 일으킬 수 있다. 다량 복용하면 맹렬한 흥분, 환각과 황홀감을 일으킨다. 과량 복용하면 심장마비와 호흡정지로 사망에까지 이른다(Van Dyke & Byck, 1982). 콜롬비아가 최대의 코카인 수출국으로 부시 행정부의 파나마 침공도 미국 내 밀반입을 막기 위한 것이었다. 한국에는 거의 사용되지 않았는데 1989년도에 일부 모델이 흡입한 것이 최초의 적발로 기록되고 있다.

[4] 헤로인(heroin)

설익은 양귀비의 열매 꼬투리에 흠집을 내면 우유 같은 수액이 흘러나오는데, 그것을 받아 갈색의 고무질 물질로 될 때까지 건조시키면 아편이 된다. 아편은 진통과 설사에 특효가 있어 고대로부터 사용되어 왔는데, 과학의 발달로 아편 유도체를 합성하기에 이르렀다. 모르핀은 1805년에, 헤로인은 1898년에 각각 합성됐다. 모르핀은 가장 효과적인 진통제나 마취제로 이용된다. 모르핀을 반복적으로 사용하면 내성과 생리적 의존이 유발된다. 금단하면 온몸이 쑤시고 통증이 오며 구역질, 열, 설사 등의 증세가 나타난다.

화학적 합성물인 헤로인 효과는 모르핀에 비해 3배나 강하다. 헤로인은 뇌 내에서 모르핀과 거의 동일한 화학구조로 바뀌기 때문에 신경계에서 모르핀과 거의 유사한 효과를 나타낸다. 흡입, 피하주사, 정맥주사로 효과를 얻을 수 있는데 정맥주사가 경제적이며 효과도 크다. 필로폰, 코카인과는 달리 중추신경을 완화시키기 때문에 긴장, 배고픔, 우울증, 공포감을 억제시키고 만족감과 포만감을 느끼게 한다. 도가 지나치면 도취감이 인사불성에 가까운 활동마비에 이르게 된다. 일단 중독되면 헤로인을 계속하여 공급받는 것이 생활의 전부가 되어 돈과 약물을 얻는 데만 정신을 쏟기 때문에 다른 일을 할 수가 없다. 약을 끊으면 곧 금단증상이 나타나 참을 수 없게 된다. 헤로인 중독자를 치료하기 위해 법적으로 허용된 메타돈(methadone)이라는 약물이 사용되는데, 이 약물도 중독성을 가지고 있는 것으로 알려져 있다. 헤로인은 뇌의 호흡중추를 억제하기 때문에 매우 적은 양이 사용되었을지라도 호흡을 둔화시켜 사망에 이르게 한다.

필로폰과 헤로인 중독자들은 모두 범죄와 연관될 가능성이 높다. 약을 얻기 위해서는 수단과 방법을 가리지 않고 도덕성이 황폐해지기 때문이다. 그러나 필로폰 쪽이 더욱 위험하다. 중독자들은 자주 편집증적인 망상에 시달리고 성격이 과격해지기 때문에 이유 없이 많은 사람을 해치는 경우가 종종 있기 때문이다. 그러나 헤로인 중독자들은 개인적인 황홀감에 도취돼 자신을 사회와 격리시키려는 경향이 있다. 따라서 계속 헤로인을 구입할 돈만 있으면 별다른 사회적 말썽을 일으키지 않고 스스로 시들어 가게 된다.

5 마리화나(marijuana)

마리화나의 재료는 대마 속에서 추출된 것으로 어느 부위에서 체취했느냐에 따라서 여러 가지 서로 다른 명칭이 부여되고 있다. 대마의 맨 꼭대기에서 채취한 부분이 마리화나이다. 또 흔히 통용되는 것으로 하시시(hashish)라는 것이 있는데, 이는 인도삼의 줄기와 잎 부분에서 채취한 것으로 이집트, 이란, 터키에서 나오고 있다. 대마초는 대마나무의 잎, 가지, 씨를 잘게 갈아 섞은 것으로 주로 종이로 말거나 파이프로 피운다. 피우면 환각 증세가 나타나는데 특히 청각에 예민하게 작용하여 가수, 악사들 사이에 많이 사용되고 있다. 이런 현상은 순수한 농도에서 섭취된 주성분의 효력이다. 신체와 뇌에 흡수된 성분은 흥분을 일으켜 행복감, 친절감, 어떤 경우에는 색, 음악, 맛에 대한 특이한 지각을 일으킨다.

실험에 의하면 마리화나는 단기기억의 폭을 감소시키고 빠른 판단력을 둔화시킨다(Clark & Nakashima, 1968). 운전능력 실험에서는 속도판단의 오류를 더 범하는 것으로 나타났다(Hollister, 1971). 이상의 실험적 사실은 극히 부분적인 것으로서 피험자마다 다르고 같은 피험자인 경우에도 주어지는 과제에 따라 서로 다르게 반응한다. 그러므로 마리화나가 인간의 知的인 행동에 미치는 영향을 정확하게 기술하기는 매우 어렵다.

그러나 마리화나는 기분을 고조시키고 세계의 정상에 오른 듯한 기분을 경험한다는 것은 피험자들의 공통적인 내성적 보고이다. 객관적으로는 시각에 장애가 오며 신체상을 잘못 지각한다. 꿈을 꾸는 것과 같은 경험을 하면서 간헐적으로는 착각을 경험하기도 한다. 또한 시간 및 장소에 대한 왜곡이 심하다. 마리화나의 효과는 판이한 경우가 있다. 즉, 어떤 사람은 공격적인 행동을 하는가 하면 또 어떤 사람은 철회적인 행동을 하는 수가 있다. 인간의 행동에 미치는 마리화나의 영향은 여러 가지 요건에 따라 다르다. 즉,

사용한 용량, 사용자의 만성 정도 및 그 환경 등이 중요하다. 그 외에도 사회적 요건에 따라서 서로 다르게 나타난다.

마리화나의 복용은 필로폰이나 코카인에 비하면 그 폐해가 작고 명확한 증거는 없지만 미 National Institute on Drug Abuse(1977)의 보고서에 의하면 금단증상도 거의 없는 것으로 알려져 있다. 그러나 가장 최근의 연구는 그것을 장기적으로 이용하면 부정적인 효과가 생기는데 거기에는 허파와 대뇌세포의 손상, 남자의 정자수가 적어지는 것 등이 포함된다(Zimmerman, Bruce & Zimmerman, 1979). 이 약의 복용자가 신체적으로 이 약에 의존한다는 증거는 없지만 심리적 의존감을 일으킨다는 증거가 있다(Souelt, 1967). 한국에서는 지난 1976년 대마관리법이 시행되기 전에는 쉽게 구할 수 있었고 젊은 층들이 많이 사용했었다. 대마는 술과 함께 세계에서 가장 일반적으로 사용되는 중독성 약물이다. 두 가지 중 한 가지만을 선택 허용하는 국가도 있는데, 대부분의 국가에서는 술은 합법화하나 마리화나는 금지시키고 있다.

6 LSD-25

이 약물은 1943년 Hofmann이 최초 합성하였다. 소화관에서 쉽게 흡수되며 20μg 정도의 소량 내복으로도 지각이상 · 환각 · 정신분열 증상 등을 나타낸다. 이 약물은 미국에서 히피라고 불린 젊은이들 사이에서 한때 애호되었으며, 남용한 결과 마약보다 더 심한 해를 끼쳤으므로 법률에 의해 엄격히 규제하게 되었다.

LSD-25가 행동에 주는 영향에 대한 실험은 고양이, 개 및 비둘기 등 여러 가지 동물을 대상으로 이루어졌다. 이들의 연구결과에 따르면 학습한 행동형태로서의 근육운동 반응은 현저하게 저하되고 지각기능에도 상당한 변화를 가져온다. LSD-25는 피암시성을 증가시키며 잔상의 강도와 지속 시간을 아울러 증대시키는 기능을 한다. LSD-25는 색채 지각기능을 상승시키는 힘을 가지고 있다. 복용자들은 간단한 대상도 유심히 응시하여 그것이 극히 아름답다고 한다. 왜냐하면 정상적 의식에서는 자각 못 하는 색, 결의 다양성을 경험하기 때문이다. 양이 많아 약효에 더 민감해지면 만화경적 양식과 상 또는 괴상한 장면을 보기도 한다. 위치가 뒤틀리거나 신체상이 변화하는 일도 흔히 있다. 이러한 시각적 효과는 어떨 때는 놀랄 만큼 아름다운 것이지만 때로는 지극히 불쾌하고 화나게 하는 것이라고 보고되고 있다.

소리에 대한 지각도 여러 가지 방법으로 변한다. 어떤 사람은 상상적 회화 또는 완전히 오케스트라로 된 독창적인 심포니나 이전에는 몰랐던 외국어를 듣는다고 보고하고 있다. 청각은 예민해지고 따라서 호흡하는 소리, 심장 박동 또는 바람에 떨어지는 나뭇잎 소리와 같은 낮은 소리도 예민하게 지각하게 된다(Barron, Jarvik & Bunnell, 1964). 특히 소리 자극을 주었을 때는 색채 지각이 더 잘 된다. 이는 서로 다른 감각 자극과 그에 대한 반응의 복합성을 시사하는 것인데, LSD-25가 억제 작용을 하느냐, 항진 작용을 하느냐는 피험자가 어떤 과제를 해결해야 하느냐, 즉 과제의 성질, 피험자의 태도 등에 따라 다르다. 그러나 아직까지 이들의 관계를 단정적으로 설명할 만한 실험결과는 발표되어 있지 않다(Keeler, 1965). LSD-25는 아직 임상적 응용이 확인되지 않고 있으며, 특수한 정신장애를 일으키므로 정신생리학·정신약리학 분야에서 단순히 실험적인 사용이 고려되고 있을 뿐이다.

제 7 장

전쟁과 공황행동

일반적으로 사람들은 화재, 홍수, 지진, 전쟁과 같은 큰 재난을 당하게 되면 동시에 그 위험이나 공포사태로부터 동시에 탈출하려는 행동을 보이게 된다. 한다. 만약 사태가 너무나 위험한 것이어서 도피만이 안전을 확보할 수 있는 길인데 도피구나 탈출로가 너무 제한되어 있다면 공황이 일어날 수 있다. 문제는 이러한 주민들의 공황행동이 정상적인 군 작전의 차질을 초래하고 국민적 사기(morale)를 저하시킨다는 것이다.

전쟁을 둘러싸고 사용되는 공황이란 용어는 그 전개 단계에서 두 가지의 의미를 지니고 있다. 첫 단계의 의미란, 전장 내의 적으로부터 직접 체험하게 되는 공포로 인한 공황인데, 이때 공황행동은 크게 두 가지 유형으로 나누어진다. 한 유형은 공포에 떨며 이리 저리 정신없이 오가는 행위이며 주로 폭격이나 총소리 같은 청각적인 자극에 의해 유발된다. 다른 유형은 공포로 꼼짝하지 못한 채 떠는 행동으로 주로 눈앞에 보이는 전우의 참혹한 시체나 적의 존재 같은 시각적 자극에 의해 유발된다. 두 번째 단계의 의미는 전장 내에서의 공포가 전장 밖 사방으로 퍼져 간접적으로 느끼게 되는 불안으로 인한 공황이다. 원활한 군사작전을 가장 크게 방해하는 것은 바로 이런 불안에 의한 공황이다. 공황이 어떤 효과를 가지게 되는 것은 통상 직접적으로 당해 본 공포가 지역적으로 널리 퍼지거나 또는 망각되지 않은 과거의 공포가 되살아남으로써 장병들이 불안을 느끼게 되고, 이 만연한 불안이 어떤 하나의 동기 또는 자극물이라는 임계철선을 만나게 되면 조직적인 통제를 잃게 되고 오로지 생존의 불빛만을 찾아 사방으로 날뛰는 광분의 상태로 돌입하게 되며 이때 공황의 효과는 극대치를 기록하게 되는 것이다. 군의 리더는 공황에 사로잡힌 장병들의 심리상태를 이해하고, 공황의 예방과 발생에 대비를 해 두어야 할 것이다.

1. 전쟁과 심리적 공황

1) 공황의 개념

전쟁상황에서 공황이란, '극심한 공포나 불안에 압도되어 평소의 자제력을 상실하고 방황하거나, 극도의 이상 흥분으로 무기력, 허탈, 무감각하여 공포자극으로부터 무조건 이탈하려고 하는 군중이나 병사들의 도피행동'(National Research Council, 1946)을 의미한다. 사회심리학에서는 개인이 음식이나 출구와 같은 제한된 자원에 접근하기 위해 경쟁하는 행동적, 사회적 혼란의 한 형태도 공황으로 보고 있다. 공황에 대한 고전적 연구는 Mintz(1951)에 의해 이루어졌는데, 그는 화재 중에 발생하는 사망의 대다수는 출구를 막거나 다른 사람을 밀거나 하는 비적응적 행동의 결과임을 지적하였다. 전형적으로 그러한 공황은 정서적 흥분, 군중 내에서의 정서감염, 피암시성과 같은 요소에 의해 설명되었다. 공황은 극단적인 공포 정서에 의해 야기되는 집단적인 도피행동이기 때문에 공황에 빠진 군들의 유일한 행동목표는 공황자극으로부터 멀어지는 것이다(Canetti, 1962).

전투 중 장병들에게 있어 공황은 전투 부적응 행동 중 최악의 상태로서 일단 공황이 시작되면 흥분, 판단의식 결여, 자아통제감의 상실, 공포, 분노 등 정서반응이 강렬해지는 증상을 수반하며, 심리적 동질 상태를 조성하여 쉽게 동조하고 행동하거나 폭행, 잔악한 열광과 몰입 등으로 이어질 수 있다. 따라서 공황에 휩싸인 병사들은 안전욕구의 지배를 받기 때문에 주의력의 범위가 매우 좁아지고 이성을 잃고 무분별한 사태에 빠진다. 따라서 이들 공황에 빠진 병사들에게서 질서나 명예심을 기대할 수 없다.

2) 공황행동 유발 요인들

무엇 때문에 군대에 공황이 발생하고 또 만연하는가? 2차대전까지의 전투에서 공황을 연구한 미국의 학자들은 다음과 같은 결론을 내렸다. 우선 공황의 시작은 먼저 체력의 감소에서 비롯된다. 피로, 기아, 수면부족 그리고 비타민 B의 결핍 등이 같은 이유로 공황의 원인이 된다. 술에 만취되는 것도 공황의 원인이 될 수 있고, 나쁜 생활환경 즉, 오물투성이라든가 해충이 득실거리는 환경도 또한 공황을 유발하는 한 조건이 될 수 있다. 둘째, 어떤 정신상태는 공황의 적신호가 된다. 분노, 근심, 극단적인 위협에 의한 부대지휘, 계속되는 사상자의 발생, 전투에서의 패배, 계속되는 후퇴 그리고 계속되는 방어는 공황을 유발시키기 쉬운 상황이다. 셋째, 상황에 대한 지휘관들의 빈번한 비관적 견해의 표시, 그리고 장교들 사이의 잦은 의견 충돌도 병사들의 사기를 저하시키고 공황을 유발하는 조건이 된다. 사실 병사들의 자신감을 손상시키는 지휘관들의 행동은 공황을 유발하는 큰 요인이 된다. 모순되고 강압적인 명령, 우유부단한 조치, 긴장된 순간에서의 무작정한 기다림, 빈번한 거짓 경보, 이유 없는 철수 그리고 상황에 대한 비관적 태도 등이 그런 것들이다. 넷째, 부하들이 매우 신뢰했던 지휘관의 죽음 역시 부하들을 불안하게 만들기 때문에 공황을 유발할 수 있다. 어떤 형태로든 불안을 느끼는 것은 공황을 일으키는 좋은 조건이 된다. 그것이 실제적이든 가상적이든 간에 부대의 측면 위협, 통신두절, 보급차단, 새로운 방향에서의 적의 기습적 공격, 사상자 처리를 제대로 하지 못한 데서 볼 수 있는 처참한 전우의 시체들, 야간에 병력의 이상한 실종, 그리고 적의 위치를 알 수 없는 상황 등은 공황 유발의 중요한 조건들이었다. 유언비어 또한 공황의 근원이었다. 이러한 공황의 원인들을 요약 정리하면 다음과 같다(National Research Council, 1946).

1 물리적 원인: 기후조건(혹한, 혹서), 무기 및 탄약의 부족.
2 생리적 원인: 기아(영양실조, 비타민 B의 결핍), 갈증, 피로, 수면부족 또는 불규칙한 수면, 만취상태의 음주, 질병.
3 정서적 원인: 긴장된 상황하에서의 오랜 기다림, 상황의 불확실성, 전투나 전쟁상황에 대한 무지, 정신적 고립감, 공포정서의 전이.
4 사기: 지휘관에 대한 불신, 군기의 해이, 계속되는 후퇴, 향수, 권태, 모순된 명령, 훌륭한 지휘관의 상실.

여기에 덧붙여 공황의 심리적 동기에 영향을 미치는 내·외적 요인들을 상세히 분석해본다

(1) 공황의 심리적 동기: 내적요인

1 공포심의 확산(diffusion of fear)

전시 장병들에게 많은 공포를 주는 자극으로는 전쟁 초기 적의 무차별 화력 공격으로 장거리포와 미사일 사격, 기계화 부대의 공격, 항공기 폭격, 그리고 화생무기 살포가 일으키는 살상력, 폭발음 등의 굉음과 파편들, 건물의 붕괴와 화재를 들 수 있을 것이다. 이러한 무서운 화력공격과 폭격 그리고 생화학 무기의 사용으로 인한 수많은 사상자 발생은 이를 보는 것만으로도 장병들에게 죽음과 부상이 곧 자신의 일로 나타날 것 같은 공포감을 갖게 한다.

2 불확실성(uncertainty)과 불신(distrust)

장병들은 전투에 임하는 순간부터 상황의 불확실성 때문에 불안감을 갖게 된다. 특히

전쟁 직전이나 실제 전시가 되면, 적이 의도를 감추기 위해 사용하는 위장과 기만 그리고 역정보 등의 불확실성이 장병들의 불안심리와 결합되어, 상부기관의 발표나 조금이라도 신뢰가 가는 사람들의 언행에 영향을 받아 쉽게 행동하게 된다. 더구나 모든 것이 불확실한 가운데 각종 소문과 유언비어는 물론 적의 심리전까지 가세하게 된다. 장병들이 느끼는 불안 수준과 그 상황에 대한 불확실성은, 애매하거나 혼란스런 상황에서 탈피하고자 하는 심리를 자극, 자가발전적인 유언비어를 만들어 내기도 한다. 대부분의 경우 유언비어는 애매한 상황에 대한 재해석을 확신시켜 줌으로써 불안감을 어느 정도 감소시켜 주기 때문이다(Walker & Berkerle, 1987).

3 피암시성(suggestibility)의 증대

극단적인 전투상황에서 장병들은 암시에 취약하게 된다. 무엇인가 행동을 하고자 하는 동기를 갖는 순간 사람들은 주위의 암시에 매우 취약해지는데, 그것은 그들의 욕구좌절에서 비롯된 행동욕구 때문이다. 흥분이 정도를 넘으면 민감함을 지나쳐 둔해지고, 약간의 암시나 소문에도 흔들리고 부화뇌동하게 되는 현상은 피암시성이 증대되기 때문이다. 군대 집단은 장병 개개인으로 구성되어 있다 해도 군대 전체의 집단행동을 개인행동들의 단순한 합으로만 볼 수는 없다. 집단 속에 들어 있으면 감정은 종류에 상관없이 사람들 사이에 매우 급속히 전염되는데, 이것이 바로 공황이 돌연성을 갖는 이유이다. LeBon(1896)은 이러한 전염과정을, 군중 속에 있는 사람들의 피암시성이 높아지는 것을 반영하는 것이라고 보았다.

(2) 공황의 상황적 자극들: 외부요인

1 대량 살상과 파괴 무기들

소요시나 전시에 인간들에게 많은 공포를 주는 자극으로는, 전쟁 초기 적의 무차별 화력 공격으로 장거리포와 미사일 사격, 기계화 부대의 공격, 항공기 폭격, 그리고 화생무기 살포가 일으키는 폭격음, 폭발음 등의 굉음과 파편들, 건물의 붕괴와 화재를 들 수 있을 것이다.

2 주검과 부상자들의 목격

무서운 화력공격과 폭격, 그리고 생화학 무기의 사용으로 인한 수많은 사상자 발생과 이를 보는 것만으로도, 사람들은 죽음과 부상이 곧 자신의 일로 나타날 것 같은 공포감을 갖게 된다. 인간은 자신의 죽음이나 부상뿐만 아니라 가까운 가족, 친척, 이웃의 죽음과 부상도 그 자체로 심리적 공포와 혼란을 일으키는 것으로 알려져 있다. 장병들이 매우 신뢰했던 지휘관의 죽음 역시 장병들을 불안하게 만들기 때문에 공황을 유발할 수 있다.

전투에서 부상을 당하여 피가 흐르는 것을 보면 보통 죽을 것 같다는 불길한 예감이 들어서 극도의 공포감에 사로잡힌다. 실제 전선에서 응급적인 지혈을 한 부상자 중에서 약 90%는 사실 지혈을 할 필요가 없는 부상자들이다. 일단 부상을 당한 사람들은 그 부상에서 회복된 후 당분간은 겁이 아주 많아지는 것이 보통이다. 전쟁터에서의 사상자 취급 여하는 전선에서 직접 싸우는 장병들뿐만 아니라 일반 국민들의 사기에도 영향을 미치게 된다. 부상자나 주검에 대한 당국의 소극적인 언동이나 대책은 사기를 저하시키고 공포와 불만을 누적시켜 폭도나 공황행동을 유발시킬 단서를 제공하게 된다(National Research Council, 1946).

전투에서 사람들이 더욱 비참함과 고통을 느끼는 것은 부상자의 후송이나 시체가 집단적으로 수용되는 수용소나 병원에서 이들을 목격할 때이다. 따라서 사상자의 처치나 후송 등은 가능한 많은 장병들에게 보이지 않는 것이 좋다. 심하게 훼손된 시신이나 부상자들의 신음, 단말마의 절규, 안면의 부상 등은 공포와 비참함을 느끼게 하기 때문이다. 관련 군기관은 시신의 집단 수용보다는 즉각적인 화장이나 가매장 등을 통하여 대량의 시체나 부상자들이 방치되도록 해서는 안 된다.

또한 전투에서의 단순한 부상 그 자체보다 부상 후의 경험이 더욱 고통을 주게 된다. 도움을 기다리는 동안의 고통, 수송 중의 고통, 수용된 후의 정신적 고뇌 등등은 이로 말로 표현할 수가 없다. 물론 가벼운 부상을 당해 병원이나 집단시설에 수용된 장병들은 일부 심리적 안도감을 갖겠지만 전반적으로는 대단히 비참하다는 것이다. 주검이나 부상자가 수용된 병원이나 집단 시설 같은 곳에서는 주위가 모두 비참한 광경뿐이므로 정신적인 활동경향은 소극적이 된다. 게다가 방어능력이 없어지기 때문에 각종 유언비어가 전파되고 유형·무형의 동요가 일어나기 쉽다.

[3] 유언비어

전시의 불확실한 유언비어 또한 공황의 좋은 소재가 된다. 유언비어(rumors)는 사람들의 입에서 입으로 전달되는 불확실한 이야기나 일화를 말한다. 유언비어는 폭동집단, 공황집단 등과 같은 여러 군중현상에서 공통분모적인 역할을 한다. 공황 장병의 행동도 유언비어에 의해 유지되는데, 특히 대중매체가 뉴스 보도나 발표를 통하여 풍문을 지속시킬 때 더욱 더 그렇게 된다(Milgram & Toch, 1969).

[가] 유언비어의 발생 조건

유언비어가 충분히 정의되지 않은 상황 하에서 발생한다는 데에는 학자들의 견해가 일치하고 있다. 갑작스레 일상이 단절됐을 경우(낯선 사람의 출현), 생태환경에 격변이 일어났을 경우(심한 지진), 결과가 불확실함에도 어떤 선택을 하지 않을 수 없는 상황에 처한 경우(임박한 선거), 사람들이 끊임없는 긴장 상태에 놓여 있는 경우(포위당한 도시), 또는 단조로운 작업을 수행하는 사람들이 초조해하면서도 스스로 그 불안의 원인을 꼬집어 낼 수 없는 경우(후방 부대) 등이 그러한 상황이다. 이상의 어떤 경우이든 비록 정도의 차이는 상당히 있겠지만 뉴스에 대한 요구는 있게 마련이다. 가령 어떤 결정을 내려야 할 경우, 그 결과에 영향을 미칠 수 있는 정보라면 그것이 어떤 정보이건 중요해진다. 일단 그 문제가 해결되고 나면 초조감이나 위기감은 해소가 되고 앞서 뉴스였던 것은 역사가 된다. 뉴스는 보통 권위 있는 소식통에 의해서 제공된다. 현대사회에서는 주로 대량전달 매체를 통해 뉴스가 제공된다. 만일 뉴스에 대한 수요가 이러한 통로를 통해서 제공되는 것보다 더 많을 경우 이해 당사자들은 정보를 얻기 위해 또 다른 채널에 의존할 수밖에 없다. 따라서 검열제도라든가 천재지변에 따른 물리적 장애 등 뉴스의 신속한 전파를 방해하는 상황 아래서도 유언비어가 발생한다.

Allport와 Postman(1947)은 유언비어의 심리학(The psychology of rumor)에서 흔히 인용되는 R = i×a라는 식으로 그들의 관찰 결과를 공식화하고 있다. 즉 '유포되는 유언비어의 양(R)은 그 이야기에 관심을 가진 개인들이 미치는 주제의 중요성 (i)에다 그 토픽에 관련된 증거의 애매성 (a)를 곱한 값에 따라 정해진다'는 것이다. 엄밀한 의미에서 이 공식이 입증된 바는 없지만 중요한 변수들을 규정하고 있음은 분명하다. 지역사회에서 사회적 접촉은 대부분 계급 장벽이나 또는 집단간의 친소관계 등에 의해 제약을 받는다. 유언비어는 대체로 이 같이 잘 짜여진 비공식적 소식망을 통해 전파된다. 큰 재난이 닥쳤을 경우 사람들은 누구든지 정보에 혈안이 되며 새로운 전달 통로들이 자연발생적으로 형성된다. 대부분의 사람들이 이런 상황을 먼저 친구나 친척들에게 전하지만, 상당수의 사람들은 자기 주변에 있는 아무에게나 위험이 다가오고 있다고 말해 주느라고 경황이 없음도 관찰되었다. 프랑스 혁명기간 동안 귀족 정치가들이 고용한 비적들에 관한 온갖 유언비어가 농촌지역에 광란의 공포를 불러일으켰다. 도망자, 떠돌이 승려, 우편배달부, 하인 등이 돌아다니며 자기가 아는 사람들에게 소식을 전했으며, 지방 관리들도 모두 그 소문을 퍼뜨리는 데 가담했다.

통신과 보도의 기능 정지를 말할 때 우리는 이것을 두 가지로 구별할 필요가 있다. 그 하나는 자연적인 재앙, 즉 천재지변에 의한 두절이고 또 하나는 사회적인 강제, 즉 당국의 명령이나 폭도의 파괴 등에 의한 금지이다. 두절과 금지는 대략 이와 같이 구별할 수 있지만 현실적으로는 반드시 명료하게 구별되어 나타나는 것은 아니다. 천재지변 때문에 보도기관이나 교통기관의 일부가 그 기능을 정지하지 않을 수 없게 되었을 때라도 만일 이 사회가 그 내부에 심각한 모순을 안고 있는 경우에는 이러한 천재지변을 틈타서 모순이 폭발할 위험이 있기 때문에 왕왕 사회적인 강제에 의해서 그 기능의 정지가 명령된다. 어떤 종류의 충분한 경계조치가 완료되기까지는 천재지변의 심각한 영향이 각지로 파급되지 않도록 배려하는 것이다. 이처럼 두절이 금지를 수반하는 예는 흔히 볼 수 있는 일이다. 그뿐만이 아니다. 금지에도 그 정도에 따라 여러 가지가 있다. 통신이나 보도의 기능에 대해서 전면적인 정지를 명령하는 일도 있지만 검열방침이 정도 이상으로 엄격해지면 그것만으로 전면적인 금지와 같은 효과를 내기도 한다. 지나치게 엄격한 검열제도는 민중에게 언제나 굶주림을 느끼게 한다. 이 굶주림이 바로 유언비어의 발생에 가장 좋은 토양이 된다. 이 굶주림이 있어야 비로소 유언비어가 싹이 틀 수 있고 각 방면으로 전파되면서 퍼져나갈 수 있는 것이다.

유언비어는 민간사회든 군대이든 유사한 감정을 가지는 동질적 집단에서 가장 쉽게 유포된다. 특히 대학생들은 정보에 관한 욕구가 많을 뿐만 아니라, 다양한 계층으로부터 각종 정보를 비교적 쉽게 접할 수 있어 정보전달의 빠른 매개역할을 하게 되며, 군은 집단의 인적 구성이 매우 동질적인 데다 동일한 정서 상태에서 생활하는 시간이 많기 때문에 유언비어의 발생 소지가 많고 전파속도가 빠른 집단이다. 유언비어는 불만, 욕구불만, 권태 그리고 태만에 의해 더욱 조장된다. 병원이나 교도소, 기지 같은 곳에서 유언비어가 쉽게 전파되는 것은 이 때문이다. 인간의 기대 또한 유언비어를 유발하는 요인이 되며 그 기대에 부응하는 방향으로 발전되고 전파된다(국군정신전력학교, 1984).

나 전시 유언비어

전쟁 때 어떤 지도자들은 그들 자신의 전투능력에 대한 거짓 정보를 흘려보냄으로써 적의 판단력을 흐리게 하고 전투의지를 잃게 하려고 노력했다. 이것은 오래된 수법이다. 아시아의 대부분과 유럽의 광대한 지역을 정복했던 칭기즈칸은 무력만으로는 승리할 수 있는 충분한 인력이 없었다. 그는 고도의 기동력을 이용했을 뿐 아니라, 첩보와 선전에 크게 의존하였다. 그는 공격에 앞서 적지에 첩자를 보내 자신들의 병력수와 잔혹함과 무모함을 과장하여 퍼뜨리게 함으로써 적들을 공포에 떨게 만들었다. 그들이 말하는 '끝없는 약탈의 대집단'이란 기실은 기동력을 가진 소규모의 기마대에 불과했던 것이다.

전시의 유언비어에는 일반적으로 '소망 유언비어', '공포심으로 인한 유언비어'와 '적대감에서 생긴 유언비어'가 많이 발생한다. '적대감에서 생긴 유언비어'는 우리 측 전투원 중 어느 특정집단의 결함, 불복종, 무능에 관한 것들이 대부분으로 이간질형 유언비어라고 할 수 있다. 이런 종류의 유언비어는 육군, 해군, 공군, 행정부, 우방국 혹은 자국내 소수집단들을 빈번한 희생물로 등장하게 한다. 육군이 예산과 유류를 낭비하고 있다든지, 공군이 전쟁물자로 대여 받은 식유를 몰래 팔아먹거나 유출하고 있다는 따위의 유언비어가 그것이다. 1942년 2차대전기간 중 미국에서 수집된 1천 개의 유언비어를 분석해 본 결과 이 같은 '적대감에서 생긴 유언비어'가 통상 가장 많은 숫자를 차지하는 것으로 나타났다(66%). 종전과 승리가 가까워짐에 따라 공포감에서 생긴 유언비어의 비율(25%)과 소망으로 생긴 유언비어의 비율(2%)이 서로 뒤바뀌는 현상이 나타났는데, 종전 전야에는 유언비어의 소용돌이가 거의 전적으로 전쟁종료에 관한 것이었다. 즉, 특정 상황 하의 유언비어는 소망하는 사건의 완결을 재촉하는 것이었다. 그러나 전쟁 기간 동안 줄곧 그리고 그 이후 오늘날에 이르기까지 유언비어의 대다수는 정도 차이는 있지만 비방적 성격을 띤 것으로서, 이 집단 혹은 저 집단에 대한 적대감을 나타내는 것이었다.

Rosnow(1980)는 유언비어에 관한 이전의 이론들을 확장 연구하여 소요나 전시에 유언비어의 전파에 영향을 주는 두 가지 조건을 제시하였다. 그것은 사람들이 느끼는 불안 수준과 그 상황에 대한 불확실성 정도이다. 그는 위협적인 상황이 사람들로 하여금 다른 사람들과 함께 있고 싶어 하도록 만드는 것처럼, 애매하거나 혼란스런 상황이 유언비어를 만들어 낸다고 주장한다. 유언비어를 전함으로써 사람들은 상황에 대한 잘못된 것일 수도 있는 정보를 전달한다. 대부분의 경우 유언비어는 애매한 상황에 대한 재해석을 확신시켜 줌으로써 불안감을 감소시켜 준다(Walker & Berkerle, 1987). 예를 들어, 한때 미국에서 Three Mail Island 원자력 발전소 사고 이후 유언비어가 너무나 무성하였기 때문에, 보다 정확한 정보를 제공하기 위하여 '유언비어 통제소'를 개설해야 할 정도였다. Rosnow 등은 이 사건을 연구하고 나서 그 유언비어가 터무니없는 것이었지만, 유언비어는 심한 불안감에 시달리던 사람들에게 안정감을 심어 주었다고 주장하였다(Rosnow, Yost & Esposito, 1986).

전시에 유언비어가 유포되는 주요한 이유는 한마디로 요약할 수 있다. 그것은 '개인이 느끼는 감정적 긴장을 설명하고 해소시키는 이중기능을 수행하기' 때문이다. 예를 들면 진주만 유언비어는 그 이야기를 하는 사람에게 왜 자기가 그런 조바심 나는 불안을 느끼는지 설명해 주는 데 도움이 되었다. 진주만 함대가 '섬멸'당한 것이 사실이라면, 그의 조바심은 당연한 것이 아닌가? 그의 불안감을 설명하려면 무엇인가 심각한 사태가 일어났어야 한다.

남들을 말로 비난하는 것은 자기 자신의 감정적 고통을 설명하는 한 방식일 뿐 아니라 동시에 '해소'의 한 방식이다. 누구나 욕설을 퍼붓고 난 다음에 긴장감이 감소되는 것을 안다. 그것은 욕먹은 희생자가 죄가 있건 없건 별 문제가 되지 않는다. 어떤 사람을 그의 면전에서 또는 등 뒤에서 깎아내리는 일은 그 사람에 대한 반감을 일시적으로 줄이는 이상한 특성을 지닌다. 행정부, 군 고위당국, 물가관리 또는 정치인들을 비난하는 것은, 진정한 원인이야 무엇이든 간에 축적된 적대감으로부터 어느 정도 해소감을 가져온다. 이상하게 보일 지 모르지만 해소감은 '도깨비형' 유언비어에서도 나타난다. 이웃에게 피해 상황이나 잔혹행위에 관한 과장된 이야기를 해주어 불안감을 나눠 가지고 나면, 더 이상 고독하다거나 무기력한 감정을 덜 느끼게 된다.

유언비어가 국민적 사기에 해롭다는 것을 2차대전 기간 중 연방 당국이나 민간 지도자들은 깨닫고 있었다. 파괴적인 유언비어를 추적한 연방수사국의 노력이 새로운 이야기꺼리가 되고, 전시정보국(OWI)과 기타 연방기관들이 시도한 유언비어 예방 캠페인 역시 또 다른 유언비어의 주제가 되고, 미국과 캐나다의 최소한 40여 개 신문에 '유언비어 진료'라는 고정란을 설치한 것도 새로운 유언비어의 항목이 되었다. 2차대전 시 유언비어 방지 캠페인은 1942년~1943년 사이에 절정을 이루었다. 전쟁에서의 승리가 확실해짐에 따라 불안과 증오로 일관된 감정들이 가라앉고 뉴스 업무가 좀더 광범한 신뢰를 얻자 유언비어가 줄고 임박했던 위기도 차츰 사라졌다.

전시 공황행동을 유발하고, 일부 불만 세력들의 폭도행동을 사주할 수 있는 유언비어의 종류에는 다음과 같은 것들이 있다(National Research Council, 1946).

① 적대적 유언비어

유언비어는 그 내용을 믿으려 하지 않는 사람들에게도 전파되는데, 그것은 유언비어가 억압된 감정표현의 기회를 제공해 주기 때문이다. 평소 어떤 지휘관이나 정치가에 불만이 많다고 할지라도, 그에 대한 증오심을 직접적인 공격적 행동을 통해 잘 표현할 수 없을 것이다. 그러나 이 사람이 그 지도자나 정치가에 대한 유언비어를 접하는 경우, 그는 아무런 책임감을 느끼지 않고 그 유언비어를 되풀이하면서 그들에 대한 공격적인 감정을 부분적으로나마 해소시킬 수 있을 것이며, 그로써 그 사람은 일종의 만족감을 얻게 되어 다른 일에서 생긴 나쁜 기분까지도 이런 말을 하는 가운데서 달래려 하며, 다른 사람도 그렇게 하도록 무의식적으로 격려하게 된다. 이런 종류의 유언비어가 적대적 유언비어이다.

② 공포 유언비어

어떤 유언비어는 사람들이 공포심을 갖기 때문에 발생되어 전파되기도 한다. 일본군의 진주만 기습이 있은 후, 미국 내에는 '태평양 함대가 완전히 파괴되었다'라는 유언비어가 퍼졌는데 이것은 미 국민이 일본군을 무서워하고 태평양 함대의 무력화를 염려하는 생각이 컸기 때문에 발생한 것이다. 특히 전시에는 전방상황에 관련된 불분명한 유언비어가 난무하게 되는데, 이런 종류의 유언비어는 전쟁터에 있는 남자들을 걱정하는 부모나 아내 연인들에 의해 급속히 전파된다. 이런 종류의 유언비어는 공포감 때문에 발생하며 이를 공포 유언비어라 한다.

③ 희망 유언비어

긴장과 걱정 속에서는 근거 없는 희망적인 이야기가 퍼지는 경우가 있다. 이런 이야기를 희망 유언비어라고 한다. 이는 본질적으로 낙관적인 성격을 띠고 있으므로 사람들을 안심시키고 희망과 만족감을 준다. 국민의 사기를 높이는 데 효과적이나, 지나칠 경우 정신적 긴장을 이완시켜 국민적 역량을 집결시키는 데 방해가 되기도 한다. 2차 세계대전 중 연합군의 승리 소식이 전해질 때마다 각 국에서 헌혈자가 점점 줄어들어 부상자 치료에 애를 먹은 경험을 가지고 있다. 희망 유언비어는 현재 상태의 개선과 장래의 밝은 전망을 약속해 주는 것이 있기 때문에 쉽게 전파된다. 또한 욕구불만의 해소를 위해 장래에 기대하는 소망은 희망적 관측의 유언비어로 나타나기도 한다.

④ 공황 유언비어

즉각적인 행동을 유발하는 유언비어도 있다. 적군의 접근이나 전투의 대패에 관한 유언비어가 그것으로 이를 공황 유언비어라 한다. 이 유언비어는 실제라는 가면을 쓰고 있고, 즉각적인 행동을 요구하는 것이기 때문에 곧 행동에 옮겨지게 된다. '적이 시내에 들어왔다'라는 유언비어를 들은 한 시민이 피난 봇짐을 싸게 되면 이야기를 들은 이웃사람도 역시 보따리를 싸게 되며, 이미 짐을 싸 놓은 사람은 봇짐을 싸고 있는 이웃을 보고 전에 들은 유언비어에 더욱 확신을 갖게 되어 차량이나 기타 수송수단을 준비, 피난길에 나서게 되며 이로 인해 도로는 막히고 공포감은 더욱 상승해 무질서와 폭도행동이 나타나는 대혼란, 즉 공황상태에 빠지고 마는 것이다.

4 지휘관의 무능과 불신행동

전투 상황에서는 지휘관이나 상급자들의 무능과 불신적인 언행들이 공황을 조성하는 요인이 된다. 전투상황에 대해 지휘관들이 빈번하게 비관적 견해를 표시하거나, 장교들 사이의 잦은 의견 충돌도 병사들의 사기를 저하시키고 공황을 유발하는 조건이 된다. 또한, 모순되고 강압적인 명령, 우유부단한 조치, 긴장된 순간에서의 무작정한 기다림, 빈번한 거짓 경보, 이유 없는 철수 그리고 상황에 대한 과신이나 비관적 태도 등 지나치게 자신감을 표현하거나 반대로 병사들의 자신감을 손상시키는 지휘관들의 행동도 공황을 유발하는 요인이 된다. 전투시뿐만 아니라 모든 위기상황에서 국민들이 매우 신뢰했던 정치·군사지도자의 죽음은 사람들을 불안하게 만들기 때문에 공황을 유발할 수 있다. 일시적인 위험모면이나 혼란을 염려하여 국민을 호도하는 행동들이 이후 어떤 위험과 혼란을 가져오게 될 지를 심사숙고하지 않으면 그 결과가 얼마나 비참한지 한국전쟁이나 베트남 전쟁의 역사가 잘 대변해 주고 있다.

3) 전시 공황행동의 특징

(1) 자아통제력의 상실

앞에서도 언급하였지만 공황에 사로잡히면 극심한 공포나 불안에 압도되어 평소의 자제력을 상실하고 방황하거나 극도의 이상 흥분으로 무기력, 허탈, 무감각하여 공포자극으로부터 무조건 이탈하려는 행동을 보인다. 공황은 극단적인 공포 정서에 의해 야기되는 집단적인 도피행동이기 때문에 공황에 빠진 장병이나 군중들을 통제하기는 거의 불가능하다. 그들의 유일한 행동목표는 공황자극으로부터 멀어지는 것이기 때문에 평소의 자아통제력은 완전히 상실되고 만다. 장병 및 군중은 조직적인 통제를 잃게 되고 오로지 생존의 불빛만을 찾아 사방으로 날뛰는 광분의 상태로 돌입하게 되며 이때 공황의 효과는 극내치를 기록하세 되는 것이다. 극단적인 공포와 불안으로 공황을 일으킨 사람들은, 이성을 상실한 자아통제 불능 상태에 빠지기 때문에 그들에게 어떤 사회적·물리적 통제도 큰 영향력을 발휘하지 못한다. 그래서 의식 있는 사람이 스스로 용감한 행동으로 모범을 보이거나, 여유 있는 태도로 그들을 비난하거나 일상적인 공권력의 행사로 어느 정도는 공황을 억제할 수 있을지 모르지만, 이성적 판단에 의해 공황행동을 완전히 멈추게 할 수는 없다는 데 문제의 심각성이 있다.

(2) 생존욕구의 지배

전쟁이 시작되면 대부분의 사람들은 부상이나 죽음에 대한 공포, 무기에 대한 공포, 폭격에 대한 공포 등으로 정서적으로 흥분을 하게 된다. 흥분의 정도가 약할 경우에는 감각, 지각, 기억이 모두 예민해지며, 특히 기억 활동이 고조된다. 그러나 흥분의 정도가 심해지면 스스로 주의하는 감각은 상당히 예민하지만 스스로 주의하지 않는 감각 자극은 받아들여지지 않는다. 이는 지각이나 기억의 경우도 마찬가지이다. 이 상태가 더욱 심화되면 자연히 감각도 지각도 없어지는 상태에 도달하게 된다. 기억도 상당히 소실되는 예를 볼 수 있다. 전쟁 상황에 있어서의 기억력은 전투가 오래 계속되면 대체적으로 쇠퇴하는 것이 일반적인 경향이다.

따라서 전쟁의 공포가 심해지면 인간의 모든 지각, 감각, 사고의 범위는 좁아지며 인간이 가지는 욕구도 생리적 또는 안전의 욕구 수준에서 정체하게 된다. 공황에 사로잡힌 사람들은 폭도보다 더 절실한 생존 욕구의 지배를 받아 주의력의 범위가 매우 좁아지고 이성을 잃은 무분별한 상태에 빠지기 때문에 그들에게 분별심이나 도덕심 같은 상위 차원의 행동이나 욕구를 기대할 수 없다. 따라서 인간으로서 갖는 고상한 가치나 욕구도 자기가 죽어 버리면 그만이라는 생존의 욕구 앞에 무력하게 되는 것이다. 순간순간의 생명의 연장에 집착하고, 이러한 생명의 연장을 위해서 체면이고 위신이고 다 팽개쳐 버리고 오로지 말초적인 욕망에 몸을 던지기도 한다. 생존을 위한 폭력과 약탈이 이루어지기도 하지만 대체적으로 안전이나 생존의 불빛만을 보고 내달릴 뿐이다.

(3) 행동장애 및 감각·지각의 왜곡

포탄이나 폭격의 공포가 지나치거나 그 충격이 크면 발광상태에 빠지거나, 혹은 자기 통제능력을 상실하여 혼수상태에 빠지게 된다. 극단적인 경우에는 '포탄진탕증'이라고 불리는 상당기간 동안의 혼수 또는 급사를 부르는 수도 있다. 후유증으로서는 가벼운 증세에서부터 완전한 기억상실증에까지 이르는 건망증이 있으며, 언어 방면의 증상으로는 말더듬이가 많고 심한 경우에는 말을 할 수 없게 된다. 또 지각과민증과 같은 공포 후유증을 보이기도 하는데, 심한 경우 시계의 초침소리가 가슴으로 전해져 가슴에 통증을 주기 때문에 회중시계 따위를 주머니에 넣어 둘 수 없는 등의 증상을 보이기도 한다. 이 밖에 각기증상, 설사, 식욕부진 등의 증상을 보이기도 한다. 공황발작이라고 알려진 정서장애가 일어나면 절박한 운명감, 가슴의 통증, 현기증 혹은 기절, 통제감 상실의 두려움, 죽음에 대한 두려움 등을 느낄 수 있다. 공포와 불안이 장기간 지속되면 심계항진, 식은땀, 얼굴의 창백 등과 같은 혈액순환의 장애, 구토, 소화불량, 대변조절기능 상실 등의 소화기장애, 빈뇨 및 방광조절기능 상실과 같은 비뇨기장애 등의 신체적인 기능장애를 가져오게 된다. 또한 전시에 유행하는 유언비어는 집단 히스테리(mass hysteria)의 원인이 되기도 한다. 집단 히스테리란 심인성(psychogenic) 질병, 공통적인 환각 경험, 괴상한 행동 등과 같은 비상식적인 생각, 감정, 행동이 집단이나 군중 속에서 자생적으로 일어나는 현상을 말한다(Rosnow et al, 1986).

2. 공황행동의 역사적 사례

고대의 전쟁 형태는 총력전의 개념이 적은데다 부대의 행군경로는 인구가 소산되어 있는 지역을 경유한 뒤, 인구가 밀집되어 있는 중요 요새지역을 공략하는 식이었고, 특히 대량 살상무기가 개발되지 않은 상태였기 때문에 사실상 다수의 군중이 공황을 느낄 정도는 아니며, 또한 작전부대의 이동이나 기동이 일반 군중으로 인해 큰 방해를 받는 일도 드물었다. 그러나 1차대전을 겪으면서 전쟁은 총력전의 형태로 변모하였으며 대량 살상무기가 개발되고 군대의 기동수단이 내연기관을 이용한 차량이동이 주축을 이루면서 공황문제가 발생하기 시작하였다. 즉, 일반 군중은 피아집단의 성격보다는 피아집단이 내쏟는 대량 살상무기의 위협으로부터 멀리 떨어지고자 피난길로 접어들게 되었고, 이 피난행동이 공황행동으로 바뀌면서 군사작전에도 막대한 지장을 초래하게 된 것이다. 사태를 더욱 악화시키는 것은 군사 전략가들이 이러한 현상을 의도적으로 이용하고자 인구밀집지역을 목표로 집중공격함으로써 공황을 조장시킬 가능성이 많다는 것이다.

1) 고대 전쟁과 공황

고대시기의 전쟁은 전쟁의 성격상 오늘날과 같은 광범위한 공황현상은 발생되지 않았다. 넓은 토지에 인구가 적었던 관계로 현대의 현상과 같은 어느 한 민족을 말살해 버린다는 전쟁개념이 없었기 때문이다. 즉, 다른 민족을 정복하고 그 민족을 예속시키고 그 지역에서 권력을 행사할 수 있으면 되는 일이었다. 국경선상에서 거주하는 주민들도 그들의 영주가 바뀌는데 대해 큰 관심이 없었으며, 그들의 관심은 오직 세금을 경감시켜 주는 군주가 누구인가였다. 서양사에서 중세기 전후 이러한 현상이 더욱 두드러져, 전쟁의 목표 자체가 제한된 전쟁으로, 상대국의 영주나 군주를 파멸시키기보다는 제한된 이익만 얻으면 전쟁행위를 중지하는 시대까지도 있었다. 따라서 이 당시 군사작전의 목표란 상대가 보유하고 있는 제한된 수의 군대와 지도자일 뿐, 주민이 학살 대상이 되는 경우는 극히 드물었고 따라서 공황현상을 초래하지 않았다. 다만 예외로 공황현상을 극도로 활용한 민족이 있었는데 이가 바로 몽고족이다. 이들은 사고방식 자체가 토지 위에 살고 있는 주민들로부터 얻어지는 경제적 이익에 대해서 아는 바가 적었기 때문에, 중국을 점령한 후 모든 사람들을 죽여서 중국땅 전부를 목초지로 만들자는 의견이 논의될 정도였다. 그러나 이런 주장도 통치에 관해 해박한 지식을 가지고 있었던 야율초재(耶律楚材)[1] 등에 의해 채택되지를 않았고, 다만 자연스럽게 제반 군사작전 시에만 이런 관념하에서 병력을 운용하였다. 따라서 잔혹한 파괴행위를 수단으로 하는 무자비한 살육이 점령지가 확대됨에 따라 거침없이 자행되었고, 상대집단 중 몽고군에게 화살 한 대, 돌 한 개라도 던진 자는 반드시 죽이는 방식을 채택하여 적으로 하여금 공포로 인한 공황을 유발시켜 전투의지를 꺾어놓곤 하였다. 그 반면 항복을 할 경우 별다른 제재를 가하지 않음으로 인해서 한동안 가히 천하무적의 승리를 구가할 수 있었다. 이 같이 고대시

---

1) 칭기즈칸은 자신에게 맞서는 무리들에게는 무자비했지만 항복한 사람들에게는 관용을 베풀었다. 특히 손재주가 있거나 무예가 뛰어난 자, 학문이 높은 사람들을 중용하고 가까이 두었다. 그가 금나라를 칠 때 학문적 덕망이 높은 석학 야율초재(耶律楚材)를 눈여겨 보고 신하로 얻기 위해 삼고초려를 한다. 몽골제국의 통치 이데올로기는 이 야율초재의 머리에서 나왔다. 몽골제국의 통치술은 지금 중국이 대륙의 소수민족을 다스리는 정책의 기초가 되었다고 한다.

기의 전쟁에 있어 공황은 별다른 의미가 없었고, 또 항복으로 쉽게 해결될 수 있었던 시대였다(국방부, 1979).

2) 현대전과 공황

공포에 휩싸인 부대에 공황을 일으키는 것은 아주 쉽다. “가스” “도망치자” 또는 “연락이 끊겼다”라고 작게 소리치는 것만으로도 충분하다. 이 사실은 전쟁에서 역이용될 수도 있다. 1차대전 시 독일군 스파이들이 미군에 잠입해 들어와 미군이 공황을 일으킬 수 있는 혼란한 시기라고 판단되면 “가스”라고 소리를 치곤 했다. 그래서 미군은 진짜 가스 살포를 알리기 위한 별도의 암호 경보를 사용해야만 했다. 전쟁의 역사를 들추어보면 사소한 사건에 의해 부대가 공황에 빠진 예를 많이 볼 수 있다. 1904년 노일 전쟁 시 러시아군은, 해질 무렵 논에 들어갔던 병사가 앞에 나가 있는 보초의 그림자에 놀라 “일본군이 온다”고 고함을 치자 부대가 공황에 빠진 적이 있었다.

1896년 이탈리아 군이 아비시니아를 침공했을 때 이탈리아군은 저하된 사기, 장병들간의 상호불신 그리고 철수를 주장하는 장교들간의 잦은 말다툼 등으로 사기가 저하되었는데, 설상가상으로 부대에 만연된 유언비어는 병사들을 공포에 떨게 만들었다. 유언비어를 통해 병사들에게는 아비시니아인들이 포로를 어떻게 고문하고 또 어떻게 불구자로 만드는가 등의 잔인한 행위에 대하여 많은 이야기가 떠돌았는데, 행군 도중 괴성을 지르면서 아비시니아 원주민들이 공격해 오자 병사들은 모두 총을 버리고 무질서하게 도주해 버리고 말았다(National Research Council, 1946).

전시가 아니더라도 공황사고는 종종 엄청난 인명손실을 초래한다. 1903년 미국 시카고의 이로쿠와 극장에서 발생한 공황사고에서는 600여 명의 사람이 사망했다(Foy & Harlow, 1956). 무대 뒤쪽에서 일어난 조그마한 화재가 원인이 되어 일시에 출입구를 향해 내달리다 발생한 이 공황사건은, 공포에 직면한 인간들이 저지를 수 있는 최악의 공황행동을 보여 주고 있다.

현대시기의 공황현상에 대한 대표적 예는 히틀러의 대프랑스 작전이다(Doughty, 1990). 이 작전은 비록 전격전이기는 하였으나, 이미 연합국 측에서도 예상하고 있던 바였으며 독일군은 베네룩스 3국을 경유하는 진격로를 선정할 것으로 판단하여 개전과 동시에 연합군의 예비대가 이곳을 증원하도록 계획되어 있었다. 전쟁이 시작되자 이 방면으로 독일군의 공격이 시작되었다. 우리가 알다시피 이곳으로의 독일군 공격은 주공이 아닌 조공이었으나, 연합군 측으로서는 그들이 아르덴느의 삼림지대로 진격할 줄은 전혀 예상하지 못하고 있었기 때문에 연합군은 예초의 계획대로 움직였다. 개전 초기 맹렬한 포격을 받으면서 피난민들이 쏟아져 나왔다. 그들이 지닌 공황은 1939년 9월의 폴란드 침입 시 이미 독일군이 보여 주었던 대량 살상무기로부터 이탈하려는 것이었고, 1940년 4월 덴마크 역시 이 공포로 인하여 저항 없이 항복한 바 있는 상황이었다. 피난민들은 자연스럽게 전쟁을 피하여 남으로 움직여 나갔다. 그러나 이 공황에 사로잡힌 피난민 대열이 베네룩스 3국 쪽으로 증원해 들어가던 연합군과 도로상에서 엉켜버린 것이다. 군대와 민간인 두 집단이 도로상에서 엉켜 우왕좌왕하고 있을 때, 히틀러의 주공은 아르덴느를 통해 그들의 뒤를 끊어 버렸다. 공황현상을 유일하게 해결해 줄 수 있는 연합군의 기동예비대가 뒤엉켜 있는 동안, 독일군 조공집단은 베네룩스 3국을 점령하였고, 주공은 배후로 진출하는 바람에 프랑스 지휘관들은 "모르겠다! 부대는 어디에 있고, 적은 또 어디에 있는가?" 하며 마침내 무전기를 집어 던졌다. 결과적으로 보아 히틀러는 현대전의 급소, 즉 공황을 군대와 민간인 모두에게 정확히 적용시킨 것이었다. "나는 1910년대의 시간표로 움직이는 것이 아니라 1940년대의 시간표로 움직이는 것이다."라고 히틀러는 호언하였고, 연합군의 파멸은 가속화되었으며 공포에 젖은 피난민들은 꼼짝할 수가 없었다. 사실적으로 현장을 표현하자면 '피난민과 프랑스군 병사들은 공포로 일그러진 얼굴로 도랑 속이나 울타리 옆, 길가의 움푹 패인 곳 등 도처에 웅크리고 있었다. 군대도 시민도 길 양측을 반광란상태가 되어 도망치려고 우왕좌왕하고 있었다.'

3) 한국전과 공황

1950년 한국전쟁에서의 공황현상은 어떠하였는가? 이 전쟁에서의 대표적인 공황현상은 개전 초기와 한강교 폭파 그리고 1·4 후퇴와 현리 전투에서 나타났다. 개전 전 서울 인구는 지금의 1/7 정도에 해당하는 약 150만, 그 밖에 영등포를 비롯한 주변지역 인구 약 25만을 포함해서 약 175만의 수도권 주민들이 거주하고 있었다. 당시 정부기관의 서울로부터 철수계획이 없었던 것과 같은 맥락으로 당연히 민간인 철수계획도 없었다. 당시의 혼란과 공황상태를 '일본육전사 연구보급회'가 1966년부터 수년간에 걸쳐 편찬 발간한 조선전쟁 1~10권을 우리 육군본부 군사연구실(1986)이 번역하여 보급한 『한국전쟁』 내용을 중심으로 기술해 본다.

(1) 개전 초기 서울 함락과 공황

6월 27일 06시의 라디오 뉴스는 돌연 지금까지의 아군 측 승리에 관한 방송과는 딴판으로, 적의 침입으로 정부와 국회가 수원으로 임시 이동한다는 발표를 하였다. 지금까지 군의 승리를 믿고 있었던 시민들 사이에 대혼란이 일어나기 시작하였다. 시내에서 밀려 나온 피난민들은 남대문에서 용산을 거쳐 한강교를 향해 속속 남하하기 시작했고, 서울역은 수많은 군중이 쇄도하여 수습할 수 없는 대혼란에 빠졌다. 열차를 단념한 주민들은 도보·자전거·우마차·자동차 등으로 남하를 시작하여 거리는 사람과 차량으로 온통 메워져 있었다.

이러는 가운데 '국군이 적의 전차를 막을 방법도 없고 파괴할 수 있는 장비도 없다'는 소문과 함께 '의정부 탈환'이라는 라디오 뉴스와 벽보가 나붙어 일부 시민들이 다시 집으로 돌아가는 등 혼란이 가중되는 가운데 포성은 가까이 들려 오고 있었다. 15시경에는 '맥아더 사령부 수원 설치'라는 뉴스와 시민들의 자제를 당부하는 방송이 다시 나와 시민들은 점점 더 우왕좌왕할 수밖에 없었다. 정부에서는 시민들에게 어떻게 하라는 지시도 내리지 않은 채 엉터리 같은 뉴스만 보도하고 있었던 것이다. 이날 밤 23시에 대통령의 천도에 관한 담화와 국민의 분발을 요망하는 녹음방송이 있는 가운데도 총성은 들려오고 라디오는 '우리 군의 승리'를 방송하고 있었다. 포성이 더 가깝게 들려오자 거리에는 또다시 피난민이 넘쳐 주간보다 더 혼잡한 양상을 보이며 차도 사람도 나갈 수가 없었다. 서울 이북에서 밀려 온 피난민들에 의한 혼란과, 이들 틈에 끼여 남파된 적 공작원들에 의한 유언비어로 인하여 서울은 단시간에 공황에 휩싸이고, 이를 견디지 못한 시민들은 물론 일부 경찰관들까지 피난민 대열에 끼여 도주해 버렸다.

적이 마침내 전차를 앞세우고 서울 시내에 출현하자 서울의 외곽 방어선은 일시에 붕괴되기 시작하였고, 정부에 대한 불신과 분노 그리고 공포에 떨며 수십만의 피난민들은 일제히 한강교 쪽으로 밀리기 시작하면서 통제불능의 공황사태를 맞이하게 된다. 서울 인구의 과반수도 못 미치는 수십만 명의 이동만으로도 모든 통제력은 힘을 잃었던 것이다. 육군 헌병도 충분한 배치가 없어 군인들과 민간인들을 분리시키지 못하고 다 함께 도로를 사용하는 실정이었다. 정부에서는 국군이 국토방위에 전념하고 서울 시민이나 피난민 철수문제는 경찰 책임하에 실시될 것이며, 서울 소재 헌병대에서 주 병참선 소통작전을 전개하되 필요하다면 경찰을 지원한다는 소박한 생각을 가지고 있었다. 그러나 어떠한 기관에서도 이러한 작전을 수행할 수 있는 기본 계획서가 없었다. 피난민에게 필요한 교통통제소는 서울 근교에 설치할 수 없었고, 수원 이남에서야 어느 정도의 통제가 가능하게 설치되었을 뿐이었다. 대부분의 피난민들은 우마차나 도보로 이동하고 있었기 때문에 나루터로 통하는 도로를 비롯한 주요 도로를 완전히 메워 버렸다. 수원까지의 도로는 남으로 내려가는 일반통로가 되었고 군 수송작전을 전개할 수가 없었다. 당시 민간인 통제임무는 경찰에 부여되어 있었으며, 경찰은 전체적으로 차량 132대와 8,000명의 경찰력을 유지하고 있었으나 불안과 공포에 젖은 약 50만의 피난민을 통제하기에도 역부족이었다.

(2) 한강교 폭파와 공황

6월 27일 밤 한강교 앞 도로는 피난민으로 메워져 있었다. 국방차관의 지시를 받은 김백일 참모부장은 28일 01시 30분에 한강교를 폭파할 준비를 하고 있었다. 채병덕 참모총장이 이미 한강 남쪽에 가 있었기 때문에 대신 육본을 지휘하게 된 참모부장은 지휘관들의 건의와 여러 상황을 감안, 작전국장 장창국 대령에게 한강교 폭파를 중지시키라는 지시를 내리게 된다. 명령을 전달하기 위해 지프로 한강교까지 가려고 했으나 도로가 피난민으로 메워져 있어 빨리 갈 수가 없었다. 다리 북쪽의 큰길은 8열로 늘어서 있는 차량・포차・군대・피난민 등으로 뒤섞여 몸을 움직일 수조차 없는 상태였다. 작전국장이 겨우 교량근처 150m 정도까지 이르렀을 때 커다란 섬광과 함께 대폭발음이 들려왔다. 약 10분 후 두 번째의 대폭음이 일어났다. 이리하여 예정 시간보다 45분 후인 28일 02시 15분에 한강교는 폭파되었다. 다리 위에는 군의 저지에도 불구하고 3열로 길게 뻗은 차량과 피난민이 섞여 남하하고 있었지만, 이 폭파로 피난민・차량・군대 할 것 없이 교각과 함께 공중으로 날아가 버렸고 500~800명의 인명이 희생되면서 한국군의 주력의 퇴로를 차단시키고 말았다. 한강교가 폭파되자 피난민들은 나룻배와 뗏목으로 도하하기 시작했는데 절망한 나머지 한강에 투신자살한 사람도 적지 않았다. 한강교가 폭파되자 교량 근처에는 철수해 온 우리 군과 피난민으로 아비규환의 수라장을 이루었는데 거기다 북괴군의 총격까지 받아 공황은 극대치를 이룬 것으로 나타났다.

(3) 1・4 후퇴와 공황

이로부터 약 6개월 후 중공군의 개입으로 시작된 1・4 후퇴는 또 하나의 참혹한 피난민 공황을 보여 주었다. 12월 중순의 서울 인구는 120만~130만 명으로 추산되었는데, 전황이 악화됨에 따라 그 중 약 20만~30만 명이 서둘러 피난하였으나, 나머지 약 100만 명의 서울 시민은 설마 유엔군이 서울을 포기하지 않을 것이라는 추측과 희망을 가지고 그냥 남아 있었다. 서울이 함락되던 1월 4일 밤의 서울 거리는 약탈의 도시로 탈바꿈하였으며, 유엔군의 거부작전으로 인한 화염과 연기가 겨울바람에 휘날리고 때때로 기관총 소리가 적막한 밤하늘에 메아리치고 있었다. 미처 피난을 떠나지 못한 대부분의 서울 시민들은 한강 북쪽의 시골로 다시 피난을 떠났다.

정부가 부산으로 수도를 옮길 것을 발표하면서 서울의 위기를 의식한 한국정부가 서울 시민은 물론이고 한강 이북의 모든 주민에게 피난할 것을 권하고, 읍(면)・동・이장이 인솔하여 피난하도록 행선지도 지시하였다. 그리고 지난번 피난 때에 공산 게릴라가 섞여 들어 곤란한 일이 있었으므로 이번에는 경찰관으로 하여금 호위와 인도를 담당케 하였는데 10월에 게릴라, 간첩 등의 잠입을 방지하기 위해 발행했던 시민증이나 도민증이 이때 매우 유용하게 사용되었다. 그러나 전쟁을 수행하기에도 힘에 겨웠던 당국으로서는 서울(50만)과 북한으로부터 남하하는 약 100만 명에 이르는 피난민을 미처 제대로 돌볼 겨를이 없었으며, 눈보라를 무릅쓰고 밤낮을 가리지 않고 남하하는 피난민의 참상은 차마 눈으로 볼 수 없을 정도였다. 이러한 피난민의 행렬은 군사작전에도 지장을 주는 경우가 많았다. 서울에서 대전에 이르는 간선도로는 남하하는 피난민의 물결이 군의 이동, 보급수송을 크게 방해하였다. 군의 보급열차가 반나절이나 서 있을 수밖에 없었고, 수송트럭은 하루 30㎞밖에 갈 수 없었다. 그래서 유엔군은 서울-부산간의 국도와 철도를 따라 남하하는 피난민을 전라남북도로 유도하기로 하고, 주요 교차점에 검문소를 설치하여 검문한 다음, 경찰관이 인솔하거나 행선지를 지시하여 통제하였다.

이러한 통제에도 불구하고 피난민들은 행동반경을 군대와 같이 함으로써 무언가 안정감을 얻고 자신들의 피해를 줄이려 드는 경향이 있었다. 실제로 군대와 떨어진 행동을 할 경우 엄청난 폭탄세례를 받았었고, 전쟁 초기 북한군의 위장 활동과 중공군의 복장 등에 연유하여 연합군의 지상 및 공중부대들은 피난민에 대한 세밀한 판단보다는 무자비한 폭격과 잔인한 살육행위를 서슴지 않았던 오인사격이 대단히 많았다. 이러한 연유로 폭격을 피하고자 또는 부대와 인접되어 있음으로 해서 사격을 받을 경우가 있음에도 불구하고 피난민들은 군대와 행동을 같이 하려 들었고 그로 인해서 군대의 작전은 큰 방해를 받게 된다. 1951년 1월, 미 제2사단이 200마일의 서부 해안길에서 수십만 명의 피난민들과 겹침으로써 진출에 막대한 희생이 따른 것이 좋은 예라고 할 수 있다.

이 두 공황사례를 분석해 보면 많은 피난민들이 적아 구분 없이 행해지는 폭격과 사격으로부터의 공포와 불안을 피하고자 하는 안전에 대한 열망 때문에 남쪽으로 이동한 것으로 보인다. 민간인들이 안전하다고 느낄 수 있는 유일한 안전지대는 폭격을 하는 쪽의 뒤편뿐이었다. 서울 인구의 거의 절반 가량이 이동한 시기가 유엔군이 다가오고 있던 1950년 9월 무렵이었다. 이는 공산주의 치하로부터 벗어나고자 하는 소망도 있었겠지만 폭격에 대한 공포가 더 큰 원인이었을 것이라고 전쟁 전문가들은 지적하고 있다.

(4) 현리 전투와 공황

흔히 6·25 한국전쟁사에서 '현리의 고배' 또는 '현리의 비극'이라고 불리는 1951년 5월 16일부터 시작된 현리 전투는 전쟁공황의 진면목을 보여준 상황이었다. 1951년 5월 중공군은 모든 전선에서 5월 공세를 가해 오기 시작하였고 유엔군은 소양강을 연하는 주저항선인 No Name선을 형성 방어 중이었다. 이 지역을 방어하고 있던 한국군 3군단은 전방에 3사단과 9사단을 배치 현리축선을 방어하고 있었는데, 운수령, 오미재 등 다섯 고개를 장악하지 못하면 퇴로가 차단될 것으로 판단한 3군단장은 9사단 29연대로 하여금 1개 대대를 오미재에 배치하였으나, 이 지역은 미 제10군단의 전투지대여서 미 10군단장의 항의로 8군 사령관이 3군단장에게 오미재 병력철수를 지시하여 철수해 버렸다. 5월 16일 중공군의 소수 병력이 그 날 밤 오미재에 침투하여 도로장애물을 설치, 퇴로를 차단하였다. 오미재를 탈환하기 위해 9사단장과 3사단장이 공격을 시도하였으나 전방방어선이 붕괴되어 철수를 개시하고 있는 상황에서 오미재 돌파작전에 실패하자 장병들이 동요하기 시작하였다. 야간이 되자 어둠으로 인한 불안감이 공포로 변하여 일부 장병들이 부대를 이탈하였고 여러 부대 장병들이 뒤엉켜 혼재되어 임의로 철수하기 시작하였다. 철수하는 병력과 노무자, 위문공연단원들의 인파로 방대산은 능선과 골짜기 할 것 없이 혼잡의 극치를 이루었고, 피로에 지친 병사들은 공용화기나 무전기를 내던져 버리고 일부 장교들은 포로가 될 것에 대비하여 계급장을 떼고 위장하기도 하였다. 사단장도 계급장 없이 오합지졸의 군중 가운데 피난 신세가 되었다. 이들 중 어떤 병사는 걸어서 부산까지 내려갔다가 한 달 후에 복귀하기도 하였다(육군교육사, 1995).

4) 월남전과 공황

1975년 4월 자유월남 패망 시 월남정부와 군은 군사적 결함 외에도 민군관계에서 심각한 불신을 받고 있었고, 이러한 불신감은 장기간 전쟁에서 누적된 고질병으로 작용하여 정부의 무능과 부패, 군대의 정신적 결함, 사기저하 및 군기이완, 외국군에 의존한 군사작전 등의 문제점을 남겼다(육군교육사, 1995). 1973년 3월 미군이 월남에서 마지막으로 철수한 후 월남군과 월맹군은 휴전협정에 조인하였으나 1975년 3월 월맹군이 20개 사단으로 총공세를 펼친 결과 중부 고원지대의 국도가 차단되고 많은 도시가 피탈되었다. 특히 남부 반메투옷(Ban Me Thuot)시와 꽝뜨리(Quang Tri)성의 함락은 월남정부에 큰 충격을 주어 1975년 3월 14일 티우(Thieu) 대통령은 난국 타개를 숙의하기 위해 캄란(Cam Ranh)의 제2군단장 푸(Phu) 소장을 만나게 된다. 그 이전 3월 11일 조찬회에서 대통령은 수상, 안보담당 보좌관, 총참모장을 불러 전황을 토의한 후 '현재의 병력과 전력으로 국토 전체를 방어할 수 없으니 국토의 가장 중요한 부분인 인구밀집 지역과 경제적으로 중요한 지역만이라도 방어하기 위해 병력을 재배치해야 한다'라는 결론을 이미 내린 바 있었다. 이런 방법으로 부대를 재배치함으로써 월남 국토 중 상대적으로 중요한 부분을 고수할 것이며, 전쟁에서 살아남을 수 있는 가능성을 가지게 될 것이라는 대통령의 의사표현은 월남땅을 남북으로 또는 동서로 분할하여 적에게 양보한다는 유언비어로 와전되어, 군인과 시민의 사기와 군의 전투의지를 상실시키는 패배의 원인을 제공하는 꼴이 되고 말았다.

사실 지역주민과 군인 가족의 철수문제는 매우 어려운 과제였다. 부대의 재배치만으로는 목적달성이 힘들었고, 주민과 군인가족을 적절한 시기에 안전하게 대피시킬 수 있는가가 관건이었다. 중부 고원지역에서 전투력이 우수한 부대를 차출하여 반메투옷 재탈환을 위한 작전에 투입한다는 부대 재배치계획을 수립하였고, 지역 방어는 기타 육군부대와 지방군, 민병대, 공군이 담당하게 되어 있었다. 이 작전은 1급 비밀로 취급되어 작전에 참여하지 않는 다른 군 부대나 해당 지방행정기관도 전혀 알지 못했고, 이동 제대의 전방에 대한 불확실한 정보와 좌우 측방의 보호대책이 결여되어 다른 군 부대나 행정관서 및 지역주민들이 대공황현상을 피할 수 없게 하고 있었다. 부대 이동의 책임자인 2군단장 푸(Phu) 장군은 부대이동이 한참 진행되고 있을 때, 참모를 대동하고 비행기로 차후 지휘소인 나트랑(Nha Trang)시를 향하여 출발하였고, 유격단장을 역임한 준장인 부지휘관 캄(Cam) 장군은 선두 부대와 합류하기로 예정된 투이호아(Tuy Hoa)로 비행하였다. 그리하여 지휘관과 부지휘관은 가장 위험한 순간에 부대를 방치하는 결과가 되었고, 철수 소식이 지역주민에 전해지자 주철수로에는 피난민으로 큰 혼잡을 이루었다. 지방군과 민병대에도 불안과 초조 속에서 사기가 저하되어 전방에 남기를 거부하는 사태가 발생하였다. 국가와 군에 배신당한 주민은 흥분하여 공포와 반란의 분위기가 고조되었고, 이때 적의 공격이 계속되어 군인과 피난민에서 부상자와 사상자가 속출하였다. 일단 혼란에 빠진 피난민들을 통제하기란 불가능하였고 구호활동은 생각조차 할 수 없었다. 이와 같이 철수 및 재배치 계획이 주도면밀하지 못한 결과 피난민과 민간차량이 군의 행군제대와 합류하여 혼잡하였고, 적의 측방 기습과 추격에 대한 대책이 미비한 문제점을 노출하였다. 그리고 가장 강력한 통제와 협조가 요구되는 철수작전을 지휘관이 직접 지휘하지 않고 방치함으로써 효과적으로 수행할 수 없었다.

수도 사이공(Saigon)시에도 반정부 폭동과 군에 대한 불신감으로 대혼란이 일어났고 국토를 포기한다는 유언비어가 난무했다. 일부 정치가와 군 고위 책임자들이 해외로 도주하는 사태가 발생하였고 월남은 패망의 늪으로 점점 빠져들게 되었다. 예기치 않은 수십만의 피난민 인파로 인해 항구의 기능이 마비되자 물자 하역 작업이 이루어지지 못했고, 물자를 실은 배를 피난민이 강점하여 항구를 떠나도록 강요하였다. 이로 인해 군의 이동과 탄약장비 등의 지원이 제때에 이루어지지 못하여 군수지원은 혼란에 빠지게 되었다. 이런 현상은 비행장에서도 발생하였고, 기아와 약탈 등 전쟁 범죄가 만연하여 부대이동을 위해서는 먼저 도로 위의 피난민들을 전차로 위협해야 했다. 항구와 공항은 광란의 군중들의 점령 하에 그 기능을 완전히 상실하였다. 군중 속에는 적 첩자도 끼어 있었고, 일부 피난민들이 이들에게 정부 인사를 고발하여 처형당하는 사례까지도 발생하였다. 실효성 없는 정부의 징발명령은, 시민을 지켜야 할 경찰과 공무원이 징발업무를 핑계로 스스로 도주하는 사태를 유발하였다.

피난민 대열 어디서나 혼란과 분열 및 약탈이 자행되자, 티우(Thieu) 대통령은 메콩 삼각주 지역과 사이공시 주변성에 접근 금지령을 선포했으나 피난민의 이동을 막을 수는 없었고, 얼마 지나지 않아 그 지역은 적의 수중에 놓이게 되었다. 다낭(Da Nang)시가 함락될 때 군의 기강문제는 심각한 상황에 이르게 되었는데, 식량이 부족하여 도망병, 낙오병들이 총을 들이대고 약탈을 자행하였으며, 절망에 자포자기한 군인 폭도들이 강간과 강도행위를 서슴없이 저질렀다. 군단장이 전차를 보내 질서를 회복하려고 했지만, 홍수 같은 혼란이 진정되기는커녕 훈련소의 장병 수천 명이 반란까지 일으키게 되었다. 해병대원들도 상관의 명령을 거부하고 피난민과 시민을 향하여 총기를 난사하고 약탈과 폭행으로 공포 분위기를 조성하였다. 또한 민간차량에 총을 들이대고 탈취를 시도하여 거부하는 경우 민간인을 사살하기도 하였다. 시민을 지켜야 할 경찰과 공무원이 먼저 도망을 가버렸고, 가장 필요한 의사들도 민간인 환자와 부상 군인들을 버려둔 상태로 제일 먼저 도망을 가버렸다. 다낭시를 탈출하려다 죽은 사람만도 대략 5~6만 명으로 추산되고, 판 반 동 수상의 노모도 그중 한 사람이었다고 한다.

이러한 혼란은 적의 압력에 의해서라기보다는 내부적인 혼란과 무질서로 사기가 저하된 것이 가장 큰 원인이었고, 군이 궤멸하자 대통령도 중요한 상황에서 결단과 용기가 부족했으며, 군의 지휘관 역시 적극적인 대책을 마련하지 못했다는 데서 기인한 것으로 보인다. 티우 대통령도 정치적 문제와 해결에 있어서는 기민한 솜씨를 보였으나, 군 최고사령관으로서는 전략과 용병을 배우지 못한 문외한이었다. 그래서 가장 어려운 시기에 적시적절한 결심과 적극적인 상황 대처를 하지 못했고, 의지 또한 불분명하여 야전 지휘관에게 모든 책임을 떠넘겨 방치한 상태였다.

가장 최정예 1군단과 월남군 최고의 명지휘관 트루옹(Truong) 장군도 군사적인 문제 해결로 이 문제를 수습할 수 없었고, 정부도 이 문제를 해결하지 못함으로써 군사계획을 모두 망쳐버린 피난민문제의 가장 전형적 전례가 되고 말았다. 전투력을 충분히 갖춘 부대가 피난민 대열에 흡수되어 흔적 없이 사라져 버린 것이다. 티우 대통령은 전투 중 500여 명의 영관장교를 군사재판에 회부하기도 했지만, 월남의 최후 순간에는 정작 책임을 맡을 사람이 없었다. 이들 군 장병들은 수단과 방법을 가리지 않고 모두 조국을 등지고 말았으며, 월맹군 15개 사단이 사이공을 서서히 포위해 오고 있는 상태에서 군 수뇌부 일부는 사이공의 최후 사수를 예하부대에 지시하고, 자신들은 가족과 함께 미군 헬기에 몸을 실어 도망을 하게 된다.

3. 공황의 예방 및 해소 방안들

전투에 있어서 많은 상황들이 개인들에게 있어서 절망적인 행동을 불러일으킨다. 잘 준비된 리더는 그러한 행동들이 발생할 때 그것을 극복할 수 있다. 그러나 더욱 더 어렵고 복잡한 리더십 문제는 개인들의 자포자기하는 행동들이 집단의 절망하는 행동 또는 공황으로 이르는 때에 발생한다. 공황상태에서 병사들은 극심한 공포를 느끼며 무서워 떨면서 전장으로부터 도망치려는 행동을 보이게 된다.

이때 장병들의 마음을 지배하는 두 가지 전장의 심리적 조건은, ① 모든 후퇴로는 곧 차단될 것이라는 집단적인 믿음과, ② 불명확한 상황과 즉각적인 위협으로서 집단이 인식하는 무엇인가에 의해 야기된 지원불가능성과 불안에 대한 집단감정이다. 이들 조건들이 존재할 때, '방아쇠 사건'은 병사들의 공황을 불러일으킬 수 있다. 방아쇠 사건은, 상황은 통제불가능하며 좋지 않은 공포들과 의구심들에 굴복할 수밖에 없다는 병사들의 믿음을 확인시킨다. 방아쇠 사건의 예들은, 한 병사의 후방으로의 도주, 열려진 측면으로부터의 사격, 또는 존경받던 리더나 동료병사의 갑작스런 죽음 등일 것이다.

또한 전투 병력들은 방아쇠 사건에 대한 모든 이전의 그리고 후속의 정보를 연관시키는 경향이 있다. 만약 방아쇠 사건이 예외적으로 아군후방 지역에 대한 중포병 탄막사격이었다면, 병사들은 탄약 재보급의 중단을 모든 탄약들이 파괴되었다는 증거로 받아들일 것이다. 방아쇠 사건과 그리고 이를 보강해 주는 기타 증거들은 통제불가능한 공포에 이르게 하고, 많은 병사들 또는 한 병사들로 하여금 일정 상황에 대해 히스테릭한 행동으로 반응하게 할 수 있다. 만약 한 병사가 돌아서서 달려간다면 다른 병사들도 덩달아 뒤따를 것이고, 그러한 행동은 전체부대가 도주할 때까지 눈덩이처럼 늘어날 수도 있다.[2)]

이러한 공황을 방지하기 위해서는, 리더는 병사들이 진실이라고 믿는 것에 반드시 초점을 맞추고 통제하여야 한다. 만약에 병사들이 그들의 후퇴로가 곧바로 차단될 것이라고 믿는다면, 만약에 그들이 불확실한 상황들이 통제불가능한 사고들로 이어질 것이라고 믿는다면, 또는 만약에 그들이 상황에 대한 그들의 가장 비관적인 평가들을 믿는다면, 그때 공황의 불씨는 확실하게 심어진 것이다. 이때쯤이면 실제 진실이 아닌 병사들이 생각하는 것이 진실로 간주된다.

전투에서 병사들은 누구나 죽음이나 부상에 노출되며, 그들을 공황에 이르게 하는 공

---

2) 2차대전의 사례를 보면 일부 병력이 아무 말 없이 후방으로 뛰는 것이 다른 사람에게 보였을 때 보병의 전투대형은 가장 쉽게 무너졌다. 공통적인 문제점을 본인 자신이나 옆의 동료나 분대장, 선임하사, 소대장 등이 아무도 필요한 첩보사항을 말해주지 않았다는 점이다(교육사, 1995). 이 같은 현상이 6·25 당시 현리전투에서도 그대로 나타났다.

포들에 의해 지배받는다. 이때 잘 훈련되고 조직된 경험 있는 병사들은 어려운 상황들을 극복할 수 있다고 그들의 능력을 확신하기 때문에 공황에 빠지는 경우가 거의 없지만, 경험이 적고 적절하게 훈련되지 않은 병사들은 공황에 빠지기 쉽다. 모든 경우에 있어서 리더는 지속적으로 병사들의 자신감 수준을 평가하고, 자신감을 증대시키기 위해 노력하여 공황에 이르는 조건들을 제거하고 절망에 빠진 병사들을 줄여야 한다. 또한 리더는 병사들이 중요하다고 간주하는 사건들에 대해 관심을 갖고 경계를 하여야 한다. 방아쇠 사건이 발생하면 리더는 반드시 신속하고 조용한 대응행동을 취해야 한다. 미 육군 교범(FM 22-102)은 리더가 할 수 있는 다음과 같은 사항들을 추천한다(미 육군, 1987).

1 병사들을 일상적인 임무들에 바쁘게 하는 것은 간단하고 반복적인 것이지만 의미가 큰 것이다. 만약에 병사들을 사격과 같은 일상적인 임무에 의도적으로 집중하게 한다면, 자신들의 공포에 주의를 덜 기울이게 된다.

2 방아쇠 사건에 맞서 위치를 이동하는 것은 병사들에게 상황이 심각하지 않다는 것을 알려 주는 효과가 있다. 리더가 그렇게 할 때 병사들을 안심시킬 뿐만 아니라 상황에 대한 구조화를 추가해서 할 수 있다.

3 병사들이 방아쇠 상황에 대응할 수 있도록 긴장을 이완시킨다. 이것은 만약에 그들이 심각한 두려움이나 혼란으로서 초기의 히스테릭한 행동들을 보이고 있다면 특별히 중요한 것이다.

4 비록 리더가 공포를 느끼고 있더라도, 공포를 느끼지 않는 본인 스스로의 태도와 행동의 예를 만든다. 나아가 팀의 구성원들에게 같이 행동한다는 것을 강조한다.

5 철수와 지연행동들에 대한 이유를 설명한다.

6 모든 전투 상황들을 극복할 수 있는 부대의 전투능력을 강조한다.

7 불가피한 상황 하에 있는 것이 아니라, 부대가 상황을 통제하고 있음을 강조하고 확인시켜 준다.

8 부대의 측면과 후방, 그리고 보급은 안전하다는 것을 확인시킨다.

만약에 공황현상이 리더의 모든 노력에도 불구하고 심해진다면, 리더는 그것을 가능한 한 빨리 중단시킬 수 있는 확고하고 결정적인 조치를 취해야 한다. 여기서 리더가 반드시 기억해야 할 것이 '공황은 전염성이 있다'라는 것이다. 가장 중요한 고려사항은 공황을 중단시키는 것이며 리더는 도주하는 병사들을 그들의 위치로 되돌아가도록 단호한 행동을 취할 준비가 되어 있어야 한다. 일단 공황이 중단되면 리더는 즉각적으로 상황을 재구조화하고, 공황에 빠진 병사들에게 부대의 한 부분으로서 할 수 있는 건설적인 일이나 임무를 주어야 한다. 일은 그들을 공포에서 빠져나오게 하고 그리고 임무수행을 통한 부대의 안정은 그들의 자신감을 회복시켜 줄 것이다. 이러한 교범적 원칙과 함께 공황

발생을 예방 및 해소할 수 있는 지휘행동의 원리를 도출해 본다.

1) 신뢰롭고 침착한 지휘

공황을 저지하는 데 있어서 무엇보다도 필요한 것은 공황에 빠지지 않는 지휘관이다. 지휘관은 공황에 빠진 병사들이 자기에게 주의를 집중하도록 하여 자기의 침착한 태도를 보여주며, 분명하면서도 차분하게 임무를 지시함으로써 그들의 행동을 통제할 수 있다. 만일 지휘관이 없다면 부대가 공황에 빠지려 할 때, 고참 중에서 침착한 사람이 지휘권을 대행하여 공황에 빠진 병사들에게 신뢰할만한 행동방향을 제시해 줌으로써 상황을 수습할 수 있을 것이다. 무사태평처럼 보일 정도의 차분함과 업무에 일상적인 관심을 보이는 것도 효과적일 수 있다.

2) 강한 훈련과 사기 유지

공황을 억제하는 가장 좋은 방법은 평소 강한 훈련과 사기를 유지하여 자신감을 갖도록 해주는 것이다. 병사들은 그들 자신과 지휘관과 그리고 그들이 사용하는 무기에 대한 자신감을 가지도록 훈련을 받아야만 한다. 지휘관들은 그들 부대의 사기를 유지할 수 있어야 하며, 지속적으로 병사들이 자신감을 가질 수 있는 방법을 강구해야 한다. 나아가 기아, 피로, 권태, 정보나 휴식의 부족과 같은 공황 유발 요소를 제거해 주어야 한다.

3) 심리적 방어막의 구축

지휘관들은 병사들이 불안감을 극복하고 그들 자신이 안전하다는 생각을 갖도록 여러 증거들을 제시해 줄 수 있어야 한다. 그들은 병사들에게 적에 대해 알 수 있는 많은 것, 즉 적의 위치, 적 구성원, 사용무기, 공격방법 등을 알려주고 병사들이 직면할 수 있는 공포의 심리적 현상을 말해 줌으로써, 이 모든 것들을 전체적으로 예측 가능한 상황으로 만들어 줄 필요가 있다. 말하자면 병사들에게 '심리적 방어막'을 만들어 줌으로써 공포 상황에 효과적으로 대처하게 하는 것이다.

4) 단호한 공황의 저지

마지막으로 부대의 철수명령이 내리지 않는 한 지휘관은 단호한 조치로 공황을 저지하여야 한다. 설득의 한계를 넘어서 부대행동이 와해될 위기에 놓여 있다면, 그리고 그것이 다른 방법을 사용 제지할 수 없다면 강압적 방법에 의해서라도 공황은 저지되어야 한다. 왜냐하면 공황은 적이 노리는 전투 목표이기 때문이다. 전투의 공황상태에서 비정상적인 병사를 어떻게 처리하는 것이 좋은가는 군대가 겪는 골칫거리 중의 하나이다. 많은 공적을 쌓은 후에 정신적으로 와해된 병사에 대해서는 관대히 처분하여 일선으로부터 철수시킬 수 있다. 그러나 신참병이 명령에 불복하고 전투에 임하지 않을 때는 강압적으로라도 참여시켜야 할 것이며, 만성적인 탈영병은 총살시켜야 한다는 것이 대부분 참전 군인들의 생각이다. 하지만 이런 식의 문제사병 처리, 특히 총살의 경우에는 그의 동료들도 총을 갖고 있다는 사실을 염두에 두고 신중히 처리하는 것이 좋다.

또 공황이 우왕좌왕의 도피반응으로 나타난 경우, 이를 순간적으로 저지할 수 있는 방법으로 고강도의 청각적 자극을 사용할 수도 있다. 총성과 같은 고강도의 청각 자극은, 한순간 병사들의 주의를 집중시키게 되고 사람들의 반응을 한곳으로 모을 수 있는 가능성을 높여 준다.

5) 상황의 재구성

리더는 공황이 시작되면 반드시 지속적으로 상황을 재구성하고, 부대가 조직화되어 함께 행동하며 일하도록 조치해야 한다. 리더의 주요한 관심은 부대가 절대로 분열 및 분해되어서는 안 된다는 것이다. 부대가 분열되는 시기에 장병들은 개인적인 신체적 안전이나 생존에만 몰두하게 되고 서로 보호하려는 의지는 최소화된다. 미 육군의 교범에 명시된 리더가 즉각적으로 재구성을 도울 수 있는 행동들은 다음과 같다(미 육군, 1987).

우선 유언비어를 막고 상충되는 명령들을 피하기 위해서 정식 지휘계통을 통해 부대를 지휘한다. 다음 최악의 경우를 제외하고는 거짓 경고를 피한다. 훈련된 하사관들은 장교 지휘관들의 전사나 무능력상태가 발생하면 즉각적으로 대신 부대를 지휘해야 한다. 안전을 강조해서 사고를 줄이며 병사들이 모든 일들 특히 그들 자신의 위치와 적의 위치에 대해서는 알도록 주지시킨다. 병사들이 있는 곳에서는 의견의 차이를 표현하지 말 것이며, 무책임한 말들에 의해 공포심이 증가되는 병사들을 설득력 있게 바로잡아 두어야 한다. 나아가 적 무기들의 정확도와 치사율을 과대평가하는 발언을 하거나 적의 능력을 과장하는 병사는 다른 동료 병사들의 절망감을 증가시키므로 반드시 그의 무책임한 행동에 대하여 경고를 가하거나 주의를 주어야 한다.

6) 공포심의 통제와 극복

공포의 극복은 1차적으로 공포라는 정서의 이해에서 출발하지만 공포를 안다는 사실 자체가 실제 위기시나 전투시의 공포를 없애는 데 도움이 된다는 증거는 없다. 단지 공포의 본질을 이해하고 이를 통하여 공포심을 제거할 수 있는 책략들을 개발할 수 있는 가능성만을 다소 높여줄 뿐이다(Dollard & Horton, 1977). 그러나 공포를 알고 적절한 훈련과 교육을 한다면 공포심을 어느 정도 줄일 수 있다는 것이 많은 군사심리학자들의 주장이다. 공포의 본질에 대해서는 6장의 정서・동기 부분에서 다루었기 때문에 여기서는 공포심의 통제와 극복에 대한 실무적 이론들을 기술하기로 한다.

(1) 공포심에 대한 교육 및 훈련

평시 공포 경험이 별로 없는 장병들은 두려움에 대한 두려움을 갖게 된다. 공포 그 자체는 전혀 미지의 것이며 바로 이 사실이 사람을 두렵게 만든다. 이들은 자기들이 그 공포를 극복할 수 있는지에 대해서도 잘 모르고 있다. 공포심이 흔히 신체적으로 어떻게 표출되는가를 알아서 공포의 증상이 나타나자마자 빨리 이에 대응하는 것이 중요한데, 공포와 불안이 극에 달했을 때 스스로의 상태를 지각하게 되면 이미 때는 늦어서 공황상태로 빠진 뒤가 되기 쉽다. 공포는 전쟁에서 누구에게나 일어날 수 있는 자연스럽고도 불가피한 현상임을 이해시키고, 나아가 전투시에 겪게 될 가능한 위험 상황에 따른 공포를 미리 알고 거기에 대비하는 것도 공포심을 줄어들게 만든다. 그러기 위해서는 공포가 어떤 것이며 왜 정상적인 사람도 공포에 떨게 되는지 그리고 공포심이라는 것이 지식과 경험을 통하여 극복될 수 있을 뿐 아니라, 전투행동이나 기타 임무에 몰입하게 되면 공포심이 사라지게 되며 나아가 용감성으로 연결될 수도 있다는 사실 등을 교육과 훈련을 통해서 주지시킬 필요가 있다.

일반적으로 몸에 밴 습관은 공포심을 감소시켜 준다. 공포심은 사람을 방심시키며, 중요한 것에 대한 주의력을 약화시키고 부적절한 이유에도 무모한 행동을 취하게 하는 등의 힘을 지니고 있다. 이것이 바로 공황상태의 시작인데, 평소의 공포에 대한 훈련은 이러한 상황을 막아주는 적절한 행동을 하게 함으로써 어느 정도 공포심을 사라지게 하고 정신을 맑게 해준다. 결국 장병들을 공포로부터 구해주는 것은 평소의 교육과 훈련의 힘이다. 예를 들어, 군인들은 포화 속의 전선에서보다 휴가 중 도시에서 폭력을 당할 때가 더 두렵다고 하는데, 이것은 그들이 전장에서의 행동에 대한 훈련을 받았고 또 전투에서는 무엇을 해야 할지를 알기 때문이다. 어떤 사람들은 다른 사람에 비해 똑같은 상황에서 더 많은 공포심을 나타내는데, 이것은 아직 그들이 그 상황에서 정서를 억제하고 판단을 내리는 습관을 아직 형성하지 못했기 때문이다. 인간의 정서표현에는 차이가 있는데 이것은 평소의 습관과 훈련에 의해서 많이 좌우된다.

(2) 공포심의 공개 집단토론

교육이나 훈련 현장에서 다른 사람들도 두려워하고 있다는 사실이나 공포의 신체적 증상 등을 알려주는 것만으로는 충분하지 않으며 공포심은 공개적으로 토론되어야 한다. 토론을 통하여 자기만이 유독 공포스러워하고 있는 것이 아니라는 사실을 깨닫게 되며 또한 공포심에 수반되는 수치심과 죄책감이 없어진다. 나아가서 스스로의 공포심을 타인 앞에서 인정하고, 이를 동료들이 우호적으로 받아들일 때 소속 집단에 대한 응집력과 애착심이 더욱 커지게 된다. 결국 공개적인 토론을 통하여 다른 병사들도 모두들 무서워하고 있다는 사실뿐만 아니라, 공포심에 어떻게 대처하는가를 서로 배우게 되는 것이다. 공개 집단토론은 이 밖에도 토론이라는 행위 자체가 공포심을 줄여 주는 부가적인 장점을 지니고 있다. 또한 공포에 떨고 있다는 사실을 서로 털어놓으면 도움을 받을 수도 있다. 많은 사람들은 죽음보다 오히려 부상을 더 두려워하는데, 특히 복부, 눈, 머리 및 성기의 부상을 두려워한다. 정신적 내지는 심리적 와해를 두려워하는 사람들도 있다. 이렇게 사람들이 가장 두려워하는 종류의 부상은 실제로는 그리 흔하지 않다는 사실을 토의하고 알려준다면 공포 감소에 도움이 될 것이다.

(3) 공포심 표현의 자제

전투 시 한 병사가 공포를 행동으로 표현하거나, 공포에 떠는 다른 병사의 모습은 쉽게 전염이 된다. 공포와 마찬가지로 침착성도 전염성이 있어서 다른 사람들이 위험 상황에서 침착하게 행동하는 모습은 다른 병사들도 그렇게 만든다. 자신이 속한 집단의 사기가 충천해 있다는 사실을 알게 되면 각자의 사기는 더욱 높아진다. 전투중 만약 한 병사라도 공황상태에 빠지게 되면 지휘관이 나서 가능한 나머지 다른 병사들로부터 격리시키는 것이 좋다. 나아가서 침착한 척하는 것도 공포심 감소에 효과가 있다. 공포상태에서도 의젓한 자신들이 스스로 대견스럽고 자랑스러워져 공포심은 감소된다. 때로는 극한 상황에서의 농담 한마디가 큰 효력을 발휘하기도 한다. 팽팽한 긴장 속에서 한마디의 우스갯소리나 공포와 전혀 어울리지 않는 말 한마디는 긴장감에 대한 저항에 도움이 되며 위험상황으로부터 주의를 분산시키는 역할을 하게 된다. 이상에서 언급한 주의분산 기법은 의식적인 공포뿐만이 아니라 무의식적 공포의 제거에도 도움이 된다.

(4) 전투 시 필요한 정보의 공유

전투 시 상황의 불확실성은 공포심을 증대시킨다. 따라서 상황파악은 공포를 어느 정도 감소시켜 줄 수 있다. 인간은 익숙한 것보다는 낯선 것에 대해 먼저 공포와 불안을 느끼게 된다. 따라서 적들이 얼마나 강한지, 어떤 무기를 쓸 것인지, 또 어디에서 출몰하며 어떠한 전술을 쓸지 등에 관한 정보를 아는 것도 때로는 공포해소에 도움이 된다. 새로운 것은 익숙한 것보다는 사람을 더 무섭게 하기 때문에, 나쁜 내용을 담고 있는 소식이라 할지라도 현재 전투가 어떻게 진행되고 있는지에 대한 정보를 정확히 알려 줄 필요가 있다. 상급부대의 발표나 상급자로부터 전달되는 정확한 정보를 알고 있으면 헛소문이나 유언비어에도 시달리지 않게 된다. 비록 나쁜 소식에 접할지라도 이에 대처해 나갈 마음의 준비를 할 수 있게 된다. 반대로 정보를 알 수 없으면 최악의 상태를 마음대로 상상하여 공황상태에 빠지게 될 수 있다.

통계치에 대한 정보도 공포제거에 도움이 된다. 전투에서의 위험은 무척 크지만 실제로 사망하거나 죽을 정도의 부상을 입을 확률은 작다. 실제로 세계 1차대전 시 4년간의 전쟁 동안 연합국 측 전체에서, 전투 중 즉사하거나 부상 후 사망한 비율은 아홉 명 중 한 명 꼴이었다. 2차대전에서 4년 동안 전선에 배치되어 근무한 장병들은 8명에 겨우 1명 정도의 비율로 피해를 입었을 뿐이고, 비행기에서 낙하하는 것이 위험해 보이지만 사실은 자동차를 타고 고속도로를 달리는 것보다 안전하다는 통계도 나와 있다. 이러한 통계적 사실을 병사들이 정확히 알아서 기억하고 있으면 안심이 된다. 고참병들은 오랜 경험에서 이런 종류의 지식을 대강은 알고 있지만, 전쟁 경험이 없더라도 사망률과 같은 통계 숫자를 확실히 알고 있으면 적의 공격에 대한 공포심은 많이 사라지게 된다.

(5) 행운에 대한 믿음과 신앙심

모든 병사들이 그런 것은 아니지만, 행운의 여신을 믿거나 자신은 좋은 운명을 타고 났다고 믿는 사람들의 경우에는 이 믿음이 공포심의 감소에 도움이 된다. 그러나 이러한 믿음은 일단 부상을 당하고 나면 쉽게 사라진다. 또한 대부분의 사람들은 전쟁 중 자신이 부상을 당하면 고통 없이 죽으리라고는 생각하지 않고 있다. 그러나 신의 가호와 영혼 불멸을 믿는 병사들은 이러한 죽음과 부상의 고통에 대한 공포심을 비교적 잘 참아낸다. 그들은 기도를 하며 신이 여태껏 그랬던 것처럼 이번에도 기도를 들어주고 보호해 주리라고 생각한다. 군목, 신부, 법사, 군종병 등 군종병과의 관계자들이 이러한 역할을 해줄 수 있을 것이다.

(6) 충성심과 동료에 대한 신뢰감

비록 신앙심이 없다고 하더라도 자신의 이웃이나 동료, 소속집단 및 상급자에 충성심과 책임감이 투철하고 신뢰감을 가지고 있다면 공포심을 극복할 수 있다. 특히 동료애는 공포심을 감소시키는 중요한 요인으로 알려져 있는데, 전투 시에 서로 한 덩어리로 뭉쳐 가능한 서로 보고 들을 수 있는 거리 안에서 머무는 것이 공포심을 줄이고 용기를 북돋워 줄 수 있다. 공포상태에 놓이게 되면 사람은 다른 사람과 함께 있고 싶은 충동을 느낀다는 사실은 심리학 실험에서도 밝혀졌다. Schachter(1959)는 일단의 피험자들에게 전기충격을 예고하여 공포정서를 유발시킨 후 그들의 행동을 관찰한 바, 그들의 상당수가 다른 피험자들과 같이 있고 싶어 하는 경향이 있음을 밝혀냈다.

이러한 심리학적 증거가 체계적으로 밝혀지기 오래 전에 이미 고대의 전투지휘관들은 이 원리를 전투대형 편성에 이용한 기록이 있다. Alexander 대왕이 마케도니아 방진은 개인간 거리가 3ft였고, Caesar의 로마군단은 개인 거리가 4.5ft로서 대단히 밀집된 전투대형을 취했는데, 이는 병사들의 공포감정을 감소시켜 전투 이탈을 방지하기 위한 것이었다. 또한 실제 전투경험이 있는 지휘관들은 포탄이 떨어지면 병사들이 소대장이나 중대장의 주위로 몰려드는 경향이 있다고 증언하고 있다. 이러한 심리상태를 극복하는 길은 실제 친하거나 신뢰할 만한 사람들을 같이 있도록 만들어 주거나 같이 있다고 느끼게끔 만들어 주는 것이다. 호명을 하거나 점호 신호를 보내는 것도 도움이 된다. 이를 통하여 혼자가 아니라는 사실과 자신은 밀접히 결속된 조직의 일부이며, 그 조직에서 중요한 임무를 맡고 있다는 사실을 다짐하게 된다. 포병대에서 군번을 크게 부르곤 하는 것은 포연 속에서 서로가 서로를 확인하여 동료가 아직 건재하며 자신의 임무를 수행하고 있으며 서로를 생각하고 있다는 사실을 깨닫게 하는데 그 목적이 있다.

중·소대장이 잘 보이는 곳에서 큰 소리로 부대를 지휘하는 것이 바람직하기는 하지만 발달된 무기가 사용되는 현대전에서 병력은 가능한 소산배치 하도록 요구되기 때문에 실제 병력의 물리적 밀집 배치에 의한 공포의 감소는 기대하기 어렵다. 이럴 때 병사들이 같이 있다고 느껴지게 만들 수 있는 요인 중의 하나가 동료애이다. 비록 몸은 떨어져 있더라도 생사를 같이 할 수 있는 전우가 옆에 있다고 느낄 때 병사들은 공포심에서 다소간 벗어날 수 있다.

(7) 건강과 체력

신체적으로 건강하면 공포심은 줄어든다. 피곤하고 졸리고 배고픈 병사들은 건강한 병사들보다 더 공포심에 사로잡히기 쉽다. 피곤한 상태에서는 올바른 사고를 할 수 없으며 따라서 뚜렷한 근거도 없이 공포에 떨고 헛소문을 믿게 되기 쉽다. 신체적으로 건강한 병사가 공포에 대항하여 무엇인가를 행하는 반면 병든 병사는 공포에 대항할 힘조차 갖고 있지 않다.

(8) 주의 분산

공포심은 훈련을 받을 때는 병사들을 부지런하게 그리고 전투에서는 조심스럽게 만든다. 부지런함과 조심스러움이 완료되면 공포심은 이제 쓸모가 없으므로 쓸모없이 남아있는 공포에 대항하는 좋은 방법은 무언가 다른 것에 대하여 생각하게 하는 것이다. 이렇게 함으로써 공포심으로부터 주의를 분산시킬 수 있으며 더욱 효과적으로 전투에 임할 수 있다. 예를 들어, 전투시 어떤 병사가 용감한 군인으로서의 모범을 보이는 것에 모든 주의가 집중되어 있다면 공포를 느낄 사이도 없을 것이며 결과적으로 그는 용감한 병사가 될 것이다. 전투에서 공포를 통제하는 가장 강력한 방법은 바로 가까이 있는 임무의 매 단계에 집중하게 하는 것이다. 병사들은 위험이 아니라 직무의 특별한 부분에 집중할 수 있도록 훈련 받아야 한다. 사격과 차후 사격할 지점을 선택하는데 집중하고 있는 병사는 공포에 집중하지 않을 것이다. 일단 병사가 임무에 집중하는 행동을 취하게 되면 그의 공포는 일반적으로 잠잠해진다.

공포의 통제는 전투지휘의 중심적인 기능이다. 전투에서의 짧은 중단시간 동안을 지휘관들은 현재의 전투행동들과 임무수행의 성취 정도 그리고 그들이 개선할 수 있는 방법들을 토의하는 시간으로 사용해야 한다. 이러한 사후평가는 병사들의 자신감을 증대시키고 그들이 그 자신의 임무수행에 대한 책임감을 더 크게 느끼도록 도와준다. 나아가 그러한 행동들은 또한 그가 혼자라는 감정을 제거하는 데 도움을 주고, 노여움과 공포심, 절망감 등의 발생 가능한 감정들을 해소하게 해준다(미육군, 1987).

제 8 장

전투 스트레스와 심리·행동장애

Clausewitz는 전장의 특성을 위험성과 공포, 불안 그리고 불확실성과 마찰의 연속성이라고 지적하고 있다. 이같이 전장은 항상 불안과 공포 그리고 갈등과 마찰이 존재하는 곳이다. 삶과 죽음이 불확실한 상황에서 피아간에 접전이 시작되면 병사들의 심리는 걷잡을 수 없이 흔들리고, 평소 이성적이고 차분한 본래의 모습은 사라지고 만다. 결국 이러한 과도한 스트레스는 장병들의 부적응행동을 낳게 되고 전투 효율을 떨어뜨리는 또 하나의 장애물을 양산하게 된다. 뿐만 아니라 전투 동안 비교적 효과적으로 스트레스에 대처할 수 있었던 군인들조차도 흔히 자신들이 전장을 떠난 후 사회생활에 대처하는데 커다란 어려움을 겪고 있음을 발견한다.

결국 이와 같은 전투 스트레스를 장기간 방치하게 되면 장병들의 전투의지를 저하시키고, 전투 부적응 환자로 악화시켜 개인은 물론 가정 및 사회적으로도 큰 문제점을 남기게 된다. 이러한 문제점은 점점 전쟁에 대한 반감을 양산하게 되고 반전여론의 확산에 절대적으로 작용하게 될 것이다. 따라서 지휘관들은 현대전을 성공적으로 수행하기 위해서 일차적으로 전투 스트레스를 잘 이해하고 이를 적절하게 해소해 주는 것이 중요함을 자각하여야 하며, 나아가 장병 개개인의 정신적 건강은 물론 전투 후의 성공적인 사회적 복귀와 적응을 돕는다는 차원에서라도, 적극적으로 스트레스를 관리하고 이에 대처해야 할 것으로 생각된다. 이를 위해 지휘관들은 전장에서 장병들이 느끼는 반응과 행동 심리를 이해하고, 이들을 위해 사전 준비할 것이 무엇인가를 고민하여야 하며, 나아가 전투간에 취해야 할 조치 사항을 숙지하고 있어야 할 것이다. 여기서는 전투에 참여하는 장병들이 느끼는 일반적인 스트레스와 관련된 행동들로부터 이러한 행동들이 심화된 전장에서의 부적응행동들을 논의해 본다.

1. 전투 스트레스와 반응들

모든 전쟁에서 사람들이 극단적인 전투 스트레스를 견뎌내기는 거의 불가능하다고 해도 과언이 아니다. 전투 스트레스는 '전시의 각종 공포자극이나 불만, 분노로 인한 심신의 이상 긴장상태로, 죽음과 부상에 대한 위협, 목마름, 피로, 수면부족, 질병, 행동의 부자유 등으로 나타나는 심리적 · 생리적 반응'을 말한다. 평상시 정상적이던 병사들도 전투 직전부터 이상한 행동을 보이게 된다. 많은 수의 병사들이 두통, 치통, 소화불량 등 크게 아프지도 않은 통증을 호소하고 아무렇지도 않은 병이나 부상을 큰일이나 난 것같이 호소해 온다. 이는 정상적인 것이며 충분히 예측할 수 있는 스트레스 반응[1]들이다. 전투 초기 일반적 스트레스로 인한 징후들을 정리하면 다음과 같다(육군교육사, 1995).

1) 신체적 징후(physical signs)

1 입이 마름(dry mouth): 입에 솜을 문 것같이 침이 마르고 삼키기 어렵다.
2 피로현상(fatigue): 걱정과 긴장으로 축 처진다. 휴식을 해도 풀리지 않고 계속된다.
3 마비현상(freezing): 입과 몸이 굳어 버린다. 겁을 먹고 얼어 버려서 정상적인 판단과 행동을 잘 하지 못한다.

2) 정신적 징후(mental signs)

1 건망증 증세(forgetfulness): 계획된 일을 계획대로 하지 못하고 절차상 챙겨야 할 일들을 잘 빠뜨리거나 잊어버린다.
2 집중불능현상(inability to concentrate): 불안과 초조로 허둥대고 차분히 집중하지 못한다. 할 일이 무엇인지 분명한데도 딴 생각을 해 앞뒤를 혼돈하거나 엉뚱한 말과 행동을 보인다.

3) 심리적 징후(psychological signs)

1 불안 증세(anxiety): 특별한 위협이 없이도 잘 놀라고 긴장하며 걱정을 많이 하고 불면증과 악몽에 시달린다.

---

1) 이를 의학적 군사술어로 '전투전 증후(precombat syndrome)'라고 한다.

2 좌절감(frustration): 자신이 할 일에 자신이 없고 전장을 무서워하며 매사에 의욕을 잃고 무력감에 빠진다.
3 죄책감(guilt): 인접 전우의 부상이나 죽음을 자신과 관련시켜 깊은 죄책감에 빠져 괴로워한다.
4 짜증과 신경질(irritability/nervousness): 조그만 일에도 과민반응을 보이고 짜증을 내며 신경질적인 반응을 나타낸다.
5 침울함과 비관(moodiness/pessimism): 우울하고 폐쇄적이며 남과의 대화도 피하거나 두려워한다. 어려움이 닥치면 쉽게 포기하고 미래를 비관적으로 생각한다.
6 긴장(tension): 하는 일의 결과나 효과가 분명치 않을 때 과도한 긴장감을 나타내며 쉽게 이완되지 못한다.

4) 기타 부대에 나타나는 징후들

무단이탈(AWOL), 언쟁(bickering), 불만감과 단결력 부족(dissatisfaction and lack of cohesion), 명령 불복종(ignoring orders), 환자발생(sick call) 등이 나타나게 된다. 이러한 전투 스트레스는 정도에 차이가 있지만 전투에 투입되는 모든 장병들이 공통적으로 경험하는 현상으로 생각된다. 이 전투 스트레스는 장병들의 전투력을 저하시키는 요인이 되고, 누적되면 전투 공황(battle panic)이나 심화된 전투 스트레스 장애(combat-related stress disorder) 혹은 전투 정신병(battle psychiatric)과 같은 전투 부적응 환자로 악화되어 개인은 물론 가정 및 사회적으로 큰 문제점을 남기게 된다.

2. 전투에서의 행동장애와 심리적 후유증들

전장에서 경험하게 되는 전투 스트레스가 심화되면 혈액순환의 장애(심계항진, 식은땀, 얼굴의 창백 등), 소화기의 장애(구토, 위통, 소화불량, 대변조절기능 상실 등), 비뇨기의 장애(빈뇨 및 방광조절기능 상실) 등의 신체·생리적인 기능장애가 시작되며 점차 전투 부적응행동을 보이게 된다. 이러한 전투 스트레스에 대한 부적응 반응은 제1차 세계대전에서는 '포탄충격(shell shock)'이라고 지칭되었고, 2차 세계대전 때는 '조작적인 피로' 혹은 '전투 신경증'이라고 지칭되었으며, 약 92만 9,000명의 장병들이 이러한 증세로 정신과적 치료를 받아야만 했다(Appel, 1966). 한국전쟁과 베트남 전쟁에서 이 증후군들의 일부는 '전투 소모증'이라고 지칭되기도 했다(Morris, 1986).

각각의 전쟁에서 나타난 증세들은 거의 동일하였다. 자기통제가 붕괴되고 있음을 나타내는 맨 처음의 증후는 작은 좌절에 대해서도 잘 울며 해롭지 않은 말에도 분노를 터뜨리는 것이다. 이러한 초기 반응은 나중에 잠을 못 이루는 것, 갑작스런 소리에 움찔하는 것, 심리적인 혼미, 한 번 울면 그치지 못하는 것, 아무 말 없이 앉아 있거나 허공을 응시하는 것 등이다. 제2차 세계대전 당시 전투참여 군인들의 약 5%가 정신질환으로 제대하였는데, 이 제대군인들 중의 일부는 그때 경험했었던 스트레스로 말미암아 30~40년 이상을 병원에 입원 장기적인 치료를 받아야만 했다(Morris, 1986).

이후에도 전쟁의 심리적 후유증 내지는 부적응에 대한 연구의 중요성이 학자들간에 지속적으로 인식되어 왔으나, 특히 관심을 끌게 된 것은 전쟁 초기 하루 24시간 동안 연속 전투를 펼치면서 많은 사상자를 낸 1973년 아랍과 이스라엘 간의 4차 중동전쟁부터라고 할 수 있다. 1948년, 1956년, 1967년의 3차에 걸친 중동전쟁 때에는 전체 사상자 중 정신적 손상자가 차지하는 비율이 매우 미미하여 의료진에게 거의 발견되지 않았다. 그러나 1973년 전쟁에서는 이스라엘 군에서 상대적으로 많은 '전투 쇼크'환자가 발생했는데, 전투쇼크 환자와 일반환자의 비율이 최초 14:100으로 밝혀졌으나 다시 정밀 조사 결과 30:100의 비율로 나타났으며, 이는 총 사상자의 23%에 달하는 것이었다. 이 통계는 세계 전사에서 최초로 전투 쇼크 환자를 분류한 것으로 차후 전쟁 후유증 환자 치료에 대한 교리를 발전시키는 계기를 제공하였다(육군교육사, 1995).

이러한 전쟁 부적응으로 분류할 수 있는 장병들의 행동 명칭으로는 ① 전투 쇼크(battle shock), ② 전투 피로증(combat fatigue), 또는 전투 소모증(combat exhaustion), ③ 전투 신경증(combat-induced neurosis), ④ 외상후 스트레스 장애(post-traumatic stress disorder: PTSD) 등이 있다.

1) 전투 쇼크(battle shock)

전투 쇼크란 나이 어린 병사들이 가족과 친지를 떠나 언제 전쟁에 휘말릴 지 모르는 불안한 상황에서 근무하면서 쉽게 빠져들 수 있는 심리불안과 스트레스로 인한 장애를 말한다. 다시 말하면, 전장에서 어떤 위험을 예견하거나 직면할 때 자신의 능력으로 이를 감당하기 어렵다는 것을 감지함으로써 위축되고 두려움을 느끼는 감정으로서, 전투대열 이탈, 낙오, 도주 등의 공포 행동을 보일 수 있다. 전투 쇼크는 다음과 같이 3단계로 진전하면서 부적절한 행동을 보이게 된다.

① 1단계: 몇 시간에서 수일까지 불안, 초조, 사기저하, 공포 증세가 특징이며 대부분의 전투 쇼크 환자들은 적절한 치료와 훈련에 의해 초기단계에서 회복된다.

2 2단계: 1단계에서 회복되지 못한 사람들은 급성단계인 2단계로 발전하는데 여기서는 정신 신경증세가 나타나기 시작하며, 이 증세는 수 주일간 지속되나 회복은 어느 정도 가능하다.

3 3단계: 2단계에서의 치료가 실패하면 만성단계인 3단계의 증상을 보인다. 이 단계에서는 인성을 상실하고 만성적인 정신 질환자가 되어 증세가 오랫동안 지속되어 회복이 늦고 때에 따라서는 회복이 불가능한 경우도 있었다.

이 단계에서는 또 현장에서 증세가 나타나지 않더라도 휴가나 귀가 후 전투 쇼크 현상이 발생하기도 하여 장기간 적응부전(decompensation)[2] 상태가 지속하기도 한다. 1973년 전쟁시 이스라엘 의무진은 전투 쇼크가 지연 발생하는 새로운 전투 정신병 환자를 발견하기도 하였다. 일부 병사들이 전쟁중에는 전투간 수행을 잘했으나 자기 집으로부터 전화를 받는 순간 또는 첫 번째 휴가를 얻어 집에 도착한 후 전투 쇼크 현상이 발생한 것이다. 1973년 전쟁에서 이스라엘군은 다음과 같은 연구결과를 얻게 된다(육군교육사, 1995).

1 전투 쇼크는 전투가 치열하면 할수록 빠르게 발생한다.

2 지연 발생되는 전투 쇼크는 더 큰 문제점을 내포하고 있다.

3 낮은 사기와 가정 및 사회적 요인의 스트레스는 전투 쇼크의 발생원인을 제공한다.

4 후방이나 민간병원에서 치료보다 전방에 근접한 지역에서의 치료가 효과가 높다.

5 소부대 리더십과 단결 등의 사기요소는 전투 정신병 환자를 극소화하는 데는 물론 전투수행을 극대화하는 데도 매우 중요하다.

여기서 발견된 전투 쇼크 환자 치료교리는 1982년 이스라엘과 레바논 전쟁에서 적용되었으며, 이 같은 장애는 미국이나 영국, 이스라엘 등의 전쟁 경험을 기초로 지속적으로 연구되어 오고 있다. 연구결과들은 참전 경험이 있는 모든 병사의 70~80%는 전투 쇼크에 시달리고 있음을 보여주고 있다. 특히 베트남 전에 참여한 미군 병사의 80%가 전투에 투입될 때 심리적 어려움을 겪었고, 결국 이 중 40%는 심리장애를 겪었다.

군사심리학자들은 해외파병이나 초기 전투상황에서 장병들이 겪을 수 있는 이러한 정신적 쇼크나 불안감을 사전에 방지하거나 최소한으로 줄이기 위해서는 충분한 수면과 휴식, 질 좋은 음식, 그 날 있었던 일을 공동으로 토론할 것 등을 권장하고 있다. 그러나 무엇보다 중요한 것은 장병 상하간의 친밀한 개인관계와 상호신뢰라고 이들은 말하고 있다.

---

2) 정상인은 당황하거나 긴장하더라도 시간이 지나고 상황이 변하면 곧 정상으로 돌아온다. 그러나 전투 쇼크 환자의 경우, 정신신경 상태가 정상인 같이 상황변화에 적절히 대응하지 못하고 당황, 긴장, 불면, 호흡곤란, 심장이 두근거리는 등 자율신경 계통의 비정상이 오래 지속되는 상태를 뜻한다.

2) 전투 피로증(combat fatigue)

(1) 전투 피로증의 개념

전투에 참여한 사람들에게서 때때로 매우 극단적인 형태의 정서 반응이 나타나는데, 대개 어려운 임무를 끝내고 난 후에 나타난다. 전투원뿐만 아니라 전투가 장기간 지속되는 전장에서 생활했던 일부 주민들에게도 이런 증상이 나타나는데 군대는 이런 반응을 '전투 피로증'이라고 부른다. 초기의 증상은 증가된 정서성, 민감성, 수면장애 및 과장된 놀람 반응을 포함한다. 어떤 경우에 병사들은 심한 전율, 침묵, 환각, 혼미 또는 통제할 수 없는 공포를 보여 주기도 한다(Chermol, 1983).

비록 대부분의 사람들이 전투 피로증이 이전에 성격문제가 있던 일부 병사들에게 있어서 신경과민의 특정한 사례라기보다는, 계속된 전투의 필연적 결과라는 데 동의하고 있지만 전투 피로증의 원인은 그다지 잘 이해되지 않고 있다. 이 문제의 발생에 관한 통계치는 잠재적 원인을 지적하는 몇 가지 흥미 있는 경향을 보여 준다. 예를 들어, 2차대전 동안에 기갑사단의 전투 피로증 발생이 가장 높았고 항공기 승무원들이 가장 낮았다. 그러나 항공기 승무원들은 더 높은 전투 사상자 비율을 유지했다. 기갑사단의 병사들은 오랫동안 탱크 속에 갇혀 있고, 거의 계속적으로 이동하고, 특히 위험한 상황에서 위협에 대해 아무런 개인적 행동을 할 수 없는 등의 많은 이유로 아마도 전투 피로증에 더 걸리기 쉬웠을 것이라고 학자들은 추측하고 있다. 기갑사단의 병사들이 항공기 승무원들보다 더 큰 무력감을 발전시켜 전투 피로증의 위험을 증가시켰을 수도 있다.

항공기 승무원들은 다른 이유로 전투 피로증의 사례가 더 적었을 수도 있는데, 그들은 수면 시간이 더 규칙적이었고, 더 나은 영양을 섭취했으며, 임무 기간들 사이에 오락과 휴식의 기회가 더 많았다. 비록 사상자 비율은 더 높았지만, 그들은 스스로 엘리트 집단의 성원이라고 느꼈으며 높은 사기와 단결심을 유지했던 것으로 나타났다. 이러한 사기의 중요성은, 낙하산병 같은 지원병들로 구성된 부대가 사상자 비율은 더 높았지만 전투 피로증 비율은 기타 비지원부대보다 더 낮았다는 사실에 의해서도 입증되었다.

전투 피로증과 유사한 전쟁 부적응 행동으로 전투 소모증이 있다. 이 증세는 전투에 대한 정신신경증 반응이다. 전투 소모증의 증세는 퉁명스러운 태도, 지나치게 민감한 반응, 불끈 화를 잘 냄, 지나친 욕설, 불면증 등으로 나타나는 흥분의 상태를 보인다. 이러한 상태의 일반적 원인은 과도한 불안상태에서 나온다. 끊임없는 전투의 위협을 극복할 수 없을 것으로 생각하며 완전히 무능력해져 버린다. 이러한 반응들은 전장에 가까운 휴양소에서 얼마간의 휴식이나 충분한 수면, 양질의 식사, 전투 긴장으로부터의 이완으로 치료될 수도 있다. 통상 이런 병력은 다시 부대로 원복을 한다. 2차대전과 한국전의 통계는 전체 병력의 10% 미만이 이 증세에 시달린 것으로 나타났다. 월남전의 산발적 전투 특징으로 인해 전투 소모증은 2%로 감소되었다(국방부, 1979). 이러한 증세는 교육수준이 낮을수록 그리고 연령이 18세~21세의 병사나 35세 이상의 병사들에게서 잘 나타났다. 반면 전투의욕에 넘치는 병사들은 이러한 증세가 잘 나타나지 않은 것으로 밝혀졌다.

(2) 예방 및 해소 방안들

전투 피로증에 대한 치료는 다양하다. 예를 들어 전투 피로증에 걸린 보병들은 여단의 야전 병원에서 즉시 치료될 수도 있을 것이다. 심한 경우에 사단 후방으로 후송되어 치료될 수도 있을 것이다. 이 사람들 중 약 80 - 90%는 몇 일 내로 자기 부대로 되돌아갈 수 있다. 회복되지 않은 사람들은 군단 수준의 의료시설로 후송될 수도 있지만, 이런 선택은 그다지 바람직하지 않다. 적어도 이 환자들 중 일부는 부분적으로, 그들의 증상이 전투에서 자신들을 제외시키는 원인이 되기 때문에, 장기간의 심리적 문제를 보이기 때문이다. 그들은 분명 자신이 부대를 버린 것에 심한 죄책감을 느끼며, 자기의 증상을 무의식적으로 지속시킴으로써 자신의 도피를 정당화시키려고 한다. 전투에서의 동기에 관한 연구는 대개 전투에서 이런 종류의 집단 충성의 중요성을 강하게 지적한다. 전투에서 부상한 병사들이 회복되기 전에 자기 부대로 돌아오는 것은 이상한 일이 아니며, 그래서 그들은 '자기 동료들을 저버리지' 않을 것이다. 전투 피로증을 막는 것은 군에서 큰 관심사이다. 권장된 대응책의 일부는 다음과 같은 것을 포함한다(Chermol, 1983).

1 전투 작전에 참여한 개인들이 적당한 수면을 취하도록 보장한다.

2 응집력을 기르기 위해 '전우 시스템'[3]을 수립한다. 부대원들은 전투 피로증의 조짐에 대해 서로를 관찰할 수 있어 격려 및 조언을 할 수 있다.

3 신체적으로 적합한 병사들이 스트레스를 더 잘 인내할 수 있기 때문에, 평상시에 강한 신체단련 프로그램 제공 훈련을 실시한다.

4 부대원들에게 정확하고 시기 적절한 정보를 제공한다. 헛소문과 지휘관의 부정직한 언행은, 특히 화생방 공격 동안에 더 많은 스트레스를 유발할 것이다.

5 특히 NBC(핵, 생물학, 화학)戰 환경에서 임무·역할을 맡은 병사들을 철저히 훈련

3) 예를 들면, 한국전에서의 2인동료제도(buddy system)의 우수성을 연구한 Little(1964)의 의견은 한 병사가 신뢰할 만한 다른 전우를 가진다는 것은 부대 응집성에 효과가 있다는 것이다. 우리 군의 후견인 제도도 이러한 전우시스템의 일부라고 생각된다.

시킨다. 화생방 안전 장비에 관한 지식과 신뢰의 부족은 전투중 스트레스에 주된 기여를 할 수 있다.

인간에게 있어 학습된 무력감(learned helplessness)[4]은 개인이 스트레스 상황을 피할 방도가 없다고 믿는 데서 비롯된다. 그 좋은 예가 병사들이 겪는 만성 전투 피로증이다. 도시생활에서 오는 스트레스를 성공적으로 극복해 낸 병사들조차도 종종 그러한 증상을 호소하는 경우가 많기 때문이다.

3) 전투 신경증(combat-induced neurosis)

전투가 주는 공포, 불안 등 정신적 쇼크에 의해 나타나는 심신장애상태를 말하며, 심한 불안상태, 우울증, 사지마비, 언어장애, 시각장애, 기억상실 등 주로 신체적 장애로 나타난다. 신체적 장애는 전투에서 생기는 견디기 힘든 불안을 신체적 증상으로 전환시킴으로써 불안을 방어하는 신경증으로 전환장애(conversion disorders)[5]라고 불린다. 이러한 전환반응에는 손, 발, 기타 신체부위의 마비나 감각상실 또는 눈이 안보이거나 귀가 들리지 않는 등의 증세를 보이기도 한다. 실제 전장에서 전투를 두려워하는 병사가 부분적인 실명을 보이거나 다리 또는 손가락이 마비되는 경우가 있다. 이 경우 이러한 증세를 호소하는 병사는 실질적으로 신체 조직이 잘못된 것은 아니며 순전히 심리적인 방어를 목적으로 증세가 나타나는 것이다. 즉, 심리적 문제가 신체적 증상으로 전환되었음을 의미하는 것이다.

심리학자나 정신의학자들은 이러한 측면에서 전환장애를 심리적인 갈등상황이 되면 전투에 나가지 않아도 되고 비겁자라는 낙인도 면할 수 있는 일부 신체마비나 기억상실 등의 해결방법을 찾아 불안을 해소하는 도피적 방법으로 보고 있다. 이러한 경우는 전문가와 상의하여 후송하고 정신치료 또는 임상적 치료를 받게 하는 것이 좋다.

---

4) 생체에게 피할 수 없는 쇼크나 열 같은 외부자극을 받게 함으로써 실험적으로 일으킨 무기력의 학습상태를 말한다. 이러한 혐오적 상황을 회피하거나 도피하지 못하게 무력감을 학습시키게 되면 나중 자신이 통제 가능한 상황들에도 일반화되어 무력감을 보인다.

5) 신경증적 장애는 미국 정신의학회가 작성한 '정신장애 진단 및 통계 편람'인 DSM-Ⅲ(1980) 이전에는 신경증(neurosis)으로 불려졌다. 신경증이란 용어는 정신분석학적 입장의 개념이기 때문에, 특정 이론적 입장을 떠나서 심리적 장애들을 현상 위주의 기술을 중심으로 분류하고자 하는 DSM-Ⅲ의 저자들에 의해서 신경증적 장애(neurotic disorders)란 용어로 쓰이기 시작했다.

4) 외상후 스트레스 장애

(1) 외상후 스트레스 장애의 개념

외상후 스트레스 장애(posttraumatic stress disorder: PTSD)는 DSM-III(1980)에 처음 소개된 진단명으로 불안의 증가, 외상과 연관된 자극의 회피, 그리고 정서반응의 둔감 증상 등 심각한 스트레스 자극에 대해 극도의 반응을 보이는 것을 말한다. 만일 모든 사람들의 행동이 단순하고 엄격한 논리적 규칙에 따른다면, 스트레스의 증후는 그것의 원인이 되는 스트레스 사상들이 끝나게 될 때 사라져야 할 것이다. 그러나 심리학자들은 어떤 스트레스 장애는 개인이 심한 외상 및 위기를 겪은 후에 일어날 수 있다는 것을 인정하고 있다. 예를 들어, 전투 동안 비교적 효과적으로 스트레스에 대처할 수 있었던 군인들조차도 흔히 자신들이 전장을 떠난 후 사회생활에 대처하는 데 커다란 어려움을 겪고 있음을 발견하고 있다. 심리학자들은 이러한 현상을 '외상후 스트레스 장애'라고 부르고 있다. 외상후 스트레스 장애를 일으킬 수 있는 종류의 사상들은 그러한 것에 가장 잘 적응이 된 사람들에게조차도 공포와 불안을 야기시킬 수 있는 경험으로, 전투 및 파괴적인 홍수, 강간 등과 같이 전쟁과 천재지변을 비롯한 각종 충격적인 사건과 사고들을 포함하고 있다(APA, 1980).

전투 시의 스트레스가 군인들에게 강력하고 부정적인 영향을 미칠 수 있다는 사실이 이전에 알려지긴 했지만, 베트남 전쟁의 후유증으로 이와 같은 새로운 진단명이 생기게 되었다. 다른 장애와 마찬가지로 외상후 스트레스 장애도 하나의 증상으로 정의되긴 하지만, DSM에 있는 다른 심리적인 증상과 달리 죽음을 목격하였거나 심하게 다친 경험 혹은 안전을 위협당했던 경험 등 환자가 직접 경험한 외상적인 사건과 같은 가정된 병의 원인이 포함된다. 이 사건은 강렬한 두려움이나 무력감을 일으켰어야 한다. DSM의 이전 판에서는 외상적인 사건을 '인간의 경험 영역을 벗어나는' 것으로 정의하였다. 이 정의는 너무 엄격해서 자동차 사고와 같은 사건들에 의한 것은 진단에서 배제되었다. 현재의 광범위한 정의도 역시 제한적인데, 사건의 객관적인 특성에만 초점을 맞출 뿐 더 큰 중요성이 있을 수 있는 주관적인 특성을 경시하기 때문이다(이봉건, 1999).

외상후 스트레스 장애와 DSM-IV에 새로 도입된 급성 스트레스 장애(acute stress disorder)는 차이가 있다. 외상을 경험하는 대부분의 사람들은 스트레스를 받는데 때때로 그 정도가 상당하다. 이러한 것은 정상이다. 스트레스 자극이 사회적·직업적 기능에 상당한 손상을 가져온다면 급성 스트레스 장애로 진단된다. 약 60%의 사람은 급성 스트레스 장애로부터 한 달 이내에 회복이 되며, 외상후 스트레스 장애를 일으키지 않고 살아간다.

DSM에서 외상후 스트레스 장애의 주요 원인적 요인의 하나로 스트레스를 포함시킨 것은, 과거에 어떤 경험을 했던 간에 많은 사람들이 압도적인 재난 스트레스에 의해 부정적 영향을 받을 수 있으므로 이런 반응은 다른 장애와 구분되어야 한다는 인식을 반영한 것이다. 즉, 외상후 스트레스 장애의 1차적 원인은 사건이지 사람에 의한 것이 아니라는 것이다. 이런 정의를 통해 DSM 진단에서는 어떤 사람이 괜찮다고 막연하게 함축적으로 결론내리는 대신, 외상 경험을 일으키는 환경이 중요하다는 사실을 확실하게 인정하고 있는 것이다(Haley, 1978). 그러나 이것을 진단 기준에 포함시키는 것은 여전히 논쟁점이 되고 있다. 많은 사람들이 외상적인 생활 사건에 직면하지만 외상후 스트레스 장애로 발전하지 않는다. 예를 들어, 최근 연구에 의하면 신체적인 사건을 경험한 사람들 중에서 단지 25%만이 외상후 스트레스 장애를 발달시켰다(Shalev, Peri, Canetti & Schreiber, 1996). 그러므로 사건 그 자체만이 외상후 스트레스 장애의 유일한 원인이라고 볼 수 없다. 최근에는 연구방향이 심각한 스트레스를 경험하였는데도 외상후 스트레스 장애를 일으키지 않은 사람과 장애가 발생하는 사람들을 구분해 주는 요인을 찾는 것에 관심이 모아지고 있다. 외상후 스트레스 장애의 증상은 다음과 같은 세 가지의 주요 범주로 나누어 볼 수 있다. 진단을 내리려면 각 범주에 해당되는 증상이 한 달 이상 지속되어야 한다.

1 외상적 사건의 재경험

환자가 외상 사건을 자주 회상하고 그와 관련된 악몽을 꾸는 것이다. 베트남 전투장면을 다시 떠올리도록 하는 번개와 같은 강렬한 정서적인 혼란이 사건을 상징해 주는 자극이나, 혹은 매해마다 어떤 특정 경험을 회상하게 만드는 날 등으로 인해 나타난다. 이러한 혼란 증상을 실험실에서 확인하기 위한 연구에서, 베트남 전쟁에 참전하고 난 후 외상후 장애를 일으킨 사람과 그렇지 않은 퇴역군인들에게 Stroop 검사를 실시하였다(McNally, Caspi, Riemann & Zeitlin, 1990). 이 검사에서 피험자에게 상이한 색깔로 인쇄된 단어를 제시하였으며, 각 단어의 인쇄된 색깔을 가능한 빠른 속도로 단어는 말하지 않고 응답하도록 지시하였다. 몇 가지 상이한 범주의 단어가 사용되었는데, 중성단어(예: 입력), 정적인 단어(예: 사랑), 강박적 단어(예: 세균), 외상 장애적 단어(예: 시체 운반용 자루) 등이었다. 외상후 장애를 일으킨 퇴역군인들은 단지 외상후 스트레스 장애의 범주에 속한 단어에서만이 외상후 장애를 발달시키지 않은 퇴역군인들보다 반응이 느렸다. 동일한 효과가 강간피해자에게서도 나타났다(Foa, Feske, Murdock, Kozak & McCarthy, 1991). 마찬가지로 외상후 스트레스 장애를 지닌 환자들은 자신의 외상과 관련된 단어를 더 잘 회상하였다.

재경험의 중요성을 과소평가해서는 안 될 것이다. 왜냐하면 다른 범주의 증상을 일으키는 원인이 될 수 있기 때문이다. 외상후 스트레스 장애에 대한 어떤 이론(Foa, Zinbarg & Rothbaum, 1992)은 재경험이 외상적 사건을 성공적으로 통합하여 이미 존재하고 있는 도식(개인이 세상에 대해 일반적으로 가지고 있는 믿음)에 포함시킬 수 있는 능력이 없기 때문에 나타난다고 주장하면서 이를 외상후 스트레스 장애의 중심적인 특성으로 간주한다.

[2] 사건에 관련된 자극의 회피나 반응성의 둔화

환자는 외상에 대하여 생각이나, 외상을 회상시키는 자극을 회피한다. 여기에는 기억상실증도 포함된다. 반응성의 둔화는 타인에 대한 관심의 감소, 소외감, 긍정적인 정서를 느끼지 못하는 것 등을 말한다. 이러한 증상은 위의 [1]번 범주에 속한 것과는 상반되는 것으로 보이나, 외상후 스트레스 장애의 증상이 지니는 변동성 때문이다. 때로는 재경험을 때로는 둔화를 보인다.

[3] 각성의 증가로 인한 증상

이 증상에는 잠들기의 곤란과 수면유지의 어려움, 주의집중의 곤란, 과도한 경계심, 그리고 놀램반응의 고조 등이 포함된다. 실험실 연구결과에서 뒷받침되었는데 외상후 장애 환자에게 전투장면을 상상하게 했더니, 생리적 반응성과 경악반응이 매우 높은 것으로 나타났다(Orr, Lasko, Shalev & Pitman, 1995).

외상후 스트레스 장애와 관련된 또 다른 문제로는 우울, 분노, 죄책감, 고통 감소를 위해 자가처방한 물질남용, 부부간의 갈등, 그리고 직업적 손상 등이 있다. 자살 생각과 기도 역시 일반적으로 나타나는데 요통, 두통 및 위내장 장애와 같은 스트레스 관련 정신생리적 문제와 폭발적인 폭력도 빈번하게 나타날 수 있다(Berman & Jobes, 1996).

외상후 스트레스 장애는 미국의 일반인 중에서 1~3%의 유병률을 보이는데, 약 200만 명 이상의 사람이 여기에 해당된다. 이 비율은 신체적 공격에 노출된 경험이 있는 시민들에게서는 3.5%까지 높아지며, 베트남전에서 부상했던 사람들에게서는 20%로 더욱 높게 나타났다(Helzer, Robins & McEvoy, 1987).

(2) 외상후 스트레스 장애의 원인 이론들

외상후 스트레스 장애에 걸릴 몇 가지 위험 요인이 발견되었다. Breslau, Davis, Andreski와 Peterson(1991)의 연구에서는 외상적 사건에 노출되었을 때 외상후 장애에 걸릴 가능성을 예측해 주는 요인들로, 여성, 어렸을 때 부모와의 이별, 가족 중 병력 소유자의 존재(여부), 선행하는 다른 장애(공포장애, 강박장애, 우울증)의 존재 등을 들고 있다. 외상후 스트레스 장애의 가능성은 외상적 사건의 강도와 비례한다. 예를 들어, 전투에 대한 노출이 크면 클수록 이 장애에 걸릴 위험도 커진다. 전투에 노출된 정도가 심할 경우 외상후 스트레스 장애에 걸릴 비율은 다른 장애를 가진 가족이 있는지 여부와 상관없이 퇴역군인들에게서 동일한 정도로 나타난다. 가족 중에 장애가 있는 사람의 경우는 비록 전투에 노출된 정도가 낮더라도 외상후 스트레스 장애에 걸릴 가능성이 높았다. 외상에 대한 초기반응 역시 예언요인이다. 불안, 우울증, 그리고 해리증상(이인화, 비현실화 장애, 건망증, 그리고 신체이탈의 경험을 포함)이 심할수록 나중에 외상후 스트레스 장애가 나타날 가능성이 높아진다(Shalev 등, 1996).

심리적・생리적 이론 모두 외상후 장애를 설명하기 위한 이론을 제시하였다. 학습 이론에서는 이 장애가 두려움이 고전적 조건화되어 생긴 것이라고 가정한다(Fairbank & Brown, 1987). 예를 들어, 강간당한 적이 있는 여성의 경우, 이 여성은 어떤 거리에서 폭행을 당한 경험(무조건 자극)으로 인하여 특정한 장소(조건자극)를 걷는 것에 대한 두려움이 생길 수 있을 것이다. 이와 같이 고전적으로 조건화된 두려움에 근거하여 회피행동이 형성되며, 이것은 조건자극이 존재하지 않도록 해주므로 두려움을 감소시켜 주는 부정적 강화를 제공한다. Horowitz(1990)에 의해 제시된 정신분석 이론은 외상적 사건에 대한 기억이 개인의 마음에서 지속적으로 발생하는데 너무나 고통스럽기 때문에 의식적으로 억제(주의를 다른 곳으로 돌리는 등)하거나 억압한다고 가정한다. 환자는 외상적인 경험과 지금까지 살아오면서 만들어온 자신에 대한 믿음과 세상에 대한 믿음을 통합하기 위하여 일종의 내면적인 투쟁활동을 한다고 보고 있다. 생물학적 측면에서 쌍생아의 연구결과는 외상후 스트레스 장애에 걸릴 소질이 존재함을 시사한다. 더욱이 외상은 noradrenergic 계통을 활성화시켜서 노르에피네프린(norepinephrine)의 수준을 상승시키므로 평상시보다 더 쉽게 놀라고 정서표현에 민감하게 될 수 있다.

아직까지도 외상후 스트레스 장애에 대한 이론들은 왜 일부의 사람만이 외상의 결과로 외상후 장애를 발달시키는지에 대한 이유를 충분히 설명하지 못하고 있다. 앞서 언급했듯이 지금에서야 외상에 취약하게 만드는 개인의 특질이나 소질에 대한 관심이 부각되는 시점이다. 여기에는 사전에 이미 어떤 장애가 존재했을 가능성, 외상후 장애의 가계사, 그리고 부모와의 이른 이별 등이 포함된다. 1982년 발생한 레바논 전투에 참전하였던 이스라엘의 퇴역 군인들을 연구한 결과, 외상후 스트레스 장애의 발생은 개인이 실패에 대하여 책임을 지려는 경향성과 정서에 초점을 맞추는 식으로 스트레스에 대처(나는 다른 방식으로 감정을 느낄 수 있었으면 한다)하려는 경향성과 관련이 있었으며, 문제 그 자체와는 거리가 멀었다(Solomon, Mikulincev & Flum, 1988). 이와 마찬가지로 걸프전에 참전은 하였으나 외상후 스트레스 장애를 발달시키지 않은 퇴역군인과 외상후 장애를 발달시킨 퇴역군인간에는 직무수행과 목적의식에 있어 차이가 있었다(Sutker, Davis, Uddo, & Dita, 1995).

(3) 전투와 외상후 스트레스 장애

어떤 경우에 외상후 스트레스 장애는 외상적인 사건 직후나 혹은 단기간 내에 일어날 수 있다. 그러나 다른 경우에는 희생자가 그런 경험으로부터 회복되는 것처럼 보이는 동안 몇 달이 지날 수 있다. 그러고 난 다음, 아무런 경고도 없이 갑자기 심리적인 증후들이 나타난다. 어떤 경우에 그런 증후들은 비록 반복적으로 재발될 수는 있지만 비교적 빨리 사라진다. 다른 경우에는 몇 주 혹은 몇 달 동안 지속된다.

증후들은 흔히 타격적이다. 사건-사고 당시의 충격과 기억을 소화하지 못해 대개 두려움, 무력감, 공포증 등의 증상을 보인다. 또 희생자는 흔히 극적인 악몽을 통해 일어났었던 무서운 사건을 정확히 재경험하곤 한다. 낮 동안에는 그 장면을 회상함으로써 외상이 되살아나는 듯한 느낌을 받게 된다. 일반적으로 외상후 스트레스 장애의 희생자들은 일상생활을 잘하지 못하며, 사회적인 생활, 직업 및 가정에 대한 책임감으로부터 퇴각할 수도 있다. 전투를 경험한 제대군인들은 특히 그런 문제에 취약하다. 뉴욕 정책연구소는 베트남에서 치열한 전투에 참가했었던 군인들 중 ⅓ 이상이 심한 외상후 고통의 증후들을 보였음을 발견하였다. 분명히 많은 베트남 전투 경험 제대군인들은 시민생활에 재적응하는 데 남다른 어려움을 겪고 있다. 사실 그들의 증후가 너무도 심한 경향이 있기 때문에 베트남에서 귀향한 장병들에게서 나타나는 스트레스 장애는 '베트남 증후군(Vietnam syndrome)'이라는 고유 명칭으로도 불리게 되었다.

그 증후군 중 어떤 것은 다른 외상후 스트레스 장애와 동일하지만, 많은 베트남 제대군인들은 그 외에도 편집증, 타인을 사랑할 수 없거나 믿지 못하는 것, 자신의 감정으로부터 소원해지는 것, 자신들의 전투 경험에 대한 죄책감, 폭력적으로 돌발하는 통제할 수 없는 분노 등과 같은 부가적인 문제점들을 경험하고 있었다. 베트남 재향군인들의 약물 및 알코올 오용의 비율은 평균 비율을 능가하며, 이들 중의 일부는 정서적인 문제로 인한 범죄를 저질러 체포되기도 했다. 또 많은 베트남 제대 군인들이 정신병 치료를 받았는데, 그들을 치료한 정신과 의사들과 심리학자들은 이 증후군 심도의 원인이 되는 두 가지 요인들을 언급하고 있다. 그 한 가지는 다른 대부분의 전쟁에서보다 베트남 전쟁에서 더 많았던 민간인 사상자들 때문에 죄책감이 증가되었으리란 것이다. 또 다른 중요한 요인은 이 전쟁의 비인기성이다. 귀향하는 제대군인들은 영웅으로서 환영을 받는 대신에 흔히 냉대를 받았으며, 어떤 사람들은 전쟁의 책임과 많은 미국인들이 만행으로 여겼던 일들에 대한 책임이 마치 그들에게 있는 것처럼 비난하였다. 전투를 수행한 전투원이나 대적활동에 참가한 사람들에 대한 이러한 비판적인 태도는 특히 중요한데, 그 이유는 어떤 외상후 장애로부터의 회복은 희생자들이 가족, 친구 및 사회공동체로부터 얼마나 많은 지지를 받았는가에 크게 달려 있기 때문이다(Morris, 1986).

한국전과 월남전 참전용사에 대한 외상후 장애자를 연구한 한국보훈병원 신경정신과장 정문용이 1994년 9월부터 1996년 3월까지 이 병원에서 진료받은 국가유공자 304명(한국전 참전: 204명, 월남전 참전: 100명)을 대상으로 설문조사와 정신과적 면담을 실시한 결과에 의하면, 한국전 참전 경험자들 중 8.8%, 월남전 참전자들 중 23%가 이 질환을 앓고 있는 것으로 나타났다. 그는 이 같은 수치는 미국과 유사한 수준으로 이 질환은 민족과 사회적 요인에 관계없이 비슷하게 나타난다고 주장하였다. 한국전에서 유병률이 훨씬 낮게 나타난 데 대해 그는 '시간적인 경과에 따른 자연적인 현상'으로 풀이했다. 또 결혼상태에 따라 외상후 스트레스 장애는 의미 있는 차이를 보였는데, 두 경우 모두 독신상태에서 이 같은 증상을 가진 사람이 많았으며, 직업이 없고 교육수준이 낮을수록 외상후 장애 증세가 더 심하게 나타났다고 하였다(한겨레, 1996).

(4) 외상후 스트레스 장애의 예방과 치료

1 예방

예방법으로 지휘관들이 관심을 가져볼 만한 기법으로는 스트레스 면역훈련(stress inoculation training)이 있는데, 이는 인지-행동치료의 통합적 접근법으로 이론적 관점에서 볼 때 무력감의 감소 및 수동적 희생 경험이라는 귀인의 감소와 함께 스트레스 사건을 처리하기 위한 '개인적 책임'과 '활동의 참조틀' 개발을 강조한다. 이 책략에는 자신의 취약성을 인식하도록 하기 위해 개인이 갖고 있는 전반적인 면역적 확신에 도전하는 방식으로 실제적 정보를 제공하고 이후의 위기를 다룰 수 있도록 준비행동을 계획하게끔 동기화시킴, 개인으로 하여금 살아남아 궁극적으로는 당면한 시련으로부터 회복할 수 있다는 자신감을 합리적으로 느낄 수 있게 하는 개인적 및 사회적 대처 자원들에 대한 확신을 주는 사실들에 주의를 두게 함으로써 '무력감' '무망감' '의기소침'의 느낌을 줄임, 그 개인으로 하여금 자신을 안심시키고 자신을 보호하기 위한 스스로의 방법과 계획을 만들어 내도록 격려하는 방식과 같은 것들이 포함된다. 스트레스 면역 훈련은 심한 스트레스가 미리 알려질 때 예방적 접근으로서 매우 유용한 것처럼 보인다. 이는 반복적으로 포격을 받은 이스라엘 아동들에 대한 연구결과에서도 입증된 바 있다. 스트레스 면역훈련과정을 이수하고 전투에 들어가는 사람들과 그렇지 않은 사람들은 분명히 차이를 보일 것이다. 스트레스 면역훈련은 외상후 초기 개입적 접근으로서도 효과적일 것으로 생각된다(신응섭과 채정민, 1996).

2 치료

이 증세의 임상적 치료법으로는 역동적 심리치료, 행동치료, 최면 및 마취치료, 집단치료, 가족치료 및 부부치료, 정신약물치료 등 보다 전문성을 요하는 기법들이 있다. 외상후 스트레스 장애의 치료에 중요한 것은 외상 경험에 대한 노출인데, 사건이 외상적이기 때문에 노출은 실제 상황보다는 심상을 통해 이루어지는 것이 보통이다. 더욱이 어떤 종류의 노출이든지 시도하기 전에, 치료자는 세부적인 원인과는 무관하게 외상적인 경험의 전형적인 충격에 민감해야 한다고 권고된다(Keane, Fisher, Krinsley & Niles, 1994). 통상적인 반응으로는 신뢰의 결여, '세상은 매우 위험한 곳이며 위협적인 장소이다'라는 두려운 믿음(Janoff-Bulman, 1992), 그리고 극도의 스트레스에 대한 대처방식으로 물질 남용과 같은 부적응적인 전략을 사용하는 것 등이 있다(Keane & Wolfe, 1990). 환자에게 외상후 장애의 속성, 특히 대부분의 사람들이 겪는 증상(쉽게 놀라는 것, 우울증, 친구나 애인으로부터 멀어지는 것)에 대하여 교육시키는 것도 또한 도움이 될 수 있다. 이러한 지식은 환자로 하여금 자신의 마음을 잃지 않고 있다는 것을 경험하도록 하여 안도감을 줄 수 있는 것이다(Keane 등, 1994).

제2차 세계대전 중에는 '전투로 인하여 탈진한' 병사들에게 수면통합(narcosynthesis)이라는 처치를 종종 하였는데, 이 절차는 약물을 사용하여 감정변화를 시키는 것이었다. 한 병사에게 sodium pentothal이라는 약물을 극도로 졸리게 만들 정도의 양을 혈관 속에 주사한다. 그런 후 치료자는 사실조의 목소리로 병사에게 "당신은 지금 전장의 최전방에 있다"고 말하며, 필요하고 가능하다면 특정 전투상황을 부연 설명한다. 환자는 망각되었으나 한때는 깜짝 놀랄 정도였던 사건을 강렬한 정서를 수반한 채 회상하기 시작한다. 이렇게 실제의 외상적 사건을 여러 번 회상케 하고. 심지어는 환자가 행동으로 연기해 보기도 한다. 환자가 점차 본래의 의식상태로 되돌아옴에 따라서 치료자는 환자가 과거의 일이었을 뿐이며 더 이상 환자에게 영향을 미칠 수 없다는 것을 깨닫게 되리라는 희망 하에 당시의 끔찍한 사건을 계속적으로 토의한다. 이런 과정을 통해서 환자로 하여금 과거의 끔찍한 사건을 현재의 생활과 통합하는 즉, 묶는 과정이 추구되었다.

한국전쟁뿐만 아니라 2차 세계대전의 퇴역군인들에게 의료 서비스를 제공해온 재향 및 보훈 병원은, 베트남 전쟁에 참여한 퇴역군인들의 심리적 어려움을 다룰 준비가 되어 있지 않았다. 무엇보다도 많은 병사들이 명예로운 전역이 아니라 불명예스럽게 전역하였는데, 그 배후에는 성격 및 행동장애, 알코올중독, 그리고 약물중독 등이 있었다(Kidder, 1978). 이러한 퇴역군인들의 일부가 전투에 의한 외상을 겪었으리라 추측된다. 월맹과의 조약이 체결된 후 6년이 지난 1979년에 이르러서야 비로소 이런 종류의 이유로 불명예제대하게 된 퇴역군인들이 미국인권연합회의 투쟁결과로 명예를 회복하였으며, 재향 및 보훈 병원에서 치료를 받을 수 있는 법률조항이 만들어 졌다.

그러나 이보다 앞서 1971년 예일대학의 정신과 의사인 Lifton은 뉴욕 지역의 전쟁을 반대하는 재향군인들로부터 자기들과 함께 토론집단을 만들자는 제안을 받았다. 처음에는 전투에 실제 참전했던 퇴역군인들 스스로 만든 토론집단의 시발점이었는데, 이 집단은 두 가지 목적을 지니고 있었다. 즉, 자신들의 문제에 대한 치료적 목적과, 전쟁에 대한 대가로 얼마나 많은 사람들이 희생되는지를 미국정부로 하여금 강제적으로라도 이해시키려는 정치적 목적이 그것이다(Lifton, 1976). 이와 같은 토론집단은 미국 전역으로 확산되기 시작하여, 1979년에는 뉴욕시 의회가 심리적으로 고통받고 있는 베트남 참전 군인들을 위한 91개의 상담센터를 설립하는데 2,500만 달러를 지원하였다. 1981년 이 자금은 3년 동안 연장 지원되었다.

토론집단들은 참전용사들의 마음속에 잔존하는 죄책감과 분노에 초점을 두었다. 죄책감은 병사라는 입장에서 적과 아군을 구분할 수도 없는 게릴라전을 하지 않으면 안 되는 상황에 의한 것이며, 분노는 자신과 조국이 관여할 충분한 명분이 없으면서도 참전하여 위험한 상황에 자신들의 목숨을 맡겨야 한다는 것 때문이다. 토론은 여성과의 관계 및 남성적인 것에 대한 감정, 특히 폭력에 대한 남성으로서의 견해와 같은 현재의 생활사도 다루었다. 항우울제도 사용되었지만 효과가 큰 편은 아니었다(Lerer, Bleich, Kotler, Garb, Hertzberg & Levin, 1987).

토론집단과 미국 전역에 산재한 172개의 상이군인병원에서 시행되는 보다 전통적인 집단치료는 최소한 두 가지 가능한 요인들로 인해 퇴역군인들에게 도움이 되었다고 볼 수 있다. 가능한 첫 번째 요인은 아마도 최초로 제대군인들은 귀향한 전우들로 구성된 모임에 참여하여 전투 경험을 공유한 전우들과 상호지지를 주고받을 수 있었다는 것이다. 두 번째로는 정서적인 문제를 논의하는 가운데 이제까지 억압해 왔던 전쟁이라는 외상적 사건으로 인한 영향을 서로 직면하게 되었다는 것이다. 많은 사람들이 그렇듯이 수년 동안 과거에 발생한 어떤 사건이 현재의 자신을 압도할 수 있다는 두려움을 가지고 지내 왔지만, 집단에서는 과거의 그 사건으로 되돌아가 직면해야만 하였으며, 자신을 완전히 노출해야 했다.

지금까지 기술된 여러 종류의 접근에 대한 실제적인 연구는 거의 이루어지지 않고 있다. 그러나 외상후 스트레스 장애의 치료에 대한 잘 통제된 연구들은 최근 들어 자연재해, 강간, 아동학대, 그리고 특히 전투 등과 같은 외상의 결과에 보다 많은 관심의 초점을 두어 왔다. 인지행동치료에 대한 최근의 연구에서는 세밀한 평가, 구체적인 처치, 그리고 적절한 통제집단 등을 사용하여 수행된 연구에 근거하여 몇 가지 사실을 발견하였다. 노출에 토대한 행동치료의 기본 원리는 환자로 하여금 자신이 가장 피하고 싶어 하는 대상에 직면하도록 하면 두려움이 가장 잘 감소되거나 소멸된다는 것이다. 외상과 관련된 사건에 구조화된 방식으로 노출하도록 하는 것에는 약물치료, 사회적 지지, 혹은 안전한 치료적 상황에 있는 것 등으로부터 얻을 수 있는 것을 능가하는 어떤 치료효과가 존재한다는 증거들이 점증하고 있다.

외상후 스트레스 장애 진단의 기준에는, 문제를 촉발시킨 것이 무엇인가를 알아야 한다는 사항이 있기 때문에 진단을 결정하기가 간단하지 않은데, 이와 마찬가지로 두려워하는 환자로 하여금 어떤 방식으로 두려워하는 대사에 노출시킬 수 있을 것인가의 문제도 그리 쉽지만은 않아서 많은 기술들이 적용되었다. 보스톤 상이군인병원에 있는 '국립 외상후 스트레스 장애 센터'에서는 비교적 잘 통제된 연구를 수행하였는데, Keane과 그의 동료들은 비처치 통제집단과 상상홍수 처치를 받은 집단을 비교하였다. 여기에서 상상홍수란 외상과 관련된 장면을 시각하시키는 것을 말한다. 연구결과에 의하면, 상상과정에 따라 우울증, 불안, 외상의 재경험, 경악반응 그리고 성마름 등이 외상후 장애에 걸린 퇴역군인들에게서 유의미하게 감소하였다. 또 어떤 사고의 유형에서는 체계적 둔감화가 치료에 효과적이었지만, 그러나 이러한 노출치료의 수행은 외상적인 사건을 자세하게 다시 재현해야 하기 때문에 환자와 치료자 모두에게 어려운 문제이다. 말하자면 치료의 초기단계에서 일시적으로 환자의 상태가 더 악화될 수 있으며, 치료자 자신도 환자들이 경험했던 끔찍한 사건을 듣게 되면 정서적으로 혼란스러워질 수 있다는 것이다 (Keane, Gerardi, Quinn & Litz, 1992).

또 다른 인지행동적 접근에서는 외상후 장애를 극도의 스트레스 반응으로 개념화하고 있다. 따라서 이완법, 지정요법, 그리고 문제해결 기술 훈련 등과 같은 스트레스 관리기법을 사용한 다측면적인 접근방식을 사용할 수 있다고 본다. 이와 같이 보다 광범위한 개념 체계하에서 다루어지는 문제들에는 많은 외상후 스트레스 장애 환자들이 겪는 분노, 특히 전투에 참여한 것과 관련된 분노가 포함된다(Keane 등, 1992).

Horowitz(1990)에 의해 제시된 정신분석적 접근은 앞서 언급한 여러 가지 치료법과 많은 공통점을 지니고 있다. 왜냐하면 환자들에게서 외상의 경험에 대하여 이야기하도록 함으로써, 외상후 스트레스 장애를 일으킨 사건에 자신을 노출시키도록 격려하기 때문이다. 그러나 Horowitz는 외상이 환자의 외상 전 성격과 상호작용하는 방식과 방어기제에 대한 토의, 환자에 의한 전이반응의 분석이 포함된 다른 정신분석적인 접근과 공통점을 많이 지닌 자신이 제시한 치료법을 강조한다. 이러한 복합적인 치료와 관련된 경험적인 연구들은 좀 기다려야 할 것이다.

마지막으로 다양한 종류의 향정신성 약물이 외상후 장애의 치료를 위해서 사용될 수 있는데, 항우울제와 진정제가 여기에 포함된다. 다소 근소한 성공 효과가 항우울제에 있다는 것이 밝혀졌는데, 특히 세로토닌 억제제의 경우가 그러하다(Van der Kolk, Dreyfuss, Michaels, Shera, Berkowitz, et al, 1994). 어떤 방식의 치료법을 사용하든지 간에 외상후 스트레스 장애 전문가들은 사회적인 지지가 무엇보다 중요하다는 것에 동의한다. 때로 다른 사람들의 지지를 얻을 수 있는 방법을 찾는 것 역시 환자뿐만 아니라 지지자에게도 도움이 될 수 있다. 종교집단, 가족, 친구 혹은 외상을 경험한 사람들로 이루어진 집단 등에 참여하여 외상후 장애 환자의 두려움과 과거 기억을 무비판적으로 듣거나 소속감을 느껴 다른 사람들이 자신의 고통을 도와주려 한다는 믿음이 생기면, 이 믿음은 외상후에 스트레스를 받았어도 외상후 스트레스 장애로 발달되지 않도록 해줄 수 있을 것이다. 현재 치료에 관한 다양한 임상적 기법들이 개발 소개되고 있으며, 앞에서도 언급하였지만 외상후 장애로부터의 회복은 희생자들이 가족, 친구 및 지역사회로부터 얼마나 많은 정서적인 지지를 받는가에 크게 달려있다.

3. 해외 파병부대 전투 스트레스 관리

1) 전투 쇼크를 대비한 심리훈련

1993년 6월 말 소말리아에 파병되는 독일군 초급 지휘관들은 파병 직전에 특수 심리훈련을 받은 것으로 알려졌다. 독일군은 소말리아에 파병되는 1,640명을 현지에서 지휘할 장교 75명에 대해 1개월간 특수 심리훈련을 실시한 것이다. 이들에 대한 훈련 내용은 현지 근무중 발생할 수 있는 병사들의 스트레스나 심리적 동요에 대한 대처 방안을 골자로 하고 있다. 나이 어린 병사들이 가족과 친지를 떠나 언제 전쟁에 휘말릴지 모르는 불안한 상황에서 근무하면서 쉽게 빠져들 수 있는 심리불안의 해소가 이 교육의 목적이다.

독일군이 이 같은 특수 훈련을 실시하기로 한 것은 미국이나 영국, 이스라엘 등의 경험에 기초한 것이다. 즉, 참전 경험이 있는 모든 병사의 70~80%는 전투 쇼크에 시달리고 있다는 것이다. 특히 베트남 전투에 참여한 미군 병사의 80%가 전투에 투입될 때 심리적 어려움을 겪었고, 결국 이 중 40%는 심리장애를 겪었다는 사실을 참조한 훈련이었다. 아랍과 수차례 전쟁을 치른 이스라엘의 경우도 병사의 59%가 전쟁이 끝난 후 1년간, 45%는 2년간이나 심리적 후유증을 겪은 것으로 조사됐다. 독일 군사심리학자들은 해외 파병, 특히 전투상황에서 병사들이 겪을 수 있는 이러한 정신적 피해를 사전에 방지하거나 최소한으로 줄이기 위해서는 충분한 수면, 좋은 음식, 충분한 휴식, 그 날 있었던 일을 공동으로 토론할 것 등을 권유하고 있다. 그러나 무엇보다 중요한 것은 장병 상하간의 개인관계, 즉 상호신뢰의 형성이라고 이들은 말하고 있다(중앙일보, 1993).

2) 스트레스 해소훈련

이라크 파병을 위한 교육과 훈련에서 우리 군도 '분노조절훈련과 스트레스관리'라는 특별 과목을 교육한 것으로 알려졌다. 이러한 과목이 마련된 이유는 파병 장병들이 덥고 건조한 날씨, 긴장감, 지루함, 고립감, 등으로 인해 사소한 일에 민감한 반응을 보일 수 있다는 판단에 따른 것이었다. 파병 장병을 위한 교육 과정에 분노조절훈련이 포함된 것은, 2003년 1월 27일 아프가니스탄 파병 의료지원단인 동의부대 내에서 장교간 총기사고가 발생한 것이 계기가 됐다. 당시 국방부 합동조사단은 사소한 시비 끝에 소령이 대위를 쏴 숨지게 한 사고의 원인으로 '전장 스트레스'를 꼽았다. 분노조절의 훈련 방안으로는 특별 여가활동을 계획을 세우고, 프로그램의 일환으로 누적된 분노를 해소할 수 있는 가장 좋은 방법이 '때리는 활동'이라는 전문가와 파병 경험자의 조언에 따라 샌드백 치기, 소프트 볼 시합, 사물놀이 악기 연주 등이 포함된 것으로 알려졌다(한국일보, 2003c). 그러나 누적된 분노를 해소하기 위한 한 가지 방편인 '때리는 활동'이 궁극적으로 분노와 공격행동을 감소시키는 지에 대한 대답은 현재로서는 의문이 있음을 우리는 앞에서 논의한 바 있다.

사실 분노의 해소문제는 어느 면에서 많은 심리학자들을 화나게 만드는 논쟁 주제 중의 하나이다. 행동주의 학자들과 치료자들은 분노를 표현하는 것이 최상의 방법이라는 데 동의하지 않는다. 우리는 여기서 분노의 표출방식과 그 효과에 대한 견해들을 다시 정리할 필요가 있다.

[1] 한 가지 견해는 화가 났을 때 그것을 직접적으로 표현하는 방법이다. 화를 풀기 위해 남을 해치지 않는 범위 내에서 소리를 지르고, 베개를 내던지고, 야구방망이를 휘두르고, 샌드백 치기를 할 수 있다. 이렇게 하지 않으면 분노는 더욱 심화되어 몸과 인간관계를 망칠 수 있다는 주장이다. [2] 두 번째 견해는 직접적인 물리적 표현은 사실 의도된 것과는 반대 효과를 갖는다는 주장이다. 분노의 직접적 표현은 사람들을 더욱 화나게 만들며, 일상생활에서 중요한 감정적 자기통제의 원칙을 배우지 못하게 하기 때문이다. 또한 한 사람의 분노표출이 다른 사람에게 전가되어 폭력으로 발전할 수 있다는 것이다. 사실 이러한 직접적 방식의 공격표현이 화나지 않은 사람들에게서 공격성을 증가시키며, 분노를 발산시키기보다는 오히려 축적한다는 연구결과들이 있다(Doob & Wood, 1972; Konecni, 1975). 이러한 연구들의 주장은 사실 공격을 표출한 후 기분이 좋아진다고 해서 장차의 공격이 줄어들라는 법은 없으며, 사실상 기분이 좋아지는 것이 강화로 작용하여

오히려 후에 공격이 커질 수도 있다는 것이다. 가구를 발로 차거나 접시를 깨뜨리는 것조차 충동들을 감소시키기보다는 미래의 그러한 행동을 더 강화시킨다는 것이다.

③ 세 번째 중간 입장의 견해는 분노의 중요한 기능이 긴장감소라고 보기 때문에 스트레스를 줄이는 비파괴적인 감정표현은 바람직하다는 주장이다. 최근 많은 연구가와 임상전문가들은 분노를 생리적 요소를 가진 정서로 보고 있다. 만성적인 분노의 영향에 대한 연구결과들은 분노를 표출하지 않음으로써 심장질환의 위험에 노출되기 쉽다고 본다. 또한 항상 화가 나있는 사람은 혈압이 일정치 않고 심장병에 걸리기 쉽다. '화'에 대해서 우리가 잘못 알고 있는 것 중의 하나는 어떤 사람은 화를 내지 않는다는 것이다. 이것은 사실과 다르며 모든 사람은 화를 내지만 단지 통제하는 방식에 차이가 있을 뿐이다.

지금까지 나타난 연구결과들의 대체적인 견해들은 일반적으로 큰 소리를 지르거나 베개를 내동댕이치는 것과 같은 분노표출이 분노나 공격행동을 크게 해소시키지 못할 것이라는 것이다. 여기서 무엇보다 중요한 것이 문제를 해결하는 방식인데, 즉 분노를 표출하는 것이 문제해결에 도움이 되는 경우에만 효과가 있을 수 있다는 것이다. 문제해결 없는 공격적인 표현은 해결이 아니라 또 다른 공격적 표현을 초래할 뿐이라는 것이다. 결론적으로 앞에서 주장한 바와 같이 이 같은 공격표현의 대안적 양식들이 공격 에너지의 정화를 가져오는지, 만일 가져온다면 어떤 부수적인 조건들이 관련되어 있는지에 대해서 심리학자들도 현재로서는 정확하게 잘 알지 못하고 있다는 것이다(Sears, Freedman & Peplau, 1985).

제 9 장

비전투 스트레스 장애와 극복

스트레스 없는 삶은 존재하지 않는다. 일상생활에서 발생하는 좋은 일, 궂은 일 가릴 것 없이 생활에서 파생하는 모든 일이 스트레스로 작용하기 때문이다. 스트레스는 인간의 삶에서 정상적인 한 부분이며, 사람이 새로운 지식, 기술과 행동양식을 습득하기 위하여 직면해야 하는 긍정적인 부분도 있다. 그러나 스트레스가 지나치거나 개인적인 스트레스 대처능력에 차이가 발생했을 때 어려움이 발생한다. 이때 사람들은 정서적, 인지적, 생리적 기능의 혼란을 경험하게 되고, 지속적인 스트레스는 죽음에까지 이르게 하는 여러 가지 신체적 질병의 원인이 되기도 한다. 특히 각종 신경증과 자율신경계의 영향을 받는 장기인 심장, 위장, 대장의 질병이 흔하다. 분노, 놀람 등 스트레스 상황에선 일시적으로 가슴이 뛰고 소화가 안 되는 현상이 나타나는 게 대표적인 예다. 따라서 이런 상황이 쌓이면 육체적인 질병은 말할 것도 없고 우울증 같은 마음의 질병도 가져오게 되며, 대인관계 및 직무수행에서도 손상을 일으키게 된다.

스트레스로 인한 이러한 증상의 발병 정도는 병사 개개인간에 차이가 있겠지만, 크게 보면 과도하게 지각되는 군대생활 스트레스로부터 출발한다고 보아야 할 것이다. 병사들의 이러한 스트레스를 장기간 방치하게 되면 장병들의 전투의지와 사기를 저하시키고, 개인은 물론 병영 내나 사회적으로도 큰 문제점을 남기게 된다. 이러한 문제점들은 점점 군대에 대한 반감을 확산시킬 가능성을 가지고 있다. 따라서 지휘관들은 병사들의 업무수행능력이 최대한 발휘되면서, 개인적 불행은 최소화하는 스트레스관리 노력이 필요한 것이다. 이를 위해 일차적으로 군대생활 스트레스를 잘 이해하고, 스트레스를 적절하게 해소해 주는 방안들을 연구하는 태도를 가져야 할 것이다.

이 장에서는 먼저 장병들이 군대생활에서 경험하는 스트레스를 개념화하고 원인 및 유형들을 알아본 다음, 해결책들을 검토할 것이다. 다음 군 내부의 자살자들과 관련지어 우울증의 증세와 치료, 그리고 자살에 대한 사회·심리학적 이론과 근본적인 방지 대책을 검토해 볼 것이다.

1. 스트레스의 개념과 이해

1) 스트레스의 정의

스트레스라는 말은 라틴어의 stringere에서 유래되었으며, '꽉 조이다'라는 의미를 가지고 있지만, 스트레스의 개념은 특별히 정의하기가 힘든 것으로 밝혀졌다. 이는 아마도 한 개인에게서 스트레스를 유발할 수 있는 상황이 대단히 많기 때문일 것이다. 우리가 환경의 요구에 대처할 수 없다고 느낄 때, 신체적 혹은 심리적인 손상으로 위협을 당할 때 우리는 긴장하거나 불편함을 느낀다. 이것이 우리가 흔히 말하는 스트레스이다. 스트레스라는 용어는 고뇌, 피로 등과 동일시된다(Arnold, 1967). 그러나 스트레스라 하여 꼭 불쾌한 것만은 아니다. 결혼이나 승진, 여행 등의 좋은 일이 우리에게 일어날 때에도 우리가 스트레스를 받는 것이 확실해 보인다. 스트레스를 체계적으로 연구 정리한 Selye(1973)는 스트레스를 '신체에 가해지는 모든 요구에 대한 신체의 비특이적(non-specific) 반응'이라고 정의하였다. 최근 보다 일반적으로는 '한 개인이 경험하는 삶의 과제들 중에서 현재 개인의 능력으로 대처하거나 견디기 어려운 갈등이나 위협을 느끼는 상황에 대한 정서적, 생리적 반응'으로 정의된다. 어쨌든 스트레스는 인간의 삶에서 피할 수 없는 부분으로, Selye가 지적하듯이 스트레스로부터의 완전한 해방이란 죽음뿐이다.

2) 전신성 스트레스와 심리적 스트레스

전신성 스트레스(systemic stress)는 신체의 보존에 대한 위협이 있을 때 일어난다(Appley & Trumbull, 1967). 신체는 그 위협과 맞서 싸우는 것을 돕는 일반화된 반응을 통하여 바이러스, 더위, 추위 등의 침입에 대비한다. 그러나 스트레스가 일어나기 위해 신체적인 위협이 반드시 필요한 것은 아니어서 순수하게 심리적 원인 때문에 스트레스가 일어날 수도 있다. 몸이 불편하신 부모님에 대한 근심이나 실업에 대한 불안도 마찬가지로 스트레스를 낳는다. 흥미롭게도 심리적 스트레스에 대한 신체적 반응은 전신성 스트레스에 대한 반응과 사실상 동일하다. 예를 들어, 낙하산 타고 뛰어내리기에 능숙한 사람에게 실제 낙하보다 더 스트레스를 주는 것은 낙하를 코앞에 두고 기다리는 것이다(Tanner, 1976). 정서의 존재는 보통 심리적 스트레스의 한 표시로 간주되며, 그것의 또 다른 전형적인 표시는 현재진행 중인 행동의 중단이다.

3) 스트레스의 원인

스트레스를 일으키는 원인은 다양하나 다음과 같이 세 종류로 범주화할 수 있다. 첫째는 자연적 현상과 사회적 사건들에서 오는 것이다. 홍수, 가뭄, 폭설 등 자연적으로 발생하는 현상들과 전쟁, 폭력사건, 성범죄, 정치적 변화 등의 사회적 현상들이 개인에게 영향을 미칠 수 있다. 둘째는 삶을 통해서 개인이 필연적이거나 우연히 직면하게 되는 여러 가지 사건들이다. 출생, 사망, 질병, 입학, 졸업, 결혼, 승진 등의 사건들은 사람들에게 새로운 대처방식을 요구하고 이에 대한 준비가 부족할 때 스트레스를 경험하게 한다. 셋째는 만성적이고 반복적인 일상사로부터의 경험이다. 즉시 해결하기 곤란한 가족과 직장 내의 여러 가지 일상적 사건들, 도시의 소음, 밀집 환경, 교통혼잡, 반복적이고 지루한 직무 조건들 등이 역시 스트레스의 원인이 될 수 있다. 이것은 강도는 작지만 누적적으로 영향을 미쳐서 심리적, 신체적 장애를 일으킨다.

상기의 자극에 대하여 개인이 스트레스를 경험하는가는, 자극에 대한 개인의 해석과 대응능력의 차이에 의해 결정된다. 즉 개인의 과거경험, 사고방식, 평가방식 등에 따라 스트레스의 유무나 느끼는 정도가 다를 수 있다. 결과적으로 개인이 그 자극에서 생리적, 심리적 과부하를 느끼거나, 갈등을 경험하거나, 통제 불가능성을 경험할 때 스트레스 원인으로 구체화된다. 물론 전쟁이나 자연재해와 같은 어떤 것들은 본래부터 실제적인 위험을 주는 것으로 자신의 안전과 생명을 지키기 위해 할 수 있는 것이 거의 혹은 전혀 없다. 그러나 자연적인 스트레스 상황에서도 스트레스가 가장 클 때는 반드시 위험이 최고조에 달할 때가 아니다. 위험 예측이 낙하산병 집단에 미치는 영향을 조사한 연구들을 보면, 이들은 점프시간이 가까워 올수록 두려움과 도망가고 싶은 욕구가 증가하였다고 보고하였다. 그러나 일단 낙하시점에 서서 돌아설 수 없다는 것을 깨닫게 되면 진정되기 시작했으며, 가장 위험한 낙하도중에는 오히려 두려움은 가라앉았다. 따라서 가장 스트레스를 받을 때는 낙하산병들이 위험을 예측하는 동안이라는 것이 증명되었다.

4) 스트레스 반응

스트레스의 원인에 직면한 개인은 대응과정에서 생리적, 심리적 긴장을 경험하는데 일반적으로 이들을 몇 가지 유형으로 분류할 수 있다. 물론 이들은 각각 독립적으로 경험되지는 않으며 상호관련된다. 첫째는 신체·생리적 기능의 장애로 근육 계통의 긴장, 떨림, 쇠약, 통증 등이 있고, 내장 계통의 심장, 위장, 폐 등의 기능에서 이상이 나타난다. 두 번째는 심리적 반응으로 정서적 혼란 및 인지적 기능의 약화를 경험하며 불안, 분노와 공격, 무력감과 우울증, 갈등, 압박감, 좌절감 등과 함께 판단력 결여와 부정적 사고, 주의집중력의 약화 등이 나타나게 된다. 셋째는 인간이 스트레스 상태에 놓여 있게 되면 여러 행동상의 변화가 발생한다. 잠을 잘 못 이루거나 식욕이 떨어지거나, 또는 반대 현상이 관찰된다. 어떤 사람은 손톱을 물어뜯거나 머리칼을 쥐어뜯기도 한다.

(1) 신체 · 생리적 반응

1 일반 적응 증후군

Selye(1956)는 의사로서의 오랜 임상적 경험과, 실험실에서 쥐를 소음, X선 방사, 추위 등과 같은 비정상적 상황에 장시간 노출시킨 후 일어나는 생리적 변화를 관찰한 결과, 어떠한 종류의 스트레스에 대해서든지 특이적이 아닌 일반적 적응 증세가 나타난다고 생각하였다. 이것은 세 단계로 발생하는 일군의 생리적 반응들이다. 스트레스에 대한 첫 번째 반응단계는 교감신경계가 활발해지는 경고반응(alarm reaction) 단계로써, 이 기간에는 예를 들면 감염이 있는 곳의 염증과 같은 국소적인 적응반응들이 진행되는 동안 삶이 유지될 수 있도록 신체의 자원들이 동원된다. 부신피질의 코르티코이드(corticoid)[1]가 혈류에 분비되어 스트레스 요인들의 공격에 대해 신체를 준비시킨다. 아드레날린[2]이 분비되어 근육 시냅스의 효율성을 높이고, 호흡을 가속화하고, 심장 박동수를 증가시켜 에너지를 동원한다. 경고반응의 초기 기간 동안에는 스트레스에 대한 우리의 저항이 사실상 정상 이하이지만, 이는 재빨리 정상 이상으로 올라간다.

스트레스가 계속되고 일단 국소적인 적응반응들이 확립되고 나면 두 번째의 저항단계(stage of resistance)가 시작된다. 이 기간 동안에는 경고반응 도중 가속화된 과정들이 거의 정상적인 수준으로 다시 떨어진다. 호흡과 박동은 느려지며 밖으로 나타나는 정서의 징표들도 실제로 없어진다. 저항단계에서는 경고반응에서처럼 신체 전체를 동원하여 대처하는 것이 아니라 공격당하고 있는 신체 부분만을 동원한다. 이 기간 동안에는 스트레스 요인에 적응하는 능력이 정상보다 더 높다.

그러나 국소적 방어가 스트레스 요인의 영향을 제한하는 데 불충분하거나 실패하면, 마침내 소진단계(stage of exhaustion)에 들어선다. 이 단계에서는 스트레스 요인에 대한 반응이 다시 일반적으로 변한다. 코르티코이드 수준이 경고반응 동안의 수준으로 올라

---

1) 신장 위 부분에 있는 부신(adrenal glands)의 외측부인 부신피질(adrenal cortex)에서 분비되는 호르몬으로, 신체 내의 무기물과 탄수화물의 분해를 촉진함으로써 신체가 위기상황에 신속히 대처하도록 에너지를 공급하도록 한다.

2) 에피네프린(epinephrine)이라고도 하며, 부신의 내측부인 부신수질(adrenal medula)에서 분비되며, 신체가 위급상황에 대처하도록 작용한다. 주로 말초신경계의 교감신경계에 작용하여 심장박동을 빠르게 하고 혈압과 혈당 수준을 높이며, 호흡을 증가시켜 근육으로의 혈류를 증가시킨다.

가며, 이 단계에서의 삶은 전체 체계의 활성화로 인해 생긴 추가 방어가 지속될 수 있을 때까지만 계속될 수 있다. 스트레스 요인이 제거되거나 없어지지 않으면 신체적 방어는 소진되고 죽음이 일어난다.

이와 같은 세 가지 단계들이 스트레스에 대한 신체의 총반응을 구성하는데, 이를 일반 적응 증후군(general adaptation syndrome: GAS)이라 부른다. GAS는 감염과 같은 물리적인 스트레스에 의해 활성화될 뿐 아니라 불안, 소음, 과밀(crowding)과 같은 심리적인 스트레스에 의해서도 활성화된다. 신체는 모든 스트레스 요인들에 대해 GAS라는 동일한 방식으로 반응한다. 불안과 같은 스트레스 요인들은 쉽게 회피될 수 없으므로, 이들이 GAS의 활동이 계속되게 하여 우리에게 손상을 일으킬 수 있다. 이런 측면에서 위궤양, 고혈압 그리고 심지어 신장병 중 일부 유형도 심리적 스트레스의 결과가 될 수 있다. 따라서 GAS의 반응이 항상 적응적인 것은 아니다. 어떤 이유로 인하여 이 반응이 문제에 대한 적절한 반응이 아닌 경우도 생길 수 있다. 이와 같은 일이 일어나면 Selye의 용어로 적응 질병에 걸린다.

② 적응 질병(disease of adaptation)

때로는 스트레스 요인에 대한 신체적 반응들이 부족하거나 부적절할 때도 있다. 예를 들어 신체적인 스트레스 요인을 통제하는 데 가장 기본적인 과정들 중 하나는 염증이다. 염증은 감염과 같은 스트레스 요인의 전파를 막거나 제한하는 장벽이 된다. 그러나 신체가 이물질에 대해 반응을 하면, 염증이 이물질보다 더 큰 손상을 끼칠 수도 있다. 꽃가루에 대한 알레르기 반응에서 일어나는 일이 바로 이와 같은 것으로 생각된다. Selye는 흔히 볼 수 있는 질병 중 많은 것들이 부분적으로 적응 질병, 즉 잠재적인 스트레스 요인에 대해 몸이 잘못된 반응을 하는 것이라고 믿었다.

Selye의 이론 중 새로운 내용 한 가지는, 그가 적응 에너지(adaptive energy)라고 부르는 것으로 우리 모두가 일정량만 지닌다는 생각이다. 적응 에너지는 우리가 스트레스를 받으면 고갈되는 가설적인 물질이다. Selye는 노화와 죽음이 이 적응 에너지의 고갈에서 비롯되며, 스트레스를 많이 받고 살면 이것이 빨리 고갈되고 일찍 죽고 이를 검소하게 나누어 써서 스트레스가 낮은 삶을 살면 오래 살 수 있다고 믿었다. 현재로는 이 적응 에너지의 존재를 지지하는 증거가 없긴 하지만, 현대인의 고달픈 삶에 시사하는 바가 크다.

(2) 심리적 반응

① 불안

불안이란 매우 복잡하고 이해하기 힘든 스트레스 경험 유형이다. 불안은 무언가 좋지 않은 일이 일어날 것 같은 예감이 따르는 걱정, 근심, 두려움, 안절부절, 긴장과 같은 정서상태이다. 스트레스 경험의 다른 예들은 모두 무엇 때문에 자신이 그와 같은 불편감을 느끼는지 인식하나, 불안을 만성적으로 경험하는 사람들은 그 원인을 분명히 인식하지 못한다. 만성적인 불안을 느끼는 사람들은 통상적으로 근육긴장, 주의력 저하, 불규칙한 호흡, 우울과 초조, 수면장애 및 식욕부진, 잦은 분노와 짜증 등을 호소한다. 불안의 발생원인은 정확히 알 수 없으나 몇 가지의 이론적 설명이 있다. 첫째는 정신분석적 관점이다. 이 관점은 불안이 무의식적 갈등에 기인한다고 본다. 예를 들어 어머니를 미워하는 소녀는 이를 사회적으로 용납되지 않음으로 의식하지 못하고 무의식에 억눌러 둔다. 그러나 이 미운 감정은 해소되기 위해 자꾸 의식되려 하며 이때 그녀는 불안을 느끼게 된다는 견해이다. 둘째는 학습이론적 설명이다. 자기주장을 윗사람들 앞에서 할 때, 처벌을 받은 경험이 있다든지, 개에게 물린 경험이 있다든지 하는 경우에 새롭게 유사한 상황에 직면하게 되면 과거 학습의 결과로서 불안을 느낀다는 것이다. 즉 과거의 학습경험이 불안의 원인이라는 설명이다. 셋째는 자기이론적 설명이다. 사람은 자기개념과 일치하지 않는 경험을 하게 되어 자기개념의 균형이 깨질 것 같은 상황에서 불안을 경험한다는 것이다. 예를 들면 자신을 능력 있다고 생각하는 사람에게 주위에서 무능력하다고 비판을 하게 되면 불안이 경험된다는 것이다.

2 우울과 무력감

우울은 불안과 함께 정서적 혼란의 가장 일반적인 유형이다. 불안은 스트레스 상황의 예상에서 발생하나, 우울은 스트레스 사건을 경험한 후에 생기기 쉽다. 우울을 경험하는 사람들은 슬픔, 무가치감, 피로감, 염세적 생각 등을 호소한다. 우울을 유발하는 조건들은 친밀한 인간관계가 깨질 때, 가족의 죽음, 심각한 질병 등이다. Seligman(1975)은 유기체가 아무리 노력해도 원하는 대로 되지 않을 때 체험하는 인지적·정서적 느낌을 무력감이라고 하였다. 우울한 사람은 모든 일에 의욕을 잃고 비관적 사고에 젖으며, 인생의 허무함과 일상생활에 대한 권태와 무가치함을 느낀다.

3 압박감(pressure)

압박감은 개인이 설정한 기준이나 혹은 외부환경의 요구가 너무 강하고, 개인이 그것에 꼭 부응하려고 할 때 경험되는 긴장상태이다. 개인적 기준에 의한 압력으로는 자존심을 지키려는 지나친 성취욕, 지나친 완벽주의, 인정 받으려는 욕구, 일에 대한 과도한 욕심 등과 같은 내적 요구와 그리고 환경적 압력으로는 직장이나 학교에서의 과도한 요구, 사회환경이나 가정에서의 기대와 같은 외적인 요구를 들 수 있다.

외적인 경우의 압력은 대개 과도한 경쟁으로 발생한다. 사실 현대사회에서는 실패가 수치이고 실패자는 가치 없는 존재로 받아들여지기 때문에, 사람들은 경쟁에서 이겨야 한다는 압박을 심하게 받고 있다. 부모의 기대와 같은 외적인 요구가 내면화되면 좋은 대학에 들어가거나 직장에 취업하겠다는 포부나 욕심으로 발전하여 생산적인 결과를 가져오기도 하지만, 실현불가능한 이상이나 목표에 자신을 무리하게 밀어붙여 경쟁할 경우 부적응적인 결과를 낳을 수도 있다.

4 좌절감

가 좌절의 원천과 반응

좌절은 어떤 일이나 사람이 방해가 되기 때문에 개인의 목표달성이 막힐 때 일어난다. Coleman(1979)은 좌절의 다섯 가지 기본적인 원천들을 밝히고 있다. 우선 좌절은 행동의 지연(delay) 때문에 일어난다. 현대사회에서 스트레스가 더 많은 것은 속도와 시간을 중요한 가치로 인정하는 문화 때문일 것이다. 교통혼잡으로 인한 도착의 지연, 놀이공원에서의 오랜 줄서기와 기다림, 귀향 열차표 구매를 위해 오랫동안 줄서 기다릴 때 우리는 좌절감을 느낀다. 두 번째는 재정이나 자원의 부족으로 좌절이 생긴다. 광고에 나오는 탐나는 상품을 즉시 구매할 수 없거나, 아이들에게 과외나 외식을 시켜줄 수 없는 경제사정은 좌절을 경험하게 한다. 자원의 부족은 특히 저소득층의 사람에게 좌절을 준다. 세 번째는 입학시험이나 승진에서 떨어졌을 때 겪는 실패가 좌절을 일으킨다. 실패가 특히 적응하기 힘든 측면은 실패에 뒤따르는 죄책감 때문이다. 실패를 하고 나면 뉘우침 혹은 자신이나 다른 사람들의 실망에 대한 죄책감을 느끼기 마련이다. 게다가 '출신학교'나 '집안 배경'이라든지 '여자라서'와 같은 외적 요인 때문이라면 좌절의 강도는 훨씬 강해진다. 네 번째는 연애나 또는 소중한 우정이 끝장나는 것과 같은 상실이 좌절을 준다. 상실은 흔히 무력감, 하찮은 느낌 혹은 무가치감을 등을 느끼게 하기 때문이다. 마지막으로 어떤 사람들은 인생이 고독하고 무의미하다고 느끼는데 이것이 좌절의 원인이 될 수도 있다. 특히 우리가 사회를 비난하지만 그 상황을 변화시킬 수 없다고 느낄 때 더욱 그렇다. 우리의 무능력감은 이번에는 소외, 절망 그리고 우리가 하고 있는 일이 전혀 중요하지 않다는 느낌을 유발할 수 있다.

좌절이 특히 문제가 되는 것은 이것이 분노를 일으키고 공격성을 높이기 때문이다. 아이에게 원하는 것을 해줄 수 없을 때 부모는 누구에겐가 화풀이를 할 것이고, 여객기가 늦게 도착을 했다든지, 지하철이 고장을 일으키면 한바탕 소동이 벌어지며, 사회적 계층 이동이나 진전이 좌절된 청년은 반사회적 행동을 할 가능성이 높아진다. 그러나 비록 욕구좌절에 대한 공통적 반응이 적극적 공격일 수도 있지만, 또 다른 반응으로는 그와 반대인 무감각(apathy)이라고 부르는 무관심이나 퇴행으로 이어지기도 한다. 우리는 같은 상황에서 왜 어떤 사람은 공격으로 다른 사람은 무감각이나 퇴행으로 반응하는지는 확실히 모르지만, 학습이 하나의 중요한 요인으로 작용함을 알 수 있다.

나 수용소 감금: 최대의 좌절

큰 좌절이나 무기력 및 절망감들을 일으킬 수 있는 포로수용소 상황들에서 생존한 포로들의 상태는 항상 학자들의 관심 대상이었다. 월남전 동안에 포로가 되었던 많은 미국인 장병들이 수개월에서 수년 동안 혹독한 형태의 고독한 감금을 참고, 감금에 대응해 나가는 데 도움을 준 한 요인은 그들의 감옥생활의 생존방법에 대한 사전훈련이라는 것이 전문가들의 지적이다. 이 사전 훈련의 교훈은 한국전에서 얻어진 것이다.[3)]

인질이나 전쟁포로 수용소 수감자로서 감금되었던 사람들에 관한 연구들은 무감각과 우울증이 도망갈 희망이 없는 좌절적이고도 외상적인 조건들에 대한 공통적 반응이라고 주장한다. 계속적인 박탈과 고문 및 죽음의 위협에 당면하게 되면, 많은 수감자들은 현실에 초연해지고 무표정해지고 자기의 주위에서 일어나는 일들에 무관심하게 된다. 어떤 사람들은 상황에 대처하거나 계속 살아보려는 시도조차도 포기한다. 한국전쟁 후에 포로수용소에서 석방된 미국인 병사들에 대한 면접결과는 거의 모든 사람들이 그들의 감금기간 동안에 퇴행과 무감각의 감정을 경험하였다고 보고하고 있다. 포로의 일부는 모든 것을 포기해 버리고 침상에 웅크리고 누워서 죽음을 기다리며, 먹는 것이나 스스로를 돌볼 아무런 노력도 하지를 않았다. 이들 포로들의 생존에 관한 연구들은 죽음에 가까운 사람들을 구하는데 두 가지 교정 방법이 도움을 줄 것으로 보았다. 우선 아무리 시시한 일이라도 그 포로로 하여금 제힘으로 서서 무엇인가를 하게 만드는 것과, 두 번째는 포로로 하여금 현재나 미래의 어떤 계획에 관심을 갖게 만드는 것이다. 어떤 의미로는 이 두 교정 방법은 그 포로에게 자신의 노력을 기울일 수 있는 목표를 제공해 주는 것이다(Strassman, Thaler & Schein, 1956).

---

3) 한국전 동안 많은 미군포로들이 수용 기간 중에 사망했지만, 그 원인은 고문의 결과라기보다는 열악한 환경 때문으로 보인다. 생존은 부분적으로 심리적 요인에도 있었던 것으로 분석되었다. 예를 들면, 수백 명의 터키군 병사들은 유사한 수용소 조건에서 한 사람까지 살아남았다. 터키군은 군기를 유지했고 미군보다도 자기규율이 엄격했는데, 한 병사가 병이 나면 나머지 병사 중에서 그를 돌볼 병사가 임명되어서 필요하다면 목욕을 시키고 식사를 떠먹이면서까지 회복을 도왔다. 또 아무리 공산주의자들이 리더를 격리시켜도 남아 있는 사람 중에서 지휘 임무를 떠맡았다. 미군포로를 연구했던 Mayer(1956)는 미군 병사들이 1 특성 개발과 자기수양 부족, 2 일반적인 교육, 특히 세상의 다양한 문화적 역할과 민주주의의 운용에 대한 교육 부족, 3 군사적 준비태세 미비: 미군은 우수한 무기와 전술 등은 있었지만, 전쟁의 심리적이고 교훈적인 측면에서는 부족하다는 등의 세 가지 기본 분야에서 취약성을 가지고 있었다는 결론을 내렸다. 한국전 이후 미군은 인문학과 사회과학교육을 강화하고, 포로들의 생존 프로그램을 준비 교육하게 된다.

한국전 동안의 미국인 포로들의 반응에 대한 관심은, 군부의 실무자들로 하여금 병사들에게 포로로서의 좌절에 대응하도록 준비시키기 위한 생존 프로그램을 발전시키게 만들었다. 월남전 동안에 감금되었던 사람들에게서 나온 보고들은 그들의 생존훈련이 도움이 되었다는 보여주고 있다. 신체적 및 정신적 적극성을 유지시키는 방법, 서로 지원해 주는 것과 일상적 문제들을 해결하는 데에 초점을 두는 방법을 아는 것은, 훨씬 무감각과 무기력감을 이기게 만들어 주었다. 송환된 포로들은 가장 도움이 되는 행동으로 의사소통, 미래를 생각하는 것, 신체적 운동이 포함된다고 보고하였다. 가장 도움이 적은 행동들은 자살에 대해 생각하는 것, 혼자서 이야기하는 것과 가족에 대해서 걱정하는 것이었다고 진술하고 있다.

의사소통을 금하는 포로수용소의 엄격한 규칙들은, 포로들로 하여금 기발한 의사전달 방법을 스스로 고안하게 만들어 서로간에 메시지를 전달하게 만들었다. 숯을 이용한 치약 만들기, 뼈나 철사로 이쑤시개를 만들고 모포의 풀어진 실로 치아용 치실을 만드는 등의 건강문제해결 행동은, 가족에 대해 걱정하는 것이나 과거경험을 반추하는 것보다 더 도움이 되었다. 이처럼 감금이 주는 좌절과 긴장에 대처하기 위해서 어떤 책략을 갖는 것은 생존에 도움을 주는 것 같다. 비록 월남전에서 포로가 되었던 미 병사들은 한국전에서 포로가 되었던 미 병사들보다 두 배 이상 때로는 8년간이나 더 오래 포로생활을 하였지만, 월남에서 송환된 포로들은 전반적으로 한국전 때의 포로들보다 더 나은 신체적·정신적 상태를 유지할 수 있었고 포로생활 동안의 사망률도 더 낮았다(홍대식, 1984).

베트남 전쟁 당시 8년간 하노이 전쟁포로수용소에 갇혔던 Stockdale 장군은 언제 석방될 지 모르는 불확실한 상황에서도 포로들을 선전에 이용하려는 적군의 시도에 맞서 싸우며, 가능한 한 많은 동료 포로가 살아남을 수 있도록 도왔다. 한 치 앞도 보이지 않는 암담한 상황을 이겨낼 수 있었던 원동력은 '결국 성공할 것이라는 믿음'과 '가장 냉혹한 현실을 직시하는 규율'이었다고 그는 진술하고 있다. 그는 현실을 직시하지 않은 채 믿음만 가졌던 낙관주의자들은 수용소생활을 견뎌내지 못했다고 말했다. 크리스마스 때까지는 나갈 것이라고 말하다가 크리스마스가 지나면 부활절에는 나갈 수 있을 것이라고 믿었던 낙관주의자들은 결국 상심하다가 죽었다는 것이다.[4] 한국전 동안에 포로가 된 전체 미국인 병사[5] 중에서 대략 38%가 포로생활 중에서 생존하지 못한 반면, 월남전에

4) 냉혹한 현실을 직시하고 수용하면서도, 언젠가는 이룰 수 있다는 믿음을 잃지 않는 자세를 가진다면 바람직한 결과를 가져올 수 있다는 이론을 '스톡데일 패러독스'라고 한다.

5) 한국전쟁 중 약 7,000여 명의 미군이 포로로 잡혀 수용되었다. 20개의 포로수용소에서 전체의 약 38%에 해당하는 2,730명의 포로가 죽었고, 미 역사상 가장 많은 포로의 사망률을 기록하게 된다. 또, 미국 역사상 처

서 미국인 포로의 약 15%만이 포로가 된 후 사망하였다(Watson, 1978).

그러나 포로 생존훈련만으로 사망률의 차이를 설명하기에는 다소 무리가 있다. 한국전 동안에 포로가 된 대부분의 병사들은 보병이었으며 약간은 장교들이었지만 대다수가 병사들이었다. 월남에서 포로가 되었던 대부분의 사람은 파일럿들이었으며, 그들은 한국전 포로들보다도 평균연령이 31세로 나이가 더 많았고 교육수준도 높았다. 그리고 파일럿 선발과정 상 월남전 포로들은 보통의 병사들보다도 정서적으로 더 안정성이 있고, 높은 동기를 가졌을 것으로 분석된다. 그들의 성숙도, 정서적 안정성 및 지적 능력들은 그들의 생존능력에서 분명히 어떤 역할을 하였을 것이다. 한국전 포로들의 낮은 생존율에 영향을 준 또 다른 요인은 그들이 당한 혹독한 추위로, 아마 이 추위가 그들의 체력을 소진하게 만들었을 것이라고 전문가들은 보고 있다. 따라서 생존훈련이 월남전 포로들의 감금생활을 견디게 만든 유일한 변인은 아니라는 것이다. 그러나 그러한 준비가 포로들로 하여금 감금의 스트레스에 대처하게 만드는 데 도움을 준다는 사실에 이의를 제기하는 사람은 없다. 우리 군도 전쟁이든 또는 테러든 포로가 될 위험성이 높은 군인과 외교관들을 위해 포로의 생존훈련 프로그램을 개발하고 제공하는 지혜가 필요하다.

5 갈등

갈등은 양립할 수 없는 두 가지 이상의 요구가 동시에 발생할 때 생기는 긴장상태이다. 일상생활에서 우리가 고민하는 일 중에서 아마도 갈등이 가장 흔한 문제일 것이다. 문제해결을 위해 어느 쪽을 선택하건 다른 쪽의 욕구가 해결될 수 없기 때문에 약간의 부분적인 좌절감을 경험하지 않을 수 없다. 갈등은 다음과 같은 유형으로 구분된다.

가 접근-접근 갈등(approach-approach conflict): 힘이 비슷한 두 개의 정적 유인가를 갖는 대상이 동시에 나타나서, 어떻게 행동하여야 좋을지 모르는 상태에서 나타나는 갈등이다. 두 개의 일류회사로부터 취직 시험 합격 통보를 받은 경우나, 경제력이 있는 남자와 학벌이 좋은 남자 둘에게서 데이트 신청이나 혼담이 들어오는 경우로, 말하자면 행복한 고민이며 스트레스이다. 통상 어떤 이유를 붙여 한 쪽을 선택하게 되면 다른 쪽이 가진 장점은 사라지게 되므로 이런 종류의 갈등은 해결이 쉽다.

나 회피-회피 갈등(avoidance-avoidance conflict): 이 경우는 동일한 크기의 부적 유인가를 갖는 두 개의 대상 중 어느 한 쪽을 선택하여야만 하는 경우의 갈등이다. 예를 들면, 시험을 앞둔 학생이 공부도 하기 싫고 낙제도 하기 싫을 때라거나, 마음에 흡족하지 않

음으로 21명의 포로가 미국으로의 귀환을 포기하기도 하였다. 대략 미군포로 3명 중 1명이 정보 제공이나 선전 또는 기타 어떤 방식으로든 적측에 협력을 하였고, 다음에 13% 정도가 송환 후 실제 범죄자 혐의를 받았다(Watson, 1978).

은 두 남자 중 필히 한사람을 배우자로 선택하여야 하는 경우이다. 전투중인 병사가 적과 부닥쳐 싸우자니 생명의 위협이 두렵고, 도망을 가자니 비겁하다는 소리를 들을 것 같아 고민하는 경우이다. 이러한 갈등에 직면하게 되면 사람들은 보통 도피하려고 한다. 만일 도피가 불가능하다면 각 대안이 얼마나 위협적인가에 따라 많은 방법들 중 한 가지로 대처할 것이다.

다 접근—회피 갈등(approach-avoidance conflict): 정적 유인가와 부적 유인가가 동시에 한 대상에 존재하는 경우에 생기는 갈등이다. 예를 들면, 맞선 본 남자가 마음에는 들지 않으나 부자인 경우나, 남자가 좋아 결혼은 하고 싶은데 결혼에 따른 책임이나 자유의 구속 같은 부담은 지기 싫은 경우 이러한 갈등을 경험할 것이다. 이런 갈등도 정적 유인가 쪽에 접근하면 부적 유인가에 대한 두려움이 함께 커지기 때문에 해결이 쉬운 것은 아니다.

라 이중 접근—회피 갈등(double approach-avoidance conflict): 이러한 갈등은 복잡하면서도 가장 흔한 형태인데, 바람직한 결과와 불쾌한 결과를 동시에 가진 두 가지 목표들 사이에서 고민할 때 일어나는 것이다. 흔히 접근—회피 갈등이 복잡한 양식으로 조합이 되어 발생하는데 Lewin은 이를 이중 접근—회피 갈등이라 불렀다. 예를 들면, 자기 적성에 맞아 일하고 싶은 회사이긴 하나 보수가 변변치 못한 회사와, 별로 내키지는 않지만 대우가 좋은 회사 중 하나를 선택해야 할 경우에 생기는 갈등이다. 또 다른 예로는 클래식 음악을 좋아하는 어머니는 그의 아들이 훌륭한 피아니스트가 되기를 바라지만, 아버지는 아들이 운동선수가 되기를 원할 수도 있다. 아들이 피아노 연습을 하면 어머니를 기쁘게 하겠지만, 아버지를 실망시킬 것이다. 반대로 학교가 끝난 뒤에 축구연습을 하면 아버지를 기쁘게 하겠지만 어머니는 실망시킬 것이다. 이러한 갈등은 어떤 목표를 선택하든 간에 선택을 잘못했다고 가끔 느끼게 할 것이다. 사실 이러한 경우 선택이라는 것이 너무 어려워서 때때로 사람들은 두 가지 목표를 다 포기해 버리고 싶을 때도 있다.

6 자극의 결핍감

외부에서 자극이 없으면 스트레스를 일으킨다. 외부자극이 없으면 사람들은 불안정해지고 심하면 주의력이나 판단력의 장애를 가져오고 더 심하면 환각을 경험하기도 한다. 따라서 자극이 지나치게 부족하거나 부족하게 지각되면 불안정해지고 심하면 주의력이나 판단력의 장애를 일으키고 환각을 경험하기도 한다. 그러므로 일상생활을 정상적으로 유지하기 위해서는 일정한 수준 이상의 각성상태를 유지해야 하며, 심심한 것은 풀어야 하는 것이다. 아무것도 없는 독방에서 형을 살아야 한다고 생각해 보라. 얼마나 답답할 것인가?

자극의 부족 상태는 물리적 자극의 부족 이외에도, 신체적으로 타인과 격리되어 있다거나, 정서적인 유대의 대상을 상실해서 오는 고독감, 몰두할 수 있는 일의 부족 등에서도 올 수 있다. 간혹 사회지도급 인사의 부인들이 먹고 살기에는 아무런 지장이 없으면서도 도박에 손을 대어 구속되는 일이라든가, 생활에 지장이 없는 주부의 매춘은 일상생활에서 그들에게 적당한 수준의 자극이 없었기 때문이다.

⑦ 인지적 기능의 혼란

스트레스와 관련된 인지기능의 혼란으로는 주의집중력의 약화, 논리적 사고능력 저하, 자신의 행위에 대한 걱정, 자기비판적 사고 경향 등이 있다. 이의 예로는 시험 불안이 있는데, 이때 주의산만, 불안 증가, 자신의 능력에 대한 비관적 사고 경향, 안절부절, 신경질 등의 다양한 반응이 나타난다.

(3) 행동적 반응

사람들이 스트레스를 받게 되면 다양한 행동의 변화에서 반응이 나타나게 된다. 즉, 흡연, 의약품 사용, 신경증적 경련이나 버릇, 건망증이 증가하거나 나타난다. 또한 안전사고의 비율이 증가하며, 머리를 잡아당기거나 손톱을 물어뜯는 행위, 발로 바닥을 두드리는 행동, 식욕상실이나 과식, 불면증이나 과수면, 알코올이나 그 밖의 오락으로 사용되는 약물의 사용 증가, 난폭운전, 이유 없는 공격적 행동 등이 나타난다.

5) 적응방법

스트레스의 원인과 경험유형이 무엇이든 대부분의 사람들은 이에 잘 대처함으로써 삶을 보다 효과적으로 살아나갈 수 있다. 삶의 여러 가지 문제에 효과적으로 대처해 가는 것을 통상 잘 적응했다라고 표현한다. 적응이란 개념은 원래 생물학적인 것으로 종의 생존을 용이하게 하는 생물학적 구조 및 기능의 변화라는 의미로서 유기체의 수동적 입장을 강조한다. 반면에 심리학적인 적응은 개인이 사회적 및 물리적 환경에 대해 살아남고 유지해 가기 위한 개인의 투쟁과정이라는 의미로서 보다 적극적 의미를 갖는다. 사람들이 스트레스에 대처(coping)하는 방식은 크게 두 가지로 대별된다. 하나는 스트레스를 유발하는 문제에 중심을 둔(problem-focused coping) 직접적 해결방법이며, 다른 하나는 문제의 왜곡을 통한 정서적인 면에 중심을 둔 대처방법(emotion-focused coping)이다.

(1) 문제중심적 대처: 현실적 대처

스트레스를 일으키는 상황이나 문제와의 관계를 직접적으로 변화시킴으로써 해결하는 방식이며, 어떤 사람이 문제해결을 잘하면 그만큼 스트레스에 잘 대처할 수 있다고 보면 된다. 사람들은 통상 다음 세 가지 방법, [1] 직면(confrontation): 문제에 정면으로 맞서서 자신이 문제의 해결책을 찾아 자신의 정해진 목표를 추진할 수도 있고, [2] 타협(compromise): 자신의 욕구나 목표가 완전히 충족되거나 달성되기 어려울 때, 최초의 욕구나 목표를 다소 수정하여 현실적으로 가능한 방식을 찾거나, [3] 퇴각(withdrawal): 다른 노력이나 수단들이 먹혀들지 않을 때 스트레스를 주는 환경이나 문제 장면으로부터 물러서는 등의 방법 중에서, 가장 적합한 방법을 선택 스트레스 상황을 해결하는 것이다.

(2) 정서중심적 대처: 자아방어기제의 사용

정서중심적 대처는 문제를 직접적이고 현실적인 방법으로 해결하기보다는 스트레스 상황을 판단하고 평가하는 방법을 바꾸는 방식으로 해결하고자 하는 것이다. 이러한 해결법을 Freud는 방어기제(defense mechanism)로 명명하고 개념화하였다. 그는 방어기제를 이드(id)로부터 발생하는 충동의 공개적 표현과 이에 대립된 초자아(superego)의 압력으로부터 자아를 보호하려는 무의식적 책략이라고 보았다. 즉, 무의식적으로 현실을 왜곡함으로써 불안을 감소시키고 자아를 보호하려는 것이다. 그러므로 자아방어기제는 받아들이기 힘든 본능적 충동을 우리가 의식하지 않도록 도와주며, 그러한 충동들이 간접적으로 만족되도록 해주는 역할을 수행한다는 것이다.

정신분석적 성격이론의 중심내용은 자아가 갈등과 좌절이라는 스트레스에 직면했을 때, 성격의 통합성과 적정한 심리적 기능을 유지하기 위해 방어기제를 사용한다고 믿고 있다는 것이다. Freud에 의하면, 방어기제란 사람들이 스트레스로부터 오는 불안을 덜 느끼기 위하여 무의식적으로 사용하는 심리적 기제이며 적극적인 문제해결방법은 아니다. 사실상 모든 방어기제는 어느 정도의 자기기만과 현실왜곡에 기초를 두고 있다. 이와 같은 적응의 자기기만적 성질은 Freud로 하여금 방어기제를 전적으로 '무의식적'이라고 결론짓게 하였다. 방어적인 대처방식들은 항상 무의식적 갈등으로부터 나오며, 그것을 거의 혹은 전혀 통제할 수 없다고 믿었다.

그러나 모든 심리학자들이 이러한 해석을 받아들이는 것은 아니다. 비록 Freud가 이들 방어기제들 중 몇 가지를 기술하긴 했지만, 그의 딸 Anna Freud를 필두로 해서 Freud의 뒤를 이은 이론가들이 현재 자아의 방어기제에 관한 광범위한 관심을 기울이도록 하는 데 더 중요한 역할을 했다고 보아야 할 것이다. 이 '자아 심리학자들'에 따르면 방어기제들 중 몇 가지는 무의식적인 것이며 따라서 수의적인 통제의 범위를 넘어서는 것들이다. 다른 몇 가지의 방어기제는 의식적인 것이며 수의적으로 통제할 수 있는 것이다 (Wallace, Goldstein & Nathan, 1987).

방어기제가 무의식적으로 작용하건 그렇지 않건 간에, 방어기제는 그렇지 않으면 참아낼 수 없는 스트레스에 대한 대처 수단을 제공해 준다. 다음에 주요한 방어기제의 종류 몇 가지를 좀더 자세히 알아보기로 한다.

① 억압(repression): 사회적으로 용납되지 못하는 욕구, 개인에게 고통이나 수치심 또는 죄의식을 일으키게 하는 생각, 혹은 받아들일 수 없는 충동적 감정 등을 의식에 떠오르지 않도록 막아 이를 무의식 속으로 밀어 넣어 버리는 현상이다. 그러나 억압된 욕구는 완전히 망각되거나 없어지는 것이 아니라 무의식의 세계에 남아 있게 된다.

억압된 욕망의 대표적인 것은 성욕이다. 성욕은 사람이 가지는 가장 원시적인 충동이나 사회적, 도덕적 규범이 이의 구체적 표현을 강력히 규제하고 있으므로 억압당하게 되는 것이다. 남근기 시절의 오이디푸스 콤플렉스(Oedipus complex)나 엘렉트라 콤플렉스(Electra complex)도 개인의 기억 속에 완전히 사라진 것이 아니라 무의식 속에 억압되어 있다고 한다. 또한 성에 대한 욕구가 지나치게 억압되면 성에 대한 이상반응을 나타내어, 성적으로 무력해지거나 냉담하게 되기도 하고 기타 신체장애를 일으키게도 된다. 위급한 전투 상황에서 졸도한 병사가 졸도 직전의 일을 전혀 기억하지 못한다든지, 보기 싫거나 부담스런 사람과 만나기로 한 약속이 그날이 지나서야 생각나는 경우 우리는 억압이라는 방어기제를 쓰고 있는 것이다. 억압의 가장 극단적인 형태는 기억상실증(amnesia)이다. 전쟁터에서 심한 부상을 입은 병사는 흔히 그런 치명적인 부상을 가져온 경험에 대한 기억을 차단시킨다. 일명 '동기화된 망각'이라고 불리는 억압된 충동은 꿈, 농담, 실언 등의 형태로 일시적으로 나타나기도 한다. 억압은 가장 기본적인 방어기제로써 수용할 수 없는 충동이나 사고를 차단하며, 이 기제는 다른 방어적인 대처방식의 근간이 된다.

② 부인(denial): 고통스러운 상황을 참아내기가 힘들 때 사용하는 방어기제로, 불안을 일으키는 생각과 반대로 행동하거나 불안을 무시하거나 없다고 생각하는 것이다. 부인과 억압은 가장 기본적인 방어기제이다. 부인함으로써 우리는 대처할 수 없는 상황을 차단하며, 억압으로써 수용할 수 없는 내적 충동이나 사고를 차단한다.

사람들이 자신이 불치병으로 죽을 것이라는 사실을 알 때 대부분의 사람들이 보이는 첫 번째 반응은 부인이다. Lazarus(1969)는 심한 화상으로 거의 죽음을 앞둔 한 부인을 관찰한 결과, 처음에 그녀는 우울해 하고 두려워했으나, 며칠이 지난 후부터는 모든 의학적 소견이 비관적임에도 불구하고 곧 집으로 돌아갈 수 있을 것이며, 아이들을 돌볼 수 있다는 확신을 갖기 시작했다. 그녀는 자신의 상처의 심각성 정도를 부인함으로써 침착하고 유쾌하게 지낼 수 있었고, 친척이나 친구들에게 단지 겉치레로 그런 식의 행동을 보이는 것이 아니라 자신이 회복될 것이라고 굳게 믿고 있었다. 같은 방에 있는 다른 환자의 치명적인 심장발작을 목격하는 것조차도 대개의 심장병 환자에게서 공포를 일으키지 않는다. 그들은 그것이 자신에게 일어나리라고 생각하지 않는다. 또한 전투에서 죽음의 불확실감에 당면한 군인들은 죽음의 가능성을 부인하는 것이 그들의 기능 발휘에 도움이 되었다고 보고한다(홍대식, 1984)

③ 투사(projection): 만일 어떤 문제를 완전히 부인하거나 억압할 수 없다면, 그것을 좀 더 쉽게 다룰 수 있도록 문제의 본질을 왜곡하는 것도 가능할 수 있다. 이처럼 투사는 자신의 것으로 받아들이기 곤란한 사고나 행동을 다른 사람의 사고나 욕망으로 돌림으로써 자아를 방어하려는 기제이다. 즉, 자아가 id나 초자아로부터 가해지는 압력 때문에 불안을 느낄 때, 그 원인을 외부세계로 돌림으로써 불안을 제거하려는 것이다.

투사는 본질적으로 감정의 주체가 변하는 것이다. 권력을 얻었던 방법에 대하여 죄책감을 느끼는 독재자는 자신의 무자비한 야망을 부하들이나 동료들에게 투사할 수 있다. 그는 단순히 국민을 위해 권력을 행사하고 있을 뿐이지만, 부하들이나 동료들은 모두 지나친 야망을 가지고 있으며 권력 잡기에 몰두되어 있다고 믿는 것이다. 자기가 싫어서 헤어지면서 내가 그를 싫어하는 것이 아니라 그가 나를 미워하는 것이라고 한다든가, 계모가 전실 자식들이 자기를 미워한다고 하소연하는 것 등은 실은 자기 증오심의 투사로도 볼 수 있다.

④ 동일시(identification): 다른 사람이나 다른 사람의 업적과 자신을 동일한 위치에 놓음으로써, 자신의 불안을 감소시키고 약함을 감추어 자아를 보호하려는 것을 동일시라 한다. 개념적으로 투사의 반대가 동일시이다. 투사를 통해 우리는 억압했던 바람직하지 못했던 욕구를 누군가 다른 사람에게 귀인시킴으로써 자아를 보호했다. 우리는 동일시를 통해 다른 사람의 승리를 공유하고, 무능력감을 회피하기 위해 누군가 다른 사람의 특성을 흉내낸다. 생애 최초의 동일시는 남근기의 오이디푸스 콤플렉스를 겪고 난 다음에 나타난다. 이때 남자 아이는 아버지와 동일시함으로써 자신의 불안을 감소시킨다. 연예인을 따라 머리 모양을 바꾸거나, 유사한 옷차림이나 장신구를 착용하는 행동들, 그리고 존경하는 선배나 스승 그리고 전쟁 영웅들의 모습이나 말투를 흉내내는 학생들의 행동들이 청소년기의 동일시 모습이다.

동일시는 흔히 개인이 완전히 무력감을 느끼는 상황에서 자아방어의 한 형태로 사용된다. 2차대전 시 나치의 강제수용소에서 죄수였던 정신분석학자 Bettelheim은 일부 죄수들이 어떻게 스스로를 나치 간수들과 동일시하게 되었는가를 기술하고 있다. 수년 동안 죄수들은 간수들의 말투와 버릇을 모방하기 시작했으며, 심지어는 그들의 가치관까지도 모방하였다. 죄수와 간수와의 관계는 마치 자녀와 부모의 관계와 유사하였다. Bettelheim은 죄수들이 자신들을 어린애와 같이 느끼도록 간수들이 의식적으로 만들었을 것이라고 주장한다. 예를 들어, 죄수들이 화장실에 가려면 허락을 받아야만 했고, 그러한 허락은 때때로 거부당해 다 자란 성인들이 그들의 속옷을 적시는 수치감을 맛보아야 했다. 어린애와 같이 무력한 상태로 약해진 죄수들은 아동기의 발달양식으로 후퇴했다. 죄수들은 강력하고 위협적인 성인과의 갈등에 빠진 어린아이와 같이 간수들을 동일시하였다(Bettelheim, 1960). 죄수들은 견딜 수 없고 도피할 수 없는 스트레스에 방어적으로 대처하는 한 방식으로서, 그들의 적을 찬양하고 그들과 유사하게 되어 버린 것이다.

그러나 동일시의 기제는 단순히 긴장해소의 수단으로 도피적 행동에만 국한되는 것이 아니라 건설적이며 많은 긍정적인 가치를 가지고 있다. 정신분석학에서는 성격발달과정에 있어 가장 중요한 요인의 하나로 보고 있다. 아동은 자기와 비슷한 대상, 자기가 달성하고 싶어 하는 목표를 달성한 사람, 달성할 수 없는 목표를 달성한 대상 등에 동일시하고 그 권위에 복종함으로써 처벌과 고통으로부터 벗어나 쾌락을 얻고 사회화과정을 배우며 자아와 초자아가 형성되어 간다고 한다.

5 퇴행(regression): Bettelheim이 기술한 강제수용소의 희생자들과 마찬가지로, 사람들은 심한 스트레스를 받게 되면 어린애와 같은 의존적 행동으로 되돌아 갈 수 있다. 퇴행이란 충분히 육체적, 정신적으로 성인이 되었으면서도 특정의 욕구불만 상태에 빠질 때, 유아기의 행동이나 사고로 되돌아가서 문제를 해결하려는 현상을 말한다. 우리는 Freud의 초기 발달단계 중의 한 단계(구강, 항문, 남근기)에 고착되었던 사람들이 스트레스를 받게 되면, 언제나 그 단계와 연합된 미숙한 어린애 같은 특성이나 행동을 특히 더 많이 나타낸다는 것을 알고 있다. 큰 아이가 동생을 얻게 되면 손가락을 빤다든가 심지어는 다시 밤에 오줌을 싸게 된다. 어른들도 좌절을 맛보게 되면 퇴행하여 운다든가 짜증을 내는 유치한 행동을 나타내는 수가 있다.

왜 사람들이 퇴행을 하는가에 대해 어떤 심리학자들은 사람들이 무력감을 견딜 수 없기 때문이라고 말한다. 좀더 어린애로 돌아가는 것이 전체적인 의존과 무력감을 좀더 참을 수 있게 해준다는 것이다. 퇴행이 일시적인 것이라면 심한 스트레스를 들어주기 때문에 건설적이고 적응적일 수 있다. 그러나 퇴행적 방어기제가 너무 오랫동안 지속되거나 또는 그 기제가 환경의 요구에 적응하려는 노력을 방해한다면 더 이상 유용한 것이 못 된다. 자신의 재산을 노름이나 술로 탕진함으로써 가족에 대한 모든 책임을 상실한 사람이나, 세상이 자신에게 너무 복잡하게 느껴져 사람 만나는 일을 그만두고 대부분의 시간을 TV나 컴퓨터 앞에 앉아 연속극이나 게임으로 보내는 사람은, 그들 자신의 운명이 아무리 위축될지라도 자신의 운명에 대한 어느 정도의 통제력을 유지하기 위해, 역설적으로 덜 복잡하고 덜 성숙한 존재 형태로 퇴행하게 된다.

6 전위(displacement): 원래 대상에 대한 억압된 동기 및 감정을 그보다 위협이 적은 다른 대상으로 충동표현의 방향을 바꾸는 것이다. 자식을 가질 수 없다는 것을 안 남자나 여자가 결과적으로 애완동물이나 조카들에게 극단적인 애착심을 갖게 될 수 있다. 또 어떤 대상에 적의를 가졌을 때, 그것을 직접 표현하면 사회적으로 용납되지 않고 벌이나 비난을 받거나, 그 대상으로부터 직접적 공격을 받을 우려가 있을 때 욕구불만을 일으키게 한 대상보다 덜 위험한 다른 대상으로 옮겨갈 수도 있다. 회사의 상사에게 스트레스를 받은 사람이 집에 들어와 부인에게 화를 내거나, 술집 종업원에게 화풀이를 하고, 형에게 맞고 화가 난 꼬마가 집에서 키우는 강아지를 들고 차는 경우이다. 우리 속담에 '한강에서 뺨 맞고 종로에서 눈 흘긴다'라는 말이 여기에 부합되는 내용일 것이다.

7 합리화(rationalization): 스트레스 상황의 실재를 부인해서 스트레스 상황에 대처하려는 시도이다. 이 방어기제는 우리들로 하여금 그 동기가 모호하고 비합리적인 행동에, 합리적이고 논리적이거나 또는 지적인 설명과 취지를 부여할 수 있게 해준다. 따라서 지나치게 사용되지만 않는다면 기본적으로 무해한 방어기제이다. 사람들은 어떤 실패나 좌절의 원인을 발견함으로써 아픈 마음을 달래기 위해서 종종 합리화에 호소하는 경우가 있다. 키가 작다고 한 여자에게서 퇴짜를 맞은 남성이 그녀가 자신이 생각했던 것만큼 매력적인 여자가 못된다고 생각할 수 있다. 취업에 실패한 사람들은 자기가 응시한 직장이 별로 신통치 못한 것이라고 확신한다. 이러한 합리화의 대표적 예는 이솝우화에 나오는 허세부리는 행동인 '신포도와 여우'의 이야기이다. 또한 사람들은 자신의 동기와 내면의 가치기준간의 갈등으로 인해 유발된 불안을 감소시키기 위해서도 합리화를 사용하기도 한다. 포르노 영화를 보러 가면서 '일종의 교육적 경험'으로서 정당화시키는 것이나, 미성년자들이 창녀촌에 가면서 '성교육'에 도움이 되는 운운의 발언이 이러한 합리화의 예에 속한다.

8 반동형성(reaction formation): 사회적으로 용납되지 않거나 죄의식을 일으키게 되는 억압된 충동이나 생각, 감정을 원래의 욕구내용과는 반대되는 측면을 강조하거나 과장되게 표현함으로써 자신의 원래 생각을 숨기고 불안을 억누르고자 하는 것이다. 강한 성욕으로 불안한 사람은 외설영화의 상영을 극도로 반대한다. 어떤 여학생을 좋아하는 남학생이 자신의 속내와는 달리 그 여학생을 유별나게 못살게 굴거나 괴롭히는 행동을 할 수가 있다. 경쟁자를 지나치게 칭찬하는 사람이나, 전실 자식에 대한 계모의 지나친 사랑은 상대방에 대한 적대감을 감추고 있는 것일 수도 있다. 지나치게 강한 부정은 긍정을 의미하는 것이다.

반동형성은 주로 개인적으로 용납되지 않는 행동에 대한 예방과 자기보호의 수단으로써 쓰이기 때문에 과도하지 않고 적절히 쓰인다면, 주위나 사회에 큰 위협을 가져오거나 해를 끼치지는 않는 장점이 있으나 근본적인 긴장해소의 수단은 되지 못한다.

[9] 환상, 백일몽(fantasy, day-dream): 불쾌한 현실적 장애에 직면하여 욕구가 성취되지 못한 사람이 환상의 세계로 후퇴하여, 성취하지 못하였던 자기 희망이 달성된 것처럼 상상을 하고 즐거워하며 만족을 취하는 것을 말한다. 공상의 세계에서는 사고가 현실적 제약을 받지 않기 때문에 환상이나 백일몽은 현실에서 얻을 수 없는 모든 욕구를 얻고 만족을 느낄 수 있는 즐거운 오락의 수단이 된다. 사람은 누구나 백일몽을 사용하고 있다. 즉, 개인이 현실에서 욕구충족을 위한 노력을 병행하는 한, 백일몽은 하나의 이상으로서 계획과 예견의 역할을 하며 적응과 만족의 원천으로서 정상적이고 자연스러운 행동인 것이다.

백일몽의 종류에는 대체로 두 가지가 있는데, 우선 욕망의 성취나 권위의 행사 또는 지배와 정복을 꿈꾸는 정복자형(conquering hero type)이 있는데, 이 유형의 백일몽을 꿈꾸는 사람은 자기 자신을 강력한 힘, 지식, 높은 지위, 인기, 명성을 얻는 승리의 주인공과 동일시함으로써 거기에서 자기실현, 우월성, 지배력 등의 만족의 기쁨을 얻는 것이다. 다음으로 일종의 자기학대로서 자기가 희생당하고 고통을 받는 공상으로 만족을 느끼려 하는 순교자형(sufferring hero type)이 있다. 이 유형의 백일몽에서는 실패와 무능, 고난에 싸인 비극의 주인공으로 자기를 동일시하는 것이다. 그 동기는 자기의 실패와 곤란을 과대시함으로써 자기 자신의 존재가치를 높이려는 것이다. 순교자형은 겉으로 보기에는 본인에게 불쾌한 것처럼 보이지만 실제로 남에게 평가받지 못하는 데 대한 반응으로 나타나는 것으로서 본인에게 오히려 만족을 주며 긴장해소의 역할을 한다.

백일몽은 현실의 불만스러운 처지에서 벗어나려는 비교적 보편적인 장면해결의 방법이기는 하지만, 그것이 너무 지나치게 되고 습관화되면, 자기 자신을 현실에서 격리시키게 된다. 그러므로 현실의 제반 문제를 완화시켜 주는 동시에 항상 현실과 대결하는 태도의 지도가 요망된다.

[10] 승화(sublimation): 억압되었거나 또는 금지된 동기나 정서를 사회적으로 용납 또는 수용되는 형태로 바꾸는 것이다. Freud는 예술작품은 승화를 통해서 완성되는 경우가 많다고 믿었다. 마찬가지로 사람들이 외과의사, 검사 또는 학생들을 처벌할 수 있는 권한을 가진 교사 등의 역할을 통해서 공격충동을 사회적으로 용납될 수 있는 욕구로 승화시킨다고 보았다. 인간의 성충동은 위대한 작품을 통한 예술적 창조력으로, 신체에 대한 호기심은 누드를 그리거나 혹은 사진을 찍는 작가 정신으로 나타날 수 있다. 공격성은 사업이나 스포츠에서의 경쟁으로 변형될 수 있다. Freud 학파의 견해에 따르면, 사람이 가지는 본능적인 성적 충동이나 공격 욕구를 언제나 직접적인 방법으로 해결할 수는 없

는 것이기 때문에, 이러한 심적 에너지들을 예술, 문학, 스포츠, 과학 및 기타 사회적 집단 활동 등으로 승화시키는 것은 필수적이며 바람직한 것이기도 하다.

⑪ 주지화(intellectualization): 이 방어기제는 부인의 미묘한 형태이다. 사람들은 위협받지만 문제를 분석하고 주지화함으로써 그것이 다른 사람과 관련되어 있다거나, 또는 우리에게 더 이상 정서적으로 고민거리가 되지 않는 것처럼 그 문제로부터 우리 자신을 분리하고 있음을 보게 된다. 이 기제는 감정보다는 사고로써 불안을 일으키는 상황을 처리하려는 경우 사용된다. 주지화를 할 때는 감정을 차단한다. 의사나 간호원은 직업생활에서 매일 다른 사람의 고통과 괴로움을 본다. 그들이 객관성을 간직하려면 어느 정도의 초연함을 유지해야 한다. 그래야 수술 환자의 상처 부위에 태연하게 메스를 들이댈 수 있고 지켜볼 수 있다. 또 의사는 수술부위만 남기고는 환자를 천으로 가린다. 이는 환자를 인간으로 보지 않고 단지 치료해야 할 육체로만 보기 위해서다. 그래야 스트레스를 피해 마음 놓고 수술을 할 수 있다.

지금까지 논의한 방어기제들은 인간의 무의식적 과정의 이해에는 도움이 되나, 모든 행동들을 방어기제에 비추어 해석하는 것은 적절치 않다. 앞에서도 언급하였지만 심리학자들에 따르면 방어기제들 중 몇 가지는 무의식적인 것이며 따라서 수의적인 통제의 범위를 넘어서는 것이지만, 다른 몇 가지의 방어기제는 의식적인 것이며 수의적으로 통제할 수 있는 것들이다. 사람들이 때때로 방어기제에 의존할 수 있지만 이 기제에 지나치게 의존하는 것은 문제가 될 수 있다. 이는 정신분석의 이론들이 갖고 있는 문제점들을 참고해 볼 때, 모든 행동의 원인이 왜곡과 자기기만으로 해석될 가능성이 있기 때문이다. 이 점은 우리가 타인을 이해하는 과정에서 주의해야 할 부분들이다.

2. 군대업무와 스트레스

우리 군인들이 업무 때문에 받는 스트레스는 피할 수 없는 칼과 같다. 하지만 날카로운 칼도 야망을 실현하기 위한 도구로 활용하면 성공의 보약이 될 수 있다. 마찬가지로 평소 스트레스 상황이 지나치거나 관리를 잘못하면 심신을 해치는 독약이 될 수도 있다.

한국직무스트레스 학회가 254개 사업체 근로자 7,000명을 조사한 결과 73%는 잠재적인 직무 스트레스에 노출돼 있고, 22%는 심한 스트레스를 호소한 것으로 나타났다. 스트레스가 없는 행복한 직장인은 단지 5%에 지나지 않았다(중앙일보, 2005a). 직무 스트레스에 빠지면 우울감을 느끼고 밤에 잠들기 어려우며 정신집중이 잘 안 된다. 괜히 화가 나고 매사 의욕을 상실해 새로운 업무를 배우기 힘들어진다. 업무태만과 함께 상사나 동료들에게 시비를 거는 공격성을 보이기도 한다. '하루 쉬고 싶다' '다 때려치우고 싶다'는 말을 입에 달고 산다. 그러나 이런 행동이 스트레스에 의한 것이라는 사실을 주위 사람들은 물론 본인도 잘 모르는 경우가 많다.

군에서도 매년 1,400여 명에 달하는 장병이 정신적 질환으로 입원하고 있는 것으로 밝혀졌으며, 이 중 90% 이상을 현역 병사들이 차지하고 있음이 국군의무사령부의 조사 결과로 발표됐다. 지난 2003년 군 병원 등 정신과에 입원한 장병은 1,360명이었으며, 2004년에는 1,440명이었다. 2005년에도 6월 말까지 708명의 장병이 정신과에 입원한 것으로 나타났으며, 이 중 병사가 640명으로 90.3%를 차지했으며, 장교는 26명(3.7%), 부사관 24명(3.4%), 기타 17명(2.4%), 준사관 1명이었다. 병사의 비중은 2003년 1,220명(89.7%), 2004년엔 1,311명(91.1%)으로 나타났다(조선일보, 2005q).

1) 군대업무 스트레스와 질환

스트레스로 인한 증상도 단계를 밟는다. 일례로 스트레스 주범으로 꼽히는 업무상 과로도 처음엔 '내 일이 좋다'는 식의 만족에서 시작하다 시간이 지나면서 '해도 해도 끝이 없다'는 생각이 들면서 에너지가 결핍되는 느낌을 받는다. 이때 방치하면 두통·불면·피로 등 과로로 인한 각종 증상들이 나타난다. 이후에도 계속 과로를 하면 술·약물 등에 의존하고 질병에 걸리는 위기 상황에 직면한다. 앞에서 논의한 스트레스의 신체·생리 및 심리 그리고 행동 반응들을 기초로, 군대업무 스트레스가 유발할 수 있는 일반적인 부작용들과 간단한 치유법을 소개한다.

1 특히 스트레스는 심혈관계 질환을 유발한다. 직무 스트레스 자체가 심장병을 일으키는 것은 아니지만, 평소 심장에 문제가 있었던 사람에게 심혈관 질환(빈맥·부정맥·고혈압·협심증·심근경색 등)을 촉발시킬 수 있다는 것이다. 심혈관 질환에 걸리기 쉬운 유형은 이른바 A타입 행동유형의 사람들로 직업군인들에게 많다. 이들은 성격이 급하고 완벽을 추구하며, 매사에 의욕적이고, 성취욕과 승진욕구가 강하며 공격적인 행동을 자주 보이는 유형이다.

2 근골격계 질환에도 잘 걸린다. 어깨가 결리고, 요통을 호소하는 근골격계 질환은, 신체적 부담(반복 동작, 불편한 자세 등)과 스트레스의 합작품이다. 부동자세로 장시간 모니터를 지켜보는 행정업무 및 감시업무나, 손목 관절을 반복적으로 움직여야 하는 작업병이 과도한 스트레스를 받게 되면 발병하기 쉽다.

3 정신 건강도 위협을 받는다. 대인관계 회피·불안·우울·짜증·탈진·분노·원망·무력감 등이 주 증상인 '탈진 증후군'에 걸리기 쉽다.

2) 단계별 치료

스트레스는 불안·초조→두통·소화불량 등 증상→증상에 대한 두려움→증상악화 등의 단계를 거쳐 병으로 이어진다. 따라서 초기 단계부터 관리하는 것이 중요하다. 예를 들어 괜스레 마음이 불안·초조·우울한 것 같을 땐 운동·취미생활 등 삶에 기쁨을 주는 요인을 즉각 가미하는 일상생활의 변화로 스트레스를 덜어주어야 한다. 두통·소화불량·위장장애·식욕부진 등으로 일상생활에 지장을 줄 상황까지 방치했을 땐 위장약·진통제·항우울제 등 약물의 도움을 받으면서 전문가로부터 인지행동 요법 등 스트레스 대처방법을 배우도록 해야 한다. 만일 스트레스로 인한 소화불량증이 심할 땐 아무런 원인 없이 위가 탈 날 수 있다는 사실을 인식시켜 병으로 인한 공포심을 덜어 주어야 한다. 자신이 모든 일을 떠맡아야 직성이 풀리는 성격 때문에 스트레스가 쌓여 병이 났다면 '내가 없어도 별 탈 없이 일이 진행될 수 있다'는 생각과 일을 남에게 맡길 수 있는 훈련이 필요하다. 스트레스 치료는 초기 단계에 시작할수록 기간도 짧고 효과도 높다.

3) 평상시 스트레스 관리

평상시 화가 나거나 걱정거리·과로 등 스트레스 상황에 놓였을 때 매순간 스트레스 해소법을 익혀 실천하는 것이 좋다. 여기에는 '복식호흡·근육이완요법·심호흡' 등이 권장된다. 특히 복식호흡은 매일 식후 10분씩, 잠자리에서 한 번 등 네 번 정도 하면 효과를 본다. 근육이완요법은 왼발→왼다리→오른발→오른다리→오른팔→얼굴→왼팔 등 온몸의 근육을 돌아가면서 몇 초간 긴장시켰다 이완시키기를 반복하는 방법이다. 또 취미생활, 규칙적인 운동, 가족이나 친구와의 잦은 대화 등도 평상시 스트레스 해소에 권장되는 활동이다.

1 스트레스를 유발하는 생각과 행동습관을 바꾼다
- 가 완벽주의, 지나친 자책, 비관에서 탈피
- 나 감정에 지우치지 말고 합리적으로 사고
- 다 긍정적·현실적으로 생각하는 습관
- 라 남에게 인정 받으려고 일하지 않음(거절하고 포기할 줄 알기)

2 생활습관을 바꾼다
- 가 규칙적이고 적당한 식사(카페인 섭취를 줄이거나 끊음)
- 나 주 3회(매회 30분 이상) 규칙적 운동
- 다 규칙적이고 충분한 수면

라 미리 계획해 여유 있는 스케줄 짜기

3 스트레스 관리법을 익힌다

가 점진적 심신이완요법

나 자율훈련법

다 명상

라 바이오피드백

마 복식호흡법 · 심호흡법

심혈관 질환 위험이 높은 장병은 우선 담배를 끊고 고혈압 · 고지혈증 치료를 받는 등 다른 심혈관 질환 유발 요인을 제거해야 한다. 45세 이상의 남성, 55세 이상의 여성 간부들은 심장에 부담을 주는 업무를 되도록 피하는 게 좋다. 밀폐된 공간에서의 작업, 고열 · 한냉 · 야간작업, 직업 운전, 교대 근무, 장시간의 노동은 심신 건강에 해롭다. 근골격계 질환을 예방하려면 같은 자세로 장기간 작업하지 말고, 너무 무거운 물건을 들지 말아야 한다. 또 올바른 자세로 일을 하고, 작업 도중 스트레칭으로 근육에 쌓인 피로를 풀어준다.

심신이완요법 · 자율훈련법 · 명상 · 바이오피드백 등 스트레스 완화요법도 권장된다. 심신 이완요법은 편안한 자세로 앉아 눈을 감은 뒤 심신의 이완을 돕는 지시문을 외우게 한다. 하루 1시간씩 1주일만 배우면 혼자 할 수 있다. 명상은 뇌파를 바꾸는 스트레스 극복 방법이다. 조용한 곳에서 편안하게 정자세로 앉아 눈을 감고 주문을 반복한다(하루 2회 실시). 이를 꾸준히 하면 혈압이 떨어지고 불안 등 스트레스 증상이 호전된다.

3. 우울증: 자살의 유혹자

1) 우울증의 개념

우울은 친밀한 인간관계가 깨질 때, 가족의 죽음, 심각한 질병과 같은 스트레스로 인한 정서적 혼란의 가장 일반적인 유형이며, 특히 스트레스 사건을 경험한 후에 생기기 쉽다고 앞에서 지적한 바 있다. 우울을 경험하는 사람들은 슬픔, 무가치감, 피로감, 염세적 생각 등을 호소하며 흔히 자살로 이어지기 쉽다. 심한 우울감이 2주 이상 지속되면서 일상생활에 지장을 받게 되면 보통의 우울감과 차이가 있는 우울증이라는 정신장애로 분류된다.

우울증은 흔히 '마음의 감기'로 불린다. 그만큼 쉽게 걸리기도 하고 낫기도 하는 정신

장애다. 문제는 감기가 만병의 원인이듯 우울증 역시 다른 중증 장애, 심할 경우 자살을 기도하게 되는 원인이 된다는 점이다. 누구나 기분 나쁜 일을 당하면 우울해진다. 그런 기분이 지나치게 오래 갈 경우 병이 된다. 심리학에서는 2주일을 고비로 본다. 몸이 건강하면 감기에 걸리더라도 조금 아프고 금방 낫듯 정신이 건강하면 우울이 오래 가지 않는다.

20세기에 들어서 Freud는 우울증을 '억압된 분노의 표출'로 분석했다. 체질과 무관하게 인간은 누구나 우울증 환자가 될 수 있다는 얘기다. 과잉이 결핍을 초래하듯 모든 것을 가진 사람도 속으로는 더 공허하고 무기력해지기 쉽다. 흔히 우울증이라고 하면 소심하고 우울한 성격의 사람에게 생기는 '마음의 병' 정도로 많은 사람들이 생각하기 쉬우나, 우울증은 생물학적으로 세로토닌과 노르에피네프린 등 뇌 신경전달물질의 분비 이상으로 생기는 질병으로 분류된다. 우울증은 마음의 병일 뿐만 아니라 몸의 병인 것이다. 특히 뇌 신경전달물질의 통로가 막히거나 좁아져 신경전달물질이 부족해지는 것이 우울증 발병의 제 1원인이며, 실직이나 이혼, 사별 등과 같은 정신적 스트레스도 중요한 원인이다. 그 밖에 완벽을 추구하는 성격, 유전적 요인도 발병 원인이 된다. 전 국민의 5%(여자: 5~9%, 남자: 2~3%) 정도인 200만 명 이상이 우울증 환자이며, 전 국민의 20% 정도는 일생 동안 한 번 이상 우울증을 경험하는 것으로 추정된다(조선일보, 2005b).

우울증에 걸리면 인간의 네 가지 욕심, 즉 식욕, 성욕, 수면욕, 의욕이 없어진다. 이 때문에 불면증, 소화불량증, 변비, 체중감소, 기력 저하, 극심한 피로감, 기억력 감퇴 등 다양한 신체적 증상이 나타난다. 정신적으로는 자신이 쓸모없는 사람이라는 '無가치감'에 사로잡혀, 자신의 존재가 아무런 의미가 없고 주위 사람들에게도 도움이 되지 않는다는 생각을 하며, 자신의 잘못이 아닌 일에 대해서도 필요 이상의 죄책감을 느낀다. 특히 여성은 모든 일에 대해 자신을 탓하며 죄의식을 더 많이 느낀다.

외국의 통계들에 따르면 우울증 환자의 15~20% 정도가 자살을 시도하며, 실제 2~3%는 자살에 '성공'한다. 우울증이 자살로 이어지는 가장 위험한 때는 극도의 우울증에서 조금 회복됐을 때이며, 급성 우울증은 입원이 불가능한 상황이라면 혼자 내버려두지 말고 그 사람과 함께 있으면서 자살을 못하게 막아야 한다. 일반적으로 자살을 결심한 사람은 자살을 감행하기 전에 주변에게 '도움 신호'를 보내는 경우가 많다. '자살은 도와달라는 마지막 호소다. 그러나 너무 늦은' 이라는 명언을 남긴 Durkheim의 말을 상기할 필요가 있다. 다음은 군대에서 장병들의 우울성향을 간단히 진단해 볼 수 있는 체크 리스트를 소개한다(조선일보, 2005b).

우울증 체크 리스트(5개 이상이 2주 이상 계속되면 우울증 의심)

- □ 우울하다 · 슬프다 · 공허하다 · 울고 싶다는 감정이 지배적이다.
- □ 매사에 흥미가 없고 예전에 재미있던 것도 재미가 없다.
- □ 한 달에 5kg 이상 체중이 줄거나 늘었다.
- □ 잠을 너무 많이 자거나 아예 자지 못한다.
- □ 안절부절 못하거나 의욕이 없다.
- □ 무기력하고 늘 피곤하다.
- □ 무가치감 또는 죄책감이 든다.
- □ 사고력 · 집중력이 떨어진다.
- □ 죽음에 대한 생각을 자주한다.

2) 우울증의 치료

우울증 환자에게는 가족이나 친구 등 주변 사람의 따뜻한 관심과 배려가 중요하다. 늘 부정적인 생각에 시달리는 우울증 환자에게 주변 사람들은 이들의 생각이 옳지 않다는 것을 일깨워 줘야 한다. 그러나 "네가 무슨 걱정이 있냐?" 혹은 "고민이 있으면 털어놔 보라"는 식으로 다그치기보다는 환자가 '언제라도 필요하면 도움을 구할 수 있다'는 생각이 들도록 인내심을 갖고 유심히 지켜봐 주는 것이 좋다.

우울증인 경우 당연히 정신과를 찾아 최소 6개월 정도 약물치료를 받아야 한다. 호전됐다고 약을 끊어버리면 더 심한 우울증이 재발하므로 증상이 약해지더라도 꾸준히 약을 복용해야 재발을 막을 수 있다. 그러나 우울증 환자의 약 20%는 약물을 사용해도 좋아지지 않을 수 있다. 우울증 치료제는 신경전달물질의 활동을 원활하게 하거나 조절하는 약물로 복용한 지 2주 정도가 지나면 효과가 나타나기 시작하는데, 늦게 나타나는 사람은 6주 정도가 걸리기도 한다. 2~3개월 정도 지나면 확실히 상태가 호전되고, 호전된 시점으로부터 6개월을 지속적으로 치료하는 것이 원칙이다. 재발할 경우 약 2년 정도로 치료 기간이 더 필요하게 된다.

중요한 것은 어떤 약물도 100% 효과적이며, 부작용이 없는 이상적인 약물은 아직 없다는 것이며, 약물의 부작용과 효과적인 면 모두를 고려하여 약물을 선택해야 한다는 것이다. 최근에는 세로토닌 작용을 선택적으로 촉진시키는 약물이 개발돼 부작용도 적고 치료 효과도 높다. 그 밖에 인지 행동치료나 상담치료를 받기도 한다. 가을 · 겨울철에 우울증이 악화되는 계절성 우울증 환자는 햇볕을 충분히 쪼이거나 광선치료를 하면 개선 효과를 볼 수도 있다.

4. 자살행동의 이해와 예방

자살을 우울증 다음에 다루는 이유는, 우울한 사람과 조울증의 양극성 장애자의 다수가 자살할 생각을 갖고 있으며 때때로 진짜 자살을 시도하기 때문이다. 우울감은 슬프고 힘든 상황에 처했을 때 누구나 느낄 수 있는 감정이다. 우울감은 정서적 반응이므로 상황이 개선되면 대부분 풀린다. 하지만 우울증은 뇌의 신경전달물질에 문제가 있는 질환이므로 적극적인 치료를 받아야 하는 질병이다. 우울증과 우울감을 판별하는 방법은 남의 눈을 통해 자신을 객관화해보는 것이다. 자신이 우울하다면 다른 사람에게 스트레스 상황을 설명하고 자신의 행동이 지나치지 않은지 물어보면 된다. 비슷한 상황에서 남들보다 사태를 더 심각하게 받아들인다면 정서적 우울감이 아닌 우울증이 진행되고 있다는 증거이다.

이처럼 자살하려는 사람 중 절반 이상이 자살을 시도할 당시에는 우울하고 낙담한 상태에 있을 것이라는 점이 보편적인 생각이다. 그러나 우울하지 않은 사람도 적지 않은 수효가 자살을 시도하며, 그 중 일부는 자살에 성공한다. 자살과 관련된 그 밖의 장애로서는 특히 경계선성격장애(borderline personality disorder)가 위험하다(Linehan & Shearin, 1988). 남성 알코올중독자의 자살률은 일반적인 남성의 자살률에 비해 훨씬 높으며(Kessel & Grossman, 1961), 우울증에 걸린 남성 알코올중독자의 경우에는 놀랄 정도로 자살률이 높아진다. 정신분열증 환자는 약 13%정도가 자살한다(Roy, 1982).

이처럼 자살은 복잡하고 다면적인 행위이다(Moscicki, 1995). 따라서 자살에 대해서는 어느 이론도 완전하게 잘 설명해 낼 수가 없을 것이다. 그럼에도 불구하고 우리는 자살에 대한 다양한 이론이나 관점들을 살펴볼 필요가 있다.

1) 자살에 대한 일반 심리학적 동기 이론들

자살의 동기로 시사된 바는 많다(Mintz, 1968). 자신의 내부를 향한 공격성, 타인에게 죄책감을 심어줌으로써 복수하는 것, 남으로부터 사랑을 얻어내기 위한 노력의 일환, 과거의 잘못에 대한 속죄의 일환, 동성에 대해 성적 매력을 느끼는 것 같은 수용할 수 없는 감정을 머리 속에서 몰아내려는 노력, 새로이 태어나고 싶은 욕망, 이미 죽은 사랑하는 사람의 곁으로 가고 싶은 욕망, 그리고 스트레스, 신체 불구, 통증, 또는 정서적 공허감으로부터 탈출하려는 욕망이나 욕구, 기타 좌절감이나 자기 모멸감 등이 자살 동기로 거론된다. 현대의 정신건강 전문가 중 다수는 통상적으로 자살이 문제를 해결하기 위한 시도로서 상당한 스트레스 상태 하에서 저질러지며, 선택할 수 있는 범위를 아주 좁게 설정해 놓은 가운데 자기말살(self annihilation)이 최선의 해결책이라고 생각하는 것이 특징이라고 보고 있다(Linehan & Shearin, 1988).

사회 및 성격심리학 분야의 연구에 기초한 자살의 한 이론에 의하면, 자살의 일부는 혐오스러운 자기자각(self awareness), 즉 자신의 결점 및 실패를 뼈저리게 자각하고 있고, 그 원인을 자기 자신에게 돌리는 상태로부터 벗어나려는 강렬한 욕망에서 비롯된다고 한다(Baumeister, 1990). 이러한 자각 때문에 아마도 우울증과 같은 심각한 정서적 고통이 유발된다고 가정하고 있다. 비현실적으로 높은 기대감은 이상의 자살 이론에서 중추적 역할을 맡고 있다. 특히 중요한 것은 친밀한 관계를 크게 기대하지만 현실이 이와 동떨어져 있을 경우이다. 예를 들면, 친밀해지고 싶은 어떤 사람의 기대감은 그가 친해지고 싶어 하는 사람이 그가 원하는 것을 도저히 전해줄 수 없다면 무참히 깨지게 된다. 이럴 경우 자신의 부족함을 계속해서 뼈저리게 자각하는 것보다는 죽음을 통해서 잊어버리는 것이 견디기 더 나아 보일 수 있을 것이다. 이 가설을 지지하는 연구결과는 많다(Baumeister, 1990).

언론에 자살이 보도되면 자살률이 증가될 수도 있다. 이런 예상 밖의 가능성은 Bandura(1986)에 의해 제기되었다. 그는 Philips(1985)의 연구결과를 종합하였는데, 그의 연구에 의하면 마릴린 몬로가 죽은 후 1개월 동안에 자살이 12% 증가하였다. 유명 인사가 아닌 사람의 자살도 공공언론에 보도되면 자살률이 의미 있게 증가하였는데, 이는 중요한 요인이 자살한 사람의 명성보다는 공공보도에 있음을 시사해 준다. 살인성 자살(murder suicides)에 대해 공공보도가 나가면, 운전자 및 탑승자도 함께 사망하는 자동차 및 비행기 사고도 증가한다. 유명인사의 자연사가 언론에 보도되어도 자살률이 증가하지는 않았는데, 이는 자살에 영향을 끼치는 요인이 슬픔 그 자체에 있는 것이 아님을 시사해 준다.

2) 자살의 정신분석학적 이론

(1) Freud의 자살 이론

자살의 심리적 기제에 대하여 기초이론을 제시한 학자가 Freud이다. 그는 인간 행동의 동기는 무의식 내지 정신적 긴장이나 충동으로부터 나온다고 보고 이런 충동들을 본능이라고 하였다. 최초 그는 인간에게 동기를 부여하는 기본적 요인으로 '삶의 본능(eros)'에만 의지하였다. 그러나 행동의 어둡고 파괴적인 면을 설명하기가 점점 어렵게 생각되었다. 주변에서의 많은 자살, 폭력, 잔인성, 살인, 파괴 등의 많은 비인간적 요소들과, 특히 1차대전을 경험하면서 전쟁이 인간의 삶과 존엄성을 파괴한 일에 깊은 회의를 품었다. 결과적으로 그는 '죽음의 본능(thanatos)'이라는 개념을 발달시키게 된다. Freud는 인간 모두가 무기물상태로 돌아가려고 하는 충동을 가지고 태어났다고 믿었다. 즉, 본질적으로 인간에게는 삶의 본능만 있는 것이 아니라, 파괴와 죽음으로 상징되는 '죽음의 본능'도 있어, 무의식적으로 고된 삶을 마감하고 영원히 안식을 취하려는 자살행동도 보이게 된다는 것이다.

Freud는 자살을 설명하기 위하여 두 가지 주요한 가설을 제시하였다. 하나는, 우울증에 관한 그 자신의 이론을 확장시킨 것으로 자살을 살인이라고 보는 것이다. 어떤 사람이 자기가 좋아하기도 하면서 미워했던, 즉 양가감정을 가졌던 사람과 헤어지게 되면, 상대방을 內射(introject)하여 공격성이 자신에게로 향하게 된다. 이상의 감정이 강렬할 때 자살을 저지르게 된다. 두 번째 이론은 죽음의 본능이 내부로 향하게 되어 자살을 하게 된다는 것이다.

Freud의 자살연구의 공적은 자살행위가 정신이상자의 행위로 간주되는 것이 아니고 정상인의 심리기제로 인정한 것에 있다. Freud 이후의 정신분석학은 두 가지로 나누어져, '죽음과 삶의 본능설'을 지지하고 그런 입장에서 자살에 접근하려는 이론과, 정신적 질환으로 우울증의 관점에서 자살에 접근하는 이론이 있다. 전자는 Menninger(1938)가 후자는 Hendin(1982)이 대표적인 학자이다.

(2) Menninger의 자살 이론

Freud 이론을 발전시킨 미국 정신분석학자 Menninger는 '자기 파괴'를 인간 본래의 본성으로 간주하면서, 자살행위의 동기를 보다 정밀화했다. 그는 '죽음의 본능'이 ▶ 죽기와 죽이기: 자기에 대한 살의, ▶ 죽임을 당하고자 하는 욕구, ▶ 무의식적 자살 행위: 죽고 싶다는 욕망의 세 가지 행동으로 나타난다고 하였다. 병영에서 장병들을 대상으로 이 세 가지 유형의 자살행동을 설명하고자 한다.

1 죽기와 죽이기의 자살

고참에게 매를 맞는 병사가 있다. 그는 그 고참을 죽이고 싶다. 하지만 고참의 힘, 주위의 기대, 살인을 해서는 안 된다는 양심, 처벌에 대한 공포 등으로 실행을 하지 못한다. 결국 고참을 향했어야 할 '파괴본능'을 자신에게 돌린다. 자신을 못살게 구는 주위의 모든 것을 없애고 싶지만 그럴 힘이 없었던 병사는 결국 죽이기 대신 죽기를 최후의 저항 수단으로 택한다.

2 죽임을 당하고자 하는 욕구

영 내에서 도박으로 거액을 날리고 빚에 쪼들리는 부사관이 있다. 아내는 화병으로 죽고 아이는 병에 걸린다. 그는 벌을 받아 마음이 편안해지기를 원하며 스스로에게 사형 선고를 내린다. 자책감에 시달리던 그는 자살이라는 수단을 통해 도피처를 찾게 된다.

3 무의식적 자살행위

상급자에게 모욕을 당한 하급자가 있다. 열받은 하급자는 퇴근길에 술 한잔을 하고 위험한 커브길에서 과속 운전을 하다가 사고사 한다. 그의 무의식이 자해행위를 한 것이다.

(3) Hendin 및 기타 자살 이론

Hendin은 '원죄'를 자살의 주요한 요인으로 생각하고 있다. 이것은 무가치, 감정, 공포, 죄받을 만하다는 감정, 공포, 무능함에 대한 자기증오 등을 포함한다. 그래서 자살행위는 죄의식에 대한 자기처벌, 즉 다른 사람에 대한 속죄에 의한다고 하는 해석이다.

이와 같은 심리적 동인에서의 설명이 아니고, 자살을 병리적인 증상으로 다루는 다원적인 입장도 있다. 즉, 사회적 · 문화적 · 심리적인 많은 요인에 따라 동기를 부여받는다는 것으로서 자살을 다루려는 입장이다. 예를 들면, Sifneos는 자살행위에 이르는 심리과정의 해명을 중시한다. 그에 의하면, 개인이 고통의 상태를 극복하려고 노력하는 과정에 있어서 환경이 그것을 방해하는 경우에는, 그 개인은 심리적으로 과도한 고통상태에 빠져버리게 된다. 이 상태 하에서 감정의 변화가 생기고 여러 가지 병적인 증상이 발생한다. 이 상태가 지속하면 '자살욕구'가 생기고, 더불어 몇 가지의 결정인자가 작용하면 자살이 행해지게 된다고 한다. 이와 같은 자살의 심리기제의 과정을 밟으면서 자살의 원인에 사회학적인 접근을 도입한 것은 Farber이다. 그는 모든 것에 관련된 기본적인 제 변수를 발견해 내려고 했다. 그래서 자살과 우울증과 문화라는 세 가지 변수를 영역에 두고서 S=f(V, D)라는 이론적 모델을 정립했다. 여기서 S: 자살가능성, V: 상처받기 쉬운 정도, D: 생활조건의 각박 정도를 나타낸다.

(4) 자살에 대한 Shneidman의 접근방식

대략 90%의 자살에 대해 DSM 상의 진단명 중의 하나가 부여된다는 점을 인정하면서도, Shneidman(1987)은 정신분열증과 무드장애자 중의 절대 다수가 자살을 하지 않는다는 점을 부각시키고 있다. 또한 그는 자살의 핵심 특성이라고 주장하는 마음의 동요(perturbation) 그 자체는 정신질환에 해당되지 않는다고 주장한다.

자살에 대한 Shneidman의 심리학적 접근이 〈표 9-1〉에 요약되어 있다. 여기에는 자살

〈표 9-1〉 자살의 공통 요인 10가지

① 자살의 공통된 목적은 해결책을 구하는 것이다.
② 자살의 공통된 목표는 의식을 끊는 것이다.
③ 자살의 공통된 자극은 감내할 수 없는 심리적 고통이다.
④ 자살의 공통된 스트레스 자극은 심리적 요구의 좌절이다.
⑤ 자살과 관련된 공통의 정서는 절망감-무기력감이다.
⑥ 자살에서 공통된 인지적 상태는 양가감정이다.
⑦ 자살에서 공통된 지각 상태는 시야의 위축이다.
⑧ 자살에서 공통된 행위는 현상태에서 빠져나가는 것이다.
⑨ 자살에서 공통된 대인 행위는 그 의도를 전달한다는 것이다.
⑩ 자살자의 대처 유형은 일생에 걸쳐서 일관되게 나타난다는 점이 공통적이다.

출처: Shneidman(1987), p. 16.

에서 가장 흔히 발견되는 열 가지 특징이 제시되어 있는데 이 열 가지 특징이 모두 자살자에게 발견되는 것은 아니라고 한다. 그의 이론에 의하면, 자살이란 상당히 괴로운 문제를 해결하려는 진지한 노력으로 간주된다. 괴로워하는 당사자에게는 이러한 해결방법이 의식과 감당할 수 없는 고통을 끝내는 것이 된다. 여기서 감당할 수 없는 고통에 대하여 Melville은 그의 저서인 Moby Dick에서 '견딜 수 없는 고뇌(insufferable anguish)'라고 명명했던 바 있다. 모든 희망감뿐만 아니라 건설적 행위를 지향하는 마음도 사라지고 없는 것이다.

아직도 자살 생각을 하거나 실제로 자살을 저지르는 사람 중 대다수는 양가감정적인 태도를 갖고 있다. 이것은 예방에서 가장 중요한 사실인데 Shneidman에 의하면, "가장 전형적인 자살 모습은 자기 목을 찌르면서 동시에 도와줄 것을 절규하는 것으로서, 이 두 행위는 모두 진실된 것이다. … 그런 짓을 안 해도 된다면 기꺼이 그 짓을 하지 않을 것이다"(1987, p. 170). 자살자는 지각하는 선택 범위 역시 좁다. 고도로 동요된 자살 상태에 있지만 않다면, 스트레스에의 대처방안을 보다 폭넓게 볼 수 있다. 통상 자살을 계획하는 사람들의 자살 의도는 때로는 도움을 갈구하는 수단이며, 때로는 남들과 동떨어지고 싶은 의사를 전달하기 위함인데, 후자는 남의 간섭을 받고 싶지 않음을 표시하는 것이다. 통상적인 행동에는 아끼던 소지품을 남에게 건네준다거나 돈문제를 정리하는 것 등이 있다.

(5) 신경화학 물질과 자살

세로토닌의 수준이 낮은 것이 우울증과 관련된 것으로 나타나면서 연구결과는 세로토닌, 자살, 그리고 충동성과의 관련성도 확립시켰다. 세로토닌의 주요 대사물인 5-HIAA의 낮은 수준은 우울증, 정신분열증, 그리고 다양한 성격장애 같은 여러 가지 진단 범주에 속한 자살 희생자에게서 발견되어 왔다(Brown & Goodwin, 1986). 자살한 사람들의 뇌를 조사한 연구들도 세로토닌 수용기가 크게 증가했음을 밝혀냈다(아마도 세로토닌 수준이 감소한 데 대한 반응일 것이다). 5-HIAA수준과 자살과의 연관성은 특히 폭력성에 의한 자살과 충동성 자살의 경우에서 연구되었다(Roy, 1994). 마지막으로 5-HIAA 수준은 공격성과 충동성의 질문지 측정치와 상관관계가 있었다(Brown & Goodwin, 1986).

3) 자살에 대한 사회학적 이론

자살에 대한 사회학적 이론 중에서 가장 영향력 있는 이론은 19세기 프랑스 사회학자인 Durkheim(1951)의 주장이다. 그의 연구는 자살의 사회학적 연구의 원전으로 되어 있다. 그는 '자살이 자신에 의해 행해진 적극적이고 소극적인 행위로부터 직·간접적으로 생긴 결과이고, 더구나 자살자가 그 결과가 생길 수 있다는 것을 예상하고 있는 경우를 모두 자살이라 한다'고 정의했다. Durkheim의 『自殺論』은 개인과 사회의 관계에 대해 탐구한 고전 중의 하나이다. 인간은 자유의지를 가진 개별적인 존재이지만, 인간의 행위는 종종 사회적으로 유형화되고 구조화되어 있다.

Durkheim의 연구는 매우 개인적인 것으로 보이는 자살과 같은 행위가 사회적 영향을 받고 있음을 보여 주고 있다. 자살에 대한 사회학적 설명은 그가 처음으로 시도하였다. 이전의 저서들은 자살에 대한 사회적 요인의 영향을 인식하기는 하였지만, 정신적 장애나 인종 혹은 기후 등을 통해 자살 또는 자살의 가능성을 설명하고자 하였다. Durkheim에 따르면 자살은 개인적 행위의 총합으로만 이루어지는 것이 아니라, 사회적으로 유형화된 어떤 속성을 가지고 있는 현상이다. 그는 여러 국가를 대상으로 시대별로 자살 관련 기록을 분석하였고, 그 결과 '자기말살'은 사회적 관점에서 이해될 수 있다고 결론짓는다.

Durkheim은 프랑스에서 집계된 자살의 공식적 기록을 조사하여 특정한 범주의 사람들이 다른 사람들에 비해 자살할 가능성이 높다는 것을 알아냈다. 예를 들어 여성보다 남성이, 가톨릭 신자보다 개신교 신자가, 가난한 사람들보다는 부자들이, 결혼한 사람들보다는 혼자인 사람들이 자살할 가능성이 높았다. Durkheim은 또한 자살률이 전쟁 시에 낮아지고 경제적 격변기나 불안정한 시기에 높아진다는 것을 알아냈다. 이러한 발견을 통해 그는 사회적 압력이 자살률에 영향을 준다고 보았다.

그는 이것을 인간사회에 존재하는 두 가지 결속의 형태인 '사회적 통합'과 '사회적 규제'에 연결시켜 설명한다. 이를테면 사회적 집단에 강하게 결속되어 있고, 욕망과 야심이 사회적 통념에 더 부합되는 사람들이 자살할 가능성이 적다고 보았다. 그래서 그는 자살의 유형을 '집단의 통합 정도'와 '집단의 개인에 대한 규제'라는 점에 착안하여 자살유형을 네 가지로 나누었다. 즉, 집단의 통합 정도에서 개인이 집단에 애착하는 양식에 따라, 과도한 개인화로서의 [1] 이기적 자살(egoistic suicide), 과도한 사회적 통합에 따른 몰개성으로서의 [2] 이타적 자살(altruistic suicide)로 구별되고, 집단이 개인을 규제하는 양식에 따라 개인의 욕망이란 정열을 규제하는 법률이라는 권위의 쇠퇴·붕괴 상태에서 생기는 [3] 아노미적 자살(anomic suicide)과 반대로 과도한 사회적 규제와 억압상태에서 생기는 [4] 숙명론적 자살(fatalistic suicide)로 유형화하여 설명했다. 일반적으로 이기적 자살과, 아노미적 자살은 군대사회로 올수록 증가하는 경향이 있다.

(1) 이기적 자살

이기적 자살은 사회적 통합 정도가 낮고, 개인이 속한 집단의 결속이 약하거나 깨져서 고립되어 있을 때 많이 나타난다. 말하자면 '이기적 자살'은 한 개인이 사회 내에 올바르게 통합되지 못하고 오직 자신의 힘에만 의지하는 개인주의가 팽배하고 있을 때 일어나는 현상이다. 즉, 자기 혼자 구원받으면 그만인 자살로 자기 자신을 헌신할 수 있는 집단을 찾을 수 없어 고독감 등에 의해 발생하는 자살유형이다. 개인주의의 팽배는 공동의 신념과 감정을 희생시킴으로써 확대될 수 있으므로 이기적 자살이 양산된다. 그래서 가톨릭 신자들은 개신교 신자들에 비해 상대적으로 강한 사회적 공동체를 이루고 있기 때문에 자살률이 낮다. 가톨릭 교회는 의식과 교리에 대해 더 철저한 순종을 강요함으로써 신도들로 하여금 제한되고 집단적인 신앙생활을 하게 하므로 자살 경향이 적다는 것이다. 마찬가지로 과학의 출현은 자비롭고 전지전능한 신에 의해 주재되었던 자연세계의 기원과 구조에 대한 소박한 신념을 밑동부터 잘라버렸고 그와 함께 자살률의 증가까지도 가져왔다. 한편 여러 세대의 가족들이 한 지붕 밑에서 긴밀한 유대 속에서 모여 살았던 구세대의 가족 형태는 가족의 일원이 자살의 충동을 가지는 것을 어느 정도 막아주었다. 그러나 오늘날의 핵가족화, 부모의 이혼 등으로 붕괴된 가족생활은 개인의 자멸충동을 오히려 조장하고 있다. 이것은 모든 국민이 국기 주위에 모여 문자 그대로 새로운 단결을 다짐하는 전쟁, 혹은 국가 위기 시에 자살률이 낮아지는 현상을 설명해 준다. 즉 전쟁 기간에 자살률이 낮은 것은 그 기간 중에 사회적 통합 정도가 높아졌다는 것을 의미한다고 보았다.

(2) 이타적 자살

이타적 자살은 개인이 과도하게 사회에 통합되어 사회적 결속이 너무 강하고 사회의 가치가 개인의 가치보다 클 때 나타난다. 말하자면 이타적 자살은 개인이 집단에 완전히 동화되어 있어 집단의 목적이나 정체성(identity)이 바로 자기 자신의 것이 될 때 발생한다. 따라서 이타적 자살자는 집단의 가치나 목적을 위해 자신의 생명을 기꺼이 바칠 정도로 집단의식이 개인의 행동을 강하게 지배하는 사회에서 많이 나타난다. Durkheim은 이러한 현상이 개인화가 불충분하거나 사회적 통합이 지나치게 많이 되어 있어 '집단결속력'이 강한 종교 단체나 집단에서 이러한 현상을 자주 관찰할 수 있다고 하였다. 즉 이러한 유형의 자살은 기계적 연대가 우세한 사회의 특징이라고 할 수 있다. 이러한 상황에서 집단의 일원은 자신의 신념을 위해 기꺼이 목숨을 희생하고자 한다. Durkheim의 생각에 의하면 이타적 자살은 원시사회의 특징이었으며, 오늘날도 존재하는 군대와 같은 원시적 성격의 엄격한 조직집단의 특징이기도 했다. 애국선열들의 자기희생, 일본 제국의 가미가제 특공대, 최근 중동에서의 자살폭탄 테러 등처럼 국가나 신념을 위해서 죽음을 선택하는 행위가 이런 범주에 속한다. 베트남 전쟁 중에 전투행위를 반대하기 위해 자기 자신을 희생시켰던 남녀 불교 승려들의 자살도 이 범주에 해당된다. 카뮈는 한 이야기 속에서 이 이타적 자살에 대해서 다음과 같이 간결하게 요약하고 있다. … 소위 살려는 이유는 한편 죽기 위한 멋진 이유가 되기도 한다. 이런 경우 자살은 '위대한 善'을 위한 희생이 된다.

(3) 아노미적 자살

아노미적 자살은 사회적 규제가 부족할 때 많이 나타난다. 이는 이상적 표준이나 소망에 대한 고정된 기준이 없어지는 경제적 격변의 시기나, 사람들이 속한 환경과 그들이 원하는 것 사이의 균형이 깨지는 이혼과 같은 개인적 갈등상태에서 흔히 나타난다는 것이다. 경제적 위기, 쓰라린 이혼과 이별, 사랑하는 가족의 죽음은 때때로 한 개인을 과거의 모든 습관이 부적당해지고 과거의 필요가 충족될 수 없는 세계로 던져 넣어 버릴 수가 있는 것이다. 즉 사회통합이 약화되어 개인주의가 팽배한 것이 아니라, 사회 자체가 개인을 규제하는 힘을 잃고 무규범 상태가 될 때 아노미적 자살이 일어난다. 그러한 사람들에게 사회구조가 지나치게 이완되어 있다거나, 혹은 지나치게 엄격하게 조직되어 있다는 정도가 아니라, 구조 그 자체가 완전히 붕괴되어 버린 듯이 보이는 것이다. 그래서 그는 좋든 싫든 자기가 익숙해 있던 세계가 붕괴됨으로 인하여 길을 잃게 된 까닭에 자신을 죽이고 마는 것이다.

아노미적 자살의 최근 예로서 브라질 원주민인 Guarani 인디언의 경우를 들 수 있다.

이 부족의 자살률은 1995년에는 10만 명당 160명의 꼴로서 1년 전보다 두드러지게 높았고 미국의 자살률인 10만 명당 12명보다도 극적으로 높았다. 이와 같이 자살률이 높은 이유는 그들의 주거환경 상의 갑작스런 변화에서 찾을 수 있었다. 최근에 Guarani족은 산업화로 인해서 조상 대대로 살아오던 땅을 대부분 잃어버렸다. 사냥과 낚시로 살아오던 지역공동체가 이제는 전통적인 방식대로 살기에는 땅이 너무 좁은 보호구역으로 쫓겨 들어오게 된 것이다. 인근의 도시는 Guarani족이 갖고 싶어 하지만 그들이 받는 낮은 임금으로는 사기가 어려운 소비재 상품으로 이들을 유혹한다. 사냥, 농사일 및 가족 단위 생활이 종교적 의미를 갖고 있었기 때문에, 이런 생활패턴의 붕괴는 종교생활에도 많은 영향을 끼친 것으로 나타났다. 많은 Guarani족에게는 산다는 것이 의미를 잃게 된 것이다(Long, 1995).

(4) 숙명론적 자살

숙명론적 자살이란 사회적 통합이 지나치게 강한 사회에서 어떤 대상에 대한 존경심의 발로나 하나의 의식으로서 행해지는 자살을 말한다. Durkheim은 이러한 유형의 자살은 개인이 사회에 의해 과도하게 규제될 때 나타난다고 보았다. 사회가 가해 오는 억압으로 인해 개인은 사회 앞에 무력감을 느끼고, 자살을 운명적인 것으로 받아들이게 된다는 것이다. 숙명적 자살의 예로는 고대사회에서 주인을 따라 무덤에 같이 묻히는 노예나 또는 죄인의 경우와 같이 과도한 억압상태에서 발생하는 자살이라고 했다.

한 사회 내에서의 자살률은 시대에 따라 일정한 유형을 띠고 있다. 이를 두고 Durkheim은 사회적 압력이 자살률에 영향을 주는 증거라고 보았다. 자살률에 대한 그의 연구는 사회적 통합과 규제의 유형들이 개인의 행위에 어떻게 작용하는지를 잘 보여 주고 있지만 Durkheim의 사회학적 이론만으로는 특정 사회에서 동일한 요구와 조건에 대해서 사람마다 그 반응이 다르다는 점을 충분히 설명할 수가 없다. 예를 들어 예상 밖으로 자기의 돈을 잃었다고 해서 그런 사람이 모두 다 자살을 하는 것은 아니다. Durkheim도 이런 문제를 잘 알고 있어서, 개인적 기질이 자기가 원인이라고 주장하는 사회적 압력과 상호작용한다고 주장한 바 있다.

4) 자살의 실태

자살은 이제 더 이상 남의 얘기가 아닌 우리 삶의 보편적 형태가 되어가고 있다. 다음에는 우리나라와 미국과 자살에 대한 실태를 비교해 보기로 한다.

1 2003년 우리나라 자살 인구는 1만 932여 명으로 하루 평균 30명꼴이다. 인구 10만

명당 자살자는 22.8명이나 돼 2002년도 대비 4.9명이 증가했다. OECD국가 중 자살 증가율이 1위를 보이며, 40대, 30대순으로 자살 사망률이 높다. 20~30대의 경우엔 자살이 사망원인 1위를 차지하고 있다. 남녀 모두 봄에 자살 사망이 가장 많았다. 한국자살예방학회에 따르면, 15~69세 국민의 35%(1,280만 명)가 자살을 생각해 본 적이 있고, 4.3%(155만 명)는 자살을 계획한 적이 있다. 국민의 18%는 가까운 사람 중 자살을 시도했거나 자살로 사망한 사람이 있다고 보고했다. 하지만 자살 우려 대상자의 15~35% 만이 상담과 치료를 경험한 것으로 나타났다. 자살은 개인의 유전적 소질과 성격, 경기불황 등 사회경제적 요인에 영향을 많이 받는다. 80%는 우울증을 거쳐 자살에 이르고, 20%는 충동적으로 자살을 하는 것으로 나타났다. 전문가들은 핵가족 · 이혼 · 독신거주로 가족의 지지체계가 약화되고, 드라마 · 영화에서 자살을 미화하는 사회적 분위기도 영향을 미친다고 하였다. 또 자살의 길목인 우울증을 치료받는 비율이 낮은 것도 큰 요인으로 지적되고 있다(조선일보, 2005c).

2004년에도 인구 10만 명당 자살자 수는 24.2명으로 1994년에 비해 15명 많아져 최근 10년간 사망 원인 중 암(21명 증가)에 이어 가장 큰 폭으로 증가했다. 통계청이 밝힌 자료에 따르면 우리나라 사망 원인 중의 네 번째가 자살이며 10만 명당 자살자 수는 남자가 34.5명으로 여자(15.8명)의 2.2배였다. 전체 자살자 1만 2,000여 명 가운데 40대 자살자 비율이 21%로 가장 높았고, 이어 60대(16.3%), 30대(15.9%), 50대(15.8%), 70대(12.5%), 20대(9.4%)의 차례였다. 연령대별로는 20, 30대에서 자살이 사망원인 1위로 나타났다. 2003년과 마찬가지로 OECD 국가 중 증가율이 여전히 1위를 보이고 있는 자살의 주요 원인이 경제난, 이성문제, 부부갈등 등임을 통계청은 밝히고 있다(동아일보, 2005).

2 자살은 일반적으로 미국 성인에게 8번째로 높은 사망의 원인이다. 15세에서 24세 사이에서는 사고와 살인 다음으로, 즉 3번째로 높은 사망 원인이다. 미국은 매 20분마다 1명꼴로 자살한다. 이 수치에 따르면 매년 3만 명 이상이 자살하는 셈인데 이는 과소추정된 수치로 여겨진다. 실제로 미국에서의 자살률은 10만 명당 12명 정도이다. 이 자살률은 노인에게 더 높다. 75~84세 사이의 자살률은 10만 명당 24명씩이나 된다. 미국에서 자살 기도와 성공의 비율은 200대 1 정도로 높은 편이다. 이는 매년 600만 명 정도가 자살을 시도함을 의미한다. 자살하는 사람 중 약 절반이 자살을 시도하였지만, 자살을 시도했던 사람이 또 한 번 더 자살을 시도하는 경우는 드물었다. 대부분은 특히 아동이나 청소년기의 경우에는, 정말로 죽으려고 한 것이 아니다. 자살 기도자와 자살 성공자 간의 차이점은 〈표 9-2〉에 제시되어 있다.

〈표 9-2〉 자살 기도자와 자살 성공자의 비교

특 징	자살 기도자	자살 성공자
성 별	대부분이 여성	대다수가 남성
나 이	젊은 층에 많음	나이가 많을수록 가능성이 높음
방 법	덜 치명적인 수단(알약, 칼로 긋기)	보다 치명적인 수단(총기, 뛰어 내리기)
진 단	기분부전장애 경계선성격장애 정신분열증	주요 기분장애 알코올중독
우세한 정동	분노가 수반된 우울증	절망감이 동반된 우울증
동 기	상황의 변화 도움을 갈구	죽음
병원에서의 경과	우울증에서 금방 벗어남	
당시의 행동에 대한 태도	살아남은 것에 대한 안도감	다시는 안 하겠다는 약속

출처: Fremouw, Perczel & Ellis(1990), p. 24.

③ 또한 남자가 여자보다 자살할 확률이 4~5배나 높은데 이 수치는 점차 낮아지고 있으며 자살을 기도하지만 죽지는 않은 비율은 여자가 남자보다 3배나 높다. 이혼하거나 과부가 되면 자살 위험성이 4~5배가 높아지며 연령층에 따라서 더욱 심각한 위험요인이 된다. 혼자 살게 되는 것이 사회적 지지를 부족하게 해서 자살 위험을 높이는 요인도 된다.

④ 미국에서는 봄과 여름에 자살률이 가장 높다. 자살은 모든 수중의 사회경제적 계층에서 발견된다. 미국 대학생 중 1만 명 이상이 자살을 시도하며, 대학생 중 20% 정도가 재학 중 최소한 1번 이상 자살을 고려한다고 보고된다(Moscicki, 1995; Wright, 1992).

⑤ 자살만큼 주변 가족이나 친지 친구에게 슬픔, 수치심, 죄책감, 당혹감, 및 여타의 전반적인 정신적 혼란을 장기간 남겨 주는 죽음은 없다. 자살자 주변의 사람도 그 영향을 받아서 사랑하는 사람이 죽은 뒤 1년 안에 죽는 확률이 아주 높다.

⑥ 미국에서는 소아 및 청소년의 자살률이 점차 증가하고 있다. 15세에서 19세 사이의 청소년 중 매년 약 3,000명 정도가 자살한다고 추정되고 있으며, 심지어 6세 밖에 안 되는 아동도 자살을 기도하는 것으로 알려져 있다. 그러나 성인의 경우에 비하면 이들의 자살률은 훨씬 낮다.

⑦ 자살을 하는 사람 중 상당수가 정신장애, 특히 기분장애와 알코올중독을 갖고 있는 것으로 진단된다.[6] AIDS나 동맥경화증 같은 신체질환 같은 것이 자살자의 절반 정도

6) 자살 생각이나 시도가 DSM 상의 우울증의 주요 특징 중 하나임을 지적해야 하겠다. 이와 같이 우울증의 정

에서 한 가지 원인이 된다.

8 자살률은 경제적 불황기에는 올라가고, 경제적 활황기에는 안정되어 있으며, 전쟁 중에는 감소한다.

5) 병영의 실태

우리 군의 지휘관들에게도 병사관리문제가 경계 근무 못지 않게 신경 쓰이는 부분이 된지도 오래이다. 군 전체에서 자살은 물론, 구타 및 가혹행위와의 전쟁이 벌어지고 있는 것이다. 지휘관들은 신상 파악을 통한 불우한 가정환경, 자살시도 전력 등이 있는 병사들을 중심으로 '관리대상'을 선정해 집중 특별관리를 하고 있다. 자살 사건이 자주 발생하는 휴가 중엔 중대장·소대장 등 지휘관들이 집에 수시로 전화해서 점검을 하기도 한다. 또 육군 표준인성검사, 자살징후 목록표, 우울증 자기진단 프로그램, 전입신병 100일 관리 매트릭스, 군종활동 결과 보고서 등 10여 개의 입체적·과학적 병사관리 프로그램을 운용 중이다. 나아가 군에서 시행중인 '병영생활 행동강령'은 분대장을 제외한 병사 상호간의 명령이나 지시, 인격모독 등 언어폭력, 성희롱과 추행·성폭력, 구타 및 가혹행위를 금지하고 있다. 군 당국의 이 같은 노력에도 불구하고 구타 및 가혹행위가 부분적으로 잔존하고 있음을 부정할 수가 없는 실정이다.

각종 사고로 인한 군 내 사망 건수는 2002년 158명(자살 79명), 2003년 150명(자살 69명), 2004년 134명(자살 66명)이다. 전체적인 군 내 사망자 및 자살자 숫자는 점차 줄어드는 추세이지만 자살 사건 비중이 높아 유가족들의 반발을 낳고 있다. 군 내 사망사고에서 병사들의 자살 사건 비중이 높은 이유에 대한 군 당국의 분석은 다음과 같다. 첫째, 병사들의 가족구성에서 외아들이 많은데다, 과거 같으면 전혀 문제가 안 됐을 '가벼운 수준'의 '언어폭력'조차 견디지 못하는 일부 신세대 장병들의 세태 때문이다. 둘째, 사회와 너무 격차가 큰 위생시설로 인한 스트레스가 그 원인이다. 좁은 침상형 내무반에서의 '칼잠'과 재래식 화장실 등은 전입 병사들에게는 하나의 문화적 충격이며 스트레스가 되어 자살의 한 요인이 되고 있다는 것이다(조선일보, 2005a).

의 그 자체에는 자살이 포함되어 있는 것이다. 마찬가지 이치로, 정신분열증이나 물질남용(substance abuse)의 문제를 갖고 있는 사람도 자살할 경우에는 우울증도 함께 갖고 있었던 것으로 진단되는 경우가 흔하다(Roy, 1982; Roy & Linnoila, 1986). 따라서 자기파괴적 행동(self-destructive behavior)이 몇몇 정신장애의 특징이라고 흔히 일컬어지는 것임을 고려할 때, 자살이 정신장애자 사이에 널리 퍼져 있다는 것은 놀랄 만한 사실이 못 된다.

6) 자살에 대한 잘못된 통념들

자살에 대한 오해 중 널리 퍼진 것이 많다(Fremouw, Perczel & Ellis, 1990; Shneidman, 1973). 자살에 대한 사실을 아는 것만큼 이런 오해를 잘 아는 것도 못지 않게 중요하다.

[1] 자살에 대해 말하는 사람은 자살을 하지 않는다: 자살하려는 사람의 3/4 이상이 그들의 의도를 실행하기 전에 의사전달을 한다. 아마도 도움을 얻기 위해서거나 또는 조롱하기 위해서 그럴 것이다.

[2] 자살은 경고 없이 행해진다: 이 믿음의 오류가 앞의 진술에 제시되었다. 자살자는 항상 많은 경고를 발한다. 가령, 세상이 자신들이 없어도 그대로 잘 돌아갈 것이라고 말하거나 다른 사람에게 기대하지 않았던 선물이나 자신들이 가장 아끼던 소지품을 선물을 준다.

[3] 자살을 행하는 부류의 사람들이 있다: 자살은 가난한 사람의 저주도, 부유한 사람들의 질병도 아니다. 모든 사회경제적 계층에 있는 사람들이 자살을 한다.

[4] 특정한 종교의 신자는 자살을 하지 않는다: 천주교에서 자살을 강력히 금지하고 있기 때문에 천주교인의 자살률이 낮을 것이라는 것은 잘못된 생각이다. 이 믿음은 증거로 지지되지 않는다. 아마도 개인이 믿는 종교가 그 내면의 진짜 믿음을 항상 정확하게 나타내 주지 못하기 때문일 것이다.

[5] 자살에 대한 동기는 쉽게 생긴다: 사람들이 왜 자살을 하는가를 완전히 이해하지 못 한다는 것은 진실이다. 예를 들면, 자살 전에 심각한 재정 어려움을 겪었다는 것이 그 자살을 적절히 설명한다는 것을 의미하지는 않는다.

[6] 자살을 시도하는 사람들은 모두 우울하다: 이 오류 때문에 사람들이 의기소침한 행동을 하지 않는다고 해서 급박한 자살 증세가 간과되는 일이 일어난다. 자살하는 많은 사람들은 우울하지 않다. 일부는 냉정해 보이거나 평화스러워 보이기까지 한다.

[7] 말기 환자는 자살하지 않는다: 죽음에 임박해 있다는 사실을 알고 있다고 해서 자살을 하지 않는다는 것은 아니다. 자기 자신이나 사랑하는 사람의 고통이 끝나기를 바라다 보면 그 중 상당수가 죽을 때를 스스로 결정하게 될 수도 있다.

[8] 자살하는 것은 정신병이다: 대부분의 자살한 사람은 매우 불행하지만, 현실검증력은 손상되지 않았다.

[9] 자살은 태양의 흑점이나 달의 주기 같은 우주 요인에 의해 영향을 받는다: 이 믿음을 지지하는 증거는 없다.

[10] 정서상태가 호전되면 자살위험이 감소된다: 종종 사람들은 에너지 수준이 증가하거나, 특히 우울한 사람들은 정신이 고양된 후에도 자살 시도를 한다.

[11] 자살은 외로운 일이다: 자살이 깊은 절망상태에서 혼자 생각하고 일어난다는 논쟁

이 있음에도 불구하고 배우자, 자녀, 연인, 동료 등 타인과의 관계에서 좌절을 경험하고 상처를 받는 것이 주요 원인이 될 수 있다.

12 자살하는 사람은 정말로 죽기를 원한다: 자살하는 대부분의 사람들은 죽음에 대해 양가적이다. 우울증, 알코올중독으로 고생하는 사람들은 상태가 호전되면 자살 생각이 줄어든다. 자살위기를 무사히 넘긴 많은 사람들은 자살을 넘겼다는 것에 매우 감사한다.

13 자살에 대한 생각은 드물다: 많은 연구보고에 의하면, 임상적 문제가 없는 모집단에서 자살 생각을 하는 사람들이 40~80%라고 추정한다. 이 수치는 많은 사람들이 적어도 한 번은 자살을 생각한다는 것이다.

14 우울한 사람에게 자살에 관해 묻는 것이 그 사람을 더 위기에 빠뜨리고 묻지 않았으면 일어나지 않았을 자살의 원인이 된다: 임상가들이 훈련과정에서 배워야 할 첫 번째 것은 매우 심각한 환자에게는 자살에 대해 물어야 한다는 것이다. 자살에 대해 물어보는 것은 고립과 우울을 더 심하게 할 수 있었던 끔찍하고 부끄러운 비밀을 이야기할 수 있게 한다.

15 덜 치명적인 수단으로 자살을 시도하는 사람은 죽는 것에 대해 그리 진지하지 않다: 이것은 의도적인 치명성에 대한 개념을 모호하게 한다. 일부 사람들은 약의 복용량이나 인간의 신체 해부에 대해 잘 모른다. 죽게 될 것 같지 않은 방법으로 자살을 기도한 경우도 진짜로 자살을 원했던 사람이 저지를 경우일 수 있다.

7) 자살의 신호

자살은 일단 결심한 사람에게는 떨치기 힘든 유혹이다. 자살 시도가 의심되는 징조로는 다음과 같은 것들이 있다. ① '죽는 게 낫다' '죽으면 고통에서 벗어나겠지' '나 없어도 잘 살아라' '자살이나 해 버릴까' 등 자살하겠다는 의도를 직접 혹은 암시적으로 표현한다. ② '나는 어차피 안되는 사람이다' 등 나 자신과 세상, 미래에 대해 지나치게 비관적인 말을 한다. ③ 가족이나 친지에게 지나치게 '미안하다' '내 잘못이다' 는 등의 죄책감을 표현한다. ④ 심한 불면증 때문에 거의 잠을 못 자고 있다. ⑤ 갑자기 식사량이 크게 줄거나 식사를 거의 하지 않고 지낸다. ⑥ 불안, 초조감 때문에 하루종일 안절부절 못 한다. ⑦ 마치 긴 여행을 떠날 사람처럼 소중한 물건을 나눠 주는 등 신변을 정리한다. ⑧ 칼, 치명적인 약물(독극물) 등 자살가능한 수단을 옆에 두고 있다. ⑨ 정신과 질환(정신분열증, 알코올이나 약물중독 등)이 있는데 최근 우울 증상이 심해졌다. ⑩ 불행한 상황인데도 주변에 믿고 내왕하는 사람이 없이 혼자 지낸다. ⑪ 불안・초조해 하던 사람이 갑자기 마음의 평정을 찾은 것처럼 보인다. ⑫ 주위 사람에게 전화를 걸어 '그 동안

고마웠다' 또는 '잘 지내라' 등의 말을 한다. ⑬ 말이 없어진다.

이런 행동이나 증상의 신호는 자살하겠다는 표현으로 '누구든지 내 자살을 말려 달라'는 무의식적인 도움 요청 표시이므로, 우울증 환자의 주변사람들은 환자에게 일어나는 민감한 변화나 사인을 민감하게 관찰 조치를 해야 한다.

8) 자살의 방지와 예방

(1) 자살방지 활동

자살의 방지에 대해 고찰할 때 한 가지 유념해야 할 점은 자살을 기도하는 대부분의 사람들이 우울증, 정신분열증, 물질남용, 경계선성격장애와 같은 치료가능한 정신장애를 갖고 있다는 것이다. 따라서 Beck의 인지적 접근을 따르는 한 전문가가 한 환자의 우울증을 성공적으로 덜어주었다면, 그 환자의 자살 위험성은 감소된 것이다. 마찬가지로 경계선 성격장애자를 대상으로 한 변증법적 행동요법 치료(dialectical behavior therapy)에 대해서도 같은 이야기를 할 수 있다. 자살방지 노력은 그 저변에 깔린 심리적 장애에 초점을 맞추어야 한다는 견해가 이 방면의 많은 전문가에 의해서 주장되어 왔다(Moscicki, 1995). 그러나 자살방지 활동에는 정신장애를 덜 중요시하고 그 대신에 자살자가 갖고 있는 정신장애와는 무관한 자살자 특유의 속성에 초점을 맞추는 또 다른 전통이 있다.

후자의 접근 중 가장 잘 알려진 것의 하나가 Shneidman(1987)의 접근법이다. 그는 자살 연구 및 예방의 개척자이다. Shneidman의 자살방지 전략은 다음 3단계로 구성된다. [1] 강렬한 심리적 고통과 괴로움을 감소시킨다. [2] 눈가리개를 제거한다. 즉, 좁은 시야를 넓혀 주어서 고통을 계속 받든가 아니면 없어지든가 식의 양극단이 아닌 다른 해결책도 볼 수 있도록 도와준다. [3] 자기파괴적 행위로부터 약간이라도 뒤로 물러서도록 격려한다. Shneidman은 미혼인데 임신하여 치밀한 계획을 갖고 자살을 기도한 부잣집 출신의 대학생을 한 예로 소개하였다. 이 여대생이 자살 이 외에 생각해낸 유일한 해결책은 과거를 되돌려서 임신을 취소하고 심지어는 처녀성을 다시 되찾는 것이었다.

> …나는 종이 한 장을 꺼내 놓고 그녀의 시야를 넓혀 주기 위한 노력을 시작하였다. 나는 다음과 같이 말했다. "자, 이제 봅시다. 당신은 이 근방의 개인병원에서 애를 낙태시킬 수도 있을 텐데요." 그녀는 대답했다. "나는 그렇게 할 수가 없어요." 나는 계속했다. "당신은 혼자 멀리 가서 낙태를 해버릴 수도 있을 텐데요." "난 그렇게 할 수가 없어요." "당신은 애를 낳아서 다른 곳에 입양시켜 버릴 수도 있을 텐데요." 그 후에 내가 제시한 여러 가지 방안도 마찬가지로 거부되었다. 내가 "당신은 언제라도 자살을 저지를 수 있지만, 그 짓을 오늘 저지를 필요는 확실히 없겠지요."라고 말해도 아무런 대답이 없었다. 나는 말했다, "자 이제 이 목록

을 보고 당신이 좋아하는 순서대로 나열해 보세요. 단 이중 어느 것도 가장 마음에 드는 것은 없다는 점을 잊지 마세요."(Shneidman, 1987, p. 171).

Shneidman은 위와 같은 목록 위에 단지 쓰기만 해도 진정효과가 있다고 보고 있다. 이 여대생의 즉각적으로 자살하고자 하는 욕망은 줄어들었고, 이 학생은 각 문항마다 무언가 잘못된 부분이 있다는 것을 알면서도 순서를 매겼다. 그러나 중요한 것은 목표가 달성된 것이다. 이 여대생은 위기의 순간으로부터 뒤로 물러나서, 죽거나 다시 처녀가 되는 것 이외의 행동에 대해 생각해 볼 마음을 갖게 된 것이다. 우리는 그때 삶에 대해서 입씨름을 하고 있었던 것인데, 이는 완벽하게 그 여대생이 해낼 수 있는 해결책이었다.

(2) 자살예방 음악

1993년 미국의 한 심리연구소는 음악이 인간의 면역체계에 영향을 준다는 연구 결과를 발표하였다. 실험 대상인 대학생 지원자들에게 케니 G의 재즈, 모차르트의 음악 등을 15분간 들려주고 그들의 혈액을 뽑아 분석하였다. 그 결과 지원자 18명 중 17명의 피 속에서 스트레스와 복부 비만을 일으키는 호르몬인 콜티졸이 줄어들었음이 확인됐다. 음악으로 질병을 예방, 치료할 수 있음을 보여주는 연구인 것이다.

'음악을 국가가 통제해야 한다'고 주장한 그리스 철학자 플라톤은 음악이 인격과 품성의 형성에 매우 큰 영향을 미치기 때문에 긍정적으로만 쓰이도록 국가가 개입해야 한다는 논리를 펴기도 하였다. '오랫동안 미친한 감정을 일으키는 음악을 들은 인간은 그 성격도 미천해진다.'고 아리스토텔레스도 플라톤과 같은 주장을 하였다. 이런 막연한 철학적 주장이 과학이라는 '갑옷'을 입은 것은 지난 세기 중반이었다. 1950년대 레코드 산업이 폭발적으로 커졌다. 누구나, 어디서나 음악을 들을 수 있게 됐다. 당시 과학자들은 이 첨단산업을 병원이나 심리상담소에 이용하려 애를 썼다. 음악이 정신질환자나 노인·장애인·학습지진아 등의 마음가짐을 바꾸거나 고통을 줄이는 데 효과가 있다는 연구 결과들이 나오면서 '음악 치료학'이 생겨난 것이다.

이 학문은 이후 사람이 아닌 동식물도 그 연구대상에 올려놓을 정도로 발전을 거듭하였다. 얼마 전 국내에서도 애완견의 호흡과 심장 박동을 안정시켜 주는 CD가 나왔다. 채소나 꽃에 새·바람 소리 등이 삽입된 동요풍의 음악을 들려주면 더 잘 자란다는 '그린 음악 농법'은 이미 10여 년 전에 등장했다. 최근 각종 스트레스에 시달려 자살 충동을 느끼는 사람들에게 치료 목적은 물론 대중 장소에서라도, 슈베르트의 자장가(불면증 치료용), 드보르자크의 신세계 교향곡(혈압 조절용), 그리고 스트레스를 줄여준다는 리스트의 헝가리 광시곡 등과 같은 선정된 음악을 널리 보급하는 것도 각박한 세상에서 다소 자살을 줄이는 데 도움을 줄 것으로 생각된다(한국일보, 2004).

(3) 자살방지센터의 설치

자살방지센터(suicide prevention centers)에서는 24시간 아무 때라도 자살하려는 사람의 자문에 응해 준다. 여기서 일하는 사람은 통상 비전문적인 자원봉사자로서 전문가의 지도감독을 받는다. 이들은 자살 위험성을 평가할 때 내담자의 인구학적 요인에 크게 의존한다. 긴급한 자살 상황에 처한 사람으로부터 온 전화를 받은 자원종사자는 그 앞에 점검표를 갖다 놓고 전화 건 사람의 질문을 유도한다. 예를 들면, 전화를 건 사람이 남자이고 중년이며 이혼했고 혼자 살고 있으며 이전에 자살 기도의 경험이 있다면, 자살할 위험성은 높다고 판단한다. 통상 자살계획이 자세하고 구체적일수록 자살을 저지를 위험성은 높아진다.

자살자의 자살 관련 메모를 조사한 결과, 자살에 성공하고야 마는 사람은 종종 세부적이고 구체적인 자살 지침을 남겨 놓고 있으며, 이들의 메모를 보면 인구통계학적 변인상으로 비슷하지만 자살을 생각하고 있지 않은 사람이 쓴 모의자살 메모(simulated suicide notes)에서 드러난 것보다 고뇌와 적대감이 더 많이 발견되었다(Shneidman & Farberow, 1970). 진짜로 자살한 사람의 메모에 없던 것은 모의 자살자의 메모에서 특징적으로 발견된 일반적이고 철학적인 종류의 내용이었다. 예를 들면, '다른 사람에게 잘 해주게'라는 내용보다는 '전기 요금을 꼭 내주기 바라네'라는 내용이 진짜 자살자의 메모 속에서 더 많이 발견되었다.

제 10 장

군과 심리검사의 활용

심리학은 선진 외국의 장·사병 선발과 분류체계의 향상에 있어 실질적이고 효과적인 다양한 기여를 제공해 왔다. 이러한 나라들에서는 심리학자의 참여 없이 선발되었던 과거의 장교단이나 병사들과는 달리 이제 전혀 다른 모습으로 군대가 바뀌었고 또 바뀌고 있다. 이는 군대 직무수행의 군사적 효율이나 효과의 향상뿐만 아니라 선발 및 분류방식의 공정성을 증가시켰고, 나아가 그 판단 기준이 더욱 명확하고 효과적인 체계를 띠게 됨으로써 보다 현실적인 요구를 충족시키게 되었기 때문이다. 따라서 심리학자들은 연구자로서, 선발 및 분류방법의 개발자로서 그리고 적극적인 참여자로서 많은 역할을 수행하였고 수행하고 있음이 확인되었다.

심리검사가 군대 조직에서 사용될 때의 이점은 우선 검사가 통계적 평가에 도움이 되는 객관적이고 표준화된 행동 표본을 제공해 줄 뿐 아니라 검사는 면접이나 추천서 등과 같은 다른 선발 도구들보다 선입관(bias)에 덜 영향을 받는다는 것이다. 마지막으로 검사의 비용이 사용검사가 지필검사라면 타 인사평가 비용에 비해 그리 높지 않으면서도 어떤 한 사람에 관한 많은 정보를 비교적 단기간에 수집할 수 있게 해 준다는 것이다.

본 장에서는 먼저 심리검사가 갖추어야 할 일반적 이론들을 개관한 후, 포괄적인 시각으로 미국을 중심으로 한 심리학자들의 노력과 협력 속에서 금세기에 이루어진 군 장교들의 과학적 선발과 분류방법에 대한 결실을 고찰하고자 한다. 나아가 각각의 선발 및 분류기법과 그 효과를 소개하고, 선발과정의 효과성에 대한 연구와 새로운 기술의 개발, 그리고 후보자들에 대한 평가 및 선발과 분류에서 직접적인 참여와 가능한 향후의 발전 방향을 모색해 보는 동시에, 선발과 분류의 포괄적인 목적을 달성하고자 하는 다양한 접근법들을 소개 및 논의한다.

1. 일반 심리검사 이론

1) 심리검사의 정의와 분류

심리검사란 '개인의 대표적인 행동 표본을 표준화된 방식으로 측정하여 다른 사람들의 행동과 비교하는 체계적인 과정'이다. 심리검사는 다음과 같이 여러 가지 방식으로 분류될 수 있다.

1 실시 대상의 크기에 따라 개인검사와 집단검사로 구분된다.

2 측정하는 내용에 따라, 지능검사, 적성검사, 학력검사 등 피검자의 지적능력을 알아보는 知的 검사와, 성격검사, 흥미검사, 태도검사 등과 같이 일상생활에서 나타나는 행동의 경향성을 알아보는 非知的 검사로 나눈다.

3 반응방식에 따라 객관식검사와 주관식검사로 나누거나, 때로는 언어성검사와 비언어성검사로 구분하기도 한다.

2) 심리검사의 목적과 기능

심리검사의 사용 목적은 개인간의 차이점 측정 혹은 상이한 상황 하에서 개인들이 보이는 여러 가지 반응들간의 차이점을 규명하는 것이며 다음과 같은 기능을 가지고 있다. 첫째, 사람들의 심리적인 문제를 진단하는 데 사용한다. 둘째, 한 개인의 미래행동을 예측하는데 사용된다. 셋째, 한 개인의 개성이나 적성을 발견해서 지도방법 결정이나 직무배치를 위한 기초자료로 사용할 수 있다. 넷째, 어떤 집단의 일반적 경향을 규명하려는 조사적 목적으로 사용이 가능하다.

3) 심리검사의 구비요건

모든 심리검사가 원하는 목적을 달성하기 위해서는 최소한 신뢰도의 보장, 타당도의 구비, 그리고 표준화과정을 거쳐야 한다.

(1) 신뢰도(reliability)

검사의 신뢰도란 그 검사 점수들의 일관성 정도를 의미한다. 다시 말하면 신뢰도란 측정의 오차 범위를 줄여서 얼마만큼 정확하게 측정하느냐의 정도를 말한다. 한 사람의 키를 잴 때 두 번의 연속적인 측정에서 거의 동일한 결과를 얻으리라고 예측할 수 있는 것처럼, 우리는 심리적 특성들에 관한 반복된 측정에서도 동일한 점수가 얻어지리라고 기대할 수 있다. 신뢰도를 측정하는 다음과 같은 몇 가지 방법들이 있다.

1 검사-재검사 신뢰도(test-retest reliability)

동일한 검사를 같은 사람에게 반복 실시하여 얻은 검사점수간의 상관으로 계산된다. Stanford-Binet 지능검사의 신뢰도는 약 0.9로 알려져 있다. 그러나 지능검사와 같은 능력검사는 검사를 반복 실시할 경우 학습효과가 나타나며, 검사를 두 번 실시해야 한다는 번거로움이 있다.

2 반분 신뢰도(split-half reliability)

한 번 실시할 검사의 문항을 반씩 나누어 2개의 검사를 구성 실시하고 피검자의 점수를 두 개로 분할 반으로 문항수가 줄어든 두 검사의 점수들 사이의 상관을 계산하는 것이다. 검사가 얼마나 동질적인가를 알려주는 지표가 되므로 내적 합치도(internal consistency)라고도 한다. 내적 합치도를 추정하기 위한 보다 정교한 공식들은 Cronbach(1951)에 의해 개발되었다. 이 방법들은 이등분될 수 있는 검사의 모든 가능한 분할들의 평균을 계산하는 것을 포함하고 있다.

3 동형검사 신뢰도(alternate form reliability)

검사를 개발할 때 유사한 두 가지 검사를 만들어, 두 검사간의 측정 점수들간 상관으로 계산한다.

4 채점자간 신뢰도(interscorer reliability)

검사를 채점하는 데 있어서 주관적인 판단이 요구되는 경우, 피검사자의 표본에 의해 산출된 동일한 반응들이 둘 또는 그 이상의 채점자에 의해 채점되며 그 점수들간의 상관으로 계산된다.

주어진 검사의 신뢰도를 평가하기 위해 사용되는 지표들은 부분적으로 검사의 종류에 의존한다. 검사-재검사 신뢰도와 내적 합치도는 객관적인 성격 측정에서 가장 일반적으로 사용되고 있다. 성격평가 도구에서 동형검사 신뢰도는 드물게 사용된다. 채점자간 신뢰도는 객관적인 성격 측정 도구에는 적용될 수 없는데, 그 이유는 객관적 성격검사 상의 점수는 당연히 객관적인 방식으로 산출되기 때문이다. Rorschach 검사나 TAT 같은 투사검사는 채점자의 판단이 상당히 중요함으로 채점자간 신뢰도가 평가에서 매우 중요하다.

(2) 타당도(validity)

검사의 타당도는 그 검사가 측정하려고 의도한 것을 얼마나 정확하게 측정하고 있느냐의 정도를 의미한다. 검사 개발자는 전혀 타당하지 않지만 완벽하게 신뢰로운 검사를 개발할 수 있다. 심리검사 전문가들은 심리검사를 평가할 때 고려되어야 하는 몇 가지 타당도의 유형들을 다음과 같이 제시하고 있다.

[1] 안면타당도(face validity)

검사가 측정하려고 계획된 바를 재고 있다고 보이는 정도이다. 안면타당도는 본질적으로 피검사자의 시각이다. 특별히 안면타당도가 낮은 검사는 검사를 받는 사람에게 비협조적인 태도를 유발할 수 있다.

[2] 내용타당도(content validity)

수치로 나타내지는 않지만 검사 문항의 내용들이 측정하고자 하는 영역의 내용에 관한 적절한 표본들을 대표하는가 하는 정도이다. 예를 들어 우울증을 측정하는 척도의 문항 내용들이 우울 증상들과 관련된 정도, 그리고 이러한 문항들이 우울증 증상들의 모든 범위를 어느 정도 포괄하는가의 정도를 말한다.

[3] 준거타당도(criterion validity)

검사의 점수들이 어떤 주어진 검사 외의 준거, 다시 말해 주어진 검사의 부분이 아닌 준거들을 경험적으로 예언해 주는 바가 어느 정도인가 하는 것이다. 예를 들어 우울증 척도상의 점수가 그 피검사자가 어느 정도로 우울한가 하는 임상전문가의 독립적인 평정과 상관되는 정도를 말한다. 준거타당도에는 두 가지 유형이 있다.

[가] 예언타당도(predictive validity)

검사가 어떤 미래의 행동특성을 얼마나 정확하게 예언하는지를 나타내는 정도이다. 여기서는 검사가 우선 실시되고 준거는 나중에 측정된다. 참고로 Stanford-Binet 지능검사 점수와 학업성적간의 상관은 약 0.6 정도이다.

[나] 공존타당도(concurrent validity)

새롭게 개발한 검사와 이미 타당도가 있다고 알려진 기존 검사와의 상관으로 계산된다. 여기서는 검사와 준거가 동시에 얻어진다.

4 구성타당도(construct validity)

타당도의 보다 복잡한 형태이며, 검사가 이론상 특정한 개념이나 특성을 측정하도록 되어 있을 때 그런 특성을 얼마만큼 잘 측정하느냐 하는 정도를 말한다. 다시 말하면 검사가 측정하기 위해 설계된 심리적 구성개념을 얼마나 정확하게 측정해 주는가의 문제이다. 예를 들어, 지적능력이 연령증가에 따라 향상된다는 이론에 따라서 지능검사를 만들었다면 연령증가에 따라 지능검사 점수가 상승해야 한다. 이렇게 만들어진 지능검사 점수가 연령증가에 따라 상승했다면 이 지능검사는 구성타당도가 있다고 본다.

검사의 구성타당도는 위에서 소개된 타당도의 모든 형태들을 조건으로 삼는다. 구성타당도의 두 가지 중요한 부가적인 요인들은 수렴타당도(convergent validity)와 변별타당도(discriminant validity)이다. 수렴타당도는 검사상의 점수들이 그 검사에서 측정되고 있는 것과 이론적으로 관련되는 구성개념들을 재는 다른 측정도구들 상의 점수들과 경험적으로 상관이 있다고 발견되는 정도를 말한다. 변별타당도는 검사상의 점수들이 그 검사에서 측정되고 있는 것과 이론적으로 관련이 없는 구성개념들을 재는 측정도구들 상의 점수들과 상관이 없다고 발견되는 정도를 말한다.

5 증가타당도(incremental validity)

기존의 도구들로 이미 측정된 바 있는 심리적 특성들을 측정하기 위해 새로 고안된 검사가 기존의 검사들에 비해 심리측정적 성과에 있어서 향상된 정도를 말한다.

신뢰도 지표들의 경우와 마찬가지로, 한 검사를 평가하기 위해 어떤 유형의 타당도가 사용되는가는 그 검사의 성질과 목적에 따라 달라진다. 객관적 성격평가에서 안면타당도는 다른 형태의 타당도에 비해 그 중요성이 덜한 것으로 간주된다. 그러나 안면타당도가 심하게 결여되면, 피검사자로 하여금 검사과정에 협조하도록 하는 동기를 상당히 저하시킬 수 있다. 전통적으로 내용타당도 역시 그리 중요하지 않은 것으로 생각되고 있다. 하지만 최근의 객관적 성격평가 영역에서는 타당도의 이 측면에 대한 관심이 다시 일어나고 있다. 준거타당도는 전통적으로 성격검사의 유용성에 관한 주된 지표였다. 심리검사에서 구성타당도의 중요성은 Cronbach와 Meehl에 의해 처음 제기되었으며, 보다 최근에는 Hogan과 Nicholson(1988)이 성격검사에서 구성타당도의 중요성을 재확인하였다. 마지막으로 성격검사의 확산과 함께 새로이 발달된 검사의 증가타당도를 입증하는 것 역시 중요하다(이영호, 2001).

(3) 표준화(standardization)

어떤 검사가 충분한 신뢰도와 타당도를 갖고 있다 하더라도 표준화되어 있지 않다면 다른 사람들과 결과를 비교하여 검사결과를 해석할 수 없다. 표준화에는 실시 및 채점의 표준화와 규준(norm)의 확립이 포함된다. 실시 및 채점의 표준화란 모든 피검사자에게 실시와 채점의 조건을 똑같이 적용하는 것을 말한다.

규준이란 그 검사를 적용할 개인을 대표하는 표본에 심리검사를 실시하여 얻은 결과를 말한다. 즉, 표본 집단의 검사점수를 객관적으로 비교할 수 있는 점수척도로 만든 것이다. 흔히 표준화 표본으로 지칭되는 이런 대표적인 표본의 점수는 검사점수의 해석을 위한 일정한 '참조틀'로 사용된다. 흔히 백분위(percentile rank) 점수와 표준점수(T점수)를 규준점수로 많이 사용한다.

피검사자가 얻은 접수는 표준화된 점수로 환산되며, 이것은 표준화 표본에 준하여 검사 상에서 피검사자의 위치를 검사 해석자에게 알려준다. 지능검사에서 전형적으로 사용되는 표준점수는 평균 100에 표준편차 15를 갖는 IQ(지능지수)이다. IQ검사에서 100의 표준점수를 받은 사람은 표준화 표본의 해당 참조 집단에서 평균적인 개인과 같은 수행을 보인 것이다. 성격검사에서 자주 사용되는 표준점수는 평균이 50이고 표준편차가 10인 T점수이다. 성격검사에서 T점수 70을 받은 개인은 그 집단의 평균에서 위로 2 표준편차 떨어진 점수를 받은 것이다.

어떤 심리검사가 개발되어 사용될 때 이상의 신뢰도, 타당도, 표준화의 세 가지 조건이 충족되지 않는다면 그 검사의 결과를 해석하는 데 많은 문제점들을 야기할 수 있는 것이다.

2. 군대조직에서 심리검사의 활용

1) 임상적 목적

군대 구성원 중에서 지능 결함, 정신장애 및 부적응문제 등과 같은 임상적인 문제들을 나타내는 사람들을 평가하고 진단하여 적절한 치료나 행정처분을 받도록 하는 목적으로 심리검사들이 활용될 수 있다. 정신지체나 낮은 지능으로 인해 업무수행에 곤란을 겪는 구성원을 평가하기 위해서 여러 가지 지능검사들이 사용될 수 있다. 집단 지능검사를 통해 간단하게 선별할 수도 있지만, 최종적인 결정을 위해서는 성인용 지능검사 K-WAIS와 같은 개인용 지능검사를 사용하는 것이 바람직하다. 정신장애나 부적응문제를 평가하기 위해서는 다양한 검사들이 사용될 수 있다. 대표적인 것으로 MMPI, Rorschach검사, TAT, BGT(Bender Gestalt Test), H-T-P(House-Tree-Person), 문장완성검사 등과 같이 일반인들의 종합평가 총집에 포함되는 검사들이 있다. 이외에도 군대상황에 적절한 검사들을 선택하거나 제작해 사용할 수도 있을 것이다.

2) 선발 및 분류 목적

어떤 일정한 직무에서 성공과 관련된 특성들은, 우선 직무의 본질에 관련되어야 하는데 이런 본질적인 요건들은 일반적으로 능력과 성격, 흥미는 물론 감각적, 신체적 기능을 포함한다. 이러한 본질적인 요건들은 직무에 따라 다르며 어떤 것은 분명하고 명백한 반면에 어떤 것은 명확히 정의하기가 모호하고 어렵다. 이러한 어려움 속에서도 어쨌든 선발·분류·배치의 세 과정을 포함하는 넓은 의미의 인사선발 과정이란 근본적으로 지원자들에 대한 적절한 정보를 근거로 직무의 성공적 수행을 예언하는 것인 만큼 지원자 개개인의 교육 및 훈련경험내용 같은 현재능력(present ability)은 물론 직무수행의 잠재력(potentialities), 예를 들면 직무와 관련된다고 생각되는 특수능력, 감각기능, 신체적 특성, 성격 및 흥미 등을 망라한 특성들이 측정에서 고려되어야 할 것이다. 조직의 관점에서도 해당 직책을 맡은 사람이 과업 수행에 충분한 기술과 능력을 보유하고 또한 직무가 그 사람의 흥미와 욕구, 적성 및 능력에 맞는 것일 때 보다 효과적인 직무수행을 기대할 수 있을 것이다(Walsh & Betz, 1985).

따라서 만일 우리가 장병을 선발·분류·배치하는 일을 우연에 의해서보다는 더 훌륭하게 하려고 한다면, 적어도 네 가지 종류의 정보를 고려하여야 하는데 그것들은 다음과 같다(이상빈, 1987).

1 예언인(predictors)으로 알려진 행동표본들(검사점수, 추천서, 학교 및 근무기록 등).

2 예언들이 타진해 내리라고 추정되는 특성들(지능, 성격, 흥미, 적성 등).

3 그 특성들과 어울리는 직무명세서, 만일 좋은 어울림을 이루는 데 성공하였다면 선발된 사람은 그 직무를 훌륭히 수행해 나갈 것이다.

4 준거측정치(성과평가, 직무만족 자료 등).

대부분의 선발모델이나 전략들은 이들 네 가지 정보간에 존재하는 관계에 의해서 기술되고 평가될 수 있다. 예언인 측정치와 준거측정치는 선발과정에서 행동적인 양 끝점들로서, 우리는 준거를 예측하기 위하여 예언인들을 사용한다. 물론 모든 선발 전략이 같은 정도로 네 가지 모든 정보 범주를 사용하지는 않는다. 어떤 것은 예언인과 준거에 중점을 두기도 하고, 어떤 것은 특성에만 초점을 두기도 한다. 그러나 비록 예언인들의 가치가 궁극적으로는 준거측정치에 의해 입증되기는 하지만, 예언인들은 특성과 직무요건들의 고려를 근거로 해서 개발이 되는 것이다. 다시 말하면, 맨 처음 직무분석이 된 다음 이 분석에 근거해서 어떤 특성들이 타진할 예언인을 고안해 낸 다음에 이 예언인 점수를 준거측정치와 비교하게 된다. 따라서 우리가 군대조직의 선발 및 분류과정에서 검사를 사용하고자 할 때는 그 검사가 측정하려고 하는 특성과 어떻게 관계되고, 그 특성들이 직무에 어떻게 관련되며, 마지막으로 그 직무특성들이 준거에 어떻게 표현되고 있는지를 충분히 고려하여야 할 것이다.

이러한 선발 · 분류 및 배치의 문제해결을 위해 비교적 객관적이고 표준화된 통계적 평가 자료를 제공해줄 수 있고, 시간 절약과 경제적 유용성 면에서 이점이 큰 심리검사의 활용이 관심의 대상으로 떠오르고 있다. 심리검사가 산업 및 조직 장면에서 사용될 때의 가장 큰 유용성은, 그것이 인력관리의 과정을 향상시킬 수 있다는 것이다(Schultz, 1978). 이것은 결국 사람과 조직의 조화에 기여하게 되며, 나아가 조직 구성원의 직무만족 그리고 궁극적으로 생산성 향상이나 사기 앙양에 연쇄적으로 영향을 미칠 수 있음을 의미한다(Organ & Bateman, 1986).

일반적으로 인사선발 및 분류에 사용될 수 있는 심리검사들로는, 일반지능검사(general intelligence test), 성취검사(achievement test), 적성과 능력검사(aptitude and ability test), 동기, 기질 및 흥미를 포함하는 성격검사(personality test including motivation, temperament and interests) 등이 있다. 이러한 내용의 범주를 볼 때 현재 우리나라에서도 이러한 범주에 들어가는 검사의 종류가 다수 있으며 또 활용되고 있다. 그러나 선발 및 분류를 위한 심리검사가 제대로의 기능을 발휘하려면 해당 조직 내의 특수 직무별로 타당화가 이루어져야 하는데, 이런 검사들의 대다수가 인사선발과 분류 및 배치에 목적을 두고 개발된 것이 아니라 학업 적성이나 상담 및 임상 장면의 진단에 목적을 둔 것들이어서 그 사용 결과의 타당성에 많은 의문을 던져 주고 있는 것도 사실이다.

이러한 사실은 군대조직도 예외는 아니다. 사관학교를 포함한 일부 군조직에서 선발 및 배치 시 일부 심리검사를 활용하고 있지만, 그 타당성은 극히 의문시된다. 왜냐하면 이러한 검사가 군대조직의 인사관리에 사용되기 위해서는 검사가 측정하려고 하는 특성이 직무와 어떻게 관련되며, 그 직무 특성들이 준거에 어떻게 표현되고 있는지를 고려해야 함에도 불구하고 그에 대한 언급이 전혀 없다. 말하자면 군대조직에서 이런 검사들의 사용에 대한 타당성은 떨어질 수밖에 없었고 잘못 사용되고 있다고 보아야 할 것이다. Messick(1975)은 이러한 현상이 일부 성격검사나 선발검사에만 국한되는 것이 아니라, 모든 심리 · 교육학적 검사에 해당된다고 주장하여 이 분야의 분발을 촉구하고 있다.

3. 한국군과 심리검사

육군은 1978년부터 정신·성격장애로 인한 사고 우려자를 조기 색출하여 최대한 입영을 억제, 사고를 미연에 방지하고자 육군 제2훈련소를 비롯한 각 입영부대에서 집단형 Rorschach 기법에 의한 인성검사를 실시해 정신과 군의관 정밀진단을 위한 보조 자료로 활용해 왔다. 그러나 이때 고도의 표준화와 1대 1 검사가 요구되는 본래의 순수한 Rorschach 기법이 아닌, 대량의 인원을 대상으로 10매의 Rorschach 검사카드를 슬라이드로 제시해 답을 기입토록 하는 변형된 방법을 사용한 까닭에, 그동안 학술적 타당성과 검사의 신뢰성이 희박하다는 문제점을 노출시키며 소기의 성과를 거두지 못해 왔다.

따라서 검사 상 신뢰도와 활용도가 높고 효율적인 또 다른 인성검사의 필요성이 대두되었고, 제2훈련소는 현재 실용되고 있는 여러 인성검사 가운데 정신이상자 및 부적응자 선별, 대량인원 동시 실시·처리·평가, 그리고 객관적 타당성 공인 등의 조건을 갖춘 다면적인성검사(MMPI)를 군에 가장 적합한 것으로 판단, 이 방안의 적용을 위한 연구에 전력을 쏟았다. MMPI는 그 실효성을 인지한 군의관들에 의해 일찍이 도입, 산발적 시행이 이루어져 왔으며, 제2훈련소도 1978년부터 자체 규정화하여 입영장정 중 정신과 정밀진단 대상자에 일부 적용해 온 것으로 나타났다. 육군사관학교의 경우는 1970년대부터 신입생 선발과 생도 훈육지도용으로 기타 여러 검사와 함께 활용되고 있는 검사이다.

뒷부분에서 논의되겠지만 MMPI는 의학적으로 또는 학자들간에 논란의 여지가 전혀 없는 것은 아니나, 그 타당성은 아직까지는 비교적 널리 인정을 받고 있는 추세이다. 이러한 장점에도 불구하고 훈련소를 비롯한 관계 부대에서 그간 전 인원을 대상으로 MMPI를 실시하지 못한 이유는 채점에 상당한 시간(1인당 20분)이 소요되는 데다, 그 결과를 해석할 전문가의 절대 부족했고 나아가 검사지 구입에 따른 비용문제 등이 해결되지 않았기 때문으로 생각된다.

1990년대 들어 군기사고예방에 대한 관심이 증가하면서 인성검사가 크게 강조되기 시작했고, 이에 따라 1995년부터 육군 논산훈련소는 갓 입영한 장정들에 대해 실시하는 인성검사 방법으로서 육군이 채택하고 있는 Rorschach 검사 대신 MMPI를 개정한 육군다면적 인성검사(KMPI)[1]를 고안, 정신 및 성격장애로 인한 군복무 부적격자를 선별하는 데 도움을 주고 있다. 이 검사 결과는 복무부대에 통보되며 필요할 경우 상담의 자료로

1) 간략형 MMPI 383문항 중 표현이 부적절하거나 맞춤법이 어긋난 102문항을 수정, 최용권이 1992년~1993년도 사이에 개발한 것으로 육군훈련소 입영장정 9,179명을 대상으로 규준표를 만들어 재표준화시켰다. 1995년도부터 육군에서 사용 중이며 검사채점·해석·결과출력의 전 과정이 전산화되어 있다.

활용가능하다. 2000년대 들어서는 KMPI이외에도 군종장교나 일부 상담을 전공한 간부들에 의해 '심리검사 CBT'[2])나 'MBTI'[3]) 등이 장병들의 군생활 적응을 위해 사용되고 있다.

한편 병무청에서는 1970년대 초반 육군과 마찬가지로 집단형 Rorschach 검사를 사용하면서 1980년대 중반 200문항의 자체 설문지를 만들어 병행 사용해오다, 1996년부터 국방부 군개혁과제로 민간용역 사업으로 심리검사 개발을 추진, 이를 용역한 한국심리학회에서 1997년부터 검사 개발을 시작하여 1999년도 2월~6월에 군인성검사(MPI) 개발 완료 및 적용을 시작하였다. 이 검사는 현재 병무청을 비롯한 국직부대에서 활용 중이다.

이처럼 1999년부터 병무청이 군인성검사(MPI)를 시행하는 등 현재 우리군은 두 가지 형태의 인성검사 기법을 입대 장정들에게 군 입소전 신체검사 시 실시 활용하고 있다. 현재 군에서 사용하고 있는 인성검사결과는 정상 · 비정상 · 긍정 왜곡 · 부정 왜곡 등으로 분류되고, 프로파일 형태와 종합적인 각 척도 점수 변화에 따라 컴퓨터 프로그램에 의해 자동으로 해석돼 비전문가라도 쉽게 내용을 알 수가 있다. 일부 문제점에도 불구하고 KMPI와 MPI의 신뢰성은 최근 여러 연구 논문에 의해 적절한 수준의 신뢰도뿐만 아니라, 타당도 면에서도 원래 목적했던 군생활 가능자를 미리 감별하고 부대 생활에서의 적응 양상을 효율적으로 파악하는데 도움을 줄 수 있음이 증명되고 있다.

4. 장교 선발 · 평가와 심리검사의 발달

1) 장교 및 후보생 선발과 평가

심리학은 장교 선발체계의 향상에 있어 실질적이고 효과적인 다양한 기여를 제공해왔다. 심리학자의 참여없이 수행되었던 과거의 장교단과는 이제 전혀 다른 모습으로 군대가 바뀌고 있다. 이는 군대의 군사적 효과의 향상뿐만 아니라 선발방식의 공정성을 증가시켰고, 나아가 그 판단 기준이 더욱 명확하고 효과적인 체계를 띄게 됨으로써 보다 현실적인 요구를 충족시키게 되었다. 심리학자들은 연구자로서, 선발방법의 개발자로서

2) 제1장 군사심리학의 역사와 발전 참조.

3) Jung의 성격유형 이론을 근거로 Briggs와 Myers가 1941년 이후 계속적으로 연구 개발한 인간이해를 성격유형 검사이다. MBTI는 모두 95문항으로 되어있고 성격유형지표로써, 외향성-내향성(주의집중과 에너지의 방향); 감각-직관(정보수집과 인식방법); 사고-감정(판단과 의사결정과정); 판단-인식(행동이해와 생활양식) 지표 중 각 개인이 선호하는 네 가지 지표로 표시되어 각자의 성격적 특성을 보다 깊이 이해할 수 있게 해준다.

그리고 적극적인 참여자로서 많은 역할을 수행하였다.

군대에 있어서 장교 선발에 대한 심리학자들의 기여는 주로 세 가지 영역에서 이루어져 왔다. 이는 위에서 언급된 바와 같이 첫째, 장교 선발과정에서의 효과성과 방법에 대한 연구 둘째, 선발을 개선시키는 새로운 기법들의 개발 셋째, 선발과정에서의 심리학자들의 직접적인 참여로 나누어진다. 사실 현대 심리학이 발전되기 이전까지 유럽과 북아메리카 국가들에 있어서 육·해군 장교의 선발은 일반 병사나 수병들의 선발보다는 다소 복잡한 문제였다. 19세기 말엽 군 장교들의 전문 직업주의에 대한 요구로 점차 많은 국가들에서 장교단을 능력중심으로 편성하는 경향이 있었지만, 아직도 군대의 핵심 장교단이 통상 영향력 있는 통치 엘리트 가문의 출신자들로 주류를 이루고 있었을 뿐만 아니라 개인적인 영향력과 어떤 경우에 있어서는 매수와 독직이 여전히 누가 장교가 되는가를 결정하는 중요한 요인으로 작용하고 있었다(Jones, 1991).

이에 따라 점차적으로 장교단으로의 진입을 위한 적어도 몇 가지의 객관적인 기준의 필요성이 인식되어 졌지만, 이러한 기준들은 1차대전까지는 교육학적이고 의학적인 수준에 머물렀고, 기초적인 심리학적 과학지식은 별다른 영향을 미치지 못한 것으로 나타났다. 전쟁의 교전국 사이에서 심리학자들도 다른 과학자들에 못지 않게 애국적이었는데, 그들은 자진하여 그들의 전문적인 조언과 봉사를 제공하였다. 그러나 그들의 직접적인 영향은 매우 제한적인 것으로 나타났다. 예를 들어, 미 육군의 Army α와 Army β 적성평가는 172만 6,966명의 사람들에게 실시되었지만, 야전 지휘관들에 의한 평가정보의 실제적인 이용은 아마도 제시된 수치보다 훨씬 적은 것으로 추정된다(Zeidner & Drucker, 1988).

1차대전 이후 대부분의 육, 해군과 막 설립된 공군은 규모면에서 상당히 감소되었고, 심리학자들에 의해 이루어진 군과의 미미한 연결고리까지도 거의 단절된 상태였다. 장교 선발은 전쟁 이전의 상태로 되돌아가려는 경향을 보였다. 이에 예외적인 나라가 바로 독일이었는데 독일은 베르사이유 조약에 의해 수적으로 제한된 군대를 가질 수밖에 없었기 때문에, 심리학자들과 그들이 개발한 특별한 기술들을 사용하기 시작했다. 초기에는 이것이 양을 질로 대체시키려는 시도의 일부였다면, 그것의 성공은 2차대전에서 보여준 독일군의 현저한 질적 전력의 우세에서 찾아볼 수 있다. 결과적으로 이러한 혁신적인 제도는 많은 다른 국가의 장교 선발방식에 지속적인 영향을 미치게 된다. 심리학은 2차대전 시 보다 많은 분야에서 적용되었고, 전쟁에서 승리한 서방 국가들의 군대에 평화가 왔을 때에도 이제는 많은 심리학자들이 제안한 기술과 절차가 유지되는 현상이 나타났고, 민간인으로서 또는 군인으로서 심리학자들을 계속 고용하려는 경향도 나타났다. 새로운 국가들이 나타나면서 그들 역시 군대의 선발에 있어 심리학을 적용하고 이용하려는 경향을 보여 주었다.

리더십 연구 역시 장교 선발과정에 대한 심리학자들의 기여에 영향을 미쳤다. 초기의 리더십 연구는 개인의 성격이나 특징이 리더가 되는 것에 어떻게 관련이 되는가 하는 것이거나 또는 성공적인 리더십을 훈련시키는 방식에 집중되었다. 예를 들어, Stogdill (1948)은 가용한 연구들을 조사하여 비록 특성의 형태가 부하들의 특성에 따라 다양한 변화를 보인다 할지라도, 지적 능력, 성취욕, 책임감, 참여, 지위 등이 리더십과 연관이 있다는 결론을 내렸다. 나중에 그러나 대단히 영향력 있는 연구 경향은 특히 그 집단의 구조와 과제의 성질과 같은 상황 요소들의 중요성을 강조하였다. 이 연구는 리더로서 대두된 자가 상황에 따라 다양해질 수 있다는 것을 보여 주었다. 이러한 두 가지 접근의 결론은 개인의 특성, 집단, 상황의 상호작용을 강조하고 있다. 그러나 어쨌든 군 장교의 중요한 특성이 실험실 위주의 연구를 하는 방식의 집단에 의해서는 잘 나타나지 않는다는 것에 주의를 할 필요가 있다. 말하자면, 장교들은 다른 사람들 이상의 책임 있는 지위에 위치하며 그들의 의무를 수행함에 있어서 그들에게 부여된 계급구조, 복무규정, 신분 표지를 가지고 있다는 것이다.

이상에서 언급된 리더십 연구의 영향은 아마도 장교의 잠재력의 징후로서 성격 특성을 평가하고자 하는 시도로부터 심리학자들을 떠나게 하였을 것이다. 한 가지 반응은 知的인 사람이 리더가 되는 것을 배울 수 있다는 기초 위에 부분적으로 지적능력을 측정하는 데 비중을 두었다는 것이다. 다른 하나는 집단 상황에서 관찰되는 적절한 행동들을 표집하는 상황들을 이용하였을 것이다. 이는 성격 특성들이 선발에서의 수행력과 미래 잠재력 사이를 매개하는 것으로 인식할 필요가 없다는 것이다. 어쨌든 그 연구가 그들의 후계자를 선택하는 데 관여한 장교들에게 많은 영향을 미친 모든 것을 포함하고 있는 것 같지는 않다. 이는 연구의 해석자들이 실생활에 있어 리더십 효과를 토의할 때 상황적 효과를 과장하고 성격 특성을 과소평가시켰기 때문일 것이다(Lord, De Vader & Alliger, 1986).

물론 군에 조언한 심리학자들은 일반적으로 그들에 어떤 영향을 미칠 수 있는 응용심리학에서의 광범위한 전문 단체와 경향의 일부분일 뿐이다. 개인의 선발과 평가는 1960년대와 1970년대에는 비관심 분야가 되었지만, 최근 수년간에 걸쳐 변화하는 경제와 사회환경이 이러한 상황을 변환시켰고, 그래서 다시 실질적인 연구문헌들과 이용가능한 민간 경험들이 등장하게 된다. 1970년대는 다수의 연구들로부터의 결과를 통합하는 통계기법인 이분석(meta-analysis)방법의 출현으로, 다양한 평가방법들이 가질 수 있는 여러 가능한 유용성에 관한 지식적 실체를 제공하게 되었다(Hunter & Hunter, 1984). 미국을 중심으로 한 군사심리학에서 장교들을 위해 만들어진 적성검사의 내용은 1장에서 상세히 언급한 바 있기 때문에, 다음에는 장교 선발·평가를 위한 이론들과 기법들을 소개하고자 한다.

2) 선발·평가를 위한 최근의 심리학적 기법들

지금까지 논의된 자료들은 많은 국가들에서 장교들에게 위임되는 그러한 특별한 책임을 수행해야 하는 사람들을 선발, 결정하는 것을 돕기 위해 적어도 약 50여 년간에 걸쳐 심리학자들의 기여가 있어 왔다는 것을 보여 주고 있다. 여기서는 장교 선발에 있어서 심리학자들과 군 사이에 있어온 지속적인 관계의 성과에 초점을 맞추고자 한다. 다음에 소개되는 네 가지 주제는, 장교 선발방법에 대한 다른 접근들을 기술하게 될 것이다. 다음의 〈표 10-1〉은 장교 선발에 대한 전형적인 평가방법과 이를 사용하는 각국 군대의 예들을 요약 제시한 것이다(Jones, 1991).

〈표 10-1〉 장교 선발에 관한 접근법들

접근법	평가 기법들	국가/군대
■ 입학자격(학문적 자질)과 개인신상 기록	입학시험, 지원서, 참고기록(생활기록부), 면접 등	이집트, 프랑스, 스페인, 미국 등의 육사, 러시아
■ 지필용 심리측정 도구 사용	적성검사, Biodata, 흥미검사 등	스페인 예비역 장교, 美 육군학군단(ROTC) 및 간부후보생 학교(OCS)
■ 평가센터(ACs)	상황검사, 적성검사, 면접 등	호주, 뉴질랜드, 캐나다, 인도, 영국, 파키스탄
■ 구성개념지향적 심리평가	평가센터 + 동료평가, 인성검사, 심리학자 평가	벨기에, 덴마크, 독일, 이스라엘, 네덜란드

출처: Jones, A. (1991). The Contribution of Psychologists to Military Officer Selection. In R. Gal & A. D. Mangelsdorff(Eds.), *Handbook of Military Psychology*, p. 65.

현재 우리의 육군장교 선발은 육군사관학교와 ROTC, 학사 그리고 삼사관 후보생으로 크게 세분화되어 있다. 이 선발과정에서 우리는 실제 합리적이고 과학적인 방법을 사용하고 있는가? 여기서 우리의 선발 체계를 돌아보지 않을 수 없으며, 먼저 심리학적 지식을 오래 전부터 장교 선발에 적용시켜온 독일과 미국을 비롯한 외국의 군 장교 선발체계를 살펴, 각 대안을 비교해 보고 선발 상의 심리학적 문제점을 진단해 본다.

(1) 대학입학 자격과 개인 신상기록에 기초한 선발

이것은 여기에서 논의될 네 가지 접근법들 가운데 가장 오래된 것이며 프랑스, 스페인, 러시아 그리고 미국의 사관학교 등에서 지금도 직업장교 선발을 위해 사용되고 있는 방법들이다. 신상기록 자료는 지원 서류와 학교, 준군사단체 및 지역 저명인사의 추천 또는 면담을 통해 수집될 수 있다. 이미 군복무를 하고 있는 경우에는 그들의 근무기록과 상관의 평가가 이용된다. 입학시험의 학업 성취도 척도들은 전문적으로 학력을 측정하는 우리의 수능시험이나 미국의 SAT 같은 국가시험, 기타 선발 프로그램을 위해 특별히 고안된 것들이다.

이러한 시스템 속에서 심리학자들의 기여는 자료들의 유효성 평가에만 한정되는 경우가 자주 있었고, 보다 근본적인 문제는 장교선발 체계들을 검토할 때 비전문적인 군 장교들과 심리학자들간에 접근방식이 매우 상이한 것일 수밖에 없다는 것이다. 말하자면 일반 장교들은 통상 훈련과정에서의 실패나 혹은 좋지 못한 수행 수준을 알려줄 수 있는 측정지표들(indicators)을 사용하려고 할 것이다. 그러나 심리학자들은 그러한 측정지표가 기타 여러 요인들 속에서도, 지원자 집단에게 요구되는 특성들의 과부족이나 또는 해야 할 일이 어떻게 선택되느냐에 따라 영향을 받는다는 것을 알고 있다. 한 가지 간단한 예를 들어보면, 매우 비효과적인 선발방식이라 할지라도 요구되는 특성(기술과 지식)이 쉽게 배울 수 있는 것이라면, 낮은 훈련 실패율의 산출을 유도할 수도 있다.

다른 한편으로 심리학자들은 선발방식의 효과를, 준거관련 타당도의 관점에서 검사하게 되는데, 그것은 평가상의 차이들이 훈련이나 시행 상의 수행력에서의 차이와 상관이 있는 정도를 말한다. 만약 상관관계가 없다면 그 방식은 타당하지 못한 것이 될 것이다. 그러나 상관관계가 매우 강한 함축적인 통계치를 가질지라도 비전문인은 이해할 수 없을 만큼 해석이 어려운 경우도 있다. 최근의 경향들은 전반적인 선발 절차들의 유용성을 평가하려는 시도를 하고 있다. 즉, 선발 시스템의 세부내용(절차상의 비용과 타당성 그리고 선발된 지원자들의 비율)과 직무수행에 있어서 개인적 차이로 인한 비용 비교는, 선발로부터 조직이 확실한 재정적 이익을 얻을 수 있는지를 판단하는 데 사용될 수 있다는 것이다. 군 인사 선발에 있어 이러한 방식의 적용은, 비재정적 기준을 갖고 있는 군 업무수행 효과의 중요성 때문에 더욱 문제가 된다. 그러나 잠재적인 훈련 실패를 사전 심사 차단함으로써 얻어질 수 있는 훈련비용에서의 절감과 같은 재정적 이득을 판단할 수는 있을 것이다.

위에서 개관한 접근방식들만으로는, 모든 중요한 문제를 군대도 심리학자도 해결하지는 못할 것이다. 군관계자들이 궁극적으로 훈련 실패 감소나 더 나은 전투수행 같은 선발이 가져올 결과에 관심을 가지는 것은 당연하지만, 심리학자와 같이 절차의 타당성이 확인되어서 무엇이 작용하고 무엇이 작용하지 않는지를 의사결정자들이 알아야 한다고 하는 주장 또한 당연하다. 타당성 검증에 있어 심리학자는 관례적인 지식을 반박하고, 결과적으로 불필요하게 비판적으로 보이거나 혹은 뒤집어엎기까지 하는 결과를 산출할 수도 있다. 선발면접이 가치가 있는가 하는 문제가 그러한 사례의 하나이며, 제일 먼저 검증을 받아야 할 부분으로 생각된다(Arvey & Campion, 1982; Hunter & Hunter, 1984).

면접으로부터 파생된 평가의 타당성 연구는, 공식적 직무분석자료에 기초를 둔 구조화된 면접방식이 더 높은 타당성을 지니고 있다는 경향을 최근의 연구(Wiesner & Cronshaw, 1988)가 보여주고 있음에도 불구하고, 별로 활기를 띄고 있지 않다. Zedeck, Tziner와 Middlestadt(1983)는 이스라엘 방위군을 대상으로 여군 장교들의 선발에서 나타난 면접의 타당성을 조사하였다. 그 결과 당시 상이한 면접자들에 의한 정보의 사용에서 차이가 나타났고, 6주와 12주의 훈련에서 면접평가들은 장교훈련 측정에 대한 예측력이 없었으며, 단지 훈련 끝에 얻어진 성적과 낮은 상관관계만이 발견되었다. 이 연구에서 다른 평가방식도 도입되었지만 훈련생 상호간의 동료평가와 면접평가만이 후보자에 대한 유용한 정보의 수치적 조합을 제공하는 것으로 밝혀졌다.

대학 입학시험은 특히 국가 설립 사관학교에서 공부하는 직업 장교들을 위한 또 하나의 잘 고안된 장교 선발방법이다. 선발된 후보자들을 위한 많은 훈련 프로그램들이 장기간의 교실을 토대로 한 학습을 포함하고 있기 때문에, 초기 단계 수준에서 이러한 선발도구들의 학문적 강조는 이해할 수 있다. 또 다른 한편으로, 성공적인 후보자들은 학자로서보다는 역시 리더로서 개발되어져야 하기 때문에, 이들 선발목표들간에 어떤 균형점이 설정되어야 한다. 1970년대 미국 해군사관학교의 선발방법은 이러한 접근의 한 예가 될 수 있을 것이다. 여기서는 지금까지 논의된 접근의 세 가지 전형적인 평가기법들(학교에서의 석차, 추천서, 그리고 약력이나 경력기록 점수)이 후보자의 선발을 위해 사용되었다. 이들 세 가지 예측인들의 타당도 계수는 두 가지 기준 즉, 상급자들과 동료생도들에 의해 평가된 군사적성(태도, 리더십, 인내심, 복장, 장교 잠재력)과 대학 성적점수로 평가되었다(Neumann & Abrahams, 1976). 그 결과 고등학교에서의 석차는 사관학교 성적의 훌륭한 측정지표가 된 반면(상관계수 0.52), 석차와 추천서는 군사적성과는 낮은 수준의 상관관계(0.22와 0.25)를 보였다. 경력점수는 어느 기준도 예측하지 못했다. 또, 예언자들의 어떤 것도 자발적인 퇴학에 대한 유용한 지표를 제공해 주지 못했기 때문에, 1975년도에 직업흥미 조사용지(Strong Vocational Interest Blank: SVIB)가 개발되어 선택자들에게 자퇴 수준을 억제하도록 소개되었다.

그 밖에 만들어진 후보자 평가들도 단순하고 저렴한 기술들이지만 민간 연구문헌들이 별로 다루지를 않고 있다. 그럼에도 불구하고 앞에서 다룬 미 해군자료들은 어떤 조건에서는 싼 비용으로 유용한 정보가 얻어질 수 있음을 시사하고 있다. 흥미있는 것은 Jones와 Harrison(1982)이 영국 해군장교 선발에서 학교 생활기록에 대해 이와 유사한 연구결과들을 보고했다는 것이다. 이들은 비록 그러한 생활기록들이 작성과 평가과정에서 일부 왜곡될 가능성이 있다 하더라도, 충분한 시간을 두고 학교 학생과 장교후보생 요구간의 유사성의 정도를 분석 보완하고, 그리고 제출되는 보고양식의 신중한 디자인을 통해 잠재적인 오류의 많은 원천들을 극복할 수 있을 것이고 미래 수행력의 유용한 지표들을 만들어 낼 수 있을 것으로 판단하고 있다는 것이다. 영국 해군자료들 역시 생활기록 평가가 다른 예측 변인들과 낮은 수준의 상관관계를 가지고 있다고 지적하고, 그래서 선발과정에 있어 참조를 위한 정보의 일부분으로서 첨부시키는 것 같다. 비록 학교 생활기록 평가의 예측력이 상대적으로 낮아 그 사용이 제한적일 수밖에 없다는 주장이 있을 수 있다 하더라도, 미 육군사관학교 자료들은 이것이 항상 그렇지는 않다는 것을 지적하고 있다. 즉, Priest와 Burke(1987)는 8년 전에 수집된 평정들이 비록 낮은 수준이기는 하지만 대위까지의 승진 탈락을 예측해 주고 있다고 보고하고 있다.

요약하면 이 분야에서 심리학자들의 역할은, 평가기법들의 효과성을 평가하면서 기법들에 대한 최소의 변화를 제안하거나 다양한 수치적 정보가 가장 잘 사용될 수 있는 방법들을 추천하는 정도로 그치고 있는 것 같다. 접근법 자체에 대한 몇 가지 평가들은 이 방법이 잠재적으로 최고의 군대 학생들을 선택하는 데는 효과적이겠지만, 최선의 잠재적 리더를 선발하는 데는 덜 성공적일 수 있다는 사실을 강하게 시사해 주고 있다.

(2) 지필용 심리측정 도구들에 기초한 선발

이 접근법은 많은 국가에서 심리학자들이 입대자의 선발이나 분류를 위해 이용하는 것과 유사한 종류의 기법들을 사용하고 있다. 가장 널리 쓰이는 심리적 도구는 적성검사이며, 그리고 이러한 접근법은 앞에서 논의된 기법들과 함께 미국에서 매우 광범위하게 사용된다. 나머지 지필식 기법들은 개인의 성장배경과 경험 등이 점수화된 전기자료(biodata)[4]와 흥미검사를 포함하고 있다. 심리학자들은 세부적인 직무적성의 분석과 기타 필요성에 따른 도구의 개발자로서 또는 그것들의 가치에 대한 평가자로서 관여하게 될 것이다. 이들 도구들은 점점 전산화될 것으로 보이며, 그로 인해 점수에 대한 의존이 증가하고 인사에 관련된 행정비용은 점점 줄어들 것으로 생각된다.

오랫동안 민군 모두 일반적인 知的 적성검사가 모든 일에서는 아닐지라도 대부분의 직무의 경우에 예측적이며, 특히 일 자체가 知的인 복잡성을 지닐수록 더욱 그 예측력은

4) 전기자료(biodata)는 일명 생활사 정보(biographical information) 또는 배경자료(background data)라고도 불리운다. 인사 선발방법으로서 전기자료는 개인의 성장과정에 기초하여 만들어진 방법이며, 과거와 현재의 사건들은 개인의 행동양식, 태도, 가치를 형성한다는 데 기초하고 있다. 또한 전기자료는 과거에 형성되어진 행동, 태도, 가치들이 일생을 통하여 일관성을 지니고 있다고 가정하기 때문에 과거 경험으로 이루어진 요인들을 평가하면 미래의 경험들을 예측할 수 있을 것이라고 가정한다. 일찍이 Allport도 전기자료가 태도 연구에 사용될 수 있다고 생각하였다.

증가한다고 믿고 있는 것 같다(Hunter & Hunter, 1984). Brand(1987)의 연구는 일반 知的 적성이 일반 사람들에게 있어서 리더십 관련 특성들 즉, 성취동기, 신체적 적합성, 사회적 기술 등등과 상당 부분 연관성을 가지고 있다는 것을 보여준다. 그러므로 일반 知的 적성검사의 사용은 리더십 잠재력을 찾는데 부정적 결과를 초래할 것 같지는 않을 것으로 생각된다. 높은 학문적 내용을 포함한 교육 프로그램에서의 성공 여부는 知的 적성의 관례적인 측정방법들을 사용하여 쉽게 예측할 수 있다. 예를 들어 Butler와 McCauley(1987)는 미 육사에서 학업적성검사(SAT)의 언어와 수리 영역이 사관학교 성적과 각각 0.32와 0.40사이의 상관을 가진다고 연구 보고하였다. 그러한 검사점수가 참고기록이나 기타의 자료들과 서로 보완될 때, 학문적 기준과의 상관계수는 0.5 이상으로 높아지지만, 그러나 리더십 유형 기준과의 상관계수는 매우 낮았다(0.25 정도).

적성검사에 의한 훈련결과의 예측은, 전통적인 교육내용의 과정과 점수에만 이를 국한시킬 필요는 없을 것으로 보인다. Fischl, Edwards, Cludy와 Rumsey(1986)은 미군의 장교선발총집(AOSB: Army Officer Selection Battery)에서 다섯 개 검사유형(언어, 수량, 일반정보, 문제해결, 공간지각)의 중요항목들을 사용한 직무분석을 통하여 6개의 장교수행 차원(행정, 의사소통, 전투수행 능력, 의사결정, 대인간 예절, 전문적 지식)의 항목들을 도출하였다. 도출된 110개 검사항목 전체 점수는 교관에 의해 평가된 상급 ROTC 후보생의 장교 잠재역량과 0.25의 상관관계가 있었고, 다양한 장교 기초과정의 최종 성적과도 평균 0.52의 상관을 보였다.

전기자료 수집과 채점제도는, 통상 특별한 지원서나 특정 표본들 속에서의 관계성에 초점을 둔 채점제도를 위해 개발되어야 했다. 따라서 이 제도는 보통 다른 조직이나 상황에 직접적으로 전환될 수 있는 것은 아니다. 전기자료 제도에 대한 일반적 견해는, 기준의 변경이나 혹은 시간 경과에 따른 전기자료 문항들의 의미 변화 때문에 주기적으로 재타당도 작업이 이루어져야 한다는 것이다(Drakeley, 1989).

장교훈련과정에서 자발적 퇴교는 자주 난처함을 불러일으키지만, 교육적 성취나 적성검사자료들이 그러한 행동을 예측하는 데 잘 사용되지는 않는 것 같다(Muchinsky & Tuttle, 1979). 한 가지 가능한 예측법은 후보생의 흥미 패턴이 훈련프로그램의 보상이나 목표와 상호 부합하는가를 확인해 보는 방법이다. 미 해군은 직업흥미 조사용지(SVIB)를 이용 특별채점 검색표를 개발하여, 해군사관학교의 자퇴생을 대상으로 적용해 본 결과 0.16에서 0.46 사이의 상관을 얻었다.

지금까지 기술된 지필용 심리측정 도구들인 적성검사, 전기자료, 그리고 흥미검사 점수자료들은, 장교 훈련평가가 지필식 평가에 의존하거나 고도의 학문적 혹은 전문적 내용일 때 이를 잘 예측할 수 있음을 시사하고 있다. 그러나 지필식 심리측정방법에 의한 리더십 잠재력이나 유형의 판단 및 예측은 그리 신뢰로운 것이 아니었다. 그래서 심리학자들은 선발과정을 개선시키려는 노력 속에서 훈련의 성격과 작전수행 연구에도 관심을 갖게 된다. 연구에서 나타난 작전수행의 판단기준에 대한 두 가지 포괄적인 유형이 구분될 수 있는 바, 그것은 기술・행정적 능력과 그리고 전투 지휘능력이 지필식 심리측정에 반영되어야 한다는 주장이다.

(3) 평가센터(ACs)방식에 기초한 선발

앞에서 논의된 두 가지 접근법들은 후보자들이 학문적이거나 전문적인 훈련에 대해 얼마나 잘 대처할지를 확인하는 데 있어서는 비교적 성공을 거둔 듯하나, 훌륭한 리더십 기능, 바람직한 사회적 행동 등을 얼마나 잘 행사할 수 있는 사람인가를 확인하는 데 있어서는 성공적인 것 같지 않다. 면접에서는 예외적이지만, 그들은 또한 지필식 방법들에 의해 수집된 수량적인 자료에 의존하는 특징을 가지고 있다. 그러한 방법들이 수적으로 많은 후보자들에게 적용하기가 상대적으로 쉽다는 사실과, 방법의 객관성이 그것들을 많이 사용하도록 하는 것 같다. 그러나 거기에는 훨씬 더 어려운 인성과 특성의 측정을 무시하고, 이들 방법들에 의존하고자 하는 유혹이 작용하고 있을 수도 있다.

평가센터는 지원자들을 모의 직무상황에 배치하고 그가 스트레스를 받았을 때 어떠한 행동을 하는가를 관찰하고 평가할 수 있는 선발방법으로 널리 사용되고 있다. 상황적 검사라고 불리는 이 방법은 다수의 기준들과 평가자들을 활용하여 지원자와 조직구성원의 자질과 능력을 보다 집중적으로 그리고 종합적으로 평가하는 방법이다. 이는 후보자가 압박감 속에서 어떻게 일을 하는가와 빠르게 변화하는 상황에 대해 얼마나 융통성 있게 적응하는가를 보고자하는 것이다. 보통 평가센터에서는 한 번에 6~12명의 후보자들을 참가시켜, 이들에게 수일 동안 여러 가지 수행을 하게 해서 그들을 평가한다. 후보자들은 심리검사와 집중적인 면접도 받지만, 대부분의 시간은 관련 직무에 속하는 문제와 비슷하게 모의된 과제를 해결하게 된다.

2차대전 중 독일 심리학자들은 장교 지원자에 대한 특성의 측정이 어렵지만 시도되어야 한다는 것을 초기에 인정하고 이를 연구하였다. 그들의 접근법은 소위 평가센터(Assessment Centres: ACs)방법이라고 하는 것으로, 특히 서유럽 지역에 대단한 영향력을 미쳤다. 이것은 다음에 논의할 구성개념 지향적 접근법과도 관련되어 있다. 독일 심리학자들이 사용한 평가센터방법의 개혁적 과제들은 '지휘과제(Führeprobe: Command Task)'와 '리더 없는 집단토의(Rundgespräch: Leaderless Group Discussion)'였다.

평가센터 접근법의 정의는 관련 상황과 행동의 시뮬레이션을 포함하여 사용되는 기법의 다양성, 다수의 평가자 사용, 하나의 판단에 이르기 위하여 유용한 정보를 통합하는

데 있어 평가자의 중심적 역할을 강조하고 있다. 기법의 다양성이나 다수의 평가자 사용은 표집이나 측정상의 오류를 감소시킬 수 있을 것으로 생각된다. 부가적으로 많은 평가센터방식이 적성검사, 참고기록, 개인 신상기록 등과 같은 보다 전통적이고 관례적인 기법을 포함하고 있다는 사실은 평가센터 고유의 모습이나 시뮬레이션의 가치를 평가절하시킬 가능성이 있다고 생각되므로, 이들 관례적 기법 단독의 어떤 것보다도 예언 타당도가 우수하다는 것을 보여주어야 할 것이다.

더 전통적인 기법들이 사용됨에도 불구하고 평가센터방식이 가장 관심을 끄는 것은 시뮬레이션의 사용인데, 예를 들면 전형적인 '지휘과제'에 있어서 후보자는 후보자 집단을 관리하는 입장에 있게 되어 몇 가지 장비를 가지고 집단으로 하여금 장애물을 극복하도록 하는 것이다. 이와 같이 실제 지휘과제를 처리하는 데 있어 후보자가 수행하는 필요한 행정적 처리, 지시와 명령의 사용, 관리 감독 형태를 관찰하여 리더로서의 자질을 평가하는 것이 일반적이며, 그 외에도 '역할연기(role play)', 바구니 속에 제시된 자료들을 사용 제한된 시간 내에 이 자료들이 요구하는 문제들을 해결해야 하는 '의사결정검사(In-Basket Test)', 후보자들을 리더가 지명되지 않은 집단 상황 속에 놓고, 어떤 문제에 대한 집단결정을 시도하는 과정에서 다른 후보자들과 맞서서 자신의 견해를 설득력 있게 제시하도록 하여 후보자가 보여 주는 주도성, 자기주장, 설득력, 지배성, 협동성 등과 같은 리더 자질을 평가하는 '리더 없는 집단토의' 등과 같은 상황검사들이 있다.

지금까지 논의된 평가센터자료들을 종합하는 데는 다양한 방법이 있다. 우선 각 후보자들의 리더로서의 잠재능력에 대한 종합적인 평가는, 다수의 측정원들이 그 후보자의 면접, 검사점수와 전기적인 정보의 분석, 상황검사에서의 행동관찰 등을 한 다음, 다시 모여서 그들 각 개인의 평가를 논의하고 평가 결과의 불일치점을 해소함으로써 이루어지며, 평가자들은 이 여러 자료들로부터의 정보를 각 후보자의 동기, 기능, 행동경향 등에 관한 자료들과 통합하게 된다. 이러한 방식을 전반적 사정평가(OAR: overall assessment rating)라고 하는데, 이것의 평균 타당도는 0.40으로 기타 관리적 유형의 판단기준에 비하면 상당히 높은 것으로 나타났다(Gaugler, RosenthaI, Thornton. III. & Bentson, 1987).

평가센터접근법의 정규 군사적 사용은 최근까지도 서유럽이나 영연방의 나라들에 한정되어 있었다. 많은 연구들이 장교선발에 있어 이 평가센터방식의 예언타당도를 밝히고자 하였다. 평가센터의 군사적 적용으로 나타난 결론은 긍정적인 민간 연구결과와 맥을 같이 하고 있는 것으로 보인다. 예를 들면, Jones는 1947년부터 1984년까지 영국 해군의 해군본부 면접위원회(AIB)의 OAR에 대한 준거관련 예언타당도를 조사하였다. 여기서 2,144개의 많은 표집을 종합해 본 결과, 최초 훈련기간 동안 작성된 장교적합성의 평가치와 평균 0.39의 상관을 보였다. 캐나다 해군의 평가센터에 관한 연구는 216명의 장교후보 신입생에 대하여 훈련기간 동안에 작성된 실제적인 리더십 평가와, 9개의 평가센터 예측 요인들과 상관관계를 조사하였다. 이를 크기순으로 정리해 보면 일반적인 서류심사로 알려진 전기적 정보와 기타 기존의 정보에 대한 평가자 평정(0.34), 장교 잠재력에 대한 동료평가(0.26), 1, 2차 리더 없는 집단토의(각 0.25), 훈련기간 동안 관찰에 기초한 지도장교 평가(0.25), 면접위원회(0.24), 지휘과제(0.16) 순이며, 의사결정검사 기법이나 정신작업검사(Mental Work-load Test)는 통계적으로 유의미한 상관을 나타내지 않았다. 전반적 사정평가(OAR)는 리더십 평가와 0.42의 상관을 보였다. 몇 요소들의 조합은 전반적 사정평정에 가까운 0.41의 상관을 보였는데 서류심사와 지도장교 평가의 조합이 그러하였다. 이러한 사실은 몇몇 평가요소들이 평가센터방식에서 중복적이고 과잉적임을 시사하고 있다(Jones, 1991).

상황검사 혹은 시뮬레이션은 앞에서 논의한 바와 같이 평가센터 절차에 있어 가장 인상적인 특징들이다. 이제 당면 과제는 어떻게 이들의 활용이 신뢰성 있게 평가될 수 있는가에 있다. 우리가 상황검사의 개념을 받아들이고, 그것이 수행결과에 있어 높은 수준의 상호평가자 일치를 보인다 하더라도, 거기에는 여전히 잠재적인 오류의 원인이 있게 된다. 예를 들어, 각 검사 상황을 효과적으로 유별나게 만드는 경향이 있는 특정 후보자들 집단의 특성의 효과라든가, 사용된 특정 훈련에서의 가능성 있는 차이 등등이다. 기술에서의 향상은 이러한 오류의 근원들을 어느 정도 줄일 수 있을 것이다. 예를 들어, 비디오테이프나 디스크 기술이 역할연기에 활용될 수 있을 것이다. 또한 비디오 기술은 차후 후보자들의 수행을 평가자가 나중 재검토하거나, 더 세밀한 분석을 하는 데 유용하도록 후보자의 행동 기록에 활용될 수 있다. 의사결정검사 기법과, 리더 없는 집단토의 방법 등과 같은 여타의 평가센터 기법의 활용의 필수적인 요소로서 컴퓨터를 사용하는 것이 가능할 수도 있다.

일반적인 평가센터 연구조사들은 평가자들이 상황적 검사에 의해 제공되는 정보를 과대평가하는 경향이 있다고 주장한다. 하지만 이는 숙련된 평가자들과 함께 잘 고안된 상황적 검사들의 활용이, 향후 수행능력을 예측하는 통계적 평가를 산출할 수 없다고 말하는 것은 아니다. 캐나다와 이스라엘 연구들은 지휘과제와 역할연기 그리고 집단토의가 수행기준과 0.16~0.34 사이의 상관관계를 보여준 초기의 연구들을 인용하고 있다. Drakeley (1986)는 지휘과제 평가와 리더십 판단 기준이 해군 사관훈련의 3단계에서 0.15~0.32 사이의 상관관계를 가진다는 것을 발견하였다.

평가센터방식이 상대적으로 적어도 하루 이상의 장시간이 요구되기 때문에 그 비용에 대한 문제가 매우 자주 대두되는 경향이 있다. 물론 비용은 이익에 비추어 균형이 맞추어져야 하겠지만, 모든 군사적 이익을 금전으로만 따지는 방식에는 동의하기는 어렵다.

그럼에도 불구하고 타당한 군사 평가센터방식들이 금액면에서조차 높은 비용–효과성을 가진다는 것을 지적한 두 가지 이상의 유용한 분석 연구들이 있다. Jones(1988)는 일년에 약 100명의 신입생을 뽑는 영국 해군 장교선발의 한 가지 유형을 연구했다. 하나의 판단 기준으로서 첫 4년간의 근무에서는 훈련 소모비용을 그리고 두 번째 기준으로는 다음 4년에서의 직무수행의 수준이 평가되었다. 결과 평가센터가 실시한 전반적 사정평정이 양 판단기준에 대해 0.40 정도의 타당도를 보인 반면, 면접 단독만의 선발은 0.25의 타당도를 보여, 처음 8년간의 근무를 지나면 후보자들은 매 일년간 약 5만 5,000파운드의 실제 이익을 보이는 것으로 나타났다. 앞에서 논의된 캐나다 해군 연구는 매 100명의 후보자를 선발함에 있어 평가센터방식이 앞의 반구조화된 면접절차에 비해 20만 달러 이상의 비용–이득을 주게 된다는 사실을 지적하고 있다.

의도했던 것은 아니나 평가센터 기법의 유용한 이점은 이로 인해 평가관찰 및 집단역학, 문제해결 기술이 개발된 것이다. 후보자들은 평가받는 것 이외에, 평가자들로부터 받는 피드백에 의해 관리능력과 대인기술을 개선할 수 있다. 평가센터의 또 다른 이점은 이것이 평등고용 기회라는 법적 요건에 어긋나지 않는다는 것이다. 이 연습은 후보자가 지원한 직무의 실제 모습을 나타내기 때문에, 심리검사나 지원서에 의한 정보처럼 직무능력과 무관하다는 비난을 받지 않는다. 이 연습과제는 명백히 직무와 관련된 것이기 때문이다.

평가센터방법은 앞에서 논의된 바와 같이 지원자 평가에 대한 장시간의 소요, 전문적이고 훈련된 평가자의 필요성, 평가를 위한 별도의 시설이나 상황검사 혹은 시뮬레이션 장치를 위한 상대적인 고비용 등의 몇 가지 문제점이 있으나 높은 예언타당도, 평등고용 기회 법령과의 일치성, 후보자와 평가자 양측 모두에게 유용한 관리능력 계발 훈련, 잠재적인 리더십의 발견 등의 이점이 더 많은 것으로 알려져 있다. 그러나 평가센터의 평정에 대한 구성타당도의 경험적 지지나 증거 부족으로 비판도 받고 있어, 이 분야의 보완이 필요한 것으로 나타났다(2002, Haaland & Christiansen).

(4) 구성개념지향적 심리평가에 기초한 선발

구성개념지향적 심리평가(construct-orientated psychological assessment)라는 용어는, 통상 평가에 있어 심리학자들의 직접적 참여와 심리학적 고안물들의 명시적 사용이나 심리적 도구들의 이용을 의미하는 것으로 사용된다. 구성개념지향적 심리평가는 인성 측정 분야에서 전문 심리학자의 고안물들을 사용하거나, 동료평가를 이용하거나 또는 심리학자를 직접적인 평가자로 활용하는 경향이 있는 것 같다. 심리학자를 평가자로 활용하거나 동료평가를 이용하는 평가센터방식이 더 타당한 예측치를 보여 준다는 증거가 있는데,

이것은 몇몇 나라들에서 평가센터에서 구성개념지향적 평가 기법을 사용하게 되는 상황 변화를 설명해 준다. 동료평가 기법은 군대 장면에서 장교로서의 성공가능성이 있는지의 여부를 예측하는 데 자주 사용되어 왔으며, 산업장면에서는 훈련 후의 가능성을 예측하는 방법으로도 활용되어 왔고, 3주 동안의 장교훈련 동안 작성된 동료평가와 3년 후 장교로서의 직무성공도와의 상관관계는 0.40 정도로 나타났다(Gaugler et al, 1987).

평가센터와 구성개념지향적 심리평가 사이에는 사용되는 유사한 기술들이 많기 때문에 이 두 방식을 지나치게 세밀하게 구별할 필요는 없을 것 같다. 미국의 연구자들은 2차대전 시 전략사무국(Office of Strategic Service: OSS) 대원들을 선발한 구성개념지향적 심리평가방식을 평가센터방식의 원천으로 보는 경향이 있다. 앞에서 언급한 독일군의 평가센터 연구도 이러한 입장에서 이해될 수 있을 것이다. OSS 평가참모는 그들이 직무요구(연구과제에 대한 동기, 정력과 주도성, 효과적인 지능, 정서적 안정성, 리더십과 안전성)의 조사로부터 추출한 일반적인 요구조건들의 취합과, 지필검사, 면접, 상황검사, 동료평가와 비번상황에서의 관찰을 사용하여 후보자를 평가하기로 결정하게 된다. OSS 대원과 같은 특수 요원들의 선발에 대한 예측가능한 타당성 연구를 위해, 좋은 판단자료를 수집하는 것은 분명히 어려운 일이지만, 전반적 사정평가서(OAR)는 현장 감독관의 평가와 0.45의 상관관계를 보였다. OSS 인사의 무작위 선발은 63%의 성공적인 결정 비율 결과를 가져왔지만, 구성개념지향적 심리평가 방법(또는 원형적인 평가센터)을 사용했을 때는 77%의 성공적 비율을 나타냈음을 시사해 주고 있다(Jones, 1991).

구성개념지향적 심리평가 접근은 이제 벨기에, 덴마크, 이스라엘, 네덜란드와 독일에서 장교 선발을 위해 사용되고 있다. 예를 들어, 벨기에 군의 예비 장교들은 적성검사, 소집단 과제, 신체적 적합성 검사 그리고 다수의 인성검사를 거친다. 심리학자들은 후보자 면접 전에 검사자료 및 기타 자료들을 연구한다. 장교선발 위원회는 심리학자들의 보고를 받아들여 전반적 사정 평가서를 작성한다. 1982년 Böhrer와 Luyten은 2,009명의 예비 장교후보생들을 대상으로 연구한 결과, 이 전반적 사정평가서는 여러 전문분야에 따른 총체적인 훈련성과와 0.36의 상관관계를 발견하였다. 소집단 시행으로부터의 여러 항목(역동성, 영향력) 평가는 0.15에서 0.22 사이의 상관을 보였고, 심리학자들에 의한 책임감과 표현력 그리고 동기에 대한 평가는 각각 0.25, 0.16, 0.16의 상관을 보였다. 적성검사에서의 종합점수는 훈련성과와 0.41의 상관을 보여 주었다. 261명의 장교들에 대한 심층 연구는, 적성검사 종합점수와 심리학자들의 책임감 평가의 조합이 최적의 예측력(0.49의 중다 상관관계)을 보여 주었다. 소집단 과제시행 방법들의 부가는 예측의 수준을 증가시키지 못했다(Jones, 1991).

지금까지의 연구 결과들을 두고 볼 때, 구성개념지향적 심리평가의 접근법은 사용하기에 따라 다른 방법들에 비해 더 예측적이거나, 더 나은 비용 대 효율을 보일 수도 있고 그렇지 않을 수도 있다. 보다 분명한 것은 상식적으로 후보자들을 기술하는 일상적인 방식보다는, 후보자들에 대한 어떤 종류의 평가를 하고자 하거나 기존의 심리학적인 연구고안들을 함께 사용하고자 하는 심리학자들의 주장을 수용하여, 장교선발에 대해 직접적인 개인적 기여를 하도록 해주는 것이 이 분야의 발전을 가져오리라는 것이다(Jones, 1991).

결론적으로, 군인적 적성이 우수한 자를 객관적으로 확인하고 선발하는데 평가센터 방식이 유효하다면 군 내에서도 선발을 위한 평가센터를 설치하여 운용할 필요가 있다고 생각된다. 앞에서 제안한 선병위원회에 이 임무를 맡겨도 좋을 것이다. 여기에 소용되는 경비와 시간은 잘 발달된 컴퓨터 기술을 활용한다면 어느 정도 줄일 수가 있을 것이다. 컴퓨터를 활용하는 기술에서의 향상은 이러한 경비와 시간의 절약은 물론 덜 전문화된 평가자가 가져오는 오류의 근원들도 줄일 수 있을 것이다. 예를 들어, 비디오 테이프나 디스크 기술이 역할 연기에 활용될 수 있을 것이다. 또한 비디오 기술은 차후 후보자들의 수행을 평가자가 나중 재검토하거나 더 세밀한 분석을 하는데 유용하도록 후보자의 행동을 기록하는데 사용될 수도 있다. 의사결정검사 기법과, 리더 없는 집단토의방법 등과 같은 여타의 평가센터 기법의 활용도 컴퓨터를 사용하는 것이 가능할 수도 있다(Jones, 1991). 정보화시대의 추세에 따라 사관학교의 생도 선발은 물론 장교후보생 선발에서도, 평가센터 기법은 이제 PC 및 새로운 전자정보방식을 도입 선발의 새로운 장을 열어야 할 것이다.

5. 군 조직과 다면적 인성검사(MMPI)의 활용

심리검사가 군대 조직에서 사용될 때의 이점은 우선 검사가 통계적 평가에 도움이 되는 객관적이고 표준화된 행동 표본을 제공해줄 뿐 아니라 검사는 면접이나 추천서 등과 같은 다른 선발 도구들보다 선입관에 덜 영향을 받는다는 것이다. 마지막으로 검사의 비용이 사용검사가 지필검사라면 타 인사평가비용에 비해 그리 높지 않으면서도 어떤 한 사람에 관한 많은 정보를 비교적 단기간에 수집할 수 있게 해 준다는 것이다.

이와 같은 목적을 충실히 달성하기 위해서는 심리학적 평가의 해석법이 가급적 과학적인 근거를 가지고 있어야 하며, 성격장애나 인성평가에 구체적으로 도움이 되어야 한다. 이러한 도움의 정도를 기준으로 우리는 평가 도구(심리검사)의 효용성을 판단하게 되는 것이다. 그런 점에서 본 장에서 소개할 MMPI(Minnesota Multiphasic Personality Inventory)는 세계적으로 가장 널리 쓰이고 많이 연구되어 있는 객관적 성격검사로서 한국군에 있어서도 활용할 만한 가치가 있다고 판단된다.

1) MMPI의 개념과 내용

MMPI는 미네소타 대학의 Hathaway와 McKinley(1940)에 의해 10여 년의 연구를 거쳐 제작 표준화된 인성검사 또는 성격검사의 하나로서 이 검사가 나온 후 지난 수십 년간 인성진단 및 상담치료의 상황에서 많이 활용되어 왔고, 또 이에 관한 연구도 극히 활발한 것이 사실이다. 이 검사는 피검사자의 개인적 사회적 적응을 좌우하는 주요 인성 특징을 객관적으로 측정, 평가하려는 것이다. 그런데 이 검사에서의 평가・진단의 대상인 인성 특징은 일단 형성된 후에는 쉽사리 변화되기 어려운 비교적 항구적인 인성 특성(personality traits)들이 아니라 지도・상담이나 치료에 따라 변화될 수 있는 정신신경증적 경향(neurotic tendency), 정신병적 징후 또는 증후군(psychotic symptom or syndrome) 및 반사회적 이상성격(psychopathic personality) 또는 행동장애(behavior disorder) 등의 인성 특질이다. 따라서 본 검사의 목적은 이러한 경향, 징후, 비정상적 또는 이상성을 진단 포착하여 상담 지도나 정신 치료에 기여하고자 하는 것이며 아울러 비정상적이고 불건전한 방향으로 진전될 가능성을 미리 알아내어 미연 방지의 선도책을 강구하려는 것이다.

(1) MMPI의 내용

MMPI에는 다음과 같은 척도가 있다(김중술, 1988).

1 타당성척도(Validity Scales)

MMPI의 가장 현저한 특징 중의 하나인 타당성 척도는 원래 인성 특징을 진단하기 위한 것이 아니라 임상 척도의 여러 점수의 신빙성과 타당성을 직각적으로 판정하려고 작성된 것이었으나 현재까지의 임상연구결과 이 척도 자체가 꽤 유의한 인성 요인을 드러내 주고 있음이 점차 밝혀지고 있다.

가 말할 수 없다 척도(Cannot Say Scale: ?)

응답하지 않은 또는 응답하지 못한 문항의 수가 바로 이 ? 점수인데 무반응수의 크기는 다른 척도점수의 크기에 영향을 미치게 된다. 그래서 이 ? 점수가 클수록 그 답안지의 타당성이 의심되며 가령 너무 많은 문항(10개 이상)을 빠뜨리면 검사자는 환자에게 빠뜨린 문항들을 다시 한 번 읽어 보게 한 후, 꼭 그렇지는 않더라도 대개 "그렇다"거나 혹은 대개 "아니다"에 따라 답하도록 권유할 필요가 있다. 이 점수가 100 이상일 경우에는 그 피검사자의 검사결과는 해석을 타당하게 할 수 없으므로 무효가 된다. 따라서 무반응점수가 원점수 100 이상이면 채점에서 제외시키고, 개인 면접에 의하여 그 이유를 알아보아야 한다(정범모, 이정균, 진위교, 1967).

그러나 이들의 환산치를 보면 피검사자가 100개의 문항을 빠뜨렸다고 가정할 때 그것은 T점수로 69 밖에 되지 않으므로 아직도 해석이 가능한 범위에 속한다는 말이 된다. ?척도상 원점수 30이 나타날 수 있는 빈도는 약 5%이며, 원점수 30은 Hathaway와 McKinley(1967)가 생각한 것처럼 T점수 50이 아니라 70에 가까움을 의미한다. 마찬가지로 ?척도 상 원점수 100이 나타날 수 있는 빈도는 약 0.5%이며, 이것은 T점수로 환산할 때 Hathaway와 McKinley가 제시한 것처럼 70이 아니라 80에 가깝다. 따라서 현재 사용되고 있는 원점수에 대한 T점수의 배정을 재조정할 필요가 있다(Greene, 1980).

나 허구성척도(Lie Scale: L)

15개의 문항으로 성립되어 있는 가장 작은 척도로서 선험적 판단에 의한 보편적인 내용으로 된 문항으로 구성되어 있다. MMPI의 모든 척도가 철저한 선험적 방법에 의하여 도출되고 작성되어 있는 데 비하여, 이 척도만은 논리적인 판단에 의하여 작성된 것이다. L척도 문항은 바람직하나 실제로는 그렇지 않은 내용이며 피검사자의 부정직성을 알아낼 수 있는 함정의 역할을 하기도 한다. 남에게 아주 착하고 훌륭하게 보이려는 의도에서 자기의 솔직한 심정을 얼마나 왜곡하고 있느냐를 재려고 하는 것이다. 예를 들어 "때때로 욕설을 퍼붓고 싶어지는 때가 있다"와 같은 문항에 "아니다"라고 응답하는 것은 비정상적인 반응으로 취급된다.

다 타당성척도(Frequency or Confusion Scale: F)

64개의 문항으로 구성되어 있는 척도로서, 채점되는 방향으로 반응하는 일이 정상인 집단에서는 극소한 문항들로 구성되어 있다. 따라서 F척도는 거의 언제나 어느 사람의 생각이나 경험이 일반 대중들의 그것과 다른 정도를 측정한다. "내 혼이 가끔 내 몸을 떠난다"에 대해 (그렇다) 식의 반응이 그 예가 된다. F척도를 때로는 빈도(frequency) 혹은 희귀(infrequency)척도라고도 부르나 F라고 붙이게 된 정확한 경위는 알려져 있지 않다.

하나의 타당성척도로서의 이 F는 지시나 문항내용을 오독 또는 오해한 데서 온, 말하자면 동문서답 식 반응이나 수검자의 부주의 · 경솔 또는 채점에서의 착오 등을 포착하기 위한 척도이며, 동시에 비정상적인 반응의 지표가 됨으로써 유의한 진단적 역할을 해주는 척도이다.

라 교정척도(Correction Scale: K)

K척도는 현저한 정신적인 장애를 가지고 있으면서도 정상적인 태도를 보이는 사람들을 식별하기 위하여 경험적으로 선택된 30개의 문항들로 구성되어 있다. 따라서 이 척도는 교정 요인으로 사용되는 바 임상척도에서 정상인과 다름없는 점수를 얻는 이상자와 진짜 정상자를 변별해 내고, 이상자와 비슷한 점수를 얻는 정상자와 정말 이상자를 비교적 분명하게 구별해 준다는 것이다.

이 척도가 측정하는 것은 방어성과 경계심이며, 따라서 L척도가 측정하는 행동의 일부와 중복되나, L척도보다는 매우 은밀하게 그리고 세련된 사람에게서 측정한다는 점이 다르다. 문항의 예로 “처음으로 만나는 사람들과 얘기하는 것이 거북하다” 등이 있다. 하나의 타당성척도로서 K척도는 자기옹호와 자기방어, 혹은 반대로 자신의 결함이나 심리적 약점, 고민을 노출시키는 정도를 나타내는 수검 태도를 재는 척도라고 할 수 있다.

2 임상척도(Clinical Scales)

본 검사의 목적을 달성하는 주된 검사내용인 이 임상척도는 인간의 정신신경증적, 정신병적 및 반사회적 인성 특질을 측정하려는 것이다. 이 척도들의 내용은 다음과 같다.

가 척도 1: 건강염려증(Hypochondriasis: Hs)

Hs척도는 그 사람이 호소하는 신체적 증상의 수와, 이와 같은 증상들이 다른 사람을 조종하는 데 사용되고 있지 않는가 여부를 측정하는 33개 문항으로 구성된 척도이다. 이 척도가 측정하는 증상의 임상적인 특징은 신체기능에 대한 과도한 집착 및 그와 관련되는 질환이나 비정상적인 상태에 대한 불안의 형태로 나타난다. 신체적 징후에 관한 이러한 관심과 편견은 신체진단결과 허약이나 결함의 반증이 명백해지더라도 그대로 고집, 집착하려는 것이 건강염려증 환자의 상례이다. 자신의 몸에 대한 이러한 지나친 근심과 걱정은 개인생활을 지배하며 활동과 대인관계를 크게 좌우한다.

나 척도 2: 우울증(Depression: D)

D척도 60개 문항들은 원래 우울증상을 측정하기 위하여 제작된 것으로서, MMPI 시행 당시에 그 사람이 느끼는 비관 및 슬픔의 정도를 나타내는 기분(mood)의 척도이다. 또한 이 척도는 자신에 대한 태도(자아 개념 포함)와 타인과의 관계에 대한 태도, 만족 및 안전감, 희망의 상실 등을 측정하며 회복할 수 없는 손실에 대한 공포(Caldwell, 1985)나, 그 사람의 전형적 방어기제의 붕괴 정도(Trimboli & Kilgore, 1983) 등을 측정한다. 일반적인 무력감으로 나타나는 활동에 대한 흥미의 결여, 수면장애나 위장 계통의 고통을 포

함하는 신체적 증상 및 과도한 민감성과 사교성의 결여 등(Dahlstrom, Welsh & Dahlstrom, 1972)이 본 척도의 주요 내용 영역이며, 점수가 높아질수록 그 사람의 태도는 슬픔(T=70)에서 침울(T=80)로, 다음에는 자신 및 세상에 대한 염세주의(T=90)로 변해간다.

다 척도 3: 히스테리(Hysteria: Hy)

Hy척도는 60개의 문항으로 구성되어 있는 임상척도로서 전환 히스테리증의 정도 및 경향을 진단하려는 것이다. 신체적 징후를 수단으로 해서 어려운 갈등이나 난관을 모면 회피하려 하고, 성숙된 책임을 피하려 하며, 귀찮은 업무 등을 얼버무려 넘기는 것이 특색이다. 척도 3의 60개 문항들은 두 가지 서로 다른 유형으로 구성되어 있는데, 그 하나는 특정한 신체적 증상을 나타내는 문항들이며, 다른 하나는 자신은 사회적으로 잘 적응하고 있고 아무런 심리적 혹은 정서적 문제도 가지고 있지 않다고 주장하는 것을 나타내는 문항들이다. 이 두 가지 문항들이 정상인에서는 서로 아무런 관계가 없거나 혹은 배타적인 관계에 있으나, 성격이 히스테리적 역동을 중심으로 구성되어 있는 사람들에서는 서로 밀접한 관계를 가지고 있어서 신체적 문제가 많이 있다는 사실을 인정하나 그것 때문에 걱정된다는 것은 부인한다. 이와 같은 사람들이 보통 때는 아주 잘 적응하는 것처럼 보이나, 스트레스에 당면하게 되면 전환성 형태의 신체적 증상(T=80 이상일 때)을 유발함으로써 갈등을 해결하고 책임을 회피하려 한다(Trimboli & Kilgore, 1983).

라 척도 4: 반사회성(Psychopathic Deviate: Pd)

Pd척도는 반사회적인 성격으로서 비사회적이며 비도덕적인 형으로 진단된 주로 17세에서 22세 사이의 젊은이들을 기준 집단으로 사용하여 경험적으로 구성된 50개 문항으로 되어 있는 척도이다. 따라서 이 척도는 정신병질적인 장애를 가진 비도덕적, 반사회적인 성격경향 및 정도를 평가하려는 것이다. 이러한 경향의 주요 특징은 첫째, 사회적 규범의 무시 둘째, 깊은 정서적 반응의 결핍 셋째, 경험이나 체험(특히 처벌적인 체험)으로부터 학습하고 습득하는 능력의 부족 등을 들 수 있다. 임상에서 빈번히 보는 것은 거짓말을 잘 하고 도벽 · 알코올중독 · 약물중독 및 성적인 문제 등이다.

마 척도 5: 남성특성–여성특성(Masculinity-Femininity: Mf)

MMPI의 척도명이 어느 정도로 그 진단명을 반영하는가 하는 것에 대해서 회의를 나타내는 학자들은 척도명 대신에 약호(code)를 쓰기를 권유한다(Duckworth & Anderson, 1986). 척도명과 그것이 의미하는 진단적 현상과의 차이가 가장 현저한 것이 Mf척도라고 할 수 있겠다.

60문항으로 구성된 이 척도는 흥미 형태의 남향성 경향 또는 여향성 경향을 측정 및 진단한다. 따라서 이 척도의 T점수는 남녀별로 따로 되어 있다. 남녀를 막론하고 이 척도에서의 높은 T규준 점수는 표준적인 흥미 형태로부터의 이탈을 의미한다. Mf척도에 의하여 남성의 여성적 경향은 성적인 면에서뿐만 아니라, 문화적 및 미적 관심과 수동성과 같은 가치관 · 태도 · 흥미 · 언어의 표현양식에서도 나타난다. 여성에 있어서의 높은 점수는 남성의 경우와 같은 임상적인 의미를 갖는다고 안전하게 가정할 수는 없다.

척도 5는 모든 임상척도 중에서 가장 잘못 이해되고 있는 척도라고 할 수 있겠는데, 그 첫째 이유는 남성 특성–여성 특성이라는 이름때문이다. 이 척도명이 함축하고 있는 의미는 이 척도가 그 사람이 남성적인가 여성적인가를 나타내는 것처럼 되어 있는데, 실제로 현대 사회에 있어서 이 양자간의 구별이 이전에 비하여 많이 모호하여지고 있을 뿐만 아니라, 남성 및 여성 특성의 의미도 빨리 변하고, 이 척도가 처음 제작될 당시의 그것과 많이 다를 수 있다는 데 문제가 있다. 두 번째 문제는 남성의 경우 이 척도에 의해 실제 혹은 잠재적인 남성 동성애자들을 확인할 수 있다는 가정은 근거가 없는 것으로 밝혀져 이 척도만으로는 동성애자를 확인하는 데 별로 효과가 없다는 것이다(김중술, 1988).

바 척도 6: 편집증(Paranoia: Pa)

척도 6을 구성하는 40개 문항들은 집착증, 의심증, 과민성 및 각종 망상의 정도와 증후를 측정한다. 편집증 경향을 가진 사람은 자기의 능력이나 지능에 비하여 너무 높은 것을 그리고 현재의 처지나 상황을 잘못 파악하고 해석을 내림으로써 공격적인 경향을 나타내며, 대인관계에서 과민하고 부드럽지 못하며 원한을 갖는다. 따라서 시비를 걸고 소송하기를 좋아한다.

사 척도 7: 신경쇠약증(Psychasthenia: Pt)

척도 7의 48개 문항들이 측정하는 것은 주로 오랫동안 지속되어 온 만성적 불안이다. MMPI 제작 당시의 Psychasthenia라는 진단명은 요즈음의 강박증(obsessive-compulsive disorder)이라는 뜻이었으며, 부적응임을 알고 있음에도 불구하고 특정 행동이나 사고를 하지 않을 수 없는 상태가 그 특징이다. Pt척도는 강박적인 행동 이외에도 비정상적인 공포 · 불안 · 근심걱정, 자기비판, 자신감의 저하, 주의집중 곤란, 과도한 예민성, 지나친 완벽주의(perfectionism), 우유부단 및 죄책감 등을 측정한다. 문항내용들은 특정한 강박적 사고나 의식을 나타내는 것이 아니라 다양한 강박적 증상의 성격적 근거를 측정하려는 것이다(Dahlstrom et al., 1972).

아 척도 8: 정신분열증(Schizophrenia: Sc)

척도 8에는 78개 문항들이 있는데, 이것은 다른 임상척도보다 25~25%나 더 많은 문항수이다. 이 문항들이 다루는 내용영역들은 매우 다양하여, 기괴하고 진기한 사고방식이나 비정상적인 지각, 사회적 소외, 가족간의 갈등, 주의집중 및 충동 억제의 곤란, 깊은 흥미의 결여, 자기가치 및 자아정체에 대한 심한 의문 및 성생활장애 등이다(Greene, 1980). 그러나 이 척도만으로 피검사자의 정신분열병적 경향을 속단해서는 안 되며 다른 척도 점수와 임상기록 및 행동 관찰결과를 아울러 참조하여 신중한 판단을 해야 한다.

이 Sc척도는 다양한 요인으로 구성되어 있으나 Kunce와 Anderson(1976, 1984)은 상상력을 척도 8의 기본 차원이라고 했다. 제반 영역에서 잘 생활하고 있으면서 이 척도가 경미하게 높은 사람들은 자발적, 전위적, 창조적이며 상상력이 우수하다. 보통사람 같으면 놀라고 당황해 할 만한 전의식적인 사고나 감정도 이 사람들은 새롭고 쓸모 있는 형태로 변모시킨다. 척도 8의 특징적인 현상들을 긍정적인 방향으로 가능케 하려면 높은 자아 강도(ego strength)가 필요하며, 그렇지 못할 경우에는 스트레스에 당면하면 이 같은 긍정적인 특성들도 비현실적이며 기태적인 행동으로 되어 버린다.

자 척도 9: 경조증(Hypomania: Ma)

척도 9의 46개 문항들은 정신적 에너지를 측정하는 척도로서, 인지 영역에서는 思考의 다양성, 비약 및 과장성을, 행동 영역에서는 안절부절 및 과잉활동성을, 정서 영역에서는 불안정성, 흥분성, 민감성 및 기분의 고양 정도를 측정한다. 경우에 따라서는 사회적 전통을 무시하고 법률문제를 야기하는 특징도 포함된다. 그런데 이러한 인성특징의 경향은 야심이 있고 활기에 찬 정력적인 정상건강인의 경우와 구별하기 어려운 때가 있다. Kunce 등은 척도 9의 기본 차원을 열의라고 했다. 이 척도는 대체로 D척도와 반대적인 양상을 보인다.

차 척도 0: 내향성(Social Introversion: Si)

인성의 내향성-외향성에 대한 개념은 일찍이 Jung에 의하여 제안된 것으로서 개인의 적응을 결정하는 주요 특성의 하나이다. 70개 문항으로 된 Si척도는 개인의 사회적 접촉의 회피, 대인관계 기피, 비사회성 등의 인성 요인을 측정한다. 이 척도는 최초 정신과적 증상에 근거하여 제작된 것이 아니라, 미네소타 T(思考)-S(사회적 활동)-E(정서적 반응)라는 세 가지 영역에 걸쳐 내향성-외향성을 측정하는 심리검사를 사용한 기준 집단에 기초하여 제작된 것으로 Drake(1946)가 미네소타 T-S-E 검사가 측정하는 사회적 영역에만 한정시켜 척도의 문항을 선발하였는 바 지금은 임상적 가치가 높아짐에 따라 MMPI

의 임상척도에 포함시키고 있다.

2) MMPI의 해석

MMPI의 해석에 들어가기에 앞서 이 검사의 특징을 먼저 살펴보는 것이 순서일 것 같다. MMPI는 하나의 구조화된 성격검사인데 때로는 진단용 성격검사라고도 한다. 여기서 구조화된 성격검사란 검사자료 자체가 문화적 관습에 의해 결정된 문항으로 구성되어 있고 피검사자는 이러한 문항에 대해 한정된 몇 가지 방식으로 응답하도록 구성된 검사를 말한다(Meehl,1945). MMPI는 질문형 검사로 모두 566문항(간편형 383문항)으로 구성되어 있으나 실은 550개에 16문항이 같은 것이 중복되어 있다. 피검사자는 각 문항에 대하여 "그렇다" "아니다" 또는 " 말할 수 없다"의 세 가지 중 어느 하나에 대답하게 되어 있으며 10개의 비정상 임상척도와 4가지 타당성 척도에 따라 채점 및 해석된다. "말할 수 없다"의 경우에는 답란을 그대로 비워 두면 된다.

그러나 MMPI에서 타당성 척도란 검사 자체의 타당도를 의미하는 것이 아니고 반응과정에서 작용하는 수검태도(test-taking attitude)를 반영하는 것이고 임상척도는 근본적으로 Kraepelin의 정신과적 장애의 진단분류에 근거하고 있다. 그리고 진단용 성격검사라는 말이 지적하고 있는 바와 같이 MMPI는 원래 정상으로부터 이탈된 이상 행동의 진단분류를 목적으로 하고 있어서 이탈가설(deviation)을 상정하고 있다.

또한 MMPI의 문항 선정과 척도 구성은 정통적인 합리론적 접근과는 달리 철저한 경험적 접근을 통해 만들어졌다. 예컨대, "때때로 짐승을 못살게 군다(F)" 혹은 "사람들에게 진실을 납득시키려면 토론을 많이 하여야 한다(F)"는 문항과 "사람들은 잘 되기 위해서 거짓말도 한다(F)"는 문항이 우울척도와 히스테리척도에 포함될 합리적 근거는 없다. 단순히 이러한 문항이 정상 집단과 이상 집단을 잘 변별해 준다는 경험적 근거에 따라 문항으로 선정되었을 뿐이다. 비록 정상 집단과 이상 집단에 대한 경험적 변별력에 따라 문항을 선정하기는 하였으나, 만들어진 검사를 이상 집단에 다시 적용하여 본 결과 개별척도의 진단변별력은 그렇게 높지 않은 것으로 나타났다(Hedlund, 1977). 그래서 소위 말하는 신경증적 3척도(neurotic triad) 혹은 정신병적 4척도(psychotic tetrad)라는 말이 생기게 되었다. 비록 이러한 경향이 있다고 하더라도, 이것이 다면적 인성검사의 진단변별력을 부정하는 것은 아니다. 즉 정신과적 진단집단 자체가 하나의 복합 증상군이기 때문에 여러 임상척도가 더불어 상승한다는 것은 오히려 복합증상군의 성격을 자연스럽게 반영한 결과라고 볼 수 있기 때문이다. 이러한 검사 구성의 특징 때문에 다양한 장면에서 많이 사용되고 있을 뿐만 아니라 피검사자의 심리적 상태 및 정상으로부터의 이탈을 매우 신뢰롭고 타당하게 반영해 주는 것으로 알려져 있다.

그러나 모든 심리검사가 그렇듯이 MMPI에도 여러 제한점이 있다. 가장 큰 제한점은 검사 문항에 대한 반응이 피검사자의 주관적 판단에 의존한다는 것이다. 따라서 MMPI의 결과가 피검사자의 심리적 상태, 성격 특성 및 증상 행동을 어느 정도 정확하게 반영해 주느냐 하는 것은 피검사자의 주관적 판단의 정확성에 달려 있다. 즉 문항에 대한 반응에서 정확한 판단이나 진실성이 결여되어 있으면 이 검사의 타당성은 기대하기 어렵다. 뿐만 아니라 많은 사람들이 자신의 판단이 항상 옳다고 생각하고 자신이 자기를 가장 잘 안다고는 하지만, MMPI를 실시해 볼 필요가 있는 피검사자들에게 진실하고 정확한 판단을 기대하기 어려운 경우도 많다. 물론 문항에 대한 반응과정에 작용하는 여러 타당성 척도와 타당성 지표들이 있기는 하지만, 피검사자가 임의로 어떤 인물을 가장하여 반응할 경우 타당성척도나 지표에 나타나지 않아 임상척도에서 성공적인 가장이 가능하다는 연구도 있다(Kroger & Turnbull, 1975).

이 외에도 MMPI에는 여러 제한점이 있는데 Korchin(1976)은 다음과 같은 문제점을 지적하고 있다. 첫째, 근본적으로 MMPI의 임상척도는 정신의학적 진단 분류 체계에서 비롯된 것이나, 그러한 척도들은 정신의학적 분류 체계의 애매한 가치밖에 없다. 둘째, 어떤 척도들은 상관관계가 매우 높아 척도의 독립성에 제한이 있다. 셋째, 어떤 척도들은 신뢰도가 매우 낮다. 그래서 전체 프로파일은 우연 요인(chance factor)에 의존하는 각 척도의 결합일 수 있다. 넷째, 각 문항에 대한 반응은 반응 태세(response set)에 의해 결정되기 쉽다. 다섯째, 채점되지 않는 불필요한 문항들이 많이 있어서 검사 자체가 너무 길다. 여섯째, 종교적이거나, 성적인 내용을 분명하게 포함하고 있는 문항이 많아 일부 피검사자들에게 거부감을 야기할 수 있다. 일곱째, 정상 집단과 이상 집단간의 변별력은 매우 높지만 정서장애 집단이나 정상 집단 내에서의 차이에 비교적 민감하지 못하다. 뿐만 아니라 MMPI에는 검사 결과에 영향을 미치는 검사외적 변인이 많이 있다. 예컨대, 교육 수준, 문화적 배경, 검사 장면, 허위반응, 검사자의 지시 및 태도 등이 그러한 변인들이다. 물론 이러한 비판과 검사 외적 변인들은 다면적 인성검사만의 문제라고 보기는 어려울 뿐만 아니라 전혀 통제가 불가능한 것도 아니다. 말하자면 이러한 비판이나 검사외적 변인과 관련된 문제를 최소화하기 위해서 심리검사를 실시하고 해석하는 사람의 전문성이 더 요구된다고 보아야 할 것이다.

이러한 MMPI의 특징이나 비판을 유념하면서 직접 해석과 관련된 문제를 다루어 본다. 모든 성격검사의 해석과 마찬가지로 MMPI의 해석도 가장 기본이 되는 것은 각 척도의 수준에 따른 접근방식이 될 것이다. 특히 Dahlstrom, Welsh 및 Dahlstrom(1975)은 어떤 척도치가 높은 경우와 낮은 경우에 있어서의 많은 해석적 가정을 제시하고 있다. 그러나 이때에 높은 경우와 낮은 경우를 구분하는 기준은 매우 모호하다. 일반적인 생각으로 보면 어떤 척도치가 T점수 70 이상 혹은 30 이하일 경우 높다 혹은 낮다고 볼 수 있겠지만, 개인에게 보다 특징적인 성격이 행동에 더 큰 비중을 차지할 것이라고 보면 이러한 점수 범위를 벗어나지 않는 척도라고 하더라도 해석상에서 고려해야 할 것이다.

또 다른 해석적 접근은 형태적 해석(configural interpretation)이다. MMPI에는 상호관련이 있는 여러 척도들이 있으므로 형태적 해석에 있어서는 3가지 관점에서 해석을 시도하고 있다. 즉 어떤 척도가 상승한 정도(elevation: principle of intensity), 프로파일의 형태(shape: principle of dominance) 및 척도의 분산(scatter: amount of elevation variance)을 고려하여야 한다는 것이다. 척도가 상승한 정도를 고려하는 것은 어떤 한 척도만 가장 높게 상승해 있다면 그 사람은 그 척도와 관련된 특징을 가지고 있을 가능성이 높다는 것을 가정하고 있다. 따라서 어떤 척도의 상승 자체가 그 사람의 문제 및 문제의 심각성을 지적하는 것으로 가정하는 것인데, 개별 척도에 의한 해석적 접근과 유사하다.

프로파일의 형태에 따라 해석하려는 관점은 근본적으로 프로파일 내에서 척도들의 상대적 수준을 고려하려는 시도이다. 말하자면 어떤 척도들이 동시에 가장 높게 상승해 있다면 이렇게 상승한 척도들이 그 사람의 특징을 가장 잘 반영하는 것으로 볼 수 있고, 그래서 이런 경우 척도의 상승에 따른 해석을 수정해야 한다는 것이다. 소위 코드 유형에 의한 해석은 우세성의 원리를 잘 반영하고 있다. 이러한 해석적 접근은 프로파일 유형에 따라 해석의 일관성을 유지할 수 있다는 장점이 있다. 척도들의 분산이란 어떤 척도들 간의 상대적 차이의 정도를 의미하는 것이기 때문에 분산이 크면 프로파일 유형의 분류가 쉬워진다. 예컨대, 어떤 프로파일에서 척도 4와 9가 가장 높고 이 척도들이 다른 척도들보다 적어도 T점수 15점 이상 높다면 이 프로파일은 분명한 분산을 보여주는 것이고 그래서 쉽게 4-9 유형으로 분류할 수 있다.

MMPI에 있어서 척도들의 상대적 수준이나 분산을 고려하려는 시도에서 코드 유형에 의한 실험–통계적 해석(Marks & Seeman, 1963; Gilberstadt & Duker, 1965) 및 자동화된 해석(Lachar, 1974)으로 발전되었다. 이러한 해석적 접근은 MMPI의 해석에 있어서 임상적 처리와 실험–통계적 처리에 관한 Meehl(1959)에서 비롯되었다고 볼 수 있다. 이러한 기계적 혹은 자동화된 해석과 더불어 최근에는 보다 임상적 처리를 강조하는 심리역동적 접근도 시도되고 있다(Graham, 1977; Trimboli & Kilgore, 1983). 이 심리역동적 접근에 있어서는 피검사자의 특징적인 안전조작(security operation)과 방어기제, 불안을 통제하고 관리할 수 있는 능력, 공격성이나 적대감을 처리하는 특징적인 방식, 현실 접촉의 안전성, 대상관계의 질 및 정신병리의 정도에 관한 해석적 시도를 강조하고 있다. 이러한 심리역동적 해석은 MMPI의 해석을 세 수준으로 구분하고 있다. 첫째, 피검사자의 수검태도와 피검사자가 MMPI를 통해서 검사자에게 전달하려는 인상을 이해하는 데 도움이 될 수 있는 자기보고적 수준이다. 둘째, 어떤 척도들의 상승과 이 척도들의 상호관계에 의한 해석으로 코드 유형과 행동의 상호관계에 관한 많은 경험적 연구들이 이 수준의 해석에 속한다. 셋째, 검사결과에 의한 해석적 차원을 넘어서 피검사자에 관한 다양한 정보를 통합하여 피검사자가 가지고 있는 문제의 성격을 포괄적으로 설명하고 이해하려는 수준이다. 이 수준의 해석에 있어서는 해석자의 정신병리 및 성격 이론에 대한 지식이 매우 중요하다.

이러한 해석적 접근들을 고려하면, MMPI는 여러 수준에서의 해석적 접근이 가능하다. 그러나 피검사자의 심리적 상태, 성격특징 및 증상행동의 이해와 예언을 강조하는 임상 장면이나 상담 장면에 있어서는 해석과정에 있어서 여러 다양한 정보의 통합이 필수적이라고 생각된다. 비록 이러한 해석적 접근이 바람직하다고 하더라도 해석자가 MMPI나 정신병리 및 성격 이론 등에 관한 충분한 지식과 경험이 없을 경우, 심리역동적 접근과 같은 포괄적이고 통합적인 해석적 시도는 매우 어렵다. 그러므로 해석의 기본이 되는 각 척도의 수준에 따르는 해석적 가정을 살펴보는 것이 순서라고 생각되는데 아래의 해석적 가정은 김중술(1988)의 저서에서 중요하다고 생각되는 것을 요약한 것이다(김영환, 1989).

■ 척도의 수준에 따른 해석적 가정

[1] ?척도

T점수:>70

- 독해력이 부족하여 문항의 정확한 해독이 어려운 경우.
- 검사 및 검사자에 대한 불신감, 의심, 반항심 등으로 인한 비협조적 태도.
- 자신에 관한 중요한 개인적 정보를 노출시키지 않으려는 방어.
- 심한 우울증이나 강박적인 경향으로 인한 의사결정의 어려움.

[2] L척도

T점수:<44

- 모든 문항에 “그렇다”고 반응하려는 경향.
- 자신의 약점을 인정할 수 있는 능력.
- 자신감이 높은 경향.
- 자신을 병적으로 보려는 태도.

T점수:>70

- 순박하거나(naive) 경직된(rigid) 사람.
- 자신의 바람직하지 못한 특징을 부인하고 억압하려는 태도.

- 자기통제가 강하고 세련되지 못한 사람(unsophisticated).
- 검사를 통하여 좋은 인상을 심어 주려고 애쓰는 경향(예: 인사 선발).
- 교육 수준이나 사회경제적 수준이 낮은 집단.

③ F척도

T점수: <44

- 비교적 스트레스가 적다.
- 사회적 순응성이 높은 경우.
- 심한 정신병리를 부정하려는 반응위조(faking good).

T점수: >70

- 보통 사람과는 다른 사고방식.
- 불안과 같은 심리적 특징 때문에 도움을 요청하려는 경향.
- 자아정체감의 혼란을 겪고 있는 청소년.
- 심한 정서적 · 행동적 장애를 가지고 있는 정신병자.
- 현실검증의 장애.
- 심한 정신병리가 있는 것처럼 보이려는 반응위조(faking good).

④ K척도

T점수: <35

- 자신의 정신병리를 과장하거나 나쁘게 반응위조(faking bad).
- 고의적으로 병이 있는 것처럼 꾀병을 부리는 경우.
- 적극적인 치료를 요하는 급성 정신병.
- 심리치료가 어렵고 다른 치료에 대한 반응도 매우 낮다.

T점수: >70

- 겉으로 자신의 통제력을 과시하고 자신의 문제점이나 약점을 부인하려는 경우.
- 자신의 문제에 대한 이해가 결여되어 있을 뿐만 아니라 문제에 대한 직면을 거부하는 경우.
- 억압이나 합리화를 주된 방어기제로 사용하고 매우 방어적임.
- 모든 문항에 대해 "그렇다" 혹은 "아니다"로 반응하려는 반응태세(response set)를 검토해야 한다.

⑤ Hs척도

T점수: <44

- 신체적인 증상은 없고 건강에 대해 걱정하지 않는 사람.
- 보건직에 종사하는 사람이나 질병과 나약함을 동일시하여 부정적으로 생각하

는 사람.

- 예민하고 낙천적이며 자신의 심리적 과정에 대한 통찰력이 있고 사회적으로 효율적일 수 있다.

T점수: 60~69

- 실제적으로 신체적 질환이나 장애가 있거나 혹은 성격적으로 미숙하고 고집이 세며 의욕이 약한 사람.
- 자신이나 타인의 신체적 건강에 대하여 건설적인 관심을 가지고 있는 정상적인이거나 혹은 성격적으로 조심성이 있으며 사려 깊고, 진실하고 양심적인 사람.

T점수:>70

- 자신에게 어떤 질환이 있다고 생각하거나 혹은 질환을 빙자하여 다른 사람을 조종하거나 지배하려는 사람.
- 어떤 신체적 증상에 지나치게 집착하거나 신체적 불편이 많거나 냉소적이거나 요구사항이 많거나 부정적이거나 혹은 비관적인 사람.
- 심리적·신체적 치료에 대한 예후가 보통 좋지 않음.

6 D척도

T점수:<44

- 사교적이고 낙관적이고 기민하고 사고나 행동이 자유로운 사람.
- 이러한 행동들이 생활상황에서 적절성을 유지하고 있음.

T점수: 60~69

- 자기 자신이나 혹은 어떤 일에 대한 불만은 있으나, 이러한 상태를 우울한 것으로 느끼지 않거나 오히려 상황에 적절할 수도 있음.
- 자신이 관련된 일에 대하여 적절한 관심을 나타내지 않거나 만성적인 우울감을 가지고 있는 상태.
- 정상인일 경우 현실적이고 객관적이며 사려 깊은 사람일 수 있음. 그러나 어떤 스트레스에 직면하면 자신의 행동에 대해 지나치게 비판적이거나 죄책감에 빠지기 쉽고 여러 염려감과 불안감이 나타날 수 있음. 자주 선악과 시비를 따지거나 인생의 의미에 대한 실존적 의문을 자주 제기할 수 있음.
- 대학생 중에 이 점수 범위에 속하는 학생이 많은데, 이런 경우는 심리적 부담이 되는 현실적 문제에 대한 반응을 지적하는 것일 수 있음.

T점수:>70

- 인생 자체나 자신에 대하여 비관적이고 우울한 기분과 우울감을 호소할 수 있음. 걱정이 많고, 죄의식을 많이 느끼며, 어떤 문제에 직면하면 우유부단한 태

도를 보이고, 자기비하적이고, 비현실적일 수 있음. 이 척도가 높을수록 행동 지체, 심한 무망감 및 부적절감이 증가하고 때로는 망상도 있을 수 있음.

- 다른 임상척도를 검토하거나 면담을 통해 우울감의 원인을 찾아야 한다.

[7] Hy척도

T점수:<44

- 냉소적이고 타인을 불신하고 사회적으로 고립되어 있을 수 있음.
- 흥미의 범위가 좁고 방어기제가 비효율적일 수 있음.

T점수: 60~69

- 과노출적, 외향적 및 피상적인 경향이 있거나 자기중심적이거나 자신의 문제를 부인하려는 경향이 강할 수 있음.
- 인생의 긍정적 측면만 보려 하고 불유쾌한 일은 외면하려는 경향.
- 대인관계에 대한 통찰력이 부족할 수 있음.

T점수:>70

T점수 60~69에 속하는 특징이 더 심하고 피암시성이 높다.

- 스트레스에 직면하면 신체적 불편을 호소할 수 있음.
- 미숙하고 요구가 많고 억압을 주된 방어기제로 사용함.
- 단순하고 구체적인 문제해결을 요구하지만 자기 자신에 대한 반성을 거부함.
- 첫 인상은 비교적 좋고 붙임성은 있으나 심리치료적 관계의 지속이 어렵다.

[8] Pd척도

T점수:<44

- 정직하고 보수적임.
- 이 척도가 가장 낮을 때 남자들은 성적인 흥미가 적을 수 있음.
- 공격적이거나 자기주장적인 성향을 억압하려는 경향이 강할 수 있는데 특히 척도3이 이 척도보다 높을 때 그러한 경향이 강함.

T점수: 60~69

- 사회적 문제에 대해 진지한 관심을 보이거나 환경적 갈등에 대한 민감한 반응을 보이거나 혹은 대인관계 및 사회적 갈등에 적응적인 상태.
- 주도성이 높고, 정력적이고, 활동적이고, 솔직하고 진취적일 수 있으나, 좌절감에 직면하면 참을성이 부족하고 쉽게 공격적인 행동이나 부적응 행동을 할 수 있음.

T점수:>70

- 화를 자주 내고 다른 사람과 다투기를 잘 함. 주로 권위적인 인물과의 관계에

어려움이 있고, 이러한 어려움을 직접행동으로 나타내기보다 적대감이나 반항심으로 표현함.

- 신뢰성이 부족하고 자기중심적이고 무책임하고 경험을 통해서 배울 줄 모르고, 계획성이 없고 충동적임.
- 개인적으로 호감이 가고 첫 인상은 좋지만 오래 사귀기 어렵고 스트레스에 직면하면 반사회적 행동이 나타날 수 있음.

9 Pa척도

T점수:<44

- 흥미의 범위가 좁고 타인의 동기에 무감각하고 보수적이고 남을 잘 믿는 경향이 있음.
- 매우 예민한 사람이지만 문항에 대한 반응과정에 있어서는 오히려 그와는 반대로 반응하는 경우.

T점수: 60~69

- 대인관계에는 매우 민감하나 분명하고 합리적인 사고를 할 줄 아는 환자.
- 자신의 신체적 결함에 민감한 여대생.
- 타인의 비판에 대해 매우 민감한 반응을 보이고 타인의 행동을 자신과 연관시킴.
- 호기심과 의심이 많음.

T점수:>70

- 의심이 많고 적대적이고 지나치게 민감한 환자.
- 이상과 같은 특징 때문에 다른 사람과 자주 다투거나 논쟁을 벌임.
- 사고장애가 있을 수 있고 합리화와 투사를 주된 방어기제로 사용함.

10 Pt척도

T점수:<44

- 마음이 안정되어 있고 자기 자신에 대하여 만족하고 있는 사람.
- 정상적인 불안을 느끼지 못하거나 동기가 부족하고 게으른 사람.

T점수: 60~69

- 자신의 책임을 정확하게 수행하지만 만약 그렇지 못하면 불안해짐.
- 주지화의 방어기제를 사용하려는 경향이 강함.

T점수:>70

- 불안한 상태를 보이고 걱정이 많고 긴장감이 높고 우유부단하고 초조하여 주의집중에 어려움이 있음.

- 이 척도가 T점수 85 이상으로 높을 때에는 강박적 사고와 초조감이 너무 심하여 불안을 통제할 수 없음.
- 심한 죄책감이 있을 수 있음.

11 Sc척도

T점수:<44

- 인습적, 현실적 혹은 이론적 경향이 있을 수 있음.
- 상상력이 부족하고 비창조적이고 세상을 자기와 다르게 지각하는 사람을 이해하기 어려울 수 있음.

T점수: 60~69

- 생각하는 것이 다소 비정상적일 수 있고 환상이나 공상을 통하여 현실을 회피하려고 함.
- 내적 갈등이 많은 대학생이나 학업 성적이 불량한 청소년.

T점수:>70

- 소외감과 정서적 거리감을 많이 느끼고 있는 사람. 보통 정신분열증적인 경향이 강하나 이러한 경향은 때때로 환경적·심리적 스트레스 때문일 수 있음.
- 이 척도가 높을수록 비논리적이고 주의집중의 장애와 판단력의 장애 및 사고장애가 나타난다.
- 급성적인 심한 스트레스 때문에 극히 불안이 심한 환자나 자아정체감의 위기에 직면해 있을 수 있음.

12 Ma척도

T점수:<44

- 활동 수준이 낮은데 이 원인은 우울증일 수도 있고 피로나 질환 때문일 수도 있다.
- T점수가 35 이하일 경우 척도2에 관계없이 우울증을 의미할 수 있다.

T점수: 60~69

- 활동적, 외향적이고 정력적인 환자. 이러한 행동에 제약을 받으면 안절부절 못하고 불만감을 나타냄.
- 학생일 경우 자신의 계획을 수행할 수 있는 정력을 반영하는 것이기 때문에 바람직하다고 볼 수 있다.

T점수:>70

- 과잉 활동, 정서적 불안정성 및 사고의 비약이 있는 환자.
- 보통 기분이 고양되어 있어서 폭발적인 분노 표현이 있을 수 있음.

• 충동적이고 충족지연에 어려움이 있고 자기도취적, 과대망상적임.
• 계획은 많으나 완성하는 일은 적고 다분히 환상적임. 바쁘게 활동하지 못하면 우울해질 수 있음.

⑬ Si척도

T점수:<44

• 외향적이고 사람들과 사귀기 좋아함.
• T점수 35 이하일 경우 대인관계가 피상적임.

T점수: 60~69

• 혼자 있기를 좋아하거나 소수의 가까운 친구들만 좋아함.
  대인관계를 형성할 수 있는 능력은 있으나 일반적으로 관계 형성을 꺼림.

T점수:>70

• 내향적이고 수줍어하고 사회적 상황에 과민하고 때때로 의심을 품을 수 있음.
• 가까운 사람과도 접촉을 기피함으로써 자신의 문제를 더 악화시킬 수 있음.
• 과격한 행동의 가능성은 적으나 생각에 잠기는 경향이 강함.

3) MMPI 사용 시 주의사항

MMPI는 근본적으로 정신의학적 진단을 하위척도로 하고 있고, 각 하위척도의 문항은 진단 집단에 대한 경험적 변별력에 따라 선정된 자기보고형 성격검사이다. 그리고 MMPI는 25개 영역에 관한 550문항이라는 방대한 행동표집을 포함하고 있으며, 정서장애의 변별 및 감별진단에 매우 유용한 진단용 성격검사라고 알려져 있다. 실제로 학교 장면, 상담 장면, 산업 장면 및 임상 장면에서 개인의 적응적 문제와 관련해서 많이 사용하고 있다. 비록 다양한 장면에서 많이 사용되고 있기는 하지만, 이 검사가 적절하게 혹은 바람직하게 사용되고 있는지에 대해서는 많은 의문이 제기될 수 있다.

이미 앞에서 지적한 바와 같이 MMPI는 자기보고형 성격검사이기 때문에 많은 단점도 있다. 특히 각 문항에 대한 반응은 피검사자의 주관적 판단에 의존하고 있다. 만약 각 문항과 관련된 피검사자의 주관적 판단과 실제적인 심리적 상태나 증상 행동이 일치한다면, MMPI는 매우 효과적인 정서장애의 진단 도구가 될 수 있을 것이다. 또한 각 문항과 관련해서 피검사자가 자신을 정확히 판단할 수 있다고 하더라도 검사반응에 영향을 미칠 수 있는 요인들이 많다. 특히 정서장애와 관련된 많은 행동들은 사회적으로 바람직하지 못한 이탈행동이기 때문에 더욱 많은 요인들이 검사반응에 영향을 미친다. 그럼에도 불구하고 MMPI는 다른 임상심리검사보다 실시가 용의하고 채점과정이 객관화되어 있기 때문에 많이 사용되고 있다. 그러나 검사의 실시가 용이하다는 것이 누구나 이 검사를 실시해도 좋다거나 아무렇게나 부주의하게 실시해도 좋다는 말은 결코 아니다.

특히 MMPI는 다른 심리측정처럼 단순히 심리측정적 관점에서 해석될 수 있는 검사는 아니다. 각 척도의 수준과 프로파일 유형에 관한 연구들이 많은 해석적 가정을 제시하고 있기는 하지만, 이러한 해석적 가정은 단순히 그렇게 해석할 수 있는 가능성을 지적할 뿐이다. 그러므로 개인의 문제를 다루는 상담 장면이나 임상장면에 있어서 MMPI의 결과를 해석하는 과정에서는 피검사자의 심리적 상태, 행동관찰, 정신 상태 검진 및 생활사적 정보를 통해서 개인적인 문제나 심리적 상태를 의미있게 통합해야 한다. 이렇게 다양한 정보의 통합이 없이는 개인의 문제에 대한 설명과 이해가 어려울 것이다. 그러면 여기서 MMPI를 해석하고 실시하는 과정에서 반드시 거쳐야 할 몇 가지 사항을 제시한다(김영환, 1989).

첫째, MMPI를 실시하기 전에 충분한 관계형성을 시도하고 피검사자에 대한 임상적 인상을 형성해야 한다. 이 과정에서는 인성검사의 필요성에 대한 피검자의 이해를 형성하고 검사자에 대한 믿음을 갖도록 노력해야 한다. 그리고 인성검사 때문에 개인적 프라이버시가 침해받지 않는다는 것을 확실히 보장해야 한다. 가능하면 검사자는 임상적 인상 형성을 통하여 피검사자에게 가능한 인성검사의 프로파일을 상정할 수 있어야 한다. 둘째, 보호자나 혹은 주변 인물과의 면접을 실시해야 한다. 이 면접은 피검사자에 관한 생활사적 정보를 얻고 피검사자의 현 상태에 대한 객관적 정보를 추구하기 위한 것이다. 때때로 보호자에게 객관적인 정보를 기대하기 어려울 수도 있으나, 적어도 피검사자의 주관적 호소와 다른 사람에게 관찰된 정보는 다를 수 있기 때문에 보호자와의 면접이 필요하다. 셋째, 인성검사의 지시는 매우 자세하고 진지하게 주어져야 한다. 지시 자체가 자세하고 진지하지 못하면 피검사자에게 진지하고 성실한 반응을 기대할 수 없다. 넷째, 검사자는 가능한 한 검사를 수행하고 있는 피검사자의 태도를 관찰해야 한다. 때로는 관찰된 태도가 중요한 임상적 단서가 될 수 있다. 그러나 이러한 태도의 관찰은 검사를 수행하는 동안 계속적으로 시행할 필요는 없을 것이다. 다섯째, 실시한 검사를 채점한 후에 다시 피검사자와 면접을 실시해야 한다. 이 면접은 일종의 해석적 면접이라고 볼 수 있는데, 이를 통해 검사결과가 지적하고 있는 해석적 가정을 검토하고, 최초의 임상적 인상을 재검토하고, 생활사적 정보와 같은 여러 정보를 통합하여 종합적 임상판단을 형성하기 위한 것이다. 여섯째, 인성검사를 실시하고 해석하는 사람은 성격 이론과 정신병리에 관한 충분한 지식과 많은 임상적 경험이 있어야 한다. 현재 피검사자의 상태를 파악하기 위해서는 이러한 지식과 경험은 필수적이다. 이러한 경험과 지식이 없이는 검사반응과 현재의 상태 및 생활사적 정보와의 통합은 불가능하다. 일곱째, 검사를 해석하는 사람은 인성검사에 관한 많은 지식을 갖추고 있어야 한다. 이러한 지식이 없는 주관적 해석은 오류를 범할 수밖에 없을 것이다. 각 척도치의 수준과 프로파일 유형에 따르는 많은 연구에 관한 충분한 해석적 가정도 숙지하고 있어야 할 것이다.

이상의 지식과 경험을 가지고 있는 사람이 인성검사를 실시하고 해석했을 때, 검사결과와 생활사적인 여러 정보와의 통합이 가능하고, 이렇게 정보통합이 가능할 때 피검사자에 대한 의미 있는 이해와 설명이 가능할 것이다.

6. 군의 심리검사 활용과 발전방향

일반사회와 마찬가지로 군대 내에서도 심리검사에 대한 많은 오해들이 있어 왔다. 우선 심리검사에 대한 지나친 기대나 맹신을 들 수 있다. 흔히 하나의 좋은 심리검사만 있다면 선발이나 분류과정에서 정확한 결정을 내릴 수 있을 것이라는 오해를 많이 하고 있다. 그러나 이것은 하나의 검사가 측정하고자 하는 모든 특성들을 완벽하게 측정할 수 없다는 점에서 잘못된 것이다. 앞에서 논의한 것처럼 하나의 심리검사가 아무리 신뢰도나 타당도가 우수하더라도 그 검사를 통해 측정할 수 있는 한계가 있는 법이다.

이 장에서 많은 부분을 차지한 MMPI도 현재 세계적으로 가장 널리 사용되고 있는 성격검사이지만 이 검사는 처음 개발자들이 계획했던 각 임상척도 점수를 정신과적 감별진단의 지표로 사용하고자 목적을 제대로 측정해 주지 못했다. 그러나 이후에 이루어진 많은 연구들이 이 검사를 통해 무엇을 측정할 수 있는지를 확인함으로써 가장 널리 쓰이게 된 것이다. 또한 MMPI는 정신과 장면에서 환자를 진단하고 평가하는 목적으로 주로 연구되고 활용되기 때문에 일반 정상인들의 문제를 평가하는 상담소와 같은 장면에서는 해석에 상당한 주의를 요한다. 이 검사가 군대 장면에서 사용되는 경우도 마찬가지이다. 심리검사가 군에서 적절하게 사용되려면 타당도 특히 예언타당도와 해석에 관한 많은 연구들이 선행되어야 할 것이다. 말하자면 선발과 분류에 사용된 검사가 성공적인 업무수행과 중도 탈락자를 잘 예언할 수 있어야 한다. 예언타당도가 높은 검사를 개발하기 위해서는 군의 각 업무에서 요구되는 능력이나 특성에 대한 직무분석 연구가 병행되어야 하고, 각 장면 특유의 적응문제에 대한 연구와 분석이 이루어져야 할 것이다. 외국에서 많이 활용되고 있는 검사를 우리말로 번안하고 표준화하여 사용하는 경우에도 충분한 연구를 거쳐 사용하는 것이 바람직하다. 우리말로 번안하는 과정에서 검사가 측정하는 바가 주로 문화적·언어적 차이로 외국 원본에 비해 달라질 수 있기 때문이다.

군대에서 활용 가능한 많은 검사들이 자기보고식 검사이며 집단검사이다. 자기보고식

검사와 집단검사에는 몇 가지 제한점이 있는데 이 중 가장 중요한 것은 의식적이든 무의식적이든 피검사자가 자신이 원하는 방향으로 반응을 왜곡할 수 있다는 것이다. 자신을 바람직한 방향으로 드러내 보이려는 faking good이나 반대의 faking bad와 같은 일종의 반응위조가 나타나기 쉽다는 것이다. 따라서 이러한 왜곡의 가능성을 탐지할 수 있는 척도들을 검사에 포함시키거나 주관적인 왜곡에 영향을 덜 받는 투사검사들을 보완적으로 사용할 필요가 있다. 또한 표준화된 심리검사가 일단 개발되어 사용되고 있다 하더라도 시간이 지남에 따라 문항 내용이 시대에 맞지 않거나 이전의 규준이 현재 검사를 받는 사람들의 반응을 대표하지 못하게 될 수가 있다. 이러한 경우에는 검사를 개정하고 새로운 규준을 확립할 필요가 있다.

심리검사 점수를 사용하여 선발과 분류 작업을 할 때 흔히 사용하는 의사결정방식으로, 각 검사의 점수에 대한 해석을 가지고 적합성 여부를 결정하거나 여러 검사 점수의 판별함수를 가지고 적합성 여부를 결정한다. 그러나 심리검사 점수만으로 의사결정을 하는 것보다 다른 자료들과 평가방법들을 추가하여 최종적인 결정을 하는 것이 결정의 타당도를 높일 수 있다. 선진국의 장교 선발과정에서도 사용하는 평가방법이 여러 단계를 거쳐 다양한 방법으로 발전되어 오고 있다. 초기에 사용하던 방법은 학교성적이나 수행도, 지원서에 기록된 자료 및 유력 인사의 추천서 등을 기초로 선발하는 것이었다. 그 다음에는 지필식 심리검사를 사용하는 방법으로 지능검사, 적성검사, 전기적 생활자료 및 흥미검사 등을 기초로 평가하였다. 보다 최근에 개발된 접근법으로는 평가센터방식이 있는데, 여기서는 적성검사와 더불어 면접 및 상황검사 등을 추가하여 종합 평가하는 식이다. 보다 최근에는 구성개념지향적 심리평가라고 하는 방법이 사용되고 있는데 이는 평가센터방법에 동료평가, 성격검사 및 심리학자의 평가 등을 결합한 방법이다. 이와 같이 보다 타당하고 신뢰로운 평가를 위해 새롭고 포괄적인 평가절차들이 개발되고 있다. 이때 타당하고 신뢰로운 평가와 더불어 중요한 것이 비용효율성이다. 보다 포괄적인 평가를 위해서는 보다 많은 시간과 노력 그리고 경제적 비용이 요구된다. 이러한 점에서 투입되는 노력이나 비용에 비해 얻을 수 있는 효과가 커야 할 것이다.

이제 우리는 군에서 심리검사가 활용될 수 있는 가능성과 문제점 그리고 발전 방향들을 알아보았다. MMPI의 제작자인 Hathaway는 심리검사를 두 개의 날을 가진 칼에 비유한 적이 있다. 칼은 좋은 쇠로 만들어지고 크기가 적당하고 모양도 좋아야 하겠지만 그 칼의 유용성은 어떤 목적에 어떻게 쓰이는가에 달려 있다. 말하자면 심리검사를 적절히 사용하면 사람에게 도움을 주지만 잘못 쓰면 사람에게 해를 끼칠 수 있다는 점을 경고하고 있는 것이다. 두 개의 날을 가진 이 칼을 잘못 사용하여 '선무당 사람 잡듯' 개인과 군에 해를 끼쳐서는 안 될 것이다.

제 11 장

군 정신전력과 리더십의 측정

B.C. 400년 초에 Xenophon은 병사의 숫자나 힘이 전쟁의 승리를 가져오는 것이 아니라 승리의 원동력은 그들의 적이 일반적으로 더 이상 저항할 수 없을 만큼 전투 속으로 강하게 뛰어들고자 하는 병사들의 정신임을 발견하였다. 20세기 후반에 Maurice de Saxe는 '인간의 열의란 전쟁에 관한 모든 사항에 있어 출발점이다.'라고 하여 이것을 더 간결하게 설명하고 있다. Napoleon의 견해도 '결국에 있어서는 인간의 정신이 언제나 검을 지배한다.'는 것이었다. 20세기에 이르러서야 비로소 군사 과학자들은 이 무형적인 정신의 힘을 사기, 응집성, 정신이라는 용어로 파악하기 시작하였다. 즉, 우리가 말하는 정신전력의 핵심인 것이다.

한편 오늘날 한반도 주변의 국가안보환경과 국민들의 의식구조 변화 그리고 군대 내 민주주의 정착화과정은, 새로운 방향에서 군 리더십의 발전과 접근을 요구하고 있다고 보아진다. 우리는 이러한 변화에 유연성 있게 대응하면서 무형적인 정신의 힘을 극대화할 수 있는 리더십의 규범과 범위를 확대 적응할 필요가 있다고 생각한다. 나아가 과학적 관리, 합리적 의사결정 및 행동주의 심리학의 가정을 기초로 한 과거의 리더십 연구들과는 달리, 최근 20여 년간 리더의 행동에 있어 자연주의적·현상학적 입장을 수용하고 있는 리더십에 관한 새로운 세대들의 연구를 살펴볼 것이다. 이들 견해들의 본질은 변환, 비전 제시, 위임, 자아개발, 그리고 도덕 및 윤리 측면의 사회적 책임들로 요약된다.

이러한 리더십의 개발과 함께, 리더십의 측정은 지속적으로 리더의 자질을 향상시키는 데에 유용한 정보들을 제공해 준다. 리더의 특성과 행동 그리고 리더십 효과의 지표에 대한 직접적인 측정 및 개발은 말할 것도 없거니와, 리더십 효과를 극대화하기 위해서는 리더가 속한 집단 내의 사회적 관계에 대한 분석도 매우 중요하다고 보기 때문에, 본 장의 후반에서는 전문지식이나 복잡한 절차를 통하지 않고서도 집단의 사회적 관계를 쉽게 분석할 수 있는 사회측정법에 대해서 살펴볼 것이다. 동시에 리더들이 리더십 효과나 기타 병사들의 태도를 알아보기 위해 자주 사용하는 질문지 작성법에 대해서도 소개를 하고자 한다.

1. 사기 · 응집성 · 정신력의 개념

Clausewitz는 전투력의 제요소를 분석함에 있어 전력의 물질력과 정신력이라는 양면성에 대해, '전쟁 이론에서 정신적 제반 요소를 제외할 수는 없다. 전략론에서 단순히 물질적 요소만을 그의 대상으로 해서는 안 되고, 그 물질적 요소에 생명을 불어넣는 정신적인 제 요소를 그 대상으로 포함시켜야 하며 이 양자를 구별하여 생각할 수도 없다. 만일 정신력의 효과를 도외시하는 이론이 있다면 그 이론은 파탄을 면치 못할 것이다.'라고 말했다. 정신력이란 추상적인 개념으로 그 정도를 수치로 표현하기 힘들지만 물질적인 제 요소에 비해 정신적인 요소가 전투에서 더욱 결정적이라는 사실만은 부인하기 힘들다. 일반적인 정신전력은 사기, 군기, 응집(단결), 정신력 등과 같은 여러 요소들의 복합체이기 때문에 이들 요소들을 동의어로 사용할 수 없으며 학술적인 구분이 필요하다고 생각된다.

1) 사기의 본질과 정의

(1) 사기의 본질

사기는 순간적으로 진작되거나 저하되지 않으며 본질적으로 지속적인 속성을 지니고 있다. 급박한 상황의 필요성에 의해 순간적으로 장병의 사기를 고무하고 충동하는 경우가 있긴 하지만 엄밀한 뜻에서 그것은 사기가 아니며 사기는 어떠한 사태의 변화에도 관계없이 지속되는 힘인 것이다. 사기가 지닌 본질의 두 번째는 사기가 개체적인 힘이 아니라 전체적인 힘이라는 점이다. 물론 몇몇 병사의 진작된 사기에 의해 많은 다른 병사들이 영향을 받아 전체 사기가 오를 수도 있겠지만 군 사기의 특성은 전체성이다. 비록 소수의 일탈자에 의해 부대 사기가 저하되는 경우도 볼 수 있겠으나, 부대원 전원이 보이는 부대 사기는 단결이나 부대 정신과 같은 다른 정신적 요소를 촉진시키는 효과를 가져온다. 세 번째 사기가 가지는 특성 중 가장 중요시해야 할 것으로서는, 고난과 시련의 상황 속에서 진정한 사기가 싹튼다는 사실이다. 타인이나 다른 부대 또는 외국 군대가 감내하지 못하는 고난을 극복하였을 때 생기는 사기야말로 진정 군대에서 필요한 사기라는 것을 의미한다. 만일 사기가 사치와 풍요와 안일 속에서 진작되는 것이라면, 우리는 기아와 혹한 그리고 죽음과 고통의 아수라장인 전쟁터에서 진작된 사기를 기대할 수 없을 것이다.

그러나 고난을 극복하였을 때 사기가 고도로 진작된다는 점에서는 모든 군사전문가가 동의하지만, 그렇다고 해서 병사의 심리 및 생리적 한계를 무시하거나 맹목적인 고난의 강요만으로써 훈련이 이루어진다면 오히려 사기를 저하시킬 수 있다. 따라서 상대적으로 심신이 나약하다고 판단되는 Na세대의 장병들을 위해, 자신감과 단련된 심신을 연마할 수 있는 극복가능한 고난과 훈련의 적정선을 수립하는 것이 지휘관들에게는 중요한 과제가 되고 있는 것이다.

(2) 사기의 정의

사기란 용어는 군대와 마찬가지로 산업, 교육 그리고 건강의학과 같은 수많은 학문 분야의 배경에서 나타나는 용어이다. 불행하게도 사기란 용어는 이 같은 각각의 관계에서 뚜렷이 다른 의미로 사용되고 있음을 볼 수 있다. 최근의 내용들은 주로 개인의 복지 및 행복감, 직무나 생활의 만족감을 일차적으로 언급하고 있다. 예를 들면, 미군(1983)들은 리더십 야전교범(FM 22-100, p. 228)에서 사기를 그러한 식으로 정의하고 있다:

> 사기란 개인의 심적(mental), 정서적(emotional) 그리고 정신적(spiritual) 상태로 정의될 수 있으며 그가 어떻게 느끼느냐(행복감, 희망감, 자신감, 인정감, 무가치, 슬픔, 불신감 혹은 우울 등)를 말한다.

Bartone(1988)과 Manning(1991)은 만약 사기가 행복감이나 기분(mood)과 동의어로 사용된다면 더 이상 유용한 의미가 없다고 주장한다. 군대나 산업 장면 둘 다에서 사기의 초기 개념들은 기분이나 정서 상태에 관련된 요소를 포함하고 있지만, 그것을 목표지향적 집단과 밀접하게 결부시켜 설명하고 있다. 예를 들면 Munson(1921)은 1차대전 중에 미 육군의 일반 참모부에 사기담당부서를 만들면서 사기를 '집단의 존재나 혹은 개인의 훈련목적의 성공을 결정하는 것'으로 정의를 하고 있다.

기타의 정의들은 더욱 간결한데 예를 들면 Grinker와 Spiegel(1945)은 사기를 간단히 '성원들을 싸움 속으로 몰아가는 전투집단 내에서의 심리적인 힘'으로 정의하고 있다. Leighton(1943)은 사기를 '공통의 목적을 위하여 일관되게 서로를 끌어당기는 어떤 집단의 역량'으로 보고 있다. Moran(1945)은 사기를 '개인의 역량을 제한하는 어떤 환경 하에서도 직무를 수행하려는 능력'으로 기술하였다. 그는 부단한 처벌의 위협 없이도 그의 임무를 수행하는 높은 사기를 지닌 병사와 Peninsular War(1808～1814)에서 태형에 대한 공포가 죽음보다 더 크기 때문에 그들의 직무를 수행한 병사를 대비시키고 있다. Viteles(1953)는 사기를 '개인이 특정 집단에 대한 만족감을 갖고서 계속적으로 그 조직에 소속해서 조직의 공통목표를 달성하고자 하는 심리적 상태'로 정의하고 있다. 한국 육군 통솔법 교범(야교 22-101)은 사기를 '부대원이 소속된 부대의 목표달성을 위해 자발적이고 적극적으로 참여하려는 심리 상태'로 정의하고 있다(육군본부, 1993).

군대 조직에서 사기는 전통적으로 지휘 효과의 중요한 결정 요소로 여겨져 왔다. 군대의 사기에 대해 연구한 Motowildo와 Borman(1978)에 의하면 사기는 동기나 만족, 응집성보다는 더 일반적 개념이며, 태도와 동기 그리고 사회적 성향을 광범위하게 포함하고 있는 복잡한 구조라는 사실이다. Motowildo, Dowell, Hopp, Borman, Johnson과 Dunnette(1976)는 사기에 대한 대부분의 정의들이 만족과 동기 그리고 집단 구성원의 자격(group membership)에 관한 어떤 측면들을 포함한다고 주장하면서 산업심리학자와 군사학자들 양측의 정의들을 통합하려는 시도를 하였다. 그러나 직무만족을 강조하는 산업심리학적 모델이 평화시 방어 위주의 군대 상황에서는 분명히 적합한 개념이지만(Moskos, 1970), 직무만족은 특히 징집과 관련된 전시 상황에서는 매우 제한적인 관점에서 이해되어야 할 것이다. Evonic(1980) 역시 Motowildo 등(1976)의 주장과 유사한 사기의 3요소에 대한 견해를 제시하였는데 이는 전투에서 군을 연구하는 군사심리학자에게 더욱 적합한 것이다. Evonic의 세 가지 요소는 조직의 목적과 집단의 정체성에 대한 몰입 그리고 자기 확신에 관련된 개인적 요인들에 관한 것이다. Smith(1985) 그리고 Gal과 Manning(1987)도 유사한 3요소 견해를 주장했는데 전자는 호주의 보병들을 면접한 연구이며 후자는 이스라엘과 미국의 전투부대 병사들로부터의 조사자료를 요인분석한 것이다.

Motowildo를 비롯한 Evonic, Smith, Gal, Manning 등은 사기를 개인 수준의 속성으로 보려는 공통된 견해를 보여 주고 있어 사기를 단지 집단의 특성적인 무언가로 보려는 Leighton의 정의나 Grinker과 Spiegel의 개념과는 다소 차이가 있다. 여기서는 비록 목표지향적 집단 속에서의 개인이라 할지라도 그 개인의 특성으로서 사기를 생각해 보기로 한다. 따라서 높은 사기를 지닌 집단이란 간단하게 말해서 높은 사기로 무장된 구성원의 비율이 큰 집단이다. 여기서 우리는 집단의 일에 동참하려는 의지와 더불어 집단 구성원임을 강조하면서 전투시와 평시에도 적용될 수 있는 Baynes(1967)의 간소화된 실용적인 사기의 정의를 살펴보고자 한다:

> 사기는 한 집단의 성원이 지시된 행동에 참여하겠다는 끈덕짐과 열성이다(Morale is the enthusiasm and persistence with which a member of a group engages in the prescribed activities of that group).

그러나 사기라는 용어를 이처럼 군대 내에서나 사회과학자들이 오랫동안 사용해 오고 있지만 그 개념이 정확하게 무엇을 의미하는지에 대한 일치된 견해는 없는 것 같다.[1] 학

1) '사기란 말이죠, 머리는 도저히 불가능하다고 생각하는 일을 손발은 감히 해내려고 하는 힘이죠.' 2차대전

자들의 많은 연구들 속에 제시되고 있는 정의는 사기의 구성요소라고 알려진 만족감, 동기, 응집성 등의 요소 중 어느 한 부분에 다소 강조를 하고 있는 정도의 수준에 머물고 있다. 지금부터는 사기의 개념과 동의어로 취급되어 무비판적으로 사용되어 온 용어인 응집성(cohesion)과 정신력(esprit)의 개념을 구별해 보고자 한다. 사기의 결정 요인이나 측정 문제를 다루기 전에 이들 개념들을 분명히 해 두는 것이 바람직할 것으로 생각되기 때문이다.

2) 응집성의 개념과 정의

효과적인 부대 임무수행을 위한 집단단결의 중요성은 2500년 동안 강조되어 온 군사교리의 핵심 주제였다. 이 기간의 대부분 동안은 군사적 밀집대형훈련은 불가침의 위치를 고수하였으며, 훈련에서 육체적 일체감 형성이 분명한 목표였던 데서도 이것이 잘 나타나 있다. 그러나 方陣이나 보병의 사각대형과 같은 전투대형이 주축을 이루었던 시기가 끝나고, 과학의 발달과 더불어 대량살상화된 무기들은 대형의 분산과 엄폐 및 은폐를 요구하기에 이르렀고, 이제 심리적 일체감에 관한 욕구들이 보다 분명해지게 되었다. 전투대형이 더욱 노출되면서 대열이라는 외형적 응집이 신뢰감을 주지 못하게 됨에 따라, 장교들에 대한 신뢰나 동료들의 군사지식에 대한 믿음과 같은 내형적 응집성이 보다 분명한 욕구로 나타나고 있다고 주장하면서 DuPicq(1865)는 이것을 교훈적인 응집성이라 불렀다.

미국의 위대한 전쟁 역사학자인 Marshall(1947)도 그의 2차대전 경험을 저술한 『포화 속의 인간(Men Against Fire)』에서 보병 병사들로 하여금 무기를 휴대하고 출전이 가능하게 하는 것은 가까운 곳에 동료가 있거나 있다고 생각하는 것으로, 이것은 가장 간단한 전쟁의 진리 중 하나라고 하면서 동일한 의견을 피력하고 있다. 이 저서에서 그는 무엇이 병사들로 하여금 용감하게 죽음을 맞게 하는가 하는 물음에, 용감하게 생명의 위협을 무릅쓰고 전투에 임하게 하는 것은 대체로 동일한 것들인데 그것은 끈끈한 전우애, 임무에 대한 충성심, 믿을 수 있는 동료 그리고 상하급자 상호간의 신뢰감이라고 하였다.

2차대전 중 발생한 92만 9,000명의 신경정신병 환자문제를 해결하려고 노력했던 군사정신병리 학자들도 Marshall의 주장과 거의 일치하는 결론에 도달하였다(Appel, 1966). 지속적인 전투에서 통상 나타날 수 있는 전투피로증을 보여 주는 불행한 낙오자로서의 환자들이 가진 견해들도, 그들 자신의 무력감뿐 아니라 그들에게 강요된 전쟁의 부작용을 단지 그들의 부대와 리더의 지원 그리고 동료상호간의 신뢰관계 덕분으로 다른 사람들

시 어느 병사가 한 이 말 속에 사기의 핵심이 함축되어 있다고 생각된다(국방부, 1979, 지휘 · 통솔, p. 36).

보다 좀더 피할 수 있었다는 것이다.

현대적 군의 응집성 조사보고의 출발로서 가장 자주 인용되는 것은 Shils와 Janowitz (1948)의 독일군 포로들에 관한 연구이다. 2차대전 당시 독일군 전투력은 불가사의한 비밀로 여겨졌다. 최고 수뇌부의 전략 실패와 달리 하급부대의 탄탄한 전투력은 연합군을 끝까지 괴롭혔다. 전투에서 5~7배의 연합군 병사와 맞서 싸워도 전혀 꿀리지 않았다. 연합군은 독일군의 포로를 심문하는 과정에서 나타난 진술을 토대로 그들의 하급지휘관에 주목을 하게 되었다. 포로 심문을 통해 얻은 결론은 '독일군 분대를 이끄는 병장과 부사관이 전투력의 핵심이며 능력 있고 사려 깊은 이들은 사병들의 전폭적인 신뢰를 받고 있다'는 것이었다. 독일군은 1년 이상 근무한 병사들 중 엄격히 능력에 따라 병장과 부사관을 선발했다. 초급장교들도 임관 전 6개월간 병사들과 똑같이 생활하면서 훈련을 받았다. 그러한 환경 속에서 하급지휘관들은 자연스럽게 병사들과 일체감을 형성하였다. 전투에서 선두에 나서 유난히 희생자가 많았지만 장교와 사병을 분리하고 철저히 엘리트주의를 고집하는 연합군과는 분명히 다른 모습이었다.

독일군의 응집성을 연구한 학자들도, 최악의 상황에서 노력을 포기하지 않고 독일군 병사들이 버틸 수 있었던 끈기는 사상적 신념때문이라기보다 하급지휘자와의 일차적 집단관계때문이었다는 다음과 같은 결론을 내리고 있다:

> 병사들이 소속된 가까운 집단들과 그리고 그 집단들의 지원적 구성이 병사들의 기본적 유기체적 욕구를 채워 주고 동료나 장교들로부터 관심과 애정을 받으면서 능력감이나 권한에 대해 적절하게 조화된 관계가 제공되었을 때, 전투에서 일차적 집단의 효과적 기능을 붕괴시킬 수 있는 이기적 요소들이 최소화되었다.

Little(1964)의 한국전 참전 병사들의 동료관계에 대한 연구, Marlowe(1959)의 기본 군사훈련 연구, Moskos(1970)의 베트남전 관찰 연구들이 일차적 집단의 결속에 대한 도구적·실용적이며 그리고 상황특수적인 측면을 강조하고 있지만, 그럼에도 불구하고 일차적 집단에서의 심리적 행복감과 부대성과에 관한 이들 대인관계의 역할을 더욱 강조하고 있다. 1980년대 미군은 전쟁의 어려움들 때문에 응집성 개발을 방치하는 데 따른 위험을 깨닫고 분명하고도 전례 없는 응집성 육성을 시도하고자 하였다. 이런 관점에서 가장 가시적인 노력이 부대배속제도(Unit Manning System)인데, 이것은 전입부터 해외 순환근무를 포함해 약 3년에 걸쳐 개인적인 주둔지 그리고 중대 규모에 이르는 부대에 기지를 둔 근거지로 병사를 같이 이동시키고 훈련시키는 제도이다.[2] 응집성을 위한 대인

---

2) Under the Unit Manning Initiative, there will be groups of people who will arrive together as a unit and train

관계에서의 충분한 안정성을 제공하고자 하는 이러한 시도는 Meyer(1982) 장군으로부터 시작된 것으로 그는 부대응집을 다음과 같이 정의하고 있다:

> 전투나 임무에 따른 스트레스에도 불구하고 부대 그리고 임무 완수에 대한 참여와 결의를 유지할 수 있는 방식으로 병사들 서로를 결속시키는 것.

사기에 대한 군사적 정의와 마찬가지로 이들 응집성에 대한 정의도 만족이나 복지에 대한 언급은 하지 않고 있으며, 부대와 임무 완수에 대한 참여를 분명하게 포함하고 있다. 그래서 부대의 응집성이 대단히 중요한 것이기는 하지만, 어떤 동의어나 독립적 개념에 관련되었다기보다는 사기에 기여하는 하나의 요소로 생각된다. 이 정의에서 나타난 두 번째 함축된 의미는 '부대'라는 단어가 부가된 이유이다. 이는 응집성에 대한 대다수의 학문적 연구가 선정되거나 할당된 과업에 대한 집단의 열성에 관한 고려는 배제하면서 집단에 남아 있고자 하는 욕망에만 전적으로 초점을 맞춘 응집성의 정의에 기초를 두고 있기 때문이다(Zander, 1979). 부대응집성에 대한 세 번째 주목할 만한 견해는 Meyer 장군의 정의에서 그렇게 분명한 것은 아니지만, 일차집단에 관련된 부대단위의 크기에 관한 것이다. 한국전에서 2인동료제도(buddy system)의 우수성을 연구한 Little (1964)의 견해는, 한 병사에게 신뢰할 만한 다른 동료가 있다는 것은 효과적이라는 주장을 하고 있으며 Shils와 Janowitz(1948)의 초기 연구들도 절친한 대면적 결합과 협동에 의해서만 특징져지는 '일차적 집단'이란 용어를 강조하고 있다. 그러나 Ingraham(1983)은 적어도 단독막사 거주자인 평화시의 병사에게까지도 이 단위를 올려 소대나 중대 수준의 상위 범위까지 일차적 집단관계를 적용할 수 있음을 시사하고 있다. 큰 자부심을 갖고 강한 전투력을 기르는 데 이 단위는 하등 문제될 것이 없으며 필요에 따라서는 병사들이 그들의 일상적인 세계를 구성하는 80~160명의 중대보다 더 큰 조직을 위해 그들의 생명을 바치기도 한다. 실제로 정신(esprit)이란 용어의 준거가 되는 것은 그러한 행동과 느낌이다.

3) 정신력의 개념

효과적인 전투수행은 응집적인 일차집단뿐 아니라, 이들 집단이 너 큰 군대 조직으로 연결되어야 하고 그것에 의해서 사회와 이어짐을 필요로 한다. 십자군이나 일본 제국 그

---

together day-to-day through a standard 36-month tour. And part of that 36-month tour will be rotations into overseas assignments.

리고 혁명 이란의 병사들이 그것이 옳든 나쁘든 단순히 조국에 대한 신념이나 혹은 그들 나라가 제기한 정의에 대한 강한 신념 때문에 싸웠다는 분명한 사실을 보여 주고 있다. 대체로 학자들은 애국심이나 이념이나 정치 같은 것이 높은 급여와 마찬가지로 현대 서구의 젊은이들을 군 복무에 참가하게 하며 평화 시에 군에 잔류하고 심지어는 전투에 자원하게 하는데 중요하다는 사실에 동의하고 있다.

그러나 이러한 것들은 총알이 날아다니는 전투에서 실제 느끼는 마음과는 일반적으로 거리가 멀다. Kellett(1986)의 말에 의하면, 병사들은 전투에서 극소수의 사람들이 기꺼이 그렇게 할 수 있는 어떤 것을 하는 것에 대한 비록 미확정된 것이라 할지라도 어떤 당위성을 필요로 한다는 사실이다. 물론 당연히 적이라는 존재가 여기에 필요한 단서를 제공해 줄 것이다. 그러나 익명의 한 미군 병사가 Parks(1968)에게 말한 "나를 향해 총을 쏘는 사람이 모두 나의 친구가 될 수 없다는 것은 아니다"라는 사실은 적의 존재만으로 그들의 전투행위를 설명하기란 부족하다는 것이다. 1차대전 시 참호 속에서 일어난 여러 현상을 연구한 Ashworth(1980)는 공격적인 치열한 전투를 하고 있는 부대의 병사들간에 그러한 부가적인 요소들이 작용하고 있음을 시사하고 있다. 수직적 혹은 수평적 응집이란 그러한 요소들 중의 하나이다. 즉, 병사들은 동료들뿐만 아니라 그들이 날마다 보는 리더들과도 결속한다. 그들은 이들 소부대의 리더들과 동일시하며 시간이 흐름에 따라 이들 리더들의 뜻과 목표들을 자신의 것으로 받아들이게 된다. 분대, 소대, 혹은 중대를 넘어선 부대의 구성원이라는 신분때문에 리더들은 동일한 동일시의 과정을 당연히 거치게 되고 그래서 이치에 맞게 상급부대 리더들의 의도와 목적을 부하들에게 전달하게 되는 것이다.

소부대가 동일시의 핵심적 역할을 하기에는 아직 미흡할 수 있기 때문에 적의 우세한 공격 혹은 나약한 리더의 수중에서 갑작스런 파멸을 피하기에 충분한 보다 큰 이차적 집단을 고안하여 일차적 집단의 리더와 병사 간의 이 말 없고 불완전한 계약의 범위를 확대시키게 된다. 병사와 이차적 집단의 부대[3] 간의 결속은 부대응집성의 경우에서와 같이 병사 대 병사라기보다는 병사와 집단에 관련되어 비인간적이게 된다. 이차적 집단들은 병사와 큰 국가적 목표나 이념 사이에 전통적인 정치나 이념적 요소가 없는 작은 동기들을 제공하게 된다. 전투행동에 대한 기대를 상대적으로 요구하면서 그리고 병사들의 자존심을 부대의 명성에 연결시켜 가면서 이차적 집단은 구성원들이 전투에 열성

3) 군대 집단에서 어디까지를 일·이차적 집단으로 볼 것인가에 대한 논란은 많다. 우리 한국군은 대략 소·중대급까지를 일차적 집단으로 보는 것 같고, 이 논의 부분에서 미군들은 이차적 집단 시작을 연대급으로 보는 것 같다. 앞에서 Ingraham(1983)의 견해는 80~160명 이상의 중대규모 초과 조직에도 일차적 집단의 기능이 가능하다고 보고 있다.

적으로 참가하게 하는 부가적인 동기를 제공하게 된다. 이 과정을 성공적으로 수행하는 연대 혹은 여단이나 사단 등의 부대는 부대정신을 가지고 있다고 말할 수 있다. 정신은 그래서 보다 높은 수준의 개념으로 일차적 집단 수준에서는 응집성과 유사하지만 일차적 집단을 넘어선 공식 조직의 명성에 대한 긍지와 애착을 함축하고 있고, 전투시에 병사들의 효과적인 성과 유지를 위해 없어서는 안 될 응집성과 함께 상호작용하는 것이다.

4) 사기 · 응집성 · 정신력에 관련된 유사 개념들

과거 군대 집단의 전통적 관리 개념을 받아들여 사기라는 용어를 사용하여 왔던 학계도 1950년대를 지나면서 사기를 직무태도라는 개념으로 대치하였는데 이것은 사기를 측정하는 도구가 심리학에서 발달된 태도측정 기법으로부터 나왔기 때문인 것으로 생각된다. 직무태도의 개념은 또한 직무만족이라는 보다 구체적이며 축소된 개념으로 전환되나 직무태도는 한 개인의 욕구가 직무경험에 의해 만족되는 정도의 함수이며 크게 보아 직무만족과 동의어라고 할 수 있지만, 본질적으로 직무만족은 직무태도를 구성하는 한 요소로 보아야 할 것이다. 그래서 사기를 흔히 만족의 결과로 보는 경우가 많지만 정확한 의미로는 만족이 개체적이고 개인적인 정서 반응의 특성을 지닌 용어로 자주 사용되는 반면, 사기는 개념적으로 집단적 · 전체적인 것에 관계되는 심리적 특성의 의미로 사용된다. 또한 사기가 미래지향적(future oriented)인 개념인 데 비해 사기의 바탕이 되는 만족은 비교적 현재와 과거지향적(present and past oriented)인 개념으로 본다(Dunnette, 1976). 따라서 병사들이 현재에 최상의 만족감을 느끼도록 하는 것이 사기 앙양을 위한 충분하고도 가장 이상적인 방법이지만 실제 생활이나 전장에서는 지속적인 만족감의 유지가 불가능하기 때문에 미래의 욕구 충족을 조건부로 제시함으로써 현재의 불만족 상태에서도 사기앙양이 가능하다는 것이다. 이런 관점에서 현재 또는 과거지향적인 직무만족은 미래지향적인 사기를 형성하는 기본적인 요소로 생각된다. 즉, 높은 사기의 형성이나 유지를 위해서는 일차적으로 군 복무에 대한 만족감이 선행되어야 할 필요조건으로 판단되며 이러한 만족 상태가 개인적 수준을 넘어서 보다 집단에 관계하는 심리적 상태나 보다 미래지향적인 성격을 지니면서 그 집단의 공동 목표를 달성하려는 사기로 발전될 수 있어야 할 것이다.

사기 · 응집성 그리고 정신에 관한 여기서의 논의는 전적으로 군사 저술가들의 용어 사용에 의존하고 있다. 앞에서 언급한 것처럼 산업이나 조직심리학자들의 사기에 대한 용어의 사용과 개념은 직무만족에 대해 지나치게 강조를 함으로써 많은 부분을 간과하고 있다. 이러한 개념들은 전투 상황에서 매우 제한되고 상대적인 의미를 갖고 있는 직무만족을 강조하는 것이어서 전투에서의 성과 유지를 강조하는 사기의 개념과는 차이가 있다.

마찬가지로 부대응집성의 논의에 있어서도, 심리학자들에 의해 상당히 오랫동안 연구된 '응집성'이 군사저술가들의 응집성 개념과는 아주 다르다는 지적에 큰 관심이 집중되었다. '정신'이란 용어도 순수한 군사적 개념으로 보이지만 군대의 정신과 다소의 차이는 있으나 분명하게 유사한 것으로 민간 상황에서도 단체정신이라는 용어가 사용되었다. 이 사실은 민간 부문의 심리학적 연구들이 사기나 응집성 그리고 정신에 관심을 갖고 있는 군사심리학자들에게 아무것도 제공할 것이 없다는 것을 말하려는 것은 아니다. 사실상, '조직몰입(organizational commitment)'이나 '사회적 지지(social support)'와 같은 최근의 두 개념들이 비록 그 유래가 아주 다르기는 하지만 상대적으로 사기나 응집성과 아주 유사한 것으로 생각되고 있다.

Mowday, Porter 및 Steers(1982)들은 '고용인-조직의 결합'이라는 긴 논평서에서 사기라는 용어를 전혀 사용하지 않고 있으며 대신 10개의 상이한 민간조직 연구로부터 추출한 '조직몰입'에 대한 그들의 정의를 보면 원뜻이나 내포된 의미가 모두 사기에 대한 초기의 정의와 유사하다. 그들이 말하는 조직몰입이란 한 개인의 특정 조직에 대한 관여나 동일시의 상대적 강도를 나타내는 것이다.

5) 사기의 결정 요소

Munson(1921)은 대단히 넓은 연구 분야를 담당하는 미 육군 일반 참모부의 士氣課 업무를 준비하였다. 그는 '병사를 둘러싸고 있는 모든 물리적·신체적 환경과 병사가 접촉하는 모든 사람의 심적인 표현 상태가 그의 사기에 영향을 미친다'는 주장 속에 포함된 막연하고 애매한 많은 변수들이, 열심히 연구하고 있는 군사심리학자 혹은 어떤 것은 다른 것보다 사기에 영향을 더 많이 미치며 또 사기앙양을 위해 어떤 것은 변화시키기가 쉽다는 귀중한 교훈의 실천에 관심을 가진 군의 관계자들을 실망시켜서는 안 될 것이라고 주장하였다. 여기서는 사기의 가장 중요한 결정요소들을 기술해 보고, 그것들을 합리적인 틀로 구성한 후 역사적 예를 들어 요소들의 기능을 설명해 보고자 한다.

(1) 개인적 결정 요소들

개인적 요소들은 생리·심리적 욕구를 모두 포함한다. 양호한 건강, 양질의 음식, 적당한 휴식 및 수면, 청결하게 세탁된 복장, 목욕 시설과 비바람으로부터의 보호 등이 전자의 예들이며 높은 사기의 원인으로 일관성 있게 인용되고 있다(Baynes, 1967; Richardson,

1978). Holmes(1985)는 셰익스피어의 Henry V에서 인용한 다음과 같은 몇 마디에 이어 '고통에 찬 야전(The painful field)'이라고 이름 붙여진 장에서 이들 요소들을 60여 페이지에 걸쳐 취급하고 있다.

> 우리는 법정 노동시간을 채우는 싸움꾼에 불과했다. 우리들의 유쾌함과 겉치장의 화려함도 고통스런 야전에서의 우천시 행군과 더불어 퇴색되어 갔다.

이 장의 취지는 이들 기본적인 욕구의 만족은 전투 요원에게 있어 법규보다 오히려 더욱 중요하고 특별하다는 것이다. 그는 20세기 군대생활의 전형이라고 할 수 있는 1차 세계대전을 인용하면서, '대부분의 시간 동안 보통의 병사들은 완전히 지쳐 있었다. 집에서까지도 통상 그렇게 일을 연속적으로 해본 사람이 없었던 관계로 계속된 전투는 병사들을 완전히 지치게 만들었다.'고 말했다. Westman(1968)도 독일 황제의 부대를 관찰한 결과를 토대로 이 사실을 다음과 같이 다시 확인해 주고 있다. '우리는 무거운 걸음걸이로 터벅터벅 걸었다. 말하자면 생존이란 우리가 행군하는 동안 혼수상태에서 가끔 조는 것이었다.' 음식물에 대한 불만 역시 어느 전투에서든지 나이를 초월해 병사들 사이에 나타나는 공통 요소였다. Napoleon은 이른바 군대는 식욕을 향해 계속 행진한다고 말하였다고 하며, 1946년 영국의 Fergusson 장군도 음식물의 결핍은 단일적으로는 가장 큰 사기저해를 가져오는 요인이라고 생각하였다. 유감스럽게도 사기에 그렇게 중요한 영향을 미치는 것은 음식의 양이 아니라 질이라는 사실이다. 음식물의 다양성은 낯선 음식물이 가끔 불평을 줄 수 있기 때문에 제한된 범위 내에서만 중요한 고려 사항이다. 우리는 음식을 준비하고 소비하는 것이 전쟁이라는 지겨운 업무로부터 일시적이나마 기분전환을 시켜준다는 사실을 간과하지 말아야 한다. 동료들과의 뜨거운 한 끼 식사는 사기에 놀라운 영향을 미친다. 상대적으로 안전한 환경에서의 따스한 한 끼 식사는, 1차대전에서 전쟁신경증의 심리적 본질을 알게 된 이후로 전투 스트레스 원인을 치료하는 효과적인 방법으로 알려져 왔다.

빈대 같은 벌레나 오물은 극한지를 제외한 모든 기후에서 일어나는 전쟁의 부산물로, 목욕과 청결한 복장은 가장 효과적인 사기 진작 요소들 중의 하나이다. 2차대전 시 보병 중대장이었던 McDonald(1978)는 이 사실을 다음과 같이 간결하게 표현하고 있다. '한 번의 목욕으로 그렇게 많은 기쁨을 끌어낼 기회는 다시 없을 것이다.'

만약 전투가 만성적으로 지치고 배고픈 병사들에게 그렇게 힘든 것이라면 어떤 최소 수준 이상의 휴식이나 음식물 그리고 깨끗이 세탁된 복장이 사기에 중요하다는 주장만으로는 많은 설득력을 얻기가 힘들다. 왜냐하면 모든 전쟁에 있어서 부대들간 사기의 요소가 광범위함을 부정할 수 없기 때문이다. Stouffer, Lumsdaine, Lumsdaine, Williams, Smith, Jains, Star 그리고 Cottrell(1949)은 이 모순성을 '상대적 박탈감'이란 개념으로 설명하고 있다. 전쟁이 참혹하다는 데는 이론의 여지가 없지만, 최전선 병사들의 가장 소중한 신념 중의 하나는 전쟁 역시 위대한 평등주의자여야 한다는 것이다. 이런 평등주의에 대한 위반, 모독, 방해와 같은 지각된 침해는 대단히 쓰라린 감정의 원천이 된다. 최전방이나 후방에 대한 환경의 비교가 크게는 병사들이 하는 잡담에 달려있다 하더라도, 모든 전투부대들은 후방의 지원부대에 대한 매도적 모멸성을 보이는 것 같다. 왜냐하면 최전방에 배치된 인원들은 후방 지원 부서를 그들에게는 주어지지 않는 쾌적함의 가운데서 사치스러운 생활을 즐기는 것으로 생각하기 때문이다.

이것은 유명한 시사 만화가들이 좋아하는 풍자 주제였으며, 실제 베트남전쟁에서 매우 편안하면서도 상대적으로 안전한 기지를 제공했던 미국 육군의 능력도, REMF(rear echelon mother-fucker: 후방부대 쌍놈)라는 용어를 만들어 낸 불쌍한 전방 전투부대 낙오자들의 사기를 위해서는 아무것도 해 주지 못했다. 현명한 지휘관이라면 Slim(1956) 장군의 저서에서 발췌한 다음과 같은 내용을 음미해 볼 필요가 있다:

> 버마전쟁의 모든 곳에서 가끔 그랬던 것처럼, 전방의 한 부대가 반 끼의 식사로 전진해야 했을 때 나는 사령부 역시 반 끼의 식사만 들게 하였다. 이것이 실제적인 효과는 거의 없었지만 하나의 제스처로서는 가치가 있어서, 건강한 식욕을 가진 젊은 참모장교로 하여금 가능한 빨리 전방부대에 완전한 식사를 추진해야 한다는 사실을 깨닫게 하였다.

사기에 관여된 기본적인 육체적 요소를 넘어서면 그것의 충족이 병사들의 사기에 실질적인 역할을 하는 다수의 심리적 욕구가 있다. 육체적 욕구와 대조적으로 심리적 결핍의 내용은 그렇게 간단하지가 않다. 요컨대 높은 사기는 각 병사에게 있어서 하나의 목표, 하나의 역할 그리고 자기 확신에 대한 전제를 필요로 하기 때문이다.

Baynes(1967)에 의하면, 1960년대와 1970년대의 사회과학에 있어서 일반적 통념은 전쟁을 다루는 작가나 강연자가 실제 싸우는 사람들 보다 주장에 있어 더 많은 신념을 가지고 있다는 것이다. 1차대전 전의 견해는 반대로 애국심이나 또는 거창하고 화려한 주장이 효과적인 군대 성과의 필요불가결의 요소였다. 이 견해의 포기는 R. Graves와 S. Sassoon 같은 1차대전의 종군 작가들의 작품이나, 2차대전의 선구적인 사회과학자들로부터 싹트기 시작했다. 20세기의 이상적인 서구의 병사들과 스페인 내전의 국제여단을 연구한 Dollard(1944)도 전쟁에서의 병사들이 내 주장, 내 이념을 계속 외치지 않는다고 결론을 내리고 있다. 사실 전투에서 병사들은 그러기에는 너무 바쁘다. 이데올로기란 전쟁

전에는 인간을 전쟁 속으로 몰아넣고 전쟁이 시작된 다음에는 전쟁이탈심리를 방지해 주는 기능을 하지만, Stouffer 등(1949)은 애국심이나 기타 추상적인 이념들이 장교들이나 병사들이 최선의 노력을 하게 하는 유인책들 중에서 낮은 평가치를 받고 있음을 발견하였다.

소규모 전투부대에서 일차적 집단이나 대인간의 의무나 책임을 강조하는 것은, 동기유발자로서 '위대한 주장'과 같은 비현실적 강조에 대항하는데 유용한 수단을 제공하였다. 그러나 1970년대 베트남에서의 미군들 그리고 1980년대 레바논에서의 이스라엘군의 경험들은 여론의 주장이 지나칠 수 있다는 것을 시사해 주고 있다. 양차 세계대전에서 미군 개입의 기초가 되었던 전쟁 참여의 가치나 필요성에 대한 폭넓은 동의도 없이 사기는 미군 병사들을 곧바로 베트남으로 몰아넣었다. 1969년 이전에 미군의 사기는 일반적으로 높았으며, 베트남의 경우 전쟁 초기에는 미군 병사들이 많든 적든 간에 '공산주의를 무찌를 필요성'과 '미국식 생활방식에 있어서 확고한 신념'을 소지하고 있었다(Moskos, 1970). 1969년 이후 실제 전투에서 점차 감소하는 이들 신념들의 역할에도 불구하고 이들 두 개의 대단히 일반적인 신념들 중 적어도 공산주의에 대한 승리라는 신념에 대한 합의가 무시된 미국 내에서의 반전 분위기 때문에 사기는 하향곡선을 그리고 있었다. 이 무렵 미국 군대는 머리글자가 UUUU[4]인 낙서로 그들 자신을 묘사하고 있었다(Camp & Carney, 1989). 베트남전의 대게릴라전과 비영토적 전쟁 성격은 전투에 유익한 결과를 가져다 줄 수 있었던 특수한 지역의 점령과 같은 단기적 목표조차도 거부하게 만들었다. Slim(1956) 장군도 초기 버마전투를 기술한 저서에서 이 목표의 필요성을 강조하면서, 그들의 목표를 분명히 알고 있었던 전투부대들은 실제 사기와 전투력이 향상되었다고 말하고 있다.

어느 점으로나 목적이나 목표만큼 중요한 것이 역할이다. Holmes(1985)는 많은 인간들이 그에게 기대되는 행동이 무엇이냐에 따라 영웅이나 겁쟁이처럼 행동한다고 하였다. 사실 이스라엘 국방군의 영웅들에 대한 Gal(1983)의 연구는, 그것이 타고났건 습득되었건 간에 영웅들의 특성들보다 영웅적인 전투행동을 설명하는데 있어 훨씬 유용한 4개의 다른 전투 상황을 예로 들면서, 장교의 신분을 제외하고는 역시 획득된 역할이 중요하다는데 완전히 동의하고 있다. 직무만족에 대한 민간 연구들 역시 여기에 관련이 있는데 왜냐하면 그들은 중요한 역할을 맡아 집단 속에서 자신을 가치 있는 성원으로 지각하는데 대한 중요성을 지속적으로 강조하기 때문이다(Motowildo et al., 1976). 근로자의 낮은 참여를 높이고자 가장 빈번하게 제시된 치유책이 직무범위와 도전감을 늘려 주거나 혹

4) unwilling: 무의욕, led by the unqualified: 무능한 간부에 의한 지휘, doing the unnecessary for the ungrateful: 보람 없이 불필요한 일을 하는 것의 글자를 따서 만든 풍자 용어.

은 역할갈등이나 역할 모호성을 제거하는 것이었다.

앞에서의 목표와 역할이라는 두 가지 요소들과 밀접하게 관련된 것이 진척에 관한 느낌이나 혹은 최소한 목적은 달성가능하며 역할은 수행될 수 있다는 자신감이다. 사실상 Malone(1983)은 이 자신감의 중요성 때문에 사기를 구축하기 위한 해결의 열쇠는 기술을 쌓는 것이라고 주장하고 있다. 그래서 훈련은 사기에서 중심적인 역할을 한다. 현명한 리더는 현실적인 훈련을 해야 할 뿐만 아니라, 병사들을 성공에 익숙하게 키우도록 책임을 져야할 것이다. 왜냐하면 자신감을 쌓는데 관해서는 좋은 결과에 대한 경험만큼 성공적인 것은 없기 때문이다.

(2) 집단적 결정 요소들

전투에 임하고 있는 병사들의 능력이나 전투 의지의 많은 부분들이 적보다는 그들을 둘러싸고 있는 것들과의 관계에 더 많이 의존한다. 2차 세계대전의 전형적인 연구인 『스트레스 속의 병사들(Men Under Stress)』에서, Grinker와 Spiegel(1945)은 한 집단과 동일시하는 능력과 그러한 동일시의 과거 유래들이 아마도 훌륭한 전투 동기의 가장 중요한 요소일 것이라고 주장하고 있다. 병사들이 일차적 대면집단 속에서의 동일시를 통해 군사 연구자들이 전통적으로 부대 응집성이라고 부르는 그리고 사회과학자들이 나중에 사회적 지지라고 한 것이 발생하게 된다. 조직 속에서 병사들이 갖게 되는 타인과의 관계는 단체정신의 토대를 제공한다. 부대응집성과 단체정신 모두는 사기에 강력한 영향을 미칠 수 있다. 여기서 먼저 응집성에 그 다음에 단체정신을 결정하는 요소들을 기술하기로 한다.

Crane(1976)은 소규모 전투부대의 전우애를 '죽음에 대한 위험과 담배 연기 속에서 태어난 불가사의한 동료애'라고 부르고 있다. 이러한 주장에 대한 반대자는 거의 없을 것이고 임무완수와 개인생존 모두에 이 응집의 중요성을 확신하게 되면 사람들은 전투에 앞서 이 응집성을 증진시킬 방법을 합리적으로 모색할 수 있을 것이다. 예를 들면 George(1971)는 하나의 공통적인 사회적 배경은 병사들의 밀접한 개인적 관계 발전을 조장시키지만 반대로 이질적인 민족, 종족, 계층과 출신 지역은 부대의 응집을 억제하게 된다는 사실을 지적하고 있다. 나아가 연령이나 성격 특성, 양육방식, 가치관과 같은 많은 개인적 특성의 유사성이 아마도 응집에 매우 큰 역할을 하는 것으로 생각된다. 그러나 현대적 의미의 군대에서 이들 변인들을 고려하여 동질적인 부대를 육성하고자 많은 노력을 하는 것은 거의 찾아볼 수가 없다. 전통적으로 유럽에 있어 연대별 지역 모병이 가끔 독특하게 동질적인 부대를 구성하곤 했으나, 유동적인 인구통계학적 요소와 인구의 밀집 현상이 이것을 과거의 일로 돌려버리고 말았다. 미군들도 1917년 이후 부분적으로는 동일한 이유로 크게는 인구분포에 따른 군 복무의 혜택과 손해의 불공평성을 방지하고자 하는 계획적인 시도의 결과로써 더욱 이질화된 성원들로 부대가 편성되어 가고 있다.

군대에서의 공유된 경험은 동료집단을 묶는 접착제 역할을 한다. 전투 경험 자체는 당연히 병사들을 결속시키는 일차적인 힘으로 오랫동안 인정되어 왔다. 적을 살상할 수 있는 능력 및 의도와 더불어 적의 존재는 부대가 공동의 노력을 통해 연합하도록 강한 압력을 미친다. 군사심리학자들이 이 결속과정을 촉진시키는 데 어떤 도움을 줄 수 있는가? 분명하게 말하자면 응집을 위한 첫 번째 선행 조건은 상호작용에 대한 기회 부여로 이를 위해 일차적 집단을 온전하게 남겨 두어야 하고 의미 있는 신체적 공통 경험을 축적하도록 충분히 오랫동안 접촉을 시켜야만 한다는 것이다. 최근까지도 안정된 인간관계를 희생으로 하여 상대적으로 안정된 부대능력을 유지하고자 하는 미 육군의 보충병 제도는 이 점에서 심각한 장애였다.

이상에서 제시된 예들과 마찬가지로 응집성 향상에 대한 두 개의 중요한 견해들이 기술되고 있다. 즉, 부대는 어떤 성공감 혹은 성취감을 만들어 주어야 하며 그리고 부대원들간에 더 많이 서로 돕고 상호의존하게 만들어 더 큰 응집성을 유발해야 한다는 것이다. Malone(1983)은 '배우기보다 익혀라(Practice doesn't make perfect), 완성을 이루게 만드는 것은 완전한 익힘이다.'라고 말하면서, 성공적인 임무 완성이나 성취가 그렇지 못할 때보다 훨씬 더 사기앙양에 영향을 미친다고 주장하고 있다. Malone은 상호의존과 서로 돕는 훈련을 시키는 군대 리더들을 격려하는 의미에서 전투는 무엇보다도 모든 구성원이 서로 다른 역할을 가지고 있으면서도 각자가 서로 의존하고 협력해야 하는 성공적인 축구팀이 보여 주는 종류의 팀워크를 요구한다고 주장한다.

사람들이 많은 시간 같이 있게 되면 될수록 집단의 역사에 대한 공유된 이해를 포함하여 공통의 관습을 경험하고 고안하며 발견할 더 많은 기회를 갖게 된다. 이것은 집단의 자연스런 현상으로 집단성원들이 서로 알고 편안하게 상호작용할 수 있는 환경과 다수의 역할에 따라 증가하게 된다. 활동이란 참여만큼 그렇게 중요한 것이 아니다. 더 많은 사람들과 더 다양한 장면에의 참여 그리고 집단이 더 오래 안정되고 더 많은 구성원들이 공동으로 하는 참여에서 응집성은 더 높아지게 된다. 이때 중요한 고려사항은 어떻게 하든 집단의 공통경험을 분명히 해 주는 것이다. 물론 군대에서의 현재 복무 자체가 모든 부대원들에게 하나의 공통경험이지만, 그러나 기본 군사훈련을 같이 받았거나 중대 농구시합에서의 승리나 또는 혹독한 야간훈련 교육을 받는 것과 같은 팀이나 소집단만의 독특한 경험이 아닐 수 있기 때문에 보다 한정된 경험만큼 응집성을 유발하는 데 있어 그렇게 효과적이지 못하다. '그들'이란 개념을 만들어 주는 것은 '우리'라는 개념을 분명히 하는 데 도움을 준다. 그래서 집단 외부로부터의 위협은 친선시합에서조차도 특히 유용한 공통 경험이 된다(Marlowe, 1986).

공통의 경험이란 응집성을 앙양하기 위해 공식적으로 인가된 군대 활동을 통해서만 일어나는 것이 아니다. Ingraham(1983)은 사실상 『병영 속의 젊은이들(The Boys in the Barracks)』이라는 저서에서 약물 사용이나 다량의 음주가 '그들 자신을 선택보다는 대부분 우연에 의해서 함께 생활한다고 생각하는 병사들이나, 물리적 사회적으로 다수의 특수한 환경적 조직에 의해 그 자리에 수용되고 있을 뿐이라고 생각하는 병사들간의 결속을 촉진한다.'고 지적하고 있다. 인가된 알코올을 중심으로 한 사건의 경우들은 분명히 말해 그것이 응집성을 향상시킨다고 느꼈기 때문에 오랫동안 군대의 관습으로 이어져 왔다. Ingraham은 이것이 어떻게 일어나는가를 설명하면서 동시에 비번 중인 병사들에 의한 알코올과 비인가된 약물 남용에까지 그것을 확대 설명하고 있다:

> 알코올은 특히 노골적인 언사나, 말다툼을 포함하는 분명하고 기억할 만한 에피소드나, 술자리에 참석한 사람들의 의미 있는 관계에 대한 증거로 회상되고 열거될 수 있는 난처한 일이나 소식을 만들어 내는 데 도움을 준다. 불법적인 약물 사용은 '사용자' '비사용자' 또는 '우리'와 '그들'이라는 두 개의 서로 용납되지 않는 부류의 집단들을 만들어 낸다. 이들 명백하게 한정된 집단들은 허약한 인원 구성에도 불구하고 안정된 주변을 형성하며 나아가 집단 동일시의 감정을 발생시킨다(Ingraham, 1983, p. 65).

술자리나 약물 사용을 부대의 응집성을 증진시키는 한 유용한 기법으로 여기 제시하고자 하는 것은 분명히 아니다. 오히려 그 반대로 부대 리더들이 술이나 약물 사용에 의해 야기되는 '우리'라는 집단에 포함될 염려가 거의 없기 때문에, 하급 병사들간의 개인적 결속이 증가된다 할지라도 사실상 부대의 응집성은 감소하게 된다. 여기서 이것을 인용하게 된 것은 일차적으로 부대 구성원들을 위한 독특하고도 잊기 어려운 경험을 갖게 해 주는 것의 중요성에 대한 증거를 제시하고자 한 것이다. 즉, 수용적이고 보호적인 성향이 충분히 강한 집단 속에서 성원들의 기분은 만약 조직이 그것을 제공해 주지 않는다면 그들 자신만의 독특한 경험을 갖고 싶어 한다.

부대응집성을 양성하는 공통적 경험의 본질이 무엇이든지 간에 그것들이 전투에서 그들을 보호해 주는 동료나 리더의 결정 및 능력에 대한 확신감을 심어 줄 수 있는 한도까지는 그렇게 하는 것이 좋은 결과를 낳을 수 있다. 이것은 2차대전이나 한국전 연구자들에 의해 병사들의 인내력에 결정적인 것으로 광범위하게 인용되어 온 응집성이 정신 건강 분야에서 '사회적 지지'라고 부르는 것과 매우 유사하다는 초기의 주장과도 많이 관련되어 있다. 이 개념에 대한 핵심은 병사들이 '상호의리의 네트워크' 속에 굳건하게 자리잡고 있다는 개인의 확신이나 신념이다. 어려운 때 누군가 그를 도우려 하고 또 도울 수 있는 사람을 가지고 있다는 신뢰감이 바로 부대응집성의 핵심이다. 예를 들면 생존을 위해 버티는 순간에 효과적인 도움을 제공할 수 있는 기술 · 능력을 가지고 있는 다른 사람이 자기를 도울 수 있다는 신뢰감은 '도구적 응집성'이란 용어가 의도하는 핵심적 내용이다. 반대로 '정서적 응집성'은 집단 속의 다른 사람들이 만약 필요성이 있다면 도와줄 것이라는 신뢰감에 기초를 두고 있다(Gross & Martin, 1952).

이 구별은 연구 보고서에서 약간의 논쟁을 불러일으키고 있다. 예를 들면 Moskos (1970)는 이러한 주장들이 일차적 집단의 순수한 개인적 관계에 대해 지나치게 확대를 하고 있다고 말하고 있다. 베트남전에 대한 그의 연구는 일차적 집단관계의 도구적이고 이기적인 측면을 강조하게끔 하였다. 그는 주장하기를 한 병사로 하여금 다른 사람을 위해 생명을 무릅쓰고 모험을 하게 하는 것은 이타주의나 고유한 개인의 매력에서 발생하는 것이 아니라, 그 자신의 생존이나 이익이 자신이 필요로 할 때 다른 사람이 그를 돕게 만들 수 있는 그의 능력에 달려 있다는 것을 인정하기 때문이라고 하였다. Kviz(1978)의 표현에 의하면, 소규모 전투 집단에 있어서 강력한 개인간 유대의 특성은 높은 스트레스 상황 속에서 이차적으로 공동적인 생존 추구로 발전하게 된다.

Clark에 의한 한국전쟁 연구는 병사들이 단순한 호감과 군사적 신뢰성을 구분할 수 있어 위험한 임무를 수행하거나 휴가를 갈 때 서로 다른 동료들을 선택한다고 주장하였다(Watson, 1978). 더 최근에는, Tziner와 Vardi(1983)가 이스라엘 기갑부대를 대상으로 기본 훈련시에 전차 승무원 팀을 짜는 현상에 대해 사회측정법에 기초를 두고 연구한 실험 보고서를 내 놓았다. 여기서 보면 높은 능력을 지닌 병사들은 훈련 프로그램을 계속하는데 너무 자주 선택된 반면, 능력이 떨어지는 병사들은 거의 선택을 받지 못한 것으로 나타났다. 합리적인 결론은 병사들이 전투 상황에서 생존을 위해 다른 사람에게 의존해야 한다는 것을 잘 알고 있다는 것이다. 전투 집단에 대한 애착은 생존을 도울 수 있는 집단의 능력뿐 아니라 그렇게 하고자 하는 의지에도 달려 있다. 집단이 어느 하나라도 미달한다는 생각은 병사들로 하여금 집단 활동에의 참여나 집단 내 성원들을 평가절하시켜 낮은 사기를 유발할 수 있다.

나아가 리더들은 병사들에게 배 이상으로 신뢰감을 심어 주어야 한다. 왜냐하면 전투에서 죽음과 승리의 돌격간 차이를 잘 판단할 수 있는 사람은 누구보다도 리더 자신들이기 때문이다. 병사들에게 있어 그들 리더의 재능을 알고 본다는 것이 얼마나 중요하다는 것을 자주 리더들에게 말해 주지 않는다 할지라도, 기술적 그리고 전술적인 숙달의 중요성은 리더들에게 끊임없이 되풀이하여 심어 주어야 할 하나의 가치 기준이다. 만약 병사들이 리더의 군사지식을 의심한다면, 그들은 리더의 판단에다 자신들의 생명을 맡기기를 주저하게 될 것이고 이것은 응집된 부대원으로 행동하지 않을 것임을 의미하는 것이다. 병사들이란 죽어야 할 때 죽을 수는 있겠지만, 아무도 그들의 생명을 무지에 희생당하기를 원하지 않는다. 그래도 리더가 단순히 기술적으로 숙달한다는 것만으로는 아직 부족하다. 만약 리더가 신뢰감을 불어넣을 수 있다면 부하들은 리더가 무능한 행동으로 그들의 생명을 소모시키지 않을 뿐 아니라 무관심으로 그들을 약화시키지 않을 것이라는 사실을 믿게 될 것이다. Grinker와 Spiegel(1945)은 이것을 다음과 같이 표현하고 있다:

> …전투에서 병사들이란 집단을 위해 대다수 그들의 이기적 관심을 포기한다. 그러나 병사들이 그들 동료나 리더를 위해 그렇게 하는 것은 애정과 충성심을 바탕으로 한 인간적 신뢰 때문이다. 병사들로부터는 오로지 이러한 인간적 신뢰 위에서만 보답받을 수 있다. 리더는 병사들의 이러한 인간적 신뢰에 대해 성실과 애정으로 보답해야 한다.

최근 Kalay(1983)에 의한 이스라엘 전쟁 연구는 이들 2차대전의 교훈들을 다시 한 번 확인해 주고 있다. 그는 병사들의 지휘관에 대한 신뢰는 [1] 직업적 재능과 실무능력, [2] 정보출처로서의 신뢰성, [3] 부하들에게 쏟는 관심과 배려의 양이라는 세 가지 요소에 달려 있다는 것을 보여 주었다. 여기서 관심과 배려는 사람의 기술과 능력 그리고 소양이 타인의 사기에 필수적이라는 사실을 분명히 인정하는 것을 포함하고 있다. Napoleon도 결국은 한 조각의 훈장을 위해 길고도 힘든 싸움을 하는 병사들에 의존하였다고 전해진다(Heinl, 1967). 비록 용감한 행동에 대한 보상이 일찍이 잘 알려져 있었다 하더라도 약탈이 받아들일 수 있는 군대행위로 금지된 이후로 훈장, 승진, 파견 등과 같은 모든 포상은 이제 모든 나라에서 공통적인 제도로 정착되어 가고 있다. 다른 선택적 보상과 마찬가지로 훈장 배당도 불공평성에 대한 불만을 야기할 수 있다. 극소수의 병사들은 여전히 훈장을 거부하기도 하지만 어쨌든 Mauldin(1983)의 말마따나 '민간인들은 훈장에 대한 걱정 같은 것을 어린 청소년들이나 하는 짓이라고 생각할지 모르지만, 민간인들은 과거 4년 동안에 그가 무엇을 하고 있었다는 것을 보여 주는 저축도 있고 집을 장만하기도 하지만 우리 군인들에게 남는 것이 무엇인가 묻곤 한다.' 훈장은 물론 단지 표창의 한 형태일 뿐이며 Mauldin의 말이 암시하는 것처럼 영웅적 행동에 대한 동기가 되기보다는 군대 시절을 뒤돌아 볼 때 더욱 중요하게 여겨지는 것으로 보인다. 그러나 베트남전에서 훈장 사냥꾼은 동료들로부터 빈번하게 나쁜 평판을 받았으며, 부하들에 의한 상관 폭행자들보다도 더 불쌍한 인간으로 취급되었다. 인정이라는 덜 극적인 보상 형태가 가끔 사기에 즉각적인 효과를 가져오곤 했는데, 그것들이 병사들을 한 인격체로서 가치를 인정해 주고 그들의 생명이 경솔하게 사용되지 않도록 안심을 시켜주기 때문이라고 생각된다.

여기서 논의하려고 하는 부대응집의 마지막 요소는 분명하고도 의미 있는 임무의 필요성에 대한 것이다. 이것은 훌륭한 리더들이 그들의 노력이나, 초래하는 위험 또는 손실조차도 더할 나위 없이 가치 있는 일이라는 것을 보여줌으로써 그들이 부대를 염려하고 있다고 설명해 줄 수 있는 또 다른 방법이 될 수 있다. 베트남전에서 미군의 규율해이, 대량의 마약 사용 그리고 대상관 범죄는 미국이 베트남전쟁을 더 이상 추구할 가치가 없다고 판단한 사실이 모두에게 명백해진 전쟁 말기에 주로 나타났다. 소규모 부대단위에서의 개인간의 결속이나 응집성도, 아무런 영광이나 고마움도 없이 전쟁터에서 죽을 수 있는 마지막 사람은 되고 싶지 않다는 이성적 욕망을 완전히 극복할 수는 없었다. 또한 보안에 관심을 두다 보니 아주 작은 소규모 부대에서의 리더들은 병사들이 잘 훈련받았고 규율이 서 있기 때문에 그들 스스로 그것을 알고 있기를 기대하면서 작전의 이유나 목적을 때때로 병사들에게 제공하지 않을 수 있다. 만약 리더가 무엇이 중요하지 않다는 것을 병사들에게 묻지 않는 습관이 있다는 것을 병사들이 알 충분한 기회가 있었다면 그는 성공할 수도 있다. 만약 그렇지 않다면 지휘에 있어서 그 자신에게 전혀 불필요한 위기를 가져올 수 있다는 것을 알아야 한다.

리더들 역시 일차적 집단이 대규모 이차적 집단으로 통합되고, 그 대집단과 모조직의 방향 및 가치가 일차적 집단에 영향을 미치도록 연결하는 사람이다(Ingrahm & Manning, 1981). 리더들이 이 역할을 얼마나 성공적으로 수행하느냐의 정도가 그들의 부대가 단체정신을 보여 줄 수 있는 범위를 결정한다. 높은 수준의 단체정신은 병사들의 충성심이 그들의 일차적 대면 동료들이나 직속 리더들을 넘어서 단계적으로 진행되고 있음을 의미한다. 만약 전투에서 사기가 유지되어야 한다면 이것은 매우 중요한 단계인데 왜냐하면 격렬한 전투는 아무리 훌륭한 부대라 하더라도 손실을 입힐 수 있기 때문이다. 만약 전투 의지가 오로지 개인적 충성심에 달려 있다면, 동료의 죽음에 의해 최초로 야기되는 적개심에도 불구하고 사상자에 의해 유대가 끊어짐에 따라 전투 의지는 약화될 수 있을 것이다.

이러한 이유때문에 대다수의 서방 군대들은, 예를 들면 중대보다는 큰 이차적 부대집단에의 충성심 주입을 시도하고 있다. 해군에게 있어서는 전함이나 함대급까지 이것이 적용될 수 있다. 의무대와 같이 더 기술적인 분과에서는 흔히 하나의 전문 직업부대 전체가 그렇게 된다. 전투병과의 병사들에게 있어서는 연대가 가장 자주 적용된다. 미군에 있어서 연대는 무장된 군대를 갖춘 전술적 부대 단위는 아니더라도 상징적이고 행정적인 부대이다. 그러한 조직체계의 의미 있는 특색들은 독특한 명칭과 배지,

부대기, 식당과 복장, 지역 연합 그리고 신병 모집에서 나타난다. The Royal Welsh Fusiliers, Gorden Highlanders 그리고 2nd Scottish Rifles와 같은 부대들은 미국인에게조차도 매우 친숙한 이름들이다. 기타 특색들은 고정 모기지, 부대훈련(기본 입소–수준훈련 포함), 부대순환(연대의 해외 책임 지역까지), 장기 복무, 복귀 임무를 포함하고 있다. 기념관, 군악대, 재향군인회, 명예 계급장 그리고 간행물 같은 것들은 흔히 연대의 기대 그리고 명성과 병사들의 자존심을 궁극적으로 연결시켜 주는 후원자가 된다. 현역에 복무중인 군사심리학자는 이들 부대정신 유발 활동이나, 조직 구성 그리고 정책의 대다수를 수정할 만한 위치에 있지는 않지만, 전투에서의 잠재적인 스트레스 희생자에 대비하여 용기를 길러 주어야 하는 중요한 역할 담당자다. 그래서 그는 이들 구시대적인 관행을 동시대의 현대적 기업으로부터 차용한 더욱 현대화되고 실리적인 방식으로 교체하고자 하는 빈번한 시도에 관한 지식과 시끄러운 반대 목소리도 알고 있어야 한다.

군이 연대라는 제도 없이도 부대정신을 가질 수 있는가? 그러한 부대정신을 만들어내는 것이 부정할 수 없을 정도로 더 어려운가? 연대나 사단, 의무부대 혹은 함대일 수 있는 이들 이차적 집단의 기능들 중 하나는 병사와 위대한 국가적 목적 사이에 더 작고 이의 없는 숭고한 이유 하나를 개입시키는 것이다. 국가적 목적이 보편적으로 지지를 받을 때 중간 조정자에 대한 필요성은 물론 그것이 활발한 논쟁의 원인일 때보다 훨씬 덜할 것이다. 베트남과 레바논전쟁은 국가적 목적의 중요성에 대한 예들이며, 1980년대의 몇몇 전쟁 교훈들은 외부 침입에 대한 자국 영토의 방어만이 1990년대 서구 제국에 있어서의 군사적 행동에 대한 국제적인 지지를 불러일으킬 수 있다는 것을 시사해 주고 있다.

6) 사기와 직무수행

여기서는 군대 리더들이 높은 사기를 성공적인 전투 병력의 특성으로 뿐만 아니라, 그 성공의 주된 원인으로 보고 있다는 사실을 보다 분명히 해 두고자 하는 것이다. 2차대전 이후로 군대 정신의학계에서는 높은 사기의 보호적인 힘을 제1의 근본 원리로 다루어 왔다. 이스라엘의 스트레스 사고자에 관한 최근의 연구들(Steiner & Neumann, 1978; Solomon, Mikulincer & Hobfoll, 1986)도, 우리가 부대의 응집성과 사기가 높게 상관되어 있다고 가정할 수 있는 한 그러한 입장을 확증해 주는 것으로 생각된다. 이들 학자들은 더욱 효과적인 동료와 스트레스 사고자를 가장 분명히 구별해 주는 것은 전투의 치열함이 아니라 부대응집성에서의 차이였음을 발견하였다. 2차대전 동안에 Stouffer 등(1949)

에 의해 이루어진 많은 연구들의 일부도 마찬가지로 이 견해와 일치하는 것들이었다. 그들은 영국에서 사전 상륙훈련을 받고 있는 100개 이상의 중대원들을 대상으로 설문을 실시하여 이것을 차후 노르망디에서 동일 중대의 비전투 사고자 비율과 비교하였다. 만약 우리가 중대원 전체의 것을 합계한 '전투의지' '전투 열정에 대한 자신감' '전투기술에 대한 확신감'에 대한 태도가, 적어도 사기의 간이 측정치를 제공한다는 가정을 받아들인다면, 이들 자료들은 작전 전의 사기와 작전 후의 事故者 간에 강한 예언적 관계성을 보여 주게 될 것이다. 평균적으로 소총 중대의 '전투 의지'와 비전투 사고자간의 상관계수 r= −0.33으로 나타났다. 중화기 중대의 상관계수는 이보다 조금 높아 r= −0.41이었다. 즉, 전투 전에 사기가 높을수록 사고자수는 적었다. 계속된 분석들은 이들 결과들의 통계적 중요성과 마찬가지로 실용성을 보여 주었다. 예를 들면 사단장은 노르망디 작전의 전투 계획을 수립하면서 이 사기점수를 가지고 세 번째 투입할 소총 중대를 분류할 수 있었다. 여기서 낮은 사기 점수를 가진 부대는 높은 점수를 가진 부대보다 비전투 손실이 62%나 더 높았다.

평화시 가장 자주 인용되는 사기 지표로는 징계행위, 합법적 또는 비합법적으로 부대를 떠나고자 하는 시도, 일반적인 외모의 단정성, 장비에 대한 관심, 어려운 조건에 있어서도 여유를 보일 수 있는 능력, 진료나 입원 비율, 훈련이나 운동 시합에서의 부대성적, 부대의 업적이나 전통에 대한 일반적인 자랑 등이 있다. Manning과 Ingraham(1987)은 20개 전투대대의 부대응집성 측정치와, 9개의 객관적인 성과(체력검정점수, 군사재판 회부수, 연간검열점수 등) 측정에 대한 대대의 평균 서열간에 높은 상관관계(r= 0.81)가 있음을 발견하였다. 전직 및 무단결근과 대비한 평화시의 생산성과 응집성 혹은 기타 사기 요소들 간의 상관관계를 내어 본 민간과 군사 부문 모두에서의 또 다른 시도들은 그렇게 높은 상관을 보여 주지 못했다(Martin, 1969; Griffin & Bateman, 1985). 특히 민간 부문의 연구에서 이들 일반적으로 불충분한 상관에 대한 그럴듯한 설명은, 한 작업 집단에 부여된 과업과 집단성원의 복지간의 관계가 전투에서의 관계처럼 분명한 것이 아무데도 없다는 것이다. 여기서 주둔지 병사들과 민간 작업자들이 그들의 작업 집단 이외의 많은 다른 집단에도 소속되며, 따라서 만족이란 것이 신속하고도 효율적인 작업 결과에만 의존하지 않는 다양한 욕구와 욕망을 갖고 있다는 사실이 낮은 상관관계에 영향을 미친 것으로 보인다.

7) 사기의 측정

부대 지휘관들은 전통적으로 그들 부대의 사기를 측정하는 수단으로서 앞에서 언급한 성과 지표들을 사용하여 왔다. 사기와 성과에 대한 이런 판단의 도식은 지휘관들의 전반적인 강조점이 교육훈련에서의 부대성과보다는 외모의 단정성, 공통적인 활기, 탈영이나 무단이탈, 진료와 입원 등과 같은 지표에 있다는 사실에도 불구하고 조금도 감소되지 않았다. 어쨌든 사기 측정은 사기와 성과간의 관계에 대한 상호보완적인 본질을 재강조하고 있다. 높은 성과는 실제 사기를 향상시키게 되며 모든 다른 것들이 동등하다면 그 반대도 성립된다는 논리였다.

몇몇 나라의 군대들은 사기에 대한 체계적인 태도 조사를 확립함으로써 1970년대 들어 이 도식적 형태를 탈출하려는 시도를 하였다. 미군에서 이것은 '조직효과화 장교'(Organizational Effectiveness Officer: 일반적으로 심리학자가 아닌 16주는 학교에서 그리고 3~4년은 활용 근무지에서 강도 높은 훈련을 쌓은 병과 장교)에 의해서 수행되었다. OE 장교는 사단급의 참모장교로서 그들의 직속상관의 요청에 따라 집단면접과 조사를 병합하면서 통상 대대급 이하 부대를 엄밀하게 조사하였으며 중재 요청에 따라 그 결과를 요구하는 지휘관들에게 제공하였다. 전반적인 인력의 증가 없이 더 많은 전투사단을 증편하고자 하는 미 육군의 요구에 따라, OE 장교의 역할에 대한 인사상 견해의 변화가 일어났고 이로 인한 여러 가지 요인들이 1980년대 초반에 이 계획에 종지부를 찍게 만들었다.

이스라엘에서의 사기 연구는 Guttman이라는 지휘관과 이스라엘 방위군(IDF)이 출발점이다. 검열은 연간 기준위에서 시행되거나 혹은 사기에 영향을 미칠 수 있는 사안들(예: 경계임무, 중요한 훈련, 평화유지작전)에 대한 대응을 알아보는 것으로 이루어 졌다. 이때 여단이나 사단급의 전투부대에 할당된 산업 및 조직심리학자, 제복을 입는 측정장교 모두에 의해 익명의 조사가 이루어졌다(Gal, 1986). 상이한 환경이나 서로 다른 유형의 부대들은 약간 다른 설문지를 받았지만, 전투부대에서 빈번하게 사용된 영어 번역의 것으로는 Gal과 Manning(1987)의 것이 대표적인 것이다. 31개 문항으로 된 조사지는 '전투준비 사기 질문지'(Combat Readiness Morale Questionnaire: CRMQ)로 알려져 있다.

CRMQ는 WRAIR(Walter Reed Army Institute of Research)에 의해 부대응집과 병사들의 의지 조성을 위한 미 육군의 새로운 부대배치제도의 효과를 측정하는 데 사용될 대규모의 조사도구로 통합되었다(Marlowe, 1986; Griffith, 1988, 1989). 이 조사도구 역시 2차대전 기간에 Stouffer 등에 의해서 사용되었고, 65개 최초 문항들이 중대, 소대 및 분대급에서의 대인관계에 관한 내용으로 구성된 육군 연구 분과의 야전부대 설문지로부터 25개 문항을 채택하였다. 또한 이 조사도구는 '개인적 요인들'이라 부를 수 있는 약간의 하위척도를 포함하고 있지만 특히 부대응집성과 같은 '집단 요인들' 쪽에 큰 비중을 둔 다수의 하위척도를 포함하고 있다. WRAIR 연구자들은 130개 이상의 전투부대 중대로부터 종단적 자료들을 수집하였는데, 그 조사도구들과 규준은 WRAIR의 것을 사용한 것이었다.

또 다른 조사도구는 부대 지휘관들이 자신들 부대의 심리적인 준비상태를 측정하기 위해 사용할 목적으로 제작된 82개 문항의 설문지로, Unit Climate Profile이라고 하며 미 육군의 행동 및 사회과학연구소(ARI)에 의해 개발된 것이다. 육군성(DA) 팜플렛 600-69로서 육군에 의해서 인쇄된 발간물은 지휘관들의 편람으로서, 측정된 21개의 '분위기 분야'를 해석하는 안내서이며 점수화에 대한 지침서이다(Army, 1986). 유감스럽게도 획득된 자료가 어떤 방식으로든지 그들에게 불리하게 사용되지 않을 것이라는 것을 지휘관들에게 납득시켜야 하는 요구 때문에 조사된 또는 조사중인 부대를 넘어서 체계적인 자료 수집과 이용에 관한 준비가 이루어지지 않고 있는 실정이다. 그래서 지휘관들은 한 부대 내에서의 종단적인 연구들이 당연히 가능하고 유용하다고 하더라도, 동일한 형태의 다른 부대와 관련해서 자신의 부대를 비교하고 판단할 수 있는 실제적 수단을 갖지 못하고 있는 것이다.

2. 군대 리더십의 개념적 변환

지금까지 많은 사람과 조직들이 리더십의 성공적 발휘를 위해 폭넓은 연구와 노력을 기울여 왔지만 리더십을 성공적으로 발휘할 수 있는 간단한 공식은 발견할 수 없었다(Bass, 1981). 이 말은 역동적인 환경변화 속에서 복합적인 인간·조직·환경의 유기체적인 상호작용은 리더십 발휘를 더욱 어렵게 하고 있다는 것을 의미한다.

1) 군대 리더십의 중요성

군에서의 지휘관의 역할이 결정적이란 사실은 너무도 명백하다. 미군들은 'There are no bad troops only bad leaders'라 하여 '나쁜 부대란 없고 오직 지휘관이 나쁘기 때문이다'고 하였고, 일본군에서는 '최후의 승리는 장수에 달려 있다'하여 지휘관의 역할을 강조하였으며 우리 육군의 복무규율과 중대전투교범에도 같은 의미로 지휘관의 중요성이 강조되어 있다. 이것은 전투의 주체가 인간이고, 인간이해와 부하의 이해는 전투지휘의 본질이며, 승패의 기본요소임을 밝힌 것이라 볼 수 있다.

특히 현대에 와서 급변하는 사회는 그 구조가 복잡 다양해지고, 정치·경제·문화 등 다방면에서 밀어닥치는 새로운 가치관의 급속한 유입은 우리의 전통문화 내지는 가치관과 결부되어 신·구세대간의 갈등, 인간소외의 문제와 함께 개인보다는 국가적 차원에서의 임무수행이 강조되는 군집단의 지휘에 있어 더욱 중요한 문제로 나타나게 되었다. 따라서 군대라고 하는 것은 그 사명과 조직의 특성상 그 리더십의 적부는 다음과 같이 중대한 영향을 주는 것이다.

1 임무달성을 좌우하고 전쟁의 승패를 결정하며 나아가서는 국가의 흥망에 관계된다.

2 침식, 고락을 함께 하는 부대의 명암을 좌우하고 부하의 사는 보람 즉, 그 희비의 마음에 깊이 영향을 준다. 바꾸어 말하면 소위 종신교육의 성과를 좌우하는 것이다.

3 일단 유사시에는 부하의 생명에 관계하는 것이다.

4 부하는 물론 부하의 가족이나 친구에게도 널리 심리적 영향을 미치는 것이다.

5 상급지휘관이나 인접 부대에도 영향을 미치며 군대조직 전반의 건전성을 좌우하는 것이 된다.

6 부대주변의 주민 나아가서는 국민의 마음에 영향을 주고 그 주민의 마음은 다시 부대의 사기를 좌우하는 식의 상호작용을 하게 된다.

2) 군 리더십의 특수성: 통합과 전방위의 리더십

군 사회는 다른 사회와 비교할 때 목표, 기능, 상황 등의 특수성이 존재하며 이로 인해 군의 리더십 역시 일반사회의 리더십과는 구별되는 특성이 존재하는데 이를 한마디로 말하면 '통합과 전방위의 리더십'이라고 말할 수 있을 것이다. 군 리더십은 각양각색의 하부집단 및 상황, 특히 전장에서의 생사의 갈림길인 극한 상황에 대처하여 서로 모순되는 극단적인 방법까지도 구사해야 할 절대적인 필요성이 요구되기 때문에 강직과 유연, 엄격과 관용, 신중과 단호함, 솔직과 기지, 상·벌 등의 상극적인 요소를 적절히 조화시켜 상황에 맞게 행사되어야 한다. 또한 군 리더십은 복잡하고 다양한 여러 업무를 한꺼번에 처리해 나가지 않으면 안 된다. 부하들의 의식주는 물론 사생활까지도 관심을 가져야 하며 부대의 작전, 교육훈련, 행정, 통신, 군기 등을 모두 다 동시에 진행시켜 나가야 하는 전방위의 리더십인 것이다.

나아가 오늘날 한반도 주변의 국가안보환경과 국민들의 의식구조 변화 그리고 군대내 민주주의 정착화과정은 새로운 방향에서 군 리더십의 발전과 접근을 요구하고 있다고 보아진다. 이러한 변화에 유연성 있게 대응하기 위해서는 리더십의 규범과 범위를 확대하고 적응하는 통합적 리더십 발휘가 필요하다고 생각된다. 통합적 리더십의 중요 사례는 독일군의 리더십에서 찾아볼 수 있다. 독일군의 리더십 철학은 1806년 예나·아우에르슈테트에서 나폴레옹 군대에 참패한 후 추진된 프로이센 군대의 개혁 이념에 뿌리를 두고 있다. 리더십과 관련된 내용을 살펴보면, 국민개병제도의 도입, 국가의식의 고취, 군과 국민의 통합 연결, 국민의 기본권 보장 차원에서 각종 가혹행위 금지 등이다. 그리고 군인은 국민이면서 군인이므로 국민으로서 받게 되는 정치적·사회적 요구와 군인으로서 받게 되는 군사적 요구를 동시에 충족시킬 것을 강조했다. 그 결과 민주주의 이념과 군사적 절대성간 결합가능성의 모색, 군인에게도 기본권이 보장되고 그들이 지켜야 할 가치를 군대에서 경험하도록 해야만 했다. 독일군의 리더십은 군에 대한 문민통제 원칙을 구현하고 자유와 평등, 다원적 조직 구조, 권력의 분산 등으로 특징지어진다. 또 민주사회의 기본 특성과 계급 구조, 명령과 복종, 권력 집중 등 군대사회의 기본 특성들 간의 갈등을 최소화하도록 했다.

이러한 독일군 리더십은 의무병력제도를 채택하고 있는 성격의 군대와 국가 또는 민간사회와의 올바른 관계를 정립하는 것이며 다른 하나는 개인적 차원에서 각 제대 리더들의 리더십 행동지침을 제공하는 것이다. 독일군 리더십의 목표는 제복을 입은 국민 육성으로써 첫째, 자유민주주의 체제를 신봉하는 자아실현의 인격체 완성으로 국민으로서의 권리와 군인으로서의 의무 사이에서 파생되는 문제를 조화롭게 해결하는 것이다. 둘째, 군인은 군 조직 공동체에 대한 중요성을 인식하고 그 조직의 목표달성에 협조해야 하며 자기 개인의 가치관과 의도 등이 타인의 그것과 상충될 경우 이를 조정하고 양보해 책임을 자각할 줄 아는 국민을 육성하는 것이다. 셋째, 군인은 자신의 군 복무가 국가방위, 세계평화 유지, 개인적 차원의 인간안보에 중요하다는 것을 인식함과 동시에 생명의 위험을 무릅쓰고 전투에 임할 수 있는 정신자세를 갖추도록 리더십을 발휘하는 것이다. 따라서 독일군 리더십은 리더와 부하간의 관계에만 국한하지 않고 군과 국가, 민간사회와의 관계까지 포괄하는 통합적 지휘개념이 되는 것이다.

이와 같이 독일군 리더십 역할은 국가·사회·군대·군인 등의 제 요소를 조화·융합시키고 제반 요소가 바라는 최적의 상태를 창출하는 매개체로서 각 개인에게 민주주의 원칙에 의한 최대한의 자유와 권리를 보장하고 군대의 기본 목적인 최적의 군사임무 수행능력을 유지하는 데 기여토록 하고 있다. 한국군 리더십도 민주주의 특성과 군대 특성의 균형·조화를 통해 전투태세를 갖춘 군인, 자유 민주주의 체제를 신봉하는 인간, 책임을 자각할 줄 아는 국민으로서 푸른 제복을 입은 국민을 육성할 수 있도록 통합적 리더십을 발전시켜 나가야 할 것이다.

3) 미래 군 사회의 리더십 모델

평등의 실현이야말로 현대의 가장 위대한 혁명이라고 할 수 있다. 만민평등의 개념은 권한, 계층 및 충성과 같은 낡은 틀을 깨어 버렸다. 그러나 모든 사람에게 평등에 따른 권리가 주어지면 리더십은 새로운 양상을 띠게 되며 리더십을 발휘하기가 더욱 어려워진다. 영창, 군법회의 회부, 교도소 등의 위협 수단을 동원해서 명령에 따르도록 하는 것은 쉽지만 설득을 통해서 온갖 반대를 잠재우고 뭇 사람의 지지를 받아 일을 성사시키기란 극히 어려운 법이다. 전반적인 사회의 평등주의 의식은 오랫동안 계급이라는 수직적 체계 속에 안주하고 있던 군대조직에도 점점 확산되고 있다. 이 같은 추세는 미래의 군대조직에서 일방적인 위계적 · 수직적 명령 체계가 100% 수용되지 않을 가능성을 시사해 주고 있다. 미래의 군대환경은 리더들에게 부하들에 대한 과학적인 분석과 합리적인 이해를 위한 연구와 나아가 부하들을 설득할 수 있는 기술 습득을 강요하고 있는 것이다.

지난 20여 년간 charismatic, transformational, inspirational, empowerment 그리고 post-heroic 이론 등의 리더십에 관한 새로운 세대들의 연구가 활발히 이루어져 왔다. 이들 이론들은 과거 과학적 관리, 합리적 의사결정, 실증주의적 인식론, 행동주의 심리학에 대한 가정을 기초로 한 이전의 연구들과는 달리 리더의 행동에 있어 자연주의적 현상학적 입장을 수용하고 있다. 이들 견해들의 본질은 변환, 비전 제시, 위임, 자아개발, 그리고 도덕 및 윤리 측면의 사회적 책임들로 요약될 수 있을 것이다. 즉, 이들 학자들이 생각하는 리더의 개념은 리더가 성원들의 목표를 고양시키고 그들과 권력을 공유하며 성원들을 리더로 변환시켜 가는 가운데 부하들에 의해 리더의 모습이나 형태를 갖추는 것으로 보았다.

여기서는 통합적 · 전방위 리더십의 발휘에 있어 자율과 비전 제시와 자아개발 그리고 바람직한 가치관 형성을 위해 도움이 되는 세 가지 리더십을 소개하고자 한다. 첫 번째는 자율과 위임을 통하여 부하들로 하여금 자신의 능력에 대한 강한 자신감을 갖도록 동기부여를 하는 '임파워먼트 리더십'에 대한 것이다. 두 번째는 비정상적인 육체적 · 감정적 노력을 요구하는 상황이나 위기가 항상 존재하는 전시 상황 같은 경우에 부하들을 효과적으로 지도할 수 있는 '카리스마적 리더십'이다. 세 번째는 장병들의 이상적 가치에 호소해서 그들의 자의식과 가치관의 변환을 유도하는 '변형적 리더십'에 관한 것이다.

(1) 임파워먼트 리더십(empowerment leadership)

부하의 몰입을 유도하는 리더십은 통제보다는 자율성에 바탕을 두고 있다. 자율중심적인 리더십이란 부하가 스스로 책임지고 임무를 완수할 수 있도록 도와주는 것을 의미한다. 이를 위해서 상급자는 부하에게 책임과 권한의 위임, 정보와 자원의 공유 등을 통해 스스로 임무를 수행할 수 있도록 자율성을 부여해서 부하들이 자신감을 갖도록 해주는 것이다. 이를 통해 상급자는 부하들의 조직몰입을 유도할 수가 있을 것이며 이러한 몰입의 강화를 위한 자율중심적 개념에 기초한 리더십을 임파워먼트과정으로 설명할 수가 있을 것이다.

1 임파워먼트 리더십의 개념

임파워먼트의 사전적 의미는 '권력이나 권한을 주다'라는 단순한 의미 이외에도 사람들이 자신의 능력에 대한 자신감을 갖도록 동기를 부여하는 'enabling'의 의미도 갖고 있다. 이를 리더십의 관점에서 종합해 볼 때 임파워먼트 리더십이란 '상급자가 부하들에게 권한을 위임해 줌으로써 통제보다는 자율성을 강조하고 권력 및 정보공유의 방법으로 부하들을 의사결정에 참여하도록 동기유발시키는 과정'으로 정의해 볼 수 있을 것이다. 이는 전형적인 리더십 유형에 따르면 권한위임적 또는 참여적 리더십 스타일에 상응하는 것으로 생각할 수가 있다. 그러나 이러한 방식으로의 이해는 임파워먼트 리더십을 단순히 상급자가 부하에게 부여하는 방식에 초점을 맞춤으로써 상대적으로 부하의 입장에서 '받는 것'에 대한 의미를 약화시킬 위험이 있을 뿐만 아니라, 전통적인 리더십 개념의 틀 내에서 하나의 기법이나 양식으로 간주하게 할 가능성을 안고 있다. 그러나 앞에서도 언급하였지만 임파워먼트 리더십은, 사람들이 자신의 능력에 대한 자신감을 갖도록 동기를 부여하는 'enabling'의 의미도 갖고 있기 때문에 단순히 상급자의 입장에서 '주는 것' 뿐만 아니라, 부하의 입장에서 자신감을 '받는 것'의 의미를 강하게 내포하고 있다. 따라서 부하의 입장에서 임파워먼트되었다는 것은 상급자의 리더십에 의해 부하들이 자신의 능력에 대해 강한 자신감을 갖게 되었다는 것을 의미한다. 또한 상급자의 입장에서 부하들을 임파워먼트시킨다는 것은 부하들로 하여금 자신의 능력에 대한 강한 자신감을 갖도록 동기부여를 시킬 수 있는 행동을 부하에게 해주는 것을 의미한다.

2 부하들을 임파워먼트시키는 방침

Kanter(1983)는 리더가 부하들에게 권력을 위임하고 정보를 공유하며 나아가 지지적이 됨으로써 그들이 강한 자신감을 갖게 만드는 4가지 방침을 다음과 같이 제시하고 있다.

가 중요한 과업의 부여(Assigning Important Tasks)

부하들에게 민감하고 중요한 업무 부여는 부하들로 하여금 조직의 관심사에 관련을 갖게 만들고 중심적인 역할을 수행하도록 하여 권력과 영향력을 획득하게 만든다.

나 자율성과 재량권의 제공(Providing Autonomy and Discretion)

리더는 팀의 재량권의 범위를 증가시킬 수 있고 의사결정에 있어서 더 큰 권한과 책임감을 제공할 수 있는 방안들을 찾아서 시행한다.

㉰ 높은 시야와 인정감의 제공(Giving Visibility and Recognition)

리더는 팀 구성원들에게 높고 넓은 시야를 제공하고 개인과 팀의 노력과 공헌에 대한 인정감을 제공해야 한다. 부서 안팎으로 부하들이 하고 있는 일에 대해 사람들에게 이야기하고 그들의 업무를 선전하는 것은 부하들뿐만 아니라 리더들의 시야도 증가시켜 주는 유용한 방법이다.

㉱ 튼튼한 인간관계 구축 지원(Helping to Build Strong Relationships)

타인과 튼튼한 인간관계를 형성하도록 부하들을 영향력 있는 인사와 연결시켜 주고, 후원자와 훌륭한 조언자를 발견할 수 있도록 협력한다.

③ 임파워먼트 리더십의 행동

리더가 부하들을 임파워먼트시키기 위해 어떻게 행동해야 할 것인가는 바로 임파워먼트 리더십의 행동에 관련된 것이다. 특정의 업무를 수행함에 있어 부하들이 자신의 능력에 대해 갖는 자신감을 '자기효능감(self-efficacy)'이라 부른다. Bandura(1986)에 의하면 '자기 효능감'은 '어떤 특정의 업무를 수행하는 자신의 능력에 대한 자신감'으로 자기통제의 가장 핵심적인 인지 요인이며 특정업무를 수행함에 있어 목표설정의 수준과 몰입 그리고 노력의 정도와 어려움을 극복하려는 의지와 관련되어 있다. '자기효능감'이 높은 부하들은 낮은 부하들에 비해 더 높은 목표를 설정하고 몰입적이며 그 목표달성을 위해 더 많이 노력하며 어려움을 극복려는 의지를 보인다. Conger & Kanungo(1988)도 '자기효능감'을 동기부여적 측면에서 임파워먼트 리더십의 핵심 요인으로 보고 있다. 따라서 리더는 부하를 임파워먼트시키기 위해 부하의 '자기효능감'을 높이는 방향으로 행동해야 할 것이다. Bandura(1986)에 따르면 '자기효능감' 형성은 4가지의 정보원천에 영향을 받는데 그것은 다음과 같은 것들이다.

㉮ 직접적인 성공 경험

한 개인의 지속적 성공 경험은 '자기효능감'을 증가시키는 반면 반복적인 실패는 이를 감소시킨다. 따라서 리더는 처음부터 복잡하고 어려운 업무를 부여하기보다는 본인의 능력 범위 내에서 충분히 달성가능한 업무를 할당하거나 목표를 설정하여 성공적으로 수행하는 경험을 쌓도록 해야 한다. 그러기 위해서는 업무수행에 필요한 기술과 지도 그리고 기술개발의 기회 및 활용 기회 등을 제공할 필요가 있다.

나 타인의 관찰을 통한 대리 경험

사람들은 성공적인 업무수행을 하는 다른 사람들을 관찰하고 학습함으로써 '자기효능감'을 높일 수 있다. 자신과 비슷한 능력의 사람이 성공적으로 업무를 처리하는 것을 보고 자신도 성공적으로 해낼 수 있다는 능력과 자신감을 가질 때 '자기효능감'은 증가되는 것이다. 따라서 리더는 부하들 중에서 능력 있고 성공적인 모델을 설정하거나 자신이 그 모델의 역할을 함으로써 부하들의 '자기효능감'을 높이는 행동을 할 수 있다.

다 사회적 설득과 인정

격려나 인정감 표시와 같은 사회적 설득을 통해 개인은 '자기효능감'에 대한 정보를 얻게 된다. 예를 들면, 리더나 다른 사람들로부터 자신이 업무수행을 성공적으로 할 수 있는 능력을 가지고 있다는 격려나 인정감 표시를 통해 '자기효능감'은 증가될 수 있을 것이다. '자기효능감'에 영향을 주는 사회적 설득에는 여러 가지가 있는데, 여기에는 성과에 대한 피드백, 성공과 실패에 관련된 정보, 그리고 기타 다른 능력 요인들에 관한 정보가 포함된다.

라 정서·생리적 상태

사람들은 자신의 능력을 판단하는 데 있어서 자신의 정서 상태에 의해 영향을 받는다. 직무 또는 직무 외로부터의 스트레스, 불안, 긴장, 의기소침 등에 기인한 정서 상태는 '자기효능감'에 영향을 준다. 즉, 동일한 상황에서도 부정적인 감정을 덜 느낄 때 긍정적인 영향을 주는 반면, 부정적인 감정을 많이 느끼면 이는 바로 자신의 무능력으로 해석되고 따라서 '자기효능감'을 낮추게 된다. 따라서 리더는 부하들에 대한 정서적 지원을 해주거나 지원적이고 신뢰적인 분위기를 조성함으로써 부하의 정서관리에 도움을 줄 필요가 있다. 스트레스, 긴장, 초조 등은 부하들의 역할을 분명히 해주고 과다한 업무를 줄이고 업무환경을 개선하는 행동을 통해 줄일 수 있을 것이다.

따라서 임파워먼트 리더십이란 단순한 리더십 기법이나 스타일이라기보다는 전통적인 통제중심적 리더십 개념에 대한 도전으로 자율중심적 개념에 기초하고 있는 새로운 인식의 리더십 개념으로 미래의 군 리더십이 관심을 가져야 할 방향을 일부 제시해 주고 있다. 임파워먼트 리더십은 과거의 리더십에 비해 그 효과성이 큰 것으로 나타났다(Evered & Selman, 1989; Fisher, 1993).

(2) 카리스마적 리더십(charismatic leadership)

최근의 리더십 이론의 가장 두드러진 특징은 기존의 리더십 이론이 리더 중심이거나 리더–부하와의 관계에서 리더의 역할에 초점을 두었던 것에서 부하에 초점을 두는 것으로 관점이 변했다는 것이다. 원래 카리스마란 기적을 행하거나 앞일을 예언하는 능력과 같은 하늘이 부여한 재능이라는 뜻의 희랍어에서 출발한 것이다. 그러나 새로운 카리스마적 리더십 이론에서는, 이전의 이론에서 리더가 보유하고 있는 특성으로 생각되었던 카리스마적 자질이 부하들의 지각과정에 의해 결정되는 것으로 보고 있다. 이것은 이전의 리더십 이론에 비해서 리더십과정에 있어서 부하들의 역할을 크게 강조한 것이라 볼 수 있다.

1920년대에 Weber가 카리스마적인 리더의 개념을 제시한 이후로 많은 정치학자들과 사회학자들의 연구가 뒤따랐으나 행동과학자들이 카리스마의 개념에 손대기 시작한 것은 그리 오래된 일은 아니다. 이는 전통적인 카리스마 이론들이 리더들의 타고난 속성에 초점을 둔 나머지, 도저히 일관된 경향을 볼 수 없는 무수한 속성의 나열만을 산출해 냈기 때문이었다. 이러한 결과의 비일관성은 행동과학자들에게 카리스마란 특수한 집단에서 발생하는 비과학적인 신념이라는 관념을 심어 주게 된 것이다.

그러나 카리스마에 대한 행동과학자들의 무관심은 최근에 들어와서 다시 자극받기에 이르렀다. 1980년대에 들어와서 외국기업, 특히 일본기업의 진출에 당황하고 있던 미국기업들에게는 기업 조직의 새로운 변화가 생존의 문제로 다가왔다. 기업 조직에 새로운 생기를 불어넣고 급격히 변화하는 외부 환경에 재빨리 적응하려는 현실적인 욕구는 조직 내의 효율적인 리더십에 대한 새로운 이론의 등장을 요구했다. 이러한 조직환경은 기존의 이론들로서는 그리 고려할 만한 대상이 아니었다. 즉, 기존의 리더십 이론들은 변화하는 조직환경에 대한 적응과정보다는 어떤 고정된 상황에 대해서 효율적인 리더십 형태를 찾는 데에 주로 관심을 두고 있었던 것이다. 이러한 새로운 조직환경의 추세에 따라 리더십 연구에 있어서 다시 카리스마 이론이 관심을 받게 되었다(House, 1977; Conger & Kanungo, 1987).

카리스마 이론에서 가장 중요한 논점이 되는 것은, 과연 카리스마가 타고난 것인가? 아니면 상황적인 것인가? 혹은 리더와 부하의 상호작용과정에서 생긴 것인가 하는 것이다. 이러한 논점은 비단 카리스마뿐만이 아니라 특성, 상황, 상황부합 이론 등에서 각각 그 뿌리를 찾아볼 수 있다. 전통적인 카리스마 이론과는 달리 최근의 카리스마 이론에 의하면 카리스마적인 리더십은 유전적이고 성격적인 리더의 특성보다는 리더가 어떤 독특하고 위대한 특징을 타고나면서부터 가지고 있다는 부하들의 지각에 근거하여 정의된다(Bass, 1985; Conger & Kanungo, 1987). 이러한 지각은 리더십의 상황적 맥락과 부하의 개인적·집단적 욕구에 의해서 영향을 받는다. House(1977)에 따르면 카리스마적인 리더십에는 리더의 신념의 정당성에 대한 부하들의 믿음, 리더에 대한 무조건적인 수용, 리더에 대한 애정, 자발적인 복종 등의 특징이 포함된다.

전통적인 리더십 이론들이 조직의 성과, 집단 성원의 만족, 부하의 인지 등을 종속변수로 본 반면에, 이 이론들은 부하의 활동에 관련된 리더의 자극에 대한 자부심과 신뢰감과 같은 감정적 반응과 주어진 의무 또는 책임 이상으로 수행하려는 부하의 동기부여 정도를 종속변수로 본다. 나아가 이러한 이론들은 리더행동을 과업지향적–관계지향적 행동으로 분류하는 전통적인 리더십 이론들과 대조적으로 부하의 마음 속에 긍정적인 이미지를 형성하여 유지하도록 하고 부하를 신뢰하고 존중하며 비전을 제시하고 사명감을 강화하는 방법으로 행동하는가에 따라 리더를 분류한다. 그리고 이러한 이론들은 리더들을 보다 더 의미 있는 삶을 약속해 주고 미래에 대한 희망을 주는 사람으로 본다.

[1] House의 카리스마 리더십 이론

House(1977)는 신화나 설화보다는 관찰가능하고 검증할 수 있는 가정을 제시하여 카리스마 리더십을 설명하는 이론을 제시했다. 그의 이론은 다양한 사회과학 분야의 연구를 기초로 삼고 있다. 그의 이론은 카리스마적인 리더가 어떻게 행동하고 다른 사람과는 어떻게 구별되며 또 그들이 가장 효과적인 경우가 언제인가를 알아내었다. 그의 이론에는 리더의 특성, 행동, 영향력, 상황적 조건 등 모든 요인을 담고 있어서 다른 이론과는 달리 그 시각이 상당히 포괄적이다. House(1977)는 카리스마를 '개인적인 능력에 의해서 부하들에게 특별한 영향을 미칠 수 있는 리더'로 기술하고 있다. Sayles(1979)는 카리스마의 주요한 특징으로써 구축된 신뢰, 신성, 사회적 간격, 리더십, 힘 등을 열거하고 있는데 이는 군대의 영웅적 전사의 이미지가 카리스마와 밀접히 관련된 것으로 보인다. House의 연구결과, 리더가 카리스마적인가 하는 것은 다음과 같은 지표에 의해서 결정된다.

[가] 리더의 신념의 정당성에 대한 성원들의 신뢰
[나] 리더와 성원들의 신념간의 유사성
[다] 리더에 대한 성원들의 절대적인 신뢰
[라] 리더에 대한 성원들의 애정
[마] 리더에 대한 자발적인 복종
[바] 조직의 임무에 대한 성원들의 감정적인 개입
[사] 성원들의 자발적인 상향적 수행목표 설정
[아] 조직임무의 성공에 기여할 수 있다는 성원들의 신념

이 이론에 따르면, 카리스마적 리더는 극단적으로 높은 수준의 자기신뢰성, 지배성에 대한 강한 욕구, 그리고 자신의 신념의 도덕적 정당성에 대한 강한 확신 등을 지니고 있다. 지배성에 대한 강한 욕구는 리더가 성원들에게 영향력을 행사할 수 있도록 동기화시

킨다. 자신감과 강한 신념은 리더의 판단에 대한 국민들의 신뢰감을 증가시킨다. 자신감과 신념이 없는 리더는 국민들에게 영향력을 행사하기 어렵고 비록 영향력이 행사되더라도 성공하기가 어려울 것이다. 또 그의 이론에 의하면 카리스마적인 리더들은 성원들이 리더를 능력 있고 성공적인 리더로 보도록 인상을 관리하는 행동을 한다. 이러한 인상관리는 리더의 결정에 대한 신뢰를 강화시키고, 성원들의 자발적인 복종을 증진시킨다. 이러한 인상관리행동이 없이는 리더 자신의 문제점이나 결점이 성원들의 신뢰감이나 리더의 영향력을 평가절하시킬 것이다. 카리스마적 리더의 인상관리행동의 내용은 행동모델링(behavior modeling), 이미지 구축, 목표의 명확한 제시, 높은 기대치의 제시, 성원들의 능력에 대한 자신감의 표현, 동기유발 등이다.

다시 말하면 카리스마적 리더들은 성원들의 가치나 이상을 조직목표와 관계된 이상적인 목표로 결집시킨다. 또한 미래에 대한 호소력 있는 비전을 제시해서 집단의 업무에 더욱 의미를 부여하고 성원들의 열정을 고취시킨다. 이러한 행동의 결과는 집단과제에 대한 성원들의 감정적인 개입의 고취와 집단의 목적에 대한 몰입의 확대이다. 또한 카리스마적 리더들은 성원들이 모방하도록 자신의 행동 모델을 제시한다. 이러한 역할 모델링은 단순한 리더 행동의 모방 이상의 것을 포함하고 있다. 만일 성원들이 리더를 인정하고 존경하게 되면, 그들은 리더의 신념과 가치를 모방하게 된다. 이러한 과정을 거쳐서 카리스마적 리더들은 성원들의 만족과 동기에 상당한 영향을 미칠 수 있다. 카리스마적 리더들은 성원들의 수행에 대해서 높은 기대를 가지고 의사소통을 하는 동시에 부하들에 대한 자신감을 표현한다. 강한 준거권력(referent power)을 지니고 있는 리더들은 높은 수행목표를 설정하고, 이러한 목표에 대해 부하들이 개입되도록 한다. 그러나 목표가 실제적이고 달성가능하다고 지각되지 않으면 그러한 개입은 발생되지 않는다. 또한 만일 성원들이 리더의 높은 기대를 만족시키는 것에 대해 자신감이 부족하다면 그들은 리더의 영향력 시도에 대해서 저항할 것이고 노력이 감소될 것이다. 매우 존경받는 리더가 자신감을 표현하는 것은 성원들의 자존심과 성공가능성에 대한 신념간을 연결시킨다. 'Pygmalion 효과'[5]에 대한 연구를 보면 성원들은 리더가 그들에 대해서 자신감을 표현할

5) Pygmalion 효과는 '다른 이들의 행위에 대한 예상이나 기대는 그 행위 자체에도 영향을 끼친다'는 이론으로, 무슨 일이든 기대한 만큼 이뤄진다는 의미를 가지고 있다. 그리스 신화에 나오는 조각가 피그말리온의 이름에서 유래한 심리학 용어이다. 조각가였던 피그말리온은 아름다운 여인상을 조각하고, 그 여인상을 진심으로 사랑하게 된다. *女神* 아프로디테는 그의 사랑에 감동하여 여인상에게 생명을 주었다고 한다. 신화에서 유래한 'Pygmalion 효과'는 교육현장에서 기대・신뢰・칭찬・관심이 이끄는 초월적인 힘을 뜻한다. Pygmalion 효과는 다른 말로 로젠탈 효과(Rosental effect), 자기충족적 예언(self-fulfilling prophecy)이라고도 한다. 교실에서의 피그말리온 현상의 연구를 통하여 Rosental과 Jacobson(1968)은 '공부를 잘 하는 사람'이라고 표지를 달아 놓은 학생의 지능은 그 교실 내의 다른 학생들보다 향상된 것을 발견하였다. 그런데 실제 이 학생들은 공부를 잘 하는 학생들이 아니었고 무선표집을 한 학생들이었을 뿐이다. 그들의 지능은 확실히 향상되었는데 이는

때 더욱 높은 수행을 보인다는 것을 시사해 주고 있다(Eden, 1984).

카리스마적인 리더들은 집단업무에 관련된 동기들을 고양시키는 방향으로 행동한다. 성취동기를 고양시키는 것은 주도적이고, 미리 계산된 모험 감수, 개인적 책임감, 지속적인 노력 등을 필요로 하는 복잡하고 도전적인 과제의 수행과 관계가 깊다. 권력동기의 고양은 경쟁적, 이성적, 능동적으로 행동할 것을 필요로 하는 과제수행에 필요하다. 친애동기를 고양시키는 것은 협동, 집단작업, 상호지지 등이 필요한 과제의 수행과 관계가 깊다. 성원들의 가치에 대한 감정적인 호소를 통한 동기의 고양은, '충성심' '최선을 다하라' '경쟁자를 물리치자' 등과 같은 것에 대한 강조를 통해서 이루어진다.

카리스마적인 리더들은 호소방법, 유연성 등에 있어서 각각 매우 큰 차이를 보인다. 예를 들어 어떤 카리스마적인 리더는 감정적인 호소에 의존하는 반면에 다른 리더는 이성적인 호소를 잘 사용한다. 이성적인 호소를 잘 사용하는 카리스마적인 리더는 대부분 뛰어난 기술을 지닌 전문가이면서 훌륭한 설득 기술을 가진 사람이다. 또한 카리스마적인 리더에 대한 부하들의 반응도 서로 일치하지 않는다. 일반적으로 카리스마적인 리더에 대한 부하들의 반응은 비카리스마적인 리더에 대한 반응보다도 더 극단적으로 나타난다. 어떤 사람에게는 리더에 대한 존경심을 유발시킨 요인일지라도, 다른 사람에게는 극단적인 혐오를 유발하기도 한다.

또한 카리스마적인 리더는 조직이 어려운 상황에 처해 있을 때 부각되기 쉽다. 공식적인 권한이 심각한 위기를 극복하지 못하고 전통적인 가치와 신념이 의심받게 되는 상황에서 카리스마는 자라난다. 그래서 카리스마적인 리더십은 매우 성공적인 오래된 조직보다는 생존을 위해 몸부림치는 신생조직이나 실패를 거듭한 오래된 조직에서 자주 발생한다. 그러나 이러한 위기가 카리스마적 리더십의 필수적인 선행조건인지에 대해서는 아직 불분명하다.

[2] 기타 카리스마적 리더십 이론

카리스마에 대한 또 다른 리더십이론으로서 Conger와 Kanungo(1987)의 카리스마 귀인이론이 있는데 이 이론은 성원들이 리더의 행동과 결과를 관찰한 것에 기초하여 리더에게 카리스마적인 특성들을 귀인시킨다는 것이다. 따라서 이들의 이론에 의하면 리더는 집단성원들이 자신들에게 가장 큰 영향력을 발휘한다고 지각하는 사람을 의미한다. 모든 카리스마적인 리더들의 행동들이 같은 정도로 나타나지는 않기 때문에 카리스마의 귀인을 유도하는 각 행동차원들의 중요성도 상황에 따라 달라진다. 그 행동차원들이란

교사들이 그들을 총명한 학생들로 생각하고 또 특별히 취급했기 때문이다. 생산 현장의 Hawthorne effect, 의사·환자 사이의 위약(placebo) 효과 역시 관심과 기대가 몰고 오는 힘으로 '피그말리온 효과'와 맥을 같이 한다.

첫째, 성원들이 받아들일 수 있는 범위 내에서 현재와는 현저하게 다른 이상을 적극적으로 제시하는 것이다. 비카리스마적인 리더는 전형적으로 현상유지를 원하거나 아주 사소한, 점진적인 변화를 원한다. 현재의 상태와 별반 차이가 없는 이상을 제시하는 리더는 다른 사람들과 별로 특출하게 구분되지 않는다. 그렇지만, 지나치게 극단적인 이상은 성원들에게 받아들여지지 않을 뿐 아니라, 리더를 능력이 없거나 비정상적인 사람으로 보게 할 수도 있다. 둘째, 이상의 추구에 있어서 자기희생과 자신의 지위, 돈 등의 손실을 감수하는 것이다. 신뢰감은 카리스마적인 리더에 있어서 필수적인 것이라고 볼 수 있는데 부하들은 자신의 이익보다는 부하들의 관심을 반영하는 전략을 선택하는 리더에게 더욱 신뢰감을 느낄 것이다. 가장 인상적인 경우는 리더가 돈이나 지위와 같이 자신의 물질적·사회적 손실을 감수하는 경우일 것이다. 셋째 차원은, 공통의 이상을 실현하기 위해서 비전통적인 방식으로 행동하는 것이다. 공통의 이상을 비전통적인 방식으로 달성하는 것은 부하들에게 리더가 특별하다는 인상을 심어 주기 위해서는 필수적인 것이다. 이것은 첫 번째 차원에 제시된 리더의 이상의 독특성은 단지 목표만이 아니라 그 전략에 있어서도 적용된다는 사실을 의미한다. 귀인 이론의 카리스마적인 리더는 혁신적이고 적절하고 호소력 있고 시간적으로 잘 들어맞는 이상을 찾아내기 위해서 환경에 대해서 뿐만이 아니라 성원들의 욕구와 가치에 대해서도 민감해질 필요가 있는 것이다.

지금까지 언급된 카리스마적 리더에 관한 실증적 연구는 그리 많지 않다. House, Woycke와 Fodor(1988)는 미국 대통령들의 취임 연설과 장관들의 전기를 문헌 조사한 결과 카리스마적 리더의 행동과 동기 수준에 대한 가정을 지지해 주는 결과를 얻었다. Howell과 Frost(1988)는 리더십행동을 조작하는 실험실 연구를 통해서 카리스마적인 리더의 경우에 부하들의 만족과 수행이 더 높다는 결과를 얻었다. 또한 카리스마적 리더십에 관한 다른 연구들(Smith, 1982; Howell, 1985; House, 1985)에 의하면 카리스마적인 리더가 그렇지 않은 리더보다 만족, 생산성 또는 성과 등에 있어서 더 효과적인 것으로 나타나고 있다.

(3) 변형적 리더십(transformational leadership)[6]

성원들에게 올바른 가치관을 교육시키기 위한 미래의 리더로는 변형적 리더십을 갖춘 자가 적합할 것으로 생각된다. 성원들이 보지 못하는 현실까지 꿰뚫어 보면서 가치창조

---

6) transformational leadership의 번역에 대해서는 여러 가지 용어들이 사용되고 있다. 우선 '변혁적 리더십'과 '변형적 리더십' 그리고 '변환적 리더십'이란 용어가 학자들 사이에 사용되고 있다. 여기서는 '변형적 리더십'이란 용어를 사용하기로 한다. 부하들의 가치관과 동기 그리고 의식 수준을 바꾼다는 의미에서 어떤 용어가 더 적합한지는 차후 더 연구가 필요하다고 생각된다.

라는 변화를 이루어 내는 변형적 리더십을 Burns(1978)는 '리더와 추종자들이 서로 도덕성과 동기를 보다 높은 수준으로 고양시켜 주는' 한 과정으로 보고 있다. 변형적 리더들은 공포, 탐욕, 시기 또는 증오와 같은 비열한 정서가 아닌 자유, 정의, 평등, 평화 또는 인본주의와 같은 높은 이상과 도덕적 가치에 호소하여 추종자들의 의식을 고양시킨다. 말하자면 변형적 리더들은 성원들의 상위수준의 욕구를 활성화시키는 것이다. 성원들은 변형적 리더를 통해 자신들의 일상적 자아(everday selves)로부터 벗어나 보다 나은 자아(better selves)로 상승하는 것이다.

변형적 리더십을 발휘하는 리더들은 성원들의 동기적 반응을 유도하고, 성원들이 저항하거나 순응하거나에 따라 끊임없는 상호과정을 통해 성원들의 행동을 변화시킨다. 따라서 가장 효과적인 형태의 변형적 리더십은 부하의 가장 고차원적이고 일반적이며 포괄적인 가치에 호소하여 동기를 유발시키고 참여를 증대시키는 것이다. 말하자면 변형적 리더는 부하로 하여금 더욱더 자율적, 자기지시적, 자아실현적이고 이타적이 되도록 하는 리더라고 할 수 있다(Burns, 1978; Bass, 1985).

Bass(1985)는 Burns의 이론을 기초로 해서 변형적 리더십을 성원에 대한 리더의 영향력의 측면에서 정의했다. 리더는 성원들에게 과제의 결과에 대한 가치나 중요성을 상기시키거나 성원들의 고차원적인 욕구를 자극하거나 성원들이 조직을 위하여 개인적인 관심을 초월하도록 유도함으로써 성원들을 변환시킨다. 이러한 영향력의 결과로 성원들은 리더에 대한 신뢰와 존경을 느끼게 되고 이전보다 훨씬 동기화된다.

Bass는 카리스마를 변형적 리더십의 중요한 한 차원으로 생각하고 있었지만, 변형적 리더십을 카리스마와는 다른 그 이상의 것으로 보았다. 그에게 있어서 카리스마란, 리더가 성원들에게 강한 감정과 동일시를 유발시켜서 영향력을 미치는 과정으로 정의된다. Bass는 카리스마는 변형적 리더십에 필요조건이기는 하지만 충분조건은 아니라고 보았다. 영화배우나 유명한 운동선수와 같은 카리스마적인 사람들은 추종자들에 대해 어떠한 체계적인 변형적 영향력을 가지고 있지 않다. Bass에 의하면, 카리스마는 변형적 리더십의 필수적인 요소이지만 카리스마 자체로는 변형적 리더십과정을 설명하는데 충분하지 않다. 변형적 리더들은 리더에 대한 강한 감정과 동일시를 하도록 함으로써 성원들에게 영향을 미치지만 동시에 조언자나 코치로서 부하들을 변환시키기도 하는 것이다. Bass는 Burns의 변형적 리더십 모델을 다음과 같은 네 개의 변형적 차원으로 나누었다.

[1] 카리스마(charisma): 조직 구성원의 정서를 고양시켜서 태도나 행동의 변화에 대한 저항을 감소시키며 또한 자신감과 기대감을 갖게 해주는 '이상적인 영향력'을 행사한다. 이러한 영향력을 행사하는 카리스마적 리더는 부하에게 비전과 사명감을 전달하며 긍지를 심어 주고 존경과 신뢰를 받게 된다. 이러한 리더는 강한 자신감을 가지고 있어 타인

에게 영향력을 행사하려는 강한 욕구를 가지고 있다. 뿐만 아니라 목표를 이상적인 형태로 전환하여 명확히 제시할 수 있고 조직 구성원의 자신감을 증대시켜 줌으로써 기대감을 상승시키고 자신이 성공할 수 있는 사람이라는 이미지를 구축한다. 이러한 리더는 직접적으로 행동하는 것을 중요하게 생각하며 자신이 제시한 목표를 달성할 수 있도록 구성원들의 동기와 정서를 고양시킨다.

[2] 영감적 동기화(inspirational motivation): 일에 대한 도전감과 의미를 부여함으로써 부하들을 동기화시키고 영감을 불어넣는 리더의 행동을 말한다. 말하자면 조직 구성원들의 노력에 대하여 감정적으로 신명이 나게 하고 활기를 불어넣어 주는 것이다. 조직 구성원들에게 높은 기대감을 전달하고 바람직한 목표에 대하여 이해와 의식수준을 높이기 위하여 영감을 주고 정서적으로 호소하는 것이다.

[3] 知的인 자극(intellectual stimulation): 리더가 문제에 대한 성원들의 인식도를 높이고 문제를 새로운 각도에서 보도록 유도하는 과정을 말한다. 리더가 지속적으로 새로운 아이디어를 조직에 유입시킴으로써 조직 구성원들로 하여금 도전감을 느끼게 하며 지금까지의 관습적이고 전통적인 시각에서 탈피하여 새로운 관점에서 문제를 보도록 자극하는 것이다. 이는 리더가 문제해결능력을 보유하여야 한다는 것이 아니고, 조직 구성원들을 자극하여 성장할 수 있도록 해 주는 것이다. 이러한 리더행동은 부하들의 개념화능력을 높여 주어서 문제점을 통합하고 이해하는 능력을 증진시킴으로써 장차 상위 리더로서의 자질을 갖추도록 훈련시키는 역할을 한다.

[4] 개별화된 배려(individualized consideration): 개별화된 배려는 리더가 성원들에게 지지와 격려, 발전적인 경험 등을 제공하는 것을 말한다. 조직 구성원들의 관심과 가치관에 대하여 깊은 통찰력을 가지고 그들을 신뢰하고 존중하며 책임감을 고취함으로써 학습이 이루어질 수 있도록 한다. 리더는 조직 구성원들이 맹목적으로 추종하도록 유도하기보다는 구성원들의 자기효능감을 높이기 위하여 노력하며, 조직 구성원 스스로도 리더십이 향상되도록 배려한다. 다시 말하면 조직 구성원들의 욕구와 가치관에 따라서 이에 적합한 성장 기회를 제공하는 것이라고 볼 수가 있다. 리더에 따라서는 조직 구성원들로부터 강한 충성심을 확보하는 데 성공하였지만, 그들의 역량을 배양하는 데 실패하였다면 이를 카리스마적 리더라고 할 수 있지만 변형적 리더십이라고 할 수가 없다.

카리스마, 영감적 동기화, 知的인 자극, 개별화된 배려는 상호작용을 하면서 성원들의 변화에 영향을 미치고 이렇게 결합된 효과는 카리스마적 리더십과 변형적 리더십간의 차이점을 보여준다. 변형적 리더는 성원들이 발전하고 고양되는 것을 추구하는 반면에 카리스마적 리더는 때로 그 반대인 경우도 많다. 즉, 많은 카리스마적 리더들은 성원들을 약하고 의존적으로 만듦으로써 이상에 대한 몰입(commitment)보다는 개인적인 충성을 얻으려 한다.

Bass와 Burns의 변형적 리더십 개념간에는 여러 가지 면에서 유사한 점이 많지만 몇 가지 차이점도 있다. 첫째, Burns는 변형적 리더십을 추종자들의 높은 윤리적 가치 및 높은 위계 수준의 욕구에 호소하는 보다 진보된 리더들에 국한한다. 이에 비해 Bass는 변형적 리더를 그 효과가 궁극적으로 추종자들을 이롭게 하는지의 여부에 관계없이 추종자들의 동기를 자극하고 참여를 증대시키는 사람으로 정의한다. Bass는 안전, 생존 및 경제적 욕구와 같은 낮은 차원 수준의 욕구에 호소하는 리더들도 이 범주에서 배제하지 않고 있다. 따라서 히틀러나 Jones[7)]는 부정적 결과를 초래한 사람들도 변형적 리더로 간주되었다.

최근 변형적 리더십 이론은 여러 연구들에서 주목할 만한 정밀한 경험적 조사와 연구가 이루어졌는데(Avolio, 1999; Bass, 1998), 1990년에서 2000년까지 이루어진 기타 모든 리더십 이론 연구보다 그 수가 많았다(Judge & Bono, 2000). 여기서 나타난 중요한 결과들을 보면 Bass의 네 가지 차원의 변형적 리더십은 네 개의 'I'로 보완 설명된다(Avolio, Waldman & Vammarino, 1991). 첫 번째 'I'는 개별화된 관심(individualized attention)으로 리더의 부하에 대한 개발적 방향을 언급하는 것이다. 그것은 리더가 개인적 성장을 할 수 있도록 부하들에게 지속적으로 도전적인 과제를 부여할 때 발생한다. 두 번째 'I'는 知的인 자극(intellectual stimulation)이다. 이는 리더가 부하들이 유사한 상황에서 이전에 작업해 왔던 방식을 탈피하여 창조적으로 문제를 해결하고 기발한 아이디어, 새로운 관점으로 사물을 보기 등을 제안하거나 제공하는 것이다. 세 번째 'I'는 영감적 동기화(inspirational motivation)이다. 이것은 일에 대한 도전감과 의미를 부여함으로써 부하들을 동기화시키고 영감을 불어넣는 리더의 행동을 말한다. 네 번째 'I'는 이상적인 영향력(idealized influence)으로 부하들이 경쟁하기를 갈망하는 역할 모델을 제공하는 리더의 카리스마나 능력을 말한다. 또 다른 연구들은 변형적 리더십이 결정적인 성원들의 태도와 작업관련 결과에 영향을 미치며 여기에는 관리에서의 신뢰(Jung & Avolio, 2000), 조직몰입(Barling, Weber, & Kelloway, 1996), 리더십에 대한 만족(Hater & Bass, 1988), 작업성과(Barling et al., 1996; Howell & Hall-Merenda, 1999; Judge & Bono, 2000), 통합된 사업부

7) 1978년 아프리카 가이아나의 인민사원에서 신도들을 집단 자살하게 만든 사건의 주모자이다. 가이아나의 Jones-town에서 존스 목사는 276명의 어린이 포함한 914명의 신도들에게 청산가리를 탄 주스를 마시도록 명령, 소위 '영광스런 죽음'을 맞이하게 했는데 일부는 총을 맞거나 목이 졸려 숨지기도 했다. 존스 자신은 머리에 총을 맞은 채 발견됐다. 그 뒤 사람들은 이 사건을 '하얀 밤(white night)'이라 불렀으며, 이 말은 부패된 사이비 종교의 대명사처럼 불리게 되었다.

서의 수행(Howell & Avolio, 1993), 그리고 변형적 리더십은 성격 특성이 통계적으로 통제되었을 때에도 성과를 예측할 수 있었다(Barling, Loughlin & Kelloway, 2002).

최근의 새로운 연구들은 대부분이 Bass(1985)가 제작한 중다 요인 리더십 설문지(Multifactor Leadership Questionnaire: MLQ)를 사용하고 있다. 이러한 연구들은 변형적 리더십과 리더 효과성에 대한 다양한 기준들간의 상관관계를 발견했다(Bass, Avolio & Goodheim, 1987; Hater & Bass, 1988; Seltzer & Bass, 1990; Waldman, Bass & Einstein, 1987; Waldman, Bass & Yammarino, 1990). 그러나 질문지의 몇 가지 방법론적인 문제점, 혹은 독립적인 기준에 따른 연구들에서조차 발생할 수 있는 귀인적인 오류 때문에 아직 어떤 분명한 결론을 내리기는 어렵다.

사실 지금까지 논의된 카리스마적인 리더십과 변형적 리더십간의 구분도 아직 불분명하다. 카리스마적인 지휘자는 극단적으로 존경을 받고, 성원들로 하여금 무조건적으로 복종하고 신뢰하게 하는 지도자(House, 1977)인 반면에, 변형적 지도자는 성원들로 하여금 더욱더 자율적 · 자기지시적 · 자아실현적이고, 이타적이 되도록 하는 지도자라고 할 수 있으며(Burns, 1978; Bass, 1985), 이러한 차이로 인하여 두 가지 형태의 지도자는 요구되는 상황이 각기 달라진다. 예컨대 비정상적인 육체적 · 감정적 노력을 요구하는 상황이나 위기가 항상 존재하는 비상 상황 같은 경우에는 독재적인 카리스마적 지도자가 적합한 반면에, 급변하는 불확실한 상황에 대한 적응력과 업무에 대한 창의력이 요구되고, 성원들의 자발성과 책임감이 요구되는 상황에서는 변형적 지도자가 가장 적합할 수 있을 것이다.

그러나 아직까지의 연구결과들이 이러한 구분을 그렇게 잘 입증해 주지 못하고 있는 가운데, House는 카리스마적 리더십은 성원들의 과업이 중요한 이념적 요소를 갖고 있을 때 적절하다고 주장한다. 즉 성원들의 노력이 이념적 목표와 가치의 실현을 지향하고 있거나 어떠한 사회적 善을 창조하거나 전파하는 데 있을 때는 고차원의 욕구와 개인적 가치보다는 집단적 가치에 호소하는 카리스마적 리더십이 성원들을 더 동기부여 시킬 것이기 때문이라는 것이다. 이러한 House의 주장은 특히 국가적 조직의 지도자들에게 중요한 시사점을 던져 준다. 어떤 국가의 조직이건 간에 그 목표는 국가적인 이상과 목적을 수호 · 유지하고 개인보다는 집단의 가치를 추구하는 것이 우선이다. 따라서 카리스마 리더십 이론은 한 국가의 위기시 국민을 결집시킬 수 있는 이상적인 리더십 유형에 대한 하나의 배경을 제공해 준다고 볼 수 있을 것이다.

3. 리더십의 측정: 사회측정법

집단의 구성원들은 집단의 목표달성, 집단유지, 그 밖의 개인적 활동 등을 통하여 구조화된 감정 구조를 형성하게 되는데 이러한 구조는 주로 자생적이며 자율적 집단인 비공식 집단으로 발전한다.

여기서 소개되는 사회측정법(sociometry)은 사회학적 견지에서 특정 집단 자체의 구조를 밝히는 집단지향적 사회측정법이라기보다는 집단성원간의 관계를 분석하여 개인성원이 보이는 반응을 다루어 보려는 심리학적 견지에 선 개인지향적 사회측정법이다. 한 마디로 말하면 사회측정법은 일정한 집단 내의 개인간의 친화(attraction)와 반발(repulsion)을 측정하여 그 집단의 구조를 이해하고자 하는 것이다. 즉 집단 내 각 개인으로 하여금 함께 특정 활동에 참여하고 싶은 사람과 함께 활동에 참여하고 싶지 않은 사람을 선택하도록 함으로써 집단 내 인간관계의 구조를 밝혀 집단 내에서의 호·불호의 정도, 집단의 응집성과 분열, 사기, 사회적 지위와 적응성, 하위 집단의 구성 여부와 형태, 집단에의 충성도 등을 측정하여 집단관계를 규명하고 이를 통하여 조화된 인간관계를 가능하게 하는 개인을 형성케 하고 그리하여 최소의 분열적 경향과 최대의 능률을 초래하여 협동적으로 일할 수 있는 사회적 집단을 조성하는 것이 그 목적이다.

원래 사회측정법이라는 말은 라틴어의 socius + metrum, 즉 사회 + 측정에서 유래된 것이며, 주로 사회학자들에 의하여 연구되었으나 오늘날에는 사회학자뿐 아니라 심리학자, 교육학자 등 다른 영역에서도 많이 사용되고 있다. 이 사회측정법을 처음 시작하고 발전시킨 사람은 시카고 대학의 Moreno였다. 사회과학 분야에 있어 그처럼 강력하고 광범한 영향을 미친 사람은 드물 것이다. 물론 Moreno 이전에도 비슷한 방법을 사용해 온 사람도 있지만 Moreno(1934)가 『누가 생존할 것인가?(Who Shall Survive?)』라는 저서를 내놓으면서 사회측정법은 발전의 첫발을 내딛게 된다.

1) 실시와 처리

사회측정법의 실시는 목적의 규정, 질문지 작성, 실제 적용, 결과 분석의 순으로 진행되는데, 이의 실시와 처리 방법을 설명하면 다음과 같다.

(1) 목적의 규정

사회측정법은 앞에서 제시된 목적과 같이 여러 가지 면에 이용되는 것이나 어떠한 경우에 있어서도 인간관계의 한 면을 파악하는 것이다. 그러므로 어떠한 집단에 있어서 이것을 적용하기 위해서는 우선 대상 집단의 어떠한 인간관계에 이것을 적용할 것인지 우선 그 목적이 확실히 규정되어야 한다. 즉 같은 집단 내에서도 그것이 업무면에 관한 것인지 일상적인 교제인지 나아가 그것이 공식적인 기관의 경우에 있어서 상·하를 포함하는 종적 관계인지 그렇지 않으면 순수한 횡적인 것인지 또는 이 관계를 다 포함하는 것인지를 확실히 규정하고 들어가지 않으면 안 된다. 문제는 조사자가 알고자 하는 관계의 면이 어떠한 것인지 명확해야만 다음 질문지 작성의 방향을 결정할 수 있는 것이다.

(2) 질문의 작성

사회측정법에서 가장 중요한 것이 질문이다. 목적 규정에서 파악하고자 하는 인간관계의 내용이 결정되면 이러한 관계가 가장 잘 표현될 수 있는 질문을 구성하여야 한다. 질문을 구성할 때는 우선, ① 그것이 어떠한 형태로 보통 가장 잘 나타나는가를 생각하고, 그것이 나타나는 장면, 그것을 나타내는 행위, 이러한 행위에 수반되는 정서면에 대하여 예비적인 분석을 해 보고, ② 그러한 행위라든가 정서를 잘 표현해 줄 수 있는 가능한 관용어구를 찾아 사용한다.

여기서 파악하고자 하는 관계가 극히 포괄적인 우호관계라면 이것은 개개의 구체적인 모든 사태에 적용되는 것이므로 어떠한 구체적인 장면이나 경우를 가정하지 말고 '귀소대에서 가장 마음에 드는 사람은 누구입니까'라는 식으로 일반적인 형식을 취하는 것이 좋다. 그러나 어떠한 특수한 경우에 있어서의 관계를 규명하기 위해서는 그러한 가상적인 상태를 설정하여 질문을 하는 것이 좋다. 예를 들면 '적지침투 작전조를 편성한다면 당신은 누구를 추천하겠습니까'라는 식으로 어떠한 상태를 응답자에게 그리게 하여 놓고 질문을 하는 것이다. 이러한 종류의 질문은 응답자를 어떠한 가상 하에 몰아넣음으로써 평소에 신뢰하고 있던 동료를 발견하게 하고 재확인케 하는 것이다. 물론 이때도 질문은 개인이 응답하는데 있어서 심리적 부담을 갖지 않는 것이어야 하며 응답자에게 있을 수 있는 가능한 것이어야 한다.

(3) 실제 적용

이와 같이 하여 질문지가 구성되면 이것을 실제로 대상 집단에 적용하는 것인데, 이때도 세심한 주의를 하여야 하며 다음과 같은 사항에 착안하여 조사 결과에 대한 신뢰성을 높여야 할 것이다.

① 피검사자들에게 집단의 한계를 명백히 규정지어 주어야 한다. 집단 내에 있는 사람이라면 누가 선택되고 누가 배척되는 데에는 제한이 없지만 피조사자가 집단의 성격에 관해서는 명확한 개념이 서 있어야 한다.

2 피검사자는 선택과 배척할 사람의 수에 어떤 제한을 받아서는 안 된다. 즉, 그들이 원하는 만큼의 수를 마음대로 선택하고 배척할 수 있어야 한다. 그러나 현실적으로 자료 처리의 어려움이 있기 때문에 실제 조사에서는 선택이나 배척하는 사람의 수에 제한을 두는 것이 보통이다. 간단한 질문으로 한 사람만 선택케 하는 것이 자료 처리에는 제일 간편하며 선택인을 두 사람 이상으로 하게 되면 선택된 순위에 따라 점수를 주기도 하고 같은 등급으로 처리하기도 한다. 예컨대 좋아하는 사람 3명을 선택케 했다면 제1위를 3점, 제2위를 2점, 제3위는 1점식으로 점수를 준다.

3 피검사자는 어떤 일정한 기준에 의하여 사람들을 선택하고 배척하여야 한다. 즉, 이 방법은 앞에서 설명한 특정한 어떤 임무를 염두에 두고 하여야 하며 그 활동은 피검사자들에게 어떤 의미가 있어야 한다.

4 피검사자가 특정 개인을 선택 또는 배척하는 것을 다른 집단성원이 알지 못하도록 비밀을 유지해야 한다. 이것은 조사방식의 익명성에 관한 문제인데 무작위로 번호를 부여하는 등 모든 가능한 조치를 취하여 비밀을 보장해 주도록 방안을 강구하여야 한다.

5 조사 시기는 성원간에 감정적 유대가 형성될 만큼 충분한 시간이 경과(학교장면에서는 학기 시작 후 약 4~8주)된 이후가 적절하다. 일정 기간 동안 공통 경험을 갖고 있어야만 성원간에 친화와 반발의 감정이 생기기 때문이다. 그러나 이 조건도 필수불가결의 것은 아니다. 첫인상을 기반으로 하여 사회측정법을 적용한 예도 있다. 검사간의 간격은 7~8주가 적당하다.

6 성원간의 직접적인 개인적인 접촉이나 대면적 관계(face to face relation)가 가능하리만큼 집단의 규모가 작아야 한다. 그러나 조사 성격에 따라 반드시 그렇지 않아도 된다는 것이 학자들의 일반적 견해들이다. 그러나 대상의 수가 너무 많아 100명이 넘으면 자료 처리가 어려워지는 문제점이 있다.

(4) 결과 분석

사회측정법의 측정 결과를 분석하는 방법은, 처음에는 기술적이고 비수량적인 방법을 사용하였지만 오늘날에 와서는 대개 통계적인 방법을 주로 사용하게 되었다. 이제 몇 가지 분석방법을 소개하면 다음과 같다.

1 sociometrix: 피조사자의 수를 N이라 하면, 이 방법에서는 먼저 N×N의 표를 만든다. 피조사자들을 일정한 순서나 등위를 생각지 않고 표 좌측 끝에 배열하고 표 상단에 같은 순서로 배열한다. 한 사람의 다른 사람(N-1)에 대한 응답을 각 해당 칸에 적어 넣는다. 이렇게 하여 각 종렬과 횡렬을 합계하면 각 성원이 선택받고 배척당하고 또 선택하고 배척한 수가 계산된다. <표 11-1>은 전차 소대장에 부임한 김 소위가 자기 소대의 소

대원들이 어떤 사회적 관계를 형성하고 있는지 알아보고자 「군인이 아닌 민간인의 신분에서 같이 여행을 하고 싶은 사람 세 명을 선택하여 순위를 부여하고 같이 여행하고 싶지 않은 사람 한 명을 선택하시오」라는 지시사항에 대한 결과를 정리한 sociometrix이다. 1순위는 3점을 부여하고 3순위는 1점을 부여하였으며 불호 대상은 −1점을 부여하였다.

<표 11-1> 소대원 10명에 대한 처리 결과(순위를 점수로 변환)

선택자 \ 피선택자		김상사	박중사	이중사	김하사	신하사	남하사	문병장	장상병	고일병	정일병
김 상 사			2	3	1			−1			
박 중 사		2		3			1		−1		
이 중 사		2			1		3	−1			
김 하 사		−1		3			2				1
신 하 사				3	1		2	−1			
남 하 사				3		1		−1	2		
문 병 장			1	3	−1		2				
장 상 병			−1				2	3		1	
고 일 병					−1		3		2		1
정 일 병		1			−1		2			3	
합계	+	5	3	18	3	1	17	3	4	4	2
	−	−1	−1	0	−3	0	0	−4	−1	0	0
	계	4	2	18	0	1	17	−1	3	4	2

2 sociogram: sociometrix에 의하여도 어느 정도 집단의 역학관계를 알 수 있으나 이것을 전체적인 입장에서 보기에는 불편하다. sociogram(교우 도식)은 이러한 점을 개선하고자 고안된 것이다. 말하자면 sociogram은 집단 성원간의 선택과 배척을 도표로 쉽게 개관할 수 있는 방법으로, 선택과 배척을 알기 쉽게 각종 선으로 표시한다. 〈그림 11-1〉은 앞의 sociometrix에서 제1선택만의 결과를 sociogram으로 나타낸 결과이다.

이 sociogram을 상이한 여러 상황에 적용하여 본 결과 인간관계의 각종 유형을 발견하게 되었다. 그 중 중요한 몇 가지를 보면 다음과 같다. 〈그림 11-2〉 참조.

가 스타 또는 인기형: 이 형은 한 사람이 집단성원의 상당수에게서 선택받는 경우이다. Moreno는 이러한 인기자를 스타(star)라고 일괄해서 불렀다. 그러나 스타는 다수의 사람으로부터 선택을 받는 동시에 스타를 선택하고 있는 사람들간에 상호선택이 많지 않을 경우에만 국한하고, 그 사람이 스타이든 아니든 간에 타인으로부터 많은 선택을 받는 사람을 일괄해서 다피선택자(over chosen)라고 부르는 것이 더 타당할 것이다. 그래서 다

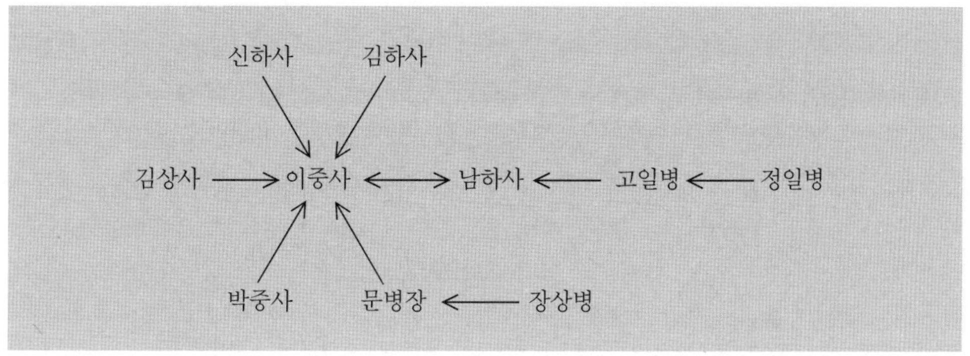

〈그림 11-1〉 교우 도식(sociogram)

피선택자에는 스타도 포함되지만 그들이 모두 스타는 아닌 것이다. 다피선택자가 집단의 공식적인 리더일 수는 있지만 비공식적인 리더인 경우도 있다. 많은 선택을 받지는 못했지만 중요한 인물로부터 선택을 받은 사람이 리더일 경우도 있다. 이런 사람은 권력자(power figure)라고 부르는 것이 타당할 것이다. 한 집단 속에 이 같은 인기형이 전혀 없는 것도 문제지만 선택이 지나치게 한 사람에게 모이는 과잉 상태도 문제가 될 수 있다.

나 고립형: 선택이나 배척을 받지도 못하고 타인을 선택하지도 배척도 않은 사람을 말한다. 특히 선택을 무제한으로 했는데도 아주 적은 선택 밖에 받지 못하는 경우를 격리형이라고 한다. 그러나 그가 집단성원이라면 엄격한 의미에서 고립자일 수는 없으며, 단지 타인이 그에게 무관심하거나 그가 타인에 대한 친화나 반발의 의사표시를 안하는 사회관계인데 실제 이 같은 형태는 별로 존재하지 않는 것으로 나타났다. 따라서 선택되지 않는 사람이나 선택자가 극소수인 소외형을 대개 이 고립형에 포함시켜 설명하는 경우가 많다.

다 단짝형: 단짝형은 두 사람이 상호선택하고 있는 경우이다. 이 같은 단짝형은 사춘기에 접어들면서 급격히 증가하며 각 집단성원에게 심리적 안정감을 주는 의미에서뿐만 아니라 집단의 여러 가지 긍정적 지수를 계산하는 기초로서도 중요하다. 그러나 이것이 극단적인 형태로 발전하면 폐쇄적인 친우관계가 될 위험성이 많다. 심하면 사회 집단이 분열하는 원인이 될 수 있다. 단짝이 서로 깊은 사회관계를 맺고 지속하는 것은 좋지만 어디까지나 폐쇄적이 아니고 개방적이어야 그 집단의 응집성 및 생산성이 높아진다.

라 배척형: 배척형은 타인으로부터 많은 배척을 받는 사람을 말한다. 집단 속에서 지극히 이기적이거나 정서적, 지적, 신체적 발달에 치명적인 결함이 없는 한 이런 형태는 나오지 않는다. 따라서 조사 결과 이 같은 배척형이 있다면 더욱 신중하고 철저하게 원인 규명이 되어야 한다.

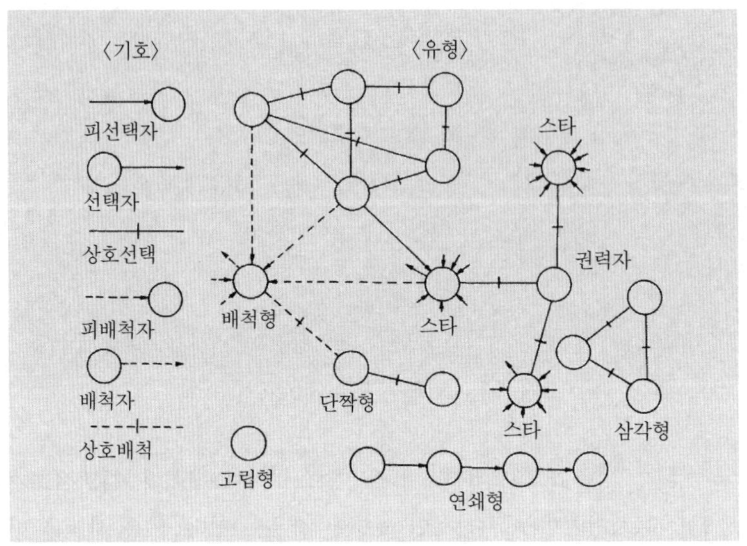

〈그림 11-2〉 sociogram에서 나타난 교우 유형

마 연쇄형: 연쇄형은 선택의 화살이 한쪽으로만 움직이는 경우로 일방 선택만이 존재할 뿐 상호선택이 없는 형태를 말한다. 이런 형태가 많은 집단은 응집력이 약할 수 있다.

바 삼각형: 삼인이 상호선택의 관계에 있거나 세 사람의 선택이 연쇄형으로 되어 있는 경우를 말한다. 전자의 경우는 파벌이 조성되어 폐쇄적이고 배타적인 사회성을 보여줄 가능성이 있고, 후자의 경우는 선택이 무제한으로 허용되었을 때 흔히 나타나는 형태이다.

3 target sociogram: sociogram에도 몇 가지의 종류가 있다. 앞에서 논의한 바 있는 Moreno가 처음으로 사용한 평면적인 sociogram 이외에도 Northway의 표적 교우 도식(target sociogram)이 있다. 이것은 선택이나 배척관계를 입체적으로 표시하려고 하는 것으로 4개의 동심원 속에 피조사자들을 ① 제일 많이 선택을 받거나 배척을 받은 사람을 가장 중심원에, ② 다음으로 많은 선택이나 배척을 받은 사람을 두 번째 원에, ③ 그 다음으로 선택 및 배척을 받은 사람을 세 번째 원에, ④ 그리고 나머지 사람을 제일 마지막 원에 적절히 배치하여 표시하는 방법이다. 〈그림 11-3〉은 어느 국민학교의 학급 내에서 가장 인기 있는 급우들을 선택하는 경우에 가장 좋아하는 인기 학생을 선택하는 제1선택과 그 다음으로 선택하는 제2선택으로 구분하여 표적 교우 도식으로 나타내 본 것이다.

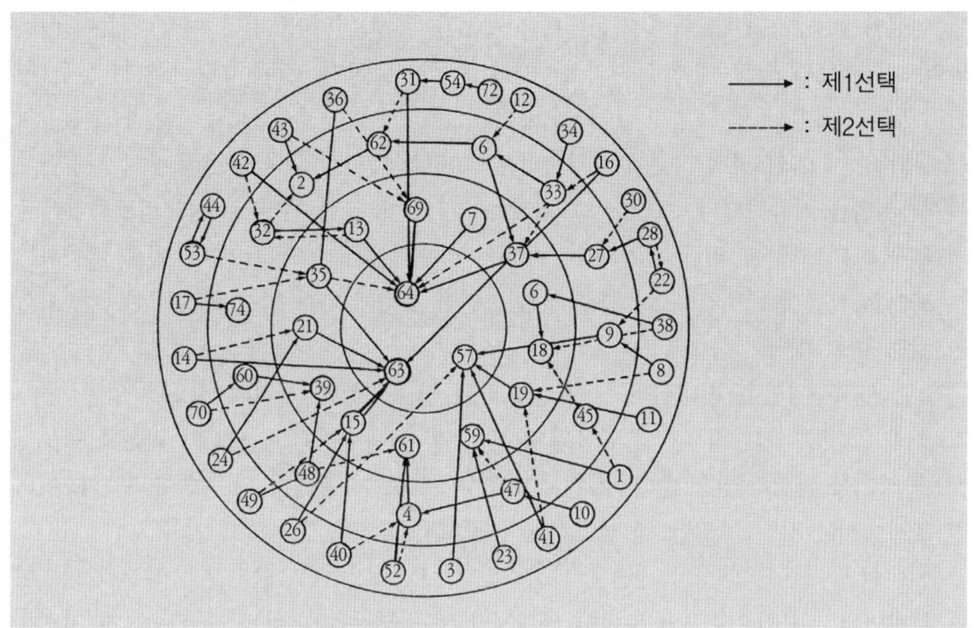

〈그림 11-3〉 모 국민학교 A반 표적 교우 도식(선택의 경우)

2) 사회측정법의 유용성과 활용

사회측정법을 사용하여 얻어진 결과들은 집단의 발전에 유용하게 활용될 수 있다. 집단관계에서 하위 집단을 발견하여 그 집단을 해체시키든가, 집단 내에서 개인의 위치 또는 지위를 변경하는 데에 도움을 주고, 고립아와 상호 반목자를 발견 지도함으로써 원만한 인간관계의 유지와 직장의 생산성을 높일 수가 있다. 또한 사회측정법은 집단관계를 알아내는 데도 유용하다. 이를테면 많은 집단의 충성도를 알아내는 데 쓰일 때는 선택할 집단의 범위를 좁게 한정시키지 않고 임의로 선택시킨다. 만일 A집단 성원의 50%가 자기 집단 외의 사람을 선택하고, B집단에서는 20%가 B집단 외의 사람을 선택했다면, B집단은 A집단보다 친밀도가 크고 성원을 집단에 끌어 넣는 힘이 크다 할 수 있다. 이와 같은 예를 이용하면 노사문제에서 근로자의 단결도를 미리 알 수 있게 되는 것이다. 그러면 사회측정법이 조직 진단과 구조 개선에 어떠한 유용성이 있고 활용될 수 있는가를 몇 가지 중요한 변수들과 개념들을 중심으로 알아본다.

[1] 사회측정법은 집단 내 리더 발견과 리더십에 관한 중요한 자료를 제공해 줄 수 있다. 리더십문제에 사회측정법을 처음 적용한 사람은 Jennings(1947)였다. 그는 범죄 소녀 교도소의 한 건물 내 성원들을 장기간 연구한 결과, 재소 소녀들의 임원 선거에서 당선

된 임원의 90%가 다피선택자 가운데서 나왔음을 알게 되었다. 기타 여러 사람이 이런 방식으로 군대나 학교 내에서 리더십문제를 연구하여 왔다. Gib은 '같이 놀고 싶은 사람' '일하고 싶은 사람' '그가 없어짐으로써 집단 내에 변동을 초래할 것이라고 생각하는 사람'의 세 가지 선택 기준에 의거하여 각 10명의 대학생과 육군 장교 후보생 집단에 사회측정법을 적용하였다. 그리고 그 결과를 리더십에 관한 관찰 결과와 비교하였더니, 처음 두 개의 기준에 의한 결과와는 r=.40의 상관관계를 보인 반면 세 번째 기준과는 r=.80의 상관관계를 보였다. 이 연구 결과는 연구 목적에 따른 기준 선정이 매우 중요함을 알려 주고 있다.

또한 사회측정법은 리더십의 효과 지표라고 할 수 있는 사기의 정도를 알려 준다. Zeleny는 사기를 '집단성원간의 공통된 친화 감정'이라 규정하고 개인의 피선택 빈도로서 이 사기를 측정하였다. 군대 내의 사기 조사에서도 이 방법이 많이 사용되었다. 이러한 조사에서는 사기를 집단 내 상호선택의 상대적 양으로 규정짓고 있다.

물론 이와 같은 리더십의 내용을 사회측정법으로 측정하는 데는 많은 약점이 있으며 다른 방법과 보완적으로 사용하여야 하겠지만 이 방법은 리더십에 관한 중요한 자료를 제공할 뿐만 아니라, 때에 따라서는 직접 측정을 가능하게 해 준다.

[2] 사회측정법 결과의 활용은 리더로 하여금 집단 내 개인의 사회적 적응을 도울 수 있게 해 준다. 사회측정법은 개인의 사회적 적응에 관한 치유 방안을 제공하지는 못하지만 그 개인이 집단성원으로서 타인과 얼마나 잘 상호작용하고 있는가를 알려 줌으로써 리더의 도움을 필요로 하는 객관적이고 수량적인 근거를 제공해 준다. Moreno도 선택을 많이 받지 못했거나 많은 배척을 받은 사람은 적응이 좋지 못하다는 사실을 시사하고 있다. 그러나 사회측정법의 결과를 개인의 적응도로 그대로 받아들이는 것은 위험하다. 개인의 사회적 적응과 개인적 적응은 상당히 관련이 있으면서도 이 두 변수는 동일한 것이 아니다. 따라서 사회측정법의 결과만으로는 오직 일정 상황 내에 개인이 얼마나 훌륭히 사회적으로 적응하고 있는가를 알 수 있을 뿐이다.

[3] 사회측정법은 집단을 조직하거나 재구조화하는데 도움을 줄 수 있다. 예를 들어 특정한 작전팀을 편성하거나 토론 집단을 조직할 때 가능하면 서로 가깝게 선택된 구성원들을 배려하는 것이 바람직하다. 집단의 조직은 고립자에서부터 시작하여 가장 선택을 많이 받는 사람들로 옮겨가면서 하는 것이 좋다. 즉, 고립자를 먼저 선택하고 그 사람이 선택한 다른 두 명의 구성원을 선택하는 순으로 하면 집단 전체의 바람직한 사회적 관계를 형성하는 데 크게 도움을 받을 수 있다.

한편 사회측정법은 조직 내 각 개인들간의 매력과 거부 정도를 측정함으로써 집단의 사회적 구조를 밝히고 개선하는 데 도움을 줄 수 있다. 리더는 사회측정법을 통해 고립자, 도당(clique), 하위 집단간의 분열 정도, 구성원들 사이의 파벌관계, 의사소통의 회로, 집단결속력의 정도를 파악할 수 있고, 여기서 나타나는 문제점을 개선하기 위하여 집단의 단결을 저해하는 하위 집단의 해체라든가, 집단 내에서 개인의 위치 또는 지위의 변경하는 등의 집단을 재구조화 할 수 있는 기초 자료를 획득할 수 있다. 군에서도 사회측정법의 결과를 이용하여 부대 편성을 재구조화한 결과 실전에서 좋은 성과를 보였다는 실증적인 연구도 있다(Jenkins, 1948).

4 사회측정법은 조직의 여러 구체적인 활동들이 조직원의 사회성에 주는 영향을 평가하는 데 도움을 준다. 예를 들면 사회측정법에 의해 일정 집단 내의 성원간의 상호 가정 방문 유형을 알아내어 같은 계급에 속하는 사람끼리 서로 밀접한 관계를 맺고 있는가를 알아본다든가, 빈부의 차이에 의한 배타적 현상은 발생하고 있지 않은가 등의 문제에 대답할 수 있는 자료를 제공해 줄 수 있다.

3) 사회측정법의 신뢰도와 타당도

사회측정법에 있어 신뢰도의 검증은 재조사법을 쓰면 된다. 그러나 재조사법을 쓰면 피조사자가 먼저 번의 조사에 관하여 기억한다거나 집단자체의 변동때문에 곤란한 점이 있다. 내적 일관성이나 복수 양식법에 의한 검증 방법도 사용되나 역시 단점이 많다. 그러나 많은 조사자들의 보고에 의하면, 개인적인 선택과 배척은 상당히 변동하지만 sociometrix나 sociogram의 유형은 일정 기간 상당한 일관성을 유지한다고 한다. 이것은 물론 자료에 따라 차이가 있겠지만 재조사의 결과 일반적으로 사회측정법의 신뢰도를 인정할 수 있음을 의미한다. 그리고 집단의 형성이 오래된 집단일수록 재조사의 결과가 일관성이 크다고 한다. 또한 중요성이 적거나 뚜렷하지 못한 선택행위는 재조사시에 큰 변동 즉 낮은 신뢰도를 나타낸다고 한다.

타당도를 검증하는 것도 신뢰도와 마찬가지로 난점이 있다. Jennings는 사례 연구(case study)나 관찰의 결과를 독자적인 기준으로 삼고 그것에 비추어 사회측정법의 타당도를 밝혔다. 그러나 사회측정법 척도를 단순한 인간 상호간의 선택행위의 유형을 밝히는 것으로만 보지 않고 사기, 편견, 적응 등의 변수를 찾아내는 것으로 볼 때, 다른 척도로 사기를 측정한 것과 차이가 생기게 되면 문제가 복잡해진다. 사회측정법과 다른 척도에 의한 두 결과 사이에 관련이 적다고 해서 그 어느 것에 타당성이 없다고 단정하기는 어려운 문제이다. 이렇게 되면 문제를 더욱 파고 들어가야 한다. 관찰 결과를 기준으로 삼고 타당도를 검증하는 것도 마찬가지다. 관찰은 실제 행동을 다루지만 사회측정법은 성원의 언어 표현에 의하는 것이므로 행동과 언어가 반드시 일치하지 않을 수도 있기 때문에 두 결과가 반드시 같을 수도 없다. 따라서 타당도 검증의 문제는 상당히 곤란한 점이 많다.

4) 사회측정법의 적용 한계

1 사회측정법은 집단의 유대가 아직 이루어지지 않은 집단 형성 초기나 존립 기간이 길지 않은 집단 등에서는 별로 큰 효과가 없다는 것이 큰 단점이다. 따라서 전연 안면이 없는 사람들의 비대면적 집단에 이것을 적용할 수 없다. 그러므로 그 범위는 공간적으로 사회적으로 제약을 받는다.

2 심층심리의 분석이 어렵다는 점이다. 다시 말하면 한 개인이 다른 사람을 좋아할 때의 정도는 질적인 차이가 있음에도 불구하고 사회측정법에서의 선택 정도는 질적인 차이가 아닌 양적인 차이만을 고려하고 있다는 것이다.

3 대면적이고 소규모 집단에만 적용되고 있고 보다 대규모적이나 혹은 사회를 다룰 수 있도록 까지는 발전되지 않았다. 따라서 소규모적이거나 일차 집단에만 사용할 수밖에 없다.

4 지위의 고하가 있을 때 어느 정도 제한을 받게 되므로 모든 성원이 동등한 지위에 있을 때보다 효과적이다. 따라서 상이한 지위로 인한 제약을 어떻게 해결해야 할 것인가는 아직 문제점으로 남아 있다.

4. 리더십 측정을 위한 질문지 작성법

리더십과정에서 나타나는 개인의 지각, 신념, 감정, 동기, 기대, 미래의 계획 등을 알아보는 데는 질문지나 면접 등의 기술에 의존하는 것이 효과적인 경우가 많다. 질문지는 응답자 자신이 답을 기입하도록 되어 있는 일련의 질문을 말한다. 질문지는 질문의 방법과 구성 형식에 따라서 다음과 같이 구분된다.

1) 질문지의 구분

(1) 질문 방법에 따른 구분

1 직접 질문은 어떤 사실이나 사실에 관한 응답자의 태도, 견해 등을 직접적으로 질문하는 것으로 '당신은 보수적인 편입니까? 진보적인 편입니까?'와 같은 질문은 직접 질

문의 예이다.

2 간접 질문은 연구의 주제가 응답자의 반감을 일으킬 염려가 있을 때 전혀 다른 질문을 해서 그 질문에 대한 반응으로부터 필요한 정보를 얻는 방법으로, '00는 보수적이라고 생각하십니까? 진보적이라고 생각하십니까?'라는 질문에 대한 응답자의 반응으로 응답자의 사상이나 태도를 추론할 수 있다면 이 같은 질문은 간접질문의 예가 된다. 이 밖에도 심리학에서 응용된 투사법(projective method)이나 단어연상법이 여기에 해당된다.

(2) 질문 구성 형식에 따른 구분

구조화된 질문(structured question)과 비구조화 질문(unstructured question)으로 나눌 수 있다. 전자는 반응의 정도를 몇 개로 세분화하여 그 선택지 중에서 응답자가 하나를 택하도록 질문을 만든 것이고, 후자는 그러한 선택 가능성이 없이 응답자가 자유로이 반응할 수 있도록 만든 질문이다. '당신이 좋아하는 운동은 무엇입니까?'와 같은 질문이 비구조화 질문이다. 비구조화 질문의 한 형식으로 개방형 질문(open ended question)이라는 것이 있다. '군인에게 있어 어떤 특성이 가장 중요하다고 생각하십니까?' '그것이 왜 중요하다고 생각하십니까?' 등으로 물어 보는 질문이다. 그러므로 개방형 질문은 어떤 특정한 문제에 관해 좀더 깊이 알려는 경우 자세하게 질문할 수가 있는 양식이다.

2) 질문지 작성의 일반적 절차

이러한 질문지를 작성하는 데는 일정한 절차를 거쳐야 하며 질문의 언어 구성에 대한 몇 가지 주의 사항을 염두에 두고 작성할 필요가 있다. 질문지는 통상 다음의 몇 가지 단계를 거쳐 이루어진다.

1 연구문제, 이론, 목적 등과 질문의 내용 및 형식과의 전반적인 관계를 점검하고 정립해 본다.

2 그 연구가 어떤 정보를 얻으려고 하는가를 결정한다. 이것은 얻고자 하는 정보의 성격(질문 내용)을 규정하는 것이다.

3 질문방법을 결정한다. 직접 질문을 할 것인가, 간접 질문을 할 것인가, 구조화된 질문을 할 것인가, 개방형 질문을 할 것인가를 결정하고 나아가 어떤 추가 질문이 더 필요할 것인가를 예측하여 필요한 질문을 포함시키도록 한다. 또 이 단계에 있어서는 질문의 내용과 형태뿐만 아니라 항목의 수도 결정해야 한다. 항목의 수는 응답자의 성질, 응답이 이루어질 상황 등에 의해서 주로 좌우되지만 가급적 응답 시간이 30분을 초과하지 않는 것이 바람직하다.

④ 질문지의 초안을 작성한다. 초안 작성 단계는 질문지에 포함될 항목들을 만들어 나열해 보고 일관성 있게 조직해 보는 단계이다. 이때 작성자는 기본적인 질문에 몇 개의 다른 질문을 첨가함으로써 반응의 신뢰도를 알아보는 것도 좋을 것이다. 초안 작성 시 같은 문제나 이와 유사한 문제에 관해서 이미 작성된 질문지가 있다면 많은 도움을 받을 수 있으므로 이를 참고하는 것이 좋다.

⑤ 질문을 재검토 수정한다. 질문이 다 만들어지면 그 분야의 전문가들의 조언을 들어 질문 내용이나 형식의 미비점을 보완한다. 또 유경험자가 있다면 만나서 의견을 듣거나, 가치체계가 다르거나 관점이 다른 사람들의 비판도 받아들여 질문지의 내용과 기술상의 결함을 시정한다.

⑥ 질문지를 사전검사(pre-test)하여 문제점을 발견 재수정한다. 사전검사는 본 조사가 시작되기 전에 완성된 질문지를 한 번 사용해 봄으로써 잘못된 부분을 미리 찾아내기 위해 실시되는 작업이다. 이러한 사전검사를 통해 질문의 언어구성이나 순서, 질문의 길이, 추가해야 할 질문, 삭제해야 할 질문 등 예기치 못했던 문제들을 발견 시정할 수 있다.

⑦ 질문지의 편집 및 사용 절차를 구체화한다. 질문지는 취급하기 쉽고 응답을 기입하기에 충분하도록 편집한다. 질문지의 모양을 결정하고 인쇄는 분명하여 알아보기 쉬워야 한다. 또한 특정한 응답자에게만 물어야 할 질문이 무엇이며, 설명이 더 필요한 질문, 응답을 어떻게 기입할 것인가 등의 구체적인 사용 계획을 수립해 둔다.

3) 질문의 내용 구성

질문지 작성 단계에서 직접 개개의 항목을 만들기 전에 우선 연구문제로부터 도출한 기본적인 내용을 담은 질문 형식의 진술들을 나열해 놓고 그 질문의 내용을 하나씩 점검해 본 다음 합당하다는 판단이 나오면 다음 구체적인 질문 문항을 구성하는 것이 바람직하다. 이 점검과정에서 고려할 사항들은 다음과 같다.

① 질문이 조사자가 의도한 내용을 적절히 나타내고 있는가를 검토한다.

② 너무 세부적이고 특수한 내용을 포함하지 않도록 한다. 일반성이 너무 큰 문항도 모호한 응답을 할 염려가 있지만 지나치게 자세하고 구체적이 되면 오히려 부정확하고 무의미한 사소한 내용의 정보만 얻게 된다.

③ 질문이 너무 일반적이어서 좀더 자세한 질문이 필요하거나 한 질문에 두 개의 내용이 들어 있는 경우 그 질문을 세분하는 것이 좋다.

④ 응답자가 대답에 필요한 정보를 가지고 있는가를 점검해 본다. 질문을 만들 때는 응답자의 지식이나 경험을 고려해야 하며 기억이 곤란한 것, 치밀한 관찰을 요하는 질문

은 피하는 것이 좋다.

5 질문내용은 공정하고 객관적이어야 하며 긍정적이건 부정적이건간에 질문의 내용이 어느 한 방향으로 치우쳐서는 안 된다. 혹 반대 의견을 가진 전문가가 보았을 때 그 공정성을 인정할 수 있는지, 문제에 대해 근거 없는 가정을 도입하지 않았는지, 대답이 일방적으로 한쪽으로 치우쳐서 나올 가능성이 없는지를 살펴본다.

6 응답자가 요구하는 정보를 잘 말해 줄 수 있을 것인가를 따져 본다. 내용이 개인의 사생활을 침해하거나 대답하기 거북스럽고 창피하여 저항감을 느끼게 해서는 안 될 것이다. 또 질문이 감정이나 욕망을 자극시켜 허위 응답을 할 염려가 없는지를 따져 보아야 한다.

4) 질문의 언어 구성

질문지의 문항 또는 질문 자체에 사용될 용어 선택 시 주의할 사항은 다음과 같다.

1 용어는 질문 자체의 수준과 관련지어 쉽게 이해될 수 있는 말을 사용해야 한다. 질문지에서 사용하는 말은 그 개념이 명백하여 오해를 일으키지 않도록 해야 하며, 말이 너무 길고 복잡하거나 어려워서도 안 된다.

2 질문지에 사용되는 용어는 모든 응답자들에게 동일한 의미로 전달되어야 한다. 낱말은 같은데 지방이나 계층 등에 따라 의미가 달라지는 용어는 삼가해야 한다.

3 오해나 오인을 일으킬 소지가 큰 용어들은 사용하지 말아야 한다. 예를 들어 지나치게 추상적이고 어려운 용어는 응답자의 해석에 차이를 가져올 가능성이 있기 때문에 피해야 한다.

4 모호한 용어를 사용해서는 안 된다. 예를 들면 '지난번 훈련시…'에서의 '지난번'이 지니는 애매함이라든가, '이 지역…'에서 '이 지역'이 지니는 불확정성, '얼마나 자주…'에서의 '자주'라는 용어의 시간적 차원에서의 불명확성, '일반 사회와 비교해서…'에서 '일반 사회'라는 비교 기준의 불분명성 등이 이러한 용어의 종류에 속한다. 따라서 '보통' '대개' '가끔' '이따금' '자꾸' '상당한' 등과 같은 질적 표현 용어들은 응답자들이 모두 각각 다른 표준이나 기준을 갖고 있기 때문에 같은 사실이라도 다르게 체크하는 수가 많으므로 사용에 신중을 기해야 한다.

5 응답자가 대답하는 데 계산이 필요하거나 어려운 용어는 가능한 사용을 피한다.

6 감정적인 의미가 담긴 용어들은 사용에 신중을 기해야 한다. 예를 들면 '빨갱이' '깡패' '착취' '폭력' 등은 부정적 고정 관념이 담긴 것들이며, '모성' '충성' '애국' '민주주의' '조국' 같은 긍정적 고정관념 용어들은 이 속에 도덕적, 정신적, 이념적 가치가 내

재되어 있으므로 사용에 주의할 필요가 있다(김경동과 이온죽, 1989).

5) 질문지의 문항 배열

질문지의 앞에 있는 문항내용이 뒤의 문항에 대한 응답에 영향을 주는 수가 많은데 이는 피해야 할 사항이다. 한 문제에 관해서 일반적인 질문과 특수한 질문을 해야 할 때는 보통 일반적인 질문을 앞에 특수한 질문은 뒤에 놓는 것이 바람직하다. 또 객관적인 사실에 관한 질문부터 시작해서 점차 태도, 의견, 동기 등을 묻는 질문으로 옮아 가는 것이 좋다. 경우에 따라서는 시간의 흐름에 맞추어서 질문하는 것, 즉 오래된 것에서부터 최근의 것으로 질문을 옮겨가는 것이 적절할 때도 있다. 어떤 것은 친근한 것으로부터 생소한 것으로 아주 중요한 면에서 덜 중요한 면으로 질문을 배열하는 것이 효과적일 수도 있다. 일반적으로 질문 문항을 배열하는 데는 다음과 같은 사항을 고려할 필요가 있다.

1 질문내용에 용이하게 몰두하도록 응답자의 관심을 일으켜야 한다.

2 간단한 항목에서 복잡한 항목으로 부드럽게 넘어가야 하며 곤란한 문제는 보통 중간쯤에 두는 것이 좋다.

3 창피한 느낌을 주는 개인적 질문 문항이 있다면 중간이나 끝 부분에 배열한다.

4 응답자가 당황할 질문은 가능한 설명을 붙이는 것이 좋다.

5 질문이 왔다 갔다 비약해서는 안 되며 한 기준에서 다른 기준으로 별다른 저항감을 느끼지 않고 넘어가도록 한다.

제 12 장

군중의 집합적 행동 이해

때때로 군중 속에 있는 것은 개인으로 혼자 있었을 때는 하지 않았을 행동을 하게 만든다. 특정의 행동이 무엇이든 간에 어떤 상황에서는 군중 속의 각자는 개인으로서가 아니라 전체의 한 부분으로서 행동하게 된다. 그 군중을 구성하고 있는 사람이 어떤 사람들이든 그들의 생활양식, 직업, 성격, 또는 지능이 같든 틀리든 상관없이 그들이 하나의 군중이 되었다는 사실은 그들로 하여금 혼자일 때 생각하고 느끼고 행동하는 것과는 전혀 별개의 방식으로 생각하고 느끼고 행동하게 만드는 일종의 집합의식(collective mind)을 갖게 만든다는 것이다.

집합의식 개념에 의하면, 그 집단에 있는 사람들의 개인적인 특성과는 관계없이 일단 군중에 휩쓸리면 그들은 모두가 충동적이고 비이성적이며, 극단적인 방식으로 행동을 하게 된다. 사람들은 '군중의 심리적 통일법칙'의 지배 하에 놓이게 되며 집단의식이 지시하는 데로 행동한다. LeBon(1896)은 관찰 결과, 군중의 감정과 행동은 병균이 전염되는 것과 마찬가지로 한사람에게서 다른 사람에게로 전달될 수 있다는 결론을 내리고, 이러한 전염과정이 집단 내의 사람들이 서로 유사한 방식으로 행동하는 이유를 설명해준다고 생각하였다. 이와 같이 군중의 집합행동은 보통 사전 행동계획 없이 자발적으로 일어난다는 점에서 다른 집단과정들과 다르다. 크게 집합적 행동(collective behavior)은 군중, 폭동, 광란, 공황, 유행, 유언비어, 대중 히스테리, 저항운동, 반란, 혁명 그리고 사회적 운동에 대한 연구를 포함한다.

따라서 집단의 의식이나 행동에는 개인 차원에서 이해될 수 없는 부분들이 나타나게 된다. 우리가 집합의식이나 행동에 대해 연구를 하는 것은 다음 몇 가지 목적 때문이다. 첫째, 집합적 행동은 생명과 재산의 손실을 포함하며 그에 대한 연구는 공황, 폭동, 혁명, 반란 등에 의한 큰 희생을 감소시키는 데 기여할 수 있다. 둘째, 우리가 집합적 행동을 이해한다면 사회적 혼란 상태일 때뿐만 아니라, 정상적인 사회적 질서에 대해서도 무엇인가 알고 무리 없이 질서와 안정을 추구하는 데 도움을 받을 수 있다. 셋째, 개인과 집단 간에 존재하는 역동적인 관계를 이해함으로써 특수심리전이나 적 지역 및 수복지구 내의 민사업무수행에 기여할 수 있다는 것이다.

본 장에서는 먼저 군중의 의미와 전시에 발생하여 대혼란을 유발할 수 있는 폭도행동, 유언비어를 포함한 군중현상과 같은 대규모 자생적인 집합적 행동의 특징과 집단의사결정에서 나타나는 현상과 그에 관한 주요 이론들을 살펴볼 것이다.

1. 군중의 분류

여러 학자들이 여러 종류의 군중에 대하여 연구를 계속하고 있다. 여기서 모든 종류의 군중을 완벽하게 설명할 수 있는 분류법은 없겠지만 몇 연구들을 개관함으로써 군중심리와 행동에 대한 이해를 돕고자 한다. 군중이라는 말은 會衆(audience), 폭도(mob), 대중(rally) 그리고 공황(panic) 등과 같은 인간집합의 매우 다양한 상태를 지칭하는 포괄적 개념이다. 군중은 우리의 사회생활 가운데 사회 전반에 걸친 관심의 초점이 되는 어떤 환경 하에서 빈번히 발생한다. 공통된 흥미나 이해관계로 집합된 거리의 군중과 같이 국적과 직업, 그리고 성을 막론하고 상호근접하여 있기 때문에 심리적 강제성을 갖게 되는 많은 사람들의 집합을 말한다. Lindzey & Aronson(1969)은 군중을 [1] 적극적 형태인 폭도와, [2] 소극적 형태인 회중으로 분류하고 폭도는 전개되는 행동에 따라서 공격성, 도피성, 획득적이고 시위적인 네 가지로, 회중은 우연성, 의도성으로 나누어 그 행동을 설명하고 있다. 한편, Forsyth(1983)는 군중을 [1] 우발군중(casual crowd), [2] 관중(audience), [3] 폭도(mob), [4] 공황군중(panicked crowd)의 네 가지로 분류하고 있다. 여기서는 다소 세분화하여 군중을 분류한 Forsyth의 견해를 중심으로 정리해 본다.

1) 우발군중

백화점이나 대형 상가에서 시장을 보고 있는 사람들은 그냥 제 각각의 사람들이지만 누군가가 소매치기를 당해 비명을 지르면 순식간에 하나의 군중을 형성하게 된다. 이와 같이 우발군중은 각자가 자신의 일을 보고 있는 서로 관련 없는 사람들이 같은 장소에서 공통의 경험을 갖게 됨으로써 형성되는 집단을 말한다. 그런 군중은 대개 단기간 존속하지만 이 단기간적인 군중은 규모와 범위를 정해주는 경계선을 갖는다. 이 경계선은 군중의 가장자리 부근에서는 비교적 투과성이 높아서 사람들이 그 군중에 합류하거나 이탈하는 것이 자유롭지만 군중의 중심부에 가까이 갈수록 그 투과성은 낮아진다. 다시 말하면 공공장소에 모여 있는 사람들은 혼자 온 개인들이라기보다는 함께 온 소집단의 일원인 경우가 많은데, 경험적 증거에 의하면 위치상 우발군중의 중심부근에 있는 소집단의 사람들은 가장자리 부근에 있는 사람들보다 더 적극적으로 그 군중활동에 참여하게 된다는 것이다(Milgram & Toch, 1969).

또한 이런 군중에서는 역할, 지휘체계 그리고 기타의 집단구조가 그리 명확하게 드러나지 않지만 자세히 들여다 보면 저변에 어떤 구조가 깔려 있음을 알 수 있다. 우발군중은 다른 사람들의 이목을 집중시키거나 그 군중에 합류하게 만드는 한 명 또는 그 이상의 핵심 인물을 중심으로 하여 형성된다. Milgram, Bickman과 Berkowitz(1969)의 실험에 의하면 우발군중을 형성하는 데는 세 명 정도의 소규모 집단이면 충분하다는 사실이 밝혀졌다.

2) 관중

어떤 행사나 활동을 보기 위하여 특정 장소에 일부러 모인 사람들을 관중 또는 집회군중(conventional crowd)이라 부른다. 우발군중과는 달리 관중은 이 군중에 의도적으로 합류하고, 그들이 차지할 자리나 모든 행동방식이 사회적 관습으로 정해져 있다. 행사 관람 중 그들은 정해진 자리를 차지하거나 박수나 환호 또는 소리를 지르기도 한다. 이런 통상의 행동은 이미 정해진 규범에 따라 하는 것들이다. 행사나 공연이 끝나면 관중은 질서 있게 흩어진다.

3) 폭도

정서적으로 격앙된 사람들로 이루어진 적개심이 가득 찬 군중을 폭도라 부른다. 폭도는 대개 범죄, 재난 또는 격렬한 논쟁과 같은 부정적인 사건으로 인해 형성된 사람들의 모임이다. 이 사람들은 그 사건에 대하여 논의하는 가운데 더 분노하게 되고 무언가 시정 조치가 취해져야 한다는 생각을 더 굳히게 된다. 사태가 조기에 수습되지 않으면 폭도는 격앙되고 예측할 수 없으며 과격한 행동을 하게 된다. 폭도 속에 들어가면 충동이 이성을 지배한다. 모두를 미치게 만드는 장치를 갖춘 폭도는 해산하고 나면 거기에 참여했던 사람들은 자신이 '이성을 잃었다'고 말한다. 폭도의 예는 많다. 예를 들면, 최근까지도 미국 남부에서는 린치 폭도가 흑인에게 테러를 자행하는 일이 있었다. 또 한 사건은 1943년 미국의 로스앤젤레스 시내에서 해군 수병들이 시내를 돌아다니며 멕시코계 미국인을 붙잡아 두들겨 패고 욕설을 퍼붓고 심지어는 그들의 옷을 모조리 벗겨 버리는 행동을 한 것이다(Turner & Surace, 1956).

폭동집단(riots)은 대규모의 폭도라고 할 수 있다. 1969년 캐나다 몬트리올 경찰이 17시간 동안 파업에 들어갔을 때, 시내 곳곳에 폭동이 일어났다. 시내는 전문 범죄꾼들이 날뛰었고, 범죄꾼이 아닌 사람들도 덩달아 미쳐 날뛰었다. 없는 사람, 있는 사람, 중산층을 가릴 것 없이 온갖 떼거리의 사람들이 중심 상가 건물 안을 돌아다니며 약탈과 파괴를 자행하였다. 방화와 함께 156개의 상점이 약탈당했고, 30만불 가량의 유리창이 박살났으며, 2명이 죽고 49명이 부상을 입었다. 폭력적인 사건이었음에도 불구하고 이를 지켜본 사람들의 말에 의하면 그것은 마치 축제같은 분위기였다고 한다(Clark, 1969).

4) 공황군중

군중들 사이에는 공포에 사로잡힌 군중이 있다. 화재, 홍수, 지진, 전쟁과 같은 큰 재난을 당하면 사람들은 그 위험사태로부터 동시에 도피하려고 한다. 만약 사태가 너무나 위험한 것이어서 도피만이 안전을 확보할 수 있는 길인데 도피구가 너무 제한되어 있다면 군중 공황이 일어날 수 있다. 극도의 공포에 질린 사람들은 그 상황은 물론 그 군중들로부터도 도망치려 한다. 공황사고는 종종 엄청난 인명손실을 초래한다. 1903년 미국 시카고의 이로쿠와 극장에서 발생한 공황사고에서는 600여 명의 사람이 사망했다. 무대 뒤쪽에서 일어난 조그마한 화재가 원인이 되어 일시에 출입구를 향해 내달리다 발생한 이 공황사건은 공포에 직면한 인간들이 저지를 수 있는 최악의 공황행동을 보여주고 있다.

2. 군중의 집합의식

군중은 개인으로 구성되어 있다 해도 군중 전체의 집합의식을 개인의식들의 단순한 합으로만 볼 수는 없다. 군중의 집합의식에는 개인의식의 차원에서 이해될 수 없는 것들이 있기 때문이다. Zimbardo(1969)의 몰개성화 이론(deindividuation theory)은 위의 집단 속에 들어갔을 때 사람들이 보이는 내적 자제력의 감소를 설명하고 있다. 몰개성화라는 용어로 설명된 이 과정은 원인변인, 내적변화, 결과적 행동이라는 세 가지 성분으로 구분된다. 원인변인, 즉, 몰개성화의 원인으로는 익명성의 느낌, 책임감 분산 및 감소, 집단 소속감, 생리적 흥분상태 등이 있다. 몰개성화 그 자체는 자의식의 감소(자기의식 부재, 의식적 계획성의 결여, 억제되지 않은 말과 행동 등)와 변용된 경험(집중력과 판단력의 감소, 시간지각의 혼란, 극단적인 정서상태, 비현실적인 느낌, 지각의 왜곡 등)이라는 두 가지 기본 요소로 이루어져 있다. 마지막으로 경험적 증거에 의하면, 이러한 몰개성화의 상태가 더욱 극단적이거나 더욱 양극화된 행동을 하게 만드는 토대를 마련해 준다고 한다. Zimbardo는 몰개성화의 부정적인 측면만을 부각시켰지만, 정체감과 자의식 상실이 항상 폭력적인 행동을 가져오는 것은 아니다. 실제로 친사회적 단서가 주어지면 몰개성화된 사람도 이타적 행동을 얼마든지 할 수 있으며, 탈억제적이고 충동적인 행동인 것으로 보이는 행동들이 사실은 개체성의 느낌을 회복하려는 시도라는 사실이 밝혀졌다.

한편, Freud(1922) 같은 학자는 군중 속에서 나타나는 개인의 행동을 억압된 무의식적 욕구를 군중 속에 들어감으로써 만족시키기 때문이라고 설명한다. Freud는 군중 속에 몰입된 개인에게서 나타나는 변화에 대한 LeBon의 주장에 대체로 동의를 하면서도, 그러나 그가 무의식적 욕구의 역할을 인식하지 못하고 있다고 보았다. Freud는 그의 정신분석을 집단 상황에 적용하였는데 사람들은 성적 욕망, 공격적 충동, 위험으로부터 도피하려고 하는 강한 욕구를 갖고 있지만 여러 가지 심리기제가 이런 '원초적 욕구'를 억제한다고 보았다. 그러나 집단 상황에서는 행동에 대한 통제가 지도자나 다른 집단 성원에게 넘어가기 때문에 사람들은 자제심과 죄의식의 굴레에서 벗어나며 결과적으로 이제까지 억압되었던 욕구들이 행동을 동기화시키고 평상시에 하지 않던 행동들을 하게 된다는 것이다. 말하자면 군중 속에 합류함으로써 소속감, 적개심 등과 같은 원초적인 욕구들을 만족시킨다는 것이다. 이후의 연구(Meerloo, 1950)는 각기 다른 욕구를 만족시키기 위하여 다른 종류의 집단이 형성된다는 주장을 함으로써 정신분석적 관점을 확장시켰다. 이 견해에 따르면 폭도행동은 잠재된 공격욕구를 만족시키고 공황자극으로부터의 도망은 위험으로부터 도피하려는 원초적 욕구를 충족시켜 준다는 것이다. 군중의 집합의식에 관한 이러한 식의 설명이 수렴 이론인데 이것의 골자는 같은 집단에 합류하는 사람들은 서로 유사한 욕구와 특성을 지니고 있다는 것이다. 군중의 집합심리가 개인심리와 다른 점은 다음과 같은 몇 가지로 요약 정리해 볼 수 있다.

[1] 군중은 책임감이 희박하다: 군중의 일부를 형성하고 있는 개인은 자기가 누구인지를 생각하려 하지도 않으며 또 자기가 누구인지를 남이 알지 못하리라고 믿는다. 즉, 군중에 끼인 개인은 익명의 개인이 되기 때문에 행동의 결과에 대하여 책임을 지지 않아도 된다는 안도감을 갖게 된다. 그러므로 평소에 억눌려 있던 본능적인 욕구들을 서슴지 않고 발산하게 되는 것이다. 이상과 같은 특성 때문에 군중은 살인, 방화, 약탈 등의 범죄를 저지르는 폭도로 돌변할 수도 있다.

이와 같이 본인에게 책임이 돌아갈 때 사람은 매우 신중하게 행동하지만 여럿이 공동으로 책임질 경우, 사람들은 책임의 중압감에서 벗어나 일시적으로 무책임한 행동도 서슴지 않게 된다. 특히 군중 속에 묻힌 개인이 그의 행동이 군중에 의해 은폐 또는 보호받을 수 있다고 느껴질 때 그는 더욱 무책임하게 되어 파괴적이고 공격적인 행동까지도

자행하게 된다. 폭력적인 군중행동은 이런 사람들에 의해 시작되고 다른 사람들이 이에 가세함으로써 확대된다.

[2] 군중은 암시에 취약하다: 무엇인가 행동을 하고자 하는 동기를 갖는 군중은 주위의 암시에 매우 취약해지는데 그것은 그들의 욕구좌절에서 비롯된 행동욕구 때문이다. 군중은 무비판적이 되어 개인의 의식적 성격을 완전히 상실하며 선동자의 암시에 복종하게 된다. 군중의 이러한 피암시성은 마치 전염병과 같이 한 사람의 감정상태가 다른 사람에게 신속히 전염된다. 이미 자신의 의식적 성격과 분별력을 상실한 군중은 최면술에 걸린 사람 같이 선동자의 암시에 따라 행동하게 되는 것이다.

짜증나는 일이 계속 일어날 때, 무엇인가 던져버리고 싶은 충동에 사로잡히듯 기본적인 욕구가 좌절되었을 때 사람들은 무엇인가 정열적인 행동으로 좌절된 그의 욕구를 해소하려 한다. 이때 비록 그의 생각과 약간의 차이가 있더라도, 그의 좌절된 욕구를 해소할 수 있는 어떤 행동계획이 소신 있는 선동가에 의해 제시되면 그는 쉽게 이에 동조하게 된다. 제1차 세계대전 후의 불경기와 악성 인플레, 공산주의자들의 빈번한 소요 그리고 연합국에 대한 막대한 배상금 지불의 질식 상태에 빠져 있던 독일 국민들은 무엇인가 행동하려는 강한 욕구를 갖게 되었고, 이 때문에 이상향을 약속하는 히틀러의 암시에 의해 그의 수족처럼 놀아나게 된 것이다. 암시에 의해 군중의 행동이 시작될 때 이에 반대 의견을 가진 사람이 있고 그가 자신있게 그의 견해를 표명하고 또 행동에 옮긴다면 군중의 행동은 쉽게 분열 또는 와해될 수 있다. 그러나 대부분의 경우 반대 의견을 가진 사람은 감히 그의 견해를 밝히려 하지 않으며 침묵을 지킬 뿐이어서 시간이 흐를수록 군중은 커지게 된다.

[3] 군중은 감정의 지배를 받는다: 개인은 군중 속의 일원이 되면서 공통의 관심이 증대되고 상호접촉하고 자극되는 동안 심리적인 일체감에 의한 동료 의식이 형성되어 충동성, 흥분 등 원시적 정서에 쉽게 몰입된다. 군중은 감정유발이 안되면 결코 행동하지 않는다. 식량 배급이 끊겨도 모두가 똑같이 배고픈 상태에 있을 때 사람들은 모여 있어도 행동하지 않으나, 식량 배급이 불공평하다고 느끼면 과격한 군중행동을 하게 된다. 군중이 시위를 하거나 폭동을 일으키는 것은 무언가의 욕구좌절로 그들의 감정이 상해 있기 때문이다. 군중행동의 감정지배에 관한 보다 구체적인 이해는 군중의 극단적이고 비정상적 행동이라고 볼 수 있는 공황과 폭도행동을 통해서 제시될 수 있다. 폭도는 분노나 적개심과 같은 강한 정서에 의해서 동기화된 군중이고, 공황은 공포정서에 의해서 동기화된 군중이다.

[4] 군중은 무비판적이며 판단능력이 약하다: 개인은 일단 군중 속의 한사람이 되어 공통의 목표와 관심에 초점을 두게 되면, 그의 정신적 자질이나 학식과는 상관없이 군중

과의 심리적 밀도가 깊어지면서 선동자의 말이나 유언비어를 상식이나 논리적 비판 없이 그대로 믿게 된다. 군중의 행동은 매우 단순하고 공격적이며 파괴적인데 이것은 그들이 좌절된 욕구를 가장 직접적인 방법으로 해소하려는 데서 기인한다. 그들은 마치 배반당한 사람이 배반자를 찾아 복수하듯이 좌절된 욕구의 대상을 찾아 그것을 완전히 제거해 버리거나 그가 당한 정도에 상응하는 제재를 가하려 한다. 그들은 知的·논리적 해결방법에 귀를 기울이려 하지 않는데 그것은 지금까지 그들이 그런 방법에 의해 해결되기를 기다려 왔으나 해결되지 않았다고 느끼기 때문이다.

5 군중의 행동과 감정은 쉽게 전염된다: 감정이나 행동의 집단 전염은 집단 성원들이 다른 사람의 감정이나 행동의 의미를 알지 못하고 상황을 잘못 이해하는 데서 나타난다. 이러한 오해에 근거하여 행동하게 되면 집단 내의 다른 사람들도 상황을 잘못 해석하게 되며, 이것은 전염이 확산될 때까지 지속된다. 예를 들어, 군중 속에서 한 사람이 흥분하고 겁에 질린 행동을 하게 되면 주위에 있는 사람들도 원인도 모른 채 불안하고 겁에 질리게 된다. 처음에 불안해 하던 사람은 다른 사람들의 불안한 행동을 보고 더 불안해진다. 이런 과정은 증폭되어 실제로 관여하지 않은 다수의 군중들도 쉽게 이에 말려들게 된다. 이는 판단을 위한 비교준거의 부족 때문이다.

일상생활에서 집단 전염의 예들은 많다. 강의시간에 조는 행동이나 하품, 누군가의 질문에 이어 많아지는 질문, 팔짱끼는 행동 등이 집단 전염의 발생들로 볼 수 있다. 이는 거의가 무의식적으로 단시간에 전염되는 특징을 가지고 있다. 또한 재난 지역의 치안이 약화된 틈을 타서 폭력이나 약탈행동이 많아지며 폭력은 점점 더 과격한 폭력을 낳는 행동으로 발전한다.

6 군중 속에서는 일반적으로 모험적이고 급진적인 구호를 내거는 사람이 강한 지지를 받는 경향이 있다: Doise(1969)는 집단 결정이 모험적 결정 쪽으로 나아가는 경우 이것은 모험적 견해를 가진 사람이 집단 내에서 설득력을 갖기 때문이라고 주장했는데, 이 말은 여기에 적용된 말이다. 우리는 급진적인 선동가에 현혹된 군중들이 공동의 운명을 정서적으로 자각하고 투쟁에서 그 열이 가해짐에 따라 이성은 마비되고 매사에 복수적, 불법적으로 발전하게 되는 현상을 쉽게 관찰할 수 있다.

3. 군중의 집합행동

전쟁 시 군중행동에는 개인행동의 차원에서 이해될 수 없는 부분들이 나타나게 된다. 집합행동은 보통 잘 정의된 사전행동계획 없이 자발적으로 일어난다는 점에서 다른 집단과정들과 다르다. 여기서는 먼저 전 · 평시에 발생하여 대혼란을 유발할 수 있는 공황, 폭도행동, 유언비어를 포함한 군중 시위행동과 같은 대규모 조직적 · 자생적인 집합행동의 특징과 주요 이론들을 살펴볼 것이다.

1) 군중의 공황행동

전투 시 공황이란 극심한 공포나 불안에 압도되어 평소의 자제력을 상실하고 방황하거나 극도의 이상 흥분으로 무기력, 허탈, 무감각하여 공포자극으로부터 무조건 이탈하려고 하는 장병이나 군중들의 도피나 피난 행동을 의미함은 이미 7장에서 기술 설명한 바 있다. 사실 전투 중 발생하는 장병들의 공황과 일반 민간인들이 경험하는 공황은 동기적인 측면이나 발생원인 그리고 증상에 있어 유사한 측면들이 많다. 그러나 두 집단의 존재 목적이나 성격이 근본적으로 다르므로 공황의 예방이나 치유 방법에 대해서도 별도의 대책이 필요할 것으로 생각된다. 또한 사회심리학에서는 평시 개인이 음식이나 출구와 같은 제한된 자원에 접근하기 위해 경쟁하는 사회적 혼란의 한 형태도 공황으로 보고 있고 최근에는 테러나 사회적으로 큰 파장을 일으킨 사건 다음에 주민들이 경험하게 되는 일시적인 공포나 혼란을 '심리적 공황'으로 표현하기도 한다. 이제 공황이란 말은 우리사회에서 일상적으로 사용하는 용어가 되어 버린 것이다. 따라서 전 · 평시 민간인들이나 피난민들에 대한 공황예방이나 억제대책은, 전투공황은 물론 평소 불시에 발생하는 사회 · 심리학적 공황해소에도 도움을 줄 것으로 생각한다.

(1) 공황의 동기

7장에서 기술된 전투공황의 동기와 많은 점에서 유사하나 군이 아닌 일반 주민들의 공황 동기는 내용상에 약간의 차이가 있어 여기서 소개한다.

1 공포심(fear)

공황의 직접적 동기는 생존을 위협하는 어떤 자극에 대한 공포감정이다. 공포는 사람이 피하고 싶은 정서이기 때문에 공포상황에 놓이면 사람들은 이런 상황으로부터 벗어나기 위해 노력한다. 안전의 욕구가 위협을 받으면, 공황은 그 상황에서 바로 발생하기 때문에 사전조치만으로 쉽게 예방될 수 있는 성질의 것은 아니다. 공황은 전이에 의하여 유도된다. 공포감정은 모든 사람들이 다 갖고 있고 매우 쉽게 다른 사람에게 감염되는데, 이 때문에 실제 공포자극이 출현하지 않아도 분위기가 그렇게 조성되고 한 두 사람이 행동에 옮기기 시작하면, 곧 다른 사람들도 같은 행동을 하게 됨으로써 집단이 쉽게 공황에 빠지게 되는 것이다. 소요나 전시에 경험하는 심리나 정서상태는 생사에 관련된 것으로 우리가 평시에 흔히 경험할 수 있는 것이 아니다. 소요 현장이나 전쟁터에서의 정서상태는 평시에 비해 격렬하며 주로 극한 상황에서 경험하는 것이기 때문에, 과도한 긴장과 흥분을 수반하게 되고 여러 가지 부적응행동과 정서장애를 유발한다.

인간은 자신의 죽음이나 부상뿐만 아니라 가까운 가족, 친척, 이웃의 죽음과 부상도 그 자체로 심리적 공포와 혼란을 일으키는 것으로 알려져 있다. 국민들이 매우 신뢰했던 지도자의 죽음 역시 주민들을 불안하게 만들기 때문에 공황을 유발할 수 있다. 어떤 형태로든 공포와 불안을 느끼는 것은 공황을 일으키는 좋은 조건이 된다.

어떤 형태로든 공포와 불안을 느끼는 것은 공황을 일으키는 좋은 조건이 된다. 극단적인 공포와 불안으로 공황을 일으킨 사람들은, 절실한 안전의 욕구에 지배를 받아 주의력의 범위가 매우 좁아지고 이성을 잃은 무분별한 상태에 빠지기 때문에 그들에게 분별심이나 도덕심을 기대할 수 없다. 그래서 의식 있는 사람이 스스로 용감한 행동으로 모범을 보이거나, 그들을 여유 있는 태도로 비난함으로써 어느 정도는 통제할 수 있을지 모르지만, 이성에 의해 공황행동을 완전히 멈추게 할 수는 없다는 데 문제의 심각성이 있다.

2 불확실성(uncertainty)

소요나 전쟁이 발생하면 모든 환경이 불확실해진다. 따라서 각종 소문과 유언비어는 물론 적의 선전이나 심리전까지 기승을 부리게 된다. 전반적인 전쟁의 진행 및 소요상황, 적 능력, 아군 상황, 친척의 안위 그리고 자신의 운명이나 행동에 대해 사람들이 가지는 불확실성은 불안과 공포심을 유발하여 결국 무질서한 피난에 따른 공황을 유발하게 된다. 사람들이 느끼는 불안 수준과 그 상황에 대한 불확실성은 애매하거나 혼란스런 상황에서 탈피하고자 하는 심리를 자극 유언비어를 만들어 내고 이것이 공황확산의 단서가 되기도 한다.

3 피암시성(suggestibility)

군중은 암시에 취약하다. 무엇인가 행동을 하고자 하는 동기를 갖는 군중은 주위의 암시에 매우 취약해지는데, 그것은 그들의 욕구좌절에서 비롯된 행동욕구 때문이다. 흥분이 정도를 넘으면 민감함을 지나쳐 둔해지고, 약간의 암시나 소문에도 흔들리고 타인과 동조하게 되는 현상은 피암시성이 증대되기 때문이다. 군중은 개인으로 구성되어 있다 해도 군중 전체의 집합행동을 개인행동들의 단순한 합으로만 볼 수는 없다. 군중 속에 들어 있으면 감정은 종류에 상관없이 사람들 사이에 매우 급속히 전염되는데, 이것이 바로 공황이 돌연성을 갖는 이유이다.

(2) 공황의 예방 및 극복

전쟁 시 공황을 예방하거나 억제하는데 있어서 앞에서 논의된 공황발생의 교훈적 요소들을 중심적으로 포괄적으로 정리해 본다면 다음과 같다. 첫째, 주민들의 공황을 억제하기 위해서는 평시 공황 발생요인들을 도출하여 이를 사전에 제거해 주거나 최소화시킬 필요가 있다는 것이다. 이를 위해 평범하지만 국가지도층 내지는 사회지도층이 국민의 신뢰를 꾸준히 쌓아 가는 가운데, 전시를 대비한 안전시설을 지속적으로 구축하고 홍보해서 주민들에게 전쟁이 일어나도 안전하다는 의식을 심어 주어야 한다는 것이다. 나아가 위기 시 최소한의 질서유지가 가능하도록 평소 주민을 통제하는 공공기관이 공정하고 엄정한 공권력을 행사하여 공권력에 대한 순응의식과 신뢰감을 조성해 두어야 할 것이다. 주민들에게도 안보의식의 내면화와 기본적 시민교육을 위한 홍보·문화·방송 활동을 강화하여 질서 있는 행동요령의 체득이 이루어지도록 준비해 둔다면 공황은 어느 정도 억제될 것이다. 둘째, 공황유발을 억제하기 위해서는 확고하고 일사불란한 전쟁지도 체제를 유지하면서, 유언비어나 혼란이 발생하지 않도록 대국민 홍보와 질서 있는 통제가 이루어져야 한다는 것이다. 또한 일단 공황이 발생하면 전염과 확산을 막기가 거의 불가능하므로, 혼란의 초기에 도로 및 교량의 통제나 폭도행동에 대한 강력하고 단호한 공권력의 행사가 이루어져 최소한의 질서를 유지해야 할 것이다. 공황발생에 가장 문제가 되는 대량 살상무기로 인한 공포는 피할 수 없겠지만 이 공포심을 최소화시키고 공포 면역기능을 강화시켜 공황으로 연결되지 않도록 공포심 감소훈련에 대한 전문적인 연구가 이루어져 시민교육에 반영되어야 할 것이다. 셋째, 전쟁 기간 동안 공황의 조기 해소를 위해서는 국민적 사기를 고양시키는 다양한 홍보·방송·문화활동은 물론 적극적인 선제적 심리전도 수행되어야 할 것이다. 나아가 사회 각계각층의 신뢰롭고 덕망있는 지도자를 활용하여 주민들의 참전의식을 고취하고 심리적 안정을 도모해 나가야 할 것으로 생각된다.

1 평시의 공황예방 활동

가 전쟁 및 위기 대비 훈련의 내실화

평소 전쟁이나 위기 대비 훈련은 실시 횟수는 적더라도 '훈련다운 훈련'이 되어야 한다. 명목상의 훈련, 구태의연한 훈련은 차라리 실시하지 않는 것보다 못 하다. 그러한 훈련은 위기나 전쟁 자체를 우습게 볼 가능성만 높여줄 뿐이다. 우리는 먼저 선진 외국의 모범적인 전쟁 및 위기대비훈련의 사례들을 살펴볼 필요가 있다.

① 이스라엘의 애국심과 집단 정신훈련

정신분석학적 이론에 따르면, 한 개인이 갖는 도덕적·사회적 가치와 이상을 대표하는 성격 부분인 초자아(superego)[1]는 아동들이 남근기의 오이디푸스 콤플렉스(Oedipus complex)를 해결하는 과정에서 양친 혹은 양친의 대리자들의 말과 행동을 통하여 아동에게 제시되는 '사회적 이상'이나 중요한 '가치'들에 의해 영향을 받아 형성된다고 주장한다. 이렇게 무의식적으로 형성된 개인적 초자아(individual superego)는 청년으로 성장하는 동안 철저한 교육과 훈련을 통하여 마침내 국가, 동료, 이웃을 사랑하고 이들에 대해 긍지와 가치감을 갖는 집단적 초자아(collective superego)로 변환 정착된다고 한다(Phares, 1984). 한편 행동주의 및 사회학습 이론에서는 도덕적·사회적 이상이나 가치들이 강화에 의한 연합 및 타인의 행동 모방이나 관찰에 의하여 형성된다고 보고 있다. 건전한 가치관이나 성격의 형성에 대한 이러한 교육·심리학적 이론에서 공통적으로 시사하고 있는 것은 한 개인의 가치관이란 가변성과 지속성의 양면적 성격을 띄고 있을 뿐만 아니라, 개인 경험 및 학습을 통하여 내면화된다는 것이다.

이들 이론에 따르면 적어도 국가애나 애국심이라는 가치관 형성 차원에서는 아동기 시절부터 국가와 민족 이웃 등에 대한 애착을 갖도록 가치관 교육을 하거나 성인들이 모범을 보이는 자세가 형성되어 있어야 한다는 것이다. 어릴 때부터 국가와 가정이 관심을 갖고 집단정신과 국가애를 심어 주는 이스라엘의 교육제도가 이 이론의 좋은 본보기가 될 수 있을 것으로 생각된다. 우리는 역사적·사회적·종교적 이념들에서 적국과 적국민의 존재를 일체 부정하려는 예를 이스라엘과 팔레스타인 간의 관계에서 볼 수 있다. 유사 이래 형성된 양국의 적개심은 서로 상대방의 존재를 부정함으로써만이 자국의 생존이 가능하다는 철저한 이념으로 나타나게 되었다. 따라서 이스라엘에서는 병역기피자나 예비군 소집 및 훈련 기피자, 전장에서의 비겁한 행동을 하는 자는 찾아볼 수 없게 되었고 만약 이러한 자가 있으면 직장이나 동료들의 비난을 면치 못하고 심지어는 그들의 부모들한테서도 버림을 받는 등의 국민기풍으로 자리잡게 되었다. 이러한 예로 1967년 6일 전쟁이 발발하자, 이스라엘의 하이파시에 있는 한 택시 운전사는 자기 소속부대로 소집명령을 받고 카르멜 언덕에 위치한 호텔 앞에 차를 세우고 철모, 야전침낭, 소총을 보관한 트렁크를 차에서 꺼낸 다음 '영업 끝'이라는 표시를 하고는 지체 없이 전쟁터로 나가는 모습을 보여 주었다. 이스라엘은 스위스의 시민군제도를 도입하여 이스라엘

1) 초자아는 정신분석학의 성격 이론에서 성격의 세 구성요소(원초아, 자아, 초자아)의 한 부분을 이루고 있다. 초자아는 성격에서 가장 마지막에 발달하는 부분으로 자아로부터 분리되며 '도덕원칙'에 따라 움직인다. 인간의 성격부분에서 양심에 해당하는 부분으로 보면 된다. 초자아의 형성과 분리는 아동들이 오이디푸스 갈등을 해결하고 부모로부터 선악의 규칙과 가치를 배울 때 생긴다.

의 역사적 전통과 국방의 악조건에 비추어 보다 더 이상적인 예비군제도로 발전시켜 왔으며, 예비군은 곧 '훌륭한 시민이 유능한 군인이 될 수 있다'라는 이론을 실현시키고 있다. 국민이 모두 전투를 위해 싸울 준비가 되어 있는 이스라엘이야말로 내적 단결강화가 외부의 적에게 공포를 느끼게 하는 전형적인 시민중심의 戰士型 국가라고 할 수 있겠다(국방부, 1979).

이러한 이스라엘 국민의 안보의식은 군인들이 지니고 있는 투철한 애국심과 확고한 국가관을 밑바탕으로 하여 형성된 군정신 무장의 소산이다. '아랍군은 전쟁에 져도 나라는 망하지 않는다. 그러나 이스라엘은 전쟁에 지면 그것으로 끝이다'라는 점을 온 국민이 절감하고 있을 뿐만 아니라, 이 절박한 상황을 국가 모든 분야에 적용하기 위해 '국민 모두가 전투원'라는 개념을 심어주기 위해 다음과 같은 정치사상전을 전개하고 있다. '국방은 생존의 수호신' '국방의 생활화'라는 내부단결 강화형 신념과 '국민이 곧 군대'라는 국민정신이 이스라엘의 무형전력을 이루도록 국민을 의식화하고 있다. 국방태세는 국가총동원 개념에 의한 총력전 체제(48시간 내 동원)를 유지하도록 준비하고 이를 국민의 적극적인 호응 속에 최고의 효율성을 발휘하도록 정신무장화한다. 이러한 모든 국민의 초인간적 단결로 병역기피 없는 총동원이 전투력으로 연결되도록 교육・생활화시키고 있다. 이러한 정치사상전의 두 요체는 이스라엘 국민의 정신이자 국방의 핵심 정신인 시오니즘[2]과 벤구리온 정신[3]이라고 보아진다.

이스라엘로 하여금 6일전쟁을 승리로 이끌게 한 또 하나의 요인은, 이스라엘 군에 대한 국민 전체의 경의와 프라이드 그리고 군인들의 공헌이었다. 이것은 그들의 자신과 집단에 대한 사랑을 높여 주었고 나아가 자신감과 전투력을 증강시켰다. 군인들은 자신들이 최고이며 이 세상에서 가장 인간적인 군대라고 믿음으로써 더욱 더 자기애를 증가시켰다. 이와 관련되어 전쟁 결과에 결정적 역할을 하게 된 다른 요인은 유대인이 수천 년간 서로 흩어져서 박해를 받으며 지내다가 비로소 유태인으로 구성된 자주국가를 출발시켰다는 자부심이었다. 6일전쟁이 발발했을 당시의 젊은 군인들은 대부분이 이스라엘 건국 후 태어난 첫 세대들이다. 더 이상 남의 나라에 얹혀 살지 않고 처음으로 하나의 민족으로 구성된 국가를 설립한 까닭에 이스라엘 군인들은 자신의 군복무를 지엽적이며 시한부적인 임무가 아닌 이스라엘인으로서의 자신의 삶과 밀접히 관련된 한 중요한 부

2) 시온주의의 본질은 유대인 스스로가 유대민족국가를 건설하려는 이념이다. 시온주의는 이스라엘 국민의 건국정신이자 국방의 핵심정신이다.

3) 이스라엘 건국의 제1인자이며 초대 수상이었던 벤구리온은 이스라엘의 살아 있는 역사이며 이스라엘 민족의 영원한 지도자상의 표본이다. 그는 국방과 건설을 전제로한 '평화'를 외치며 네게브 사막을 옥토로 만드는 등 이스라엘 민족의 잠재적 추진력을 일깨웠다.

분으로 인식하였던 것이다. 그들에게 군 복무는 자아개념의 일부분이었던 것이다. 6일전쟁 당시뿐만 아니라 오늘날까지도 군대는 신생 이스라엘 국가의 전 국민에게 있어 가장 가시적이며 생존에 필요한 자기실현의 역할을 담당하고 있는 셈이다. 전투 부대원들이 전투개시 전에 그렇게 침착할 수 있었던 것은 각자의 개인적 초자아를 포기하고 그것을 집단 초자아로 대체시킨 때문이었다. 리비도적 애착에서 생긴 기본적 신뢰감, 고양된 자기애, 그리고 훈련으로 단련된 자신에 대한 강한 신체적·정신적 자신감이 합쳐져서 전투에 임하여 침착한 자세를 유지할 수 있었던 것이다.

② 스위스의 민간방위훈련

스위스는 특별한 부존자원이 없고 주변에 많은 강대국들에 의해 포위되어 있는 등 지정학적으로 우리와 유사한 환경을 가진 나라로 수많은 외침을 극복한 국방철학과 국민정신력으로 세계의 모범을 보여주고 있는 나라이다. 2차 세계대전 시 독일의 히틀러가 작은 나라 스위스 침공을 포기하고 우회하여 전 유럽을 유린하였던 것은 스위스가 영세중립국이었던 까닭도 있었지만 보다 중요한 것은 어린이들을 포함한 스위스 국민들이 최후까지 저항할 것을 염려하였기 때문이었다. 여기서 우리가 보다 관심을 가지고 관찰하여야 할 사실은 죽음으로 조국을 수호하겠다는 스위스 국민들의 호국정신이다. 고통스런 오랜 전쟁역사의 경험에 의해 스위스는 16세기 말 중립을 선언했지만 아무도 중립을 인정해 주지 않자 스위스 국민들은 '중립도 힘이 있어야만 지킬 수 있다'라는 평범한 진리를 깨닫게 된다. 이에 따라 지금도 스위스는 영세 중립국임에도 불구하고 국가 총예산 중 20%에 가까운 금액을 국방비에 투입하고 있다. 영세 중립국이면서도 국민개병제를 택하고 있어 남자의 경우 20살이 되면 입대를 하고 4개월 간의 군사훈련을 받은 다음 예비역에 편입 일반 국민의 자격으로 돌아간다. 이때 군에서 지급된 개인화기와 탄약 그리고 각종 개인 장구류를 반납하지 않고 집으로 가지고 갔다가 동원훈련 또는 유사 시 완전군장을 한 채로 각자 부대 집결지로 출동하도록 되어 있다. 스위스의 상비군은 주요 지휘관을 포함해서 3,000여 명에 불과하지만 상황이 발생하면 전 인구의 ⅓이 넘는 200만이 동원되는 군사강국으로 전환된다(이동훈, 1999).

군사훈련을 끝내고 귀가하는 예비군들에게는 두 개의 수첩이 주어지는데 하나는 훈련관계에 대한 일반 지시사항이 들어 있고 나머지 한 권에는 비상동원 시 각자의 구체적인 임무가 들어 있다. 개인에게 유사 시 작전명령과 행동지침이 사전에 하달되어 있는 셈이다. 말하자면 스위스 국민들 개개인은 모두 '준비된 戰士'로 생업에 종사하고 있는 것이다. 또한 스위스는 모든 방위산업 공장들을 처음부터 지하에 건설하는 것은 기본이고 심지어는 실내운동장까지도 지하에 건설해서 유사 시 각종 대피시설로 활용하도록 준비하고 있다. 주변 어느 나라도 스위스를 공격하겠다는 의사가 없음에도 불구하고 국가를 지키겠다는 철저한 대비를 하고 있는 것이다.

③ 영국의 방위훈련

2차대전 시 영국의 일사불란한 민방위 태세와 헌신적이고 일치단결된 사전준비 및 항전의지를 대독항전의 원동력으로 생각할 수 있다 영국은 공격받기 이전부터 항공기, 전차, 기타 무기생산에 박차를 가했고 남녀노소를 막론하고 노동시간을 연장하면서 선반이나 기계작업에 몰두하였다. 영국은 전쟁 2~3개월 전부터 본토를 요새화하기 시작했는데 영국 해안에서 가시철망, 석유와 석탄타르를 채워 넣은 드럼통을 유사 시 불을 질러 대전차 무기로 사용할 수 있도록 준비했다. 또한 근해 바다에는 해저에 파이프를 매설하여 석유를 송유하고 화염방사기로 점화하여 독일 상륙에 대비할 수 있도록 준비하고 시가지에 진입할 독일군이 방향감각을 상실하도록 도로 표지판을 모두 제거하고 야간 등화관제를 실시하였다. 시내 차량운행을 위해 형광물질로 도색하고 통근열차의 창에 짙은 청색페인트를 칠해 등화관제를 준비하는 동시에 가로등 밑에 형광 물질을 도색하고 각종 물자절약을 위해 쓰레기를 철저하게 분리 재활용하였다. 앤더슨식 강철 아치형 폭탄막이를 설치하고 지역 인사들과 방공반 군인들의 협조 하에 엄격한 방공연습을 실시하였다.

처칠 수상은 직접 방어를 준비중인 군과 민방위대를 직접 방문하여 현지 상황을 확인하였고, 전시 지하벙커 내각은 영국의 명예심과 항전의지를 고취하였다. 열세한 영국 공군력으로 폭격기와 엄호기의 고도 차이를 이용하여 전술적으로 우수한 작전을 실시하였고, 런던 시민의 계층의식에서 생기는 분열과 부담을 정부가 세밀히 배려하여 일체감을 갖도록 유도하였다.

런던폭격 이전 어린이와 노약자를 시골 연고지로 소개하여 피신시키고 주기적으로 부모들이 면회할 수 있도록 했는데, 1939년과 1940년에 소개한 시민만도 약 200만 명에 달했고 소개 대상에는 동물원 사육동물도 포함되었다. 1940년 8월 말까지 100만 명 이상이 시민방위군에 입대하여 교육을 받았고 70세가 넘은 성직자, 사회지도층 인사들도 솔선수범하여 참여하였다. 자동차 운행을 자제하고 연락 및 이동은 자전거와 오토바이를 이용하였다. 특히 여성들도 비상 오토바이 부대, 우편배달원으로 일했고 군수공장, 세탁소 등에서 자원봉사 활동을 펼쳤다. 독일 공군의 소이탄 공격으로 인해 런던 시내에 1,500건의 화재가 발생했지만 폭격이 잠시 중단된 사이 지속적으로 복구와 전상자 처리, 화재진압이 이루어졌다 또한 로즈마리블랙 지하철에는 시민들이 서로의 생존을 위해 투쟁했다. 열기와 악취가 가득한 환경 속에서 울어대는 어린이들과 이를 달래는 여윈 어머니들, 전쟁공포에 떠는 시민들이 늘어 갔다. 대개 1회 공습 시 1,000명 또는 그 이상이 죽고 5~6배의 부상자와 10배 이상의 이재민이 발생하는 어려움을 런던시민들은 처절한 인내와 투쟁으로 극복하였다. 전쟁이 끝난 후 런던 시민을 대상으로 여론조사를 한 결과 독일공군의 야간 폭격 시 시민의 44%는 집안이나 뜰 안 피난소에, 44%는 지하철 등 공공 피난소에서 나머지 12%는 친구와 함께 거리를 헤매면서 전쟁공포를 극복했던 것으로 나타났다.

④ 대만의 정치사상훈련

중국본토의 중국식 사회주의 강국 건설을 지켜보면서 대만은 본토와의 대결정책을 고수하면서 '부국강병과 국민정신력 강화만이 본토수복의 길'임을 강조하고 있다. 이에 따라 대만은 독특한 정치작전 전략을 수행함과 아울러 국민들을 다음과 같은 전략 아래 정치사상교육으로 통합시키면서 중국의 전략에 성공적으로 대응하고 있다.

■ 온 국민교육과 학교교육 내용에 본토수복의 사명을 부여하고 대만독립 저지를 위한 국민정신전력 강화를 강조.

■ 인적자원 양성과 경제부국 건설 바탕하의 국방력 건설이 '통일의 원동력'이 됨을 강조.

■ 국공내전 당시의 경험을 바탕으로 '정치작전' 개념을 발전시키고 이를 군대 및 전 국민에 확산 적용시키고 있다. 예를 들면 학부 및 대학원 과정을 두고 있는 대만의 '정치작전학교'는 사관학교와는 별도로 군대의 효율적인 정치작전업무 수행을 위한 교육을 실시하고 있음.

이 같은 전략 아래 정치작전은 7할은 심리적 힘에, 3할은 물리적 힘에(七分心理, 三分物理) 등의 작전원칙을 수립하여 사상총력전과 정신력을 강화하면서, 정치작전의 운용을 '무력을 중심에 두면서 조직전·사상전·모략전·정보전·군중전 등의 정치작전을 수행해야 한다고 촉구하고 있다. 여기서 사상전의 최대 목표를 '군사행동을 지원하여 국가의 정책을 관철시키며 국가의 목적을 달성하는 것'으로 정하고 사상이 있은 다음에 신념이 생기고 신념이 있으면 힘이 생기게 되며 주의는 구체적으로 사상전 역량으로 표현되며 그것은 전쟁에서 승리할 수 있는 가장 중요한 요인이 된다고 하였다. 또한 본토수복을 위한 현대전을 무력을 중심으로 한 사상총력전으로 규정하고 '적의 마음을 정복하려면 먼저 자기의 마음을 강하게 해야 하며 적의 정신을 압도하려면 먼저 자기 정신을 높여야 하고, 그 사람을 굴복시키기 전에 먼저 그의 마음을 정복하며 그 지역을 수복하기 전에 먼저 그 군중들을 장악해야 한다.'고 주장하고 있다.

㉯ 대내 정치·사상 심리전의 강화

2001년 9월 11일 테러 이후 미국 정부는 스스로를 자제하며 국민들을 위기 체제로 전환했는데, '미국은 장기전을 수행할 수 없는 나라'라는 근간의 예상과는 달리 미국 국민은 놀라운 단결력과 '대테러리즘 전쟁' 의지를 보여 주었다. 동시에 미국은 전 세계의 모든 강대국의 지지를 이끌어 내는 외교적 노력도 병행했다. 이러한 국민적 지지와 외교적 성공을 바탕으로 미국은 '지속적이고 포괄적이며 가차 없는 작전'을 순조롭게 출발하게 된다. 미 국민의 전폭적인 지지와 단결력의 모습은 미 국민이 전·평시에 관계없이 항상 갖고 있는 조국에 대한 경애의 감정인 애국심이 점화된 결과라 볼 수 있다. 이 애국심은 유아기 때부터의 경험과 교육에 의해 여러 형식과 내용으로 모든 국민에게 존재하는데 평상시에는 가끔 그 존재가 명료치 않을 수도 있다. 그러나 일단 전쟁에 돌입하고 조국이 위기에 처하게 되면 평소에 내면에서 잠재되어 있던 애국심이 갑자기 표면상으로 대두되어 국민 모두를 단결시키게 하는 것이다. 아프간 대테러전쟁에서 미 국민의 잠재된 애국심을 점화한 것은 여론과 정부의 합작품인 선전 내지는 심리전이라고 판단된다.

오늘날 심리전은 비폭력 수단에 의한 조직적 설득의 방법으로 수행되는 것으로서, 자국을 보호하며 상대를 내부로부터 납득시킬 수 있는 중요한 무기로 활용되고 있다. 이러한 심리전은 전·평시를 막론하고 언제나 실시할 수 있을 뿐 아니라 장소의 제한 없이 수시로 지속할 수 있는 것이 특징이다. 즉, 시기와 장소를 가려서만 발휘되는 무력전과는 비교할 수 없을 만큼 넓은 범위에서 목표대상 집단을 다각적으로 공격할 수 있는 것이다.

또한 현대심리전은 국가정책의 효과적 달성을 보완함을 목적으로 하기 때문에 그 활용범위는 실로 광범하다. 전시뿐만 아니라 평시에도 정치전·사상전·외교전·경제전·군사작전·특수전·냉전 등 정치력이 미치고 모든 범위와 인간이 관여하고 있는 全영역에서 심리전은 뚜렷이 존재하며 그 위력을 발휘하는 것이다. 평상 시 효과적인 심리전은 자국민을 단결시키고 사기를 앙양시킬 뿐만 아니라 적개심을 고취시켜 국민정신을 동원하는 총력전 수행을 가능하게 한다(이광헌, 1993).

㉰ 주민·관·군 상호신뢰감의 지속적 구축

신뢰란 '한 행위자가 위험에도 불구하고 다른 행위자가 자신의 기대 혹은 이해에 맞도록 행동할 것이라는 주관적 기대'로 정의할 수 있다. 한국사회에서의 신뢰의 위기에 관한 논의는 사회적으로 이미 새로운 논의가 아니다. 정치·경제·교육·복지 등 사회 각 분야에 걸친 미숙한 판단과 정책결정, 부정·부패의 문제와 관련하여 '믿을 수 없고, 믿지 못하고, 믿을 수 없는 사회'라는 이미지는 이미 우리 국민의식의 한 부분으로 받아들여지고 있다.

① 신뢰의 유형들과 구축

신뢰에 영향을 미치는 요인들이 행위의 확률, 그에 따른 이익과 손실, 이런 요소들에 대한 정보라면 우리는 이를 기반으로 신뢰의 유형을 구분해 볼 수 있다. 여기서는 신뢰가 발생하는 조건이나 근거를 사회적·역사적으로 개념화해 보고, 이를 사회의 특성에 따라 이해함으로써 신뢰의 유형에 따른 신뢰구축방안을 구별 제시하고자 한다(박찬웅, 1998; Zucker, 1986).

㉮ 과정의존적 신뢰(process-based trust): 한번에 신뢰가 형성되는 것이 아니라 반복적으로 신뢰를 지킴으로서 쌓은 평판을 통해 신뢰가 형성된다는 주장으로, 다시 말하면 한 행위자가 반복적으로 신뢰에 부응하는 행위를 했을 때 형성되는 평판을 통해 신뢰가 형성된다는 설명.

㉯ 특성의존적 신뢰(characteristic-based trust): 한 개인이 속하는 집단의 귀속적 특성에 기반을 두어 형성되는 신뢰로 예를 들어 A 집안사람들은 가문의 특성상 믿을 수 있다라는 식으로 그 대상의 귀속적 특성을 바탕으로 제공하게 되는 신뢰이다. 이 경우 잠재적인 신뢰자와 신뢰의 대상 간에 같은 귀속적인 특징을 공유함으로써 이 유형의 신뢰는 높은 수준에 도달하게 된다.

㉰ 제도의존적 신뢰(institutionally-based trust): 공식적인 제도에 의해서 신뢰가 제공되는 것이다. 즉 한 행위자나 집단이 신뢰를 받는 것이 개인의 평판이나 귀속적인 특성과 상관없이 공식적으로 그 개인의 신뢰를 제공해 줄 수 있는 제도나 조직에 의해서 이루어지는 것이다.

이러한 세 가지 유형의 신뢰는 한 사회에 함께 존재하지만, 동시에 우리는 역사적인 경향을 확인할 수 있다. 과정의존적이거나 특성의존적 신뢰는 개인의 사회적, 지리적 이동이 작고 개인들간의 상호관계가 상대적으로 장기적으로 지속되고 상호작용을 하는 개인들의 수가 작고 다양한 측면으로 서로 관계되는 전통사회에서 주로 발견된다. 그러나 현대사회로 들어서면서 사회적, 지리적 이동의 급속한 증가, 익명성의 증가 등으로 이러한 유형의 신뢰는 점차 사라져 가고 있다. 따라서 현대사회의 실제적인 신뢰의 유형은 제도의존적인 신뢰라고 할 수 있다.

이러한 신뢰의 유형들은 또한 시대의 변천에 따라 위기를 맞게된다. 먼저 우리사회가 현대 산업사회로 가는 과정에서 사회적, 지리적 이동의 급속한 증가, 익명성의 증가 그리고 성취적 지위에 의한 귀속적 지위의 대치 등은 특성의존적 신뢰나 제도의존적 신뢰의 근거를 약화시켰고 그에 따른 신뢰의 감소를 초래하였다. 제도의존적 신뢰의 위기는 무엇보다 제도 자체의 형성과 집행에 있어서의 투명성과 공정성의 부족으로 인해 발생한다. 따라서 신뢰구축의 사회·심리학적 조건들을 살펴보면 다음과 같다.

㉮ 제도의 투명성과 공정성

사회적 제도, 특히 제재를 초점으로 하는 법적 제도의 공정성과 효율성의 확립이다. 이를 통해 사람들은 제도에 대한 신뢰를 갖게 되고 이는 다시 타인들에 대해서 제도에 의한 신뢰를 가능하게 해준다. 즉 제도의 공정성과 투명성을 통해서 신뢰를 배반할 경우 받게 되는 제재를 누구나 확실하게 인지하도록 함으로써 신뢰의 위험을 최소화하고 배신의 위험을 최대화하는 것이다. 이같이 사회적·법적 제도가 공정하고 투명하게 행사되면 이러한 거시적 제도의 형성이 개인으로의 미시적인 수준의 신뢰형성을 촉진시킬 것이고 이는 다시 거시적 수준에서의 사회적 신뢰로의 피드백을 가능하게 해서 상호신뢰를 증가시키는 효과를 발생시키게 된다.

㉯ 신뢰구축 연결망의 확대

신뢰는 사회적 자본의 대표적인 경우이다. 신뢰는 사람들간의 관계에 관한 것이고, 그 관계 속에서 존재하며 신뢰가 있으므로 해서 관련 행위자들은 협동할 수 있고 감시와 통제비용을 줄일 수 있다는 점에서 사회적 자본의 전형적인 한 형태이다. 이 사회적 자본으로서의 신뢰의 형성은 다른 사회적 자본의 형성 즉, 연결망의 형성을 통해서 가능하다는 주장이 있다. 신뢰에 대한 연결망의 효과는 보다 많은 사람들이 다양하게 연결됨으로써 신뢰에 필요한 감시, 제재, 정보, 선택적 유인의 비용을 줄이고, 공유된 가치가 함께 만들어 질 수 있다는 것에서 발생한다. 보편적인 연결망을 확대함으로써 신뢰형성에 도움이 되는 제재, 감시, 선택적 유인, 공통된 가치 및 일체감 형성이 가능하다는 것이다. 일단 신뢰에 대한 가치가 내면화되면 제재나 선별적 유인 없이도 신뢰의 형성에 참여할 수 있다는 것이다. 이를 위한 구체적인 방안으로 다양한 시민조직과 비정부조직의 의도적인 창출과 이를 통한 시민들의 적극적인 참여 및 동원이 요구된다. 신뢰 형성을 위한 시민조직은 거창한 조직일 필요가 없고 조기 축구회 등의 각종 동호회에서부터 자원 봉사단체, 각종 비영리, 비정부조직은 모두 연결망 형성을 위한 시민조직의 예라고 할 수 있다.

제도의 개선과 연결망의 확대는 상호보완적이다. 즉 공정하고 투명한 제도의 운영은 특수주의적이고 집단이기주의적인 연줄망에 제재를 가함으로써 보편주의적 연결망의 형성을 유도할 것이다. 보편주의적 연결망의 발전은 다양한 사람들을 동원하고 관련시킴으로써 투명하고 공정한 제도운영을 중요한 사회적 목표로 만들게 된다.

② 군과 전쟁지도부에 대한 신뢰감의 형성

전쟁의 초기 혼란을 극복하는 데 무엇보다 중요한 것은 국민의 정부와 군에 대한 신뢰감이다. 신뢰란 하루 아침에 쌓아지는 것이 아니다. 국가 위난 시 국민의 생명을 지켜주는 수단은 오직 군대뿐임을 알고 유사 시 군을 믿고 통제에 따르도록 신뢰를 지속적으로 구축해 나가야 한다. 또한 정부도 최고 정책수행기관부터 말단의 행정기관까지 국민의 편에 서서 믿음과 신뢰의 꽃을 피워 혼란 시 주민들이 정부발표와 통제를 믿고 따르도록 해야 할 것이다.

따지고 보면 과거 6·25전쟁에서 사상문제만으로 거대한 피난대열이 형성된 것만은 아니다. 그 요인은 사상 외에 대량 살상무기의 위협과 공포 그리고 정부의 발표와 조치에 대한 불신 때문이었다. 당시의 정부가 불신을 받았던 일이 없었더라도 국민의 혼란을 해결하는 데 엄청난 어려움과 희생이 따랐을 것이다. 하물며 불신이라는 어두운 과거를 경험한 우리로서는 국민들을 여하히 조직하고 통제하느냐 하는 문제가 이 시점에서 국방의 최대 관심사가 되어야 할 것이다. 어쨌든 과거는 그렇다 치더라도 장차 전쟁에 있을 지도 모를 대혼란을 방지할 책임을 부여받은 정부기관들은 시간이 걸리더라도 하루바삐 국민의 신뢰를 회복하도록 노력해야 할 것이다.

2 전시 공황억제 방안들

가 확고한 전쟁지도 체제의 유지

전쟁이나 위기 시 한 국민의 사기와 혼란 그리고 불안과 공황행동의 많은 부분들이 그 국가의 전쟁 지도층이나 지도자가 갖는 행동과 연계되어 있음을 우리는 이미 전쟁의 역사에서 그 교훈을 얻은 바 있다. 2차대전 시 영국정부와 런던시민이 보여준 전시행동은 슬기롭게 공황을 극복한 전형적인 사례로 기록된다. 프랑스를 함락시킨 독일의 영국본토 공격인 '바다의 사자(Sea Lion)작전'은 1940년 8월 13일부터 10월 말까지 약 80일간 계속되었다. 독일의 작전은 영국본토 상륙에 앞서 공군작전을 성공시켜 제공권을 장악하고, 잠수함 및 공군을 이용하여 영국 및 도버해협을 봉쇄하기 위해 약 2,700대의 항공기를 준비하고 1일 1,500~2,000대의 출격이 가능하도록 했다. 독일은 엄호전투기의 보호 아래 급강하 폭격기로 영국의 동남부 해안도시 및 호송선단, 비행장, 항공기 생산공장, 레이다 기지 등을 폭격 파괴하고, 영국의 대공포 공격을 피하기 위해 15,000~20,000ft 상공에서 무차별 공습을 가하였다. 9월 초 궤멸 직전의 영국공군은 베를린 보복작전을 수행함으로써 독일공군의 공격을 일단 중지시켰다. 9월 15일 하루 동안 독일 공군기 500대 중 185대가 파괴되고, 히틀러가 대영작전의 실패를 인정한 후 발칸작전에 항공기를 전용하기 위해 대영공군작전을 무기한 연기하고 10월 말까지 야간 위주로 런던을 중심으로 한 도시지역에 공격을 계속했지만 영국은 이 난관을 잘 극복한다. 독일은 폭격 전에 영국의 전쟁의지상실을 유도하기 위한 대량의 심리전단을 런던상공에 살포하기도 했다(노병천, 1990).

영국 버킹검 궁전이 1940년 9월 10일 독일 공군의 폭격을 받자 조지 6세의 왕비인 엘리자베스는 폭격당한 것을 런던시민과 일체감을 가질 수 있는 좋은 기회라고 생각, 런던 시민을 명예와 긍지를 가지고 항전하도록 독려하였다. 이처럼 어려운 전력을 가지고도 대독항전을 성공적으로 이끌 수 있었던 것은 우선 영국 전쟁지도자들의 강력하고 모범적인 항전의지였다.

이처럼 2차대전 독일의 런던공습이 치열했던 순간, 영국의 전쟁지도부나 처칠 수상이 보여준 의연한 태도와 행동들은 영국 국민들의 불안과 공포심을 완화시켜준 반면, 6·25전쟁 때 우리 지도부가 보여 준 혼란스런 행동은 국민을 실망과 울분과 불신에 빠뜨려 공황을 유발하는 계기를 제공하였다. 월남전에서 국민들을 배신하다시피 했던 정치지도자와 군 고위층의 행동들은 수많은 주민들을 고통과 슬픔의 구렁텅이로 몰아넣어 전쟁 역사학자들의 공황에 대한 좋은 자료로 인용되고 있다.

나 강력한 공권력의 행사: 동요의 확산 방지

평화 시 주민들 개개인들은 온순하며 질서를 지키고 타인을 배려하는 행동을 보이게 된다. 또한 치안기관의 통제나 정부 정책에 다소 불만이 있더라도 그렇게 과격한 반발행동을 보이지 않는다. 그러나 전시가 되면 공포와 불안으로부터 도피하고자 하는 공황과, 사회제도나 정치체제 및 경제적 환경에 불만을 품고 있었던 일부 주민들이 불온분자들과 연결되어 폭도를 형성하기 쉬운 적합한 환경이 조성된다. 소요나 혼란 시에 정서적으로 격앙된 사람들로 이루어진 적개심이 가득 찬 군중을 우리는 폭도라 부르는데, 폭도는 대개 범죄, 재난 또는 격렬한 논쟁과 같은 부정적인 사건으로 인해 형성된 사람들의 모임이다. 폭도는 격앙되고, 예측할 수 없으며 과격한 행동을 하게 되며 폭도 속에 들어가면 충동이 이성을 지배하게 된다.

다 불순 세력의 선동으로부터의 주민보호

현대사회에서는 발전을 위한 건전한 군중행위도 많지만 때로는 국가 사회발전을 저해하는 불순한 군중행동이 일부 불순분자 및 정치적 야망가에 의해 조종되고 선동되어 유발되는 경우가 있다. 전시에 기존의 사회질서를 파괴하려는 이러한 책동 하에서의 군중행동을 어떻게 저지할 것인가는 매우 중요한 문제이다. 선동으로 인한 군중의 소요행동 저지방안은 폭도행동 통제방안과 유사하지만 차이가 있다면 폭도행동은 다수의 인원에 초점을 맞추는 반면, 선동의 억제는 선동자 개인행동에 초점이 맞추어진다는 것이다. 여기서는 핵심적인 선동자 행동을 억제하는 책략에 대해서 논의해 볼 것이다. 우리는 이러한 지식을 바탕으로 사전 불순 세력의 개입된 선동책략을 알아 기선을 제압함으로써 선제적 공세를 취할 필요가 있다.

① 선제적 격리: 선동가가 있어 그가 많은 사람들의 주의를 끌 위험성이 있다고 판단될 경우에는, 많은 사람들이 그를 중심으로 모이지 않도록 방해하여야 한다. 또한, 그가 군중들의 불평불만을 대변하는 순교자적 위치에 서지 못하도록 미리 앞질러 많은 사람들이 그를 불신임하게 만드는 것도 하나의 방법이다.

② 적극적 차단: 긴장과 흥분된 분위기가 형성될 때에는 중립적이거나 관망적인 사람들이 모이는 것을 최대한 차단시켜야 한다. 엄격한 법의 집행과 규정의 준수를 강조하는 것 역시 그들이 모이는 행동을 억제하고 주의집중을 방지할 수 있기 때문에 좋다. 저녁이 되어 어두워지면 사람들은 자신을 어둠 속에 은폐할 수 있기 때문에 무책임한 상태에서 대담한 행동을 하기가 쉽다. 야간에 이와 같은 행동이 일어나지 않도록 하기 위해서는 적절한 야간통행 금지조치도 필요하다.

③ 구호의 차단: 더 믿음직한 새로운 경찰의 군중통제방안으로는 구호 외치기가 주문이 되어버리기 전에 리듬을 탄 외침을 중단시키는 방법이 있다. 구호 외치기나 그 외의 주기적으로 되풀이되는 외침 현상은 자체적으로 유발되는 집단최면의 일환으로 학자들에게 인식되고 있으며 그 목적은 시위 참석 요원들을 몰개성화하도록 하여 집단통제를 쉽게 받아들이도록 하기 위함이다. 이런 방식을 동원하는 선동가나 아니면 전기 메가폰, 뿔 나팔, 드럼, 아니면 기타 타악기를 동원해서 사태를 악화시키는 인원들을 신속하게 군중으로부터 축출해야 한다.

④ 관심 이전법: 현재 선동자가 문제시하고 있는 주제에 대한 군중의 관심을 보다 긴박하고 현실적인 문제로 관심을 전환시켜 여론의 방향을 조정하는 방법이다. 이때 제시하는 문제 사실을 확대 및 과장하여 보도할 필요가 제기될 수도 있다. 이렇게 함으로써 현재 선동가에 의해 진행 중인 군중행동을 어느 정도 약화 또는 소멸시킬 수 있을 것이다.

⑤ 逆군중행동법: 현재 선동가에 의해 진행 중인 군중행동의 동기, 주장, 배후자, 국민의 호응도, 미치는 영향 등을 세밀히 분석하여 그것과 이념 및 이해가 상반되는 또 다른 군중행동으로 맞서는 방법이다. 이때 주체 측은 노출되지 않아야 하며 가능하면 국민들의 애정과 신임을 받고 있는 단체 혹은 계층을 동원하면 더욱 효과적이다.

㉣ 언론통제 및 공조: 전쟁 정보의 공유

베트남전에서 패배한 후 미국은 '노 모어 베트남'을 대외정책의 모토로 삼았다. 미국 군인들은 지금도 베트남전쟁은 전선이 아니라 미국의 안방에서 진 전쟁이라고 생각한다. 소위 TV 유죄론이다. TV에 무제한에 가까운 취재 자유를 허용, 전쟁내용이 사실 그대로 본국에 전해져 반전 무드가 고조됐으며 그 결과 전쟁에 패했다는 것이다. 미국은 그 후

그레나다와 파나마 침공에서 언론에 대해 철저한 통제를 실시했으며, 여기서 얻은 경험을 걸프전에 사용하였다. 걸프전은 '뉴스 미디어와의 전쟁'이었다. 미군은 1990년 8월 이라크의 쿠웨이트 침공 직후부터 미디어와의 전쟁을 시작하였다. 그들은 미디어의 현장 접근을 철저히 통제 및 차단하는 한편 전쟁의 이미지 조작을 위해 미디어를 이용했다.

걸프전으로부터 세계가 얻은 이미지는 하이테크무기 전쟁, 후세인이라는 사탄을 쳐부수는 정의로운 전쟁이었다. TV 화면에 나타난 스마트탄 · 패트리어트 미사일 등 첨단 무기의 위력은 마치 비디오 게임을 보는 듯한 착각에 빠지게 했으며 전쟁은 더 이상 더러운 일이 아니라는 환상을 심어 주었다. 그러나 후에 밝혀진 사실들은 걸프전이 더 이상 스마트하지도 정의롭지도 않은 전쟁이었음을 알려 준다. 다국적군이 사용한 폭탄 · 미사일 8만 8천 5백 톤은 히로시마 원자폭탄 5개에 해당하는 파괴력이다. 이 가운데 불과 7%만이 첨단무기였으며 발사된 무기의 70%는 목표를 벗어났다. 걸프전을 미국의 전쟁범죄로 규정, 뉴욕에 '국제 전쟁범죄 법정'을 열었던 램지 클라크 전 미국법무장관은 다국적군의 무차별 공격으로 이라크 민간인 10~15만 명이 사망하고 상하수도, 발전소, 병원 등 비군사 시설이 대대적으로 파괴당했으며 인구의 3분의 1에 가까운 5백만 명이 집을 잃었다고 고발했다. 다국적군 인명 피해는 1백 50명에 불과했다(중앙일보, 1995).

국가의 언론정책은 크게 '방임 및 장려'와 '금지 및 억압'으로 나눌 수 있다. 평화 시 자유로운 언론정책은 국가목표를 달성하기 위하여 올바른 여론형성과 비판으로 건강한 민주국가를 발전시킬 수 있다. 그러나 최근 민주주의 국가에서도 대부분 시대적 요청으로 부득이 언론을 아무런 제약 없이 방치해 둘 수 없게 되는 일도 있다. 또한 오늘날 많은 국가에서 국민의 알 권리와 더불어 국가안보와 관련된 내용에 대한 보도를 제한하고 있는 실정이다. 예를 들어 영국과 같은 나라에서도 관계 법률에서 언론의 자유가 지나친 남용이 발생하지 않도록 규제하고 있다. 베트남전에 대한 무분별한 보도가 미 국민의 반전무드를 형성하여 전쟁의 결과에 부정적인 영향을 미쳤다고 본 미국도 이후의 전쟁에서 언론에 대해 철저한 통제를 실시했으며 언론도 정부와의 공조를 유지하여 전쟁을 승리로 이끌었다. 특히 국가안전보장 유지 및 국민의 권익옹호의 입장에서 戰時 언론제한은 불가피하며 언론도 적극 정부와 공조를 유지하여야 할 것이다. 그러나 무엇보다 근본적인 문제는 언론인 자신들이 국익을 우선하는 사회적 책임을 명심하고 무분별, 무책임한 보도를 스스로 자제하는 것만이 전쟁 시 공황예방에도 최선의 도움을 줄 것으로 생각된다.

마 통제에 따른 심리적 반발의 완화

사람들이 흔히 우연적 관찰자의 눈으로 보기에는 옹고집과 같은 식으로 행동하는 것은 하나의 보편적인 관찰이다. 우리 속담에 '하던 짓도 멍석 깔아 놓으면 안 한다'라는 것이 바로 이 심리적 저항을 잘 대변해 주고 있다고 생각된다.[4] 이 이론의 기본적 측면은 사람들은 그들이 어떤 자유가 위협받고 있다거나, 박탈당했다고 생각할 때는 언제나 동기적으로 흥분하게 된다는 것이다. 그렇게 되면 사람들은 이미 누리고 있는 자유가 상실된다는 사실을 견디지 못해 그 특권을 되찾기 위하여 행동하게 된다. Brehm(1966)은 이러한 '거부의 심리(reverse psychology)'에 주목하고, 이러한 심리적 과정을 체계적으로 정리하였는데 이것이 소위 '심리적 반발 이론'이다. 이 이론에 의하면 어떤 대상에 대해서 선택의 자유가 제한되거나 위협당하게 되면, 그 자유를 유지하기 위한 동기가 유발되어 사람들은 그 자유를(또한 그 자유와 관련된 대상을 포함하여) 이전보다 더욱더 강렬하게 원하게 된다고 한다.

Brehm은 심리적 반발 이론에서 반발심이 몇 가지 요인들에 따라 그 크기가 변화된다고 가정한다. 첫째, 반발심의 크기는 그 사람이 자신이 자유를 가졌다고 얼마나 확신하고 있는가에 따라 영향을 받는다. 말하자면 사람은 자신이 어떤 특정의 자유를 갖고 있다는 확신감에 비례하여 반발심을 갖게 된다는 것이다. 그러한 확신감은 그 자유를 누려온 경험과 헌법상의 자유와 같은 공식적인 합의들, 타인이 자유를 누리는 것에 대한 관찰 및 기타 여러 출처에서 비롯될 수 있다. 둘째, 어떤 사람에 대해서 어떤 자유가 중요하면 할수록 그 자유가 위협받거나 제거당할 때의 반발심은 더 크게 된다. 어떤 자유의 중요성은 그 자유를 누림으로써 독특하게 충족되게 될 수 있는 동기들의 중요성에 의해서 결정된다고 할 수 있다. 어떤 자유가 중요한 동기를 충족시켜 주는 많은 요인들 중의 하나에 불과할 때나 독특하게 충족시켜 줄 수 있는 동기들의 중요성이 없을 때는 그 자유의 위협이나 박탈은 거의 반발심을 유발하지 못한다. 셋째, 만일에 어떤 사람이 한 가지 이상의 자유를 갖고 있다면 위협이나 박탈에 의해서 유발된 반발심의 크기는 위협받거나 박탈당하게 되는 자유들의 수에 비례하는 함수가 될 것이다. 마지막으로 심리적 반발은 자유의 암시된 감소에 의해서도 유발될 수 있다. 만일에 어떤 사람이 자신의 자유들 중 하나가 위협받고 있다고 생각하면 그 사람은 다른 자유도 위협받고 있다고 추론

4) 청소년에 대한 부모의 압력이 '긁어 부스럼 효과'를 낸다는 것은 '로미오와 줄리엣 효과'라는 현상을 통하여 가장 분명하게 나타나고 있다. 알다시피 로미오와 줄리엣은 몬터규 집안과 캐풀렛 집안 사이의 뿌리 깊은 반목으로 인하여 불운한 사랑으로 끝을 맺는 셰익스피어 희곡의 주인공 이름들이다. 이들 두 사람은 그들 사이를 떼어 놓으려는 양가의 집요한 압력에 굴복하지 않고 비극적인 죽음을 맞이하게 되는데 우리가 특별히 관심을 갖는 것은 이들의 자살행위가 자유의지의 궁극적인 표출이라는 것이다. 이 부분에 대한 사회과학자들의 해석은 그들의 사랑에 대한 부모의 간섭과 그에 대한 심리적 반발이 그들의 사랑을 더욱 뜨겁게 하였고 마침내 죽음에까지 이르게 하였다는 것이다. 가정이기는 하지만 아마도 부모의 반대나 간섭이 없었더라면 그들의 사랑은 한줌의 풋내기 사랑으로 끝날 가능성이 높았을 것이라는 것이다.

하게 된다. 예를 들어, 만일에 교실에서 흡연하는 자유가 박탈되게 되면 학생들은 흡연은 캠퍼스의 다른 지역들에서도 곧 금지되게 될 것이라거나 또는 다른 유사한 자유들이 박탈되게 될 것이라는 의심을 품게된다. 어떤 자유에 대한 암시된 위협이 크면 클수록 심리적 반발심도 더 크게 된다.

자유의 박탈이나 위협은 몇 가지 방식들로 일어날 수 있다. 우선 독재 정부가 언론의 자유를 빼앗거나 어떤 작업 집단의 감독자가 임의적으로 작업조건을 변경시키는 것과 같이, 강력한 타인이나 집단은 명령에 의하여 자유를 위협하거나 박탈할 수 있다. 어떤 대상에 대해서 선택의 자유가 제한되거나 위협당하게 되면 그 자유를 유지하기 위한 동기가 유발되어 사람들은 이전보다 더욱더 강렬하게 금지된 것을 더욱 원하게 되는 현상은 정보에 대한 제한에서도 동일하게 발견된다. 정보의 수집, 소유, 그리고 관리가 부와 권력의 중요한 척도가 되고 있는 현대사회에서 정보에 대한 접근을 제한하거나 검열하려는 시도에 대해 사람들이 일반적으로 어떻게 반응하는가를 이해하는 것은 일상적인 언론 보도 및 군의 계엄업무나 전시 보도통제를 원활하게 수행하기 위해 매우 중요하다고 생각된다.

평시 잠재적으로 검열 대상이 될 수 있는 미디어 폭력, 이적성 발언, 외설물, 과격한 정치적 주장 등과 같은 다양한 대상에 대한 사람들의 반응에 관련된 연구들은 매우 풍부하지만 정작 이러한 대상들의 실제적 검열에 대한 사람들의 반응에 관련된 연구들은 많지 않다. 사회과학적 입장에서 한 가지 다행스러운 것은 검열에 관련된 연구가 비록 그 양에 있어서는 변변치 않지만, 그 연구 결과들은 매우 높은 일관성을 보여주고 있다는 점이다. 이들 연구들에서 일관성 있게 나타난 결과들은, 만일 어떤 정보에 대한 접근이 금지되면 사람들은 오히려 그 정보에 대한 관심을 더 보이며 그 정보의 가치는 통제 이전보다 이후에 더 상승한다는 사실이다(Worchel, Arnold & Baker, 1975). 검열이나 통제된 정보에 대해 사람들이 더 관심을 보이고 열심히 접근을 추구하는 현상은 상식적으로도 이론적으로도 당연한 반응이다.

반면에 정말로 이해하기 힘든 것은 사람들은 검열된 정보에 직접적으로 접촉하지 못했음에도 불구하고 정보의 내용이 진실이라고 더욱더 확신하게 되는 현상이다. Worchel 등(1975)의 연구를 보면 노스캐롤라이나 대학의 학생들에게 대학 캠퍼스에 남녀 혼성 기숙사를 설치하는 것에 반대하는 연설을 금지할 것이라는 사실이 알려지자, 이들 학생들은 남녀 혼성 기숙사의 설치에 더욱 반대하게 되었다는 결과가 나타났다. 이들 학생들은 그 연설을 직접 들어본 적이 없는데도 단지 그것이 금지당했다는 사실 때문에 그 연설이 주장하는 입장에 더욱 동조하게 된 것이다. 이러한 경향은 매우 심각한 우려를 낳을 수 있는데, 예를 들어 어떤 사람이 현안에 대한 자신의 입장에 동의하는 사람이 많지 않다고 생각되면 의도적으로 자신의 주장을 검열되게 만들어서 자신의 주장에 동조하는 세력을 키워나갈 가능성을 배제할 수 없기 때문이다. 그러한 사람들이 사용할 수 있는 가장 효과적인 책략은 별로 호응을 받지 못하는 그들의 견해를 홍보하는 것보다 그들의 견해를 의도적으로 검열당하게 하여 '검열당했다'는 사실을 유포하거나 홍보하는 것이라는 점이다. 그러한 측면에서 완벽한 언론의 자유를 보장하고 있는 미국의 수정헌법(The First Amendment)을 제정한 사람들은 자유 민주주의자로서의 역할과 정교한 사회심리학자로서의 역할을 동시에 성공적으로 수행한 것으로 생각된다. 언론의 자유를 침해할 것을 거부한 그들의 결정은 심리적 반발이라는 비이성적인 과정을 이용하여 부당하게 사람들의 지지를 획득하려는 모든 불순한 정치적 시도를 미연에 방지해 주었기 때문이다. 평화 시의 검열에 대한 다른 연구들의 결과도 마찬가지지만 그러한 공식적인 검열제도가 과연 문제를 해결할 수 있는 해법인가에 대해서는 강한 의문을 던져주고 있다. 검열과 관련된 지금까지의 연구결과들을 종합해 보면 평시 검열제도는 검열 자료들에 대한 관심을 더욱 불러일으킬 가능성을 오히려 높일 수 있기 때문이다.

③ 전・평시 공황억제의 인간적 요소

㉮ 정치・사회지도층의 의무: 모범과 희생

2차대전 독일의 런던공습 이 치열했던 순간 영국의 전쟁지도부나 처칠 수상이 보여준 의연한 태도와 행동들은 한 국가의 정치지도자들이 가져야 할 전형을 보여준 것으로 기록되고 있다. 국가와 정부기능을 제대로 수행하며 전시 적의 침입에 항거하여 자발적으로 국가를 위해 생명을 바칠 수 있는 국민들이 존재하는 나라들의 지도층은, 바로 이 '도덕적 지도층'이 명예심과 자존심을 갖고 사회의 핵심을 이루고 있다. 이와 같이 한 사회의 지도층이 갖는 도덕적 의무감은 일반국민들의 도덕체계 속에 흡수되어 다음 도덕적 행동의 준거가 될 수 있기 때문에 그 중요성을 갖는 것이다. 따라서 이 나라의 상층이 '도덕적 규범'의 대상으로 전쟁시 국민들을 단결시키고 혼란과 공황을 진정시키는데 도움을 주고자 한다면, 지금부터라도 자발적으로 자신들의 희생을 전제로 한 '노블레스 오블리제' 정신을 내면화시켜 나가지 않으면 안 된다. 그렇지 않으면 앞으로의 전쟁에서도 이 나라의 상류층은 믿고 따라야 할 '도덕적 규범'의 대상이 아니라, 오히려 대부분의 국민들에게 고통을 준 타도의 대상이 될 가능성도 배제할 수 없을 것이다.

㉯ 공황억제의 리더십 양성: 위기관리와 참전의식 고취

전・평시 주민들의 심리적 불안과 공황을 진정시키고 국민적 역량을 결집시키기 위해서는 평소 다양한 분야에서의 전문성 있는 리더들을 양성해 둘 필요가 있다. 전・평시

선도적으로 주민을 이끌고 적극적으로 국가동원 업무를 수행하며 심리전 마인드를 가지고 임무를 수행할 행정 담당자들을 평시에 각 분야에서 양성해 두어야 한다는 것이다. 특히 국가동원은 전쟁의 승패를 좌우하는 중요한 업무이니 만큼 그 담당자들은 고도의 전문성과 창의성 그리고 심리전적 자질을 갖도록 훈련되어야 할 것이다. 오늘의 우리 사회에서 무엇보다 중요하고 절실하게 요청되는 것은 사회 각 분야에서 미래지향적 의식과 가치관을 가지고 지역 주민들을 선도하고 깨우치고 몸소 실천을 통해서 그 같은 가치관이 가져다 줄 열매를 주민에게 상징적으로 보여 줄 수 있고 또한 체험시킬 수 있는 리더십의 출현이다. 전체적으로 사회 전부가 어떻게 그러한 리더들을 발굴하고 육성할 것인가에 대한 합의가 이루어지고 이를 위해 노력하고 투자한다면 그러한 리더십의 출현이 불가능하지는 않을 것으로 본다.

물론 우리 현실에서 단시간에 위에 제시된 소양을 갖춘 동원 전문가, 선동 전문가, 심리전 전문가를 양성할 수는 없다. 다만 민방위 지도자나 방위협의회 산하 간부, 동원 실무자, 구나 동 단위의 민방위 간부들을 교육할 때 정치사상전·심리전에 대한 교육을 강화하여 조금씩 이런 역량을 길러 두어야 할 것이다. 여기에서 한 걸음 더 나아가 여건이 허락된다면 전문성과 창의성을 갖춘 동원업무 담당자와 심리전 전문가, 선전·선동에 대한 리더나 전문가를 양성하거나 군에 위탁교육하여 본격적으로 혼란에 대비하는 것도 하나의 방법이 될 것이다.

4 전·평시 공황억제의 심리적 요소

가 공포심의 통제와 극복

공황 자체가 공포심에 뿌리를 두고 있고 극단적인 공포정서에 의해 발생하는 집단적인 도피행동이기 때문에 공황예방의 관건은 공포심에 대한 이해와 통제라고 할 수 있다. 이 부분에 대해서는 7장에서 기술된 전투공황내용을 참조하기 바란다.

나 유언비어 대책과 극복

갈등관계가 심화되면 난무하는 유언비어의 통제를 위한 온갖 제안들이 쏟아져 나오게 마련이다. 학자들조차도 조금만 냉정히 살펴보면 그 비현실성이 금방 드러나는 계획을 지지하고 나서기도 한다. 사실임이 입증된 주제에 국한된 토론 이외의 모든 대화를 제거한다는 것은 분명히 비현실적인 목표이며 불가능한 일이다. 불리한 유언비어의 통제를 옹호하는 사람들 가운데 이 같은 사실을 깨닫고 있는 사람은 드물지만 엄밀한 의미에서 유언비어의 통제는 생각의 통제에 그 목적이 있다고 보아야 한다.

장기간 지속되는 고정된 유언비어에는 문학작품처럼 사람들의 주의를 끌만한 내용이 담겨 있고 또 내용이 그럴 듯하여 사실의 입증이 어려운 것들도 있다. 그것은 대개 박력이 있고 다분히 시위적이며 풍자적인 내용들로 구성된다. 유언비어를 통제하는 데 도움이 되는 원칙들은 다음과 같다(National Research Council, 1946).

■ 공식보도를 믿게 한다. 사람들이 당국이나 신문, 라디오의 발표를 믿지 못하는 상황에서 유언비어는 더욱 기승을 부리게 된다.

■ 지도자에 대한 신뢰를 갖게 한다. 사람들은 지도자가 그들을 결코 속이지 않으며 사실을 발표하지 않는 것은 타당한 이유가 있기 때문이라고 확신하게 될 때 보도관제가 강화되어 사실 보도가 결핍되어도 이를 인내할 수 있게 된다. 이를 위해 지도자는 항상 신뢰를 얻어야 한다. 이것은 한 나라의 대통령에서부터 초등학교의 평교사에 이르기까지, 장군에서부터 하사관에 이르기까지 모든 지도자에게 통용되는 말이다.

■ 가능한 많은 사실을 알려준다. 적을 크게 이롭게 만드는 사실이 아닌 한 많은 사실을 알려주는 것이 좋다. 사람들은 많은 것에 대해 알기를 원하며 이 욕구가 충족되지 않을 때 유언비어를 만들어 낸다.

■ 사람들을 분주하게 만든다. 나태와 권태감을 느끼지 못하도록 해야 한다. 마음이 공허해지면 걱정과 불안이 생기고 이런 걱정과 불안에서 유언비어는 싹트게 된다.

■ 유언비어와 싸운다. 유언비어의 확산을 방지하기 위해서는 먼저 자체에 대한 계몽을 해야 한다. 유언비어나 적의 선전을 가능한 한 공개하고 그것이 거짓이고 부정확한 것임을 증명하여 그것을 불신하게 만든다. 부대나 관청에서는 유언비어 게시판을 설치 운용할 수도 있다. 그때그때 떠도는 유언비어를 적어 놓으면 얼마간의 시간이 지나 사실이 밝혀지고 그 허위성이 자연히 드러나게 할 수 있으며 또, 여러 개의 유언비어를 적어 놓다 보면 그들 사이의 모순이 스스로 드러나 오히려 비웃음을 자아내게 할 수도 있다. 유언비어 게시판과 아울러 유언비어 상담소를 운용하는 것도 좋다. 상담소를 통해 떠도는 모든 유언비어를 수집하고 그의 잘못된 점을 지적하며 왜 그런 유언비어가 유포되었는가에 대한 과정을 의문을 가진 사람들에게 설명해 주면 흥미도 있고 유언비어의 성질에 관해 이해를 하게 되어 유언비어에 현혹되는 것을 막을 수 있다.

유언비어에 대한 대책으로 흔히 채택할 수 있는 방법은 우선 그것을 금지하는 것과 반대로 그것에 대한 적극적인 정보 제공의 두 가지 경우를 생각할 수 있다. 이 중에서 어느 사회에서나 보편적인 대책은 아마 소극적인 금지나 강력한 탄압으로 꼽을 수 있을 것이다. 하지만 엄격한 금지는 오히려 이의 음성적인 유통과 전파를 자극하는 결과를 가지고 올 뿐이라는 것을 우리는 알고 있다. 따라서 요즘에 와서는 적극적인 정보 제공 방법을 사용하는 경향이 높아 가고 있다. 이는 대중이 유언비어에 휩쓸리지 않을 정도의 만족할 만큼 충분한 정보제공을 적극적으로 전개한다는 것을 말한다. 그러나 이것은 그리 용이한 일은 아니다. 특히 관심이 어떤 특정한 문제에 극도로 예민하게 집중되어 있을 때 그들을 만족시킬 수 있는 홍보 활동을 펴기란 여간 어려운 일이 아니고 거의 불가능하기까지 한 때문이다. 더욱이 위에서 언급하였듯이 진상의 발표가 오히려 새로운 유언비어의 재료를 제공하게 되는 경우도 허다하기 때문이다. 여기서는 사회발전을 저해하고 체제의 안전을 위협하는 불온성 유언비어 발생과 유포에 어떻게 효과적으로 대처할 것인가와, 조직의 이익을 위해 유언비어를 통제하는 방법을 보다 세분화하여 알아본다.

① 검열과 통제의 완화

유언비어에 대한 대책으로 검열과 통제가 가장 소극적인 유언비어 대책이라는 것은 분명하다. 사람들은 대개 검열이 비관적 사실의 보도를 통제한다고 믿고 있기 때문에, 검열이 엄격할수록 비판적이며 사기를 저하시키는 유언비어가 난무하기 쉽다. 따라서 검열은 필요악이다. 너무 유언비어 유포를 방임하면 사회적 혼란을 제공해 주는 결과가 되며 너무 엄격하면 많은 유언비어가 유포되기 때문이다. 예를 들면, 미국은 2차대전 시 독일 측에 그들의 잠수함 공격의 성공 여부를 은폐시킬 목적으로 독일의 잠수함 공격으로 인한 피해발생 상황에 대해 엄격한 보도관제를 실시하였는데 이로 인해 많은 유언비어가 유포된 적이 있다. 대부분의 군사작전은 안보관계로 전투 효과가 구체적으로 기술될 수 없기 때문에, 전투에 직접 참가했던 사람들이나 목격자들에 의한 단편적인 지식에 의해 유언비어가 과장되기 쉽다.

그래서 Bacon도 '유언비어를 너무 엄격하게 통제하는 것은 적당한 대책이 못 된다'고 말했다. 너무 엄격하게 검열하는 것이 도리어 '거기에 무엇인가 있지 않은가?' '역시 거기가 급소가 아닌가?'라는 의혹을 사람들에게 심어 주는 것은 사실이다. 개인 사이의 풍문도 마찬가지다. 그것은 거짓말이라고 해명에 노력하면 할수록 상대방은 오히려 '거짓말이라면 그렇게 당황할 필요가 없을 텐데 정말이기 때문에 그것을 부인하느라고 저렇게 안간힘을 쓰는 것'이라고 생각하게 된다.

검열제도는 간단 없이 시도되어 왔지만 검열이 실시되고 있다고 알려지거나 그럴는지 모른다고 의심을 받게 되면 문제는 더욱 악화되는 경향이 있다. 따라서 검열은 중요한 사실의 보도를 차단하기 때문에 유언비어의 유포를 조장하는 중요한 요인이 된다. 사람들이 믿고 있는 소문을 부인하거나 언론을 탄압할 경우, 공식적인 의사전달매체도 의심을 사게 된다. 비록 사실이 그렇지 않을 경우라도 상대방이 뭔가를 숨기려 하고 있다는 느낌이 들게 되면 숨기고 있다고 생각되는 것의 내용은 실제보다 훨씬 더 과장되어 소문이 퍼지게 마련이다. 검열제가 일단 의심을 받게 되면 공식 기관에서 나오는 다른 문제들도 불신받게 된다. 따라서 모두가 익히 알고 있는 사실이 밝혀졌을 경우에도 유언비어는 퍼지게 마련이다. 중상과 거짓 증언을 규제하는 법규가 생긴 지도 오래되었지만 시행에는 늘 어려움이 따랐고 유언비어에 대한 법과 규정들도 대체로 별 효과가 없는 것으로 밝혀졌다.

따라서 유언비어 대책으로 검열과 통제를 사용하기 위한 전제 조건은 평소 국민들과의 관계에서 쌍방간 신뢰관계를 구축해 놓아야 하며 그 사용이 단기적이어야 한다는 것이다. 사회 불안이 심화됐을 때, 단기적으로 유언비어 소통을 통제할 수 있는 가장 일반적인 방법 중의 하나는 존경받을 만한 지도자가 직접 나서서 호소하는 일이다. 1938년 루즈벨트 대통령은 유명한 '無名의 국민에게 보내는 편지'를 공개하여 행정부의 업적을 제시하고 이 업적과 수군대는 비난을 비교케 함으로써 비판자들을 공박했다. 그러나 유언비어란 자기들이 하고 있는 말을 진지하게 믿고 있는 사람들 사이에서 자연발생적으로 유포되는 것이기 때문에 이 같은 호소가 아무런 효과가 없을 때도 흔히 있다.

② 진상의 발표

유언비어 확산을 방지하기 위한 적극적인 대책으로서 정확한 보도를 통하여 사실의 진상을 발표하는 방법이 있다. 불온 유언비어가 발생 및 유포된 동기, 목적, 내용, 유포대상 및 범위, 영향 등을 세밀하게 분석하여 권위 있고 신뢰로운 기관이나 매체 또는 사람을 통하여 공식적으로 해명하고 솔직하게 그 진상을 밝히는 것이다. 이 방법이 훌륭하고 최선의 것임은 굳이 말할 필요도 없다. 그러나 이 방법에도 몇 가지 한계가 있다. 우선 이 방법을 철저히 시행하는 것 자체가 곤란하다. 어떠한 사회 또는 국가에서도 모든 사정에 대해서 만인이 납득할 수 있게 상세한 보도를 한다는 것은 불가능한 일이다. 사회의 구성원간에는 여러 가지 대립이 있고 모순이 있다. 진상의 발표가 가끔 이 대립 내지 모순을 격화시켜 도리어 사회의 통합을 위태롭게 하는 경우가 있다. 개인 사이에도 자신의 솔직한 기분을 정직하게 토로하여 오히려 상대방의 감정을 상하게 하는 일이 흔히 있다.

진상의 발표도 민중의 관심이 한 곳에 집중되어 있지 않을 때라면 용이할 것이다. 그러나 유언비어 때문에 이미 민중의 관심이 한 곳에 집중되어 있다든지, 그 감각이 극도로 예민해져 있을 때에는 그들을 만족시키는 보도를 한다는 것은 거의 불가능하다. 진상의 발표가 흔히 새로운 유언비어의 재료가 되는 것도 이 때문이다. 이와 함께 '진상 발표'라는 방법의 또 다른 한계는 민중의 굶주림이 이미 유언비어에 의해서 어느 정도 충족되어 있다는 점이다. 진상의 발표가 민중의 식욕을 만족시켜 주는 훌륭한 음식임에는 틀림없다. 그러나 민중은 이것이 주어지기 전에 이미 유언비어라는 음식을 섭취한 것이다. 그것이 아무리 먹어서는 안 될 것이라고 하더라도 어쨌든 그들은 이것을 먹었다. 굶주림은 이미 어느 정도 가라앉았지만 그 위에 아무리 훌륭한 음식을 주더라도 유언비어를 토해낼 수는 없고, 식욕이 감퇴했는데 재차 먹는다는 것도 곤란한 일이다.

의사전달매체가 의심을 받을 때도 발표의 효과는 별로 없다. 그러나 그러한 발표가 사실임이 확인되면 적측의 소문 출처에서 흘러나오는 말은 신빙성이 줄어든다. 있음직한 유언비어를 부인하는 것도 대체로 효과가 없다. 법적 제재나 애국심에의 호소도, 사람들이 믿고 있는 난처한 문제들을 믿지 않게 하는 데에는 별 도움이 되지 않는다. 진상의 발표라는 방법이 갖는 이상의 몇 가지 한계점을 보고 알 수 있는 것은 이 방법은 유언비어가 발생하기 전에 써야만 충분한 효과를 거둘 수 있다는 점이다. 그것이 아무리 진실이라 하더라도 유언비어가 발생하고 난 뒤 알려지면 유감스럽게도 그 의의가 태반은 상실되고 만다는 것이다.

③ 표현의 자유 보장

유언비어가 많이 발생하는 사회는 그만큼 억압적인 사회・정치적 풍토를 바탕으로 하고 있음을 반증하는 것이라고 보아도 좋을 것이다. 언론기관이 관보화됐다고 생각하는 대중들 사이에는 유언비어가 항시적인 것으로 되어 이른바 '유비통신'이 아예 시중에 상설되고 만다. 따라서 유언비어를 없애는 지름길은 사회를 민주화하고 언론표현의 자유를 실질적으로 보장하는 것이 가장 바람직하다. 보도가 통제되고 있는 경우 보도는 항상 그것을 통제하는 사람이 중요하다고 생각하는 측면에서 문제에 접근함으로써 성립된다. 그러나 이것은 보도의 균형 상실을 초래하지 않을 수 없을 것이다. 보도가 오로지 사회적 또는 국가적 견지에서만 이루어진다면 보도에 대한 사람들의 욕구를 완전히 충족시켜 줄 수 없게 될 것이기 때문이다. 보도에 대한 사람들의 욕구는 문제를 그들 각자의 생활과 관련시켜 이해하고 싶다는 것이다. 따라서 이러한 관련을 상실한 보도를 아무리 많이 제공하더라도 그것은 결국 빵을 찾는 사람에게 돌멩이를 주는 격이라고 하지 않을 수 없다. 그리고 이러한 괴리는 주어진 보도 그 자체를 유언비어의 재료로 삼게 해버릴 위험을 안고 있다고 할 수 있다. 이러한 의미에서 보도는 논리적일 뿐만 아니라 상세하고도 친절한 것이 되지 않으면 안 된다.

보도는 언어이면서 인간을 언어 이외의 세계로 움직이게 하는 것이기도 하다. 보도의 특권은 아마 여기에 있을 것이다. 다만 이 경우 그 내용이 허위인가 아닌가는 전혀 상관이 없다. 거짓말의 결과가 반드시 거짓말은 아니라는 것을 우리는 깊이 알아야 한다. 거짓말에 대해서 사람들이 취하는 태도에는 두 가지 요소가 포함되어 있다. 그 하나는 이것에 대한 경멸이다. 거짓말의 본질은 사실과의 불일치이므로 경멸은 피할 수 없다. 그런데 다른 하나의 요소는 그것에 대한 공포이다. 사람들은 거짓말을 두려워하고 또 미워한다. 이것은 거짓말이 사실과 일치하지 않음에도 불구하고 인간으로 하여금 일정한 행동을 취하게 하고 그러한 행동에 의해서 인간을 불행 속에 빠뜨리는 힘을 가지고 있기 때문이다.

④ 새로운 사건의 조성과 전개

현재 유포되고 있는 유언비어보다 더 현실적이고 자극적인 사건을 조성하여 세인의 관심을 불러일으킴으로써 문제의 유언비어의 효력을 마비 혹은 소멸시키는 것이다. 사람은 누구나 망각의 동물이고 또한 이기적이고 자기중심적이기 때문에 자기에게 보다 현실적이고 중요한 문제에 주의를 기울이게 된다. 그렇게 되다 보면 자연스럽게 문제가 되었던 이전의 유언비어에 대한 관심이 점차 사라지고 잊어버리게 된다. 이러한 방법은 유언비어를 잠재우는 가장 적극적이며 그리고 효과적인 방책이라고 볼 수 있다. 유언비어 내용보다 더 한 사태를 조작하면 여론은 자동적으로 형성된다. 이 방법은 자연도태의 원리를 그대로 적용하는 심리전 기술이다. 그러나 오늘날 대중은 상당히 지적으로 발달되어 있고 각종 대중매체를 수시로 접하는 수준에 와 있기 때문에, 사건의 조성이 치밀하고도 시의적절 하지 않으면 오히려 역효과를 낼 수도 있음을 잊지 말아야 할 것이다.

⑤ 부인

유언비어란 흔히 거짓 소문과 동일시되기 때문에 대부분의 사람들은 그 같은 통제에 서슴없이 동조하게 되지만 실제 유언비어라고 해서 반드시 거짓된 것만은 아니다. 유언비어의 소재 역시 사실상 일종의 선전이어서 여기에 진실이 포함되어 있다 하더라도 때때로 집단 이익을 위해 이를 부인해야 할 필요도 있다. 여기에는 사람들이 바람직한 방향의 전망을 갖도록 의사소통내용을 조작하는 것도 포함된다. 남의 중상모략을 받는다고 느끼는 사람의 통상적인 반응은 우선 부인하는 일이다. 어떤 유언비어가 곰곰이 생각해보아 어색해 보이거나 의심스러울 때 믿을 만한 소식통들이 이를 부인해 버리면 효과가 있다. 1948년에 새로 발행된 10센트짜리 루즈벨트 은전에 새겨진 'JS'라는 첫 글자가 'Josef Stalin'을 뜻한다는 소문이 퍼졌을 때 조폐국장이 화가 나서 이를 부인하자 소문은 자취를 감추었다. 그러나 유언비어를 부인하는 것은 별 효과가 없는 것이 보통이다. 사람들은 때때로 이 같은 부인을 비난과 혼동한다. 더군다나 단순한 반박만으로는 반대편이 쥔 주도권을 빼앗지 못한다.

선전술을 연구하는 일부학자들은 유언비어의 확산을 막는 단 하나의 효과적인 방법은 다른 대안을 지지하도록 권장하는 일이라고 주장해왔다. 반대자들은 그들의 적이 악랄한 소문을 퍼뜨린다고 서슴없이 비난하면서도, 소문이라는 것은 그럴 듯해 보이지 않는 한 대중들에게 먹혀들어 가지 않는다는 사실을 깨닫지 못하는 수가 종종 있다. 누가 어떤 비난을 한다고 해서 다른 사람들도 그것을 심각하게 받아들이지는 않는다. 사람들은 자기의 믿음이나 성향에 맞는 주장에만 반응을 보인다. 사소한 문제를 과장해서 떠들면 의구심만 불러일으킬 뿐이며, 심각한 문제를 설득력 없게 주장하여 보았자 소문 자체나 그 매체에 대한 반발만을 초래할 뿐이다. 따라서 당혹스런 유언비어가 진지하게 받아들여진다는 사실은 이미 많은 사람들이 그것을 믿을 만한 분위기가 되어 있다는 것을 뜻한다.

⑥ 逆선전의 전개

유언비어의 통제에 효과가 있는 것으로 판명된 역선전방법의 하나는 적이 끊임없는 경계를 요하는 강력한 선전기구를 가지고 있다고 비난하거나 적이 교활한 선동가라고 비난하는 것이다. 이는 적이 거짓 선전을 하고 있다고 주장함으로써 어떠한 곤란한 유언비어도 적에 의한 분열책동의 일환이라고 묵살해 버릴 수 있도록 하는 것이다. 이 같은 비난은 상대방에 대해 갖고 있는 정반대 개념과 맞아 떨어지고 동시에 불리한 소문들을 하나하나 따져보는 비판력을 길러 주게 된다. 유언비어에 대한 통제가 대부분 실패로 끝나는 이유는 바로 이 같은 고려를 소홀히 하는 데 있다. 따라서 유언비어를 통제하려고 애써온 사람들의 기록을 보면 '자연을 지배하려는 사람은 우선 자연법칙에 순종하는 법부터 배워야 한다'는 Bacon의 주장을 되새겨 볼 필요가 있다.

아군의 결점이나 전선의 불리한 상황, 후방에 있는 행정 관료들의 비능률성 등에 관한 불리한 유언비어는 퍼지게 마련이다. 따라서 모든 불리한 뉴스는 교활한 적의 선전이 야기시킨 전형적 심리전일는지도 모른다는 의구심을 불어넣음으로써 국민들과 위험한 정보 사이에 심리적 장벽을 세울 수 있다. 일단 이러한 가정이 확고히 뿌리내리면 내부 분열이나 패배주의를 막을 수 있는 강력한 무기가 된다. 예를 들어, 제1차 세계대전 동안 미국의 정기 간행물들에는 국민의 단결을 해치는 많은 뜬소문들이 독일 스파이들에 의해 유포되고 있으며 이런 소문을 되풀이해서 이야기하는 사람은 그의 애국심이 의심스럽다는 투의 글들이 숱하게 실려 있었다. 이를테면, 국민정보위원회는『독일의 유언비어 작전』이라는 소책자를 배포했는데 이 책자는 정부관리나 우방 또는 국민의 분열 등에 관한 터무니없는 비난이나 유언비어의 갖가지 사례와 그에 대한 반박문을 실어 적의 선전기구에 대한 경계심을 불러일으키고 유언비어에 대한 의구심을 조장하였다.

⑦ 사전 홍보의 강화

가장 현명한 홍보 활동이란 유언비어가 발생할 수 없도록 유언비어가 발생하기 전에 미리 발생가능성이 짙은 문제에 관해서 그 일부만이라도 세심한 정보 제공을 하는 것이 될 것이다. 일단 유언비어가 발생하고 나면 거기에 대한 어떠한 진실도 국민들에게 그리 쉽게 먹혀 들어갈 수 없게 되고, 또 설혹 납득시킨다 하더라도 찌꺼기 없이 완벽하게 의혹을 씻어내기란 거의 불가능하게 되어 버리기 때문이다. 따라서 정부 홍보의 역점은 어디까지나 교정적인 역할을 떠나 예방적인 차원에 두어야 할 것이다. 또, 정부 홍보활동 자체의 근원적인 목적도 따지고 보면 예방을 목적으로 함으로써 건전하고 성실한 홍보 원래의 기능을 다 한다는 데 있는 것이다.

5 공황예방을 위한 미래의 시민교육 방향

전쟁이나 위기를 대비한 미래 시민들의 바람직한 시민교육은 반드시 우리의 전통문화 속에 깊은 뿌리를 내리고, 현대사회와 미래사회가 요구하는 가치관을 갈등과 혼란이 아닌 조화의 상황에서 접목, 발전시켜 나가는 것이 되어야 할 것으로 생각된다. 여기서는 일부 전도된 주민들의 가치관을 극복하고 바람직한 가치관을 정립하여 전시 혼란과 공황을 억제하는 방안을 모색해 보고자 한다. 이러한 방안을 현재 환경에서 가용한 다음 몇 가지 분야에서 탐색하기로 한다.

가 인성개발교육

삶의 목적을 궁극적이고 포괄적으로 설명할 때 자아실현이라고 한다. 그런데 교육의 목적을 본질적이고 포괄적으로 설명할 때도 역시 자아실현이라고 규정한다. 물론 교육은 지식을 가르쳐야 하며 기술을 습득하여야 하지만 그러한 가르침과 습득은 교육의 이차적 기능이고, 일차적 기능은 지식과 기술을 도구로써 활용하고 이용하는 주체로서의 인간 자신의 교육, 다시 말하면 인격 내지는 인간정신의 교육이다. 인격교육이란 '인간다운 인간', 한 국가의 시민으로서는 '시민다운 시민'으로서의 바람직한 가치관을 갖춘 인간이 되게 교육하는 것이다.

시민들의 인성교육 일환으로 '불우 이웃돕기'나 '내 고장 가꾸기' '자원봉사 활동' 등의 프로그램을 세부적으로 개발하여 초등학교 시절부터 이웃과 사회를 사랑하는 정신들을 체득시켜 인성순화와 가치관 형성에도 도움을 주는 것이 바람직하다고 생각된다. 예를 들면, 불우한 아동들을 수용한 고아원이나 의지할 곳 없는 노인들을 수용한 양로원과 학교가 서로 자매결연을 맺어 사회에서 소외되고 외로운 사람들에게 도움과 사랑의 손길을 펼치게 하거나 지원활동, 자연보호 운동 등의 사회봉사 활동을 통한 '이웃사랑 · 나라사랑 정신 심어주기 교육'은 개인보다는 타인을 배려할 줄 아는 정신을 길러 시민들의 올바른 가치관 형성에 큰 도움을 줄 것으로 기대된다.

나 이념 및 정신 교육

인간은 하나의 이념을 가질 수 있다는 점에서 다른 동물과 구별된다. 인간은 단순히 먹고 마시고 배설하는데 만족하지 않으며 이상을 갖고 살아가는 동물이다. 그 이상이 선과 악의 어느 영역에 속하든 간에 그것은 인간에게 행동력을 불어넣어 주는 요인이 된다. 이상은 종교적, 정치적, 사회적 등 여러 이념의 형태로 나타난다. 이러한 이념이 항쟁이나 투쟁과 연결될 때 그것은 가공할 만한 힘을 발휘하게 되는 것이다. 이러한 이념은 투쟁의 명분, 목적을 제공해 준다. 역사상 어떠한 전쟁이나 투쟁도 이념을 앞세우지 않은 것이 없었다. 투쟁의 목적을 제공하는 이와 같은 이념은 전시의 주민들에게 고통을 견뎌 내게 하고 자신의 행동에 관한 확신을 심어 준다. 적에 대한 적개심을 불어넣는다든가, 적국의 정치체제와 이념에 대한 증오심 고취 등 국가적 차원에서의 가치창조와 자국의 역사성, 사회성으로부터 나오는 국민기풍과 같은 다양한 가치의 보존 및 전파 등은 지속적인 이념 및 정신교육을 통해서 얻어지는 것이다.

① 건전한 국가관 양성

국가 전체를 위해서 개체를 희생시킨다는 의식보다 국가가 개인을 소중히 처우하기 때문에 개인인 국민이 국가를 위하여 스스로 몸과 마음을 바칠 수 있는 심정에 이르도록 정부와 군 고위층이 유도하고 모범을 보여야 한다. 미국은 1996년부터 북한과 해마다 유해 발굴협상을 하고 미군유해 공동발굴작업을 실시하고 있다. 미국은 필요하다면 수백만 달러를 지불하며 베트남과 북한에서 숨져간 미군유해를 찾는 작업을 한다. 이 같은 노력은 미국 국민에게 적지 않은 교육 효과를 가져다준다. 말하자면 미국이 정부 차원에서 실시하는 미군의 유해발굴과 유해의 본국 송환과정을 통해서 미국은 국민 스스로 국가를 위해 몸과 마음을 바칠 수 있도록 유도하는 '無言의 애국교육'을 하고 있는 셈이다. 발굴된 유해는 살아 있는 유명 인사를 모시듯 정중하고 엄숙하게 고국으로 송환된다. 그리고 공항에는 지역 출신 상·하원, 기업인 등 유명 인사가 대거 참석해 따뜻하게 유해를 영접한다. TV와 라디오 등 언론은 전사한 이후 40~50년 만에 고국과 부모 품으로 돌아온 '영웅'들을 생중계한다. 때로는 국가수반인 대통령까지 공항에 나와 성조기에 둘러싸인 관에 헌화하면서 깍듯이 경례를 한다. 이 자리에 참석했거나 TV 생중계로 이 장면을 지켜 본 미국인들은 왈칵 솟아오르는 눈물과 뭉클한 가슴으로 '애국심'을 느끼게 된다. 그리고 미국은 위대한 나라라는 자부심을 다시 한 번 가슴에 새기게 된다. 자라나는 어린이들도 미국의 깃발 아래 지구촌 곳곳에서 자유와 평화를 위해 싸우다 죽어도 대통령을 비롯한 전 국민의 사랑을 저토록 열렬하게 받는구나 라고 생각한다. 다시 말해 미국인들은 국가를 위해 목숨을 버려도 항상 부모와 이웃을 비롯해 전 국민이 항상 곁에 있다는 생각 때문에 국가의 부름을 받으면 언제든지 전쟁터로 달려갈 수 있게 되는 것이다(매일경제, 2001).

이처럼 애국심이란 모든 국민이 전·평시에 관계없이 항상 갖고 있는 조국에 대한 매우 복잡한 경애의 감정으로, 국가가 개인을 소중히 생각할 때 국민 개개인이 국가를 위하여 스스로 몸과 마음을 바칠 수 있도록 형성되는 것이다. 이 감정은 유아기 때부터의 경험과 교육에 의해 여러 형식과 내용으로 모든 국민에게 존재하는데, 평상시에는 가끔 그 존재가 명료치 않을 수도 있다. 그러나 일단 전쟁에 돌입하고 조국이 위기에 처하게 되면 평소에 내면에서 잠재되어 있던 것들도 갑자기 표면상으로 대두되어 범상치 않은 흥분을 국민 모두에게 느끼게 할 수 있는 것이다.

② 바람직한 충성심 양성

미국사회에서도 충성이 전혀 중요하지 않은 것은 아니지만 한국사회처럼 중요시되지는 않는다. 거기에는 적어도 다음과 같은 세 가지 이유를 생각해 볼 수 있다. 첫째, 충성이란 대인관계가 상·하로 위계적 질서를 형성하는 곳에서 요구된다. 평등주의적 대인관계가 주를 이루고 있는 사회에서는 충성보다는 우정이나 동료 의식 또는 어떤 연대의식은 작용하지만 충성은 성립되지 않는 것이다. 충성은 아랫사람이 윗사람에 대해서 가지는 마음가짐인 것이다. 미국 사회도 완전히 평등한 사회는 아니지만 한국보다는 훨씬 평등주의적인 사회임에는 이의가 없을 것이다. 사회계층간에는 불평등이 있지만 개인과 개인의 관계는 다분히 평등을 바탕으로 하고 있다. 둘째, 미국의 개인주의가 중요한 이유로 보인다. 개인주의적인 사회에서는 대체로 한 개인이 다른 개인에게 가지는 의무가 명시적이든 묵시적이든 어떤 계약에 의해서 규정된다. 그래서 돕는다거나 섬긴다든가 하는 데 한계가 그어져 있다. 특히 '모든 것을 다 바친다'는 기대는 통하지 않는다. 셋째, 미국사회가 신용사회라는 것이다. 신용카드 몇 장만 가지면 현금 없이 몇 달이고 여행할 수 있다. 신용카드를 제시하면 대부분의 주유소나 호텔과 식당에서 질 좋은 서비스를 받을 수 있다. 또 낯선 사람에게도 현금 대신 개인 수표를 믿고 받는다. 이와 같이 서로 신뢰하고 믿는 사회이기 때문에 사람을 채용할 때 '그 사람이 믿을 수 있느냐?'는 질문보다는 '그 사람의 능력이 어떠냐'는 질문에 더 큰 비중을 두는 것이다.

충성의 내용에도 미국과 한국간에는 많은 차이가 있다. 미국에서는 어떤 개인이나 자신의 상급자에 대한 충성보다도 일이나 원칙 또는 제도에 대한 충성이 더욱 중요시 된다. 따라서 충성의 표현이 보다 원칙을 따르게 된다. 즉, 맹목적인 충성보다는 비판적이고 선택적인 충성이 중요시된다는 이야기이다. 예일 대학교의 모토는 '하느님, 나라, 그리고 예일'이다. 이것은 충성의 대상을 그 중요성에 따라서 순서적으로 표현한 것으로 볼 수 있다. 또, 월남전문제에 대해서 한창 논쟁이 벌어지고 있을 때, '옳든 그르든 나의 나라'라는 말로 미국의 월남전 개입을 지지하는 사람들이 있었다. 그때 월남전을 반대하는 사람들은 뉘른베르크의 전범재판을 들고 나와서 비록 국가가 하는 일이라도 무조건 맹종하는 것은 옳지 못하다고 주장했다. 한국은 충성을 중요시하는 사회이다. 또 이와 관련된 것으로 의리라는 것을 중시한다. 충성이나 의리 그 자체는 좋은 일이다. 다만 그 충성의 대상과 방법에 대해서 올바른 자세의 확립이 되어 있지 않은 것이 문제일 뿐이다.

충성의 방법에 있어서 특히 문제가 되는 것은 맹종이다. 맹종은 따지고 보면 충성이 아닌데도 충성으로 간주되는 때가 많은 것 같다. 한국의 권위주의적인 풍토는 아랫사람이 윗사람의 시키는 일에 대해서 옳고 그름을 따진다는 것을 여간 어렵게 만들지 않는다. 이것은 국가 기관이든 사적인 단체든 마찬가지다. 다행히 윗사람이 시키는 일이 옳은 일이면 아무 문제가 없지만 사람은 다 불완전하기 때문에 지위가 아무리 높은 사람이라도 모든 일에 대해서 항상 그 판단이 올바를 수는 없는 것이다. 그럴 때는 그 윗사람을 위해서도 그 판단의 그릇됨을 지적해 주는 것이 올바른 충성의 길일 것이다. 물론 일시적으로 상급자의 기분을 상하게 할지는 모르지만 정말 충성하는 사람은 항상 비판적인 입장을 고수하지 않으면 안 된다. '과잉 충성' '아첨' 등 충성이 아니면서 충성으로 통하는 것이 많다. 중요한 것은 충성에 원칙이 있어야 하고 기준이 올발라야 한다는 것이다. 그리고 신뢰의 풍토가 조성되어 충성에 못지 않게 능력이 인정받는 사회가 이룩되어야 할 것이다(이영호, 1977).

다 다양한 사회적 리더양성교육

전쟁시 주민들의 혼란과 공황을 억제시키고 참전의식을 고취하기 위해서는, 사회 각 계각층의 다양한 분야에서 주민들을 지도할 수 있는 리더나 해당 업무분야의 전문성을 갖춘 리더들을 평소에 양성해 둘 필요가 있다. 물론 우리 현실에서 단시간에 위기관리에 필요한 리더나 주민들을 지도하는 데 필요한 소양을 갖춘 전문가를 양성할 수는 없다. 다만 초등학교 교육과정에서부터 지역사회활동 및 자원봉사활동을 성적이나 학점에 반영함으로써 리더십 소질을 쌓게 하고 장차 이들이 사회 각 분야에 진출할 때 기본적 리더십 소양을 갖추게 한다면 위기나 혼란을 극복하는 데 많은 도움이 되리라 생각한다. 사회 전체가 어떻게 그러한 리더들을 발굴하고 육성할 것인가에 대한 합의가 이루어진다면 그러한 리더십의 출현이 불가능하지는 않을 것이다.

라 시민의 의무와 권리교육

공황에 휩싸인 사람들은 절대적인 생존욕구의 지배를 받기 때문에 주의력의 범위가 매우 좁아지고 이성을 잃고 무분별한 사태에 빠져 행동하게 된다. 따라서 이들 공황군중에게서 질서나 양보심을 기대할 수 없다. 전쟁의 혼란 상황에서 당장 주민들에게서 질서를 강조하는 것은 아무런 의미가 없으며 어떠한 혼란 상황에서도 자연스럽게 질서의식이 행동으로 나타나기 위해서는 평소 그러한 질서의식이 체질화되어 있어야 한다. 범국민적 시민교육 추진은 우선 시민들에게 자신의 의무와 권리를 명확히 해주는 데서부터 출발하여야 한다. 여기서의 의무 중 하나는 시민들이 스스로 기초 질서를 지키고, 공공통제에 대한 순응의식을 갖는 것이다. 이러한 성숙된 시민의식을 내면화하는 길만이 위기시나 전시 혼란을 조금이라도 줄일 수 있을 것이다. 나아가 스스로의 의무를 다하는 시민만이 국가로부터 보호받을 권리를 갖게 됨을 주지시켜야 한다. 이를 위해 평소 정부도 공권력의 엄정한 시행과 공정한 행사 그리고 강력한 통제 그리고 제도의 투명한 운용을 통해서 신뢰를 구축해 나가야 할 것이다.

마 신앙생활을 통한 사생관 확립 교육

미래사회에서의 산업의 계속적 발달로 인해서 물질은 더욱 풍부해질 것이며 그 결과 물질적 욕망이 가일층 자극되어서 물질적 행복이 모든 가치를 압도하는 세상이 될 것이다. 만일 이 같은 물질적 행복추구의 열망에 정신이 적절한 제동을 걸지 않으면 인류는 물질적 향락주의에 의해서 위기에 직면하게 될 것이다. 이러한 인간의 무한한 욕망에 제동을 걸 수 있는 것이 종교의 가르침이다. 세계의 모든 위대한 종교들의 가장 중요한 가르침들 중의 하나는 인간 욕망의 제약에 대한 가르침이라고 할 수 있다. 그래서 미래사회에 보다 절실히 요구되는 가치관은 정신적인 것이다

인간에게 있어 종교생활은 참된 신앙을 통하여 사생관을 확립하고 인격을 도야하며 도덕적인 생활을 하게 하는 데 그 목적이 있다. 죽음 앞에서는 누구나 공포와 불안을 갖게 되고 외로움을 느끼게 된다. 적의 포화에 직면하고서도 이를 두려워하지 않고 절대자를 믿고 의지하는 신앙인은 진정한 도덕적 용기를 가질 수 있는 조건을 구비하고 있다고 보아야 할 것이다. 따라서 사생관이 확립된 사람들은 위기 시에도 의연함을 보일 가능성이 있다. 신앙생활을 통한 사생관 확립을 위해서는 한국의 종교가 종교 본연의 모습으로 돌아가야 하며 기복주의적 신앙에서의 탈피, 내세로의 도피주의 신앙에서 탈피, 미시적이고 근시안적인 개인화된 신앙에서 탈피 시민들 각자의 편파적인 종교의식 불식 등의 반성적인 차원에서의 신앙생활이 이루어지도록 교육·홍보하고 계몽해 나가야 할 것이다.

2) 폭도행동

군중이 분노와 같은 강한 감정에 의해서 동기화되고 또 적절한 선동가에 의해서 공격적이며 파괴적인 행위를 할 때, 그 무리를 폭도라 하고 그들의 행동을 폭동이라고 부른다. 폭동은 분노나 폭력을 포함하는 비교적 자발적이고 비협응된 집단 현상으로 예측하기 어렵고 대개 통제가 불가능하다. 폭도는 통상 정서적으로 격앙된 사람들로 대개 범죄, 재난, 전쟁 또는 격렬한 논쟁과 같은 부정적인 사건으로 인해 형성된 사람들의 집합이다. 이 사람들은 그 사건에 대하여 논의하는 가운데 더 분노하게 되고 무언가 시정 조치가 취해져야 한다는 생각을 더 굳히게 된다. 사태가 조기에 수습되지 않으면 폭도는 격앙되고, 예측할 수 없으며 과격한 행동을 하게 된다. 폭도 속에 들어가면 충동이 이성

을 지배한다. 모두를 미치게 만드는 장치를 갖춘 폭도는 해산하고 나면 거기에 참여했던 사람들은 자신이 '이성을 잃었다'고 말한다(Turner & Surace, 1956).

폭도는 일반적으로 평화적인 방법에 의한 공동정서의 해소를 거부하고 격렬하고 극단적인 방법으로 이를 해소하려 하며 또한 즉각 행동에 옮기고 싶어하는 충동의 지배를 받는다. 이런 충동은 군중의 규모가 클수록 군중 속 개인의 유사성이 클수록 더욱 강해진다. 폭도는 어떤 일정한 목적과 단순하지만 필요한 조직을 갖고서 행동하게 된다. 폭도는 처벌되거나 파괴되어야 할 명백한 목표가 있을 때만 형성되고 행동을 하게 된다. 그들에게는 지탄받아야 할 사람, 없어져야 할 기관이 있고 그들은 그것을 향해 행동하게 되는 것이다.

(1) 폭도행동의 동기

폭도로 하여금 행동하게 하는 공통의 동기는 앞에서 이미 논의하였지만 항상 장시간 계속되는 욕구좌절이다. 그들은 무엇인가의 욕구가 좌절되어 분노에 차 있어 욕구불만이나 좌절을 준 대상에 대해 강한 공격충동을 느끼게 된다. 폭도들의 분노 이유는 특수하고 명백한 것이다. 감옥에 수감된 죄수들은, 교도관이 비인간적인 행동을 한다고 느끼기 때문에 폭동을 모의하게 된다. 대사관을 점거하는 폭도는 그 외국의 어떤 정책이 그들의 사회적·경제적 안정을 위협하고 있다고 믿기 때문에 폭동을 일으킨다. 욕구좌절이 있는 사람들은 그들의 행동이 꼭 좌절을 일으킨 대상에 지향되지 않더라도 무엇인가 공격하려는 강한 잠재력을 갖는다. 사실 많은 욕구가 좌절되어 어떤 잠재적 공격성을 갖는 사람들은 무엇인가 파괴하고 누군가를 해치고 싶은 충동에 사로잡히게 되는데 이때 적절한 공격대상이 주위에 나타나거나 천재지변이나 전쟁과 같은 공격을 조장하는 환경이 형성되면 잠재적 공격성이 노출될 가능성이 높아 진다.

그러나 공동의 불만을 가지고 있다 하더라도 군중이 그들이 해야 할 바를 모른다면 폭동은 일어나지 않는다(National Research Council, 1946). 행동의 진로가 명백하거나 무엇을 해야 할까를 말해 주는 지도자가 있어 그들의 주의를 한 곳으로 집중시켜 주어야 폭동이 일어난다. 폭도는 이런 행동을 통해 자신의 좌절된 욕구를 다 해소하려 한다. 따라서 폭도의 무리 속에는 과거 폭력이나 범법 경력을 가진 전과자가 많을 수 있다. 그리고 이러한 행동은 소수 선동가나 선동에 능한 어떤 지도자의 암시에 의해 더욱 단결되고 과감한 행동으로 발전된다.

사회학자 LeBon은 일찍이 군중 속에 있는 사람들은 흔히 '야만적이고 파괴적'인 본능들을 자유롭게 충족시키고 싶은 속성을 가지고 있음을 관찰하였다. 그는 그 이유들을 군중 속의 사람들이 갖는 '억제불가능성과 익명성'이라는 두 가지 특징들에 있다고 생각하였다. 어떤 군중의 일부를 이루고 있는 사람들은 자신을 본능들에 굴복하게끔 해 주는 억제불가능한 힘의 느낌을 갖는다. 더욱이 군중이 익명성이 있고 결과적으로 무책임한 고로, 사람들을 항상 통제하고 있는 책임감은 완전히 사라진다는 것이다. 이 현상을 Zimbardo(1969)는 몰개성화라고 기술하였고 이것이 비자제적 행동을 일으킨다고 주장하였다. 즉 자기인식, 자기관찰, 자기평가가 상실되며 동시에 사회적 규범들에 대한 구속력이 사라지는 것이다. 이러한 몰개성화는 군중 속에 있게 되는 것에 연유되는 몇 가지 요인들 즉, 익명성, 책임감 분산, 군중의 규모, 활동, 새로운 비구조화된 상황, 소음에 기인된 흥분과 피로 등에 의해서 발생될 수 있다.

몰개성화와 공격성간의 좋은 예는 원시인들이 수행한 전쟁에서 극단적 형태의 공격들에 연관된 요인들을 연구한 Watson(1973)의 분석이다. 가장 극단적 폭력은 가면, 얼굴과 신체의 페인트 및 특수한 복장과 같이 인간을 몰개성화시키는 장비들을 사용한 사람들에 의해서 저질러졌다. 또 다른 예들은 도시화에 따른 폭력의 증가들이다. 도시화는 사람들의 얼굴이 없어지는 일종의 익명성을 초래하였고, 이에 따른 몰개성화 현상이 도시 속에서 군중의 폭력 및 공격의 가능성을 증가시켰다는 주장이다. 비록 군중 속에 폭도들의 견해와 반대되는 견해를 가진 사람이 있다고 하더라도 지지를 해주는 사람이 주위에 없다고 느끼면 폭도저지를 위한 과감한 행동을 할 수 없으며, 단지 방관할 수밖에 없어 폭도의 행동은 쉽게 제지되지 않고 폭도의 무리도 줄어들지 않는다.

(2) 폭도의 심리

폭도 속에 몰입된 개인들은 분별력이 약해져 선동자의 암시에 취약해지고 근거 없는 말이라도 쉽게 믿게 되며 감정적인 발언을 무비판적으로 받아들인다. 그래서 폭도들은 선동가의 권위에 맹종하여 자신의 안전을 돌보지 않게 되며 때에 따라서는 폭력적이고 반인륜적인 행동도 서슴지 않게 된다. 폭도들은 욕구좌절의 근원이 현재의 법질서나 윤리 때문이라고 믿기 때문에 급진적이고 충동적인 행동을 하면서도 그 행위가 현상타파를 위한 최선의 방법이라고 믿게 되며 그의 모든 주의가 그의 공격대상에 집착되기 때문에 평상시에 그가 가지고 있던 폭넓은 사고를 할 수 없게 된다. 그래서 흥분한 군중은 그 자신의 잔인하고 파괴적인 복수 행동을 정당하고 합리적인 것으로 생각하여 마음에 하등의 갈등을 일으키지 않는다. 군중 속의 사람들이 꼭 어떤 욕구불만이나 좌절을 폭도 행동을 통해 해결하겠다는 인식을 가지고 폭도에 가담하는 것은 아니다. 폭도에 가담하는 사람들 중 상당수는 문제의 진실한 원인을 알지도 못하고 알고 있다고 하더라도 확신을 갖지 못하는 경우가 많다. 이런 사람들은 진실한 원인을 잘 모르기 때문에 폭도 선동가의 암시에 쉽게 말려들어 폭도의 행동을 쉽게 따르게 된다.

폭도 속에 파묻혀 있는 사람은 많은 다른 사람이 그와 같이 행동하고 있다는 데서 힘을 얻는다. 따라서 폭도 집단의 크기는 그 폭도 속의 개인에게 어떤 힘을 제공해 주는 요인이 될 뿐 아니라, 그가 정당하다는 느낌도 갖게 만들어 준다. 또한 많은 다른 사람들로 인해 그의 행동이 은폐되어 그가 누구인지 모르게 만들어 주기 때문에 그는 행동에 대한 책임감이나 부담이 없어져 더욱 대담해지게 된다. 폭도 집단의 크기가 클수록 그 속의 개인은 그의 행동에 더욱 확신을 갖게 된다.

(3) 전쟁과 폭도

6·25 당시 서울에 진입한 인민군은 서대문 형무소와 그 외의 형무소를 개방하여 정치범을 비롯해서 일체의 죄수들을 석방하고 이들을 인민의 영웅으로 치켜 세워 반민족주의자들을 잡아들이는 데 일종의 앞잡이(폭도)로 이용했다. 또한 중공군의 개입으로 다시 서울이 함락되던 1월 4일 밤의 서울 거리는 약탈의 도시로 탈바꿈하였으며 미처 피난을 하지 못한 일부 서울 시민들은 불온분자들과 불만 세력으로 형성된 폭도들에 의해 시달려야 했다. 유엔군의 거부작전으로 인한 화염과 연기가 겨울바람에 휘날리고 때때로 기관총 소리가 적막한 밤하늘에 메아리치는 가운데 폭도들의 행동은 힘을 얻고 있었다. 또한 국군의 후방에서 활약하는 남반부의 동조 세력과 빨치산은 북한의 사주를 받아 국군의 후방을 교란하고 유격전을 전개하여 도처에서 인민폭동을 일으켜 미군들이 이승만 정권에게 원조해 주는 무기와 군수품의 반입을 저지 및 방해하기도 하였다(육군본부 군사연구실, 1986).

이처럼 전시에 공권력이 약화되고 치안부재의 와중에서 불만과 적개심에 가득 찬 폭도를 다루기는 쉽지 않다. 때로는 폭도를 진압하려고 하는 사람도 인간이기 때문에 폭도의 영향을 받아 폭도 속에 휘말리거나 폭동에 호의적인 태도를 발전시킬 수도 있다. 앞에서 논의된 폭도들의 동기를 중심으로 주민 지도자나 통제관들은 민간 또는 행정적 차원에서 폭도행동을 예방하기 위한 몇 가지 원칙을 준수하면서 이들을 철저하게 다루어야 할 것이다.

초기 폭도를 통제하여 그들의 행동을 진정시키려고 하는 지도자는 그들의 행동이 옳다고 주장하는 폭도에 대항하여 폭도 못지 않게 강한 신념을 갖고 있어야 한다. 그리고 폭도들을 자극하지 않는 범위 내에서, 폭도들의 과격한 행동과 급진적 사고에 대하여 비판적인 태도를 취함으로써 폭동의 지지가 확산되지 않도록 하여야 한다. 그러나 소요가 확대되고 이미 폭도들의 행동이 일반 치안을 담당하는 경찰이나 행정력의 통제 범위를 벗어났다면 그때부터는 특수 경찰부대나 기타 치안부대 등 효과적인 공권력이 투입되어 이를 진압시킬 필요가 있다. 폭도행동통제에 관한 연구는 나라들마다 활발하게 이루어져 왔는데, 그 연구들의 주장 중 하나가 치안유지 부대가 가장 흔히 범하는 실수가 공권력을 너무 뒤늦게 사용한다는 것이다. 폭도를 대상으로 한 실제 무기의 사용은 논란의 대상이며 그 관점은 판이하게 다르지만, 전쟁과 같은 비상사태에서는 적시에 실탄을 장전한 무기를 사용해야 할 것이다. 실제 실탄을 장전하지 않은 무기의 소지나, 아니면 무기를 사용하지 말라는 명령을 받은 무장요원들의 폭도진압 투입은 무의미하며 오히려 사태를 악화시킬 수도 있다(Watson, 1978).

(4) 폭도행동의 통제

폭도들이 감정적이고 격렬한 행동을 몇 시간 동안 계속하게 되면 피로에 지쳐 흩어지거나 행동이 약화된다. 이때가 폭동진압의 결정적 시기이다. 이때 다시 폭도 속에 유능한 선동자가 나타나면 새로운 계획이 모의되고 폭동은 다시 진전될 수 있다. 폭도 행동을 예방하기 위한 몇 가지 원칙과 원리를 소개하면 다음과 같다.

[1] 불평이나 불만이 누적되기 전에 해산시킨다. 유언비어에 관심을 갖고 군중의 불만이 무엇인가를 확실히 파악하여 적절한 조치를 항시 잊지 말아야 한다. 불만을 해소시킬 수 있는 적절한 조치를 할 수 없을 경우에는 왜 할 수 없는가의 이유가 명백히 설명되어야 한다. 그들의 감정이 다른 대상으로 옮겨져 표현될 가능성이 있는 경우에는 그들의 감정을 적절히 가라앉히고, 그들의 감정이 그런 곳으로 표현되는 것이 그릇된 것임도 이해시켜야 한다.

[2] 반동적인 지도자가 있고 그가 많은 사람들의 주의를 끌 위험성이 있다고 판단될 경우에는 많은 사람들이 그를 중심으로 모이지 않도록 방해하여야 한다. 그가 폭도들의 불평불만을 대변하는 순교자적 위치에 서지 못하도록 미리 앞질러 많은 사람들이 그를 불신임하게 만드는 것이 중요하다.

[3] 모든 사람들에게 어떤 책임감을 느끼도록 만드는 것도 폭도형성을 방지하는 중요한 조치이다. 그리고 가능하다면 집단의 유지에 민주적 방법을 사용하는 게 좋다. 집단의 결정에 모든 성원이 참여하게 되면 모두 책임감을 갖게 되며 이로 인해 폭도 형성은 스스로 억제될 수 있을 것이다.

[4] 긴장과 흥분된 분위기가 형성될 때에는 사람들이 모이는 것을 최대한 억제하여야 한다. 엄격한 법의 집행과 규정의 준수를 강조하는 것도 그들이 모이는 행동을 억제하고 주의집중을 방지할 수 있기 때문에 좋다. 저녁이 되어 어두워지면, 사람들은 자신을 어둠 속에 은폐할 수 있기 때문에 무책임한 상태에서 대담한 파괴행동을 할 수 있게 된다. 저녁에 이와 같은 행동이 일어나지 않도록 하기 위해서는 적절한 야간통행 금지 조치도 필요하다. 그러나 일단 폭도가 형성되었을 경우, 이들의 폭동을 진정시켜 안정을 회복하

기 위해서는 다음과 같은 조치가 필요하다

1 지도자가 나타나서 무리를 통제하기 전에 해산시킨다. 이것은 빠를수록 좋은데, 일단 리더가 나타나서 행동에 구심점이 생기면 이들의 행동을 저지하기가 매우 어렵다. 저지는 지도자가 통제하기 전에 이루어지는 것이 가장 효과적이다. 저지의 가장 구체적인 방법은 이론적인 설득, 가벼운 비난, 그리고 반대적 암시와 같은 것들이 우선적인 것이며 이런 방법들이 실패로 끝나고 달리 방법이 없을 때 무력행동에 의해서 저지시키게 되는데 이 방법은 최후의 수단이다.

2 폭도행동을 멈추려 하지 말고 빗나가게 한다. 폭도가 형성되고 그들이 그들의 감정을 행동에 옮기려 할 때 설득이나 강제에 의해서 그들의 행동을 저지시키려고 한다면 그것은 무모한 일이다. 현명한 조치는 폭도들의 리더십을 떠맡아 그들이 파괴적인 목표를 향하여 행동하지 않도록 적절한 다른 행동목표를 제시하는 것이다. 무해한 다른 행동목표가 전적으로 폭도들에게 받아들여지지 않는다고 하더라도 폭도의 일보가 동조하거나 그들의 의식 속에 반영된다면, 그들은 파괴적인 행동에 의견이 엇갈려 갈팡지팡하거나 행동에 자신감을 가질 수 없게 된다.

3 주저하지 말고 단호히 대처한다. 폭도를 저지하려 하는 지도자도 모든 다른 지도자에게서 필요로 하는 리더십을 다 갖고 있는 게 좋다. 폭도행동을 빗나가게 만드는데 순간적으로 어떤 영감에 의한 조치가 필요한 경우가 있으나, 무엇보다도 중요한 것은 주저하지 않는 단호한 태도이다. 폭도들에게는 오직 확신 있는 행동만이 받아들여진다. 때에 따라서 이런 단호한 조치가 모든 무리에게 전파되게 하기 위해 고함을 지르는 일이 필요할지 모르나 주의해야 할 것은 그런 외침이 분노와 격정의 외침이 되어서는 안 된다는 것이다. 폭도들의 거친 행동에 대처하는 적절한 조처는 없다. 경찰이나 군대를 동원하여 폭도들에게 무차별 사격을 가하거나 폭도의 주모자를 향해 사격을 하거나 또는 사격을 가하겠다고 위협하는 것이 폭도를 분산시킬 수 있는 한 방법이 될는지 아니면 폭도를 더욱 더 자극하여 거칠어지게 만드는 요인이 될는지는 판단하기 어렵다. 단지 말할 수 있는 것은 폭도의 형성 초기에는 강하고 단호한 대처가 효과적이라는 것이다.

4 자신을 통제할 수 있어야 한다. 폭동을 진압하려고 하는 사람도 인간이기 때문에 폭도의 영향을 받아 폭도 속에 휘말리거나 폭동에 호의적인 태도를 발전시킬지 모른다. 강한 신념을 가지고 그들의 행동이 옳다고 주장하는 폭도에 대항하여 그들의 행동을 진정시키려고 하는 사람은 폭도 못지 않게 강한 반대 신념을 갖고 있어야 한다. 그리고 폭도들을 자극하지 않는 범위 내에서 폭도들의 과격한 행동과 급진적 사고에 대하여 비판적인 태도를 취함으로써 폭동의 지지가 확산되지 않도록 하여야 한다.

3) 군중시위 및 소요행동

(1) 군중시위 및 소요행동 통제의 절차와 방안

군중들의 시위나 소요행동들에 관한 연구는 훨씬 더 상세하게 진행되어 왔다. 이러한 문제들에 대해서 열의를 다해 연구한 사람이 한 명 있는데 그는 과거에 미 육군 보병장교였고 과거 안보문제의 전문서적을 활발하게 저술하였던 Applegate 대령이다. Applegate (1969)에 의하면 치안유지 부대가 가장 흔히 범하는 실수는 공권력을 너무 뒤늦게 사용한다는 것이다. 이처럼 공권력을 뒤늦게 사용하여 이후 폭력으로 발전할 가능성이 있는 초기 군중들의 시위 행동을 경찰력이 사전에 진압하지 못하는 가장 중요한 이유 중의 하나가 경찰이나 다른 치안 관련 부서들을 통제하는 정치력의 일반적인 결단력 부족이다. 그에 의하면 정치적 사태를 고려한 이러한 망설임은 경찰반응의 지연을 불러오고 공권력 투입의 지시가 내려올 때쯤이면 상황은 이미 방위군이나 군대가 투입되어야 할 정도로 악화되어 상황의 확대가 진행되고 만다는 것이다. 많은 경우 저항군의 입장에서는 이런 상황의 확대를 원하고 있다고 보아야 한다는 것이 그의 주장이다. 또, 그의 이론에 의하면 시위나 소요의 경우 적시에 단호한 공권력의 사용이 있어야만 초기 진압이 가능하다는 것이다. 그는 1968년 워싱턴에서 있었던 시위 당시 정치 지도자들이 경찰에게 내린 '약탈을 어느 정도 방치하라는 뉘앙스를 지닌 지시'를 부정적인 한 예로 지적하고 있다. 그는 이런 실수가 정치 지도자들이 군중들을 덜 압박하거나 공격하면 약탈을 낮출 수 있다는 잘못된 생각을 가지고 있었기 때문에 나타난 것이라고 주장한다.

Applegate는 기본적인 심리학적 군중통제방안을 시위 선동자와 리더들의 선별과 구속, 군중의 해산 특히 소규모 적대적 집단들의 분산, 약탈자들의 구속 그리고 군중의 재집결을 방지하는 단계로 구분하였다. 그는 이런 단계적 방안들을 반드시 따를 필요는 없지만 다음과 같은 순서에 따라 적용되어야 한다고 말한다.

1 무력시위(Show of force): 급작스럽게 등장한 특수 무장한 대규모 병력의 출현은 시위군중들에게 큰 심리적 충격을 줄 수 있다. 무력시위를 위한 진압부대는 충분한 인원과 장비로 상황의 확대를 방지할 수 있도록 시위군중들이 집결가능한 장소 사이사이에 신속하게 투입되어야 한다.

2 해산명령(Orders of disperse): 이 명령은 현장 지휘관이나 아니면 지역에서 존경받는 인물에 의해 이루어져야 한다. 해산명령은 명확하게 그리고 군중을 향해 충분히 전달되어야 하며 이는 강력한 확성기 사용의 필요를 의미한다. 대규모 시위군중들 속에서는 사복 차림을 한 치안요원들이 침투해 있다가 해산을 주도하는 것이 필요하며 서투른 위협과 같은 수단은 사용하지 말아야 한다.

[3] 대형의 사용(Use of formation): Applegate는 가장 중요한 것이 공권력의 사용을 심리적인 압박에서 물리적인 힘으로 전환시키는 것이라고 말한다. 그러나 심리적인 관점은 지속적으로 유지되어야 하는데 이는 공권력의 물리적인 사용 중에 실제 폭력의 사용을 가능한 최소화하기 위해서 최대한의 통제가 요구되기 때문이다.

세계의 각 경찰에 의해서 다양한 방식으로 접근한 여러 가지 대형의 유형이 존재한다. 일반적으로 소부대들은 약 12명 정도로 구성되지만 6명이나 4명 아니면 3명 정도까지 필요에 따라 나누어질 수 있다. 어쨌든 훈련의 핵심은 시위 진압 부대에게 단체로 활동하는 일이 중요하다는 점을 주입시키고 중무장한 단일 유니폼을 착용한 요원들이 시위군중들에게 심리적으로 주는 충격이 중요하다는 사실을 인식시키는 일이다. 요원들은 부대 내에서 고정된 위치를 유지하도록 훈련받으며 그렇기 때문에 서로가 부대의 각 위치에 누가 배치되어 있는가를 정확히 알게 된다. 따라서 부대원들은 시위군중들이 때때로 실감하는 자신이 노출되어 있다는 느낌을 전혀 받지 않는다.

일반적으로 한 진압부대가 시위군중들을 향해 돌격할 때 시위대들의 대형이 주름잡히듯 찌그러지기 시작하며 특히 날개 부분이 포위를 시작할 것이다. 지휘관은 이러한 상황을 인지하고 이를 예방하기 위한 조치를 취하도록 해야 한다. 일단 진압부대행동이 시작되면 멈추지 말아야 하며 멈춘다는 것은 아예 안 들어가는 것만 못하다. 시위대에 밀려 후퇴하는 일은 천천히 진행되어야 하며 한 명의 개인이 공격을 받으면 곧 바로 다른 동료들이 그 자리를 메워 시위대들에게 그들이 상대하고 있는 경찰들은 개인이 아닌 훈련된 집단과 상대하고 있다는 사실을 강조해야 한다. 전방의 부대들은 시위대들의 체포를 시도해서는 안 되는데 이는 세력을 약화시키기 때문이다. 체포는 제대의 후방에 위치한 예비 부대에 맡겨야 한다.

[4] 위력적 순찰: 소요군중들의 해산이 이루어진 후 진압부대들은 적극적으로 그리고 Applegate의 표현을 빌리자면 '공격적으로' 그 장소를 순찰해야 하며, 그 동안에 지역에 잔류하고 있는 잔당들을 체포해서 시위대들의 재집결을 방지해야 한다. 물론 모든 상황은 시위의 부류와 시위참여 인원들에 따라 달라진다. Teeven이 해군연구소(ONR)[5]의 의뢰로 진행한 연구는, 1960년대 중반 월남전 반대시위에 참여했던 학생들과 그렇지 않았던 학생들 사이에는 명확한 성격 차이가 존재했다는 것을 보여 주고 있다. 연구에 의하면 시위 참여자들은 그렇지 않은 인원들보다 더 '불안감'과 '편집증' 증세를 보였다. 이

---

5) ONR(Office of Naval Research): 버지니아의 Arlington에 본부를 둔 이 연구소는 북극연관 연구, 소규모 인원들의 격오지에서의 생활, 계급관련 문제들, 전투 스트레스와 정신질환 문제, 그리고 군사적 효율성 제고의 문제들을 주로 취급하고 있다. ONR은 연구의 대다수를 외부 대학에 의뢰하고 있으며, ONR의 심리과학과는 본부 내 8개의 부서들 중 하나이다.

런 결과가 의미하는 바는 이런 부류의 학생들은 미약한 공권력의 사용에는 강력하게 저항하지만 압도적인 공권력의 동원에는 항복하고 만다는 것이다.

5 화학제와 개인화기의 사용: Applegate는 대형의 사용만으로 시위대들을 해산시키지 못할 경우 최루탄이나 연막탄 같은 화학제의 사용이나 아니면 저격수를 이용한 선별 사격을 할 수 있다고 하였다. 연구에 의하면 시위나 소요군중들 중 겁이 많은 사람들은 경찰과 떨어져 군중들의 뒤에 모여 있는 경향이 있다. 그러므로 군중들을 해산시키는 데 효과적인 방법은 최루탄의 사격이나 기타 화학제를 그들의 머리 위를 지난 후방을 겨냥해서 발사하는 것이다.

시위나 소요 상황에서 요구되는 다른 인간 요소들은 미 사회체계연구센터(CRESS)[6]에 의해 작성된 '민간사회에서의 군중과 폭동에 관한 관계 서적 목록'이라는 이 주제에 대한 특수 참고문헌에서 찾을 수 있거나, 아니면 1966년 포트 Bragg에서 있었던 심리전 관련 회의 내부 보고서를 이용하면 찾아볼 수 있는데 다음과 같은 방안들이 추천되고 있다:

1 경찰들은 그들이 취할 수 있는 행동에 있어서 너무 세부적인 지시를 받지 말아야 한다. 현장의 지휘자가 재량을 위임받아 상황에 맡는 융통성을 발휘할 수 있도록 해야 한다. 그렇지 못한 경우 진압요원들은 고립되었다는 느낌을 받기 쉽거나 좀더 쉽게 겁에 질릴 수 있는데 이런 불안감은 상황을 악화시킬 수 있다.

2 Applegate에 의하면 지역의 범죄자들이나 다른 직업적인 '사회 저변의 활동 인원들'은 주로 개인적인 이득을 위해서 시위에 참여한다. 경찰정보요원들은 이런 사람들의 시위 가담을 저지하기 위해, 적절한 장소에 진행 저지구역 등을 설치해야 한다.

3 경찰을 위험한 상황으로 몰아넣기 위한 여러 가지 골탕먹이기 속임수가 벌어질 것이다. 이에 대응하기 위해서는 수집가능한 모든 첩보를 반드시 상호확인하는 등의 접근방식을 취해야 한다.

4 시위대들은 경찰들에게 욕설을 퍼부으면서 자극 내지는 유인할 것이다. 경찰요원들은 이를 무시하도록 철저하게 훈련을 받아야 한다.

5 진압부대의 피로는 지속되는 시위 상황 하에서 대단히 중요한 문제이다. 경찰요원들이 피로에 지치게 되면 감정적으로 변해 상황의 확대를 불러올 수 있다. 그러므로 항상 상황의 악화 내지는 확대를 예방하기 위해 어느 정도의 근무교대가 있어야 한다.

6) CRESS(Center for Research in Social Systems): 최초에는 SORO(Special Operations Research Office)라고 명명되어 1956년에 워싱턴 DC에 소재한 아메리칸 대학의 일개 부서로 시작되었다. 초기에 SORO는 모든 연구의 대상을 구소련의 영향권역으로 잡았고 주로 선전의 제작 살포와 그 영향력을 연구하였다. SORO는 Camelot 프로젝트의 연구소이지만 그에 따른 부정적인 인상과 몇몇 연구의 목적 때문에 CRESS라는 새로운 이름으로 재조직되었고 학생들의 시위로 대학으로부터 분리되어 나중에 내란 진압, 심리전 그리고 대민 활동 연구를 담당하는 미 연방 계약연구센터로 자리잡게 된다.

(2) 시위군중 통제의 심리적 · 실무적 기법들

1 언어 반전법 및 상담

시위군중 통제를 위한 여러 가지 정교한 심리적 접근 방식이 소개된 바 있다. 아마 가장 특이한 접근방식은 미국과학재단(NSF)에서 1972년 발표한 Coates의 연구일 것이다. 이 논문에서 그는 경찰들이 시위대들에게 농담을 던짐으로써 많은 긴장된 상황을 해결할 수 있다고 주장하였다. 그 자신도 얼마만큼 심각하게 자신의 방안을 받아들였는지 모르겠지만 Coates는 시위대와 대치 상태에서 유머를 동원하면 군중의 공격적인 감정을 그들의 주목적에 집중시키고 경찰로부터 그 증오를 옮길 수 있다는 것이다. 그리고 경찰들 자신들의 감정 수위를 낮추는 것도 유머를 통해 가능하다는 것이다. Coates는 상식 밖의 특정 인종을 대상으로 하는 농담이나 육체적 · 계층간의 차이를 주제로 하는 농담은 사용하지 말아야 한다고 말한다. 그 대신 음악이나 만담 같은 반전법을 사용해서 격앙된 상황을 반대 상황으로 역전시키는 것이 바람직한데 의도적으로 이 방법을 동원한 상황은 여태까지 없었다.

그러나 유머사용과 동격의 다른 심리적인 기술들은 성공적으로 사용되었다. Shellow (1965)는 1963년 흑인들의 인권운동시위를 진압하기 전에 특수 민간사태 담당요원들에게 집단치료를 실시하였다. 45명의 경찰간부들을 대상으로 필름을 상영하고 심리학자 앞에서 그들의 흑인에 대한 감정을 토로할 수 있는 기회를 부여받았다. 특히 그들은 흑인 시위 참여자들과 유혈사태에 이르는 접전을 벌일 가능성을 상상하도록 하거나 그런 상상을 하도록 유도받았다. 이러한 사전 준비들은 경찰 간부들의 감정을 조절하는 데 긍정적으로 작용했으며 이들은 시위 후에도 흑인 지도자들로부터 그들의 폭력을 사용하지 않으려는 노력과 보여준 공정성을 높이 평가받았다.

2 소음 및 빛 장치의 사용

그러나 연구 결과에 의하면 소음은 좀더 나쁜 의도를 가지고 동원된다. 시끄러운 큰 소음은 듣고 있기 매우 고통스러울 뿐만 아니라 특정한 주기를 두고 내보내질 때는 사람들을 괴롭게 할 수 있어 심한 경우에는 간질 증세를 일으키기도 한다. 그래서 두 종류의 '음향 무기'가 개발되었는데 그 하나는 '소음 상자(squawk box)'라는 북아일랜드에서 사용된 무기인데 공기를 찌르고 찢는 듯한 소음을 방출하는 이 박스는 너무나 큰 괴로움을 전달해서 시위군중들은 분산되고 말거나 아니면 최소한 그들이 저지르고 있던 도발행위를 중단하고 소리를 피해 달아나게 된다.

최근 개발된 것으로 알려진 '음파총탄(sonic bullet)'은 어린애 울음소리 등을 증폭, 적이나 테러리스트를 무력화시키는 비살상용 무기이다. 고막에 엄청난 고통을 주는 음파총탄은 미국의 아메리칸 테크놀로지(AT)가 7년간의 연구 끝에 개발한 것으로 어린애 울음 등 50가지 소리를 140dB로 증폭시켜 고막에 통증을 주고 방향감각을 일시에 상실케 하여 적을 무력화시키는 무기이다. 종전의 음파총탄은 반사파로 인해 목표 외의 무기사용자나 주변사람에게까지 피해를 주었지만 시판 예정인 이번 개량품은 목표에 적중해야만 극초음파 소음을 발산하는 것으로 발표되었다. 2002년 10월부터 생산중이며 개당 가격은 2백~3백 달러로 다소 비싼 것으로 알려졌다(중앙일보, 2002c).

아마 더 믿음직한 새로운 경찰의 군중통제방안으로는 구호 외치기가 주문이 되어버리기 전에 리듬을 탄 외침을 중단시키는 방법이 있다. 구호 외치기나 그 외의 주기적으로 되풀이되는 외침 현상은 자체적으로 유발되는 집단최면의 일환으로 학자들에게 인식되고 있으며 그 목적은 시위 참여자들을 몰개성화 하도록 하여 집단 통제를 쉽게 받아들이도록 하기 위함이다. 이런 방식을 동원하는 리더나 아니면 전기 메가폰, 뿔 나팔, 드럼, 아니면 기타 타악기를 동원해서 사태를 악화시키는 인원들을 신속하게 군중으로부터 축출해야 한다. 강력한 음향기기의 동원은 이런 시위대들의 노력을 빠른 시간 내에 분쇄시킬 수 있다.

둘째로 Allen이라는 국제기업이 1973년에 선보인 '빛 조절기(photic driver)'라고 명명된 이 기계는 음향을 분출할 때 소리가 빌딩의 벽에서 반사돼서 울려 나올 뿐만 아니라 반짝이는 빛을 분출하는 기계인데 이 빛 또한 건물의 벽에 반사되어 돌아올 수 있기 때문에 그 효과는 더 강해진다. 이 소음과 빛은 함께 군중들에게 확실한 현기증 증세를 불러오며 간질 증세는 이 기계를 동원할 때 나타날 가능성이 더 높았다. 섬광탄은 터지면서 강한 섬광을 분출하여 시위대의 시각 기능을 일시적으로 마비시키는 비살상 무기로, 정상적인 방법으로 통제불가능한 과격 시위대들을 순간적으로 제압하는 데 사용될 수 있다.

③ 후각자극의 활용: 악취탄 사용

Howard와 Hitt(1966)는 다양한 인종의 코를 통해 고통을 줄 수 있는 '악취' 폭탄의 개발을 위해 관련된 전 세계의 거의 모든 인류학적 그리고 심리학 연구자료를 검색하여 후각으로 문화적 차이를 정의하려는 노력을 시도하였다. 각 인종들이 거부감을 느끼는 냄새에 대해서 특별한 관심을 가지고 조사했으며, 실질적으로 현기증이나 공포를 불러일으키는 냄새에 중점을 두었다. 그 의도는 후각을 자극하는 폭탄을 제조하여 게릴라들을 쉽게 사살할 수 없는 정글로부터 몰아내도록 한다든지 아니면 현지 부족들로 구성된 게릴라들이 미군 병력들에게 접근을 하지 못하도록 하는 데 있었는데 이는 미군들에게는 거부감을 주지 않는 냄새로 제작되었기 때문에 미군이 거동하는 데는 아무 지장을 주지 않는 점을 감안한 것이다. 다음 적용가능한 용도는 일반 폭탄과 악취를 유발하는 폭탄을 섞어서 사용하되 그 냄새가 그 문화에서 차지하는 거부감의 비중을 감안하여 그 냄새의 존재 자체만으로도 공포감을 유발시키고 냄새의 지속적이고 위험한 연관성이 사람들의 일상적인 삶을 혼란에 빠뜨리는 역할을 하게 하는 것이다.

예를 들어 Howard와 Hitt의 논문은 미얀마의 Karen 족은 요리되고 있는 기름 냄새보다 더 싫어하는 것이 없다는 점을 밝혀냈다. 그 부족의 경우 다른 어떤 냄새에도 아무 지장을 느끼지 못하는데 유독 기름 태우는 냄새는 사람의 육체에 스며들 수 있다고 믿고 있으며 만약에 몸에 상처라도 있을 때에는 그 냄새의 침투가 사람을 아프게 할 뿐 아니라 심한 경우에는 죽음까지 초래할 수 있다고 믿는다. 이 부족들 사이에는 사람이 죽었을 당시 근방에서 음식을 요리하고 있었다는 사실을 가지고 요리를 하던 사람이 살인을 저질렀느니 아니니 하는 논쟁이 붙은 경우도 있었다. 비슷한 예로 Andanise 족들은 돼지고기를 먹거나 아니면 거북이를 먹고 난 후에 사람의 육체는 정글의 악한 혼령들을 끌어 모은다는 믿음을 갖고 있어 진흙으로 자신의 몸을 바른 다음에 외출을 한다. 그래서 그들은 돼지나 거북이 고기를 굽는 냄새가 있는 밀림 지역은 당연히 피해 다닌다. Howard와 Hitt는 이 분야의 지속적인 연구에 대한 필요성을 강조하면서 특히 사회에는 잘 알려졌지만 매우 불쾌감을 준다고 인식된 냄새와 폭탄을 연결시키는 노력에 대한 연구의 필요성을 주장하였다. 그들의 주장에 의하면, 이런 작전은 지속적으로 사기를 저하시킬 가능성을 높여 준다는 것이다.

최근의 보도에 의하면 미 국방부는 비살상용 무기개발 프로그램의 일환으로 불쾌한 냄새가 나는 신형 화학무기를 만들고 있으며 개발이 완성되면 경찰에도 시위진압용으로 제공할 계획이라고 한다. 미 국방부 대변인은 뉴 사이언티스트지에 '이 무기는 상대방의 피해를 최소화하면서 진압작전을 펴는 측에는 공격의 기회를 열어 주는 획기적인 수단이 될 것'이라고 말하고 있다. 악취탄 연구진은 '악취는 사람 두뇌 중 공포를 느끼게 하는 부분을 자극하는 효과가 있어 이 악취탄을 사용하면 적군이나 군중들이 정서적으로 나약해진다'고 설명한다. 연구자들은 사회·문화적 배경에 따라 사람들이 악취로 느끼는 냄새가 달라 이 무기 개발의 핵심은 '인류 보편적인 악취'를 찾는 것이 핵심이라고 보고 있다. 연구를 주도하고 있는 '모넬화학감각센터'의 인지심리학자 팸 댈턴은 인종·민족적으로 다양한 사람들을 대상으로 실제로 실험하면서 두 종류의 보편적인 악취를 찾아냈으며 이를 혼합해 무기로 사용할 예정이라고 하였다(중앙일보, 2001a). 또 특별히 제작된 '입냄새탄'은 역겨운 입냄새를 유발함으로써 이 화학무기에 노출된 시위대가 일반 민간인 사이로 대피 위장하더라도 이를 쉽게 적발해 낼 수 있는 화학무기들이다.

4 기동력의 제한

미군이 개발하고 있는 '거품고무탄'은 거품같은 고무성분을 뿌려 차량의 운행을 막고 시위대의 호흡을 곤란하게 하는 비살상 무기이다. 이 밖에 강력한 접착력으로 사람 몸에 달라붙어 상당 시간 움직일 수 없게 만드는 거미줄망탄 등이 있다. 전자기파를 이용해 전자장비를 사용하는 차량의 운행이나 선박의 운항을 막는 방법 등도 비살상 무기에 속한다.

5 기타 비살상용 무기

최근 비밀해제된 미군문서 '1994 계획'에서는 대상을 직접 살상하지 않고 적군이나 시위대를 교란하기 위해 '게이(gay)탄'등 기발한 비사살용 무기 개발을 구상한 것으로 알려졌다. 게이탄은 적 병사들이 동성애를 느끼게 자극하는 화학무기로 일명 '사랑탄'이라고 불리운다. 이 무기는 적진을 무질서하게 만들어 규율을 파괴하고 사기를 떨어뜨린다는 목적 하에 구상된 것이다. 또 '공격해봐!(attack me)'라는 무기는 냄새를 맡고 말벌이나 들쥐들이 달려들게 만드는 화학무기이다. '누구, 나?(who, me?)'라는 이름의 화학탄은 제2차 세계대전 종전 직후부터 개발이 거론돼 온 무기로 적 병사들을 거만하게 만들어 군기의 생명인 상하질서를 교란하자는 구상이다. '웃음탄'은 이 무기에 노출된 사람들에게 웃음을 유발함으로써 적개심을 떨어뜨리고 투쟁의욕을 저하시키고자 하는 비살상용 무기들이다.

6 시각자극의 이용

일본에서도 시위대의 행동을 약화시키는 의외의 발견이 있었다. 영국 여왕이 1974년에 일본을 방문했을 때, 동경 경찰이 얻어낸 결론은 군중들이 노랑이나 파란색의 '부드럽고 시원한 느낌을 주는' 색상의 바리케이드로 통제되고 있을 경우에 빨간 색이나 갈색의 '거칠고 호전적인' 색상의 바리케이드로 통제되고 있을 때보다 적은 피해를 입힌다는 것이다. 마찬가지로 진압군들이 강하고 호전적인 색상을 사용한 진압복보다는 보다 부드럽고 시원한 느낌의 복장을 착용하는 것도 때로 효과를 볼 수 있다.

7 실제 무기의 사용

군중을 대상으로 한 실제 무기의 사용은 자연히 논란의 대상이며 그 관점은 비살상용 무기의 사용과는 판이하게 다르다. Applegate는 폭동 현장에서 실탄을 장전하지 않은 무기의 소지나, 아니면 무기를 사용하지 말라는 명령을 받은 무장요원들의 투입은 무의미하다고 주장한다. 그는 위와 같은 경우 경찰의 사기가 저하될 것이며 그리고 군중들도 경찰이 실탄이 없다는 것을 알아내면 그 결과는 비관적이 될 것이라고 주장한다. 그래서 실제 화력은 예비부대가 소지하고 제1선에 있는 요원들은 개인 화기를 소지하지 않는 것이 최선이라고 볼 수 있는데 이러한 조치는 좀더 안정적인 통제를 가능하게 해주며 나아가 위협의 정도를 점차적으로 높여갈 수 있게 해준다. 그는 또 실탄을 장전하지 않고 착검 상태로 군중들 앞에 투입하는 방법도 검증되지 않은 방법이라고 주장하는데 이런 명령 역시 사기를 저하시킨다는 연구 결과를 얻었기 때문이다.

Applegate는 군중의 머리 위로 실탄을 발사하는 것도 효과가 얼마나 있는지 의문을 표시한다. 그에 의하면 이런 행위는 자칫 상황을 좀더 자극할 가능성만 있다는 것이다. 그가 권고하는 접근방식은 폭도들의 발 앞 땅에 대고 실탄을 발사하는 것이다. 이 방식은 사망자의 발생가능성을 줄여주는데 말하자면 반사되어 튀어 오른 탄알들은 신체의 하단에 맞을 가능성이 높아 사망보다는 부상의 위험성을 더 높여 주는 것이다. 이 방식의 심리적인 충격이나 영향은 군중의 머리 위로 발사하는 방식보다도 훨씬 더 강력하다고 그는 주장한다.

그에 의하면 군중과 처음 대면했을 때 그들에게 경찰이 무장하고 있고 총들은 실탄으로 장전되어 있다는 것을 보여주는 행동을 취해야 한다는 것이다. 이 무력시위는 적절한 타이밍이 관건이지만 일반적으로 권고할 만하다. 간혹 총성은 멀리 떨어져 있는 군중들을 격한 감정으로 몰아가기 때문에 소음기를 사용하는 것도 가능하다. 야간에는 총검 위에 야광물질을 부착하는 것도 경찰대가 폭도들에게 접근할 때 심리적인 영향을 끼칠 수 있다. 마지막으로 Applegate는 현장의 지휘관은 총에 부상한 인원과 사망한 인원의 구분을 즉시 정확하게 내려야 한다고 강조한다. 지휘관들은 단순히 '총에 맞았다'라는 단어를 사용하면 안 된다. 통계치는 여러 사람들의 반응을 움직이는 힘이 있기 때문이다.

4. 위기관리의 집단의사 결정

우리는 이제 사람들이 소집단에서 상호작용 할 때 일어나는 과정들을 검토해 볼 필요가 있다. 중대한 의사결정에서도 다른 사람들의 존재에 의존하는 과정은 모두에게 시사하는 바가 크다.

1) 집단사고(group think)

(1) 집단사고의 개념

집단은 종종 복잡하고 어려운 결정을 해야 한다. 대통령 자문위원회와 각료들은 장기적이고 돌이킬 수 없는 결과를 초래하는 외교정책에 관한 결정을 해야만 한다. 그런데 시간이 지나고 보면 이러한 많은 결정들이 잘못되고 오류가 많았음을 알게 된다. 어떻게 이러한 비생산적인 결정이 가능한 것일까? Yale 대학교의 심리학자 Janis는 1961년 4월 17일의 쿠바 피그만 침공 및 월남전의 확대와 같은 성공적이지 못했던 미국의 외교정책들을 분석하는 데서 그 원인을 찾게 된다(Janis, 1982).

전후 미국의 외교정책 중 가장 참담한 실패 중의 하나가 케네디 정부 시절 피그만 침공사건이다. 무장한 쿠바 난민들을 피그만에 침투시켜 카스트로 공산정권을 전복시키려 했던 이 사건은 미 외교사에 지금도 '재앙'으로 남아 있다. 쿠바 내 반군의 내응이 있을 것이라는 CIA의 정보만 믿고 피그만에 상륙했던 1천 5백여 명의 난민들과 요원들은 작전 과정에서 곳곳에 허점이 드러나 카스트로 군대에 의해 전원 포로가 되거나 사살되었다. 이 사건을 계기로 케네디 정부는 국제적인 외교적 망신을 당했고 쿠바는 급속도로 소련과 가까워지고 결국 소련의 핵미사일을 끌어들임으로써 1962년 10월 쿠바 미사일 위기를 촉발시키는 계기를 제공하였다.

돌이켜 보면 피그만 침공계획은 처음부터 실패 위험이 높은 허술한 작전이었다. 하지만 케네디 대통령을 비롯한 미국의 초엘리트 집단이 모인 각료회의에서 쉽게 작전계획이 통과돼 실천에 옮겨졌다. 바로 이것이 Janis를 비롯한 학자들의 관심을 끌었다. Janis는 의사결정자들이 비합리적이고 무비판적인 결정을 내리는 경향성을 '집단사고'라고 부르며 이를 명쾌하게 설명하고 있다. 그는 비슷한 사고방식과 윤리의식을 갖고 있는 사람들이 모여 의사결정을 할 때 '우리(we) 의식'이 생겨난다고 지적했다. 모두들 한마음이라는 생각에서 비판기능이 위축되며 이것이 '만장일치의 환상'으로 이어진다는 것이다. Janis는 이때 구체적인 사실확인이나 검증작업이 소홀해져 피그만 침공처럼 허점투성이의 안건이 그대로 채택된다고 설명했다. 게다가 도덕적 확신을 지니거나 능력이 출중한 엘리트 집단인 경우 자신들의 결정이 반드시 옳다고 과신하는 경향이 있다고 하면서 이를 '무오류의 착각'이라고 표현했다. 사실 피그만 사건 당시의 정책결정 구조가 이를 단적으로 보여준다. 케네디를 비롯한 딘 러스크 국무장관, 로버트 맥나마라 국방장관, 맥조지 번디 안보보좌관, 앨런 덜레스 CIA 국장 등 결정에 참여한 7인이 모두 친구 사이이며, 성장배경도 비슷하고 출신학교도 대부분이 하버드 대학교였다. 서로 절친했던 이들은 침공계획의 무모함을 집어내지 못했다. 전략회의가 수차례 열렸지만 누구도 한번쯤 반대편에 서서 생각해보려고 하지 않았다.

이처럼 집단사고는 집단 내의 합의나 만장일치의 모습으로 특징지어진다. 각 구성원들은 모든 구성원들이 특정한 결정이나 정책에 동의하는 것으로 믿는다. 소수의 반대의견이 있다 하더라도 그것이 집단의 응집성을 손상시키거나 인기가 없을 것이라는 믿음

때문에 잘 표출되지 않는다. 따라서 응집적인 집단에서 고려되는 선택지의 수는 최소한의 것이다.

표현의 자유가 만개한 사회에서도 억압은 존재한다. 밝은 세상의 어두운 측면이다. 그러나 구체적으로 억압의 실상은 손에 잡히지 않지만 그런데도 많은 사람들은 억압을 느낀다. 이런 억압은 자주 자기를 억압하는 심리적 형태로 나타난다. 정보를 전문적으로 다루는 곳에서 억압이 일반화되면 '정보실패'가 빈발하게 된다. 이라크전쟁과 관련해 미국상원 정보위원회가 파헤친 CIA의 정보실패가 그 생생한 사례다. CIA의 정보실패는 부시 대통령이 일으킨 이라크전쟁의 명분을 크게 훼손시켰다. 정보위의 보고서에 따르면 정보기관의 전문가들을 심리적으로 억압한 것도 바로 '집단사고'였다. 집단사고는 조직의 전통적 믿음을 갖고, 조직의 집단논리에 반하는 개인의 새로운 발견이나 해석을 부담스러운 것으로 여기는 문화이다. 그 발견이나 해석을 표현하는 것은 위험스럽기까지 하다.

이라크전쟁은 '커브 볼'이 정보를 제공했든 안 했든 일어나게 돼 있었다. 커브 볼은 이라크인 첩보원의 암호명이다. 그는 미 정보기관에 이동식 생물무기가 이라크에 있다는 첩보를 제공한 단 하나의 소스였다. 그의 첩보를 뒷받침하는 증거나 교차확인할 수 있는 다른 정보들은 없었다. 놀랍게도 CIA는 커브 볼의 첩보 한 조각에 의지해 이라크에 대량살상 생물무기가 있다는 보고를 했다. 콜린 파월 국무장관은 유엔 안보리에 나가 이 정보를 제시하며 미국이 이라크를 침공하지 않을 수 없다고 주장했다. 문제는 그 당시에도 정보기관 안에선 커브 볼이 신뢰하기 어려운 소스라는 것을 알고 있었다는 사실이다. 그래서 파월 장관의 연설이 있기 며칠 전 한 정보분석관은 파월에게 커브 볼 첩보의 진상을 전달하려고 노력했다. 그러나 이 정보분석관의 노력을 저지한 CIA 고위관료는 정보분석관에게 대세를 거스르지 말라고 암시하며 커브 볼과 관계없이 전쟁은 일어난다고 증언하였다. 진실을 알리려는 한 개인의 노력은 'CIA는 이라크전을 치르기 위해 존재한다'는 집단사고 앞에 중단된 것이다. 이처럼 집단사고의 폐해는 특정집단이나 보스에 대한 충성심과 도덕성을 혼동한다는 데 있다.

(2) 집단사고의 방지

집단사고에 의해 야기되는 문제들에 대한 몇몇 해결책들이 제안되었다 (Janis & Mann, 1977; Tetlock, 1979). 첫 번째, 집단의 지도자는 어떤 문제에 관한 모든 입장의 목소리를 격려해 주어야 한다. 새롭거나 혁신적인 아이디어가 표출되기 때문에 집단에 관한 오랜 신념이 도전을 받겠지만 복잡한 결정을 해야 할 때는 가능한 많은 아이디어와 해결책을 끌어내려는 노력으로 정적 및 부적 요인들의 목록을 작성해야 한다. 일단 집단결정이 합리적인 듯 하다면 그 집단은 그 결정의 모든 가능한 결과를 충분히 생각해야 한다. 이는 자신이 그 결정의 근거에서 행동한다고 상상해보는 역할실연에 의해 이룩될 수 있다. 어떤 사람이 개입함으로써 응집성과 합의성이 극소화될 것 같은 집단 밖에 있는 사람의 전문가적 의견을 집단은 격려해 주어야 한다. 일반적으로 많은 선택 대안이 제시되고 고려될수록 집단의 결정은 더 창조적이고 생산적으로 되는 것이다.

두 번째는 집단 내부에 비판자를 두어 반론과 이의를 자유롭게 제기할 수 있도록 해야 할 것이다. 반론 대변인(devil's advocate)이라고 하는 이러한 역할을 담당하는 사람이 공개적인 논의를 통하여 회의적이고 비판적인 생각들이 자유롭게 제시될 수 있도록 회의 분위기를 유도해야 한다는 것이다. 또 비판자의 반대의견에 동조하는 사람을 하나 더 두라고 강조한다. 즉 자기검열을 강화하라는 것이다.

2) 집단극화(group polarization)

우리 사회에서는 중요한 결정을 집단에 부과하는 경향이 있다. 사업계에서 가장 중요한 결정은 한 사람의 책상 위에서보다는 회의탁자에서 이루어진다. 정치에서 주요 정책결정은 단 한 사람에게 부여되는 일이 드물다. 집단의 고문들, 내각 관료들, 위원회 위원들이 안건을 심의하고 결정하기 위해 모임을 갖는다. 왜 그렇게도 많은 결정이 개인보다 집단에 위탁되는가? 한 가지 이유는 우리는 개인이 혼자 사안을 결정하는 것이 집단이 하는 것보다 더 큰 위험을 갖는다고 가정하는 경향이 있다는 것이다.

집단이 개인보다 더 보수적인 결정을 한다는 가정은 1960년대 초기까지는 전혀 도전을 받지 않았다. 그 시대에 Stoner(1961)는 이 생각을 검증하기 위해서 한 실험설계를 하였다. 그는 피험자에게 위험하지만 보상가능성이 있는 행동과정과 보수적이면서 보상이 적은 대안 사이에서 선택을 해야 하는 가상의 인물들을 개인적으로 상담해 주도록 요구하였다. 다음에 조언자는 그들이 만장일치에 다다른 후에 각 결정을 토의하기 위해 소집단으로 모임을 가졌다. Stoner와 많은 다른 사회심리학자들은 혼자 일한 성원이 상담해 준 행동보다 집단이 더 모험적인 행동과정을 일관되게 제안하는 것을 발견하였다. 이 현상을 모험이행(risky shift)이라고 한다. 후속 연구들은 모험이행이 단지 집단토의결과 개개인이 자신의 태도면에서 더 극단적으로 되는 집단극화(group polarization)의 한 측면이라 주장하고 있다(Moscovici & Zavalloni, 1969). 모험적으로 시작한 집단은 토의 동안에 더 모험적이 되지만, 신중을 기하는 경향이 있는 집단은 토의 동안에 훨씬 더 보수적인 쪽으로 결정을 하게 되는 보수이행(cautious shift)도 있을 수 있음을 시사한 것이다.

집단 극화에 대한 몇 가지 설명들의 제안되어 왔다(Myers & Lamm, 1976). 첫째는 정보영향 관점으로 사람들이 집단토의 속에서 새로운 정보를 얻는다는 점을 강조한다. 이때 사람들은 대개 자신의 입장에 반대하는 이유들보다는 찬성하는 이유들을 더 주의를 기울이고 더 많이 듣게 될 것이다. 어떤 특정 입장에 대한 타인의 지지적인 정보를 듣거나 얻게 되면 사람들은 더 적극적으로 자신의 입장을 지지하도록 고무된다. 따라서 토의는 사람들에게 자기들의 당초의 견해들이 옳다는 것을 납득시키고 결과적으로 더 극단적인 의견들을 일으킬 것이다. 두 번째 설명은 사회적 비교과정 이론에 의한 설명이다. 이 이론에 의하면 구성원들은 토의 중에 어떤 문제에 대한 자신의 입장을 집단 내의 다른 사람과 비교하여 정확한지를 평가할 뿐 아니라 집단 내에서 호감을 받고 수용받게 되기를 원한다. 이러한 동기는 사람들로 하여금 집단의 일반적인 의견들에 동조하도록 만들 것이다. 따라서 만일 문제가 신중하거나 보수적인 방향으로 해결될 것이라는 것을 확인하기 위하거나 또는 원해서 어떤 집단에 문제를 의뢰하였다면, 먼저 집단성원들이 신중하고 보수적인지를 먼저 확인할 필요가 있다.

양극화는 집단토의 과정에서 구성원들이 두 개의 파를 형성하고 쌍방이 각자 선호하는 대안에 강하게 개입되어 있을 때 발생한다. 양극화가 심화되면 의사결정이 진행되지 못하고 정체되거나, 더 강한 쪽이 자신들의 의견을 약한 쪽에 강요하거나 양측이 최소한으로 합의된 상황에서 어정쩡하게 의사결정이 이루어질 수도 있다. 이때 리더는 토론자간에 서로간 감정을 상하게 하는 발언을 삼가게 하고 회의를 방해하는 언동을 하거나 한쪽으로 동의를 강요하는 행동을 최소화시켜야 한다. 그러나 경쟁적 대안이 존재해서 결정이 힘들다면, 대안들의 장점만을 제시해서 상호간 이해를 증진시키거나 한정된 실험적 모델을 통해 효과를 검증해 보거나 쌍방의 주장에 대한 공통점과 차이점을 파악하고 이해시켜 대결적인 자세보다는 문제해결을 위한 분석적인 논의가 이루어지도록 한다. 그래도 양방간 합의가 이루어지지 않을 경우 리더는 집단토의에 의한 의사결정이 아니라 리더가 단지 집단의 자문을 받는다는 입장으로 돌아가 리더가 최종적인 결론을 내리는 방법을 고려할 수도 있다.

5. 집단의 사회화(socialization)

1) 사회화의 개념

한 개인이 소속집단의 문화와 가치관을 습득하는 과정을 '사회화'라고 부른다. 사회 속에서 시간의 흐름은 한 집단과 그 구성원들에게 변화를 남긴다. 그들은 그들의 가족과 문화에 적합한 행동과 태도를 학습하며 소속집단의 가치관에 동조를 보인다. 사회화에 관한 실험적 연구에 의하면 유기체는 사회적 고립 속에서 자신의 습관을 확립하는 것처럼 종종 주장되고 있다. 그러나 모든 인간이 적응해야 하는 생활조건 가운데 가장 중요한 것은 다른 사람의 존재이다. 이 타인들은 훈련의 기관으로서, 모방의 모델로서 그리고 강화의 근원으로서 사회화와 관련되게 된다. 타인들은 처벌을 가하고 또한 보상을 제공함으로써 개인적 성장이 이루어 질 수 있는 방법에 대한 모방을 제시해 준다. 각 개인이 자신의 세계에 적응하는 방법은 타인의 요구와 타협의 필연성에 의해 결정된다. 인간의 경우, 학습은 고립된 유기체의 개별적인 기능의 증가가 아니다.

사회화란 인간들과 함께 난점을 극복해 나가고, 환경의 여러 측면의 새로운 접근방법을 발전시키는 데 서로 적응해 나가는 의사소통의 과정이다. 각 개인은 남의 반응을 예견하고 그것에 동조할 수 있을 때까지 자신의 노력을 성공적으로 수정해 나감으로써 참여를 통해 조직집단에 참여할 수 있는 능력을 점차 발전시킨다. 처음에 조직화된 경향도 점차 협동적으로 그리고 세련화되고 반복을 통해 습관화된다. 각 개인에 있어서 의미들은 자연적 선택의 과정을 통해 생성된다. 현재의 생활조건에 성공적으로 적응할 수 있게 해 주는 행위양식은 영속화되어 외계에 대한 각자의 지향의 일부로 된다.

비록 사회화가 간혹 습관의 일부분으로 간주되고 있지만 사회화란 살아 있는 유기체가 그의 환경에 대한 계속적인 적응으로 보는 것이 더욱 유용하다. 모든 생물들은 살기 위해 투쟁하고 각자가 처해 있는 생활조건 속에서 재생산하기 위해 투쟁한다. 그러나 인간의 경우, 환경은 주로 개념화되어 있고 대상은 간혹 임의적으로 분류되어 있고 또한 명명되어 있다. 더구나 인간은 각자가 유일하고 또한 상이한 요구를 갖고 있는 타인을 포함하고 있다. 인간은 자신들이 알고 있는 상황에 적응하고 성공적으로 보이는 자신들의 활동을 반복한다. 그러나 성공을 측정함에 있어서 성공을 단지 물리적 생존에만 국한시키지 않는다는 점이 중요하다. 인간은 개인적 및 사회적 지위뿐만 아니라 다양한 상징적 만족에도 관심을 갖고 있다. 가장 중요한 것은, 인간은 자존심과 자존심에 대한 감정에 관심을 갖고 있다는 점이다. 환경에 대한 인간의 적응에는 다른 어떠한 방법으로도 조절될 수 없는 상황 속에서 방어적 자세를 취한다는 사실이 내포되어 있다. 동기화처럼 사회화도 살아 있는 유기체에 내재되어 있는 적응적 경향의 측면에서 설명될 수 있다.

조직화된 집단에 참여하는 동안 각 개인의 적응은 습관으로 굳어지고 또한 사회적 제재(social sanction)를 통해 강화된다. 사회화는 새로 온 사람이 자신의 행위를 집단 내에서 제재받고 있는 행위 유형에 선택적으로 적응시키는 의사소통의 계속적 과정이다. 일단 인습적 의미와 상징을 학습하면 그는 집합적 집단의 다양성에 보다 용이하게 참여할 수 있다. 그는 보다 세련된 판단을 하는 것을 배우고 그리고 이것은 결국 그로 하여금 보다 복잡한 유형의 협동에의 참여를 가능하게 만든다. 모든 종류의 가치관은 훈련을 통해 학습되지만 타인에 대한 일관성 있는 감정적 반응을 통해 더 많이 형성된다. 새로운 사람이 어떤 집단에 가입할 때, 대략 모방으로 시작하여 점차 관습적 절차를 발전시킴으로써 인정될 수 있는 행위의 표준에 성공적으로 접근한다.

2) 병사들의 사회화 과정

대부분의 사람들의 경우, 성인이 된 후 세계관의 변동은 점차적으로 일어나기 때문에 그 변동은 거의 발견되지 않는다. 그러나 위기 상황에 처해지는 사람들은 때때로 새로운 의사소통의 경로로 접근하고, 이것은 하나의 격렬한 전환의 결과를 초래한다. 병역의무를 위해 징집된 사람은 항상 다소 다른 관점들을 습득한다. 우선, 그는 자신의 새로운 역할에 서툴고 불편함을 느낀다. 그러면서 그는 병사로서의 의무에 관한 설명을 신중하게 듣는다. 또한 자신의 잘못은 조소나 때때로 추가적 의무를 통해 교정된다. 그는 경험이 많은 고참들을 모방한다. 그는 군사적 의미를 지닌 새로운 어휘뿐만 아니라 군인들이 친숙한 대상을 지칭할 때 사용되는 특수한 단어들도 배운다. 그는 점차적으로 다른 군인들처럼 말하고 생각하고, 활동하기 시작한다. 민간인의 관점과 군인의 관점간의 비교는 특히 전쟁의 측면에서 뚜렷해진다. 그러나 신병들은 부대를 떠나 휴가를 가기 전까지는 자신들이 얼마나 변했는지 잘 알지 못한다.

군 입대의 사유가 어떻든간에 군대의 성원은 군이라는 집단적 가치체계로 통합되어 군대적 일체감(military identity)이 확립되어야 한다. 여기서는 병사들을 중심으로 한 군대의 사회화과정과 그 내용을 알아본다.

1 국가의식의 앙양: 관심의 초점을 개인에서 국가로 바꾸는 과정으로 조국과 민족에 대한 개념이 형성되고 진정한 애국심이 무엇인가를 알게 되며 세계 속에서 국가를 생각하게 된다. 국가가 존재함으로써 내가 생존할 수 있다는 의식이 군대체험을 통해 체득되는 단계이다.

2 군사지식과 기술의 습득: 적의 능력을 알고 그것을 능가하는 군사지식과 장비 및 무기에 대한 기술을 상급자나 동료들로부터 체득하는 과정이다.

3 집단정신의 배양: 병사들은 집단생활을 통하여 강한 유대감을 가지게 되며, 그 중요성을 느끼게 된다. 24시간 짧지 않은 시간을 침식을 같이 하며 일과를 수행하는 장면은 다른 일반 사회집단에서는 보기 힘든 일이다. 부대의식과 운동경기, 훈련, 내무생활을 통하여 강한 집단정신의 힘이 얼마나 중요한지를 체험하는 과정이다. 이러한 집단정신은 군대 전투력을 형성하는 기초이며 강한 응집성과 팀워크는 승리의 원동력이 된다.

4 생활능력의 향상: 이는 환경에 적응하는 능력과 자립정신이 증대됨을 의미한다. 힘든 훈련과 역경을 견디는 인내심, 급변하는 상황에 대한 적응력, 판단력 등은 장기간의 군생활을 통해 자신도 모르게 체득된다. 또한 이러한 조직생활을 통해 형성되는 자신감과 책임감은 사회생활에 대한 적응력을 높여 줄 것이다.

5 명예와 자부심의 발로: 국가방위의 신성한 의무를 자신이 수행하고 있다는 자랑스러운 느낌을 체험하고, 나아가 영광된 조국의 수호자였다는 자부심을 형성하고 확신하는 과정이다.

사회화과정을 거친 사람이 전혀 새로운 환경에 적응하기 위해 기존의 생활방식이나 사고를 버리는 것을 탈사회화(desocialization)라고 한다. 신입 생도들이 기초군사 훈련에 임하면서 직면하는 것이 기존의 가치관을 버리라는 지시일 것이다. 사관학교 입교라는 새로운 환경에 적응하기 위해서는 우리는 기존의 이기적이고 개인주의적인 사고방식을 버릴 수밖에 없다. 또한 유교문화에 익숙한 동양인이 개방적 미국사회에 이민을 간 경우에도 우리는 탈사회화를 경험한다.

3) 재사회화(resocialization)

사회화과정이 지나면 개인은 집단이 존속되는 동안 유지기간을 갖는다. 그러나 어떤 경우에는 유지과정이 '일탈(divergence)'이라는 전환점에 이르기도 한다. 예를 들어 집단이 개인들로 하여금 그 개인에게는 전혀 보상이 되지 못하는 역할들을 강제로 맡게 할 수도 있다. 개인 역시 적절한 행동에 대한 집단의 기대에 부응하지 못하여 역할 협상이 난관에 봉착할 수도 있다. 일탈의 시점에 도달하면 사회화과정은 재사회화라는 새로운 상황을 맞게 된다.

재사회화는 원래의 생활양식을 버리고, 그와는 매우 다른, 흔히 양립할 수 없는 생활양식을 따르기까지의 급격하고 근본적인 변화를 의미한다. '세뇌' '수감자의 교도' '기초군사훈련' 등은 재사회화의 예들이다. 효과적인 재사회화를 달성하기 위한 단계적 방안은 다음과 같다.

1 개인에 대한 전적인 통제를 장악: 개인에 대한 어떠한 외부집단의 영향력도 배제하고 개인생활의 모든 영역에 걸쳐서 영향력을 행사.

2 과거 지위의 억제: 과거의 지위는 무로 돌리고 재사회화과정에서 달성한 업적과 지위만을 인정.

3 과거자아 또는 이전신분(old self)의 도덕적 가치를 부정: 흔히 개인이 재사회화과정 이전에 가졌던 가치나 견해를 평가절하하고 제거해야 할 대상으로 돌림.

④ 자신의 재사회화에 참여: 자기분석, 자아비판, 고백 등의 방법을 통해 적극적으로 자신의 재사회화에 참여시킴.

⑤ 극단적 제재: 부정적 제재와 긍정적 제재 모두 사용

⑥ 동료집단의 압력과 지지를 강화: 동료집단의 비공식적 영향력을 활용한다.

재사회화 동안 이전의 정회원은 집단에서의 미래가 불확실한 주변 구성원이 맡았던 역할을 하게 된다. 때로는 개인이 이러한 위기를 재촉하는데 이는 흔히 부담의 증가와 보상의 하락, 집단에 대한 헌신의 약화, 책임과 의무들에 대한 불만족에 대한 반응이다. 집단도 그것을 부추길 수 있는데, 기여하지 않거나 집단의 명시적 및 묵시적 목적에 반하는 일을 하는 성원에게 반발할 수 있다. Moreland와 Levine(1982)은 재사회화의 두 가지 성과들을 밝혀 내었다. 집단과 개인은 동화와 조절을 통해 그들의 격차를 해결할 수 있다. 이 경우 '수렴'이 일어나며, 개인은 다시 한번 그 집단의 정회원이 된다. 그렇지 않고, 재사회화 노력이 실패할 수도 있다. 이때 집단은 그 개인을 더 이상 구성원으로 받아들일 수 없으며, 그를 추방하려고 하게 된다. 마찬가지로 개인도 그 집단에 대한 자신의 헌신을 재평가하고 그 집단을 떠나기로 결심할 수 있다. 그 결과, 집단과 개인 간의 일탈이 너무 커서 최종적인 역할전환에 도달하게 되는데 그것이 바로 탈퇴(exit)이다.

사회화에 관한 대부분의 연구들은 학습이 일반적으로 가장 인상적일 때인 유아기의 훈련에 중점을 두고 있다. 왜냐하면 이때는 거의 모든 일이 새롭고 신기하기 때문이다. 아동은 단시일 내에 많은 것을 학습한다. 이 시기는 생활양식이 정립되는 때이고, 또한 차후의 모든 사회화에서 선택의 기초를 제공한다. 대개의 심리학자들은 동일시의 감정을 아동의 사회화에 대한 기본과정으로 본다. 자신의 환경 속에 있는 중요한 인물들의 행동을 모방함으로써 아동들은 자기들의 사회에서 성인들에게 기대되어지는 태도와 행동을 습득하게 된다.

그러나 새로운 태도와 행동의 학습은 각 개인의 일생을 통해 계속된다. 종교적 영역에 참여할 때, 다른 지역 사회로 이주할 때, 집을 떠나 대학에 입학 학교에 다닐 때, 특정 동아리에 참여할 때, 혹은 새로운 직업을 얻었을 때 사람들은 새로운 유형의 행동과 태도를 개발한다. 말하자면 인간은 새로운 환경에 더욱 적합한 행위양식을 개발함으로써 보조를 맞추지 않으면 생존에 위협을 받게 되는 것이다.

제 13 장

설득과 태도변화의 이론들

설득과정이 우리 일상생활의 일부분이 된 지는 오래다. 일상적인 매스미디어의 내용 중 많은 부분들이 개인과 집단의 설득을 위한 것들이다. 이제 설득은 개인 차원을 떠나 선전의 유포를 통해 흔히 정부나 조직의 중요한 역할의 일부분까지 담당하고 있다. 또한 설득 시도는 여러 형태의 전쟁을 통해 항상 심리전의 필수적인 일부였다.

Aristotles는 B.C. 4세기경에 이미 설득의 종류를 구분하고 어떻게 효과적인 설득을 할 수 있는가를 생각하였다. 그는 설득과정에는 설득자(source), 피설득자(audience) 및 설득내용(message content)의 세 요소가 포함된다고 생각하였다. 그의 생각은 오늘날의 체계적인 태도변화 연구에서도 그대로 이어지고 있다고 보아야 할 것이다. 현대적 의미에서 설득 및 태도변화의 실험적 연구는 예일대의 심리학자인 Hovland(1959)에 의해 촉진되었으며, 그는 2차대전 동안 잠시 대학을 떠나 육군성의 심리 및 실험연구를 위한 수석 책임연구원으로 재직하면서 군대의 사기에 관련된 사회심리학적인 변인을 규명하고 그 과정에서 설득과 관련된 상이한 변수들의 중요성을 실증하는 많은 연구들을 수행하였다. 전쟁 후 대학에 복귀한 뒤에도 이 분야에 대한 연구를 계속하면서, 그는 태도변화과정에 개입되는 기본 변인으로 설득자, 피설득자, 설득문, 매체의 네 요소를 제시하였다. Hovland와 동료들의 태도변화 이론은 이후 연구들의 기본 모델이 되었다.

우리가 알고 있는 바와 같이 태도는 흔히 변화에 매우 저항적이고 일반적으로 소수의 새로운 사실에 잘 반응하지 않는다. 사람들은 투쟁을 하면서 심각한 갈등을 겪거나 매우 큰 압력을 받게 됨이 없이는 자기의 태도를 잘 바꾸려 하지 않는다. 태도변화를 어렵게 만드는 태도요인에 대한 정확한 이해 없이는 설득의 메시지는 오히려 역효과(boomerang effects)를 야기시키는 결과를 초래하기도 한다. 따라서 심리전을 효율적으로 수행하기 위해서는 태도변화에 대한 철저한 이론 및 응용 연구로부터 출발해야 할 것이다.

1. 태도변화의 심리학적 이론들

1) 인지부조화 이론

인지부조화(cognitive dissonance)란 개념은 사람들이 그들의 믿음, 신념, 의견을 그들의 외현적 행동과 일치하도록 유지하기 위해 노력한다는 생각을 강조한다. Festinger(1957)가 제안한 이 이론은 많은 비판에도 불구하고 계속해서 많은 연구들을 이끌어 내고 있다. 인간들은 스스로에 대한 그리고 주위의 세상에 대한 인지가 세 가지 방식 중 하나와 관련될 수 있다고 본다. 즉 세상에 대한 우리의 인지는 일관성 있게 조화를 이루거나(consonant) 부조화를 이루거나(dissonant) 무관한 관계(irrelevant)를 가진다.

인지부조화 이론에 의하면 인지가 부조화를 이룰 때에만 부조화를 해결하기 위해 동기가 활성화된다. Festinger에 따르면 인지가 부조화를 이루면 부정적 동기 상태가 생성되는데 이는 혐오적이며 이것이 다시 부조화를 감소시키기 위한 구체적인 기제를 유발한다. 이런 측면에서 부조화는 흔히 불쾌감 또는 긴장 상태와 유사한 것으로 보인다. 예를 들어, 어떤 사람이 담배 피우는 것을 좋아하지만 담배가 폐암을 유발할 가능성을 높인다는 사실을 알았을 때 이 두 가지 생각간에는 비일관성이 생겨 부조화를 낳을 것이고 이 부조화에서 오는 불쾌감이나 긴장감을 감소시키려는 목적을 가진 다른 생각 혹은 행동을 하게 만들 것이다. 그는 담배가 비록 육체적 건강에는 나쁠지 모르지만 정신건강에 도움이 돼 오히려 플러스 효과가 크다고 생각할 수도 있다. 아니면 흡연을 중단하고 다른 대체 기호품을 선택할 수도 있을 것이다.

(1) 인지부조화의 발생 조건

Festinger는 부조화가 다음과 같은 여러 가지 이유로 인해 생길 수 있다고 지적하고 있다. 태도변화는 부조화의 크기에 의존하며 부조화 이론은 많거나 적은 부조화가 생기게 되는 조건들을 규정하고 있다. 이러한 조건들 중의 두 가지는 행동을 일으키기엔 충분하지만 부조화를 없애기에는 충분하지 못한 최소의 보상과 위협들이다.

[1] 부조화는 예상된 어떤 사건이 우리가 생각한 것과는 다르게 진행될 때 생길 수 있다. 학과 시험에서 90점 이상을 받으리라 생각했는데 70점을 받는 것은 부조화를 생성하는 확실한 상황이 될 수 있다. 거부감과 약간의 두려움을 안고 군에 입대한 병사가 예상치 못한 환대나 대접을 받았을 때에도, 반대로 큰 기대를 안고 입대한 병사가 푸대접이나 따돌림을 당했을 때에도 부조화는 발생한다.

[2] 부조화는 사고방식이 문화적인 규범과 비일관적이기 때문에 생길 수도 있다. 우리

가 중요한 시험 준비를 충분히 못했다면 부정행위를 하고 싶은 유혹을 강하게 느낄 것이다. 그러나 학교나 사회는 부정행위를 나쁘게 보고 있어 부정행위에 대한 유혹과 사회규범 및 양심에 대한 인식 사이에 갈등이라는 긴장 상태를 유발하게 된다.

③ 부조화는 태도와 행동간의 비일관성으로 인해 일어날 수도 있는데 이는 자신의 태도와 상반되는 행동에 대한 정당화가 불충분할 때에만 일어난다. 시험에서 부정행위를 한 사람이 자신의 행동이 사회적 규범이나 양심에 위배되는 행동이라고 생각할 수 있다. 이때 부정행위에 대한 정당화가 부족할 때 상당한 부조화를 경험할 것이다. 그는 부조화를 해결하기 위해 불이익을 감수하고 교수에게 양심보고를 할 수 있다. 반면 자신이 태도와 행동간의 비일관성을 내적으로 정당화할 수 있으면 부조화를 경험하지 않을 수도 있다. 예를 들어 교수가 출제하는 시험내용이 아주 불공정하다고 생각하거나 다른 사람도 다하는 부정행위를 자신만 못하면 손해를 본다고 생각한다면 부조화를 못 느낄 수도 있다. 또 평소 평화주의자로 자처하는 젊은이가 해병대에 입대하게 된 경우, 이 사람은 자기의 평화애호주의적 태도가 자기가 군에 입대하게 된 행동과 갈등상태에 놓이게 되고 부조화를 경험하게 될 것이다.

이때 어떤 사람이 경험하는 부조화의 총합은 조화로운 요소의 수에 대한 상대적인 갈등요소들의 수에 의존한다. 따라서 총 부조화(Dt)의 크기는 부조화 요소(D)를 부조화 요소와 조화 요소(C)의 합으로 나눈 것과 같다[Dt=D/(D+C)]. 또한 생성된 부조화의 강도는 갈등 중에 있는 인지 요소들간의 중요성에 좌우되며, 중요한 요소일수록 부조화가 더 크다.

(2) 인지부조화의 증거들

인지부조화는 다른 어떤 인지적 일관성 이론보다 많은 연구들과 비판들을 이끌어 냈다. 여기서는 이 연구들을 전부 다룰 수는 없고, 인지부조화의 사례들로 군대조직 상황에서 성원들의 태도변화에 많은 시사점을 던져주면서 가장 많이 거론되는 연구들을 중심으로 살펴볼 것이다.

① 강요된 응종

인지적 부조화의 예로 가장 많이 언급되는 사례는 바로 어떤 사람이 공개 석상에서 자신이 개인적으로 갖고 있는 신념 또는 견해와 상반되는 방식으로 행동하는 상황이다(Festinger, 1957). 한 사람이 충분한 이유 없이 그런 행동을 하게 되면 그와 같은 상황은 부조화가 생기도록 만든다. 예를 들어 포로들이 처벌에 대한 두려움 때문에 개인적으로 절대 그렇지 않지만 적국의 지도자에 대한 충성을 공언할 수 있다. 그러나 이런 조건 하에서는 부조화가 그리 많이 발생하지 않는데 그 이유는 자기 정당화가 충분히 가능하기 때문이다. 그러나 포로들이 특정한 방식으로 행동하도록 강요를 받지만 그 병사가 갖고 있는 신념에 대해 그 행동이 일으키는 갈등을 정당화시킬 수 없다면 부조화가 일어나고 태도변화가 따를 것이다. 그와 같은 상황을 강요된 응종(forced compliance)이라고 한다. 간단히 말해서 포로들에게 역태도적 행동을 하게끔 만들기 위해서는 최소한의 적절한 수준의 압력만이 있어야만 한다는 것이다. 그러나 그 수준을 넘어서 더 많은 압력이 가해지면 부조화는 더 적게 되고 따라서 태도변화도 더 적게 된다. 따라서 최적 수준의 압력이란 목표행동을 일으키기에는 충분하지만 부조화를 제거하지 않을 정도의 압력이다. 앞에서 말한 해병대에 입대한 평화애호주의자가 만일 입대하지 않으면 병역기피자로 처벌을 받는다고 당국으로부터 경고를 받아 두려워 마지못해 입대했다면, 그는 입대행동에 대해 거의 부조화를 느끼지 않을 것이고 따라서 군 집단에 대한 자신의 태도도 변화가 없을 것이다.

병사들에게 싫어하는 행위를 하도록 하는 한 가지 방법은 그들을 처벌로써 위협하는 것이다. 이러한 위협은 또한 사람들에게 어떤 일들을 하는 것을 막기 위해서도 사용된다. 이때 처벌의 위협이 바라는 행동을 일으키거나 잘못된 행동을 억제시키기에 충분하다고 가정하면 더 큰 위협은 더 적은 태도변화를 일으킬 가능성이 있다. 이처럼 강요된 응종 패러다임에서 부조화 효과가 일어날 가능성이 큰 때가 언제인지에 대해서 이제 연구자들 사이에 상당한 합의가 이루어져 있다고 생각된다. 즉, 부조화는 사람들이 자신이 한 행위의 결과에 대해 개인적으로 책임이 있다고 느낄 때 일어난다는 것이다. 따라서 행동의 선택에 있어서 자발적 혹은 강제적이라는 요소가 부조화의 생성에 중요한 요인으로 판단된다.

② 노력

부조화 이론이 제안하는 또 다른 흥미 있는 사실은 어떤 집단의 구성원이 되기 위해 거쳐야 하는 입문식의 효과에 대한 설명이다. 부조화 이론에 따르면 호된 입문식 집단은 자신에게 하라고 요구되었던 '더럽고 힘든 일'과 나중 정식 회원이 된 후 그 집단에 대해 가졌던 기대가 미치지 못하는 경우 심한 부조화를 경험할 것이고, 자신의 현재 상황을 탈출할 수 없다면 스스로의 부조화를 감소시키고자 하는 태도변화가 일어난다고 주장한다. 즉, 일부 대학 동아리들이 신입 회원에게 시행하는 '호된 입문(신고)식'이나 해병대나 특전사의 신병교육대에서 실시하고 있는 '지옥 훈련'들은 모두 나중에 그 집단에 대한 개인의 기대가 충족되지 못할 때 부조화를 일으키는 역할을 할 것이고, 그 결과 신입회원들이나 지원병들이 그 집단에 속한 것을 더 소중하게 여기도록 만든다는 것이다.

우리가 많은 노력과 공을 들여서 힘들게 얻은 것을 소중하게 여기는 한 가지 이유는 그 얻은 것들이 우리가 기대했던 것만큼 좋지 않을 때 경험되는 부조화를 감소시키기 위한 것으로 보인다.

우리 사회에서 정상적 남자라면 대부분 누구나 초·중·고교를 차례로 입학·졸업하고 대학을 거쳐 사회로 진출하게 된다. 그때마다 우리는 통과의례를 치른다. 새로운 세계로 들어서면서 이전의 삶을 죽이는 고통이 따르는 의식이다. 통과의례의 한 전형이 바로 신고식, 신고식은 새로운 집단에 편입될 때 그 집단의 극한을 압축적으로 겪게 하면서 공동체 의식과 함께 인내심을 심어준다. 신고식이 징집당한 신병들에게 감당하지 못할 위협과 강요에 의한 것이라면 이것으로 인해 비록 군대에 대해 좋은 감정을 가질 수는 없었겠지만, 어쨌든 이전에 군대를 다녀온 사람들은 힘들었던 군대 신고식을 잊지 못할 것이다. 집단의 일체감보다 개인의 개성이 강조되는 사회에서 이제 혹독한 '신고식 문화'는 사라지고 있지만 맺고 끊음 없이 개인이나 사회는 진정한 발전을 이룰 수 없다. 신고식의 좋은 의미는 확실한 맺고 끊음에 있다고 보아야 할 것이다.

3 의사결정 후 부조화 그리고 정보에 대한 선택적 접촉

거의 항상 부조화를 일으키는 하나의 행동은 의사결정이다. 사람들이 여러 대안들 중 불가피하게 하나를 선택한 다음에는, 여러 긍정적 대안 사이에서 자신이 내린 결정이 부조화를 불러올 것이고(놓친 물고기가 더 커 보인다), 이는 이후에 선택된 대안의 가치를 재평가하게 만들 것이다. 부조화는 선택되지 않은 대안의 평가치를 낮춤으로써 감소될 수 있을 것이다. 즉, 자신이 선택을 한 다음에는 본인이 선택한 대안을 더 좋아하고 선택되지 않은 대안을 덜 좋아하는 쪽으로 태도변화가 일어난다.

이처럼 만일 행동이 어떤 양식으로 취소되거나 변경할 수 없다면 부조화를 감소시키는 주요 방법은 자신의 태도를 변화시키는 것이다. 해병대에 입대한 평화애호주의자는 그가 더 이상 평화애호주의를 신봉하지 않는다고 결정지을 수 있다. 그래야만 부조화가 해결된다. 그렇지 않으면 그는 군에 대한 자신의 태도를 변화시킬 수도 있다. 군을 불필요한 무력 살상집단이라고 생각하는 대신 전쟁을 피하는 가장 확실한 길은 강한 군대를 갖는 것이라고 태도를 바꾸어 부조화를 해결할 수도 있다.

뿐만 아니라 새로운 정보들 중에서 자신의 원래 선택을 강화하는 정보에만 선택적으로 접촉할 것이라고 예언한다. A사와 B사의 디지털 카메라를 두고 어떤 것을 살까 고민하다 A사 제품을 구입한 대학생은 자신의 선택을 지지하는 광고나 정보에는 민감하고 자신의 선택이 틀렸음을 나타내는 정보는 가능한 피하려 할 것이다. 이런 모든 행동이 자신이 B사의 카메라를 제쳐 두고 A사의 제품을 선택한 것에서 생긴 부조화를 감소시키는 데 도움을 줄 수 있을 것이다.

Festinger(1964)가 보고한 일련의 연구들은 이 부분에 대한 여러 가지 주목할 만한 결과들을 내놓았는데, 그 중에서도 자신의 선택에 대한 몰입이 중요하다는 것을 보여주고 있다. 부조화 감소가 반드시 선택이 이루어지자마자 시작되어야 하는 것은 아닌 것으로 보인다. 사람들이 자신이 선택하지 않은 대안을 여전히 얻을 수 있다고 생각하면 부조화는 생기지 않는다. 예를 들어, 어떤 사람이 다른 선택 대안을 포기해야만 하는 선택을 할 때에만 선택하지 않은 대안을 덜 바람직한 것으로 평가한다는 사실이 이를 입증해 주고 있다. 뿐만 아니라 부조화 생성과 그에 따른 태도변화는 그 사람이 개인적으로 느끼는 책임감과 그 선택에의 가능한 결과를 예측할 수 있다는 느낌(예측가능성)에 의존하는 것으로 보인다.

부조화를 초래한 선택 후에는 그것을 지지하는 새로운 정보에만 선택적으로 자신을 노출시킨다는 증거를 얻기가 힘들 때도 있다(Freedman & Sears, 1965). Wicklund와 Brehm(1976)도 사람들이 어떤 선택을 한 후 스스로를 선택 대안에 추가 정보에 노출시킬 것인가에 대해 결정할 때는 부조화의 진전 이외에도 호기심이나 새로운 정보가 갖는 유용성이 자신의 선택을 지지하지 않는 정보에 노출되게 만들 수 있다고 주장하였다. 이들은 선택 후 정보에 대한 선택적 노출에 관한 연구 중 많은 것들이 그런 노출을 하게 만드는 다른 여러 가지 이유들(호기심, 유용성 등)들의 영향을 배제하지 못했음을 지적하였다. 선택적 노출에 관한 문헌을 개관하면서 이 연구자들은 그런 식의 노출을 하게 만드는 다른 이유들을 통제하거나 제거했을 때는 어떤 결정 이후 선택적 노출을 한다는 사실을 지지하는 결과들이 나왔음을 발견하였다. 이들 학자들의 연구 결과는 지지적인 정보에 대해 선택적으로 노출한다는 것을 강력하게 지지하지만 비지지적인 정보를 회피한다는 것은 그렇게 강하게 보여주지 못한다고 지적하고 있다. 사람들이 자신의 선택을 지지하는 정보를 찾아다니는 것은 사실이지만 비지지적인 정보나 증거를 특별히 회피하지는 않는 것으로 생각된다.

Lord, Ross와 Lepper(1976)의 흥미로운 연구가 왜 이런 일이 일어나는지를 이해하는 데 도움을 준다. 이들은 두 집단의 피험자들을 사형제도에 관한 동일한 정보에 노출시켰다. 한 집단의 피험자들은 사형제도에 반대하는 사람들이었고 이들은 그 정보를 자신들의 입장을 지지하는 것으로 지각한 반면에, 또 다른 집단은 사형을 지지하는 사람들이었는데 이들은 동일한 정보를 자신들의 입장을 지지하는 쪽으로 판단하였다. 각 집단의 피험자들은 자신이 노출된 정보에서 자신들의 입장을 지지하는 구체적인 항목들을 추출하는 것으로 보였고, 정보의 내용 중 비지지적인 항목의 영향은 거의 받지 않은 것으로 나타났다. 즉, 사람들은 자신들의 입장을 지지하지 않는 증거보다는 입장을 지지하는 증거나 내용에 더 비중을 두도록 편향되어 있는 것으로 보인다. 이들의 연구 결과는 사람들이 왜 비지지적인 정보를 회피하지 않는 것으로 보이는지를 설명하는 데 도움이 된다. 이는 사람들이 비지지적인 정보를 별로 신뢰하지 않기 때문이다.

위 연구자들의 연구 결과는 사회 정책에 대해 중요한 시사점을 던져 주고 있다. 사람들은 흔히 서로 반대의 입장을 취하고 있는 집단에 속한 사람들에게 모든 증거를 제시하는 것이 효율적인 의사결정을 하는 데 도움이 되거나 길잡이가 될 것이라고 생각한다. 그러나 이 연구의 결과는 그와 같은 절차가 실제로 집단간 의견통합보다는 오히려 의견의 양극화를 불러올 수 있다는 것을 시사해 주고 있다.

4 예언의 빗나감

부조화 이론의 가장 흥미로운 측면은 이 이론이 종종 비직관적인 예언에 대한 설명을 제공한다는 것이다. 미국의 사회심리학자들은 1950년대 자칭 여자 예언가가 그녀에 대한 충성스런 신봉자들을 제외하고는 홍수에 의해 시민들이 사망하고 도시가 파괴될 것이라는 예언이 실패하자 어떻게 재빨리 곤경을 면했는가를 기억할 것이다. 이 집단의 예언자는 외계로부터 자신들이 살고 있는 도시가 12월 21일에 파괴될 것이라는 '메시지'를 받았다고 주장하였다. 예언의 날이 오자 신봉자들은 예언자의 집 앞에 모여서 구원을 기다리고 있었다. 이들의 집회가 있기 전 그녀는 정각 12시에 비행접시가 와서 자신들을 구해줄 것이라는 내용을 담은 메시지를 받았다고 말한 바 있었다. 시계가 밤 12시를 치며 모든 이들이 예언된 내용을 기다리고 있었지만 몇 분이 지나도 아무 일도 발생하지 않자 이들은 시간이 맞는지를 확인하면서 절망에 빠져 해명을 위해 여태까지 받은 메시지들을 들여다 보았다.

이 시점에서 대부분의 신봉자들은 자신들의 믿음에 충실하게 최후의 날이 올 것이라 믿고는 직장도 버리고 모든 재산도 거의 소비한 상태여서 이들에게 상당한 부조화가 존재할 것이라고 예상할 수 있다. Festinger, Riecken와 Schachter(1956)는 인지부조화 이론에 근거하여 이들 집단이 예언이 빗나가면 자신들의 신념을 버리거나 오류를 인정하기보다는 애초의 믿음에 대한 추가적인 지지를 마련하기 위해 더 많은 사람들을 끌어들일 것이라고 예측하였다. 즉, 이들 신봉자들의 개입 정도와 거기에 존재하는 다른 신봉자들이 제공하는 사회적 지지를 감안할 때 예언의 빗나감이 사실이 아니었음을 인정하는 것보다는 다른 방법으로 부조화를 감소시키는 것이 더 쉬울 것이라는 것이다. 이 집단의 행동들은 Festinger와 동료들의 예언을 정확하게 지지하였다. 오전 4시 45분에 이 집단의 지도자는 자신이 또 다른 '메시지'를 받았음을 집단에게 알렸다. 이 메시지의 내용은 신봉자들의 믿음과 신앙심이 홍수로부터의 도시의 대참화를 구해냈음을 알리는 것이었다. 이와 같은 해석으로 신도들의 부조화는 감소될 수 있었고, 애초의 믿음은 그대로 남아 있게 되었다. 그리고 이 집단은 자신들의 믿음을 다른 사람들에게 더 활발히 전도하게 되었다.

Festinger 등의 현장 연구는 사람들의 믿음이 빗나가는 것으로 인해 어떻게 부조화가 생성될 수 있는지를, 그리고 어떻게 부조화를 감소시키기 위해 가장 손쉬운 방법을 찾는지를 잘 보여주고 있다. 이들 신봉자(광신자) 집단의 개입을 시간, 노력, 정성, 돈, 기타 물질적인 것으로 따져볼 때 홍수가 일어날 것이라는 믿음을 저버리는 것이 쉽지가 않았을 것이다. 이 집단에게는 예전의 믿음을 포기하는 것보다는 예언이 빗나간 것에 대한 새로운 이유를 만들어 내는 것이 더 쉬운 일이었다.

1987~1988년 사이 아프리카의 우간다에서도 유사한 사건이 있었다. 한 우간다의 여자 예언가는 신도들에게 신앙심을 갖고 몸에 총탄을 막을 수 있는 특수 기름을 문지르게 되면 우세한 적과의 전투에서 승리할 수 있다고 장담하였다. 사상자가 산더미를 이루고 "제발 이제 그만"이라고 말하는 것으로 충분치 못할 때 그 여자 예언가가 할 수 있었던 것이 무엇인가? 모든 죽음은 신앙심의 부족으로 돌려졌다. 부상 역시 불충분한 신앙심 때문이었다. 부상 없이 살아 남은 병사들만이 적어도 다음 전투시까지는 진실한 신앙심을 가진 것으로 선전되었다.

(3) 인지부조화의 해결 및 감소

사람들이 부조화를 감소시키는 방법에는 대략 다음과 같은 세 가지 방법이 있을 수 있다. 이 방면의 전문가들은 사람들이 이 세 가지 방법 중에서 가장 쉽거나 노력이 덜 드는 방법을 선택할 것이라고 제안한다.

[1] 태도를 바꾸거나 수정하는 방법: 인지 중 하나를 바꾸는 방법

어떤 사람의 부정행위에 대한 태도와 방금 부정행위를 했다는 사실 때문에 생기는 부조화는 여태까지 부정행위에 대해 가지고 있던 태도를 바꿈으로써 감소될 수 있다. … 전쟁에서 살아남기 위해서는 수단과 방법을 가리지 말아야 한다. 대학에서도 마찬가지야! 시험성적이 나빠 재적을 당하거나 재수강을 하느니 무슨 짓인들 못하랴! 일단 학교는 졸업해야 할 것 아닌가….

부조화를 감소시키는 이런 방식이 특히 흥미를 끄는 이유는 사람들이 자신의 믿음이나 태도와 상반되는 행동에 관여한 다음 그것에 대한 정당화가 별로 없으면 이들의 태도가 바뀔 수 있음을 시사해 주고 있기 때문이다. 여러 연구들이 사람들을 설득하여 그들의 태도(신념)와 상반되는 행동을 하도록 만들면 실제로 태도의 변화가 발생함을 보여주고 있다. Cohen(1962)은 개인적으로 반대하던 입장을 옹호하는 주장을 하라는 요구를 받아서 그렇게 한 사람들은 자신의 태도를 바꾸었음을 입증하였다. 여기서 일반적인 결론은 부조화를 발생시키는 행동은 그 행동의 유발이 보수나 처벌의 어떤 형태로 일어나든 간에, 행동이 정당화가 필요 없을 정도의 최소량의 정적 유인이나 압력으로 유발되어질 때에 태도변화를 일으킬 것이라는 것이다.

2 행동을 수정하거나 바꾸는 방법

평소 기름진 음식을 즐겨 하는 어떤 사람이 비만은 해로우며 심장마비와 고혈압의 원인을 제공할 수 있다는 사실을 알았을 때 이와 같은 인지는 그 사람이 기름진 음식물을 즐겨 먹는 사실(행동)과 갈등을 일으킨다. 이 경우 그런 음식을 먹는 행동을 중단하거나 줄임으로써 부조화를 없앨 수 있다. 앞에서 언급한 시험에서 부정행위를 한 학생이 자신의 행동이 규범이나 양심에 위배됨을 느끼고, 그는 이 부조화를 해결하기 위해 불이익을 감수하고 교수에게 양심보고를 하거나 다시는 부정행위에 개입하지 않을 것을 맹세할 수도 있다.

3 제3의 요소를 개입시키는 방법

어떤 대학생이 그 동안 저축한 돈을 찾아 그렇게 사고 싶었던 A사의 디지털 카메라를 구입하였다. 그런데 이 카메라를 산지 몇일 후 인터넷에서 같은 성능을 가진 B사의 제품을 보다 싼 값에 판매한다는 광고를 보았다. 그 대학생은 이 광고를 보는 순간 부조화를 감소시키기 위해 카메라를 환불하고 싶은 유혹에 빠지기도 하지만 사람들은 흔히 처음의 선택을 고집할 수 있는 부가적인 이유들을 찾기도 한다. 예를 들어, 자기가 산 카메라가 비록 B사의 제품보다 비싸기는 하지만 고장이 잘나지 않고 사후 서비스(A/S) 측면에서 월등하여 비싼 비용을 상쇄하고도 남음이 있다는 사실에 주목할 수도 있다. 제3의 요소를 끌어들이는 것은 우리가 정신분석의 심리학에서 배운 합리화라는 방어기제와 개념적으로 유사하다. 합리화의 경우, 우리는 불안을 초래한 원래 상황의 가치를 평가절하하거나 그 상황에서 이전에 얻은 것과는 다른 보상을 찾음으로써 불안을 감소시킨다.

2) 최근의 태도변화 이론들

현재 태도이론의 중심은 지금까지 논의된 세뇌나 인지부조화 이론과 같은 일관성의 원리를 강조하는 이론으로부터 보다 인지적 과정 혹은 인지적 과정과 동기적 과정을 모두 중시하는 이론들로 옮겨가고 있다. 이들 이론들은 인지반응 이론, 휴리스틱-체계적 모형과 정교화가능성 모형들이다. 특히 정교화가능성 모형은 현재 가장 활발히 검토되고 있는 이론 중의 하나이다(김혜숙, 1999). 이 이론은 설득이 일어나는 과정을 '高노력 과정'과 '低노력 과정' 두 가지로 구분하고, 어느 과정에 의해 설득이 일어나느냐는 태도 대상의 핵심적 장점에 대해 체계적으로 정교화할 능력과 동기에 달려 있다고 본다. 설득 대상에 대한 체계적 검토의 동기와 능력이 모두 높다면 설득은 高노력 과정 즉, 중앙경로를 통해 일어나고, 반면 체계적 검토에 대한 동기나 능력이 낮은 경우에는 설득은 低노력 과정 즉, 말초경로를 통해 일어난다는 것이다(Petty & Wegener, 1998). 또한 체계적 검토의 과정은 두 가지 형태로 나타나는데, 보다 객관적인 체계적 검토과정과 편파된 체계적 검토과정이다. 후자의 과정은 자아존중의 동기나 인지적 폐쇄동기 같은 다양한 동기에 의해 미리부터 어느 입장으로 치우친 정교화가 일어나는 과정을 말한다. 이 이론의 최근의 발전 중의 하나는 태도변화에 관여되는 어느 한 요인–예를 들어, 설득자의 집단멤버십 혹은 신체매력 등–이 여러 과정에 다르게 관여할 수 있다고 보는 점이다. 즉, 어느 한 변인은 태도 대상에 대한 객관적 정교화에 영향을 미치거나 편파된 정교화에 영향을 미치거나 설득단서로 작용하거나 혹은 정교화 가능성에 영향을 미치거나 하여 설득에 영향을 미칠 수 있는 것이지 어느 한 과정만에 관여하는 것은 아니라는 것이다. 예를 들어, 설득자의 집단 멤버십은 설득메시지에 주의를 기울이도록 동기화시켜 설득 단서로서 작용하거나 주장 자체로서 작용하거나 편파된 정교화를 일으키거나 혹은 정교화가능성에 영향을 미쳐 결과적으로 설득에 영향을 미칠 수 있다는 것이다. 이와 같이 어느 한 요인이 여러 과정을 일으켜 설득에 영향을 미칠 수 있다고 봄으로써 이 이론은 기존의 연구들에서 나타난 보다 비일관된 연구결과들을 보다 포괄적으로 설명할 수 있다. 또한 이 이론은 태도에 대한 보다 세분화되고 정교화되고 복잡한 과정 이론이 되고 있다. 그러나 이같이 보다 세분화되고 포괄적인 이 이론이 성공적이 되기 위해서는 과연 어떠한 과정이 시작되도록 하는 선행요건들이 무엇인가에 대한 보다 구체적인 제안을 내놓아야 할 것이다.

최근의 태도 연구들에 있어 중요하게 부각되고 있는 주제들은 태도의 구조적인 측면, 태도의 강도와 그 영향 그리고 태도의 기능적 측면이다. 태도의 구조적 측면은 태도의 세 구성 요소인 인지, 감정, 행동간의 일관성 여부와 여러 다른 대상에 대한 태도의 일관성 여부 등을 말한다. 여러 태도 요소들이 보다 일관성을 갖게 되면 설득시도에 대해 보다 강하게 저항한다. 이러한 구조적 측면은 태도의 강도와 관련되어 있는데 강한 태도는 약한 태도보다 더 선택적으로 정보처리를 하도록 만들며 설득시도에 더 강하게 저항하도록 하며 더 오래 지속되고 행동과 더 높게 상관되어 있다. 이러한 태도의 강도는 구조적 일관성, 태도의 중요성, 확신성 혹은 접근 가능성으로 측정된다.

마지막으로 태도의 기능적 측면에 대한 보다 새로운 관심이 일어나고 있는데 이는 사회인지 분야에 있어서 동기의 영향에 대한 새로운 관심의 발전과 상응된다고 볼 수 있다. 어떠한 태도가 어떠한 기능을 충족시키기 위해 형성된 것인지에 대한 이러한 기능적 분석은 그 태도를 변화시키기 위해서 필요한 과정이 무엇인가를 제안해 준다. 예를 들어 한 개인의 정치적 태도가 그의 친구와의 관계를 좋게 하기 위해 형성되어진 것이라면, 그의 친구로 하여금 다른 태도를 표명하게 하는 것이 그의 태도를 변화시키는 방법이 될 것이다. 요약하면 현재의 태도 연구들은 태도에 영향을 미치는 인지와 동기의 영향들, 그리고 감정, 신념 그리고 행동간의 관계에 대한 연구 동향을 보이고 있으며, 구조와 강도에 대한 관심도 보이고 있는 추세라고 볼 수 있다(김혜숙, 1999).

2. 세뇌(brainwashing)의 원리

세뇌는 두 가지 중요한 관점에서 단순한 심문과는 차이가 있다. 첫째는 세뇌란 단순하게 포로로부터 정보를 얻어내는 것뿐만 아니라, 포로의 신념이나 태도 및 사고방식을 실제적으로 바꾸고자 한다는 것이다. 두 번째 차이는 세뇌가 과거 포로의 견해를 변화시키고 정보를 분리해 내는 것과 더불어 적극적으로 포로 심문측에 의해 선전용으로 사용될 수 있는 허위자백 및 방송 등으로 적에게 협력하는 포로로부터 비롯되었다는 것이다.

그래서 세뇌의 전 과정이 최근의 심리적·정치적 역사에서 나쁜 인상을 심어준 것이 사실이며 세뇌에 관하여 많은 주장들이 난무하고 있다. 세뇌라는 주제에 대한 수많은 문헌들이 있기 때문에 그러한 주장들을 소모적으로 탐색할 필요는 없고 본 논문에서는 대신 세뇌에 사용된 방법과 관련된 심리적 원리 및 적의 심문 및 세뇌에 효과적으로 저항할 수 있는 심리적 기법과 이론들을 정립해 이를 군 정신교육에 적용함으로써 장병들의 정신전력 강화에 도움을 주고자 하는 것이다.

1) 세뇌의 기원

중국어 'hsi nao(洗腦)'라는 용어를 영어로 brain-wash라고 번역하여 사용하고자 한 사람은 Hunter로, 1951년 그는 공산주의자들의 교리와 세뇌기법들을 기술한 *Brain-washing in Red China*를 출판하였다. Hunter는 1948년 혁명 이후 즉시 중국에서 개발된 교리와 기법에서 싹튼 병사들의 세뇌에 대한 이론적 기초를 확립하였는데, 그것은 1930년대 스탈린식 숙청의 전문기술을 그대로 이용한 것이었다. 미 사회체계연구센터(CRESS)의 한 포로심문 기술에 관한 저서는 [1] 1930년대 러시아의 대숙청, [2] 2차대전, [3] 한국전, [4] 중국공산당의 사상-개혁 프로그램 속에 나타난 4가지 사상개혁의 과학성에 관한 역사적 근원을 제공하고 있다(Watson, 1978).

영국의 임상심리학자 Sargant(1957)는 이들 역사적 근원들을 더 깊이 조사 연구하였다. *Battle for the Mind*라는 저서에서 그는 개종, 정치적 교리 주입, 임상심리학자에 의한 정신병 환자의 망상변화와 같은 모든 종류의 신념변화를 생리학적 대뇌의 공통적인 변화와 연결시키고자 하였다. 그리고 그는 이들 원리들이 적어도 고대 그리스시대부터 이용되었다고 주장한다. 이런 맥락에서 Sargant는 러시아의 생리학자 Pavlov의 연구들을 거론하고 있다. 우리가 이미 알다시피 Pavlov는 눈 깜빡임, 타액분비와 같은 반사적 반응을 조건화시킬 수 있는 고전적 조건형성 실험을 연구한 바 있다. 그의 실험 결과들은 행동상의 분명한 변화가 무조건 자극과 조건 자극의 적당한 조작에 의해 유발될 수 있음을 보여 주고 있다.

Sargant는 Pavlov의 연구를 적용하여 세뇌에서의 점진적인 역기능의 본질을 설명하려고 하였다. 그는 세뇌에서 세 단계의 목록을 만들었다. 그 첫 단계는 Pavlov가 말한 ① '等價(equivalent)' 단계로 외부 자극의 모든 변화량과 강도가 동일한 반응을 유발하는 단계이다. Sargant의 말을 빌리면 이 단계에서는 한 개인에게 수천 파운드가 주어지든 혹은 6펜스가 주어지든 간에 그 개인은 동일한 정도의 감정을 갖는다는 것이다. 다음 단계는 ② 큰 자극보다 작은 자극으로부터 더 큰 만족을 얻는 '역설적(paradoxical)' 단계가 오게 되는데 이때 사람들은 더 중요한 일이나 사건에는 무감동하지만 사소한 것에는 신경이 곤두서게 된다. 그 다음에는 ③ '초역설적(ultraparadoxical)' 단계가 있게 되는데 이 단계에서는 사람들이 통상 좋아하거나 믿게 되는 것을 싫어하거나 불신하게 되며 좋아하지 않았거나 믿지 않았던 것들을 갑자기 좋아하거나 믿게 된다. 새로운 신념이나 확신이 실제적으로 한 인간을 사로잡게 되는 것은 바로 이 단계에서 일어난다고 하였다. 이와 함께 한 인간이 비판을 중지하고 아무런 의문 없이 암시나 지시 등을 받게 되는 최면 단계에 돌입할 수도 있으며, 신경체계의 장기적인 흥분, 해결불가능한 심적 갈등 그리고 극단적인 피곤은 이들 단계들을 더욱 촉진시킨다는 사실을 발견하였다.

지금까지 세뇌의 초기 역사에 대한 간단한 설명을 하였는데 여기서 우리가 알 수 있는 것은, 만약 앞에서 Sargant가 말한 것이 사실이라 해도, 그 기법은 이미 수세기 동안 다른 이름으로 사용되어 왔다는 것, 그리고 그 전체 과정이 한국전까지는 그렇게 인상적인 방식으로 최종 통합되지 못한 것으로 보인다는 사실이다.

2) 한국전쟁과 세뇌

한국전쟁 중 약 7,000여 명의 미군이 포로로 잡혀 수용되었다. 미국의 전쟁 역사를 살펴보면 모든 전쟁에서의 포로는 탈출하도록 교육받아 왔다. 그러나 적어도 한국전에서만큼은 이러한 사실이 예외였음이 밝혀졌다. 대략 미군포로 3명 중 1명이 정보제공자나 선전자 또는 기타 어떤 방식으로든 적측에 협력을 하였고, 다음에 13% 정도가 실제 범죄자로 혐의를 받았다. 20개의 포로수용소에서 전제의 약 30%에 해당하는 2,730명의 포로가 죽었고, 미 역사상 가장 많은 포로의 사망률을 기록하게 된다. 또 미 역사상 처음으로 21명의 포로가 미국으로의 귀환을 포기하기도 하였다(Watson, 1978). 게다가 미국이 중국을 상대로 세균전을 수행할 계획을 가지고 있다는 고백이나 미국의 이익에 반대하는 기타 선전 방송에 참여하는 등의 비정상적인 미군 병사들의 모습은 당연히 많은 관심을 끌었다. 이들 놀랄 만한 변화를 달성하기 위해 사용된 방법은 무엇인가?

한국에서 미군의 정신과 의사로 복무하면서 북한에서 강제적으로 사상교육을 받은 전쟁포로 1,000명의 사례를 연구했던 Mayer(1956) 소령에 의하면 세뇌를 담당한 중국인은 일찍이 미국에서 10년 내지 15년 동안 교육을 받아 미국인의 마음이나 생활방식을 잘 이해하고 있었다고 한다. 시작과 함께 미군 포로 분대들은 일반 수용소에 감금된다. 최초의 시도는 포로들의 분대 화합을 와해시키는 것으로부터 시작된다. 즉, 분대장이 리더로서 행동하는 것에 용기를 잃게 하거나 단념하게 하고 만약 그들이 저항하면 '반동분자'를 교육하는 특별 수용소에 옮기게 하여 운명에 대한 불확신감에 사로잡히게 하거나 죽음에 대한 두려움을 경험하게 하였다. 또 다른 전술은 밀고자제도의 개발이었다. 공산주의자들은 집단의 어느 누구도 만족의 획득이나 우월감 기타 그 자신의 개인적 욕구를 위해 밀고자가 될 수 있다는 사실과 관련된 집단역동성을 충분히 이해하고 있었다. 그러나 그들 역시 적어도 초기 단계에서 밀고의 결과로 고통을 받는 포로가 없어야 한다는 것을 잘 알고 있었다. 그들이 한 행동 전부는 밀고를 한 사람과 잡담을 하거나 포로들이 진실로 사회의 희생자이며 어느 정도 동정받아야 한다는 것을 알고 있다고 말해 주는 정도였다. 이것은 다음 두 가지 효과를 보장해 주었다: 첫째, 밀고자가 동료들에 의해 들킬 염려가 없었고 따라서 밀고가 자연스럽게 계속될 수 있었다는 것. 둘째, 장기 복역 포로들은 어떤 사람도 믿질 않았는데 이러한 불신과 적의 호의적 태도 사이에서 포로들이 갈등을 일으켜 집단 해체를 조장하고 병사들의 불안전감과 불안을 가중시키고, 나아가 사상개조를 더 용이하게 만들었다는 것이다.

그 다음은 교리의 주입 기간이다. 이 교리 주입은 공식적인 학습과 비공식적인 대화 기간으로 구성된다. 포로로 잡인 후 고통과 죽음을 예상하던 이들에게 전쟁에 대해 어떤 방식으로든 책임을 지려고 하는 공산주의 군대에 의해 그들이 억류된 것이 아니며 그 억류의 책임은 제국주의자인 월가의 전쟁광들에게 있다고 교육시킨다. 이것이 우리에게는 매우 근거 없는 소리로 들릴지 모르지만, 그들의 생각이 확실한 죽음으로부터 집행유

예를 받았다고 생각하는 사람에게 그러한 소리는 쉽게 또 다른 울림을 가질 수도 있다. 그들은 감사의 마음을 갖지 않을 수 없으며 이 감정에 편승해서 공식적 학습은 별다른 노력 없이 또는 그렇게 많은 선전 없이도 전쟁포로범(POW)들에게 공산주의에 대한 동정심을 심어 주고 미국을 믿지 않도록 하였다. 이 기간 동안 마르크스주의의 논문이나 소책자는 사용하지 않고 대신 Time, Wall Street Journal, Fortune과 같은 미국의 출판물이나 문헌들로부터 발췌한 기사나 자료가 사용되었다. 자료들은 주로 미국생활의 모순을 보여 주거나 이들 미군 병사들이 포로로 고생하는 동안에도 일부 사람들이 어떻게 거액의 돈을 벌어 집으로 가져가는가를 보여 주는 것들에서 선택되었다. 우편물은 검열되어 포로들은 오로지 애인으로부터의 절교 편지나 청구서 혹은 나쁜 소식들만 받아 보게 하였다. 비공식적인 자아비판 기간에 포로들은 일어서서 그들 방식의 잘못을 고백하고 그들의 행위에 대한 비판 그리고 이런 빗나감에 대해 동료 포로들에게 사과를 하게 하였다. 그것은 Mayer가 말한 것처럼 적에 대한 자기밀고였으며 포로들에게 불안감과 죄책감을 불러일으키게 하였다. 또한 그것은 적 중공에 대한 협력의 첫 단계였다.

3) 세뇌의 기초 단계: 응종의 유발

1956년 정신의학 진흥을 위해 미국의 한 단체가 '강요된 교리 주입'에 대한 두 개의 특별 심포지엄을 개최하였다. 첫 번째 토론회에서 Wolff 박사는 포로들에게 고립감을 깨닫게 하는 데 성공했을 때 태도를 변화시키는 데는 고통이 가장 효과적이며 그들을 포로로 잡은 사람들에 대한 적대적 태도는 포로에게 굴욕감을 느끼게 만들었을 때 감소되거나 사라진다는 연구 결과를 제시하였다. 결국 이들 개개인들은 그들에게 접근할 수 있으며 친절하게 구는 사람과의 접촉에 영향을 받기 쉽게 된다는 것이다. 또 이 심포지엄에서는 통상적인 신념과는 반대로 고립은 공산주의자들이 개인의 응종을 이끌어내는 일반적인 여덟 개의 강제적 방법 중의 하나일 뿐이라는 주장도 제기되었다. 개인의 응종을 유발하는 공산주의식 강요 방법과 효과는 다음과 같은 것들이었다(Watson, 1978).

1 사소한 요구 강요: 사소한 규칙과 일과의 강요, 작문 쓰기 등을 통하여 응종 습관을 몸에 붙임.

2 全能과 全知의 입증: 대항과 대결, 협조를 당연한 것으로 생각하도록 꾸밈, 포로들의 운명을 전적으로 통제한다는 것을 증명, 가능한 호의를 보여주어 애를 태우거나 감질나게 함으로써 저항이 쓸데없음을 암시해 줌.

3 가끔씩 즐겁게 하기: 뜻밖의 호의 베풀기, 일부 응종에 대한 보상, 더 나은 대우의 약속, 간수나 심문인의 태도 변화, 예상하지 못한 친절 등을 통하여 응종에 대해 긍정적

동기 제공, 간헐적 강화를 통한 학습 강화, 박탈에 대한 적응감을 상실하게 함.

[4] 위협: 죽음과 고문, 본국 송환의 거부, 끝없는 고립과 심문, 가족이나 동료들 반박하기, 원인 불명 및 설명할 수 없는 대우 변경, 애매하지만 불길한 위협을 통해 불안감·공포감·절망감을 조성함.

[5] 신분 격하: 불결한 개인위생이나 건강 악화, 불결하고 해충이 들끓는 환경, 품위를 손상시키는 벌, 다양한 굴욕감, 조롱과 모욕, 사생활의 부정 등을 통하여 지속적인 저항이 응종보다 자존심에 더 위협적으로 보이게 만들거나 포로들을 '동물적' 가치와 관련된 수준까지 격하시킴.

[6] 지각의 통제: 어둠이나 밝은 조명, 독서나 오락의 박탈, 삭막한 환경, 단조로운 음식, 제한된 운동, 정상적인 자극의 결핍 등을 통하여 포로들로 하여금 곤경에만 관심을 고착시키거나, 자기분석 조장, 응종과 일치하지 않는 모든 행위를 좌절시키고 기분 전환을 저지시킴.

[7] 고립: 완전한 신체적 격리, 독방 감금, 반 정도의 격리, 소집단의 고립 등을 통하여 자아와 관련된 격렬한 관심은 개발하고, 사회 지지적인 희생을 박탈하며, 심문자에 의존하는 심리를 만듦.

[8] 무기력감 유발: 죽지 않을 정도의 굶주림, 적발이나 폭로, 수면박탈, 질병의 유발, 고통과 상처의 이용, 심문이나 강요된 작문의 연기, 구속의 연장, 서있기의 연장, 과도한 힘의 발휘, 지속된 긴장 등을 통하여 저항할 수 있는 신체적·정신적 능력을 약화시킴.

4) 세뇌의 교훈

그렇다면 이러한 세뇌공작으로 중공군이 얻은 것은 무엇인가? Mayer에 의하면 중공군은 우선 많은 군사적 정보를 얻었고, 다음으로 얻은 수확은 포로들의 전향에 대한 선전 가치를 확인한 것이다. 좀 애매하기는 하지만 또 다른 변화는 전향하지 않았던 포로들의 마음 속에 동일하게 나타난 현상으로, 세뇌는 그들 자신과 조국에 대해 혼란과 의심을 불러 일으켰고 포로들을 매우 다루기 쉬운 집단으로 바꾸었다는 것이다. 그래서 포로들은 탈출을 거의 시도하지 않았으며 Mayer에 의하면 미국에게 전략적 가치가 있는 내용을 공산주의자들로부터는 배운 것이 하나도 없다는 것이다. 많은 포로들이 수용 기간 중에 사망했지만 그 원인은 고문의 결과라기보다는 열악한 환경 때문으로 보인다. 생존은 부분적으로 심리적 요인에도 있었던 것으로 보인다. 예를 들면, 수백 명의 터키군 병사들은 유사한 수용소 조건에서 한 사람까지 살아남았다. 터키군은 군기를 유지했고 미군보다도 자기규율이 엄격했는데, 한 병사가 병이 나면 나머지 병사 중에서 그를 돌볼 병사가 임명되어서 필요하다면 목욕을 시키고 식사를 떠먹이면서 회복을 도왔다. 또 아무리 공산주의자들이 리더를 격리시켜도 남아있는 사람 중에서 지휘 임무를 떠맡았다.

Mayer는 미군 병사들이 [1] 인성개발과 자기수양 부족, [2] 일반적인 교육, 특히 세상의 다양한 문화적 역할과 민주주의의 운용에 대한 교육 부족, [3] 군사적 준비태세 미비(미군은 우수한 무기와 전술 등은 있었지만, 전쟁의 심리적이고 교훈적인 측면에서는 부족했다) 등의 세 가지 기본 분야에서 취약성을 가지고 있었다는 결론을 내렸다. 이들 지적사항은 세뇌와 심문에 대한 저항 훈련의 필요성을 시사하고 있었다.

5) 세뇌의 심리학적 이론과 기법 분석

한국전쟁 중 중공군의 포로수용소는 군사정보를 캐내기 위해 무자비하게 미군들을 고문했던 북한군과는 달리, 유화정책(lenient policy)이라는 이름 아래 미군 포로들을 다루었다. 그것은 포로들에 대한 고도로 정교화된 심리적 공격이었다. 전쟁이 끝난 후 미국의 심리학자들은 귀환 포로들의 심리적 상태를 집중적으로 연구하였는데 그 이유는 중공군의 포로심문 프로그램이 유래없이 성공적이었기 때문이었다. 예를 들어, 중공군은 어렵지 않게 포로들이 서로를 감시하고 고발하도록 만들었는데 미군들의 이러한 행동은 2차대전 중에는 거의 찾아보기 힘든 현상이었다. 따라서 미군 포로들의 수용소 탈출계획은 번번이 미리 탄로가 나서 대부분이 실패로 돌아갔다. 중공군의 세뇌 프로그램을 연구했던 심리학자 Schein(1956)은 '어떤 사람이 설령 탈출에 성공했다 하더라도 중공군은 그를 고발하는 사람에게 쌀 한 봉지의 현상금을 내걸음으로써 손쉽게 그를 다시 체포할 수 있었다'고 보고하고 있다. 실제적으로 중공군의 포로로 있었던 미군 병사들 중, 이런 저런 형태로 중공군과 협조하지 않은 포로는 거의 없었다고 보아야 할 것이다.

(1) 개입과 인지적 일관성의 원리

포로 수용소의 프로그램을 자세하게 연구한 여러 결과들은 중공군이 개입(commitment)과 인지적 일관성(cognitive consistency)의 심리전을 사용하여 포로의 협조를 얻어내는 데 성공했다고 밝히고 있다. 물론 초기 단계에서 중공군이 미군 포로로부터 이러한 협조를 얻기란 그리 쉬운 일이 아니었을 것이다. 미군 병사들은 그들의 이름, 계급 그리고 군번만을 알려줄 뿐, 다른 어떤 정보도 제공하지 않도록 잘 훈련받았기 때문이었다. 그렇다면 중공군 심문자들이 신체적 고문이나 폭력을 사용하지 않고 어떻게 이들 포로들에게서 군사정보를 빼내었으며 이들을 서로간에 고발하도록 만들었을까? 중공군의 대답은 간단한데 그것은 '작은 것부터 시작하여 크게 만든다'는 기법이었다. 예를 들어, 포로들은 매우 하찮은 것으로 보이는 반미적인 혹은 친공산주의적인 '미국은 완벽한 것이 아니다' 혹은 '공산주의 국가에서는 실업이 전혀 사회문제가 되지 않는다' 등의 주제를 가지고 작문을 하도록 요구받는다. 미군 포로들로부터 일단 이러한 가벼운 승낙을 받아내면 다음 단계는 조금 더 심각해진다. 즉, 미군 포로는 어떤 측면에서 미국이 완벽한 나라가 아닌가에 대하여 조목조목 나열하기를 요청 받는다. 그리고는 나중에 포로들 간의 토론 시간에 자신의 이름이 서명된 미국의 문제점에 대한 자기의 작문을 정식으로 직접 공개하게 한다. 이러한 과정이 반복되면서, 포로는 미국이 완벽한 나라가 되지 못하는 이유를 계속해서 생각해 내게 되고 공개 토론에도 더욱 활발히 참여하게 된다.

그때쯤이 되면, 중공군은 이 미군 포로의 반미적인 작문 내용을 그의 이름과 함께 다른 미군 포로수용소나 혹은 그들과 대치하고 있는 미군 부대를 향하여 라디오 방송을 해 버린다. 이제 포로는 적에게 협력하는 자로 변신되어 버린다. 자신의 작문이 어떠한 외부적 강압에 의해 억지로 강요되어서 작성된 것이 아니라는 것을 잘 알고 있는 이 포로는 자신의 생각이 자발적으로 반미국적으로 변했다고 생각하게 되고 변해 버린 자신의 새로운 이미지에 충실하기 위하여 나중에는 더욱 적극적으로 적에게 협조하게 된다.

전쟁이 끝난 후 송환된 전쟁 포로들의 정신상태를 분석했던 Segal(1954) 박사는 전쟁 포로들의 전쟁에 관련된 태도가 엄청나게 변해 있음을 발견하였다. 전쟁 포로들의 상당수가 중공군이 주장했던 대로 미국이 세균전을 감행했다고 믿고 있었으며 미국이 먼저 침략을 하여 전쟁이 시작되었다고 생각하고 있었다. 전쟁 포로를 다루는 중공군의 목적이 단순히 정보를 얻어내거나 상호간의 감시를 위해서만 있었던 것이 아니며 주된 목적은 미군의 세뇌에 있었다. 그들은 미군 병사들의 자신에 대한 태도, 그들의 정치제도, 미국의 한국전쟁에서의 역할, 그리고 공산주의에 대한 생각까지 모든 것을 바꿔 놓으려고 시도한 것이다. 중공군들은 그들이 수용하고 있던 포로들의 행동 뿐 아니라 마음까지도 변화시키려는 목적을 가지고 세뇌 프로그램을 수행한 것으로 보인다. Segal 박사는 그들의 세뇌 프로그램 효과를 미군 포로들의 변화된 태도, 낮아진 국가 충성도 및 사기, 전쟁에서의 미국의 역할에 대한 의심 등의 지표를 사용 분석한 결과 그 프로그램이 매우 효과적이었다고 결론을 내리고 있다.

1 작문의 작성

중공군들이 사용했던 개입 기법이 어떻게 하여 그토록 효과적으로 미군 포로들의 행동과 생각을 바꾸어 놓았는가를 보다 정확히 이해하기 위하여 그들이 사용한 작문기법을 분석해 본다. 중공군들은 전쟁 포로들의 행동을 교묘하게 조종하여 그들이 어떤 일에 자발적으로 개입하게 만들고는 그 결과 포로들이 그들의 생각을 행동에 맞춰 변화시키도록 유도하였다. 중공군들이 특히 즐겨 사용했던 기법은 미군 포로들로 하여금 작문을 하게 만드는 것이었다. 중공군들은 그들이 교육하는 것을 미군 병사들이 잠자코 듣고만 있거나, 구두로 동의하는 것에 절대로 만족하지 않았다. 그들은 미군 병사로 하여금 항상 그들이 말하는 것을 받아 적게 하였다. Schein(1956)은 전형적인 중공군의 세뇌 프로그램을 다음과 같이 기술하고 있다.

> … 그 다음 단계는 포로에게 어떤 질문을 만들게 하고 그 질문의 답이 공산주의자를 지지하는 내용이 되도록 만드는 것이었다. 만일 포로가 이 요청을 거부하면 그는 그 대신 교과서에 있는 내용을 복사할 것을 지시 받는다. 이런 상황에서 포로는 교과서의 내용을 복사하는 것은 대수롭지 않은 양보라고 생각하게 될 것이다(p. 21).

그런데 이것이 대수로운 양보가 아니라는 사실을 우리는 사소한 개입이 결국 엄청난 개입이라는 결과를 낳는다는 것을 알고 있다면 이해가 갈 것이다. 더군다나 중공군은 미군 포로의 개입을 명확히 하기 위하여 작문이라는 도구가 얼마나 유용한지를 잘 알고 있었다. 첫째로, 작문은 기록으로 남기 때문에 포로의 개입을 입증하는 움직일 수 없는 증거가 된다. 일단 포로가 중공군이 원하는 내용의 작문을 하게 되면, 이제 그는 그 사실을 부정할 수 없게 된다. 그렇게 되면 자동적으로 그 포로의 생각과 자기 이미지는 자신에 의해 직접 만들어진 작문이라는 증거에 일치되는 방향으로 형성될 수밖에 없는 것이다. 작문의 두 번째 유용성은 그것이 다른 포로들에게도 보여질 수 있다는 것이다. 우리는 글이 사람들의 진정한 태도를 반영하고 있다고 믿는 경향이 있다. 그 글은 자신의 행동을 증명하는 명백한 증거가 될 뿐만 아니라, 다른 동료로 하여금 자신이 변했다고 생각하게 만드는 결정적 증거가 되고 있는 셈이다. 이러한 경향은 그 글을 쓴 사람이 자신의 뜻에 의하여 그 글을 쓰지 않았다는 것을 알고 있을 때에도 어느 정도 동일하게 적용되고 있다는 사실은 나중 미국의 심리학자들(Jones & Harris, 1967)의 실험에 의해 밝혀진 바 있다. 끝으로 나중 Festinger(1957)에 의해 인지부조화라고 알려진 태도변화이다. 공산주의를 찬양하거나 미국을 비난하는 글을 작성한 포로들이 일단 작문을 하게 되면 그의 입장은 일관성의 원칙에 의하여 심리적 긴장을 일으키게 된다. 한쪽에서는 자신의 행동과 일치된 자기 이미지를 가지라는 압력이, 또 한 쪽에서는 다른 사람이 자신에 대해서 생각하고 것과 일치된 자기 이미지를 가지라는 압력을 동시에 받게 되는 것이다. 물론 다른 동료 포로들은 어느 정도 자발적으로 쓰여진 이 미군 병사의 글이 자신의 참된 의도를 나타내고 있다고 일부 믿고 있었기 때문에, 이 포로는 자신의 이미지를 자기 글의 내용과 일치시키는 방향으로 만들지 않을 수가 없게 된다.

나아가 중공군은 미군 포로들에게 직접적인 강요 없이도 그들이 원하는 내용의 글을 쓰도록 만드는 심리적 기법들을 터득하고 있었다. 예를 들어, 중공군은 많은 미군 포로들이 그들이 아직 죽지 않고 살아 있다는 사실을 편지를 통하여 그들의 가족들에게 알리고 싶어 한다는 것을 간파하고 있었다. 한편 미군 포로들은 그들의 편지가 중공군에 의해 검열되며 오직 검열을 통과한 편지만이 미국으로 발송되고 있다는 사실을 잘 알고 있었다. 그래서 미군 병사들은 검열을 통과하기 위해서 편지에다 의도적으로 평화에 대한 기원이나 중공군이 잘 대우 해주고 있다는 사실, 그리고 공산주의에 우호적인 내용들을 다소간 첨가하였다. 미군 포로들은 이런 방법을 사용해서라도 그들의 생존 사실을 고향에 알리고 싶어 했다. 물론 중공군은 이러한 미군 포로들의 행동에 내심 기뻐하며 적극 협조하는 태도를 취하였다. 이런 포로들의 편지는 전세계에 공산주의를 홍보하는 매우 효과적인 선전물이며 미국 내에서 반전 분위기를 확산시키는 역할을 하게 된다. 뿐만 아니라 이런 편지들은 다른 미군 포로들을 설득하는 세뇌작업을 위한 자료로도 활용되었다.

2 공식적 입장의 진술

태도의 공적 진술은 보다 더 많은 개입을 일으킨다. 자기의 모든 친구들 앞에서 담배를 피우는 것이 건강에 나쁘며 또한 나쁜 짓이라고 방금 말한 사람은 그 생각을 마음 속으로만 갖고 있을 경우보다도 그 태도에 더 많이 개입되어 있다고 보아야 한다. 만일 그 사람이 그 생각을 공적으로 표현하였다면 자신의 태도를 바꾸는 것이 이제는 자기 동료들에게 자기가 틀렸다는 것을 시인하는 것을 의미하기 때문에 더 곤란하다. 만일 우리가 어떤 일에 대하여 분명한 입장을 취하고 있다는 사실을 남이 알게 되면, 우리는 그러한 입장에 일관되게 행동해야 한다는 심리적 압박을 받게 된다(Tedeschi, Schlenker & Bonoma, 1971). 일관성이 있는 사람은 이성적이며 확실하고 믿을 수 있으며 강인한 정신력을 가진 사람으로 인식되는 반면에, 일관성이 없는 사람은 변덕스러우며 분명하지 않으며 안정성이 없고 이랬다저랬다 하는 사람으로 인식되고 있다. 따라서 사람들은 자기 입장이나 태도가 공식화되면 될수록, 공식화된 입장에서 벗어나는 행동을 하지 않게 된다. 이와 같이 어떤 태도를 바꾸는 것이 사람으로 하여금 자신의 다른 태도들이나 행동들을 더 많이 포기하게 하거나 더 많이 변화시키게 하거나 고통을 더 당하게 할 때에는 언제나 그 자신의 시초에 태도에 대한 개입은 증가되고 그로 하여금 그것을 변화시키기가 더욱 힘들게 만든다.

글로 생각을 표현하는 것이 가장 효과적으로 사람의 생각을 변화시키는 방법이 되는 또 다른 이유는 그 글로 인하여 글쓴이의 생각이 공식화되기 때문이. 공식적인 개입은 매우 태도변화에 영향력이 크다는 사실을 중공군들은 정확히 알고 있었다. 그래서 중공군은 기회가 있을 때마다 미군 포로들의 친공산주의적인 글을 다른 포로들에게 보여 주었다. 나아가 선정된 이 친공산주의 글들은 포로수용소의 곳곳에 게재되거나 포로들 간의 토론 시간에 대표로 읽혀지고 혹은 라디오 방송시간에 그 글을 읽도록 하였다. 중공군들의 입장에서는 포로의 글이 공식화될수록 유리한 것은 불을 보듯 뻔한 것이었다.

3 정치 백일장

중공군이 포로수용소에서 자주 사용하였던 또 하나의 기법은 일종의 정치 백일장이었다. 중공군이 이 백일장에 가능한 많은 미군 포로들이 참여하여 그들이 원하는 대로 중공군에 우호적인 작문을 하기를 원하였다. 그럼에도 불구하고 그들이 백일장에 내 건 상품은 담배 몇 개비나, 과일 몇 개 등 매우 볼품없는 것들이었다. 백일장이 거행된 곳이 포로수용소라는 것을 감안할 때 그마저도 아쉬운 것들이었겠지만, 만일 중공군이 조금 더 생색을 내고자 하였다면 이보다는 좀더 나은 상품들, 예를 들어 따뜻한 방한복이라든지 특별 우편의 허용, 수용소에서의 자유시간 부여 등의 보다 고급스런 상품을 내걸 수도 있었을 것이다. 중공군이 초지일관 작은 상품만을 내걸었던 이유는 당시로서는 서방 심리학자들에게 하나의 논란거리였지만, 그 이후 심리학 연구에서는 태도변화의 부조화 이론으로 이 현상을 설명하고 있다. Festinger(1957)에 의해 제안된 인지부조화 이론의 핵심은, 사람들이 태도와 불일치한 행동을 했을 때 태도들은 외현적 행동과의 일관성을 유지시키기 위해서 변화될 것이라는 것이다. 만일 행동이 어떤 양식으로 취소되거나 변경될 수 없다면 심리적 긴장을 유발하는 부조화를 감소시키는 주요 방법은 자신의 태도를 변화시키는 것이며 그렇게 하여 행동과 태도의 일관성이나 조화를 유지하려고 한다는 것이다.

부조화 이론에서 나온 가장 흥미 있는 예언은 태도변화에 대한 위협과 유인의 영향들에 관한 것이다. 간단히 말해서 사람에게 자신의 태도와 반대되는 행동을 하게끔 만들기 위해서는 충분한 압력이 가해져야 하지만, 그 수준을 넘어서 더 많은 압력이 가해지면 부조화는 더 적게 되고 따라서 태도변화는 더 적게 된다는 것이다. 마찬가지로 태도와 불일치되는 행동을 수행하는 데 대해서, 최소량의 정적유인을 넘어서 더 많은 보상들을 제공하게 되면 더 적은 부조화를 경험하게 되고 그가 그런 행동을 하게 된 것을 정당화시키기 위해서 자신의 태도를 더 적게 변화시키게 된다는 것이다. 이와 같이 심리학자들은 강한 외부적 압력이나 커다란 보상이 사람들로 하여금 특정 행동을 하도록 만들 수는 있지만 그러한 행동에 대해서 스스로 내적 책임을 지게 만들거나 태도변화의 유발 또는 지속적인 개입을 만들어 내지 못한다고 보고 있는 것이다.

중공군이 포로들의 백일장에 커다란 상품 대신 작은 것을 내건 이유는 전쟁 포로들이 그런 문장을 작성한 행동에 대해 전적으로 책임을 지고 더 큰 부조화를 유발하기를 원했던 것이다. 다시 말하면 중공군의 입장에서는 반미적인 요소를 적당히 첨가하면서 작문에 임한 미군 포로들이 나중에 큰 상품 때문에 어쩔 수 없이 마음에도 없는 짓을 하였다고 변명을 할 여지를 없애 버린 것이다. 중공군이 진정으로 원한 것은 전쟁 포로들의 일회적 행동이 아니라 '지속적이고 일관성 있는 행동'이었다. 그러기 위해서는 포로들이 자신의 행동에 대해 외적 위협이나 유인들에 의한 것이 아니라 전적으로 자발적인 것으로 느끼게 할 필요가 있었던 것이다.

일반적으로 공산주의를 적극적으로 찬양하는 글이 백일장에서 대상을 차지하였지만 언제나 그런 것은 아니어서, 간혹 전체적으로는 미국을 지지하면서도 한 두어 군데 중공군에 우호적인 내용을 담고 있는 글이 상을 타기도 하였다. 만일 백일장에서 반드시 공산주의를 찬양해야 한다고 포로들이 믿는다면, 오히려 백일장에 참여하는 포로의 수가 줄어들 것을 우려한 조치였다. 이러한 책략의 사용은 결국 중공군이 원하고 있었던 결과를 초래하게 된다. 미군 포로들은 그들의 글이 절대적으로 미국에 해를 끼쳐서는 안된다는 생각과, 그렇지만 백일장에 입상하기 위해서 어느 정도는 중공군에 우호적인 내용을 반드시 포함시켜야 한다는 생각 사이에서 위험한 줄다리기를 계속하였다. 그러는 동안 백일장에서 입상할 가능성을 높이기 위하여 글의 내용은 점점 위험 수위를 넘어서게 되었다. 그때쯤 되면 중공군은 자발적으로 중공군에 우호적인 내용의 작문을 한 포로들에게, 심리적인 일관성의 압력을 가하여 그들이 나중에 더 큰 협조를 하게 만들었다.

(2) 응종과 복종의 유발: 문간에 발 들여놓기 작전

작은 요구로부터 시작하여 결국 커다란 승낙을 받아내는 책략을 우리는 '문간에 발 들여놓기 기법(foot-in-the-door technique)'이라 부른다. 이 방법은 많은 선전과 광고 캠페인에서 은연 중에 사용되고 있다. 광고자들은 흔히 소비자들로 하여금 상품에 관련된 어떤 일을 하도록 하는 데 노력을 기울인다. 광고자들은 상품에 관계된 어떠한 행위, 심지어는 그 상품을 원치 않는다고 응답하는 카드를 보내는 것까지도 소비자가 나중에 그 상품을 사게 될 가능성을 증가시킨다고 보는 것이다.

Freedman과 Fraser(1966)의 실험 연구는 이 효과를 증명하는 결과를 보여 주고 있다. 실험자들은 자원봉사자로 위장을 하여 캘리포니아주의 한 부자촌을 가가호호 방문을 해서 주인들에게 자기들은 안전운전위원회를 위해 일하고 있다고 말하고 안전운전에 관한 캠페인에 대한 지원을 부탁하면서 주 상원위원들에게 보낼 진정서에 서명해 달라는 부탁을 하였다. 진정서에는 상원의원들에게 안전운전을 위한 입법을 요구하는 내용이 들어 있어 당연히 거의 모든 주민들이 이 서명에 동의하였다. 몇 주 후에 이제는 다른 실험자들이 이들 동일 주민들과 아울러 이전에 접촉한 일이 없었던 다른 주민들과도 접촉을 하여 이번에는 그들의 앞마당에 '조심해서 운전합시다' 라고 쓴 크고 볼품없는 공공간판을 설치하는 것을 허락해 달라는 요청을 하였다. 그 결과 이전에 진정서에 서명(작은 요구)하는 데에 동의한 주민들 중 55% 이상이 실험자의 요청을 받아들여 그들의 정원 앞마당에 그 볼품없는 대형간판을 설치(큰 요구)할 것을 허락한 반면, 이전에 접촉한 일이 없었던 주민들은 17% 이하가 동의하였다. 주민들로부터 처음의 작은 요구에 동의를 얻어낸 결과는 큰 요구에 대한 응종량을 3배 이상으로 만든 것이다. 이러한 책략이 효과를 내는 데 대한 한 가지 설명은 작은 요구에 동의한 사람들은 이슈 자체나 그들이 행하는 행동 등 어떤 종류의 행위를 취했다는 생각에 관여되고 개입되었기 때문이라는 것이다. 처음의 작은 개입이 장차의 요구에 더 응하기 쉽게 만들었다는 것이다.

또 다른 설명은 어떤 식으로든지 그 사람의 자의식이 변화되었을 수 있다는 것이다. Freedman과 Fraser의 연구는 계속되는데 그들은 또 다른 표본을 대상으로 약간 다른 종류의 실험을 하였다. 이번에도 역시 부자촌의 주민들을 대상으로 '캘리포니아를 아름답게 유지합시다'라는 청원서에 서명할 것을 요청하였다. 물론 이러한 종류의 청원서에 대부분의 주민들이 서명을 하였고, 약 2주 뒤에 새로운 자원봉사자들이 그들 집을 방문하여 앞서 설명하였던 '조심해서 운전합시다'라고 쓴 간판을 설치하는 것을 허락해 달라는 요청을 하였다. 그런데 놀랍게도 거의 절반에 가까운 사람들이 그 요청을 기꺼이 허락하였다. 2주일 전에 그들이 서명했던 청원서가 안전운전에 대한 것이 아닌 캘리포니아를 아름답게 하자는 전혀 다른 종류의 공공서비스 캠페인임에도 불구하고 말이다. 처음에는 Freedman과 Fraser도 이 결과의 해석을 두고 고민을 하였지만 논의 결과 다음과 같은 설명을 제시하였다. 앞의 안전운전 실험에서 주민들은 처음에는 자기 자신을 진정서에 서명을 하지 않거나 구호를 붙이지 않거나 문간에서 자기에게 요구한 일들에 동의하지 등 사회적 행동을 취하지 않는 부류의 사람이라고 생각하고 있었을 수도 있다. 그러나 일단 그 사람이 실제로는 거절하기가 곤란한 작은 요구에 동의하게 되면서 그는 스스로에 대한 지각을 변화시켰을 수 있다. 그가 진정서에 서명하였기 때문에 그는 스스로 그러한 일을 하는 부류의 사람일 것으로 생각하게 되고 그 다음 두 번째 요구가 있었을 때에 그는 앞에서 그러한 일이 없었을 때보다 더 응하는 경향을 보일 수 있다는 것이다. 따라서 캘리포니아를 아름답게 유지하자는 청원서에 서명하는 행동은 부자촌 주민들의 자의식을 바꾸게 하여 이제 자신들을 공공관련 정책에 적극적으로 참여하는 의식있는 시민으로 인식하기 시작한 것이다. 그리하여 2주일 후에 안전운전에 관한 또 다른 공공캠페인에도 적극 협조함으로써 그들은 새로 만들어진 자의식에 일치되도록 행동하였다는 연구자들의 설명이다. 연구자들의 말을 조금 더 인용해 본다.

> …변화된 것은 현실문제에 참여하고 행동을 취하는 것에 대한 그들의 생각이었다. 일단 그들이 처음의 요청에 동의하게 되자, 그들의 태도가 완전히 바뀌게 된 것이다. 그들은 이제 스스로를 생각하여 그들이 좋은 일에는 적극적으로 참여하는 종류의 사람으로 인식하게 된 것이다(p. 28).

중공군들은 미군 포로들을 다룸에 있어 사용했던 이 '문간에 발 들여놓기 방법'은 간단한 요구라도 일단 승낙하게 되면 나중에는 점차 그 개입의 정도가 강해질 수밖에 없는 현상을 극명하게 보여 주었다. 대부분의 포로들은 처음에 이런 저런 매우 하찮은 일로 적과 협조하였는데 중공군은 이를 교묘히 이용하여 궁극적으로 포로들로 하여금 자신을 비판하게 하고 군사정보까지 누출하게 만들었던 것이다. 이러한 현상을 설명하는 데 있어 나중에 밝혀진 또 하나의 흥미있는 결과는 처음의 작은 요구에 응하는 데 돈을 주는 것은 그 효과를 없앤다는 사실이다(Zuckerman, Lazzaro & Waldgeir, 1979). 아마도 돈은 응종에 대한 외적인 이유가 되게 되었을 것이고 피험자들이 인지적으로 덜 긴장을 느껴 자신의 상을 바꿀 필요가 없었기 때문으로 생각된다.

때로는 '문간에 발 들여놓기 방법'과 정반대되는 방법이 효과가 있을 수도 있다는 것이 학자들에 의해 밝혀졌다. 처음에 매우 큰 요구를 하고 그 다음에 더 작은 요구를 하는 것은 그 작은 요구에 대한 응종을 증가시킬 수 있다는 것이다. 한 연구(Cialdini, Vincent, Lewis, Catalan, Wheeler & Darby, 1975)에서 피험자들에게 보람 있는 일을 위해 시간을 내도록 요구하였다. 몇몇 사람들에게는 처음에 아주 많은 시간을 내달라는 요구를 하였다. 당연히 그들은 이 요구를 거부를 하였고 이때 실험자는 그러면 그들이 훨씬 더 작은 시간을 내주는 데 동의해 줄 수 있겠는가를 즉각적으로 물었다. 다른 피험자들에게는 더 작은 요구만을 하였고, 세 번째 집단에게는 둘 중의 하나를 선택하도록 하였다. 비록 작은 요구만의 조건에서 16.7%와 선택조건에서 25%가 동의를 하였지만, 처음에 큰 요구를 받았던 사람들의 50%가 더 작은 요구에 동의하였다. '면전에서 문 닫기(door-in-the-face)' 방법으로 알려진 이 책략은 세일즈맨이나 노동조합원이나 경영자 측과 임금인상에 대한 홍정을 하는 조합간부 등 누구나가 흔히 사용하고 또 알고 있는 것이다. 이 책략의 아이디어는 당신이 자신의 요구를 줄이게 되면 상대방은 당신을 타협할 줄 아는 사람으로 생각하고 그 요구의 양이 더 작아 보이게 된다는 사실에서 출발하였다. 기부금이나 자선금을 요구하는 상황에서 이와 동일한 기술이 적용될 수 있을 것이다.

'문간에 발 들여놓기'와 '면전에서 문 닫기' 방법이 모두 효과가 있지만 우리는 이것들 각각이 효과가 있을 때를 아직 모르고 있다. 한 가지 차이는 '면전에서 문 닫기' 방법은 더 작은 요구가 큰 요구 직후에 있게 되고, 분명하게 연결되어 있을 때 그 효과가 나타났다는 것이다. 그러나 '문간에 발 들여놓기' 방법은 두 요구가 겉으로 보기에 연관이 없을 때에라도 효과가 있다는 것이다.

6) 세뇌 및 태도변화에 대한 저항 이론의 탐색

(1) 저항자의 특성들

한국전쟁 동안에 포로로 잡혔던 미군 병사들의 약 절반 정도가 본국에 송환된 후 그들의 개인적 행적과 포로수용소 행동들이 조사 기록되었다. 이 군사문서를 연구한 Segal (1956)은 전쟁 포로를 다음 세 가지 범주로 나누었다.

[1] 협조형: 포로의 15%로 이들은 군사재판에 회부되거나 불명예 전역을 하였다.

[2] 저항형: 포로의 5% 정도로 수용소 내에서 적어도 둘 이상의 저항행동을 한 사람으로 훈장에 추천되었다.

[3] 중도형: 80%의 포로가 해당되며 정보 제공을 거의 하지 않았거나 하지 않은 자들이다.

일반적으로 Segal은 수용소생활 중에 보여준 성격 특성이 그랬던 것처럼 저항자와 협조자를 변별해 주는 배경적 특징도 없었다는 것을 발견하였다. 저항자 집단에서 저지능자는 소수였는데 협력자 집단에서의 45%에 비해 35% 정도였다. Segal에 의하면 주된 차이는 포로가 우대 약속에 반응하는 방식이었다. 다시 말하면 물질적 호의에 영향을 받고 받아들인 포로들은 적에 협조적인 자들이었다. 그러나 협조자가 저항자들보다 송환되었을 때 신체적인 상태는 좀더 나았지만 더 많은 신경증 증세를 보였다는 것이다. 즉, 적군의 뇌물을 받거나 협조하는 것이 아무런 죄책감이나 불안 없이 이루어질 수 없었다는 것이다. 또한 적극적으로 저항하지도 협조하지도 않은 중도형 포로의 80%가 무감동하다는 특징을 보였는데 그들은 적에 협력도 않았지만 적과 싸우지도 않았다. 이것은 한국전에서 심리전을 수행한 적들의 승리이며 병사들에게 미국식의 교리를 주입한 아군측의 패배로 보아야 할 것이다.

한국전에서 저항자와 협력자를 조사한 Schein(1958) 박사는 그의 연구로부터 이 문제를 보는 가장 좋은 방법은 사람들이 스트레스 상황으로서의 심문과 세뇌를 심리적인 방식에 의해 그것을 제거할 수 있다고 보는지(저항자들) 또는 그것을 제거하기 위하여 어떤 행동을 취할 필요가 있다고 보는지(협력자들)에 달려 있다는 결론을 내렸다. 그는 저항자와 협력자 그리고 중도자의 배경적 특성에 대한 전반적인 비교 연구에서 이 결론을 기초로 하였다. 모든 측정 상에서 그는 동일하게 〈그림 13-1〉과 같은 흥미 있는 형태를 확인하였다. 다시 말하면 저항자와 협력자는 중도자들보다 심리학적으로 서로가 더 많

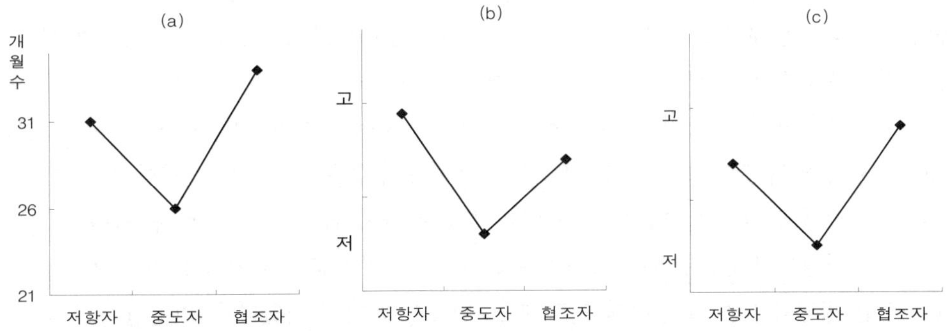

〈그림 13-1〉 한국전 포로들의 (a) 억류 기간, (b) 지능, (c) MMPI 점수상에 나타난 성격 함수로서의 협력자, 중도자, 그리고 저항자의 비교 결과

은 공통점을 지니고 있다는 것이다.

또한 그는 다수의 사례에서 협력이 개인적인 상황보다는 하나의 집단적인 상황에서 더 많이 관찰된다는 점을 지적하고 있다. 공산주의자들이 포로 집단의 위계나 기타 조직을 와해시키는데 성공했던 곳에서 잇따라 일어나는 집단 붕괴는 본질적으로 저항의 결여에 기여했던 것이다.

결론적으로 협력자와 저항자를 통상적인 심리학적 배경 변인으로는 서로를 구분하기가 그렇게 쉽지가 않은 것으로 보인다. 앞에서도 언급하였지만 더 많은 정치적 지식이나 이해력을 가진 병사가 정치에 대한 별 지식을 갖지 못한 병사들보다 한국전에서 더 훌륭히 저항했다는 것은 사실이다. 그러나 이것이 특별히 그들의 정치적인 지식 때문인지 혹은 자연스런 정치적 관심 때문인지 아니면 보다 높은 일반적인 교육수준 때문인지는 아직도 명확하지가 않다.

(2) 태도변화에 대한 저항훈련들

저항 훈련의 초기 이론 중 하나는 West(1958) 박사가 미 공군을 대상으로 실시한 '전쟁 포로의 명예로운 생존을 위한 훈련의 정신의학적 입장'이라는 제목이 붙여진 연구였다. 그는 먼저 처벌을 인내할 수 있는 사람들의 능력에 대해 말해 주고 신념을 심어 주는 것이 훈련병에게 분명히 도움이 되며 그리고 사람들이 스트레스에 저항하는 능력이 시간에 따라 변할 수 있다는 것을 보여 주는 증거들을 인용하고 있다. 둘째는 공산주의자들의 기법들이 매우 경직되어 있어 세뇌의 다양한 단계들이 포로들에게 예측될 수 있고 따라서 이것은 포로들에게 어느 정도 사전 무장을 시킨다는 것이다. 셋째는 전투원들에게 갈등의 전반적인 본질이나 조직 역할에 대한 의미나 중요성, 포로가 된 후 각자 행동의 중요성에 관해서 교육을 하는 것이 필수라는 것이다. West의 표현에 의하면 이 교육은 가능하다면 과거 실제 적의 활동을 특별히 경험한 적이 있는 사람의 명쾌한 설명을 포함시켜야 한다는 것이다. 교훈적 강의, 영화, 시범 그리고 개인적 참여 같은 것이 West 박사에 의해 권장되고 있다. 신체적 고통이나 부상을 인위적으로 경험시킬 필요는 없겠지만, 어떤 신체적 불편함에 대한 인내 훈련은 실제 많은 도움이 될 수 있다고 그는 말한다. 훈련생에게 공포반응에 익숙하게 하는 훈련 역시 도움이 되며 그리고 훈련을 어떤 특수한 방법과 너무 밀접하게 연결 지을 필요는 없다고 하였다. 못마땅한 음식의 경험 역시 도움이 되며 훗날 어려운 식사에 더 쉽게 견디도록 만들 수 있다. 훈련생들에게 적 협박의 대부분은 허세이며 적들은 계획된 요구를 강요할 것이며 포로들이 被암시적이 되도록 고립을 사용할 것이라고 일러주어야 한다. 또한 훈련생들에게 최초의 회유 다음에 예측되는 강도 높은 심문을 경청하지 않은 방법, 심문자의 말 중에 그들의 전반적인 판단을 흐리지 않는 내용만 받아들일 수 있는 방법을 교육시켜야 한다. 훈련생들은 수면 없이 5일 정도까지 손상 없이 행군할 수 있으며 정신착란적 반응은 통상 석방이나 심문의 면제를 받을 수 있으며 이것은 조작할 수 있다는 것도 알아야 한다. 교리 주입이 관련되는 한 물리적인 위협은 잘 사용되지 않으며 그것은 반드시 심리적이고 보통은 집단지향적인 것이다. 여기서 고려되어야 할 것은 병사들이 그가 싸우고 있는 전쟁과 적이 누구이며 무엇인가에 대해 분명하게 알려 주어야 한다는 것이다.

이와 같은 West 박사의 주장은 특히 비행사와 관련된 것으로 한국전 이후에 제기되었다. 그 이후로도 기타 정교한 기법들이 개발되었거나 혹은 최근의 심리학이나 생리학적 연구에 바탕을 두고 개발과정에 있지만 지금 4단계의 현대적 심문 저항훈련 착상을 위해 West 박사의 제안을 다시 확대해 볼 수 있을 것이다(Watson, 1978).

[1] 1단계: 선발을 위해서 훌륭한 저항자와 그렇지 못한 사람간의 배경 차이는 거의 무시해도 좋을 것으로 생각된다. 그러나 일부 소수 비율의 사람들은 고통과 극단적으로 싸우는 반면 나머지는 감각박탈을 잘 견디는 것으로 보인다. 그래서 독방 감금이나 유사한 처벌에 잘 맞서 싸울 수 있다고 추측된다. 고통에 저항할 수 있는 사람을 선발하는데는 간단한 실험이 사용될 수도 있다. 실험의 시작과 함께 병사를 수분의 일초간 단어나 상징이 나타나는 화면을 보여 준다. 다음 그 병사가 화면상에 무엇이 나타나는지 바로 확인할 수 있을 때까지 노출 시간을 점차 증가시킨다. 만약 다른 사람과 비교해서 이 시간이 상대적으로 길다면 이런 유형의 병사는 고통을 잘 견딜 수 있음을 시사해 준다. 반대로 그 병사가 모든 감각에서 민감한 식역치를 가지고 있다면 그는 화면상의 자극이 무엇인가를 재빨리 대답할 것이고 이것은 격리된 생활인 독방 감금은 잘 견딜 것이지만

그러나 인내가 요구되는 고통에는 그렇지 못한 문제점을 안고 있다고 보아야 할 것이다.

[2] 2단계: 일단 병사가 한 번 심사를 받았다면 두 번째 단계는 그들에게 그럴듯한 '제2의 나(alter ego)' 또는 변명을 신중하게 제공하는 것이다. 한국전에서 전쟁포로들은 그들이 중요한 군사적 세부사항에 무지하다는 것을 주장하는데 큰 어려움을 경험하였다. 그래서 그럴 듯하면서도 그러나 아주 부드러운 변명을 하는 훈련은 병사들로 하여금 많은 정보에 대한 실제적인 무지 주장을 가능하게 해주었다. 병사들은 자신 스스로 변명들을 선택하게 하였다. 예를 들면, 수색 중대의 한 특무상사에 의해 베트남 전쟁에서 성공적으로 사용된 알리바이는 그가 도로건설 공병이라고 말한 것이었다. 그는 자기가 맡은 일을 십분 다할 만큼 공병에 대해서는 충분히 알고 있었고 이것이 그로 하여금 어떤 정보를 가지고 있다는 것을 납득이 가도록 부정하는 것을 가능하게 해 주었다.

[3] 3단계: 이 단계는 훈련 중 특정한 사례를 가지고 자아비판 기간을 거치게 하는 것으로 역심문과정을 말한다. 이것은 중공군의 자아비판과 크게 다르지 않다. 각자는 자리에 앉아서 어떤 식의 변명도 허락되지 않은 상태에서 신중하게 잔인하고 개인 인신공격적인 비판을 거치게 된다. 그는 부적절한 과제를 수행해야 하고, 속셈을 토로해야 하며, 이야기를 듣지 않도록 고안되어 심문자가 항상 도발하려고 하는 대결을 회피하도록 하는 것이다.

[4] 4단계: 기본적으로 거짓말 탐지기나 최면술 같은 특정한 심문 보조자료에 대항할 수 있는 방법의 고안 및 적용이다. 바이오피드백 장치는 피부 저항의 변화를 상이한 주파수의 소리로 전환시키는 기계로 피험자들에게 조종될 수 없다고 상상하는 과정 통제를 가능하게 해 준다. 시간 내에 피험자는 최소한 그의 기록이 혼란스럽도록 어느 정도까지 피부 전도를 통제하는 방법을 학습해야 한다. 또한 발가락을 꿈틀거리거나 기타의 방법을 통하여 맥박수를 변화시킬 수도 있다. 필라델피아에 있는 펜실베이니아 병원의 연구진들은 병사들이 고통을 참아야 하거나 심문, 격리 수용, 뱃멀미 같은 여러 군사적 상황에서 최면술을 사용하는 실험을 하였다. 그의 주된 관심사는 특정한 군사 과제를 수행하기 위해 그들 자신을 어떻게 최면화 할 수 있는가와 그리고 특히 이 방법을 사용해서 잠재적인 심문자를 속일 수 있도록 그들이 최면술에 걸렸다는 것을 어떻게 성공적으로 위장할 수 있는가에 있다고 생각된다.

이 계획에 대해서 지금까지 발표된 연구는 거의 없지만 계속되어야 할 흥미 있는 연구로는 병사들이 심문에 대처해야 하는 임무를 맡고 나가기 전에 최면을 걸 수 있는가? 혹은 실제적 최면화 없이 최면을 모방하도록 훈련될 수 있는가를 알아보는 것이다. 또 다른 가능한 연구는 위험한 임무를 부여받은 병사에게 최면상태에서 분류된 성질의 정보를 주고 그 다음 후최면 기억상실증을 유발하는 것이다. 피험자는 최면술사에 의해 하나의 암시 부호를 받게 되고 오로지 그 암시 부호에 의한 반응으로만 재료를 회상할 수 있어야 한다.

(3) 면역 이론

한국전쟁의 여파로 McGuire와 Papageorgis(1961)는 중국공산주의자들에 의한 미국인 포로의 세뇌에 관해 관심을 갖게 되었다. 중공에 수용된 많은 포로들이 미국정부를 비난하는 대중연설을 하게 되었고 몇몇은 전쟁이 끝나더라도 미국에 돌아가기보다는 중국에 남아 있기를 원하였다. McGuire는 미군 병사들이 이렇게 쉽게 세뇌를 당한 것은 그들이 전혀 경험이 없고 알지 못하는 마르크스 이념의 공격에 대해 미국의 민주주의를 방어하도록 훈련된 바가 없었기 때문에 그러한 영향에 취약했을 것이라고 생각하였다.

이것을 증명하는 실험에서 McGuire는 태도변화의 설득에 대한 표적대상에서의 또 다른 저항원은 그 논의점에 대한 과거 경험으로 나온다는 가설을 세웠다. 이들 연구자들은 사람들에게 설득에 저항할 능력을 증가시켜 주기 위해 고안된 경험들이 갖는 효과들에 대한 실험을 실시하였다. 이들은 자신이 가지고 있는 태도와 불일치하는 설득 주장에 직면한 사람들은 바이러스나 질병에 의해 공격받고 있는 사람과 유사하다고 생각하였다. 설득 메시지(바이러스)가 강할수록 그것은 더 피해를 주게 될 것이고 그 사람의 저항력이 강할수록 바이러스(설득)에 의한 감염은 예방될 수 있을 것이다. 이러한 논리에 따르면 사람들이 어떤 병에 대한 감염을 방지하는 데는 평소 영양관리와 비타민제 투여와 같은 방법을 통해 건강한 체력을 길러두거나 병원균에 대한 예방주사를 맞아 항체를 길러주는 방법이 있을 수 있다.

이상과 같은 논리를 적용하여 태도변화 이론에서 설득에 대한 저항력을 강화하는 한 가지 방법은 '지지적 방어'라고 불리는 것으로 이것은 그 사람에게 그가 원래 견지하고 있는 입장을 지지해 주는 부가적 주장들이나 정보를 제공해 줌으로써 그 사람의 의견을 확고하게 직접적으로 구축시켜 주는 것이다. 예를 들어 병사들이 민주주의 제도가 좋고 공산주의가 나쁘다고 믿고 있다면 자유민주주의 신념을 지지해 주는 부가적인 주장이나 정보를 제공해 주어 병사들의 신념을 확고하게 구축해 놓는 것이다. 그렇게 되면 자유민주주의를 파괴하고 공산주의 사상을 주입하고자 하는 설득에 강하게 저항하게 될 것이라는 논리이다.

또 다른 방법은 '면역적 방어'라고 불리는 것으로 질병에 대한 저항력을 기르기 위해 예방주사를 접종하는 것처럼 설득에 대한 면역력을 강화시키는 것이다. 이러한 논리는 사람들에게 그들이 싸워 이길 수 있는 약한 병균을 주게 되면 스스로 항체를 만들어 나중 더 강한 병균의 공격에 방어할 수 있게 된다는 주장을 하고 있다. 이와 비슷하게 어떤 사람의 의견이나 태도가 평소 공격당한 경험이 전혀 없다면 그 의견이나 태도가 갑자기 설득적 압력을 받았을 때 그 사람은 방어력을 갖지 못하고 그 의견이나 태도는 변화되기 쉽다는 것이다. 만일 자신의 의견이 일찍이 공격받은 바 있고 이를 성공적으로 방어한 경험이 있다면 그 사람은 그 의견이나 태도에 대해 비교적 강한 방어 체제를 구축하였기 때문에 그 후의 공격에 더 잘 저항할 수 있을 것이다. 바꾸어 말하면 McGuire는 우리는 사람들을 병에 면역되게 할 수 있는 것과 같이 설득적 공격에 면역시킬 수 있다고 보는 것이다. 이것은 사람의 태도를 약하게 공격함으로써 달성된다. 예를 들면, 자유민주주의의 문제점을 숨기지 말고 공개하고 토론하도록 한 후 이에 대한 반박 논리를 전개해 보도록 하거나 공산주의 체제의 장점을 제시하고 이에 대해서도 반박 논리를 개발하게 하여 저항력을 배양하는 것이다. 이때 주의할 점은 제시하는 문제점이나 장점의 정도가 강하여 오히려 태도변화를 유발시켜서는 안된다는 것이다. 그 공격은 약해야만 되며 그렇지 못하면 오히려 태도변화를 시켜 싸움에 지게 만들 것이다. 따라서 병사들에게 평소의 태도에 대한 공격↔방어의 훈련을 시키고 미리 준비된 반박논리 내지는 반박문을 제시하는 방식의 면역형성교육을 해두는 것이 설득 저항에 도움이 될 것이다.

McGuire와 Papageorgis의 실험연구에 의하면 세 집단의 피험자를 각각 지원방어, 면역방어, 통제집단 조건에서 처치를 한 후 모든 집단에게 그들의 최초 입장에 대한 강한 공격을 받게 하였다. 그 결과 나타난 태도변화의 정도는 지원 집단(5.87), 면역방어 집단(2.94), 통제 집단(6.26)으로 면역방어 집단이 다른 처치 집단보다 덜 변화되는 것으로 나타났다. 그러나 지원적 방어와 면역적 방어의 방법을 활용함에 있어 고려할 점은 두 방법 모두 저항력을 강화시켜 설득에 대응하는 것이기는 하나 어느 방법이 보다 효과적인지는 상황에 따라 차이가 있다는 점이다. 지지적 방어의 방법은 병사들이 단순히 특수한 주장을 배울 필요가 있을 때 가장 좋으며 면역적 방어는 병사가 자기자신의 방어적 주장들에 대해서 생각해 보는 것을 자극 받아야만 할 때에 더 낫다는 점이다. 아울러 지지는 차후에 전에 지원받은 바 있는 주장과 유사한 내용의 공격이 있을 때 특히 효과가 있으나 새로운 주장이 포함되었을 때 비효과적인 데 비하여 면역은 새로운 주장이 포함될 때에도 효과적이다.

(4) 사전경고와 사전무장의 원리

만일 어떤 사람에게 그가 앞으로 어떤 이슈에 대해 그의 태도와 불일치한 커뮤니케이션 내용을 접하게 될 것이라는 것을 미리 알려 주면 그는 그에 대해 관심을 두게 되고 그 메시지에 의한 설득에 더 잘 저항할 수 있다. 여러 학자들의 실험도 이를 입증해 주고 있다(Freedman & Sears, 1965). 그렇다면 왜 사전경고가 사람들에게 설득에 저항하는

데 도움을 주는가? 여기서 사람들이 알고 있는 바는 메시지 전달자가 자기들과 의견이 다르다는 것이 전부라는 사실을 아는 것이 중요하다. 즉, 유일한 차이는 어떤 사람들은 사전에 그것을 알고 있었고 어떤 사람들은 이야기 시작 직전에야 안다는 것이다. 사전경고를 받은 사람들이 보여준 더 큰 저항은 경고와 메시지 시작 사이의 기간에 일어나는 어떤 기제에 의한 것으로 생각된다. 실제로 Petty와 Cacioppo(1977)는 경고와 메시지 시작에 대한 접촉 사이의 지연 기간이 피험자들에게 더 많은 반대 주장을 일으키게 하였다는 것을 보여 주었다.

이 현상에 대한 설명으로 가장 가능성 있는 기제는 면역 이론에서처럼 그 사람의 방어들이 어떤 식으로든 연습되었고 따라서 강화되었다는 것이다. 비록 이러한 방어들이 어떻게 강화되었는가를 직접적으로 증명해 주는 증거들은 거의 없지만 그 사람은 아마 그 시간 동안에 설득자로부터 오게 될 주장들을 예상하고 반대주장을 준비할 수 있을 것이다. 또한 사전경고를 받은 사람은 자기와 불일치한 커뮤니케이션 출처에 대해 격하를 시킬 수도 있다. 면역 절차를 통과한 바 있는 사람은 반대자를 격하시킬 충분한 기회를 갖는다. 이와 유사하게, 사전경고를 받은 사람은 의사전달자를 믿을 수 없고, 편견을 가지고 있고, 잘못 알고 있다고 스스로를 납득시키는 데 그 시간을 사용할 수도 있다.

이러한 사전경고의 사전무장 현상은 메시지 수신자가 의사전달자의 입장과는 불일치한 입장에 강하게 개입되어 있었던 상황들에서 나타났었다. 만약 수신자가 불일치한 태도나 입장에 강하게 관여되어 있지 않다면 사전경고는 반대로 태도변화를 촉진시키는 효과를 가질 것이다. 이에 따라 Apsler와 Sears(1968)는 사전경고는 이슈에 개인적으로 관여되어 있지 않은 수신자의 태도변화는 촉진시키지만 높게 관여되어 있는 수신자의 태도변화는 방해할 것이라는 가설을 가지고 실험을 하였다. 그 결과 주제에 높게 관여된 피험자들에게 있어서 사전경고는 태도변화를 억제시킨 반면 낮은 관여조건에서는 태도변화를 촉진시킨 것으로 나타났다. Petty와 Cacioppo(1979) 연구의 결과들도 사전경고는 낮은-관여 조건보다도 높은-관여 조건에서 더 크게 설득을 감소시켰고 반대주장을 증가시켰으며 호의적인 생각들을 감소시켰다는 것을 보여 주고 있다

이러한 사전경고의 효과들은 피험자가 메시지를 수신하기 전에도 탐지될 수 있다. 높게 개입된 사람은 앞으로 수신하게 될 메시지에 접촉하기도 전에도 저항을 시작하지만 개입되지 않은 사람은 자신의 입장을 완화시키는 것으로 보인다. 사전경고에 대한 이러한 반응들의 정확한 성질에 대해서는 아직도 논란의 여지가 있다. 예를 들어, 우리는 높게 개입된 사람들의 저항 증가가 메시지가 담고 있는 주장들에 대한 실제의 생각과 예상 때문인지, 메시지에 대한 무조건 거부의 증가나 정보의 출처에 대한 격하 때문인지를 아직 잘 모르고 있다. 사전경고는 분명히 더 많은 반대주장에 대한 이론적 무장을 고무

시키지만, 이것이 단순히 설득에 대한 완고한 거절의 한 부산물일 수도 있다는 것이다.

3. 선 전

선전은 인간의 공동생활과 더불어 시작되었다고 볼 수 있다. 인간들이 원만한 공동생활을 유지하기 위해 이웃과 타인들을 설득하고 협조를 구할 필요가 있었기 때문이다. 인류의 역사 이래 모든 시대의 정치가들도 자신의 주의나 주장을 알리고 주민들을 설득하기 위해 웅변, 음악, 조각 등의 거의 모든 방법이 이용되었으며, 오늘날에는 대중의 설득과 지도를 위해 과학이 제공한 모든 수단까지 선전에 동원하기에 이르렀다. 바꾸어 말하면 선전 그 자체가 현대의 한 사회 현상으로 나타난 것이다. 따라서 오늘날 선전은 역사학, 정치학, 사회학, 심리학 등 여러 측면에서 연구의 대상이 되고 있다.

1) 선전의 개념과 정의

선전(propaganda)이란 용어는 라틴어 propagare의 과거분사인 propagatus에서 파생된 것으로 식물을 번성하게 하기 위하여 접목을 붙인다는 의미를 가지고 있다. 그런데 이 말의 유래는 1622년 당시 로마의 교황 Gregory 15세가 유럽 지역의 교회 상태를 조사한 후 그 해 6월 신앙전도대회(Sacra Congregatio de Propaganda Fide)를 가져 신교에 대항하여 천주교세를 확장하려는 시도에서 비롯된 것이다. 그 후 상당기간 동안 선전이란 용어는 교회 승려의 전용어였다. 선전은 대략 18세기말부터 비종교 용어로도 사용되어 왔으나 19세기 말까지는 종교적인 영향을 간직한 용어였다. 20세기에 들어와서 비로소 그 영향에서 벗어나 종교적인 원래의 뜻과는 거리가 먼 더욱 포괄적인 용어로 사용하게 되었다(Qualter, 1962; Jowett & O'Donnell, 1986).

이와 같이 선전은 오랜 역사를 거치는 동안 널리 사용되어 왔고 또한 큰 영향력을 발휘해 온 것이 사실이다. 그러므로 선전에 대한 정의 또한 그 역사의 내용만큼이나 다양하다. 그러나 한 가지 공통점은 모든 선전이 대상자의 신념, 태도, 행태를 선전가의 의도와 부합되게 하기 위하여 미디어를 이용하고 있다는 점이다. 그래서 New Webster's Dictionary(1984)에서는 '선전가의 명분(cause)을 더 강화시키거나 반대편의 명분에 해를 주기 위하여 계획적으로 전파된 교리, 아이디어, 논쟁, 사실, 주장'이라고 정의를 내리고 있다. Lumley(1933)는 진실과 거짓의 양분법에 의해서 '선전이란 촉진의 한 수단으로서 선전의 근원이 되는 정보원, 이해관계, 선전방법, 선전에 포함된 내용, 선전의 대상의 일부 또는 전부에게 일어날 결과 중 그 일부나 전부가 감추어진 상태에서 전개되는 활동' 이라고 보고 있다. Lasswell(1934)은 넓은 의미로 정의를 내려 '선전이란 기호나 표상을 조작하여 인간의 행동, 태도에 영향을 미치는 기술'이라고 했다. Doob(1935)은 선전은 '어느 사회의 특정한 시점에서 비과학적인 목적 또는 회의적인 가치관을 향하여 개인의 인성에 영향을 주고 개인의 행위를 통제하려는 시도'라고 했다. Jowett 등은 선전을 의사 전달과정, 더 구체적으로 말하여 과정이 지향하는 목적에 초점을 맞추어 정의를 내리고 있다. 즉, '선전은 선전주체자의 의도에 입각한 반응을 얻기 위하여 지각을 형성시키고 인지를 조작하며 행위를 지시하는 계획적이고 체계적인 시도'이다. 선전은 사전에 어떤 목적을 갖고 설계한 지시적 커뮤니케이션인 것이다.

우리는 지금까지의 정의들을 종합하여 선전의 정의를 광의와 협의의 두 가지로 분류 정리해 볼 수 있다. 광의로는 '언어적 혹은 상징적인 수단을 다소나마 계획적·조직적으로 조작하여 다수인의 잠재적 행동(태도, 신념, 가치 등)에 통제를 가하거나 그것을 변용시킴으로써 궁극적으로는 그들의 행동을 기대되는 방향으로 일정하게 유도하려는 목적으로 교화(indoctrination)하기 위한 의도적 노력이다.'라고 볼 수 있으며 그리고 협의로는 Lippmann의 견해를 중심으로 한 '숨겨진 압력원천(a hidden source of pressure)으로부터 인간의 이성적 측면보다는 정서적 측면에 작용하도록 의도한 허언이나 과장으로 구성되어 있다.'는 것이다(이종호, 1996).

그런데 선전이란 단어는 사용되어 오면서 부정적이고 경멸적인 뜻을 지니게 되었다. 우리가 어떤 메시지를 선전으로 식별하게 되면 이는 무언가 부정적이고 솔직하지 못함을 암시하게 된다. 그래서 선전과 동의어에 가깝게 쓰이는 단어로는 거짓말(lies), 왜곡(distortion), 기만(deceit), 조작(manipulation), 심리전(psycholoical warfare) 또는 세뇌(brain washing) 등이 자주 쓰인다.

선전이란 용어의 목적을 강조하여 사용하게 되면 선전은 통제와 연관되어 선전자(propagandist)에게 유리한 쪽으로 권력을 유지하거나 변화시키려는 계획적인 시도로 간주된다. 그리고 계획적인 시도는 언제나 제도적인 이데올로기의 목적과 연결되어 있어서 사실 선전의 목적은 어떤 특정한 목표를 지니고 수용자에게 이데올로기를 심는 것이라고 하겠다. 그것이 전쟁을 지속시키기 위하여 모든 국민에게 대대적인 애국심을 불러일으키는 정부 기관의 시도이든 군대 지휘관이 자기 군대의 강력함을 과장하여 적을 놀라게 하려는 시도이든 또는 소비자에게 정당성을 유지하기 위하여 이미지를 진작시키려고 시도하는 기업이든, 하나의 목적을 달성하기 위하여 수용자를 상대로 주도면밀한 상징의 조작이 따르게 마련이다.

2) 선전의 특성

선전의 특성은 첫째, 어떤 상황에서 선전 주체자의 의도대로 어떤 개인이나 집단에게 영향을 미치려는 시도로 행해지는 점이다. 이 점은 선전활동을 하는 선전자의 의도를 나타낸 것으로 선전의 목적이기도 하다. 선전은 그 대상자 또는 집단의 태도를 변화시키는 데 그치는 것이 아니라 선전자가 의도하는 방향으로 다른 집단들의 행동을 유발시키는 데 그 궁극적 목적을 두는 것이다. 선전의 두 번째 특성은, 선전이 의사전달 수단을 활용한다는 점이다. 의사전달 수단이라 함은 물론 한 사람으로부터 다른 사람에게 언어, 몸짓, 상징, 기호 등을 사용하여 아이디어를 전달하는 수단인데, 이 의사전달 수단은 현대 사회로 오면서 점차 대량 전달매체가 큰 비중을 차지하게 되었다. 비록 선전의 개념이 대량 전달매체가 발달하기 이전에 생겼지만 선전은 대량 전달매체가 발생한 20세기 이후에 급격히 사회적으로 대두, 특히 오늘날과 같은 대중사회에서 대중정치를 수행해 나가는 과정에 대량 전달매체는 용건을 전달하는 유일한 수단이 되어 대량 전달매체가 선전에서 차지하는 비중은 그만큼 커진 것이다.

세 번째 특성으로는, 선전이 개인보다는 집단을 그 대상으로 삼고 있는 점이다. 물론 개인을 설득하는 것이 곧 그 개인으로 구성된 집단을 설득하는 것과 마찬가지라고 하겠으나 선전은 주로 집단 전체를 대상으로 삼고 있다. Ellul(1965)은 집단의 형성은 선전의 형성과 동시에 발생한다고 했다. 선전은 집단의 조직과 행동에 밀접하게 관련된 하나의 집단 현상이어서 이것 없이는 선전이 실질적으로 존재하지 못한다.

선전의 네 번째 특성은, 선전이 계획적으로 조작되어 전달된다는 점이다. 선전은 '말, 몸짓, 이미지, 기념물 등의 상징적 수단을 통하여 사람들이 지닌 신념, 가치관, 또는 행동에 대한 조직적인 조작을 말한다' 이처럼 선전의 특성은 그 내용의 진위와 표현 방법의 합리성 여부를 따지지 않고 조작하고 설계하는 교묘한 기도에 있는 것이다. 이럴 때 선전의 조직적이고 조작적인 점들은 단순한 설득적 대화나 자유로운 아이디어의 교환과 구별된다.

다섯째, 선전은 사회통제의 심리과정이라는 특성이 있다. 다수를 대상으로 한 선전의 집단적 성격은 선전자와 피선전자를 구분하게 한다. 지도자와 피지도자가 상호이익을 위하여 협조한다는 인상을 남기기 위하여 선전자는 사람을 1대 1로 담화하는 체한다. 그러나 선전자는 진정한 의미에서 조직의 구성원을 통제하려는 특정 조직의 대표자인 것이다. 다시 말해서 선전자는 사회적 통제의 기술자인 것이다. 이처럼 선전은 그 논리적 근거를 사회적 통제이론에 두고 있는데 사회적 통제이론이란 사람들이 공유하고 있는 정치적 신념, 종교적 믿음, 관습, 규율과 기본적 생활방식을 지속적으로 배우고 보강함으로써 사회질서가 유지된다는 이론이다(Nimmo, 1978). 이런 시각에서 볼 때, 각 국가의 통치자 및 지도자들은 여러 가지 기술을 동원하여 선전을 사회적 통제의 기제로 활용하고 있는 것이다. 지금까지 제시한 선전의 특성을 종합해 보면 선전은 다른 의사전달 방식에 비해 부정적인 면이 많은데 그 이유는 위의 네 번째 특성인 조작성 때문일 것이다(원우현, 1987). 특히 선전의 개념은 자본주의 체제에서보다는 공산주의 체제에서 잘 발달되어 있어서 그들이 말하는 전략적 목적을 위해 조작성이 정당화되기도 하여 선전이 주는 이미지는 부정적인 경향이 있다. 그러나 선전 그 자체가 본질적으로 나쁜 의미가 있는 것은 아니다. 선전은 나쁜 이념뿐 아니라 좋은 이념을 표현하는 데도 쓰일 수 있는데 선전이 어떤 의미를 갖느냐는 점은 선전이 행해지는 정치체제나 선전자들에게 달려 있다는 점을 뜻한다. Cirino(1972)는 '일부 선전자들은 사실과 역사를 책임 있게 이용하지만 일부 선전가들은 사실을 위장하거나 무시하기도 하고 역사를 왜곡시키기도 한다. 또, 일부 선전가들은 여론 형성에 있어서 국민들의 실질적인 선택이나 참여의 가능성을 되도록 억제하는가 하면, 어떤 선전자들은 국민들로 하여금 제 나름의 생각을 할 수 있도록 만들기 위해 최선을 다하기도 한다. 선전은 나쁜 이념뿐 아니라 좋은 이념도, 전쟁뿐 아니라 평화도, 그리고 증오뿐 아니라 우의를 증진시키기 위해 활용될 수도 있다'고 했다.

선전은 또한 그 자체가 갖는 한계가 있다. 그 첫째가 '진실성의 문제'이다. 흔히 선전에 대하여 부정적 인상을 갖는 것도 이 진실성의 문제가 결부된 선전의 조작적 성격 때문이라고 이미 앞에서 지적한 바 있다. 피선전자의 의견, 태도, 행동을 선전자가 의도하는 대로 변화시키려는 시도를 선전이라고 할 때 선전내용의 진실 됨과 거짓됨은 더 이상 상관이 없는 것이다. 즉, 선전내용의 진실 여하에 따라서 선전 효과가 좌우된다고 말할 수는 없는 것이다. 선전가는 피선전자가 진실성을 확인하거나 사실을 조사할 수 없을 때 허위의 조작이 더 쉬워진다. 이러한 예는 엄격한 정보의 통제를 받는 사회이거나 전제주의 사회에서 더 흔히 볼 수 있다(박영학, 1987).

그러나 피선전자가 정보원에 접근할 수 있을 때에도 어떤 상황 하에서 선전자는 매우 효과적인 허위 조작을 할 수 있다. 이러한 상황 중 하나는 선전의 내용이 피선전자가 몹시 원하는 희망에 호소하는 경우가 된다. 고려 말 이성계가 위화도회군을 할 때 그는 병사들에게 요동 공격이 나라에 대한 큰 반역이고 곤궁과 불안에 시달려 오던 농민들이 농번기에 동원됨으로써 농사에 지장을 초래한다고 하여 회군을 주장하였다. 강대국인 明과의 싸움에 대한 불안과 그 당시 장마로 인한 전투 여건이 좋지 않은 병사들에게, 회군이 의로움을 위한 일이라고 선전하였을 때 병사들의 태도가 쉽게 바뀔 수 있었던 것이다(조재관, 1964). 다른 경우는 피선전자가 선전자를 그들의 경험에 의하여 신뢰할 수 있는 사람이라고 믿는 경우이다. 2차대전을 통하여 연합국 측의 선전은 비교적 공정하고 객관적인 태도를 견지하여 적으로부터도 상당한 신뢰를 쌓았을 뿐만 아니라 피선전자에게 크게 호소력을 가질 수 있었다. 여기서 유의할 점은 선전 그 자체가 가진 진실성보다도 연합국의 선전이 진실성이 있다고 믿는 것이 더 중요하다는 점이다. 지금까지 본 바와 같이 선전의 진실성이 효과적인 선전 요소는 아닐지언정 허위의 사실이 드러날 경우 상당한 역효과가 있다는 사실에 유의해야 할 것이다.

선전의 두 번째 한계는 사람들이 지니는 '편견의 문제'이다. 선전의 성과는 피선전자가 지닌 편견에 의하여 영향을 받는다. 편견은 사회적 환경의 소산이기 때문에 어느 누구도 편견을 갖게 마련이다. 편견은 개인의 판단을 결정하는 요인으로 작용해서 그 편견에 모순되는 선전자의 노력은 피선전자의 흥미와 관심을 일으키지 못한다. 그러므로 효과적인 선전은 피선전자가 어떤 종류의 편견을 가지고 있는가에 대한 관찰과 분석을 요구한다. 이렇게 볼 때, 모든 종류의 선전은 기존의 태도 및 편견에 의하여 제약된다는 것을 알 수 있다. 다시 말해 선전은 편견을 이용해야만 비로소 성공할 수가 있다.

그런데 선전의 기능을 제약하는 편견은 반드시 피선전자의 그것에만 국한되는 것은 아니다. 선전자의 편견도 선전의 기능을 제약한다. 즉, 선전자는 그가 기대하는 효과를 얻기 위해서는 편견의 이중적 제약성을 충분히 인식하지 않으면 안 된다.

선전의 세 번째 한계는 한 국가의 '언론정책'이다. 언론정책은 국가가 각종 언론매체의 통제를 통하여 국민의 사회의식에 영향력을 끼치기 위한 시책이며, 이에는 지배자에게 유리하게 보도케 하는 긍정적 측면과 지배자에게 불리한 점을 보도치 못하게 하는 부정적 측면이 있다. 이러한 통제를 달성하기 위하여 이용되는 전형적인 방법이 검열이다. 검열은 지배자가 자기선전을 보호하고 자기에게 불리한 주장이나 선전을 탄압하기 위한 수단이다. 그리하여 정치권력에 의한 통제는 그 권력에 반대되는 모든 선전의 기능을 제약하게 된다(원우현, 1987).

3) 선전의 원리

Young(1947)은 선전의 기본 원칙으로 다음 7가지를 들고 있다. 물론 그가 주장한 선전 원칙들이 선전에 관한 모든 원칙들을 망라한 것은 아니지만 현대적인 선전에서도 참조할 부분들이 있기 때문에 여기에 소개한다.

1 선전은 대상자의 기본적 목표나 결핍된 동기와 연결되어 있어야 한다. 인간의 행동은 그 동기를 부여하는 기본적 욕구에 의해 지배되기 때문에 선전자는 이러한 인간행동의 동기를 잘 파악해야 하며 선전의 효과는 이러한 동기에 호소할 때 극대화될 수 있

는 것이다.

2 기본적인 訴求(appeal)는 약속과 만족을 상징하는 수단으로 정서적 동기나 욕구에 대하여 행해져야만 한다. 합리적인 訴求는 권위적 기능을 발휘할 수 있는 지식인과 같은 특수 집단이나 특수한 상황에서만 필요하다.

3 문제와 그 해결방법의 단순화가 무엇보다 중요하다. 소수의 문제에 관한 간단하고 용이한 상징(symbol) 제시는 복잡하고 다양한 상징이나 문제보다 훨씬 효과적이다. 이를 '단순화의 지각적 원리'라고 한다.

4 소수의 단순하고 기본적 문제를 체계적으로 지속적으로 반복하는 것이 중요하다. 물론 반복은 어떤 형태의 지식의 획득에는 별다른 효과가 없을 수 있다. 그러나 욕구와 관념을 촉구하고 주입시키는 데 있어서는 매우 효과적이다. 이를 '반복의 원리'라고 한다.

5 우회적 표현, 풍자 및 함축적 표현이나 암시가 직접적 진술보다 효과적일 때가 많다. 이를 '관계적 태도의 원리'라고 한다.

6 대상자에게 일단 기본적 욕구와 편견이 촉구되고 확정되면, 직접적 선언적 성명이 발표되어도 무방하며 과장이나 비난 및 날조가 이용될 수도 있다.

7 단기적인 선전은 모든 연령층을 대상으로 실시할 수 있다. 그러나 완전하고 철저한 교화를 목적으로 하는 선전은 주로 청소년층에 실시하여야 한다. 그들은 감수성과 피암시성이 강하여 교묘한 수법을 사용한 설득 앞에서는 취약하기 때문이다.

현대의 선전은 그 형태가 다양할 뿐만 아니라 모든 선전에 들어맞는 원리들은 없기 때문에, 여기서는 과거에 수행되었던 선전들에서 발견되는 공통점을 중심으로 선전의 원리들을 정리하였다(조재관, 1964; 김기도, 1989).

(1) 단순화의 원리

선전에서 전달하고자 하는 메시지는 간결하고 명쾌해야 한다는 원리이다. 프랑스 대혁명의 '인권선언'이나 마르크스의 '공산당선언'은 단순화의 원리를 적용한 대표적 선전 사례들이다. 단순화가 좀더 발전된 형태로는 '캐치프레이즈'와 '슬로건'이 있다. 캐치프레이즈는 전술적인 내용을 가지고 달성해야만 될 목표를 집약한 것이며, 슬로건은 정치적 정열이나 절찬 및 증오에 호소하는 것으로 캐치프레이즈보다 직접적인 호소력이 있다.

적을 단일화 내지는 고립화시키는 것도 단순화의 원리에 해당된다. 주어진 기회에 단 하나의 주목표만을 집중적으로 공격하는 것이다. 히틀러는 공산주의 세력을 공격할 때 마르크스주의에 영향을 받은 노동자 계급은 공격하지 않고 소수의 유태인 마르크스주의자를 거명함으로써, 노동자 계급이 몇몇의 유태인에 의하여 이용되고 있다는 인상을 주어 공격을 단일 목표에 집중시키고 공격목표를 내부에서 고립시키는 선전을 하였다.

(2) 상징화의 원리

상징이란 기호의 일종이다. 인간이 다른 어떤 기호물로 사상이나 감정 등을 나타낼 때 그것을 상징이라 한다. 특히 정치에 있어서의 상징은 눈에 보이지 않는 권력, 국가, 권위 등을 감각적인 것으로 표현하는 기능을 갖는다. 국기, 당기, 국가, 제복, 초상화, 훈장 등은 그러한 것의 대표적 상징물들이다. 상징은 정치사회의 성원들이 상호간에 동화한다는 의미에서 권력의 안정을 위한 하나의 계기를 마련해 주는 것이다. 따라서 상징은 근대국가에 있어서 가장 의미있는 정치적 수단의 하나라고 보아도 좋을 것이다.

(3) 과장 · 왜곡의 원리: 침소봉대의 원리

이 원리의 요점은 선전자에게 유리한 내용은 과장하는 반면, 불리한 사실은 왜곡 내지 축소하거나 무시하여 주제를 일정하게 하는 것이다. 자신들에게 유리한 기존 뉴스는 재인용 확대보도하면서 불리한 뉴스는 왜곡하거나 묵살 내지는 부정하는 경우가 이 원리를 적용한 예들이다. 복잡한 논란의 논점을 바꾸어 상대방의 주장이나 논란의 증폭을 차단하거나 때로는 명백한 사실을 논란거리로 만들기도 한다. 선전은 이처럼 특정한 정치 목적에 대중을 끌어 들이기 위해 감정에 호소하고 필요하면 거짓말도 동원한다. 이러한 거짓이나 뉴스의 왜곡 현상이 통할 수 있는 것은 대다수의 국민들이 뉴스의 출처와는 거리가 멀기 때문이다. 한 국가나 정당들의 정책결정에 참여하는 소수를 제외하고는 대다수의 국민들은 사실의 일부분 밖에 알 수 없는 처지에 있다. 따라서 대다수의 국민들은 신문 · TV · 라디오 방송 등의 뉴스와 홍보물과 같은 왜곡과 과장된 선전물에 영향을 받을 수밖에 없다. 그렇기 때문에 선전에는 과장, 왜곡, 축소, 묵살이 동반되기 마련이며 그 이유는 선전 자체가 그것이 추구하는 바에 유리한 것을 최대한으로 강조할 것을 요구하는 반면에, 그것에 불리한 것은 최소한으로 억제할 것을 요구하기 때문이다.

(4) 반복의 원리

선전에서 중심이 되는 주장을 지속적으로 되풀이하는 것을 '반복의 원리'라고 한다. 나치의 선전상 Goebbels도 '거짓말도 큰소리로 반복하면 대중이 믿게 된다'고 주장했다. 이를 '큰 거짓말 이론'이라고 한다. 여기서 단순한 것의 반복에서 오는 지루함을 피하기 위해 그 중심적 논점을 다양하게 제시하는 기법이 필요하다. 말하자면 슬로건은 여러 가지 형식으로 제시되어야 하지만, 결론은 항상 일정한 불변의 공식으로 요약되어야만 효과를 거둘 수 있다는 것을 알아야 한다.

선전에서 반복을 중시하는 이유는 단순한데 자극제시가 되풀이되면 주의와 관심을 끌게 되고 그 만큼 더 지각될 가능성이 크기 때문이다. 따라서 선전의 주제를 다양한 대중에게 적절하게 합치시키고, 가능한 다양한 형식을 취하면서 적절한 시기를 포착하여[1] 모든 선전기관이 반복함으로써 선전 주체와 객체 사이에 일종의 리듬을 만들어 내고, 그것이 차차 확대되도록 하여 일종의 공명 현상이 일어나게 하는 것이 효과적 선전을 위해 필요하다는 것이다.

(5) 이입 · 감염 · 동일시의 원리

피선전자들에게 선전내용에 맞는 감정을 이입하여 물들게 하여 동화시킨다는 원리이다. 이는 대중의 지배적 감정에 호소하고 그들이 가진 기존 태도를 선전의 내용과 결합시키는 것으로 대중의 심리 속에 존재하는 의식적 또는 무의식적 감정을 구체적인 선전과정에서 표출시켜 선전 내용과 직접적으로 관련되게 만드는 것이다. 효과적인 선전은 언제나 기존의 태도를 포착하고 그것을 이용한다. 대중들이 반발하지 않게 그들의 기존 태도에 교묘하게 동조하거나 동정하는 것이 바로 이입의 원리이다. 이입의 예로 선전자가 비난하려는 상대방을 '보수반동' 이라든지 '빨갱이'라고 부르는 것이 있는데 이러한 호칭은 사람들의 경험에 의하여 배양된 호감, 증오, 공포 등의 감정을 조건반사적으로 환기하기 때문에 흔히 사용되는 수법이다.

감염의 원리는 대중들의 감정이나 정서를 상호간에 전이시키는 것이다. 그 중요한 수단으로는 대중시위 운동이나 집회 등이 있는데, 이 경우 특히 제복이나 음악, 박수 등이 감염에 중요한 역할을 한다. 제복은 단결성을 과시하고 영웅적인 분위기를 연출하며 음악이나 박수는 개인을 집단 속에 매몰시키고 또한 공통된 의식을 조성한다. 힘찬 행진곡, 성가, 박자에 맞춘 구호 등의 '귀로 들어가는 독소'는 군중을 도취 상태에 빠지게 하는 주요 요소들이다. 또 야간의 횃불시위나 행사 그리고 화려한 조명과 불꽃축제 등은 사람들을 쉽게 정서적으로 감염시킨다. 불은 본래 사람을 흥분시키는 효과와 동시에 공포심을 조성하는 이중의 효과를 갖고 있어 실제 나치의 선전가들은 횃불을 이용한 야간행사나 시위를 선전에 자주 활용하였다. 이러한 야간행사는 일종의 신비적 · 종교적 분위기를 연출하여 사람들을 반최면 상태에 놓이게 하기도 한다. 일반적으로 이러한 집단적 상황에서 대중들은 암시를 받아들이기 쉬우며 또한 누구에겐가 전체적인 지지를 받고 있다는 인상 즉 '보편성의 인상'을 받게 되면 그의 의견이나 그에게 복종적인 태도를 보이기 쉽다. 나아가 이러한 감염의 효과를 가지고 있는 대중적 집회나 시위행진 등이 흥분이나 열광과 같은 일시적인 효과에만 그치지 않고 대중의 피암시성과 복종심을 유

1) Goebbels는 이 점에 관하여 특히 세심히 주의를 하였다. 그는 누구보다도 '먼저 말하는 것'이 언제나 효과적인 선전이라는 것을 강조하였으며 그러한 입장에서 독일군이 Kiev를 빼앗겼을 때 신속히 그것을 발표함으로써 적국이 발표한 뒤에 발표하는 경우에 생겨날 수 있는 불리한 상황을 회피하려고 노력하였다.

발하고 이를 이용하여 권력에 대한 공포심을 은연중에 심어 주었다. 이러한 점에서 볼 때 감염의 효과를 가지고 있는 대중적 집회나 시위행진 등은 보편성의 인상을 조성하는 기능도 가지고 있음을 알 수 있다.

보편성의 인상은 동일시와 밀접하게 관계된다. 동일시는 자기가 존경하는 어떤 사람과 유사하다고 느끼고 그와 같이 행동하거나 그렇게 행동하고자 하는 심리적 기제이다. 이러한 심리적 경향이 일어나는 데는 기존의 호의적 태도가 필요하며 이러한 호의적 태도는 보편성의 인상에 의해 환기되는 것이다. 동일시를 달성하는 데 도움이 될 수 있는 방법에는 대상자의 어법과 수준에 적합한 말로써 생각과 주장을 표현해야 하며 대상 청중의 환경에 친근하다는 것을 보여주어야 하며 선전자가 대상의 희망과 고통 그리고 슬픔과 이익을 자기의 그것과 동일시하고 그것을 자기의 선전 목적과 관련시켜야 한다는 것이다.

이상의 이입과 감염 그리고 동일시는 상호밀접하게 관련된 심리적 과정이며 분리하여 생각하기가 어렵다. 다시 말하면 이입에 의하여 대중의 기존 태도가 환기되고, 그것이 선전목적과 관련되도록 유도 및 확대해 가는 과정으로서 감염이 필요하며, 그것은 마침내 동일시에 의하여 의견이나 태도의 변화를 가져올 수 있는 것이다.

4) 선전의 기법

(1) 미국 선전분석연구소의 분류

이 연구소는 나치스의 선전 기법을 분석하여 다음의 7가지 기법으로 분류하였다(Loe & Lee, 1967; 김기도, 1987).

1 낙인찍기 또는 비방이름 붙이기(name-calling)

상대방의 지도자 또는 추종자에게 비방적이고 나쁜 칭호를 부여하는 것으로서 이것은 명확한 증거나 검토 없이 상대방을 비난하거나 반박하는 데 이용된다. 비방적 명명기법은 광고에서는 경쟁 상품을 노출시키는 역효과 때문에 잘 사용되지 않고 있지만, 반면 국내·외 정치판에서는 자주 이용되고 있다. Ford 전 미국대통령은 대통령 선거운동 기간 중 Castro를 '국제적인 무법자'라고 호칭하였고 한 보수적인 컬럼니스트는 낙태시술소를 '유아 살해공장'으로 비유하기도 하였다. 미국의 부시대통령이 김정일을 '폭군'이라고 부르는 것도 하나의 사례이다.

[2] 화려한 추상어의 일반화(glittering generality)

이 기법은 어떤 대상을 좋은 말로 미화시키는 방법으로 증거를 명확히 확인해 보지도 않은 채 그것을 수용하고 인정하도록 하는 데 이용된다. 이 기법은 막연하지만 화려한 추상적 개념을 사용함으로써 선전 당사자가 마치 그러하다는 인상을 심어준다. 미국의 Roosevelt 대통령이 자신의 정책을 'New Deal'이라고 자찬한 경우나, 한때 우리 정치계에서 유행되었던 '보통 사람들' '국제화 · 세계화' '문민정부' 등의 구호가 여기에 해당된다.

[3] 전이(transfer)

많은 사람들이 더욱 많이 수용하도록 하기 위해 어떤 것의 권위나 위광 혹은 명성들을 전이하는 기법을 말한다. 이 기법은 연상작용을 통해서 수행되는데 선전자의 목적은 사람들로 하여금 선호하는 어떤 것과 자신의 의견이나 동기 등을 연상시키는 것이다. 역사적인 사례로는 미국의 닉슨 대통령은 워터게이트 사건으로 하야할 때 고별사를 하면서 TV에 배경으로 링컨의 흉상을 노출시켰다. 또 그는 조찬 기도 시 미국의 유명한 Graham 목사와 함께 나타남으로써 종교적으로 호의적인 연상효과를 연출하기도 하였다. 미국의 담배회사 Marlboro는 카우보이의 야성과 남성다움을 전이시키는 광고를 하고 있다. 담배를 문 카우보이는 야성적인 남성의 대표적인 캐릭터가 되었을 뿐 아니라 개척과 자유정신을 연상시킨다.

[4] 증언법(testimonial)

평소 국민들에게 신뢰와 존경을 받거나 대중적으로 인기 있는 인물로 하여금 특정 후보나 정치인을 지지 또는 지원연설하게 하는 기법이다. 평소 존경을 받거나 혹은 반대로 증오를 받고 있는 사람이 나타나서 어떤 견해나 상품 혹은 사람이 좋다거나 나쁘다고 증언하도록 하는 이 기법은 상품광고나 정치광고에서 흔히 사용되고 있다. 미국의 유명한 영화배우 존 웨인이 닉슨 대통령 후보를 지지하는 발언을 한 것 등이 여기에 해당한다.

[5] 서민화 기법(plain folks)

이 기법은 서민과 동화된 모습을 연출하는 방법으로 선전자가 자신과 자신의 견해가 서민적인 순박성을 지니고 있음을 청중에게 설득시키고자 할 때 많이 사용한다. 위의 증언법과는 대조적인 성격을 갖고 있다. 미국의 닉슨 대통령은 연설 중에 자기가 젊었을 때 채소밭에서 일한 적이 있다고 자주 토로하였다. 박정희 대통령이 농촌에서 모내기 후 막걸리를 자주 마시는 방법을 보여주거나 '가난한 농민의 아들로 태어나'라는 용어를 자주 사용한 것이 이 사례에 해당한다고 볼 수 있다. 또 미국의 부시 대통령이 자신의 목장에서 청바지를 착용한 카우보이 차림으로 지내는 모습이나 북한의 김정일이 공식행사에서도 정장 차림이 아닌 인민복이나 점퍼 차림을 하고 나타나는 것도 이 선전 기법의 사례에 포함된다고 판단된다.

6 부화뇌동법 또는 인기편승법(bandwagon)

이 기법은 인간들이 승리가 예상되는 측이나 다수의 대중 측에 가담하려는 심리를 이용해서 논리를 전개하는 것이다. 모든 사람들이 똑같이 생각하고 있는데 당신만 다른 생각을 하고 있으니 당신도 같은 생각을 가져야 한다고 주장하는 기법으로, 한 마디로 모든 사람이 그렇게 하고 있으니 집단 소속원들은 그대로 따라야 한다는 것을 주장하여 설득하는 선전 기술이다. OO청바지 업계가 '블루진 세대'를 내세워 마치 전 세계의 세대들이 그 상품을 사용하는 것처럼 선전하여 청소년들을 끌어들이는 수법이 여기에 해당된다. 코카콜라 회사는 2차대전이 발발하자 '미군이 가는 곳 어디나 코크가 함께 한다'는 성명을 발표하고 병당 5센트에 코크를 공급하였다. 이 전략은 미군의 사기를 진작시켜 군 내에서 경이적인 판매량을 달성했을 뿐 아니라, 선전이 주효하여 전쟁이 끝난 후 코크는 50억 병이라는 경이적인 판매고를 기록하게 된다.

7 왜곡선택법(card stacking)

일방적인 면만을 강조하거나 사실을 왜곡하는 것이다. 즉 어떤 입장을 지지하는 주장만을 선택하고 그것을 지지하지 않는 주장이나 증거는 무시해 버리는 기법으로 대부분의 선전에서 발견되는 기법이다. 이 기법은 영화 광고의 인용문에서 많이 볼 수 있다. 영화 광고에서는 유명 신문의 영화평 중 자신에게 유리한 구절만 뽑아 인용함으로써 그 유명 신문이 호의적인 보도만 한 것처럼 선전한다. 국토개발 차원에서 실시된 간척지 개발이나 수도권 외곽순환 도로 건설과정에서 나타난 개발론자와 환경보호론자의 대립된 주장들은 모두 상대편의 입장을 지지하는 논리나 증거가 무시된 경우가 많았다.

(2) Rank의 분류

Rank(1977)는 미국 선전분석 연구소의의 7가지 기법이 현대의 복잡한 선전술을 포괄하기에는 너무 제한적임을 지적하면서 다음과 같은 6가지 기법으로 체계화시키고 있다.

1 강화법(intensifying)

강화법은 목소리를 높여 외친다거나 몸짓을 한다든지 아니면 어떤 말이나 말의 특수한 효과를 이용하여 메시지의 효과를 강화하는 방법을 말한다.

가 반복법(repetition): 반복에 의한 강화법은 단순하지만 효과적인 설득기법이다. 사람들은 온갖 정보에 노출되어 있으므로 반복에 의해 메시지를 기억시키지 않으면 쉽게 망각한다. 이 반복법은 광고에 가장 많이 이용된다.

나 연상기법(association): 이는 연상적 전이와 본질적으로 같은 것으로 어떤 생각이나 사람 또는 제품을 선전자 마음대로 수용자가 좋아하거나 싫어하는 그 무엇에 연결하는 설득 기법이다.

다 구성기법(composition): 이는 모양(patterns) 및 배치(arrangements)에 의한 강화법인데 디자인 및 어순, 글 내용의 순서와 비중에 있어서 여러 가지 변형을 이용하여 언어, 이미지, 움직임 등의 효과성을 높여 주는 기법이다. 문자로 전하는 커뮤니케이션의 예를 들면 Nixon을 Nixxon으로 표기하는 것이 그것이다. 말로 전하는 커뮤니케이션에서는 목소리를 높인다든지 음조를 변화시킨다든지 하여 메시지를 강화시킬 수 있다. 이러한 요인들을 비정상적으로 사용하면 정상적 의미가 변화하기도 한다.

2 연화법(downplaying)

일부분을 상대적으로 약화시켜서 부드럽게 한다. 강화법은 외향적이어서 비교적 쉽게 메시지 강화를 알아낼 수 있지만 연화법은 '침묵의 전략'에 의존함으로 쉽게 외부로 드러나지 않는다.

가 생략법(omission): 모든 커뮤니케이션은 근본적으로 편향되거나 경사되거나 제한적이기 때문에 어떤 항목을 포함시키거나 제외시킨다. 그러나 생략법은 의도적으로 사용되는 기법으로서 치밀하게 계산된 '체계적인 침묵의 전략'이다. 여러 형태의 정부검열이나 은폐나 뉴스 조작에서 흔히 볼 수 있는 기법이다.

나 주의전환법(diversion): 문제의 핵심으로부터 주의를 따돌리는 기법으로 보통 부수적인 문제, 중요하지 않은 사항, 흔해 빠진 것, 관련성 없는 사항들을 강조하는 형식을 취한다. 여기에는 토론 주제로부터 주의를 분산시키기 위해 무관한 문제를 끌어들이는 '레드 허링(red herring)법', 허구적 인물을 공격하게 하는 '허수아비 공격법(attacking a straw man)', 주제미분법(hair-splitting) 등이 포함된다.

다 혼동야기법(confusion): 상황을 대단히 복잡하고 혼동스럽고 알 수 없게 하여 문제의 핵심에 대해 사람들로 하여금 어리둥절하게 만들거나 싫증나게 하거나 포기하도록 하는 기법이다.

우리 국민이 진정으로 평화를 원한다면 전쟁에 대비해야 한다는 선인들의 충고는 평소 우리 군이 전쟁 억제력과 비상 시의 대비책을 길러 두라는 말로 받아들여야 할 것이다. 따라서 군의 리더들은 평소 교육과 훈련을 통해 전투 시 병사들의 행동요령을 숙지시킬 필요가 있으며 그러한 교육과 훈련 중에는 전투나 특수작전에서 적의 포로가 된 경우 아군 측의 중요한 정보를 포로들이 자기도 모르는 사이에 적에게 넘겨주거나 포로들이 적에게 협조하지 않도록 사전대비하는 것도 포함되어야 할 것이다. 이를 위해 군 지휘관들은 전문성 등의 부족으로 일반적으로 간과하기 쉬운 포로심문 기법이나 적의 회유, 협박, 강요, 세뇌, 선전과 같은 심리적 기법을 잘 이해해야 함은 물론, 이를 전투시 행동으로 잘 숙지하고 교육시켜야 할 것으로 본다. 나아가 포로나 피세뇌자가 본국으로 송환되면 다음 두 가지 관점에서 이들을 다루어야 할 것이다. 첫째, 그들에게 발생했던 사실에 대한 적절한 과학적 조사를 하고 둘째, 장기적으로는 그들에게 적용할 심문과 세뇌를 중화시킬 수 있는 방법을 고안해야 한다는 것이다.

2차 세계대전과 한국전 이후 수많은 연구들이 전투 포로들을 어떻게 위협하고 이러한 협박에 어떻게 저항할 것인가의 물음에 관심을 두고 연구를 계속해 왔다. 미군의 관련 기관들이 몇 개의 그러한 연구에 기금을 투자하였지만 나타난 연구 결과들은 대단히 인위적인 것들이었다. 그럼에도 불구하고 중공군에 의해 실시된 포로 심문과 세뇌기법들을 연구 분석한 심리학적 연구 결과들은, 비록 그러한 기법들이 특별한 이론적 모델 없이 오랫동안 전쟁에서 이루어져 왔다고 하더라도 오늘날 가치 있고 주목할 만한 몇몇 심리학적 태도변화 이론들을 정립하는 데 도움을 준 것이 사실로 보인다.

이러한 연구들에서 적의 심문과 세뇌 및 선전 기법에 대한 이론이 밝혀짐에 따라 이에 대항하고 저항하는 여러 가지 연구결과들도 발표되었다. 우선 저항자들과 협력자들의 특성이 연구되었는데 일반적으로 포로시 적에게 협력하는 자와 저항하는 자를 통상적인 심리학적 배경 변인으로는 서로를 구분하기가 그렇게 쉽지 않았다. 그러나 더 많은 정치 · 사회 · 심리적 지식이나 이해력을 가진 병사가 그렇지 못한 병사들보다 한국전에서 더 훌륭히 저항했다는 것은 사실로 나타남에 따라, 한국전 이후로 미군은 인문학과 사회과학 교육을 강화하였으며 병사들을 훈련하는데 더 많은 시간을 충당하게 하였다(Watson, 1978). 동시에 매우 일반적인 사항보다는 심문이나 고문의 심리적 양상과 같은 더욱 특수한 과제 연구에 미군이 관심을 보인 것 또한 사실이었다. 우리 군도 이러한 심리학적 원리들을 바탕으로 심문과 저항 교육을 위한 매우 정교한 특수작전 기법들을 지속적으로 연구 발전시켜 나가야 할 것이다.

제 14 장

테러리즘의 이해와 인질협상

오늘날 거의 모든 자유세계의 치안부대와 정보기관들은 테러리즘이라는 초국가적인 위협과 도전에 직면하고 있다. 국경을 넘어 소리 없이 자행되는 그러한 위협은 대부분 대리범과 범죄단체와 같은 비국가적인 무장세력뿐 아니라 이들 집단을 지원하거나 조종하는 몇몇 국가들로부터 비롯된 것이다. 2001년 9월 11일 세계 초강대국 미국 본토에서 감행된 공격도 군사작전이 아닌 테러였고 이후에도 추가 테러의 공포 속에 수십 명의 사상자를 낸 우편물 탄저균 테러까지 발생하여 미국사회를 심리적 공황 상태로 몰아넣었다. 또 2005년 7월 영국에서 발생한 대규모 수송수단에 대한 테러까지 세계 도처에 테러 공포는 확산되고 있다. 이라크에 자이툰 부대를 파병한 우리나라도 더 이상 테러의 안전지대가 아니라는 것이 전문가들의 한결같은 지적이고 보면 우리 군의 간부들도 테러에 대한 이해와 대비가 있어야 할 것이다. 이를 위해 테러의 기원과 개념, 발생원인, 유형과 형태, 뉴테러리즘의 개념과 특징 등을 소개하고자 하였다.

한편 근세기 들어 교통 통신수단의 발달과 초정밀 무기의 생산을 틈타 정치, 사회, 종교, 이념적 불만과 주장을 해결하기 위한 수단으로 요인들의 납치나 인질 범죄가 빈번해지고 있는 실정이다. 우리의 치안 상황에서 이러한 유형의 범죄가 아직은 희소한 편이지만 요인 납치 테러를 담당하고 있는 우리 경찰과 군의 특수임무 담당 부서들은 장차의 사태에 대비하고 나아가 국제적 테러나 인질범 사건 해결을 위한 공조자로서 유능하고 자격 있는 역할을 수행하기 위해서라도 인질협상에 대한 기초 지식을 쌓아 두어야 할 것이다. 여기에 도움을 주고자 심리학적 측면에서 본 효율적인 지휘본부와 협상팀의 구성, 인질과 인질범들의 심리현상, 나아가 인질범들의 분류와 비경찰 협상요원의 활용에 대해 언급하고 협상의 진척 과정을 측정하는 척도를 알아보았다.

1. 테러리즘과의 전쟁

9·11테러 결과 미국은 사망·실종 3,225명, 부상 3,201명의 인명손실과 210억 달러의 이상의 직접적인 재산피해가 발생하였다. 냉전이 종식된 후 발생된 9·11테러는 미국의 심장부에서 불특정 다수의 시민들을 희생의 대상으로, 그리고 민간 항공기를 유도 미사일과 같은 파괴 무기로 사용하였다는 점에서 기존의 전통적 의미의 테러리즘과는 다른 양상을 보여 주었다. 미국은 이후 테러범으로 아랍계 19명의 신원을 밝혀냈고, 그 배후로 오사마 빈 라덴을 그리고 지원국가로는 이라크를 지목 현재도 테러와의 전쟁을 수행 중이다(신성택, 2002).

1) 테러리즘의 역사적 기원

테러란 원래 라틴어로 '커다란 공포'를 뜻하는 말이지만 지금은 테러행위 즉, 테러리즘을 가리키는 말로 굳어졌다. 테러리즘이란 말이 탄생한 것은 프랑스 혁명 이후의 이른바 공포정치(reign of terror) 시대였다. 공포정치란 용어는 1793년부터 시작된 1년간의 프랑스 혁명기간에 주도적인 역할을 했던 마라, 당통, 로베스피에르 등이 공화파 집권정부의 혁명과업 수행을 위하여 왕권 복귀를 꾀하던 왕당파를 무자비하게 암살, 고문, 처형하는 등 공포정치를 자행한데서 유래한 정치적 용어이다(최진태, 1997). 당시 혁명파의 테러를 '적색테러', 반혁명파의 보복을 '백색테러'라 불렀는데 1798년 발간된 아카데미 프랑세즈 사전은 테러리즘을 '조직적인 폭력의 사용'으로 규정했다. 공포정치 자체를 테러리즘으로 부르기도 했다.

물론 이런 테러리즘은 프랑스 혁명 이전에도 있었다. 중세 때 이슬람 과격단체들은 전력이 월등한 십자군에 맞서기 위해 테러에 의존했다. 당시 십자군 지도자를 암살했던 비밀 결사단은 암살을 거행하기 전에 하시시(hashish)를 마셨는데 여기서 암살자(assassin)란 말이 유행했다. 이슬람 원리주의와 테러리즘과는 이처럼 역사적으로도 인연이 깊다.

이후 19세기에는 무정부주의자(anarchist)들이 자신들의 정치적 목적을 위해 테러를 일삼았다. 바쿠닌이나 네차예프 같은 러시아의 아나키스트들은 '현실 정치제도를 바꾸는 유일한 수단은 폭력'이라며 테러리즘을 옹호하기도 했다. 이들은 정치적·사회적 변화를 효과적으로 이루어 내기 위한 가장 좋은 방법은 권력을 장악하고 있는 주요 인사들을 암살하는 것이라고 믿었다.

20세기에 들어서자 테러리즘은 식민제국에 대항하는 민족운동의 일환으로 의미가 바뀌는 등 정의가 제대로 정립되지 못하고 테러리즘의 사용 목적과 실행 방식도 크게 변하였다. 테러리즘은 극우에서 극좌에 이르는 수많은 정치운동에 공통적으로 나타나는 하나의 현상이 되어 버렸고 히틀러 치하의 나치 독일이나 스탈린 치하의 소련과 같은 전체주의 국가에서는 국민들에게 일련의 공포분위기를 조성하고 나아가 국가 목표 및 이데올로기에 대한 충성심을 고취시키기 위해 체포·구금·고문·사형 등의 형태로 테러리즘이 사용되기도 했다(최진태, 1997).

이처럼 정치·종교적 목적 달성을 위해 시작된 투쟁의 역사적 유산인 테러리즘은, 세월이 지나면서 지금은 중동의 정치적 혼란 속에 이슬람 원리주의자들에 의해 집중적으로 구현되고 있는 것이다.

2) 테러리즘의 개념

(1) 테러리즘의 정의

테러리즘은 오늘날 국제사회가 당면한 가장 심각한 문제 중의 하나임에도 불구하고 지금까지 '테러리즘이란 무엇인가?'에 대한 보편적인 정의가 존재하지 않고 있다. 그동안 서구의 여러 학자들과 전문가들의 학문적 노력에 의해 테러리즘의 정의에 관한 연구가 많은 진전을 보여 왔지만 아직 모든 학자들이 전적으로 동의하는 테러리즘의 정의는 내려져 있지 않다. 1937년 국제연맹에서 테러리즘의 예방과 처벌을 위한 협약을 통해 최초로 테러리즘에 대한 정의 도출이 시도된 이후 지금까지 테러리즘에 관한 많은 정의가 시도되었지만 보편적 정의로 받아들여진 것이 없고 오히려 혼란을 가중시키는 원인이 되고 있다. 이는 테러리즘 개념 정의 자체가 난제임을 반증하는 것이다. 테러리즘의 동기, 대상, 범위, 주체, 이념 등의 포함 여부 그리고 학자들과 테러리즘 전문가들의 시각에 따라 테러리즘이 달리 정의됨으로써 테러리즘의 정의에 관한 연구와 논쟁은 끊임없이 계속되어지고 있다(최진태, 1997).

즉 동일한 사건을 관점에 따라 테러리즘으로 규정하기도 하고 어떤 경우에는 단순한 일반범죄로 취급하기도 하며 다른 시각에서는 애국적인 행위로 평가하기도 한다. 또 미국을 중심으로 한 서방 자유민주주의 국가의 시각은 테러리즘을 폭력 내지는 단순한 범죄로 보는 입장이지만 몇몇 제3세계 국가에서는 테러리즘의 정당성을 주장하는 입장을 보이기도 한다. 한 예로, 영국정부는 북아일랜드공화군(IRA)의 모든 공격을 테러리즘으로 그리고 IRA 요원들을 테러리스트로 규정하고 있다. 반면에 IRA를 추종하는 사람들이나 리비아 등 IRA를 직접 혹은 간접적인 방법으로 지원하고 있는 국가들은 IRA의 행위를 민족주의 해방운동(National Liberation Movement)으로 그리고 IRA 요원들을 자유투사(Freedom Fighter)로 규정하고 있는 실정이다. 나치의 프랑스 점령 기간 동안의 레지스탕

스들의 활동도 테러리즘이라고 정의되지 않고 자유의 투사로 인정된다.

심지어는 한 국가 내의 부처마다 테러리즘에 대한 정의가 서로 다른 경우도 있다. 미국의 경우 중앙정보부(CIA), 연방수사국(FBI), 국무부, 법무부 그리고 국방부가 각각 다른 테러리즘 정의를 채택하고 있으며 동일 부처 내에서도 시대에 따라 다른 정의를 내리기도 하는 실정이다. 미국 국무부는, "테러리즘은 準국가 단체 혹은 국가의 비밀 요원이 다수의 대중에게 영향력을 행사하기 위해 비전투원을 공격대상으로 하는 사전에 치밀하게 준비된 정치적 폭력이다"라고 정의하고 있다. CIA는 '테러리즘은 개인 혹은 단체가 기존의 정부에 대항하거나 혹은 대항하기 위해서든지 간에 직접적인 희생자들보다 더욱 광범위한 대중들에게 심리적 충격 혹은 위협을 가함으로써 정치적 목적을 달성하기 위해 폭력을 사용하거나 혹은 폭력의 사용에 대한 협박을 행하는 것이다'라고 정의하고 있다. 한편, 미국 국방부는 1983년과 1986년에 각기 다른 테러리즘에 관한 정의를 내리고 있다. 1983년의 정의에 의하면, '테러리즘은 혁명기구가 정치적 혹은 이데올로기적 목적달성을 위해 정부 혹은 사회를 위압하거나 협박하는 수단으로 개인과 재산에 대한 비합법적인 폭력을 사용하거나 폭력사용에 대한 협박을 하는 것이다'라고 정의하고 있으며 1986년의 정의에 의하면 '테러리즘은 정치, 종교, 이데올로기적 목적 달성을 위해 정부 혹은 사회에 대한 위압 혹은 협박의 수단으로, 개인 혹은 재산에 대해 비합법적인 힘 혹은 폭력을 사용하거나 비합법적인 힘 혹은 폭력의 사용에 대한 협박을 하는 것이다'라고 규정하고 있다(최진태, 1997). 미 국무부(2001)는 테러리즘을 '하부 국가단체 혹은 국가의 비밀 요원이 정치적 목적을 달성하기 위해 불특정 다수의 대중에게 영향력을 행사하기 위해 비전투원을 공격대상으로 사전에 치밀하게 준비된 폭력'으로 정의하고 있다.

이처럼 한 국가 내에서도 테러리즘의 정의에 관한 합의를 기대하기는 힘들고 시대에 따라 미비한 테러리즘의 정의를 보완하는 점을 인정한다고 하더라도 한 부서 내에서 조차 서로 다른 정의를 사용하고 있음을 알 수 있다. 또한, 학자들은 각자의 주장이나 이론에 따라 각기 다른 테러리즘의 정의를 내리고 있다. 한 연구 결과에 의하면 지금까지 100개 이상의 테러리즘에 대한 정의가 학자들과 각 국가 및 국제기구 등에 의해 제시되어온 것으로 나타났다. 우리는 이러한 다양한 테러리즘의 정의들 속에서 다음과 같은 공통점을 추출해 볼 수가 있을 것이다.

1 정치적 목적이나 동기가 있다.

2 폭력이나 위협수단을 사용한다.

3 심리적 충격과 공포심을 일으킨다.

4 소기의 목표나 요구를 관철시키려고 한다.

이러한 공통요소들을 종합 우리는 테러리즘을 '정치적 목적이나 동기가 있는 개인이나 집단이 폭력이나 위협의 사용으로 대중에게 심리적 충격과 공포심을 일으켜 의도한 목표나 요구를 관철시키기 위한 행위'라고 잠정적으로 정의해 볼 수 있을 것이다.

(2) 테러리즘의 유사 용어 구분

테러리즘의 동의어로 테러라는 용어가 빈번하게 사용되고 있는데 두 용어간에는 의미상의 차이가 있다. 심리학자들에 의하면 테러란 특정한 위협이나 공포로 인해 모든 인간들이 심적으로 느끼게 되는 극단적인 두려움의 근원이 되는 것이라고 규정하고 있다. 극단적인 두려움은 일상생활의 부산물로 엄청난 인명과 재산 피해를 입히는 홍수, 지진, 화재, 폭설, 화산폭발 등과 같은 자연재해와 삼풍백화점 붕괴, 대구지하철 참사와 같은 대형사고, 빈번하게 발생하는 살인사건과 총기사고 및 대형교통사고를 목격하거나 뉴스를 통해 경험하기도 한다. 반면 테러리즘은 조직적인 폭력을 사용함으로써 복종을 요구하는 것 특히 정치적 무기나 수단으로써 폭력이 사용되는 것이다. 테러리즘은 테러와는 구별되는 폭력적 행위의 한 형태를 의미하는 것으로 항공기 납치, 요인암살, 공공시설 폭파 등을 통해 사람들에게 공포를 일으키게 하는 행위를 의미하는 것이다.

테러리즘과 유사 개념으로 자주 사용되는 용어가 게릴라전이다. 특히 최근에는 테러리즘을 '저강도 분쟁'의 한 형태로 간주하는 경향이 두드러짐에 따라 양 용어간의 혼란이 일고 있다. 저강도 수준의 폭력을 사용하는 게릴라전과 테러리즘은 최소의 인원과 경비로 최대의 효과를 거둘 수 있는 수단으로 여겨지고 있다. 그러나 게릴라전은 일반적으로 대규모의 정규군에 대항하여 제한된 장비와 인원으로 소규모의 지역을 중심으로 벌이는 일종의 전투행위로 아군의 정규군 작전을 보조하는 역할을 수행하거나 반정부단체로 활동하기도 한다. 즉 군사적인 방법으로 정치적 목적을 달성하려는 수단으로 사용되는 것이 게릴라전이다(최진태, 1997).

3) 테러리즘의 발생원인

테러리즘이 발생하는 원인에 대해서는 다양한 의견들이 있다. 제2차 세계대전 이후 세계사의 흐름에서 소외되고 국내적으로 지배계급의 피동적 객체였던 제3세계 민중이 정치적 독립을 달성하고 근대화과정에서 야기된 박탈감의 돌파구를 폭력에서 찾고 있는 데서 테러리즘이 발생한다는 견해가 있다. 기대치와 현실 사이의 불일치 즉, 상대적 박탈감을 이기지 못할 때 마지막 수단으로 테러리즘에 의존하게 된다는 것이다. 특히 국가간 경제 불균형으로 남북문제가 심화함에 따라 테러리즘이 가난으로 고통받고 있는 국가의 문제해결을 위한 정당한 수단이라는 시각이 강화된 것도 테러리즘 발생을 부추기는 한 원인이라는 설명도 있다.

사회·심리적 측면에서 비합법적 폭력의 원인 즉, 테러리즘의 발생원인은 Gurr(1970) 박사가 체계화한 '상대적 박탈감 이론(Relative Deprivation Theory)'이 가장 설득력을 가지고 있다. '좌절-공격' 이론으로 지칭되는 상대적 박탈감 이론은 '기대와 실익간의 괴리' 또는 '가치 기대와 가치 능력간의 차이'에 대한 인식을 말하며 박탈감은 개인적이거나 집단적일 수가 있다고 한다. 제2차 세계대전 이후 식민지배에서 벗어나 독립한 신생국들이 정치적 독립과 근대화의 과정에서 급격한 정치·사회·경제적 변화를 겪으면서 발생하는 다양한 문제점 즉, 기대치와 현실 사이의 불일치에서 야기되는 문제가 상대적 박탈감의 개념이다. 여기서 기대치란 그들이 당연히 차지해야 한다고 생각하는 생활의 조건이나 가치를 의미한다. 따라서 상대적 박탈감이란 누구나 마땅히 누려야 한다고 스스로 생각하는 이상적 삶의 여러 조건들과 실제로 그가 향유하는 현실적 조건간의 격차에서 비롯되는 사회·심리적 긴장을 말한다.

상대적 박탈감을 야기하는 박탈감의 전형적인 유형을 알아보면 첫째, 열망적 박탈감(aspirational deprivation) 둘째, 점감적 박탈감(decremental deprivation) 셋째가 이른바 점진적 박탈감(progressive deprivation)이다. 열망적 박탈감이란 시간의 흐름에 따라 국민들의 기대치는 계속 상승하는데 비해 이 기대치를 만족시켜 줄 수 있는 체제능력이 한정적인 데서 빚어지는 박탈감이다. 이러한 박탈감은 이제 막 근대화에 박차를 가하기 시작한 개발도상국에서 흔히 발생한다. 이처럼 급속한 발전과 기대치가 국가의 능력을 크게 앞서는 데서 비롯되는 심각한 가치박탈은 자칫 대중폭력으로 연결되기 쉬우며 이 때문에 열망적 박탈감이 팽배하는 나라의 정세는 만성적인 불안에 처하게 되는 것이다. 점감적 박탈감이란 국민의 기대 수준이 급격하게 높아진 것이 아님에도 불구하고 그들의 기대치를 받쳐줄 국가의 능력이 점차 퇴보하는 상황에서 나타나는 박탈감이다. 이 경우는 한때 향유했던 가치까지도 시간이 지남에 따라 더 이상 향유할 수 없게 되는 경우에 나타나게 되는 일종의 심한 분노감이나 공격성향 같은 것을 생각할 수 있다. 점진적 박탈감이란 적어도 일정기간 동안 삶의 조건이 개선되어 왔고 앞으로도 점진적 개선이 이루어질 것으로 기대하고 있으나 점진적 개선이 실제로 불가능하다는 것을 인지했을 때 나타나는 박탈감이다.

Gurr 박사의 상대적 박탈감 이론은 다음과 같은 이론적 결론을 도출시킨다. '만약 사회적 욕구 형성도가 사회적 욕구만족도를 훨씬 초과할 경우 여기에는 결과적으로 사회·심리적 좌절감이 형성되고 이것은 곧 폭력적 사태로 발전될 가능성이 있다'는 주장이 그것이다. 이 주장에 의하면 세계사의 흐름에서 소외되어 왔고 국내적으로 지배계급의 피동적 객체였던 제3세계 민중이 정치적 독립이 달성되고 근대화되는 과정에서 야기된 박탈감의 돌파구를 폭력에서 찾고 있다는 것이다.

또한 이러한 시각은 테러리즘이 탈식민지화 과정에서 제3세계 국가들이 제국주의와 식민주의에 반대하는 폭력행사의 연장선상에서 기인한다고 하는 주장과 연결이 되고 있다. 제3세계국가들은 1960년경을 기점으로 해서 서구제국의 식민지 지배 상태에서 독립함으로써 그들의 공식적인 지배에서 벗어난 듯 보였다. 그러나 이른바 식민주의가 상존하고 있으며 대부분 제3세계국가들의 경제적, 사회적 불평 등에 대한 불만이 테러리즘의 원인으로 작용하였고, 무엇보다도 남북문제가 심화됨에 따라 테러리즘이 가난으로 고통을 받고 있는 국가의 문제해결을 위한 정당한 수단이라는 시각이 강화된 것이 테러리즘 발생의 큰 원인 중에 하나라고 볼 수 있다.

테러리즘을 실행하는 쪽이 국가권력 내지 그 도구인 경찰·군대·사병적 도당이든 국가권력에 저항하는 반권력 내지 혁명집단이든 간에 자신들의 정치적·이데올로기적 정통성을 주장함으로써 테러행위를 정당화시키지만 테러 이외의 선거나 국민투표 같은 다른 수단으로 그 사회의 대다수 주민들의 동의를 얻을 수 있다면 테러에 호소할 필요가 없는 것이므로 테러리즘은 근대의 정치적 민주주의와 양립하기 어렵다. 그러나 발전도상국들은 물론이고 근대의 정치적 민주주의를 달성한 사회에서도 그 내부에는 민족·인종·종교·계급·경제 및 그 밖의 여러 가지 사회적 차별과 억압을 받는 소수집단이 존재하는데 이들 집단의 요구나 바람은 정치적 민주주의 아래서도 쉽게 실현되기 어려울 뿐만 아니라, 권력측에서는 이들 소수집단을 때로는 통치하기 어려운 집단으로서 적대시하기 쉬워 어느 쪽에서나 테러리즘의 원인은 근절하기 어렵다.

4) 테러리즘의 유형

테러리즘의 수행 주체는 조직이지만 그 조직의 형태는 '반체제 테러리즘'과 '체제 측 테러리즘: 국가지원 반체제 테러리즘'으로 대별할 수 있다. 아울러 발생 동기나 목적에 따라 혁명적 테러리즘, 정치적 테러리즘, 민족주의적 테러리즘, 종교적 테러리즘, 환경주의적 테러리즘[1)]으로 구분할 수도 있다. 테러리즘을 수행하는 조직에는 각 조직이 내거는 주의, 주장, 목표로 하는 목적이 있어 이것이 조직의 행동을 기본 짓고 있지만 이러한 조직의 성격을 유형화한 것이 이하의 분류이다(김상범, 2002).

---

1) 야생동물 집단 거주지로 지정되어 있던 지역에 스키장이 건설되는 것을 저지하기 위해 1998년 10월 9일 지구해방전선(Earth Liberation Front)이 자행했던 미국 콜로라도주의 스키장 방화사건이 이 사례에 속한다.

(1) 반체제 테러리즘

반체제 그룹이 국가 전복 등 기존의 질서를 파괴하고 권력을 획득하고자 국가를 공격하기 위해서 이용하는 테러리즘을 반체제 테러리즘이라고 한다. 반체제 그룹은 현대 사회를 지배하고 있는 권력과 가치 체계로부터 일탈해 현 체제를 공격하는 그룹을 말한다. 반체제 테러리즘은 다시 범죄 형태, 허무 형태, 민족 형태, 혁명 형태로 분류된다.

[1] 범죄형 테러리즘

범죄 집단에 의해 행사되는 테러리즘을 말한다. 몸값 획득을 목적으로 한 것이나 최근 남미 콜롬비아 등으로 다발하고 있는 마약 거래의 이권 옹호를 목적으로 한 '마약 테러리즘', 이탈리아 마피아의 테러리즘이 그 대표적 예로서 인용된다. 범죄형태 테러리즘은 일관된 체계적인 정치 행동 계획을 가지지 않고, 현 체제를 전복 시키는 것이 아니라 테러리즘을 수단으로 해서 현 체제의 품에 뛰어들려고 하는 예외적 케이스이고 지배 체제에 대한 기생적인 관계가 그 특징이다.

[2] 허무형 테러리즘

체계적인 정치행동계획을 가지지만, 그 내용이 현상을 부인하는 것이 현 체제의 파괴라는 생각에 그치고 있다. 따라서 현 체제가 해체되면 새로운 좋은 체제가 발생한다고 하는 막연한 예측 이 외 구체적인 전망을 가지지 않는 허무주의자 집단에 의해 행사되는 테러리즘을 말한다. 고립화된 반체제파가 적극적인 혁명의 기획에 착수할 수 없는 경우, 혁명을 보류하면서 이런 종류의 파괴에 종사하는 경향이 나타난다. 순수 유형으로서의 허무형태 테러리즘의 구체적인 예를 지적하는 것은 곤란하지만, 신좌익 운동으로부터 파생한 허무주의적 경향을 가지는 이탈리아의 '붉은 여단(Brigate Rosse: BR),[2]과 '바더 마인호프' 등 서독 적군파(Red Army Faction: RAF)[3]에 의한 정・재계 지도자의 유괴・암살, 일본 '적군파'에 의한 연속 납치와 대사관 점거 등이 이것에 해당한다고 생각된다.

---

2) 유럽의 테러리스트 단체 중 가장 위험한 단체인 이탈리아 BR은 1970년에 결성되었다. BR이 주로 사용하는 테러리즘 유형은 사람을 죽이지 않고 총기류 등으로 무릎 부근을 쏘아 불구자로 만드는 kneecaping, 인질, 살인, 납치 등이다. 주요 공격 대상자는 사회지도층에 속하는 기업체 간부, 경찰 간부, 법조인, 정치 지도자 등이며 이들을 공격 목표로 하는 이유는 대중에 대한 억압자라는 논리에서 근거를 찾고 있다.

3) 1968년에 조직되어 가장 악명 높은 테러리스트 단체 중의 하나로 기록되고 있는 독일의 적군파는 1960년대 학생들의 반전운동의 일환으로 모습을 드러냈다. 원래는 바더-마인호프 갱으로 불리었던 RAF는 전세계적 마르크스 혁명을 달성하기 위한 수단으로 반체제주의 활동과 테러리즘을 수단으로 활용했다. RAF가 내세우고 있는 정치적 목적은 자본주의를 무너뜨리고 미국의 존재를 독일에서 완전히 제거하는 것이었다. 핵심 요원들은 대부분 체포되어 휴면기에 있는 상태이다.

3 민족형 테러리즘

민족과 종족 그리고 종교의 정체성 확립과 이에 따른 독립과 분리를 목적으로 하는 테러리즘이다. 여기에는 ① 아일랜드 공화군(IRA),[4] ② 타밀 이람 해방 타이거스(LTTE),[5] ③ 바스크 조국해방(ETA)[6] 등이 있다.

4 혁명형 테러리즘

일관된 체계적인 정치행동계획을 가지며, 현 체제를 전복시키는 것이 목적이다. ① 4월 19일 운동(M-19),[7] ② 센데로 르미노소(빛나는 길),[8] ③ 투팍 아마루 혁명운동(MRTA)[9]이 예들이다. 1964년에 창설되어 팔레스타인 국가건설이라는 목표를 위해 산하 여러 개의 테러리스트 단체를 거느리고 있는 팔레스타인해방기구(PLO)와, 이슬람 전통과 혁명사상을 강조하면서 이스라엘 지역에 이슬람 팔레스타인 국가 건설이라는 정치적 목표달성을 추구하고 있는 팔레스타인 과격 테러리스트 단체인 하마스(HAMAS)도 여기에 속한다.

---

4) 1921년 아일랜드 공화국이 독립을 쟁취하여 영국의 식민 지배에서 벗어나 북아일랜드와 분리되자 북아일랜드에 거주하고 있던 로만 가톨릭계 아일랜드인들은 영국 본토에서 이주하여 정착한 신교도가 정부를 장악하고 소수민으로 전락한 아일랜드인에 대한 차별정책을 실시하는 것에 대한 반발로 비폭력 대항과 더불어 폭력 캠페인을 시작했다. 1960년대 말부터는 정치적 수단을 동원하거나 혹은 폭력적인 항거를 통해 가톨릭 시민권 캠페인이 시작되었고, 아일랜드공화군(IRA)이 주도적인 역할을 담당하게 된다.

5) 인도의 남부 해안에 위치한 스리랑카는 전체 인구의 70%를 점하고 있으며 불교를 믿고 있는 상할리족과 북동 지방에 주로 거주하고 있는 힌두교의 타밀족 사이의 긴장이 있어 왔다. 이러한 긴장관계로 1970년대에 타밀족 사이에 이람 독립국 창설의 목소리가 커지게 되었고, 1977년 LTTE는 소규모의 테러리스트 단체를 결성하여 스리랑카 북부에 이람국 창설을 목표로 출현하였다. 이들의 활동이 인도정부에 대한 대항세력으로 성장하자 1987년 LTTE의 근거지를 공격하여 세력은 많이 축소된 상태이다.

6) 서유럽에서 가장 오래된 테러리스트 단체 중의 하나인 ETA는 스페인 정부에 대한 무차별적 테러리즘 공격을 통해 마르크스주의 바스크 국가를 건설한다는 목표 아래, 1959년 스페인 북부 지방과 남부 프랑스 일부 지방에서 조직되어 주로 스페인의 정부관리 및 정치인, 군인, 경찰, 법조인들에 대한 폭탄테러와 암살 등을 자행한 것으로 알려져 왔다.

7) 4·19운동은 1970년에 결성되었지만 1973년 혁명주의자들이 콜롬비아사회를 공격하기 위한 자금조달을 위해 은행을 강탈함으로써 모습을 드러냈다. M-19란 단체명은 1970년 4월 19일 선거에서 대통령 구스타보 로하스 피닐라가 패배하자 권력의 재장악을 위해 무장 투쟁을 촉구하면서 비롯되었다. M-19의 중요 공격 유형은 도시지역의 점령은 물론 고위급 군 지도자 암살, 군사시설에 대한 공격 등 다양하며 자금 조달을 위해 외국인 회사의 근무자와 기업인 등을 납치하기도 하고 대규모의 마약거래도 한다.

8) 남미의 테러리스트 단체 가운데서 가장 많이 알려져 있는 이 조직은 페루 공산당에 반대하는 당원들이 탈당하여 대학교수 출신인 아비마엘 구즈만이 중심이 되어 1969년에 결성되었다. Neo-Maoist임을 주장하며 남미에서 가장 폭력적인 성향을 나타내고 있는 테러리스트 단체이며 소작 농민을 이용하여 먼저 농촌 지역에서 무장봉기를 일으키고 점차 대도시 주변으로 확대하여 정부 전복을 기도하는 반란 단체이다.

9) 1983년에 창설되어 1984년에 경제장관 피격사건으로 존재가 드러난 이 단체는 페루 내의 최대 반정부 단체인 '빛나는 길'과 함께 2대 반군 세력이다. 투팍 아마루는 스페인의 페루 식민지 통치에 항거해 민중 봉기를 일으켰다 처형된 인디언 투팍 아마루 2세의 이름을 그대로 딴 것이다. 페루인들 사이에는 '마르타'로 더 잘 알려져 있다.

(2) 체제 측 테러리즘: 국가지원 테러리즘

이스라엘의 이라크 원자로설비 폭격과 레바논 · 이집트 · 요르단의 일부 영토 점령 및 그곳 주민의 추방 · 탄압, 미국 레이건 정권의 세 번에 걸친 리비아폭격(1986)과 그라나다 좌익정권에 대한 기습공격과 전복(1983), 칠레의 아옌데 인민정권의 전복과 혁명파의 학살(1973), 인도네시아에서의 공산주의자 대량학살(1965), 1970년대 중반부터 세기말까지 계속된 인도네시아군의 東티모르 인민탄압과 학살 등은 국가권력 측에서 하는 테러행위 이른바 국가지원 테러리즘이다. 이러한 국가지원 테러리즘은 모두 국가권력이나 국가이익이 위기에 처했을 때 행사되고 있으며 사회적으로 조직된 물리적인 강제라는 점에서는 본질적으로 전쟁과 다를 바 없다. 이러한 국가지원 테러리즘에는 다음과 같은 네 가지 형태가 있다(김상범, 2002).

1 자경단 형태 테러리즘: IRA에 대항하기 위하여 결성된 북아일랜드 프로테스탄트계의 과격파 조직 '아르스타 방위협의회(UDA)' '아르스타 자유전사단(UFF)' '아르스타 의용군(UVF)' 등이 있다.

2 비밀 공작원 형태 테러리즘: 1981년 중미 과테말라에서 1만 명 이상을 희생시킨 암살부대 '흰손' '보라색 장미' 등이 여기에 속한다.

3 공무 집행 형태 테러리즘: 중국 혁명기에 정권을 장악하고 있던 장개석 국민당 정부가 혁명세력을 대상으로 실시한 탄압 그리고 쿠바 혁명기의 바치스타 정권의 반대세력 숙청 등이 있다.

4 대량 살육형태 테러리즘: 20세기 중반 유럽계 유태인에 대한 나치스의 학살과 1980년대 중반 이라크 후세인 정권에 의한 쿠르드족 학살 등이 이 테러리즘에 해당된다.

5) 테러리즘의 형태

(1) 요인암살(assassination)

요인암살은 역사적으로 가장 오래된 테러리즘의 한 형태로 특정 인물을 은밀한 방법으로 살해하는 행위이다. 요인암살은 정치 · 사상적 입장이 다른 특정국가의 집권자나 정치 · 경제 · 종교계의 요인이나 지도자를 암살하여 그 사회의 구성원들에게 공포심과 불안감을 조성하고, 결과적으로 반대파나 정권을 붕괴시키는 데 주목적을 두고 있다(최진태, 1997).

1979년 IRA의 Mountbatten 경의 폭탄 살해가 요인 암살의 한 사례이다. 보도기관의 대표를 살해하거나 또는 그렇게 하겠다고 위협하는 것 역시 살아남은 보도기관 대표들로 하여금 특정 사건이나 記事의 관점에 영향을 주어 살해를 했거나 위협을 한 자에게 더 호의적인 보도와 관심을 갖도록 해줄 수 있다. 수많은 국가들과 기타 정치적 테러단체들은 힘을 유지하거나 확보하기 위한 도구로써 암살을 이용한다. 지각 있고 중용에 물들어 있는 많은 서구인들도 살인과 같은 가장 극단적인 잔학행위에 대한 평가를 완화시키지 않을 수 없다는 사실이다. 이는 살인에 대한 합리화의 발생 때문인데 예를 들면 희생자란 어쨌든 희생을 당할 만한 이유가 있으며 우리 역시 그렇게 당하기 전에 우리의 행동을 바꾸어야만 한다는 식이다(Bloom, 1991).

(2) 항공 테러리즘(aviation terrorism)

1 항공 테러리즘이란?

국제화의 가속에 따라 빈번한 항공기 이용은 이제 필수불가결한 교통수단으로 등장했다. 국제 항공노선의 경우 국적이 다른 수많은 승객들을 수송한다. 따라서 비행기가 납치되거나 억류 및 폭파되는 경우 정치적·경제적·국제적 파급효과는 막대하다. 항공기에 대한 테러는 크게 항공기 납치, 공중폭파 그리고 공항시설과 승객에 대한 공격 등 세 가지 형태로 이루어지는 것이 보통이다. 그러나 2001년 뉴욕의 세계무역센터와 워싱턴의 국방부 건물에 비행기가 충돌·폭발한 것은 항공 테러리즘의 새로운 유형이라고 볼 수 있다. 즉 지금까지의 항공 테러리즘이 단순히 항공기를 납치하거나 공중폭파 시키는 것이었지만, 이번에는 항공기를 납치해서 새로운 목표물에 대한 공격수단으로 삼았다는 점에서 일반적인 예상을 뛰어넘는 형태를 보인 것이다.

2 항공 테러리즘의 역사

1931년 페루의 혁명 분자들이 그들의 혁명 강령을 살포하기 위해 팬암 항공기를 납치한 이래 지금까지 900여 회의 항공기 납치 사건이 발생했다. 항공기 납치는 초창기에 주로 동구 공산권 국가에서 서방 자유국가로 탈출하여 정치적 망명을 하기 위한 수단으로 사용되었다. 제2차 세계대전 이후 동서진영으로 나누어져 공산권 국가들과 심각한 이데올로기 대결을 벌였던 서방국가들은 자유민주주의 체제의 우월성을 과시하기 위해 공산주의 국가에서 서방 자유진영국가로 항공기를 납치하는 하이재커에 대해 대부분 아무런 처벌 없이 정치적 망명을 허락하거나 심지어는 이들 하이재커들을 영웅시하기도 했다. 이러한 경향은 항공기 납치를 촉진시키는 요소로 작용하기도 했다.

1960년 중반 이후 점차 테러리스트 단체들이 항공기 납치를 통해 그들의 정치적 목적을 달성하기 위한 수단으로 이용함으로써 항공기 납치는 심각한 문제로 등장하게 되었다. 1931년부터 시작된 항공기 납치 사건은 1961년의 11건을 제외하고는 1931년부터 1967년까지 10자리 미만의 항공기 납치 사건이 발생했다. 항공기 납치는 1968년과 1972

년 사이에 절정을 이루었고 특히 1968년부터 항공기 납치는 폭발적으로 증가했다. 1968년에 발생한 항공기 납치 건수는 전년도인 1967년의 6건에 비해 6배가 증가한 35건이 발생했다. 1969년도에는 85건의 항공기 납치가 발생하여 1968년의 2배를 상회했는데, 이는 월평균 7건의 항공기 납치가 발생한 것이다.

항공 테러리즘 중 항공기 납치가 수적으로 많은 이유는 테러리스트들이 그들의 정치적 목적을 주장하는데 적은 인력과 비용으로 짧은 시간에 최대의 효과를 발휘할 수 있는 방법이 항공기 납치임을 잘 알고 있기 때문이다. 특히 국제교류의 증대로 인해 항공기 이용객은 다양한 국적의 국민들이 섞여 있어서 항공기 납치가 발생하면 국제적인 이목을 모을 수 있고, 통신 체계의 발달로 전 세계 구석구석까지 TV 등을 통해 테러리스트들의 정치적 목적을 손쉽게 알릴 수 있다는 점이다. 또한 항공기 이용객을 인질로 삼아 공격목표 가 되는 대상국가를 위협할 수 있다는 것이 항공기 납치의 증가 원인이 되고 있다(최진태, 1997).

1974년 이후 항공기 납치는 점진적으로 줄어들고 있다. 항공기 납치가 국제사회에 커다란 도전이 됨에 따라, 각 국은 자국 항공기에 대한 보안시설을 강화하는 등 항공기 납치에 대한 대책을 부단하게 마련하였고, 이것이 항공기 납치 감소로 연결되어졌다고 할 수 있다. 하지만 항공기 및 공항의 보안시설이 완벽하지 못하고, 테러리스트들이 항공기를 납치하는 것이 가장 용이하다고 간주하고 있어 항공기 납치는 근절되지 않고 있다. 실제로 항공기는 일단 이륙하고 나면 그 성질상 고립되어 있을 뿐만 아니라 승무원만 제압하면 승객 및 승무원을 인질로 할 수 있다. 또한 항공기에 탑재되어 있는 통신시설로 테러리스트들이 요구하는 어느 지점과도 통화가 가능하고, 그들의 은신처가 될 만한 곳은 세계 어느 곳이라도 비행이 가능하다. 이러한 장점을 가지고 있는 항공기 납치가 일어날 경우 전세계적으로 이목을 쉽게 끌 수 있기 때문에 정치적 목적을 가지고 있는 테러단체에 의한 항공기 납치가 계속되고 있다. 실제로 하이제커들은 그들의 목적달성을 위해 보도매체를 교묘하게 이용하고 있다.

(3) 인질 납치

인질 납치는 남미의 혁명분자들이 1960년대 초에 주로 사용했던 방법으로 현재는 테러리스트들이 항공기 납치만큼 상용하는 방법이다. 작전에 참여했다가 체포되어 수감되어 있는 동료 테러리스트의 석방을 위한 방편으로 사용하거나 혹은 인질을 볼모로 하여 정치적·물질적 양보 그리고 정치적 선전 등과 같은 목적을 달성하기 위해 사용된다. 인질 납치는 위험부담이 아주 적으면서 정치적 선전효과는 상대적으로 높아 1969년대 후반부터 급증해 1980년대 이르러서는 전 세계적으로 커다란 문제가 되었다(Clutterbuck, 1987).

(4) 사이버 테러리즘(cyber terrorism)

1 개념

첨단 정보통신기술을 이용해 물리적 세계가 가상의 세계로 전환되어 있는 공간을 무차별적으로 공격하는 행위를 말한다. 즉, 사이버 테러리즘은 국가기간 산업과 군사관련 통제시스템, 핵발전소 통제시스템, 금융통제 시스템, 항공기와 철도통제 시스템 등 국가 전반에 혼란을 초래할 수 있는 사이버 공간을 침투 공격하는 것이다. 사이버 테러리스트들이 이러한 가상공간에 침투하여 한 국가나 세계를 혼란과 죽음에 몰아넣을 수 있는 가능성은 현실적으로 매우 발생확률이 높은 시나리오이다(중앙일보, 1999b).

2 사이버 테러리스트

사이버 테러리스트란 첨단 정보통신기술을 이용해 전산망을 침투하는 해커나 불순한 목적을 갖고 컴퓨터 바이러스를 만들어 뿌리는 개인이나 집단을 말한다. 여기에는 크게 세 가지 부류가 있다. 그 첫 번째는 혼자 활동하는 10대 부류로서, 컴퓨터에 탐닉해 사회적으로 소외된 자신의 존재를 알리기 위해 각종 불법행위를 저지르는 경우다. 전문가들은 이 부류가 가장 많다고 지적하고 있다. 두 번째는 범죄 조직화된 엘리트 집단으로, 스웨덴의 '국제해적단', 네덜란드의 '트라이턴트', 러시아의 '지하해킹 마피아'가 대표적 예들이다. 이들은 새로운 기법을 개발해 불법 지하조직들에 판매하기도 하기 때문에 극히 위험한 집단으로 분류할 필요가 있다. 세 번째는 정치적인 목적을 가지고 움직이는 집단으로, 이 집단은 좀처럼 정체가 드러나지 않고 있다. 공격대상도 종전에는 대학이나 연구소의 전산시스템이었다. 그러나 최근 들어 국가안보와 일상생활과 직결되는 군사기지, 식량관련 시설, 발전소, 제약회사 등도 공격대상으로 삼고 있다(중앙일보, 1999a).

3 사이버 테러 수법

최근 들어 해킹 수법은 멀리 떨어진 곳에서 각종 사용자 ID나 비밀번호를 알아내는 스누핑, 전산시스템의 운영권을 완전히 장악하는 스푸핑 등과 같이 고도화돼 가는 추세를 보이고 있다. 통신 케이블에서 흘러나오는 전자파를 잡아내 그 안으로 전송되는 정보를 빼내는 '벤엑크'방법도 사이버 스파이들이 자주 사용하는 수법 중의 하나이며, 강력한 전파를 발사, 전산망을 정지시키는 전파무기도 실용화된 상태다. 얼마 전 아일랜드 반군이 이 무기를 구입해 런던 금융가에 공격을 가할 계획을 수립한 적이 있다고 보도된 적이 있다. 전자기 폭탄도 위험한 무기다. 강한 전자기를 내뿜는 이 폭탄은 국가통신 시스템 · 전력 · 물류 · 에너지 등의 사회 인프라를 일순간에 무력화시킬 수 있다. 컴퓨터 바이러스도 나날이 위력을 더해 가고 있다. 바이러스는 지난 1990년 2백 종에 불과했으나 지금은 3만 6천 종이 넘고, 지금도 매일 10여 종 이상의 신종 바이러스가 새로이 전파되고 있는 실정이다. 최근 개발된 칼리귤라, 코드파괴자와 같은 악성 바이러스는 전산망에 들어가 중요한 정보를 외부로 유출시키면서 해당 전산망을 망가뜨리고 있다. 1999년 4월 26일 사상 최악의 컴퓨터 바이러스라는 CIH(일명 체르노빌 바이러스)가 전 세계에서 발생해 국내에만 1천억 원 이상의 피해를 끼쳤다. 이에 앞서 3월 말에는 전자우편을 통해 전염되는 멜리사 바이러스가 세계 전산망을 마비시킨 바 있다. 심지어 코소보 사태의 와중에서 세르비아 해커들이 NATO와 괌에 있는 미군 기지의 전산망에 침투하여 바이러스를 뿌리고 스팸메일을 보내 사태를 더욱 악화시켰음은 우리는 알고 있다(중앙일보, 1999a).

최근 오사마 빈 라덴을 핵심으로 한 테러조직원들은 조직원 충원, 통신, 활동자금 충당, 선전 등에 정보기술과 인터넷을 활용하고 있는 것으로 알려졌다. 이들의 투쟁논리는 이슬람성전(al-jihad)이라는 고전적인 것이지만 CD-롬에 폭탄제조 기술을 담아 보낸다든가 위성통신을 이용한 이른바 인터넷성전(e-jihad)을 벌이고 있는 것이다. 이들은 서로만이 알 수 있는 일정한 인터넷 암호와 해독 프로그램을 바탕으로 테러목표와 공격방법에 대한 정보를 주고받는다. 현재 전 세계적으로 20억 개에 이르는 웹 사이트에서 이들의 문서를 추적하고 풀어내기란 거의 불가능에 가깝다고 전문가들은 보고 있다. 헤즈볼라, 하마스, 아부 니달 조직(ANO) 같은 이슬람 과격 무장조직들도 이미 전산화된 서류와 e메일 그리고 해독이 어려운 암호로 조직의 운영체계를 새롭게 바꾸었다. 9·11테러 발생 후 3년 반 이제 알 카에다는 본부를 산골짜기에서 사이버 공간으로 옮긴 것으로 판단된다. 테러전의 대명사 '알 카에다(Al Qaeda)'가 'e-카에다(e-Qaeda)'로 변신한 것이다. 전문가들은 성전(jihad)을 촉구하는 이슬람 극단주의자들의 웹사이트가 8년 전 12개에서, 9·11테러 후 4,500개로 폭증한 것으로 보고 있다. 대부분 알 카에다의 이상을 지지하는 사이트들이다. 9·11테러 직후 알 카에다가 자신들이 벌이는 성전의 정당성을 알리던 '알네다(Alneda.com)'는 폐쇄됐지만 그 아류는 급속도로 늘어났다. 사이트의 내용물도 달라졌다. 과거에는 이슬람 교리를 퍼뜨리고 인터넷에 무슬림 공동체를 구축하는 것이 주종이었다. 그러나 최근의 웹사이트에는 암살·주택 습격·지대공 미사일 발사·자동차 및 교량 폭파 등의 테러 교육 동영상이 올려져 있다. 쥐에 바이러스를 주사해 감염물질을 추출해 내는 방법 등을 연구한 2차대전 당시 미군과 일본군의 생화학 무기 교본까지 등장한다. 인터넷의 익명성에 숨어 있는 이들은 암호문을 사용하고, 순식간에 치고 빠지는 공격 명령 등으로 '글로벌 지하드'를 확산시키고자 하는 것이다(중앙일보, 2005c).

테러리스트들은 또 해킹(hacking)을 하나의 무기로 활용한다. 백악관이나 펜타곤 등 널리 쓰이는 국가기관의 웹 사이트에 바이러스 폭탄을 보내거나 잇따라 그들의 깃발과 메시지를 띄우는 등 인터넷 사이트를 무력화시키거나 교란하려 든다. 현재까지는 사이버 공간에서의 테러가 본격적으로 이뤄지고 있는 단계는 아닌 것으로 판단되지만 그들의 컴퓨터와 정보기술의 전문성은 새로운 경계 대상으로 대상 국가나 불특정 다수국가를 상대로 전기, 통신, 수송, 통신, 정부 서비스 등 국가 인프라의 정상적인 흐름을 깨뜨려 대 혼란을 조성하고자 하는 사이버 테러가 분명히 나타날 것으로 전문가들은 보고 있다.

4 사이버 테러에 대한 대응

미 연방수사국(FBI)에 따르면 국방부 웹사이트는 하루에도 80차례 정도 공격을 당하고 있다. 이에 따라 미국은 지난 1995년부터 사이버 해킹 전담반을 구성, 오는 2002년까지 32억 달러의 예산을 배정했다. 또 국방부는 사이버 특수부대를 설립해 대서양사령부 관할에 배치, 각종 정보전에 대비할 예정이다. 일본도 해커 규제법안을 마련 중이다. 한국의 국방부도 북한이 사이버 테러를 벌일 가능성에 대비, 이에 대응할 컴퓨터 해킹팀을 구성 중이다. 정보통신부는 금번 CIH바이러스에 각종 전산망이 취약성을 보임에 따라 이에 대응할 바이러스 전담반을 구성하여 바이러스의 정도에 따라 '뇌염주의보'와 같은 주의보를 발령할 예정이다.

사이버 테러 관련 인력문제는 장기적으로 풀어갈 생각으로, 정보통신부는 2000년 한 해에만 42억 원을 투입해 정보보호 전문인력 4,500명을 양성하는 계획을 세워놓고 있었다. 이를 위해 한국정보보호센터와 정보통신대학원대학교 부설 정보통신교육원에서 3~6개월의 교육과정을 개설하고, 정보보호 관련학과 또는 전공을 설치하는 대학 또는 대학원 5곳에 4년 동안 3억~5억 원의 연구비를 지원할 계획이었다. 또 전국의 대학 내 우수 정보보호동아리 30개를 선정해 이들에게 모두 3억 원을 지원, 동아리 회원들을 사이버 테러에 대비하는 '사이버 테러 방위군'으로 양성할 계획을 세워 놓았다(중앙일보, 2000).

2000년대에 들어서 세계 각 국에서는 외국의 전산망을 마음대로 드나들 수 있는 '정보전사'들이 본격적으로 양성되고 있다. 특히, 최근 국내·외 해커들이 전산망에 칩입해 각종 바이러스를 퍼뜨리거나 시스템을 마비시키는 등 피해가 발생하고 있는 상황에서 능력 있는 정보전사를 양성하는 문제는 매우 시급하다고 생각된다. 한국정보보호센터 침해사고 대응팀에 따르면, 국내 전산망의 해킹신고 건수는 1997년 64건, 1998년 158건, 1999년 10월 말 현재 360건으로 급증하고 있는 실정이다. 외국 해커들에 의한 침투 건수도 1997년 11건에서 1998년 123건으로 크게 늘었다(중앙일보, 1999c).

미국은 이미 1998년 5월 대통령의 특별 명령에 따라 국가안보국(NSA)이 주축이 돼 대학 및 민간업체와 손잡고, 정보보호 교육과 훈련프로그램을 수립하여 전문인력을 양성하고 있다. 미국은 특히 전산망이 공격당할 경우 치명적인 피해가 우려되는 교통·통신 등 국가 주요 기반구조 보호에 정책을 집중시키고 있다. 미국 정부는 최근 해킹 기술을 가진 대학생을 활용한 '사이버 경찰'을 창설 2000년도부터 운영한다고 발표한 바 있다. 이들은 일정기간 '연방정부의 컴퓨터 전사(Federal Computer Warrior)'로 봉사하는 대신 정부로부터 장학금을 받게 된다. 2000년도에는 학부와 대학원생 300여 명을 선발할 방침이며 2001년에는 인원을 두 배로 늘릴 예정이다. 민간 부문과의 협력도 활발해, 미국 중앙정보국의 경우 현대 첩보전에 응용할 정보탐색·비밀보호 기술을 개발하기 위해 2,800만 달러를 들여 실리콘밸리에 '인큐잇'이란 벤처회사를 설립 중이다. 이 밖에 미국정부는 1996년 7월 국가안보국(NSA)과 연방수사국(FBI) 등을 중심으로 이미 정예 해커 전문가들을 선발하여 '정보 전사단'을 구성한 바 있다. 이들은 현재 미 국방부에서 정보전 시나리오를 연습 중인 것으로 알려져 있다(중앙일보, 1999c).

유럽연합의 경우 미국이 지배하는 암호기술 체계에 맞서기 위한 관련 기술 개발을 서두르고 있다. 특히, 다른 나라의 전산망에 침입 정보를 빼내오거나 전산망 자체를 마비시킬 수 있는 프로그램인 '로봇' 개발을 추진 중이다. 1996년에 적대관계인 대만으로부터 군사암호를 해킹당한 중국은 이듬해 중앙군사위원회 산하에 '컴퓨터 해킹부대'를 창설한다고 발표했다. 국내의 경우 국가정보원이 1999년 8월 공공전산망 침해사고 발생시 24시간 긴급 복구를 지원하는 '119 서비스'를 개설하였지만, 이는 임시 대비책에 불과하다고 전문가들은 말한다. 따라서 아직까지는 국내의 경우 기반구조보호에 대한 인식이 확산돼 있지 않고, 전문인력 양성 프로그램은 거의 전무한 실정으로 보아도 좋을 것이다(중앙일보, 1999c).

현재 한국 경찰도 디지털 증거분석 절차의 국제표준화 움직임도 선도하고 있다. 세계 각 국과 긴밀한 공조를 유지하면서 '디지털증거분석센터'를 개설해 국제표준화과정에 한국의 표준이 채택되도록 노력하고 있다. 또 이런 한국의 능력과 주도적 움직임에 자극받아 각 국은 한국 경찰과 사이버 핫라인 구축에 열심이다. 2005년 9월 현재 89개국과 맺은 사이버 핫라인은 한국이 장차 세계 사이버 수사의 허브 역할을 수행할 수 있음을 보여준다. 디지털 시대에 한국 경찰이 새로운 이미지 창출에 성공한 것은 국가 이미지 시너지 작업 차원에서도 큰 강점이다. 그러나 '사이버 치안 강국'으로서의 이미지를 계속 유지하기 위해서는 시간과 장소에 구애받지 않고 치안 서비스를 제공할 수 있는 유비쿼터스 치안 전략을 더욱 강화할 필요가 있다. 이미 전통적 강대국인 G7 국가들은 국가 전략으로 사이버 치안에 투자를 아끼지 않고 있다. 세계적 사이버 범죄자들과 해커들은 한국의 사이버 치안당국과 보이지 않는 전쟁을 벌이고 있다(중앙일보, 2005d).

(5) CBRNE(Chemical Biological Radiological Nuclear Enhanced explosive) 테러

1990년대 들어 보다 파괴적인 공격인 테크노테러리즘(technoterrorism)에 대한 테러지원 국가들의 자금지원에 대해 국제사회가 우려를 갖고 주목하기 시작했다. 테러지원 국가들이 국제테러 단체에 핵·화학·생물학 무기개발이나 구입을 지원함으로써 대량파괴적인 테러공격을 촉발할 것이라는 이유에서였다. 최근 미 본토에 대한 9·11테러 수사결과를 보면 테러지원국은 테러범을 통해 한 국가에 위해를 가할 수 있는 모든 수단을 사용할 수 있다는 시사점을 던져 주었다. 따라서 논리적으로 화학, 생물학 나아가 전술핵무기의 사용이 다음번 테러공격의 단계가 될 수 있다는 예측을 가능하게 해준다.

오늘날 전 세계적으로 15~30개국이 화학탄을 보유했거나 개발을 적극적으로 시도하고 있다. 이제 화학무기는 기술상의 능력이 아니라 가용성의 문제인 것이다. 그리고 미개척 분야이긴 하지만 보다 파멸적인 잠재력을 가진 것은 생물학 무기를 사용하는 테러활동이다. 생물학 무기가 사용자에게도 감염의 위험요소가 있기는 하지만 소량으로도 엄청난 효과를 거둘 수 있기 때문에 극단적인 테러리스트들이 사용의 유혹을 받기 쉽다. 특히 생물무기는 화학무기보다 독성이 수백 배 이상 강하고 곧바로 증상이 나타나지 않고 수 시간 내지는 수일이 지나서야 표출되기 때문에 즉각적인 대응이 불가능하므로 거의 치명적이다. 따라서 향후 국제테러조직의 테러는 화생무기, 그 중에서도 화학무기에 의한 공격일 가능성이 높다. 최근 미정보당국의 분석과 자료에 따르면 실제로 국제 테러집단들은 생화학무기와 핵무기 공격 능력을 갖추기 위해 노력해온 것으로 밝혀졌다. 상업적인 인터넷 판매망이 널리 보급됨에 따라 일부 생화학무기의 원료와 기술정보는 손쉽게 얻을 수도 있다. 실제로 테러리스들이 일반 시민들을 겨냥해 대량파괴무기(WMD)를 사용하기 시작한다면 정상작인 시민생활은 심각한 위협에 부딪치고 불안감이 퍼질 것이다(신성택, 2002). 일반 시민을 공격목표로 화학무기를 사용한 테러는 1995년 도쿄 지하철에 뿌려진 사린 신경가스[10]가 대표적인 사례다.

최근에는 방사능 물질을 무작위로 일상의 공간에 투기 또는 방치시킴으로써 극도의 심리적·물리적 피해를 강요하는 방사능 테러도 주의와 감시의 대상이다. 과거에 사용했던 TNT나 콤포지션 계열의 화약이 아닌 핵무기제조에 사용되는 고폭화약을 사용하여 초고층 빌딩 또는 거대한 구조물을 한순간에 파괴해 버리는 테러까지 가능하게 되었다

10) 도쿄 지하철에서 1995년 3월 20일 맹독성 신경가스인 사린이 대량 살포돼 5천 5백여 명이 중독되는 사건이 일어났다. 오전 8시쯤 도심 가스미가 세키역으로 접근하던 3개 지하철 노선의 5개 전동차 안에서 동시다발적으로 일어난 이 테러로 12명이 목숨을 잃었다. 가스 살포 범인은 신흥 종교단체인 옴진리교 신자들로 밝혀졌으며 교주 아사하라 쇼코와 일당은 체포돼 재판을 받았는데 오랜 심리 기간을 거쳐 2004년 2월 27일 1심에서 사형을 선고받았다.

(신성택, 2002).

6) 뉴테러리즘의 등장과 특징

현대적인 테러리즘은 1968년부터 유행되기 시작했지만 1989년 냉전 종식과 함께 새로운 차원에 진입하게 된다. 말하자면 뉴테러리즘의 등장이다. 뉴테러리즘이 등장하게 된 배경에는 다음과 같은 세 가지 이유가 있다. 첫째, 초강대국과 그 위성국가들이 대리전쟁에 대한 지원을 중단하면서 이들 테러집단에 대한 영향력도 쇠퇴하였다. 이후 이들 집단은 냉전이 열전 혹은 핵전으로 확대되지 않도록 엄격히 통제되었다. 예를 들어 동구블록의 정보기관들은 팔레스타인, 시리아, 쿠르드 게릴라와 테러집단을 통제했고 그러자 이들 집단은 자신들의 무기, 전술 및 표적 선택에 자제력을 잃게 된다. 둘째, 뉴스의 국제화와 함께 테러집단은 한층 더 거창한 공격을 무대에 올리기 시작했다. 여기에는 1993년 뉴욕 세계무역센터(WTC), 동년 뭄바이 증권거래소, 1995년 오클라호마시 연방청사, 1996년 스리랑카 중앙은행 및 사우디의 Khobar tower, 1998년 케냐와 탄자니아 미 대사관 폭파가 포함된다. 2001년 9월의 뉴욕과 워싱턴의 항공기 테러는 그 결정판이라고 할 수 있다. 셋째, 범세계적인 종족 및 신앙에 대한 정체성 부활과 함께 민족주의와 신앙으로 촉발된 분쟁과 테러집단의 수도 증가하였다. 대부분 지구의 남쪽으로부터 북쪽으로 이동하는 주민이주나 피난행렬이 국제적인 정치, 금융 및 군사지원을 얻기 위해 테러집단에 동원되어 극렬화된 유랑민(diaspora) 및 이민공동체가 이러한 문제점을 더욱 악화시켰다. 캐시미르, 팔레스타인, 레바논, 코소보, 시크, 스리랑카, 타밀, 알제리아가 여기에 속한다(신성택, 2002). 이러한 배경과 이유를 바탕으로 1999년 미 국방부 등의 후원을 받는 미국의 민간연구소 랜드(RAND)가 뉴테러리즘의 개념을 정립하기에 이른다.

(1) 뉴테러리즘의 개념

테러리즘의 동기, 대상, 범위, 주체, 이념 등의 포함 여부 그리고 학자들의 테러리즘 전문가들의 시각에 따라 테러리즘이 달리 정의됨으로써 본 용어의 정의에 대한 연구와 논쟁이 계속되고 있음은 앞에서 논의한 바 있다. 현대적인 의미에서 여러 측면을 포괄하여 테러리즘에 대한 개념을 정리하여 보면 오늘날의 뉴테러리즘은 다음과 같은 네 가지 주요 요소들을 갖추고 있다(신성택, 2002).

1 테러리즘으로 자격을 갖춘 행동을 수행하기 위한 의도나 사전모의 및 결정이 반드시 존재해야 한다.

2 정치적 동기로서 금전적 이득이나 개인적 복수심에 의해 동기화된 범죄적인 폭력

은 제외된다.

3 표적이 비전투원이어야 하며 폭력을 사용하여 자신을 방어할 수 없는 사람에 대한 공격을 의미한다. 테러리즘은 대응 수단을 갖춘 군대에 대한 군사작전과는 상이하다. 따라서 이들의 표적은 민간인뿐만 아니라 사태발생 당시에 비번이거나 비무장인 군인도 포함된다.

4 범인이 준국가단체나 비밀요원들이다. 정상적인 국가의 정당한 제복을 착용하거나 식별이 가능한 무장력에 의한 공격은 테러리즘이 아니고 전쟁에 속한다.

(2) 뉴테러리즘의 특징(국정원, 2005)

1 요구조건 · 공격주체 불명확으로 추적이 곤란하다.

과거의 테러는 식민지 세력의 잔재를 청산한다든가 자본주의 체제를 타도한다든가 하는 뚜렷한 목표를 가지고 있었으며, 대표적 집단들은 PLO, IRA 등으로 이들은 이미 어느 정도 정치적 목표를 달성, 기존 체제에 흡수되는 추세였다. 이들은 테러를 자행한 뒤 통상 성명을 통해 자신들의 얼굴을 알리면서 요구조건을 떳떳이 밝혔으나 뉴테러리즘에서는 극단주의자들이 서방에 대한 반감, 특히 미국에 대한 적대감이나 '거대한 사탄 문화'와 지역패권에 대한 반대 등 추상적인 이유를 내세워 테러를 감행하는데 테러집단 자신과 비호세력을 보호하고 공포효과를 극대화하기 위해 요구조건 제시도 없고 정체도 밝히지 않는 소위 '얼굴이 없는 테러'를 자행, 색출 및 근절이 더욱 곤란하다는 것이다.

2 전쟁수준의 무차별 공격으로 피해가 상상을 초월한다.

과거의 테러는 요인암살, 항공기 및 인질 납치, 중요시설 점거 등 상징성을 띤 대상을 공격함으로써 자신들의 대의명분을 선전하고 공포심을 유발하는 수법을 선택, 많은 희생자를 내기보다는 극단적 수단을 동원한 의사소통 행위의 측면이 강했으나, 뉴테러리즘은 전쟁의 한 형태로써 자행되며, 전쟁에서는 적의 궤멸이 목적이므로 무차별적인 인명살상으로 상대방에게 최대한 타격을 가하려고 기도함으로써 피해가 상상을 초월한다.

3 그물망 조직으로 무력화가 곤란하다.

과거의 전통적인 테러조직은 카리스마적인 지도자가 지배하는 수직형 체제로서 정점의 지도부를 제거하면 테러조직을 무력화할 수 있었지만, 뉴테러리즘에서는 상대가 단일화된 조직이 아니라 여러 국가 · 지역에 걸쳐 그물망 조직으로 연결된 이념의 결사체로서, 인터넷 비밀사이트 · 전자메일 · 채팅룸 및 첨단 이동통신 등을 연락수단으로 활용하며 중심이 다원화되어, 하나의 중심을 제거해도 다른 중심이 그 역할을 대신하므로 조직의 무력화가 어려운 특징이 있어 '정보화 시대의 망전쟁(netwar)'으로 불리운다. 이러한 측면에서 오사마 빈 라덴의 조직은 세계 34개여 국가에 세포조직을 보유, 動因을 제거해도 조직 무력화는 어려울 것으로 보고 있다.

④ 테러의 긴박성으로 대처시간이 부족하다.

9·11테러의 경우 수년에 걸쳐 항공기 조종술을 습득토록 하는 등 치밀한 준비과정을 거쳤으나, 정작 테러시간은 초대형 여객기를 납치, 빌딩에 자살충돌 하기까지 40~50분만에 상황이 종료, 대처시간이 절대 부족함에 따라 더욱 신속하고 효율적인 대테러 대응체계 확립이 필요하다.

⑤ 테러장비가 따로 없어 방어가 어렵다.

전통적 테러장비로는 저격용 총기나 폭발물 등이 사용되어 공항만이나 행사장 보안검색을 강화시 어느 정도 색출이 가능했으나, 미국 테러에서는 별도의 테러장비가 없이 서류절단용 칼만으로 여객기를 납치 빌딩에 충돌시키는 초유의 수법을 구사하였는 바, 우리 생활 주변의 모든 문명의 이기들이 그 지배권만 탈취되면 모두 테러장비가 될 수 있어 방어나 색출이 어렵다.

⑥ 대량 살상무기 사용으로 새로운 대처방식이 필요하다.

과거 화생방 무기의 사용은 1·2차 세계대전, 걸프전 등 주로 전쟁이나 대규모 분쟁에서 사용되었는데 반해, 1995년 일본 옴진리교의 동경 지하철 독가스 살포사건을 시작으로 미국 테러에서는 처음으로 탄저균 같은 세균무기를 사용 인명피해를 극대화시켰으며 특히 세균을 사용하는 생물테러는 저렴한 비용과 엄청난 인명살상 효과로 '빈자의 핵'으로도 불리고 있어 전통적 테러와는 전혀 다른 대처방식이 필요하다.

⑦ 언론매체의 발달로 공포의 확산이 용이하다.

현대는 '개방화 시대'로 언론에 대한 상황통제가 어려울 뿐 아니라, 지구촌의 어느 한쪽에서 발생한 사건도 반대쪽으로 신속히 전파된다. 미국 테러에서는 CNN이 24시간 상황을 보도했고 국내에서도 거의 모든 방송국이 정규 프로그램을 중단하고 보도함으로써 테러범들이 노리는 공포가 쉽게 확산되었다. 특히, TV는 테러사건 현장의 생생한 동영상 화면을 방영, 절실한 공포감을 유발시키는 효과가 있다.

⑧ 사건의 대형화로 정치적 부담을 증대시킨다.

종전의 테러는 협상팀과 특공대의 투입으로 대부분 현장처리가 가능하였으나 뉴테러리즘에서는 사건이 국가적 재난으로 인식될 만큼 대형화됨에 따라 최고 통치자의 결심을 받아야 할 경우가 많아져 정치적 부담이 증대된다. 부시 대통령은 테러의 긴박성을 감안, 피랍 항공기 격추명령 권한을 공군 장성들에게 위임했는데 실제 민간여객기 격추 시 큰 정치·사회적 문제 야기도 가능하다.

⑨ 중산층·인텔리를 충원하여 테러의 지능화가 이루어지고 있다.

1990년대까지의 테러 행동대원들은 대부분 사회적 소외계층 출신으로 기초교육조차 받지 못한 경우가 많았으나, 뉴테러리스트들은 비교적 풍요로운 중산층 출신들로 대부분 대학 재학생 이상이고 특히 공학 또는 과학분야 전공자들이 선호되는데 이 경우 비행기 조종이나 폭탄의 기능 등에 대한 이해도가 높아 임무 성공률이 높아진다. 9·11 미국 테러범 중 한 명인 무하마드 아타 역시 변호사인 아버지와 대학교수인 형제들 사이에서 유복하게 자란 함부르크 대학의 도시공학과 학생이었다.

또한 과거에는 중동과 북아프리카, 서남아시아 등 이슬람권 국가에서 테러 행동대원들을 직접 모집했으나 최근에는 유럽과 미주권의 이민 2세들을 충원하는 경향으로 바뀌고 있는데, 이들은 테러 실행 전부터 각종 범죄기록을 갖고 있던 과거의 테러리스트들과는 달리 전혀 범죄의 흔적이나 정치적 활동이 없어 경찰과 정보기관의 감시망에 좀처럼 잡히지 않았다. 특히 뉴테러리스트들은 정신병적인 종교적·정치적 신념으로 무장하고 테러를 감행하는 경우가 많아 더욱 위험하다.

최근의 유엔보고서는 테러 조직인 알 카에다가 계속 진화하고 있으며, 시가전, 자살폭탄 테러 기술로 무장한 제3세대 테러리스트들이 등장하고 있다고 경고하고 있다. 알 카에다의 강령은 예전과 변함없지만 그 구조는 세 개의 큰 그룹으로 분화한 것으로 나타났다. 지도자 오사마 빈 라덴과 그의 참모들 그리고 알 카에다의 근본 목적을 공유하고 지휘 체계의 구속을 받지만 동시에 지역별로 독립적으로 활동하는 소규모 세포조직으로 분화했다는 것이다. 보고서는 이러한 소규모 세포 조직은 새롭게 그 수가 증가하는 제3세대 조직원들을 끌어들이고 있다며 오늘날 이 세포조직들이 알 카에다에 의한 테러 위협의 주요원천으로 부상하고 있다고 분석하고 있다. 보고서는 제3세대 테러리스트들이 아프가니스탄 등 과거 분쟁 지역의 베테랑들로부터 훈련받거나 이라크에 잠입해 시가전, 폭탄 제조, 암살, 자살폭탄 테러 등의 기술을 습득한다고 설명한다. 이러한 테러 집단의 전술 변화에 대응하여 새로운 제재조치를 할 필요가 있다고 보고서는 권고한다. 테러 집단의 자금 조달을 봉쇄하기 위한 조치가 강화돼야 하며 유엔이 테러리스트들이 정규군 수준의 무기나 생화학 무기·핵무기로 무장할 수 없도록 금수조치를 확대해야 한다는 것이다(국방일보, 2005b).

7) 9·11테러와 미국인의 테러증후군

2001년 9월 11일 이후, 미국은 언제 어디서 발생할지 모르는 정체불명의 테러에 대한 불안감과 공포에 시달렸다. 많은 미국인들이 비행기 타기를 겁내고 고층건물이나 사람들이 붐비는 장소를 꺼리며 편지 봉투를 개봉하기조차 주저하였다. 또 기침과 두통, 고열 등 흔한 독감 증세에도 혹시 탄저병에 걸린 것이 아닐까? 하고 몸을 움츠리며 병원을 찾고, 약국마다 탄저병 치료제 시프로(cipro)가 불티나게 팔리는 등 심리적 공황상태를 보였다. 덩달아 고층 건물용 낙하산, 탄저균 검사시약, 우편물 개봉용 유리관 등 테러 공포에 떠는 사람들을 겨냥한 상품들이 시장에 쏟아지기도 하였다.

탄저균은 주로 워싱턴과 뉴욕, 뉴저지주 등 동부 일대를 집중적으로 휩쓸었으나 미주리주 캔자스 시티의 한 우체국에서도 발견, 전국을 탄저공포 속에 몰아넣으며 미국인들을 심리적인 공황상태에 빠트렸다. '탄저균은 전염성이 없지만 공포는 전염성이 있다'라는 인터내셔널 해럴드 트리뷴의 지적처럼 미국인들은 치료약조차 없는 공포라는 질환에 집단감염된 것이다. 사실 탄저균은 테러범이나 테러조직이 생물무기로 가장 이용할 가능성이 높은 세균으로 알려져 있다. 과거 1979년 옛 소련 군사연구소에서 탄저균 포자가 실수로 유출됐을 때 최소 79명이 호흡기를 통해 감염됐고, 이중 68명이 사망한 전례가 있다. 탄저균 10g은 보통 인명살상용 신경가스인 사린가스 1t과 맞먹는 것으로 알려져 있다. WHO에 따르면 항공기를 통해 인구 500만 명이 사는 도시에 탄저균 50kg을 살포할 경우 약 25만 명이 병에 걸린다. 워싱턴 D.C. 대기중에 탄저균 포자덩어리 10kg이 떠다닐 경우 약 13만~300만 명이 사망할 가능성이 있다. 탄저균 공격이 개인 또는 소집단을 겨냥한 무차별 테러라고 하지만 탄저균이 뿌린 불안감과 공포의 파급효과는 엄청난 것이었다.

탄저균 공격이 누구의 범행인지에 대해 여러 주장들이 있지만 최근 FBI는 탄저균 테러가 미국내에 있는 남자의 단독범행으로 추정된다고 발표, 미국 내 우익단체가 언론 및 정치인들에 불만을 품고 탄저균 테러를 저질렀을 가능성을 주장하는 테러 전문가들의 의견에 힘을 실어주기도 하였다. 테러의 배후야 어떻든지 간에, 이 와중에서 세계 1등국에 대한 자부심으로 가득 찼던 미국인들은 정부에 대한 신뢰감을 조금씩 잃어가고 있었다. CBS 뉴스가 2001년 10월 하순 미국인 성인 1,024명을 대상으로 여론조사를 실시한 결과 절반이 넘는 53%가 정부가 탄저균 같은 생물무기 테러에 대비해 충분한 준비태세를 갖추지 못했다고 부정적으로 답변했다. 또 28%는 자기 동네에서 탄저와 같은 생화학테러가 일어날 가능성에 대해 매우 우려한다고 털어 놓았다. 정작 테러리스트들이 노리는 것이 바로 이 같은 미국인들의 정부에 대한 불신감이나 좌절감 조성일지도 모른다(김진형, 2001).

심리전적인 측면에서 분석해 보면 9·11테러 참사 이후 미국인을 공포에 떨게 하고 이 공포를 확산시킨 주체는 언론·정보산업과 심리전 그리고 바이오 테러라고 할 수 있다. 10월 7일 아프간 공습이 시작된 지 불과 몇 시간 후 빈 라덴은 카타르의 알 자지라 TV에 나타나, '팔레스타인에 평화가 오지 않는 한 미국에 평화는 오지 않을 것'이라며 추가 테러를 경고하였다. 빈 라덴의 경고는 미국 TV에 그대로 방영돼 미국인들을 한 순간 공포에 떨게 하였다. TV의 보급과 인터넷을 중심으로 한 정보산업의 급속한 발달이 '공포의 확산'이라는 테러리스트들의 노림수를 쉽게 도와주는 역기능을 수행하고 있었던 것이다. 9·11테러 참사 당시 납치된 비행기가 뉴욕 세계무역센터에 충돌하고 그 뒤 무너져 내리는 모습을 TV로 지켜본 사람들에게 테러리스트의 공포 메시지는 100% 전달된 것이다.

심리전의 압권은 바이오 테러였다. 당시 미국 전역을 공포에 몰아넣었던 탄저균이 어디에서 제조되었는지 명확히 밝혀지지는 않았지만, 그 결과는 상상 이상이었다. 미 질병통제센터(CDC)에 따르면 2001년 11월 8일 시간으로 감염이 확인된 사람은 사망자 4명을 포함해 모두 17명(10명: 호흡기 탄저병, 7명: 피부 탄저병) 정도에 불과하였지만 미국 전체가 '탄저병 공포'에 빠지게 된다. 일종의 집단히스테리 증후군을 나타낸 것이다. 미 국회의사당이 문을 닫았다는 신문 기사 한 줄을 읽고 사람들이 탄저균 치료약 시프로나 방독면을 줄서서 사게 만든 것이다. 또한 이 사건으로 미국인들 중에는 불면, 두통 등 '탄저병 불안 증후군'에 시달려 정신과 치료를 받아야 했던 사람들이 다수 나타났다.

2. 인질협상

1) 인질협상과 정신건강 전문가

전 세계의 인질협상 팀들은 정기적으로 정신건강 전문가들을 협상팀의 일원 혹은 자문으로 고용해 왔으나, 정신건강 전문가 자신들은 협상팀 내에서의 자신들과 같은 자문들의 역할에 대해서 통합된 의견을 가지고 있지 못하고 있는 것 같다. Powitsky(1979)는 정신건강 전문가가 주변의 임무, 즉 협상전략을 위한 정보수집과 석방된 인질을 위한 사후외상(post-trauma)에 대한 상담 등의 역할을 할 수 있다는 의견을 제시하면서도 대다수의 심리학자들 특히 치안당국 이외의 직업에 종사하는 심리학자들의 존재가 인질극 상황에 그리 큰 도움이 되지 않을 뿐더러 오히려 해가 될 수 있다고 주장한다. Poythress

(1980)도 정신건강 전문가들이 인질극 상황에 어느 정도의 도움은 줄 수 있으나 현장 책임자가 바라는 기대에는 못 미칠 수 있다고 지적하고 있다. 더 나아가 Poythress는 현장 책임자는 상황의 위험성 판단에 대해서 혹은 전술적 작전 대신 협상을 사용할 것인가에 대한 결심 선상에서 심리학자의 의견을 물으면 안 된다고 주장하는데 이는 심리학자들이 정식 인질협상에 대한 교육을 거의 받지 않았고, 이 분야에서의 제한된 과학적 연구결과 밖에 없으며, 극소수의 심리학자들만이 현장 경험을 가지고 직감적이고 통찰력 있는 답변을 제시할 수 있기 때문이다. 게다가 그는 주어진 상황 하에서 어떤 인질들의 위험 가능성을 정확히 예측하는 이들 심리학자들의 수준이 지극히 부정확하다고 주장한다.

Wardlaw(1984)는 위험 예측의 불확실성에 대해서는 Poythress의 주장에 동의하지만 그러나 심리학자들은 인질범과의 상호대응을 어떻게 조절해야 할 것인가에 대한 방법의 제시 그리고 협상팀 멤버들의 행동 관찰과 스트레스 상황에 대한 반응측정을 통해 협상과정에 기여할 수 있다고 지적하고 있다. Stratton(1977)는 더 긍정적으로 현장책임자가 심리학자와 상의하여 자문을 받을 때 그 누구에게도 피해를 입히지 않고 문제를 성공적으로 해결할 가능성이 높아진다고 주장한다. Reiser(1982)도 심리학자가 여러 가지 지원이나 자문으로 협상팀에 기여할 수 있다고 주장하며 심리학자는 팀원들에게 인질범의 동기파악, 성격분석, 인터뷰 기술과 커뮤니케이션 기술, 스트레스와 피로에 대한 대처방안, 그리고 스톡홀름 신드롬의 이해 등을 교육할 수 있는 능력이 있음을 지적하고 있다. Fuselier(1981b)는 인질협상 개념에 대한 교육을 받은 경우에 한해서 심리학자들의 사건투입을 추천하고 있다. 그는 전형적으로 잘 훈련된 임상심리학자들도 인질협상에 대한 특수 교육을 받지 못한 경우 지극히 제한된 도움밖에 주지 못하지만 만약 심리학자가 인질, 인질극, 그리고 협상과정에 대한 교육을 받은 경우 경찰에게 큰 도움을 줄 수 있다고 주장한다. 그러나 이런 실무 보충교육을 받은 경우에도 정신건강 전문가는 자문의 역할로 남아야지 주협상자가 되어서는 안 될 것이다. 이렇게 될 경우, 정신건강 전문가는 협상요원의 정신 상태와 수행을 평가하는 데 좀더 객관적 역할을 유지할 수 있을 것이다.

정신건강 전문가 자신들도 협상팀 내에서 그들의 임무에 대한 일치된 견해가 없기 때문에 Fuselier(1988)는 미국 내 34개 경찰서에 대해서 정신건강 전문가의 활용에 대한 조사를 실시했는데 상대적으로 이런 작은 표본에서도 어느 정도의 결론을 내릴 수 있었다. 협상팀을 가진 31개 경찰서의 58%만 정신건강 전문가를 자문으로 쓰고 있었는데 이 비율은 경찰서 규모가 클수록 늘어났다. 그러나 이중에서 가장 큰 두 개의 경찰서에서는 정신건강 전문가를 자문으로 사용했었으나 자체적으로 경험을 축적, 지금은 사용하지 않고 있다고 응답했다. 72%의 정신건강 전문가 자문들은 그들의 임상훈련과 일치하는 즉, 대상자의 정신적 상태의 평가와 같은 역할을 가장 많이 맡고 있었다. 이 분야에 근무하는 정신건강 전문가 중 44% 정도밖에 협상 기술에 대한 교육을 받지 않았는데 이는 왜 고작 정신건강 전문가의 28%만이 협상 전술에 직접 투입되었는가에 대한 설명이 될 수 있다. 마지막으로, 83%라는 대다수의 정신건강 전문가가 팀의 일원이 아닌 자문으로만 인식되어 있었다는 것이며, 이는 아마도 제복을 입은 경찰과 민간인의 양분화를 반영하는 것이라 볼 수 있을 것이다.

인질협상 기술은 위기중재(crisis intervention) 기술과 그 외 임상치료 기법을 많이 인용하고는 있다. 그러나 무기를 지닌 난폭한 사람을 투항하도록 유도하는 전술과 전략은 그 특수성의 요구에 충족되도록 개발되어 왔기 때문에 위기중재 기술과 인질협상 사이에는 큰 차이가 있다. 그러므로 정신건강 전문가가 협상에 참여하려면 반드시 인질협상 기술에 대한 훈련을 받아야 한다(Fuselier, 1991).

2) 인질들의 피해 스트레스 해결

(1) 스톡홀름 신드롬

스톡홀름 증후는 4명의 은행직원이 지하금고에 인질로 감금되었던 1973년 스웨덴에서 있었던 인질극에서 유래하고 있다. 협상으로 인질극이 끝난 후, 인질들은 납치극을 자행하는 인질범보다 경찰들을 더 두려워하는 증세를 보였고, 신기하게도 인질범들에 대해 전혀 나쁜감정을 가지지 않았음을 보고하였다(Ochberg, 1980b; Strentz, 1979). 이 현상은 인질들이나 인질범들의 나이, 성별 또는 국적에 관계없이 나타나는 것으로 보인다. 스톡홀름 신드롬의 진행 단계는 다음과 같다

[1] 인질들은 자신들의 생사를 가늠할 수 있는 인질범들이 자신을 해치지 않는 것을 고마워하고 그들에게 온정을 느끼기 시작한다.

[2] 인질들은 위험을 초래하며 그들을 구출하려고 시도하는 경찰들에게 반감을 느끼기 시작한다.

[3] 인질범들도 그들의 인질에게 긍정적 감정을 느낀다. 결국 인질과 인질범들은 모두 함께 고립되어 있음을 절감하고 두려움을 같이 하는 '우리'라는 믿음을 갖게 된다.

이 증후군은 다음 세 가지 조건들이 단독으로 또는 복합적으로 작용할 때 나타나는 것으로 분석된다(Ochberg 1980b). [1] 당국에 대한 인질들의 부정적 시각, [2] 인질범들에 대한 인질들의 호의적 감정 그리고 [3] 인질의 호의적 감정에 대한 인질범들의 답례적 호감이다. 여기서 보다 중요한 것은 이 신드롬이 항상 나타나는 것은 아니고 세 개의 조건들이 모두 갖추어진다는 것도 아니라는 점이다. 이 신드롬이 발생했을 때 가장 흔히 관찰되는 사항은 인질들의 당국에 대한 거부감이고, 인질범에 대한 호의적 감정은 그보

다 적게 관찰되며 상호적인 호감은 더 적게 관찰된다는 것이다.

위의 개인적 변인 외에 이 신드롬의 진행은 Strentz(1979)에 의해 분석된 세 가지 요인들 [1] 시간의 경과와 흐름, [2] 인질들과 인질범과의 격리 여부, [3] 인질과 인질범 간의 호의적 또는 적대적 관계들의 상호작용에 의존하게 된다. 통상 인질들이 인질범과 같은 방에 있다든지 해서 잦은 접촉이 있을수록 그리고 잦은 접촉이 욕설이나 폭력사용이 없어 부정적이지 않을 때 비록 짧은 기간이더라도 시간의 흐름은 이 신드롬의 진행을 촉진하게 된다. 다른 한 편으로 인질범들이 인질들에게 욕설을 퍼붓거나 언어나 육체적으로 폭행을 하거나 두건을 씌우거나 격리된 장소에 그들을 고립시켰다면 시간의 흐름은 이 신드롬의 진전에 그리 큰 영향을 주지 않는다.

스톡홀름 신드롬은 협상진행과정에 대한 여러 가지 함축성을 보여 준다(Ochberg 1980a). 첫째, 구조원들의 어떤 구조 노력에서도 인질들이 구조원들에게 도움을 주거나 협조할 것을 기대해서는 안 된다는 것이다. Strentz(1979)의 연구는 전에 인질이었던 몇몇 사람들이 말하길, 만약 친절히 대해주던 인질범이 '서있어'라고 명령하고 동시에 구조대원들이 '엎드려' 하고 소리 질렀다면 서있을 거라고 답했다고 보고하고 있다. 둘째, 석방된 인질들은 인질극이 벌어진 내부의 현황에 대해 정확한 대답을 해줄 수 없다는 것이다. 셋째, 인질들은 인질범들에 대해 불리한 증언을 하지 않으려 하고, 또 나아가 인질범들의 편에서 구조당국에 도전적인 발언을 할 수 있다는 것이다. 넷째, 가장 중요할 수도 있는 시사점으로 이 신드롬은 모든 상황 관련자들의 생존을 추구하는 상호적 유대감을 발전시킬 수 있다는 것이다. 이 이유 때문에 경찰 협상팀은 오히려 신드롬이 생성되길 바라는 것이다. 이는 경찰들이 인질들의 당국에 대한 격한 감정과 실망을 감수하면서도, 만약 인질범들이 인질들에 대한 호의적 감정을 가져준다면 정해진 시간 내의 의도적 인질 살해를 막을 수 있을 것이라는 기대 때문이다.

스톡홀름 신드롬에 대한 여러 연구들은 초기에는 Freud의 정신분석학적 개념을 사용 그리고 후에는 행동 혹은 태도변화 이론을 사용하여 이 현상의 원인을 설명하고 있다.

[1] 정신분석학적 설명

Strentz(1979)는 이 신드롬을 '자동적인 그리고 인질이 되는 충격에 대한 아마도 무의식적인 반응'이라 주장하고, '유아기적인 발달 수준으로의 퇴행'이라고 말한다. 왜냐하면 인질들은 마치 유아처럼 음식을 구걸해야 하고 말도 잘 못하며 눈을 가리고 묶여 있는 경우가 많기 때문이다. 인질들은 유아와 같이 과도한 의존도 속에 빠져 있으며 겁에 질려 있게 되는 것이다. Ochberg(1980a)는 감금상태는 개인을 지나치게 유아처럼 만들고 공포에 질리게 해서 개인의 유치하고 무의식적이고 긍정적인 감정을 다시 불러일으킨다고 말한다. 이는 유아가 신뢰와 즐거움 그리고 어떤 감사의 기분을 유아 시 공포감을 해소해 주는 부모에게 느끼는 기분으로부터 그 뿌리를 찾을 수 있다고 그는 주장한다. Ochberg는 나아가 인질 상태에서의 성인들은 이 기분이 유아 시의 기분으로의 퇴행이라는 것을 이해하지 못하며 오히려 그들은 이 기분이 자신들의 현재 나이와 성별에 적합한 것으로 생각해 버린다고 하였다.

Symonds(1983) 또한 어린애 같은 언동을 하는 유치증(infantilism)을 강조하는데 이는 인질과정에서 그 동안 성숙하면서 학습된 적응반응이 증발되고 외상성 심리적 유치증(traumatic psychological infantilism)이라는 과정에 의해 유아적 생존 본능으로 대체되기 때문이라고 주장한다. 피해자는 자기 생존의 여부를 결정짓는 테러리스트가 자신을 살게 해주었다고 믿게 되며, 현저한 행동적 · 태도적 반응이 뒤따르는데 이는 인질들이 병리학적 전이(pathological transference)로 불리는 현상을 통해 이제 테러리스트를 좋은 사람으로 인식하기 때문에 발생하게 되는 것이다.

2 행동 또는 태도변화 이론적 설명

McKenzie(1984)는 다른 한편으로 이 신드롬을 '인질범의 주장을 반박할 수 없는 무력감으로부터 비롯된 태도변화와 연결되고, 심각한 상황하에서 가속되는 유대의 정상적인 과정'이라고 정의하고 있다. 그는 억류라는 급박한 상황은 인질이 자신의 입지를 거래 대상물 수준에서 벗어나게 하려는 욕구와 함께 좀더 높은 수준의 열정과 빈도와 친분감을 지닌 대화를 유발시키며 그래서 유대감의 진전을 가속시키게 된다고 지적한다. 인질범이 인질을 인간적으로 대우하고 인정하기 시작하면서 한 번의 호의를 베풀 때마다 그 유대의 강도는 증가하며, 인질로부터 그의 주장에 대한 외견상 관심을 받기 시작한 인질범은 인질과의 공감대를 발전시키게 된다. 이와 함께 협상당국의 요구 조건에 대한 불이행으로 인하여 상호 공유하게 되는 좌절감은 강한 유대감을 형성하게 한다. 이 유대관계가 발달할수록 그리고 대화가 교환될수록 인질은 준비되지 않은 상태 속에서 테러리스트의 주장을 합리적이라고 받아들이기 시작한다. 그러나 만약 피해자가 언어상의 주장을 반박할 수 있는 시간적 여유가 있다면 그는 이 신드롬의 태도변화 부분에 대해서는 면역성을 보여 줄 수도 있다.

인지부조화[11] 이론에서는 인질로 잡히는 것은 갑작스럽고 생각지 못한 것이면서 개

---

11) 인지부조화란 한 사람이 모순되는 두 개의 인지들을 갖게 되면 비일관성을 일으켜 나타나는 불쾌감을 말한다. 따라서 인지부조화는 사람들로 하여금 인지들이 서로 조화를 이루도록 동기화시킨다. 태도와 행동이 서로 다를 때도 행동을 취소할 수 없는 경우가 많으므로 대부분은 태도를 바꾸어 행동과 일치시킴으로써 인지부조화를 피하고자 한다(자세한 내용은 13장 참조).

인에게는 엄청난 스트레스를 주는 사건이기 때문에 이런 경우 인질들은 자신들을 잡고 있는 범인들 편을 들면서 스트레스를 극복하려 한다고 설명한다. 인질들은 범인들의 잔악한 행동을 알면서도 자신을 해치지 않을 좋은 사람으로 보게 된다. 따라서 서로 다른 이 두 생각의 충돌을 막고 조화를 유지하기 위해서는 한쪽으로 생각을 몰고 가야 한다. 그러다 보면 인질범들을 좋게 보게 된다. 또 자신의 목숨을 구하기 위해 협상하는 경찰이지만, 인질들의 생각엔 경찰이 자기의 생명을 중요하게 생각지 않은 것으로 판단한다.

범인들 또한 그들의 인질을 동정하게 된다. 일단 경찰과 맞붙게 되면 범인들은 인질극이 성공할 수 없다는 것과 또 자신들이 죽을 수도 있다는 것도 점차 깨닫게 된다. 그래서 그들은 인질들에게 잘해 줌으로써 스트레스를 피하려고 한다. 또한 인질을 해치게 되면 살아남기 더욱 어렵다는 것을 알기에 인질을 해치는 행동을 삼가하게 된다.

3 기타 설명

Olin과 Born(1983)은 Freud의 정신분석적 접근의 효율성을 따지기 시작했는데 그들은 그 접근 방식이 제한된 인질사건에 대한 하나의 설명을 제시할 수는 있으나 치안당국이 사용할 수 있는 이론적 뼈대를 제시하지는 못하고 있다고 말하고 있다. 그들은 스톡홀름 사건을 좀더 분석한 뒤, 신드롬은 처음 생각같이 그리 쉽게 분석할 수 있는 현상이 아니라고 주장한다. 그들은 많은 연구자들과 그 분야의 논문들이 실제 사건을 잘못 이해하고 있었으며 그로 인해 그 현상의 빈도를 실제 보다 훨씬 높게 추정하는 측면이 있다고 주장했다. 그들은 신드롬을 '인질범과 인질 모두가 서로 간에 경찰을 보다 더 두려워할 때 그리고 이들 양자 모두가 상호간에 이익이 되는 상호작용을 할 때 생기는 긍정적 관계 형성'으로 정의하고 인질 사태 시 치안 당국이 취할 수 있는 행동적 책략을 제안하고 있다.

인질의 행동에 대해 적용될 수 있는 어느 정도의 일반화가 만들어지게 되면 다양한 이론적 접근이 가능하게 된다. 하지만 FBI 아카데미의 교수요원이며 특수요원 감독관인 Lanceley가 늘 인용하는 구절이 가장 이론의 핵심을 나타내 준다. Lanceley는 이탈리아의 정치가인 마키아벨리를 다음과 같이 인용한다: '사람들은 악을 기대했을 때 선을 접하면 그 자선을 베푼 이에게 더 감사함을 느낀다'. 이 은혜를 입었다는 기분은 크로아티아의 독립주의자들에 의해 피랍되었다가 풀려난 TWA 335편의 한 여승무원의 진술에서 극적으로 잘 표현되고 있다. 협상에 의한 인질 석방 직후 이 여승무원은 테러리스트의 리더에게 '내 생명을 돌려줘서 감사해요'라고 말하였다.

(2) 런던 신드롬

Olin과 Born이 시사하듯 스톡홀름 신드롬은 그리 보편적인 현상은 아니다. 두 개의 행동패턴은 인질을 폭력에 노출시킬 수 있는 가능성을 다분히 보여준다는 지적들이 있다. 첫째는 소위 '런던 신드롬'이라 일컫는 1981년 런던에 있는 이란대사관 인질 사태 때 관찰된 현상이다. 이란 인질의 피랍 중에 Lavasani라는 이란인 인질이 지속적으로 호메이니에 대한 헌신을 외치며 그의 회교혁명에 대한 정당성에 대한 믿음과 성전을 위해 죽을 수 있다는 맹세를 하였다. 주변의 동료 인질들은 인질범들과 시비하지 말 것을 권유했으나 이를 무시하였다. 5일 후 인질범들이 그들의 주장을 심각하게 받아들이도록 하기 위해 행동을 취할 필요가 있다고 결정했을 때, Lavasani는 제일 먼저 살해되었다.

1986년 6월에 Stephen Livaditis란 사람은 캘리포니아 베버리힐스에 있는 Van Cleef와 Arpels란 보석점을 털려고 마음먹고 침투하려다 경보를 듣고 출동한 경찰에 의해 저지된 사건이 있었다. 그가 네 명의 인질을 포박한 뒤 얼굴을 땅에 대고 엎드리게 했을 때 Smith라는 청원경비는 그를 계속 버르장머리 없는 놈이라 부르며 그 총 없이는 아무 것도 할 수 없을 거라며 빈정거렸다. 범인은 경비원의 등을 찌르고 출혈로 죽게 내버려 두었다. 왜 그렇게 하였느냐고 물었을 때 Livaditis는 '그는 내게 말대꾸했다. 내가 조용히 하랬는데 계속 말해서 그냥 죽였다. 그는 내 지시를 안 따랐다. 내 지시는 간단했다. 입 다물고 조용해라 했을 뿐이다'라고 간단하게 대답했다. 인질범은 이와 같이 누군가에게 폭력 행사를 할 때 자신에게 시비를 걸거나 호전적인 사람을 먼저 살해하거나 다치게 할 수 있다.

런던 신드롬에서 호전적이고 극단적인 성향이 인질을 좀더 큰 위험에 노출시킬 수 있다면 그 반대로 소리를 지르거나 울거나 과도하게 졸라대거나 대체로 지나치게 고분고분하여 주의를 끄는 사람도 자신을 위험에 노출시킬 수 있다. 미국 내에서 유일하게 협상의 최종 기한 내에 처형당한 사람이 이런 방식으로 행동한 인질이었다. 이 사건은 뉴욕 로체스터에서 1985년 있었던 일로 매우 특이한 사건이었다. 당시 현장 수석 특수요원이었던 Zandt라는 FBI 협상반장의 진술에 의하면 흑인 인질범에 의해서 흑인과 백인이 섞여있는 인질들 중 선택되어 처형된 사람은 흑인 여자였는데 인질범의 살해 이유는 이 여자의 지나친 고분고분함에서 백인들의 인종차별을 느꼈기 때문이었다.

(3) 리마 증후군(Lima syndrome)

납치 및 인질 테러사건에서 테러범이 인질들의 문화를 학습하거나 정신적으로 동화됨으로써 테러범 자신을 인질과 동일시하게 되어 결과적으로 공격적인 태도가 완화되는 현상을 말한다. 인질범들이 인질들에게 정신적으로 동화되어 자신을 인질과 동일시함으로써 공격적인 태도가 완화되는 이러한 현상을 '리마 증후군'이라 한다.

명칭은 1996년 12월 페루 리마의 일본대사관저 점거 인질 테러사건에서 유래되었다.

페루의 좌익반군 테러조직 '투팍 아마루 혁명운동(MRTA)' 요원들이 1996년 12월 18일 페루 수도 리마의 일본대사관저를 점거, 일왕 생일축하 리셉션에 참가중인 각 국 대사 등 인질 700여 명을 억류하는 인질 테러사건이 발생하여 사건발생 127일 만인 1997년 4월 22일 페루 특공대의 기습작전으로 테러범 전원이 사살되고 인질들을 성공적으로 구출하여 세계의 이목을 집중시킨 바 있다. 당시 테러범들은 사건이 장기화되면서 인질들에게 가족과의 안부편지 · 미사집회 및 인질가족들로부터의 의약품 · 의류 반입을 허용하였으며 테러범들이 인질들에게 자신들의 신상 이야기 등을 털어 놓기도 하였다.

3) 피해 반응: 심리적 후유증과 치료

인질로 잡혔던 사람들의 정신적 후유증에 관한 많은 연구들이 학자들에 의해 발표되었다. 이들의 논문은 주로 가능한 증상이나(Fenyvesi, 1977, 1980; Hillman, 1981; Ochberg, 1980a), 또는 치료방법의 제시(Symonds 1983; Wolk 1981) 등에 초점을 맞추고 있다.

Ochberg(1980a)는 최근 인질극을 통해 임상전문가를 위해 만들어진 종합된 지침서는 없으나 네 개의 기본적 유형 집단으로 인질극 후의 반응형태가 분류될 수 있다고 주장하고 있다. 첫째 유형은 잘 적응하는 집단으로 그들은 삶에 대한 자신감, 가치관의 수정, 타인과의 중요한 관계 재정립, 그리고 인생이 있어 새로운 원동력을 얻은 듯한 느낌을 진술하고 있다. 둘째 유형은 인질 사건에 의해 별 영향을 받지 않은 사람들의 집단이다. Ochberg는 1977년 네덜란드에서 있었던 Moluccan 이등 열차 납치극의 생존자들의 경험을 시골적이고, 자제심이 강하고, 그리고 비심리적인 기질의 사람들이 어떻게 위기 상황 후에도 영향을 받지 않고 살아남았나를 보여주는 예로 들고 있다. Ochberg의 세 번째 유형은, 사건 후 그 여파로 고통을 받고 있으나 치료를 피하고 있는 사람들의 집단이다. 네 번째 유형은 증세를 보이면서 치료를 받고 있는 사람들 집단이다. 그는 인질 경험자들의 1/3에서 1/2 정도가 마지막 두 집단에 속한다고 주장한다. 그는 인질들의 다양한 정신적 후유증을 기술하고 있는데 이 후유증으로는 악몽으로 표출되는 불안, 깜짝 놀람, 약물과 알코올 의존, 약물 의존에 대한 공포, 생리-심리학적 반응, 특히 유명인의 신분이 끝난 후 나타나는 지연된 우울증, 편집반응, 강박증 그리고 기타 특유한 적응의 어려움들이 나타났다.

두 명의 연구자가 인질 피해자를 위한 특수 치료방식을 제시하고 있다. Symonds(1983)는 뉴욕소재 Karen Horney 피해자 치료센터에서 잔혹범죄 피해자들 치료를 통해 개발되어 사용되어온 방법을 재검토하였다. 이 치료는 인질 피해자들에게 그들이 인질이었을 때 행동을 충분히 납득할 수 있다는 것을 확신시키는 것으로부터 시작된다. 그 다음 신속한 피해자의 체력 회복, 영양관리를 통한 고립감 탈피, 미래 설계에의 참여를 격려함으로써 무력감 줄이기, 납치범의 통제 행동에 시달려 온 스트레스를 줄이기 위한 자기 통제감의 조장에 초점을 두고 있다.

Wolk(1981)는 인질 피해자였던 교도소 직원들에게 사용한 두 갈래식 치료방법을 소개하고 있다. 이 방법은 좀 덜 난폭한 교도소로의 이전이나 스트레스를 덜 주는 작업지역 할당과 같은 환경조정과 인질범에 대한 분노를 표현하고 그들의 취약성을 수용하고 인정하는 것을 강조하는 심리치료가 결합된 방법이다.

Strentz(1987)는 인질들의 행동적 특성을 '생존한' 인질과 '굴복한' 인질로 나누어 비교한다. 생존한 인질들은 위기 상황을 강한 자존심을 가지고 헤쳐 나온 후 장기적 우울증이나 악몽, 또는 스트레스와 관련된 질병 없이 건강하고 생산적인 인생을 살아가는 사람들이다. 굴복자들은 호된 시련을 통해 살아남지 못했거나 석방이나 구조 후 신질적이거나 혹은 가상적인 문제들 때문에 상당한 심리치료가 필요한 사람들이다. 〈표 14-1〉은 그 비교를 잘 보여준다.

Strentz는 지원 인질들을 대상으로 훈련, 납치, 감금을 포함하는 현장훈련 연습(field training exercises: FTX)을 장기간 실시하는 연구를 하였다. 이 연구에서, 지원자들은 사전 설문지 응답을 통해 '내적 통제자'와 '외적 통제자'로 분류되었다. 내적 통제자들은 자신들의 인생에 대해 자신감을 가지고 통제할 수 있다고 믿는 사람들이고, 외적 통제자들은 자신들의 인생이 자신의 의지 밖의 많은 외부 상황에 의해 영향을 받는다고 믿는 사람들이었다. Strentz는 만약 내적 통제자들이 어떻게 행동적으로 상황을 조작할 수 있는가

〈표 14-1〉 생존한 인질과 굴복한 인질들의 비교

생존자	굴복자
■ 자신들과 정부에 대한 믿음을 가지고 있음	자포자기의 느낌, 버림받은 기분
■ 적개심을 자제	공격성을 표현
■ 정신적으로 우월한 태도 유지	자신을 불쌍히 여김
■ 시간을 채우는 데 창조적인 공상을 함	상황에 집착
■ 합리화를 사용	절망적 · 자포자기적
■ 일상성의 회복	활동을 중단
■ 성숙된 안정성의 이미지 설계	미성숙하게 행동
■ 유연성 탐구와 유모어 사용	강박적-충동적으로 행동
■ 동료들과 어울림	저항하거나 굴종이 두드러짐

에 대한 훈련을 받고 그리고 외적 통제자들이 어떻게 정신적으로 그 상황에서 벗어나는가에 대한 훈련을 받게 되면 두 집단 모두 피랍 상황에서 스트레스를 덜 느끼는 현상을 발견하였다.

4) 협상자 선발

치안 관련 간행물에 게재된 다양한 논문들에서 묵시적으로 나타난 협상자 특성은 정서적 성숙, 훌륭한 경청자, 신뢰성, 탁월한 언어 구사력, 실용적 지능, 고도의 스트레스 저항력 그리고 훌륭한 사교적 기술 등이다. 그러나 이런 특성들은 단지 표면적인 타당성만 가지고 있는 기술적(descriptive) 용어일 뿐이며, 그 어떤 연구도 성격특성과 인질협상 성공간의 상관관계 분석을 시도하지 않고 있다(Fuselier, 1991).

Gilbart(1979)는 캘리포니아 치안당국이 인질협상훈련 대상으로 선발한 경찰 간부들의 성격을 분석하였는데 그는 선발된 인원들이 고도의 사교적 기술, 의사소통능력, 사회적 인품과 풍채, 지성 그리고 조정능력을 가진 것을 발견하였다. 또한 그들은 탈락된 인원들에 비해 캘리포니아 심리검사(CPI)에서 유의미하게 높은 지배성(Do), 사회성(Sy), 인내성(To) 그리고 知的 효율성(Ie)을 보여 주었다. Gilbart의 논문 내용은 인질 협상자로서의 성공 여부를 논의하고 있지만 그러나 위의 특성들은 사실상 선발된 요원들과 그렇지 못한 요원들을 구분해 주는 정도일 뿐이다.

이와 같이 이 분야의 엄밀한 연구가 부족한 상태인데 이는 성공적인 협상자를 정의하기가 어려운 데도 그 원인이 있다. 성공적인 협상이란 아무 신체적 피해 없이 해결된 상황으로 정의될 수도 있으나, 협상자의 기술이란 상황의 종결에 영향을 미치는 많은 변수들의 하나일 뿐이다. 그러므로 협상자를 상황의 결과에 한해서만 평가 한다는 것은 여러 가지 통제 불가능한 외생적 변수를 무시하는 결과를 초래하게 된다.

놀랍게도 극소수의 경찰국만이 정신건강 전문가를 협상자 선발에서 구조화된 면접과정에 참여시키거나, 혹은 자기-보고식 인성검사 평가에 활용하고 있었다. Gettys(1983)는 연구에 참여한 55개 경찰국 중 일곱 곳만이 심리학적 테스트를 사용해서 협상자를 선발하고 있음을 발견하였는데, 이런 저조한 활용도는 인성검사에 기초를 둔 타당성 있는 선발준거가 아직 없다는 사실과도 관련이 있는 것으로 보인다. Fuselier(1991)는 경찰 인질협상요원과의 업무수행과 교육 중에 겪은 경험으로 광범위한 성격 특성들이 협상자로서의 성공과 관련되어 있다는 사실을 알 수 있었다고 증언하고 있다. 이는 아마도 범죄현장에서 폭력적인 사람을 언어적으로 상대하는데 필요한 대인간 기술과 대립하는 특성들이 적기 때문일 수도 있다. 실제상의 경험이 위에서 얘기한 행동적 특성을 가진 사람들을 협상자로 선택하도록 유도하기 때문에, 어쩌면 좀더 가능한 대안은 바람직한 행동적 특성과 대립되는 높은 불안감, 사회적 내향성, 편협함, 좌절감에 대한 인내심 부족 등과 같은 특성들을 구별하여 그러한 특성을 가진 사람들을 선발에서 탈락시키는 것이 될 수 있을 것이다.

5) 지휘본부의 구조와 의사소통 체계

인질 현장 지휘본부의 구조와 조직은, 협상 팀 구성원 개개인의 전문성과 함께 그 어떤 단일의 통제변수보다도 장기화된 인질극의 해결에 영향을 미칠 수 있다. 현장 지휘관의 개인적 선호나 구조적인 한계가 지휘본부의 실제적인 배치에 영향을 줄 수 있겠지만, 몇 가지 실제 경험으로 얻은 사실도 고려되어야 할 것이다. 우선 현장 지휘본부의 실질적 위치는 안전과 물자 지원이 가능한 사건 발생에 가까운 장소일수록 좋다. 이는 만약 현장 지휘관이 옆 건물이나 이동 지휘본부에서 사건 장소를 관측할 수 있다면, 부정확한 첩보로 인한 실수를 범하지 않을 수 있기 때문이다.

가능하다면 협상자는 격리되면서도 사건 장소와 근접한 곳에 위치하는 것이 좋을 것이다. 격리가 필요한 이유는 주위의 산만함으로부터 협상과정 중 필요한 프라이버시와 자유를 제공할 필요가 있기 때문이다. 이 물리적 격리는 협상장소로 접근하려는 주변 사람들의 숫자를 줄이는 역할도 한다. 이 격리의 정도는 지휘관들과의 신속하고 명확한 의사소통과 즉각적인 접촉을 위한 필요성을 고려하여 결정되어야 할 것이다.

협상 장소가 지휘본부와 가깝지 않은 경우에는 유선으로 협상자와 현장지휘관 그리고 전술 운용본부 사이의 통신 채널이 개설되어야 한다. 대부분의 사태해결 담당자들이 협상자와 지휘 본부 사이의 지속적인 대화의 중요성은 인정하지만 여러 이유 때문에 협상자와 전술작전 요원들의 직접적인 대화창구의 필요성은 무시해 왔다. 이 직접적인 대화창구는 협상 내부 요원들의 안전과 통제를 위해서도 필요하다. 만약 우리가 전술팀을 현장 지휘관의 눈으로 가정하고, 협상팀을 귀로 가정할 때 두 개 요소의 밀접한 협조는 지극히 당연한 것이다. 인질협상 연구의 초기에 어떤 교관들은 협상팀은 전술팀의 의도에 대해서 모르고 있어야 한다고 가르치기도 했다. 이는 실수나 납치범과의 '정서적 관여' 때문에 협상자가 그 정보를 누설할 염려가 있었기 때문이다. 하지만 실제 사건에서 이 현상은 입증되지가 않았다. 지금은 좀더 경험 있는 위기 대처팀들에서는 전술팀과 협상팀 간의 근접하면서도 지속적인 의사소통을 요구하고 있다. 이 협조의 필요성은 간단한 음식물 투입, 인질의 석방과 구조에서 안전하고 효율적인 범인의 투항까지 협상의 각 과정에서 입증되고 있다.

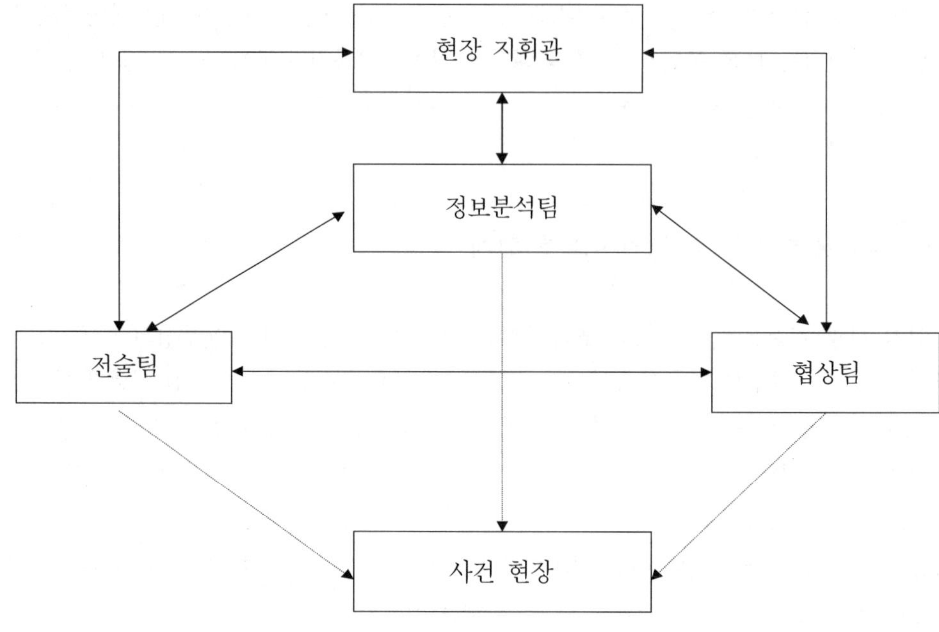

〈그림 14-1〉 인질협상팀의 의사전달 체계

지휘관의 입장에서 보면 그는 협상자, 전술팀, 기술팀 그리고 정보팀과 같은 예하 집단들 간의 연락을 유지하여 조정자의 역할을 하도록 해야 한다. 이들 조정자들 각자는 현장 지휘관과 예하 집단들 각각에 필수적인 정보의 신속하고 정확한 전파를 수행할 책임이 있다. 〈그림 14-1〉에서 이 인질협상의 의사소통 체계가 잘 나타나 있다.

6) 협상팀의 구성원과 책임

바리케이드를 치고 난동 중인 범죄자와의 협상이라는 개념을 치안당국에서 받아들이기 시작한 1970년대 초와 중반쯤 설정된 초기의 원칙 중 하나는 '절대 혼자 협상하지 마라'는 것이었다. 그 당시 대부분의 협상 팀은 주협상자와 부협상자 또는 보조 협상자로 구성되었으며, 곧 심리 자문을 팀에 두는 것이 유행하였고 직제화되었다. 이제 관계자들이 다양한 종류의 인질과 바리케이드 상황에 대처하는 경험을 축적하면서 협상과정에 대한 부가적 주요 역할들이 확인되기 시작했다. 실질적으로 개인은 팀 내에서의 하나 이상의 책임을 질 수 있겠지만, 아래와 같은 과업이나 역할을 수행해야 할 것으로 보고 있다.

1. 주협상자(primary negotiator): 주로 범인과의 대화를 책임진다.
2. 부협상자(secondary negotiator): 협상과정의 모니터링, 피드백의 제공, 제언, 지원, 그

리고 필요하다면 주협상자와의 교대.

[3] 협상팀 리더(negotiation team leader): 협상의 모니터링 그리고 현장 지휘관과 기타 팀 리더 혹은 조정자간의 연락을 제공하는 책임이 있다.

[4] 기록자(recorder): 범인과의 만남, 요구에 대한 지휘결정 사항, 최종기한 등을 상세히 기록하며 나아가 첩보의 문서화와 이를 여러 관계기관으로 전파하는 역할을 한다. 기록자는 협상 현황판들을 유지하며 이 현황판에는 범인의 이름, 인질들의 신원, 요구사항, 협상의 최종기한과 그리고 무엇보다 중요한 것은 협상자가 기간 동안 범인에게 제공한 음식, 음료, 담배 등을 포함하는 능동적 경찰행위(positive police actions: PPAs) 내용을 기록 유지해야 한다는 것이다.

[5] 전술 연락관(tactical liason): 협상자와 함께 있으면서 신속하고 명확한 첩보를 직접 전술팀에게 전달하는 역할을 하며 전달이나 인질석방 등의 필요로 사건 장소로 접근이 요구될 때 전술팀과 협상자의 직접적인 연결선을 제공한다.

[6] 심리 자문위원(psychological consultant): 범인의 정신 상태를 파악하고 적합한 접근 기술과 방식을 조언하는 사람이다. 이 사람이 비록 주협상자, 부협상자, 그리고 팀 리더와 더불어 협상기술의 교육을 받았다 할지라도 당사자가 주협상자로 나서서는 안 된다. 정신건강 전문가자신들도 그런 자문이 경찰 협상팀을 도울 수 있을 것인가에 대한 공감대를 형성하지 못하고 있다.

7) 인질범의 분류

1970년도 중반 이후로, FBI는 인질사건을 테러리스트형, 교도소 상황형, 범법자형, 그리고 정신 장애자형의 네 개의 광범위한 범주로 분류하고 있다. 최근 FBI 아카데미의 특수 작전 및 연구팀에 의해 진행된 설문조사에서 밝혀진 것은 이 네 가지 분류 방식이 아직도 치안당국에 의해 사용되고 있다는 사실이다. 1988년 2월 미 FBI 아카데미에서 미국 주요 도시, 영국, 독일, 그리고 홍콩의 관계자들이 참여 개최된 선진형 인질협상 세미나에서 밝혀진 여론의 교감은 인질사건의 동기가 무엇이든 상관없이 현재 각 국의 치안당국들이 보유하고 있는 협상전략과 전술이 실행 가능한 대안들을 제공하고 있다는 것이었다.

(1) 테러리스트형 인질범

FBI는 테러리스트를 불법적인 폭력이나 힘을 개인이나 건물 등에 사용하여 정부나 민간인들, 그리고 이들의 어떤 부분에게 자신들의 정치적·사회적 목적달성을 위해 공포심을 주거나 협박하는 사람으로 정의하고 있다. 테러리스트의 인질극을 논하기 어려운 주요 이유는, 테러리스트와 테러리즘이라는 단어들이 미디어에 의해 남발되고 오용되어 타당성 있는 기술적 용어로 사용하기가 어렵다는 점이다. 이제 이 단어들은 그 발언자만큼 정의가 많은 정치적 단어가 되어 버렸다.

위기관리자(현장 지휘관, 협상자, 또는 협상팀의 정신 건강자문)의 관점에서 볼 때, 인질극을 단순 범죄행위와 분리하여 테러리스트 행위로 구분하는 것이 무슨 도움이 될 수 있을까? 한 행위에 대해 다른 명명을 한다고 그 행위 자체가 달라지진 않는다. 사실상 FBI는 최근 그런 행위를 '테러리스트 범죄'라고 언급하기 시작했는데 이는 동기가 어떻든 간에 그 행위의 범죄성은 변질되지 않는다는 점을 강조하기 위해서다. 여기서 중요한 것은 그렇게 언급함으로써 행위의 위험수준을 낮추자는 것이 아니고 이는 난폭한 범죄의 진행이라는 점을 강조하는 데 있다. 나아가 '테러리스트 사건'이라는 정의를 내리기 좋아하는 사람들은 그 사건의 본질에 대한 이해를 명칭과 혼동하는 실수를 저지르고 있다. 이 경우 그 명칭은 너무 주관적이어서 거의 의미가 없다. 어떤 사건을 '테러리스트' 사건이라 설명하면 이는 모든 사건이 비슷하다는 느낌을 준다. 예를 들어 '팔레스타인 테러리스트'라는 형용사가 붙더라도 이는 다양한 팔레스타인 분파간에 존재하는 목적과 수단, 동기의 현저한 차이는 물론 구성원들 사이에 존재하는 개인 차이도 잘 설명하지 못한다. 진단에서와 마찬가지로, 한 명칭의 사용은 그 용어가 일련의 행동을 다른 행동과 구분하는 필수적인 요소와 연관되어 있을 때만 도움이 된다. 아마도 '계획된 정치적/종교적' 인질극이라는 용어가 현재 테러리스트하면 연상되는 감정적 연상 없이 좀더 설명력 있고, 테러리스트란 단어를 사용 할 때 유발되는 흔히 반사적이고 오인될 가능성이 높은 가정을 배제할 수 있을 것이다.

계획된 정치·종교적 인질 사건에서 범인들은 전형적으로 시중의 관심을 끌거나, 어떤 경우에는 자신들의 동료들을 석방시키려는 의도로 인질을 납치한다. 이런 인질 사건은 우연히 진행된 것이 아니라 계획된 것이기 때문에 외부세력의 동조와 지원이 증가할 가능성이 높으며, 거의 확실하게 미디어의 집중 보도를 불러일으킨다. 몇몇 정치적·종교적 과격론자들의 경우, 특히 중동지역에 있어서 이 전형적인 시도가 대단히 성공적이었다. 그들의 행동은 서방 치안당국과 군당국에게 대단한 관심과 우려의 대상이 되었다. 전 중국 공산당 지도자 모택동은 테러리스트는 한 명의 사람을 죽여 천 명에 영향을 미쳐야 한다고 말했는데 몇몇 팔레스타인 집단과 레바논의 시아파와 그리고 헤즈블라파가 성공적으로 이를 실현하고 있는 것으로 보인다.

FBI의 인질 협상 과정에 참가한 경찰관들이 가장 많이 질문한 사항중의 하나가 '테러리스트 사건을 어떻게 보통 인질사건과 다르게 협상 할 것인가?'였다. 일반 납치(피랍자와 범죄자의 위치가 파악되지 않은 경우)와 인질극(경찰 포위망 속에 피랍자와 범죄자가 있는 경우)의 구분이 이루어진 후라 그런지 연구생들은 일반 인질극이나 바리케이드 난동 사건에 사용하는 협상 전략과 전술이 정치적·종교적 배경과 상관없이 테러리스트 사건에 그대로 적용된다는 사실을 배우고 놀라거나 조금 실망하기도 한다. 봉쇄되고 고립된 인질범들과 협상할 때 선택 사용할 수 있는 전략이나 또 그에 따른 전술은 그 수가 한정될 수밖에 없다. 특정 집단이 정치적이나 종교적 이유를 그들의 인질극의 동기로 제시하는 것만으로 개념적으로 다른 전략을 구사할 필요는 없을 것이다. 협상팀은 이들 특정 인질범들의 동기, 요구사항 그리고 행동을 파악한 후, 곧 현장지휘관에게 다른 인질사건 해결 처방 중에서 가장 적합한 방안을 추천하면 된다.

이는 미국 내에서 정치적 목적의 테러리스트 사건이 벌어졌을 때 미국정부의 고위 기관이 개입하지 않는다는 것을 말하는 것이 아니며, 고위 정부 부서는 적극 참여하게 된다. Revell(1988)이 진술한 것처럼, 국제적 그리고 국내적 테러리스트들이 원하는 것은 국제적 관심을 집중시킬 수 있는 장소나 행사에 공격을 가함으로써, 미디어의 포커스가 되는 것이기 때문에 특수사건 대비를 위한 정부와 치안당국의 긴밀한 협조가 사실상 필요하게 된다. 하지만 상부 조직의 개입이 특이하거나 더 나은 협상 원칙이나 전략의 구사를 의미하지는 않으며, 단지 협상추천 방법이 조금 연장된 지휘선상에서 검토될 뿐이다.

Stratton(1978)은 테러리즘에 관한 그의 초기 논문에서 사회적·정치적 또는 종교적 테러리스트들은 그들의 목적이나 동기에 대한 확고한 믿음을 가지고 있기 때문에 가장 협상하기 어렵다고 주장하지만, 그러나 그 역시 테러리스트들의 원래 요구에 대한 타협이나 대안이 해결수단으로 성공한 사례가 있다는 점을 지적하고 있다.

인질범들이 공공건물의 점거 등을 통해 자신들이 포위되기를 계획했을 때, 사건은 장기화될 가능성이 높으며 인질들에 대한 위험 수준은 상당히 높아진 것으로 보아야 한다. 하지만 그런 사건이 계획하에 이루어졌다 해도 인질범들의 사건에 대한 개입이 완벽하다고는 할 수 없다. 계획된 정치적 인질사건의 사후 행동조사들은 목적을 위해 '죽음을 각오한 경우'와 목적을 위해 '죽으려는 경우' 사이에는 차이가 있다는 사실을 지적하고 있다. 테러리스트가 그의 후원 조직과 격리되어 오랜 시간이 지나고 정신적·육체적 피로가 느껴지기 시작할 때쯤에 그는 협상자의 논리를 좀더 긍정적으로 받아들일 가능성이 높다.

협상자들은 정치적 인질범들에게 그들의 주장은 세상이 다 아는 것이고 요구사항도 알려졌으며 그들의 인질 동기가 세상에 방송된 점과 인질들을 살해할 경우에 그들의 주장과 동기는 대중 앞에서 그 설득력을 잃을 것이라는 점 등을 강조하여 정치적 인질범들과의 협상을 성공적으로 진행해 왔다. 이런 협상 전술은 미국을 비롯한 여러 국가에서 발생한 다수의 계획적인 정치·종교적 인질 사건들의 해결에 성공적으로 적용되었는데, 그 예로는 1975년 12월 네덜란드에서 있었던 南무루칸들에 의한 기차 피랍 사건, 1976년 9월 파리에서 해결된 크로아시아인에 의한 TWA 355편의 피랍사건, 1977년 와싱톤 DC에서 있었던 하나피 회교도의 3개 빌딩 점거 사건, 1978년 8월 시카고에서 있었던 크로아시아인에 의한 독일 영사관 인질극, 1985년 3월 캐나다의 오타와에서 있었던 아미니아인에 의한 터키 대사관의 점거 사건, 그리고 1987년 11월 루이지애나의 오크데일과 조지아의 아틀란타에서 있었던 쿠바 난민들에 의한 수용소 폭동 등이 있다. 전술적 해결방법이 동원되었던 1981년 4월의 런던주재 이란대사관 점거 사건에서도 이들 경찰 협상기술의 진가가 입증된 바 있다.

Strentz(1988)은 그의 테러리스트들의 심리학적 인물평 검토 논문에서 테러리스트 집단들 특히 중동 출신들의 테러리스트 집단이 극적으로 변화하고 있다고 결론을 내리고 있다. 그는 1980년대의 좌익 중동 테러리스트 집단들을 1970년대의 활발한 활동을 보였던 집단들과 비교할 때, 1980년대의 테러리스트 집단이 훨씬 교육 수준이 낮고 미숙하며 무직자로 문맹이며 자기 통제력이 없고 잘 훈련되지 않았다는 점을 발견하였다. 그렇다면 이러한 사실이 계획적 정치·종교적 인질 사태가 덜 위험하다는 것을 의미하는가? 라는 물음에는 그렇지 않다는 분명한 답을 할 수 있다. Strentz의 주장처럼 '적을 의도적으로 과소평가해서는 안 되지만 그들을 슈퍼맨으로 승격시켜도 안 될 것이다. 그들은 심각하게 받아들여야 하는 집단임에 틀림없으나 어디까지나 현실적인 시각 속에서 다루고 접근해야 할 것'이다.

정치적 색채를 띤 계획적인 인질사건은 지휘당국의 고위층 또는 여러 부처의 개입을 요구한다는 것은 기정사실이다. 그러나 포위된 범법자나 정신이상자 그리고 수많은 계획적 정치적·종교적 집단이 일으킨 과거 수십 년간의 다양한 부류의 인질 사건 경험은, 경찰 협상팀에게 여러 위기상황에 특수하게 적용될 수 있는 실질적인 전략의 정비를 제공하였다.

(2) 교도소 상황형 인질범

교도소 내에서 발생하는 인질극은 과거에는 무력을 사용해서라도 신속하게 종결되어야 하는 특수 상황으로 인식되었는데 이는 인질을 감금한 죄수들은 '아무것도 잃을 것이 없는 점'과 인질들이 대개 교도소에 근무하는 직원이었다는 점을 고려해서였다. 그러나 현재 수집된 교도소나 감옥 인질사태 자료에 의하면 이는 잘못된 인식이었음이 밝혀졌다. Needham(1977)은 미국 50대 도시와 50개 주의 교도소 관리 부서로 보내진 48개 문항으로 구성된 설문결과(회수율: 52%)를 요약하여, 감옥 내의 인질협상과 타 지역에서 벌어진 일반 치안당국에 의한 인질협상은 그 협상 전술에서 높은 동질성을 보이고 있다는 결론을 내렸다. 나아가, 1980년 2월 뉴멕시코 주립 교도소에서 있었던 폭동과 인질사태에 관한 주립검사의 보고서는 인질 사태는 보편적이고 표준적인 협상 전략과 전술에 의해 종결되었음을 밝히고 있다.

좀더 근래에 있었던 교도소 사태[12]에서 볼 수 있듯이 상황이 포위 상태이고 격리된 경우(폭동과 비교했을 때) 특수 상황에 맞춰 적용시킬 수 있는 방안은 현재 이미 인증된 전략과 전술 중에서 찾을 수 있었다.

(3) 범죄형 인질범

모든 인질극 사태가 범죄행위임에는 틀림이 없으나, '범죄형' 인질범이라는 용어는 범죄행위 중에 발각되어 사전 계획 없이 우발적으로 인질극을 저지른 사람들에게 제한되어 사용된다. 인질들은 대개 인질범들이 모르는 사람들이고 사태 초기 인질범의 요구는 대개 탈출을 허락하라는 것이다. 범인들에게 탈출을 허용하는 것은 정상적으로는 실행 가능한 선택은 아니고, 범인도 만약 요구를 들어주지 않으면 인질을 살해하겠다는 협박을 실행하는 것이 사태를 악화시킬 뿐이라는 것을 결과적으로 알기 때문에, 담당경찰서의 통계치에 의하면 적어도 이런 식의 인질극의 경우 95%는 협상을 통해 해결된다.

(4) 정신 장애자형 인질범

보통 연상되는 인질극은 강도가 빌딩 안에 포위된 상태에서 인질을 잡고 있는 경우이나 실질적으로 담당경찰서에서 취급하는 인질 사건이나 바리케이드를 설치하고 난동을 부리는 상황은 '정신 이상자'의 소행인 경우가 대부분이다(Fuselier, 1988). 이런 상황에서 정신 장애란 용어는 인질을 감금하는 어떠한 정서적 이유를 지칭하면서 상당히 광범위하게 쓰이고 있다. 이들 이유들은 단순한 가정불화에서부터 심리적 망상에 대한 반응까지 다양하다. 1986년 미국 내 48개 치안기관을 대상으로 한 설문조사 보관 기록을 조사한 결과는, 85%의 치안기관에서 '정서장애'[13]를 가장 흔히 접할 수 있는 인질 사건의 원인으로 꼽고 있음을 보여 주었다(Fuselier, 1991).

정신 장애의 유형이나 명칭의 문제는 여기서 상당히 중요한데, 이는 범죄적인 인질/바리케이드 난동 사태가 대부분 어떤 정도의 명확한 정신적 혼란을 동반하기 때문이다. 따

12) 1987년 11월서부터 12월 사이에 루이지애나 오크데일과, 조지아 아틀란타에서 있었던 성공적으로 종결된 쿠바난민 사태가 좋은 예이다.

13) 정서장애(affective disorder)는 기분이나 정서가 혼란스러운 특징이 있는 하나의 정신장애로, 조증(과도한 흥분), 우울증 및 주기성의 조울증이 그 예들이다.

라서 인질극이라는 동일한 사안을 놓고 한 경찰서에서는 단순히 '범죄행위'로 기록할 수도 있고, 다른 경찰서에서는 정서적인 부분에 중점을 두고 '정서장애' 사건이라 정의할 수도 있다. 이때, 무엇이 과연 이 사건의 '원인'이 되는가를 냉철하게 파악하는 과정이 시작된다. 과연 이 사건이 단순한 강도사건 정도인데 다만 심리적 혼란의 증상을 보일 뿐인가? 아니면 심리적 장애 자체가 강도 사건의 동기가 되었는가? 이런 상황에서 협상교육을 받은 정신건강 전문가가 객관적인 관점에서 사건의 주동기를 파악하고 주 협상자에게 조언을 할 수 있는 것이다. Gist와 Perry(1985)는 협상교육을 받은 정신건강 전문가들이 유효한 도움을 줄 수 있는 또 다른 상황을 기술하고 있다. 그들이 '상승적 상황(escalated situation)'이라는 부르는 이것은, 보통 상황에서부터 문제가 고조되어 범인이 무기를 소지하게 되는 경우이다. 그들은 상황 자체가 이런 대립을 초래하며, 개인은 그 대립을 통해 무엇인가를 얻으려 하는 직접적인 욕구는 없다는 것이다. 미조리주의 캔사스市에서 벌어진 인질이나 바리케이드 난동 상황을 검토한 결과, 연구자들은 가정불화를 가장 흔히 접할 수 있는 예로 들었고 자살기도를 그 다음으로 들었으며 이웃간의 다툼, 알코올 관련 사건 등을 그 다음 예로 들었다.

8) 비경찰 협상자의 활용

간혹 예측불허의 인질이나 바리케이드 난동 상황에서 비경찰 협상자들이 동원되는 경우가 있다. 범인의 가족이나, 친구, 변호사, 종교인, 미디어 기자, 그리고 정신건강 전문가들이 이에 포함된다. 몇몇 사건의 경우에 범인과의 대화를 위한 협상 예비교육 없이 곧바로 이들이 협상에 투입된 경우도 있으나 많은 경찰서에서는 그러한 결정이 그리 만족스럽지 못한 결과를 가져왔음을 보고하고 있다. 그래서 많은 경찰서에서는 비경찰 협상자를 동원하는 협상자체를 특히 인질사건의 경우, 말리거나 금지하고 있는 실정이다. 이러한 조심은 여러 가지 이유로부터 그 근거를 두고 있다. 일반적으로 인질 상황의 스트레스에 노출되면, 협상 교육을 받지 않은 어떤 사람도 그들의 원래 '편한 행동'으로 회귀하여 범인과의 비생산적인 상호작용으로 이어질 수 있다. 게다가 협상교육을 받지 않았으므로 위기 관리팀의 다른 멤버들과 자유롭게 융화하지 못하며 특히 전술팀과의 사이가 소원해진다. 그들은 난폭한 상황에 익숙하지 못하고 범죄를 진행 중인 범인들과의 대화에도 익숙하지 않다.

가족과 친구들은 범인을 사건 전의 분위기로 대할 것이고 이는 알려지지 않았던 가정의 과거를 들쳐 내거나 심리적 혼란을 극적인 수준으로 끌어 올려 상호간의 스트레스를 팽배하게 할 수 있다. 게다가 가족관계 정보는 신빙성이 떨어진다고 볼 수 있는데 이는 만약 과거에 가정불화나 폭행이나 무시 등의 역사가 범인에게 있었다면, 이를 경찰에게 제공하거나 시인할 리 없기 때문이다. 만약 사건이 정신장애에 그 뿌리를 두고 있다면, 가족을 협상요원에서 배제시키는 이유는 더 큰 신빙성을 가지게 되는데, 이는 가족이 바로 범인의 성장 배경과 환경이기 때문이다. 요약하자면 가족의 환경이 서로 사랑하고 아끼는 경우, 가족 구성원 중 한 명이 다른 사람을 죽이려 협박하는 경우가 거의 없다는 것이다.

간혹 범인은 전달매체와의 접촉을 요구할 것이다. 이는 위의 사례들보다는 덜 위험한 접촉이 되는데 이는 범인이 신문이나 방송기자들과는 초면일 뿐더러 그 기자는 경찰 현장 지휘관을 대신하여, 그의 통제를 받으며 활동하는 자원자임이 틀림없기 때문이다.

마지막으로 경찰은 간혹 범인과 상담 경험이 있는 정신건강 전문가의 도움을 요청하기도 한다. 그 정신건강 전문가는 협상 팀의 자문으로 그쳐야 하며 협상자로서 참여해서는 안 된다. 이는 정신건강 전문가가 환자를 편집증 장애로 치료한 적이 있는 경우 특히 중요 한데, 범인은 정신건강 전문가를 자신의 자유를 속박하고 그를 '감금'시킨 사람으로 볼 수 있기 때문이다. 게다가 정신건강 전문가가 주협상자로 나서면 협상팀은 한 명의 자문을 잃고, 단순히 한 명의 협상자를 얻는 결과를 초래할 뿐이다.

9) 협상과정의 측정

FBI 아카데미의 특수 작전 및 연구부서(SOARU)에서는 협상 진척도를 분석할 수 있는 일련의 행동지표를 규명하였는데 그 지표들은 다음과 같다.

[1] 협상 시작 후 아무도 살해되거나 다치지 않았다. 범인이 포위되고 사태가 안정되기 전에 발생한 부상이나 사망은 여기서 제외되어야 한다.

[2] 인질에 대한 언어적 또는 육체적 협박의 빈도가 줄고 있다.

[3] 협상자와 범인 사이의 대화 시간이나 길이가 늘고 있다.

[4] 대화의 내용이 좀더 개인적인 요구가 되고 금전, 도주 등의 수단적 요구가 줄고 있다.

[5] 범인의 발언 비율이나 목소리의 날카로움이 떨어진다.

[6] 협상 시한 날짜가 지나간다.

[7] 인질들이 석방된다.

간단히 말하자면 더 많은 위의 지표가 관찰될수록 사건이 협상을 통해 해결될 수 있는 가능성이 증가한다는 것이다.

결론적으로 인질이나 바리케이드 난동 상황에서의 정신건강 전문가의 역할에 대한 토론은 아직도 계속되고 있다. 그러나 정신건강 전문가가 협상팀의 고정 요원으로 활동하거나 자문으로 임무를 수행하려면 인질 협상에 대한 교육을 받아야 한다는 점은 확실하다. 인질이 사건 중 그리고 사건 후 느낄 수 있는 광범위한 잠재적인 심리적 반응들, 그리고 인질들의 생존과정에 대한 부가적인 임상적 연구와 사건 후 치료 패러다임에 대한 연구가 필요한 것은 분명하다. 나아가 효율적인 인질협상 요원의 선발에 대한 연구는 이 중요한 과정에 기여할 수 있는 좋은 기회를 제공하게 될 것으로 본다.

전형적인 지휘소(command post: CP)와 협상팀의 조직 재검토 그리고 가장 흔히 접할 수 있는 인질범들의 유형은, 정신건강 자문가들의 전문적인 참여가능성을 시사하고 있다. 또한 비경찰요원의 협상 참여에 대한 관심이나 협상 진척도를 보여 주는 행동 측정 지표의 개발 시도는 연구자나 임상전문가들의 중요한 참여가능성을 보여 주는 현상이라고 생각된다.

제 15 장

심리전의 이론과 실제

전쟁이나 혁명을 성공적으로 이끌 수 있는 가장 효과적인 수단 중의 하나가 선전이나 심리전 도구임을 이제 부정할 사람은 없을 것이다. 역사적으로 프랑스 혁명은 인쇄술의 발달 덕분에 민중을 규합해 봉건체제 무너뜨릴 수 있었으며, 지난 1970년대 후반 이란의 호메이니는 해외에서 자신의 설교가 담긴 카세트테이프를 퍼트려 혁명을 성공적으로 이끌었다. 독일 히틀러가 제3제국을 건설한 후 빠른 시일 내에 나라 전체를 전시체제로 전환할 수 있었던 것도 정치선전에 힘입었다. 반면 지난 1991년 걸프전 당시 이라크는 미국의 CNN에 대항할 만한 마땅한 홍보 수단을 갖지 못한 관계로 고전을 면치 못했다.

현대전의 군사전략에 변화가 있어도 전쟁의 주체인 인간의 마음을 다스리는 전쟁, 즉 심리전의 기능은 더욱 중시되고 있으며, 미국은 이러한 심리전을 통하여 후세인의 참전호소를 차단하고 첨단무기와 각종 매스미디어를 심리전적으로 운용하여 이라크 전쟁지도부의 전쟁의지를 조기에 말살시킴으로써 최소의 피해로 전반기 전쟁을 종식시킬 수 있었던 것이다. 우리는 전반기 이라크 전쟁에서 이라크의 평범한 민간인뿐만 아니라, 전쟁 지도층이나 명예를 중시한다는 군 간부들조차 연합군의 심리전 앞에 얼마나 무력했던가를 보도를 통해 잘 보았다. 사실 이번 전반기 이라크 전쟁에서는 치밀하게 계획된 정보전·심리전·첩보전을 구사하는 특수 비밀요원들의 활약이 이라크 전쟁에서의 승리에 기여한 바가 컸다는 사실은 누구나 다 아는 사실이다. 이렇듯 오늘날 통신과 매스미디어의 발달로 전쟁에서 심리·선전전의 중요성은 더욱 커지고 있는 실정이다. 우리 군과 정부도 이라크 전쟁을 교훈삼아 한반도에서 미국의 신전략개념을 적용한 군사작전을 발전시키면서, 단기간의 전쟁 승리에 크게 기여했던 것으로 밝혀진 심리전에 대한 방향 재정립과 연구 확대를 도모해야 할 것이다. 앞으로도 군의 심리전은 전면전, 제한전, 정규전, 비정규전 등 모든 전쟁 상황에서 하나의 무기체제로서의 역할을 하게 될 것이 분명하기 때문이다.

1. 심리전의 개념 및 정의

심리전은 역사적으로 여러 가지로 이해되고 사용되어 왔는데 현대적 의미의 심리전 용어를 살펴보면 영국의 역사학자인 Fuller가 1920년 최초로 심리전이란 용어를 사용한 것으로 나타나 있다. 심리전의 중요성을 인식하고 이것을 시행하고자 하는 움직임이 나타난 것은 1차대전 이후의 일이지만, 이 용어가 일반적이고 현대적인 의미에서 사용된 것은 2차대전부터라고 할 수 있다. 특히 1차대전에서 패배한 독일의 사회학자와 육군 심리학자의 연구를 기반으로 한 나치스의 근대적 심리전의 개발 이후라고 할 수 있다. 심리전의 원래 개념은 전쟁에서 사상자를 최소한으로 줄이고자 하는 인본주의적 의도가 있었으며 이러한 인본주의를 대전제로 작전의 효율성을 증대시키고 전승에 기여하는 수단으로 활용되어 왔다.

1) 심리전의 개념

심리전의 개념은 정략 및 전략적 측면에서 광의로 보느냐 또는 군사적 목적의 보조수단으로 보느냐의 관점에 따라 차이가 있고 또한 용어가 내포하고 있는 의미가 유사하고 사용 범위만 다르기 때문에 일반적으로 심리전과 심리전략, 심리작전을 혼용하고 있다. 즉, 심리전(psychological warfare)이란 전쟁이란 개념으로 표현되는 상위개념이고 심리전략(psychological strategy)은 정책적 또는 전략적 개념으로 정치·경제·사회·문화·군사 등 제 분야에서 널리 사용되는 중위개념이며 심리작전(psychological operation: PSYOP)은 세 용어 중 하위 개념으로 전술적 또는 운용적 측면의 의미가 있다(이광헌, 1993).

심리전의 원래 개념은 전쟁에서 사상자를 최소한으로 줄이고자 하는 인본주의적 의도가 있었으며 이러한 인본주의를 대전제로 작전의 효율성을 증대시키고 전승에 기여하는 수단으로 활용되어 왔다. 예로부터 심리전은 지도자나 정책결정권자의 유용한 목적 달성 수단이었다. 이른바 평화공존 또는 탈냉전 시대라고 할 수 있는 오늘날에 있어서도 소규모의 전쟁을 비롯하여 국가간 회담, 핵군축에서까지도 '이해'와 '신뢰'라는 미명으로 그 이름을 바꾸었을 뿐 온갖 선전이나 협상의 심리전이 수행되고 있는 실정이다. 이런 의미에서 소위 '심리전'이라고 하는 술어가 전쟁을 기피하고 혐오하는 시대가 요구하는 의미를 적극 반영해야 할 필요성이 제기되고 있다. 따라서 최근에는 심리전이라는 용어 대신 심리전 활동의 수단이 되는 선전(propaganda)이나 적극적 방책들(active measures)이라는 용어를 사용하기도 한다(Bloom, 1991). 또 평시에 있어서는 'war'라든가 'warfare'라고 하는 용어를 될 수 있는 대로 피하려고 하는 인상을 주고 있다. 미육군의 교범도

1957년 무렵부터 psychological warfare 대신 psychological operation으로 변경하여 사용하고 있다.

심리전이란 용어가 적당하지 못하며 정의를 내리기가 어렵다고 많은 사람들이 말하고 있다. 그것은 심리전의 목적・대상・수단・범위가 시대에 따라서 또한 그것을 행하는 국가 혹은 국민들에 의해서 달라질 수 있기 때문이다. 넓은 의미에서는 정략・전략적 입장으로 볼 수 있으며 좁은 의미에서는 단지 군사적 목적달성의 보조적 수단으로써 보는 견해, 국제정치에 있어서 설득의 도구로 이용하고자 하는 것, 국내에 있어서 국민여론의 형성에 기여하고자 의도하는 것, 일시적으로 심리적 기만을 행하는 것 등을 심리전이라고 하는 견해도 있다. 또 이와는 달리 장기적 신뢰관계를 수립할 목적으로 심리전을 수행하는 등 실로 그 의미가 다양하다. 대영백과사전에 의하면 심리전의 의미는 크게 세 가지로 분류된다. 첫째, 군이 실시하는 것과 같은 심리전쟁으로 파악・되는 분류 둘째, '세뇌'나 '사상 개조' 같은 인간성 변형을 위한 의사정신의학적 기술로 파악되는 분류 셋째, '국가 간의 힘의 투쟁의 모든 형성'을 아주 널리 해석하여 종종 부적당한 심리전이라고 할 수 있는 술어로 '냉전' '오래 끄는 전쟁' '만연전쟁' '확대전쟁' 등에 해당하는 분류가 그것이다(국군정신전력학교, 1984).

2) 심리전의 정의

이제 여기서는 몇 가지 중요한 심리전의 정의를 살펴보기로 한다. 먼저 미국 심리전의 대가 Linebarger(1954)는 광의의 개념으로 '정치적・군사적인 모든 조치와 전쟁수행을 위한 노력을 촉진하기 위하여 심리학이라는 과학을 이용하는 것'이며 협의의 개념으로는 '대적 선전과 선전의 보완을 필요로 하는 군사적・경제적・정치적 및 기타 제반 조치를 말한다'라고 심리전을 정의하고 있다.

자유중국의 왕승(1967)은 심리전을 '적을 정신적으로 패배시킴으로써 전투의지와 조직을 와해시키는 방법으로 사상에 기초를 두고 정보에 입각하여 진행되며 적국 개개인의 심리적 변화는 물론 집단과 지도층의 심리적인 변화까지도 의도하는 방향으로 변화되도록 조직 및 선전과 같은 방법을 사용하는 것'으로 정의하고 있다.

일본의 방위연구소 교관을 역임한 이와시마 히사오(岩島久夫)는 포괄적인 차원에서 '어떤 목적을 효과적으로 달성하기 위해서 상대방 혹은 제3자를 구성하는 성원들이 자기 측의 목적에 부합할 수 있도록 태도・행동을 취하게끔 하고 혹은 자기 측의 목적에 반하는 태도・행동을 취하지 않도록 적극적으로 활동하는 치밀한 계획적인 노력'으로 심리전을 정의하고, 그리고 군사전문가의 입장에서 '심리전이란 대상의 여론・감정・태도 및 행동에 영향을 미치게 하기 위해서, 선전 기타의 행위의 계획적인 행사에 의해서, 국가목적 및 정책 또는 군사상의 사명달성에 기여하는 것'으로 심리전을 정의하고 있지만 이 정의도 결국 앞의 정의의 일부로 볼 수 있는 것이며 정치·경제·문화·과학·군사력의 모든 요소를 배경으로 하는 보이지 않는 전쟁도 이 안에 포함시키고 있다(국군정신전력학교, 1984).

한편 미 육군 FM 33-1 심리작전(한미연합사, 1990)에서는 '심리전이란 정치 및 군사에 있어서 국가목표를 달성하기 위해 효과적으로 지원할 수 있는 방향으로 적, 중립국, 우방국 및 우호단체의 견해·감정·태도·행동에 영향을 주는데 있어 선전 및 기타 모든 활동의 계획적 사용이다'라고 말하고 있다.

우리 육군의 야전교범 33-5 심리전(육군본부, 1988)에서는 '심리전이란 국가정책의 효과적 달성을 지원하기 위하여 주체 측 외의 모든 국가 및 집단의 견해·감정·태도·행동을 주체 측에 유리하게 유도하는 선전 및 기타 모든 활동의 조직적이고 계획적인 사용'으로 기술하고 있다.

한편 최근에 개정된 육군의 야전교범 33-1 심리전(육군본부, 1997)에서는 '심리전이란 지휘관이 부여된 임무를 성공적으로 수행하기 위하여 주체 측 외 모든 국가 및 집단의 견해·감정·태도·행동을 주체 측에 유리하게 유도하는 선전 및 기타 모든 행동의 조직적이고 계획적인 활동'이라고 앞의 교범과 유사한 정의를 내리고 있다.

현대사회에서 심리전의 사용주체가 국가나 군대에서뿐만 아니라 일반기업체나 스포츠, 인간 개개인의 관계까지 널리 활용되고 있다. 따라서 심리전의 목적·대상·수단·범위가 그 시대와 더불어 그것을 수행하는 국가 혹은 사람에 따라 다르기 때문에 굳이 군대나 전쟁이라는 범위로 한정하지 않고 현대사회에서 사용되는 국가 총체적 전략으로서 대적·대내·대외의 인간생활의 전 영역에서 사용되어야 할 것이다. 따라서 심리전이란 '대적면에서는 선전, 선동, 포섭, 유언비어, 갈등의 유발 및 확산 등의 자극을 실시하여 적의 내분 및 사기저하를 유발시키고 대내적인 면에서는 뉴미디어를 활용한 선전과 설득, 군중심리의 활용을 통하여 국민의 단결과 사기앙양을 도모하며 대외적인 면으로는 협상과 경쟁적 갈등과 위협을 조성하여 정치적·경제적 이익을 도모하는 방법'이라고 볼 수 있을 것이다.

3) 심리전의 기능 및 역할

오늘날 심리전은 비폭력 수단에 의한 조직적 설득의 방법으로 수행되는 것으로서 자국을 보호하며 상대를 내부로부터 납득시킬 수 있는 중요한 무기로 활용되고 있다. 이러한 심리전은 전·평시를 막론하고 언제나 실시할 수 있을 뿐 아니라 장소의 제한없이 수시로 지속할 수 있는 것이 특징이다. 즉 시기와 장소를 가려서만 발휘되는 무력전과는 비교할 수 없을 만큼 넓은 범위에서 목표대상 집단을 다각적으로 공격할 수 있는 것이다. 사실 적에게 주는 위험과 공포를 자기 측도 스스로 각오해야만 하는 무력전에는 한계가 있을 수밖에 없다. 그러므로 현대에는 정치전, 경제전, 사상전, 문화전, 과학전, 사이버전 등 갖가지 이름으로 불리우는 새로운 형태의 전쟁이 대두하고 있으며 심리전 역시 그 일종이라 할 수 있다. 그러나 심리전은 적의 마음을 변화시켜 주체 측에 유리하도록 만드는 모든 의식적 활동을 포함하는 개념이므로 이들을 포괄하는 상위의 개념이라 할 수 있다.

또한 심리전은 국가목표의 효과적 달성을 목적으로 하기 때문에 국가의 기본정책에 근거를 두고 있다. 국제관계에서 정책은 외교, 선전, 제재, 전쟁 등의 네 가지 중요한 방식으로 진행되는데 심리전은 이 네 가지 방식에 모두 통용되는 설득의 수단이라 할 수 있겠다. 그래서 오늘날의 심리전은 국가가 실행하는 정치선전과도 밀접한 관련을 맺고 있다. 또 국가가 주체가 된다는 점에서 국가홍보와도 유사하다고 볼 수 있다. 국가의 대외홍보 활동은 협의의 국제 커뮤니케이션으로 한 국가가 주체가 되어 상대방 국가나 국민의 의견이나 태도를 그 나라에 유리한 방향으로 유도함으로써 관계개선과 더불어 국제적 지위를 확보하려는 계획적이고도 의도적인 노력 및 그 활동이다(Mitchell, 1970). 대외홍보는 18세기 미국의 식민지 정부에서 독립을 쟁취하기 위한 국제선전의 형태로 시작되어, 양차 세계대전을 수행하면서 물리적 전쟁수단과 병행하여 심리전의 무기로 활용되었다. 전후에는 미·소 양진영의 이데올로기 대립으로 냉전이 격화됨에 따라 국제선전이 그 무기로 사용되었고, 그 내용도 과거의 심리전에 볼 수 있었던 부정적 성격이 감소되고 선전에 있어 긍정적인 면이 강조되기 시작하였다. 정치선전과 대외홍보 그리고 심리전의 관계를 정리하면 다음과 같다.

1 정치선전과 심리전은 주로 그것을 행하는 주체 측의 이익을 위해 실행되는 반면, 대외홍보는 홍보주체와 대상 측 모두의 이익을 고려한다.

2 정치선전과 심리전은 목적을 위해 메시지를 조작할 수도 있으나 대외홍보는 가능한 사실에 바탕을 둔 메시지를 원칙으로 한다.

3 심리전은 주로 적대적인 국가나 집단을 대상으로 하는 반면 정치선전과 대외홍보는 모든 국가의 모든 집단이 대상이 될 수 있다. 따라서 심리전에 비해 대상에 대한 주체측의 좋아하고 싫어함의 감정이 비교적 덜 개입된다.

4 심리전과 대외홍보의 주체는 주로 국가기구인 반면 정치선전의 주체는 국가기구를 비롯한 정당이나 각종 정치단체를 망라한다.

5 심리전과 대외홍보는 국가정책의 일부로 운용되며 그 내용이 국가의 기본목표와 일치해야 하나 정치선전은 선전의 주체에 따라 내용이 다양할 수 있다.

여기서 우리가 알아야 할 것은 심리전이 '홍보'나 '선전'의 수단이 아니며, 오히려 역의 관계를 가지고 있다는 사실이다. 즉, 심리전을 행하기 위하여 홍보나 선전이 심리전 활동의 수단이 되는 것이다. 심리전의 효과를 높이기 위해서는 무력이나 군사력을 배경으로 삼아 이를 과시함으로써, 무력을 직접 사용하지 않고 홍보나 선전의 수단을 사용하여 심리전의 목적을 완수하는 경우도 있다. 그 때문에 이 수단에 홍보 및 선전이 사용된다는 관계를 갖는다.

이와 같이 현대 심리전은 국가정책의 효과적 달성을 보완함을 목적으로 하기 때문에 그 활용범위는 실로 광범하다. 정치전 · 사상전 · 외교전 · 경제전 · 군사작전 · 특수전 · 냉전 등 정치력이 미치고 모든 범위와 인간이 관여하고 있는 모든 영역에서 심리전은 뚜렷이 존재하며 그 위력을 발휘하는 것이다. 심리 전략의 주요 기능 및 역할로는 국가목표를 달성할 수 있는 정책실현, 국제관계 개선 및 자국의 이익획득, 이데올로기 제공, 군사작전 지원, 사기앙양, 국민정신 동원을 통한 총력전 수행, 여론 형성, 정신전력 강화, 지휘통솔의 효율성 제고, 의식전환, 정보제공, 혼란 및 갈등 조장, 기만, 군중동원, 이미지 개선, 적개심 고취, 민군관계 증진 등 매우 다양하다(이광헌, 1993).

2. 심리전의 기본 원리와 요소

1) 심리전의 원리

심리전이 목표로 하는 대상 집단은 피동적인 존재가 아니라 능동적인 존재로 심리전 주체측의 의도대로 항상 움직여 주는 것은 아니다. 따라서 심리전의 수용과정에 대한 이해가 선행되어야만 정확한 심리전을 수행할 수 있을 것이다. 심리전의 대상은 국가, 집단, 개인 등으로 구분되는데 구체적으로 이들의 정신이 목표가 되는 것이다. 이 인간의 정신에다 어떤 심리적인 자극을 주어야 주체자가 요구하는 의도대로의 효과적인 반응을 유도할 수 있느냐의 문제가 바로 심리전 원리의 핵심인 것이다. 설득 메시지의 수용과정에 대한 여러 이론들이 있지만 이들은 다음과 같이 크게 세 가지로 나누어 볼 수 있다.

(1) 조건화 이론들(conditioning theories)

조건화 이론이란 Pavlov의 조건반사설에 근거를 둔 것으로서 심리전의 기본 원리를 한마디로 행동주의 심리학에서 제시된 자극과 반응의 원리(S-O-R)에 기초한다고 보는 이론이다. 인간은 자극을 주면 반응을 하게 마련인 까닭에 심리전 주체가 그러한 자극을 조작함으로써 대상 집단의 태도와 행동을 통제할 수 있다고 보는 것이다. 여기서 자극(S)이란 메시지를 포함해서 주체측의 특성, 매체의 특성 및 당시의 상황과 같은 대상에게 영향을 주게 되는 모든 외적 자극요소들을 말한다. 목표 대상에게 전달되는 자극들은 항상 동일한 반응(R)을 나타내는 것이 아니고 대상이 가진 경험, 욕구, 동기 등과 같은 내적요인들(O)에 따라 달라질 수 있다고 보고 있다.

Chakotin(1940)에 의하면 대중의 집단행동이란 인간의 기본적인 본능에 대한 조건반사에 의하여 형성된다는 것이다. 그는 인간의 기본적인 본능으로서 1 적개심(hostility), 2 영양섭취(nutrition), 3 성(sexuality) 및 4 모성애(maternity) 의 네 가지를 들면서, 심리전을 통하여 이러한 인간의 본능과 정치적 행동을 조건화시킴으로써 대중을 조작할 수 있다고 하였다. Ellul(1965)도 마찬가지로 심리전이란 대중으로 하여금 어떤 언어나 기호에 대하여 특정한 반응을 일으키도록 조건화를 시키는 과정이라고 주장하였다. 그러나 이러한 조건화 이론은 본래 실험실적 상황에서 도출된 것이고 인간을 수동적인 존재로만 파악하고 있기 때문에 다양한 사회환경에 처해 있는 인간들에게 그대로 적용시키기엔 윤리적 측면이나 효과면에서 다소의 문제점이 있다고 보여 진다.

(2) 사회학적 이론들(sociological theories)

사회학적 이론이란 설득적 커뮤니케이션은 연속적인 사회적 상호작용의 과정이라고 보고, 조건화 이론은 이러한 사실을 간과하고 심리전이 목표로 하는 한 개인의 심리적 측면만을 강조하고 있다고 비판한다. 이러한 사회학적 이론이 제기된 직접적 배경은 오피니언 리더(opinion leader)의 존재를 파악한 Lazarsfeld, Berelson과 Gaudet(1948)의 연구였다. 이들 연구에 의하면 대중 의사전달이 직접 수용자에게 영향을 미치는 것이 아니라 오피니언 리더를 거쳐서 2단계적으로 영향을 미친다는 것이다. 이러한 2단계설 이론을 통해 사회적 요인이 설득 커뮤니케이션의 효과에 큰 영향을 미치고 있음이 입증되었다고 보는 것이다. 그러나 이 이론은 사회적 요인의 중요성만을 제기하였을 뿐 구체적인 수용과정을 설명이나 모델을 제시하지 못하고 있다.

(3) 인지적 일관성 이론(cognitive consistency theory)

인지적 일관성 이론이란 인간의 내부에는 심리적 균형 또는 조화 상태를 유지하려는 강한 경향성이 있다는 주장이다. 즉, 사람들은 자기의 인지들 사이의 일관성을 추구한다고 가정한다. 서로간에 비일관된 몇 개의 신념이나 가치들을 갖고 있는 사람들은 그것들을 보다 더 일관성 있게끔 만들려고 노력한다. 이와 비슷하게 만일 그의 인지들이 일관성이 있고 그가 비일관성을 일으키는 어떤 새로운 인지에 당면하게 되면 사람들은 이 비일관성을 최소화시키려고 노력한다. 인지적 일관성을 유지시키거나 회복시키려고 하는 것은 인간의 주요한 사회적 동기이다. 따라서 인간들의 이러한 심리적 일관성을 유지하기 위해서 자기들의 기존 태도와 일치되는 호의적인 정보만을 추구하는 동시에 불일치하거나 부정적인 정보는 되도록 회피하려 한다는 것이다(Festinger, 1957).

이들 세 가지 이론 이외에도 설득 커뮤니케이션의 수용과정에 대한 이론은 많이 있다. 그러나 어떤 이론도 심리전의 수용과정과 태도변화 과정을 만족스럽게 설명해 주지는 못하는 것 같다. 현재 태도이론의 중심은 지금까지 논의된 세뇌나 인지부조화 이론과 같은 일관성의 원리를 강조하는 이론으로부터 보다 인지적 과정 혹은 인지적 과정과 동기적 과정을 모두 중시하는 이론들로 옮겨가고 있다.[1)]

2) 심리전의 기본 원칙

이같이 목표 대상들의 반응은 계속적인 피드백을 통해 다음 자극을 선별하고 결정하는데 영향을 미치게 된다. 따라서 효과적으로 심리전을 수행하기 위해서는 먼저 목표 대상과 주변 환경에 대한 철저한 분석과 연구가 이루어지고 이를 토대로 효과적인 자극들을 결정 제시한 다음 최종적으로 대상들의 반응을 측정하여 분석·평가하여 이 결과를 다시 피드백시켜야 할 것이다. 요약하면 심리전의 기본 원리란 목표 대상에게 내·외적인 자극을 제시하여 그들이 가지고 있는 인지와 태도를 변화시켜 주체 측이 의도하는 방향으로 반응을 유발시키는 것으로 이러한 심리전의 기본 원리에 입각해서 심리전 수행에 요구되는 몇 가지 원칙과 요건들을 살펴본다(육군본부, 1997).

(1) 심리전의 원칙

① 인간심리 에너지의 이용

외부 자극의 지속에 의한 내적 욕구의 증대는 인간 개체를 움직이는 동기가 된다. 이러한 내적 욕구를 해소하지 못할 때 결국 인간은 마음의 균형을 잃게 된다. 심리전에서는 이러한 외적 자극이나 기타 심리적인 요소를 이용하여 주체 측이 원하는 방향으로 대상집단을 움직이도록 해야 한다. 특히 누적된 욕구불만이나 좌절을 주는 요소를 적절히 자극하고 이용하여 심리전의 효과를 달성한다.

---

1) 최근 새로운 태도변화 이론의 추세에 대해서는 13장 '설득과 태도변화의 이론들'에서 김혜숙의 최근의 태도변화 이론들을 참조 바람.

2 고정관념의 타파

사회생활에서 얻어진 고정관념을 변화 내지 파괴하기는 어렵다. 그러나 사회환경이나 심리적인 가치관이 변한다면 인간의 태도도 상황에 맞게 변화하게 된다. 심리전의 효과를 얻기 위해서는, 애국심, 충성심, 가치관, 증오심과 같은 가치나 태도에 관련된 고정관념을 촉발시키거나 변경시키고 파괴 및 조성하는 활동을 할 수 있어야 한다.

3 중심 조직의 파괴

인간에게는 기본적으로 집단이나 조직에 대한 소속의 욕구가 있다는 것이 동기심리학자들의 주장이다. 이에 따라 복잡하고 어려운 사회활동에서 개인은 여러 가지 목적을 가지고 조직이나 집단에 가입하게 된다. 특히 자신의 목적을 쉽게 달성하기 위해 조직이나 집단에 가입하고 이 조직을 통해 사회적 영향력 즉, 힘을 발휘하게 된다. 인간에게 이러한 힘을 불어넣어 주는 중심 조직을 파괴하거나 분열시키면 인간은 무력감으로 스스로 무너지게 된다. 이러한 조직은 국가나 기관, 군대 때로는 기업체일 수도 있다.

4 인간의 기본욕구에 호소

인간의 모든 행동에는 의식・무의식적 욕구 또는 동기가 있다. 1차적 욕구는 배고픔・목마름・성욕・수면욕 등이 있으며 이를 생리적 욕구라고도 한다. 2차적 욕구에는 소속・성취・자존심・권력・명예욕・사회적 인정・자아실현 등이 있으며 이를 사회적 욕구라고도 한다. 심리전의 기본은 이러한 욕구들 중 가장 설득이나 파괴력이 강한 기초적 욕구들을 선택해서 여기에 호소하는 것이다.

5 지속적인 자극

매체를 통해 전달된 자극에 대하여 대상들은 항상 동일한 반응을 나타내는 것은 아니다. 한 두 번의 심리전 자극 제시로 대상의 변화는 어렵다. 그러나 주체측이 원하는 성과와 반응을 유도하기 위해서는 지속적인 자극을 통해 상대방을 유도해 나가야 한다.

(2) 심리전 원칙의 3대 전제

심리전 원칙의 3대 기본 전제는 심리전에 관한 잘못된 선입관을 우선 제거시켜야 할 필요성에서 심리전 연구자나 실무자가 강조하는 3대 요소들이다(국군정신전력학교, 1984).

1 심리전이 상대방의 태도 및 행동에 영향을 주는 것이 가능은 하겠지만, 결코 상대방의 마음과 태도를 변경시킬 수 있다는 전제로부터 출발하는 것은 아니다. 오히려 상대방의 마음과 태도는 '변하지 않는다'라는 전제로부터 출발해야 한다. '변하지 않는다' 또

는 '변할 수 없다'고 하는 것일수록 거기에 중요한 심리전의 의미가 내포되어 있다. 전문가들은 사람의 태도를 변화시키는 것보다는 전혀 새로운 것을 받아들이도록 하는 것이 오히려 용이하다고 말하고 있다. 만일 사람의 태도가 변화되었을 경우 ㉮ 잠재적으로 수용할 가능성이 내부에 의해 이루어지고 있거나, ㉯ 전혀 새로운 내용으로 기존의 선택 성향의 범위 밖에 있었다든지, ㉰ 주변환경이 먼저 변화하여 자기의 태도를 바꾸는 것이 안전하며 유리하다고 판단한 경우 등의 세 가지 경우 중 하나이며 심리전이 노리는 핵심도 사실상 여기에 있는 것이다. 상대방의 태도는 흔들리지 않는 것이지만 이 세 가지 경우에는 변화할 가능성이 있는 것이다. 심리전은 직접 상대방을 변화시키는 것이 아니며, 그렇게 될 수 있는 환경을 가능한 자연스럽게 만들어 나가는 것이다.

일반적으로 사람들의 어떤 상황에 대한 태도는 다음과 같은 5가지가 있을 수 있다. ㉮ 철저하게 반대의 신념을 가진 사람, ㉯ 반대의 신념이 흔들리는 사람, ㉰ 동조적이지만 무관심한 사람, ㉱ 동조적인 사람, ㉲ 원하는 대로 어떻게든지 할 수 있는 사람 등이 그것이다. 이 중 심리전의 중요한 대상은 ㉯와 ㉰이며 ㉮는 모처럼의 노력이 그 대가만큼의 효과를 나타내지 못한 채 끝나는 수가 많지만, 언제이고 변화될 수 있는 계기의 발생을 위해서 장기적인 안목에서 지속적인 메시지를 보내는 것이 필요하다. ㉱와 ㉲에 대해서는 이쪽에 호의를 갖도록 지속적으로 변함없이 필요한 정보를 공급하면 되는 것이다.

2 심리전에 어떤 정해진 유형은 없다. 심리전이라고 하면 무엇인가 사람을 설득한다든지 이쪽으로 협력할 수 있게끔 영향력을 주는 기술이라는 것이 통상적인 사람들의 생각이지만 결코 그런 것은 아니다. 상대방이 끊임없이 변하고 있는 시간과 공간의 역사 속에서 활동하고 있는 것에 맞추어 심리전도 역동적으로 변해야 하는 것이다.

3 심리전이 특별한 소질을 가지고 있는 사람만의 독점물은 아니다. 물론 심리전에 있어서도 재능을 가진 인물이 필요없는 것은 아니다. 역사적으로 볼 때 지도자 중에 그와 같은 소질을 가진 자가 특히 많았다는 것이 사실이기는 하지만 어떠한 재능을 가진 자도 개인 혼자의 힘만으로 될 수 있는 것이 아니며 비탤런트적인 공동협력과 협조를 갖춘 팀워크에 의한 합성 작업에 의존해야 하는 것이다.

(3) 6W와 심리전 활동의 원칙

심리전 활동의 원칙을 흔히 '6W'라고 한다. 'To Whom' 'What is to be done' 'With what results' 'Why' 'Where' 'When'의 6가지의 W이다. 이러한 원칙을 항상 마음 속에 유념하여 심리전을 계획하고 집행해야 한다는 의미이다. 바꾸어 말하면 목표를 명확히 하여 가능한 행동과 수단을 검토하고, 상황의 역동성을 고려하여 활동하는 공간의 특성을 치밀하게 평가하며 완전한 이유, 근거, 주의를 기초로 하여 시행하면서 그 결과를 예측함과 동시에 평가하여야 한다는 것이다. 그러나 이 6가지의 W원칙만으로 불충분하기 때문에 심리전 전문가들은 이를 보완 심리전을 효과적으로 실시하기 위해서, ① 우선 진실한 것이어야 할 것. ② 이념의 힘을 중시할 것. ③ 여론의 후원을 명심할 것. ④ 말만이 아니라 행동의 실천이 있을 것. ⑤ 선도적이고 강렬한 창조적 리더십이 있을 것. ⑥ 효율적인 통일된 조직이 있을 것. ⑦ 국가정책에 일관성이 있을 것. ⑧ 국가정책 목표와 심리전 목표가 일치할 것. ⑨ 우수한 심리전 전문가를 육성할 것. ⑩ 관계기관이 화합할 것. ⑪ 심리전기구와 정책결정자와는 직결되어 있을 것. ⑫ 전략적 심리전과 전술적 심리전의 관련성을 가질 것. ⑬ 심리전 기관과 활동가의 지위를 향상할 것. ⑭ 정확, 신속, 풍부한 정보를 입수할 것. ⑮ 면밀한 목표의 분석과 효과의 평가와 같은 필요 요소들을 설정하였다(국군정신전력학교, 1984). 이러한 요소들은 심리전 원칙과 함께 시대배경에 따라서 적절히 해석·적용되어야 할 것이다.

3) 심리전의 기본 구성요소

심리전이 성립되기 위해서 기본적으로 다음과 같은 요소들이 갖추어져 운용되어야 한다.

[1] 수행주체: 심리전 수행주체는 통상 심리전을 기획, 집행, 지원 및 협조하는 조직체를 의미한다. 여기에 종사하는 요원은 관리, 실시, 연구 및 분석, 기술적 지원 등을 담당한다. 이들이 구비해야 하는 조건들은 앞에서 언급한 바 있다.

[2] 목표대상: 심리전의 목표대상은 주체 측을 제외한 모든 개인, 조직, 집단 및 국가가 될 수 있다. 심리전의 목표가 이들 대상들의 신념, 감정, 행동을 변화시키는 것이므로 효과적인 심리전 수행을 위해서 먼저 이들 대상에 대한 사회적·심리적·종교적 및 기타 인구통계학적 배경에 대한 분석과 검토가 충분히 이루어져야 한다.

[3] 매체: 매체는 심리전 주체가 전달하고자 하는 주제와 내용을 목표대상에 효과적으로 전달하는 연결체로 심리전에 주로 이용되는 매체로는 전파매체(라디오, 확성기, TV, 컴퓨터 등), 인쇄매체(신문, 전단, 간행물, 비밀 인쇄물 등), 문화예술매체(문학작품, 연극, 영화, 음악, 사진, 그림, 조형물 등), 대인 대화매체(서신, 협상, 개인접촉 대화, 집회, 의식화 또는 교화 등) 등이 있다. 매체의 선택은 주체측의 의도와 선전내용 및 소요시간, 작전환경, 대상 집단의 조건을 포함한 심리적 판단에 의해 결정한다.

[4] 주제: 심리전의 목표 및 방향에 따라 목표대상에게 전달하고자 하는 설득내용으로 논제, 제목, 설득 노선을 포함한다. 주제는 현용 정보를 활용하여 선정함으로써 더욱 신뢰성을 높일 수가 있다. 주제 체계는 대주제와 소주제로 구분하며, 대주제는 전략적인 성격을 띤 상위개념의 제목이고 소주제는 전술적이며 하위개념의 내용으로 구성된다.

주제내용은 시기와 상황에 부합하는 적시성, 목표대상이 진실로 생각하고 믿음을 갖도록 하는 신뢰성, 작전에 사용되는 타주제와 모순되지 않는 일치성을 갖도록 구성되어야 한다. 또한 주제는 목표대상이 보아서 명쾌하고 쉽게 이해할 수 있어야 할 것이다.

5 반응 및 효과 측정: 심리전 효과란 목표대상이 주체 측으로부터 받은 심리전 내용에 대한 반응도이며 자극에 대한 감수성을 의미한다. 이 반응에는 신념과 감정, 행동상의 변화가 포함된다. 주체 측은 심리전 효과를 측정시 이러한 요소를 고려하여야 하며 그 결과를 분석 평가함으로써 차후의 심리전 계획 수립에 그 차이점을 반영하여야 한다.

6 판단 및 조정: 판단은 이미 실시한 심리전에 대한 반응 및 효과 측정을 분석 평가한 결과를 수집된 정보와 연결시켜 필요한 새로운 심리전 요소를 찾는 과정이며, 조정은 이러한 판단을 통해서 심리전의 방향, 주제, 내용 등을 수정보완하여 다음에 실시할 새로운 심리전 방향 및 방법을 결정하는 과정을 말한다.

4) 심리전 전문가의 조건들

2차대전 기간에 태평양에서 대일본 심리전을 수행하는데 책임 있는 지위에 있었던 Linebarger(1954)는 심리전 전문가의 재능으로 다음 5가지를 들고 있다.

가 정부의 정책을 올바르게 이해하는 능력

나 선전과 군대에 관한 일을 적절하게 통합할 수 있는 능력

다 매스미디어를 전문적으로 활용할 수 있는 능력

라 목표, 지역의 특징을 정확히 파악하고 분석할 수 있는 능력

마 심리학, 인류학, 역사학, 정치학, 경제학 등 관련 분야에 관한 과학적 · 전문적 지식

여기에 덧붙여 여섯 번째 심리전 전문가의 재능으로는, 미래의 심리전을 보다 효과적으로 수행하기 위한 컴퓨터 운용 능력과 함께 사이버 세계에 대한 이해와 풍부한 지식 그리고 세계 주요 언어에 대한 구사력이 필요할 것으로 생각된다.

한편 대서양에서 대독일 심리전을 지휘한 바 있는 Lerner(1949)는 심리전 수행자의 자격요건으로 다음과 같은 것들이 중요하다고 하였다.

가 수신자의 사회적 배경과 기반에 대한 정확하고 올바른 이해

나 수신자 측에서 진행되고 있는 동향의 정확한 파악력

다 의사소통과정에 관한 체계적 인식

라 의사결정 및 생성의 심리적 문화에 대한 체계적 인식

마 정치적 판단력과 감각

바 표현에 대한 정열과 심리전 업무에 대한 열의

5) 심리전수행 순서

심리전을 수행하는 주체 측은 다음과 같이 심리전을 수행하는 순서를 계획하고 실시를 한다(국군정신전력학교, 1984).

1 계획 단계
- 가 정책 목적의 설정
- 나 정책 목적에 따른 각 분야에 있어 중·소 목적의 설정
- 다 나에 기초한 구체적 목표의 설정
- 라 목표에 관한 정보 수집
- 마 수집된 정보에 기초한 목표분석
- 바 작전의 조직화

2 집행 단계
- 가 목표에 적합한 매체의 선정
- 나 매체 사용방법의 결정
- 다 적임자의 배치
- 라 메시지의 작성
- 마 시행·반응의 평가
- 바 실시

3 평가 단계
- 가 결과의 수집
- 나 반응의 측정
- 다 변화의 분석
- 라 평가
- 마 추가적인 시행, 새로운 계획의 준비

3. 심리전의 분류

심리전은 수행 지역의 공간과 적용 수준, 상황에 따라 한 개 또는 수 개의 심리전 활동을 병행하며 목적, 임무, 출처 그리고 운용 및 수행방법에 따라 다음과 같이 분류할 수 있다(육군본부, 1997).

1) 수행출처에 의한 분류

1 백색심리전

심리전을 수행하는 주체 측이 스스로 출처를 명확하게 밝히고 이에 대한 책임을 질 수 있는 방법으로 계획 및 실시하기 때문에 주로 진실 위주로 실시하는 심리전이 된다.

2 회색심리전

심리전을 수행하는 주체 측이 출처를 일체 밝히지 않고 실시하며, 적의 심리전이라는 것을 은폐함으로써 목표 대상으로부터 저항감을 불러일으키지 않으면서 심리전 효과를 보다 많이 획득하고자 하는 것이다.

3 흑색심리전

심리전을 수행하는 주체 측이 출처를 모방 또는 도용하여 실시하는 것으로 흔히 심리전을 실시하는 주체가 마치 자국 내의 지하세력에 의해 계획 및 실시되고 있는 것처럼 위장하는 방식이다. 과거 북한에 의한 통일혁명당 목소리 방송을 마치 남한에서 방송하는 것처럼 위장하여 흑색심리전을 한 사례가 여기에 해당된다.

수행 출처에 따른 이러한 심리전에 사용되는 주요 선전에는 회색 및 흑색 선전이 있다. 회색선전은 그 출처가 정확히 밝혀지든 아니하든 정보의 정확성이 확실치 않은 선전을 말한다. 1961년 미국의 쿠바침공 사건이 발생했을 때 미국의 소리 방송은 이 침공작전에 미국의 개입을 부인했는데 이 경우 미국의 소리 방송내용은 회색선전으로 분류될 수 있다. 소련이 아프가니스탄을 침공했을 때도 모스크바 방송(Radio Moscow)은 회색선전을 이용하여 그 침공을 정당화하려고 했다. 회색선전은 또한 적이나 경쟁자를 당혹하게 만드는 데 사용되기도 한다. 모스크바 방송은 미국을 비난하기 위하여 마틴 루터 킹 목사와 케네디 대통령 저격 사건을 이용하기도 했다. 이에 대하여 미국의 소리 방송은 기회를 놓치지 않고 소련의 아프가니스탄침공과 소련 내의 반체제 유태인을 체포하는 데 대하여 비슷한 비난을 하였다.

흑색선전은 거짓 출처를 내세워 허위, 조작, 속임수를 이용하는 선전을 말한다. 흑색선전은 모든 형태의 조직화된 속임을 포함한 거짓이 이에 해당된다. 한 예로, 세계 제2차대전 중 독일의 히틀러가 영국을 침공하기 직전 그 당시엔 반체제 영국인들이 운영한 것으로 짐작케 하는 New English Broadcasting Station이라는 방송국의 30분짜리 프로그램을 방송하였다. 이 방송국의 프로그램은 주로 전쟁에 관한 뉴스로 짜여 있었다. 그러나 사실상 이 방송국은 영국에서의 전투기간 동안 영국 사람들의 사기를 저하시키기 위한 독일의 지하 방송이었다.

1956년 소련군이 탱크를 앞세우고 헝가리의 수도 부다페스트로 진입하여 공산정권에 항거하는 시민혁명을 진압하려 했을 때 Radio Free Hungary는 소련을 비난하는 방송을 통하여 세계의 이목을 집중시켰다. 이 방송을 통하여 소련의 잔학성이 낱낱이 알려졌고 소련인들은 프로그램이 방송될 때마다 저주와 비난을 받았다. 그러나 이 방송국은 실제로 미국을 당혹하게 만들려는 의도로 소련의 비밀경찰국 KGB가 비밀리에 운영한 방송국이었다. 그 당시 소련은 Radio Free Hungary 방송을 이용하여 미국으로부터 군사적 지원을 얻어내려는 위장전술을 폈는데 미국이 이를 거절하자 미국은 믿을만한 나라가 못된다는 선전을 하였다. 이 Radio Free Hungary는 그 정체를 감쪽같이 속일 수 있어서 미국의 중앙정보부조차도 그 방송국이 방송을 중단할 때까지 그것이 소련의 선전술이었다는 것을 모르고 있을 정도였다(Jowett & O'Donnell, 1986).

지난 수십여 년간 운영되었던 방송을 통한 흑색 선전은 두 개의 형태로 분류된다. 하나는 전술적(tactical)인 흑색방송이며, 또 다른 하나는 전략적(strategic)인 흑색방송이다. 전술적 흑색방송은 거의 모두 단기간에 존재했던 방송으로서 이러한 전술적 방송국들은 어느 특별한 목표에 한정되어 있는 것이 보통이었다. 그들은 적군의 진지를 혼란에 빠트리거나 지원세력을 고립시키는 것 등이 주목적이다. 월남전에서 미국은 민족해방전선(NLF) 게릴라와 지원세력 내부에서 패배감을 조성하기 위하여 실제로는 민족해방전선 게릴라가 승리하였음에도 불구하고 전투에서 몇 개 사단을 잃었다는 거짓 정보를 방송하였다. 전략적 흑색방송의 장기적인 목적은 일반적인 태도변화와 설득에 있기 때문에 오랜 기간이 필요하다(김규, 1988).

2) 운용목적에 의한 분류

1 정치심리전

한 국가의 정부나 정당들이 대중의 행동이나 태도를 변화시키기 위해 실시하거나 또는 자국의 정치적 주장이나 정책을 상대국에 심리전 수단을 중심으로 알리고 설득하여 정치적 목적을 달성하고자 하는 것이다.

2 외교심리전

외교전에서 나타나는 갈등 상황과 현안문제해결을 위한 협상력을 심리전적으로 운용하여 외교상 자국의 이익을 극대화하거나 상대국과의 우호 증진 또는 마찰과 알력을 조정하는 심리전을 말한다.

③ 경제심리전

자국의 경제력과 국·내외의 자산 그리고 생산력·생산지·화폐 등의 물질적인 수단을 심리전 무기로 활용하여 상대국의 태도를 변화시키고 협조하도록 만드는 심리전이다.

④ 군사심리전

군사전략을 효과적으로 달성하거나 또는 군의 지휘관이 부여된 임무를 성공적으로 수행하기 위하여 실시되는 심리전을 말한다. 이때 군사심리전은 국가의 정책이나 목표와 일치하거나 공조를 유지해야 하며 통상 군사기관 내에 독자적인 체계를 갖추고 시행하게 된다. 군사심리전은 운용 규모나 목적에 따라 다음과 같이 구분된다.

㉮ 전략심리전

국가의 전략적 목표를 달성하기 위해 광범위하고 장기적으로 대상국의 전 영토 및 국민을 대상으로 실시하며, 정치·경제·사회·문화·군사 등의 제분야가 협조하여 합참제대 이상의 정부기관에서 수행하는 심리전이다(육군본부, 1997). 전략 심리전은 전쟁의 3수준(전략, 작전, 전술) 모두를 지원하며, 전쟁과 단기간의 교전 그리고 평화적인 상황에서 모두 중요하다. 전략전인 수준에서의 심리전은 장기적인 목표달성을 위해 정부와 군대 그리고 국민에게 영향을 미칠 수 있는 역량과 이점을 가지고 있다. 미군의 경우 합동참모본부(JCS)를 통해 국가통수기구(NCA)가 전략적 심리전을 지휘한다 (USAWC,[2] 1993).

㉯ 작전심리전

작전 수준의 목표 달성을 위해 군사작전에 기초를 두고 전략 심리전과 전술 심리전을 연계시키기 위해 군사령부 및 군단급 부대에서 수행하는 심리전을 말한다(육군본부, 1997). 미군의 경우 작전 심리전은 적의 전쟁포로(EPW) 취급과 방첩(CI) 및 선무활동[3]을 포함하며 적과 적의 지원 세력이 승리할 수 없다는 것을 믿게 하거나 분쟁지역으로부터의 철수를 조장할 목적으로 수립된 중간 기간의 목표를 지원하는 등 전략 심리전과 전술 심리전을 연결시키는 수준에서 이루어진다. 작전 심리전은 분쟁 내지는 전투지역의 주요한 작전이나 역할 계획과 실시에 보조를 맞추어 대처하며 사령관과 참모들이 통상적으로 이들 조치들을 계획하고 시행한다(USAWC, 1993).

---

2) USAWC: U.S. Army War College(미 육군대학).

3) 선무심리전이란 군의 점령 또는 해방지역 주민들을 심리적으로 안정시키고 효과적인 군사작전을 수행하기 위하여 주민들과의 협력을 유도하고자 실시되는 심리전이다. 최근 육군은 이 용어 대신 민사심리전이란 말을 사용한다.

다 전술심리전

전술작전을 지원하기 위해 작전책임 지역의 적 및 주민을 대상으로 사단급 이하 전술제대에서 단기적 목표하에 즉각적인 효과를 기대하고 수행하는 심리전을 말한다(육군본부, 1997). 미군들의 전술 심리전도 즉각적이고 단기적인 목표를 달성하기 위해 계획되고 시행되며 전술 심리전은 전술부대를 지원함에 있어 시청각적인 기술들을 직접 사용하기도 한다. 통상 이 수준에서의 심리전은 전술지휘관의 관할지역 내 적대적인 시민과 적의 군사요원에게 영향을 미칠 수 있도록 계획된다(USAWC, 1993).

3) 목표대상에 따른 분류

1 대내심리전

자국 내에서 아군 장병 및 주민을 대상으로 국민정신을 통합시키고 상호 신뢰를 유지하기 위한 심리전으로 선전과 홍보 및 정훈 활동 등이 여기에 해당한다.

2 대외심리전

우방국이나 중립국 또는 적대관계에 있는 국가나 집단에 대하여 수행하는 심리전으로 유대강화 및 우호적 관계유지나 개선을 위한 것이다.

3 대적심리전

적국 또는 적 집단을 대상으로 내부 교란 및 사기를 저하시켜 적의 마음을 정복하고 정신과 의지력을 약화시켜 군사작전에서 승리할 수 있도록 수행하는 심리전이다.

4) 수행 주체에 의한 분류

1 정부심리전

정부심리전은 국가적 수준과 규모로 종합하고 기획하는 통합적 심리전으로 자국의 국가목표를 효과적으로 달성하기 위하여 직접 혹은 간접적으로 시행되는 대외·대내·대적 심리전을 총칭하는 용어라고 할 수 있다. 국가적 수준과 규모로 심리전을 통합하여 시행해야 하기 때문에 그 주체는 정부가 되는 것이다. 정부의 특수기관이나 국정원 등에 의한 통합 심리전이 이 사례로 분류될 수 있다.

2 민간단체심리전

현대사회에서 심리전의 사용주체가 국가나 군대뿐만 아니라 일반 민간기업체, 종교 단체, 스포츠 집단, 인간 개개인에 의해서도 널리 시행되고 있다. 종교·체육 단체, 민간인이 보유하고 있는 인맥 및 의사소통 능력과 일반적 활동은 심리전의 주요 수단이 될 수 있기 때문에, 대체로 정부의 묵시적 지원이나 혹은 독자적 활동으로 민간단체가 주체가 되어 실시하는 심리전이다. 대표적인 것으로는 특정 종교단체가 주관이 되어 실시하는 선교를 통한 심리전 활동, 스포츠 교류 및 행사를 통한 심리전 같은 것이 있을 수 있다.

3 개인심리전

세계의 국가들이 정보화·국제화 등의 추세로 상호 영향력을 미침에 따라 한 개인의 독자적인 행동과 의도가 세계적으로 큰 파장과 문제점을 일으키고 영향력을 발휘할 수 있다. 홀로 세계를 여행하면서 한국을 선전하고 알리는 행동이나 아프리카의 빈민국 지원에 헌신하는 개인의 행동 그리고 자기 생명의 희생을 통한 인간애의 발로 등에 관한 보도들은 그 자체가 국가선전이며 홍보물이다. 이러한 개인의 행동은 본인의 의도와 무관하게 심리전을 수행하는 결과를 낳는다는 데 특징이 있다.

4. 현대전과 군사심리전의 역할

6·25전쟁 시 자행된 북한의 심리전은 공산주의 국가의 전형적인 심리전이라고 할 수 있다. 우리는 그 기본 전략들을 알아둘 필요가 있다. 또한 현대전의 특징과 군사전략의 변화는 전쟁의 주체인 인간의 마음을 다스리는 전쟁, 즉 심리전의 기능이 중시되고 있으며, 그 심리전을 구현하는 '억제전략' '심리적 마비' 또는 '적의 중심파괴'라는 전법이 각광을 받게 되었으며 그 전례가 바로 현대전의 대표자격인 걸프전이다. 이 전쟁에서 미국은 후세인의 성전(jihad) 참전 호소를 차단하고 정의의 전쟁에 다국적군이 참여하도록 하였고, 스텔스기 등 첨단무기와 각종 매스미디어를 심리전적으로 운용하여 이라크 전쟁지도부의 전쟁의지를 조기에 말살시킴으로써 최소의 피해로 전쟁을 종식시킬 수 있었다.[4)]

---

4) 걸프전 기간 중 미국은 국방성 내에 특별기술작전센터(STOC)를 설치, 주요 군사작전과 조사활동을 총괄하였다. 해군특전대, 스텔스기 및 특별 첩보위성 운용, 제반 군사차원의 심리전도 이 기구가 조정·통제한 것으로 알려졌다. 미국은 걸프전 이후 육군의 25%를 감축하였으나, 미 제4심리전단 3대대를 1995년 5월 창설하고 심리전 부대의 시설과 장비를 강화하는 등 지속적으로 심리전을 대외정책의 주요 수행수단으로 활용하

사실 이번 전반기(2003. 3. 20~5. 1) 이라크 전쟁에서도 치밀하게 계획된 정보전·심리전·첩보전을 구사하는 특수 비밀요원들의 활약이 이라크 전쟁에서의 승리에 기여한 바가 컸다는 사실은 누구나 다 아는 사실이다. 현대전의 군사전략에 변화가 있어도 전쟁의 주체인 인간의 마음을 다스리는 전쟁, 즉 심리전의 기능은 더욱 중시되고 있으며, 미국은 이러한 심리전을 통하여 후세인의 참전 호소를 차단하고 첨단무기와 각종 매스미디어를 심리전적으로 운용하여 이라크 전쟁지도부의 전쟁의지를 조기에 말살시킴으로써 최소의 피해로 전반기 전쟁을 종식시킬 수 있었던 것이다. 우리는 전반기 이라크 전쟁에서 이라크의 평범한 민간인뿐만 아니라 전쟁 지도층이나 명예를 중시한다는 군 간부들조차 연합군의 심리전 앞에 얼마나 무력했던가를 보도를 통해 잘 보았다.

또한 미군은 비군사적인 활동을 통해 해외 지역의 대상국 민간인들과의 관계를 돈독히 하면서, 그 지역의 안정을 구축하는 심리작전을 통해서 많은 효과를 보고 있다. 이러한 안정구축 작전의 개념을 간단히 소개하고 어떤 준비와 교육이 이루어지는가를 개관해 보는 것이 장차 한국군의 대외 평화유지군 활동에도 도움을 줄 것으로 생각한다.

1) 한국전쟁과 심리전

6·25전쟁사를 보면 전쟁 발발 직후 서울에서 피난 나온 시민은 약 40만 명으로, 그 80%가 남북 분단 후에 북한에서 남한으로 피난 내려온 사람들이었고 나머지 20%는 고급공무원, 자본가, 우익계 정치가, 자유주의자, 군인, 경찰관 등의 가족들이었다. 이들 피난민 중에서 운 좋게 기차를 탄 사람 외에는 대부분 도보로 남하를 해야 했고, 하룻밤 사이에 거지꼴이 된 채 정든 서울을 뒤로 하고 남으로 내려갔다. 서울에 남은 시민의 대부분은 농촌으로 피난을 간다 해도 공비나 적색분자들 때문에 오히려 더 위험하다고 생각하고 있었다. 예로부터 여러 번 액난에 처했던 서울 시민들은 역사가 증명하듯이 서울에 남는 것이 가장 안전하다는 것을 알고 있었기 때문이다. 서울에 남은 시민들은 크게 세 가지 형태의 행동을 취했다. 하나는 환영형으로 미친 사람처럼 인공기를 흔들어 대며 북괴군을 따라다니면서 그 앞잡이 노릇을 한 형태의 사람들이고, 또 하나는 정관형으로 조심스럽게 집에 숨어 있거나 산으로 도피한 형태의 사람이었으며, 나머지 하나는 미처 피신을 못한 군인과 경찰관 등의 잠행형이었다. 이 세 가지 형태는 항상 어느 전쟁터에서나 볼 수 있는 주민의 동태이지만 서울에서는 환영형이 의외로 많았다. 이들은 주로 지하에 숨어 있던 남로당원들과 그 동조자들이었으며 국회의원 약 48명이 잔류하고

고 있다.

있었던 것은 당시 한국의 정국을 단적으로 말해 주는 것이었다(육군본부 군사연구실, 1986).

(1) 기본 전략

1950년 여름 한국에 대한 북한의 기습 남침시에 공산측 심리전을 분석한 미 공군대학 인적자원연구소의 보고서에 기록된 북한의 전형적 공산주의식 심리전의 기본전략은 대체로 다음 2가지로 요약된다(국군정신전력학교, 1984).

1 마음의 지배

마음을 지배하고자 하는 공산주의 집념은 서구 진영에서는 생각할 수 없을 정도로 강한 것이었다. 공산주의 조직과 정책은 모든 면에서 사전에 계획된 심리전의 지원을 조직적으로 받고 있었다. 공산주의자들은 상징조작의 수법으로 정신세계를 지배하려 했고, 그것을 극단적으로 중요시하여 서구세계에서는 그 사례를 찾아볼 수 없을 정도였다. 남한에 대한 침략과 동시에 조직적으로 최초로 만들어 낸 기관이 바로 선전을 담당하는 내무성이었으며 또한 북한군에게는 중대단위에 이르기까지 소위 선전대라는 것이 모습을 드러냈다. 사실 선전 내용보다 더 인상적인 것은 선전기능을 수행한 이들 관료계급의 관리들인데 '모든 공직자는 누구든지 선전자이다'라는 슬로건 속에 나치스보다 더 강한 이들의 집념을 읽을 수 있었다. 시민들과 접촉한 모든 관리들은 공산주의 노선에 따랐을 뿐만 아니라, 공산정권의 선전대행자의 역할과 피선전에 대한 저항과 행동요령을 교육받은 것으로 나타났다.

초기 선전의 방법론뿐만 아니라 점령군의 기강과 친절 그리고 그들의 규율적인 행동은 남측의 민간인들에게 깊은 인상을 심어 주었고 특히 선전종사자들의 태도에서 받은 좋은 인상이 더욱 그 선전의 효과를 가중시켰다. 이것은 그들이 노리는 선전효과를 얻기 위한 치밀한 심리전의 결과였으며 이를 위한 훈련은 철저하고 공산당은 선전조직과 그 활동의 중요성을 강조하는 방침을 철저히 이행하였다. 신병이나 포로도 군사훈련이나 교화를 받을 만큼 이데올로기 선전 교육을 받았으며 심리전의 대상은 극히 광범위하여 모든 계층의 사람들의 모든 생활면까지 확대 영향을 미쳤다. 사살할 필요까지 적대적이 아닌 사람들은 가능한 세뇌시키고자 하는 방침이었다. 물론 그들도 전체 사람들보다는 일부 사람들이 더 성공적으로 교화될지 모른다는 이론을 알고 있었지만 가능성이 적은 경우에 있어서도 그들의 노력을 줄이기보다 오히려 배가하였다. 자아비판의 기법은 그들이 노린 성과를 거두었다고 생각되든가 또는 가망이 없고 처치해야할 대상이라는 결론을 내릴 때까지 이용되었다. 반동분자에 대한 교화와 포섭의 필요성을 강조하기 위해 관료들은 대단한 열성을 발휘한 것으로 나타났다. 이들 관리들은 공개적・비공개적으로 어디서나 볼 수 있었기 때문에 모든 개인들은 행동의 표면화와 적극성을 보이는 노력을 할 수밖에 없었다.

② 장기적 정책목표와의 일치

선전의 목표는 장기적 정책목표와 부합해야 하며 결코 일시적인 인기를 위한 목표 때문에 장기적인 목표를 해치지 않기 위해 노력하였다. 그들이 노린 것은 남한 주민의 태도와 사상을 공산주의 전략의 장기목표와 일치시키는 것이었다. 즉 '눈앞의 것만이 그 자체의 목적은 결코 아니다'라는 방식이었다. 이에 따라 비록 인기 있는 내용이라 할지라도 기본이 될 수 있는 장기목표 달성의 수단이 아니라고 생각되는 경우 주저하지 않고 이를 포기하였다. 공산주의자들에게 있어서 장기목표에 기여할 수 없는 능력은 무가치한 것이고, 능력이 모자라더라도 공산주의 목표달성을 위해 헌신적으로 활동할 사람이야말로 가치가 있다고 생각했으며, 이러한 사람들을 발굴하여 '지위나 신분의 역전'을 통해서 공산주의에 봉사시킬 수 있다고 믿고 있었다.

그러나 이상 언급한 심리전의 기본 전략들은 얼마 후 전쟁의 형편이 역전되어 공산군이 북쪽으로 도망갈 때 무참히도 파괴되어 지켜지지 않았던 것으로 나타났다.

(2) 마음의 침식 단계

북측은 어떠한 과정으로 남측 주민들의 '마음의 침식'을 기도하였는지 알아볼 필요가 있다. 사실 남한침략의 수개월 전부터 면밀한 심리전 계획이 수립되었으며 특히 공산당과 내무성의 조직화와 활동에 관해서 역점을 둔 것으로 나타났다. 서울 지구를 중심으로 한 공산주의 동조자, 비협력자, 이승만 정권에 반대하는 자, 이승만 정권 지지자 등의 명단을 정리하고 침략 후 신속히 처치할 방법을 강구하였다. 다음 서울 방송국을 점거하여 반동주의자 이외는 적으로 하지 않는다는 방송을 개시한다는 계획과, 이승만 정권하에서 불만분자 혹은 불평분자 속에서 앞잡이 지도자를 선발하여 선전의 선봉을 담당하도록 하는 계획을 구체화하였다.

선전 정책의 중점을 여성의 해방, 자본가의 착취로부터의 해방, 청년에게 기회를, 농지의 재분배 등 매혹적인 슬로건을 내걸고, 사회복지 정책을 계획을 내세워 주민들에게 공감을 불러일으키도록 하였다. 이와 같이 하여 소련을 조국으로 여기도록 하며 동시에 '조선인을 위한 조선' '조선의 통일'을 내걸고 국민적 협력의 획득을 위해 노력하였다. 이 같은 노력이 성공할 수 있도록 그들의 심리전 핵심을 반미 감정이 아니라 이승만정부가 갖고 있는 무능력과 무질서 등 취약점을 집중적으로 공격하는 데 두기로 하였다.

일반 대중들에게 잘 알려지지 않은 미국에 대한 공격보다는 현실적으로 부패하고 무능한 정부 공격에 역량을 집중시키는 것이 호소력이 크다고 판단했기 때문이다. 또한 서울에 진입하는 즉시 선전의 핵심기관인 방송국이나 언론매체를 선점하여 이를 선전에 활용하기로 하였다. 주요한 방송요원은 모스크바에서 훈련된 골수분자로 충당하고 일부 운용요원은 기존의 협조적인 직원들을 확보하였다. 군사전략적인 측면에서 볼 때 한국군이 철수하면서 왜 방송시설을 파괴하지 않았는지는 지금도 매우 의문이 가는 부분들이다.

어쨌든 점령된 서울은 붉은색 일변도로 짓밟혔다. 북괴군의 전차는 서울로 들어오자마자 서대문 형무소로 직진하여 정치범을 비롯해서 일체의 죄수들을 석방하고 이들을 인민의 영웅으로 치켜세워 반민족주의자들을 잡아들이는 데 앞잡이로 이용했다. 반역자(친미 및 친일파, 자본가, 공무원 등)들을 잡아들이는 주체는 북괴군의 뒤를 따라서 들어온 정치보위부로 추정되는 정체불명의 부대였는데 체포된 자는 무려 수만 명에 이르렀다. 북괴군은 이와 같이 대민관계에서는 표면에 나서지 않았다. 북괴군의 규율은 엄중하여 물품도 정가로 거래하였으며 약탈은 못하게 했다. 그러나 그들이 주둔하는 곳에서는 항상 주민들을 숙청하는 총성이 울렸고 또한 주민들을 숙청할 때는 사복을 입은 폭도의 무리들이 그 앞장을 섰다(육군본부 군사연구실, 1986). 한국군이 미처 파괴하지 못하고 철수한 서울 중앙방송국을 점령한 북괴는 초기 '반동주의자' 이외에는 적으로 간주하지 않는다는 선무방송과 함께 미리 작성된 매혹적인 슬로건을 내걸고 '사회복지' 계획을 선전하면서 동시에 앞에서 말한 엄중한 군대 규율, 물품의 정가 거래 등의 조치를 통하여 많은 주민들을 동조시키는 데 성공하게 된다(국군정신전력학교, 1984).

2) 아프간 전쟁에서의 심리전

아프가니스탄에서 미군의 전투 방식을 보면 전쟁 기간이나 방식을 마음대로 결정할 수 있는 전략적 주도권을 가지고 전쟁을 수행한 것으로 보인다. 이러한 전략적 주도권을 장악하는 데는 심리전이 상당히 기여하였던 것으로 평가된다. 아프간전에서 심리전 활동은 미 육군 제4심리전단 예하의 미 중부사령부 지원 주력부대인 제8심리전대대에 의해 수행되었다. 이 대대는 4전단의 기타 심리전대대의 지원 아래 민간 전문가 35명과 장병 1,200명이 활동하였으며, 4대의 EC-130기가 하루 10시간 이상 아프간 상공을 비행하면서 선전방송을 하였다. 민간인 전문가의 2/3이상이 인류학 또는 역사학 박사학위 소지자들이며, 장병들은 육군 지능검사에서 상위 10% 이내에 든 우수 두뇌의 소지자들이었다.

아프간전에서 사용된 대표적인 심리전 매체들 중 하나는 전단이었다. 전단은 2002년

1월까지 공중살포 방식을 통하여 총 28종 약 4,400만 매가 B-52 폭격기를 이용 하루 평균 6회 이상 투하되었다. 지상을 통하여 살포된 전단은 총 23종 38만 매 정도였다. 전단은 일반 국민과 탈레반 및 알 카에다 병사들을 대상으로 하였다. 일반 국민들을 한 전단에는 주로 라디오 방송정보, 구호식량 사용법, 미국 내 이슬람인들의 평화로운 삶, 세계의 아프간 지원, 아프간 국가 재건, 오사마 빈 라덴 체포 시 현상금, 불발탄에 대한 주의사항 등을 내용으로 한 반면 병사들을 대상으로 한 전단에는 전투의지를 약화시키는 내용을 사용하였다.

EC-130E 코만도 솔로(commando solo)를 통한 심리전 방송은 산악 동굴 각지에 흩어져 고립무원의 전투를 하고 있는 탈레반 병사들의 수많은 항복을 유도해낸 것으로 분석되었다. EC-130E는 지역 방송파를 장악해 원하는 영상물을 마음대로 내보낼 수 있는 소위 '이동 공중방송국'이다. 일일 05:00~11:00와 17:00~22:00 시간대에 3개 채널을 통해, 43개의 프로그램으로 224개의 방송원고가 3개의 언어로 방송되었다. 라디오 방송 수신 집단을 확대시키기 위해 5천여 개의 소형 라디오를 대상 지역에 살포하기도 하였다.

또한 폭탄 투하와 병행해 전쟁 의지가 없는 순수 난민을 구호하기 위해 엄청난 양의 구호물자를 투하했으며 이 사실을 연일 라디오, TV방송을 통해 이슬람 전역을 포함한 전 세계에 선전하였다. 미군은 아프간 공습을 시작한 이후 약 100만 개가 넘는 구호물자 상자를 공중투하하고 이란 국경을 통하여 다양한 물품들을 의도적으로 유입시킨 것으로 나타났다. 이를 통해 미군은 잔인하게 난민 학살을 자행하던 구소련군과는 아주 다른 모습으로 아프가니스탄 국민들에게 비춰졌으며 이는 전쟁 발발 이전 미국에 대해 결사 항전을 부르짖던 국민 여론을 얼마 되지 않아 종전 방향으로 급선회하게 하는 효과를 낳았다. 대테러전쟁에 임하는 미국의 전방위적 행동은 여기에 그치지 않았다. 오사마 빈 라덴의 금융계좌에 대한 공격으로 그의 '돈줄'을 틀어 막았으며 전 세계 아랍계 테러분자들에 대한 e-mail 검색과 그들의 웹사이트를 폐쇄해 상호간의 연락을 거의 두절시켰다. 나아가 미국 전지역을 통과하는 천문학적인 e메일들을 대상으로 '반미국' '테러' 등에 대한 단어들을 검색해 의심가는 추가 테러에 대해 범국가적인 대응 체계를 강화하기도 하였다(국방일보, 2002b).

그러나 아프간전에서 심리전 활동이 효과가 큰 점도 있었지만 몇 가지 시행착오도 있었다. 그 중 하나는 심리전 대상에 맞지 않는 작전이 수행되었다는 사실이다. 예를 들면 파괴된 세계무역센터의 건물 잔해 사진을 담은 전단을 살포하였으나 아프간의 상당수 국민들이 문맹이었을 뿐만 아니라 대다수의 아프간인들은 세계무역센터 건물이 어디에 있으며 무엇을 하는 곳인지를 잘 알지 못했다는 것이다. 또한 공습과 동시에 항복을 권유하는 등 방송 시기의 부적절한 선택도 지적이 되었다. 특히 아프간전 초기에 미국과 동맹국들이 정보전에 밀리고 있다는 지적에 따라 10월 26일 런던과 이슬라마바드에 지부를 둔 정보센터를 설치하는 등 사전 준비가 다소 미흡했다는 지적도 있다. 아프간전에서 심리전 활동을 분석한 미군은 차후 심리전 활동의 발전을 위해 다음과 같은 교훈들을 도출 제시하였다.

1 작전개시 이전 일부 매체물의 사전개발과 승인이 필요하다. 매체물의 승인까지 소요되는 시간이 매우 길기 때문에 즉각적인 대응을 위해서는 사전에 매체들을 개발하고 이에 대한 승인이 이루어져 있어야 한다.

2 매체개발은 매우 어려운 작업이므로 반드시 전쟁개시 이전에 준비되고 훈련되어야 한다. 나아가 반드시 모든 종류의 매체개발에 있어 기술과 절차를 검증해 두어야 한다.

3 성공적인 심리전 운용을 위해서는 대대단위가 아닌 특임부대로서의 작전과 지원 및 숙달이 필요하다.

어쨌든 아프가니스탄 전쟁에서 미군이 승리할 수 있었던 요인은 일차적으로 철저한 정보력을 기초로 육·해·공군이 보유한 정밀 유도무기를 활용해 적 전투시설을 사전에 파괴했으며 첨단 과학기술 장비로 무장한 최소한의 지상군 투입을 통해 적을 먼저 찾고 파괴하는 활동을 효과적으로 수행한 결과라고 보아진다. 이차적으로 적의 전투의지를 꺾는 효과적인 심리전과 화전(war and peace) 양면 전술을 동시에 병행해 전쟁에 대한 여론을 유리하게 조성하면서 사이버 공간에서 공세적인 활동을 한 것이 전쟁의 승리에 크게 기여한 것으로 평가된다.

3) 이라크전과 심리전: 이슬람 문화의 이해

현재진행 중인 이라크 대테러전에서 세계 최강의 군사력과 정보망을 지닌 군사대국 미국이 비록 정규전에서 단기간에 승전은 하였지만 비정규전에서의 종전을 선언하지 못하고 막대한 인명손실을 초래하면서 장기간 고전을 하고 있는 것을 보면서 이슬람 문화권에서의 전쟁이 기존의 전쟁 개념으로는 설명하기 힘든 복잡한 사회적·문화적·심리적 측면을 지니고 있는 것으로 생각된다. 사실 미군이 후기 이라크전에서 고전하는 가장 큰 이유는 일부 중동문화를 잘 이해하지 못한데서 오는 성급한 작전과 판단착오가 일부 영향을 미친 것으로 군사전문가들은 보고 있는 것 같다(중앙일보, 2003a). 그러나 이라크 전쟁의 승패에 관련된 정치·경제·사회·문화적 요인들은 너무 방대하고 복잡하기 때문에 그 중 후반기 이라크 전투의 중요 심리전 변수로 판단되는 심리·문화적 정보 요인들을 분석 교훈을 도출하고자 한다.

이라크 현지인들도 '먼저 이라크인을 이해하고 행동하라'고 충고하고 있고, 군사 전문가들도 '중동문화를 잘 이해하는 것이 상대적으로 인명피해를 줄일 수 있는 방안'이라고 지적하면서 파견 군인들에게 이라크 문화와 사고방식을 교육하고 행동지침을 작성 배포할 필요성을 제기하고 있다. 한 국가의 전후 '안정구축 작전'을 위한 민사·심리 업무를 원활히 수행하기 위해서는 상대 국가의 '지역 정보'와 '대상 정보'의 획득이 필수적이며, 미군도 이에 대비하여 철저한 준비를 하고 장병들을 교육시켰음에도 불구하고 아직도 '중동문화 이해 부족'이라는 지적을 받으면서 일부 시행착오를 나타내고 있다.

(1) 이라크 전쟁 시작을 위한 미국의 심리전

9·11테러 이후 부시 미 대통령이 '테러와의 전쟁'을 선언하기까지 미국은 놀라울 정도의 인내력을 보였다. 미 정부는 그동안 분노를 삭이며 국민들을 서서히 위기관리 체제로 동원하는 작전을 폈다. '미국은 장기적인 전쟁을 할 수 없는 나라'라는 근간의 예상과는 전혀 달리 미국 국민을 놀라운 단결력과 전쟁 의지 속에 몰아넣음으로써 1차적인 전쟁 분위기를 조성하는 데 성공하였다. 동시에 미국은 전 세계의 모든 강대국과 우방국의 지지를 이끌어내는 외교적 노력도 병행, 국제적인 비난을 사전에 차단하는 작전도 수행하면서 서서히 이라크 정권의 숨통을 조이기 시작하였다(중앙일보, 2001).

미국 정부가 9·11테러 이후 제일 먼저 관심을 가진 것은 미국 시민들을 테러의 공포로부터 회복시키는 일이었다. 그런데 여기서 문제는 TV의 대량 보급으로 인한 시청각 효과와 CNN같은 대중 매체들과 더불어 1990년대 중반 들어 인터넷을 중심으로 한 정보산업의 급속한 발달로 테러리스트들이 노리는 공포심의 확산을 위한 적합한 상황이 조성되어 있었다는 사실이다. 9·11테러 참사 당시 납치된 비행기가 뉴욕 세계무역센터에 충돌하고 그 뒤 무너져 내리는 모습을 TV를 통해 반복적으로 지켜본 사람들에게 테러리스트의 공포 메시지는 생생하게 100% 전달될 수밖에 없었다.

테러 초기 이 같은 부작용을 무시한 TV를 포함한 언론의 경쟁적인 보도 때문에 시민들은 지속적인 공포에 시달려야 했다. 따라서 일단의 정치·심리·사회학자들은 테러리스트들의 활동내용을 언론 등에 공개하는 일을 제한해서, 그들이 노리는 이익을 얻지 못하게 해야 한다는 주장을 펴기 시작하였다. 다시 말해 테러리스트에 납치된 비행기의 탑승객이나 가족들이 절규하는 모습을 TV나 신문에 크게 다루지 말아야 한다는 주장이다. 그러나 이 같은 주장들은 언론매체의 생존경쟁(시청률, 구독률)을 둘러싸고 벌어지는 치열함을 모르는 순진한 학자들의 발상이라는 비판을 받을 수 있다. 독재 국가가 아닌 다음에야 한 사람이라도 더 시청자나 독자의 관심을 끌어야 한다는 무한경쟁 체제의 상업적 언론매체들의 보도 수준을 어떤 공권력이나 권위가 나서서 통제한다는 것은 어렵다는 것이 민주주의 국가의 현실이다.

그러나 미 정부는 언론사들에 보도 자제를 요청했고 미 언론들이 이를 국익 차원에서 수용키로 내부적으로 결정하였다. 이 때문에 9·11테러 직후만 해도 ABC나 CNN 같이 경쟁적으로 빈 라덴의 성명서나 인터뷰들을 반복 보도했던 미 대형 방송사나 언론사들이 '빈 라덴이 어떤 주장을 폈다는 식으로 그의 선전전 들러리를 설 수는 없다'라는 최소한의 공감대를 형성하며 보도 자제의 기틀을 마련하였다(중앙일보, 2001b).

(2) 전반기 전쟁(2003. 3. 20~5. 1)과 심리전

2003년 3월 20일, 미·영 연합군이 이라크의 수도 바그다드를 폭격함으로써 시작된 이라크 전쟁은 미군이 4월 14일 이라크 북부의 마지막 저항 거점인 티그리트를 완전 장악함으로써 개전 26일 만에 사실상 끝이 났다. '충격과 공포' 전략으로 명명된 이번 전쟁에 CIA(중앙정보국), SOG(특수작전그룹) 등 보이지 않는 '비밀기관 요원들'이 크게 기여했다는 사실이 밝혀졌다. 이 전쟁에서 미·영 연합군이 조기에 승리를 거두고 희생자를 최소화할 수 있었던 데는 절대 우위의 정밀유도무기와 더불어 치밀하게 계획된 정보전·심리전·첩보전을 구사하는 특수기관 비밀요원들의 활약이 있었기 때문이라는 것이다. 미 중앙정보국은 이라크 전쟁 개전을 전후해 인간방패를 자처하며 바그다드로 들어간 평화운동가들 사이에 특수작전그룹 3개 팀을 침투시켜 두 가지 임무를 수행토록 했다. 먼저 이라크 정부의 고위 지도자들과 공화국 수비대 그리고 페다인 민병대 지휘관과 비밀리에 접촉하여 신변 보장과 막대한 보상을 제시, 그들을 회유하는 심리전을 구사하게 한 것이다. 또 하나는 특수요원들과 첩자들을 이용 전쟁 지도부가 은신하고 있는 벙커나 주요 전략 시설에 대한 정밀 폭격을 함으로써 이라크 전쟁 지도부에 심리적 공포감을 주고, 이라크군과 시민들에게 전쟁공황을 일으켜 조기에 전투의지를 상실케 한 것으로 보인다.

사실 이라크전에서 바그다드 시내 주요 군사·정부 시설에 대한 미군의 정밀 폭격이 큰 심리적 효과를 거두었던 것은, 이들 중앙정보국 및 특수부대 요원들의 활약 때문인 것으로 알려졌다. 이들 특수요원들은 일부 아랍계가 포함되긴 했지만 대부분 라틴계로 턱수염을 기르는 방식으로 이라크인으로 변장해 전쟁 이전부터 바그다드에서 활동을 하고 있었다. 가장 뛰어난 전과는 4월 7일 후세인 은신처 폭격인데 CIA 요원들이 후세인의 존재를 확인하고 신호를 보내 정밀 유도 폭탄 4발을 발사한 것이다. 특수요원들은 이라크 주요 인사들에게 엄청난 뇌물을 주고 정보를 빼내거나 유전 방화나 댐 파괴 방지 등의 활동도 전개하였다. 한편 이라크 군의 무선통신 전파가 발생한 곳에는 반드시 폭탄과 미사일 공격이 가해져 이라크군의 지휘망은 철저히 마비되어 자전거를 탄 병사가 명령을 전달할 수밖에 없었다(한국일보, 2003a).

이 밖에도 미국전략의 효율성을 강조하고 있는 군사전문가들은 '효과적인 심리전'에도 높은 점수를 주고 있다. 미 육군대학의 래리 굿 선 교수는 '미군이 바그다드의 완전 장악을 서두르지 않고 포위한 상태에서 후세인 대통령에 대한 표적 공습 후 사망설을 유포하는 등 다양한 심리전이 구사됐다'며 그 결과 이라크 군부가 스스로 붕괴하는 현상이 나타났다고 분석하고 있다. 어쨌든 이라크전에서 미국의 심리전 전략은 비교적 후한 점수를 받고 있는 편이다. 연합군 측은 단기간에 전쟁을 종료하기 위해 이라크 국민의 민심을 얻으면서, 한편 이라크 지휘부의 통제력 상실을 기정화하는 홍보전을 수행하여 이라크 군의 항전 의지를 조기에 꺾어 버렸다. 미군은 전쟁 이전부터 심리전을 치밀하게 준비한 것으로 알려졌다. 심리전과 특수요원을 비밀리에 투입하여 '보이지 않는 비밀전쟁'을 수행한 것은 물론이고, 전투 중에도 이라크인들의 민심을 돌리기 위해 세심한 부분에까지 지속적인 심리전을 전개하였다. 예를 들면, 연합군 지휘부는 미 지상군 병사들에게 다음과 같은 특별행동수칙을 하달하여 준수하도록 하였다. 첫째, 이라크 진격시 군용장비나 차량에 성조기나 부대기를 달지 말 것, 이는 성조기를 나부끼면서 이라크에 진격할 경우 자칫 '점령군'이라는 부정적 이미지를 줄 가능성에 대비한 것이다. 둘째, 이라크 어린이들에게 초콜릿 같은 먹거리를 나누어 주지 말 것, 이는 어린아이들이 먹거리를 얻기 위해 한꺼번에 몰려들 경우 사고가 발생할 가능성이 있고 만약 어린이 안전사고나 피해자가 발생하면 이라크 측의 역선전에 이용될 가능성이 있기 때문이었다.

남자들이 사나이로서 모욕을 당하면 가만히 있지 못하는 이라크 민족의 습성을 이용한 심리전 사례로는 바그다드로 진격하는 군용 험비 차량에 대형 스피커를 장착해 '이라크 남자들은 성불능자!'라고 아랍어로 방송하여 이에 모욕감을 참지 못하고 벙커에서 뛰쳐나온 이라크 병사들을 체포하거나 사살하는 전과를 거두기도 하였다. 특히 미국은 타리크 아지즈 전 이라크 부총리가 망명의사가 있다고 허위 선전을 했고 이에 격분한 아지즈 부총리가 자신의 결백을 주장하기 위해 이라크 지도부가 숨어 있는 비밀 방공호를 찾았다가 그를 미행한 미군의 공격을 받기도 했다. 또한 미군이 바그다드를 거의 점령했다고 호언하려는 순간 알사하프 이라크 공보장관이 바그다드 거리에 나와 특유의 독설로 자신들이 건재함을 과시하는 진풍경을 연출하여 세계인의 이목을 집중시킨 바 있다.

항복권유전단 살포도 효과가 컸다. 이라크 병사들은 '후세인 정권과 운명을 같이 하지 마라!'고 인쇄된 전단지를 들고 항복할 정도였다. 시가전에서도 이라크군과 민병대를 대상으로 '지금 집으로 돌아가 사랑하는 당신의 아들 · 딸들의 얼굴을 지켜보라'든가, '당신은 패망할 독재자를 위해 헛된 죽음을 하지 말라' 등의 인간의 생존과 안전에 관련된 기본 욕구에 호소하는 전단을 살포하는 심리전을 전개하였다. 이러한 연합군의 심리전은 개전 초기에 이라크군의 투항을 권유하는 2,000만 장에 가까운 전단을 살포하였으며 전쟁 중과 후에도 독재자 후세인에 대한 명령 불복종, 후세인의 사망설 유포, 민심안정 유도 등의 내용을 포함하는 총 4,300만 장에 가까운 전단을 사용한 것으로 알려졌다. 또 연합군은 첨단 기술을 이용한 이라크 라디오 채널에 침투, 심리전 방송도 수행하여 이라크 승리를 앞당긴 것으로 분석된다.

바그다드 시내 주요 군사·정부 시설에 대한 미군의 정밀 폭격도 CIA 및 특수부대 요원들의 활약이 컸음은 이미 앞에서 말한 바 있다. 이들은 일부 아랍계가 포함돼 있지만 대부분 라틴계로 턱수염을 기르는 방식으로 이라크인으로 위장해 전쟁 이전부터 바그다드에서 활약했다. 이들이 수행한 가장 뛰어난 전과는 후세인 은신처의 존재를 확인하고 신호를 보내 정밀유도폭탄 4발이 이곳을 타격했을 때다. 요원들은 이라크 주요 인사들에게 엄청난 뇌물을 주고 정보를 빼내거나 유전 방화나 댐 파괴방지 등의 활동도 수행하였다. 미 CIA와 군사정보 기관들은 전자우편과 휴대용 전화 등 현대적인 통신망을 동원해 이라크 장성들과 바트당 고위 인물과의 접촉에 노력하였다. 이라크전쟁을 지휘한 미 중부사령관도 미 특수부대가 신속하고 효과적인 전쟁 수행을 위해 개전 직전 이라크군 고위 장교들을 매수했음을 시인하였다. 프랭크스 장군은 개전 이후 이라크 장교들로부터 '당신을 위해 일하고 있다'라는 내용을 담은 여러 통의 편지를 받았다는 사실을 밝히고 '그들이 후세인 정권에 대한 충성을 포기하고 주요 군사적 거점들에서 저항없이 항복해 왔다'고 말했다. 또 미 국방부의 한 고위관리는 '이라크군 장교들의 매수가 비용과 인명피해를 최소화하는 데 기여했다'라고 전했다. 이 관리는 한 발의 크루즈 미사일이 1백만~2백 50만 달러인 것을 고려한다면 뇌물은 불필요한 인명살상과 시설파괴를 최소화한 '정밀유도미사일'이라고 주장하였다. 이라크군의 무선통신 전파가 발생한 곳에는 반드시 폭탄과 미사일이 뒤따랐고 앞에서 이야기한 것처럼 이라크군 지휘망은 자전거를 탄 병사가 명령을 전달할 수밖에 없을 정도로 통신망이 마비되었다. 왜 바그다드가 공화국 수비대의 거센 저항없이 함락되었는가? 라는 이번 이라크 전쟁의 최대 의문에 대한 한가지 답을 보는 것 같은 느낌이다.

(3) 후반기 전쟁(2003. 5. 1~2005. ?)과 심리전

1차 이라크전이 끝난 현 상황에서는 아파치 헬기나 열화우라늄탄이 장착된 에이브럼 탱크 등 최첨단 초정밀 무기도 그다지 쓰일 데가 없다. 현재 테러 치하의 게릴라전이 확산되고 있는 이라크전이 이를 증명하고 있다. 뉴욕타임스 등 외신들도 이라크 내 저항이 게릴라전이라는 새로운 전쟁 단계로 진입했다고 보도하고 있다. 부시 대통령이 종전을 선언한 이후 미군 전사자는 1,600여 명으로 2005년 8월 31일 발표된 미국방부 집계에서 밝혀졌다. 동년 10월 말에는 2,000명의 미군 전사자가 집계된 바 있다.

9·11테러 이후 미국의 테러 대응의 핵심전략은 무력을 사용하는 응징적 전쟁이었다. 그러나 앞으로는 온건 무슬림을 포용함으로써 과격 무슬림 세력을 고사시키겠다는 전략이다. 지금까지의 대응이 단기·무력·전술적 처방이라면 앞으로의 대응은 장기·사회문화·전략적 처방인 셈이다. 이 전략에 따라 미국은 알카에다 등 극단적 무슬림이 주창해온 과격 이론이 이슬람 정신에 맞지 않는다는 점을 부각시키고 온건 무슬림의 목소리를 낼 수 있도록 지원하겠다는 것이다. 미국이 이처럼 전략을 수정한 배경은 크게 두 가지로 분석된다. 첫째는 아프가니스탄·이라크 전쟁을 치르는 과정에서 무력의 한계를 경험했기 때문이다. 무력으로 정권을 바꾸면 문제가 해결되리라 생각했는데 막상 전쟁을 끝내고 보니 과격 무슬림을 자극하여 혼란을 부추긴 셈이 돼 버린 것이다. 둘째는 전쟁 과정에서 이슬람 문화에 대한 지식과 경험이 많은 유럽의 도움이 절실했기 때문이다. 유럽의 반대에도 불구하고 시작한 전쟁이 이제 빠져나오기 힘든 늪이 되어 버린 것이다. 지금까지 미국 내 무슬림들의 요구에 거의 주의를 기울이지 않던 미국 정부가 최근 이라크 사태와 런던 테러 등을 보면서 유럽식 대응 전략의 효율성을 일부 선택할 필요성을 느낀 것으로 보고 있다(중앙일보, 2005b).

(4) 이라크전의 심리전 정보분석

한 국가의 민사·심리전 업무를 원활히 수행하기 위해서는 상대 국가의 '지역정보'와 '대상정보'의 획득이 필수적임을 앞에서 이미 언급하였다. 지역정보의 범위로는 국가급에서는 정치, 경제, 사회, 종교, 교육, 또는 교통, 통신에 관한 기술과 설명이 있어야 할 것이며, 기후, 지리, 과학, 전기, 역사 등의 요인에 따라 사회적인 군사행동 측면도 기술하고 설명해야 한다. 다음 대상정보에서는 목표 대상의 행태를 미리 작정했던 방향으로 좌우하려는 행동계획을 개발하기 위해 대상에 대한 정보연구와 분석이 있어야 한다. 심리전략의 목표 대상은 크게 그 사회의 본질을 좌우하는 지도자, 정당, 군대, 노동자, 학생, 농부와 그 지역에 거주하는 외국인 집단 등으로 분류할 수 있다. 이들의 심리적 성향과 그러한 성향으로 이루어지는 집단이나 특정 개인의 특성이 연구, 분석되지 않고서는 작전이 성공할 수 없다. 규명되어야 할 대상 목표 집단의 특성적 본질 중 특히 중요한 것으로는 그들의 태도, 준거기준, 가치체계에 대한 경향과 사회적 위치, 정치적 파벌성 등 다양성을 지닌 분파 관계가 확인되어야 한다는 것이다. 여기서는 이라크를 중심으로 심리전에 중요한 정보가 될 수 있는 아랍지역의 종교·사회·문화 등의 문제들을 논의해 본다(Arab. Net Content, 2005).

1 이슬람교도의 생활/풍습[5)]

가 달력 · 제례 · 행사

이슬람교에서는 헤지라력이라고 불리는 독자적인 달력을 사용한다. 헤지라력은 완전한 음력이기 때문에 1년은 354일로 되어 있어 헤지라력에 따라서 산정된 라마단월(이슬람력 제9월)의 단식(사움: awm)과 둘히자월(이슬람력 제12월)의 메카 순례(하지: ajj)가 있고, 그 밖의 행사는 태양력에 바탕을 둔 달력과 조금씩 다르게 된다. 1일 5회의 예배와 금요일의 합동예배가 실시되고 있으며, 단식월 기간에는 성년인 무슬림이 주간에 음식 · 흡연 · 향료 · 성교를 금하고, 과격한 말을 삼가며 가능한 한 코란을 독송하는 것을 가리킨다. 단, 음식은 흰 실과 검은 실의 구별이 안될 만큼 어두워진 야간에는 허용된다. 병이나 여행 때문에 할 수 없는 사람은 다른 달에 같은 날수만큼 단식하던가, 가난한 사람에게 음식을 대접함으로써 보상될 수 있다. 단식은 인간의 최대 욕망인 식욕을 극복하고 동시에 먹을 것이 없는 사람에게 대해 새롭게 생각할 수 있는 기회라고 한다. 라마단월이 끝나고 다음 새달이 하늘에 떠오르면 단식 완료의 축제가 시작되는데, 화려한 의상을 입은 군중들이 거리로 쏟아져 나와 서로 축하하는 풍습이 있다.

메카 순례는 둘히자월에 7~10일 동안 신의 집인 메카의 카바 신전 및 메카 북동쪽 교외에서 열리는 큰제사에 육체적 능력이 있는 신자가 적어도 일생에 한 번은 가야 하는 의무로 되어 있다. 능력이 없는 자는 하지를 못해도 죄가 되지 않는다. 해에 따라 일정하지는 않으나 현재도 매년 약 200만 명에 달하는 신도가 하지에 참가하고 있다. 메카 다음가는 성지는 메디나에 있는 무함마드의 묘를 중심으로 하는 지역, 예루살렘의 여러 성스러운 유적 등이 있으며, 또 시아파의 무슬림은 알리의 묘가 있는 나자프, 알리의 아들 후세인의 묘가 있는 카르발라, 이란 동부의 메시에드 등을 성지로 하여 순례하는 사람이 많다.

이슬람교에서 공식으로 정한 축제로는 순례월의 '희생제'와 '단식 직후의 제전'이 있다. 이것들은 모두 코란과 수나에 의하여 정해진 것이다. 이 밖에 후에 축제로 된 것으로는 예언자 무함마드나 성자의 탄생제가 있다. 또 시아파에는 무하람월(제1월) 10일의 이맘 후사인의 수난제 및 같은 달 18일의 가딜 홈므(메카와 메디나 중간에 있는 홈므의 연못)에서의 이맘 알리의 이맘 지명을 기념하는 제전 등이 있다.

나 식생활

이슬람교도의 식생활에는 갖가지 종교상의 규제가 있다. 예컨대 금주 및 돼지고기의

5) http://www.arab.net/iraq/(2004. 1. 5).

식용금지는 잘 알려진 일이다. 이것은 모두 코란의 규정에 따른 것이다. 그 밖에 무슬림들이 신의 이름을 찬양하고 일정한 절차를 쫓아서 도살한 동물 이외의 고기의 식용도 금지되어 있다. 그 이유에 관해서는 역사적·위생학적인 여러 가지 해석이 있지만 그것을 금한 신의 의지를 완전하게 알 길은 없다.

다 여성

여성이 베일과 차도르로 얼굴이나 신체를 가리는 풍습과 하렘(집안의 여성 전용의 장소)에 여성을 격리시키는 것이 무슬림 사회의 특징인 것처럼 알려져 왔다. 그것은 여성이 남에게 자기의 신체를 드러내 보이는 것을 금한 코란의 가르침에서 기인된 것이라고 한다. 인간은 약한 존재이므로 남녀의 접촉과 신체의 노출에 따라서 일어날지도 모르는 죄를 미연에 방지한다는 생각과 남성은 바깥 일, 여성은 집안일과 자녀 양육이라는 분업관에서 비롯되었다. 이 풍습도 여성해방 운동과 더불어 변해가고 있지만, 표면적으로는 무슬림사회가 남성중심사회이므로 변화는 없다.

라 유산상속

코란이나 예언자의 전승에 바탕을 두어 세부적으로 규정하고 있다. 특징적인 사항은 고아와 미망인에게도 재산을 인정한 것, 남자의 1/2이기는 하지만 여성에게도 상속권을 인정한 것, 재산의 ⅓을 유언에 따라 처분할 수 있게 한 것, 피상속인이 살해자나 이교도이면 상속에서 제외되는 것 등이다. 상속에 의한 재산의 분할을 막기 위해서 자선재단에 기증하고, 그 이익의 사용권을 가족 전체가 인계받는 방법이 종래에 있어 왔다.

마 할례

남녀의 성기 일부를 절개 및 제거하는 할례는 예로부터 흔히 볼 수 있는 관습으로, 오늘날에도 무슬림 이외에 유태교나 세계 각지의 부족들에게서 볼 수 있다. 유태교에서의 할례는 신과 이스라엘 백성과의 계약의 표시로서 중시되고 있지만, 이슬람교의 성전에는 아무런 언급이 없고 아브라함의 할례를 전하는 전승에 의한 것이다. 법적으로 반드시 의무적인 것은 아니지만 무슬림의 상징으로서 7~12세기경에 시행되고, 가족들은 성대하게 축하잔치를 벌였다.

바 혼인

이슬람교에서 혼인은 일종의 계약으로 미리 대리인들 사이에서 남성이 여성에게 지급할 혼인자금의 액수와 방법, 그 밖의 조건을 정한 후에 이루어진다. 이슬람의 특징으로 알려져 있는 것에 '4인 아내'가 있다. 이것은 원래 고아의 구제에 관련하여 내려진 계시에 바탕을 둔 것이지만, 그 계시에 관해서도 여러 가지 해석이 있다. 전통적으로는 최고 4명이라고 해석되어 왔으나 최근에는 같은 코란에 기록되어 있는 '만일 아내를 공평하게 다룰 수 있을지 염려가 되면 1명만을…'이라는 조건을 엄격히 해석하여 사실상 일부일처제를 법제화하고 있는 나라가 많다. 이혼에 관해서도 종래 남성 쪽으로부터의 일방적인 선언에 의한 방법이 가장 일반적이었으나 최근에는 여성 쪽의 주장도 인정받도록 개혁되고 있다

[2] 부족장의 신분과 권위

종전 후 바그다드엔 새 정치를 표방하는 1백 50여 정당이 난무하고 있다. 그 한편에서 이라크 전역의 각 부족은 강력한 지역 주도권을 요구한다. 독재자 사담 후세인도 '금권총'과 '벤츠'로 회유해야 했던 2백여 부족장이 그들이다. 이들은 전쟁으로 중앙정부가 무너진 지금 지역의 실질적 통치자라고 할 수 있다. 다음과 같은 한 부족장의 증언에서 그들이 가지는 권위를 짐작할 수 있을 것이다(중앙일보, 2003d).

'부족장은 부족의 아버지로서 자기의 부족이 평화롭고 안전한 생활을 하도록 모든 것을 돌봐주는 역할을 수행하고 있다. 부족원은 내 명령을 따른다. 결혼·이혼도 내 승낙이 있어야 한다. 여행을 가거나 군에 입대할 경우도 나에게 신고한다. 만약 부족간, 혹은 다른 부족과 분쟁이 발생해도 해결에 나선다. 소송은 다음 문제다.'

'나는 국가와 부족원들의 중간 역할을 한다. 국가의 법이나 정책이 타당하면 그것을 부족원들에게 전달하고 시행하도록 돕지만 불편함을 호소하면 그 의견을 국가에 전달하고 시정을 요구한다. 후세인 대통령과의 관계는 그다지 나쁘지 않았다. 그가 우리 부족에게 특별히 불리한 정책을 강요한 적은 없다. 최근 미군 지도부가 이 지역 부족장들과 협의를 강화하고 있다. 전기·수도·치안 등 전후 복구 사안들과 관련, 우리를 방문해 상의한다. 최근 반미 활동과 미군에 대한 공격이 이곳에서 발생하고 있지만, 미군이 치안 회복에 관련된 우리의 의견과 충고만 물었지 협조를 요청하거나 권한을 부여하지 않았다. 예를 들어 이 지역의 이라크 경찰 선발도 우리 의사를 타진하거나 선발과정 참여를 요청한 적이 없다. 그러나 내가 점령군에 대한 공격을 명령한 적은 없다. 전쟁 기간에 폭격으로 집과 가게가 파괴된 사람들, 점령군과의 충돌로 미군에 대해 개인적 반감을 갖게 된 사람들이 있는 것은 당연하지 않은가.'

[3] 국민의 기질[6)7)]

6) http://www.donga.com/news/politics/iraq/index.html(2004. 1. 5).

가 아랍인들은 대가족제도 안에서 성장하였고 생활하고 있으므로 친척간의 사생활을 간섭하는 것이 다반사이며 또 친구의 사생활도 예사로 간섭하는 것이다. 즉, 그들에게는 엄밀한 의미에서의 사생활은 없는 것이나 다름이 없다. 만약에 이러한 간섭이 없을 경우 주변의 친척들이 자기에게 애정이 적은 것으로 생각하고 실망하기도 하는 것이다.

나 그들은 처음 만난 사람에게도 개인적인 질문을 예사로 물을 수 있다. 시장의 상점에서 처음 만난 외국인에게도 차를 대접하고, 당신은 어느 나라 사람이며 나이가 몇이며 결혼을 했느냐 월수입은 얼마나 되느냐 등의 수 없는 질문을 던진다. 이라크 사람들은 대화나 인사 중에 자신의 감정이나 행동에 관한 표시를 나타내려고 할 때가 많다. 또 외국인들에게 자신의 생각을 깊이 심어 주려고 노력한다. 이 때문에 아랍인들은 목청을 돋우어 큰 소리로 말하거나 크고 과장된 제스처를 사용한다. 외국인 입장에서는 긴박감이나 불쾌감을 느낄 수 있지만 이것은 아랍인들의 일상적인 인사예절로 이해해야 한다.

다 그들의 친구나 친척이 역경에 처해 있을 때에는 무조건 돕는다. 이것이 많은 동정심을 가지고 있다는 뜻보다 자기가 역경에 처할 경우 도움을 받기 위해 돕는 식이다. 아랍인은 또 타인의 요청에 거절하지 못하는 성격을 가지고 있다. 심지어 자기가 입고 있는 단 한 벌의 옷을 처음 본 사람이 우유를 제공하고 벗어 달라고 하면 마지못해 벗어주는 예도 있다. 즉, 그들은 타인의 청에 안 된다고 딱 잘라 말하지 못하는 성질이 있다. 걸인의 동정을 거절하는 데도 '다음 기회에' 또는 '신의 가호를 원한다'는 표현으로 답변하는 것이다.

라 타인과의 개인적인 접촉에 친절한 아랍인은 손님을 접대하는 데 있어서도 아주 관대하다. 남에게 자기의 좋은 면을 보여 주어 좋은 평판을 얻으려는 욕망이 그 근저에 놓여 있는 것이다. 이 욕망에는 선의이거나 악의이거나 간에 뜨거운 정이 숨어 있는 것이다. 이 손님 접대에서 그들의 인간 됨됨이가 평가되는 것이다.

마 방문도 아랍인의 생활에 큰 몫을 차지하고 있다. 수시로 친척이나 친지를 방문해야 하며, 또 친척이나 친지가 병석에 눕거나 사망하거나 혼례식을 올릴 때에는 반드시 방문해야 할 의무가 있는 것이다. 이때에 방문을 하지 않는다는 것은 주위의 가혹한 비판의 대상이 되는 것이다. 방문이 아랍인의 중요한 교제 수단이 되므로 응접실은 가장 좋은 방을 택하며, 주인은 손님의 말동무가 되어야 한다. 또, 비록 자기들은 끼니를 굶더라도 손님 대접은 융숭하게 하는 것이 그들의 예의범절이다. 이 손님 접대는 아랍인이 체면을 중요시한다는 뜻도 된다. 이슬람 전통인 손님에 대해 예를 다하는 접대문화는 여전히 이라크인들의 생활 깊숙이 뿌리박고 있다.

7) http://www.arab.net/iraq/(2004. 1. 5).

바 체면을 지키기 위해서 그들은 가능하면 좋은 옷을 입으려고 한다. 즉, 아랍인은 자기자신을 위해서 먹고 남을 위해서 입고 있는 셈이다. 남의 평판에 많은 관심을 기울이고 또 체면을 지키기 위해서 그들은 실속 없는 겉치레를 많이 한다. 따라서 개인은 외부세계에 보이고 있는 면과 근친자에게 알려지고 있는 실제면 사이에는 상당한 거리가 있는 것이다. 이 외부세계에 나타나고 있는 면 즉, 체면치레는 어디까지나 그들의 본성이 아니기 때문에 교제관계가 장기간 지속되면 노출되고야 마는 것이다.

사 아랍인은 감정적인 면이 이성적인 면보다 대체로 강하기 때문에 초면에는 품위를 찾고 예의를 지키는 듯하나 얼마간 같이 지내는 동안에 자신이 걸었던 기대가 이루어지지 않고, 또 위신이 손상된다면 그 깍듯한 태도는 사라지고 점차 난잡한 성격을 나타내게 된다. 아랍인은 대체로 남을 비판하기를 좋아하나 당사자가 있는 면전에서는 거의 하지 않는다. 더구나, 자아비판은 거의 하지 않고 있다. 이것도 그들의 이성적인 면이 약하다는 것을 말해 준다.

아 아랍인은 이상적인 자기와 현실적인 자기를 동일시하는 경향이 있다. 남의 눈에는 대체로 현실적인 자기만이 나타나므로, 이에 대하여 비판하면 그의 정신세계에서는 이상적인 자기의 세계에 살고 있기 때문에 이것을 쉽게 받아들일 수 없으며, 또 이 비판은 자기의 체면을 손상한다고 여겨 증오와 분노를 나타낸다. 개인은 체면 및 권위 의식에 젖어있기 때문에, 그의 사회적 지위가 무시당하면 곧 그의 존재 자체가 무시당하는 것처럼 장소와 때를 가리지 않고 시비를 거는 경우도 많다. 이처럼 남자들이 사나이로서 모욕을 당하면 가만히 있지 못하고 쉽게 흥분하여 도전적으로 나서는 이라크 민족의 습성을 미군들이 심리전에 이용한 사례들도 발견되었다. 특히, 집안 여성들의 평판에는 신경질적으로 과민하여 때때로 극단적인 행동으로 나가기도 하는 것이 이들의 특징이다.

자 아랍인은 중동이라는 아시아, 아프리카, 유럽을 연결하는 육교적인 위치에 살고 있고, 수많은 다른 인종, 민족 및 문화의 침입을 받아 온 역사를 가지고 있다. 이 침입에 의한 새로운 상황 변화에 잘 적응하여 왔으므로, 현재까지 그들의 문화적 전통을 보존할 수 있었던 것이다. 그래서, 그들은 곡예사처럼 자기의 충절을 예사로 버린다. 즉, 자기의 입장을 매우 자연스럽게 아무런 저항 없이 겉으로는 바꾼다. 그러나 그들의 본질에 해당하는 전통 문화와 이상적인 자기는 확고불변한 것이다. 이 특성은 영원히 지니고 있을 아랍인의 공통된 기질이다.

(5) 아랍 지역에서의 심리전 수행 원칙

1 아랍인들의 명예와 자부심을 손상시키는 짓은 하지 말 것

이 지역은 인류 문명의 4대 발상지 중의 한 곳이며 중세에 황금문명을 꽃피웠던 곳

이다. 따라서 아랍인들은 그들의 조국과 역사에 대한 자부심이 대단하다. 이러한 자부심은 외부인을 포용하고 존중하는 넓은 마음을 갖게 했다. 반대로 문화적 우월성에 도취돼 외부 문화를 무시하는 속 좁은 모습도 보이기도 한다. 즉, 포용과 보복의 이중의식 구조를 갖고 있어 한없이 포용적이다 자신의 명예를 침범당하게 되면 복수심으로 바뀌는 것이다.

따라서 부족이나 가문의 명예는 물론 집안 여성의 평판에 손상을 입히는 행위는 금물이다. 피의 보복이 반드시 뒤따르기 때문이다. 이 지역에 파견 시 그들의 역사적 자부심과 명예심을 훼손하는 일은 절대 삼가야 하며 나아가 개인의 체면 및 권위, 사회적 지위, 주위 친지들에 대한 모욕이나 무시는 물론 개인 재산의 손상, 남성으로서의 모욕을 가하는 행위를 하게 되면 장소와 때를 가리지 않고 시비를 당하는 경우가 많으니 조심해야 할 것이다.

[2] 성 희롱은 절대 금지

아랍인들은 대화할 때 상대방의 눈을 뚫어지도록 주시하거나 상대방의 어깨를 두드리며 팔을 잡거나 얼굴을 바싹 들이대는 등 상대방과 몸을 접촉하면서 대화를 한다. 이러한 접촉을 통한 인사는 특히 오랜만에 남자 친구나 귀한 손님을 맞이할 때 껴안고 양 볼에 입맞춤하는 인사 형태로 나타난다. 그러나 이성끼리는 가볍게 악수하는 것으로 그쳐야 한다. 특히 '여성을 희롱하는 행동은 모욕으로 간주해 보복하니 조심하라'고 조언하고 있을 정도이다. 이런 점에서 오랫동안 이 지역에서 식민지를 운영하며 중동문화를 잘 이해하고 있는 영국군이 미군보다 상대적으로 인명피해가 적다는 분석이다(중앙일보, 2003b).

[3] '인샬라'문화에 적응

아랍 사람들이 자주 사용하는 말 가운데 우리가 가장 이해하기 힘든 것으로 '인샬라(신이 원하신다면)'가 있다. 아랍인들은 미래의 일에 대해 언급할 때 인샬라를 규범적으로 사용한다. 예를 들어, '나는 내일 차를 사게 될 거야, 인샬라'라는 말은 '차를 사고 만나는 일이 내일 이루어질 수도 있고 그렇지 않을 수도 있지만, 신이 원한다면 이루어진다'는 의미를 전달한다. 무슬림들은 오직 신만이 미래의 일을 알고 주관한다고 믿고 있기 때문에, '인샬라'라는 표현은 이슬람 전통에 의해 전해 내려오는 종교적 특성을 갖고 있다. 결코 무책임하거나 핑계를 위한 표현이 아니라 불확실한 미래의 일이 하나님을 통해 성취되기를 바라는 소망과 의지가 나타난 표현일 뿐이다.

그러나 이 표현의 특성을 이해하지 못하는 외국인들에게는 부정적 이미지를 준다. 아랍인들은 시간과 약속 개념이 비교적 약한 편인데 약속을 못 지키거나 시간을 어길 때 이 표현이 책임회피나 핑계의 수단으로 우리에게 인식되기 때문이다.

④ 도시 지역 게릴라전은 피할 것

아랍세계의 도시들은 통상 오래 전부터 사람들이 거주하고 있는 구도시 지역과 새로운 도시계획으로 건설되는 신도시 지역으로 나뉜다. 신도시 지역의 모습은 우리와 별반 다를 것이 없으나 구도시 지역은 매우 독특하고 흥미롭다. 구도시 지역의 골목길들은 미로처럼 서로 얽혀있어 안내자 없이 들어간다는 것은 거의 불가능할 정도이다. 모두가 같은 골목 같고 모두가 같은 집 구조를 가지고 있는 것 같다. 따라서 미로같은 구도시 지역에서 이들이 게릴라전을 펼치면 완전히 소탕하기가 어렵게 되어 있다.

⑤ 아랍인의 식생활 습관을 존중할 것

아랍인들이 즐겨먹는 음식으로는 전통음식인 케밥이 있다. 이것은 양고기 꼬치구이 정도로 이해하면 되는데 그들은 케밥 조각을 직접 손을 사용하여 식사를 즐긴다. 대부분의 아랍인들은 음식을 주로 오른손을 사용하여 먹고 숟가락이나 포크 등을 잘 사용하지 않는다. 식사에 왼손을 사용하는 것은 매우 예의에 벗어나는 행동이다. 왜냐하면 왼손은 화장실에서 사용하거나 또는 더럽고 지저분한 일에 사용하는 이슬람의 관습 때문이다.

또한 이들은 귀한 손님일수록 양고기로 접대하기를 좋아한다. 그 다음의 접대음식으로는 닭고기 요리, 소고기 요리 등의 순서이다. 물론 돼지고기는 먹지 않으므로 이들 앞에서 돼지고기에 대한 이야기는 매우 큰 결례가 될 수 있다. 돼지고기가 든 햄이나 라면 등을 위문품으로 전달하거나 대접하지 말 것이며 이러한 제품이 든 부대찌개나 김치찌개도 공개적으로 먹지 않도록 한다. 기타 개고기, 오징어, 문어 등의 식품도 먹거나 주는 일이 없어야 할 것이다.

⑥ 일부다처제사회를 비판하지 말 것

우리가 이슬람에 대해 가장 비판적인 시각을 갖고 보는 부분이 일부다처제, 정확히 말하면 일부4처제[8]이다. 그러나 일부다처제가 존재하지만 약 5% 미만의 소수 사람들만이 일부이처 이상이며 대부분은 일부일처를 유지하고 있다. 흥미로운 사실은 일부다처를 하는 사람들이 두 부류로 나뉘어 진다는 것이다. 첫째는 경제적 능력과 사회적 영향력이 큰 남성들이 일부다처를 하는 것이다. 둘째는 전혀 경제적 능력과 사회적 영향력이

8) 이슬람의 특징 가운데 하나인 〈4명의 아내〉는 고아의 구제에 관련된 코란의 계시(4장 3절)에 근거를 둔 것이지만, 그 계시는 여러 가지로 해석할 수 있다는 견해가 많다.

없는 남성이 일부다처를 하고 있다. 첫째 같은 경우는 의지할 남자가 없는 여성들이 한 남성을 택하여 남편으로 삼고 그녀들의 삶에 방패막이로 활용하는 것이다. 그러나 이슬람국가는 그 나라가 처한 상황에 따라 여성 인권에 대한 정도의 차이가 크다. 일부 국가에서는 여성이 정치적 리더십을 발휘하며 대통령과 수상직을 수행하고 있기도 하다.[9]

7 개인무기 소유는 아랍인들의 전통이다

유목민 관습에 따른 개인의 무기 소유도 정부가 건드릴 수 없는 전통이다(중앙일보, 2003a). 미군이 이라크에 들어오기 전만 해도 무기 소유는 범법행위가 아니었다. 미군정이 대대적으로 실시한 2주간의 '자진 무기 반납' 캠페인이 이렇다 할 실적 없이 끝난 것도 이 때문이다. 일부 보도에 따르면 이라크 전역에는 5백만 정의 총기가 돌아다닌다. 이들 무기는 언제든지 저항 세력의 장비로 바뀔 수 있다는 것을 인정하면서도 단속에는 한계가 있다는 것을 알고 그들의 전통을 무시하는 과격한 행동은 자제하도록 한다.

8 신성한 이슬람 사원: 최대한의 예의를 표시할 것

이슬람 종교에 대한 이해는 필수적이다. 이슬람의 법과 의식은 비이슬람 교도가 관여할 수 없는 신성한 것이며, 이슬람 교도가 맨발로 들어가는 이슬람 사원에 군화를 착용하고 들어가거나(중앙일보, 2003e), 그들의 신을 모욕하는 행동을 해서는 절대 안 된다. 그들의 종교의식을 방해하거나 종교 관련 시설을 훼손 내지는 함부로 사용하는 무례는 금기다(중앙일보, 2003b).

9 부족장과 종교 지도자에 먼저 접근: 모든 분쟁에는 개입 금지

바쿠바 대학의 한 교수는 '부족과 종파 분쟁에는 절대 개입하지 말고 부족장 · 종교지도자 등 노인들을 잘 공경하면 큰 어려움을 겪지 않을 것'이라고 주장한다(중앙일보, 2003b).

일반적인 '안정구축 작전'에서 어떻게 하면 특수전 요원들이 지역 유지를 이용하여 지역주민들의 태도변화를 도모하고 '눈에 거슬리지 않게'이 변화를 유도하는가에 대한 상식들을 알아둘 필요가 있다(Watson, 1978). 첫 번째는 특수전 요원들이 가장 접근하기 쉬운 대상으로 그 지역에 영향력을 행사할 수 있는 권위 있는 종교계 인사들을 주목하라는 것이다. 이는 일반적으로 사람들이 영향력이 있다고 생각하는 정치인, 학교장, 의사 등의 사람들과는 크게 상이한 접근 통로이다. 이들 특정 나라에서 종교인들은 근본적

---

9) sahramo@mju.ac.kr(2003, 이종화).

으로 보수적이어서 쉽게 주요 세력들과 절친하게 되며 게릴라 주동자들이 쉽게 자신들의 주장을 설득시키기 힘든데 그 이유는 종교인들은 벌써 그들만의 확고한 믿음을 가지고 있기 때문이라는 것이다. 다음 두 번째 유형의 접근 가능한 사회 구성원은 기술자들인데 기술자들은 기술의 진보를 신봉하고 기술의 혁신을 위해서 많은 에너지를 소모하게 된다. 연구자들에 의하면 기술자들의 이런 활동은 사회로부터 높은 신뢰성을 부여받도록 하며 사회의 영향력 있는 인사들과 접촉을 가능하게 하기 때문이다. 그리고 이들의 이러한 활동 자체가 서구에 대해 호의적인 생각을 갖게 만든다고 보았다.

⑩ 어린이들과 친교 유지

과거 로디지아의 미국 심리전 부대원들은 흑인 아동들에게 접근하기 위해 학교에서 논란의 대상이 된 폭력 사건들에 대해서 작문 경연대회를 열기도 하였다. 마음 아프면서도 동심에서 우러난 이야기들은 선전을 목적으로 나중에 출판될 수 있었으며 작문들은 흑인들이 얼마나 백인정부에 '충성심'이 있는가와 같은 어느 특정 흑인사회가 어떻게 생각하고 있는가를 파악할 수 있는 유용한 정보를 제공해 주었다.

이러한 심리전 선례들을 더욱 발전시켜 '안정구축 작전' 지역에 파병시 지역 주민들의 아동들이 좋아하는 장난감, 학용품, 신발 등의 물자를 우리 군이나 국가의 로고를 넣어 수시로 분배할 필요가 있다. 전쟁 지역의 아동들은 대체로 정에 목말라 있어 자신들에게 친절하게 대하는 사람들을 따르게 마련이고 이것의 간접 효과는 상당히 큰 것으로 심리전에서는 보고되고 있다.

⑪ 심리전 물자의 활용

월남전에서의 심리전 사례들을 보면, 전술적인 심리전 기술들의 사용 외에도 현지인들에게 부족한 특수 물자나 도구들이 관심을 끌기 위해서 동원되는 경우가 있었다. 이런 물자들 중에는 심리전 비누, 심리전 시장바구니 그리고 작은 인형 등이 있다. 예를 들어, 미 제7심리전단은 선전 내용을 비누 안에 여러 층으로 박아 넣어 전파시키는 방안을 개발해 냈는데 이 방식은 전달자가 원하는 여러 선전내용을 상당기간 동안에 걸쳐 사용자에게 인식시킬 수 있도록 해준다. 이 비누는 마침내 정부의 선물이라는 인쇄가 되어 있는 포장이 된 상태로 분배되기도 했다. 시장바구니는 선전내용을 찍어 전달하는 매체로 이용되었다. 그 당시 월남 가정에는 시장바구니가 많이 부족했기 때문에 상당기간 동안 가정용 용도로 보관되어 사용되었다(Watson, 1978).

작은 인형은 어린이들을 대상으로 위의 비누나 시장바구니와 같은 용도로 사용되었다. 선전문구가 찍혀 있거나 아니면 저명 인사의 모양을 한 장난감들이 제조되었다. 장난감이 부족한 상태인지라 이들 또한 상당기간 동안 보관되는 경향이 있었다. 음식 그릇, 라디오 장비 등 현지에서 부족한 물자들의 활용은 파견군의 친절을 부각시키는 동시에, 기타 파견국들과 부대위치를 구별해 주는 역할을 하거나 아군의 현 위치를 위장하여 적에게 혼란을 주기 위해서 사용되기도 하였다.

⑫ 스포츠를 통한 친선 교류

중동인 들이 좋아하는 축구는 우리 군도 좋아하는 운동이니 축구공 등을 무료로 제공하면서 수시로 마을 주민들이나 학생들과 팀을 편성하여 운동을 즐길 수 있도록 한다. 현지인들을 위한 부대 초청 체육행사도 개최하는 것이 바람직하다. 기타 그들이 즐기는 운동을 사전에 파악하여 운동도구나 기구를 준비해 가는 것도 좋을 것이다.

⑬ 군·민간·기업의 협조 유지

총격전 등 예상하지 못한 돌발상황에 대비해 군사적, 외교적 의미를 따질만한 민간인 출신의 전문성을 갖춘 민정보좌관이 사령관 곁에 있어야 할 것이다. 파견 지휘부도 이 같은 지휘부 인적구성 편성을 강력히 정부에 요청하여 반영시켜야 할 것이다. 미국의 경우 파병부대 지휘부와 기업인들이 충분히 호흡을 맞추고 현지 활동을 벌이고 있어 그 효과를 보고 있다는 정보는 시사하는 바가 매우 크다. 따라서 우리도 파병 전에 관련 정부 부처와 KOTRA, 전국경제인연합회, 개별 기업 등이 한자리에 모여 요구사항을 일제히 점검하고, 현지에 동반 진출하여 현지 주민들에 대한 인식을 바꿀 필요가 있다. 현지에 일단 파병되고 난 후 이 같은 모임을 갖는 것은 이미 늦다는 지적이다. 나아가 3개 집단의 협조 아래 대민 봉사센터를 설치하여 적극적으로 현지 주민들을 지원한다면 그들의 호응을 얻을 것으로 판단된다(중앙일보, 2003c).

⑭ 효과적인 미디어 심리전 역량의 구축: 언론통제 및 공조 유지

한 국가의 언론 및 미디어 정책은 크게 '방임 및 장려'와 '금지 및 억압'으로 나눌 수 있다. 평화시 자유로운 언론정책은 국가목표를 달성하기 위하여 올바른 여론형성과 비판으로 건강한 민주국가를 발전시킬 수 있다. 그러나 최근 민주주의 국가에서도 대부분 시대적 요청으로 부득이 언론을 아무런 제약 없이 방치해 둘 수 없게 되는 일도 있다. 또한 오늘날 많은 국가에서 국민의 알 권리와 더불어 국가안보와 관련된 내용에 대한 보도를 제한하고 있는 실정이다. 예를 들어 영국과 같은 나라에서도 관계 법률에서 언론의 자유가 지나친 남용이 발생하지 않도록 규제하고 있다. 베트남전에 대한 무분별한 보도가 미 국민의 반전무드를 형성하여 전쟁의 결과에 부정적인 영향을 미쳤다고 본 미국

도, 이후의 전쟁에서 언론에 대해 철저한 통제를 실시했으며 언론도 정부와의 공조를 유지하여 전쟁을 승리로 이끌었다. 특히 국가안전보장 유지 및 국민의 권익옹호의 입장에서 전시 언론제한은 불가피하며 언론도 적극 정부와 공조를 유지하도록 해야 할 것이다.

금번 이라크전에서는 전쟁 취재경쟁이 자유로워진 기자들 때문에 미·영 연합군은 미디어의 보도와 그 이미지를 의식하면서 작전을 수행하고 전략을 세우지 않을 수 없었다. 이제 전쟁에 있어 미디어는 단순히 전쟁 뉴스를 보도하는 수단이 아니라 전쟁 그 자체가 돼버린 셈이다. 더 극단적으로 말하면 미디어는 전황에 영향을 주는 새로운 무기로 등장하고 있다. 특히 전쟁 초기 전황을 보도하는 미디어의 우세 여부가 전쟁 결과에 중대한 영향을 미칠 수 있다는 사실을 직시하고, 군은 국가적 차원에서 국가홍보처와 방송위원회에 협조를 요청하고 평시에 전쟁 시를 대비한 언론 및 미디어 심리전을 준비해 두어야 할 것이다. 또한 이번 '안정구축 작전'에서도 언론의 협조가 절대적으로 중요함을 인식하고, 파견부대 편성에 대언론 전문가를 영입함은 물론 보도방식, 보도내용을 조정·통제할 수 있는 군 홍보 요원을 적절히 편성 파견병의 안전에 신경을 곤두세우고 있는 고국에 적시 적절한 뉴스를 보도하게 함으로써 대국민 신뢰를 쌓고 군과 국민적 사기진작에 소임을 다해야 할 것이다.

⑮ 현지인의 활용

이라크 전략문제연구소의 책인자는 '미군과 함께 다니면 점령군으로 간주돼 보복당할 수 있으므로 절대 미군과 친하게 지내지 말고 비슷한 복장도 하지 말라'며 '대신 이라크인을 대동하고 일을 하면 충돌을 막을 수 있을 것'이라고 충고하고 있다(중앙일보, 2003b). 파견병 전투 복장도 미군과 유사한 형태를 벗어나 한국군의 독자적인 색상과 형태를 유지하여 이라크인으로 하여금 쉽게 구분하게 할 필요가 있다. 현지에서의 민사업무 수행도 반드시 이라크 현지인을 활용하고 그들의 조언을 구할 필요가 있다.

4) 안정구축 작전(stability operation)

(1) 안정구축 작전의 개념

안정구축 작전이란 병사들의 비군사적 활동에의 참여를 뜻하며 민간인 사회와의 협조적인 기조를 유지하도록 하는 데 그 목적이 있다. 특수전 부대 장교들의 의무와 책임은 광범위한데, 그들은 국가의 수뇌와 대사급의 인원들과 친분을 다지는 역할에서부터 지방에서 부락의 우물을 판다든지 아니면 배수로를 개설하는 능력까지도 갖추어야 한다. 안정구축 작전의 기초는 비교문화적 의사소통이 그 본질이며 CRESS는 많은 시간을 이 부분을 연구하는데 투자하고 있다. 예를 들어, 한 연구에서는 군사, 외교, 교육, 정치 등의 분야에서 345개 사례의 비교문화적 의사소통에 대한 분석을 하였는데 이 연구의 결론은 의사소통의 유형은 업무의 결과에 아무 영향을 미치지 않았으나 의사소통의 목적이 애매하지 않고 명확한 경우와 그리고 그냥 원조금만 전달하는 수준이 아닌 수혜자들의 업무 참여가 있었던 경우 의사소통은 훨씬 더 효율적이라는 것이다. 예로 이집트에서 있었던 다른 연구의 경우 일정한 문화에 소속된 사람들은 상이한 심리적 특성을 보유하고 있기 때문에 의사소통 중에 그 점을 감안해야만 한다는 점을 보여 주었다.

각 사회의 특성 또한 분석되었다. 부족의 맹세 서약식부터 후각의 변화에 대한 일반적 반감의 정도 그리고 종교에 대한 태도 등이 연구되어 예일 대학에 있는 인력자원 서류철에 보존되고 있다. 이러한 연구 기록들은 한때 태국과 라오스 파견요원이었던 미 해군의 Johnston 중령의 논문에 인용되기도 한다. 그의 '부족 용사: 소수민족의 이용에 대한 연구'라는 보고서는 라오스의 Meo와 월남의 Rhade 같은 동남아의 여러 부족들을 관찰하여 이들에 대한 상세한 역사적 기록들을 수록하고 있다. 그는 효율적인 우방이 되기 위해서는 그 부족이 그 자신들만이 안심하고 활동할 수 있고 자신들을 위해 이용할 수 있는 안전지대가 있어야 하며 그리고 그 부족이 역사적으로 하나로 뭉쳐 타 부족의 적들과 싸워본 기억이 있어야 하며 마지막으로 어떤 불만을 가지고 있어야 한다는 결론을 내렸다. 만약 불만이 없을 경우 불만을 만들어서 그들에게 심어 주어야 한다. Johnston은 그의 조사를 통해 이데올로기는 많은 불만보다 훨씬 빈약한 동기가 된다는 점을 발견하였다(Watson, 1978).

아마도 이 분야의 가장 광범위한 연구는 지금은 악명만 남아 있는 Camelot 계획[10)]일 것이다. 이 극비 연구는 특수작전 연구소(SORO)에 의해 진행된 칠레의 사회체계에 대한 연구였다. Camelot 계획은 다른 사회과학연구와 비교 시 절대 뒤떨어지지 않으면서 어떻게 사회의 모든 부분이 연관되어 사회의 변화나 안정을 창출해 내는가를 보여 주고 그래서 이전에는 상상도 할 수 없었던 사회를 통제할 수 있는 기회를 제공하는 연구가 되겠다는 취지로 시작되었다. 이 계획의 실패는 그 분야에 대한 군의 활동을 위축시켰고 그 이후로 많은 연구 기관은 보다 실질적이면서 당장 응용될 수 있는 연구에 집중하게 된다.

---

10) Camelot은 영국 전설에 Arthur 왕의 궁전이 있었다는 곳. 이 비밀 계획은 1965년도 칠레의 사회적 변화와 안정에 관련된 요인 측정 그리고 특정 사회적 상황을 유발시키는 요소를 학제적으로 연구한 것으로, 본래 악의적 의도는 없었지만 일부 연구내용들이 칠레사회에 누설되어 큰 소동이 일어났다. 이에 따라 이 계획을 전혀 모르는 산티아고 주재 미 대사가 SORO의 운영 책임기관인 국무성에 항의해 계획이 취소되었다.

(2) 안정구축 작전을 위한 훈련

이 부분에서 우리는 어떻게 장교들과 병사들을 그들이 생각할 필요 없이 자신들의 문화에 뿌리를 두고 있다는 것을 인식하도록 훈련시킬 수 있는가 하는 문제를 살펴본다. 그렇게 해야만 군은 병사들이 그들이 배치될 나라의 문화에 좀더 포용적으로 행동할 수 있도록 교육시킬 수 있다. 이것은 병사들이 전쟁 중인 적대국의 경우도 마찬가지이다. 이것과 관련된 몇 가지 연구계획을 인용하여 이러한 연구들의 범위를 살펴보기로 한다.

예를 들어, 초기에는 HumRRO[11)]에서 외국에서 활동하는 미국인들이 경험할 수 있는 문제들에 대한 사례 책자를 발행하였다. 이 책자는 현실적으로 병사들이 외국에서 직접 당면할 실질적인 문제들을 체계적으로 종합해 놓아, 병사들이 쉽게 직면할 수 있는 문제점에 대해 준비를 하는데 도움을 줄 수 있는 것이었다. 그 책자의 서두 부분은 유럽인들이 '우리의 방식이 지당한 것이다'라고 생각하는 자세에 대해 설명을 하고 있다. 책자는 서양인들이 조심해야 할 사항들에 대해 예를 들어 가며 절대 자신들의 방식이 당연하다고 생각하지 말 것을 강조하고 있다. 예를 들면 [1] 환경에 대한 통제: 절대로 외국인들도 인간이 세상의 주인이라고 미국인들처럼 생각한다고 가정하지 말 것, [2] 발전에 대한 시각: 개발과 발전이 언제나 인생의 불가피한 일환이라고 가정하지 말 것, [3] 청교도 정신: 외국인들도 항상 서양인들처럼 다른 사람에 대한 책임에 대해서 동일한 태도를 가지고 있다고 생각하지 말 것, [4] 도덕적인 인식: 선교사 정신이 항상 환영받는 것은 아니다, [5] 타인과의 행동 양식: 예절과 표정 및 습관은 상이하다 등이다. 이런 방법의 학습과 숙지로 미국장병들은 자연스럽게 경제적으로 타문화가 지닌 함정을 인식하고 훨씬 효율적인 의사소통 능력을 가지게 되었으며 지역 민간인들의 마음을 게릴라 집단에 대한 동조로부터 정부 진압군에 대한 지지로 전환시키고자 하는 미군 당국의 군사적 목적을 성공적으로 추진할 수 있게 만들었다.

5. 한국의 심리전환경

미래는 '새로운 개념(concept)'을 누가 만들어 내느냐에 따라 리더와 추종자가 갈라지

11) HumRRO(Human Resources Research Office)는 '인적 요소'가 군사관련 업무에 중요한 관건이라고 미 육군이 결정을 내린 후, 일반대학의 사회과학자들을 군 연구에 참여시키기 위해서 1951년에 설립되었다. 워싱턴 DC 외곽 Alexandria에 본부를 두고 있는 이 연구소의 6개 주요 연구 분야는, 개별적인 수행자로서의 인간; 조직 구성원으로서의 인간; 리더로서의 인간; 상이한 문화 속에서 생활하는 인간; 훈련기술; 인간체계 관리 등이다. 1969년 10월에 있었던 여러 번의 학생들의 시위 이후에 HumRRO는 조지 워싱턴 대학으로부터 분리되어 비영리적 독립 연구단체로 재정비되었다.

는 시대다. 마찬가지로 미래 국가심리전 환경에 대한 불확실성도 누가 그 개념을 보다 확실히 정리하고 필요한 준비를 하는가에 따라 심리전에 대한 선제권이 좌우된다고 보아야 할 것이다. 여기에서 중요한 점은 '새로운 개념'이란 주어지는 것이 아니고, '기존의 틀을 깨고' 다가올 변화에 미리 준비하는 자에 의해서 창출된다는 사실이다. 안보환경을 비롯한 수많은 변수들의 영향 속에서 단지 몇 가지 변수들만으로 현재와 미래의 심리전 환경을 분석한다는 것이 설명을 제한적으로 만들기는 하지만, 우리가 예측가능한 변수만으로 변화하는 국가심리전환경의 특징들을 정리해 본다.

1) 국제정치 질서의 다변화

(1) 국외의 정치·사회환경

냉전체제의 종식과 미국의 초강대국 부상, 그리고 9·11테러에 따라 21세기 초반부터 두드러지게 나타나고 있는 국제정치·안보환경의 변화는, 1 다자간 안보협력 추세, 2 국제사회에서 테러-반테러 세력으로의 양분, 3 국가 이기주의의 증대, 4 포괄적 안보개념 및 초국가적 안보위협의 확산 등으로 요약할 수 있다. 이 같은 추세에 따라 국제사회는 앞으로도 자국의 이해득실에 따른 지역블록화 등 국제질서 재편이 지속적으로 이루어질 전망이다. 국제사회에서 초강대국 미국을 견제할 수 있는 세력이 등장하지 않는 한, 그 핵심은 미국을 중심으로 이해를 같이하는 서구 강대국 블록이며, 이 강대국 블록들이 협조하여 전쟁을 억제하고 평화를 보존하는 '국제정치 관리(concert of great powers)'는 당분간 유효할 것으로 생각된다. 따라서 정치적인 이데올로기도 미국 중심의 자유민주주의 정치 체제가 당분간 세계화의 주도 세력으로 자리 잡을 것이다.

9·11테러 이후 나타난 신 국제질서는 동북아의 안보환경에도 변화를 일으켜, 전통적인 동북아 4강의 견제·균형 구도를 붕괴시키고 있다. 9·11테러 이전까지의 전망은 대륙 세력인 중국과 러시아가 전략적으로 협력하여 해양세력인 미국과 일본에 대립적인 구도를 보일 것이라는 전망이었지만 9·11테러 이후 미국은 중국과의 경쟁관계를 동반자 관계로 바꾸고 있고 중국과 러시아도 미국의 반테러전에는 적극 동참하는 상황이다. 이러한 상황에서 군소 국가들의 WMD 확산은 세계정치 질서를 위협하는 테러 세력으로 분류돼 미국을 비롯한 강대국들의 강력한 제재를 받게 될 것이고, 국제사회에서 정치·경제적 불이익과 위협 조치를 당하게 될 것이다.

그러나 이러한 다자간 협력 구도 속에서도 국가이기주의 증대로 자국의 이익을 극대화하고자 하는 추세는 많은 갈등과 분쟁의 소지를 남겨두고 있다. 중국의 경제개발에 따른 국민소득의 향상과 2008년 베이징 올림픽은 필연적으로 내·외적인 민주화 요구와 인권문제를 부상시킬 것이며 소수 민족의 정치적 독립 요구와 패권주의에 따른 주변국과의 영토 분쟁이라는 정치적 딜레마에 부닥치게 될 전망이다. 미국의 도덕주의와 중국의 일방주의 외교방식이 상호 갈등의 여지를 남겨두고 있지만, 미·중의 전략적 목표가 일치하는 테러 문제나 안보 관심사 영역에서 양국이 협력하거나 지속적 관계를 유지한다면 한반도 안정에는 도움을 줄 수 있을 것이다. 그러나 북핵과 대만문제에 대한 양국의 협력 이면에는 타협하기 힘든 미묘한 차이점이 있을 뿐 아니라 중국이 현 북한 체제의 안정을 유지한다는 입장에서 북핵문제에 접근하는 한 미국과 이해 충돌의 가능성이 상존해 있어 남·북한의 통일은 점점 멀어져 분단 고착이라는 바람직하지 못한 결과를 낳을 수도 있다. 러시아도 유사한 상황이며 미국과 어느 때보다 굳건한 동맹관계를 등에 업은 일본의 군국주의 부활에 따른 주변국과의 마찰도 어느 정도 예상된다.

(2) 국내의 정치·사회환경

미국 주도의 반테러전 시대가 열리면서 한반도도 새로운 안보 상황에 직면하게 되었다. 휴전 이후 한·미 양국은 연합방위 체제를 통해 북한의 전쟁 억지력을 유지해 왔다. 그러나 국제사회에서의 테러에 대한 미국의 강경한 입장, 북한의 핵개발과 대량살상무기 확산, 주한 미군의 재배치문제 등이 대두됨에 따라 한반도 안보상황도 다소 복잡한 양상을 띠게 되었다. 미국이 이라크전의 부담에서 어느 정도 벗어나게 되면 다음 제재의 대상은 이란과 북한이 될 가능성이 높다. 한국은 내부적으로 민주주의가 정착되며, 탈권위주의와 지방화·분권화가 가속될 전망이다. 그러나 그 과정에서 국가적 권위가 도전을 받는 등 집단 및 지역 이기주의가 정치적 갈등을 유발할 소지가 높다.

2) 新경제 중심의 국익추구 심화

외교의 우선순위가 정치에서 경제 중심으로 이동 변화하는 추세는 계속될 전망이며 국익확대를 위한 지역간 경제블록화도 가속화될 것이다. 통신과 운송수단의 발달로 인한 세계 경제의 통합과 글로벌화 추세에 따라 경제적 이익을 추구하는 경제 전쟁이 치열해지면서 무력충돌 가능성은 상대적으로 줄어들 것이라는 전망도 있다. 세계 경제는 장기호황 속에 물가안정을 유지하고자 하는 '新경제' 현상을 초래할 것이며 지식과 네트워크를 이용하여 정보를 구축하고 활용하여 부를 창출하는 지식기반 경제로 전환이 급속하게 일어나게 된다. 컴퓨터 네트워크 자체가 새로운 인프라가 되고 이를 활용하는 전자상거래나 인터넷 쇼핑 같은 시장이 점차 자리를 잡게 됨에 따라 새로운 상품과 시장을 중심으로 새로운 경제 활동이 발생하며 대형 쇼핑몰의 확산으로 기존의 재래시장이 타격을 입을 것이다. 이 같은 新경제 현상의 출현으로 조립 산업이나 제조업 같은 기존 산업에 대해서도 디지털 기술의 접목이 가속화되며 아울러 교육, 방송, 일기예보 등과 같은 기존의 공공 서비스도 산업화하는 분야가 확대된다. 사이버 공간의 통신 기술이 급속하게 진전됨에 따라 전 세계적 차원의 통신비용 절감도 가속화될 전망이므로, 경제의 글로벌리제이션은 더욱 급진전하게 된다. 이 과정에서 정보 선진국과 개도국 사이의 기술 격차를 감소시키는 속도도 더욱 빨라질 소지가 커진다.

한반도 주변에서는 중국을 핵심으로 하는 중화권의 부상과 경제적 블록화가 한반도와 세계 경제에 미치는 영향은 예상보다 클 것이다. 중국의 자본재 '블랙홀' 현상으로 석유·철강재를 비롯한 국제 원자재 가격이 급등하는 등 경제 개발의 원자재 확보를 위한 외교전은 심화되고 일부 국지적 분쟁도 예상된다. 미국을 중심으로 하는 서구 경제 블록과의 긴밀한 유대관계가 더욱 중요한 의미를 갖게 된다. 한국은 이러한 경제적 집중 현상을 다변화하고자 지속적인 노력을 보일 것이나 급속한 효과는 기대하기가 어려운 실정이다. 국내적으로는 상대적 저성장 추세로 인한 다소의 고용 불안이 예상되나 가까운 시기에 연 2만 달러 국민소득을 달성하게 될 것이다. 그러나 부의 집중화로 빈부격차는 점점 확대될 가능성이 높아 상대적 결핍감의 확산으로 사회적 갈등이 예상된다. 사회복지정책의 확대로 절대 빈곤자는 감소하며 이에 따라 극빈자나 노숙자들도 점차 사라지게 될 것이다. 사회적으로 동기가 애매하거나 흉포화되는 범죄가 늘어나 인성교육에 대한 자성론이 대두하게 된다. 토요 휴무제의 확대로 젊은 세대를 중심으로 삶의 질 추구와 여가 선용의 확대를 위한 경제적 활동은 증가될 전망이다. 남·북 관계도 감상적인 통일론에서 벗어나 남·북한이 한민족으로 통일된다면 좋겠지만 그것이 경제발전에 방해가 되고 손실을 초래한다면 고려해 보아야 한다는 현실론이 확산될 가능성이 높다.

3) 문화 콘텐츠의 역할 및 중요성 증대

전반적으로 정보화 산업의 발달은 자국 문화의 개방화·국제화를 촉진시킬 것이며 다양성과 다원화를 수용하는 쪽으로 작용할 것으로 보인다. 문화의 글로벌리제이션은 크게 두 가지 상반된 반응을 초래하게 된다. 한편으로는 선진 강대국의 문화, 특히 대중문화가 전 세계를 석권함으로써 문화의 동질화 내지 수렴을 촉진하는 구심적(centripetal) 과정이고 다른 하나는 이러한 일반적인 문화의 초국적화가 진행할수록 민족적 독자 문화의 희소가치가 상승하는 현상이 나타나므로, 오히려 자민족 문화를 되살리고 강화하려는 이질화의 경향이 더욱 뚜렷해지는 원심적(centrifugal)과정이다. 문화는 지식 정보의 활용, 디자인과 신상품 개발 등에서 창의성을 가장 잘 발휘할 수 있는 영역인 동시에 산업의 콘텐츠를 제공하는 원천으로서 무한 잠재력을 지니기 때문에 영화 · 드라마 등 문화적 역동성은 상품화될 것이며 자국만의 문화상품을 개발 판매하고자 하는 치열한 문화전쟁도 예상된다. 외래문화에 저항하는 민족주의적 정서를 자극 각 국의 문화주권 경쟁은 오히려 심화될 가능성도 있다.

4) 과학기술의 발전과 정보환경의 첨단화

정보화 시대의 일차적 특징은 최첨단의 기술혁신이 모든 정치 · 경제 · 사회 · 문화적 변화를 자극하고 주도하는 시대라는 점일 것이다. 이 기술 혁신은 우선 인간이 생각할 수 있는 세상의 거의 모든 것에 관계하게 되는 컴퓨터와 다양하게 첨단화하는 통신장비가 연결되어 창출하는 고도의 하드웨어에다 디지털이라는 기술을 적용하여 지식과 정보라는 소프트웨어를 생산, 처리, 저장, 관리, 전달, 활용하는 포괄적이고 총체적인 성질을 띤다. 이 같은 기술변동으로 인한 '유비쿼터스'가 생성하는 새로운 세계는 지리적으로 경계가 형성되는 세상이 아니라 기술이 사회 · 문화적 경계를 좌우하는 세상인 것이다. 이 같은 첨단 정보환경 구축과 기술 혁신이 가져올 사이버 시대의 변화하는 생활상의 모습은 ▶새로운 사이버 공동체가 형성되면서, 실재 세계에서 진보를 저해하는 나이, 성별, 인종, 종교, 사회 · 경제적 지위 등의 기존의 사회적 경계나 차별이 무의미해질 수 있는 포용적 사이버 월드가 만들어진다. ▶신경제, 신산업의 번창으로 직업이 다양해지고 사회적 상호작용의 형태도 다양해지며 계층구조가 유연해져서 사회적 이동이 활발해지고 이익집단이 번성하게 되면서 사회의 다원화를 촉진시킨다. ▶유비쿼터스의 가능으로 컴퓨터, 인터넷, 이동 통신 등을 활용하여 재택근무나 이동근무와 같은 자율적 직업 활동이 가능해짐은 물론 다양한 서비스를 이용할 수 있게 됨으로써 사회 · 경제적 활동의 개인화가 급속히 확산된다. ▶정부, 기업 및 기타 사회단체 등에서 인터넷 사용이 보편화하게 되면 조직구조가 수평적인 것으로 변하는 현상이 두드러지고, 이로 인하여 조직체 내의 권위 구조에 근본적인 변화가 발생할 소지가 커진다. ▶조직내의 정책 결정, 지식 축적과 활용, 행정서비스 제공 등에 인터넷 활용이 확산된다. 정치과정의 전자화, 디지털화로 사이버 민주주의가 확산된다. ▶다양한 사이버 범죄의 급증이 현실화된다. 사이버 공간을 이용한 경제 범죄, 정신적 폭력 등의 가능성이 높아지고 해커나 바이러스 침투 등을 통한 사이버 게릴라전이나 범죄도 기승을 부릴 것이다로 요약된다.

5) 남·북 화해와 협력관계의 전망

우리 정부의 입장은 전쟁 위협으로부터의 탈피라는 '소극적 평화의 보장'을 최우선으로 삼고 북한과의 협상에 임하고 있다. 국민적 염원에 따라 남측의 포용정책은 지속되겠지만 그 효과가 아직은 모든 국민들이 동의할 만한 수준은 아니다. 그러나 여기에는 지원의 목적이 무엇인가에 따라 효과를 판단하는 두 가지 다른 관점이 있을 수 있다. 첫째는 우리의 지원이 북한 주민들의 기본적인 생리적 욕구들을 해소시켜 개방과 개혁을 촉진시키고, 주민들로 하여금 보다 고차원적인 자유와 민주의식 그리고 인권에 대한 욕구를 유발시키고자 하는 것에 목적을 두었다면, 현재의 지원 수준으로는 턱없이 부족한 상태여서 그 효과를 거의 기대할 수 없다는 것이다. 둘째는 우리가 일방적이나마 무언가 호의를 베푼다면 북한도 남한에 대해 험한 짓을 하지 않을 것이라는 식의 단순한 지원이었다면 어느 정도의 효과는 얻고 있다고 판단된다. 그러나 이 방식으로는 북한의 내부 변화를 유도하기가 그렇게 쉽지 않다는데 문제가 있다.

따라서 현재와 같은 남측의 정책이 지속되는 한, 남·북관계의 획기적 진전이나 군사적 신뢰 관계의 구축은 기대하기 어려울 것이다. 다만 사안에 따른 부분적 경제협력이나 민간차원의 인적 및 경제 교류, 이산가족 상봉 차원의 협력은 이루어질 것이다. 그러나 당분간 북은 남·북 교류방식이나 지원 수용에 대해서도 선별적이며 이산가족 상봉이나 서방과의 관계 개선 등으로 우려되는 사상오염이나 사회이완 현상을 우려해 내부적으로는 사회 및 사상통제를 더욱 강화할 수밖에 없을 것으로 생각된다. 또한 불확실한 대외 정세를 맞아 북한은 선군정치를 표방하면서 김정일 체제의 고수를 위해 '수령결사옹위주의'를 내세워 수령에 대한 절대적 충성을 요구하며 강성대국 건설의 슬로건을 지속적으로 강화해 나갈 것으로 예상된다.

북한 경제의 성장 여부도 국내적 요인보다 남북교류, 북·일 및 북·미관계 등 대외관계 요인에 달려 있어, 이들 국가의 지원이 없는 한 획기적인 경제발전을 이룰 가능성은 희박하다. 탈북자문제도 북한 체제의 일부 이완 현상으로 보아야지 이를 붕괴의 징조로 보는 것은 성급한 면이 있다. 최근 일부 언론에서 거론되고 있는 김정일 후계자문제는 비록 김정일의 신상에 갑작스런 큰 변화가 있다 하더라도, 지금과 같은 북한의 정세나 국제관계 역학 구도에서는 거의 불가능할 것으로 판단된다. 지금 북한이 남·북관계 개선보다 더욱 신경을 써는 것이 대일수교협상, 대중관계의 복원, 대러협력관계 강화와 함께 미국과의 관계를 개선하는 '전방위 외교'의 지속적 추진이다. 그러나 국제사회에서의 테러에 대한 미국의 강경한 입장, 북한의 핵개발과 대량살상무기 확산에 대한 미국의 부정적 태도는 북한으로서는 상당한 정치적 부담이다. 이제 북한의 핵문제는 남·북한의 정치 지도자간에 해결할 수 있는 범위를 벗어나 6자 회담에서 해결해야 하는 국제적인 안보문제로 논의가 형성된 상태이며 만일 북핵문제가 평화적으로 해결되지 못하는 경우 예상되는 불행한 사태는 남·북 정치지도자간에 큰 정치적 부담을 안겨줄 수 있다.

6) 우리사회의 내부 변화

세계화·개방화 추세에 따라 정부도 기업과 사람 등 내보낼 것은 내보내 전략 거점이 마련된 세계 곳곳에 '제2의 한국'을 건설하고, 국내의 의료, 교육 등은 개방하여 국내 서비스 산업의 경쟁력과 생산성을 제고하게 될 것이다. 특히 선진국 벤치마킹을 위해 공무원과 지방 자치단체들의 적극적인 연수와 견학이 이루어 질 것이다. 지방 재정의 확보를 위해 차별화된 지역특화 사업이 활기를 띠게 될 것이다.

정보화 사회가 보편화됨에 따라 장소·시간 제약으로부터 자유로운 '유비티즌'의 시대가 열리게 된다. 디지털 언어와 장비를 자유자재로 구사하는 '디지털 네이티브'(digital native)가 늘어나 언어, 생활습관에도 큰 변화가 예상된다. 인터넷 활용 확산은 농어촌 소득 증대나 복지 향상에도 기여할 것이나 연령이나 신분을 떠나 정보의 대량 생산과 디지털화의 가속화에 잘 적응하지 못하거나 접근성이 떨어지는 사람들은 모든 면에서 불이익을 감수해야 할 것이다.

민주화 제도의 정착과 함께 국민의 인권 및 참여 의식은 더욱 높아지며 국민들의 정부에 대한 요구사항도 다양해진다. 이에 따라 공권력과 시민단체의 충돌로 정부의 권위가 실추되는 현상이 빈번할 것이다. 국민의식의 변화에 따라 집단적 지역 이기주의가 더욱 기승을 부려 대규모 국책 사업의 추진이 점점 힘들어지며 뜻밖의 예산낭비도 각오를 해야 할 것이다. 정부 공공사업에 대한 더 많은 주민 협조가 필요함에 따라, 관계자들의 의사소통 기술이나 설득능력이 더욱 중요하게 될 것이다. 정부나 기업의 조직도 수직 구조에서 어느 정도 수평적인 구조로 바뀌며 작지만 강한 정부를 요구하는 목소리도 높아져, '기업가형 정부' '학습정부' '전자정부'를 구축하게 될 것이며 부처별로 분산된 기획 기능을 통합하고, 규제는 금지항목을 제외하고 포괄적으로 허용하는 네거티브제로 바뀔 가능성도 있다.

자유경제 체제의 특징인 '전문성'이 중요해지며, 소비면에서도 '가치 소비'가 부각된다. 이성보다는 감성에 대한 가치를 소중하게 생각하며 시간의 가치가 커지고 서비스의 상대적 시장가치가 높아진다. 퓨전의 시대가 보편화되어 제품, 기업조직 등 가리지 않고 퓨전이 될 가능성이 있다. 국민소득의 증가와 함께 차츰 저성장의 시대가 열리며 저성장은 고용의 질을 악화시켜 전반적인 소득 양극화를 심화시킬 것으로 보인다. 사회구조의 고령화와 함께 정보화사회에 적응되고 경제적으로 안정된 50대 이상의 사회·경제적 파워가 지금보다 커지게 될 것이다.

7) 군사환경의 변화

미래전의 전쟁 양상은 정보전 · 전자전, 통합성 · 신속성 · 기동성, 광역화로 요약된다. 한반도의 군사환경은 탈냉전 속에서 남 · 북교류에 따른 안보의식 이완과 주적의식 희박으로 나타날 것이다. 군대의 위상도 과거의 특수한 신분적 위치를 떠나 단순히 제복을 입은 민주시민으로 일원으로 간주되며 국민의 군대라는 공감대가 형성되면서 문민통치는 더욱 강화될 것이다. 군의 전력구조는 병력집약형에서 차츰 기술집약형으로 전환되며 군 구성원을 이루는 신세대의 다양성 추구와 개인주의 가치관 심화로 인해, 종래의 리더십이 도전받는 '리더십의 위기'가 도래할 수도 있다. 따라서 군은 새로운 시대의 요구에 부합하는 통합적, 전방위적 리더십을 개발해야 할 것이다.

앞에서 논의한 바와 같이 우리 군이 당면할 중요한 사회 · 심리학적 문제들로는, 1 연령이나 계급 그리고 근무기간보다 경험과 능력을 겸비한 민간 전문가의 수평적 영입 확대와 새로운 진급제도, 2 의사소통 기술과 설득 능력이 강조되는 리더십의 변화, 3 군 입대 인원의 감소에 따른 우수자원 충원, 4 병역 거부자의 임상적 변별과 군기 유지, 5 안보비용에 대한 국민 설득: 새로운 정보 전달 및 홍보 기술의 개발, 6 병력 집약형에서 기술 집약형으로의 군 구조의 변화, 7 장병의 인권과 사생활 보호, 8 장병의 전투성 약화 문제 등이 부상될 것이다.

군의 리더로서의 임무는 일차적으로 전투에서 싸워 이기는 병사가 되도록 정신전력을 강화하고 다지는 일이다. 최근 들어서 정보화 · 세계화 추세에 따라 우리 군의 위상과 역할도 많은 변화를 경험하고 있다. 국력에 상응하는 국제적 역할 요구에 부응하여 세계 각지에서 '평화 유지군'의 임무와 미국의 동맹군으로 이라크에서도 성공적으로 군사임무를 수행하고 있다. 군의 리더들은 이제 한반도라는 좁은 안보환경에서 벗어나 눈과 가슴을 세계를 향해 지향할 때가 온 것이다. 이러한 군의 국제적 역할 수행을 위해서는 파견국의 정치 · 사회 · 문화 · 경제 · 종교 등에 대한 이해와 통찰이 필요하며, 보편적인 심리전 이론에 대한 이해와 지식으로 무장해야 할 것이다. 이러한 점에서 우리의 대학교육체계를 공급자 중심에서 수요자 중심으로 전환하는 과정에서 가속화되는 인문 · 사회과학의 경시 풍조는 군의 정신전력과 심리전 측면에서 심히 우려되는 부분들이다. 입대전 인문 · 사회과학 학문의 소양이 부족한 병사들을 심리전으로 무장된 국제적 전투원으로 개조하는 문제는, 이제 불가피하고 당면된 과제로 군의 관심과 개선된 내용의 교육 프로그램을 요구하고 있다고 생각된다.

참고문헌

1. 국내문헌

국군정신전력학교 譯(1984). 심리전(岩島久夫 著).

국군정신전력학교 譯(1986). 戰場心理學(內山雄二郎 著).

국방부(1979). 指揮·統率.

김 규(1988). 비교방송론. 서울: 나남.

김경동·이온죽(1989). 사회조사 연구방법. 서울: 박영사.

김기도 편저(1989). 정치선전과 심리전략. 서울: 나남.

김상범(2002). 현대 테러리즘의 유형과 미래 전망. 주간국방논단, 제903호(8월): 2-3.

김영환(1989). 다면적 인성검사에 의한 성격평가. 학교에서의 심리검사 활용. 서울: 한양대학교 학생생활연구소.

김중술(1988). 다면적 인성검사: MMPI의 임상적 해석. 서울대학교출판부.

김진형(2001). 제2·제3 테러 공포증 미국심리적 공황상태. 내외저널(12월): 146-150.

김혜숙(1999). 사회심리학 연구의 최근 동향, 앞으로의 연구에 대한 전망과 과제. 한국심리학회 춘계심포지엄 자료집: 2000년대 심리학의 전망과 과제, 158-160.

노병천(1990). 도해세계전사. 서울: 한원.

박영학 편역(1987). 이데올로기 개조와 중공언론. 이리: 원광대학교출판부.

박찬웅(1998). 신뢰의 위기와 사회적 자본. 1998년 한국사회학회 후기사회학대회 발표문 요약집. 201-206.

신성택(2002). 뉴테러리즘에 대한 우리나라의 대비방향. 비상기획보, 제59호: 18-23.

신응섭·채정민 공역(1996). 외상후 스트레스 장애의 통합적 접근. 서울: 하나의학사.

왕 승(1967). 자유중국 정치작전. 서울: 국제홍보사(역).

원우현(1987). 여론선전론. 서울: 법문사.

육군교육사(1994a). 전장에서의 통솔과 지휘: 파나마 작전과 걸프전 사례조사Ⅰ.

육군교육사(1994b). 전장에서의 통솔과 지휘: 파나마 작전과 걸프전 사례조사Ⅱ.

육군교육사(1995). 전장감각.

육군본부 군사연구실(1986). 韓國戰爭. 서울: 명성출판사.

육군본부(1988). 심리작전(야교 33-5).

육군본부(1997). 심리전(야교 33-1).

육군사관학교(1991). 전쟁연구. 육사: 군사학처.

이광헌(1993). 현대사회와 심리전략. 서울: 화일사.

이규행 譯(1999). 전쟁과 반전쟁. 서울: 한국경제신문사.

이동훈(1999). 위기관리의 사회학. 서울: 집문당.

이봉건 譯(1999). 이상심리학. 서울: Σ시그마프레스.
이상빈(1987). 산업장면에서의 심리검사 활용과 문제점. 한국심리학회. 심포지엄 및 학술 발표논문초록, 26-35.
이영호(1977). 한국인의 가치관. 서울: 一志社.
이영호(2001). 심리검사의 군적용 및 발전 방향. 군사심리학의 현황과 발전방안(2001, 군사연구 세미나). 서울: 육사화랑대연구소.
이원복 譯(2002). 군사심리학과 교육학(군사연구총서 43). 서울: 육군사관학교 화랑대연구소.
이종호(1996). 광고론. 서울: 경문사.
이현수(1978). 이상행동의 심리학. 서울: 대왕사.
정범모 · 이정균 · 진위교(1967). MMPI 다면적 인성검사 검사법 요강. 서울: 코리안 테스팅 센터.
조남국(1995). 한국 산업 · 조직 심리학회보. Vol. 1: 7-10.
조재관(1964). 선전여론 개설. 서울: 박영사.
차재호(1976). 한국심리학의 역사, 현황 및 사회과학 협동연구의 방향. 사회과학논문집 1: 61-99.
차재호(2001). 심리학의 군사적 활용. 군사심리학의 현황과 발전방안('01 군사연구 세미나). 서울: 육사화랑대연구소.
천희상 譯(1991). 역사의 교훈. 서울: 범우사.
최용권(1994). KMPI운용지침서. 육군본부.
최진태(1997). 테러, 테러리스트 & 테러리즘. 서울: 대영문화사.
한미연합사(1990). 심리작전(미육군 FM 33-1).
홍대식 譯(1984). 심리학개론. 서울: 박영사.
홍대식 譯(1986). 사회심리학. 서울: 박영사.
황정규(1989). 학교장면에서 사용되는 현행 심리검사 문제점. 학교에서 심리검사의 활용. 서울: 한양대학교 학생생활연구소.

2. 일간지 · 월간지

국방일보(1997). 1월 18일자, 7면.
국방일보(2001). 10월 11일자, 4면.
국방일보(2002a). 3월 1일자, 4면.
국방일보(2002b). 3월 3일자, 4면.
국방일보(2005a). 5월 13일자, 1면.
국방일보(2005b). 9월 22일자, 6면.
동아일보(1991). 2월 12일자, 10면.
동아일보(2005). 9월 29일자, 12면.
매일경제(2001). 6월 6일자, 5면.
조선일보(2004). 9월 1일자, 22면.
조선일보(2005a). 2월 21일자, 13면.

조선일보(2005b). 2월 24일자, 15면.
조선일보(2005c). 3월 5일자, 14면.
조선일보(2005d). 5월 11일자, 3면.
조선일보(2005e). 5월 14일자, 3면.
조선일보(2005f). 5월 17일자, 4면.
조선일보(2005g). 5월 20일자, 13면.
조선일보(2005h). 5월 23일자, 9면.
조선일보(2005i). 5월 25일자, 9면.
조선일보(2005j). 5월 28일자, 9면.
조선일보(2005k). 6월 7일자, 3면.
조선일보(2005l). 6월 21일자, 9면.
조선일보(2005m). 6월 24일자, 3면.
조선일보(2005n). 8월 15일자, 1면.
조선일보(2005o). 8월 17일자, 31면.
조선일보(2005p). 9월 9일자. 20면.
조선일보(2005q). 9월 24일자, 8면.
주간조선(2003). 1778호(11월 13일).
중앙일보(1993). 6월 22일자, 27면.
중앙일보(1995). 1월 6일자, 2면.
중앙일보(1999a). 5월 3일자, 35면.
중앙일보(1999b). 11월 19일자, 9면.
중앙일보(1999c). 12월 9일자, 27면.
중앙일보(2000). 10월 1일자, 5면.
중앙일보(2001a). 7월 6일자, 13면.
중앙일보(2001b). 10월 9일자, 9면.
중앙일보(2002a). 3월 28일자, 11면.
중앙일보(2002b). 4월 29일자, 8면.
중앙일보(2002c). 6월 25일자, 10면.
중앙일보(2003a). 6월 25일자, 15면.
중앙일보(2003b). 10월 20일자, 4면.
중앙일보(2003c). 11월 28일자, 20면.
중앙일보(2003d). 12월 3일자, 18면.
중앙일보(2003e). 12월 24일자, 5면.
중앙일보(2004a). 10월 26일자, 5면.
중앙일보(2004b). 10월 7일자, 5면.
중앙일보(2005a). 4월 20일자, 29면.

중앙일보(2005b). 8월 2일자, 8면.
중앙일보(2005c). 8월 8일자, 15면.
중앙일보(2005d). 9월 13일자, 33면.
한겨레(1996). 6월 6일자, 13면.
한국일보(2003a). 4월 15일자, 8면.
한국일보(2003b). 4월 16일자, 7면.
한국일보(2003c). 4월 24일자, 7면.
한국일보(2003d). 11월 28일자, 13면.
한국일보(2004). 5월 18일자, 31면.

3. 인터넷

국정원(2005). 뉴테러리즘의 특징과 국제사회 대응동향. <http://www.tiic.nis.go.kr/>.
미국군사심리학회(2005). 군사심리학 소개. www.apa.org/divisions/div19/div19intro.html.
유명만(2005). N세대의 특징. www.hanaro.com/webzine/zine_14_1.html.
Arab. Net Content(2005). http://www.arab.net/iraq/.
U.S. Department of State(2001, April). *Patterns of Global Terrorism: 2000* 〈http://www.state.gov/s/ct/rls/pgtrpt/2000/2419.htm〉.

4. 외국문헌

Aldrich, M. S.(1993). Narcolepsy *Neurology, 42*(Suppl. 6): 34-43.
Allport, G. W., & Postman, L.(1947). *The Psychology of Rumor*. New York: Holt.
American Psychiatric Association(1980). *Diagnostic and statistical manual of mental disorders*(3rd ed.). Washington, D.C.: American Psychiatric Association.
Anastasi, A.(1982). *Psychological testing*(5th ed.). New York: Macmillan.
Appel, J. W.(1966). Preventive psychiatry. In R. L. Bernucci & A. J. Class(Eds.), *Neuropsychiatry in World War II: Vol. 1, Zone of the interior*: 373-415. Washington, D.C.: US Government Printing Office.
Applegate, R.(1969). *Riot Control–Materiel and Techniques*. Stackpole Books.
Appley, M. H., & Trumbull, R.(1967). On the concept of psychological stress. In M. H. Appley & R. Trumbull(Eds.). *Psychological Stress*. New York: Appleton-Century-Crofts.
Apsler, R., & Sears, D. O.(1968). Warning, personal involvement, and attitude change. *Journal of Personality and Social Psychology, 9*: 162-166.
Army, Department of(1983). *Military leadership*. Field Manual: 22-100. Washington, D.C.: US Government Printing Office.
Army, Department of(1986). *Unit climate profile, commander's handbook*. Pamphlet 600-669. Washington, D.C.: US Government Printing Office.
Arnold, M. B.(1967). Stress and emotion. In M. H. Appley & R. Trumbull(Eds.), *Psychological Stress*. New York: Appleton-Century-Crofts.
Arvey. R. D., & Campion, J. E.(1982). The employment interview: A summary and review of recent

research. *Personnel Psychology, 36*: 281-322.

Ashworth, T.(1980). *Trench Warfare, 1914-18: The live and let live system*. New York: Holmes & Meier.

Avolio, B. J.(1999). *Full leadership development*. Thousand Oaks. CA: Sage.

Avolio, B. J., & Bass, B. M.(1988). Transformational leadership, charisma, and beyond. In J. G. Hunt, B. R. Baliga, H. P. Dachler, & C. A. Schriesheim, *Emerging Leadership Vistas*. Lexington, MA: D.C. Heath.

Avolio, B. J., Waldman, D. A., & Yammarino, F. J.(1991). Leading in the 1990s: The four I's of transformational leadership. *European Industrial Training*, 15: 9-16.

Bandura, A.(1976). Social learning analysis of aggression. In E. Ribes Inesta, & A. Bandura(Eds.), *Analysis of delinquency and aggression*. Hillsdale, N.J.: Erlbaum.

Bandura, A.(1986). *Social foundations of thought and action: A social cognitive theory*. Englewood Cliffs, N.J.: Prentice Hall.

Bandura, A., Underwood, B., & Fromson, M. E.(1975). Disinhibition of aggression through diffusion of responsibility and dehumanization of victims. *Journal of Research in Personality, 9*: 253-269.

Barker, R .G., Dembo, T., & Lewin, K.(1941). Frustration and regression: A study of young children. *University of Iowa Studies in Child Welfare, 18*: 1-314.

Barling, J., Loughlin, C., & Kelloway, E. K.(2002). Development and Test of a Model Linking Safety-Specific Transformational Leadership. *Journal of Applied Psychology, 87*: 488-489.

Baron, R. A.(1974). The aggression-inhibiting influence of heightened sexual arousal. *Journal of Personality and Social Psychology, 30*: 318-320.

Baron, R. A.(1977). *Human Aggression*. New York: Plenum.

Barron, F., Jarvik, M., & Bunnell, S., Jr(1964, April). The hallucinogenic drugs. *Scientific American*.

Bartone, P.(1988). Fighting morale and comfort morale. Presented at Expert Panel on Sustained Operations. US Army Aeromedical Command, Atlanta: GA.

Bass, B. M.(1981). *Handbook of leadership: A survey of theory and research*. New York: Free Press.

Bass, B. M.(1985). *Leadership and performance beyond expectations*. New York: Free Press.

Bass, B. M.(1998). *Transformational leadership: Industry, military and educational impacts*. Hillsdale, N.J.: Erlbaum.

Bass, B. M., Avolio, B. J., & Goodheim, L.(1987). Biography and the assessment of transformational leadership at the world-class level. *Journal of Management, 13*: 7-19.

Baumeister, R. F.(1990). Suicide as escape from self. *Psychological Review, 97*: 90-113.

Baynes, J. C.(1967). *Morale*. New York: Praeger.

Bayroff, A. G., & Fuchs, E. G.(1970). *Armed Services Vocational Aptitude Battery*. Alexandria, VA: U.S. Army Research Institute for the Behavioral and Social Sciences.

Beck, R. C.(1978). *Motivation: theories and principles*. Englewood Cliffs, N.J.: Prentice-Hall.

Beecher, H. K.(1959). *Measurement of subjective responses: Quantitative effects of drugs*. New York: Oxford University Press.

Benca, R. M., Obermeyer, W. H., Thisted, R. A., & Gillin, J. C.(1992). Sleep and psychiatric disorders. *Archives of General Psychiatry, 49*: 651-668.

Bennett, A. M. H.(1961). Sensory deprivation in aviation. In P. Solomon et al.(Eds.), *Sensory deprivation*. Cambridge, Mass.: Harvard University Press.

Bensel, C. K., & Lockhart, J. M.(1974). Cold induced vasodilation onset and manual performance in the cold. *Ergonomics, 17*: 717-730.

Berkowitz, L.(1969). *Roots of aggression: A re-examination of the frustration aggression hypothesis*. New York: Atherton.

Berkowitz, L.(1974). Some determinants of impulsive aggression: The role of mediated associations with reinforcements for aggression. *Psychological Bulletin, 81*: 165-176.

Berkowitz, L.(1983). Aversively stimulated aggression: some parallels and differences in research with animals and humans. *American Psychologist, 38*: 1135-1144.

Berman, A. L., & Jobes, D. A.(1996). *Adolescent suicide: Assessment and intervention*. Washington, D.C.: American Psychological Association.

Bettelheim, B.(1960). *The informed heart*. New York: Free Press.

Blass, E. M.(1968). Separation of cellular from extracellular controls of drinking in rats by frontal brain damage. *Science, 162*: 1501-1503.

Bloom, R. W.(1991). Propaganda and Active Measures. In R. Gal & A. D. Mangelsdorff(Eds.), *Handbook of Military Psychology*: 694-708. New York: John Wiley & Sons.

Böhrer, A., & Luyten, H.(1982). Validation studies of the Belgian Armed Forces Reserve Officer selection system. Paper presented at the 20th International Congress of Applied Psychology, Edinburgh: 25-31 July. Falmer Press.

Boring, E. G.(Ed.)(1945). *Psychlogy for the Armed Services*. Washington, D.C.: The National Research Council.

Brand, C.(1987). The importance of general intelligence. In S. Modgill(Eds.), *Arthur Jensen: Consensus and Controversy*. Lewes, East Sussex: Falmer Press.

Breckenridge, J. R., & Levell, C. A.(1970). Heat stress in the cockpit of the AH-1G Huey Cobra helicopter. *Aerospace Medicine, 41*: 621-626.

Brehm, J. W.(1966). *A theory psychological reactance*. New York: Academic Press.

Breslau, N., Davis, G. C., Andreski, D., & Peterson, E.(1991). Traumatic events and post-traumatic stress disorder in an urban population. *Archives of General Psychiatry, 48*: 216-222.

Bridges, K. M. B.(1932). Emotional development in early infancy. *Child Development, 3*: 324-341.

Brown, G. L., & Goodwin, F. K.(1986). Cerebrospinal fluid correlates of suicide attempts and aggression. *Annals of the New York Academy of Science, 487*: 175-188.

Burns, J. M.(1978). *Leadership*. New York: Harper & Row.

Burton, R. F.(1994). *Physiology by numbers*. Cambridge, England: Cambridge University Press.

Buss, A. H.(1961). *The psychology of aggression*. New York: Wiley.

Butler, R. P., & McCauley, C.(1987). Extraordinary stability and ordinary predictability of academic success at the United States Military Academy. *Journal of Educational Psychology, 79*: 83-86.

Caldwell, A.(1985). MMPI clinical interpretation. Paper presented at the advanced Psychological Studies Institute. Los Angeles, CA.

Camp, N. M., & Carney, C. M.(1989). *Painful memories and crushing burdens: U.S. Army psychiatrists in the vietnam war*. Westport, CT: Greenwood Press.

Canetti, E.(1962). *Crowds and power*. London: Gollancz.

Carlsmith, J. M., & Anderson, C. A.(1979). Ambient temperature and the occurrence of collective violence: A new analysis. *Journal of Personality and Social Psychology, 37*: 337-344.

Chakotin, S.(1940). *The Rape of Masses*. London: Labor Book Service.

Chermol, B. H.(1983, July). Psychiatric casualties. *Military Review*: 27-32.

Cialdini, R. B., Vincent, J. E., Lewis, S. K., Catalan, J., Wheeler, D., & Darby, B. L.(1975). Reciprocal consessions procedure for inducing compliance: The door-in-the-face technique. *Journal of Personality and Social Psychology, 31*: 206-215.

Cirino, R.(1972). Propaganda in the United States. In Allan Wells(Ed.), *Mass Media and Society*. Palo Alto, Calif.: National Press Books.

Clark, G.(1969). What happens when the police strike? *New York Times Magazine*, November, 45.

Clark, L. D., & Nakashima, E. N.(1968). Experimental studies of marijuana. *American Journal of Psychology, 125*: 379-384.

Clutterbuck, R.(1987). *Kidnap, Hijack and Extortion*. London: Macmillan.

Cohen, A. R.(1962). An experiment on small rewards for discrepant compliance and attitude change. In J. W. Brehm & A. R. Cohen(Eds.), *Exploration in cognitive dissonance*. New York: Wiley.

Coleman, J. C.(1979). Contemporary psychology and effective behavior(4th ed.). Glenview, Ill.: Scott, Foresman.

Conger, J. A., & Kanungo, R. N.(1987). Toward a behavioral theory of charismatic leadership in organizational settings. *Academy of Management Journal, 12*: 637-647.

Conger, J. A., & Kanungo, R. N.(1988). The empowerment process: Integrating theory and practice. *Academy of Management Review, 13*: 471-482.

Crane, S.(1976). *The red badge of courage*. New York: W.W. Norton.

Cronbach, L. J.(1951). Coefficient alpha and the internal structure of tests. *Psychometrica, 16*: 297.

Culebras, A., & Moore, J. T.(1989). Magnetic resonance findings in REM sleep behavior disorder. *Neurology, 39*: 1519-1523.

Dahlstrom, W. G., Welsh, G. S., & Dahlstrom, L. E.(1972). *An MMPI handbook*. Vol. I, *Clinical interpretation*. Minneapolis: University of Minnesota Press.

Dahlstrom, W. G., Welsh, G. S., & Dahlstrom, L. E.(1975). *An MMPI handbook*. Vol. II, *Research application*(Rev. Ed.) Minneapolis: University of Minnesota Press.

Darwin, D.(1872). *The expression of the emotions in man and animal*. London: John Murray.

Dement, W. C.(1972). *Some must watch while some must sleep*. San Francisco: Freeman.

Doise, W.(1969). Intergroup relations and polarization of individual and collective judgments. *Journal of Personality and Social Psychology, 12*: 136-143.

Dollard, J.(1944). *Fear in battle*. Washington, D.C.: The Infantry Journal.

Dollard, J., & Horton, D.(1977). *Fear in Battle*. Westport: Greenwood Press.

Dollard, J., Doob, L. W., Miller, N. B., Mowrer, O. H., & Sears, R. R.(1939). *Frustration and aggression*. New Haven, CT: Yale University Press.

Donnerstein, E., Donnerstein, M., & Evans, R.(1975). Erotic stimuli and aggression: Facilitation or inhibition? *Journal of Personality and Social Psychology, 32*: 237-244.

Doob, A. N., & Wood, L.(1972). Catharsis and aggression: The effects of annoyance and retaliation on aggressive behavior. *Journal of Personality and Social Psychology, 22*: 156-162.

Doob, L. W.(1935). *Propaganda: Its Psychology and Technique*. New York: Henry Holt.

Doughty, R. A.(1990). *The Breaking Point: Sedan and the Fall of France, 1940*. Hamden, Connecticut:

Archon Books.

Drake, L. E.(1946). A social I.E. scale for the MMPI. *Journal of Applied Psychology, 30*: 51-54.

Drakeley, R. J.(1989). Biographical data. In P. Herriot, P. Drenth, R. Roe, A. Jones, I. Robertson, & V. Dulewicz(Eds.). *Assessment and selection in organizations: Methods and practice for recruitment and appraisal*. Chicheste: John Wiley and Sons.

Dunnette, M. D.(1976). *Handbook of industrial and organizational Psychology*. Chicago: Rand McNally.

Dupicq, A.(1865; reprint 1958). *Battle studies*, Harrisburg, Pa: Stackpole.

Durkheim, E.(1951). *Suicide*(J. A. Spaulding & G. Simpson, Trans.). New York: Free Press(Original work published 1897; 2nd ed., 1930).

Dyck, R. J., & Rule, B. G.(1978). Effect on retaliation of causal attributions concerning attack. *Journal of Personality and Social Psychology, 36*: 521-529.

Eden, D.(1984). Self-fulfilling prophecy as a management tool: Harnessing pygmalion. *Academy of Management Review, 9*: 64-73.

Ellul, J.(1965). *Propaganda: The Formation of Men's Attitues*. Translated by Konrad Kellen and Jean Lerner. New York: Knopf.

Enander, A.(1984). Performance and sensory aspects of work in cold environments: A review. *Ergonomics, 27*: 368-378.

Evered, R. D., & Selman, J. C.(1989). Coaching and the art of management. *Organizational Dynamics, Autumn*: 16-32.

Evonic, I. N.(1980). Motivation and morale in military noncombat organization. In Proceedings of the NATO Panel VIII Symposium on Motivation and Morale in NATO Forces. Brussels, Belgium.

Fairbank, J. A., & Brown, T. A.(1987). Current behavioral approaches to the treatment of post-traumatic stress disorder. *The Behavior Therapist, 3*: 57-64.

Fenyvesi, C.(1977, October). Six months later: Living with a fearful memory. *Psychology Today, 11*: 115-116.

Fenyvesi, C.(1980, August). The hostages: Re-entry problems ahead. *Psychology Today, 14*: 9-10.

Ferguson, T. J., Rule, B. G., & Lindsay, R. C. L.(1982). The effects of caffeine and provocation on aggression. *Journal of Research in Personality, 16*: 60-71.

Feshbach, S.(1970). Aggression. In P. H. Mussen(Ed.), *Carmichael's manual of child psychology*. New York: Wiley.

Feshbach, S., & Singer, R.(1971). *Television and aggression*. San Francisco: Jossey-Bass.

Festinger, L. A.(1957). *A theory of cognitive dissonance*. Evanston, IL: Row, Peterson.

Festinger, L. A.(Ed.)(1964). *Conflict, decision, and dissonance*. Stanford, Calif.: Stanford University Press.

Festinger, L., Riecken, H. W., Jr, & Schachter, S.(1956). *When prophecy fails*. Minneapolis: University of Minnesota Press.

Fischl, M. A., Edwards, D. S., Cludy, J. G., & Rumsey, M. G.(1986). *Development of Officer Selection Battery Forms 3 and 4*. US Army Research Institute for the Behavioral and Social Sciences Alexandria, VA, Technical Report 603.

Fisher, K.(1993). *Leading self-directed work teams: A guide to developing new team leadership skills*. New York: McGraw-Hill.

Fitts, P. M.(1946). German applied psychology during World War Two. *The American Psychologist, 1*:

151-161.

Foa, E. B., Feske, U., Murdock, T. B., Kozak, M. J., & McCarthy, P. R.(1991). Processing of threat-related information in rape victims. *Journal of Abnormal Psychology, 100*: 156-165.

Foa, E. B., Zinbarg, R., & Rothbaum, B. O.(1992). Uncontrollability and unpredictability in post-traumatic stress disorder: an animal model. *Psychological Bulletin, 112*: 218-238.

Fontana, V. J.(1971). *The maltreated child*. Springfield, Ill.: Charles C. Thomas.

Forsyth, D. R.(1983). *An introduction to group dynamics*. Monterey, CA: Brooks/Cole.

Foy, E., & Harlow, A. F.(1956). *Clowning through life*. New York: Dutton.

Freedman. J. L., & Fraser, S. C.(1966). Compliance without pressure: The foot-in-the-door technique. *Journal of Personality and Social Psychology, 4*: 195-202.

Freedman. J. L., & Sears, D. O.(1965). Warning, distraction and resistance to influence. *Journal of Personality and Social Psychology, 1*: 262-266.

Fremouw, W. J., Perczel, W. J., & Ellis, T. E.(1990). *Suicide risk: Assessment and response guidelines*. Elmsford, New York: Pergamon.

Fuselier, G. D.(1981b). A practical overview of hostage negotiation(Conclusion). *FBI Law Enforcement Bulletin, 50(7)*: 10-15.

Fuselier, G. D.(1988). Hostage negotiation consultant: emerging role for the clinical psychologist. *Professional Psychology: Research and practice, 19(2)*: 175-179.

Fuselier, G. D.(1991). Hostage Negotiation: Issues and Application. In R. Gal & A. D. Mangelsdorff(Eds.), *Handbook of Military Psychology*. New York: John Wiley & Sons.

Gal, R., & Mangelsdorff, A. D.(Eds.)(1991). *Handbook of Military Psychology*. New York: John Wiley & Sons.

Gal, R., & Manning, F. J.(1987). Morale and its components: A Cross national comparison. *Journal of Applied Social Psychology, 17*: 369-391.

Gal. R.(1986). Unit morale: From a theoretical puzzle to an empirical illustration–an Israeli example. *Journal of Applied Social Psychology, 16*: 549-564.

Gaugler, B. B., Rosenthal, G. C., Thornton. G. C. III., & Bentson, C.(1987). Meta-analysis of assessment center validity. *Journal of Applied Psychology, 72*: 493-511.

Gelbart, M.(1979). Psychological, personality and biographical variables related to success as a hostage negotiator(Doctoral dissertation University of Southern California, 1979). *Dissertation Abstracts International, 39*, 4558-B.

George. A. L.(1971). Primary groups, organization, and military performance. In R. W. Little(Ed.), *Handbook of Military institutions*: 293-318. Beverly Hills. CA: Sage.

Gettys, V. S.(1983, August). National survey-negotiator selection and hostage negotiation activity. Paper presented at the American Psychological Association Convention, Anaheim, Ca.

Gil, D. G.(1973). *Violence against children: Physical abuse in the United States*. Cambridge, Mass.: Havard University Press.

Gilberstadt, H., & Duker, J.(1965). *A handbook for clinical and actuarial MMPI interpretation*. Philadelphia: W. B. Saunders.

Gist, R. M., & Perry, J. D.(1985). Perspectives on negotiation in local jurisdiction–Part 1: A different typology of situation. *FBI Law Enforcement Bulletin, 54(11)*: 10-15.

Goldstein, J. H., Davis, R. W., & Herman, D.(1975). Escalation of aggression: Experimental studies. *Journal of Personality and Social Psychology, 31*: 162-170.

Goslin, D. A.(1966). *The search for ability*. New York: John Wiley & Sons.

Graham, J.(1977). *The MMPI: A practical guide*. New York: Oxford University Press.

Green, M. R.(1980). *Violence and the family*: Boudler, CO: Westview.

Greene, R. L.(1980). *The MMPI: An interpretive manual*. New York: Grune & Stratton.

Greenwood. J. M., & McNarmara, W. J.(1967). Inter-rater reliability in situational tests. *Journal of Applied Psychology, 51*: 101-106.

Griffin, R. W., & Bateman, T. S.(1985). *Job satisfaction and organizational commitment*(ONR Technical Report, TR-ONR-DG-16). Arlington, VA: Office of Naval Research.

Griffith, J.(1988). Measurement of group cohesion in U.S. Army units. *Basic and Applied Social Psychology, 9*: 149-171.

Griffith, J.(1989). The Army's new unit personnel replacement and its relationship to unit cohesion and social support. *Military Psychology, 1*: 17-34.

Griffitt, W., & Veitch, R.(1971). Hot and Crowded: Influences of population density and temperature on interpersonal affective behavior. *Journal of Personality and Social Psychology, 17*: 92-98.

Grinker, R. R., & Spiegel, J. P.(1945). *Men under stress*. Philadelphia: Blakiston.

Gross, N., & Martin, W. T.(1952). On group cohesiveness. *American Journal of Sociology, 57*: 546-554.

Gurr, T. R.(1970). *Why men rebel*. Princeton University Press: Princeton.

Haaland, S., & Christiansen, N. D.(2002). Implications of trait-activation theory for evaluating the construct validity of assessment center ratings. *Personnel Psychology, 55*: 137-163.

Haley, S. A.(1978). Treatment implications of post-combat stress response syndromes for mental health professionals. In C. R. Figley(Ed.), *Stress disorders among Vietnam veterans*. New York: Brunner/Mazel.

Hamilton, B. E., Simmons, R. R., & Kimball, K. A.(1982). *Psychological effects of chemical defense ensemble imposed heat stress on Army aviators*(Tech. Rep. No. 83-6). Fort Rucker, AL: US Army Aeromedical Research Laboratory. DTIC Accession No. AD-A121956.

Hataway, S. R., & McKinley, J. C.(1940). A multiphasic personality schedule(Minnesota): I. Construction of the schedule. *Journal of Psychology, 10*: 249-254.

Hataway, S. R., & McKinley, J. C.(1967). *Manual for the Minnesota Multiphasic Personality Inventory*(rev. ed.). New York: Psychological Corporation.

Hater, J. J., & Bass, B. M.(1988). Supervisors 'evaluations and subordinates' perceptions of transformational and transactional leadership. *Journal of Applied Psychology, 73*: 695-702.

Hebb, D. O.(1961). Distinctive features of learning in the higher animal. In J. Dalafresnaye(Ed.), *Brain mechanisms and learning*. London & New York: Oxford University Press.

Hedlund, J. L.(1977). MMPI clinical scale correlates. *Journal of Consulting and Clinical Psychology, 45*: 739-750.

Heiman, J. R.(1977). A Psychophysiological exploration of sexual arousal patterns in females and males. *Psychophysiology, 14*: 266-274.

Heinl, R. D., Jr.(1967). *Dictionary of military and naval quotations*, Annapolis, MD: US Naval Institute.

Helzer, J. E., Robins, L. N., & McEvoy, L.(1987). Post-traumatic stress disorder in the general population. *New England Journal of Medicine, 317*: 1630-1634.

Hendin, H.(1982). *Suicide in America*. New York: Norton.

Hillman, R.(1981). The psychopathology of being held hostage. *American Journal of Psychiatry, 138*: 1193-1197.

Hollister, L. E.(1971). Marijuana in man. *Science, 172*: 21-29.

Holmes, R.(1985). *Acts of war*. New York: Free Press.

Horowitz, M. J.(1990). Psychotherapy. In A. S. Bellack & Hersen(Eds.), *Handbook of comparative treatments for adult disorders*: 289-301. New York: Wiley.

House, R. J.(1977). A 1976 theory of charismatic leadership. In J. G. Hunt & L. L. Larson(Eds.), *Leadership: The cutting edge*. Carbondale: Southern Illinois University Press.

House, R. J.(1985). *Research contrasting the behavior and effect of reputed charismatic versus reputed non-charismatic*. Paper, Administrative Science Association of Canada, Montreal.

House, R. J., Woycke, J., & Fodor, E. M.(1988). Charismatic and noncharismatic leaders: Differences in behavior and effectiveness. In J. A. Conger, & R. N. Kanungo, *Charismatic leadership: The elusive factor in organizational effectiveness*. San Francisco: Jossey-Bass.

Hovland, C. I.(1959). Reconciling conflicting results derived from experimental and survey studies of attitude change. *American Psychologist, 14*: 8-17.

Howard, S., & Hitt, W. D.(1966). Intercultural differences in olfaction. Battelle Memorial Institute, APRA/Project AGILE Report, 2, May.

Howell, J. M.(1985). *A laboratory study of charismatic leadership*(Working Paper No. 85-35). London, Ontario: School of Business Administration, University of Western Ontario.

Howell, J. M., & Avolio, B. J.(1993). Predicting consolidated unit performance: Leadership behavior, locus of control, and support for innovation. *Journal of Applied Psychology, 78*: 891-902.

Howell, J. M., & Frost, P.(1989). A laboratory study of charismatic leadership. *Organizational Behavior and Human Decision Processes, 43*: 243-269.

Howell, J. M., & Hall-Merenda, K. E.(1999). The ties that bind: The impact of leader-member exchange, transformational and transactional leadership, and distance on predicting follower performance. *Journal of Applied Psychology, 84*: 680-694.

Hunter, J. E., & Hunter, R. F.(l984). Validity and utility of alternative predictors of job performance. *PsychoIogicaI Bulletin*, 96, 72-89.

Hurlock, E. B.(1953). *Developmental Psychology*. New York: McGraw-Hill.

Hyde, J. S.(1982). *Understanding human sexuality*(2nd ed.). New York: McGraw-Hill.

Ingraham, L. H.(1983). *The boys in the barracks*. Philadelphia, PA: Institute for the Study of Human Issues.

Ingraham, L. H., & Manning, F. J.(1981). Cohesion: Who needs it, What is it, and how do we get it to them? *Military Review, 61*: 2-12.

Jacobs, T. O.(1985). The AirLand battle and leadership requirements. In J. G. Hunt & J. D. Blair(Eds.), *Leadership on the future battlefield*. Washington, D.C.: Pergamon Brassey's.

Janis, I. L., & Mann, L.(1977). *Decision making: A psychological analysis of conflict, choice and commitment*. New York: Free Press.

Janis, I. L.(1982). *Victims of groupthink*(2nd ed.). Boston: Houghton-Mifflin.

Janoff-Bulman, R.(1992). *Shattered assumption; Toward a new psychology of trauma*. New York: Free Press.

Jarvik, L. F., Klodin, V., & Matsuyama, S. S.(1973). Human aggression and the extra Y chromosome: Fact or fantasy? *American Psychologist, 28*: 674-682.

Jenkins, J. G.(1948). The Nominating Technique as a Method of Evaluating Air Group Morale. *Journal of Aviation Me, 19*: 12-19.

Jennings, H. H.(1947). *Sociometry Monographs, No. 14*. New York: Beacon House.

Jensen, H. E., Massey, I. H., & Valentine, L. D.(1977). *Armed Services Vocational Aptitude Battery Development*. Brooks Air Force Base, TX: Air Force Human Resources Laboratory.

Johnson, L. C.(1969). Physiological and Psychological changes following total sleep deprivation. In A. Kales (Ed.), *Sleep Physiology & pathology*. Philadelphia: Lippincott.

Johnson, R. F., & Sleeper, L. A.(1986). Effects of chemical protective handwear and headgear on manual dexterity. *In Proceeding of Human Factors Society 30th Annual Meeting*: 994-997. Santa Monica, CA: Huamn Factors Society.

Jones, A., & Harrison, E.(1982). Prediction of performance. in initial officer training using reference reports. *Journal of Occupational Psychology, 55*: 35-42.

Jones, A.(1988). A case study in utility analysis. *Guidance and Assessment Review, 4*, No. 3: 3-6.

Jones, A.(1991). The Contribution of Psychologists to Military Officer Selection. In R. Gal, & A. D. Mangelsdorff(Eds.), *Handbook of Military Psychology*. New York: John Wiley & Sons.

Jones, E. E., & Harris, V. A.(1967). The attribution of attitude. *Journal of Experimental Social Psychology, 3*: 1-24.

Jones, M. C.(1924). The elimination of children's fears. *Journal of Experimenal Psychology, 7*: 383-390.

Jowett, G. S., & O'Donnell, V.(1986). *Propaganda Persuasion*. Beverly Hills: Sage Publishing, Inc.

Judge, T. A., & Bono, J. E.(2000). Five factor model of personality and transformational leadership. *Journal of Applied Psychology, 85*: 751-765.

Jung, D. L., & Avolio, B. J.(2000). Opening the black box: An experimental investigation of the mediating effects of trust and value congruence on transformational and transactional leadership. *Journal of Organizational Behavior, 21*: 949-964.

Kalay, E.(1983). The commander in stress situations in IDF combat units during the Peace for Galilee campaign. *Proceeding of the Third International Conference of Psychological Stress and Adjustment in Time of War and Peace*. Tel Aviv, Israel.

Kales, A., & Kales, J. D.(1984). *Evaluation and treatment of insomnia*. New York: Oxford.

Kales, A., Scharf, M. B., & Kales, J. D.(1978). Rebound insomnia: A new clinical syndrome. *Science, 201*: 1039-1041.

Kanter, R. M.(1983). *The Change Master*. New York: Simon & Schuster.

Keane, T. M., & Wolfe, J.(1990). Co-morbidity in post-traumatic stress disorder: An analysis of community and clinical studies. *Journal of Applied Social Psychology, 20*: 1776-1788.

Keane, T. M., Fisher, L. M., Krinsley, K. E., & Niles, B. L.(1994). Post traumatic stress disorder. In M. Hersen, & R. T. Ammerman(Eds.). *Handbook of prescriptive treatments for adults*: 237-260. New York: Plenum.

Keane, T. M., Gerardi, R. J., Quinn, S. J., & Litz, B. T.(1992). Behavioral treatment of post-traumatic stress disorder. In S. M. Turner, K. S. Calhoun, & H. E. Adams(Eds.), *Handbook of clinical behavior therapy*(2nd ed.): 87-97. New York: Wiley.

Keeler, M. H.(1965). The effects of psilocybin on a test of after image perception. *Psychopharmacologia, 8*: 131-139.

Kellett, N. A.(1986). *Combat Behavior*: The role of the regimental system(ORAE Memorandum No. M124). Ottawa, Canada: Department of National Defence.

Kessel, N., & Grossman, G.(1961). Suicide in alcoholics. *British Medical Journal, 2*: 1671-1672.

Kessler, S.(1975). Extra chromosomes and criminality. In R. R. Fieve, D. Rosenthal, & H. Brill(Eds.). *Genetic research in psychiatry*. Baltimore, MD.: Johns Hopkins University Press.

Kidder, T.(1978). Soldiers of misfortune. *The Atlantic Monthly: 241*, 41-52.

Kluger, M. J.(1991). Fever: Role of pyrogens and cryogens. *Physiological Reviews, 71*: 93-127.

Kobrick, J. L., & Johnson, R. F.(1991). Effects of Hot and Cold Environments on Military Performance. In R. Gal, & A. D. Mangelsdorff(Eds.), *Handbook of Military Psychology*. New York: John Wiley & Sons.

Konecni, V. J.(1975). Annoyance, type and duration of post annoyance activity, and aggression; The "cathartic" effect. *Journal of Experimental Psychology, General, 104*: 76-102.

Konecni, V. J., & Ebbesen, E. B(1976). Disinhibition versus the cathartic effect: Artifact and substance. *Journal of Personality and Social Psychology, 34*: 352-365.

Korchin, S. J.(1976). *Modern Clinical Psychology*. New York: Basic Books.

Kroger, R. O., & Turnbull, W.(1975). Invalidity of Validity scale: The case of the MMPI. *Journal of Consulting and Clinical Psychology, 43*: 45-48.

Kunce, J., & Anderson, W.(1976). Normalizing the MMPI. *Journal of Clinical Psychology, 32*: 776-780.

Kunce, J., & Anderson, W.(1984). Perspectives on uses of the MMPI in nonpsychiatric settings. In P. McReynolds, & G. J. Chelune(Eds.). *Advances in Psychological Asssessment*. San Francisco: Jossey-Bass.

Kviz, F. J.(1978). Survival in combat as a collective exchange process. *Journal of Political and Military Sociology, 6*: 219-232.

Lachar, D.(1974). *The MMPI: Clinical Assessment and Automated Interpretation*. Los Angeles, CA: Western Psychological Services.

Lasswell, H.(1934). "Propaganda," in *Encyclopedia of the Social Sience. 12*, New York: MacMillan.

Lazarsfeld, P. F., Berelson, B., & Gaudet. H.(1948). *The People's Choice*(2nd ed.). New York: Columbia University Press.

Lazarus, R. S.(1969). *Patterns of adjustment and human effectiveness*. New York: McGraw-Hill.

LeBon, G.(1896). *The crowd: A study of the popular mind*. London: Ernest Benn.

Leighton, A. H.(1943). A working concept of morale for flight surgeons. *Military Surgeon, 92*: 601-609.

Lerer, B., Bleich, A., Kotler, M., Garb, R., Hertzberg, M., & Levin, B.(1987). Post traumatic stress disorder in Israeli combat veterans. *Archives of General Psychiatry, 44*: 976-981.

Lerner, D.(1949). Sykewar: *Psychological Warfare Against Germany, D-Day to V-E Day*. New York: Stewart.

Lifton, R. J.(1976). Advocacy and corruption in the healing profession. In N. L. Goldman, & D. R. Segal(Eds.). *The Social Psychology of military service*. Beverly Hills, CA: Sage.

Lindzey, G., & Aronson, E.(1969). *Handbook of Social Psychology*. Reading, MA: Addison Wesley.

Linebarger, P. M. A.(1954). *Psychological Warfare*(2nd ed.). New York: Duell Sloan and Pearce.

Linehan, M. M., & Shearin, E. N.(1988). Lethal stress: A social behavioral model of suicidal behavior. In S. Fisher, & J. Reason(Eds.), *Handbook of life stress, cognition, and health*. New York: Wiley.

Little, R.(1964). Buddy relations and combat performance. In M. Janowitz(Ed.), *The new military*: 195-224. New York: Russell Sage Foundation.

Loe, A. M., & Lee, E. B.(eds.)(1967). *The Fine Arts of Propaganda*. New York: Harcourt, Brace and Company.

Long, N. G.(1996). Evolution of infectious disease: How evolutionary forces shape physiological response to pathogens. *News in Physiological Sciences, 11*: 83-90.

Long, W. R.(1995, November 24). A changing world proves deadly to Brazil Indians. *Los Angeles Times*: A1, A47, A48.

Lord, C. G., Ross. L., & Lepper, M. R.(1976). Biased assimilation and attitude polarization: The effects of prior theories on subsequently considered evidence. *Journal of Personality and Social Psychology, 37*: 2098-2109.

Lord, R. G., De Vader, C., & Alliger, G. M.(l986). A meta-analysis of the relation between personality traits and leadership perceptions: An application of validity generalization procedure. *Journal of Applied Psychology, 71*: 402-410.

Lorenz, K.(1974). *The eight deadly sins of civilized man*. New York: Harcourt Brace Javanovich.

Lumley, F. L.(1933). *Propaganda Menace*. New York: Appleton Century.

Mahowald, M. W., & Schenck, C. H.(1992). Dissociated states of wakefulness and sleep. *Neurology, 42* (Suppl. 6): 44-52.

Malone, D. M.(1983). *Small unit leadership*. Novato, CA: Presidio.

Manning, F. J., & Ingraham, L. H.(1987). An investigation into the value of unit cohesion in peacetime. In G. L. Belenkey(Ed.). *Contemporary studies in combat psychiatry*: 47-68. Westport, CT: Greenwood.

Marks, P. A., & Seeman, W.(1963). *The actuarial description of abnormal personality*. Baltimore: Williams and Wilkins.

Marlatt, G. A., & Rohsenow, D. J.(1981, December). The think-drink effect. *Psychology Today 93*: 60-69.

Marlowe, D. H.(1989). Human decisions on the battlefield: Not a ceteris pari bus(other thing being equal) proposition. Presented at the 57th Symposium of the Military Operation Research Society, Kansas City, MO.

Marlowe, D. H.(Ed.)(1986). *New manning system field evaluation*(Technical Report no. 1). Washington, D.C.: Walter Reed Army Institute of Research.

Marshall, S. L. A.(1947). *Men against fire*. New York: William Morrow.

Martin, A. R.(1969). Morale and productivity: A review of the literature. *Public Personnel Review*: 42-45.

Masters, W. H., Johnson, V. E., & Kolodny, R. C.(1982). *Human sexuality*. Boston: Little, Brown.

Mathes, E. W., & Kahn, A.(1975). Diffusion of responsibility and extreme behavior. *Journal of Personality and Social Psychology, 31*: 881-886.

Mauldin, W.(1983). *Bill Mauldin's army*. Novato, CA: Presidio.

Mayer, W. E.(1956). Why did many GI captives cave in? *US News and World Report, 24*, February.

McCormick, E. J., & Ilgen, D. R.(1985). *Industrial psychology*(8th ed.). Englewood Cliffs, N.J.: Prentice-Hall.

McDonald, C. B.(1978). *Company commander*. New York: Bantam.

McGuire, W. J., & Papageorgis, D.(1961). The relative efficacy of various types of prior belief defense in producing immunity against persuasion. *Journal of Abnormal and Social Psychology, 62*: 327-337.

McKenzie, I. K.(1984). Hostage-captor relationships: some behavioural and environmental determinants. *Police Studies, 7(4)*: 219-223.

McNally, R. J., Caspi, S. P., Riemann, B. C., & Zeitlin, S. B.(1990). Selective processing of threat cues in posttraumatic stress disorder. *Journal of Abnormal Psychology, 99*: 398-406.

Meehl, P. E.(1945). The dynamics of structured personality tests. *Journal of Clinical Psychology, 1*: 296-303.

Meehl, P. E.(1959). Some rumination on the validation of *clinical procedures. Canadian Journal of Psychology, 13*: 106-129.

Meerloo, J. A.(1950). *Pattern of panic*. New York: International Universities Press.

Melzack, R., & Wall, P. D.(1965). Pain mechanisms: A new theory. *Science, 150*: 971-979.

Menninger, K. L.(1938). *Man against Himself*. New York: Harcourt, Brace & World.

Messick, S.(1975). The standard problem: Meaning and values in measurement and evaluation. *American Psychologist, 30*: 955-966.

Meyer, E. C.(1982). The unit. *Defense, 82*, February: 1-9.

Milgram, S.(1963). Issues in the study of obedience: A reply to Baumrind. *American Psychologist, 19*: 848-852.

Milgram, S.(1974). *Obedience to authority*. New York: Harper & Row.

Milgram, S., & Toch, H.(1969). Collective behavior: Crowds and social movement. In G. Lindzey, & E. Aronson(Eds.). *The handbook of social psychology*(Vol. 4, 2nd ed.). Reading, MA: Addison Wesley.

Milgram, S., Bickman, L., & Berkowitz, L.(1969). Note on the drawing power of crowds of different size. *Journal of Personality and Social Psychology, 13*: 79-82.

Mintz, A(1951). Non-adaptive group behavior. *Journal of Abnormal and Social Psychology, 46*: 150-159.

Mintz, R. S.(1968). Psychotherapy of the suicidal patient. In H. L. P. Resnik(Eds.), *Suicidal behavior*. Boston: Little, Brown.

Mitchell, M. G.(1970). *Propaganda, Polls and Public Opinion*. Englewood Cliffs, N.J.: Prentice Hall.

Moorcroft, W. H.(1993). *Sleep, dreaming, & sleep disorders*(2nd ed.). Lanham, MD: University Press of America.

Moran, Lord(1966). *The anatomy of courage*(2nd ed.). London: Leo Cooper.

Moreland, R. L., & Levine, J. M.(1982). Socialization in small groups: Temporal changes in individual-group relations. In L. Berkowitz(Ed.). *Advances in experimental social psychology*, Vol. 15: 137-192. New York: Academic Press.

Moreno, J. L.(1934). *Who shall survive?* Beacon, N.Y.: Beacon House.

Morris, C. G.(1986). *An Introduction to Psychology*(5th ed.). Englewood Cliffs, N.J.: Prentice-Hall.

Morris, M., Lack, L., & Dawson, D.(1990). Sleep-onset insomniacs have delayed temperature rhythms. *Sleep, 13*: 1-14.

Moscicki, E. K(1995). Epidemiology of suicidal behavior. In M. M. Silverman, & R. W. Maris(Eds.). *Suicide prevention: Toward the year 2000*: 22-35. New York: Guilford.

Moscovici, S., & Zavalloni, M.(1969). The group as a polarizer of attitudes. *Journal of Personality and Social Psychology, 12*: 125-135.

Moskos, C.(1970). *The American enlisted man*. New York: Russell Sage.

Motowildo, S. J., & Borman, W. C.(1978). Relationships between military morale, motivation satisfaction, unit effectiveness. *Journal of Applied Psychology, 63*: 47-52.

Motowildo, S. J., Dowell, B. E., Hopp, M. A., Borman, W. C., Johnson, P. D., & Dunnette, M. D.

(1976). *Motivation, satisfaction, and morale in army careers: A review of theory and measurement*(ARI Technical Report TR-76-A7). Arlington, VA: US Army Research Institute of Behavioral and Social Sciences.

Mowday, R. T., Porter, L. W., & Steers, R. M.(1982). *Employee-organization linkages*. New York: Academic Press.

Moyer, K. E.(1971). *The physiology of hostility*. Chiago: Markham.

Muchinsky, P. M., & Tuttle, M. L.(1979). Employee turnover: An empirical and methodological assessment. *Journal of Vocational Behavior, 14*: 43-47.

Munson. E. L.(1921). *The management of men*. New York: Holt.

Murray, E. J.(1964). *Motivation and emotion*. Englewood Cliffs, N.J.: Prentice-Hall.

Myers, D. G., & Lamm, H.(1976). The group polarization phenomenon. *Psychological Bulletin, 83*: 602-627.

National Institute on Drug Abuse.(1977). *National Survey on Drug Abuse*. Washington, D.C.: Author.

National Research Council(1946). In E. G. Boring(Ed.), *Psychlogy for the Armed Services*. Washington: Infantry Journal Press.

Needham, J.(1977). Neutralization of a prison hostage situation. *Criminal Justice Monograph, 8(1)*: 1-48.

Neumann, I., & Abrahams, N. M.(1976). Empirical Weighting of Predictors for the Naval Academy Selection Program. Naval Personnel Research and Development Center, San Diego, Calif. Report NPRDCTR 76-37.

New Webster's Dictionary(1984). Delair Publis Publishing Co.

Nimmo, D.(1978). *Political Communication and Public Opinion in America*. Santa Monica: Goodyear Publishing Co.

Ochberg, F.(1980a). Victims of terroism. *Journal of Clinical Psychiatry, 41(3)*: 73-74.

Ochberg, F.(1980b). What is happening to the hostages in Teheran? *Psychiatric Annuals, 10(5)*: 186-189.

Oldenquist, A.(1982). On belonging to tribes. *Newsweek*, April 5: 9.

Olin, W. R., & Born, D. G.(1983). A behavioral approach to hostage situation. *FBI Law Enforcement Bulletin, 52(1)*: 19-24.

Organ D. W., Bateman T.(1986). *Organizational Behavior; an applied psychological approach*. Texas, Business Publications.

Orr, S. P., Lasko, N. B., Shalev, A. Y., & Pitman, R. K.(1995). Physiological responses to loud tones in Vietnam veterans with post-traumatic stress disorder. *Journal of Abnormal Psychology, 104*: 75-82.

Parks, D.(1968). *GI diary*. Washington, D.C.: Howard University Press.

Parlee, M. B.(1979, October). The friendship bond. *Psychology Today, 113*: 43-54.

Peplau, L. A., & Perlman, D.(1982). *Loneliness: A sourcebook of current theory, research and therapy*. New York: Wiley.

Petty, R. E., & Cacioppo, J. T.(1977). Forewarning, cognitive responding and resistance to persuasion. *Journal of Personality and Social Psychology, 35*: 645-655.

Petty, R. E., & Cacioppo, J. T.(1979). Effects of forewarning of persuasive intent and involvement on cognitive responses and persuasion. *Personality and Social Psychology Bulletin, 5*: 173-176.

Petty, R. E., & Wegener, D. T.(1998). Attitude change: Multiple roles for persuasion variables. In D. T. Gilbert, S. T. Fiske., & G. Lindzey(Eds.), *The handbook of social psychology*, 4th ed., Vol. 1: 323-

390. New York: McGraw-Hill.

Phares, E. J.(1984). *Introduction to Personality*. Columbus, Ohio: Charles E. Merrill.

Philips, D. P.(1985). The found experiment: A new technique or assessing impact of mass media violence on real world aggressive behavior. In G. Comstock(Eds.), *Public communication and behavior*(Vol. 1). New York: Academic Press.

Plomin, R., & Foch, T. T.(1981). A twin study of objectively assessed personality in childhood. *Journal of Personality and Social Psychology, 39*: 680-688.

Powitzky, R. J.(1979). The use and misuse of psychologist in a hostage situation. *Police Chief, 47(8)*: 30-32.

Poythress, N. G., Jr.(1980). Optimizing the use of psychological data: assessment and prediction in the hostage situation. *Police Chief, 47(8)*: 34-36.

Priest, R. F., & Burke, W. P.(1987). Long term validation of measures of high school leadership. Paper presented at the 29th Annual Conference of the Military Testing Association, Ottawa, 19-23 October.

Qualter, T. H.(1962). *Propaganda and Psychological Warfare*. New York: Random House.

Rank, H.(1977). Learning about Public Persuasion: Rationale and a Schema. T. H. Ohlgren and Lynn, M. Berle(ed.). The New Languages: *A Rhetorical Approach to Mass and Popular Culture*. Englewood Cliffs, N.J.: Prentice-Hall.

Reiser, M.(1982). Crime-specific psychological consultation. *Police Chief, 49(3)*: 53-56.

Revell, O. B.(1988). *Terrorism: A Law Enforcement Perspective*. US Department of Justice, Federal Bureau of Investigation, Washington, D.C.

Richardson, F. M.(1978). *Fighting spirit*. London: Leo Cooper.

Rosnow, R. L.(1980). Psychology of rumor reconsidered. *Psychological Bulletin, 87*: 578-591.

Rosnow, R. L., Yost, J. H., & Esposito, J. L.(1986). Belief in rumor and likelihood of rumor transmission. *Language and Communication, 6*: 189-194.

Roy, A.(1982). Suicide in chronic schizophrenia. *British Journal of Psychiatry, 141*: 171-180.

Roy, A.(1994). Recent biologic studies on suicide. *Suicide and Life Threatening Behavior, 24*: 10-24.

Roy, A., & Linnoila, M.(1986). Alcoholism and suicide. *Suicide and Life Threatening Behaviors, 16*: 244-259.

Rubenstein, C., & Shaver, P.(1982). The experience of loneliness. In L. A. Peplau, & D. Perlman(Eds.), *Loneliness: A sourcebook of current theory, research and therapy*. New York: Wiley.

Sargant, W. H.(1957). *Battle for the mind: A physiology of conversion and brainwashing*. Doubleday.

Sarkesian, S. C.(1986). *The new battlefield*. Westport, CT: Greenwood Press.

Sayles, R. L.(1979). *Leadership: What effective managers really do... and how they do it*. New York: McGraw-Hill.

Schachter, S.(1951). Deviation, rejection, and communication. *Journal of Abnormal and Social Psychology, 46*: 190-207.

Schachter, S.(1959). *The psychology of affiliation*. Stanford, CA: Stanford University Press.

Schein, E. H.(1958). The Chinese indoctrination program for prisoners of war: A study of attempted "brainwashing". In E. E. Maccoby, T. M. New-comb, & E. L. Hartley(Eds.), *Readings in Social Psychology*(3rd ed). New York: Holt.

Schultz, D. P.(1978). *Psychology and industry today*(2nd ed.). New York: Macmillan.

Sears, R. R., Maccoby, E. E., & Levin, H.(1957). *Pattern of child rearing*. Evanston, Ill.: Row Peterson.

Segal, H. A.(1954). Initial psychiatric findings of recently repatriated prisoners of war. *The American Journal of Psychiatry, 111*: 358-363.

Segal, J.(1956). Factors related to the collaboration and resistence beharior among US Army POWs in Korea, HumRRO Technical Report33.

Seligman, M. E. P.(1975). *Helplessness: On depression, development, and death*. San Francisco: Freeman.

Seltzer, J., & Bass, B. M.(1990). Transformational leadership: Beyond initiation and consideration. *Journal of Management, 16*: 693-703.

Selye, H.(1956). *The stress of life*. New York: McGraw-Hill.

Selye, H.(1973). The evolution of the stress concept. *American Scientist, 61*: 692-699.

Shalev, A. Y., Peri, T., Canetti, L., & Schreiber, S.(1996). Predictors of post-traumatic stress disorder in injured trauma survivors: A prospective study. *American Journal of Psychiatry, 153*: 219-225.

Shellow, R.(1965). Reinforcing police neutrality in civil rights confrontations. *Journal of Applied Behavioral Science, 1*: 243.

Sherif, M., & Sherif, C. W.(1964). *Reference groups: Exploration into conformity and deviation of adolescents*. Chicago: Henry Regnery.

Shils, E. A., & Janowitz, M.(1948). Cohesion and disintegration in the Wehrmacht in World War II. *Public Opinion Quarterly, 12*: 280-315.

Shneidman, E. S., & Farberow, N. L.(1970). A psychological approach to the study of suicide notes. In E. S. Shneidman, N. L. Farberow, & R. E. Litman(Eds.), *The psychology of suicide*. New York: Jason Aronson.

Shneidman, E. S.(1973). Suicide. *In Encyclopedia Britannica*. Chicago: Encyclopedia Britannica.

Shneidman, E. S.(1987). A psychological approach to suicide. In G. R. VandenBos, & B. K. Bryant(Eds.). *Cataclysms, crises, and catastrophes: Psychology in action*. Washington, D.C.: American Psychological Association.

Simoneit, M.(1935). *Wehrpsychologie*. Berlin: Bernard & Graefe.

Simoneit, M.(1938). *Principles of the psychological study of the officer-recruit relationship in the army*. Berlin: Bernard & Graefe.

Slim, W.(1956). *Defeat into victory*. London: Cassell.

Smith, B. J.(1982). *An initial test of a theory of charismatic leadership based on the responses of subordinates*. Doctoral dissertation, University of Toronto, Toronto.

Smith, K. R.(1985). Understanding morale: With special reference to the morale of the Australian infantryman in Vietnam. *Defence Force Journal, 52*: 53-62.

Solomon, R. L., & Corbit, J. D.(1974). An opponent-process theory of motivation. *Psychological Review, 81*: 119-145.

Solomon, R. L.(1980). The opponent-process theory of acquired motivation. The costs of pleasure and the benefits of pain. *American Psychologist, 35*: 691-712.

Solomon, Z., Mikulincer, M., & Hobfoll, S. E.(1986). Effects of social support and battle intensity on loneliness and breakdown during combat. *Journal of Personality and Social Psychology, 51*: 1269-1276.

Solomon, Z., Mikulincev, M., & Flum, H.(1988). Negative life events, coping response, and combat-related psychopathology: A prospective study. *Journal of Abnormal Psychology, 97*: 302-307.

Somero, G. N.(1996). Temperature and proteins: Little things can mean a lot. *News in Physiological Sciences, 11*: 72-77.

Souelt, M. I.(1967). Hashish consumption in Egypt, with special reference to psychosocial aspects. *Bull Narcotics, 19(2)*: 1-12.

Steiner, M., & Neumann, M.(1978). Traumatic neurosis and social support in the Yom Kippur War returnees. *Military Medicine, 143*: 866-868.

Stogdill, R. M.(1948). Personal factors associated with leadership: A survey of the literature. *Journal of Psychology, 25*: 35-71.

Stoll, A. M., Chianta, M. A., & Piergallini, J. R.(1982). Prediction of threshold pain skin temperature from thermal properties of materials in contact. *Aviation, Space, and Environmental Medicine, 53*: 1220-1223.

Stoner, J. A. F.(1961). *A comparison of individual and group decisions including risk*. Unpublished master's thesis, School of Industrial Management, Massachusetts Institute of Technology.

Stouffer, S. A., Lumsdaine, A. A., Lumsdaine, M. H., Williams, R. M., Smith M. B., Jains, I. L., Star, & Cottrell, L. S.(1949). *The American soldier*. Princeton University Press.

Strassman, H. D., Thaler, M. B., & Schein, E. H.(1956). A prisoner of war syndrome: apathy as a reaction to severe stress. *American Journal of Psychiatry, 112*: 998-1003.

Stratton, J.(1977). The department psychologist: Is there any value? *Police Chief, 44(5)*: 70-74.

Stratton, J.(1978). The terrorist act of hostage taking: A view of violence and the perpetrators. *Police Science and Administration, 6(1)*: 1-9.

Straus, M. A., Gelles, R. J., & Steinmetz, S. K.(1981). *Behind closed doors: Violence in the American family*. Garden City, New York: Doubleday Anchor Books.

Strentz, T.(1979). Law enforcement policies and ego defenses of the hostage. *FBI Law Enforcement Bulletin, 48(4)*: 1-12.

Strentz, T.(1987). A hostage psychological survival guide. *FBI Law Enforcement Bulletin, 56(11)*: 1-8.

Strentz, T.(1988). A terrorist psychological profile: past and present. *FBI Law Enforcement Bulletin, 57(4)*: 13-19.

Sutker, P. B., Davis, J. M., Uddo, M., & Ditta, A.(1995). Warzone stress, personal resources, and post-traumatic stress disorder in Persian Gulf War returnees. *Journal of Abnormal Psychology, 104*: 444-453.

Symonds, M.(1983). Victimization and rehabilitative treatment. In B. Eichelman, D. Soskis, & W. Reid (Eds.). *Terroism: Interdisciplinary perspective*: 69-81. Washington, D.C.: American Psychiatric Association.

Tabunov, N.(May 1986). Sources and Causes of Wars. *Soviet Military Review*: 11-12.

Tanner, O.(1976). *Stress*. New York: Time-Life Books.

Tapscott, D.(1998). *Growing Up Digital: The Rise of the Net Generation*. New York: McGraw Hill.

Taylor, S. P., Vardaris, R. M., Rawitch, A. B., Gammon, C. B., Cranston, J. W., & Lubetkin, A. I. (1976). The effects of alcohol and delta-9-tetra hydrocannabinol on human physical aggression. *Aggressive Behavior, 2*: 153-161.

Tedeschi, J. T., Schlenker, B. R., & Bonoma, T. V.(1971). Cognitive dissonance: Private ratiocination or public spectacle? *American Psychologist, 26*: 685-695.

Tetlock, P. E.(1979). Identifying victims of groupthink from public statements of decision makers. *Journal of Personality and Social Psychology, 37*: 1314-1324.

Thurlow, W. R.(1971). In J. W. Kling, & L. A. Riggs(Eds.), *Woodworth and Schlobergs's Experimental Psychology*(3rd ed.). New York: Holt, Rinehart & Winston.

Tilley, A. J., & Empson, J. A. C.(1978). REM sleep and memory consolidation. *Biological Psychology, 6*: 293-300.

Trimboli, R., & Kilgore, R.(1983). A Psychodynamic approach to MMPI interpretation. *Journal of Personality Assessment, 47*: 614-626.

Turner, R. H., & Surace, S. J.(1956). Zootsuiters and Mexicans: Symbols in crowd behavior. *The American Journal of Sociology, 62*: 14-20.

Tziner, A., & Vardi, Y.(1983). Ability as a moderator between cohesiveness and tank crew performance. *Journal of Occupational Behavior, 4*: 137-143.

U.S. Army War College.(1993). U.S. Army Psychological Operations into the Year 2000.

U.S. Army(1987). FM22-102: Soldier Team Development.

Van der Kolk, B. A., Dreyfuss, D., Michaels, M., Shera, D., Berkowitz, R., et al.(1994), Fluoxetine in post-traumatic stress disorder. *Journal of Clinical Psychiatry, 15*: 517-523.

Van Dyke, C., & Byck, R.(1982, March). Cocaine. *Scientific American*.

Viteles, M. S.(1953). *Motivation and morale in industry*. New York: W. W. Norton.

Wald, G.(1968). The molecular basis of visual excitation. *Nature(London), 21*: 800-817.

Waldman, D. A., Bass, B. M., & Einstein, W. O.(1987). Leadership and outcomes of performance appraisal process. *Journal of Occupational Psychology, 60*: 177-186.

Waldman, D. A., Bass, B. M., & Yammarino, F. J.(1990). Adding to contingent reward behavior: The augmenting effect of charismatic leadership. *Group and Organization Studies, 15*: 4, 381-391.

Walker, C. J., & Berkerle, C. A.(1987). The effect of state anxiety on rumor transmission. *Journal of Social Behavior and Personality, 2*: 353-360.

Wallace, P. M., Goldstein, J. H., & Nathan, P.(1987). *Introduction to Psychology*. Dubuque Iowa: Wm. C. Brown.

Walsh, W. B., & Betz, N. E.(1985). *Tests and Assesment*. Englewood Cliffs, N.J.: Prentice-Hall.

Waltz, K.(1959). *Man, the State and War*. New York: Columbia University Press.

Wardlaw, G.(1984). The psychologist's role in hostage negotiations. *Police Chief, 51(5)*: 56-58.

Watson, J. B.(1924). *Behaviourism*. Chicago, Illinois: Univ. of Chicago Press.

Watson, J. B., & Rayner, R.(1920). Conditioned emotional reaction. *Journal of Experimental Psychology, 3*: 1-14.

Watson, P.(1978). *War on the mind: The military uses and abuses of Psychology*. London: Hutchinson.

Watson, R. I., Jr.(1973). Investigation into deindividuation using a cross-cultural survey technique. *Journal of Personality and Social Psychology, 25*: 342-345.

Webb, W. B., & Cartwright, R. D.(1978). Sleep and dreams. *Annual Review of Psychology, 29*: 223-252.

Weinstein, E. A.(1947). The function of interpersonal relations in the neurosis of combat. *Psychiatry, 10*: 307-314.

Weiss, R. S.(1973). *Loneliness: The experience of emotional and social isolation*. Cambridge, MA: MIT Press.

West, L. J.(1958). Psychiatric aspect of training for honorable survival as a prisoner of war. *American*

Journal of Psychiatry, 115: 320-336.

Westman, S.(1968). *Surgeon with the Kaiser's army*. London: Hutchinson.

White, L. A.(1979). Erotica and aggression: The influence of sexual arousal, positive affect, and negative affect on aggressive behavior. *Journal of Personality and Social Psychology, 37*: 591-601.

White, P. D., Gibb, T. J., Wall, J. M., & Westbrook, P. R.(1995). Assessment of accuracy and analysis time of a novel device to monitor sleep and breathing in the home. *Sleep, 13*: 115-126.

Wicklund, R. A., & Brehm, J. W.(1976). *Perspectives on cognitive dissonance*. Hillsdale, N.J.: Erlbaum.

Wiesner, W. H., & Cronshaw, S. F.(1988). A meta-analytic investigation of the impact of interview format and degree of structure on the validity of the employment interview. *Journal of Occupational Psychology, 61*: 275-290.

Wilson, E. D.(1975). *Sociobiology: The new synthesis*. Cambridge, Mass.: Harvard University Press.

Wolk, R.(1981). Group psychotherapy process in the treatment of hostages taken in prison. *Group, 5(2)*: 31-36.

Worchel, S.(1974). The effect of three types of arbitrary thwarting on the instigation of aggression. *Journal of Personality, 42*: 300-318.

Worchel, S., Arnold, S., & Baker, M.(1975). The effect of censorship on attitude change: The influence of censor and communication characteristics. *Journal of Applied Social Psychology, 5*: 227-239.

Young, K.(1947). *Social Psychology*. New York: F. S. Crofts.

Zander, A.(1979). The psychology of group processes. *Annual Review of Psychology, 30*: 417-451.

Zedeck, S., Tziner, A., & Middlestadt, S. E.(1983). Interviewer validity and reliability: An individual analysis approach. *Personnel Psychology, 36*: 355-370.

Zeidner, J., & Drucker, A. J.(1988). *Behavioral science in the army: a corporate history of the Army Research Institute*. Alexandria, VA: US Army Research Institute for the Behavioral and Social Sciences.

Zillmann, D.(1971). Excitation transfer in communication-mediated aggressive behavior. *Journal of Experimental Social Psychology, 7*: 419-434.

Zillmann, D.(1978). *Hostility and aggression*. Hillsdale, N.J.: Erlbaum.

Zillmann, D., & Cantor, J. R.(1976). Effect of timing of information about mitigating circumstances on emotional responses to provocation and retaliatory behavior. *Journal of Experimental Social Psychology, 12*: 38-55.

Zillmann, D., Bryant, J., & Sapolsky, B. S.(1978). The enjoyment of watching sport contests. In H. Goldstein(Ed.), *Sports, games, and play*. Hillsdale, N.J.: Erlbaum.

Zimbardo, P. G.(1969). The human choice: Individuation, reason, and order, versus deindividuation, impulse, and chaos. In W. J. Arnold & D. Levine(Eds.), *Nebraska Symposium on Motivation*(Vol. 17). Lincoln: University of Nebraska Press.

Zimmerman, A. M., Bruce, W. R., & Zimmerman, S.(1979). Effects of cannabinoids on sperm morphology. *Pharmacology, 18*: 143-148.

Zuckerman, M., & Lazzano, M. A., & Waldgeir, D.(1979). Undermining effects of the foot-in-the-door technique with extrinsic reward. *Journal of Applied Social Psychology, 9*: 292-296.

찾아보기

가

가미가제 특공대 276
가위눌림 167
가정환경 102
가족치료 및 부부치료 237
가치 소비 584
각성의 증가로 인한 증상 233
간상체(rod) 112
간섭을 싫어하는 신자유주의자들 97
간접적 공격 65
갈등 254
감각 박탈과 입력 자극 감소로 인한 착각 119
감각(sensation) 111
감각 · 지각의 왜곡 202
감각자극에 대한 대립과정 이론(opponent process) 151
감성공세 98
강간(sexual assault) 177
강요된 응종(forced compliance) 449, 450
강화법(intensifying) 487
개방형 질문(open ended question) 381
개별화된 관심(individualized attention) 369
개별화된 배려(individualized consideration) 368
개인검사 290
개인무의식 46
개인심리전 554
개인적 초자아(individual superego) 397
개입(commitment) 462
개입과 인지적 일관성의 원리 462
개전 초기 서울 함락과 공황 205
객관식검사 290
거부의 심리(reverse psychology) 409
검사-재검사 신뢰도(test-retest reliability) 291
검열과 통제의 완화 414
게이(gay)탄 435
결집력 강한 인터넷 세대 96
경계선성격장애(borderline personality disorder) 269
경고반응(alarm reaction) 248
경제심리전 552
고강도 전쟁 78
고강도의 청각적 자극 215
고대 전쟁과 공황 203
고독(loneliness) 153
고립형 375
고온 상태에서의 수행 131
고정관념의 타파 545
고통에 찬 야전(The painful field) 343
공격불안(aggression anxiety) 62
공격사기 23
공격성과 성격변인 53
공격성의 본질 48
공격죄의식(aggression guilt) 62
공격표현을 촉진시키는 상황적 요인들 54
공격표현의 억제와 조절 이론들 61
공격행동 43
공격행동의 본능적 · 생물학적 결정요인들 49
공동체 의식이 희박한 개인주의자 94
공무 집행 형태 테러리즘 502
공산권의 군사심리학 30
공상 공격(fantasy aggression) 65
公試族 98
공식적 입장의 진술 465
공존타당도(concurrent validity) 292
공포(fear) 142

공포 유언비어 199
공포 정서의 발달 144
공포심(fear) 394
공포심으로 인한 유언비어 197
공포심의 극대화 73
공포심의 통제와 극복 216
공포심의 확산(diffusion of fear) 193
공포심의 활용 148
공포와 불안 77
공포와 스릴 추구하기 150
공포의 대상 149
공포의 본질 143
공포의 생리적 특성 147
공포의 원인 144
공황 유언비어 200
공황(panic) 388
공황군중(panicked crowd) 388
공황예방을 위한 미래의 시민교육 방향 419
공황의 개념 192
공황의 동기 394
공황의 상황적 자극들 194
공황의 심리적 동기 193
공황의 예방 및 극복 396
공황의 예방 및 해소 방안들 212
공황행동 유발 요인들 192
공황행동의 역사적 사례 202
과장·왜곡의 원리 483
관계적 태도의 원리 482
관리대상 280
관심 이전법 407
관음증(voyeurism) 176
관중(audience) 388
괴롭힘 또는 모욕 60
교도소 상황형 인질범 530
교육환경 101
교화(indoctrination) 478
구분이 불명확한 무경계인 99
구성개념지향적 심리평가(construct-orientated psychological assessment) 309
구성기법(composition) 488
구성타당도(construct validity) 293
9·11테러와 미국인의 테러증후군 514
구조화된 질문(structured question) 381
구호의 차단 407
국가지원 테러리즘 502
국립학술연구회의(National Research Council: NRC) 21
국민과 군의 관계 85
국방심리학 23
국제정치 관리(concert of great powers) 579
군 구조의 변화 85
군 노조 85
군 리더십의 특수성 356
군 원로를 활용한 상담실 운영 104
군 조직과 다면적 인성검사(MMPI)의 활용 311
군 충원 인원의 질적 수준 83
군대 내 성폭력 178
군대 리더십의 개념적 변환 355
군대 리더십의 중요성 355
군대분류총집(Army Classification Battery: ACB) 28
군대언어적성검사(Army Language Aptitude Test) 29
군대업무 스트레스와 질환 264
군대업무와 스트레스 263
군대여성선발검사(Armed Forces Women's Selection Test: AFWST) 28
군대일반분류검사(Army General Classification Test: AGCT) 25
군대자격검사(Armed Forces Qualification Test: AFQT) 27
군대적 일체감(military identity) 442
군대조직에서 심리검사의 활용 294
군대항공검사총집(Army Aviation Test Battery) 29
군사심리 연구기관들 29
군사심리전 552
군사심리학 연구소 35
군사심리학의 개념 20
군사심리학의 발달 20
군사심리학의 역사 20
군사심리학의 연구 영역 34
군사안보환경의 변화 81

군의 심리검사 활용과 발전방향 329
군인성검사(MPI) 298
군중시위 및 소요행동 429
군중의 공황행동 394
군직업적성총집(Armed Service Vocational Aptitude Battery: ASVAB) 28
굴복한 인질 523
권력자(power figure) 375
권위에 대한 복종 57
권태(boredom) 155
귀의 구조와 기능 121
규준(norm) 294
규준점수 294
그림사(shadow) 46
극한 환경과 군사훈련 129
근육이완요법 265
근친상간(incest) 174
기동력의 제한 435
기만과 허위 77
기면발작(narcolepsy) 167
기본권 상담실 103
기본권 전문 상담관 107
기술집약형 82
기억상실증(amnesia) 258
기온과 군사훈련 130
기초심리학 20
기타 국가의 군사심리학 26
기타 비살상용 무기 435

나

나(Na)세대 89
낙인찍기 또는 비방이름 붙이기(name-calling) 485
낮 졸림증 164
내면화(internalization) 103
내외통제(locus of control) 53
내용타당도(content validity) 292
내적 통제자 53, 523
내적 합치도(internal consistency) 291
노력 450
노출증(exhibitionism) 176
뇌 신경전달물질 162
눈을 피로하게 하는 상황들 117
눈의 구조 112
눈의 피로 예방 117
뉴테러리즘의 개념 510
뉴테러리즘의 등장 510
뉴테러리즘의 특징 511

다

단결력 79
단순화의 원리 482
단순화의 지각적 원리 482
단짝형 375
단체정신과 팀워크를 강조하는 지휘 106
대내심리전 553
대량 살육형태 테러리즘 502
대마초 181
대면적 관계(face to face relation) 373
대물범죄 54
대설주의보와 경보 136
대외심리전 553
대인범죄 54
대적심리전 553
대중(rally) 388
대학입학 자격과 개인 신상기록에 기초한 선발 301
대형의 사용(Use of formation) 430
도구적 공격(instrumental aggression) 62
도구적 응집성 349
도덕원칙 397
도덕적 불안 153
도로교통법 182
도색물(pornography) 176
독일 군사심리학 23
동기(motive) 156
동기, 기질 및 흥미를 포함하는 성격검사(personality

test including motivation, temperament and interests) 296
동기의 분류 156
동기화된 망각 258
동물음란증(zoophilia) 176
동물행동학자 41
동물행동학자들의 견해 46
동성애(homosexuality) 175
동일시(identification) 177, 259
동형검사신뢰도(alternate form reliability) 291
두 얼굴의 소비자들 98
等價(equivalent) 단계 458
디지털 네이티브(digital native) 584
디지털 노마드 93

라

런던 신드롬 520
레드 허링(red herring)법 488
로돕신(rhodopsin) 112
로미오와 줄리엣 효과 409
로젠탈 효과(Rosental effect) 364
롤리타(Lolita) 콤플렉스 173
리더 없는 집단토의(Rundgespräch: Leaderless Group Discussion) 306, 307
리더십 측정을 위한 질문지 작성법 380
리더십의 변화 82
리더십의 부족 100
리더십의 측정 371
리마 증후군(Lima syndrome) 521

마

마리화나(marijuana) 181, 185
마약 181
마음의 감기 266
마음의 지배 556
마음의 침식 단계 557
마초문화 103
마취치료 237
망막의 수용기 세포와 군사 관측 112
맹점(blind spot) 112
면역 이론 474
면역적 방어 474
면전에서 문 닫기(door-in-the-face) 469
명상 266
명순응(bright adaptation) 113
모델링의 효과 52
모범 그리고 설득 위주의 지휘 106
모의자살 메모(simulated suicide notes) 285
모험이행(risky shift) 439
목마름(thirst) 157
목표대상에 따른 분류 553
몰개성화 56
몰개성화 이론(deindividuation theory) 390
몽유병(somnambulism) 171
무기에 대한 공포 149
무력시위(Show of force) 429
무오류의 착각 437
무의식적 자살 행위 271
무인장비에 의한 원격전(remote control warfare) 72
문간에 발 들여놓기 기법(foot-in-the-door technique) 467
문장완성검사 295
문제중심적 대처 257
물질남용(substance abuse) 279
물품음란증(fetishism) 174
미 사회체계연구센터(CRESS) 431
미 육군 행동 및 사회과학연구소(ARI) 30
미 육사 입학자격 조사(West Point Prequalification Inventory) 29
미 해군연구소(The U.S. Office of Naval Research: ONR) 29
미국 군사심리학회 27
미국 선전분석연구소의 분류 485
미국의 군사심리학 21, 25
미래 군 사회의 리더십 모델 357
민간단체심리전 554

민사심리전 552
민족형 테러리즘 501

바

바이오피드백 266
반동형성(reaction formation) 261
반론 대변인(devil's advocate) 439
반발(repulsion) 371
반복법(repetition) 488
반복의 원리 482, 483
반분 신뢰도(split-half reliability) 291
반사회적 이상 성격(psychopathic personality) 312
반응 태세(response set) 319
반전 여론의 확산 75
반체제 테러리즘 500
방어사기 23
배경자료(background data) 304
배고픔(hunger) 156
배척형 375
백분위(percentile rank) 점수 294
백색심리전 550
백색테러 494
범죄심리학 54
범죄의 기온법칙 55
범죄형 인질범 531
범죄형 테러리즘 500
벤구리온 정신 398
벤엑크 505
변별타당도(discriminant validity) 293
변증법적 행동요법 치료(dialectical behavior therapy) 283
변질된 의식상태(altered state of consciousness: ASC) 183
변형적 리더십(transformational leadership) 366
변환적 리더십 82
병사 선발·분류와 군사심리학 27
병사들의 사회화 과정 442
병역 거부자의 변별 84
병영생활 행동강령 280
병영의 실태 280
보수이행(cautious shift) 439
보편성의 인상 484
복식호흡 265
부대배속제도(Unit Manning System) 338
부대정신 341
부상과 죽음에 대한 공포 149
부인(denial) 258, 417
부정적 정체감(negative identity) 101
부하들을 임파워먼트시키는 방침 359
부화뇌동법 487
분노(rage) 152
분노와 증오의 집단 문화 67
분노조절훈련 241
불면증(insomnia) 162
불신(distrust) 193
불안(anxiety) 153, 249
불확실성(uncertainty) 193, 395
비구조화 질문(unstructured question) 381
비밀 공작원 형태 테러리즘 502
비억제(disinhibition)의 가능성 65
비언어성검사 290
비전캠프(vision camp) 107
非知的 검사 290
빈자의 핵 512
빛 조절기(photic driver) 433

사

사건에 관련된 자극의 회피나 반응성의 둔화 233
사기·응집성·정신력에 관련된 유사 개념들 341
사기와 직무수행 352
사기의 결정 요소 342
사기의 본질 334
사기의 정의 335
사기의 측정 353
사랑탄 435
사이버 테러 수법 505

사이버 테러리스트 505
사이버 테러리즘(cyber terrorism) 505
사이버 테러에 대한 대응 507
사전 홍보의 강화 418
사전검사(pre-test) 382
사전경고와 사전무장의 원리 475
사회생물학적 접근 43
사회적 고독(social loneliness) 154
사회적 규제 275
사회적 동기 156
사회적 제재(social sanction) 441
사회적 지지(social support) 342
사회적 통합 275
사회측정법(sociometry) 371
사회측정법의 신뢰도와 타당도 379
사회측정법의 유용성과 활용 377
사회측정법의 적용 한계 380
사회학습과 공격 51
사회학적 이론들(sociological theories) 543
사회화의 개념 440
사회환경 102
살인성 자살(murder suicides) 270
삶의 본능(eros) 49, 270
삼각형 376
삼투압측정성 갈증(osomometric thirst) 158
상대적 박탈감 344
상대적 박탈감 이론(Relative Deprivation Theory) 498
상명하복의 군사문화 84
상징화의 원리 483
상호존중과 배려 중심의 지휘 107
상황의 재구성 215
새로운 사건의 조성과 전개 417
생략법(omission) 488
생리적 동기 156
생리적 동기행동의 장애 161
생리적 영점(physiological zero) 129
생존 프로그램 253
생존욕구의 지배 201
생존한 인질 523
생활사 정보(biographical information) 304
서민화 기법(plain folks) 486
선글라스와 시력보호 114
선무심리전 552
선발 및 분류 목적 295
선발·평가를 위한 최근의 심리학적 기법들 301
選兵위원회 32
선전 477
선전의 개념과 정의 477
선전의 기법 485
선전의 원리 481
선전의 특성 479
선제적 격리 407
설득내용(message content) 447
설득의 리더십 83
설득자(source) 447
설맹(snow blind) 114
성격검사 290
성기능장애 173
성도착증의 종류 173
성도착행동 173
성역할장애 173
성인용 지능검사 294
성적 가학증(sadism) 177
성적 도착(sexual perversion) 172
성적 접촉증 177
성적 흥분 58
성취검사(achievement test) 296
성행동장애 172
성행동장애의 분류 172
세뇌 및 태도변화에 대한 저항 이론 470
세뇌(brainwashing)의 원리 457
세뇌의 교훈 461
세뇌의 기원 457
세뇌의 기초 단계 460
세뇌의 심리학적 이론과 기법 462
세대의 특징 90
세포탈수적 갈증(celluar dehydration thirst) 158
소망 유언비어 197
소부대의 응집성 79

소아기호증(pedophilia) 173
소음 및 빛 장치의 사용 432
소음 상자(squawk box) 432
소음 차폐용 귀마개 123
소진단계(stage of exhaustion) 248
수간(bestiality) 176
수검태도(test-taking attitude) 318
수렴타당도(convergent validity) 293
수면 159
수면마비(sleep paralysis) 167
수면발작(sleep attack) 167
수면성 무호흡증(sleep apnea) 165
수면의 박탈 160
수면의 보수 및 회복 160
수면의 요구 161
수면의 진화 이론 160
수면장애 162
수면통합(narcosynthesis) 237
수용소 감금 252
수직적 혹은 수평적 응집 340
수평적 영입의 확대 82
수행 주체에 의한 분류 553
수행출처에 의한 분류 550
숙명론적 자살(fatalistic suicide) 275
순교자형(sufferring hero type) 262
순응(adaptation) 112
스누핑 505
스타 또는 인기형 374
스톡데일 패러독스 253
스톡홀름 신드롬 517
스트레스 면역훈련(stress inoculation training) 236
스트레스 반응 247
스트레스 해소훈련 241
스트레스의 개념 246
스트레스의 원인 247
스트레스의 정의 246
스푸핑 505
슬로건 482
승화(sublimation) 262
시각 112
시각을 활용한 관측 116
시각의 피로 예방 116
시각자극의 이용 435
시간 감각 128
視野 혼탁현상 115
시오니즘 398
시위군중 통제의 심리적·실무적 기법들 432
시작 불면증(onset insomnia) 163
시지각의 오류 118
시홍소 113
식역(threshold) 129
신경성 난청(nerve deafness) 122
新경제 중심의 국익추구 심화 580
신경증적 불안 153
신경화학 물질과 자살 274
신뢰도(reliability) 290
신뢰도의 보장 290
신체적 장애 230
신체적 징후(physical signs) 224
실제 무기의 사용 435
심리검사의 구비요건 290
심리검사의 목적과 기능 290
심리검사의 정의와 분류 290
심리일반참모단(Psychological General Staff Group) 24
심리작전(psychological operation: PSYOP) 538
심리적 계약(psychological contract) 103
심리적 반발 이론 409
심리적 반응 249
심리적 방어막의 구축 214
심리적 스트레스 246
심리적 징후(psychological signs) 224
심리전 원칙의 3대 전제 545
심리전 전문가의 조건들 548
심리전(psychological warfare) 538
심리전략(psychological strategy) 538
심리전수행 순서 549
심리전의 개념 538
심리전의 개념 및 정의 538
심리전의 기능 및 역할 540

심리전의 기본 구성요소 547
심리전의 기본 원리와 요소 542
심리전의 기본 원칙 544
심리전의 분류 549
심리전의 원리 542
심리전의 원칙 544
심신이완요법 266
심호흡 265

아

아노미적 자살(anomic suicide) 275
아랍 지역에서의 심리전 수행 원칙 570
아편류의 약물 181
아프간 전쟁에서의 심리전 558
악몽(nightmare) 169
악취탄 사용 433
안면타당도(face validity) 292
안정구축 작전(stability operation) 561, 576
안정구축 작전을 위한 훈련 578
안정구축 작전의 개념 576
알코올 181
암순응(dark adaptation) 112
암페타민(amphetamine) 183
압박감(pressure) 250
애국선열들의 자기희생 276
야간시(night vision) 113
야간훈련과 비행 착각 120
야경증(night terrors) 169
야맹증 114
약물 55
약물복용과 행동장애 180
약화된 장병들의 정서 통제력 83
양심적 병역 거부자 84
억압(repression) 258
억압된 분노의 표출 267
억제불가능성 56, 424
억제제 181
언론정책 481
언론통제 및 공조 407
언어 반전법 및 상담 432
언어성검사 290
언어폭력 280
에로스(eros) 49
엘렉트라 콤플렉스(Electra complex) 258
여성물건애 174
逆군중행동법 407
역동적 심리치료 237
逆선전의 전개 418
역설적(paradoxical) 단계 458
역조건화(counter conditioning) 146
역할연기(role play) 307
연방정부의 컴퓨터 전사(Federal Computer Warrior) 508
연상기법(association) 488
연쇄형 376
연화법(downplaying) 488
열망적 박탈감(aspirational deprivation) 498
엿보는 것(peeping) 176
영감적 동기화(inspirational motivation) 368, 369
예언의 빗나감 453
예언타당도(predictive validity) 292
오이디푸스 콤플렉스(Oedipus complex) 258, 397
5-HIAA수준 274
온도 감각 129
왜곡선택법(card stacking) 487
외교심리전 551
외상성 심리적 유치증 519
외상적 사건의 재경험 232
외상후 스트레스 장애(post-traumatic stress disorder: PTSD) 226
외상후 스트레스 장애의 예방과 치료 236
외상후 스트레스 장애의 원인 이론들 233
외적 통제자 54, 523
외현성 동성애(overt homosexuality) 175
요란한 붕괴 184
요인암살(assassination) 502
욕구불만 59
욕구좌절-공격 가설 50

용적측정성 갈증(volumetric thirst) 158
우리(we) 의식 437
우발군중(casual crowd) 388
우연 요인(chance factor) 319
우울과 무력감 250
우울증 266
우울증 자기진단 프로그램 280
우울증의 개념 266
우울증의 치료 268
운용목적에 의한 분류 551
운전면허 정지 182
운전면허 취소 182
운전자분류검사(Driver B-I) 28
웃음탄 435
원죄 272
원형(archetype) 46
위기관리의 집단의사 결정 436
위대한 善 276
위력적 순찰 430
위약(placebo) 효과 365
유럽제국의 군사심리학 22
유령군 병사(fantom soldier) 74
유비티즌 584
유사동성애(pseudohomo sexuality) 175
유언비어 대책과 극복 412
유언비어 통제소 198
유언비어(rumors) 195
유언비어의 발생 조건 195
유언비어의 심리학(The psychology of rumor) 196
유지 불면증(maintenance insomnia) 163
유치증(infantilism) 519
육·해·공군 교육훈련 지침 133
육군다면적 인성검사(KMPI) 297
육군인성검사(KMPI) 34
음악 치료학 284
음영화(shadow) 122
음의 공간 지각 122
음의 물리적 속성 121
음주운전 182
음파총탄(sonic bullet) 432
음향 무기 432
음향 외상성 난청 123
응용심리학 20
응종과 복종의 유발 467
응집성 334
의사결정 후 부조화 451
의사결정검사(In-Basket Test) 307
의사소통(communication) 기술 82
의상도착증(transvestism) 174
이갈이(bruxism) 171
耳경화증 123
이기적 자살(egoistic suicide) 275
이라크전과 심리전 560
이라크전의 심리전 정보분석 565
이상적인 영향력 369
이성의 바다 100
이슬람 문화의 이해 560
이원시 113
이인동료제도(buddy system) 229, 339
이입·감염·동일시의 원리 484
이중 접근-회피 갈등(double approach-avoidance conflict) 255
2차적 동기(secondary motive) 156
이차적 집단 340
이타적 자살(altruistic suicide) 275
익명성 56, 424
인간관계 개선 위원회 32
인간심리 에너지의 이용 544
인간의 공격행동 42
인간의 기본욕구에 호소 545
인간의 동기 156
인간의 본성과 전쟁 42
인간의 정서 142
인간이 견딜 수 있는 추위와 더위 134
인간자원연구소(The Human Resources Research Office: HumRRO) 29
인기편승법(bandwagon) 487
인지부조화의 발생 조건 448
인지부조화의 증거들 449
인지부조화의 해결 454

인지적 기능의 혼란 256
인지적 일관성 이론(cognitive consistency theory) 543
인지적 일관성(cognitive consistency) 462
인질 납치 504
인질범의 분류 527
인질협상 515
인질협상팀의 의사전달 체계 526
일반 심리검사 이론 290
일반 적응 증후군(general adaptation syndrome: GAS) 249
일반선발검사 29
일반지능검사(general intelligence test) 296
1·4 후퇴와 공황 207
1차적 동기(primary motive) 156
일차적 집단 340
임상적 목적 294
임상척도(Clinical Scales) 314
임파워먼트 리더십(empowerment leadership) 358
임파워먼트 리더십의 개념 359
임파워먼트 리더십의 행동 360
입구통제(gate control) 이론 127
입냄새탄 434
입면환각(hypnagogic hallucination) 168

자

자경단 형태 테러리즘 502
자극의 결핍감 255
자기 파괴 271
자기말살(self annihilation) 270
자기보고식 검사 329
자기에 대한 살의 271
자기충족적 예언(self-fulfilling prophecy) 364
자기파괴적 행동(self-destructive behavior) 279
자기효능감(self-efficacy) 360
자동운동 착각(autokinetic illusion) 119
자살 기도자와 자살 성공자 간의 차이점 278
자살방지 전략 283
자살방지 활동 283
자살방지센터의 설치 285
자살시도 전력 280
자살에 대한 Shneidman의 접근방식 272
자살에 대한 사회학적 이론 274
자살에 대한 일반 심리학적 동기 이론들 269
자살에 대한 잘못된 통념들 281
자살예방 음악 284
자살욕구 272
자살의 방지와 예방 283
자살의 신호 282
자살의 실태 277
자살의 유혹자 266
자살의 정신분석학적 이론 270
자살징후 목록표 280
자살폭탄 테러 276
자살행동의 이해와 예방 269
자아방어기제의 사용 257
자아정체(ego identity) 100
자아통제력의 상실 201
자율과 참여 82
자율과 창의성 존중의 지휘 108
자율훈련법 266
작문의 작성 463
작전심리전 552
잠꼬대(sleep talking) 169
장교 및 후보생 선발과 평가 298
장교 선발·평가와 심리검사의 발달 298
장교 충원과 군사심리학 28
장교선발총집(AOSB: Army Officer Selection Battery) 305
장교후보생검사(Officer Candidate Test 혹은 WAC Officer Test) 28
장기적 정책목표와의 일치 557
장래 준비에 철저한 실용주의자들 98
장병들의 성분 83
장병의 인권 85
장병의 전투성 86
재사회화(resocialization) 443
저강도 전투 78

저항단계(stage of resistance) 248
저항자의 특성들 470
적극적 차단 407
적대감에서 생긴 유언비어 197
적대적 유언비어 199
적색테러 494
적성과 능력검사(aptitude and ability test) 296
적응 에너지(adaptive energy) 249
적응 질병(disease of adaptation) 249
적응방법 256
적응시 113
전·평시 공황억제의 심리적 요소 412
전·평시 공황억제의 인간적 요소 411
전기자료(biodata) 304
전도성 난청(conduction deafness) 122
전략심리전 552
전문가의 시대 82
전반적 사정평가(OAR: overall assessment rating) 307
전방위 외교 583
전술심리전 553
전시 공황억제방안들 405
전시 공황행동의 특징 201
전시 유언비어 197
戰時 장교선발 위원회(War Office Selection Board: WOSB) 26
전신성 스트레스(systemic stress) 246
전우 시스템 229
전위(displacement) 63, 84, 261
전이(transfer) 486
전인적 인간(total person) 평가 23
전입신병 100일 관리 매트릭스 280
전자정부 584
전장 스트레스 241
전장심리학 20
전쟁과 심리적 공황 192
전쟁과 폭도 426
전쟁본능 43
전쟁수행 의지의 무력화 75
전쟁의 원인 41
전투 소모증(combat exhaustion) 226
전투 쇼크(battle shock) 226
전투 쇼크를 대비한 심리훈련 240
전투 스트레스 장애(combat-related stress disorder) 225
전투 스트레스와 반응들 224
전투 신경증(combat-induced neurosis) 226
전투 정신병(battle psychiatric) 225
전투 피로증(combat fatigue) 226
전투 피로증의 개념 228
전투에 대한 정신신경증 반응 228
전투에서의 행동장애와 심리적 후유증들 225
전투와 외상후 스트레스 장애 235
전투의지의 약화 75
전투전 증후(precombat syndrome) 224
전투준비 사기 질문지(Combat Readiness Morale Questionnaire: CRMQ) 354
점감적 박탈감(decremental deprivation) 498
점진적 박탈감(progressive deprivation) 498
접근–접근 갈등(approach-approach conflict) 254
접근–회피 갈등(approach-avoidance conflict) 255
정밀 타격전(precision guided missile warfare) 72
정보실패 438
정보에 대한 선택적 접촉 451
정보전·전자전 585
정보화 시대의 망전쟁(netwar) 512
정복자형(conquering hero type) 262
정부심리전 553
정서(emotion) 142
정서의 개념 142
정서의 분류 142
정서장애(affective disorder) 531
정서적 고독(emotional loneliness) 154
정서적 응집성 349
정서중심적 대처 257
정신 장애자형 인질범 531
정신건강 전문가 515
정신력 334
정신력의 개념 339
정신병적 징후 또는 증후군(psychotic symptom or

syndrome) 312
정신분석학적 접근 45
정신성욕발달(psycosexual development) 172
정신신경증적 경향(neurotic tendency) 312
정신약물치료 237
정신적 징후(mental signs) 224
정체감 혼란(identity diffusion) 100
정치 백일장 466
정치심리전 24, 551
정화(catharsis) 64
제2의 나(alter ego) 473
제3의 요소를 개입시키는 방법 455
조건화 이론들(conditioning theories) 542
조작적인 피로 225
조직몰입(organizational commitment) 342
종결 불면증(termination insomnia) 163
좌절감 251
좌절의 감소 61
좌절의 원천과 반응 251
죄의식의 둔감 73
주간시(day vision) 113
주관식검사 290
주기적 사지운동 장애(periodic limb movement disorder) 169
주변시 113
주의전환법(diversion) 488
주제미분법(hair-splitting) 488
주지화(intellectualization) 263
죽기와 죽이기 271
죽음 또는 파괴본능 49
죽음의 본능(thanatos) 271
죽임을 당하고자 하는 욕구 271
준거권력(referent power) 364
준거타당도(criterion validity) 292
중다 요인 리더십 설문지(Multifactor Leadership Questionnaire: MLQ) 370
중심 조직의 파괴 545
중심와(central fovea) 112
증가타당도(incremental validity) 293
증언법(testimonial) 486
증오와 파괴의 욕망 46
지능검사 290
지속적인 자극 545
지연성 수면장애증후군 165
지옥 훈련 450
知的 검사 290
知的인 자극(intellectual stimulation) 368, 369
지지적 방어 474
지휘과제(Führeprobe: Command Task) 306
지휘관의 무능과 불신행동 200
직면(confrontation) 257
직무수행의 잠재력(potentialities) 295
직업흥미 조사용지(Strong Vocational Interest Blank: SVIB) 303
직접적 공격 64
진상의 발표 415
진실성의 문제 480
질문의 내용 구성 382
질문의 언어 구성 383
질문지 작성의 일반적 절차 381
질문지의 구분 380
집단 증오 67
집단 히스테리(mass hysteria) 202
집단검사 290, 329
집단극화(group polarization) 439
집단무의식(collective unconscious) 46
집단사고(group think) 436
집단사고의 개념 436
집단사고의 방지 438
집단에 대한 관여(commitment) 103
집단의 사회화(socialization) 440
집단지능검사 21
집단치료 237
집단형 Rorschach 기법 297
집합의식(collective mind) 387
집합적 행동(collective behavior) 387
짜증범죄 55

차

착각(vertigo) 120
채점자간 신뢰도(interscorer reliability) 292
책임감의 분산 55
처벌과 보복 61
척도의 수준에 따른 해석적 가정 321
첩보전(information warfare) 72
청각 120
청각의 보존 124
청각의 손상 122
청년 위기(quarterlife crisis) 100
체감기온 135
체계적인 침묵의 전략 488
체온의 조절 129
체제 측 테러리즘 502
초역설적(ultraparadoxical) 단계 458
초자아(superego) 397
최근의 태도변화 이론들 455
최면 237
최면 단계 458
추상체(cone) 112
추위에서의 수행 133
친화(attraction) 371
침소봉대의 원리 483

카

카리스마(charisma) 367
카리스마적 리더십(charismatic leadership) 361
칼잠 280
캐치프레이즈 482
캘리포니아 심리검사(CPI) 524
컴퓨터 체계 교란을 위한 사이버전(cyber warfare) 72
컴퓨터 해킹부대 508
코골이 170
코만도 솔로(commando solo) 559
코카인(cocaine) 183
쿠바드(couvade) 127
큰 거짓말 이론 483

타

타나토스(thanatos) 49
타당도(validity) 292
타당도의 구비 290
타협(compromise) 257
탄저병 불안 증후군 515
탈력발작(cataplexy) 167
탈사회화(desocialization) 443
탈진 증후군 264
태도검사 290
태도를 바꾸거나 수정하는 방법 454
태도변화에 대한 저항훈련들 471
태도변화의 심리학적 이론들 448
테러리스트형 인질범 527
테러리즘과의 전쟁 494
테러리즘의 개념 495
테러리즘의 발생원인 497
테러리즘의 역사적 기원 494
테러리즘의 유사 용어 구분 497
테러리즘의 유형 499
테러리즘의 정의 495
테러리즘의 형태 502
테크노테러리즘(technoterrorism) 509
통각 127
통제에 따른 심리적 반발의 완화 408
통합과 전방위의 리더십 356
퇴각(withdrawal) 257
퇴행(regression) 260
투사(projection) 259
투쟁본능 41
특수전연구소(The Special Operation Research Organization: SORO) 29
팀워크 79
팀워크 리더십 행동 78

파

편견의 문제 481
편집증적 망상 183
평가센터(ACs) 301
평가센터(ACs)방식에 기초한 선발 306
평상시 스트레스관리 265
평시의 공황예방 활동 396
폐기가능한 군용품 83
포탄충격(shell shock) 22, 225
폭격에 의한 공포 150
폭도(mob) 388
폭도의 심리 425
폭도행동 423
폭도행동의 동기 424
폭도행동의 통제 427
폭동 집단(riots) 390
폭력관리 42
폭력의 상승현상(escalation phenomenon) 65
표준점수(T점수) 294
표준화(standardization) 294
표준화과정 290
표현의 자유 보장 416
피가학증(masochism) 178
피상적 인간관계의 독불장군들 96
피설득자(audience) 447
피암시성(suggestibility) 395
피암시성(suggestibility)의 증대 194
피해 반응 522
피해자의 비인간화 56
필로폰(philopon) 183
필름끊김현상 181

하

하시시(hashish) 185
학력검사 290
학습된 무력감(learned helplessness) 230
학습된 억제 62
학습정부 584
한강교 폭파와 공황 207
한국군과 군사심리학 31
한국군과 심리검사 297
한국군의 사회・심리학적 문제들 82
한국군자력검사(Korean Military Qualification Test) 32
한국의 심리전환경 578
한국전과 공황 205
한국전쟁과 세뇌 458
한국전쟁과 심리전 555
합리적 그리고 실용적인 지휘 106
합리화(rationalization) 261
항공 테러리즘(aviation terrorism) 503
항공 테러리즘의 역사 503
해군연구소(ONR) 430
해산명령(Orders of disperse) 429
해외 파병부대 전투 스트레스 관리 240
행동을 수정하거나 바꾸는 방법 455
행동장애(behavior disorder) 202, 312
행동적 반응 256
행동치료 237
향정신성 의약품 181
허무형 테러리즘 500
허수아비 공격법(attacking a straw man) 488
헤로인(heroin) 184
헬리콥터 모의실험 132
헬리콥터조종사선발총집(Helicopter Pilot Selection Battery) 29
혁명형 테러리즘 501
현대전과 공황 204
현대전과 군사심리전의 역할 554
현대전과 인간적 요소 78
현대전에서 나타난 심리적 특징 72
현대전의 특성 71
현리 전투와 공황 208
현실불안 153
현실에 민감한 물질주의자 94
현실적 대처 257
현재능력(present ability) 295

혐오스러운 자기자각(self awareness) 270
혐오적 자극물들 60
협상과정의 측정 533
협상자 선발 524
협상팀의 구성원과 책임 526
형태적 해석(configural interpretation) 320
호된 입문(신고)식 450
혼동야기법(confusion) 488
화려한 추상어의 일반화(glittering generality) 486
화학제와 개인화기의 사용 431
환각제 181
환상, 백일몽(fantasy, day-dream) 262
환상지통(phantom limb pain) 127
회색심리전 550
會衆(audience) 388
회피-회피 갈등(avoidance-avoidance conflict) 254
후각 125
후각자극의 활용 433
후최면 기억상실증 473
흑색심리전 550
흥미검사 290
흥분제 181
희망 유언비어 200
희생양(scapegoat) 63

Army α 21
Army β 21
BGT(Bender Gestalt Test) 295
Biodata 301
C4ISR 72
Camelot 계획 577
CBRNE 테러 509
CBT 298
CBT검사 34
Desert storm 작전 79
H-T-P(House-Tree-Person) 295
Hawthorne effect 365
Hendin 및 기타 자살 이론 272
House의 카리스마 리더십 이론 363
HumRRO 578
Just cause 작전 79
K-WAIS 294
Klinefelterr 증후군 49
LSD 181
LSD-25 186
MBTI 298
Menninger의 자살 이론 271
MMPI 295
MMPI 사용 시 주의사항 327
MMPI의 개념과 내용 312
MMPI의 내용 312
MMPI의 해석 318
Na세대 병사 지휘 105
Na세대 병사와 부대 지휘 103
Na세대들의 장·단점 분석 99
Na세대와 의사소통하기 104
N세대 89
Purkinje 현상 113
Pygmalion 효과 364
Rand 연구소 29
Rank의 분류 487
REM 수면 160
REM 행동장애 169
Rorschach검사 292, 295
ROTC 자격시험(ROTC Qualifying Examination) 29
sociogram(교우 도식) 374
sociometrix 373
TAT 292, 295
X세대 89

저자 : 이재윤(李在潤)

· 육군사관학교 졸업
· 서울대학교 심리학학사
· 고려대학교 심리학석사
· 고려대학교 심리학박사(산업심리 및 조직심리)
· 전 육군사관학교 심리학과 교수

저서
· 심리학개론(공저)
· 리더십의 이론과 실제(공저)
· 군사심리학
· 특수작전의 심리전 이해

군사심리학의 이론과 실제 값 25,000원

2014년 3월 10일 1판 1쇄
2015년 2월 25일 1판 1쇄

저 자 이 재 윤
발 행 인 임 삼 규
발 행 처 지 문 당
주 소 413-756 경기도 파주시 광인사길 85(본사)
110-360 서울시 종로구 돈화문로 82(서울사무소)
등 록 1997. 12. 30. 제406-2003-000038호
영 업 부 (02)743-3192~3 팩스(02)742-4657
전자우편 sale@jimoon.co.kr
편 집 부 (02)743-3096 팩스(02)743-0227
전자우편 edit@jimoon.co.kr
홈페이지 www.jimoon.co.kr

ISBN 978-89-6297-164-4

이 도서의 국립중앙도서관 출판시도서목록(CIP)은 서지정보유통지원시스템 홈페이지(http://seoji.nl.go.kr)와 국가자료공동목록시스템(http://www.nl.go.kr/kolisnet)에서 이용하실 수 있습니다.(CIP제어번호: CIP2014006930)